MATLAB 2018 从入门到精通

林炳强
谢龙汉
周维维
编 著

人民邮电出版社
北 京

图书在版编目（CIP）数据

MATLAB 2018从入门到精通 / 林炳强，谢龙汉，周维维编著. -- 北京 : 人民邮电出版社，2019.10
ISBN 978-7-115-51944-3

Ⅰ. ①M… Ⅱ. ①林… ②谢… ③周… Ⅲ. ①Matlab软件 Ⅳ. ①TP317

中国版本图书馆CIP数据核字(2019)第202261号

内 容 提 要

本书基于 MATLAB 2018 版写作，在共 15 章的篇幅中分别介绍了 MATLAB 的基础操作、Simulink 工具箱、MATLAB 在自动控制中的应用、线性规划工具箱、数字信号处理工具箱、图像处理工具箱、系统辨识、模糊工具箱，以及 MATLAB 在自抗扰控制系统中的应用。本书各章通过典型实例操作和重点知识讲解相结合的方式，对 MATLAB 的基础知识、功能及命令函数进行全面的讲解。

本书具有操作性强、指导性强、语言简洁等特点，内容涵盖了 MATLAB 在当前工程应用中的主要应用领域。本书可作为 MATLAB 软件初学者入门和提高的学习教程，或者高等院校、培训机构的 MATLAB 教材，也可供相关工程应用人员参考。

◆ 编　著　林炳强　谢龙汉　周维维
　责任编辑　李永涛
　责任印制　马振武
◆ 人民邮电出版社出版发行　北京市丰台区成寿寺路 11 号
　邮编　100164　电子邮件　315@ptpress.com.cn
　网址　http://www.ptpress.com.cn
　涿州市京南印刷厂印刷
◆ 开本：787×1092　1/16
　印张：49.25
　字数：1200 千字　2019 年 10 月第 1 版
　印数：1－2 500 册　2019 年 10 月河北第 1 次印刷

定价：129.00 元

读者服务热线：(010)81055410　印装质量热线：(010)81055316
反盗版热线：(010)81055315
广告经营许可证：京东工商广登字 20170147 号

前　言

MATLAB 是美国 MathWorks 公司出品的商业数学软件，主要用于算法开发、数据可视化、数据分析及数值计算，主要包括 MATLAB 和 Simulink 两大部分。除了矩阵运算、绘制函数图像等常用功能以外，MATLAB 还可以用来创建用户界面及调用其他语言编写的程序。同时，MATLAB 还包括了其他的附加工具箱，如控制系统分析与设计、图像处理、信号处理等。MATLAB 的主要特点在于其高效的数值计算及符号计算功能，能使用户从烦杂的数学运算分析中解脱出来；同时具有完备的图形处理功能，实现计算结果和编程的可视化；还提供丰富的应用工具箱，为用户提供了大量方便实用的处理工具。

本书通过大量的典型实例，对 MATLAB 2018 在程序设计中常用的功能及命令进行了介绍，包括 MATLAB 的基础操作及主要应用工具箱的使用方法。在实例讲解中力求紧扣主题、语言简洁、形象直观，避免冗长的解释说明，使读者能够快速掌握利用 MATLAB 2018 软件进行程序设计的方法和技巧。

在本书的程序设计过程中，介绍了一些关于程序设计方面的技巧，这有助于读者在学习过程中能熟练掌握程序设计的基本操作，而且能够对其中的一些设计思路有所了解，进而掌握更加高效的设计方法，设计出符合要求的程序或得到准确的实验结果。

本书内容

本书共 15 章，主要内容介绍如下。

- 第 1 章主要介绍 MATLAB 2018 的一些基本知识和基本操作。通过本章的学习，读者能够了解 MATLAB 的基本操作流程。
- 第 2 章主要介绍 MATLAB 的符号计算。通过本章的学习，读者能够熟练掌握符号计算方法，可以进行比较复杂的数学符号计算。
- 第 3 章主要介绍 MATLAB 的矩阵运算。通过本章的学习，读者能够熟练地进行矩阵的运算，为以后的 MATLAB 学习打好基础。
- 第 4 章主要介绍 MATLAB 的数值计算。通过本章的学习，读者能够很好地掌握 MATLAB 在数学领域中的一些计算方法。
- 第 5 章主要介绍 MATLAB 的图形处理。通过本章的学习，读者能够将计算结果或实验结果通过绘图的形式表示出来，使得结果更加直观。
- 第 6 章主要介绍 MATLAB 的 M 文件设计基础。通过本章的学习，读者能够很好地利用 M 文件进行程序的编写，以避免在工作空间进行代码编写的麻烦。
- 第 7 章主要介绍 MATLAB 的图形用户界面。通过本章的学习，读者能够熟练掌握利用 MATLAB 进行图形化用户界面的编写，制作符合一定功能的图形用户界面。
- 第 8 章主要介绍 MATLAB 的 Simulink 工具箱的使用。通过本章的学习，读者能够熟练掌握利用 MATLAB 的 Simunlink 工具箱进行实验仿真的一些方法，为以后的工程实验仿真打下坚实的基础。
- 第 9 章主要介绍 MATLAB 在控制系统分析与设计中的应用。通过本章的学习，读者能够熟练掌握利用 MATLAB 进行控制系统的模型仿真的一些基本方法。

- 第 10 章主要介绍 MATLAB 的线性规划工具箱。通过本章的学习，读者能够熟练利用 MATLAB 进行线性规划问题的求解，并将注意力转化到模型的建模问题上，而减少模型计算的时间。
- 第 11 章主要介绍 MATLAB 的数字信号处理工具箱。通过本章的学习，读者能够熟练掌握利用 MATLAB 进行相应的数字信号处理的方法，为以后从事信号处理工作打下基础。
- 第 12 章主要介绍 MATLAB 的图像处理工具箱。通过本章的学习，读者能够熟练地利用 MATLAB 进行图像处理分析，掌握图像处理的基本原理和基本方法。
- 第 13 章主要介绍利用 MATLAB 进行系统的辨识计算。通过本章的学习，读者能够掌握系统辨识的一般计算方法以及利用 MATLAB 进行系统辨识仿真，为实际应用提供仿真依据。
- 第 14 章主要介绍利用 MATLAB 进行自抗扰控制器的设计与仿真。通过本章的学习，读者能够熟练掌握自抗扰控制的基本原理及其仿真方法，为以后在实际工程中应用自抗扰控制器打下坚实的理论基础和仿真基础。
- 第 15 章主要介绍 MATLAB 的模糊数据工具箱。通过本章的学习，读者能够熟练掌握 MATLAB 的模糊工具箱以及模糊工具箱在控制理论当中的基础应用。

本书读者对象

本书具有操作性强、指导性强、语言简洁等特点，可作为 MATLAB 软件初学者、中级读者的入门和提高的学习教程，或者作为高等院校、培训机构的 MATLAB 教材，也可供相关工程应用人员参考。

学习建议

建议读者按照图书编排的前后次序学习本书。从第 1 章开始，首先请读者浏览一下本章所要讲述的内容，然后按照书中所讲的操作步骤进行操作，如果在学习过程中遇到操作困难的地方，可以参考配套资源中的 M 文件。对于实例操作部分，建议读者直接根据书中的操作步骤动手进行操作，多总结，勤做笔记以加深印象，及时纠正操作中所遇到的问题。

感谢您选用本书进行学习，恳请您将对本书的意见和建议告诉我们，电子邮件为 1012918770@qq.com。祝您学习愉快。

作者

2019 年 8 月

目　　录

第1章　基础入门 1

1.1　MATLAB 的安装 1

1.2　MATLAB 的启动及操作界面 3

1.2.1　MATLAB 的启动 3

1.2.2　MATLAB 的操作界面 3

1.3　M 文件编辑器 4

1.3.1　M 文件编辑器的启动 5

1.3.2　用 M 文件编写简单的程序 5

1.4　MATLAB 帮助系统及其使用 6

1.4.1　帮助系统的类型 7

1.4.2　常用帮助指令 7

1.4.3　Help 帮助浏览器 8

第2章　符号计算 11

2.1　符号对象的创建 11

2.1.1　创建符号变量和表达式 11

2.1.2　符号与数值之间的转化 15

2.1.3　符号表达式的化简 17

2.2　符号微积分 20

2.2.1　极限和导数的符号计算 20

2.2.2　序列/级数的符号求和 22

2.2.3　符号积分 23

2.3　微分方程的符号解法 25

2.3.1　求微分方程符号解的一般指令 25

2.3.2　符号微分方程解法实例 25

2.4　符号矩阵分析和代数方程解 27

2.4.1　符号矩阵分析 27

2.4.2　线性方程组的符号解法 30

2.5　符号变换及反变换 32

2.5.1　傅里叶变换及其反变换 32

2.5.2　拉普拉斯变换及其反变换 33

2.5.3　*Z* 变换及其反变换 36

2.6　代数状态方程求符号传递函数 38

2.6.1　结构框图的代数状态方程解法 39

2.6.2　信号流图的代数状态方程解法 41

2.7 符号计算的简易绘图函数......43
2.7.1 二维绘图函数......43
2.7.2 三维绘图函数......47
2.7.3 等高线绘图函数......48
2.7.4 三维曲面绘图函数......49

第3章 MATLAB 数组和矩阵运算基础......53
3.1 数组的创建、运算及寻址......53
3.1.1 数组的创建......53
3.1.2 数组的运算规则......58
3.1.3 数组的操作......59
3.1.4 数组的寻址......62
3.1.5 关系和逻辑操作......64
3.2 矩阵分析......67
3.2.1 矩阵运算规则......67
3.2.2 矩阵分析计算......70
3.3 矩阵分解......77
3.3.1 特征值及特征向量......77
3.3.2 奇异值分解......82
3.3.3 LU 分解......84
3.3.4 Cholesky 分解......87
3.3.5 QR 分解......89
3.4 特殊矩阵......92
3.4.1 常用特殊矩阵及其创建......93
3.4.2 其他特殊矩阵......95

第4章 数值计算......101
4.1 数理统计的 MATLAB 求解......101
4.1.1 常用的统计分布指令......102
4.1.2 概率函数、分布函数和随机数......105
4.2 多项式运算......112
4.2.1 多项式的运算及其函数表示......112
4.2.2 有限长序列的卷积......120
4.3 插值和拟合......124
4.3.1 插值......124
4.3.2 拟合......132
4.4 线性方程（组）的求解......140
4.4.1 线性方程的数值求解......140
4.4.2 线性方程组的数值求解......143

4.5 数值微积分 145
4.5.1 数值微分 145
4.5.2 数值积分 148
4.5.3 常微分方程的数值求解 153

第 5 章 MATLAB 绘图处理 161
5.1 概述 161
5.1.1 离散数据图形的绘制 161
5.1.2 连续函数曲线的绘制 162
5.2 二维图形 163
5.2.1 基本绘图函数 163
5.2.2 坐标轴控制和图形标识命令 168
5.2.3 多重曲线绘图 172
5.2.4 ginput 指令简介 175
5.3 三维曲线和曲面 177
5.3.1 三维绘图指令 plot3 177
5.3.2 三维网格指令 mesh 179
5.3.3 三维曲面指令 surf 181
5.3.4 图形视角及透视控制 183
5.3.5 图形着色处理 189
5.3.6 图形光照处理 197
5.4 图形窗功能简介 202
5.4.1 图形窗口的创建 202
5.4.2 图形窗口的菜单 203

第 6 章 M 文件程序设计基础 207
6.1 M 文件 207
6.1.1 M 脚本文件 207
6.1.2 M 函数文件 209
6.1.3 局部变量和全局变量 210
6.1.4 M 函数文件的一般结构 213
6.2 数据及数据文件 214
6.2.1 数据类型 214
6.2.2 数据的输入与输出 216
6.3 程序的流程控制 219
6.3.1 循环语句 219
6.3.2 if 条件语句 224
6.3.3 switch-case 语句 227
6.3.4 控制程序流的其他常用指令 229

6.4 程序的调试与优化......233
6.4.1 程序的直接调试法......233
6.4.2 调试器的使用......238
6.4.3 程序设计优化......239
6.5 MATLAB 函数类别......242
6.5.1 主函数......242
6.5.2 子函数......242
6.5.3 匿名函数......243
6.5.4 嵌套函数......243
6.5.5 私有函数......245
6.6 函数句柄......245
6.6.1 函数句柄的创建和显示......245
6.6.2 函数句柄的基本操作......246

第 7 章 图形用户界面......250
7.1 对象和句柄......250
7.1.1 句柄......250
7.1.2 对象......251
7.2 GUI 图形简介......254
7.2.1 GUIDE 的启动......254
7.2.2 GUI 模板......255
7.2.3 图形用户界面的设计步骤......258
7.2.4 回调函数......259
7.3 GUI 的底层代码实现......264
7.3.1 GUI 底层代码实例......264
7.3.2 常用对象介绍......267
7.4 图形用户界面综合实例......273

第 8 章 Simulink 交互仿真集成环境......277
8.1 Simulink 运行方法及窗口......278
8.2 Simulink 常用模块库......279
8.2.1 连续（Continuous）模块库......280
8.2.2 非连续（Discontinuous）模块库......281
8.2.3 离散（Discrete）模块库......282
8.2.4 数学运算（Math Operations）模块库......283
8.2.5 输出（Sinks）模块库......284
8.2.6 输入源（Sources）模块库......285
8.3 Simulink 功能模块的处理......286
8.3.1 Simulink 模块参数设置......286

8.3.2 Simulink 模块间连线处理......287
8.3.3 Simulink 模块基本操作......289
8.4 Simulink 建模仿真实例......291
8.5 子系统模块封装技术......301
8.5.1 子系统......301
8.5.2 封装模块......305
8.6 S 函数......307
8.6.1 S 函数基本概念......307
8.6.2 S 函数工作原理......307
8.6.3 用 M 文件编写 S 函数......308

第 9 章 MATLAB 在自动控制中的应用......313
9.1 控制系统稳定性分析......313
9.1.1 代数稳定判据......313
9.1.2 根轨迹稳定性分析......317
9.1.3 频域稳定性分析......322
9.1.4 稳态误差的分析......330
9.2 控制系统的性能指标分析......335
9.2.1 控制系统的时域特性......335
9.2.2 控制系统的频域特性......339
9.3 控制系统校正设计的 MATLAB 实现......341
9.3.1 控制系统校正设计概述......341
9.3.2 控制系统伯德图校正设计方法......341
9.3.3 控制系统的根轨迹校正设计......352
9.3.4 单输入单输出系统设计工具......360

第 10 章 最优化方法......365
10.1 线性规划基本内容及 MATLAB 应用......366
10.1.1 引例......366
10.1.2 线性规划的基本算法——单纯形法......367
10.2 无约束最优化......373
10.2.1 无约束最优化的基本算法......374
10.2.2 MATLAB 解优化问题......377
10.3 非线性规划......385
10.3.1 非线性规划的基本概念......385
10.3.2 惩罚函数法......386
10.3.3 MBTLAB 求解......387

第 11 章 数字信号处理......394
11.1 数字信号处理与离散时间系统......394
11.1.1 数字信号处理概述......394
11.1.2 数字信号处理的基本概念......395
11.1.3 离散时间信号......396
11.1.4 常用信号生成函数......405
11.1.5 离散时间信号的相关性......406
11.2 序列的傅里叶变换的 MATLAB 实现......408
11.2.1 序列的傅里叶变换公式......408
11.2.2 周期序列离散傅里叶级数及傅里叶变换的 MATLAB 实现......411
11.3 利用 *Z* 变换分析信号和系统频域特性的 MATLAB 实现......412
11.3.1 *Z* 变换的定义......412
11.3.2 *Z* 变换的收敛域......413
11.3.3 *Z* 变换的性质......414
11.3.4 *Z* 变换的 MATLAB 求解......415
11.3.5 利用 *Z* 变换求解差分方程......417
11.3.6 利用 *Z* 变换分析系统频域特性......420
11.4 离散傅里叶变换（DFT）的 MATLAB 实现......424
11.4.1 DFT 的定义和性质......425
11.4.2 DFT 的 MATLAB 实现......426
11.4.3 离散傅里叶级数及其 MATLAB 实现......427
11.5 快速傅里叶变换及其应用的 MATLAB 实现......429
11.5.1 快速傅里叶变换的基本用法......429
11.5.2 快速傅里叶变换的应用举例......431
11.6 无限脉冲响应数字滤波器的设计及 MATLAB 实现......438
11.6.1 数字滤波器概述......439
11.6.2 IIR 滤波器的设计方法......440
11.6.3 滤波器的性能指标及 MATLAB 函数......443
11.6.4 IIR 数字滤波器设计常用的 MATLAB 函数......444
11.6.5 IIR 数字滤波器的设计......446
11.6.6 MATLAB 提供的 IIR 滤波器设计函数：完全设计法......452
11.6.7 IIR 数字滤波器的直接设计法......455
11.7 FIR 数字滤波器设计及 MATLAB 实现......458
11.7.1 FIR 数字滤波器概述......458
11.7.2 窗函数设计 FIR 滤波器......460
11.7.3 MATLAB 提供的窗函数及窗函数设计的 MATLAB 实现......461
11.7.4 FIR 数字滤波器的最优化设计及 MATLAB 实现......474

第 12 章 图像处理........480
12.1 数字图像的基本原理........481
12.1.1 数字图像的表示........481
12.1.2 数字图像的 MATLAB 操作基础........481
12.1.3 数字图像的类型及其转换........485
12.2 图像增强........496
12.2.1 灰度变换增强........496
12.2.2 直方图增强........500
12.2.3 图像平滑........503
12.2.4 图像锐化........514
12.2.5 频域增强........518
12.3 图像复原........523
12.3.1 退化模型........523
12.3.2 无约束图像复原........525
12.3.3 有约束图像复原........525
12.4 二值形态学操作........528
12.4.1 膨胀和腐蚀........528
12.4.2 开操作和闭操作........529
12.4.3 膨胀和腐蚀的 MATLAB 实现方法........529
12.4.4 一些基本的形态学算法........531
12.5 图像压缩编码........532
12.5.1 图像压缩编码概述........532
12.5.2 无损压缩技术........533
12.5.3 有损压缩技术........534
12.6 图像分割........534
12.6.1 边缘检测方法........534
12.6.2 阈值分割技术........537
12.6.3 区域分割技术........538

第 13 章 系统辨识........540
13.1 系统辨识的基本理论........540
13.1.1 系统和模型........540
13.1.2 辨识问题........541
13.1.3 系统辨识的步骤........541
13.1.4 系统辨识的误差准则........542
13.2 最小二乘法参数辨识及其 MATLAB 仿真........544
13.2.1 最小二乘法的基本原理........544
13.2.2 加权最小二乘法的基本原理........546
13.2.3 最小二乘法的递推算法........550

13.2.4 增广最小二乘法及 MATLAB 实现......556
13.3 参数的梯度校正辨识......561
13.3.1 确定性问题的梯度校正参数辨识及 MATLAB 实现......561
13.3.2 随机问题的梯度校正参数辨识......568
13.3.3 随机逼近法......570
13.4 极大似然估计参数辨识......573
13.4.1 极大似然参数辨识的基本概念......573
13.4.2 系统模型参数的极大似然估计......575
13.4.3 递推的极大似然参数估计......581
13.5 Bayes 辨识方法及 MATLAB 实现......587
13.5.1 Bayes 辨识方法的基本原理......587
13.5.2 最小二乘模型的 Bayes 参数辨识......588
13.5.3 MATLAB 仿真实例......589
13.6 神经网络模型辨识方法及 MATLAB 实现......593
13.6.1 神经网络基本介绍......594
13.6.2 BP 神经网络......597
13.6.3 RBF 神经网络辨识......603
13.7 模糊系统辨识及 MATLAB 实现......607
13.7.1 模糊理论概述......608
13.7.2 基于 T-S 模型的模糊系统辨识......614
13.7.3 模糊逼近......616

第 14 章 自抗扰控制技术的 MATLAB 实现......621

14.1 经典 PID 控制器......621
14.1.1 经典 PID 控制律......621
14.1.2 经典 PID 的优势与不足......625
14.2 安排过渡过程仿真......626
14.3 微分跟踪器及其 MATLAB 仿真......633
14.3.1 经典微分环节的噪声放大效应......633
14.3.2 微分跟踪器......634
14.3.3 最速控制综合函数......641
14.4 误差反馈控制律......648
14.5 扩张状态观测器......654
14.5.1 状态观测器......654
14.5.2 扩张状态观测器......666
14.5.3 高增益状态观测器......673
14.6 自抗扰控制器......681
14.6.1 自抗扰控制器设计方法......681
14.6.2 改进的非线性 PID 控制器......682

14.6.3 自抗扰控制器......689

第 15 章 模糊控制及其 MATLAB 应用......701
15.1 模糊控制的基本理论......701
15.1.1 概述......701
15.1.2 模糊集合的相关概念......702
15.1.3 模糊集合的基本运算......703
15.1.4 隶属函数......705
15.1.5 模糊推理规则......715
15.2 模糊控制系统的设计......718
15.2.1 模糊控制系统的组成......718
15.2.2 模糊控制系统的设计方法......718
15.3 MATLAB 模糊逻辑工具箱......721
15.3.1 模糊推理系统编辑器......722
15.3.2 隶属度函数编辑器......723
15.3.3 模糊规则编辑器......724
15.3.4 模糊规则观察器......724
15.3.5 模糊推理输入/输出曲面观察器......725
15.3.6 使用 MATLAB 命令实现模糊逻辑系统......731
15.3.7 模糊逻辑工具箱命令函数简介......735
15.4 Sugeno 型模糊推理系统......758
15.4.1 Sugeno 型模糊推理系统简介......758
15.4.2 Sugeno 型模糊推理系统实例......758
15.4.3 Mamdani 系统与 Sugeno 系统的比较......761
15.5 模糊理论在控制工程中的应用......761
15.5.1 模糊控制......761
15.5.2 模糊建模......766
15.5.3 模糊控制与 Simulink 的结合应用......769

14.9.3 [illegible] …… 699

第15章 模糊控制及其MATLAB实现 …… 701

15.1 [illegible] …… 701

15.1.1 [illegible] …… 701

15.1.2 [illegible] …… 702

15.1.3 [illegible] …… 703

15.1.4 [illegible] …… 706

15.1.5 [illegible] …… 711

15.1.6 [illegible] …… 712

15.2 [illegible] …… 714

15.2.2 [illegible] …… 719

15.3 MATLAB模糊逻辑工具箱 …… 721

15.3.1 [illegible] …… 722

15.3.2 [illegible] …… 723

15.3.3 [illegible] …… 724

15.3.4 [illegible] …… 724

15.3.5 [illegible] …… 726

15.3.6 [illegible] …… 731

15.3.7 [illegible] …… 735

15.4 Sugeno型[illegible] …… 758

15.4.1 Sugeno[illegible] …… 758

15.4.2 Sugeno[illegible] …… 758

15.4.3 Mamdani[illegible]Sugeno[illegible] …… 761

15.5 [illegible] …… 761

15.5.1 [illegible] …… 761

15.5.2 [illegible] …… 766

15.5.3 [illegible]Simulink[illegible] …… 769

第1章 基础入门

本章讲解 MATLAB 的基础内容，主要包括 MATLAB 软件的安装、操作界面的组成及 MATLAB 帮助系统的使用。本章内容是学习 MATLAB 的必备知识，是学习 MATLAB 的开始。读者应仔细阅读本章内容，为以后的学习打下坚实的基础。

本章内容

- MATLAB 的安装。
- MATLAB 的启动。
- MATLAB 的操作界面。
- M 文件编辑器。
- MATLAB 的帮助系统。

1.1 MATLAB 的安装

MATLAB 只有在适当的外部环境中才能正常运行，也只有按照指定的安装步骤进行安装才能够正常使用。下面介绍软件的安装过程。

1. 打开软件安装包，双击 setup.exe 应用程序，打开的安装启动界面如图 1-1 所示。

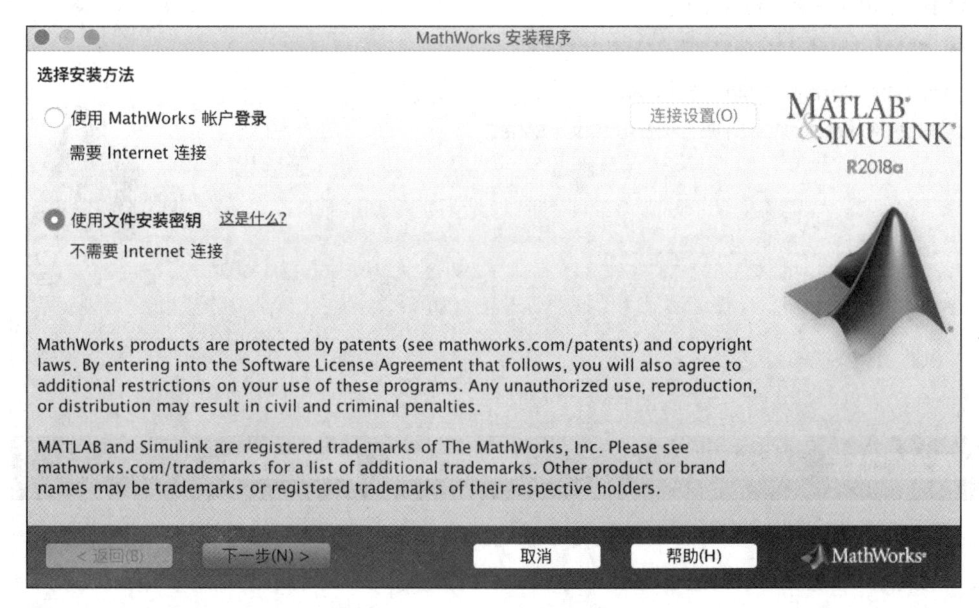

图 1-1 MATLAB 安装启动界面

2. 选择“使用文件安装密钥”选项，单击“下一步”按钮，在许可协议中选择“是”选项后单击“下一步”按钮，如图 1-2 所示。

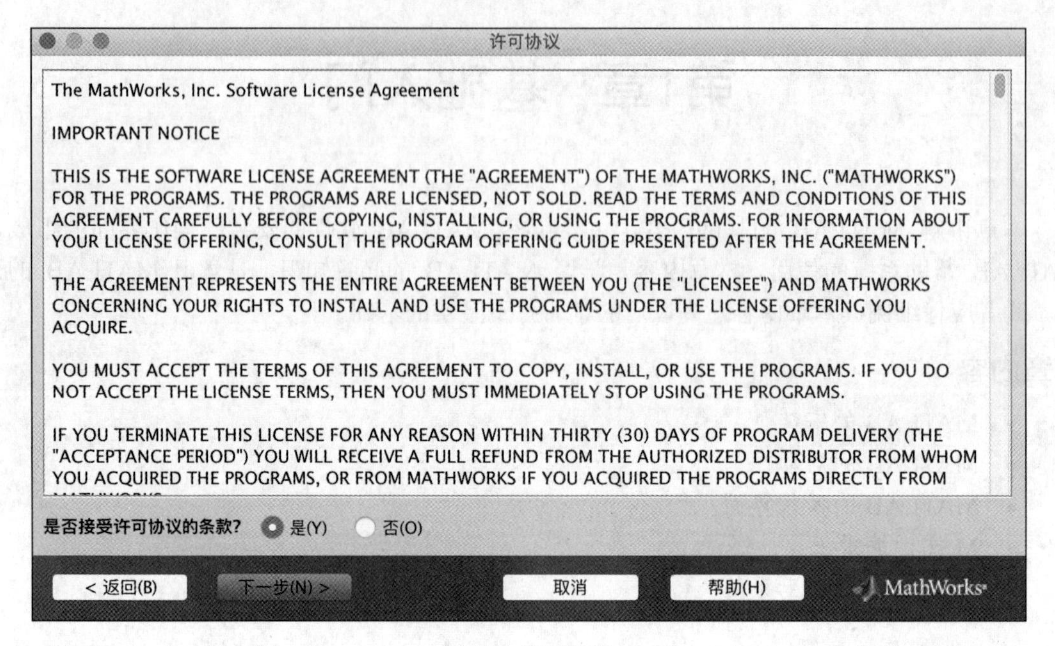

图 1-2 许可协议

3. 输入文件安装密钥，单击“下一步”按钮，如图 1-3 所示。若是没有文件安装密钥，则软件安装之后只能试用一定的时间。

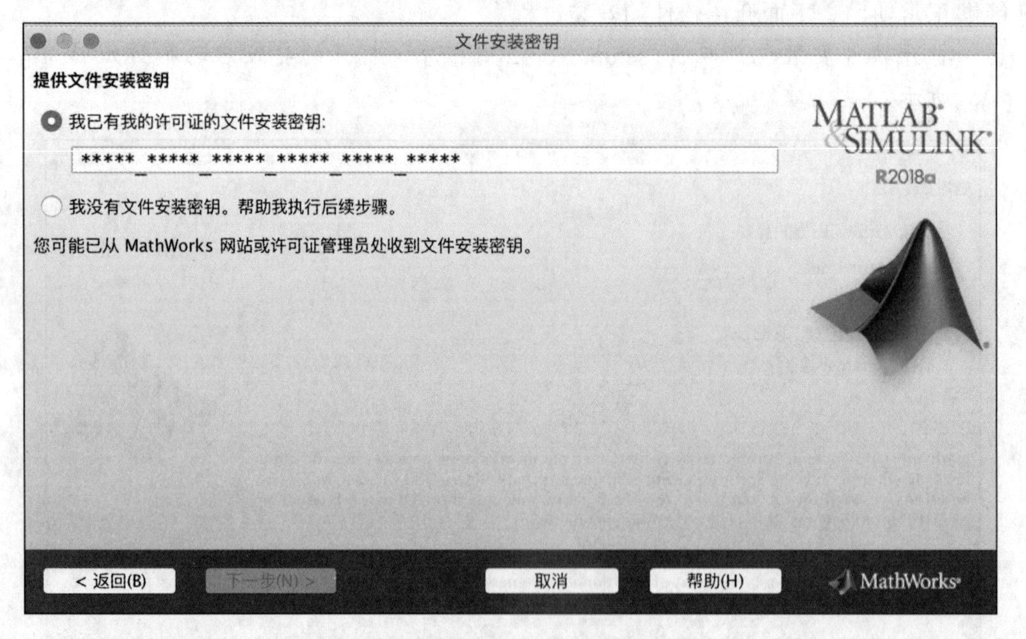

图 1-3 输入文件安装密钥

4. 选择软件安装文件夹，如图 1-4 所示。

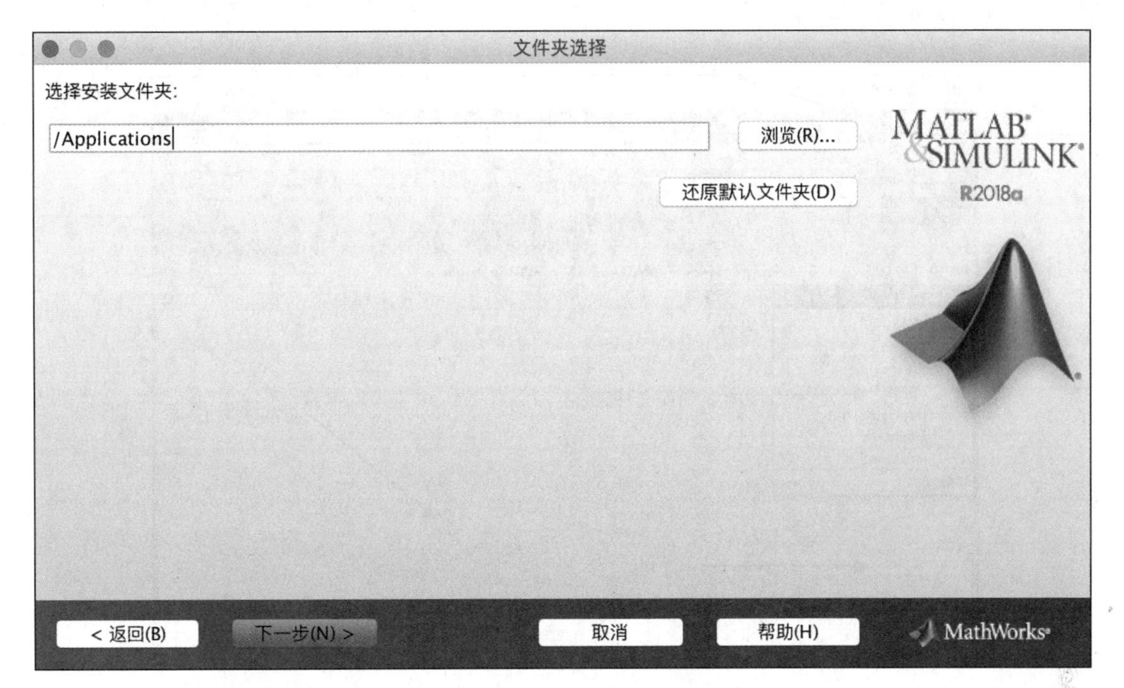

图 1-4　选择软件安装路径

5. 单击“下一步”按钮，即可安装软件。软件安装时间比较长，读者需要耐心等待。

1.2 MATLAB 的启动及操作界面

1.2.1 MATLAB 的启动

软件安装之后，一般会在桌面生成快捷方式，如图 1-5 所示，双击即可启动 MATLAB 软件。

图 1-5　MATLAB 快捷方式

若是桌面上不存在 MATLAB 快捷方式，则可以找到 MATLAB 文件夹下的快捷方式图标（见图 1-5），双击该图标，同样可以启动 MATLAB 软件。

1.2.2 MATLAB 的操作界面

启动 MATLAB 之后，可以看到 MATLAB 的操作界面。该操作界面是一个高度集成的 MATLAB 工作界面，主要包括菜单栏、命令行窗口、当前文件夹、工作区，如图 1-6 所示。

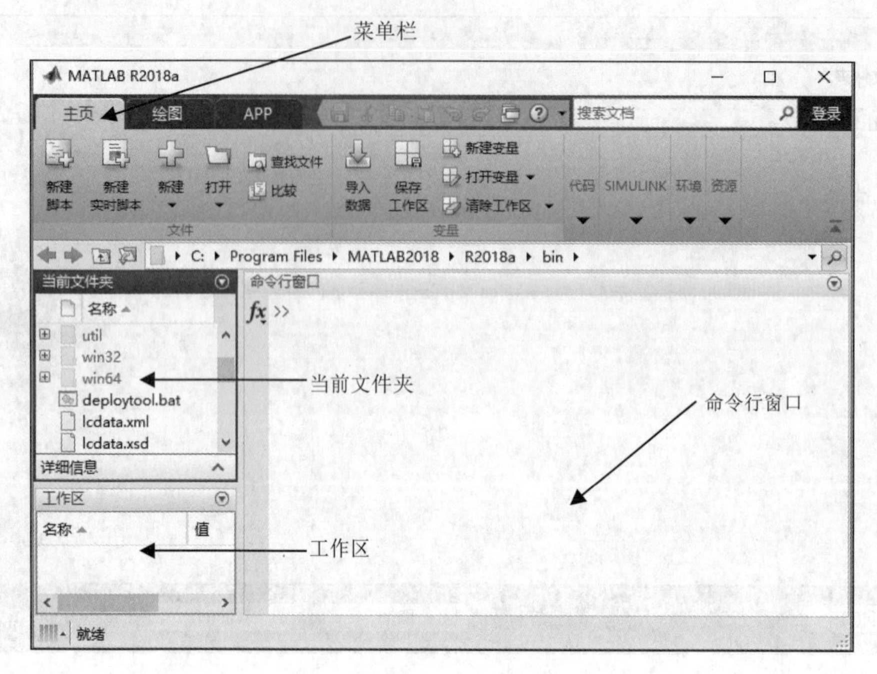

图 1-6　MATLAB 操作界面

（1）菜单栏。MATLAB 软件的菜单栏包括主页、绘图、APP 3 个主功能区，各个功能区下面包含详细的内容。主页下包括文件、变量、代码、SIMULINK、环境、资源 6 个部分；绘图下包括所选内容、绘图、选项 3 个部分；APP 下包括文件、APP 两个部分。各个部分下包含多个更为细致的功能。

（2）命令行窗口。该窗口是 MATLAB 软件的主要操作界面。在该界面中，可以输入各种计算表达式，显示图形外的所有运算结果，而且当程序出现语法错误或是计算错误时，会在该窗口给出错误提示信息。

（3）当前文件夹。在当前文件夹中，可以查看子目录、M 文件、MAT 文件和 MDL 文件等，并且可以对其中的文件进行相应的操作。例如，可以对 M 文件进行复制、编辑和运行等。

（4）工作区。程序运行的所有变量名、大小及字节数等都保存在工作区中，同时，我们可以对该空间中的变量进行查看、编辑等操作。若要清除工作区，只需在指令窗口中输入 clear 指令，然后按 Enter 键即可。

1.3　M 文件编辑器

对于一些比较简单的计算语句，我们可以直接在指令窗口中输入相应的程序代码。但是对于复杂的程序，若是直接在指令窗口中输入，那么会经常出现错误，同时，程序的修改也会显得比较麻烦。M 文件则不会出现这样的情况。所以，这里建议读者在编写程序时，尽量都使用 M 文件，以便进一步修改。因此，本节对 M 文件编辑器的启动方法及用 M 文件编写程序做一些简单的介绍，使读者对 M 文件编辑器有一定的了解，为以后的 MATLAB 学习打下基础。

1.3.1　M 文件编辑器的启动

M 文件编辑器如图 1-7 所示，它不会随着 MATLAB 的启动而启动。用户在需要使用 M 文件时，才启动它。

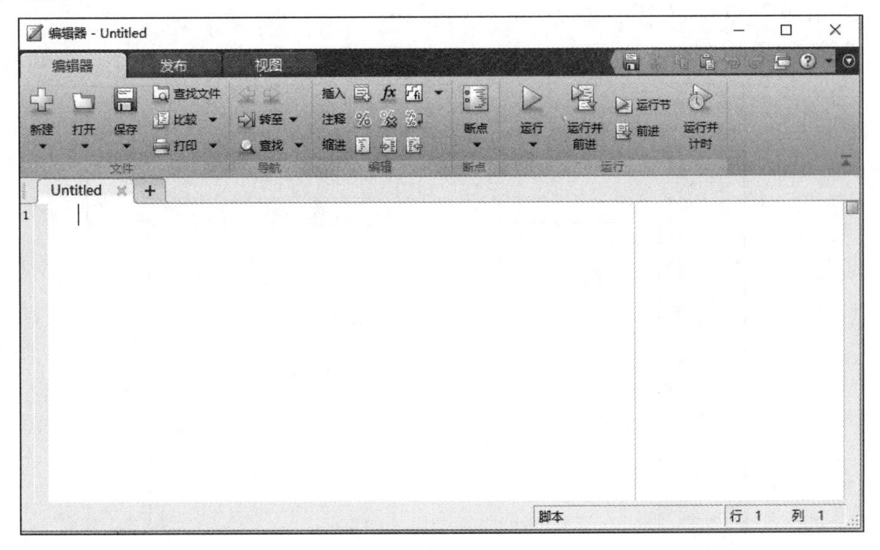

图 1-7　M 文件编辑器

M 文件编辑器的启动方法有以下几种。

- 单击 MATLAB 操作界面左上角的“新建脚本”，即可启动 M 文件编辑器。
- 单击 MATLAB 操作界面左上角的“新建”>“脚本”，即可启动 M 文件编辑器。
- 在指令窗口中输入 edit 指令，同样可以启动 M 文件编辑器。
- 按快捷组合键 Ctrl+N，也可以启动 M 文件编辑器。

用户可以根据自己的使用习惯，选择一种快捷的启动方式。

1.3.2　用 M 文件编写简单的程序

例如，用 M 文件编写程序，绘制正弦函数 y=sin(x)在 0～2π 的曲线。

具体步骤如下。

1. 启动 M 文件编辑器。按快捷组合键 Ctrl+N，启动 M 文件编辑器。
2. 输入如下程序。

```
t=0:0.01:2*pi;

y=sin(t);

plot(t,y,'-r');        %绘图函数

grid;
```

3. 保存 M 文件。选择保存 M 文件的路径，并取名 sin(x)，则保存之后的文件名会在后面自动添加后缀.m，也就是文件名为 sin(x).m。

4. M 文件程序运行。M 文件运行有两种方式：一种是直接在 M 文件编辑器中，将该文本添加到搜索路径中，然后单击“运行”按钮，如图 1-8 所示；另一种是选中运行的程序段，然后单击右键，选择“执行当前节”命令，即可运行所选中的程序。

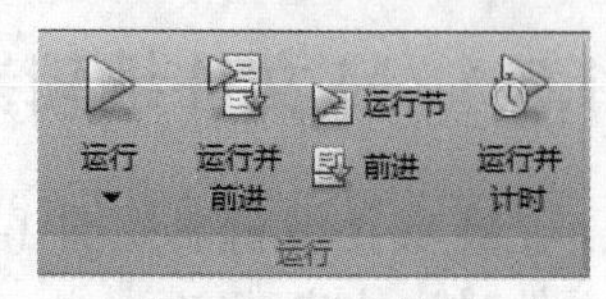

图 1-8 运行按钮

程序运行结果如图 1-9 所示。

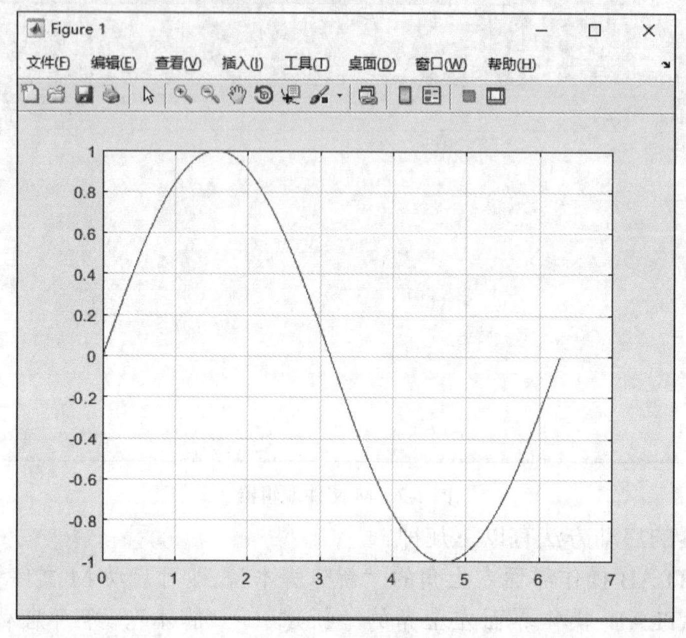

图 1-9 正弦函数

说明

（1）本例中的 plot 绘图函数，将在第 5 章中讲解，这里读者只需适当了解即可。

（2）在 M 文件中，可以对程序进行注释。在语句后面添加“%”即可对程序进行注解。或者按快捷组合键 Ctrl+R，可以对选中的程序进行注解；若是要取消注解，按快捷组合键 Ctrl+T。

1.4 MATLAB 帮助系统及其使用

开始学习 MATLAB 时，初学者可能不知道 MATLAB 的各种功能，以及某一条 MATLAB 指令的具体功能，用户也可能不了解更高版本的 MATLAB 所添加的新功能、新特点等，这些都可以在帮助系统里面找到相应的答案。MATLAB 在帮助系统方面的改进，考虑了不同用户的不同需求，构成了一个比较完备的帮助体系。并且，随着版本的升级，帮助系统也得到了更进一步的完善。本节旨在介绍 MATLAB 帮助系统，使读者对该部分有初步的了解，并随着往后的学习，能够熟练使用 MATLAB 的帮助系统解决学习过程中所出现的问题。只有这样，读者才能更好地运用 MATLAB，快捷、可靠、有效地独立解决自己面临的各种问题。

1.4.1　帮助系统的类型

MATLAB 帮助系统的类型及特点如表 1-1 所示。

表 1-1　　MATLAB 帮助系统的类型及特点

帮助系统类型	特点
指令窗帮助系统	以文本形式给出，不适合系统阅读
Help 帮助浏览器	以 HTML 形式给出，系统地描述了 MATLAB 的规则和用法，适用于系统阅读和交叉阅读，是 MATLAB 中最重要的帮助系统
Web 网络帮助系统	包括各种 PDF 文件、视频演示文件及各种讨论组等

1.4.2　常用帮助指令

对于知道具体 MATLAB 函数名字而不知道其使用方法的，使用 help 或 doc 指令，就可以查询该函数的具体功能和使用方法。help 和 doc 指令的使用方法如表 1-2 所示。

表 1-2　　help 和 doc 指令的使用方法

指令	使用方法
help	列出所有函数的分组名
help 函数分组名	列出指定名称函数组中的所有函数，如 help plot
help 函数名	给出指定函数名的使用方法，如 help sin
helpwin	列出所有函数的分组名（与 help 指令获得的帮助信息一样，只是将其在 Help 帮助浏览器中打开）
helpwin 函数分组名	列出指定名称函数组中的所有函数
helpwin 函数名	给出指定函数名的使用方法
doc 工具箱名称	列出指定名称的工具箱中所包含的函数名
doc 函数名称	给出指定函数名称的具体使用方法

例如，刚开始学习，我们不知道 plot 函数的使用方法，那么就可以通过帮助系统，查看 plot 函数的具体使用方法。在指令窗口中输入 doc plot 或 help plot，就可以找到 plot 函数的使用方法。

```
>> doc plot
```

那么，通过 doc 指令查找的 plot 函数的使用方法如图 1-10 所示。

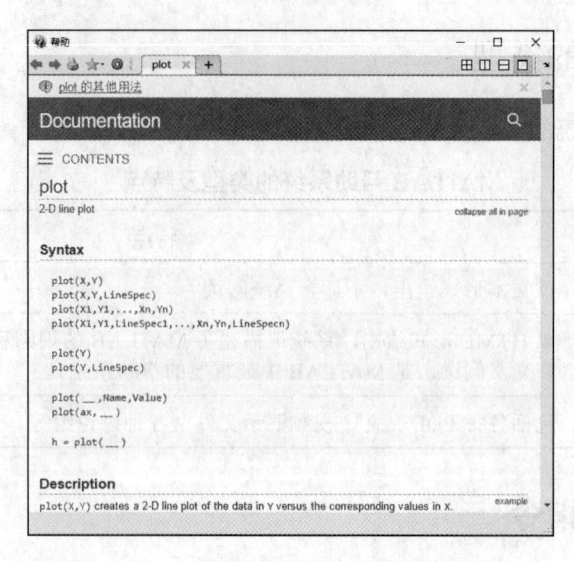

图 1-10 doc 指令查找的 plot 函数的使用方法

\>> help plot

那么，通过 help 指令查找的 plot 函数的使用方法如图 1-11 所示。

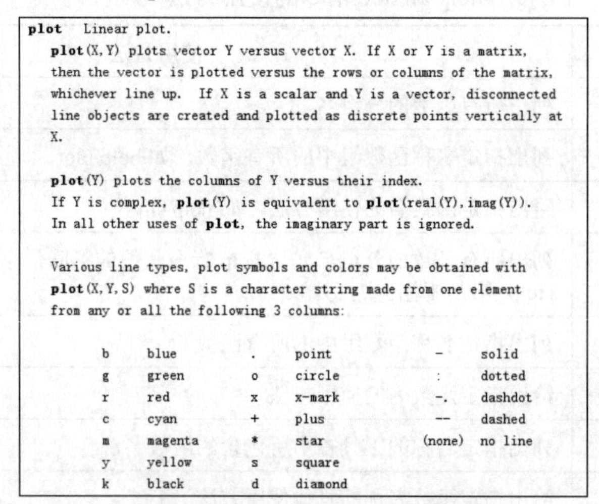

```
plot   Linear plot.
   plot(X,Y) plots vector Y versus vector X. If X or Y is a matrix,
   then the vector is plotted versus the rows or columns of the matrix,
   whichever line up.  If X is a scalar and Y is a vector, disconnected
   line objects are created and plotted as discrete points vertically at
   X.

   plot(Y) plots the columns of Y versus their index.
   If Y is complex, plot(Y) is equivalent to plot(real(Y),imag(Y)).
   In all other uses of plot, the imaginary part is ignored.

   Various line types, plot symbols and colors may be obtained with
   plot(X,Y,S) where S is a character string made from one element
   from any or all the following 3 columns:

          b     blue          .     point              -     solid
          g     green         o     circle             :     dotted
          r     red           x     x-mark             -.    dashdot
          c     cyan          +     plus               --    dashed
          m     magenta       *     star             (none)  no line
          y     yellow        s     square
          k     black         d     diamond
```

图 1-11 help 指令查找的 plot 函数的用法

提示：图 1-11 中只显示了 plot 函数的部分内容，更详细的内容读者可以在自己的计算机中查看。

1.4.3 Help 帮助浏览器

Help 帮助浏览器是 MATLAB 专门创建的 HTML 帮助系统，其内容均来源于所有的 M 文件，描述更加详细，人机界面更加友善，阅读也相对比较方便。因此，它是所有帮助系统中最重要的一种，用户可以在该帮助系统中查到自己想要的函数及其用法等一切内容。

Help 帮助浏览器的启动方式有 3 种，分别如下。

- 单击工具栏上的 ? 按钮。

- 选择下拉菜单项“帮助” > “文档”。
- 在 MATLAB 指令窗口中输入 doc。

打开的窗口如图 1-12 所示。

图 1-12　Help 帮助浏览器

在图 1-12 所示的帮助浏览器中，可以看到里面有 MATLAB 的各个工具箱，用户可以查看每个工具箱里面的所有函数及其使用方法。想要查看某个工具箱，用鼠标单击该工具箱名字即可。例如查看 Simulink 工具箱，用鼠标单击 Simulink，则会出现图 1-13 所示的界面。

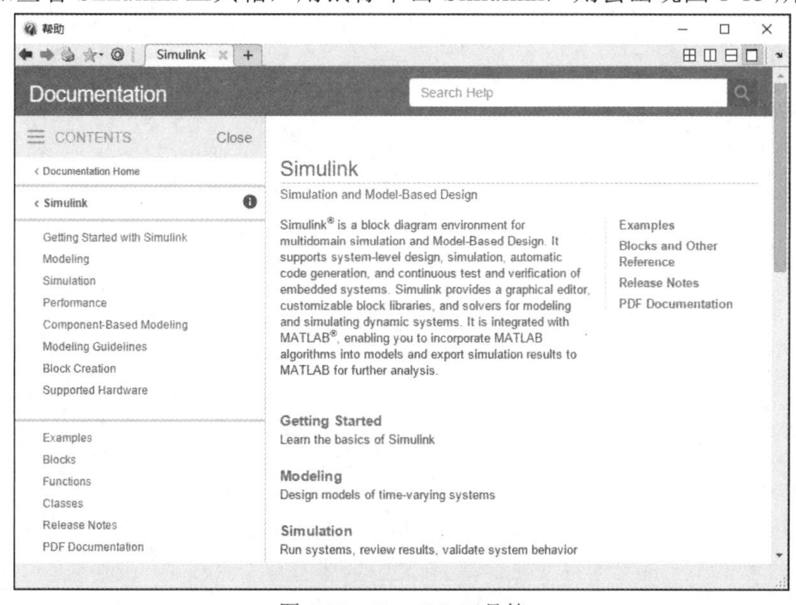

图 1-13　Simulink 工具箱

再如，要查看图像处理工具箱中的图像读入函数 imread 的使用方法，可以单击 Image

Processing Toolbox>Functions>imread，显示内容如图 1-14 所示。从图中可以看到 imread 函数的各种调用方式，以及对每种调用方式的具体描述。

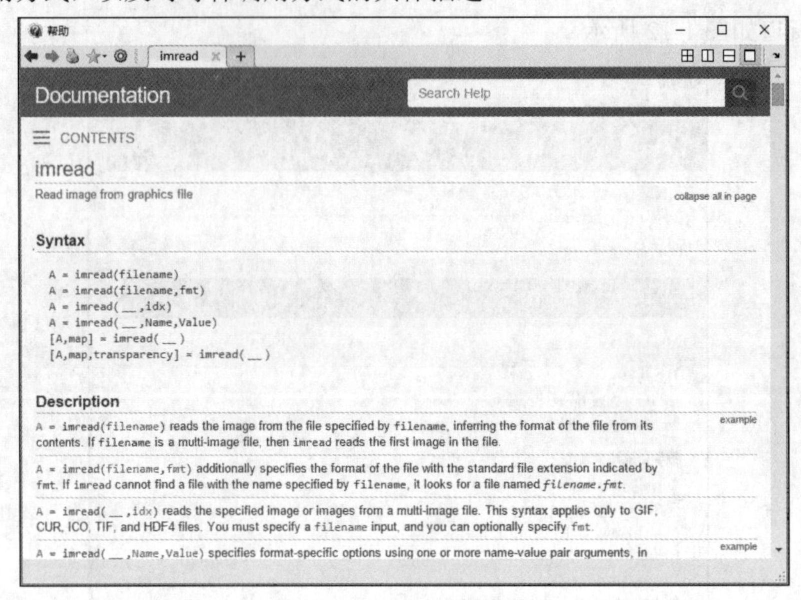

图 1-14　imread 函数

因此，Help 帮助浏览器对用户学习 MATLAB 有着非常重要的作用。

第2章 符号计算

MATLAB 符号工具箱将符号计算与数值计算在形式和风格上进行统一。MATLAB 提供了非常强大的符号计算功能，可以代替其他的符号计算专用计算语言，同时也可以按照推理解析的方法进行计算。在 MATLAB 中，符号计算功能是建立在数学软件 Maple 基础之上的。在进行符号计算时，MATLAB 首先会调用 Maple 进行计算，然后将计算结果返回到命令窗口中。MATLAB 提供的符号计算功能主要包括以下几个方面。

（1）计算：微分、积分、极限、求和及 Taylor 展开式等。

（2）线性代数求解：逆矩阵、行列式的值、矩阵特征值、奇异值分解等线性代数的内容。

（3）化简：代数表达式的进一步化简，化简至最简形式。

（4）方程求解：代数方程和微分方程的求解。

（5）其他数学方程：傅里叶变换、拉普拉斯变换、Z 变换及各自所对应的逆变换等的计算。

本章内容

- 符号对象的创建。
- 微积分的符号计算。
- 微分方程的符号解法。
- 矩阵符号计算。
- 符号变换及反变换。
- 代数状态方程传递函数的符号求解。
- 符号计算的简易绘图函数。

2.1 符号对象的创建

2.1.1 创建符号变量和表达式

符号对象是符号工具箱中的一种数据类型。符号对象是符号的字符串表示。在符号工具箱中，符号对象表示符号变量、表达式和方程。符号运算仍然需要首先创建符号对象，如符号常数、符号变量、符号表达式等。

符号对象可以通过 sym 和 syms 函数来定义。下面介绍这两个函数的调用格式。

一、sym 函数

sym 函数用于生成单个的符号变量，其调用格式主要有以下几种。

var=sym('var');　　　　　　　　产生符号变量 var。

var=sym('var',set);　　　　　　产生符号变量 var，并且声明变量 var 属于集合 set。

sym('var','clear');　　　　　　清除之前已经设置的符号变量。

Num=sym(Num);　　　　　　　　将数字变量或数字矩阵 Num 转换成符号形式。

Num=sym(Num,flag);　　　　　　将数字变量或数字矩阵 Num 转换成符号形式，第二个参数表示转换后的数据类型，其取值为 r、d、e 和 f 中的一个。

A=sym('A',dim);　　　　　　　产生向量或矩阵符号变量。

A=sym('A',set);　　　　　　　A 为已经存在的符号向量或矩阵，A 的所有元素均属于集合 set，该表达式不是产生符号变量 A。若是要产生向量或矩阵符号变量，则可以使用表达式 A=sym('A',[m,n])或 A=sym('A',n)。

sym(A,'clear');　　　　　　　清除之前设置的符号变量 A。

f(arg1,arg2,…argN)=sym('f(arg1,arg2,…argN)');　　　产生符号函数 f，并且声明符号函数的输入变量 arg_1，arg_2，…，arg_N。该调用格式不是产生输入变量 arg_1，arg_2，…，arg_N；输入变量必须是已经存在的符号变量。

【实例 2-1】 使用 sym 函数产生符号表达式 $f = a\sin x + be^x$。

思路·点拨

本例可以使用两种方法生成该符号表达式，一种是采用逐个变量定义法，另一种是采用整体定义的方法定义符号表达式。使用 sym 函数上述的调用格式调用即可。

结果文件——配套资源“Ch2\SL201”文件

解：方法一：逐个变量定义法，程序如下。

```
a=sym('a');
b=sym('b');
x=sym('x');
e=sym('e');
f=a*sin(x)+b*e^x
```

程序运行结果如下。

```
f =

a*sin(x) + b*e^x
```

方法二：采用整体定义表达式的方法，程序如下。

```
f=sym(a*sin(x)+b*e^x)
```

程序运行结果如下。

```
f =


a*sin(x) + b*e^x
```

比较上述两种方法可以看出，使用方法二能够减少程序的输入，而且输出结果与方法一相同，因此，方法二是一种更为简洁的方法。

二、syms 函数

syms 用于一次生成多个符号变量，但不能用于生成表达式。其主要调用格式有以下几种。

```
syms var1,…varN;            生成符号变量 var1，…，varN。
syms var1,…varN set;        生成符号变量 var1，…，varN，并且声明符号变量属于集合 set，
其中 set 为实数或虚数。
syms var1,…varN clear;      清除已经声明的符号变量 var1，…，varN。
syms f(arg1,…,argN);        生成符号函数 f，符号变量 var1，…，varN 表示符号函数 f 的输入变量。
```

例如，生成符号变量 x、y，假设 x 和 y 为实数，则代码如下。

```
sym x y real;
```

例如，产生符号表达式 $f(x,y)=x+2y$，则代码如下。

```
syms f(x,y);
f(x,y)=x+2*y
```

再例如，产生符号矩阵 $\boldsymbol{f}(x)=\begin{bmatrix} x & x^2 \\ x^3 & x^4 \end{bmatrix}$，并且求在 x=2 时的值，其代码如下。

```
syms x;
f(x)=[x x^2;x^3 x^4]
f(2)
```

程序运行结果如下。

```
f(x) =


[   x, x^2]
[ x^3, x^4]



ans =


[ 2,  4]
[ 8, 16]
```

三、symvar 函数

该函数用于确定一个表达式中所有存在的符号变量。其调用格式有以下两种。

symvar(s);　　　返回一个包含在符号表达式 s 中的所有符号变量。

symvar(s,n);　　　返回一个包含 n 个在表达式 s 中的符号变量向量。如果 s 是一个符号表达式，则返回 s 的输入变量。

例如，找到符号表达式 f 中的所有符号变量，其中符号表达式 f 为

```
f(a,b)=a^2/(sin(3-b));
```

那么在程序中输入以下语句：

```
symvar(f)
```

程序的输出结果如下。

```
ans =

[ a, b ]
```

提示：该函数的返回值都是一个行向量。

四、subs 函数

subs 函数可以将符号表达式中的符号变量用数值代替，其主要调用格式如下。

g=subs(f,old,new);　　　在表达式中，用 new 代替 old 中的值，并计算。

g=subs(f,new);　　　用 new 代替表达式中所有默认的符号变量的值，并计算。

g=subs(f);　　　替换符号表达式中所有的符号变量，其值可以从调用函数和 MATLAB 工作空间中调用，然后计算符号表达式的值。没有指定值的变量仍然可以作为变量。

例如，用 $x=\dfrac{\pi}{4}$ 代替符号表达式 $f=x+2\sin x$ 中的值，并计算 f 的值，其代码如下。

```
syms x;
f=x+2*sin(x)
subs(f,pi/4)
```

程序运行结果如下。

```
f =

x + 2*sin(x)

ans =

pi/4 + 2^(1/2)
```

函数 subs 在多变量符号表达式中的应用举例如下。

已知符号表达式 $f=x^2+y^2$，分别用 $x=3$，$y=4$ 代替符号表达式中的 x 和 y，并计算表达式

的值。程序如下。

```
syms x y;
f=x^2+y^2;
g=subs(f,x,3)
subs(g,y,4)
```

程序运行结果如下。

```
g =

y^2 + 9

ans =

25
```

2.1.2　符号与数值之间的转化

上一小节中我们已经讲述了 sym 函数的应用。其中有一条调用格式为 Num=sym(Num,flag)，该调用格式为符号与数值计算之间的转化。转化的方式则由参数 *flag* 来确定，分别为 *r*、*d*、*e* 和 *f*。下面通过具体例子讲解符号与数值之间的转化关系。

【实例 2-2】使用 Num=sym(Num,flag)调用格式，比较 *flag* 取不同的值时，输出结果的差异。

思路·点拨

sym 函数中参数 *flag* 的默认值为 *r*。

结果文件——配套资源“Ch2\SL202”文件

解：具体程序如下。

```
t=0.1;
sym(t)
sym(t,'r')
sym(t,'f')
sym(t,'d')
sym(t,'e')
```

输出结果为

```
ans =

1/10
```

```
ans =

1/10

ans =

3602879701896397/36028797018963968

 ans =

0.1000000000000000055511151231257 8

ans =

eps/40 + 1/10
```

根据上述例子，读者可以比较出参数 *flag* 取不同的值时，其输出结果的差异。sym 函数除了将符号转换为数值之外，还可以将数值转化为符号。

【实例 2-3】将数值矩阵 $\boldsymbol{A}=\begin{bmatrix}0.3 & 0.5 & 0.3 & 0.2\\1.0 & 0.4 & 0.7 & 0.8\\0.5 & 0.5 & 0.3 & 0.25\\0.6 & 0.9 & 0.35 & 0.5\end{bmatrix}$ 转化为符号矩阵。

思路·点拨

本例仍然是一个 sym 函数的简单应用的例子。使用 sym(*A*)即可将该数值矩阵转化为符号矩阵。

结果文件——配套资源“Ch2\SL203”文件

解：具体程序如下。

```
A=[0.3 0.5 0.3 0.2;
1.0 0.4 0.7 0.8;
0.5 0.5 0.3 0.25;
0.6 0.9 0.35 0.5];
sym(A)
```

程序运行结果如下。

```
ans =
```

```
[ 3/10,  1/2, 3/10, 1/5]
[   1,  2/5, 7/10, 4/5]
[  1/2,  1/2, 3/10, 1/4]
[  3/5, 9/10, 7/20, 1/2]
```

2.1.3 符号表达式的化简

数学表达式有各种不同的形式。对于具体问题，它们各具特点。例如，对于多项式，有普通的降幂排列的 x 的幂的多项式，也可以写成因子乘积，还可以写成嵌套形式。工具箱应用各种代数和三角恒等式把一个函数表达式转换成另外一种等价的表达式，称为符号表达式的化简。

MATLAB 提供了多种符号表达式的操作命令，具体有合并同类项（collect）、对指定项展开（expand）、因式或因子分解（factor）、转换成嵌套形式（horner）、提取公因子（numden）、恒等式化简（simplify）、习惯书写方式表达（pretty）。现将各个函数的调用格式讲解如下。

一、collect 函数

用途：合并同类项。

调用格式：

```
R=collect(s);               返回合并同类项之后的表达式。
R=collect(s, v);            合并含有变量 v 的同类项。
```

例子：

```
syms x y;
R1=collect((exp(x)+x)*(x+2))
R2=collect((x+y)*(x^2+y^2+1),y)
```

程序运行结果如下。

```
R1 =


x^2 + (exp(x) + 2)*x + 2*exp(x)


R2 =


y^3 + x*y^2 + (x^2 + 1)*y + x*(x^2 + 1)
```

二、expand 函数

用途：对指定项展开。

调用格式：

```
expand(s);                    对符号表达式 s 进行多项式展开。
expand(s,name, value);        对符号表达式添加其他选项进行展开。该调用格式读者适当地了解即可。
```

例子：

```
syms x
expand((x-2)*(x-4))
```

程序运行结果：

```
ans =

x^2 - 6*x + 8
```

例子：

```
syms x y
expand(cos(x+y))
```

程序运行结果：

```
ans =

cos(x)*cos(y) - sin(x)*sin(y)
```

三、factor 函数

用途：因式或因子分解。

调用格式：

```
f=factor(n);        返回 n 的因子，其结果为一个行向量。
```

例子：

```
f=factor(24)
```

程序运行结果：

```
f =

     2     2     2     3
```

四、horner 函数

用途：转换成嵌套形式。

调用格式：

```
horner(P);          假设 P 是一个多项式矩阵，则该结果返回 P 的嵌套形式。
```

例子：

```
syms x
```

```
horner(x^3-6*x^2+11*x-6)
```

程序运行结果：

```
ans =


x*(x*(x - 6) + 11) - 6
```

五、numden 函数

用途：提取公因式。

调用格式：

```
[N,D]=numden(A);        返回多项式 A 的分子和分母。
```

例子：

```
syms x y
[n,d] = numden(x/y + y/x)
```

程序运行结果：

```
n =


x^2 + y^2


d =


x*y
```

六、simplify 函数

用途：恒等式化简。

调用格式：

```
B = simplify(A);        把表达式 A 化为最简形式。
```

例子：

```
syms x
f=(1/x^3+6/x^2+12/x+8)^(1/3)
simplify(f)
```

程序运行结果：

```
f =


(12/x + 6/x^2 + 1/x^3 + 8)^(1/3)


ans =
```

```
((2*x + 1)^3/x^3)^(1/3)
```

七、pretty 函数

用途：将表达式化为习惯书写方式。

调用格式：

```
pretty(x);          将表达式化为习惯书写方式表达。
```

例子：

```
A=sym(magic(3))

pretty(A)
```

程序运行结果：

```
A =


[ 8, 1, 6]

[ 3, 5, 7]

[ 4, 9, 2]


/ 8, 1, 6 \

|         |

| 3, 5, 7 |

|         |

\ 4, 9, 2 /
```

从以上输出结果对比可以看出，经过美化输出之后的结果更符合数学表达式，因此更加美观。

2.2 符号微积分

微积分是高等数学中最重要的一部分，也是工程应用中经常用到的一部分，在数学和工程中的作用非常大。MATLAB 符号工具箱提供了大量函数来支持基础的微积分计算，主要包括微分、积分、极限、级数求和和泰勒级数等。

2.2.1 极限和导数的符号计算

一、符号表达式求极限

MATLAB 符号工具箱提供了 limit 函数来求解符号表达式的极限，其主要调用格式如下。

```
limit(expr,x,a);                 求符号表达式 expr 当自变量 x 趋近于 a 时的极限。
limit(expr,a);                   求符号表达式 expr 当默认自变量趋近于 a 时的极限。
limit(expr);                     求符号表达式 expr 当默认自变量趋近于 0 时的极限。
limit(expr,x,a,'left');          求符号表达式 expr 当默认自变量向左趋近于 a 时的左极限。
limit(expr,x,a,'right');求符号表达式 expr 当默认自变量向右趋近于 a 时的右极限。
```

例如，求极限 $\lim_{x\to 0}\dfrac{\sin x}{x}$，$\lim_{h\to 0}\dfrac{\sin(x+h)-\sin x}{h}$。

程序如下。

```
syms x h
limit(sin(x)/x)
limit((sin(x+h)-sin(x))/h,h,0)
```

程序运行结果如下。

```
ans =

1

ans =

cos(x)
```

再例如，求极限 $\lim_{x\to\infty}\left(1+\dfrac{2t}{x}\right)^{3x}$。

程序如下。

```
syms x t
f=(1+2*t/x)^(3*x);
limit(f,x,inf)
```

程序运行结果如下。

```
ans =

exp(6*t)
```

二、符号表达式的导数计算

MATLAB 中提供了函数 diff 来求解导数和微分的计算，可以实现一元函数求导和多元函数求偏导数。若输入数据为离散数据时，则求的是差分。diff 函数的调用格式主要有以下几种。

```
Y = diff(X);            计算 X 的导数。如果 X 是一个向量，那么返回的结果也是一个向量，求解的是向量 X 的差分，其返回值比 X 少一个值。
Y = diff(X,n);          返回 X 的 n 阶导数。
Y = diff(X,n,dim);      求解 X 沿着方向 dim 的 n 阶导数。
```

例如：

```
x=[1 2 3 4 5];
y=diff(x)
z=diff(x,2)
```

程序运行结果如下。

```
y =

    1    1    1    1

z =

    0    0    0
```

例如：

```
syms x
y=sin(x);
Y=diff(y)
```

程序运行结果如下。

```
Y =

cos(x)
```

2.2.2 序列/级数的符号求和

在高等数学上，表达式的求和表示为 $\sum_{k=a}^{b} f(k)$。对于此类表达式，MATLAB 提供了函数 symsum 来求解。其主要调用格式如下。

```
symsum(expr);           求表达式 expr 的和，其自变量的默认值为 0～（v-1），其中 v 为默认的自变量。
symsum(expr,v);         求表达式 expr 的和，其自变量的默认值为 0～（v-1）。
symsum(expr,a,b);       求表达式 expr 的和，其自变量的取值为 a～b，其中 v 为默认的自变量。
```

```
symsum(expr,v,a,b);  求表达式 expr 的和，自变量 v 的取值为 a~b。
```

【实例 2-4】 求表达式$\sum_{k=1}^{n}\frac{1}{k(k+1)}$，$\sum_{k=1}^{\infty}\frac{x^{2k-1}}{2k-1}$的极限值。

结果文件——配套资源“Ch2\SL204”文件

解： 求第一个表达式极限值的程序如下。

```
syms n k
f=1/(k*(k+1));
s=symsum(f,k,1,n)
```

程序运行结果如下。

```
s =


n/(n + 1)
```

求第二个表达式极限值的程序如下。

```
syms x k
f=x^(2*k-1)/(2*k-1);
s=symsum(f,k,1,inf)
```

程序运行结果如下。

```
s =


piecewise(abs(x) < 1, atanh(x))
```

2.2.3　符号积分

积分是与微分对应的一种数学运算，也是高等数学中的重要部分。积分包括不定积分和定积分。与数值积分相比，符号积分具有指令简单、适应性强等特点，但符号积分的运算时间比较长，所计算的符号积分结果可能会比较复杂。在 MATLAB 中，提供了 int 函数来求解符号积分。其主要调用格式如下。

```
S=int(s);          求符号表达式 s 的不定积分，其积分变量由程序给定。
S=int(s,v);        求符号表达式 s 对自变量 v 的不定积分。
S=int(s,a,b);      求符号表达式 s 在区间[a，b]上的定积分。自变量为默认的自变量。
S=int(s,v,a,b);    求表达式 s 对自变量 v 在区间[a，b]的定积分。
```

【实例 2-5】 求不定积分$\int x\ln(x)\mathrm{d}x$。

结果文件——配套资源“Ch2\SL205”文件

解：程序如下。

```
syms x
f=x*log(x);
S=int(f,x)
```

程序运行结果如下。

```
S =

(x^2*(log(x) - 1/2))/2
```

【实例 2-6】求定积分 $\int_0^{\frac{\pi}{2}} \sin(x)\mathrm{d}x$ 。

结果文件——配套资源“Ch2\SL206”文件

解：程序如下。

```
syms x
f=sin(x);
S=int(f,x,0,pi/2)
```

程序运行结果如下。

```
S =

1
```

【实例 2-7】计算二重不定积分 $\iint x\mathrm{e}^{-xy}\mathrm{d}x\mathrm{d}y$ 。

结果文件——配套资源“Ch2\SL207”文件

解：程序如下。

```
syms x y
f=x*exp(-x*y);
F=int(int(f,'x'),'y')
```

程序运行结果如下。

```
F =

exp(-x*y)/y
```

2.3 微分方程的符号解法

微分方程的数值解法，相对微分方程的符号解法来讲，显得更为复杂和困难。微分方程的符号解法在一定程度上解决了微分方程数值解法的难点。然而，符号解法有时候得不到简单的解，也有可能得不到微分方程的解，同时，符号解法的计算时间比较长。因此，在以后的科研工作中，我们要学会应用微分方程的数值解法和符号解法的交叉运用。

2.3.1 求微分方程符号解的一般指令

MATLAB 提供了函数 dsolve 来求解符号微分方程，其主要调用格式如下。

R=dsolve('eqn','v');　　输入 eqn 为符号微分方程，v 为自变量，系统默认的自变量为 t，返回微分方程的通解。

R=dsolve('eq1,eq2,…','v');　输入 eq1，eq2，…为符号微分方程组，v 为自变量，返回方程组的通解。

R=dsolve('eqn','cond1,cond2',…,'v');　　输入 eqn 为符号微分方程，而 cond1，cond2，…为初始条件，v 为自变量，返回方程特解。

R=dsolve('eq1,eq2,…','cond1,cond2,…','v');　输入 eq1，eq2，…为符号微分方程组，而 cond1，cond2，…为初始条件，v 为自变量，返回方程组的特解。

一阶导数 dy/dx 写成 Dy，n 阶导数写成 Dny。

2.3.2 符号微分方程解法实例

【实例 2-8】求下列常微分方程的通解。

（1）$dy/dx=2xy$；

（2）$dy/dx-2y/(x+1)=(x+1)^{5/2}$；

（3）$y''-5y'+6y=xe^{2x}$。

结果文件——配套资源“Ch2\SL208”文件

解：（1）程序如下。

```
dsolve('Dy=2*x*y','x')
```

程序运行结果如下。

```
ans =


C4*exp(x^2)
```

（2）程序如下。

```
dsolve('Dy-2*y/(x+1)=(x+1)^(5/2)','x')
```

程序运行结果如下。

```
ans =

(2*(x + 1)^(7/2))/3 + C5*(x + 1)^2
```

（3）程序如下。

```
dsolve('D2y-5*Dy+6*y=x*exp(2*x)','x')
```

程序运行结果如下。

```
ans =

C6*exp(2*x) - (x^2*exp(2*x))/2 - exp(2*x)*(x + 1) + C7*exp(3*x)
```

【实例 2-9】求下列微分方程组的通解。

$$\begin{cases} \mathrm{d}y/\mathrm{d}x = 3y - 2z \\ \mathrm{d}z/\mathrm{d}x = 2y - z \end{cases}$$

结果文件——配套资源“Ch2\SL209”文件

解：程序如下。

```
[Y,Z]=dsolve('Dy=3*y-2*z','Dz=2*y-z','x')
```

程序运行结果如下。

```
Y =

2*C8*exp(x) + C9*(exp(x) + 2*x*exp(x))

Z =

2*C8*exp(x) + 2*C9*x*exp(x)
```

【实例 2-10】求微分方程

$$xy'' - 3y' = x^2$$

的特解，初始条件为 $y(1)=0$，$y(5)=0$。

结果文件——配套资源“Ch2\SL210”文件

解：程序如下。

```
y=dsolve('x*D2y-3*Dy=x^2','y(1)=0,y(5)=0','x')
```

程序运行结果如下。

```
y =

(31*x^4)/468 - x^3/3 + 125/468
```

说明	从以上 3 个例子可以看出，使用符号微分方程（组）的解法，可以很容易地求出微分方程的通解或特解，而不用经过复杂的手工计算，节省了大量的时间。

2.4 符号矩阵分析和代数方程解

2.4.1 符号矩阵分析

符号矩阵与数值矩阵存在着区别。例如，创建数值矩阵 ***A***=[1,2;3,4]，那么这个矩阵在 MATLAB 中是可以识别的，然而矩阵 ***A***=[*a*,*b*;*c*,*d*]在 MATLAB 中则是不可识别的，必须通过符号矩阵进行创建。

一、符号矩阵的创建

在 MATLAB 中，我们使用 str2sym 函数创建符号矩阵，其调用格式如下。

```
A=str2sym('[]');
```

提示：（1）符号矩阵的内容与数值矩阵相同。（2）必须使用 str2sym 指令定义符号矩阵。（3）不能漏掉' '标识。

例如：

```
A=str2sym('[a,2*b;3*a,0]')
```

输出结果为

```
A =

[   a, 2*b]
[ 3*a,   0]
```

这里需要注意的是，符号矩阵每一行的两端都有方括号，这是与 MATLAB 数值矩阵的一个重要区别。

除了使用 sym 指令创建符号矩阵，我们仍然可以使用字符串直接创建矩阵，例如，创建上述的矩阵 ***A***，采用字符串直接创建，可以输入如下程序。

```
A=['[a,2*b]';'[3*a,0]']
```

程序的输出结果为

```
A =

[a,2*b]
[3*a,0]
```

二、符号矩阵的修改

符号矩阵的修改方式有两种，一种是直接修改，另一种是通过指令的方式进行修改。现将两种修改方式讲解如下。

（1）直接修改。可用←或↑找到所要修改的矩阵，直接对矩阵中需要修改的值进行修改。

（2）指令修改。用指令的形式修改符号矩阵，有以下两种调用格式。

① A1=subs(A,'new','old');

② A1=subs(S,'old','new')。

【实例 2-11】 对于前面所叙述的矩阵 $\boldsymbol{A}$，将矩阵的第二行第二列的值修改为 $4b$，然后将矩阵中的 b 用 c 来代替，试写出其程序。

结果文件——配套资源“Ch2\SL211”文件

解：程序如下。

```
A=str2sym('[a,2*b;3*a,0]');          %创建符号矩阵。
A(2,2)=str2sym('4*b')                %直接修改。
A2=subs(A,'b','c')                   %将修改之后的值中的 b 用 c 来代替。
```

程序的输出结果如下。

```
A =


[   a, 2*b]
[ 3*a, 4*b]
A2 =


[   a, 2*c]
[ 3*a, 4*c]
```

三、符号矩阵与数值矩阵的转化

符号矩阵与数值矩阵之间是可以互相转化的，所用的函数仍然是 sym 函数，其调用格式为 sym(A)，其中 $\boldsymbol{A}$ 为数值矩阵。

【实例 2-12】 将数值矩阵 $\boldsymbol{A}=\begin{bmatrix} 1/3 & 2.5 \\ 1/0.7 & 2/5 \end{bmatrix}$ 转化为符号矩阵。

结果文件——配套资源“Ch2\SL212”文件

解：程序如下。

```
A=[1/3,2.5;1/0.7,2/5]
sym(A)
```

程序的输出结果如下。

```
A =

   0.3333    2.5000
   1.4286    0.4000

ans =

[  1/3, 5/2]
[ 10/7, 2/5]
```

四、符号矩阵分析

最常用的符号矩阵分析函数如表 2-1 所示。

表 2-1　矩阵分析函数

函数	用途
colspace	求矩阵的列空间基
det(A)	求矩阵的行列式
diag(A)	取矩阵的对角线元素构成向量或根据向量构成对角阵
[V,D]=eig(A)	求矩阵的特征值和特征向量
expm(A)	矩阵指数 e^{A}
inv(A)	求逆矩阵
[V,J]=jordan(A)	矩阵的 jordan 分解
poly(A)	求矩阵的特征多项式
rank(A)	求矩阵的秩
rref(A)	矩阵 $\boldsymbol{A}$ 的行阶梯形式
s=svd(A)[U,S,V]=svd(vpa(A))	奇异值分解
tril(A)	矩阵 $\boldsymbol{A}$ 的下三角形式
triu(A)	矩阵 $\boldsymbol{A}$ 的上三角形式

【实例 2-13】求符号矩阵 $\boldsymbol{A}=\begin{bmatrix} a & b \\ c & d \end{bmatrix}$ 的行列式、特征值、逆矩阵。（$ad-bc\neq 0$）

结果文件——配套资源“Ch2\SL213”文件

解：程序如下。

```
syms a b c d
```

```
A=[a b;c d]
det(A)              %行列式。
inv(A)              %逆矩阵。
[V,D]=eig(A)        %特征值和特征向量。
```

程序运行结果如下。

```
A =

[ a, b]
[ c, d]

ans =

a*d - b*c

ans =

[  d/(a*d - b*c), -b/(a*d - b*c)]
[ -c/(a*d - b*c),  a/(a*d - b*c)]

V =

[ (a/2 + d/2 - (a^2 - 2*a*d + d^2 + 4*b*c)^(1/2)/2)/c - d/c, (a/2 + d/2 +
(a^2 - 2*a*d + d^2 + 4*b*c)^(1/2)/2)/c - d/c]
[                                                        1,             1]

D =

[ a/2 + d/2 - (a^2 - 2*a*d + d^2 + 4*b*c)^(1/2)/2, 0]
[ 0, a/2 + d/2 + (a^2 - 2*a*d + d^2 + 4*b*c)^(1/2)/2]
```

2.4.2 线性方程组的符号解法

对于线性方程组的解法，通常采用矩阵的方式进行求解。因此，运用矩阵运算方法是求解线性方程组最简单有效的方法。符号方程组的解法和数值方程组的解法过程基本相同，运算指令也基本相同。

一般符号代数方程组的求解使用 solve 函数，其主要调用格式如下。

```
g=solve(eq);              求解方程 eq=0 的解，自变量由系统默认。
```

```
g=solve(eq,var);            求解自变量为 var 的方程 eq=0 的解。
g=solve(eq1,eq2,…,eqn); 求解方程组 eq1，eq2，…，eqn 构成的解，自变量由系统默认。
g=solve(eq1,eq2,…,eqn,var1,var2,…,varn);    求解自变量为 var1，var2，…，varn 的方程组 eq1，eq2，…，eqn 的解。
```

【实例 2-14】求线性方程组 $\begin{cases} x_1-2x_2+3x_3-4x_4=4 \\ x_2-x_3+x_4=-3 \\ x_1+3x_2+x_4=1 \\ -7x_2+3x_3+x_4=-3 \end{cases}$ 的解。

思路·点拨

本例题有两种解法，一种是使用克莱姆法则，即采用矩阵的方式进行求解；另一种是调用 solve 函数进行求解。

结果文件——配套资源“Ch2\SL214”文件

解：方法一：矩阵求解。

程序如下。

```
A=sym([1 -2 3 -4;0 1 -1 1;1 3 0 1;0 -7 3 1]);
b=sym([4;-3;1;-3]);
x=A\b
```

程序运行结果如下。

```
x =

 
     -8
 
      3
 
      6
 
      0
```

方法二：调用 solve 函数。

程序如下。

```
eq1=str2sym('x1-2*x2+3*x3-4*x4-4');
eq2=str2sym('x2-x3+x4+3');
eq3=str2sym('x1+3*x2+x4-1');
eq4=str2sym('-7*x2+3*x3+x4+3');
S=solve(eq1,eq2,eq3,eq4,str2sym('x1'),str2sym('x2'),str2sym('x3'),str2sym('x4'));
```

```
disp([S.x1,S.x2,S.x3,S.x4])
```

程序运行结果如下。

```
[ -8, 3, 6, 0];
```

可以看出，两种计算方法得出的结果是一样的。但应注意到，后面采用 disp 函数显示结果。因为得出的结果在构架 S 中，不能直接显示结果，需要采用 disp([S.x1,S.x2,S.x3,S.x4])，才可以正确显示方程组的解。

2.5 符号变换及反变换

在数字信号处理这门学科中，傅里叶变换、拉普拉斯变换和 Z 变换及其反变换有着非常重要的作用，也是研究信号动态特性的必备基础知识。本节将介绍这 3 种积分变换及其反变换的 MATLAB 实现。

2.5.1 傅里叶变换及其反变换

在信号处理学科中，时域信号 $f(t)$ 与其在频域中的傅里叶变换 $F(\omega)$ 有如下的对应关系。

$$F(\omega)=\int_{-\infty}^{+\infty} f(t)\mathrm{e}^{-\mathrm{j}\omega t}\mathrm{d}t$$

$$f(t)=\frac{1}{2\pi}\int_{-\infty}^{+\infty} F(\omega)\mathrm{e}^{-\mathrm{j}\omega t}\mathrm{d}\omega$$

在 MATLAB 中，提供了两个函数分别对应着上述的傅里叶变换及其反变换。这两个函数的名称及其调用格式如表 2-2 所示。

表 2-2　　傅里叶变换及其反变换

函数名称	调用格式	用途
fourier	fw=fourier(ft,t,w)	将时域信号 $f(t)$ 变换为频域信号 $f(\omega)$，即求信号 $f(t)$ 的傅里叶变换
ifourier	ft=ifourier(fw,w,t)	将频域信号 $f(\omega)$ 反变换为时域信号 $f(t)$，即求频域信号 $f(\omega)$ 的傅里叶反变换

【实例 2-15】求时域函数 $f(t)=\sin t$ 的傅里叶变换，并将傅里叶变换后的函数进行反变换，验证其正确性。

思路·点拨

本例题需要用到 fourier 和 ifourier 函数，同时，我们也可以通过绘图函数观察时域曲线及傅里叶变换后的频域曲线。绘图函数将在稍后的章节中讲到，这里为了叙述方便，提前使用绘图函数。

结果文件——配套资源“Ch2\SL215”文件

解：(1) 傅里叶变换。

程序如下。

```
syms t w;
ft=sin(t);
fw=fourier(ft,t,w)
```

程序运行结果如下。

```
fw =

-pi*(dirac(t - 1) - dirac(t + 1))*1i
```

（2）傅里叶反变换。

程序如下。

```
f=ifourier(fw,w,t);
simplify(f) %进一步简化
```

程序运行结果如下。

```
ans =

sin(t)
```

可以看出，结果是正确的。

（3）现在绘制两个函数的图形，程序如下。

```
t=-2:0.1:2;
ft=sin(t);
subplot(211);
plot(t,ft,'r');
subplot(212);
ezplot(fw)
```

绘制后的图形如图 2-1 所示。

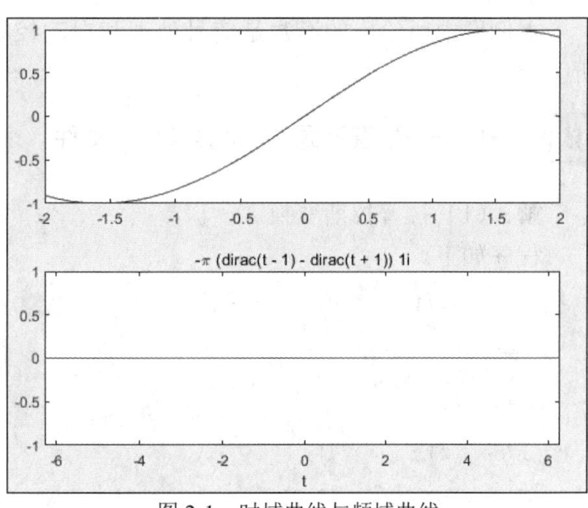

图 2-1　时域曲线与频域曲线

2.5.2 拉普拉斯变换及其反变换

拉普拉斯变换及其反变换也是信号处理学科中应用非常广泛的一种积分变换，拉普拉斯变换及其反变换的定义如下。

$$\begin{cases} F(s)=\int_{0}^{+\infty} f(t)\mathrm{e}^{-st}\mathrm{d}t \\ f(t)=\dfrac{1}{2\pi \mathrm{j}}\int_{C-\mathrm{j}\infty}^{C+\mathrm{j}\infty} F(s)\mathrm{e}^{st}\mathrm{d}s \end{cases}$$

与傅里叶变换一样，其函数及其调用格式如表 2-3 所示。

表 2-3　　拉普拉斯变换及其反变换

函数名称	调用格式	用途
laplace	Fs= laplace(ft,t,s)	求时域信号 $f(t)$ 的拉普拉斯变换
ilaplace	ft=ilaplace(fw,w,t)	求频域信号 $F(s)$ 的拉普拉斯反变换

【实例 2-16】求函数 e^{-at}，$\sin t$，$\cos t$ 的拉普拉斯变换，并将拉普拉斯变换后的函数进行反变换。

思路·点拨

本例题中所给出的函数是信号处理和自动控制原理课程中经常用到的函数，读者应该有所了解。

结果文件——配套资源“Ch2\SL216”文件

解：（1）拉普拉斯变换。

程序如下。

```
syms a s t;
f1=exp(-a*t);
f2=sin(t);
f3=cos(t);
Fs1=laplace(f1,t,s)
Fs2=laplace(f2,t,s)
Fs3=laplace(f3,t,s)
```

程序运行结果如下。

```
Fs1 =

1/(a + s)

Fs2 =
```

```
1/(s^2 + 1)


Fs3 =


s/(s^2 + 1)
```

（2）拉普拉斯反变换。

程序如下。

```
ft1=ilaplace(Fs1)
ft2=ilaplace(Fs2)
ft3=ilaplace(Fs3)
```

程序运行结果如下。

```
ft1 =


exp(-a*t)


ft2 =


sin(t)


ft3 =


cos(t)
```

【实例 2-17】 求 $F(s)=\dfrac{s+3}{s^3+3s^2+6s+4}$ 的拉普拉斯反变换。

思路·点拨

求函数的拉普拉斯反变换采用函数 ilaplace。

结果文件——配套资源“Ch2\SL217”文件

解： 程序如下。

```
syms s;
Fs=(s+3)/(s^3+3*s^2+6*s+4);
ft=ilaplace(Fs);
```

```
simplify(ft)
```

程序运行结果如下。

```
ans =


(exp(-t)*(3^(1/2)*sin(3^(1/2)*t) - 2*cos(3^(1/2)*t) + 2))/3
```

2.5.3 Z 变换及其反变换

Z 变换是离散信号处理中应用非常广泛的一种积分变换。一个离散的因果序列的 *Z* 变换及其反变换的定义如下。

$$\begin{cases} F(z)=\sum_{n=0}^{\infty} f(n)z^{-n} \\ f(n)=Z^{-1}\{F(z)\} \end{cases}$$

计算 *Z* 变换的反变换时，最常见的计算方法有 3 种：幂级数展开法、部分分式展开法及围线积分法。在 MATLAB 的符号工具箱中，所采用的计算 *Z* 变换的反变换的方法是围线积分法，其对应的表达式为

$$f(n)=\frac{1}{2\pi \mathrm{j}}\oint_{\Gamma} F(z)z^{n-1}\mathrm{d}z$$

在 MATLAB 中，计算 *Z* 变换及其反变换的函数分别为 ztrans 和 iztrans，其调用格式及用途如表 2-4 所示。

表 2-4　　*Z* 变换及其反变换

函数名称	调用格式	用途
ztrans	fz=ztrans(fn,n,z)	求信号 f（n）的 Z 变换
izrans	fn=iztrans(fz,z,n)	求频域函数 f（z）的 Z 反变换

【实例 2-18】求函数 $f(k)=k\mathrm{e}^{-\lambda kT}$ 的 *Z* 变换表达式。

思路·点拨

采用符号计算方法计算 *Z* 变换，首先需要定义符号变量 *k*、*l*、*T*。

结果文件——配套资源“Ch2\SL218”文件

解：（1）*Z* 变换。

程序如下。

```
syms k l T;

fn=k*exp(-l*k*T);
```

```
Fz=ztrans(fn)
```

程序运行结果如下。

```
Fz =


(k*z)/(z - exp(-T*k))
```

（2）Z 变换的反变换。

程序如下。

```
f=iztrans(Fz);
simplify(f)
```

程序运行结果如下。

```
ans =


k*exp(-T*k)^n
```

【实例 2-19】 求序列 $6\left(1-\left(\frac{1}{2}\right)^n\right)$，$\sin(\omega nT)$，$f(n)=1$ 的 Z 变换及其反变换。

思路·点拨

本题的思路和上述的例题相似，仍然需要定义符号变量。

结果文件——配套资源“Ch2\SL219”文件

解：（1）Z 变换。

程序如下。

```
syms n w T z;
f1=6*(1-0.5^n);
f2=sin(w*n*T);
f3=1;
Fn1=ztrans(f1)
Fn2=ztrans(f2)
Fn3=ztrans(f3,n,z)
```

程序运行结果如下。

```
Fn1 =


(6*z)/(z - 1) - (6*z)/(z - 1/2)
```

```
Fn2 =

(z*sin(T*w))/(z^2 - 2*cos(T*w)*z + 1)

Fn3 =

z/(z - 1)
```

（2）Z 变换的反变换。

程序如下。

```
fn1=simplify(iztrans(Fn1))
fn2=simplify(iztrans(Fn2))
fn3=simplify(iztrans(Fn3))
```

程序运行结果如下。

```
fn1 =

6 - 6/2^n

fn2 =

sin(T*n*w)

fn3 =

1
```

2.6 代数状态方程求符号传递函数

在自动控制原理的教材中，通过方框图求取或通过信号流图求取控制系统的传递函数，必然都会讲到使用梅森增益公式。梅森增益公式的定义为

$$\frac{Y}{U}=\frac{1}{\Delta}\cdot\sum_{k=1}^{n}p_k\Delta_k$$

式中，Y、U 分别表示系统的输出和输入；Δ 是方框图或信号流图的特征多项式；p_k 是从输入到输出的第 k 条前向通道增益；Δ_k 是与第 k 条前向通道对应的余子式；n 为输入输出间的前向通道总数。

在自动控制原理的课程中，我们都会讲解用手工计算系统的传递函数，这对于结构简单的控制系统来说是可以使用的，但当系统的阶数和结构比较复杂时，手工计算就显得非常复杂和困难，而且容易出错。在 Simulink 仿真中，我们可以通过创建模型，从而进一步求解系统的传递函数，在工程上，这是一种最优的解法。本节将讲解使用符号计算方法，通过系统的方框图和信号流图计算系统的传递函数。

2.6.1 结构框图的代数状态方程解法

【实例 2-20】用符号计算方法求图 2-2 所示系统的传递函数。

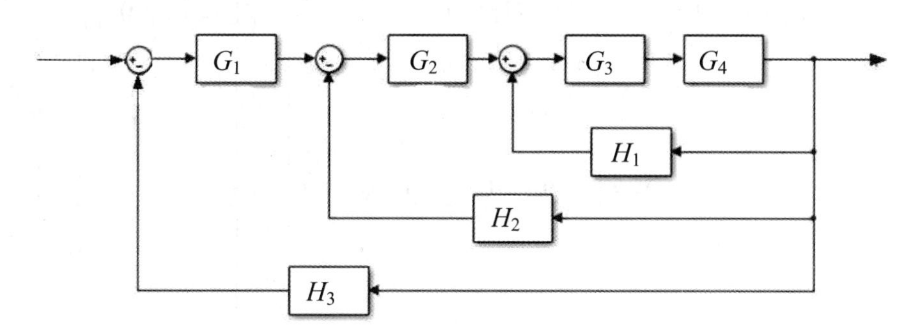

图 2-2　系统方框图

思路·点拨

本例在计算之前首先要做的工作：①将各个状态变量依次标注在方框图中；②建立系统的状态方程；③通过状态方程推导传递函数的表达形式。

结果文件——配套资源“Ch2\SL220”文件

解：（1）标注状态变量。

状态变量依次标注为 x_1，x_2，…，x_7，如图 2-3 所示。

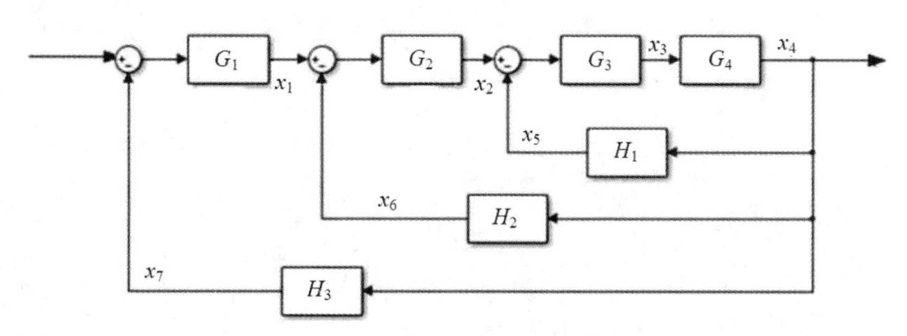

图 2-3　标注状态变量的系统方框图

（2）建立系统的状态方程。

根据自动控制原理的知识可以知道，系统的状态方程可以建立为

$$\begin{cases} x = Ax + bU \\ Y = cx \end{cases}$$

其中，U 和 Y 分别为系统的输入和输出。

根据方框图，我们可以得出该系统的状态方程为

$$\begin{cases}\begin{bmatrix}x_1\\x_2\\x_3\\x_4\\x_5\\x_6\\x_7\end{bmatrix}=\begin{bmatrix}0&0&0&0&0&0&-G_1\\G_2&0&0&0&0&-G_2&0\\0&G_3&0&0&G_3&0&0\\0&0&G_4&0&0&0&0\\0&0&0&H_2&0&0&0\\0&0&0&H_1&0&0&0\\0&0&0&H_3&0&0&0\end{bmatrix}.\begin{bmatrix}x_1\\x_2\\x_3\\x_4\\x_5\\x_6\\x_7\end{bmatrix}+\begin{bmatrix}G_1\\0\\0\\0\\0\\0\\0\end{bmatrix}U\\ Y=\begin{bmatrix}0&0&0&1&0&0&0\end{bmatrix}.\begin{bmatrix}x_1\\x_2\\x_3\\x_4\\x_5\\x_6\\x_7\end{bmatrix}\end{cases}$$

（3）传递函数表达形式。

根据上述的状态方程，通过推导，可以得到系统的传递函数的表达形式为

$$G=\frac{Y}{U}=c(I-A)^{-1}b$$

其中 I 为单位矩阵。

（4）计算程序如下。

```
syms G1 G2 G3 G4 H1 H2 H3;
A=[0 0 0 0 0 0 -G1;
   G2 0 0 0 0 -G2 0;
   0 G3 0 0 G3 0 0;
   0 0 G4 0 0 0 0;
   0 0 0 H2 0 0 0;
   0 0 0 H1 0 0 0;
   0 0 0 H3 0 0 0];
b=[G1;0;0;0;0;0;0];
c=[0 0 0 1 0 0 0];
G=c*((eye(size(A))-A)\b);
[num,den]=numden(G);
```

```
num/den
```

程序的运行结果如下。

```
ans =


(G1*G2*G3*G4)/(G2*G3*G4*H1 - G3*G4*H2 + G1*G2*G3*G4*H3 + 1)
```

化为符合阅读的形式，则得出的结果为

```
                          G1 G2 G3 G4
          ------------------------------------------
          G2 G3 G4 H1 - G3 G4 H2 + G1 G2 G3 G4 H3 + 1
```

提示：细心的读者可以发现，该解法也只是适合于阶数较小的系统，若是系统的阶数较高，状态矩阵的输入也是相当烦琐的。这里的 eye 函数是产生单位矩阵，这将在第 3 章中讲到。

2.6.2 信号流图的代数状态方程解法

在自动控制原理的教材中，除了用系统的方框图表示系统之外，还可以使用信号流图表示系统的结构和参数。具体的细节读者可以参考自动控制原理的教材。那么，本节就来讲解如何通过系统的信号流图来计算系统的传递函数。

【实例 2-21】对于实例 2-20 所讲的系统方框图，其对应的信号流图如图 2-4 所示。

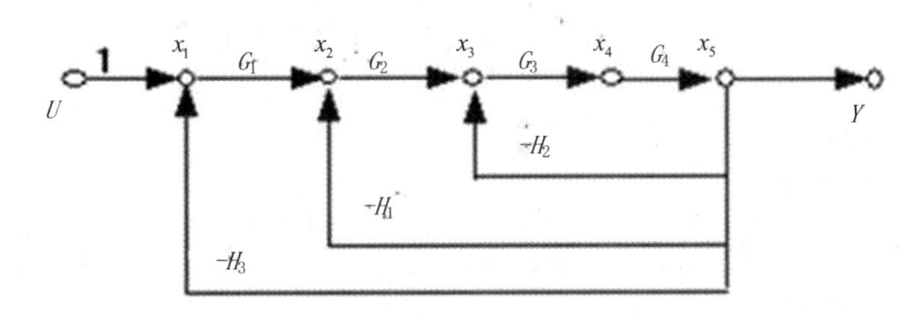

图 2-4　信号流图

试通过信号流图求取系统的传递函数。

思路·点拨

以信号流图为载体求取系统的传递函数与以系统的方框图为载体求系统的传递函数的具体步骤是相似的，只不过这里系统的状态矩阵发生了变化。具体过程如下。

结果文件——配套资源“Ch2\SL221”文件

解：（1）系统的状态方程。

根据自动控制原理知识，建立系统的状态方程为

$$\begin{cases} x = Ax + bU \\ Y = cx \end{cases}$$

根据信号流图，可以写出系统的状态方程为

$$\begin{cases} \begin{bmatrix} x_1 \\ x_2 \\ x_3 \\ x_4 \\ x_5 \end{bmatrix} = \begin{bmatrix} 0 & 0 & 0 & 0 & -H_3 \\ G_1 & 0 & 0 & 0 & -H_1 \\ 0 & G_2 & 0 & 0 & -H_2 \\ 0 & 0 & G_3 & 0 & 0 \\ 0 & 0 & 0 & G_4 & 0 \end{bmatrix} . \begin{bmatrix} x_1 \\ x_2 \\ x_3 \\ x_4 \\ x_5 \end{bmatrix} + \begin{bmatrix} 1 \\ 0 \\ 0 \\ 0 \\ 0 \end{bmatrix} U \\ Y = \begin{bmatrix} 0 & 0 & 0 & 0 & 1 \end{bmatrix} . \begin{bmatrix} x_1 \\ x_2 \\ x_3 \\ x_4 \\ x_5 \end{bmatrix} \end{cases}$$

（2）传递函数。

由系统的状态方程表示的传递函数为

$$G = \frac{Y}{U} = c(I - A)^{-1} b$$

其中 I 为单位矩阵。

（3）计算程序如下。

```
syms G1 G2 G3 G4 H1 H2 H3
A=[0 0 0 0 -H3;
   G1 0 0 0 -H1;
   0 G2 0 0 H2;
   0 0 G3 0 0;
   0 0 0 G4 0];
b=[1;0;0;0;0];
c=[0 0 0 0 1];
G=c*((eye(size(A))-A)\b);
[num,den]=numden(G);
num/den;
pretty(num/den)
```

程序的运行结果如下。

```
                    G1 G2 G3 G4
         -------------------------------------------
         G2 G3 G4 H1 - G3 G4 H2 + G1 G2 G3 G4 H3 + 1
```

从以上两个例子可以看出，通过信号流图计算的传递函数与通过系统方框图计算的传递函数的结果是一样的。对于其他的自动控制系统，都可以运用类似的方法进行传递函数的求解。

2.7 符号计算的简易绘图函数

图形在函数的理解中占有非常重要的地位，MATLAB 提供了强大的图形绘制功能，符号计算和符号绘图函数为用户提供了更多的便利。本节主要讲解 MATLAB 符号工具箱中提供的绘图函数。

2.7.1 二维绘图函数

二维图形在数学图形中占据着非常大的比例。MATLAB 提供的二维绘图函数为 ezplot。本小节就 ezplot 函数的使用进行详细的说明。ezplot 可以绘制显函数或隐函数的图形，同样也可以绘制参数方程的图形。

ezplot 的主要调用格式如下。

ezplot(fun); 绘制函数 fun 在默认区间 $[-2\pi,2\pi]$ 的图形，这里函数 fun 的自变量只有 x。

ezplot(fun,[xmin,xmax]); 绘制函数 fun 在区间 $\left[x_{min},x_{max}\right]$ 的图形。

ezplot(fun2); 绘制隐函数 fun2 在默认区间 $-2\pi < x < 2\pi, -2\pi < y < 2\pi$ 的图形。

ezplot(fun2,[xymin,xymax]); 绘制隐函数 fun2 在区间 $xy_{min} < x$，$y < xy_{max}$ 的函数图形。

ezplot(fun2,[xmin,xmax,ymin,ymax]); 绘制隐函数 fun2 在区间 $x_{min} < x < x_{max}$，$y_{min} > y > y_{max}$ 的函数图形。

ezplot(funx,funy); 绘制参数方程 funx、funy 在默认自变量区间 $0 < t < 2\pi$ 的函数图形。

ezplot(funx,funy,[tmin,tmax]); 绘制参数方程 funx、funy 在参数 t 的取值范围为 $\left[t_{min},t_{max}\right]$ 的函数图形。

下面通过具体实例来讲解函数 ezplot 的各种调用格式的图形效果。

【实例 2-22】绘制函数 $y = x^2$ 的图形。

思路·点拨

利用 ezplot 函数的第一种调用格式。

结果文件——配套资源“Ch2\SL222”文件

解：程序如下。

```
ezplot('x^2')
```

函数图形如图 2-5 所示。

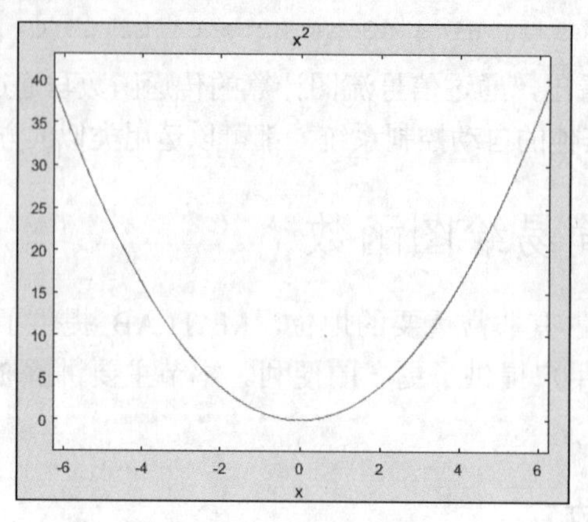

图 2-5　函数 $y=x^2$ 的图形

从图形中可以看出，其默认的函数区间为 $[-2\pi, 2\pi]$。

【实例 2-23】绘制函数 $y = x^2$ 在区间 $[-1,1]$ 的图形。

思路·点拨

ezplot 函数的第二种调用方式，绘制函数在指定区间的图形。

结果文件——配套资源“Ch2\SL223”文件

解：程序如下。

```
ezplot('x^2',[-1,1]);
grid;
```

函数图形如图 2-6 所示。

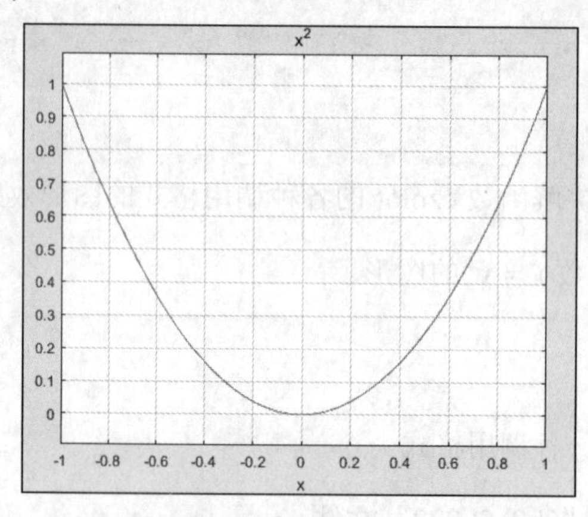

图 2-6　函数 $y=x^2$ 在区间[-1,1]的图形

【实例 2-24】绘制隐函数 $x^2-y^4=0$ 的函数图形。

思路·点拨

利用 ezplot 绘制隐函数在默认区间的函数图形。

结果文件——配套资源“Ch2\SL224”文件

解：程序如下。

```
ezplot('x^2-y^4');
grid;
```

函数图形如图 2-7 所示。

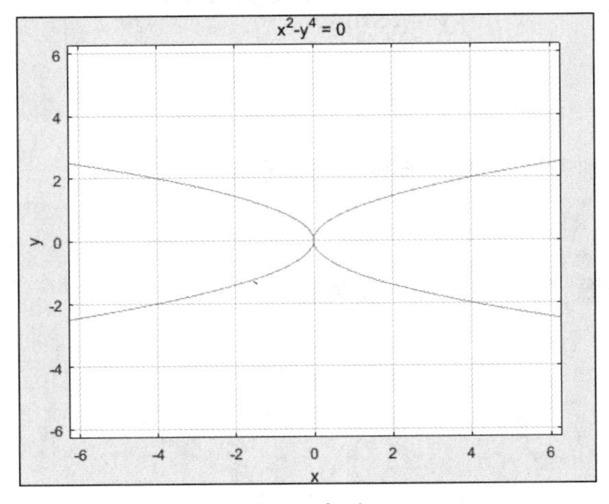

图 2-7 隐函数 $x^2-y^4=0$ 的图形

【实例 2-25】绘制隐函数 $x^2-y^4=0$ 在区间[-2,2]的函数图形。

思路·点拨

利用 ezplot 绘制隐函数在指定区间的函数图形，调用格式如下。

```
ezplot(fun2,[xymin, xymax]);
```

结果文件——配套资源“Ch2\SL225”文件

解：程序如下。

```
ezplot('x^2-y^4',[-2,2]);
grid;
```

函数图形如图 2-8 所示。

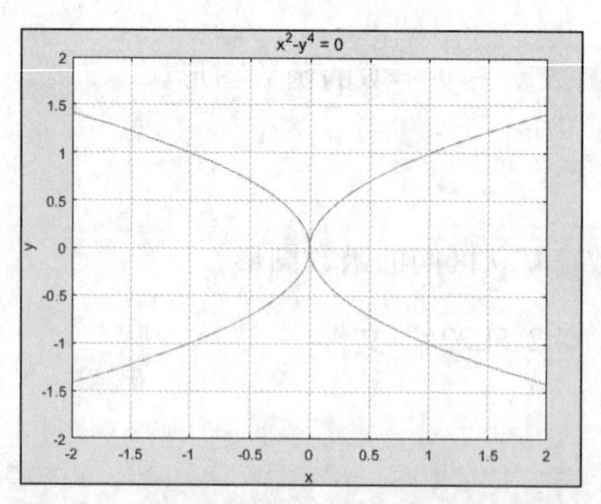

图 2-8　隐函数 $x^2-y^4=0$ 在区间[-2,2]的图形

【实例 2-26】绘制参数方程 $\begin{cases} x = t\cos t \\ y = t\sin t \end{cases}$ 的函数图形。

思路·点拨

利用 ezplot 函数绘制参数方程的函数图形，调用格式如下。

```
ezplot(funx,funy);
```

结果文件——配套资源“Ch2\SL226”文件

解：程序如下。

```
syms x y t
x=t*cos(t);
y=t*sin(t);
ezplot(x,y);
grid;
```

函数图形如图 2-9 所示。

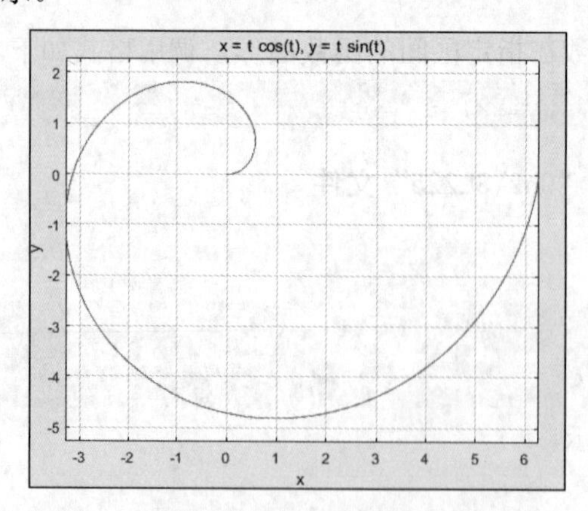

图 2-9　参数方程 $x=t\cos t$，$y=t\sin t$ 的函数图形

2.7.2 三维绘图函数

函数 ezplot3 可以用于绘制三维曲线，其调用格式如下。

```
ezplot3(funx,funy,funz)                    绘制三维曲线 x=x(t)，y=y(t)，z=z(t)在默认区间 0<t<2π 的函数图形。
ezplot3(funx,funy,funz,[tmin,tmax])        绘制三维曲线 x=x(t)，y=y(t)，z=z(t)在区间[tmin，tmax]的函数图形。
ezplot3(...,'animate')                     生成空间曲线的动态轨迹。
```

下面通过具体的实例讲解三维绘图函数 ezplot3 的调用。

【实例 2-27】绘制三维曲线 $x = \cos t, y = \sin t, z = t$ 在默认区间的函数图形。

思路·点拨

本实例讲解 ezplot3 的具体使用，调用格式如下。

```
ezplot3(funx,funy,funz)
```

结果文件——配套资源“Ch2\SL227”文件

解：程序如下。

```
syms x y z t
x=cos(t);
y=sin(t);
z=t;
ezplot3(x,y,z);
```

函数图形如图 2-10 所示。

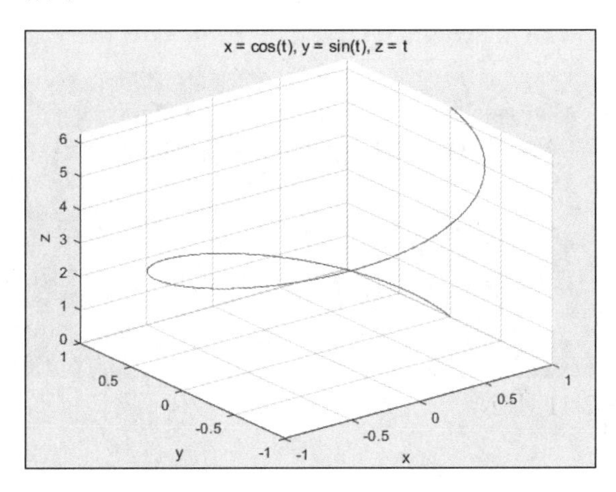

图 2-10 三函数 x=cos$t$,y=sin$t$,z=t 在默认区间的函数图形

2.7.3 等高线绘图函数

等高线是非线性规划理论中的一部分，其在寻找目标函数的最优解中有着非常重要的作用。MATLAB 提供了 ezcontour 和 ezcontourf 两个函数分别用于绘制函数等高线和带有区域填充的等高线。

ezcontour 的调用格式如下。

```
ezcontour(fun);     绘制函数 fun(x，y)在默认区间的等高线，该函数的默认区间为-2π<x，y<2π。
ezcontour(fun,domain);绘制函数 fun(x，y)在指定区间 domain 的等高线。
ezcontour(...,n);       绘制函数的等高线图，其数目由 n 指定，默认值 n=60。
```

ezcontourf 的调用格式如下。

```
ezcontourf(fun)
ezcontourf(fun,domain)
ezcontourf(...,n)
```

其描述与 ezcontour 相同，这里不再赘述。

下面通过实例讲解这两个函数的具体使用。

【实例 2-28】绘制函数 $f(x,y)=3(1-x^2)\mathrm{e}^{-x^2-y^2}+5(x-x^4-y^3)-\frac{1}{3}\mathrm{e}^{-(x+1)^2-y^2}$ 的等高线图，在同一张图中分别用 ezcontour 和 ezcontourf 绘制。

思路·点拨

利用 ezcontour 和 ezcontourf 绘制函数等高线图，利用 subplot 函数将图纸分成两部分。subplot 函数将在以后的章节中讲解。

结果文件——配套资源“Ch2\SL228”文件

解：程序如下。

```
syms x y
f=3*(1-x^2)*exp(-x^2-y^2)+5*(x-x^4-y^3)-1/3*exp(-(x+1)^2-y^2);
subplot(121);
ezcontour(f);
subplot(122);
ezcontourf(f);
```

程序运行结果如图 2-11 所示。

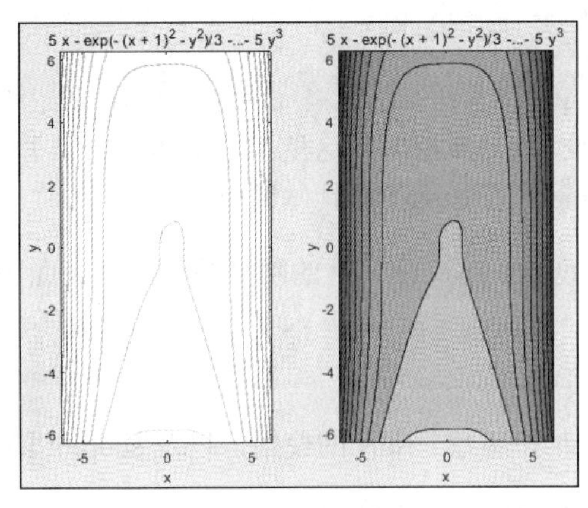

图 2-11　函数的等高线图

2.7.4　三维曲面绘图函数

在 MATLAB 中，提供了 ezmesh、ezmeshc、ezsurf 和 ezsurfc 函数实现三维曲面的绘制。下面分别介绍这 4 个函数的用途及调用格式。其中，ezmesh 和 ezsurf 的调用格式相同，ezmeshc 和 ezsurfc 的调用格式相同。

一、ezmesh 函数

用途：绘制三维网格曲面图。

调用格式：

`ezmesh(fun)`　　绘制二维函数 `fun(x,y)` 在默认区间 $-2\pi < x < 2\pi$，$-2\pi < y < 2\pi$ 的网格图。

`ezmesh(fun,domain)`　　绘制二维函数 `fun(x,y)` 在指定区域 `domain` 的网格图。

`ezmesh(funx,funy,funz)`　　绘制三维函数 `funx(s,t)`、`funy(s,t)`、`funz(s,t)` 在 s、t 的默认取值范围为 $-2\pi < s < 2\pi$，$-2\pi < t < 2\pi$ 的网格图。

`ezmesh(funx,funy,funz,[smin,smax,tmin,tmax])`　　绘制三维函数 `funx(s,t)`、`funy(s,t)`、`funz(s,t)` 在 s、t 的取值范围为 $[s_{min},s_{max},t_{min},t_{max}]$ 的网格图。

`ezmesh(funx,funy,funz,[min,max])`　　绘制三维函数 `funx(s,t)`、`funy(s,t)`、`funz(s,t)` 在 s、t 的取值范围为 `[min,max]` 的网格图。

`ezmesh(...,n)`　　绘制函数 `fun` 的网格图，其网格数目由 n 指定，默认值为 n=60。

二、ezsurf 函数

用途：绘制函数的三维表面图。

调用格式：

```
ezsurf(fun)

ezsurf(fun,domain)

ezsurf(funx,funy,funz)

ezsurf(funx,funy,funz,[smin,smax,tmin,tmax])
```

```
ezsurf(funx,funy,funz,[min,max])
ezsurf(...,n)
```

其具体函数描述与函数 ezmesh 相同，这里不再赘述。

下面通过实例描述 ezmesh 及 ezsurf 的具体调用。

【实例 2-29】绘制函数 $f(x,y)=x\mathrm{e}^{-x^2-y^2}$ 的网格图和三维表面图。

思路·点拨

本实例涉及函数 ezmesh 和函数 ezsurf 的使用，以及 subplot 函数的使用。

结果文件——配套资源“Ch2\SL229”文件

解：程序如下。

```
syms x y
f=x*exp(-x^2-y^2);
subplot(121);
ezmesh(f);
subplot(122);
ezsurf(f);
```

绘制的函数图形如图 2-12 所示。

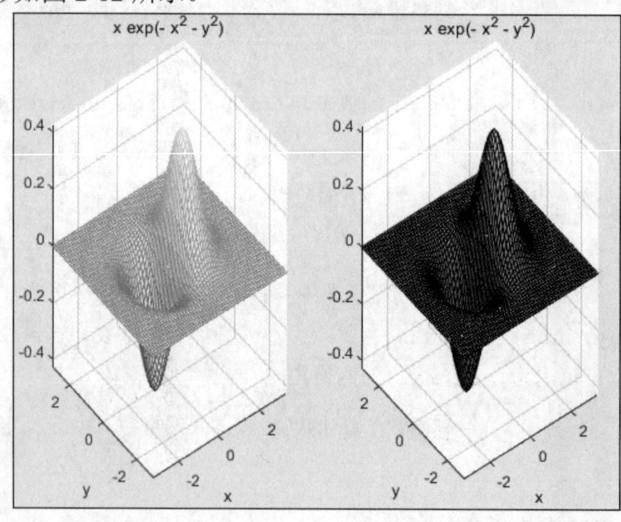

图 2-12　函数 $f(x,y)=x\mathrm{e}^{-x^2-y^2}$ 的网格图与三维表面图

三、ezmeshc 函数

用途：绘制函数的三维网格图的同时绘制函数的等高线。

调用格式：

```
ezmeshc(fun)
```

```
ezmeshc(fun,domain)
ezmeshc(funx,funy,funz)
ezmeshc(funx,funy,funz,[smin,smax,tmin,tmax])
ezmeshc(funx,funy,funz,[min,max])
ezmeshc(...,n)
```

调用格式的具体描述仍然与函数 ezmesh 相同，这里不再赘述。

四、ezsurfc 函数

用途：绘制三维曲面的同时绘制函数的等高线。

调用格式：

```
ezsurfc(fun)
ezsurfc(fun,domain)
ezsurfc(funx,funy,funz)
ezsurfc(funx,funy,funz,[smin,smax,tmin,tmax])
ezsurfc(funx,funy,funz,[min,max])
ezsurfc(...,n)
```

调用格式的具体描述仍然与函数 ezmesh 相同，这里不再赘述。

下面通过实例来讲解这两个函数的具体调用。

【实例 2-30】绘制函数 $f(x,y)=x\mathrm{e}^{-x^2-y^2}$ 的网格图、三维表面图及所对应的等高线图。

思路·点拨

本实例涉及函数 ezmeshc 和函数 ezsurfc 的调用，以及 subplot 函数的使用。

结果文件——配套资源“Ch2\SL230”文件

解：程序如下。

```
syms x y
f=x*exp(-x^2-y^2);
subplot(121);
ezmeshc(f);
subplot(122);
ezsurfc(f);
```

绘制的函数图形如图 2-13 所示。

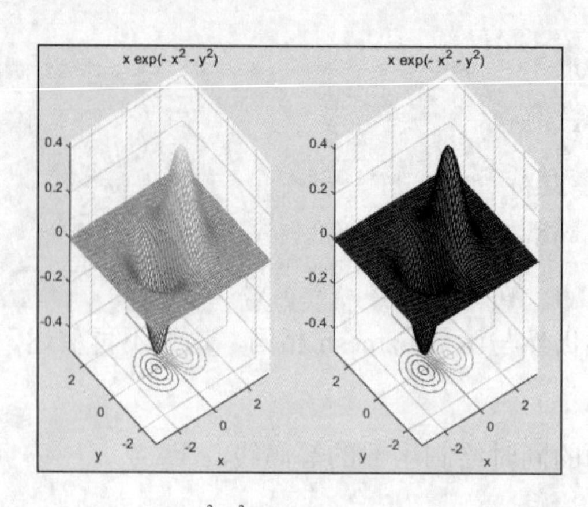

图 2-13　函数 $f(x,y)=x\mathrm{e}^{-x^2-y^2}$ 的网格图、三维表面图及对应的等高线图

第3章 MATLAB 数组和矩阵运算基础

MATLAB 相对于其他软件的强大之处，就在于能够对矩阵直接进行计算。矩阵运算是数学中非常重要的一部分，在科研工作中占据着非常大的比例，也是 MATLAB 的核心内容。因此，熟悉 MATLAB 矩阵的操作是非常重要的。本章立足于此，着重讲解 MATLAB 的矩阵操作和数组的运算。

本章内容

- 数组的创建、运算及寻址。
- 矩阵的创建及其运算规则。
- 矩阵的关系运算和逻辑运算。
- 矩阵分解。
- 特殊矩阵。

3.1 数组的创建、运算及寻址

数组是 MATLAB 进行存储和运算的基本单元，由于使用了数组和矩阵运算，MATLAB 的运算速度变得更快。因此，数组的创建、运算及寻址就显得非常重要。

3.1.1 数组的创建

一、一维数组的创建

总的来说，一维数组有 5 种生成方法，分别介绍如下。

- 直接输入法。直接输入法是最简单及最原始的数组输入方法。直接输入时，可以通过空格、逗号或分号来分隔数组。其中，使用空格和逗号将产生行数组，使用分号将产生列数组。
- 按照等步长创建数组的方法。$x=a:i:b$，其中 a、b 分别为数组的起始数值和终止数值，i 为数组的间隔步长。当 a、b 为整数，缺省 i 时，其步长默认为 1。同时，i 可以是正数，也可以是负数。
- 线性等间距创建数组的方法。x=linspace(a,b,n)，该函数是以 a、b 分别为数组的起点和终点，生成 n 个数值，即等间距分隔，产生的是行数组。
- 对数等间距创建数组的方法。x=logspace(a,b,n)，该函数是以 a、b 分别为数组的起点和终点，产生对数等间隔的行数组。
- 使用 MATLAB 函数直接创建数组的方法。例如，函数 rand(1,n)、randn(1,n)、

ones(1,*n*)均可以生成行数组。

【实例 3-1】一维数组的常用创建方法举例。

思路·点拨

创建一维数组有 5 种基本方法，读者应该熟悉这 5 种方法。一维数组是二维、三维乃至更高维数的数组的基础，必须牢固掌握。

结果文件——配套资源“Ch3\SL301”文件

解：(1）直接输入法。

```
x=[1 2 3 4 5]
```

程序运行结果如下。

```
x =


     1     2     3     4     5
```

(2）按照等步长创建数组的方法。

```
x=-1:0.5:1
```

程序运行结果如下。

```
x =


   -1.0000   -0.5000         0    0.5000    1.0000
```

(3）线性等间距创建数组的方法。

```
x=linspace(1,10,10)
```

程序运行结果如下。

```
x =


     1     2     3     4     5     6     7     8     9    10
```

(4）对数等间距创建数组的方法。

x=logspace(0,3,4) %创建数组$\left[10^0 \quad 10^1 \quad 10^2 \quad 10^3\right]$

程序运行结果如下。

```
x =


           1          10         100        1000
```

(5）使用 MATLAB 函数创建数组的方法。

```
x=ones(1,5)
```

程序运行结果如下。

```
x =

     1     1     1     1     1
```

二、多维数组的创建

二维数组也是最常用的基本数组之一。二维数组及多维数组的创建方法有以下几种。

- 直接输入法。对于较小的数组，直接从键盘上输入数组即可。数组中每行之间的数据通过逗号或空格隔开，而行与行之间必须用分号隔开。
- 对于中等规模的数组，可以通过数组编辑器来输入。单击工作空间中的“新建变量”图标，会出现图 3-1 所示的数组编辑器，可以改变数组的行数与列数，然后从该编辑器中输入数组的元素。

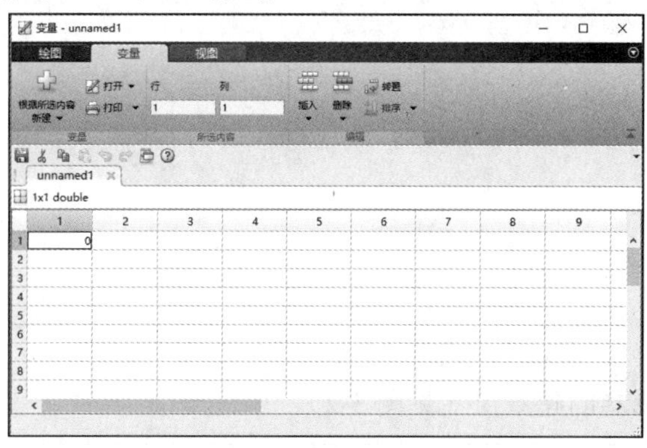

图 3-1 数组编辑器

- 对于大规模的数组，可以通过数据表格的方式来进行输入。此时可以单击工作空间中的“导入数据”图标，选中已经编写完成的矩阵数据文件，导入到工作空间。
- 利用 MATLAB 函数进行创建。MATLAB 提供了以下函数用于创建相应的多维数组，如表 3-1 所示。

表 3-1 MATLAB 提供的创建多维数组的函数

函数名称	用途
diag	创建对角数组
eye	创建单位数组
magic	创建魔方数组，只能创建 $n \times n$ 数组
rand	创建均匀分布的随机数组
randn	创建正态分布的随机数组
ones	创建元素全为 1 的数组
zeros	创建元素全为 0 的数组
random	创建各种分布的随机数组

【实例 3-2】多维数组的创建。

思路·点拨

多维数组在工程应用中是经常用到的。一维数组是基础，多维数组才是科研应用的根本。熟练掌握多维数组的创建非常重要。

结果文件——配套资源“Ch3\SL302”文件

解：（1）直接输入法。

```
A=[1 2 3 4;
  5 6 7 8;
  9 10 11 12]
```

程序运行结果如下。

```
A =

    1     2     3     4
    5     6     7     8
    9    10    11    12
```

（2）采用数组编辑器创建数组（见图 3-2）。

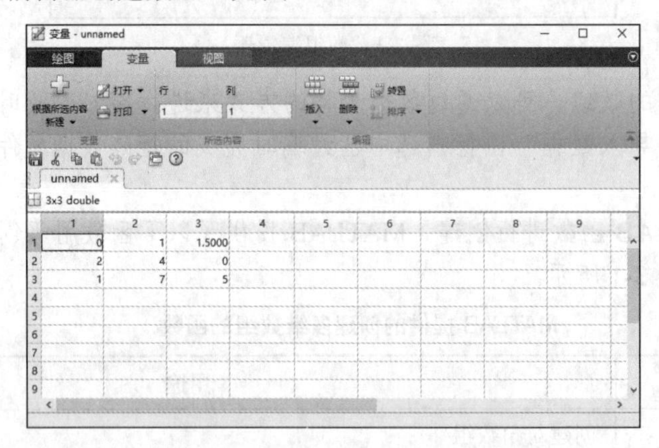

图 3-2　采用数组编辑器创建数组

直接在工作空间中输入所保存的文件名称“unnamed”，则会输出所创建的如下数组。

```
unnamed =

         0    1.0000    1.5000
    2.0000    4.0000         0
    1.0000    7.0000    5.0000
```

（3）采用 MATLAB 提供的函数直接创建数组。

```
ones(2,4)          %创建 2 行 4 列，元素全为 1 的数组
```

程序运行结果如下。

```
ans =

     1     1     1     1
     1     1     1     1
```

```
eye(3,3)           %创建 3 行 3 列的单位数组
```

程序运行结果如下。

```
ans =

     1     0     0
     0     1     0
     0     0     1
```

```
randn(4,3)         %创建 4 行 3 列的服从正态分布的随机数组
```

程序运行结果如下。

```
ans =

    0.5377    0.3188    3.5784
    1.8339   -1.3077    2.7694
   -2.2588   -0.4336   -1.3499
    0.8622    0.3426    3.0349
```

```
magic(5)           %创建 5×5 的魔方数组
```

程序运行结果如下。

```
ans =

    17    24     1     8    15
    23     5     7    14    16
     4     6    13    20    22
    10    12    19    21     3
    11    18    25     2     9
```

3.1.2 数组的运算规则

数组的运算包括两种：一种是数组与标量之间的运算，如数组与标量 a 的乘积，这属于非常简单的运算；另一种是数组与数组之间的运算，如数组与数组之间的乘除、点乘等运算。数组与数组之间的运算就没有那么简单了。数组的运算规则由表 3-2 给出。

表 3-2　　数组的运算规则

运算规则	数学描述	程序表达
相加	$a_{ij}+b_{ij}$	A+B
相减	$a_{ij}-b_{ij}$	A−B
相乘	$a_{ij}\times b_{ij}$	A.*B
相除	a_{ij}/b_{ij} 或 $b_{ij}\backslash a_{ij}$	A./B 或 B.\A
乘方	$a_{ij}^{b_{ij}}$	A.^B
与标量相加	$a+b_{ij}$	a+B
与标量相减	$a-b_{ij}$	a−B
与标量相乘	$a\times b_{ij}$	aB
与标量相除	a/b_{ij}或$b_{ij}\backslash a$	a./B 或 B.\a
与标量的乘方运算	$a^{b_{ij}}$ 或 ${b_{ij}}^{a}$	a.^B 或 B.^a

读者需要特别注意点乘和点除，这两种运算方法跟平常的乘除运算规则不一样，刚开始接触可能会有所生疏，需要多了解其中的内涵。下面通过具体的实例来讲解数组的运算规则。

【实例 3-3】已知两个数组 A=[1 2 3 4]，B=[5 6 7 8]，分别求取数组的运算结果。

思路·点拨

数组的运算规则已经在表 3-2 中给出，这里需要注意的是两个数组的点乘和点除。

结果文件——配套资源“Ch3\SL303”文件

解：程序如下。

```
A=[1 2 3 4];
B=[5 6 7 8];
A-B        %数组相减
A+B        %数组相加
```

```
A.*B     %点乘
A./B     %点除
A.^B     %乘方
```

程序运行结果如下。

```
ans =

    -4    -4    -4    -4

ans =

     6     8    10    12

ans =

     5    12    21    32

ans =

    0.2000    0.3333    0.4286    0.5000

ans =

     1          64         2187        65536
```

3.1.3 数组的操作

数组的操作指的是对数组进行翻转、插入、提取、收缩、重组等操作，以便于生成更为复杂的数组，或者是对已经生成的数组进行进一步的修改和扩展等。MATLAB 提供了实现该功能的许多函数，可以直接对数组进行操作。具体的函数及其基本用途如表 3-3 所示。

表 3-3　数组操作函数

函数名称	基本用途
fliplr	以数组的垂直中线为对称轴，交换数组左右对称位置上的数组元素
flipud	以数组的水平中线为对称轴，交换数组上下对称位置上的数组元素
rot90	按逆时针方向对数组进行旋转

续 表

函数名称	基本用途
reshape	在总元素个数不变的情况下，改变数组的行数和列数
diag	提出对角元素，生成新的数组
triu	保留方阵的上三角，构成上对角方阵
tril	保留方阵的下三角，构成下三角矩阵
repmat	按照指定的行数和列数复制数组

【实例 3-4】 对于数组 $A=\begin{bmatrix}1 & 2 & 3\\4 & 5 & 6\\7 & 8 & 9\end{bmatrix}$，分别应用以上函数，并输出结果。

思路·点拨

本实例的目的是通过对数组 A 应用以上的数组操作函数，加深对这些数组操作函数的理解和应用。

结果文件——配套资源“Ch3\SL304”文件

解：程序如下。

```
A=[1 2 3;
   4 5 6;
   7 8 9];
fliplr(A)
flipud(A)
rot90(A)
reshape(A,1,9)
diag(A)
triu(A)
tril(A)
repmat(A,3,3)              %把数组 A 当作模块，按照 3×3 的方式排放该模块，形成 9×9 数组
```

程序运行结果如下。

```
ans =

     3     2     1
     6     5     4
     9     8     7
```

```
ans =

     7     8     9
     4     5     6
     1     2     3

ans =

     3     6     9
     2     5     8
     1     4     7

ans =

     1     4     7     2     5     8     3     6     9

ans =

     1
     5
     9

ans =

     1     2     3
     0     5     6
     0     0     9

ans =

     1     0     0
     4     5     0
     7     8     9
```

```
ans =

     1     2     3     1     2     3     1     2     3
     4     5     6     4     5     6     4     5     6
     7     8     9     7     8     9     7     8     9
     1     2     3     1     2     3     1     2     3
     4     5     6     4     5     6     4     5     6
     7     8     9     7     8     9     7     8     9
     1     2     3     1     2     3     1     2     3
     4     5     6     4     5     6     4     5     6
     7     8     9     7     8     9     7     8     9
```

提示：读者可以根据程序的输出结果，进一步对照该函数的使用目的，加深对数组操作函数的理解。

3.1.4 数组的寻址

创建数组之后，在运用数组的过程中，经常需要用到数组的某个元素，那么就需要对数组进行寻址操作。数组元素在数组中的位置一般通过其下标来确定，因此寻找数组元素就是寻找数组元素的下标。MATLAB 提供了强大的数组寻址函数，来满足这些功能。以二维数组为例，数组的寻址函数如表 3-4 所示，进而可推广到多维数组。

表 3-4　数组寻址函数

调用格式	使用说明
$A(r,c)$	寻找数组中第 r 行和第 c 列的数组元素
$A(r,:)$	寻找第 r 行中的所有数组元素
$A(:,c)$	寻找第 c 列中的所有数组元素
$A(:)$	访问所有元素，由 A 的各列按自左到右的次序，首尾相接而成的数组
$A(k)$	用单一索引向量 k 来寻访数组中的元素
$A(x)$	用逻辑数组 x 寻找 A 的子数组，x 的维数必须和 A 的维数一致

【实例 3-5】以数组 $A=\begin{bmatrix}1 & 2 & 3\\4 & 5 & 6\\7 & 8 & 9\end{bmatrix}$ 为例，演示以上数组寻址函数的使用过程。

思路·点拨

数组的寻址过程以数组元素在数组中的位置下标来确定，例如，$A(2,3)$即确定数组 A 中第 2 行第 3 列位置上的数组元素。

结果文件——配套资源“Ch3\SL305”文件

解：程序如下。

```
A=[1 2 3;
   4 5 6;
   7 8 9];
A(2,3)
A(2,:)
A(:,2)
A(:)
A(7)
```

程序运行结果如下。

```
ans =

     6

ans =

     4     5     6

ans =

     2
     5
     8

ans =

     1
     4
     7
     2
     5
```

```
    8
    3
    6
    9

ans =

    3
```

提示：对于数组长度比较长，或者是数组的长度未知的数组，当我们要提取其中的一行或一列的所有元素时，可以采用 end 标示符。例如，要提取实例 3-5 中数组 *A* 的第一行的所有元素，可以输入程序：

```
A(1,1:end)
```

则程序的输出结果为

```
ans =

    1    2    3
```

这样的调用方式要比 *A*（*r*,:）或 *A*(:,*c*)来得高效，因此这样的输入方式更应该值得提倡，读者应该掌握这种方法。

3.1.5 关系和逻辑操作

关系和逻辑操作是每个程序语言都会涉及的内容，关系和逻辑都是对一类是非判断问题作出“真”或“假”的回答。同其他语言一样，MATLAB 的关系和逻辑操作判断规则也对非“0”的数值返回 true，对“0”返回 false。关系和逻辑判断在 MATLAB 中的应用也非常广泛，是 MATLAB 的重点内容之一。

一、关系操作

MATLAB 的关系操作运算符同其他的编程语言是一样的，具体的符号如表 3-5 所示。

表 3-5 关系操作运算符

运算符	说明	运算符	说明
<	小于	>=	大于或等于
<=	小于或等于	==	等于
>	大于	~=	不等于

在 MATLAB 中，关系运算符主要是用于比较两个同维数的数组的大小，同时也可以比较数组和标量的大小。在进行标量与数组的比较时，MATLAB 将该标量自动扩展成为与该数组同维数的数组之后再进行比较操作；而当进行数组与数组之间的比较时，两个

数组的维数必须相同，其比较方法是在数组中同位置上的元素间进行比较，比较输出的结果与被比较的数组维数是相同的。

【实例 3-6】假设两个数组分别为 A=1:10，B=15−A，分别运用关系操作并输出结果。

思路·点拨

数组之间的关系操作是数组同位置元素的比较，返回的是与数组同维数的数组。

结果文件——配套资源“Ch3\SL306”文件

解：程序如下。

```
A=1:10;
B=15-A;
tf=(A>B)
tf=(A>=B)
tf=(A<B)
tf=(A<=B)
```

程序运行结果如下。

```
tf =

  1×10 logical 数组

   0   0   0   0   0   0   0   1   1   1

tf =

  1×10 logical 数组

   0   0   0   0   0   0   0   1   1   1

tf =

  1×10 logical 数组

   1   1   1   1   1   1   1   0   0   0
```

```
tf =

  1×10 logical 数组

   1   1   1   1   1   1   1   0   0   0
```

二、逻辑操作

逻辑运算符也是 MATLAB 运算符的一个重要内容，逻辑运算符的引入，使得复杂的关系表达式成为了可能。逻辑运算符将多个逻辑表达式组合在一起，判断表达式的逻辑值。逻辑运算符的操作符如表 3-6 所示。

表 3-6　　逻辑操作运算符

运算符	使用说明
&	与操作，在两个逻辑数组之间同位置元素进行与操作，两个数值同为真时，输出结果为真
|	或操作，在两个逻辑数组之间同位置元素进行或操作，两个数值只要有一个为真时，输出结果为真
~	反操作，对一个逻辑数组元素逐个进行反操作，数组元素为真时输出为假，数组元素为假时输出为真
xor	与非操作，两个逻辑数组的同位置元素同为真或同为假时，输出为假；否则，输出为真

【实例 3-7】假设两个数组分别为 A=1:10，B=15−A，运用逻辑操作符对两个数组进行操作，并输出结果。

思路·点拨

逻辑运算符是进行逻辑判断的基础，本实例以两个一维数组为例，讲解常用逻辑操作符的操作，并通过结果进一步加深对逻辑运算符的理解。

结果文件——配套资源“Ch3\SL307”文件

解：程序如下。

```
A=1:10;
B=15-A;
tf=(A>4)
tf=(A>4)&(A<6)
C=xor(A,B)
```

程序运行结果如下。

```
tf =
```

```
  1×10 logical 数组

   0   0   0   0   1   1   1   1   1   1

tf =

  1×10 logical 数组

   0   0   0   0   1   0   0   0   0   0

C =

  1×10 logical 数组

   0   0   0   0   0   0   0   0   0   0
```

3.2　矩阵分析

矩阵是 MATLAB 中的一个非常重要的内容，是 MATLAB 进行数学计算的基础。MATLAB 简称为矩阵实验室，足以说明矩阵在 MATLAB 中的不可替代的作用。在前面我们已经讲解了数组的创建等内容，而矩阵的创建规则和数组是相似的，这里不再过多地描述，读者可以参照数组的方法创建矩阵。从本节开始，着重讲解矩阵的分析应用。矩阵分析的内容主要有矩阵的运算规则、矩阵的行列式、矩阵的特征值和特征向量、矩阵的条件数、矩阵的范数等，这些内容都是线性代数的基础内容。

3.2.1　矩阵运算规则

矩阵可以称为数组的子集，数组与数组同位置元素之间的运算，称为点运算。然而，矩阵的乘法、除法及乘方等运算不同于数组的乘积运算，所以这里着重讲解。

按照矩阵的乘法定义，矩阵的乘法 $\boldsymbol{A}\times\boldsymbol{B}$，分为.*和*。.*表示矩阵同位置元素的相乘，*表示按照线性代数上定义的矩阵乘法相乘。矩阵的除法同样也分为左除和右除，即 $\boldsymbol{A}/\boldsymbol{B}$ 或 $\boldsymbol{B}/\boldsymbol{A}$，在线性代数中，代表了线性方程组 $\boldsymbol{A}X=\boldsymbol{B}$ 或 $X\boldsymbol{A}=\boldsymbol{B}$ 的解；常量与矩阵相加减，这里的常量则被默认为一个以该常量为矩阵元素，维数与被相加减的矩阵相同的矩阵，然后再与矩阵进行相加减。矩阵的乘方 $\boldsymbol{A}.\char`^k$，则表示有 k 个矩阵 $\boldsymbol{A}$ 逐个进行矩阵相乘，这里的乘法不是点乘，而是矩阵乘。

下面通过 4 个具体的实例来讲解矩阵的这 4 种运算规则。

【实例 3-8】矩阵的点乘与矩阵乘法：假设有两个矩阵分别为 $\boldsymbol{A}=\begin{bmatrix}1 & 4\\4 & 5\end{bmatrix}$，$\boldsymbol{B}=\begin{bmatrix}2 & 4\\-1 & 6\end{bmatrix}$，试求解矩阵的点乘与矩阵乘，并通过结果比较点乘与矩阵乘的区别。

思路·点拨

本题通过两个具体的实例矩阵运算，来区别点乘与矩阵乘。

结果文件——配套资源“Ch3\SL308”文件

解：程序如下。

```
A=[1 4;4 5];
B=[2 4;-1 6];
C=A.*B          %矩阵点乘
D=A*B           %矩阵乘
```

程序运行结果如下。

```
C =

     2    16
    -4    30

D =

    -2    28
     3    46
```

【实例 3-9】矩阵除法：以实例 3-8 的矩阵为例，计算 $\boldsymbol{A}/\boldsymbol{B}$ 和 $\boldsymbol{B}/\boldsymbol{A}$。

思路·点拨

矩阵的除法，左除与右除分别代表着两种不同的结果，也代表着两个不同的线性方程组的解。

结果文件——配套资源“Ch3\SL309”文件

解：程序如下。

```
A=[1 4;4 5];
B=[2 4;-1 6];
```

```
A/B
B/A
```

程序运行结果如下。

```
ans =

   0.6250    0.2500
   1.8125   -0.3750

ans =

   0.5455    0.3636
   2.6364   -0.9091
```

【实例 3-10】矩阵与常量的加、减、乘：求常量 k=3 与矩阵 $\boldsymbol{A}=\begin{bmatrix}1 & 4\\4 & 5\end{bmatrix}$的加、减、乘。

思路·点拨

常量与矩阵的加、减，相当于将常量看作是一个以常量 k 为矩阵元素，维数与待操作的矩阵相同的矩阵，然后进行加减运算。常量与矩阵的乘法则直接用常量 k 分别乘以矩阵中的每一个元素。

结果文件——配套资源“Ch3\SL310”文件

解：程序如下。

```
A=[1 4;4 5];
k=3;
C=k+A
D=k-A
E=k*A
```

程序运行结果如下。

```
C =

    4     7
    7     8
```

```
D =

    2   -1
   -1   -2

E =

    3   12
   12   15
```

【实例 3-11】矩阵的乘方运算：计算矩阵 $\boldsymbol{A}=\begin{bmatrix}1 & 4\\4 & 5\end{bmatrix}$ 的三次方。

思路·点拨

矩阵的乘方运算的基础是矩阵的乘法运算，比如矩阵 ***A*** 的平方指的是 ***AA***，矩阵 ***A*** 的三次方指的是 ***AAA***，矩阵 ***A*** 的 *n* 次方指的是 *n* 个矩阵 ***A*** 的矩阵乘运算。

结果文件——配套资源“Ch3\SL311”文件

解： 程序如下。

```
A=[1 4;4 5];
C=A^3
```

程序运行结果如下。

```
C =

  113   188
  188   301
```

3.2.2 矩阵分析计算

一、矩阵行列式

矩阵的行列式计算是矩阵分析的一个非常基础的部分，矩阵行列式在解线性方程组、求矩阵的特征值和特征向量计算中都有着举足轻重的作用。MATLAB 提供了函数 det 来求解矩阵的行列式。函数 det 既可以求解数值矩阵的行列式，也可以求解符号矩阵的行列式。

【实例 3-12】求解数值矩阵 $A=\begin{bmatrix}1 & 2 & -4 & -1\\ 5 & -3 & 5 & 6\\ -4 & 6 & 0 & 9\\ 3 & 5 & -3 & 8\end{bmatrix}$，符号矩阵 $B=\begin{bmatrix}\cos t & -\sin t\\ \sin t & \cos t\end{bmatrix}$的行列式。

思路·点拨

求解矩阵的行列式采用 det 函数，该函数的调用格式为 det(A)，其中 A 为待求矩阵。

结果文件——配套资源“Ch3\SL312”文件

解：程序如下。

```
A=[1 2 -4 -1;
    5 -3 5 6;
    -4 6 0 9;
    3 5 -3 8];
det(A)
syms t
B=[cos(t) -sin(t);
    sin(t) cos(t)];
det(B)
```

程序运行结果如下。

```
ans =

  108.0000

ans =

cos(t)^2 + sin(t)^2
```

二、矩阵的转置

在 MATLAB 中，矩阵的转置直接采用符号“'”即可。例如，对矩阵 A 进行转置，则可以直接使用命令 A'。

【实例 3-13】求矩阵 $A=\begin{bmatrix}1 & 2 & -4 & -1\\ 5 & -3 & 5 & 6\\ -4 & 6 & 0 & 9\\ 3 & 5 & -3 & 8\end{bmatrix}$的转置矩阵。

思路·点拨

求矩阵 A 的转置矩阵，采用命令 A' 就可以完成。

结果文件——配套资源“Ch3\SL313”文件

解：程序如下。

```
A=[1 2 -4 -1;
   5 -3 5 6;
   -4 6 0 9;
   3 5 -3 8];
B=A'
```

程序运行结果如下。

```
B =

    1     5    -4     3
    2    -3     6     5
   -4     5     0    -3
   -1     6     9     8
```

三、矩阵求逆

在线性代数中，矩阵的逆的定义为：设 A 是数域上的一个 n 阶方阵，若在相同数域上存在另一个 n 阶方阵 B，使得 $AB=BA=E$，则矩阵 B 称为 A 逆矩阵，记为 $B=A^{-1}$。矩阵 A 可逆的充分必要条件是矩阵 A 的行列式不为零，即 $|A|\neq 0$，即矩阵 A 为非奇异矩阵。逆矩阵的求解公式为

$$A^{-1}=\frac{A^{*}}{|A|} \tag{3-1}$$

式中，A^{*} 为矩阵的伴随矩阵，$|A|$ 为矩阵的行列式。

在 MATLAB 中，提供了函数 inv 求解矩阵的逆矩阵。其调用格式为

$$Y=\mathrm{inv}(X)$$

这里必须保证矩阵 X 为方阵。

下面通过具体的实例讲解函数 inv 的使用。

【实例 3-14】求解三阶方阵 $A=\begin{bmatrix}1 & 0 & 1\\ 2 & 1 & 0\\ -3 & 2 & -5\end{bmatrix}$ 的逆矩阵。

思路·点拨

逆矩阵的求解公式为 $A^{-1}=\frac{A^*}{|A|}$，这里需要计算矩阵 $\boldsymbol{A}$ 的伴随矩阵，若矩阵的维数较高，则计算过程将会特别烦琐，而且容易出错。MATLAB 提供了函数 inv，用一条语句就可以计算矩阵的逆矩阵，节省了烦琐的逆矩阵计算。

结果文件——配套资源“Ch3\SL314”文件

解：程序如下。

```
A=[1 0 1;
   2 1 0;
  -3 2 -5];
det(A)
```

程序运行结果如下。

```
ans =

   2.0000
```

因为 det(A)=2.0，所以矩阵的逆矩阵存在。

```
B=inv(A)
```

则矩阵的逆矩阵为

```
B =

  -2.5000    1.0000   -0.5000
   5.0000   -1.0000    1.0000
   3.5000   -1.0000    0.5000
```

四、矩阵的范数

范数关系到数值求解精度，范数在线性代数理论中有着非常详细的介绍，是线性代数的基础内容之一。矩阵的范数是在向量范数的基础之上定义的。

向量 $x=[x_1 \quad x_2 \quad \cdots \quad x_n]$，其范数的数值可以由以下公式定义：

$$\|p\|=\left(\sum_{i=1}^{n}|x_i|^p\right)^{\frac{1}{p}} \tag{3-2}$$

式中，p 的取值范围为 $p=1$，2，…，n。

无穷范数则可以定义为

$$\|x\|_{\infty}=\max_{1\leqslant i\leqslant n}|x_i|,\|x\|_{-\infty}=\min_{1\leqslant i\leqslant n}|x_i| \tag{3-3}$$

由向量的范数，可以得出矩阵的范数的定义公式为

$$\|A\|=\max_{\forall x\neq 0}\frac{\|Ax\|}{\|x\|} \tag{3-4}$$

在实际应用当中，最常用的矩阵范数为矩阵的 1 范数、2 范数和无穷范数，其定义分别为

$$\|A\|_1=\max_{1\leqslant j\leqslant n}\sum_{i=1}^{n}|a_{ij}|,\|A\|_2=\sqrt{S_{\max}(A^{\mathrm{T}}A)},\|A\|_{\infty}=\max_{1\leqslant j\leqslant n}\sum_{j=1}^{n}|a_{ij}| \tag{3-5}$$

在 MATLAB 中，提供了函数 norm 来求解向量或矩阵的范数，其主要调用格式如下。

```
n = norm(X,2);          求矩阵 X 的 2 范数。
n = norm(X);            求矩阵 X 的 2 范数，默认值为 2。
n = norm(X,1);          求矩阵 X 的 1 范数。
n = norm(X,Inf);        求矩阵 X 的无穷范数。
n = norm(X,'fro');      求矩阵 X 的 Frobenius 范数。
n = norm(V,p);          求向量 V 的 p 范数，其中 p 的取值为 1，2，…，n。
n = norm(V,Inf);        求向量 V 的正无穷范数，即返回向量 V 的绝对值的最大值。
n = norm(V,-Inf);       求向量 V 的负无穷范数，即返回向量 V 的绝对值的最小值。
```

下面通过具体的实例来讲解函数 norm 的调用。

【实例 3-15】 求解矩阵 $A=\begin{bmatrix}1 & 0 & 1\\ 2 & 1 & 0\\ -3 & 2 & -5\end{bmatrix}$ 的 1 范数、2 范数及无穷范数。

思路·点拨

矩阵范数最常用的为 1 范数、2 范数及无穷范数，调用 norm 函数，调用方法分别为 norm(A,1)、norm(A,2)、norm(A,inf)。

结果文件——配套资源“Ch3\SL315”文件

解：程序如下。

```
A=[1 0 1;
   2 1 0;
  -3 2 -5];
norm(A,1)
norm(A,2)
```

```
norm(A,inf)
```

程序运行结果如下。

```
ans =

     6

ans =

    6.3427

ans =

    10
```

即矩阵 $\boldsymbol{A}$ 的 1 范数、2 范数及无穷范数分别为 6、6.3427、10。

【实例 3-16】 求解向量 $V = [1 \quad -4 \quad 2 \quad -6 \quad 9 \quad -7 \quad 3]$ 的 1 范数、正无穷范数及负无穷范数。

思路·点拨

向量的正无穷范数、负无穷范数分别返回向量的绝对值的最大值和最小值。调用格式分别为 norm(V,inf)、norm(V,-inf)。

结果文件——配套资源“Ch3\SL316”文件

解： 程序如下。

```
V=[1 -4 2 -6 9 -7 3]
norm(V,1)
norm(V,inf)
norm(V,-inf)
```

程序运行结果如下。

```
ans =

    32

ans =
```

```
    9


ans =


    1
```

五、矩阵的条件数

矩阵 $\boldsymbol{A}$ 的条件数等于 $\boldsymbol{A}$ 的范数与 $\boldsymbol{A}$ 的逆的范数的乘积，即 cond(A)= $\|\boldsymbol{A}\|\cdot\|\boldsymbol{A}^{\wedge(-1)}\|$。对应矩阵的 3 种范数，相应地可以定义 3 种条件数。函数 cond(A,1)、cond(A)或 cond(A, inf)是判断矩阵病态与否的一种度量，条件数越大矩阵越病态。MATLAB 提供函数 cond 来求解矩阵的条件数，其主要调用格式如下。

```
c = cond(X);          返回矩阵 X 的 2 范数的条件数。
c = cond(X,p);        返回矩阵 X 的 p 范数的条件数。
```

【实例 3-17】求解矩阵 $\boldsymbol{A}=\begin{bmatrix}1 & 0 & 1\\ 2 & 1 & 0\\ -3 & 2 & -5\end{bmatrix}$ 的 3 种条件数 cond(A,1)、cond(A)、cond(A,inf)。

结果文件——配套资源“Ch3\SL317”文件

解：程序如下。

```
A=[1 0 1;
2 1 0;
-3 2 -5];
cond(A,1)
cond(A)
cond(A,inf)
```

程序运行结果如下。

```
ans =


   66


ans =


   43.8357
```

```
ans =

    70
```

由线性代数的基本知识可知，矩阵的条件数总是大于等于 1，单位矩阵的条件数为 1，奇异矩阵的条件数为无穷大，病态矩阵的条件数则为比较大的数据。由计算结果可以知道，矩阵 **A** 的条件数是比较大的数据，因此矩阵 **A** 并不是一个良好的矩阵，可以称之为病态矩阵。

3.3 矩阵分解

矩阵分解是将矩阵拆解为数个矩阵的乘积，可分为三角分解、满秩分解、QR 分解、Jordan 分解和奇异值分解等。

3.3.1 特征值及特征向量

一、特征值和特征向量的基本概念

矩阵的特征值和特征向量是矩阵分析的一个非常重要的理论。矩阵的特征值及特征向量的定义如下。

设 **A** 是一个 n 阶方阵，λ 是一个数，如果方程

$$AX = \lambda X \tag{3-6}$$

存在非零解向量，则称 λ 是 **A** 的一个特征值，相应的非零向量解 X 称为属于特征值 λ 的特征向量。公式（3-6）也可以写成如下形式：

$$(A-\lambda E)X = 0 \tag{3-7}$$

这是 n 个未知数 n 个方程的齐次线性方程组，它有非零解的充分必要条件是系数行列式

$$|A-\lambda E| = 0 \tag{3-8}$$

即表示为

$$\begin{vmatrix} a_{11}-\lambda & a_{12} & \cdots & a_{1n} \\ a_{21} & a_{22}-\lambda & \cdots & a_{2n} \\ \vdots & \vdots & & \vdots \\ a_{n1} & a_{n2} & \cdots & a_{nn}-\lambda \end{vmatrix} = 0 \tag{3-9}$$

式（3-9）是以 λ 为未知数的一个 n 次方程，称为矩阵 **A** 的特征方程，其左端 $|A-\lambda E|$ 是 λ 的 n 次多项式，记作 $f(\lambda)$，称为方阵 **A** 的特征多项式。$f(\lambda)$ 可以表示为

$$f(\lambda)=|A-\lambda E|=\begin{vmatrix} a_{11}-\lambda & a_{12} & \cdots & a_{1n} \\ a_{21} & a_{22}-\lambda & \cdots & a_{2n} \\ \vdots & \vdots & & \vdots \\ a_{n1} & a_{n2} & \cdots & a_{nn}-\lambda \end{vmatrix} \quad (3\text{-}10)$$

$$=(-1)^n\lambda^n+a_1\lambda^{n-1}+\cdots+a_{n-1}\lambda+a_n$$

那么，特征方程的解就是矩阵 A 的特征值。特征方程在复数范围内恒有解，其个数为方程的次数（按重根计算），因此，n 阶矩阵 A 就有 n 个特征值。从线性代数的理论可知，特征值具有以下两个特征。

（1）$\lambda_1+\lambda_2+\cdots+\lambda_n=a_1+a_2+\cdots+a_n$；

（2）$\lambda_1\lambda_2\cdots\lambda_n=|A|$。

若 λ 为 A 的一个特征值，则 λ 一定是方程 $|A-\lambda E|=0$ 的根，即为特征根；若 λ 为方程 $|A-\lambda E|=0$ 的 i 重根，则称 λ 为 A 的 i 重特征根。方程 $(A-\lambda E)X=0$ 的每一个非零解向量都是相应于 λ 的特征向量，因此，线性代数中计算特征值和特征向量的步骤如下。

（1）计算矩阵 A 的特征多项式：$|A-\lambda E|$；

（2）求解特征方程 $|A-\lambda E|=0$ 的全部根，即为矩阵 A 的特征值；

（3）对每一个特征值 λ，求出齐次线性方程组

$$(A-\lambda E)X=0$$

的一个基础解系 $\zeta_1,\zeta_2,\cdots,\zeta_s$，则可以得到矩阵 A 的全部特征向量为

$$k_1\xi_1+k_2\xi_2+\cdots+k_s\xi_s$$

其中，$k_1, k, \cdots, \xi_s$ 是不全为零的数。

二、MATLAB 求解特征值和特征向量

在 MATLAB 中，提供了函数 eig 来求解特征值和特征向量，eig 函数的具体调用格式如下。

```
d = eig(A);                 求解矩阵 A 的全部特征值，返回值是由特征值构成的向量。
d = eig(A,B);               求解方阵 A 和 B 的 n 个广义特征值，构成向量 E。
[V,D] = eig(A);             求矩阵 A 的特征值，构成对角矩阵 D；并求矩阵 A 的特征向量，构成矩阵 V。
[V,D] = eig(A,'nobalance');  若矩阵 A 中的截断误差数量级相差不大时，可以采用该种调用格式。
[V,D] = eig(A,B);                求方阵 A 和 B 的 n 个广义特征值，构成 n 阶对角矩阵 D，其对角线
上的 n 个元素即为对应的广义特征值，同时将返回相应的特征向量构成 n 阶满秩矩阵 V，且满足 AV=BVD。
```

下面通过实例来讲解函数 eig 的具体调用。一般求解特征值的同时要求出矩阵的特征向量，因此，在计算过程中最常用的函数的调用格式为[V,D] = eig(A)。

【实例 3-18】求解矩阵 $\boldsymbol{A}=\begin{bmatrix}3 & -1\\ -1 & 3\end{bmatrix}$ 的特征值和特征向量。

思路·点拨

本例要求解矩阵 $\boldsymbol{A}$ 的特征值和特征向量，我们首先想到的调用格式是[*V*,*D*]=eig(A)，因为这个函数在返回特征值的同时也返回了特征向量。

结果文件——配套资源“Ch3\SL318”文件

解：程序如下。

```
A=[3 -1;-1 3];
[V,D]=eig(A)
```

程序的运行结果如下。

```
V =


   -0.7071   -0.7071
   -0.7071    0.7071


D =


     2     0
     0     4
```

下面我们可以对这个简单的矩阵，通过线性代数的基本解法求解其特征值和特征向量，来比较软件解法在效率上的区别。

解：矩阵 $\boldsymbol{A}$ 的特征多项式为

$$|A-\lambda E|=\begin{vmatrix}3-\lambda & -1\\ -1 & 3-\lambda\end{vmatrix}=(3-\lambda)^2-1=(4-\lambda)(2-\lambda)$$

求得矩阵 $\boldsymbol{A}$ 的特征值为

$\lambda_1=2$，$\lambda_2=4$

当 $\lambda_1=2$ 时，解齐次线性方程组 $(A-2E)X=0$，可以得到

$$\begin{cases}x_1-x_2=0\\ -x_1+x_2=0\end{cases}$$

解得 $x_1=x_2$，令 $x_2=-0.7071$，可以得到基础解系

$$\zeta_1=\begin{bmatrix}-0.7071\\-0.7071\end{bmatrix}$$

当λ_2=4 时，解齐次线性方程组$(A-4E)X=0$，得到$x_1=-x_2$，令x_2=0.7071，得其基础解系

$$\zeta_2=\begin{bmatrix}-0.7071\\0.7071\end{bmatrix}$$

因此可以得到属于矩阵 $\boldsymbol{A}$ 的一个特征向量为

$$\begin{bmatrix}-0.7071 & -0.7071\\-0.7071 & 0.7071\end{bmatrix}$$

比较以上两种解法可以看出，使用软件求解矩阵的特征值和特征向量的速度明显要比手算的速度快，特别是对更高维的矩阵，比如 4 阶、5 阶甚至更多阶矩阵，使用笔算的方法明显耗时耗力，而且容易计算出错。因此，在以后的科研工作中，可以把更多的精力放在模型及算法的摸索中，而计算方面则由数学软件或编程来代替。

【实例 3-19】计算当矩阵中的元素和截断误差相当的情况下的矩阵特征值和特征向量。矩阵为$\boldsymbol{B}=\begin{bmatrix}3 & -2 & -9 & 2\text{eps}\\-2 & 4 & 1 & -\text{eps}\\-\text{eps}/4 & \text{eps}/2 & -1 & 0\\-0.5 & -0.5 & 0.1 & 1\end{bmatrix}$。

思路·点拨

本实例的主要目的是调用$[V,D]$ = eig(A,'nobalance')，并且可以验证一下，当矩阵中的截断误差的数量级相当时，使用'nobalance'和不使用'nobalance'的区别。

结果文件——配套资源“Ch3\SL319”文件

解：程序如下。

```
B = [ 3     -2     -9    2*eps;
     -2      4      1   -eps;
     -eps/4  eps/2  -1     0;
     -0.5    -0.5     0.1    1   ];
[VB,DB] = eig(B)
          B*VB - VB*DB
[VN,DN] = eig(B,'nobalance')
          B*VN - VN*DN
```

程序运行结果如下。

```
VB =

    0.6153   -0.4176   -0.0000   -0.8631
   -0.7881   -0.3261   -0.0000   -0.2810
   -0.0000   -0.0000   -0.0000   -0.3212
    0.0189    0.8481   -1.0000   -0.2700

DB =

    5.5616         0         0         0
         0    1.4384         0         0
         0         0    1.0000         0
         0         0         0   -1.0000

ans =

   1.0e-14 *

   -0.1776    0.1221   -0.0221   -0.0111
    0.0888   -0.0222   -0.0148   -0.0333
    0.0017    0.0002    0.0007         0
    0.0153   -0.0444         0   -0.0111

VN =

    0.6153   -0.4176   -0.0000   -0.8631
   -0.7881   -0.3261   -0.0000   -0.2810
   -0.0000   -0.0000   -0.0000   -0.3212
    0.0189    0.8481   -1.0000   -0.2700

DN =
```

```
  5.5616         0         0         0
       0    1.4384         0         0
       0         0    1.0000         0
       0         0         0   -1.0000


ans =


   1.0e-14 *


  -0.1776    0.0111   -0.0650   -0.1110
   0.3553    0.1055    0.0278    0.0500
   0.0017    0.0002    0.0007         0
   0.0264         0    0.0111    0.0888
```

提示： 可以看出，使用'nobalance'和不使用'nobalance'的计算结果存在着比较大的误差。所以，当矩阵中的元素和截断误差相当的情况下，要记住调用上述这种格式，并且使用'nobalance'参数。

3.3.2 奇异值分解

奇异值分解是线性代数中的一种重要的矩阵分解，是矩阵分析中正规矩阵对角化的推广，在信号处理、统计学等领域有着重要的应用。

奇异值分解的基本定理：对于任意给定的 $m \times n$ 矩阵 $\boldsymbol{A}$，都存在酉矩阵 $\boldsymbol{U}$ 和 $\boldsymbol{V}$，使得矩阵转换为对角矩阵，即表示为

$$U'AV = \begin{bmatrix} \sigma_1 & & & \\ & \sigma_2 & & \\ & & \ddots & \\ & & & \sigma_p \end{bmatrix} \tag{3-11}$$

在对角线元素中，$\sigma_1 \geqslant \sigma_2 \geqslant \cdots \geqslant \sigma_p$，$p = \min(m,n)$，在公式（3-11）中，$\sigma_i$、$u_i$、$v_i$ 分别为矩阵 $\boldsymbol{A}$ 的第 i 奇异值、左奇异值和右奇异值。分解结果为奇异值分解的三对组。在 MATLAB 中，奇异值分解的函数为 svd，其调用格式如下。

```
s = svd(X);             求解矩阵的奇异值分解，返回一个向量。
[U,S,V] = svd(X);       求解矩阵的奇异值分解。
[U,S,V] = svd(X,0);     比较经济的奇异值分解格式，如果 m×n 的矩阵 m>n，那么计算 X 前 n 列元素，返回 n 列的 U。
```

下面通过具体的实例讲解矩阵的奇异值分解。

【实例 3-20】对于矩阵 $\boldsymbol{A}=\begin{bmatrix}1 & 2\\3 & 4\\5 & 6\\7 & 8\end{bmatrix}$，求解矩阵的奇异值分解。

思路·点拨

本例使用两种调用格式：$[U,S,V]$ = svd(X)及$[U,S,V]$ = svd(X,0)。

结果文件——配套资源“Ch3\SL320”文件

解：程序如下。

```
A=[1 2;3 4;5 6;7 8];
[U,S,V]=svd(A)
[UU,SS,VV]=svd(A,0)
```

程序运行结果如下。

```
U =

   -0.1525   -0.8226   -0.3945   -0.3800
   -0.3499   -0.4214    0.2428    0.8007
   -0.5474   -0.0201    0.6979   -0.4614
   -0.7448    0.3812   -0.5462    0.0407

S =

   14.2691         0
         0    0.6268
         0         0
         0         0

V =

   -0.6414    0.7672
   -0.7672   -0.6414
```

```
UU =

   -0.1525   -0.8226
   -0.3499   -0.4214
   -0.5474   -0.0201
   -0.7448    0.3812

SS =

   14.2691         0
         0    0.6268

VV =

   -0.6414    0.7672
   -0.7672   -0.6414
```

3.3.3 LU 分解

在线性代数中，LU 分解是矩阵分解的一种，可以将一个矩阵分解为一个下三角矩阵和一个上三角矩阵的乘积。LU 分解主要应用在数值分析中，用来解线性方程、求逆矩阵或计算行列式。

一、LU 分解的实质

LU 分解在本质上是高斯消元法的一种表达形式。实质是将矩阵 ***A*** 通过初等行变换变成一个上三角矩阵，其变换矩阵就是一个单位下三角矩阵。即将一个矩阵分解为一个下三角矩阵和一个上三角矩阵的乘积，即 ***A*=*LU*** 的形式。LU 分解最常用的是高斯消去法。

二、MATLAB 的 LU 分解

在 MATLAB 中，LU 分解的函数是 lu，其主要调用格式如下。

Y =lu(A);　　A 为方阵，该命令格式把 L 和 U 合并在一起通过矩阵 Y 给出，此时矩阵 Y 满足 Y=L+U-I。

[L,U] = lu(A);　　A 为方阵，返回下三角矩阵 L 和上三角矩阵 U。

[L,U,P] = lu(A);　　A 为方阵，返回下三角矩阵 L 和上三角矩阵 U，P 为置换矩阵，PA=LU。

[L,U,P,Q] = lu(A);　　A 为稀疏非空矩阵，返回下三角矩阵 L 和上三角矩阵 U，P 为置换矩阵，Q 为重新排列的矩阵，PAQ=LU。

```
[L,U,P,Q,R] = lu(A);        A为稀疏非空矩阵，返回下三角矩阵L和上三角矩阵U，置换矩阵P，重新排列的矩阵Q，一个对角线缩放矩阵R，并且满足关系：P(R\A)Q=LU。
```

下面通过实例来讲解该函数的具体使用。

【实例 3-21】矩阵 $A=\begin{bmatrix}1&2&3\\4&5&6\\7&8&0\end{bmatrix}$，求该矩阵的 LU 分解。

思路·点拨

本实例以矩阵 **A** 为载体，分别讲解矩阵 LU 分解的各种分解方法。调用方法为上述的各种方法。

结果文件——配套资源“Ch3\SL321”文件

解：分解方法一：Y=lu(A)

程序如下。

```
A=[1 2 3;4 5 6;7 8 0];
Y=lu(A)
```

程序运行结果如下。

```
Y =

    7.0000    8.0000         0
    0.1429    0.8571    3.0000
    0.5714    0.5000    4.5000
```

分解方法二：$[L,U]$ = lu(A)

程序如下。

```
A=[1 2 3;4 5 6;7 8 0];
[L,U]=lu(A)
```

程序运行结果如下。

```
L =

    0.1429    1.0000         0
    0.5714    0.5000    1.0000
    1.0000         0         0

U =
```

```
    7.0000    8.0000         0
         0    0.8571    3.0000
         0         0    4.5000
```

分解方法三：[*L*,*U*,*P*] = lu(A)

程序如下。

```
A=[1 2 3;4 5 6;7 8 0];
[L,U,P]=lu(A)
P*A-L*U
```

程序运行结果如下。

```
L =

    1.0000         0         0
    0.1429    1.0000         0
    0.5714    0.5000    1.0000

U =

    7.0000    8.0000         0
         0    0.8571    3.0000
         0         0    4.5000

P =

     0     0     1
     1     0     0
     0     1     0

ans =

     0     0     0
     0     0     0
     0     0     0
```

这里，我们可以验证 $L+U-I$ 是否等于矩阵 Y。程序如下。

```
I=[1 0 0;0 1 0;0 0 1];
L+U-I
```

程序运行结果如下。

```
ans =

    7.0000    8.0000         0
    0.1429    0.8571    3.0000
    0.5714    0.5000    4.5000
```

对比分解方法一的矩阵 Y，可以得出 $Y=L+U-I$。

上述调用格式的分解方法中的矩阵 A 必须为稀疏非空矩阵，读者可以根据生成稀疏矩阵的函数自己调用进行验证，这里不再过多地描述。可以验证，计算的结果是正确的。这里我们也可以用 LU 分解求解线性方程组，求解方法可以表示为

$$Ax = LUx = b \tag{3-12}$$

具体解法为：令 $y = Ux$，则公式（3-12）可以表示为 $Ly = b$，通过该公式可以求得 $y = L\backslash b$，又因为 $y = Ux$，即 $Ux = y$，可以求得 $x = U\backslash y$。

3.3.4 Cholesky 分解

一、Cholesky 分解的基本定义

Cholesky 分解法又称平方根法，是当矩阵 A 为实对称矩阵时，LU 三角分解法的变形。在介绍 Cholesky 分解的定义之前，先介绍对称正定矩阵的几个重要性质。

（1）若 A 为对称正定矩阵，则 A^{-1} 也为对称正定矩阵，且 $a_{ii}>0$。

（2）若 A 为对称正定矩阵，则 A 的顺序主子阵 A_k 也为对称正定矩阵。

（3）若 A 为对称正定矩阵，则 A 的特征值 $\lambda_i>0$。

（4）若 A 为对称正定矩阵，则 A 的全部顺序主子式 $\det(A_k)>0$，此条件也是矩阵能够进行 Cholesky 分解的充要条件。

经过 Cholesky 分解之后，对称正定矩阵可以被分解为一个上三角矩阵 R 及其转置矩阵的乘积，即分解后的形式为 $A = R^TR$。

二、Cholesky 分解的 MATLAB 实现

在 MATLAB 中，实现 Cholesky 分解的函数为 chol，其主要调用格式如下。

R=chol(A);　　若矩阵 A 为正定矩阵，返回的结果是矩阵 A 的上三角矩阵 R，使 $A=R^TR$；如果输入的矩阵 A 为非正定矩阵，那么 MATLAB 将会给出错误信息。

[R,p]=chol(A);　　若矩阵 A 为正定矩阵，返回的结果是矩阵 A 的正定矩阵，同时输出的 p=0；若矩阵 A 为非正定矩阵，那么命令返回的参数结果是正整数 p，R 为三角矩阵，矩阵的结束为 p-1，即 A(1:p-1，1:p-1)= R^TR。

下面通过实例讲解 Cholesky 分解的具体使用。

【实例 3-22】设矩阵 ***A*** 为五阶的 Pascal 矩阵，试求解矩阵 ***A*** 的 Cholesky 分解。并且令矩阵 ***B*** 为矩阵 ***A***(*n*,*n*)-1，即 ***B***(*n*,*n*)=***A***(*n*,*n*)-1，求矩阵 ***B*** 的 Cholesky 分解。

思路·点拨

本题的 Pascal 矩阵是由 Pascal 三角矩阵发展而来，为对称正定矩阵，矩阵 ***B***(*n*,*n*)=***A***(*n*,*n*)-1，可以知道矩阵 ***B*** 为非正定矩阵，因此采用第二种调用格式。

结果文件——配套资源“Ch3\SL322”文件

解：（1）矩阵 ***A*** 的 Cholesky 分解。

程序如下。

```
A=pascal(5);
R=chol(A)
```

程序运行结果如下。

```
R =

     1     1     1     1     1
     0     1     2     3     4
     0     0     1     3     6
     0     0     0     1     4
     0     0     0     0     1
```

（2）矩阵 ***B*** 的 Cholesky 分解。

程序如下。

```
A=pascal(5);
R=chol(A)
B(5,5)=A(5,5)-1;
[R1,p]=chol(B)
```

程序运行结果如下。

```
R1 =

    1.7321   -1.1547
         0    1.6330
p =

     3
```

如果采用调用格式 *R*=chol(B)：

```
R=chol(B)
```

则程序的运行将会给出如下错误提示。

```
错误使用 chol
矩阵必须为正定矩阵。
```

因此若矩阵为非正定矩阵，必须采用第二种调用格式。同时，Cholesky 分解也可以用于求解线性方程组。例如，对于方程组 $\boldsymbol{A}x = b$（其中矩阵 $\boldsymbol{A}$ 为对称正定矩阵），矩阵 $\boldsymbol{A}$ 可以分解为一个上三角矩阵及其转置矩阵的乘积，即 $\boldsymbol{A} = \boldsymbol{R}^{\mathrm{T}}\boldsymbol{R}$，则方程可以等价为 $\boldsymbol{R}^{\mathrm{T}}\boldsymbol{R}x = b$，于是线性方程组的解可以表示为 $x = \boldsymbol{R} \setminus (\boldsymbol{R}^{\mathrm{T}} \setminus b)$。

3.3.5 QR 分解

一、矩阵 QR 分解的基本概念

矩阵 QR 分解的定理：设矩阵 $\boldsymbol{A} \in \boldsymbol{R}^{m\times n}$，且为非奇异矩阵，则一定存在正交矩阵 $\boldsymbol{Q}$ 和上三角矩阵 $\boldsymbol{R}$，使得矩阵 $\boldsymbol{A}$ 可以表示为

$$A = QR \tag{3-13}$$

且当所求上三角矩阵 $\boldsymbol{R}$ 的主对角元素均为正数时，公式（3-13）的分解是唯一存在的。

矩阵的 QR 分解即将非奇异矩阵 $\boldsymbol{A}$ 分解为一个正交矩阵 $\boldsymbol{Q}$ 和一个上三角矩阵 $\boldsymbol{R}$ 的乘积，因此，矩阵的 QR 分解也称为矩阵的正交分解。

二、矩阵 QR 分解的 MATLAB 实现

在 MATLAB 中，提供了函数 qr 来实现矩阵的 QR 分解，其主要调用格式如下。

```
[Q,R]=qr(A);            A 为 m×n 矩阵，产生一个 m×n 的正交矩阵 Q 和上三角矩阵 R，满足 A=QR。
[Q,R]=qr(A,0);          A 为 m×n 矩阵，若 m>n，则在计算的过程中，计算矩阵 A 的前 n 列元素，返回 n×n 的 R 矩阵；如果 m≤n，那么计算的结果和[Q，R]=qr(A)一样。
```

①矩阵 $\boldsymbol{A}$ 是满秩的情况下：

```
[Q,R,E]=qr(A);                A 为 m×n 矩阵，计算返回的结果是正交矩阵 Q、上三角矩阵 R 和置换矩阵 E，并且满足关系式 AE=QR。
[Q,R,E]=qr(A,'matrix');       A 为 m×n 矩阵，计算返回的结果是正交矩阵 Q、上三角矩阵 R 和置换矩阵 E，并且满足关系式 AE=QR。
[Q,R,e]=qr(A,'vector');       返回的置换矩阵是一个向量的形式，而不是矩阵，也就是说，向量 e 为行向量，并且满足 A(:，e)=QR。
[Q,R,e]=qr(A,0);              产生经济型的 QR 分解形式，这里 e 为置换向量，并且满足 A(:，e)=QR。
```

②当矩阵 $\boldsymbol{A}$ 为稀疏矩阵时：

```
R=qr(A);            计算矩阵 QR 分解，返回上三角矩阵 R，并且有 R=chol(A'*A)，由于矩阵 A 经常是满秩的，所以也经常等价于[Q，R]=qr(A)。
```

R=qr(A,0);　　　产生经济型的矩阵 R。若 m>n，则矩阵 R 只有 n 行；如果 m≤n，分解形式和 R=qr(A)一样。

[Q,R,E]=qr(A)或者[Q,R,E]=qr(A,'matrix');　　　产生单位矩阵 Q、上三角矩阵 R 和置换矩阵 E，使得 AE=QR。

[Q,R,e]=qr(A,'vector');　　　返回的是置换向量，而不是置换矩阵，也就是说，e 为一个行向量，使得 A(:，e)=QR。

[Q,R,e]=qr(A,0);　　　返回经济分解形式，这里 e 为一个置换向量，使得 A(:，e)=QR。

[C,R]=qr(A,B);　　　这里矩阵 B 与矩阵 A 有同样的行数，返回的矩阵 C=Q'B。最小二乘法求解方程组 AX=B 的解为 X=R\C。

[C,R,E]=qr(A,B)或者[C,R,E]=qr(A,B,'matrix');　　　同样返回填充精简阶的矩阵形式，最小二乘法解方程组 AX=B 的解为 X=E(R\C)。

[C,R,e]=qr(A,B,'vector');　　　返回置换向量代替置换矩阵，最小二乘法解方程组 AX=B 的解为 X(:，e)=R\C。

[C,R]=qr(A,B,0);　　　产生经济型结果。若 m>n，矩阵 R 只有 n 行；如果 m≤n，则和分解[C，R]=qr(A，B)的结果一样。

[C,R,e]=qr(A,B,0);　　　附加产生填充精简置换向量 e，这种情况下，最小二乘法求解方程 AX=B 的解为 X(:，e)=R\C。

下面通过具体的实例来讲解矩阵的 QR 分解函数的使用。

【实例 3-23】假设矩阵 $\boldsymbol{A}=\begin{bmatrix}1 & 2 & 3\\4 & 5 & 6\\7 & 8 & 9\\10 & 11 & 12\end{bmatrix}$，求矩阵 $\boldsymbol{A}$ 的 QR 分解。

思路·点拨

注意 qr 函数各种调用格式的使用范围，注意判断所要分解的矩阵是稀疏矩阵还是满秩矩阵，并按照要求选择合适的调用格式。

结果文件——配套资源“Ch3\SL323”文件

解：程序如下。

```
A=[1 2 3;
   4 5 6;
   7 8 9;
   10 11 12];
[Q,R]=qr(A)
```

程序运行结果如下。

```
Q =

   -0.0776   -0.8331    0.5456   -0.0478
   -0.3105   -0.4512   -0.6919    0.4704
   -0.5433   -0.0694   -0.2531   -0.7975
   -0.7762    0.3124    0.3994    0.3748
R =

  -12.8841  -14.5916  -16.2992
         0   -1.0413   -2.0826
         0         0   -0.0000
         0         0         0
```

【实例 3-24】 求解方程组 $Ax = b$ 的最小二乘法的近似解，使用 R=qr(A)调用格式。其中矩阵 $\boldsymbol{A}=\begin{bmatrix}1 & 2 & 3\\4 & 5 & 6\\7 & 8 & 9\\10 & 11 & 12\end{bmatrix}$，$b=[1;3;5;7]$。

思路·点拨

本例是要求解线性方程组的最小二乘法近似解，使用调用格式 R=qr(A)。

结果文件——配套资源“Ch3\SL324”文件

解： 程序如下。

```
A=[1 2 3;
   4 5 6;
   7 8 9;
   10 11 12];
b=[1;3;5;7];
if issparse(A), R = qr(A);
else R = triu(qr(A));
end
x = R\(R'\(A'*b))
r = b - A*x
```

```
err = R\(R'\(A'*r))
x = x + err
```

程序运行结果如下。

```
x =

   0.5000
        0
   0.1667

r =

  1.0e-13 *
   0.1388
   0.0622
  -0.0178
  -0.0888

err =

  1.0e-13 *
  -0.1071
        0
   0.0817

x =

   0.5000
        0
   0.1667
```

3.4 特殊矩阵

特殊矩阵在 MATLAB 矩阵运算中有着非常重要的作用，如单位矩阵、幺矩阵等。本节就这些特殊矩阵的创建进行详细讲解。

3.4.1 常用特殊矩阵及其创建

在 MATLAB 中，常用的创建特殊矩阵的函数如下。

（1）zeros 函数：创建全 0 矩阵，即 0 矩阵。

（2）ones 函数：创建全 1 矩阵，即幺矩阵。

（3）eye 函数：创建单位矩阵，即对角上的元素全为 1，其余元素均为 0 的矩阵。

（4）rand 函数：创建 0～1 均匀分布的随机矩阵。

（5）randn 函数：创建均值为 0，方差为 1 的标准正态分布随机矩阵。

这些特殊矩阵创建函数的调用格式基本相同，如果这个函数的参数只有一个，那么 MATLAB 所创建的是一个方阵，行数和列数均为这个参数；如果函数中有两个参数，那么第一个参数代表行数，第二个参数代表列数。下面以创建零矩阵的函数 zeros 为例进行说明。

zeros 函数的调用格式如下。

```
zeros(m)        创建 m×m 零矩阵。
zeros(m,n)        创建 m×n 零矩阵，当 m=n 时，等同于 zeros(m)。
zeros(size(A))  创建与矩阵 A 同样大小的零矩阵。
```

下面通过实例讲解这些函数的具体应用。

【实例 3-25】创建随机矩阵。

（1）在区间[10,30]内均匀分布的四阶随机矩阵。

（2）均值为 0.6、方差为 0.1 的四阶正态分布随机矩阵。

思路·点拨

（0,1）区间均匀分布随机矩阵的创建使用 rand 函数，假设得到了一组满足（0,1）区间均匀分布的随机数 x_i，若想得到在任意区间$[a,b]$上均匀分布的随机数，只需要用 $y_i = a+(b-a)x_i$ 计算即可。创建均值为 0、方差为 1 的标准正态分布随机矩阵用 randn 函数，假设已经得到一组标准正态分布随机数 x_i，若想得到均值为 μ、方差为 σ^2 的随机数，可用 $y_i = \mu+\sigma x_i$ 计算出来。

结果文件——配套资源“Ch3\SL325”文件

解：（1）程序如下。

```
a=10;
b=30;
x=a+(b-a)*rand(4)
```

程序运行结果如下。

```
x =

   29.1433   18.4352   23.1148   23.5747
```

```
    19.7075   28.3147   10.7142   25.1548
    26.0056   25.8441   26.9826   24.8626
    12.8377   29.1898   28.6799   17.8445
```

（2）程序如下。

```
y=0.6+sqrt(0.1)*randn(4)
```

程序运行结果如下。

```
y =

    0.6929    0.2620    0.7028    0.5677
    0.3510    0.3440    0.3613    0.5236
    0.8809   -0.3311    1.0333    0.7009
    0.2373    1.0549    0.0588    0.6989
```

【实例 3-26】创建四阶零矩阵、幺矩阵和单位矩阵，并且创建与矩阵 $\boldsymbol{A}=\begin{bmatrix}1&2&3\\4&5&6\\7&8&9\end{bmatrix}$ 同样大小的单位矩阵。

思路·点拨

创建零矩阵、幺矩阵和单位矩阵的函数分别为 zeros、ones、eye，这 3 个函数的具体调用格式都一样。例如，创建四阶零矩阵的调用格式为 zeros(4)或 zeros(4,4)。创建与已知矩阵同样大小的特殊矩阵则需要用到 size()函数，该函数可以得到矩阵的大小，如 eye(size(*A*))。

结果文件——配套资源“Ch3\SL326”文件

解：程序如下。

```
A=[1 2 3;4 5 6;7 8 9];
zeros(4)
ones(4)
eye(4)
eye(size(A))
```

程序运行结果如下。

```
ans =

     0     0     0     0
     0     0     0     0
     0     0     0     0
```

```
     0     0     0     0

ans =

     1     1     1     1
     1     1     1     1
     1     1     1     1
     1     1     1     1

ans =

     1     0     0     0
     0     1     0     0
     0     0     1     0
     0     0     0     1

ans =

     1     0     0
     0     1     0
     0     0     1
```

3.4.2　其他特殊矩阵

其他特殊矩阵指的是一些面向特殊应用的矩阵，如魔方矩阵、范德蒙德矩阵等特殊矩阵。在 MATLAB 中，这些特殊矩阵也有相对应的创建函数。本小节就这些特殊矩阵进行详细讲解。

一、魔方矩阵

魔方矩阵是具有相同的行数和列数，并且每行、每列及两条对角线上的元素和都相等的矩阵。对于 n 阶魔方矩阵，其元素由 1，2，3，…，n^2 共 n^2 个整数组成。MATLAB 提供了求魔方矩阵的函数 magic(n)，该函数的功能是生成一个 n 阶魔方矩阵。

【实例 3-27】将 101～125 共 25 个数填入一个五行五列的表格中，使其每行、每列及对角线的和均为 565。

思路·点拨

一个五阶魔方矩阵的每行、每列及对角线的和均为$M=\dfrac{n(n^2+1)}{2}=65$，对其每个元素都加上 100 后这些和即变为 565。

结果文件——配套资源“Ch3\SL327”文件

解：程序如下。

```
M=100+magic(5)
```

程序运行结果如下。

```
M =

   117   124   101   108   115
   123   105   107   114   116
   104   106   113   120   122
   110   112   119   121   103
   111   118   125   102   109
```

二、范德蒙德矩阵

范德蒙德矩阵的最后一列全为 1，倒数第二列为一个指定的向量，其他各列是其后列与倒数第二列的点乘积，可以用一个指定的向量生成一个范德蒙德矩阵。在 MATLAB 中，提供了函数 vander(*V*)生成以向量 *V* 为基础向量的范德蒙德矩阵。

【实例 3-28】产生以向量 *V*=[1,2,3,4]为基础的范德蒙德矩阵。

思路·点拨

产生以向量 *V* 为基础的范德蒙德矩阵，其基本格式为 *A*=vander(1:4)。

结果文件——配套资源“Ch3\SL328”文件

解：程序如下。

```
A=vander(1:4)
```

程序运行结果如下。

```
A =

    1     1     1     1
    8     4     2     1
   27     9     3     1
```

```
    64    16     4     1
```

三、希尔伯特矩阵

希尔伯特（Hilbert）矩阵是一种数学变换矩阵，它的每个元素 $h_{ij}=1/(i+j-1)$ 。在 MATLAB 中，生成希尔伯特矩阵的函数为 hilb(*n*)。希尔伯特矩阵是一个高度病态的矩阵，即任何一个元素发生微小的变动，整个矩阵的值和逆矩阵都会发生巨大变化，病态程度和矩阵的阶数有关。在 MATLAB 中，用 invhilb(*n*)函数求 *n* 阶希尔伯特矩阵的逆矩阵。

【实例 3-29】产生四阶希尔伯特矩阵，并求其逆矩阵。

思路·点拨

希尔伯特矩阵的创建函数为 hilb(*n*)，其逆矩阵的求解函数为 invhilb(*n*)。

结果文件——配套资源“Ch3\SL329”文件

解：程序如下。

```
format rat          %以有理式的形式输出
H=hilb(4)
H=invhilb(4)
format short        %恢复默认的输出格式
```

程序运行结果如下。

```
H =

       1            1/2          1/3          1/4
       1/2          1/3          1/4          1/5
       1/3          1/4          1/5          1/6
       1/4          1/5          1/6          1/7

H =

      16         -120          240         -140
    -120         1200        -2700         1680
     240        -2700         6480        -4200
    -140         1680        -4200         2800
```

四、托普利斯矩阵

托普利斯（Toeplitz）矩阵除第一行和第一列外，其他每个元素都与左上角的元素相同。在 MATLAB 中，生成托普利斯矩阵的函数为 toeplitz(*x*,*y*)，它生成一个以 *x* 为第一列，

y 为第一行的托普利斯矩阵。这里的 x、y 均为向量，向量的长度可以不相同。如果参数中只有一个向量 x，那么结果将生成一个对称的托普利斯矩阵。这里需要注意的是，向量 x、y 的第一个元素要相同，如果不相同，MATLAB 会给出警告信息。下面通过具体的实例讲解托普利斯矩阵的生成。

【实例 3-30】生成以向量 a=[1,2,3,4]为第一列，b=[1,4,6,8]为第一行的托普利斯矩阵。

思路·点拨

托普利斯矩阵的生成函数为 toeplitz(x,y)，其中 x、y 均为向量，分别为矩阵的第一列和第一行。若参数只有一个，则生成一个对称的托普利斯矩阵。

结果文件——配套资源“Ch3\SL330”文件

解：程序如下。

```
a=[1,2,3,4];
b=[1,4,6,8];
A=toeplitz(a,b)
```

程序运行结果如下。

```
A =

     1     4     6     8
     2     1     4     6
     3     2     1     4
     4     3     2     1
```

五、伴随矩阵

设多项式 $p(x)$为

$$p(x)=a_nx^n+a_{n-1}x^{n-1}+\cdots+a_1x+a_0 \tag{3-14}$$

则称矩阵

$$\boldsymbol{A}=\begin{bmatrix} -\dfrac{a_{n-1}}{a_n} & -\dfrac{a_{n-2}}{a_n} & -\dfrac{a_{n-3}}{a_n} & \cdots & -\dfrac{a_1}{a_n} & -\dfrac{a_0}{a_n} \\ 1 & 0 & 0 & \cdots & 0 & 0 \\ 0 & 1 & 0 & \cdots & 0 & 0 \\ \vdots & \vdots & \vdots & & \vdots & \vdots \\ 0 & 0 & 1 & \cdots & 0 & 0 \\ 0 & 0 & 0 & \cdots & 0 & 0 \\ 0 & 0 & 0 & \cdots & 1 & 0 \end{bmatrix}$$

为多项式 $p(x)$的伴随矩阵，$p(x)$称为矩阵 A 的特征多项式，方程 $p(x) = 0$ 的根称为矩阵 A 的特征值。

在 MATLAB 中，生成伴随矩阵的函数为 compan(p)，其中 p 是一个多项式的系数向量，高次幂系数在前，然后按降幂排列成向量 p。下面通过具体的实例讲解伴随矩阵的创建方法。伴随矩阵在矩阵的计算当中经常用到，具有很重要的作用。

【实例 3-31】求解多项式 $p(x) = 4x^5 + 6x^4 - 3x^3 + x^2 + 2x + 9$ 的伴随矩阵。

思路·点拨

伴随矩阵的创建函数为 compan(p)，其中 p 为构成多项式 $p(x)$的系数向量，系数按降幂排列。

结果文件——配套资源“Ch3\SL331”文件

解：程序如下。

```
p=[4 6 -3 1 2 9];
A=compan(p)
```

程序运行结果如下。

```
A =

  -1.5000    0.7500   -0.2500   -0.5000   -2.2500
   1.0000         0         0         0         0
        0    1.0000         0         0         0
        0         0    1.0000         0         0
        0         0         0    1.0000         0
```

六、帕斯卡矩阵

我们知道，二项式 $(x+y)^n$ 展开后的系数随着 n 的增大组成一个三角形表，称为杨辉三角形。由杨辉三角形表组成的矩阵称为帕斯卡矩阵。它的各个元素为

$$p_{1j} = 1,\ p_{i1} = 1,\ p_{ij} = p_{i-1,j-1} + p_{i-1,j} (i > 1,\ j > 1)$$

在 MATLAB 中，提供了函数 pascal(n)来生成一个 n 阶的帕斯卡矩阵。下面通过实例来讲解该函数的具体使用方法。

【实例 3-32】求多项式 $(x+y)^5$ 的展开式。

思路·点拨

求多项式 $(x+y)^5$ 的展开式，可以调用 pascal 函数求解帕斯卡矩阵，那么帕斯卡矩阵的斜对角线的元素即为多项式展开式的系数。

结果文件——配套资源“Ch3\SL332”文件

解：程序如下。

```
A=pascal(6)
```

程序运行结果如下。

```
A =

     1     1     1     1     1     1
     1     2     3     4     5     6
     1     3     6    10    15    21
     1     4    10    20    35    56
     1     5    15    35    70   126
     1     6    21    56   126   252
```

我们可以得到多项式$(x+y)^5$的展开式系数按降幂排列为 1、5、10、10、5、1，那么其多项式展开式为

$$(x+y)^5 = x^5 + 5x^4y + 10x^3y^2 + 10x^2y^3 + 5xy^4 + y^5$$

第4章　数值计算

数值计算方法是在解决科学研究和工程实践中遇到的复杂问题的长期过程中形成的一门学科，该方法在科学研究和生产实践中得到了广泛的应用。

数值计算方法通常具有以下特点。

（1）一般说来，数值计算得到的是近似解，但这种近似是可以改善的，比如在计算方法上多做一些考虑，可以得出更为精确的结果。

（2）数值计算方法的概念十分简单，不需要引入许多复杂的数学知识。

（3）数值计算方法的计算过程是面向计算机的，十分适合在数字计算机上进行计算，简单、快捷；应该根据数字计算机的特点（计算机只可以进行加、减、乘、除四则算术运算和一些逻辑运算），提出实际可行的、有效的和计算复杂性（计算精度、时间复杂性和空间复杂性等）适当的计算方法。

（4）某些数值计算方法的优劣程度、可行性和有效性等完全可以通过数值实验得到证明和验证。数值实验和数学理论分析一样，都是数值计算方法的重要研究手段。

（5）数值计算方法既有数学分析的理论性、抽象性和严谨性，又具有实际应用的技术性和可行性等特点，即具备理论和技术的二重性。

总之，掌握 MATLAB 在数值计算方面的主要功能及其应用，对于利用 MATLAB 解决数值计算问题具有重要的指导意义，能指导用户更好地进行科学研究工作。

本章内容

- 数理统计的 MATLAB 求解。
- 多项式运算。
- 函数插值和拟合。
- 方程（组）的数值求解。
- 数值微积分。

4.1　数理统计的 MATLAB 求解

数理统计在科学研究和工程应用中的地位日显重要，各大高校纷纷开设相关课程。在计算机日益普及的时代，了解如何利用计算机实现统计分析和概率分析是十分必要的，有利于快速高效开展数理统计的相关工作。由于 MATLAB 是面向矩阵进行运算的，可以让矩阵的每列代表不同的被测变量，相应的行代表被测向量的观测值，通过对矩阵元素的访问实现数据的统计与概率分析。

4.1.1 常用的统计分布指令

MATLAB 提供的统计分布指令主要有以下两类。

（1）数据统计指令，包括求数据矩阵各列的最大元素、最小元素、均值、中值、求和等，具体函数见表 4-1。

表 4-1　　数据统计指令函数

函数名称	功能	函数名称	功能
max(*x*)	找 *x* 各列的最大元素	sum(*x*)	求 *x* 各列元素之和
min(*x*)	找 *x* 各列的最小元素	sort(*x*)	使 *x* 的各列元素按递增排序
mean(*x*)	求 *x* 各列的平均值	prod(*x*)	求 *x* 各列元素之积
median(*x*)	找 *x* 各列的中间元素		

说明　如果输入量 *x* 是向量，则无论是行向量还是列向量，运算是对整个向量进行的，得到的结果是标量；如果输入量 *x* 是矩阵，则运算是按列进行的，即认为每一列是由一个变量的不同情况所得的数据集合，得到的结果是各列计算结果组成的行向量。

（2）离差和相关。离差是描述样本中数据偏离其中心值的程度，主要有方差、标准差、极差和协方差。相关是表示两个矩阵线性联系密切程度的一个统计量，相关系数是小于或等于 1 的正数，当值为 1 时，表示两个矩阵的线性联系最为密切；当值为 0 时，表示两个矩阵的线性联系最弱。相关系数有自相关和互相关两种，具体函数见表 4-2。

表 4-2　　离差函数和相关函数

函数名称	功能	函数名称	功能
var(*x*)	求 *x* 各列的方差	cov(*x*,*y*)	求两个矩阵 *x* 和 *y* 的协方差
std(*x*)	求 *x* 各列的标准差	corrcoef(*x*)	求 *x* 的自相关阵
range(*x*)	求 *x* 各列的极差	coffcoef(*x*,*y*)	求两个矩阵 *x* 和 *y* 的互相关系数，结果为方阵
cov(*x*)	求 *x* 协方差阵	corr2(*x*,*y*)	求两个矩阵 *x* 和 *y* 的相关系数

为帮助读者更好地理解上述表格中的常用统计分布指令函数，下面以两个例题讲述其具体应用。

【实例 4-1】 对矩阵 *A*=[4 8 −9;11 −12 4; −8 0 5;0.6 5 10]，求各列的最大元素、中值、平均值，并求各列元素的和与积，以及对矩阵的各列元素按递增顺序排列。

思路·点拨

本题只需在 MATLAB 中套用表格所列的相关数据统计指令函数进行求解即可。

结果文件——配套资源“Ch4\SL401”文件

解：程序如下。

```
A=[4 8 -9;11 -12 4;-8 0 5;0.6 5 10];
```

```
maxA=max(A)
medA=median(A)
meanA=mean(A)
sumA=sum(A)
prodA=prod(A)
sortA=sort(A)
```

程序运行结果如下。

```
maxA =

    11     8    10

medA =

    2.3000    2.5000    4.5000

meanA =

    1.9000    0.2500    2.5000

sumA =

    7.6000    1.0000   10.0000

prodA =

   1.0e+03 *

   -0.2112         0   -1.8000

sortA =

   -8.0000  -12.0000   -9.0000
    0.6000         0    4.0000
```

```
   4.0000    5.0000    5.0000
  11.0000    8.0000   10.0000
```

【实例 4-2】建立一个 3×4 阶的随机矩阵，求其方差、标准差、极差、协方差和自相关阵。

思路·点拨

首先，使用 rand(*m*,*n*)函数建立一个 3×4 阶的随机矩阵，然后调用要求解的相对应的统计指令函数即可。

结果文件——配套资源“Ch4\SL402”文件

解：程序如下。

```
X=rand(3,4)  %建立随机矩阵
A=var(X)
B=std(X)
C=range(X)
D=cov(X)
E=corrcoef(X)
```

程序运行结果如下。

```
X =

    0.8147    0.9134    0.2785    0.9649
    0.9058    0.6324    0.5469    0.1576
    0.1270    0.0975    0.9575    0.9706

A =

    0.1813    0.1718    0.1169    0.2188

B =

    0.4258    0.4144    0.3420    0.4677

C =
```

```
    0.7788    0.8158    0.6790    0.8130


D =


    0.1813    0.1587   -0.1271   -0.1184
    0.1587    0.1718   -0.1415   -0.0354
   -0.1271   -0.1415    0.1169    0.0202
   -0.1184   -0.0354    0.0202    0.2188


E =


    1.0000    0.8991   -0.8726   -0.5947
    0.8991    1.0000   -0.9984   -0.1828
   -0.8726   -0.9984    1.0000    0.1261
   -0.5947   -0.1828    0.1261    1.0000
```

4.1.2 概率函数、分布函数和随机数

在 MATLAB 中，提供了最常见的概率分布方面的统计命令，如二项分布、正态分布等，这些概率分布比较简单，有关其详细介绍在一般的数理统计教材中都能找到。本小节主要讲解在 MATLAB 中如何生成概率函数和分布函数，同时简要介绍随机数的产生指令。

一、二项分布

在概率统计中，二项分布是一种重要的离散型随机变量的概率分布形式，具有广泛的用途。它由伯努利始创，因此也称为伯努利分布。在伯努利试验中，只有两个结果：A 和 $\overline{A}$，其中事件 A 和 $\overline{A}$ 发生的概率分别为 $P(A)=p$，$P(\overline{A})=1-p=q$，且 $0<p<1$。在 N 次独立重复的这种试验中，结果 A 发生 k 次的概率 $P(X=k)$为

$$P(X=k)=\binom{N}{k}p^k q^{N-k} \qquad k=0,\ 1,\ \cdots,\ N$$

结果 A 发生次数不多于 k 次的概率 $F(X=k)=P(X\leqslant k)$为

$$F(X=k)=P(X\leqslant k)=\sum_{j=0}^{k}\binom{N}{k}p^j q^{N-j} \qquad k=0,\ 1,\ \cdots,\ N$$

服从以上函数关系的分布称为二项分布（binomial distribution），记为 $B(N,p)$。

MATLAB 中关于二项分布有 3 个常用指令，其调用格式如下。

```
binopdf(X,N,P)          计算二项式在 X 的值，N 表示试验的次数，必须为正整数，P 表示每次试验发生的可能性，其值位于区间[0，1]上。
binocdf(X,N,P)          其参数表示同上，用来求解事件发生次数不大于 X 的概率。
```

```
binornd(N,P,m,n)        产生符合二项分布 B(N, P)的 m×n 随机数数组。
```

下面通过实例熟悉二项分布指令，并绘制二项分布概率特性曲线。

【实例 4-3】画出 N=100，p=0.3 情况下的二项分布概率特性曲线。

思路·点拨

二项分布概率曲线作图前必须求得相应的概率，可调用指令 binopdf 和 binocdf；由题目可知，服从 B（100，0.3）的二项分布，相应的参数值可知，在绘制二项分布概率特性曲线时，可采用双纵轴绘图指令 plotyy 来绘制图形。

结果文件——配套资源“Ch4\SL403”文件

解：程序如下。

```
N=100;p=0.3;                                    %给定二项分布的特征参数
k=0:N;                                          %给定事件发生的次数数组
pdf=binopdf(k,N,p);                             %算出各发生次数的概率
cdf=binocdf(k,N,p);                             %算出“不多于 k 次”事件的概率
h=plotyy(k,pdf,k,cdf);                          %采用双纵轴图纸画图
set(get(h(1),'Children'),'Color','b','Marker','.','Markersize',13)
                                                %设置 pdf 曲线的颜色、数据点形状及大小
set(get(h(1),'Ylabel'),'String','pdf')          %书写左纵轴名称
set(h(2),'Ycolor',[1,0,0])                      %设置右纵轴的颜色
set(get(h(2),'Children'),'Color','r','Marker','+','Markersize',4)
                                                %设置 cdf 曲线的颜色、数据点形状及大小
set(get(h(2),'Ylabel'),'String','cdf')          %书写右纵轴名称
xlabel('k')                                     %横轴名称
grid on
```

程序的运行结果如图 4-1 所示。

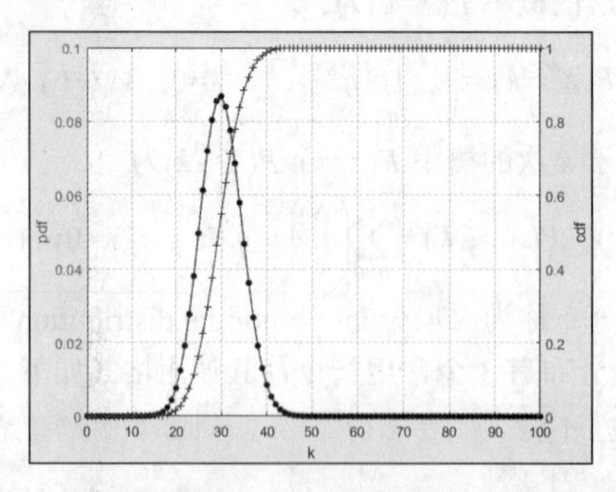

图 4-1　二项分布 B（100，0.3）的概率和累计概率曲线

二、正态分布

正态分布（normal distribution）又名高斯分布，是一个在数学、物理及工程等领域都非常重要的概率分布，在统计学的诸多方面都有着重大的影响力。若连续型随机变量 x 服从一个数学期望为 μ、方差为 σ^2 的高斯分布，记为 $N(\mu, \sigma^2)$，则该随机变量 x 的概率密度和累计概率密度函数分别为

$$f(x\mid\mu,\sigma)=\frac{1}{\sigma\sqrt{2\pi}}\mathrm{e}^{\frac{-(x-\mu)^2}{2\sigma^2}}\qquad x\in(-\infty,+\infty)$$

$$F(x\mid\mu,\sigma)=\int_{-\infty}^{x}f(t\mid\mu,\sigma)\mathrm{d}t=\frac{1}{\sigma\sqrt{2\pi}}\int_{-\infty}^{x}\mathrm{e}^{\frac{-(t-\mu)^2}{2\sigma^2}}\mathrm{d}t$$

其中，μ、σ 分别是正态分布的数学期望和均方差，即 $\mu=E(x)$，$\sigma^2=D(x)$。

MATLAB 中有关正态分布的 3 个常用指令如下。

`px=normpdf(x,Mu,Sigma)`	服从 N(μ，σ^2) 分布的随机变量取值 x 的概率密度。
`Fx=normcdf(x,Mu,Sigma)`	服从 N(μ，σ^2) 分布的随机变量取值不大于 x 的概率。
`R=normrnd(Mu,Sigma,m,n)`	产生元素服从 N(μ，σ^2) 分布的 m×n 随机数组。

其中，Mu 表示正态分布的数学期望，Sigma 表示正态分布的均方差。标准正态分布是指 Mu=0，Sigma=1。如果变量 x 服从标准正态分布，则 xMu+Sigma 服从均值为 Mu、均方差为 Sigma 的正态分布；如果 y 服从均值为 Mu、均方差为 Sigma 的正态分布，则 x=(y−Mu)/Sigma 服从标准正态分布。当省略 Mu 和 Sigma 时，默认为 Mu=0，Sigma=1。

下面通过实例熟悉 MATLAB 正态分布指令的应用。

【实例 4-4】变量 x 服从标准正态分布，计算它在 x=4 处的概率密度及它落在区间[-1,1]上的概率。

思路·点拨

求在某一点处的概率密度调用 normpdf 指令；求在某区间的概率时，首先求在 x 小于等于 -1 和 x 小于等于 1 时的概率，需要调用指令 normcdf，然后相减即可。

结果文件——配套资源“Ch4\SL404”文件

解：（1）求在 x=4 处的概率密度，程序如下。

```
px=normpdf(4)     %也可以写成 px=normpdf(4, 0, 1)
```

程序运行结果如下。

```
px =

      1.3383e-004
```

（2）求在区间[-1，1]上的概率，程序如下。

```
p = normcdf([-1 1])      %默认为标准正态分布
```

```
x=p(2)-p(1)
```

程序运行结果如下。

```
p =

   0.1587    0.8413


x =

   0.6827
```

【实例 4-5】某变量 x 服从均值为 3、标准差为 0.5 的正态分布，求该标准差的几何表示。

思路·点拨

本题需要使用指令 normpdf 求解概率密度，使用指令 normcdf 计算指定区间的概率，充分理解标准差的含义和集合表示；同时，利用 fill 命令实现图形的生成。

结果文件——配套资源“Ch4\SL405”文件

解：程序如下。

```
mu=3;sigma=0.5;                              %输入均值和标准差
x=mu+sigma*[-3:-1,1:3];
yf=normcdf(x,mu,sigma)
P=[yf(4)-yf(3),yf(5)-yf(2),yf(6)-yf(1)]    %计算填色区间面积，即该区间对应的概率
xd=1:0.1:5;
yd=normpdf(xd,mu,sigma);                     %计算概率密度函数，见图 4-2
clf
for k=1:3                                    %为区域填色进行的计算
    xx=x(4-k):sigma/10:x(3+k);
 yy=normpdf(xx,mu,sigma);
 subplot(3,1,k),plot(xd,yd,'b');             %画概率密度曲线
 hold on
 fill([x(4-k),xx,x(3+k)],[0,yy,0],'g');      %给区间填色
 hold off
 if k<2
    text(3.8,0.6,'[{\mu}-{\sigma},{\mu}+{\sigma}]')
```

```
  else
     kk=int2str(k);
     text(3.8,0.6,['[{\mu}-',kk,'{]sigma},{\mu}+',kk,'{\sigma}]'])
  end
  text(2.8,0.3,num2str(P(k)));shg
end
xlabel('x');shg
```

程序运行结果如下。

```
yf =

   0.0013    0.0228    0.1587    0.8413    0.9772    0.9987

P =

   0.6827    0.9545    0.9973
```

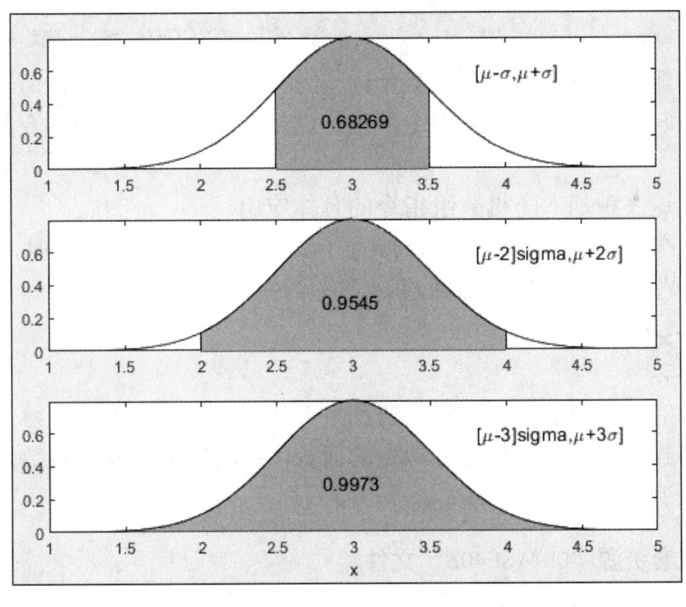

图 4-2 均值两侧一、二、三倍标准差的几何表示

从实例中，我们可以总结正态分布标准差的概率意义是：观察值 x 落在区间 $[\mu-\sigma,\ \mu+\sigma]$、$[\mu-2\sigma,\ \mu+2\sigma]$、$[\mu-3\sigma,\ \mu+3\sigma]$ 的概率，即 $P(\mu-k\cdot\sigma\leqslant x\leqslant \mu+k\cdot\sigma)$ 分别是 0.68269、0.9545、0.9973。由于 $P(\mu-k\cdot\sigma\leqslant x\leqslant \mu+k\cdot\sigma)=P(x-k\cdot\sigma\leqslant \mu\leqslant x+k\cdot\sigma)$，可以认为测量数据两侧的一、二、三倍标准差区间包含该被测数据均值的概率分别是 0.68269、0.9545、0.9973。

三、随机数指令

随机数在数理统计中经常使用，如在从统计总体中抽取有代表性的样本的时候，或者在进行蒙特卡罗模拟法计算时等，了解 MATLAB 中随机数的产生在以后的学习中大有用处。从本质上说，任何计算机产生的随机数都是伪随机数（Pseudorandom Numbers），它是具有如下特性的周期序列。

- 对用户而言，序列中各数的出现具有不可预测性，且能均匀地取遍指定集合中的每个数值；在用户的忍耐限度内，无法看到重复周期的出现。
- 从统计角度来看，伪随机序列应能够通过关于随机性（Randomness）的各种统计测试（Statistical Test）。
- 出于仿真实验的需要，伪随机序列的重现性和独立性应都可控。

MATLAB 提供了关于随机数的多个指令，本小节主要介绍 3 种基本随机数数组创建指令，包括 rand、randn 和 randi，具体调用格式如下。

调用格式	说明
rand(n)	返回开区间（0,1）上的服从标准均匀分布的伪随机数构成的 n×n 矩阵。
rand(m,n)	返回开区间（0,1）上的服从标准均匀分布的伪随机数构成的 m×n 矩阵。
rand(size(A))	返回一个与 A 大小相同的随机数数组。
randn(m,n)	返回服从标准正态分布的 m×n 矩阵，均值为 0，方差为 1。
randi(imax,n)	返回 1:i_{max} 上的离散均匀分布的伪随机整数构成的 n×n 矩阵。
randi([imin,imax],m,n)	返回 [i_{min}，i_{min}] 上的离散均匀分布的伪随机整数构成的 m×n 矩阵。

注意，这 3 种随机数发生指令都依赖于同一个全局随机流，所以任何一个随机数发生函数的运行，都将影响其他随机数发生指令的运行结果，即使是同一个指令的重复运行，其结果也是不一样的。

下面举例说明这 3 种基本随机数组指令的具体应用。

【实例 4-6】产生（0，1）中均匀分布的 1×25 的随机数数组，同时，分别运用 rand、randn 和 randi 指令生成 1×5 的随机数数组。

思路·点拨

本例题主要目的是：演示各种随机数的产生都依赖于全局随机流；熟悉 3 种随机数基本发生指令的调用格式；证明随机数发生指令的运行，都将影响其他随机数发生指令的运行结果；给出重现随机流的方法。

结果文件——配套资源“Ch4\SL406”文件

解：程序如下。

```
rng default              %恢复默认全局随机流初始状态
GRS=rand(1,25)           %产生在（0，1）中均匀分布的 1×25 随机数数组
rng default              %重现默认全局随机流初始始态
r1=randn(1,5)            %产生服从 N(0，1^2)分布的 1×5 随机数数组
r2=rand(1,5)
```

```
r3=randi([-3,2],1,5) %产生在-3 到 2 之间的整数均匀分布出现的 1×5 随机数数组
st=rng;              %为重现伺候随机流而获取构架
r4=rand(1,5)
rng(st)              %重现 st 构架锁定状态的后续随机流
rr4=rand(1,5)        %与指令 r4=rand(1, 5)的运行结果相同
```

程序运行结果如下。

```
GRS =

  1 至 13 列

    0.8147    0.9058    0.1270    0.9134    0.6324    0.0975    0.2785    0.5469
0.9575    0.9649    0.1576    0.9706    0.9572

  14 至 25 列

    0.4854    0.8003    0.1419    0.4218    0.9157    0.7922    0.9595    0.6557
0.0357    0.8491    0.9340    0.6787

r1 =

    0.5377    1.8339   -2.2588    0.8622    0.3188

r2 =

    0.0975    0.2785    0.5469    0.9575    0.9649

r3 =

    -3     2     2    -1     1

r4 =

    0.1419    0.4218    0.9157    0.7922    0.9595

rr4 =

    0.1419    0.4218    0.9157    0.7922    0.95955
```

程序说明：

在本题中，首先在默认全局流初始状态下产生了均匀分布的 1×25 随机数数组 GRS，随

后重现默认全局随机流初始始态，又产生了服从 N（0，1^2）分布的 1×5 随机数数组 r1，之后再次产生了均匀分布的 1×5 随机数数组 r2。从程序结果中可以看出，随机数数组 r2 与随机数数组 GRS 的第 6～10 个随机数是相同的，这是由于 GRS 最前面的 5 个元素被指令 r1=randn(1,5)产生正态随机数时“消耗”了。同理，r4 中的 5 个元素与 GRS 中的第 16～20 个完全相同，表明指令 randi 运行时又消耗了 5 个随机流元素。要想重现随机流，可以利用指令 rng default；或者利用指令 st=rng 获取随机流信息构架 st，再通过 rng(st)的作用，重现 st 所包含状态的所有后续随机流，如在本例中出现的，在 st=rng 和 rng(st)作用下，rr4 与 r4 数组元素完全相同。

4.2 多项式运算

多项式是一种基本的数值分析工具，在工程和科学分析上常常被用来模拟一个物理现象的解析函数。多项式之所以得到广泛的应用，是因为多项式是一种极简单的函数，非常容易计算，很多复杂的函数都可以用多项式进行逼近。在高等数学中，多项式的一般形式表示为

$$f(x)=a_0x^n+a_1x^{n-1}+a_2x^{n-2}+\cdots+a_{n-1}x+a_n$$

该 n 次多项式有 n+1 个系数，在 MATLAB 中，可用一个长度为 n+1 的行向量表示一个 n 次多项式，其中多项式的各元素按降幂顺序排列，则上述多项式用 MATLAB 表示的系数向量为 $X=[a_0\ a_1\ a_2\ \cdots\ a_{n-1}\ a_n]$。注意，当所给的多项式缺少个别系数项时，则必须在向量中的相应位置上补 0。例如，多项式 x^4-1 在 MATLAB 环境下表示为

$$X=[1\ 0\ 0\ 0\ -1]$$

4.2.1 多项式的运算及其函数表示

多项式的运算包括多项式的四则运算、多项式的求值和求根运算、多项式的构造及多项式的求导运算，这些运算大部分都有其函数表达式，下面对上述四种多项式的运算过程及其函数表示进行详细讲解。

一、多项式的四则运算

多项式的四则运算包括多项式的加、减、乘、除运算。其中多项式的加、减运算就是其对应向量的加、减运算，若两个向量的长度相同，则直接进行计算；若两个向量的长度不同，则短的向量要补零，使两个向量等长，然后再进行运算。此外，为实现多项式的加、减运算，也可以自定义一个函数 polyadd 来完成两个多项式的相加，该函数是由密歇根大学的 Justin Shriver 编写的，下面给出其简要实现过程，程序如下。

```
function[poly]=polyadd(poly1,poly2)
%polyadd(poly1,poly2) adds two polynominals possibly of uneven length
if length(poly1)<length(poly2)
    short=poly1;
    long=poly2;
else
```

```
      short=poly2;
      long=poly1;
  end
  mz=length(long)-length(short);
  if mz>0
      poly=[zeros(1,mz),short]+long;
  else
      poly=long+short;
  end
```

将上述自定义函数生成 polyadd.m 文件，并将该文件保存在 MATLAB 搜索路径中的一个目录下面，这样 polyadd 函数就可以和 MATLAB 工具箱中给定的其他函数一样使用了。下面具体讲解多项式加减法的运算。

【实例 4-7】已知多项式 $f(x)=x^4+3x^3-4x^2+2x-5$ 和 $g(x)=2x^2+1$，在 MATLAB 环境中，利用上面提到的两种方法求解两个多项式的和、差。

思路·点拨

要求解多项式的和、差，首先要明确多项式在 MATLAB 环境中的表示方式，然后直接进行向量的加、减运算即可。

结果文件——配套资源“Ch4\SL407”文件

解：（1）直接向量求解。

输入两个多项式的向量形式，系数为零的在向量的相应位置补零，直接进行向量加、减运算即可。

程序如下。

```
p1=[1 3 -4 2 -5];
p2=[0 0 2 0 1];         %短多项式要补零
m=p1+p2                 %多项式加法
n=p1-p2                 %多项式减法
```

程序运行结果如下。

```
m =

     1     3    -2     2    -4

n =
```

```
    1     3    -6     2    -6
```

（2）调用自定义函数。

首先，找到保存 polyadd.m 文件的 MATLAB 搜索路径，设置为当前路径，然后输入下列命令即可。

```
p1=[1 3 -4 2 -5];
p2=[2 0 1];              %保证所给出的非零系数的连续性
m=polyadd(p1,p2)         %多项式加法
n=polyadd(p1,-p2)        %多项式减法，相当于一个多项式加上另一个多项式的负值
```

程序运行结果如下。

```
m =

    1     3    -2     2    -4

n =

    1     3    -6     2    -6
```

多项式的乘法和除法都由其相应的函数来实现。MATLAB 中函数 conv 可实现多项式相乘，其调用格式如下。

```
conv(p1,p2)              其中，p1、p2 代表两个多项式的系数向量。
conv(conv(p1,p2),p3)     函数 conv 的嵌套使用。
```

而多项式的除法是乘法的逆过程，利用函数 deconv 可以返回多项式相除的商和余数的多项式，其调用格式如下。

```
[q,r]=deconv(p1,p2)      其中 q、r 分别代表整除的商多项式和余数多项式。
```

下面举例说明 MATLAB 中多项式乘法和除法的具体应用。

【实例 4-8】求 $\frac{(x^3+1)(x^2-1)(x+1)}{x^3+x+1}$ 的商多项式和余数多项式。

思路·点拨

上述所给的多项式的分子是一个连乘的多项式形式，要用到函数 conv 的嵌套，同时，又是多项式除法，所以必然使用函数 deconv，因此本例是多项式乘法和除法的综合运用，具体 MATLAB 实现过程如下。

结果文件——配套资源“Ch4\SL408”文件

解：程序如下。

```
p1=conv([1 0 0 1],conv([1 0 -1],[0 1 1]));     %分子多项式乘积 conv 的嵌套使用
```

```
p2=[1 0 1 1];                                   %分母多项式，注意缺项补零
[q,r]=deconv(p1,p2)                              %多项式除法
```

程序运行结果如下。

```
q =

     0     1     1    -2    -2

r =

     0     0     0     0     0     2     3     1
```

二、多项式的求值和求根运算

多项式的求值运算即已知多项式中未知数的值，求对应的多项式的值。在 MATLAB 中可用函数 polyval 和 polyvalm 来进行多项式求值运算，其常用的语法格式如下。

```
y=polyval(p,x)        其中，p 表示多项式的各阶次系数组成的系数向量，x 为要求值的点。
y=polyvalm(p,X)       其中，X 表示矩阵。
```

下面通过两个例子来具体讲解函数 polyval 及函数 polyvalm 的使用。

【实例 4-9】 利用 polyval 函数找到多项式 $f(x)=x^3+2x^2+4x-9$ 在 x=3 处的点值，以及其在[-1,4]间均匀分布的 5 个离散点的值。

思路·点拨

求解多项式在某一点处的值，使用 y=polyval(p,x)直接代入即可；求解多项式在某几个均匀分布点的值时，可以使用某一向量表示点值，代入上述表达式的 x 即可。

结果文件——配套资源“Ch4\SL409”文件

解：（1）$f(x)$在 x=3 处的点值。

程序如下。

```
p=[1 2 4 -9];
y=polyval(p,3)
```

程序运行结果如下。

```
y =

    48
```

（2）$f(x)$在 5 个离散点处的点值。

程序如下。

```
x=linspace(-1,4,5)          %在[-1, 4]之间产生均匀分布的 5 个离散的点
```

```
p=[1 2 4 -9];
y=polyval(p,x)                    %求解各个离散点对应的多项式值
```

程序运行结果如下。

```
x =

   -1.0000    0.2500    1.5000    2.7500    4.0000


y =

  -12.0000   -7.8594    4.8750   37.9219  103.0000
```

【实例 4-10】估计矩阵多项式 $p(X)=X^3-2X-I$ 在已知矩阵 $\boldsymbol{X}$=[1 2 1;-1 0 2;4 1 2]处的值。

思路·点拨

矩阵多项式求值需要使用函数 y=polyvalm(p,X)进行求解，注意矩阵多项式同普通多项式一样要进行缺项补零。

结果文件——配套资源“Ch4\SL410”文件

解：程序如下。

```
X=[1 2 1;-1 0 2;4 1 2];
p=[1 0 -2 -1];                    %矩阵多项式缺项补零
Y=polyvalm(p,X)                   %矩阵多项式在已知矩阵处的值
```

程序运行结果如下。

```
Y =

    25     9    21
    21    16     9
    33    30    46
```

多项式的求根运算，即多项式 $f(x)=a_0x^n+a_1x^{n-1}+a_2x^{n-2}+\cdots+a_{n-1}x+a_n$ 为零时 x 的值，这也是许多学科共同需要解决的问题。关于 x 的多项式都可以写成 $f(x)=0$ 的形式，对多项式的求根运算也即为求解一元多次方程的数值解。多项式的阶次不同，对应的根可以有一到数个，可能为实数也可能为复数。在 MATLAB 中用内置函数 roots 可以找到多项式所有的实根和复根。在 MATLAB 中，无论是多项式还是它的根都是向量。roots 函数的调用语法如下。

x=roots(p)　　其中 p 是多项式的系数向量，x 是多项式的根组成的向量，即 x(1)，x(2)，…，x(n)分别代表多项式的 n 个根。

MATLAB 规定：代表多项式的系数向量是行向量，根是列向量。当按照一般的求根步骤用 roots 函数求出多项式的根后，要把根代入到原多项式进行验证，这可以通过本节介绍的 polyval 函数来实现。下面举一例子说明多项式的求根运算及其验证方法。

【实例 4-11】求多项式 x^2-5x+6 的根并进行验证。

思路·点拨

多项式的求根运算，直接调用函数 x=roots(p)即可得到多项式的根向量，在进行根的验证时，直接将根向量代入函数 polyval(p,x)中即可。

结果文件——配套资源“Ch4\SL411”文件

解：程序如下。

```
p=[1 -5 6];                          %多项式的系数向量
x=roots(p)                           %多项式的求根运算
polyval(p,[3.0000 2.0000])           %多项式根的验证
```

程序运行结果如下。

```
x =

    3.0000
    2.0000

ans =

     0     0
```

提示：如果得到的根本身就不是一个精确解，则利用函数 polyval 验证的结果不等于零，而是一个比较小的数。

三、多项式的构造

多项式的构造有 3 种方法：其一为前面提及的多项式系数向量表示多项式，注意缺项补零；其二是在 MATLAB 中可以利用符号工具箱中的函数 poly2sym 来构造多项式，得到的是多项式的符号表达式；其三是利用函数 poly 来求解根向量对应的多项式的各阶系数。函数 poly2sym 和函数 poly 的调用格式如下。

```
r=poly2sym(c);        其中，c 表示的是多项式的系数向量，得到的 r 为符号多项式，默认符号变量为 x。
p=poly(r);            其中，r 表示多项式的根向量，是列向量；p 表示的是多项式系数向量，为行向量。
```

下面以一道例题讲解函数 poly2sym 和 poly 的使用。

【实例 4-12】分别利用函数 poly2sym 和 poly 来构造多项式 $x^4+5x^3-15x^2-6x+9$。

思路·点拨

根据上面提出的构造多项式的 3 种方法，我们很轻易地就得到多项式的系数向量表示：*p*=[1 5 -15 -6 9]；利用函数 *y*=poly2sym(*p*)可得到多项式的符号表达式；在函数 *r*=roots(*p*)的基础上使用函数 poly(*r*)，即可得到多项式的系数向量。

结果文件——配套资源“Ch4\SL412”文件

解：程序如下。

```
p=[1 5 -15 -6 9];           %多项式的系数向量
y=poly2sym(p)               %构造符号多项式
r=roots(p)                  %求多项式的根
t=poly(r)                   %利用根构造多项式
```

程序运行结果如下。

```
y =

x^4 + 5*x^3 - 15*x^2 - 6*x + 9

r =

  -6.9954
   2.2031
  -0.8751
   0.6673

t =

   1.0000    5.0000  -15.0000   -6.0000    9.0000
```

四、多项式的求导运算

在 MATLAB 中，进行多项式求导所使用的函数为 polyder，其调用格式如下。

k=polyder(p)　　其中 p 为要求解的多项式的系数向量，其输出结果即为多项式导函数的系数向量，即为多项式的导函数，k 表示返回导函数的系数向量。

k=polyder(p1,p2)　　表示求解 p_1 多项式与 p_2 多项式乘积的导函数，k 表示返回导函数的系数向量。

[q,r]=polyder(p1,p2)　　表示求解 p_1 多项式与 p_2 多项式相除后的导函数，导函数的分子放入 q，分母放入 r。

下面以一道例题说明多项式求导函数的运算。

【实例 4-13】 已知多项式 $f(x)=x^4+2x^3-4x^2+3x-1$ 和 $g(x)=x^2-1$，分别求解 $f(x)$、$f(x)g(x)$和 $f(x)/g(x)$的导数。

思路·点拨

分别套用上述给出的求解多项式导数的 3 个函数即可。

结果文件——配套资源“Ch4\SL413”文件

解：程序如下。

```
p1=[1 2 -4 3 -1];                  %多项式 f(x)的系数向量
p2=[1 0 -1];                       %多项式 g(x)的系数向量
m=polyder(p1)                      %多项式 f(x)的导函数
n=polyder(p1,p2)                   %多项式 f(x)与多项式 g(x)乘积的导函数
[q,r]=polyder(p1,p2)               %多项式 f(x)与多项式 g(x)相除后的导函数
```

程序运行结果如下。

```
m =

     4     6    -8     3

n =

     6    10   -20     3     6    -3

q =

     2     2    -4    -9    10    -3

r =

     1     0    -2     0     1
```

综上所述，在 MATLAB 中，与多项式相关的函数可以总结为表 4-3。

表 4-3　　多项式相关函数

名称	函数格式	说明
多项式加减法	多项式系数向量直接加减	分别写出多项式的系数向量，直接进行加减运算
	polyadd	自定义 polyadd.m 文件，在使用时调用即可
多项式乘法	conv(p_1,p_2)	多项式 p_1 与多项式 p_2 相乘
多项式除法	[q,r]=deconv(p_1,p_2)	多项式 p_1 与多项式 p_2 相除；q 为商多项式，r 为余数多项式
多项式求值	polyval(p,x)	当 x 为标量时，求得的为多项式在自变量 x 处的值；当 x 为向量时，求 x 中每个元素对应的多项式的值
	polyvalm(p,m)	$\boldsymbol{m}$ 为 $n\times n$ 阶方阵，求 x 分别等于 $\boldsymbol{m}$ 中每一个元素时，多项式的值（结果为 $n\times n$ 阶方阵）
多项式求根	roots(p)	求多项式的根，以列向量的形式给出
多项式的构造	p=[a_0 a_1 a_2 … a_{n-1} a_n]	p 为多项式的系数向量，a_0，a_1，a_2 …，a_{n-1}，a_n 为按降幂顺序排列的多项式系数
	poly2sym(p)	将系数多项式变为符号多项式
	poly(r)	r 为根向量，用根向量构造多项式系数
多项式求导	polyder(p)	多项式 p 的导函数
	polyder(p_1,p_2)	多项式 p_1 与多项式 p_2 乘积的导函数
	[q,r]=polyder(p_1,p_2)	多项式 p_1 与多项式 p_2 相除后的导函数，导函数的分子放入 q，分母放入 r

4.2.2　有限长序列的卷积

设长度有限的两个任意序列分别为

$$A(n)=\begin{cases}a_n & N_1\leqslant n\leqslant N_2\\ 0 & \text{其他}\end{cases}\qquad B(n)=\begin{cases}b_n & M_1\leqslant n\leqslant M_2\\ 0 & \text{其他}\end{cases}$$

那么该卷积为

$$C(n)=\begin{cases}\sum_{i=N_1}^{N_2}A(i)B(n-i) & n\in[N_1+M_1,N_2+M_2]\\ 0 & \text{其他}\end{cases}$$

通过观察不难发现，卷积运算的数学结构与多项式乘法完全相同，因此，MATLAB 中的 conv、deconv 函数不仅可以用于多项式的乘除运算，而且可用于有限长序列的卷积和解卷运算。下面我们通过一个例子来用两种方法说明卷积的计算过程，帮助理解并掌握如何利用 conv、deconv 函数求解有限长序列卷积。

【实例 4-14】有序列 $A(n)=\begin{cases}1 & n=3,4,\cdots,12\\0 & \text{其他}\end{cases}$ 和 $B(n)=\begin{cases}1 & n=2,3,\cdots,9\\0 & \text{其他}\end{cases}$，求这两个序列的卷积。

思路·点拨

根据卷积的计算公式，我们可以采用循环求和法进行卷积运算，这种方法程序较为复杂；也可以利用 conv 函数进行卷积运算，过程较为简便，两种方法都在于确定“非平凡区间”的卷积序列。

结果文件——配套资源“Ch4\SL414”文件

解：（1）解法一：基于卷积公式的循环求和法。

程序如下。

```
N1=3;
N2=12;
A=ones(1,(N2-N1+1));        %生成“非平凡区间”的序列 A
M1=2;
M2=9;
B=ones(1,(M2-M1+1));        %生成“非平凡区间”的序列 B
Nc1=N1+M1;
Nc2=N2+M2;                  %确定“非平凡区间”的自变量端点
kcc=Nc1:Nc2;                %生成“非平凡区间”的自变量序列 kcc
                            %以下根据卷积定义，通过循环求卷积
for n=Nc1:Nc2
      w=0;
      for k=N1:N2
         kk=k-N1+1;
         t=n-k;
         if t>=M1&t<=M2
            tt=t-M1+1;
            w=w+A(kk)*B(tt);
         end
      end
      nn=n-Nc1+1;
      cc(nn)=w;             %“非平凡区间”的卷积序列 cc
```

```
end
kcc,cc
```

程序运行结果如下。

```
kcc =

     5     6     7     8     9    10    11    12    13    14    15    16    17    18
19    20    21

cc =

     1     2     3     4     5     6     7     8     8     8     7     6     5     4     3
2     1
```

（2）解法二：采用 conv 函数的“0 起点序列法”。

程序如下。

```
N1=3;
N2=12;
a=ones(1,N2+1);a(1:N1)=0;      %产生以 0 时刻为起点的 a 序列
M1=2;
M2=9;
b=ones(1,M2+1);b(1:M1)=0;      %产生以 0 时刻为起点的 b 序列
c=conv(a,b);                   %得到以 0 时刻为起点的卷积序列 c
kc=(0:N2+M2);                  %生成从 0 时刻起的自变量序列 kc
kc,c
```

程序运行结果如下。

```
kc =

     0     1     2     3     4     5     6     7     8     9    10    11    12    13
14    15    16    17    18    19    20    21

c =

     0     0     0     0     0     1     2     3     4     5     6     7     8     8     8
7     6     5     4     3     2     1
```

（3）解法三：采用 conv 函数的“非平凡区间序列法”。

程序如下。

```
N1=3;
```

```
N2=12;
M1=2;
M2=9;
A=ones(1,(N2-N1+1));         %生成“非平凡区间”的序列 A
B=ones(1,(M2-M1+1));         %生成“非平凡区间”的序列 B
C=conv(A,B);                 %得到“非平凡区间”的卷积序列 C
Nc1=N1+M1;Nc2=N2+M2;         %确定“非平凡区间”的自变量端点
KC=Nc1:Nc2;                  %生成“非平凡区间”的自变量序列 KC
KC,C
```

程序运行结果如下。

```
KC =

     5     6     7     8     9    10    11    12    13    14    15    16    17    18
19    20    21

C =

     1     2     3     4     5     6     7     8     8     8     7     6     5     4     3
2     1
```

（4）绘图比较。

程序如下。

```
subplot(2,1,1),stem(kc,c),text(20,6,'0 起点法')             %画解法二的结果
CC=[zeros(1,KC(1)),C];                                    %补零是为使两子图一致
subplot(2,1,2),stem(KC,CC),text(18,6,'非平凡区间法')        %画解法三的结果
xlabel('n')
```

程序的运行结果如图 4-3 所示。

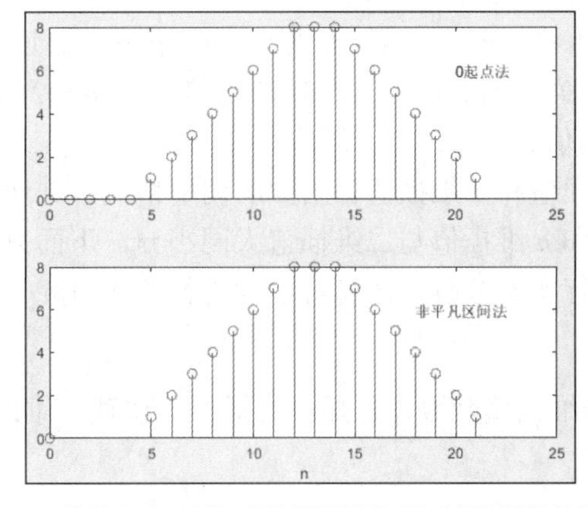

图 4-3　借助 conv 函数时两种不同序列记述法所得的卷积序列

通过上述分析可以看出，“解法一”最为烦琐、效率低下；“解法二”适用于序列起点时刻 N_1 或（和）M_1 小于 0 的情况，运用比较困难；“解法三”最为通用，简洁方便。关于无限长序列卷积、连续信号卷积和其他卷积方法的讨论请读者自行参考其他资料。

4.3 插值和拟合

在科学研究和实际应用中，要研究函数 $y=f(x)$ 往往是比较复杂的，有时候很难直接写出其数学表达式。但是，通常情况下能够通过实验观测等手段获得该函数的一组离散的观测数据，如

$$(x_i, y_i)(i=0,1,2,\cdots,n)$$

这样，函数 $y=f(x)$ 能够直接以函数表的形式被表达出来。但是，仅仅有函数表，研究和应用都很不方便。因此，希望基于离散数据的函数表构造某个函数 $g(x)$ 去逼近或代替原函数 $f(x)$。这种方法被称为数值逼近方法，其中，构造函数 $g(x)$ 称为逼近函数，原函数 $f(x)$ 称为被逼近函数。

常见的数值逼近方法有两种：插值和拟合。插值是指通过对已知的离散数据点进行插值，来近似求得那些离散点以外的其他未知数值点的一种方法，适用于观测数据的准确性和可靠性较高的场合；拟合就是用一个较简单的函数去逼近一个复杂的或未知的函数，要求所构造的函数尽可能靠近采样点而不要求通过这些采样点，即数据点的误差平方和最小，适用于观测数据与真实值本来就存在不可避免误差的场合。插值和拟合都是根据已知数据来构造未知数据，两种方法的最大区别在于拟合是要找到一个曲线方程式，而插值只要求得到内插数值。在 MATLAB 中，无论是插值还是拟合都有相应的函数来处理，本节主要结合一些实验数据讨论这两种方法在 MATLAB 环境中的应用。

4.3.1 插值

在插值方法中，假设已知数据正确，要求以某种方法描述数据节点之间的关系，从而可以估计别的函数节点的值。即插值是指根据给定的有限个样本点，产生另外的估计点以达到数据更为平滑的效果，该技术在信号处理与图像处理上应用广泛。

在 MATLAB 中可以很容易地实现插值，MATLAB 自身提供了内部的功能函数，与插值有关的常用函数包括 inerp1（一维插值）、interp1q（快速一维线性插值）、interpft（采用 FFT 法的一维插值）、spline（三次样条插值）、interp2（二维插值）、interp3（三维插值）、interpn（n 维插值）。

下面将详细介绍一维插值和二维插值各函数的调用格式，并通过案例来具体说明各个函数的应用。鉴于三维插值和 n 维插值与二维插值大同小异，下面只进行简要说明，粗略介绍两者的调用格式，不再进行实例分析，读者可自行进行深入研究。

一、一维插值

下面主要介绍 4 种一维插值函数，包括一维插值、快速一维线性插值、采用 FFT 法的一维插值及三次样条插值。

1．一维插值 inerp1 函数

调用格式如下。

yi = interp1(x,Y,xi); 对节点(x，Y)插值，求插值点 x_i 的函数值；x 必须是一个向量，Y 可以是标量、向量或任意维度的数组，表示 x 对应的节点函数值，必须保证 Y 的长度与 x 相同。

yi = interp1(Y,xi); 此格式默认 x=1:n，n 是向量 Y 的长度，即 length(Y)，或矩阵 Y 的大小，即 size(Y，1)。

yi = interp1(x,Y,xi,method); 此格式下可以通过 method 指定插值的算法，method 的值可为'nearest'线性最近插值项，'linear'线性插值（默认值），'spline'三次样条插值，'cubic'三次方程式插值。当插值点 x_i 超过 x 的范围时，y_i 返回值为 NaN。

【实例 4-15】取正弦函数上的 11 个点的自变量和函数值作为已知数据，求插值点 X=2.5 处的函数值；再选取 41 个自变量点，分别用分段线性插值和三次样条插值计算确定插值函数的值，并作出插值曲线图。

思路·点拨

根据上述有关 interp1 函数的调用格式可知，求解 X=2.5 处插值函数值未指明插值方法，默认为线性插值，直接调用函数格式 y_i = interp1(x,Y,x_i)即可；用分段线性插值求 41 个变量点的插值函数值，直接调用函数 y_i = interp1(x,Y,x_i,linear)即可；用三次样条插值求 41 个变量点的插值函数值，直接调用函数 y_i = interp1(x,Y,x_i,spline)即可；作图调用 plot 函数。

结果文件——配套资源“Ch4\SL415”文件

解：（1）X=2.5 处插值。

程序如下。

```
x = 0:10;                %自取 11 个自变量点
y = sin(x);              %自变量对应的函数值
X=2.5;
Y= interp1(x,y,X)        %求 X=2.5 处的插值函数值
```

程序运行结果如下。

```
Y =

   0.5252
```

（2）41 个自变量点处的分段线性插值和三次样条插值。

程序如下。

```
x = 0:10;                %自取 11 个自变量点
y = sin(x);              %自变量对应的函数值
xi = 0:.25:10;           %自取 41 个自变量点
y0=sin(xi);              %精确值
```

```
y1 = interp1(x,y,xi,'linear');                          %线性插值结果
y2=interp1(x,y,xi,'spline');                            %三次样条插值结果
plot(xi,y0,'o',xi,y1,'-.',xi,y2,'-')
legend('精确点值','线性插值曲线','三次样条插值曲线')      %标明含义
```

程序的运行得到插值曲线图，如图 4-4 所示。

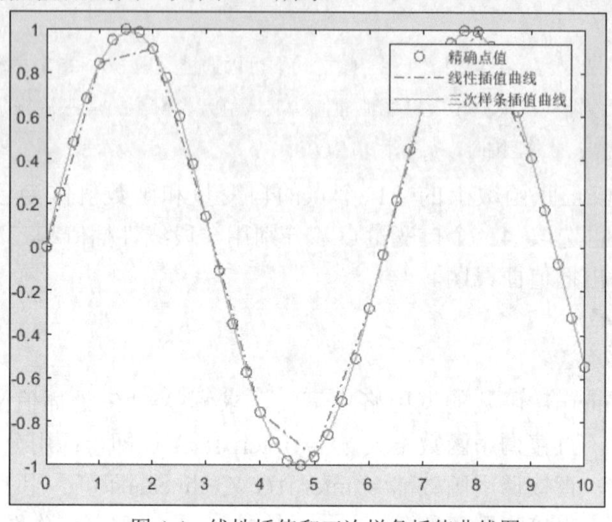

图 4-4 线性插值和三次样条插值曲线图

2．快速一维线性插值 interp1q 函数

调用格式如下。

`yi = interp1q(x,Y,xi);` 其中，x 必须是单调递增的列向量；x_i 也必须是列向量，当 x_i 的值超出 x 时，返回值为 NaN。Y 也必须是一个列向量或行数等于 length(x)的矩阵，当 Y 为列向量时，输出值 y_i 也为列向量，其长度等于 x_i 的长度；当 Y 为矩阵时，插值按 Y 的列进行，输出值 y_i 是一个行数为 length(x_i)，列数为 size(Y, 2)的矩阵。

【实例 4-16】假设有一个汽车发动机在转速为 2000r/min 时，温度与时间的测量值如表 4-4 所示。其中，温度的数据从 20℃变化到 110℃，使用快速一维线性插值的方法分别估计 t=2.5s 和 t=4.3s 时汽车发动机的温度，并选取 21 个自变量点做出插值曲线。

表 4-4 转速一定下温度和时间的测量值

时间/s	0	1	2	3	4	5
温度/℃	0	20	60	68	77	110

思路·点拨

温度随时间的增加呈递增变化，满足快速一维线性插值对已知数据点的要求，在编写程序时，要注意将数据写成列向量的形式，求解在 t=2.5s 和 t=4.3s 时汽车发动机的温度可以写成 x_i=[2.5 4.3] '，以同时求出两个时刻的结果；可以通过语句 x_i=(0:0.25:5) '选取 21 个自变量点，确保为列向量，求出对应的 y_i，再画图即可。

结果文件——配套资源“Ch4\SL416”文件

解：（1）t=2.5s 和 t=4.3s 时汽车发动机的温度。

程序如下。

```
t=[0 1 2 3 4 5]';                        %注意为列向量
y=[0 20 60 68 77 110]';
y1=interp1q(t,y,[2.5 4.3]')              %快速一维线性插值，同时进行两个时刻的插值
```

程序运行结果如下。

```
y1 =

   64.0000
   86.9000
```

由此可知，汽车发动机在 t=2.5s 和 t=4.3s 的温度分别为 64℃和 86.9℃。

（2）插值曲线作图。

程序如下。

```
t=[0 1 2 3 4 5]';
y=[0 20 60 68 77 110]';
xi=(0:0.25:5)';                     %注意为列向量
yi=interp1q(t,y,xi);                %相对应的插值函数值
plot(t,y,'*',xi,yi)                 %已知数据点用'*'表示
```

程序的运行结果如图 4-5 所示。

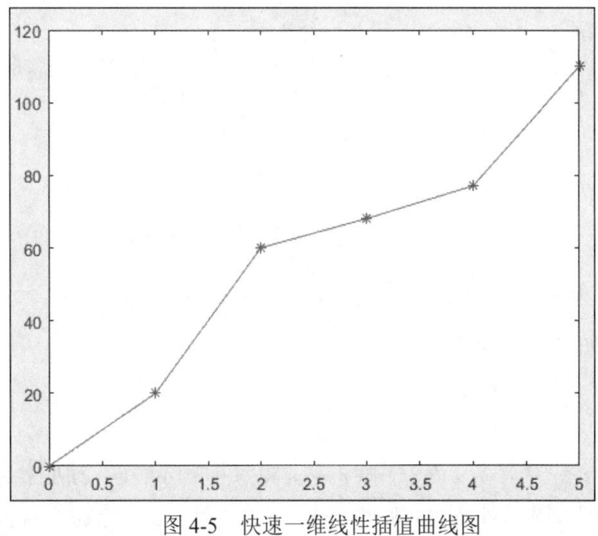

图 4-5　快速一维线性插值曲线图

3．采用 FFT 法的一维插值 interpft 函数

调用格式如下。

y=interpft(x,n);　　x 为等间隔分布的向量，y 是按照 x 的规律返回的 n 个插值组成的向量；如果 length(x)=m，且 x 对应的数据点值的间隔为 dx，那么 y 对应的新数据点的间隔即为 dy=dx*m/n，注意 n 不能小于 m；如果 X 是一个矩阵，则依列进行插值，返回的也是矩阵 Y，行数为 n，列数与 X 的列数相同。

y=interpft(x,n,dim);　沿特定维度进行插值。

在函数 interpft 的使用中遵循的是快速傅氏变换算法（FFT），原始向量 x 通过使用 FFT 算法转换到傅氏域上。下面以一个案例说明采用 FFT 法的一维插值 interpft 函数的具体应用。

【实例 4-17】使用插值因子 5 对三角信号进行插值，已知要进行插值的信号数据为 y= [0　0.5　1　1.5　2　1.5　1　0.5　0　−0.5　−1　−1.5　−2　−1.5　−1　−0.5　0]，插值因子 L=5，运用 interpft 函数进行插值运算。

思路·点拨

根据上述条件可知，与 y 相对应的已知数据点 x 的间隔为 5，且 length(y)=17，则据此确定要插值的数据点个数 n=5×17=85，要插值的数据点间隔为 1，最后将已知点与要插值点画在图中可得到插值曲线。

结果文件——配套资源“Ch4\SL417”文件

解：程序如下。

```
y = [0 .5 1 1.5 2 1.5 1 .5 0 -.5 -1 -1.5 -2 -1.5 -1 -.5 0];
N = length(y);
L = 5;
n = N*L;
x = 0:L:L*N-1;                                        %已知等间距的数据点
xi = 0:n-1;                                           %插值点
yi = interpft(y,n);
plot(x,y,'o',xi,yi,'*')                               %'o'表示已知点，'*'表示插值点
legend('Original data','Interpolated data')           %标明符号含义
```

程序的运行结果如图 4-6 所示。

4．三次样条插值 spline 函数

调用格式如下。

yy=spline(x,Y,xx);　　x 是一个向量；xx 和 yy 的大小满足：如果 Y 是一个标量或向量，yy 的大小与 xx 的相同；该语句与一维线性插值函数 y_i=interp1(x，Y，x_i'spline')的功能相同，均可以实现三次样条插值，但 spline 执行一个输入矩阵的行插值，而 interp1 执行一个输入矩阵的列插值。

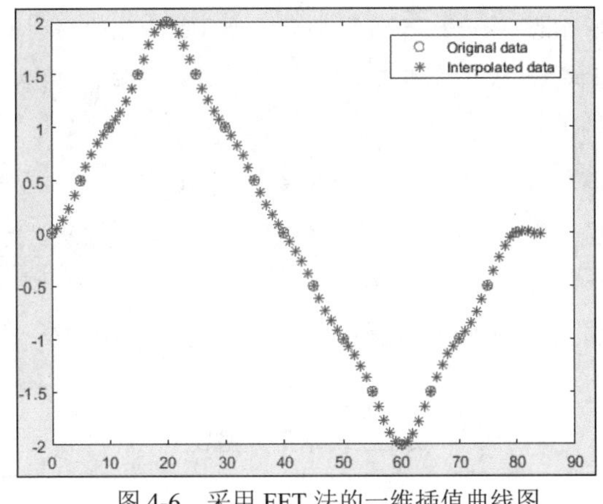

图 4-6　采用 FFT 法的一维插值曲线图

【实例 4-18】已知两个向量 t = 1900:10:1990，p=[75.995 91.972 105.711 123.203 131.669 150.697 179.323 203.212 226.505 249.633]，t 代表年份，从 1900 年到 1990 年，10 年一个间隔，p 代表相应的美国人口数，以百万为单位，用三次样条插值预测美国 2000 年的人口数。

思路·点拨

已知数据点(t,p)，直接调用函数 spline 即可。

结果文件——配套资源“Ch4\SL418”文件

解：程序如下。

```
t = 1900:10:1990;
p = [ 75.995  91.972  105.711  123.203  131.669 ...
150.697 179.323  203.212  226.505  249.633 ];        %写不到一行时用…换行
spline(t,p,2000)
```

程序运行结果如下。

```
ans =


  270.6060
```

注意：函数 interp1(x,y,x_i, ‘spline’)和函数 spline 都可以进行三次样条插值，但是个别数据点存在一定偏差；且函数 interp1 不可以进行预测，因为一旦插值点超过 x 的范围，返回值即为 NaN，而函数 spline 则可以。

二、二维插值

调用格式如下。

ZI = interp2(X,Y,Z,XI,YI,method);　　已知数据点(X，Y，Z)，对插值点(X_I，Y_I)按照已知点的二维关系确定插值点函数值；要求 X 和 Y 必须都是单调的，且具有相同格式，如在一张网上的节点。若超过插值点范围进行插值，则返回 NaN；method 表示可选择的插值算法，包括'nearest'线性最近插值项，'linear'线性插值，'spline'三次样条插值，'cubic'三次方程式插值（要求数据是等间距的），当 method 缺省时，默认为线性插值。

ZI = interp2(Z,XI,YI);　　　　假设 X=1:n，Y=1:m，其中，[m，n]=size(Z)。

ZI = interp2(Z,ntimes);　　　　在每个元素间进行插值，采用递归 ntimes 次的方式，以达到扩大 Z 的目的，interp2(Z)即为 interp2(Z，1)。

【实例 4-19】已知员工工资水平数据如表 4-5 所示，据此求一个具有 15 年工龄的员工在 1975 年的工资水平。

表 4-5　　员工工资水平数据表

年份 工资水平/元 工龄/年	1950	1960	1970	1980	1990
10	150.697	179.323	203.212	226.505	249.633
20	199.592	195.072	179.092	153.706	120.281
30	187.625	250.287	322.767	426.730	598.243]

思路·点拨

员工的工资水平是由所处年代和工龄共同确定的，因此是一个二维插值的问题，此时需要确定 Z_I = interp2(X,Y,Z,X_I,Y_I)中 X、Y、Z 的对应值，X 表示年份，Y 表示工龄，Z 表示工资水平，得到 3 个向量：X=[1950 1960 1970 1980 1990]，Y=[10 20 30]，Z=[150.6970 179.3230 203.2120 226.5050 249.6330; 199.5920 195.0720 179.0920 153.7060 120.2810; 187.6250 250.2870 322.7670 426.7300 598.2430]，插值点为 X_I=1975，Y_I=15，调用函数即可。

结果文件——配套资源“Ch4\SL419”文件

解：程序如下。

```
X=[1950 1960 1970 1980 1990];
Y=[10 20 30];
Z=[150.6970 179.3230 203.2120 226.5050 249.6330;
   199.5920 195.0720 179.0920 153.7060 120.2810;
   187.6250 250.2870 322.7670 426.7300 598.2430];
ZI=interp2(X,Y,Z,1975,15)
```

程序运行结果如下。

```
ZI =

  190.6287
```

通过插值求得了在 1975 年工龄为 15 年的员工工资水平为 190.6288 元。注意：在进行编程时，要找到正确的 X、Y、Z 的对应关系，避免出现运行错误。

三维插值与 n 维插值与二维插值类似，下面只介绍两者的调用格式，不再进行实例分析，读者可自行进行深入研究。

三、三维插值

调用格式如下。

`VI = interp3(X,Y,Z,V,XI,YI,ZI);` 已知三维函数 V 是由 X、Y、Z 确定的，进而根据已知点 X_I、Y_I、Z_I 确定 V_I，要求 X_I、Y_I、Z_I 是相同大小的数组或向量。

`VI = interp3(V,XI,YI,ZI);` 默认 V 是由 X、Y、Z 确定的函数，假设 X=1:N，Y=1:M，Z=1:P，其中，[M，N，P]=size(V)。

`VI = interp3(V,ntimes);` 在每个元素间进行插值，采用递归 ntimes 次的方式，以达到扩大 V 的目的，interp3(V)即为 interp3(V，1)。

注意：所有的插值方法都要求 X、Y 和 Z 是单调的且具有相同的格式，如在一张网上的节点，当 X、Y 和 Z 是等间距且单调进行快速插值时，使用的方法为‘*linear’，‘*cubic’，‘*nearest’。

四、n 维插值

调用格式如下。

`VI = interpn(X1,X2,X3,...,V,Y1,Y2,Y3,...);` 实现根据 Y_1、Y_2、Y_3 等数组找到多维函数值 V，函数值是根据由 X_1、X_2、X_3 等到 V 的对应关系得到的；超过范围的值返回 NaNs；要求 Y_1、Y_2、Y_3 等必须是大小相同的数组或向量。

`VI = interpn(V,Y1,Y2,Y3,...);` 根上一个插值函数类似，但 X_1、X_2、X_3 等的值假设为：X_1=1:size(V，1)，X_2=1:size(V，2)，X_3=1:size(V，3)等，以此类推。

`VI = interpn(V,ntimes);` 在每个元素间进行插值，采用递归 ntimes 次的方式，以达到扩大 V 的目的，interpn(V)即为 interpn(V，1)。

n 维插值是三维插值的进一步一般化，两者的差别就在于函数维度的多少，其他计算及使用过程大同小异。同三维插值一样，n 维插值也要求 x_1、x_2、x_3 等必须是单调的且具有相同的格式，如一张网上的节点。当 x_1、x_2、x_3 等是等间距且单调进行快速插值时，使用的方法有‘*linear’，‘*cubic’，‘*nearest’。

综合上述所有插值函数的相关函数，在 MATLAB 中调用插值函数时，插值算法决定插值的结果。通常，默认的插值算法是线性插值（linear），可选用的插值方法包括线性最近插值项（nearest）、三次样条插值（spline）和三次方程式插值（cubic），下面通过表 4-6 对上述 4 种常用插值算法进行说明并分析其各自的特点。

表 4-6 插值算法说明

算法名称	说明	特点
linear	线性插值，把相邻的数据点用直线连接，按所生成的曲线进行插值，是默认的插值算法	占用的内存较邻近点插值法多，运算时间也稍长，与邻近点插值不同，其结果是连续的，但在顶点处的斜率会改变

续 表

算法名称	说明	特点
nearest	邻近点插值法，根据已知两点间的插值点与这两点之间的位置远近插值，当插值点距离前点近时，取前点的值，否则取后点的值	速度最快，但平滑性差
spline	三次样条插值，用已知数据求出样条函数后，按照样条函数插值	运算时间长，但内存的占用较立方插值法少，三次样条插值的平滑性很好，但如果输入的数据不一致或数据点过近，可能出现很差的插值结果
cubic	立方插值法，也称三次多项式插值，用已知数据构造出三次多项式进行插值	需要较多的内存和运算时间，平滑性很好

4.3.2 拟合

拟合方法的求解思路与插值不同，在拟合方法中，人们设法找出某条光滑曲线，它最佳地拟合已知数据，但对经过的已知数据节点个数不作要求。当最佳拟合被解释为在数据节点上的最小误差平方和，且所用的曲线限定为多项式时，这种拟合方法相当简捷，称为多项式拟合，也称曲线拟合，该方法在分析实验数据，将实验数据做解析描述时非常有用。下面主要介绍多项式拟合及比多项式拟合更为一般的最小二乘拟合。

1．多项式拟合

通俗地讲，多项式拟合就是根据已知数据点 $(x_i, y_i)(i=0,1,2,\cdots,n)$，找到一个多项式 $f(x)=a_n x^n + a_{n-1}x^{n-1} + a_{n-2}x^{n-2} + \cdots + a_1 x + a_0$ 去尽可能准确地拟合已知数据点的真实函数 $g(x)$，以拟合多项式来描述未知数据点的值。MATLAB 的 polyfit 函数提供了从一阶多项式到高阶多项式的拟合，其调用格式有以下两种。

```
p=polyfit(x,y,n);          x、y 为已知的数据组，是等长的向量，x 是采样点，y 是采样点的函数值；n 是要拟合的多项式的阶次。
[p,s]=polyfit(x,y,n);      p 是一个长度为 n+1 的向量，表示返回的要拟合的多项式的系数向量；s 是采样点的误差向量。
```

该函数利用向量 x、y 所确定的原始数据构造 n 阶多项式 p，使 p 与已知数据点间的函数值之差的平方和最小。假设由 polyfit 函数所建立的拟合多项式为 $f(x)=a_n x^n + a_{n-1}x^{n-1} + a_{n-2}x^{n-2} + \cdots + a_1 x + a_0$，polyfit 函数的输出值就是上述各项系数 $a_n, a_{n-1}, \cdots, a_1, a_0$，这些系数构成向量 p。一般来说，在多项式拟合中，阶数 n 越大，拟合的精度就越高。当 n=1 时，多项式拟合就是线性拟合。

函数 polyfit 常和函数 polyval（见 4.2.1 小节）结合起来使用，由函数 polyfit 得到拟合的多项式的系数向量后，再利用函数 polyval 对输入向量所对应的多项式求值。下面举例说明函数 polyfit 的使用。

【实例 4-20】 对向量 x=[0.1,0.4,0.5,0.6,0.7,0.9]和 y=[0.61,0.92,0.99,1.52,1.47,2.03]分别进行阶数为 2、3、4 的多项式拟合，定义区间为[0,1]，并画出数据点和拟合曲线图像进行比较分析。

思路·点拨

已知数据点，直接调用函数 polyfit 即可得到多项式拟合结果，再结合函数 polyval 求得区间上多个点值，进而利用函数 plot 画出不同阶次的拟合曲线图形。

结果文件——配套资源“Ch4\SL420”文件

解：程序如下。

```
x=[0.1 0.4 0.5 0.6 0.7 0.9];
y=[0.61 0.92 0.99 1.52 1.47 2.03];
p2=polyfit(x,y,2)                   %2 阶多项式拟合
p3=polyfit(x,y,3)                   %3 阶多项式拟合
p4=polyfit(x,y,4)                   %4 阶多项式拟合
xcurve=0:0.1:1;                     %在定义区间上取点画图
p2curve=polyval(p2,xcurve);         %求得对应于 xcurve 的 2 阶拟合多项式值
p3curve=polyval(p3,xcurve);         %求得对应于 xcurve 的 3 阶拟合多项式值
p4curve=polyval(p4,xcurve);         %求得对应于 xcurve 的 4 阶拟合多项式值
plot(xcurve,p2curve,'--',xcurve,p3curve,'-.',xcurve,p4curve,'-',x,y,'*') ;
                                    %三条拟合曲线作图
```

程序运行结果如下。

```
p2 =

    1.2623    0.5499    0.5258

p3 =

   -2.7072    5.3675   -1.1419    0.6718

p4 =

   23.6719  -52.0432   39.8928  -10.1777    1.2802
```

通过运行上述程序，可以得到不同阶数的多项式拟合曲线，如图 4-7 所示，其中，“--”曲线表示的是二阶多项式拟合曲线，“-.”曲线表示的是三阶多项式拟合曲线，“-”曲线表示的是四阶多项式拟合曲线，“*”表示的是已知数据点。

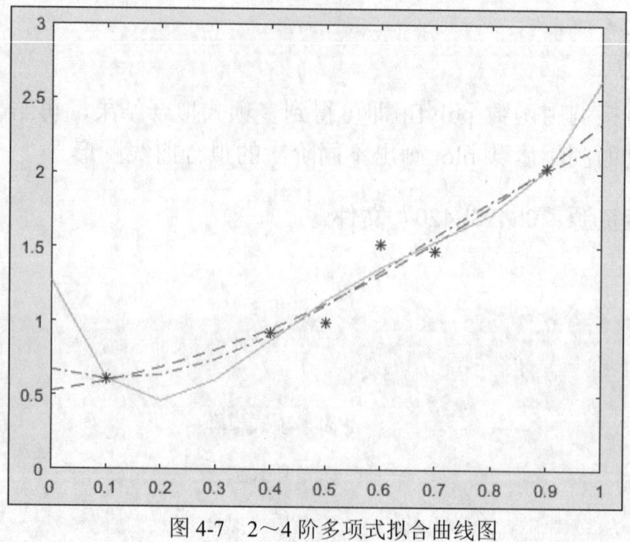

图 4-7　2～4 阶多项式拟合曲线图

如果拟合多项式的阶数选择 5 到 7，那么将得到图 4-8 所示的拟合曲线，其中，“--”曲线表示的是五阶多项式拟合曲线，“-.”曲线表示的是六阶多项式拟合曲线，“-”曲线表示的是七阶多项式拟合曲线，“*”表示的是已知数据点。

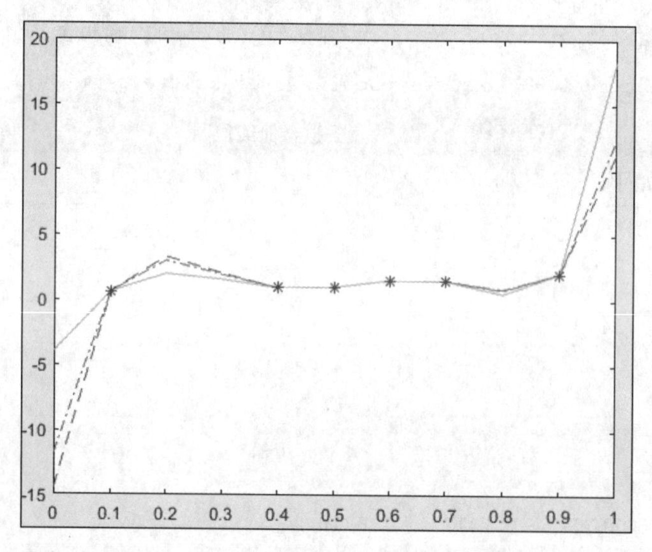

图 4-8　5～7 阶多项式拟合曲线图

从高阶次多项式拟合曲线图中可以看出，并不是拟合多项式的阶次选得越高就越能代表原数据。从图 4-8 中可以看出，相比于低阶次多项式拟合曲线，越高阶次的多项式拟合曲线的震荡程度越剧烈（通常 7 阶以上的都有此现象），而一般 5 阶以下的多项式拟合曲线都会通过所有的原始数据点。

【实例 4-21】炼钢厂出钢时所用的盛钢水的钢包，在使用过程中由于钢液及炉渣对包衬耐火材料的侵蚀，使其容积不断增大。经过试验，钢包的容积与相应的使用次数的数据如表 4-7 所示。分别用 3 阶和 5 阶多项式拟合表中数据，画出拟合曲线及离散点图，并比较分析。

表 4-7　　钢包的容积与相应的使用次数

使用次数 x	容积 y	使用次数 x	容积 y
2	106.42	11	110.59
3	108.26	14	110.60
4	109.58	15	110.90
5	109.50	16	110.76
7	110.00	18	111.00
8	109.93	19	111.20
10	110.49		

思路·点拨

这是一道与实际生产密切联系的实例，但是其本质就是多项式拟合问题，已知数据点，直接调用函数 polyfit 即可得到拟合多项式，再结合函数 polyval 求值定点，然后利用函数 plot 进行作图分析。

结果文件——配套资源“Ch4\SL421”文件

解：（1）用 3 阶多项式拟合数据。

程序如下。

```
x=[2 3 4 5 7 8 10 11 14 15 16 18 19];
y=[106.42 108.26 109.58 109.5 110 109.93 110.49 110.59 110.6 110.9 110.76 111 111.2];
v=polyfit(x,y,3)        %3 阶多项式拟合
t=1:0.5:19;             %取点
u=polyval(v,t);         %多项式求值
plot(t,u,x,y,'*')       %作拟合曲线图及离散点图
```

程序运行的结果如下。

```
v =

   0.0033   -0.1224    1.5113  104.4824
```

程序运行得到的拟合曲线图如图 4-9 所示。

（2）用 5 阶多项式拟合数据。

此时，只需要将语句 v=polyfit(x,y,3)更改为 v=polyfit(x,y,5)，重新运行上述语句，得到的程序运行结果如下。

```
v =
```

```
0.0001   -0.0055    0.1176  -1.2012    5.9223   98.5719
```

程序运行得到的相对应的拟合曲线图如图 4-10 所示。

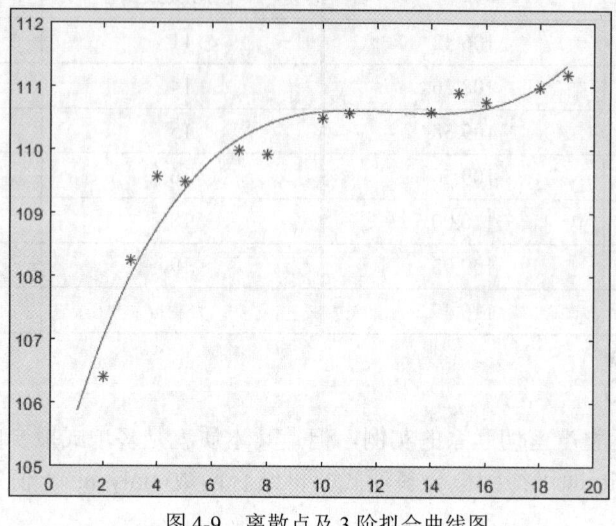

图 4-9　离散点及 3 阶拟合曲线图

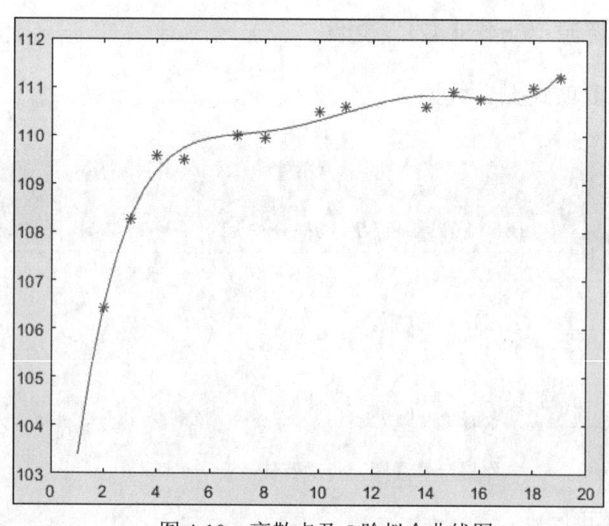

图 4-10　离散点及 5 阶拟合曲线图

从上述两个拟合曲线图中，可以看到拟合曲线的形状、走势等，直观判断 5 阶多项式拟合要比 3 阶多项式拟合得更好，但是仍不能准确地比较。为了更加精确地比较 3 阶拟合曲线和 5 阶拟合曲线的优劣，可以在 MATLAB 中通过数字的形式表现出来。

程序如下。

```
x=[2 3 4 5 7 8 10 11 14 15 16 18 19];
y=[106.42 108.26 109.58 109.5 110 109.93 110.49 110.59 110.6 110.9 110.76 111 111.2];
p1=polyfit(x,y,3);
p2=polyfit(x,y,5);
```

```
y1=polyval(p1,x);
y2=polyval(p2,x);
table=[x',y',y1',y2',(y-y1)',(y-y2)']
```

通过运行上述程序，可以得到一系列 table 值，将这些值列成表格形式，如表 4-8 所示。

表 4-8　不同阶数的拟合多项式的比较

x	y	y_1（3 阶拟合）	y_2（5 阶拟合）	$y-y_1$	$y-y_2$
2	106.42	107.0413	106.4682	−0.6213	−0.0482
3	108.26	108.0024	108.2841	0.2576	−0.0241
4	109.58	108.7772	109.2686	0.8028	0.3114
5	109.50	109.3854	109.7409	0.1146	−0.2409
7	110.00	110.1799	110.0137	−0.1799	−0.0137
8	109.93	110.4053	110.0754	−0.4753	−0.1454
10	110.49	110.6100	110.3096	−0.1200	0.1804
11	110.59	110.6285	110.4777	−0.0385	0.1123
14	110.60	110.5826	110.8392	0.0174	−0.2392
15	110.90	110.5987	110.8342	0.3013	0.0658
16	110.76	110.6630	110.7818	0.0970	−0.0218
18	111.00	111.0147	110.8533	−0.0147	0.1467
19	111.20	111.3411	111.2833	−0.1411	−0.0833
比较	3 阶拟合的差值的平方和			1.50470114	
	5 阶拟合的差值的平方和			0.31486785	

通过表 4-8 分析可知，在本例题中，5 阶多项式拟合的精度要比 3 阶多项式拟合的精度高。

2．最小二乘拟合

上一小节中介绍的多项式拟合就是最小二乘拟合的一种常用形式，比多项式更为一般的最小二乘拟合的函数形式为

$$y = a_0 + a_1 r_1(x) + \cdots + a_m r_m(x)$$

其中，$r_1(x)$，$r_2(x)$，…，$r_m(x)$ 为 m 个函数（在多项式拟合中取为幂函数）。最小二乘拟合就是要确定参数 a_0，a_1，…，a_m 的一组值，记为 $\hat{a}_0$，$\hat{a}_1$，…，$\hat{a}_m$，使得由 $\hat{y}_i = \hat{a}_0 + \hat{a}_1 r_1(x_i) + \cdots + \hat{a}_m r_m(x_i)$，$i$=1，2，…，$n$ 计算得到的数值与观测数据 y_i 尽可能接近，这组 $\hat{a}_0$，$\hat{a}_1$，…，$\hat{a}_m$ 可通过求解 y_i 与 $a_0 + a_1 r_1(x) + \cdots + a_m r_m(x)$ 的误差平方和最小得到，即求

$$\min_{a_0, a_1, \cdots, a_m} \sum_{i=1}^{n} (y_i - (a_0 + a_1 r_1(x) + \cdots + a_m r_m(x)))^2$$

这种计算值与观测值的误差平方和在最小二乘意义下最小所确定的函数 y 称为最小二乘

拟合函数。通常情况下，我们常说的最小二乘拟合是指最小二乘多项式拟合，即利用拟合多项式的系数来确定参数值。

如果定义的拟合函数是关于参数 a_k 的线性函数，则称为线性模型；如果拟合函数关于参数 a_k 是非线性函数，则称为非线性模型。在多数情况下，可以通过函数变换的方式将非线性模型转化为线性模型。例如，假设拟合函数为 $y = ae^{bx}$，其中，a、b 为待定参数，是一个非线性模型。这时可以对模型取对数（也可取常用对数），得到 lny=lna+bx，令 Y=ln$y$，A=ln$a$，则模型转化为 Y=A+bx，即变成一个线性模型，可以利用最小二乘多项式拟合进行求解，也就可以利用 MATLAB 中的 polyfit 函数进行拟合计算。下面举例说明最小二乘多项式拟合及非线性模型的应用过程。

【实例 4-22】已知 x=[0.5 1.0 1.5 2.0 2.5 3.0]，y=[1.75 2.45 3.81 4.80 7.00 8.60]，用最小二乘多项式拟合函数 $y=a_0+a_1x+a_2x^2$。

思路·点拨

最小二乘多项式拟合就是求得多项式拟合函数 $y=a_0+a_1x+a_2x^2$ 的系数，由于存在 3 个未知参数，所以选用二阶多项式进行拟合，得到二阶拟合多项式 $y_1=\hat{a}_2x^2+\hat{a}_1x+\hat{a}_0$，即得到了最小二乘多项式拟合函数 $\hat{y}=\hat{a}_0+\hat{a}_1x+\hat{a}_2x^2$。

结果文件——配套资源“Ch4\SL422”文件

解：程序如下。

```
x=[0.5 1.0 1.5 2.0 2.5 3.0];
y=[1.75 2.45 3.81 4.80 7.00 8.60];
a=polyfit(x,y,2)                      %二阶多项式拟合
y1=a(3)+a(2)*x+a(1)*x.^2              %对应于 x 的二阶多项式拟合值
plot(x,y,'*',x,y1,'-r')               %“*”表示观测点，曲线为最小二乘拟合曲线
```

程序运行结果如下。

```
a =

    0.5614    0.8287    1.1560

y1 =

    1.7107    2.5461    3.6623    5.0591    6.7367    8.6950
```

得到的最小二乘多项式拟合曲线及观测点的图形如图 4-11 所示。

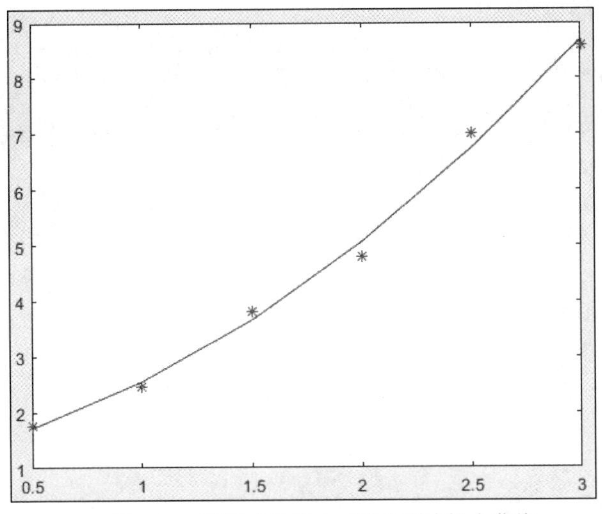

图 4-11　观测点及最小二乘多项式拟合曲线

【实例 4-23】 测得某单分子化学反应速度数据如表 4-9 所示。

表 4-9　　**某单分子化学反应速度数据**

n	1	2	3	4	5	6	7	8
x_i	3	6	9	12	15	18	21	24
y_i	57.6	41.9	31.0	22.7	16.6	12.2	8.9	6.5

其中，x_i 表示从实验开始算起的时间，y_i 表示该时刻反应物的量。根据化学反应速度的理论知道，选择的拟合模型应是指数函数 $y=ae^{bx}$，其中 a、b 为待定参数。求拟合参数的最小二乘解。

思路·点拨

根据选用的拟合模型 $y=ae^{bx}$ 可知，该模型为非线性模型，两边取常用对数得到 $\lg y=(b\lg e)x+\lg a$，令 Y=lg$y$，B=0.4343b，lg$a$=m，则模型转化为 Y=Bx+m。重新进行计算，得到相应的 (x_i,Y_i)，再利用 (x_i,Y_i) 进行一阶多项式拟合，然后根据 B=0.4343b，lg$a$=m 分别得出模型中的 a、b 值即可。

结果文件——配套资源“Ch4\SL423”文件

解：程序如下。

```
x=[3 6 9 12 15 18 21 24];                          %x 的样本值
y=[57.6 41.9 31.0 22.7 16.6 12.2 8.9 6.5];         %y 的样本值
Y=log10(y);                                        %对 y 值取常用对数
p=polyfit(x,Y,1)                                   %对新数据点(xi，Yi)进行一阶拟合
b=p(1)/0.4343
```

```
a=10.^p(2)
y1=polyval(p,x)                    %用得到的一阶拟合多项式求值 Ŷi
y2=10.^y1                          %求 Ŷi 对应的 ŷi
```

程序运行结果如下。

```
p =

  -0.0450    1.8953

b =

  -0.1037

a =

  78.5700

y1 =

    1.7602    1.6251    1.4900    1.3549    1.2198    1.0847    0.9496    0.8145

y2 =

  57.5660   42.1770   30.9019   22.6410   16.5884   12.1538    8.9048    6.5243
```

由上述运行结果，得到拟合模型函数为 $y=78.57e^{-0.1037x}$，该函数在 x_i 上的拟合值为 y_2。

4.4 线性方程（组）的求解

为了更好地掌握线性方程及方程组的求解，本节对线性方程（组）的数值求解方法进行简要介绍。

4.4.1 线性方程的数值求解

线性方程可以利用多项式的求根运算直接调用函数 roots 来求解，也可以通过求解函数 $f(x)=0$ 的零点进行求解。下面对两种求解思路进行简要说明。

1．求解多项式方程

在多项式运算一节已经对多项式的求根函数进行了详细介绍，本部分仅以一实例进行方程求解的简要介绍。

【实例 4-24】求解 $x^3+5x^2-8x+6=0$ 的根。

思路·点拨

首先构建系数向量，然后根据系数向量直接调用 roots 函数求解多项式的根即可。

结果文件——配套资源“Ch4\SL424”文件

解：程序如下。

```
p=[1 5 -8 6];      %创建系数向量
roots(p)           %根据系数向量求解多项式的根
```

程序运行结果如下。

```
ans =

 -6.3972 + 0.0000i
  0.6986 + 0.6707i
  0.6986 - 0.6707i
```

2．求解函数 $f(x)=0$ 的零点

对于任意函数 $f(x)=0$ 来说，它可能有零点，也可能没有零点；可能只有一个零点，也可能有很多个甚至无数个零点。因此，很难说出一种通用的解法。在 MATLAB 中，有一个很好的函数 fzero 来实现各种方程的零点运算。其常用的调用格式如下。

x=fzero(fun,x0);　　其中 fun 为求解的方程，x_0 为估计的方程的根或根可能存在的区间。如果 x_0 为一个数值，此函数就在 x_0 附近求出方程的根；如果 x_0 为一个区间[a，b]，且函数的根包含在该区间内，则输出正常的方程根，否则输出错误的信息。

x=fzero(fun,x0,options);　　通过 options 指定的优化参数进行求解，用户可以通过函数 opumset 来定义这些参数。

[x,fval]=fzero(fun,x0);　　这是求一元函数零点指令的最简单格式，fval 函数返回值为方程根处的函数值。

[x,fval,exitflag]=fzero(…);　　exitflag 返回函数 fzero 退出状态。

[x,fval,exitflag,output]=fzero(…);　　output 返回优化信息。

【实例 4-25】求解 $f(x)=3x^2-e^x+1$ 的零点。

思路·点拨

函数的零点即 $f(x)=0$ 时的 x 值，即可转化为求根运算，调用函数 fzero(fun,x_0)，同时以本例题说明上述几种调用格式的使用情况。

结果文件——配套资源“Ch4\SL425”文件

解：程序及运行结果如下。

```
>> x0=4;                                    %赋初值
>> fzero('3*x^2-exp(x)+1',x0)              %根据初值求解方程的根
ans =

    3.7823
>> x1=[4 10];                               %定义求根区间，该区间并未包含根
>> fzero('3*x^2-exp(x)+1',x1)              %求解过程中该函数返回值为出错信息
错误使用 fzero (line 290)
区间端点处的函数值必须具有不同的符号。
>> x2=[3 5];                                %定义包含根的区间
>> fzero('3*x^2-exp(x)+1',x2)              %求解成功
ans =

    3.7823
>> [x,fval,exitflag,output]=fzero('3*x^2-exp(x)+1',x0)
x =

    3.7823

fval =

    0

exitflag =

    1

output =
```

```
包含以下字段的 struct:

  intervaliterations: 3
          iterations: 5
           funcCount: 11
           algorithm: 'bisection, interpolation'
             message: '在区间 [3.77373, 4.16] 中发现零'
```

注意	由于指令 fzero 是根据函数是否穿越横轴来决定零点的，因此本程序无法确定函数曲线仅触及横轴而不穿越的那些零点。

4.4.2　线性方程组的数值求解

线性方程组的求解不仅在工程技术领域应用较多，而且在其他诸多领域也时有碰到，因此，是一个应用较为广泛的课题。针对线性方程组的求解，本部分仅给出基础性的、实用性较强的两种求解方法：矩阵除求解法和矩阵逆求解法。

1．矩阵除解方程

MATLAB 对一般线性方程的求解进行了精心的设计，并采用简单直观的“除法”算符表达。已知对于含有 n 个未知数的 m 个方程构成的方程组为 $\boldsymbol{A}x=\boldsymbol{B}$，$\boldsymbol{A}$ 为 $m\times n$ 的矩阵，当 $m=n$ 且 $\boldsymbol{A}$ 可逆时，给出唯一解；当 $m>n$ 时，矩阵除给出方程的最小二乘解；当 $m<n$ 时，矩阵除给出方程的最小范数解。具体调用格式如下。

x=A\B	运用左除解方程 Ax=B

注意	指令中的“\”是“左除”的符号。由于方程 $\boldsymbol{A}x=\boldsymbol{B}$ 中，$\boldsymbol{A}$ 在变量 x 的左边，所以指令中的 $\boldsymbol{A}$ 必须在“\”的左边，切不可放错位置；此外，如果方程变为 $x\boldsymbol{C}=\boldsymbol{D}$ 的形式，那么将使用“右除”，即指令为 $x=\boldsymbol{D}/\boldsymbol{C}$。

【实例 4-26】求线性方程组 $\begin{cases}\frac{1}{2}x_1+\frac{1}{3}x_2+x_3=1\\ x_1+\frac{5}{3}x_2+3x_3=3\\ 2x_1+\frac{4}{3}x_2+5x_3=2\end{cases}$ 的解。

思路·点拨

已知该方程组为一般线性方程组，$\boldsymbol{A}$=[1/2 1/3 1; 1 5/3 3; 2 4/3 5]，$\boldsymbol{B}$=[1; 3; 2]，利用矩阵除，即可求得解向量 $x=\boldsymbol{A}\backslash\boldsymbol{B}$。

结果文件——配套资源“Ch4\SL426”文件

解：程序如下。

```
A=[1/2 1/3 1; 1 5/3 3; 2 4/3 5];        %A 为 3×3 矩阵，n=m
B=[ 1; 3; 2];                            %此处矩阵 B 为列向量
x=A\B                                    %因为 n=m，且 A 可逆，给出唯一解
```

程序运行结果如下。

```
x =

    4
    3
   -2
```

由此得知该线性方程组的解为 $x_1=4,\ x_2=3,\ x_3=-2$。

2．矩阵逆解方程

如果 $n\times n$ 矩阵 $\boldsymbol{A}$ 和 $\boldsymbol{B}$，满足 $\boldsymbol{AB}=\boldsymbol{I}_{n\times m}$，那么 $\boldsymbol{B}$ 称作 $\boldsymbol{A}$ 的逆，并采用符号 $\boldsymbol{A}^{-1}$ 表示。在 MATLAB 中有求矩阵逆的指令，调用格式如下。

```
Y=inv(X);          该式返回的是 n×n 矩阵 X 的逆，如果维数较复杂将会显示错误信息；实际上，很少需要求解矩阵的逆。
```

在求解线性方程 $Ax=B$ 时，利用求系数矩阵 $\boldsymbol{A}$ 的逆矩阵 $\boldsymbol{A}^{-1}$，可以用矩阵逆来求解，在等号两侧各左乘 $\boldsymbol{A}^{-1}$，有 $\boldsymbol{A}^{-1}A\text{x}=\boldsymbol{A}^{-1}\boldsymbol{B}$，由于 $\boldsymbol{A}^{-1}\boldsymbol{A}=\boldsymbol{I}$ 为单位阵，故得 $x=\text{inv(A)}\boldsymbol{B}$。下面以一个例子来进行说明。

【实例 4-27】解线性方程组 $\boldsymbol{a}X=\boldsymbol{b}$，其中 $\boldsymbol{a}=\begin{bmatrix}1 & -1 & 1\\ 5 & -4 & 3\\ 2 & 1 & 1\end{bmatrix}$，$\boldsymbol{b}$=[2;-3;1]。

思路·点拨

该题既可以用矩阵除来求解，也可用矩阵逆来求解。在用矩阵逆求解时，线性方程组的解 $X=\boldsymbol{a}^{-1}b$。但是，需要注意的是在实际应用中，使用矩阵逆求解方法时，需要先用函数 inv 求解逆矩阵 $\boldsymbol{a}^{-1}$，然后将其与向量 b 相乘求解，不但费时，而且会引入额外的误差，相比较而言，矩阵除求解法更为精炼简捷。

结果文件——配套资源“Ch4\SL427”文件

解：程序如下。

```
a=[1 -1 1;5 -4 3;2 1 1];
b=[2;-3;1];
X=inv(a)*b
```

程序运行结果如下。

```
X =
```

```
  -3.8000
   1.4000
   7.2000
```

4.5　数值微积分

在工程实践与科学应用中，经常要计算函数的积分和微分。当已知函数形式求函数的积分时，理论上可以利用牛顿—莱布尼兹公式来计算，但是在实际应用中，经常接触到的许多函数都找不到其积分函数，或者函数难于用公式表示（只能用图形或表格给出），或者，有些函数在用牛顿—莱布尼兹公式求解时非常复杂，有时甚至计算不出来。微分也存在相似的情况，此时，需要考虑这些函数的积分和微分的近似计算。

4.5.1　数值微分

一般来说，函数的导数依然是一个函数。设函数 $f(x)$的导函数 $f'(x) = g(x)$，高等数学关心的是 $g(x)$的形式和性质，而数值分析关心的是怎么计算 $g(x)$在一串离散点 $X = (x_1, x_2, \cdots, x_n)$ 的近似值 $G = (g_1, g_2, \cdots, g_n)$ 及所计算的近似值有多大误差。在高等数学中，有两种方式计算任意函数 $f(x)$在给定点 x 的数值导数，其一是用多项式或样条函数 $g(x)$对 $f(x)$进行逼近（插值或拟合），然后用函数 $g(x)$在点 x 处的导数作为 $f(x)$在点 x 处的导数，第二种方式是用 $f(x)$在点 x 处的某种差商作为其导数。MATLAB 并没有直接提供求数值导数的函数，只有计算向前差分的函数 diff，其调用格式如下。

```
diff(x)              返回 x 对预设独立变量的一次微分值。
diff(x, 't')         返回 x 对独立变量 t 的一次微分值。
diff(x,n)            返回 x 对预设独立变量的 n 次微分值。
diff(x, 't',n)       返回 x 对独立变量 t 的 n 次微分值。
```

其中，x 代表一组离散点 x_k，k=1,…,n。计算 d$y(x)$/dx 的数值微分为 dy=diff(y)./diff(x)。下面通过实例加深对函数 diff 的理解。

【实例 4-28】计算多项式 $y = x^5 - 3x^4 - 8x^3 + 7x^2 + 3x - 5$ 在[−4,5]区间的微分。

思路·点拨

MATLAB 中的函数 diff 是用来求解离散点的差分的，求解某一特定区间的微分时，需要近似求解，先要将多项式离散化，进而在此基础上运用 dy=diff(y)./diff(x)进行微分运算，并得到微分图。

结果文件——配套资源“Ch4\SL428”文件

解：程序如下。

```
x=linspace(-4,5);                    %产生 100 个 x 的离散点
```

```
p=[1 -3 -8 7 3 -5];
f=polyval(p,x);                  %多项式在 100 个离散点 x 上对应的值
subplot(2,1,1);plot(x,f)         %将多项式函数绘图
title('多项式方程')
dfb=diff(f)./diff(x);            %注意要分别计算 diff(f)和 diff(x)
xd=x(2:length(x));               %注意只有 99 个 df 值，而且是对应 x2，x3，…，x100 的点
subplot(2,1,2);plot(xd,dfb)      %绘制多项式的微分图
title('多项式方程的微分图')
```

程序的运行结果如图 4-12 所示。

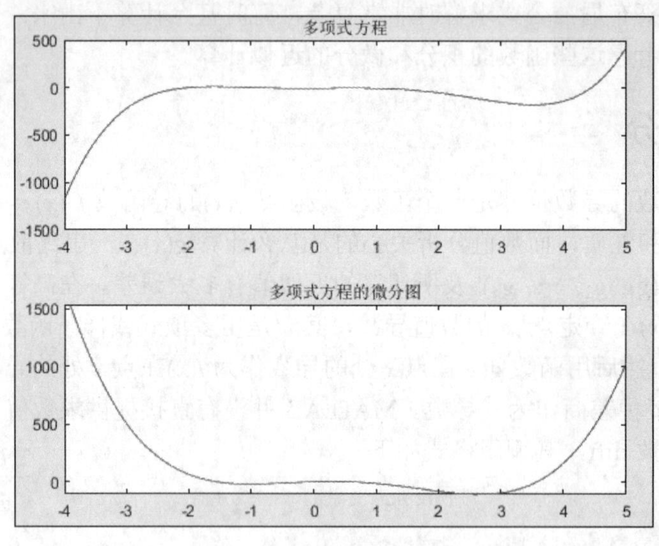

图 4-12　多项式方程及其微分图

【实例 4-29】对 3 个方程式 $s_1=6x^3-4x^2+bx-5$，$s_2=\sin a$，$s_3=(1-t^3)/(1+t^4)$，利用 diff 的 4 种语法格式计算微分。

思路·点拨

本例题是对上述 4 种语法的直接运用，利用 s_1 对预设独立变量 x 进行一次、二次微分，对独立变量 b 进行一次、二次微分；利用 s_2、s_3 分别对预设独立变量 a 和 t 进行一次微分，进而熟悉 4 种语法的应用。

结果文件——配套资源“Ch4\SL429”文件

解：程序如下。

```
S1= str2sym('6*x^3-4*x^2+b*x-5');
S2= str2sym('sin(a)');
S3= str2sym('(1-t^3)/(1+t^4)');
```

```
A=diff(S1)              %对预设变量x的一次微分值
B=diff(S1,2)            %对预设变量x的二次微分值
C=diff(S1,'b')          %对独立变量b的一次微分值
D= diff(S1,'b',2)       %对独立变量b的二次微分值
E=diff(S2)              %对预设变量a的一次微分值
F=diff(S3)              %对预设变量t的一次微分值
```

程序运行结果如下。

```
A =

18*x^2 - 8*x + b

B =

36*x - 8

C =

x

D =

0

E =

cos(a)

F =

(4*t^3*(t^3 - 1))/(t^4 + 1)^2 - (3*t^2)/(t^4 + 1)
```

4.5.2 数值积分

在科学实验和生产实践中，经常要求函数 $f(x)$在区间$[a,b]$上的定积分$\int_a^b f(x)\mathrm{d}x$（$f(x)>0$），其中，a、b 分别为这个积分式的下限和上限，$f(x)$为要积分的函数。在高等数学中，只要找到被积函数 $f(x)$的原函数 $F(x)$，则可用牛顿-莱布尼兹公式$\int_a^b f(x)\mathrm{d}x=F(b)-F(a)$来求出定积分。但是，有时被积函数的原函数无法用初等函数表示或被积函数为仅知离散点处函数值的离散函数时，无法使用牛顿-莱布尼兹公式。因此，MATLAB 中是根据积分的几何含义进行求解的，即该积分在数值上等于曲线 $y=f(x)$、直线 $x=a$、$x=b$ 与 x 轴所围成的曲面梯形的面积，这样就得到了所给定积分的近似值。求解定积分的数值方法的基本思想：将整个积分区间$[a,b]$分成 n 个子区间$[x_i,x_{i+1}]$，$i=1,2,\cdots,n$，其中$x_1=a$，$x_{n+1}=b$，这样求定积分问题就转化为求和问题。

利用 MATLAB 的积分函数来求解的过程类似，也要定义 $f(x)$及设定 a、b，还须设定区间$[a,b]$之间离散点的数目，剩下的工作就是选择精度不同的积分法来求解了。MATLAB 提供了在有限区间内数值计算某函数积分的函数指令，包括矩形积分（cumsum）、梯形积分（trapz）、辛普森积分（quad）和科茨积分（quadl，也称高精度数值积分）。

1．矩形法数值积分

矩形法数值积分通过函数 cumsum 来实现，具体的调用格式如下。

`cumsum(A)`　　沿数组的不同维度返回累加和；如果 A 是一个向量，则返回一个由 A 中各元素的累加和组成的新的向量；如果 A 是一个矩阵，则返回一个包含各列累加和的与 A 大小相同的矩阵；如果 A 是一个多维的数组，则这一函数从第一个非独立维度开始计算。

`cumsum(A,dim)`　　返回沿着 A 的由标量 dim 指定的维度的元素的累加和，例如，cumsum(A，1)沿着 A 的列向量进行累加求和，而 cumsum(A，2)沿着 A 的行向量进行累加求和。

【实例 4-30】已知 $\boldsymbol{A}$=[1 2 3]，$\boldsymbol{B}$=[1 2 3; 4 5 6]，利用矩形法求其积分，并针对 $\boldsymbol{B}$ 进行 cumsum(B, dim)应用。

思路·点拨

本例题是函数 cumsum 的基础性应用，比较容易理解，A 属于向量，cumsum 函数是对其各元素进行累加，形成新的三维向量；$\boldsymbol{B}$ 属于矩阵，cumsum(B, 1)是从列向量方向进行各元素累加，cumsum(B, 2)是从行向量上进行各元素累加。

结果文件——配套资源“Ch4\SL430”文件

解：程序如下。

```
A=[1 2 3];
B=[1 2 3; 4 5 6];
X=cumsum(A)
```

```
Y= cumsum(B)
M=cumsum(B,1)
N=cumsum(B,2)
```

程序运行结果如下。

```
X =

     1     3     6

Y =

     1     2     3
     5     7     9

M =

     1     2     3
     5     7     9

N =

     1     3     6
     4     9    15
```

2．梯形法数值积分

梯形法数值积分通过函数 trapz 来实现，其调用格式如下。

trapz(Y)　　　　该格式是通过梯形法计算 Y 的积分的近似值（通过单元间距），输入量 Y 可以是复杂的。如果 Y 是向量，则返回的是 Y 的积分；如果 Y 是矩阵，则返回的是一个行向量，向量中的元素分别对应矩阵中每列对 Y 进行积分后的结果；如果 Y 是 n 维数组，则从第一个非独立维进行计算。

trapz(X,Y)　　　　该格式是通过梯形积分法计算 Y 对 X 的数值积分，要求 X 和 Y 是长度相等的向量，或者 X 必须是一个列向量，而 Y 是一个非独立维长度的与 X 等长的数组。

trapz(…,dim)　　　　该格式是 Y 从第 dim 维开始运用梯形积分法进行积分计算，其中 X 向量的长度必须和 size(Y，dim)的长度相等。

【实例 4-31】利用梯形积分法计算 z=trapz([1 2 3])和 $f(x)=\int_0^{\pi}\sin x\mathrm{d}x$ 。

思路·点拨

针对 z=trapz([1 2 3])，直接套用函数 trapz(Y)即可；针对 $f(x)=\int_0^{\pi}\sin x\mathrm{d}x$，在计算数值积分前，首先要构造向量来表示 sin$x$ 这一函数，然后再利用 trapz 函数进行梯形法数值积分。

结果文件——配套资源“Ch4\SL431”文件

解：（1）z=trapz([1 2 3])的计算。

程序如下。

```
Y=[1 2 3];
z=trapz(Y)
```

程序运行结果如下。

```
z =

     4
```

（2）$f(x)=\int_0^{\pi}\sin x\mathrm{d}x$ 的计算。

程序如下。

```
x=linspace(0,pi,100);
y=sin(x);
z=trapz(x,y)
```

程序运行结果如下。

```
z =

    1.9998
```

说明 针对 $f(x)=\int_0^{\pi}\sin x\mathrm{d}x$，如果想要得到更为精确的结果，可以将步长取小一点。如果上例中 x=linspace(0,pi,150)，其他语句不变，那么 z=1.9999。

3．辛普森数值积分

积分 $q=\int_a^b f(x)\mathrm{d}x$ 是用来找到函数图像下的特定区域的数值方法，即计算定积分。辛普森法数值积分通过函数 quad 来实现，具体的调用格式如下。

`quad(fun,a,b)`　　表示用自适应递归的辛普森方法从积分区间 a 到 b 对函数 fun 进行积分，积分的误差在 e^{-6} 范围内；要求 a 和 b 是确定的，当输入的是向量时，返回值也必须是向量形式。

`quad(fun,a,b,tol)`　　使用绝对误差 tol 代替默认误差值 e^{-6}，较大的 tol 值导致较少的功能评价和较快的计算，但是更不精确。

```
quad(fun,a,b,tol,trace)      当参数trace非零时，以动态点图的形式实现积分的整个过程，其他同上。
```

【实例 4-32】利用辛普森积分公式计算 $f_1(x)=\int_{-\frac{\pi}{2}}^{\frac{\pi}{2}}\cos x\mathrm{d}x$ 及 $f_2(x)=\int_0^2\frac{1}{x^3-2x-5}\mathrm{d}x$ 的积分。

思路·点拨

题目中的两个需要求解的定积分均可以直接调用 quad(fun,*a*,*b*)格式实现，两者的唯一区别是前者 cos 是已有的函数，而后者需要重新定义，但也可以在调用函数中直接代入。

结果文件——配套资源“Ch4\SL432”文件

解：（1）$f_1(x)=\int_{-\frac{\pi}{2}}^{\frac{\pi}{2}}\cos x\mathrm{d}x$ 的计算。

程序如下。

```
f1=quad('cos',-pi/2,pi/2)
```

程序运行结果如下。

```
f1 =


    2.0000
```

（2）$f_2(x)=\int_0^2\frac{1}{x^3-2x-5}\mathrm{d}x$ 的计算。

程序如下。

```
F='1./(x.^3-2*x-5)';    %也可以不用定义F，直接使用q=quad('1./(x.^3-2*x-5)',0,2)
f2=quad(F,0,2)
```

程序运行结果如下。

```
f2 =


   -0.4605
```

4．科茨数值积分

科茨数值积分通过函数 quadl 来实现，其调用格式与辛普森数值积分基本相同，具体如下。

```
quadl(fun,a,b)                 表示用自适应递归Lobatto方法近似计算函数fun从a到b的积分，积分的误差在e^-6范围内，当输入为向量时，返回值也是向量，要求a和b是确定的。
quadl(fun,a,b,tol)             使用绝对误差tol代替默认误差值e^-6，较大的tol值导致较少的功能评价和较快的计算，但是更不精确。
quadl(fun,a,b,tol,trace)       当参数trace非零时，以动态点图的形式实现积分的整个过程。
```

下面通过一个例题说明其使用情景。

【实例 4-33】利用科茨积分公式计算 $f_1(x)=\int_{-1}^{1}\mathrm{e}^{-x^2}\mathrm{d}x$ 及 $f_2(x)=\int_{0}^{3}\frac{1}{x^3-2x-5}\mathrm{d}x$ 的积分。

思路·点拨

直接调用 quadl(fun,*a*,*b*)格式即可，注意输入函数时需要加单引号表示字符串。

结果文件——配套资源“Ch4\SL433”文件

解：（1）$f_1(x)=\int_{-1}^{1}\mathrm{e}^{-x^2}\mathrm{d}x$ 的计算。

程序如下。

```
f1=quadl('exp(-x.^2)',-1,1)
```

程序运行结果如下。

```
f1 =


   1.4936
```

（2）$f_2(x)=\int_{0}^{3}\frac{1}{x^3-2x-5}\mathrm{d}x$ 的计算。

程序如下。

```
f2=quadl('1./(x.^3-2*x-5)',0,3)
```

程序运行结果如下。

```
警告：已达到最小步长大小；可能具有奇异性。
> In quadl (line 96)


f2 =


  -0.7406
```

注意 在第二个积分的求解过程中出现了警告“Warning: Minimum step size reached”，表示递归时的间隔划分产生了子区间，而子区间长度与原始间隔长度的舍入误差相当，无法继续计算了，原因是可能存在一个不可积分的奇点；此外，还有可能出现如下警告：“Maximum function count exceeded”，意味着积分递归计算超过了 10000 次，原因可能是有不可积的奇点；“Infinite or Not-a-Number function value encountered”，意味着在积分计算时，区间内出现了浮点数溢出或被零除。

一般来说，上述 4 种近似方法的精度由低到高，和 trapz 相比较，quad、quadl 的不同之处就在于这两者类似解析式的积分式，只需要设定上下限及定义要积分的函数，而 trapz 是针对离散点数据进行积分。

4.5.3 常微分方程的数值求解

在工程计算和科学研究方面，经常会遇到微分方程的求解问题。微分方程是描述一个变量关于另一个变量的变化率的数学模型，尤其是常微分方程的情况更为复杂，绝大多数情况下都不能得出这些方程的精确解析解。这些情况下不适宜采用高等数学课程中的解析法来求解，为此通过数值解法研究这些复杂的问题是十分必要的。

常微分方程的数值解法通常被称为常微分方程的初值问题，因为为了求解具体问题的常微分方程，通常需要确定出初始条件和边界条件。常微分方程：

$$\frac{\mathrm{d}y}{\mathrm{d}x}=f(x,y)$$

其中，$f(x, y)$是自变量 x 和因变量 y 的函数。求微分方程 $y'=f(x,y)$ 满足初始条件 $y|_{x=x_0}=y_0$ 的特解这样一个问题，称为一阶微分方程的初值问题，记作：

$$\begin{cases} y'=f(x,y) \\ y|_{x=x_0}=y_0 \end{cases}$$

通常，MATLAB 进行常微分方程的求解过程需要通过以下 3 个步骤来实现。

（1）将各种常微分方程转化为标准形式。

（2）把微分方程写成 M 文件形式。

（3）调整相应的求解函数来求解常微分方程或自己编写求解常微分方程的函数文件求解常微分方程。

1．欧拉方法

在数值计算中，欧拉方法是求解一阶微分方程初值问题最常用的方法之一。按照计算精度的不同，可以将欧拉方法分为欧拉折线法、梯形法、改进的欧拉方法等。下面仅介绍两种简单的欧拉迭代方法，其他方法请读者自己研究。

（1）简单的欧拉方法。

简单的欧拉方法对应于简单的一阶常微分方程的初值问题的求解，其迭代格式为

$$y_{k+1}=y_k+hf(x_k,y_k)$$

MATLAB 中没有欧拉方法的函数，需要自己根据上式编写简单的欧拉迭代函数，具体如下。

```
function [xout,yout]=Euler1(fun,x0,xn,y0,n,eps)
%用欧拉方法计算常微分方程的初值问题
%x0、y0为初值条件
%xn、yn为x取值区间的最后一个节点的横坐标和纵坐标
%n为区间的等分数目
pow=1/3;
if nargin<5
    eps=1e-3;
```

```
end
x=x0;
hmax=(xn-x0)/n;
h=hmax/8;
y=y0(:);
chunk=128;
xout=zeros(chunk,1);
yout=zeros(chunk,length(y));
k=1;
xout(k)=1;
yout(k,:)=y.';
while  (x<xn)&(x+h>x)
     if x+h>xn
         h=xn-x;
     end
     f=feval(fun,x,y);
     f=f(:);
     delta=norm(h*f,'inf');
     tau=eps*max(norm(y,'inf'),1.0);
     if delta<=tau
         x=x+h;
         y=y+h*f;
         k=k+1;
         if k>length(xout)
             xout=[xout;zeros(chunk,1)];
             yout=[yout;zeros(chunk,length(y))];
         end
         xout(k)=x;
         yout(k,:)=y.';
     end
     if delta~=0
         h=min(hmax,0.9*h*(tau/delta)^pow);
```

```
    end
end
xout=xout(k);
yout=yout(k);
```

将上述程序保存在 Euler1.m 文件中，在运用简单的欧拉方法求解常微分方程时直接调用即可。下面以一个实例来说明简单欧拉方法的应用。

【实例 4-34】用简单的欧拉迭代法求解常微分方程 $y'=-y+x+1$，其中，$y(0)=1$。

思路·点拨

本题需要调用已经编写好的 Euler1.m 文件，在调用之前必须编写相应的关于待求解常微分方程的.m 格式的函数文件。

结果文件——配套资源“Ch4\SL434”文件

解：首先编写相应的原函数 f.m 文件，程序如下。

```
function f=f(x,y)
f=-y+x+1;                                   %编写相应的原函数文件 f.m
```

然后，运行下列程序即可求解。

```
[x,y]=Euler1('f',0,1,1,16,1e-4)        %应用函数 Euler1
```

程序运行结果如下。

```
x =

     1

y =

   1.3678
```

（2）改进的欧拉方法。

改进的欧拉方法实际上是欧拉折线法和梯形法联合使用而得到的，比简单欧拉方法的精度要高，其原因在于：前者在确定平均斜率时，多选取了一个点的斜率。改进的欧拉方法的迭代格式为

$$y_p = y_i + hf(x_i, y_i)$$

$$y_{i+1} = y_i + \frac{h}{2}[f(x_i, y_i) + f(x_{i+1}, y_p)]$$

为了便于编写 M 函数文件，可将上式改写为

$$y_p = y_i + hf(x_i, y_i)$$

$$y_c = y_i + hf(x_{i+1}, y_p)$$

$$y_{i+1} = \frac{1}{2}[y_c + y_p]$$

同样，改进的欧拉方法也需要自己根据上式编写欧拉迭代函数，具体如下。

```
function[xout,yout]=Euler2(fun,x0,xn,y0,n)
%用改进欧拉方法计算常微分方程的初值问题
%xn、yn为x取值区间的最后一个节点的横坐标和纵坐标
%n 为区间的等分数目
if nargin<5
    error;
    return
end
h=(xn-x0)/n;
for i=1:n
    yp=y0+h*feval(fun,x0,y0);
    x0=x0+h;
    yc=y0+h*feval(fun,x0,yp);
    y0=(yp+yc)/2;
end
xout=x0;
yout=y0;
return
```

同样，将上述程序保存在 Euler2.m 文件中，在运用改进的欧拉方法求解常微分方程时直接调用即可。下面以一个实例来说明改进欧拉方法的应用。

【实例 4-35】用改进的欧拉迭代法求解常微分方程 $y' = -2xy$ ，其中， $0 \leqslant x \leqslant 1.2$ ，$y(0)=1$。

思路·点拨

本题需要调用已经编写好的 Euler2.m 文件，在调用之前必须编写相应的关于待求解常微分方程的.m 格式的函数文件。

结果文件——配套资源“Ch4\SL435”文件

解：首先编写相应的原函数文件 f2.m，程序如下。

```
function f=f2(x,y)
f=-2*x*y;                                    %编写相应的原函数文件 f2.m
```

然后，运行下列程序即可求解。

```
[x,y]=Euler2('f2',0,1.2,1,100)     %应用函数 Euler2
```

程序运行结果如下。

```
x =

    1.2000

y =

    0.2370
```

2．龙格—库塔方法

龙格—库塔法可以看作是欧拉法思想的提高，属于精度较高的单步法，其基本思想是：在确定平均斜率时多取几个点的斜率值，然后对它们作线性组合得到平均斜率，从而构造出精度更高的计算方法。龙格—库塔法是求解常微分方程初值问题的最重要方法之一。MATLAB 提供了几个采用龙格—库塔法来求解常微分方程的函数，包括 ode23、ode45、ode113、ode23s、ode15s 等，其中最为常用的函数是 ode23（二三阶龙格—库塔函数）和 ode45（四五阶龙格—库塔函数），两者调用格式相同，其差别在于内部算法不同，因此下面以二三阶龙格—库塔函数（ode23）为例对它们的调用格式进行介绍，具体如下。

[T,Y]=ode('F',tspan,y0)　　表示在初始条件 y_0 下从 t_0 到 t_f 对微分方程 y'=F（t，y）进行积分；其中 F 是函数句柄，可以是一个字符串，表示微分方程的形式，也可以是 f(x，y)的 M 文件；tsanp=[t_0,t_f]表示积分区间，y_0 表示初始条件；函数 F(t，y)必须返回一个列向量，两个输出向量是列向量 T 和矩阵 Y，其中向量 T 包含估计相应的积分点，而矩阵 Y 的行数与向量 T 的长度相等。

[T,Y]=ode('F',tspan,y0,options)　　其中，参数 options 为积分参数，它可以由函数 odeset 来设置；options 参数最常用的是相对误差“RelTol”（默认值是 e^{-3}）和绝对误差“AbsTol”（默认值是 e^{-6}），其他参数同上。

[T,Y]=ode23('F',tspan,y0,options,P1,P2,…)　　参数 P_1，P_2…可直接输入到函数 F 中去。如果参数 options 为空，则输入 options=[ ]；也可以在 ode 文件中指明参数 tspan、y_0 和 options 的值；如果参数 tspan 或 y_0 的值是空，则 ode23 函数通过调用 ode 文件[tspan，y_0，options]=F([ ]，[ ]，‘init’)来获得 ode23 函数没有被提供的自变量值；如果获得的自变量表示空，则函数 ode23 会忽略，此时为 ode23('F')。

[Y,Y,TE,YE,IE]=ode23('F',tspan,y0,options)　　此时要求在参数 options 中的事件属性设

为“on”，ode 文件必须被标记，以便 P(T,Y,‘events’)能返回合适的信息，可参阅函数 odefile。输出参数中的 TE 是一个列向量，矩阵 YE 的行与列向量 TE 中元素相对应，向量 IE 表示解的索引。

【实例 4-36】分别用 ode23 和 ode45 求解常微分方程 $y' = -2y + 2x^2 + 2x$，其中，$0 \leqslant x \leqslant 0.5$，$y(0)=1$，并记录相应的迭代次数。

思路·点拨

本题调用[T,Y]=ode(‘F’,tspan,y_0)格式即可，但是在调用之前必须编写相应的.m 格式的函数文件。

结果文件——配套资源“Ch4\SL436”文件

解：（1）ode23 求解。

首先编写相应的原函数文件 fun3.m，程序如下。

```
function f=fun3(x,y)
f=-2*y+2*x.^2+2*x;                                %编写相应的函数文件 fun3.m
```

然后，运行下列程序即可求解。

```
[x,y]=ode23('fun3',[0 0.5],1);                    %应用函数 ode23
x',y'
length(x),length(y)                               %计算迭代次数
```

程序运行结果如下。

```
ans =

        0    0.0400    0.0900    0.1400    0.1900    0.2400    0.2900    0.3400
0.3900    0.4400    0.4900    0.5000

ans =

    1.0000    0.9247    0.8434    0.7754    0.7199    0.6764    0.6440    0.6222
0.6105    0.6084    0.6154    0.6179

ans =

    12

ans =

    12
```

（2）ode45 求解。

首先编写相应的原函数文件 fun3.m，程序如下。

```
function f=fun3(x,y)
f=-2*y+2*x.^2+2*x;                        %编写相应的函数文件 fun3.m
```

然后，运行下列程序即可求解。

```
[x,y]=ode45('fun3',[0 0.5],1);          %应用函数 ode45
x',y'
length(x),length(y)                     %计算迭代次数
```

程序运行结果如下。

```
ans =

  1 至 13 列

         0    0.0125    0.0250    0.0375    0.0500    0.0625    0.0750    0.0875
0.1000    0.1125    0.1250    0.1375    0.1500

  14 至 26 列

    0.1625    0.1750    0.1875    0.2000    0.2125    0.2250    0.2375    0.2500
0.2625    0.2750    0.2875    0.3000    0.3125

  27 至 39 列

    0.3250    0.3375    0.3500    0.3625    0.3750    0.3875    0.4000    0.4125
0.4250    0.4375    0.4500    0.4625    0.4750

  40 至 41 列

    0.4875    0.5000

ans =

  1 至 13 列

    1.0000    0.9755    0.9519    0.9291    0.9073    0.8864    0.8663    0.8471
0.8287    0.8112    0.7944    0.7785    0.7633
```

```
  14 至 26 列

    0.7489    0.7353    0.7224    0.7103    0.6989    0.6883    0.6783    0.6690
0.6605    0.6526    0.6454    0.6388    0.6329

  27 至 39 列

    0.6277    0.6231    0.6191    0.6157    0.6130    0.6109    0.6093    0.6084
0.6080    0.6083    0.6091    0.6104    0.6124

  40 至 41 列

    0.6148    0.6179

ans =

    41

ans =

    41
```

第5章　MATLAB 绘图处理

图形可以直观地显示数据，使用户直接地了解数据的趋势。MATLAB 的另外一个强大功能就是它的图形处理和编辑功能，能够将数据经过处理、运算和分析后的结果通过图形的形式表示出来。在工程实际上，常常会有很多的实验数据，而且是杂乱无章的，不知道数据之间存在着怎么样的关系，那么通过绘制数据的图形，有时候就可以发现其内在的关系。因此，图形也是工程和科研中经常用到的。MATLAB 提供了强大的图形处理函数，曲线、曲面，甚至是高维的图形都可以直接调用 MATLAB 所提供的函数进行绘制，这些命令属于上层命令，格式简单，但功能却非常强大，使用也非常方便。

本章内容

- 二维图形的绘制。
- 三维图形的绘制。
- MATLAB 图形窗简介。

5.1　概述

5.1.1　离散数据图形的绘制

工程实际中，通常所采集的数据都是离散的。例如，为了测量一辆匀加速行驶的汽车速度，通常会间隔一段时间对汽车的速度进行采集，这个间隔时间称为采样时间，然后采集所有的数据，在坐标纸中绘制出汽车的速度与时间的关系曲线。这就是一个典型的离散数据。如果延续我们在中学时代所学的，自己购买坐标纸，在坐标纸上绘制坐标轴及坐标间隔，然后在坐标纸上通过描点，发现数据之间的关系，这样的方法存在的误差极大，而且需要很多时间。如果使用 MATLAB 软件，我们只需一条语句就可以准确地绘制出该曲线。

MATLAB 绘制离散数据图形的步骤主要为：根据离散数据选择一组变量组成向量 $x=[x_1 \quad x_2 \quad \cdots \quad x_n]$，再选择与 x 相同维数，并且与向量 x 中每个数对应的数据为另外一组向量 $y=[y_1 \quad y_2 \quad \cdots \quad y_n]$，那么，就可以绘制关于 x 和 y 的函数曲线。

【实例 5-1】对一辆汽车进行测速，在 t=0 时，测得汽车的速度为 0。以时间间隔为 2s，对汽车进行一次测速，总共测得 8 组数据，所测得的速度分别为 15.4、30.2、44.8、60.4、74.9、90.1、105.6、120.2（单位为 km/h），试绘制该离散数据的图形曲线。

思路·点拨

本题的时间间隔为 2，即时间向量为 t=[0,2,4,6,8,10,12,14,16]，我们可以采用数组的调用格式，即 t=0:2:16。速度向量 v=[0,15.4,30.2,44.8,60.4,74.9,90.1,105.6,120.2]。

结果文件——配套资源“Ch5\SL501”文件

解： 程序如下。

```
t=0:2:16;
v=[0,15.4,30.2,44.8,60.4,74.9,90.1,105.6,120.2];
plot(t,v,'*');
grid;
xlabel('t');
ylabel('y');
```

程序运行结果如图 5-1 所示。

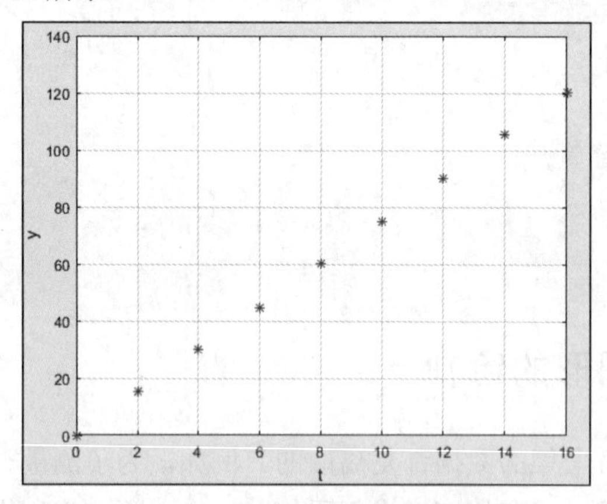

图 5-1　速度与时间的曲线图

5.1.2　连续函数曲线的绘制

上一小节已经讲解了离散数据图形的绘制，本小节讲述连续函数曲线的绘制。例如，绘制 y=sin$x$ 在[−π, π]之间的函数曲线。在计算机中，连续函数是不能被表示的，只能采用离散的数据表示。也就是说，无法在计算机中直接表示函数 y=sin$x$。因此，若要绘制连续函数的曲线，一般有以下两个步骤。

（1）将函数变量离散化。例如，在绘制 y=sin$x$ 曲线中，需要将自变量 x 的区间进行离散化，也就是将[−π, π]之间的数据进行离散化；离散的间隔要足够小，才能在图形中显示出连续的图形。

（2）绘制函数 y=sin$x$ 的曲线。

因此，连续函数曲线的绘制，最主要的环节是数据的离散化。下面具体讲解如何绘制函

数 y=sin$x$ 的曲线。

【实例 5-2】利用 MATLAB 绘制正弦函数 y=sin$x$ 在区间[−π, π]的图像。

思路·点拨

连续函数图像的绘制，最主要的环节是变量的离散化。因此，本题的主要步骤是对自变量 x 进行离散化。本题采用离散间隔为 0.01。

结果文件——配套资源“Ch5\SL502”文件

解：程序如下。

```
x=-pi:0.01:pi;
y=sin(x);
plot(x,y,'r');
grid;
ylabel('y=sin(x)');
```

程序的运行结果如图 5-2 所示。

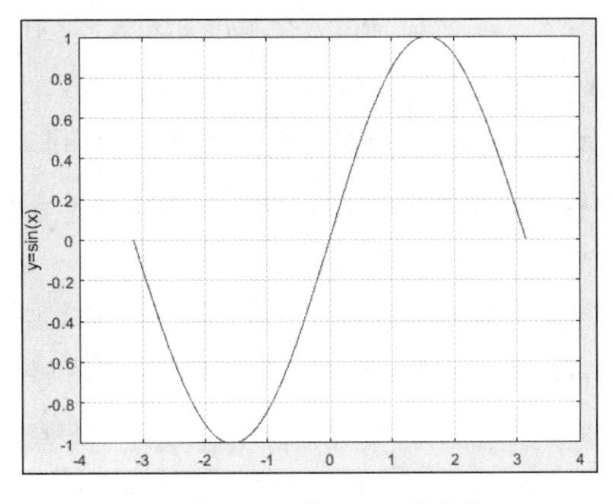

图 5-2 函数 y=sin$x$ 的曲线

5.2 二维图形

二维图形的绘制在 MATLAB 的分析计算中是非常重要而且非常常见的。相比于三维图形或高维图形的绘制，二维图形的绘制是最容易而且是最基础的内容，掌握了二维图形的基本绘制方法，那么三维及高维图形的绘制则会显得比较容易。本节详细讲解二维图形的绘制方法。

5.2.1 基本绘图函数

MATLAB 给用户提供了多种二维绘图指令，以适应各种用途的绘图，例如，有绘制直方图的指令函数 bar、绘制频数直方图的指令 hist、绘制频数扇形图的指令 rose，等等。具体函数的名称及其基本用途如表 5-1 所示。

表 5-1 二维图形基本绘制指令

函数名称	用途	函数名称	用途
area	绘制区域图	plot	绘制基本二维曲线
bar	绘制直方图	polar	绘制极坐标曲线
compass	绘制射线图	quiver	绘制二维箭头图
feather	绘制羽毛图	rose	绘制频数扇形图
hist	绘制频数直方图	stairs	绘制阶梯图
pie	绘制二维饼图	stem	绘制二维杆图

在所有的二维绘图函数中，plot 函数是最基本也是使用最频繁的函数。读者可以通过学习 plot 函数的使用，熟悉二维绘图函数的基本使用方法，进而学习其他的二维绘图基本指令。因此，这里主要讲解 plot 函数的调用。

一、plot 函数的调用格式

```
plot(Y);                    当 Y 为实数时，以 Y 值和其所对应的下标绘制二维图形；当 Y 为复数时，该函数等价于 plot(real(Y)，imag(Y))。
plot(X1,Y1,...,Xn,Yn);      在同一坐标系中绘制向量 x 和向量 y 所代表的二维曲线。
plot(X1,Y1,LineSpec,...,Xn,Yn,LineSpec);      绘制由 x 和 y 代表的曲线，linespec 为所绘曲线线型、符号和颜色等内容。
plot(...,'PropertyName',PropertyValue,...);      通过 propertyname 设置曲线的类型。
plot(axes_handle,...);      使用坐标轴函数句柄代替当前图形绘制图像。
h = plot(...);              返回曲线类型的句柄向量，一条直线一个句柄。
```

【实例 5-3】绘制函数 $y=\tan(\sin x)-\sin(\tan x)$ 在区间 $[-\pi, \pi]$ 的函数图像。

思路·点拨

由之前的叙述可知，该函数为连续函数，在绘制函数图像之前，必须先对数据进行离散化处理。本题采用 plot 函数的基本调用格式：plot(x,y)。

结果文件——配套资源“Ch5\SL503”文件

解：程序如下。

```
x=-pi:0.01:pi;
y=tan(sin(x))-sin(tan(x));
plot(x,y);
grid;
```

```
xlabel('x');
ylabel('y');
```

程序的运行结果如图 5-3 所示。

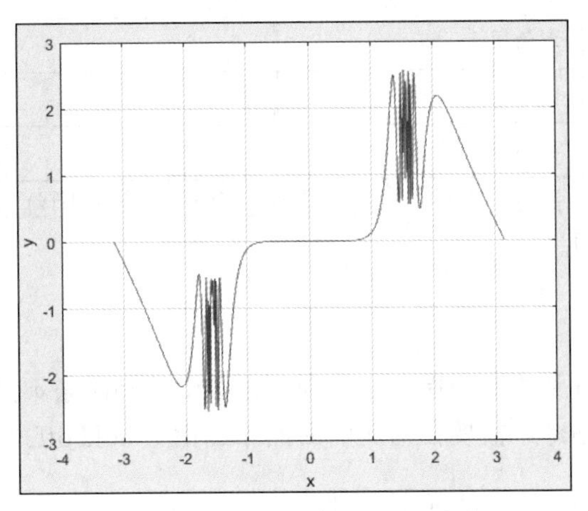

图 5-3　函数 y=tan(sin$x$)−sin(tan$x$)的图像

二、曲线线型、符号、颜色设置

在 plot 函数的调用格式中，可以对曲线的线型、颜色、标记等进行设置，从而能够更好地显示所绘制的曲线。例如，可以使用 plot 函数绘制实线或虚线；在同一张图中绘制不同的曲线时，可以设置曲线显示不同的颜色加以区分等。

（1）曲线线型。

在 MATLAB 二维图形的绘制函数中，允许设置的曲线线型如表 5-2 所示。

表 5-2　曲线线型

线型表示方法	曲线线型	线型表示方法	曲线线型
-	细实线	:	点画线
-.	虚点线	--	虚画线

（2）曲线颜色设置。

在 MATLAB 中，允许设置的曲线颜色如表 5-3 所示。

表 5-3　曲线颜色

符号	b	g	r	c	m	y	k	w
颜色	蓝	绿	红	青	品红	黄	黑	白

（3）曲线符号。

在绘图过程中，如果要给出某个点，可以使用特殊标记符号进行标记；同样，也可以用这些特殊标记符号来绘制曲线。常用的曲线符号如表 5-4 所示。

表 5-4　　　　常用曲线符号

符号	含义	符号	含义
d	菱形	o	空心符号
h	六角星	p	五角星
s	正方形	x	x 字符
.	实心点	*	星号字符

【实例 5-4】在同一张图中绘制正弦函数和余弦函数，并用红色和绿色分别表示正弦和余弦。绘图区间为[−π, π]。

思路·点拨

本题需要用到未讲解到的绘图指令。在同一张图中绘制两条不同的曲线，需要使用指令 hold on；如不再使用该指令，需要在语句的后面添加指令 hold off。

结果文件——配套资源“Ch5\SL504”文件

解：程序如下。

```
x=-pi:0.01:pi;
y1=sin(x);
y2=cos(x);
plot(x,y1,'r');
hold on;
plot(x,y2,'g');
hold off;
grid;
legend('y=sin(x)','y=cos(x)');
```

程序的运行结果如图 5-4 所示。

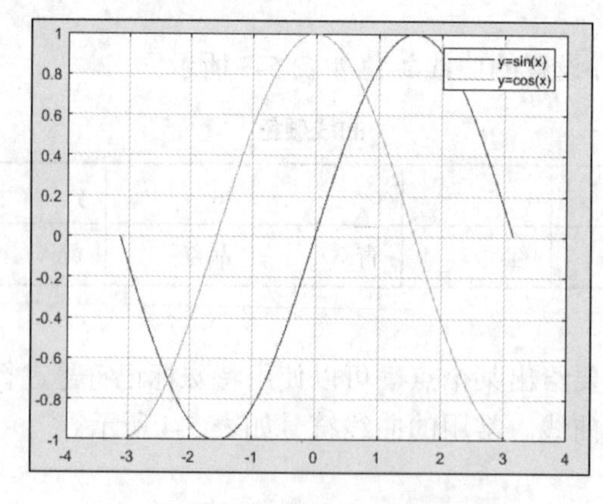

图 5-4　正弦和余弦函数

再例如，我们使用“×”和“*”分别代替直线，绘制正弦和余弦函数的图像，程序如下。

```
x=-pi:0.1:pi;
y1=sin(x);
y2=cos(x);
plot(x,y1,'x');
hold on;
plot(x,y2,'*');
hold off;
grid;
legend('y=sin(x)','y=cos(x)');
```

绘制出来的图像如图 5-5 所示。

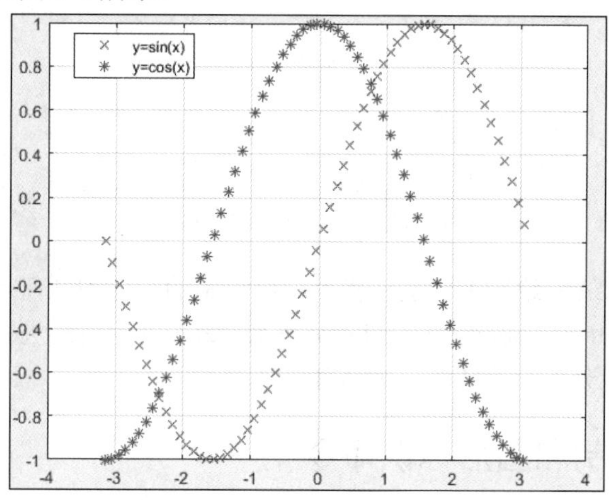

图 5-5 使用符号标记的正弦和余弦函数图像

【实例 5-5】曲线线宽的设置：绘制实例 5-4 所示的正弦和余弦曲线，曲线的线宽分别为 1 和 2。

思路·点拨

在 MATLAB 中，线宽的设置需要调用 plot(...,'PropertyName',PropertyValue,...)。

线宽的属性名为 LineWidth，默认值为 0.5。

结果文件——配套资源“Ch5\SL505”文件

解：程序如下。

```
x=-pi:0.01:pi;
y1=sin(x);
y2=cos(x);
```

```
plot(x,y1,'LineWidth',1.0);
hold on;
plot(x,y2,'LineWidth',2.0);
hold off;
grid;
legend('y=sin(x)','y=cos(x)');
```

程序的运行结果如图 5-6 所示。

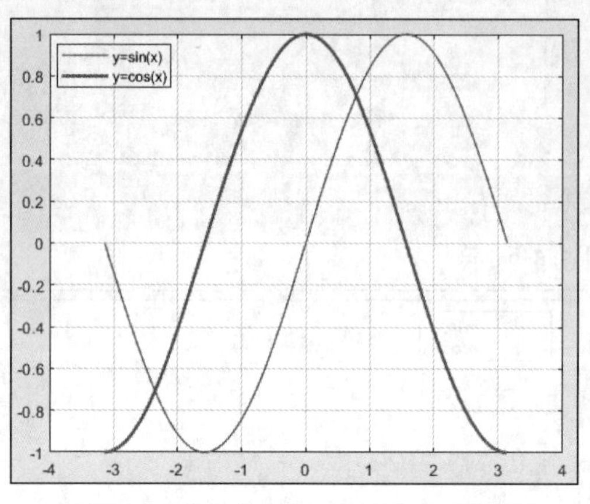

图 5-6　设置线宽的正弦和余弦函数图像

plot 函数是 MATLAB 绘图的最基本指令，所绘制的图形的几何形状及颜色属性等设置内容，都可以通过 plot(...,'PropertyName',PropertyValue,...)调用格式进行设置。通过曲线的属性设置，可以更好地区分不同的曲线，更具有个性。

5.2.2　坐标轴控制和图形标识命令

一、坐标轴控制

在之前所讲的绘图指令中，坐标轴的范围都是采用软件默认的形式。对图 5-6 所示的图形来说，x 轴的范围为[−4,4]，y 轴的范围为[−1,1]。我们并未对该图的坐标轴进行控制，程序就会自动根据所绘制的内容给出坐标轴的范围，有时候会因坐标轴的取值过大或过小而影响图形的显示，那么就有必要对坐标轴进行范围控制。

在 MATLAB 中，坐标轴控制命令为 axis。该命令使用比较简单，可用于控制坐标值的可视、取向、取值范围及轴的高宽比等内容。其主要调用格式如下。

```
axis auto;                                  使用默认的坐标轴设置。
axis on;                                    使用轴背景。
axis off;                                   取消轴背景。
axis([xmin xmax ymin ymax]);                在平面直角坐标系下，设定坐标轴的取值范围。
axis([xmin xmax ymin ymax zmin zmax]);      在空间直角坐标系下，设定坐标轴的取值范围。
```

```
axis equal;                       横纵坐标采用等刻度。
axis square;                      产生正方形坐标系。
axis tight;                       根据数据范围直接设为坐标轴的取值范围。
```

【实例 5-6】绘制 0～π/2 之间，函数 $y=\tan x$ 的图形，并分别绘制有无坐标轴控制的图形，加以比较。

思路·点拨

函数 $y=\tan x$ 在趋近 π/2 时，函数值为无穷大，如果不采用坐标轴控制 y 轴的取值范围，y 轴数值将会特别大。坐标轴控制命令为 axis，本例采用的调用格式为

```
axis([xmin xmax ymin ymax]);
```

结果文件——配套资源“Ch5\SL506”文件

解：（1）未使用坐标轴控制。

程序如下。

```
x=0:0.01:pi/2;
plot(x,tan(x),'-ro');
```

程序的运行结果如图 5-7 所示。

（2）使用坐标轴控制。

程序如下。

```
x=0:0.01:pi/2;
plot(x,tan(x),'-ro');
axis([0 pi/2 0 5]);
```

程序的运行结果如图 5-8 所示。

从两张图比较可以看出，如果不使用坐标轴控制命令，那么我们将无法观察到函数在微小区间的变化趋势。图 5-7 中，在 x 轴坐标小于 1.4 的范围内，函数值看起来都趋近于零，实际上并不是，因此，坐标轴控制在这个时候就显得非常有必要。

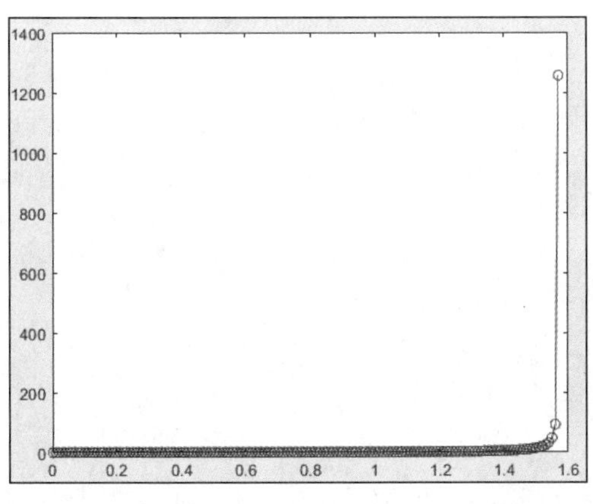

图 5-7　未使用坐标轴控制的正切函数

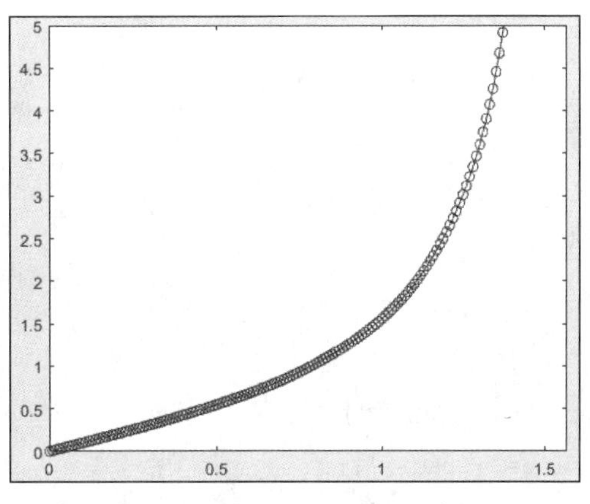

图 5-8　使用坐标轴控制的正切函数

二、图形标识命令

图形标识命令的使用是为了使图形更加明确，例如，坐标轴代表的实际意义、图形名称、图形的注释及图例等内容。这些图形标识的使用，使图形更加明了，也更具人性化，能够使用户可以一眼看出图形所代表的物理意义。

MATLAB 提供的图形标识命令有 title、label、text、legend，分别代表的是图形名称、坐标轴名称、图形注释内容和图例。这些函数的主要调用格式如下。

```
title('s');                                  图形名称。
xlabel('s');                                 x 轴名称。
ylabel('s');                                 y 轴名称。
legend('S1','S2',…,'Location','Value');      图形图例。其中 Location 设置图形图例在图形窗中的位置。
text(x,y,'s');                               图形注释，在坐标点（x，y）处进行注释。
```

【实例 5-7】绘制正弦函数与余弦函数在区间 0~π 的函数图像。并使用图形标识命令表示，具体如下。

- 图形名称：三角函数。
- x 轴名称：rad/s。
- y 轴名称：y。
- 图形图例：位置为 NorthEast。
- 图形注释：注释内容——在(π/6,1/2)处注释 y=sin$x$，(π/2,0)处注释 y=cos$x$。

思路·点拨

本实例要用到函数 hold on，以及上面所讲的图形标识命令。通过本实例，读者可以全面地了解图形标识命令的具体使用方法。

结果文件——配套资源“Ch5\SL507”文件

解：程序如下。

```
x=-pi:0.1:pi;
y1=sin(x);
y2=cos(x);
plot(x,y1,'r');
hold on;
plot(x,y2,'b');
hold off;
title('三角函数');
xlabel('rad/s');
ylabel('y');
```

```
text(pi/6,1/2,'y=sin(x)');
text(pi/2,0,'y=cos(x)');
legend('y=sin(x)','y=cos(x)','Location','NorthEast');
```

程序的运行结果如图 5-9 所示。

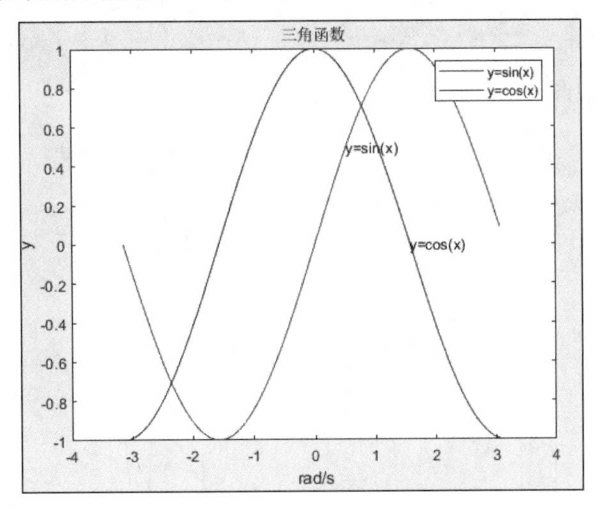

图 5-9 加有图形标识的正弦和余弦函数图像

三、分格线和坐标框命令

在 MATLAB 默认的绘图命令中，并不会出现分格线，如图 5-9 所示。如果要绘制分格线，可采用命令 grid，并且在默认的情况下，所绘制的坐标呈现封闭形式。

在 MATLAB 中，还可以通过 box 命令设置坐标框。gird 和 box 的主要调用格式如下。

```
grid;          绘制分格线。如果图形有分格线，使用该命令则关闭分格线；若图形没有分格线，使用该命令则绘制分格线。
grid on;       绘制分格线。
grid off;      关闭分格线。
box;           绘制坐标框。若之前有坐标框，使用 box 命令则关闭坐标框；反之，则开启坐标框。
box on;        使当前坐标呈现封闭形式。
box off;       使当前坐标呈现开启形式。
```

【实例 5-8】 绘制函数 $y=\sin x\cos(6x)$的图像，区间为$[0,2\pi]$，并使用分格线和坐标框命令。

思路·点拨

分格线采用命令 grid 即可，坐标框采用命令 box 即可。

结果文件——配套资源“Ch5\SL508”文件

解： 程序如下。

```
x=0:pi/100:2*pi;
y=sin(x).*cos(6*x);
plot(x,y,'r');
grid;
box;
```

程序的运行结果如图 5-10 所示。

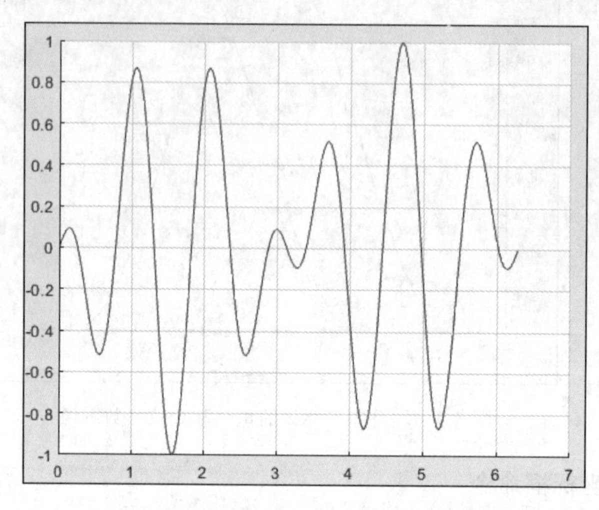

图 5-10　函数 y=sin$x$cos(6x)的图像

此处 box 命令的使用，是关闭了坐标框显示。读者可以自己在软件中运行，并且比较有无 box 命令时，坐标框的显示状况。

5.2.3　多重曲线绘图

一、多次叠图 hold 命令

前面的具体例题中，我们已经用到了 hold 命令，现在详细讲解 hold 命令的使用方法。hold 命令的主要目的是在同一张图中绘制不同的曲线。在同一张图中绘制不同的曲线，如果不使用 hold 命令，那么图形将会被刷新，而不会出现不同的曲线。hold 命令的调用格式如下。

```
hold on;        使当前轴及图形保持，从而可以绘制多条曲线。
hold off;       关闭当前轴和图形保持状态，不再具备绘制多条曲线的功能。
hold;           如果之前命令中含有图形保持功能，那么使用 hold 命令将使该功能关闭；反
之，则得到相反的结果。
```

【实例 5-9】利用 hold 命令同时绘制 y=sin(2x)+1 和 y=cos$x$ 在区间[−π/2, π/2]的函数图像。

思路·点拨

在 MATLAB 中，默认的情况是图形不具有保持功能。因此，若要使图形具有保持功能，使用命令 hold 即可。

结果文件——配套资源“Ch5\SL509”文件

解：程序如下。

```
x=-pi/2:0.1:pi/2;
y1=sin(2*x)+1;
y2=cos(x);
plot(x,y1,'b');
grid;
hold;          %图形保持
plot(x,y2,'r');
legend('y=sin(2x)+1','y=cos(x)');
```

程序的运行结果如图 5-11 所示。

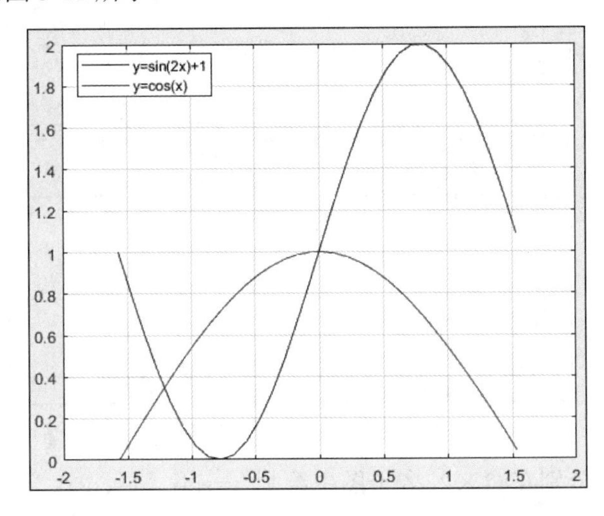

图 5-11　y=sin(2x)+1 和 y=cos$x$ 的函数图像

二、多子图 subplot 命令

使用多子图 subplot 命令，用户可以将一张图纸分为多张小图，从而可以在各个小图中绘制不同的函数图像。subplot 命令的调用格式如下。

```
subplot(m,n,k);          将图纸划分为 m×n 张小图，k 为整数，表示当前图编号，其编号顺序为左上方为第 1 幅，向右向下依次类推。
```

【实例 5-10】在同一张图中使用 subplot 命令绘制不同的曲线。

思路·点拨

subplot(*m*,*n*,*k*)指的是将图划分为 $m \times n$ 个小子图，*k* 代表子图的编号，并在当前子图中绘制图形。

结果文件——配套资源“Ch5\SL510”文件

解：程序如下。

```
income = [3.2,4.1,5.0,5.6];
outgo = [2.5,4.0,3.35,4.9];
subplot(2,1,1); plot(income)
title('Income')
subplot(2,1,2); plot(outgo)
title('Outgo')
```

程序的运行结果如图 5-12 所示。

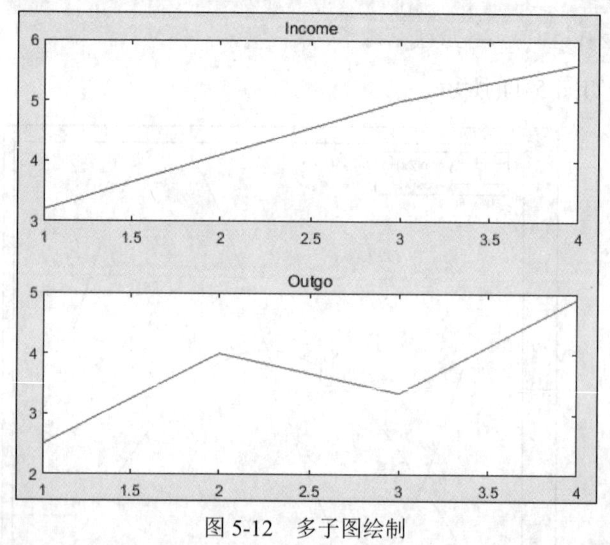

图 5-12　多子图绘制

【实例 5-11】分别在 2×2 多子图中绘制 *y*=sin*x*、*y*=cos*x*、*y*=tan*x* 及 *y*=cot*x* 在区间[0,2π]的函数图像。

思路·点拨

2×2 多子图的命令格式为 subplot(2,2,*k*)。其中，*k* 的取值范围为 1～4。

结果文件——配套资源“Ch5\SL511”文件

解：程序如下。

```
x=0:pi/100:2*pi;
y1=sin(x);
```

```
y2=cos(x);
y3=tan(x);
y4=cot(x);
subplot(2,2,1);
plot(x,y1,'r');
grid;
subplot(2,2, 2);
plot(x,y2,'k');grid;
subplot(2,2,3);
plot(x,y3,'y');grid;
subplot(2,2,4');
plot(x,y4,'m');grid;
```

程序的运行结果如图 5-13 所示。

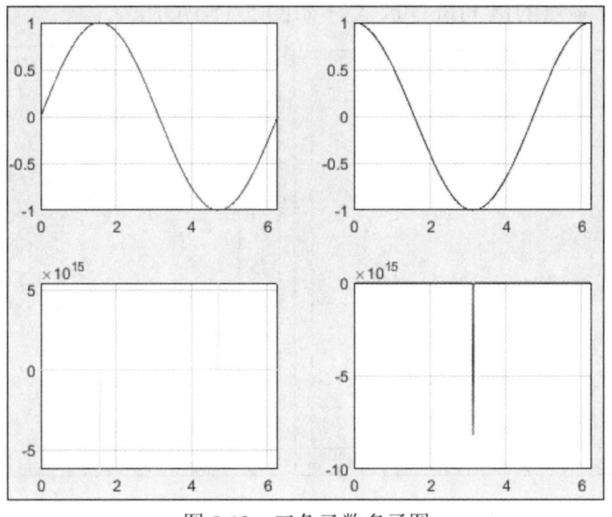

图 5-13 三角函数多子图

5.2.4 ginput 指令简介

在 MATLAB 中，指令 ginput 的作用是在图形中获取数据，该指令只用于二维图形。通常在使用该命令时，需要对图形进行放大，有利于坐标点的选取。其主要调用格式如下。

```
[x,y] = ginput(n);                用鼠标从图形中获取 n 个数据点的坐标（x，y）。
[x,y] = ginput;                   获取数据点的坐标，直至按下返回键，结束获取。
[x,y,button] = ginput(...);       返回数据点的 x 和 y 坐标，button 返回一个向量，记录按
下鼠标的键，1 代表左键，2 代表中键，3 代表右键。
```

【实例 5-12】采用 ginput 指令求函数 $y = x^2 - x - 2$ 的零点（x>0）。

思路·点拨

采用 ginput 指令求函数的零点，首先要正确绘制函数 $y=x^2-x-2$ 的图像，然后使用 [x,y]=ginput(n)指令寻找函数与 x 轴的交点坐标。

结果文件——配套资源“Ch5\SL512”文件

解：（1）绘制函数图像。

程序如下。

```
x=-2:0.1:3;

y=x.*x-x-2;

plot(x,y,'r');

grid;

title('y=x^2-x-2');
```

函数图像如图 5-14 所示。

（2）对所要寻找零点的区间进行放大，如图 5-15 所示。

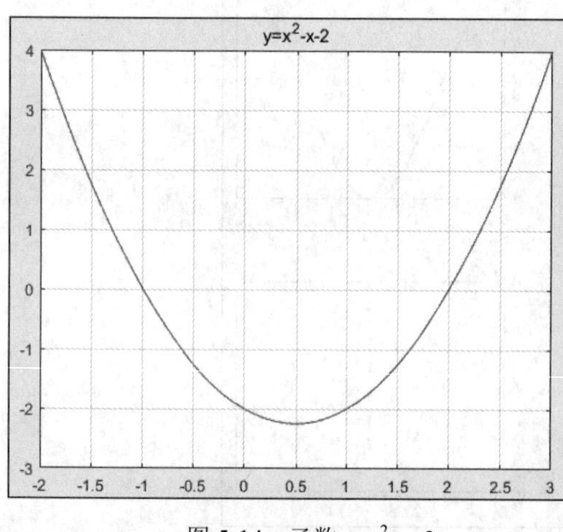

图 5-14　函数 $y=x^2-x-2$

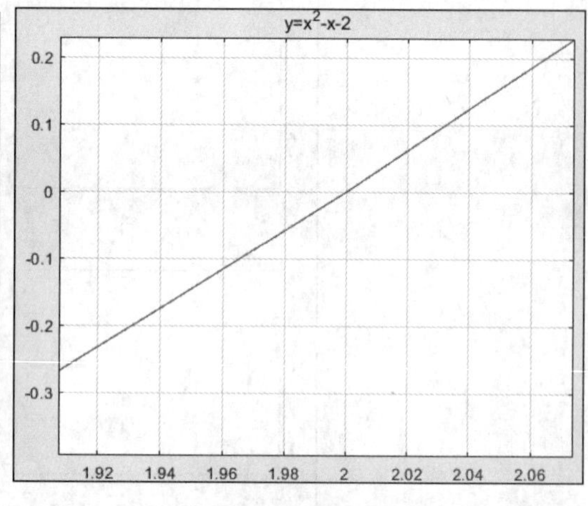

图 5-15　局部放大图像

（3）运行指令[x,y]=ginput(1)。

```
[x,y]=ginput(1)
```

程序的运行结果如下。

```
x =

    2.0611

y =
```

```
0.2143
```

从结果可以看出，该方法所求解的答案与笔算的结果存在着误差，这相对于简单的方程组来讲并不是最好的解法。但是对于高阶方程组则显得非常有必要，因为高阶方程组是难以用笔算计算求解的。因此，对于高阶难以用人工进行计算的方程，也可以使用该方法进行求解。

5.3　三维曲线和曲面

上一节我们讲解了二维绘图命令，二维绘图命令是 MATLAB 绘图的基础。本节主要讲解三维绘图命令，其中绝大部分的调用格式和二维绘图命令的格式相同。在 MATLAB 中，常用的三维绘图为三维曲线图、三维网格图和三维曲面图，与其相对应的函数命令分别为 plot3、mesh 和 surf。

5.3.1　三维绘图指令 plot3

plot3 函数是最基本的三维绘图指令，其调用方法和二维绘图指令 plot 的基本一样。唯一不同的是 plot3 绘制的是三维图形，且调用格式中必须提供 3 个数据参数。plot3 的基本调用格式如下。

```
plot3(X1,Y1,Z1,…);                  X1、Y1、Z1 为向量或矩阵，绘制一条或更多的三维曲线。
plot3(X1,Y1,Z1,LineSpec, …);  X1、Y1、Z1 为向量或矩阵，LineSpec 定义曲线线型、颜色等参数。
plot3(…,'PropertyName',PropertyValue,…);        设置三维曲线的曲线参数。
```

【实例 5-13】绘制螺旋线 $x=\sin t$，$y=\cos t$，$z=t$，区间为[0,10π]。

思路·点拨

绘制三维曲线采用 plot3 函数，其调用格式为 plot3(X_1,Y_1,Z_1)，其中 X_1、Y_1、Z_1 的向量长度必须相同。

结果文件——配套资源“Ch5\SL513”文件

解：程序如下。

```
t = 0:pi/50:10*pi;
plot3(sin(t),cos(t),t)
xlabel('sin(t)')
ylabel('cos(t)')
zlabel('t')
grid on
axis square
```

程序的运行结果如图 5-16 所示。

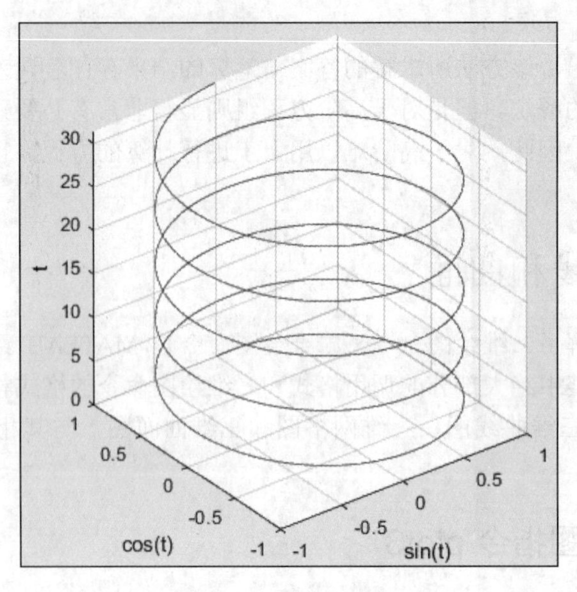

图 5-16 螺旋线

【实例 5-14】绘制函数 $\begin{cases} x = \sin t \\ y = \sin(2t), t \in [0, 2\pi] \\ z = 2\cos t \end{cases}$ 的函数图像。

思路·点拨

利用 plot3 函数的调用格式，设置曲线的线型、图例等参数。

结果文件——配套资源“Ch5\SL514”文件

解：程序如下。

```
t=0:pi/100:2*pi;
x=sin(t);
y=sin(2*t);
z=2*cos(t);
plot3(x,y,z,'b-',x,y,z,'rd');
xlabel('x');ylabel('y'),zlabel('z');
grid;
```

程序的运行结果如图 5-17 所示。

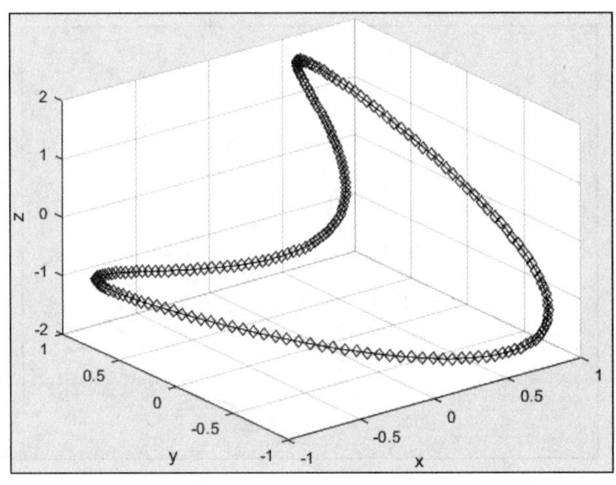

图 5-17　函数 x=sin$t$，y=sin(2t)，z=2cos$t$ 的图像

5.3.2　三维网格指令 mesh

三维网格指令 mesh 用于绘制函数的三维网格曲线，其中 MATLAB 利用 x-y 平面的 z 坐标来定义网格面，通过将相邻的点用直线连接构成一个网格图，网格节点即为 z 的数据点。在 MATLAB 中，指令 mesh 的调用格式如下。

mesh(X,Y,Z);　　绘制三维网格曲线，颜色取决于高度的变化。若 X 和 Y 为向量，其长度分别为 n 和 m，那么有 size(Z)=[m, n]。

mesh(Z);　　绘制三维网格曲线，其中 X=1:n，Y=1:m，则有 size(Z)=[m, n]。

mesh(…,C);　　C 用于定义网格线的颜色。若 X、Y、Z 为矩阵，大小必须和 C 一样。

mesh(…,'PropertyName',PropertyValue,…);　　设置三维曲面的性质。

【实例 5-15】绘制函数 $Z=\dfrac{\sin R}{R}$ 的三维网格曲线。

思路·点拨

绘制三维网格曲线的指令为 mesh，其调用格式为 mesh(X,Y,Z)，其中 $\boldsymbol{X}$ 和 $\boldsymbol{Y}$ 为向量或矩阵，$\boldsymbol{Z}$ 的大小为 size(Z)=[m,n]。

结果文件——配套资源“Ch5\SL515”文件

解：程序如下。

```
[X,Y] = meshgrid(-8:.5:8);
R = sqrt(X.^2 + Y.^2) + eps;
Z = sin(R)./R;
mesh(Z);
```

程序的运行结果如图 5-18 所示。

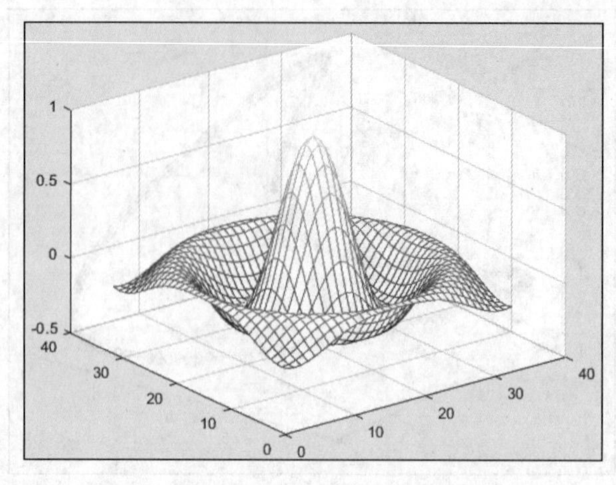

图 5-18　函数 $Z=\sin R/R$ 的三维网格曲线

【实例 5-16】绘制函数 $z=x^2+y^2$ 的三维网格曲线。

思路·点拨

绘制三维网格曲线的指令为 mesh，其调用格式为 mesh(*X*,*Y*,*Z*)，其中 ***X*** 和 ***Y*** 为向量或矩阵，***Z*** 的大小为 size(*Z*)=[*m*,*n*]。

结果文件——配套资源“Ch5\SL516”文件

解：程序如下。

```
[X,Y] = meshgrid(-8:.5:8);
Z=X.^2+Y.^2;
mesh(Z)
```

程序的运行结果如图 5-19 所示。

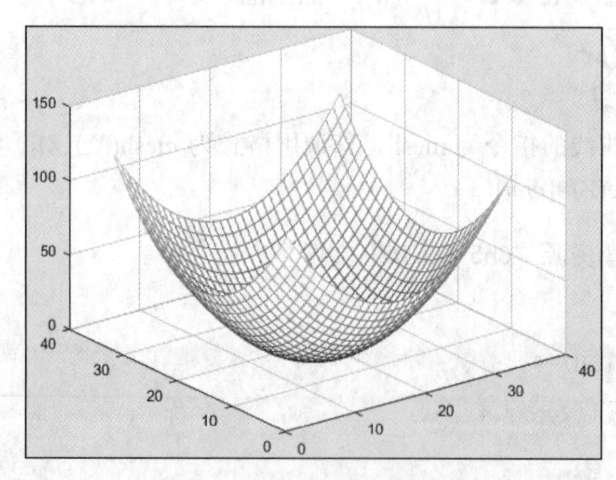

图 5-19　函数 $z=x^2+y^2$ 的三维网格曲线

5.3.3　三维曲面指令 surf

在 MATLAB 中，绘制三维曲面的指令为 surf，其调用格式和三维网格指令 mesh 类似，具体如下。

surf(Z);　　　　绘制三维曲面，其中 x=1:n，y=1:m，则 size(Z)=[m，n]。

surf(Z,C);　　　绘制三维曲面，其中 x=1:n，y=1:m，则 size(Z)=[m，n]，C 为定义曲面颜色的矩阵，大小和 Z 一样。

surf(X,Y,Z);　　利用 Z 定义曲面的颜色和高度，X 和 Y 为向量或矩阵。如果向量 X 的长度为 n，向量 Y 的长度为 m，那么 Z 的大小为[m，n]。

surf(X,Y,Z,C);　利用 Z 定义曲面的颜色和高度，X 和 Y 为向量或矩阵。如果向量 X 的长度为 n，向量 Y 的长度为 m，那么 Z 的大小为[m，n]。C 为定义颜色的矩阵，大小和 Z 相同。

surf(...,'PropertyName',PropertyValue);　　设置曲面的参数。

【实例 5-17】绘制函数 $z=x^2+y^2$ 的三维曲面。

思路·点拨

绘制三维曲面采用指令 surf，调用格式为 surf(*X*,*Y*,*Z*)或直接采用 surf(*Z*)。注意不同调用格式向量长度及其内涵。

结果文件——配套资源“Ch5\SL517”文件

解：程序如下。

```
[X,Y] = meshgrid(-8:.5:8);
Z=X.^2+Y.^2;
surf(Z)
```

程序的运行结果如图 5-20 所示。

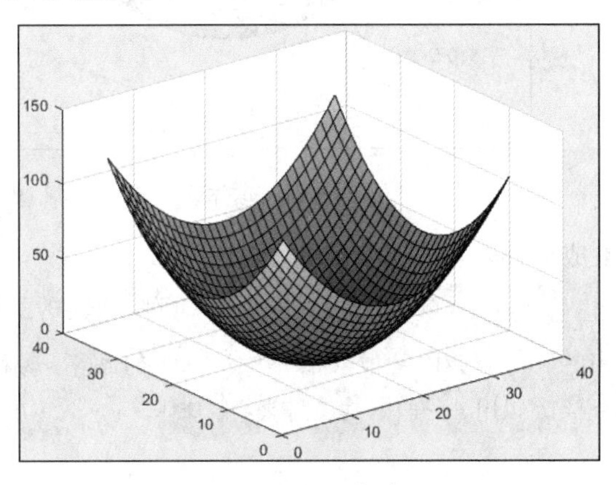

图 5-20　曲面 $z=x^2+y^2$

【实例 5-18】绘制球的三维曲面。

思路·点拨

绘制球体仍然使用函数 surf，其调用格式和上一实例一样，这里采用函数 sphere 来生成 *X*、*Y*、*Z* 向量。

结果文件——配套资源“Ch5\SL518”文件

解：程序如下。

```
k = 5;
n = 2^k-1;
[x,y,z] = sphere(n);
c = hadamard(2^k);
surf(x,y,z,c);
colormap([1  1  0; 0  1  1])
axis equal
```

程序的运行结果如图 5-21 所示。

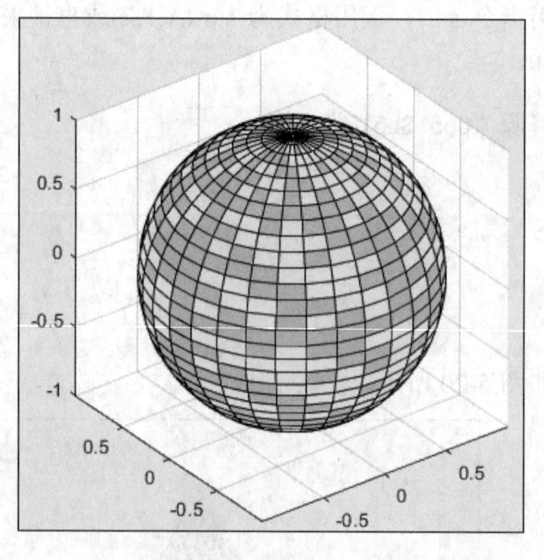

图 5-21　球体

函数 sphere 用来生成球体，其主要调用格式如下。

```
sphere(n);                    生成直角坐标系下的单位球体，球体的面数为 n×n。
[X,Y,Z]=sphere(…);            返回直角坐标系下 X、Y、Z 的数据，该命令不绘制球体，其中 X、Y、Z
的阶数为(n+1)(n+1)。该语句可以用 surf(X、Y、Z)来绘制球体。
```

例如，语句 sphere(20)的执行结果如图 5-22 所示。

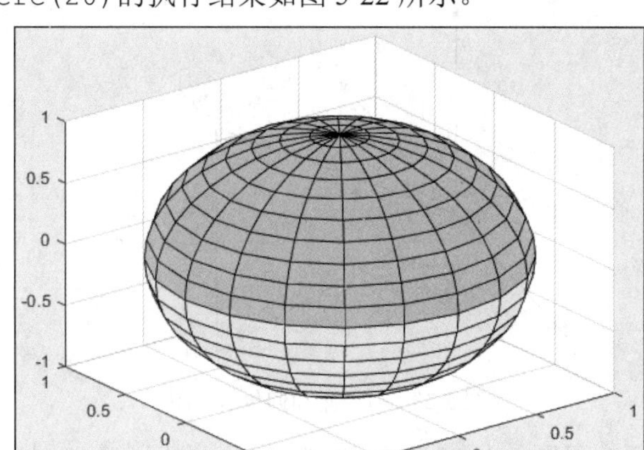

图 5-22 sphere(20)绘制的球体

5.3.4 图形视角及透视控制

由立体几何知识可以知道，三维图形从不同的侧面观察，都会得到不同的结果。特别是在机械制图专业中，正视图、左视图及俯视图等，观察到的内容将大不相同。因此，MATLAB 提供了对图形进行视角控制和透视的命令。

一、视角控制

在 MATLAB 中，提供的视角控制命令主要有 view、viewmtx 和 rotate3d。下面分别介绍这 3 个命令的具体调用格式。

1．view 命令

调用格式如下。

```
view(az,el);          设置三维图形的视角角度，其中 az 为方位角，el 为仰角。
view([az,el]);        该指令的含义与 view(az，el)相同。
view([x,y,z]);        该函数的定义是沿着直角坐标系下的[x、y、z]方向观察图形。
view(2);              设置默认的二维视角 az=0，el=90。
view(3);              设置默认的三维视角 az=-37.5，el=30。
view(ax,...);         利用坐标轴 ax 代替当前坐标轴。
[az,el] = view;       该函数返回当前的方位角和仰角。
```

其中，方位角和仰角的定义如图 5-23 所示。

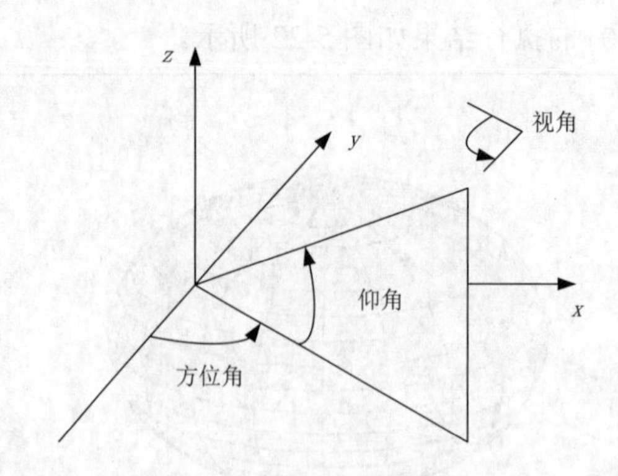

图 5-23　方位角和仰角示意图

【实例 5-19】使用多子图 subplot 函数绘制 $y=\sin x$ 在区间$[-\pi,\pi]$的图像，并分别从不同的视角进行观察。

思路·点拨

使用多子图 subplot(2,2,*k*)分别绘制，其中第一个图为默认视角；第二个图角度为 *az* = −37.5，*el*=60；第三个图角度为 *az*=60，*el*=30；第四个图角度为 *az*=90，*el*=0。

结果文件——配套资源“Ch5\SL519”文件

解：程序如下。

```
x=-pi:pi/100:pi;
y=zeros(size(x));
z=sin(x);
subplot(221);
plot3(x,y,z,'r');grid;
view(3);
subplot(222);
plot3(x,y,z,'r');grid;
view(-37.5,60);
subplot(223);
plot3(x,y,z,'r');grid;
view(60,30);
subplot(224);
plot3(x,y,z,'r');grid;
view(90,90);
```

程序的运行结果如图 5-24 所示。

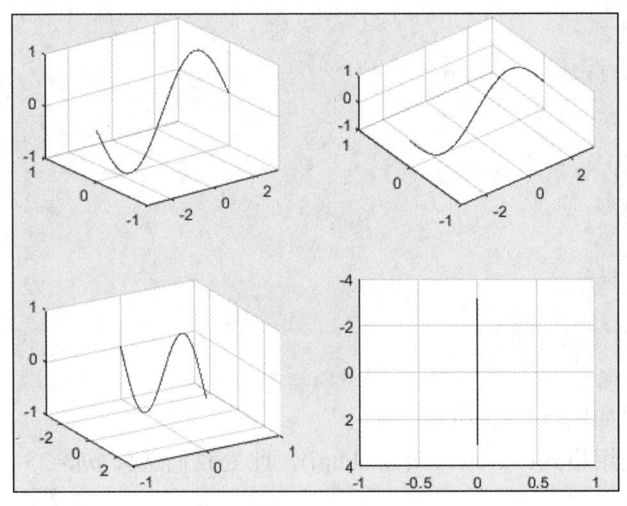

图 5-24　不同视角观察图

2．viewmtx 命令

该命令用于计算 4×4 的正交或透视转换矩阵，该矩阵可以将一个四维的、齐次的向量转换到一个二维的平面上。该命令的主要调用格式如下。

```
T=viewmtx(az,el);              该函数返回一个与方位角和仰角相对应的正交矩阵。
T=viewmtx(az,el,phi);          该函数返回一个透视转换矩阵，phi 为透视角度，单位为度。
T=viewmtx(az,el,phi,xc);       该函数返回以 xc 为目标点的透视矩阵，xc 可以表示为 xc=[xc，yc，zc]。
```

其中，*phi* 的取值如表 5-5 所示。

表 5-5　*phi* 取值说明

phi 取值	描述
0	正交投影
10	类似于远距离投影
25	类似于普通投影
60	类似于广角投影

【实例 5-20】对一个立方体采用不同的视角分别观察。

结果文件——配套资源“Ch5\SL520”文件

解：程序如下。

```
x = [0  1  1  0  0  0  1  1  0  0  1  1  1  1  0  0];
y = [0  0  1  1  0  0  0  1  1  0  0  0  1  1  1  1];
z = [0  0  0  0  0  1  1  1  1  1  1  0  0  1  1  0];
A = viewmtx(-37.5,30);
```

```
[m,n] = size(x);
x4d = [x(:),y(:),z(:),ones(m*n,1)]';
x2d = A*x4d;
x2 = zeros(m,n); y2 = zeros(m,n);
x2(:) = x2d(1,:);
y2(:) = x2d(2,:);
figure
plot(x2,y2)
```

程序的运行结果如图 5-25(a)所示。

换成另外一种调用格式：viewmtx(az,el,hpi)，此处我们选择 *phi*=25。程序如下。

```
A = viewmtx(-37.5,30,25);
[m,n] = size(x);
x4d = [x(:),y(:),z(:),ones(m*n,1)]';
x2d = A*x4d;
x2 = zeros(m,n); y2 = zeros(m,n);
x2(:) = x2d(1,:)./x2d(4,:);
y2(:) = x2d(2,:)./x2d(4,:);
plot(x2,y2)
```

则程序的运行结果如图 5-25(b)所示。

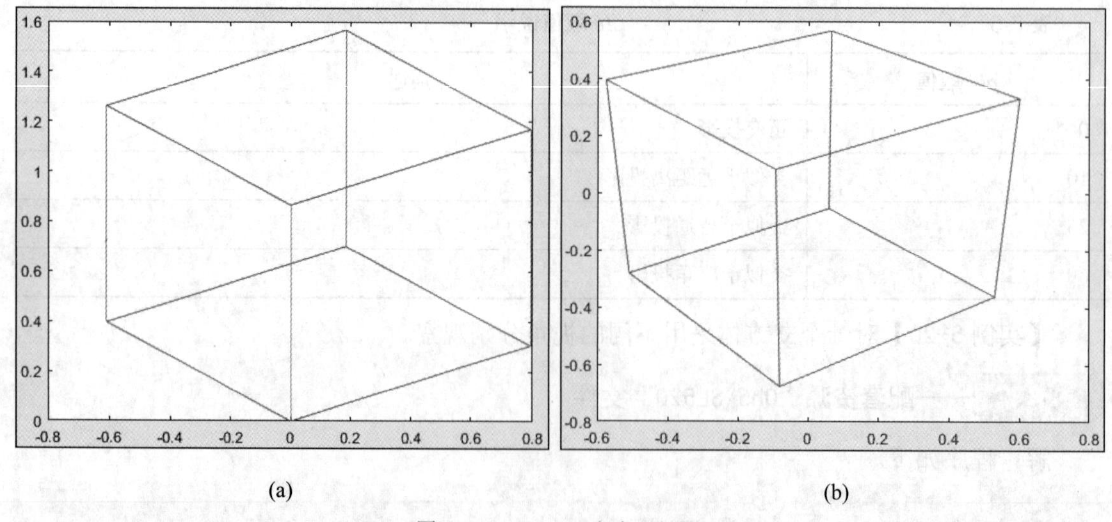

(a) (b)

图 5-25　viewmtx 命令示例图

3．rotate3d 命令

该命令是用来旋转三维视图的，可以使用该命令方便地改变三维视图的视角，而且该函数能够将视角的变化值随时显示在所绘制的三维图中。该命令的具体调用格式如下。

```
rotate3d on;      打开三维视角变化。
rotate3d off;     关闭三维视角变化。
rotate3d;         当视图中有三维视角变化，调用该函数则关闭视角变化；反之则相反。
```

例如，在命令窗口中输入语句：

```
mesh(peaks(20));
rotate3d on;
```

则未使用鼠标单击图形时，MATLAB 默认的三维视角如图 5-26 所示。

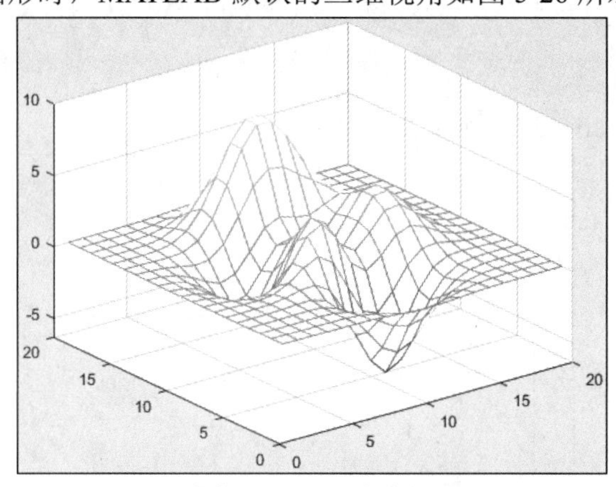

图 5-26　未使用 rotate3d 命令的图形

用鼠标单击该图形并按住不放，旋转角度后的图形如图 5-27 所示。

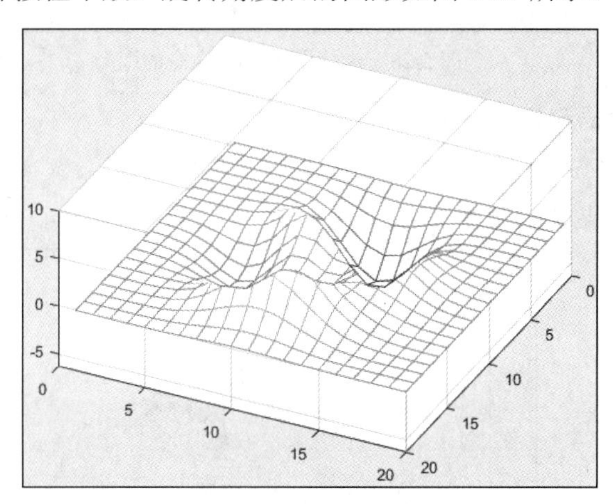

图 5-27　使用 rotate3d 命令的图形

同时，所旋转的角度显示在图形的左下方。读者可以绘制一个三维图形，自己亲手操作，这样才能加深体会。还有一种更简单的方法，直接单击按钮，就可以旋转三维视图的视角。

二、透视控制

MATLAB 对三维图形的处理提供了很多方式。在采用默认设置画 mesh 图形时，对叠压在后面的图形做了隐藏处理，但有时候却需要透视效果。本小节就对 MATLAB 的图形透视进行详细讲解。

1．图形消隐

MATLAB 提供的图形消隐的命令如下。

```
hidden on;          透视被叠压的部分。
hidden off;         隐藏被叠压的部分。
```

实例：演示图形的消隐。

程序如下。

```
mesh(peaks)
colormap hsv
```

程序的运行结果如图 5-28 所示。

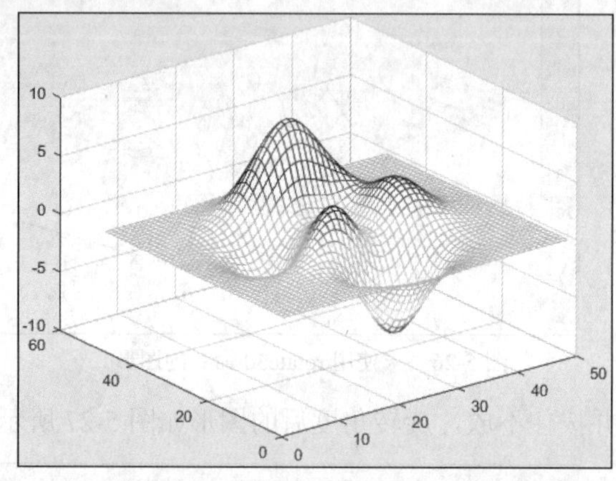

图 5-28　未使用 hidden 命令的图形

在程序后面添加语句：

```
hidden off;
```

则程序的运行结果如图 5-29 所示。

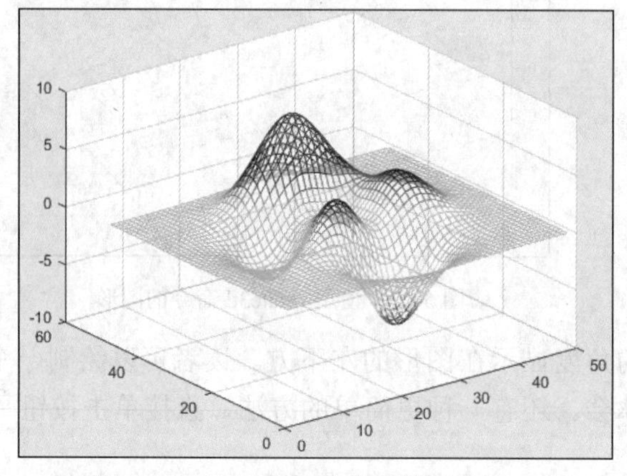

图 5-29　使用 hidden 命令后的图形

2．alpha 命令

在 MATLAB 中，函数 alpha 用来控制图形的透明度。该函数的基本调用格式如下。

alpha(alpha_data);　　　其中，参数 alpha_data 的取值范围为[0，1]。当 alpha_data=0 时，为完全透明；当 alpha_data=1 时，为不透明。

例如，在命令窗口中输入以下语句。

```
surf(peaks);
alpha(0);
```

程序的运行结果如图 5-30 所示。

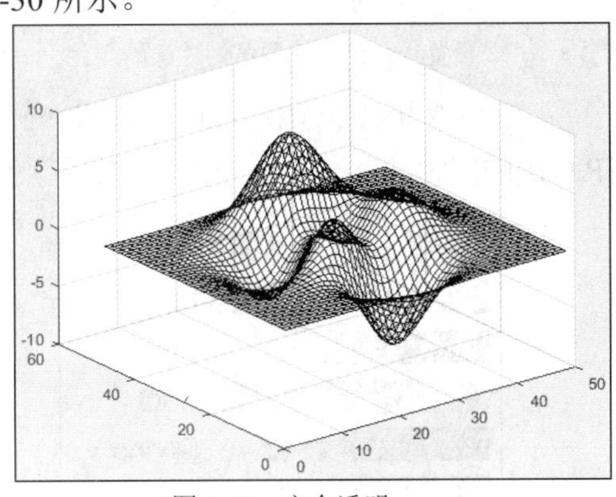

图 5-30　完全透明

5.3.5　图形着色处理

MATLAB 对图形有着极好的颜色表现功能。在 MATLAB 中，颜色数据构成新的数据集合，因此，也可以称为四维图形。颜色是图形的一个重要的因素，丰富的颜色可以使图形更加生动和富有表现力。

在计算机中，图形的颜色通常用向量来表示，即[R,G,B]，其中，R 代表红色 red，G 代表绿色 green，B 代表蓝色 blue。计算机图形的所有颜色都是由这 3 种典型的颜色混合而成。这里需要注意的是，R、G、B 的取值范围必须保证在[0,1]之间。例如，7 种典型颜色的 RGB 的取值如表 5-6 所示。

表 5-6　　典型颜色的 RGB 取值

颜色	RGB 取值		
	R	G	B
红色	1	0	0
蓝色	0	0	1
绿色	0	1	0
青色	0	1	1
黑色	0	0	0
白色	1	1	1
灰色	0.5	0.5	0.5

在 MATLAB 中，主要应用 colormap 函数来完成图形的着色功能。

除了 colormap 函数之外，MATLAB 也提供了 shading、caxis、brighten、colorbar 及 colordef 5 个常用的函数，可以对图形的颜色进行控制。

1．colormap 函数

MATLAB 的图形着色功能主要是由函数 colormap 来实现，其具体的调用格式如下。

```
colormap(map);           将图形设置为 map 颜色，其中 map=[R,G,B]。
colormap('default');     设置当前图形的颜色为默认的颜色。
cmap = colormap;         获取当前图形的颜色矩阵，返回值必须在[0，1]之间。
```

MATLAB 在给出了[R,G,B]的同时，也给出了一些代表常用颜色的函数，如图 5-31 所示。

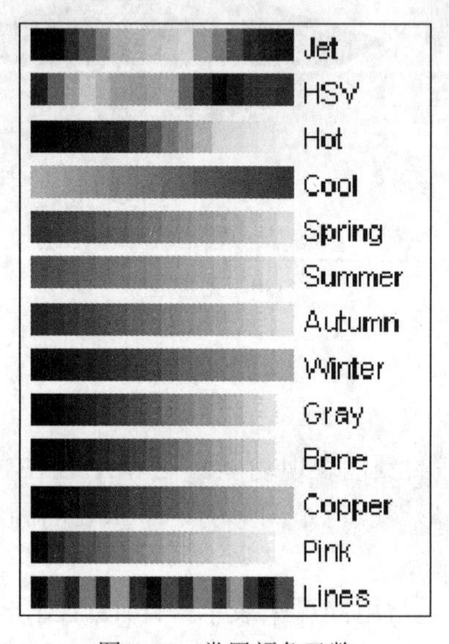

图 5-31　常用颜色函数

【实例 5-21】绘制球体，并用 colormap 对其进行着色。

思路·点拨

绘制球体一般采用函数 sphere，着色函数 colormap 中的颜色，可以采用自己定义的 RGB 颜色向量，也可以直接使用 MATLAB 所提供的颜色函数。

结果文件——配套资源“Ch5\SL521”文件

解：程序如下。

```
[x,y,z] = sphere(40);
mesh(x,y,z);
colormap(hsv)
```

程序的运行结果如图 5-32 所示。

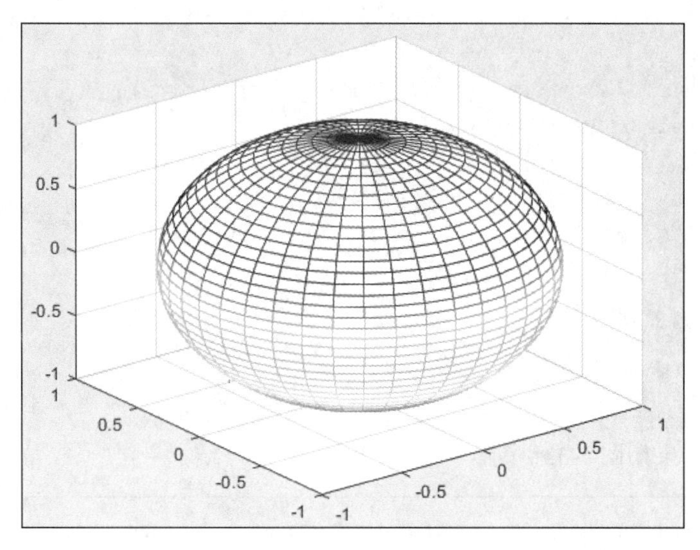

图 5-32　采用 colormap 函数着色的球体

2．shading 函数

该函数用来控制曲面图形的着色方式，具体的调用格式如下。

```
shading faceted;       默认的调用格式，在小片交接的边勾画黑色，立体表现力最强。
shading flat;          去掉黑色线条，根据小方块的值确定颜色。
shading interp;        颜色整体改变，根据小方块四角的值插补过渡点的值确定颜色。
```

下面通过具体的实例讲解这 3 种调用方式的区别。

【实例 5-22】绘制球体，并用 shading 函数的 3 种调用格式分别对图形颜色进行赋值。

思路·点拨

同样是绘制球体，采用函数 sphere 最为方便，这里同时采用 subplot 函数，在同一张图中绘制小图，以便进行区分。

结果文件——配套资源“Ch5\SL522”文件

解：程序如下。

```
subplot(1,3,1)
sphere(16)
axis square
shading flat
title('Flat Shading')

subplot(1,3,2)
sphere(16)
```

```
axis square
shading faceted
title('Faceted Shading')

subplot(1,3,3)
sphere(16)
axis square
shading interp
title('Interpolated Shading')
```

程序的运行结果如图 5-33 所示。

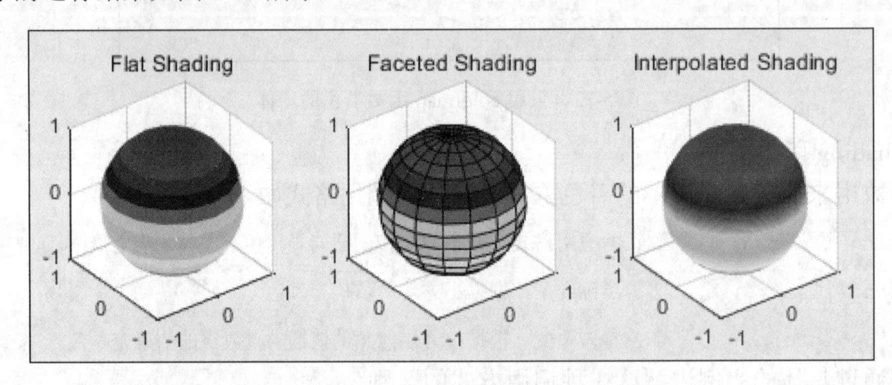

图 5-33 shading 函数 3 种调用格式的区别

3．caxis 函数

该函数控制数值与颜色间的对应关系及颜色的显示范围，其具体调用格式如下。

`caxis([cmin cmax]);` 将图形颜色限制在 c_{min} 和 c_{max} 之间。对于颜色值小于 c_{min} 的，将其设置为 c_{min}；对于颜色值大于 c_{max} 的，将其设置为 c_{max}。

`caxis auto;` 默认形式，自动计算颜色的最大值和最小值。

`caxis manual;` 按照当前的颜色值范围设置色图范围。

`caxis(caxis)freeze;` 与 caxis manual 实现的功能相同。

`v = caxis;` 该函数返回包含颜色值的最大值和最小值的向量。

`caxis(axes_handle,...);` 使用指定的轴 axes_handle 代替当前轴。

【实例 5-23】绘制曲面 $Z = X^2 + Y^2$，并利用 caxis 函数对图形进行着色处理。

思路·点拨

曲面 $Z = X^2 + Y^2$ 可以采用 meshgrid 或 mesh 来绘制。

结果文件——配套资源“Ch5\SL523”文件

解：程序如下。

```
[X,Y] = meshgrid(-8:.5:8);
Z=X.^2+Y.^2;
surf(Z);
caxis([-2,2]);
```

未使用函数 caxis 的运行结果如图 5-34 所示。

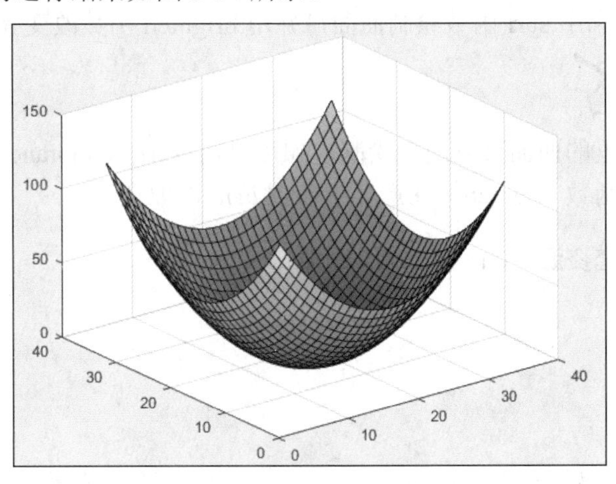

图 5-34　未使用函数 caxis 的图形

使用了 caxis 函数的运行结果如图 5-35 所示。

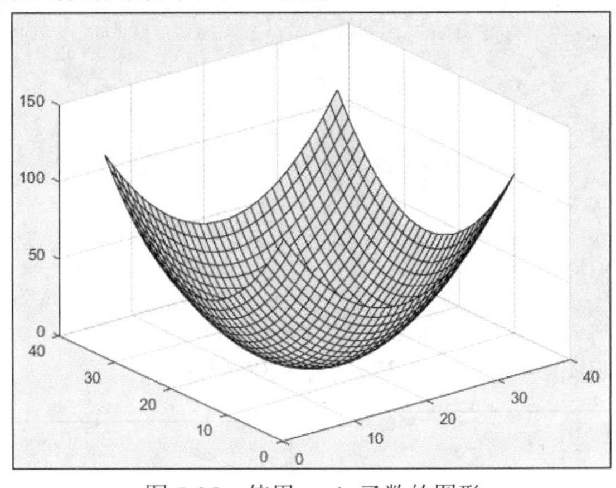

图 5-35　使用 caxis 函数的图形

注意　读者可以更改函数 caxis([-2,2])里面的具体数据，然后观察所绘制图形的颜色变化，这样可以加深理解。

4．brighten 函数

该函数用于对彩色图形进行增亮或变暗处理，其具体调用格式如下。

```
brighten(beta);                        增加图像的亮度或使图像变暗，当 beta 的取值为[0, 1]
时，图像变亮；当 beta 的取值为[-1, 0]时，图像变暗。
brighten(h,beta);                      该调用格式对指定的句柄对象 h 的所有子对象进行图像增亮
```

或变暗处理，beta 的取值和上一调用格式相同。

newmap = brighten(beta);　　该函数不对图形的变亮或变暗进行显示，而是返回图形变化后的颜色数值。

newmap = brighten(cmap,beta);　　该调用格式没有改变指定色图的 camp 的亮度，而是返回变化后的色图，并赋值给 newmap。

【实例 5-24】利用 surf 函数绘制曲面，并用 brighten 函数改变亮度。

思路·点拨

作为示例，这里的曲面可以随意绘制，如可以用 surf(membrane)绘制曲面；改变彩色图形的亮度时，采用函数 brighten，注意其中参数 *beta* 的取值。

结果文件——配套资源“Ch5\SL524”文件

解：程序如下。

```
figure(1)
surf(membrane);
title('原始图像');
figure(2);
surf(membrane);
brighten(0.5);
title('变亮');
figure(3)
surf(membrane);
brighten(-0.8);
title('变暗');
```

则程序的运行结果如图 5-36、图 5-37、图 5-38 所示。

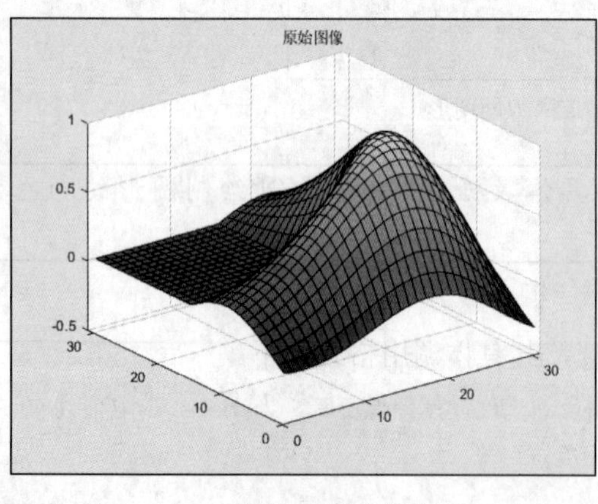

图 5-36　原始图像

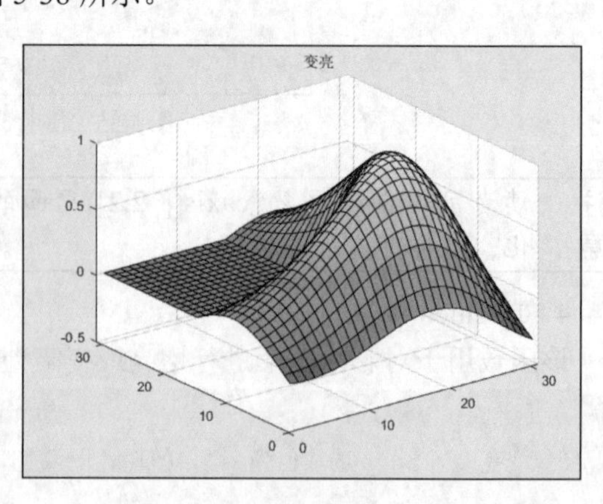

图 5-37　图像增亮

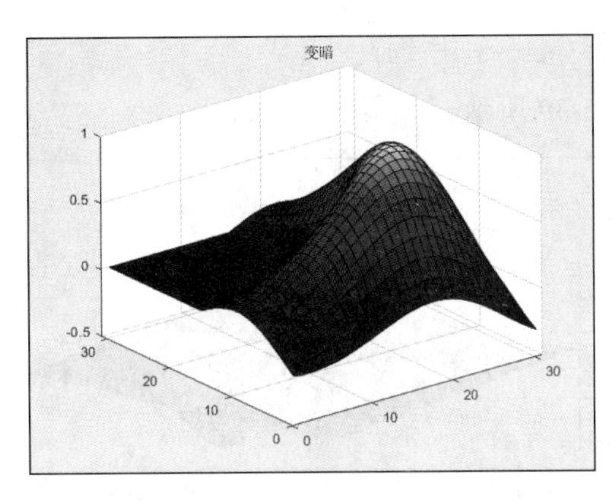

图 5-38　图像变暗

注意	读者可以观察 3 种图形的颜色变化，这里需要注意的是，虽然图像的明亮程度发生了变化，但是图像的颜色在本质上是一样的。

5. colorbar 函数

在 MATLAB 中，colorbar 函数的功能是用来显示指定颜色刻度的颜色标尺，其主要调用格式如下。

colorbar;在当前轴的右边显示颜色刻度，若之前存在颜色标尺，则会产生新的颜色标尺代替。

colorbar('off');colorbar('hide');colorbar('delete');　这 3 条语句关闭当前图形所有坐标轴的颜色标尺。

colorbar(...,'peer',axes_handle);　产生关于坐标轴 axes_handle 的颜色标尺代替当前轴。

colorbar(...,'location');　在图形中确定的地方产生颜色标尺，其中 location 的取值有"North" "South" "East" "West" "NorthOutside" "SouthOutside" "EastOutside" "WestOutside"。

colorbar(...,'PropertyName',propertyvalue);　在产生颜色标尺的过程中设置坐标的属性。

cbar_axes = colorbar(...);　返回新的颜色标尺的句柄，该句柄为当前图形的子对象。

colorbar('option');　设置颜色标尺的可见性,其中 option 的取值为"off" "hide" "delete"

colorbar(cbar_handle,'option');　设置坐标轴 cbar_handle 的颜色标尺的可见性，其中 option 的取值为"off" "hide" "delete"。

【实例 5-25】绘制任意的图形，并显示其颜色标尺。

思路·点拨

本实例的目的是加深对函数 colorbar 的理解，图形可以随意绘制，如使用函数 surf 绘制。读者可以对本实例的图形进行更改，对 colorbar 的每一种调用格式进行试验。

结果文件——配套资源“Ch5\SL525”文件

解：程序如下。

```
surf(peaks(60))
colormap cool
```

```
colorbar('location','southoutside')
```

程序的运行结果如图 5-39 所示。

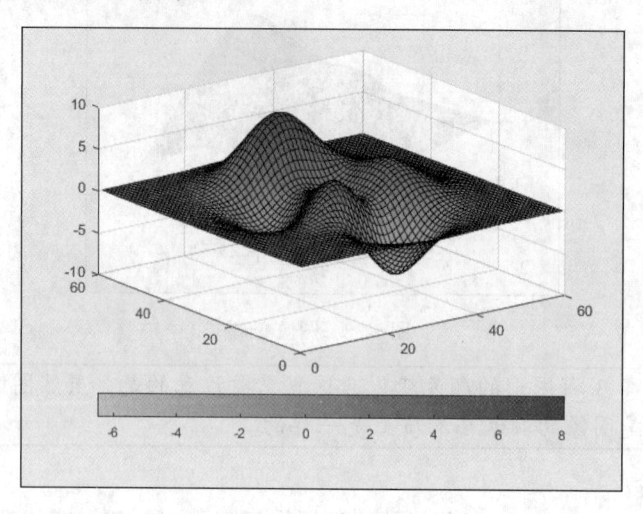

图 5-39　颜色标尺

6．colordef 函数

在 MATLAB 中，colordef 函数的主要用途是设置图形的背景颜色，该函数的主要调用格式如下。

```
colordef white;                         设置图形的背景颜色为白色。
colordef black;                         设置图形的背景颜色为黑色。
colordef none;                          将图形的背景颜色设置为软件默认的背景颜色。
colordef(fig,color_option);             设置图形 fig 的背景颜色，其中 color_option 的可
选值为"white" "black" "none"；使用该语句的时候必须保证该图形里面没有图形内容，如果存在，则必
须进行清除，可使用 clf 命令进行清除。
h = colordef('new',color_option);       该语句返回一个新的句柄，即设置背景颜色
color_option 的句柄。
```

【实例 5-26】设置图形的背景颜色。

思路·点拨

例如，将实例 5-25 的背景颜色设置为黑色，那么使用语句 colordef black 即可实现。

结果文件——配套资源“Ch5\SL526”文件

解：程序如下。

```
colordef black;
surf(peaks(60))
colormap cool
colorbar('location','southoutside')
```

程序的运行结果如图 5-40 所示。

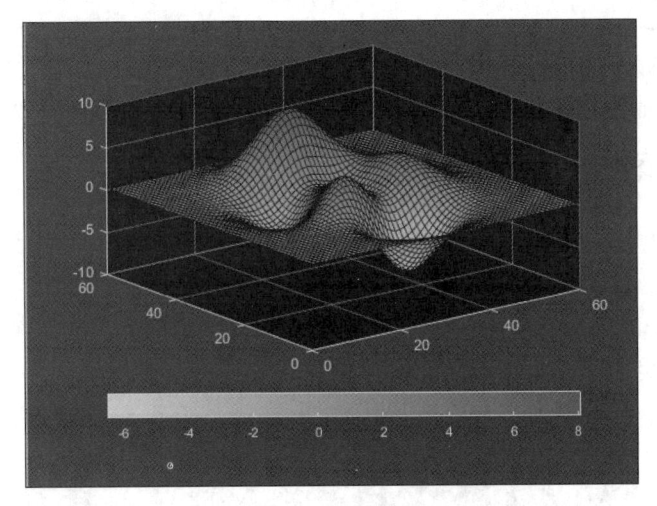

图 5-40　图形背景颜色的设置

5.3.6　图形光照处理

有了光源，物体才能被看见。光源的类型、色彩、照射角度都对视觉所看到的物体形象产生影响。在 MATLAB 中，可以对图形的光照效果进行处理，使图形显得更加符合用户自己想要达到的效果。因此，MATLAB 的工具箱向用户提供了许多光照控制命令，主要命令如表 5-7 所示。

表 5-7　光照命令

函数命令	函数说明	函数命令	函数说明
light	建立光源对象	surfl	绘制存在光源的三维曲面图
material	设置图形表面对光照的反应模式	lighting	设置曲面光源模式
specular	镜面光照反射模式	lightangle	设置球坐标系的光源
diffuse	曲面漫反射模式		

下面，我们将一一讲解这些函数命令的具体使用方法。

1．light 函数

该函数的用途是为当前的图形建立光源对象，其主要调用格式有以下两种。

```
light('PropertyName',propertyvalue,...);    创建光源对象，并且设置光源的属性。
handle = light(...);                         返回所创建的光源对象的句柄。
```

下面通过一个具体实例来讲解 light 函数的使用。

【实例 5-27】利用 surf 函数和 peaks 函数绘制三维曲面，并利用 light 函数设置图形的光照属性。

思路·点拨

surf 函数和 peaks 函数是我们在前几节就讲解的内容，也是绘制三维曲面经常用到的函数。本实例的目的是熟悉 light 函数的使用，并且加深对 light 函数使用效果的理解。

结果文件——配套资源“Ch5\SL527”文件

解：程序如下。

```
surf(peaks(60));
light('Position',[0 1 0],'Style','infinite')
```

程序的运行结果如图 5-41 所示。

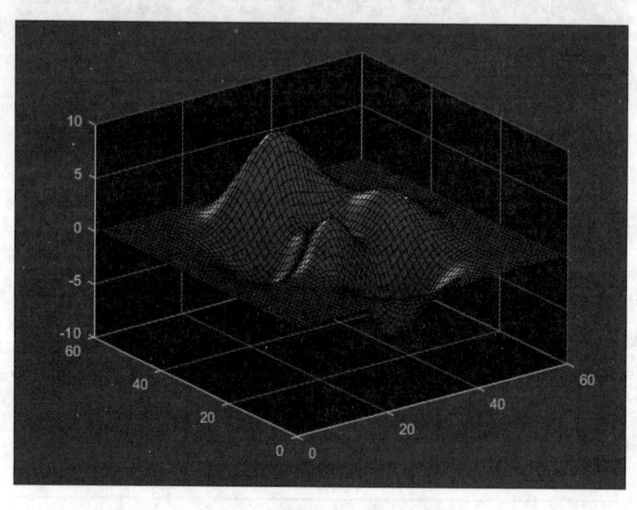

图 5-41　图形的光照设置

2．material 函数

在 MATLAB 中，函数 material 用来设置图形表面对光照的反应模式，例如，有较亮的色彩模式、阴暗的色彩模式及金属光泽的反应模式等。函数 material 的具体调用格式如下。

```
material shiny;              将图形的光照反应模式设置为较亮的色彩模式。
material dull;               将图形的光照反应模式设置为阴暗的色彩模式。
material metal;              将图形的光照反应模式设置为金属光泽的反应模式。
material([ka kd ks]);        设置图形的光照反应模式为[ka kd ks]，其中[ka kd ks]的取值为 ambient、diffuse、specular。
material([ka kd ks n]);      设置图形的光照反应模式，[ka kd ks]的取值为 ambient、diffuse、specular；n 为定义镜面反射的指数。
material([ka kd ks n sc]);   其他参数与上一个调用格式相同，sc 用于定义镜面反射的颜色。
material default;            设置图形的光照模式为默认的形式。
```

【实例 5-28】绘制三维曲面，设置任意一种光照反应模式并查看其效果。

思路·点拨

绘制三维曲面可以用 surf 或 mesh 函数，假如这里利用 surf 函数绘制 peaks(30)，设置图形的光照反应模式为“阴暗的色彩模式”，绘图并查看。

结果文件——配套资源“Ch5\SL528”文件

解：程序如下。

```
surf(peaks(30));
material dull;
```

图 5-42(a)所示为默认的图形光照反应模式，图 5-42(b)所示为设置为阴暗的图形光照反应模式。

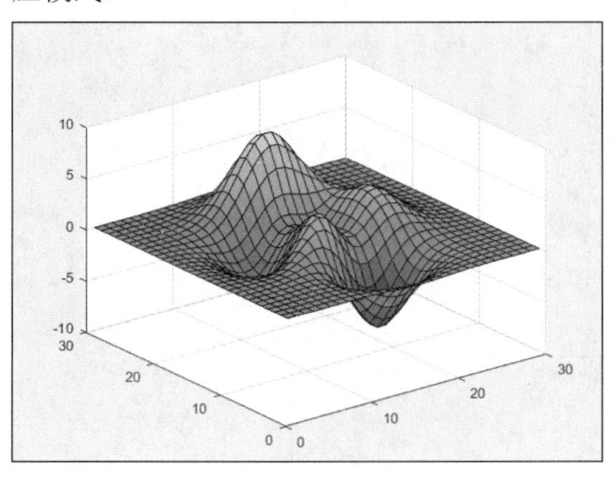

(a) 默认光照反应模式　　(b)设置光照反应模式为“dull”

图 5-42　图形光照反应模式

3．specular 函数

specular 函数是镜面光照反射模式，其主要调用格式如下。

```
R = specular(Nx,Ny,Nz,S,V);          该函数返回对象的光照反应模式向量[Nx，Ny，Nz]，S 和 V
代表光源方向和视角角度。
```

4．diffuse 函数

diffuse 函数是曲面漫反射模式，其主要调用格式如下。

```
R = diffuse(Nx,Ny,Nz,S);             该函数返回对象的光照反应模式向量[Nx，Ny，Nz]，S 代表
光源方向。
```

5．surfl 函数

surfl 函数是用来绘制存在光源的三维曲面，其主要调用格式如下。

```
surfl(Z);          绘制存在光源的三维曲面，其中光源的方向为默认的方向，光源系数也为默认值。
surfl(...,'light');        利用 MATLAB 光源对象绘制光源曲面。
surfl(...,s);              该语句确定光源的方向，s 为一个二维或三维的向量，s = [sx sy sz]
或 s = [azimuth elevation]，默认值为 45°。
```

```
surfl(X,Y,Z,s,k);            确定光源反射常量，k 为一个有 4 个元素的向量，k= [ka kd ks shine] ，默认值为k= [0.55，0.6，0.4，10]。
h = surfl(...);              返回三维图形的句柄。
```

【实例 5-29】利用函数 peaks 和 surfl 绘制三维曲面。

思路·点拨

本实例是为了熟悉函数 surfl 的使用，其中 surfl(Z)也可以用 surfl(*z*,*x*,*y*)来代替。

结果文件——配套资源“Ch5\SL529”文件

解：程序如下。

```
[x,y] = meshgrid(-3:1/8:3);
z = peaks(x,y);
surfl(x,y,z);
shading interp
colormap(gray);
axis([-3,3,-3,3,-8,8])
```

程序的运行结果如图 5-43 所示。

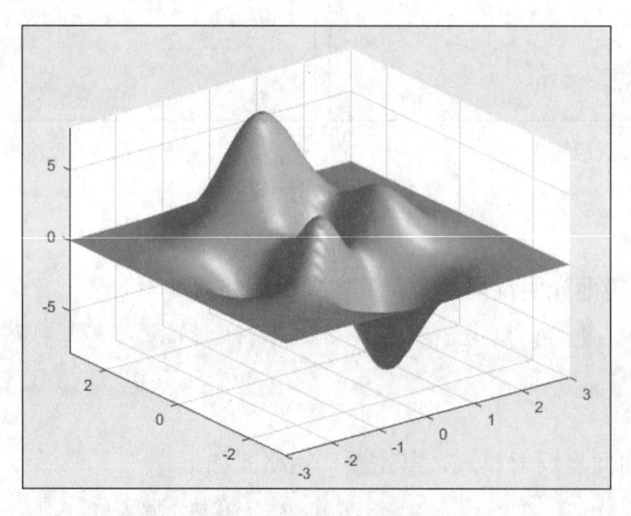

图 5-43 利用 surfl 绘制的图形

6．lighting 函数

该函数用来设置曲面光源的模式，其主要调用格式如下。

```
lighting flat;               设置曲面光源模式为平面模式，其中网格为光照的基本单元，该调用格式也是系统默认的模式。
lighting gouraud;            设置曲面光源模式为点模式，像素为光照的基本单元。
lighting phong;              该调用格式也是以像素为光照的基本单元，但是在计算的同时，考虑了
```

每个点的反射情况。

lighting none;　　　　该函数用来关闭光源。

【实例5-30】绘制三维曲面，并设置4种不同的光源模式。

思路·点拨

本题采用 subplot 函数将图纸分解为4个小图，并在4个小图中分别绘制不同的光源模式。三维曲面仍然用 surf 和 peaks 函数来绘制。

结果文件——配套资源“Ch5\SL530”文件

解：程序如下。

```
[x,y] = meshgrid(-3:1/8:3);
z = peaks(x,y);
subplot(221);
surf(z);
light('Position',[1 0 0],'Style','infinite');
lighting flat;
title('flat');
subplot(222);
surf(z);
light('Position',[1 0 0],'Style','infinite');
lighting gouraud;
title('gouraud');
subplot(223);
surf(z);
light('Position',[1 0 0],'Style','infinite');
lighting phong;
title('phong');
subplot(224);
surf(z);
light('Position',[1 0 0],'Style','infinite');
lighting none;
title('none');
```

程序的运行结果如图5-44所示。

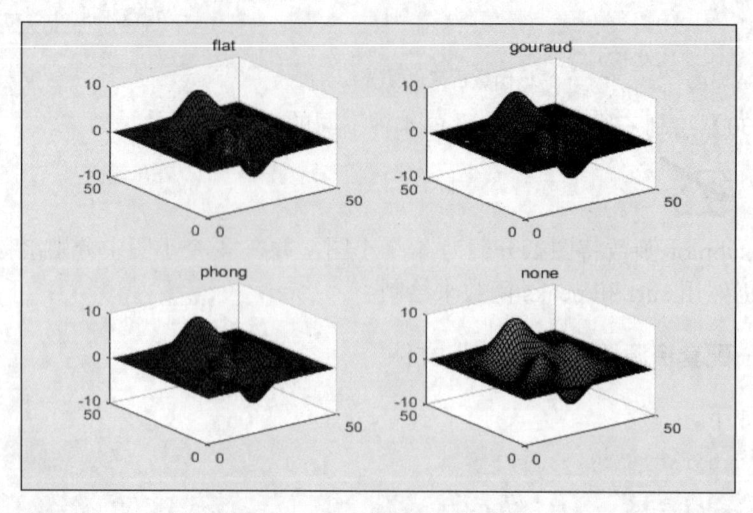

图 5-44　图形曲面光源模式

7．lightangle 函数

该函数是在球坐标系下建立光源，其主要调用格式如下。

```
lightangle(az,el);                           在角度[az，el]下建立光源，az、el 的解释和 view
的意义相同。
light_handle = lightangle(az,el);            创建光源并返回光源的句柄。
lightangle(light_handle,az,el);              设置光源 light_handle 的位置，通过 az、el 的角
度来确定。
[az,el] = lightangle(light_handle);          返回光源 light_handle 的角度 az 和 el。
```

5.4　图形窗功能简介

在 MATLAB 中，图形窗口不仅可以用来显示图形，而且是一种可以对图形进行编辑的交互界面，用户可以直接在图形窗口中对图形进一步处理，使图形达到自己满意的状态。

5.4.1　图形窗口的创建

在 MATLAB 中，新建一个图 5-45 所示的图形窗口，采用命令 figure，即直接在命令窗口中输入 figure 命令，就可以出现图 5-45 所示的图形窗口；或者在命令窗口依次单击“主页→新建→图窗”选项（见图 5-46），同样也可以打开新的图形窗口。每执行一次 figure 命令，就产生一个新的图形窗口，这些窗口按照打开的次序依次命名为 figure1、figure2、……。同时，程序会自动为这些窗口添加一个句柄，每个窗口中都有菜单和工具条，其中包括通用的文件操作命令、编辑命令，对图形的坐标轴、线型等属性进行设置的专用工具，还可以为图形添加标注。

图 5-45　新图形窗口

图 5-46　图形窗口打开方法

5.4.2　图形窗口的菜单

图形窗口的菜单栏和工具栏的具体名称如图 5-47 所示。

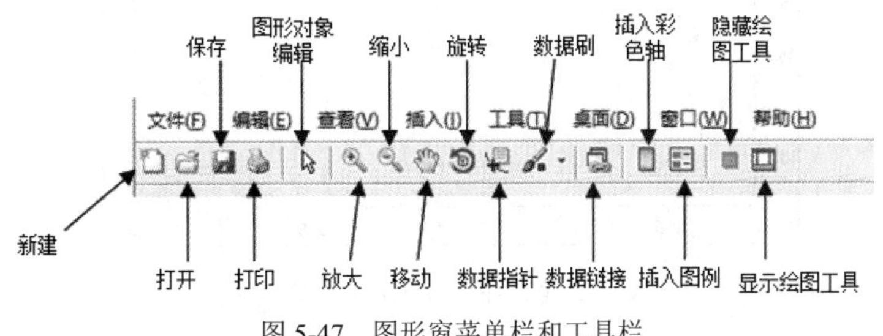

图 5-47　图形窗菜单栏和工具栏

下面，我们通过一个实例来说明图形窗菜单的具体使用。这里只讲解一些常用的菜单选项。

【实例 5-31】利用图形窗的编辑功能，绘制函数 y=sin$t$sin(9t)及其包络线图像。

思路·点拨

首先，使用 MATLAB 语句绘制出函数图像及其包络线，注意这里包络线的函数值为 y=sin$t$ • [1,−1]，然后，使用图形窗的编辑功能对图像进行调整。

结果文件——配套资源“Ch5\SL531”文件

解：绘图程序如下。

```
t=0:pi/1000:pi;
y1=@(t) sin(t).*sin(9*t);
y2=sin(t);
plot(t,y1(t),t,y2'*[1 -1],'r--')
hold on
t0=linspace(0,pi,10);
for i=1:length(t0)
t00=fzero(y1,t0(i));
plot(t00,0,'o')
end
plot(pi,0,'o')
```

程序运行结果如图 5-48 所示。

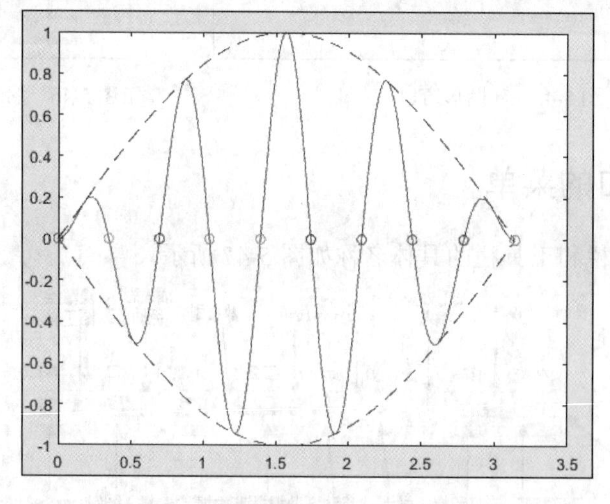

图 5-48　函数 y=sin$t$sin(9t)及其包络线图像

1．打开图形窗编辑界面

单击图 5-47 所示的“显示绘图工具”按钮，则会打开图形窗的编辑界面，用户就可以对图形进行编辑，使图形更加直观。打开之后的图形窗如图 5-49 所示。

下面介绍图形操作中几个常用的功能，主要有修改坐标显示范围、改变线型和颜色、特殊点的属性设置及显示等。

2．修改 X 轴和 Y 轴的坐标显示范围

单击图 5-49 所示的坐标轴，就会出现修改坐标轴显示范围的对话框，如图 5-50 所示。单击“X Axis”，就可以对 X 轴进行操作，这里我们可以设置 X 轴的范围为 π，在 MATLAB 中必须输入 pi，然后按回车键，那么 X 的范围即修改为[0, π]；同理可以对 Y 轴进行修改，这里函数的取值范围为[−1,1]，若将 Y 轴的取值范围设置为[−2,2]，那么显示的图形如图 5-51 所示。

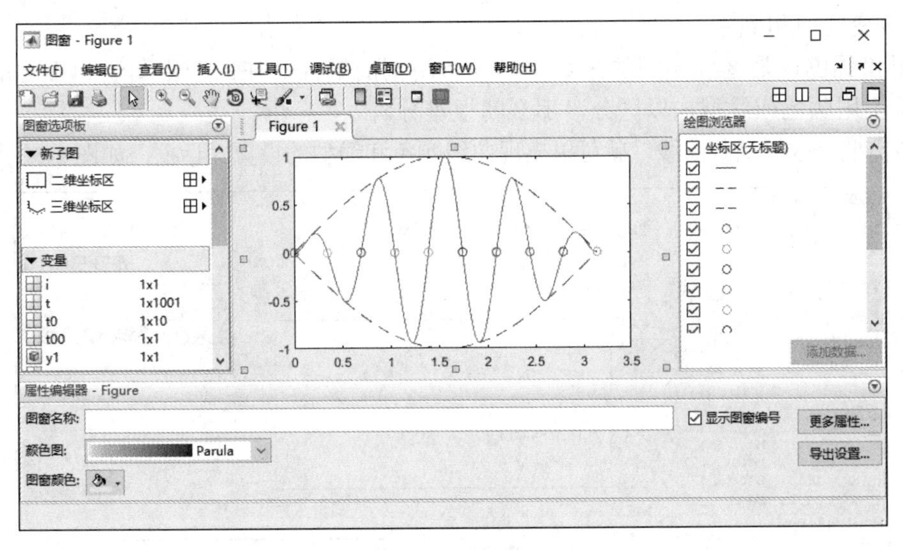

图 5-49　图形窗

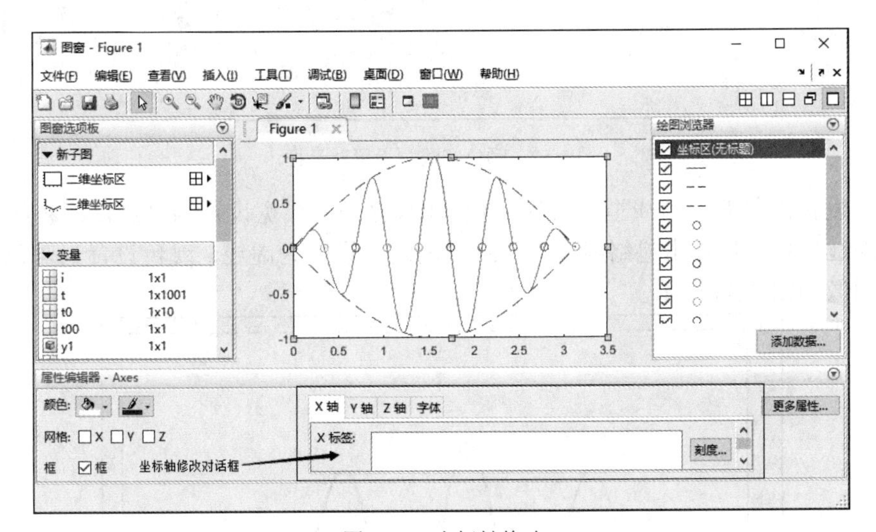

图 5-50　坐标轴修改

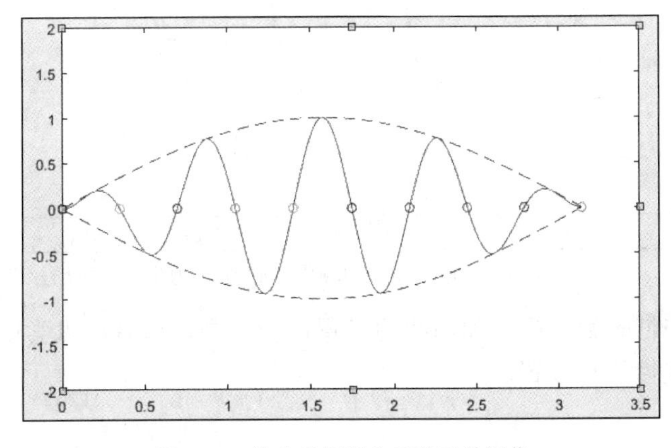

图 5-51　修改坐标轴之后的函数图像

3．改变线型和颜色

线型和颜色也是区分不同的函数图形经常用到的属性，在同一张图绘制不同的函数图像，如果不用颜色或线型加以区分，那么就很难分辨。

单击需要修改的函数曲线，就可以出现曲线颜色和线型的设置对话框，如图 5-52 所示。

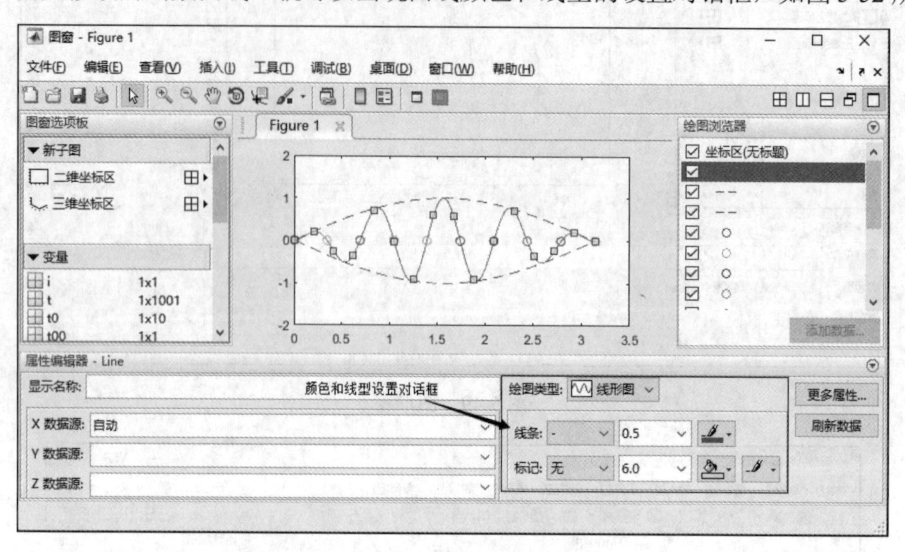

图 5-52　颜色和线型设置对话框

例如，设置函数曲线的线型为实线（默认的线型），线宽设置为“2”，即将线宽变宽，颜色设置为红色；然后单击包络线，将包络线的线型设置为虚线，颜色设置为蓝色，那么修改之后的图像如图 5-53 所示。

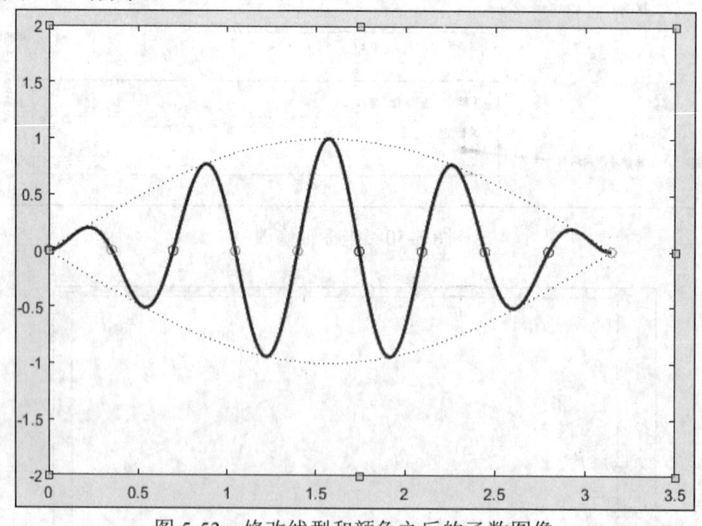

图 5-53　修改线型和颜色之后的函数图像

特殊坐标点的属性设置过程也和曲线的设置过程一样，读者可以尝试着自己对过零点的形状、大小和颜色属性进行设置。

第6章　M 文件程序设计基础

MATLAB 应用广泛，它不仅具有强大的符号运算、矩阵计算及绘图等功能，还可以像C++等高级编程语言一样进行程序设计与程序控制。MATLAB 编程语言常被称为第四代编程语言，其命令编写的程序一般存储在一个文件中，以.m 作为扩展名，称为 M 文件。通过编写 M 文件，MATLAB 具有其他编程语言无法超越的优点，如方便调用和修改、语言结构简单、程序语句的可读性好、程序调试简便易行、代码重用率较低、编程效率高等。实际上，MATLAB 本身能直接调用的许多函数就是 M 文件。此外，MATLAB 还提供了 M 文件编辑器和编译器，大大方便了用户实现其特定需求的程序设计。

本章将系统介绍 MATLAB 中 M 文件的构造、最常用的程序控制语句、不同类别的函数及函数句柄的创建、观察和调用，为读者后续深入研究奠定基础。

本章内容

- M 文件。
- 数据文件。
- 程序控制语句。
- 程序的调试和优化。
- MATLAB 函数。
- 函数句柄。

6.1　M 文件

用 MATLAB 语言编写的程序，称为 M 文件，即 M 文件是由一系列的语句组成的相对独立的一个运行体，它可以完成某些操作，也可以实现某种算法。通常，M 文件根据调用方式的不同可以分为脚本文件（Script File）和函数文件（Function File），两者的扩展名均为.m。其中，脚本文件通常用于执行一系列简单的 MATLAB 命令，运行时只需输入文件名，MATLAB 就会自动按顺序执行文件中的命令；而函数文件与脚本文件不同，它不仅可以接受参数，还可以返回参数，在一般情况下，用户不能靠单独输入其文件名来运行函数文件，而必须由其他语句调用实现。在 MATLAB 中，大多数应用程序都以函数文件的形式给出。此外，用户也可以结合自己的需要，开发具体的程序或工具箱。

6.1.1　M 脚本文件

对于一些比较简单的问题，我们可以直接从指令窗口输入指令进行计算。但是随着指令数目的增加，或者随控制流复杂程度的增加，或者重复计算要求的提出，直接从指令窗口进行计算就显得十分烦琐。此时，使用 M 脚本文件无疑是最适宜的选择。M 脚本文件的内涵可以从如下 3 个方面进行理解：其一，脚本文件中的指令形式和前后位置，与解决同一个问题时在指令窗口输入的那组指令没有任何区别；其二，MATLAB 在运行脚本文件时，只是简单地从文件中顺序读取每一条指令，送到 MATLAB 中去执行；其三，与在指令窗口中直接运行指令一样，脚本文件运行产生的变量都驻留在 MATLAB 基本工作空间中。

脚本文件的构成较为简单，主要具有以下特点。

（1）脚本文件是 M 文件中最为简单的一种形式，不需要输入、输出参数。

（2）脚本文件只是一串按照用户意图排列而成的（包括控制流向指令在内的）MATLAB 指令集合。

（3）脚本文件运行后，产生的所有变量都保存在 MATLAB 基本工作空间中，变量一旦生成，只有用户执行 clear 命令或关闭 MATLAB 时（基本空间随 MATLAB 的启动而产生，随其关闭而删除）才能将它们清除。

下面通过一个例子来对 M 脚本文件的使用进行说明。

【实例 6-1】 利用 M 脚本文件编程计算向量元素的平均值。

思路·点拨

运用 M 脚本文件求向量元素的平均值时，首先要新建一个.m 文件，在这一文件中编程，然后保存、运行该文件即可。

结果文件——配套资源“Ch6\SL601”文件

解：M 脚本文件程序如下。

```
x=input('输入向量：x=');                      %average_1.m 计算向量元素的平均值
[m,n]=size(x);                                %判断输入量的大小
if~((m==1)|(n==1))|((m==1)&(n==1))            %判断输入量是否为向量
   error('必须输入向量。')
end
average=sum(x)/length(x)                      %计算向量 x 所有元素的平均值
```

将上述 M 脚本文件保存为 average_1.m，单击运行脚本文件，这一程序会自动切换至指令输入窗口，格式如下。

```
average_1
输入向量：x=
```

在等号后面输入需要求解平均值的向量即可，如输入[12 7 4]，可以得到如下运行结果。

```
输入向量：x=[12 7 4]

average =

   7.6667
```

如果输入的不是向量，如输入[1 2 7; 4 5 1]，则运行结果如下。

```
average_1
输入向量：x=[1 2 7; 4 5 1]
错误使用 average_1 (line 4)
必须输入向量。
```

6.1.2 M 函数文件

与 M 脚本文件相比，M 函数文件要更复杂一些。如果 M 文件的第一个可执行语句以 function 开始，那么该文件就是函数文件，每一个函数文件都定义一个函数。函数文件在 MATLAB 中的应用最为广泛，且 MATLAB 提供的函数命令大部分都是由函数文件定义的，这足以说明函数文件的重要性。从使用角度来看，函数文件就像是一个“黑箱”，把一些数据送进去，经过加工处理，输出一定的结果；从形式上看，函数文件定义的变量为局部变量，区别于脚本文件定义的命令工作空间变量，函数文件中的变量只在函数文件内部起作用，当函数文件执行完毕后，不同于脚本文件中的变量保留在命令工作空间中，这些内部变量将被清除。下面用 6.1.1 小节中的实例讲解 M 函数文件的具体使用过程，请读者自行比较两者的差别。

【实例 6-2】利用 M 函数文件编程计算向量元素的平均值。

思路·点拨

运用 M 函数文件求向量元素的平均值时，首先也要新建一个.m 文件，但是这一文件必须以 function 命令开始，在使用时与 MATLAB 提供的函数类似，通过调用函数的形式运行。

结果文件——配套资源“Ch6\SL602”文件

解：M 函数文件程序如下。

```
function y=average_2(x)                    %函数 average_2(x)用以计算向量元素的平均值
                                           %输入参数 x 为输入向量，输出参数 y 为计算的平均值
                                           %非向量输入将导致错误
[m,n]=size(x);                             %判断输入量的大小
if~((m==1)|(n==1))|((m==1)&(n==1))         %判断输入量是否为向量
   error('必须输入向量。')
end
y=sum(x)/length(x);                        %计算向量 x 所有元素的平均值
```

将上述程序保存在函数文件 average_2.m（文件名与函数名相同）中，该函数接受一个输入参数并返回一个输出参数，其使用方法与 MATLAB 中的其他函数一样。同样，我们求解向量 x=[12 7 4]的平均值，需要在指令窗口输入以下命令。

```
x=[12 7 4];
```

```
average_2(x)
```

运行结果如下。

```
ans=

   7.6667
```

如果输入的不是向量，如输入：

```
x=[1 2 7; 4 5 1];
average_2(x)
```

则运行结果如下。

```
错误使用 average_2 (line 6)
必须输入向量。
```

再例如，运用该函数文件求解 1～1000 的平均值，具体程序如下。

```
z=1:1000;
average_2(z)
```

程序的运行结果如下。

```
ans =

  500.5000
```

M 函数文件具有以下特点。

（1）函数文件的第一行一定是以 function 引导的函数申明行，该行罗列函数与外界交换数据的全部标称输入/输出量，既可以完全没有输入/输出量，也可以有任意数目的输入/输出量。

（2）在函数调用时，MATLAB 允许使用比标称数目少的输入/输出量，实现对函数的调用。

（3）从运行层面来看，当函数文件运行时，MATLAB 就会专门为它开辟一个临时工作空间，称之为“函数工作空间（function workspace）”，函数文件的所有变量在这一空间中存放。当执行完函数文件或遇到 return 命令，就结束该函数文件的运行，同时该临时函数空间及其所有的中间变量就立即被消除，这一点与脚本文件不同。

（4）函数工作空间相对于基本空间是独立的、临时的，随着特定 M 文件的被调用而产生，随调用结束而删除；在 MATLAB 整个运行期间，可以产生任意多个临时函数空间。

（5）如果在函数文件中调用了脚本文件，那么该脚本文件运行产生的所有变量存放在函数空间中，而非存放在基本空间中。

6.1.3 局部变量和全局变量

在 MATLAB 中，无论是脚本文件还是函数文件，都会定义一些变量，这些变量可以分为两类：局部变量和全局变量。

1．局部变量

存在于函数空间内部的中间变量，产生于该函数的运行过程中，其影响范围也仅限于该函数本身，正是由于这种空间、时间上的局部性，中间变量被称为局部变量（local）。函数的变量如果为局部变量，则只能被包含它的函数调用，在其他函数中和 MATLAB 基本工作空间中并不能调用它。一个函数内的变量没有特别声明，那么这个变量只在函数内部使用。

2．全局变量

全局变量的定义必须在该变量被使用之前进行，建议把全局变量的定义放在函数体的首行位置。由于变量名的定义区分大小写，虽然 MATLAB 对全局变量的名字并没有任何特别的限制，但是为了提高 M 文件的可读性，建议选用大写字符来命名全局变量。如果想要在命令行中使用全局变量，也要定义该变量的全局属性；如果在若干函数中，都把某一变量定义为全局变量，那么这些函数将共用这一变量。全局变量的作用域是整个 MATLAB 工作空间，即全程有效，所有的函数都可以对它进行存取和修改。因此，定义全局变量是函数间传递信息的一种手段。全局变量使用 global 命令来定义，其格式如下。

```
global 变量名
```

下面以一个实例来说明全局变量 global 指令的使用形式及其作用。

【实例 6-3】利用全局变量建立加权相加的函数文件 wadd.m。

思路·点拨

在本例题中，最终得到的是一个函数文件 wadd.m，该函数实现的功能是将输入的参数加权相加。

结果文件——配套资源“Ch6\SL603”文件

解：函数文件 wadd.m 的程序如下。

```
function f=wadd(x,y)

global AH BT

f=AH*x+BT*y;
```

在命令窗口中输入。

```
global AH BT

AH=2;

BT=5;

s=wadd(3,4)
```

程序的运行结果如下。

```
s =


   26
```

由于在函数 wadd 和基本工作空间都把 AH 和 BT 两个变量定义为全局变量，所以只要在命令窗口中改变 AH 和 BT 的值，就可以改变加权值，而无须修改 wadd.m 文件。但是，在结构化程序中，全局变量是不受欢迎的，尤其是当程序较大、子程序较多时，全局变量将给程序调试和维护带来不便，故并不提倡使用全局变量。如果一定要用到全局变量，那么，最好给它起一个能反映变量含义的名字，以免和其他变量混淆。

此外，还须注意以下 4 点：①没有采用 global 定义的函数或基本工作空间，将无权享用全局变量；②如果某个函数的运作使全局变量的内容发生了变化，那么其他函数空间及基本工作空间中的同名变量也就随之变化；③除非与全局变量联系的所有工作空间都被删除，全局变量依然存在；④由于全局变量损害函数的封装性，因此不提倡使用全局变量。

3. 特殊变量

在 MATLAB 中，还存在几个特殊的变量，具体含义及使用方式如下。

（1）变量 ans，当在 MATLAB 命令窗口中输入表达式而不将其值赋予给任何特定变量时，在命令窗口中会自动创建变量 ans，并将表达式的计算结果赋给该变量，但是，变量 ans 仅保留并显示最近一次的计算结果，之前的计算结果会被后续的结果取代。

（2）变量 eps，表示浮点计算中的误差限，该变量可以作为命令直接在 MATLAB 命令窗口中应用，来得到当前 MATLAB 的浮点运算中的误差限，如下所示。

```
>> eps

ans =

  2.2204e-16
```

（3）变量 realmax，MATLAB 中所能表示的最大浮点数，在命令窗口中的应用如下。

```
>> realmax

ans =

 1.7977e+308
```

（4）变量 realmin，MATLAB 中所能表示的最小浮点数，在命令窗口中的应用如下。

```
>> realmin

ans =

  2.2251e-308
```

（5）变量 pi，代表 π 的数值，在命令窗口中的应用如下。

```
>> pi
```

```
ans =

   3.1416
```

（6）变量 NaN，代表非数，如 0/0、inf/inf。

（7）变量 computer，代表计算机类型和操作系统，在命令窗口中的应用如下。

```
>> computer

ans =

    'PCWIN64'
```

（8）变量 flops，代表统计该工作空间中浮点数的计算次数。

（9）变量 version，代表所用的 MATLAB 版本，在命令窗口中的应用如下。

```
>> version

ans =

    '9.4.0.813654 (R2018a)'
```

6.1.4　M 函数文件的一般结构

从结构上看，脚本文件只是比函数文件少一个“函数申明行”，所以只需要理解函数文件的结构，脚本文件的结构也就非常清晰了。通常情况下，M 函数文件包括以下基本组成部分。

（1）函数定义行：该组成部分由关键字 function 引导，MATLAB 中所有函数文件均遵循这种定义格式；该行指明这是一个函数文件，并定义函数名、输入参数和输出参数；输入参数用小括号括起来，不止一个时，用逗号隔开；输出参数不止一个时用中括号“[ ]”把所有的输出参数括起来，用逗号隔开，也可以没有输出参数。

（2）函数帮助信息行（H1 行）：主要是为了应用 lookfor 查询该函数的帮助信息时所显示的内容，用于给出该函数的帮助信息；该行以符号“%”开头；在编写函数文件时，应该尽可能在该行描述清楚函数的功能；该 H1 行供 lookfor 关键词查询和 help 在线帮助使用，当在命令窗口键入命令“help 函数名”后，显示的帮助信息的第一行为帮助信息行，当仅显示帮助信息行时，可调用 lookfor 查询。

（3）帮助文本：在函数定义行后面，连续的注释行不仅可以起到解释与提示作用，更重要的是为用户自己的函数文件建立在线查询信息，以供 help 命令在线查询时使用，例如，在命令窗口输入 help average_2，将得到如下结果。

```
>> help average_2

  输入参数 x 为输入向量，输出参数 y 为计算的平均值
```

非向量输入将导致错误

（4）编写和修改记录：其几何位置与在线帮助文本区相隔一个空行（不用%符开头）；该区域文本内容也都以%开头；标志编写及修改该 M 文件的作者和日期、版本记录；常常用于软件档案管理。

（5）函数体：即函数的功能实现部分，是完成函数文件编写的主要部分；为清晰起见，与前面的注释以空行相隔开；函数体的命令包括函数调用语句、程序流程控制语句、交互输入/输出语句、赋值语句、计算语句及注释语句和空行等。

（6）注释：以符号“%”开始直到该行结束的部分表示对程序语句的注释，空行也可以作为结束标志；注释可以放置在程序的任何位置，可以单独占一行，也可以在一个语句之后，如：

```
%非向量输入将导致错误
[m,n]=size(x);                      %判断输入量的大小
```

6.2 数据及数据文件

6.2.1 数据类型

在 MATLAB 中一共有 6 种基本的数据类型，每一种类型都可以是一维的、二维的或多维的，这 6 种数据类型分别是双精度型（double）、字符型（char）、稀疏型（sparse）、8 位型（uint8）、细胞型（cell）和结构型（struct）。一般情况下，把这 6 种类型的二维变量称为矩阵，其中，最常用的是双精度型和字符型数组。MATLAB 的计算都采用双精度型，MATLAB 提供的绝大部分函数都是对双精度型数据和字符串操作的，其他几种类型数据用于比较特殊的场合，如 8 位型用于图形处理，稀疏型用于稀疏矩阵，细胞型和结构型一般用于编写大型软件，这 6 种数据类型的关系如图 6-1 所示。

在图 6-1 中，数组在最上一层，表明 MATLAB 的所有数据类型都是向量，从大的类型上可以分为字符型、细胞型、结构性和数值型；数值型又可以分为双精度型和 8 位型；稀疏型是双精度型的一种，因为稀疏矩阵的每一个元素都是以双精度存储和运算的。表 6-1 列出了这些数据类型的一些基本例子。

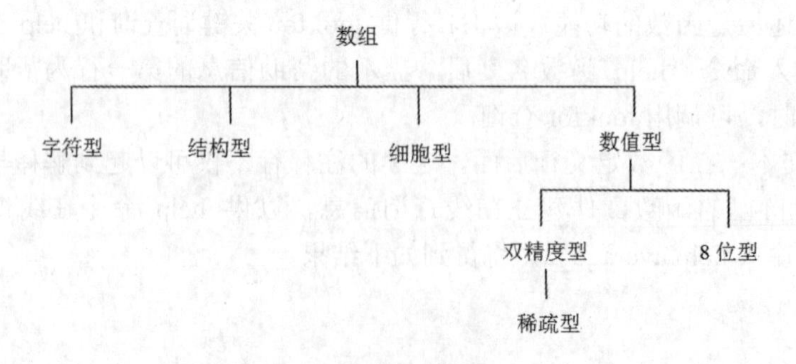

图 6-1　数据类型树状图

表 6-1　数据类型举例

数据类型	实例	说明
double	[1 2;3 4]	双精度数值类型，是最常用的数据类型
char	‘hello’	字符数字，每个字符占 16 位
sparse	speye(5)	双精度稀疏矩阵，只存储矩阵中的非 0 元素
cell	{17 ‘hello’ eye(2)}	细胞数组，数组中的每个元素可为不同类型、不同维数
struct	a.day=12;a.color= ‘Blue’ ;	结构数组相当于数据库的记录，把相关的数据列在一起，称为属性，不同属性的数据类型可以不同
uint8	uint8(magic(3))	8 位型，为无符号整型数据，最大可表示 255，不能进行数学计算

变量的数据类型可以用函数 isa 来查看，函数 isa 的调用格式如下。

```
isa(变量名,数据类型);
```

比如，当我们在 MATLAB 工作空间输入以下语句时：

```
a=2;c=4;
isa(a,'double')
```

运行程序后得到的结果如下。

```
ans =

  logical

   1
```

从中我们可以得到，如果变量名与数据类型相匹配，那么返回的结果为 1。如果变量名的数据类型与输入的数据类型不匹配，那么返回的结果会是什么呢？我们假设变量 *a* 的类型为 char 类型，那么在工作空间中输入

```
isa(a,'char')
```

运行之后得到的结果如下。

```
ans =

  logical

   0
```

因此，我们可以断定，当输入的变量名与输入的数据类型相一致时，函数 isa 返回的结果为 1；反之，函数 isa 返回的结果为 0。

MATLAB 的 6 种数据类型都支持一定的函数和运算方法，子一层的数据类型支持其父

层的所有运算，例如，双精度型的数据支持所有数组一层的计算。表 6-2 列出了所有的数据类型支持的方法。

表 6-2　数据类型支持的方法

数据类型	所支持的方法
数组	多维下标、组合、转置、行列初等变换、数组变形、求维度、各维的大小等
细胞型	各元素用{}引用
字符型	字符函数 strcmp、lower 等，计算时自动转换成双精度型
数值型	find 函数、复数元素、冒号算符等
双精度型	数学算符（+、-、*、/等）、逻辑运算、矩阵函数、数学函数
稀疏型	稀疏函数和算符（/.、.*、splu、spchol 等）
结构型	属性引用
8 位型	存储特性

与其他程序语言不一样，MATLAB 不能用 double、char 来定义变量，之所以把数据类型分为 6 种，只是为了把具有相同性质的数组归纳分类。在 MATLAB 中，有些数据如矩阵下标等并不需要采用双精度，如果采用双精度存储，将占用大量的存储空间。8 位型数据正是为了弥补双精度数据的不足，8 位型数据不能做任何计算，在计算之前，必须用函数 double 转换为双精度数据。还有一点需要注意的是，MATLAB 中可以创建自己的数据类型，也可以为已有的数据类型增加新的使用方法，自己定义的数据类型可以和 MATLAB 已有的数据类型一样使用。

6.2.2　数据的输入与输出

MATLAB 作为一种高性能的科技计算语言，在数值计算、算法研究、数据分析工程及工程设计仿真等方面具有非常强大的功能，并且，MATLAB 还提供了应用程序接口 API，实现 MATLAB 与其他应用程序之间的通信与交互。但是，MATLAB 使用特殊的数据表示——MATLAB 数据数组 mxArray。因此，要实现 MATLAB 与其他程序之间的通信，首先必须了解数据的输入与输出问题。

一、数据的输入

数据输入的方法有很多种，选取哪种方法进行输入取决于数据的多少、数据的可读性及数据的形式等。下面介绍数据输入的几种常用方法。

1．按元素列表直接输入数据

如果数据不多，那么可以利用数组的方式，直接从键盘输入数据。这种方法只适合数据较少的情况。如果数据过多，上百个甚至上千个，那么用这种方法显然是不行的。

2．利用 M 文件产生数据

利用文本编辑器产生一个 M 文件，由该文件直接把按元素列表方式的数据引入 MATLAB 工作空间。当数据不是机器可读的或是已经被打印出来的情况下，这种方法最适合，其优点是可利用文本编辑器修改数据。

3．从 ASCII 码平面文件装载数据

平面文件（Flat File）是相对关系数据库（Relational Database）而言的，其数据以 ASCII 码的形式进行存储，带有回车结尾的固定长度行，数码以空格分隔。平面文件可以用 load 命令直接读入 MATLAB 工作空间，其结果存放在以文件名为名的变量当中。

4．利用 fopen、fread 及 MATLAB 其他底层 I/O 指令读取数据

该方法用于读取其他外部应用程序以自己格式建立的数据。

5．生成 MEX 文件区读取数据

在读取其他应用数据的外部子程序线程的情况下，可以采用这种方法。

6．通过 MAT 文件读取数据

先用 C 或 FORTRAN 编写一个能够把数据转换成 MAT 文件格式的应用程序，然后把该文件读入至 MATLAB 工作空间。

二、数据的输出

利用 MATLAB 来处理数据，需要读取文件中的数据；同样，在处理完数据之后，需要对数据进行输出，MATLAB 采用的数据输出方法有以下几种。

1．利用 diary 指令输出数据

在 MATLAB 工作空间运行 diary 指令可以产生一个日记文件，该文件将记录此后 MATLAB 指令窗口中显示的内容，包括指令、中间运算结果、最终计算结果等。该文件可以用文本编辑器进行编辑整理，不仅提供数据，而且还为以后用户写总结文件或报告提供了便于使用的原始素材。

2．利用 Notebook 获取数据

利用 diary 指令产生日记文件的主要缺点是内容杂乱无章。在 Notebook 中产生的 M-book 文件，不仅克服了日记文件的缺点，而且文字质量高，版面规范完整，MATLAB 的指令、数据、图形都包含在其中。更重要的是，M-book 中的 MATLAB 指令可以随时运行、随时修改，MATLAB 工作内存中的数据随之改变，M-book 将始终保持文件中的图形、数据与指令相一致。

3．利用 save 指令输出数据

save 指令可以将当前的 MATLAB 内存中的几个或全部变量保存到文件中。

4．利用 fopen、fwrite 及其他底层 I/O 指令输出特殊格式的数据

当其他外部应用程序中需要某种格式的数据时，需要使用这种方法输出数据。

5．利用 MEX 文件写数据

如果满足应用需要格式数据的某子程序已经存在，那么采用这种方法输出数据会比较方便。

三、数据输入输出函数的应用

MATLAB 常用的数据输入输出函数有 save、load、fopen、fwrite、fread 等，下面分别讲解这几个函数的详细应用。

1．save 函数

save(filename)：将 MATLAB 工作空间中的所有变量都保存在文件名为 filename 的文件中，默认的文

件形式为 MAT 文件。

save(filename, variables):将变量名为 variables 的变量存储到文件 filename 中。

save(filename, '-struct', structName, fieldNames):将指定的变量结构作为单个变量的字段存储在该文件中，文件名为 fieldNames 所定义，在同一个调用函数当中，不能同时指定 variables 和 struct。

save(filename, ..., '-append'):在一个文件当中存储新的变量名。

save(filename, ..., format):将文件的扩展名保存为 MAT 或 ASCII。

save(filename, ..., version):将 MAT 文件保存为一个指定的版本，如 v4、v6、v7 或 v7.3。

2. load 函数

S = load(filename):从磁盘空间加载文件名为 filename 的文件至工作空间中。

S = load(filename, variables):从文件 filename 中加载文件名为 variables 的变量至工作空间中。

S = load(filename,'-mat', variables):将文件强制转换为 MAT 文件，其中 variables 为可选项。

S = load(filename,'-ascii'):将加载的文件强制转换为 ASCII 文件。

3. fopen 函数

fileID = fopen(filename):打开名为 filename 的文件。

fileID = fopen(filename, permission):打开文件，其中参数 permission 为打开文件的权限，有'r'、'w'、'a'、'r+'、'w+'、'a+'、'A'、'W'等可选参数。

fileID = fopen(filename, permission, machineformat):打开文件，其中参数 permission 同上，machineformat 为指定用于读取或写入的字节（或位文件）。

fileID = fopen(filename, permission, machineformat, encoding):打开文件，其中参数 permission、machineformat 同上，encoding 为文件的编码方式。

[fileID, message]= fopen(filename, ...):打开文件。当打开操作失败时，返回错误信息至 message 当中；如果打开成功，message 为空。

fIDs = fopen('all'):返回包含所有打开文件的返回值的行向量。

[filename, permission, machineformat, encoding]= fopen(fileID):返回打开文件的文件名、操作权限、语言形式及编码方式。

4. fwrite 函数

fwrite(fileID, A):将 A 写入文件当中，fileID 代表待写入的文件，由 fopen 获得。

fwrite(fileID, A, precision):将 A 以某一种数据类型写入文件当中，precision 为控制输出的形式和大小的类型。

fwrite(fileID, A, precision, skip):将 A 写入文件，参数同上，其中 skip 为每次写入值时跳过的位数。

fwrite(fileID, A, precision, skip, machineformat):写入文件，参数同上，其中 machinformat 与 fopen 的 machineformat 相同。

```
count =fwrite(...):返回成功写入文件中的数目。
```

5．fread 函数

```
A = fread(fileID):从文件中读取数据存入列向量A中，以二进制的形式读取文件。
A = fread(fileID, sizeA):从文件中读取指定数据存入列向量A中。
A = fread(fileID, sizeA, precision):根据指定的精度precision读取数据至列向量A中。
A = fread(fileID, sizeA, precision, skip): 读取指定的精度、指定的形式和大小的数据至列向量A中，其中skip指定每次读取时跳过的位数。
A = fread(fileID, sizeA, precision, skip, machineformat):读取由precision指定的形式和大小的数据，以及machineformat指定的数据至列向量A中。
```

对于简单的纯数据文件，可以直接通过 load 函数进行加载，或者通过 Import Data 加载，然而这种方法具有一定的局限性。当文档中存在字符或说明文件时，load 和 Import Data 经常失效。这时可采用文件流的方式，利用 fopen 或 fread 函数加载。

6.3 程序的流程控制

MATLAB 的程序流程语句主要包括选择结构和循环结构。选择结构是根据给定的条件成立或不成立，分别执行不同的语句。MATLAB 提供的选择结构语句有 if 语句、switch 语句和 try 语句。循环结构是根据给定的条件来决定执行语句的次数，MATLAB 提供的循环结构语句有 while 语句和 for 语句。MATLAB 程序的流程控制语句都以 end 为结束标志。

6.3.1 循环语句

MATLAB 循环语句包括 while 语句和 for 语句，下面分别介绍这两种语句的具体用法。

1．while 语句

while 语句是条件循环语句，while 循环使语句体在表达式（大部分为逻辑条件或关系条件）控制下重复不确定次数，直到表达式满足条件才停止循环，while 语句的一般形式如下。

```
while 表达式
    语句体
End
```

说明　当 MATLAB 遇到 while 指令时，首先检测表达式的值，若值为逻辑真（非 0），则执行循环体，当循环体命令执行完毕，继续检测表达式的值，若表达式仍为真，则继续执行；反之，则结束循环，退出循环体。while 语句的循环次数是不确定的，因此，对于不确定循环次数的循环体，使用 while 语句是非常合适的。

【实例 6-4】求等差数列 1+2+3+…+100 的和。

思路·点拨

高中数学等差数列的经典例题就是求 1～100 的和。本实例采用 while 循环语句，对照

while 语句的一般形式，这里的表达式可以取为 $i \leqslant 100$ 或 $i > 0$，但是两种形式的 i 分别是 1～100 和 100～1。

结果文件——配套资源“Ch6\SL604”文件

解：MATLAB 程序如下。

```
%while 语句
i=0;sum=0;
while(i<=100)
    sum=sum+i;
    i=i+1;
end
sum
```

程序的运行结果如下。

```
sum =

      5050
```

采用另外一种方法的 MATLAB 程序如下。

```
i=100;sum=0;
while(i>0)
    sum=sum+i;
    i=i-1;
end
sum
```

程序的运行结果如下。

```
sum =

      5050
```

【实例 6-5】利用 while 循环绘制函数 $y=\sin(2x)\cos x$ 在区间[0,2π]的函数图像。

思路·点拨

对于本实例，循环终止的条件是循环值 $i>2\pi$，循环步长取为 0.01π，那么利用 while 循环语句绘制函数的图像就可以实现。

结果文件——配套资源“Ch6\SL605”文件

解：MATLAB 程序如下。

```
%利用 while 语句绘制函数图像
i=0;k=1;
while(i<=2*pi)
y(k)=sin(2*i)*cos(i);
    i=i+0.01*pi;
    k=k+1;
end
i=0:0.01*pi:2*pi;
plot(i,y);grid;
```

程序的运行结果如图 6-2 所示。

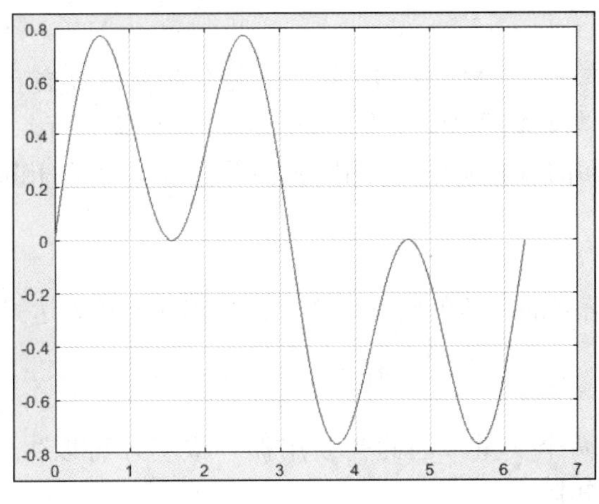

图 6-2　函数图像

2．for 语句

在许多情况下，循环条件是有规律变化的，通常把循环条件的初值、判别和变化放在循环的开头，这种形式就是 for 循环结构。for 循环结构的一般形式如下。

```
for v=循环体
        语句体
end
```

通常，表达式是一个向量，比如 *m*:*s*:*n*，其中 *s* 是步长，可以为整数、小数、正数或负数，该向量的元素逐一被赋值给变量 *v*，然后执行循环体。从这个方面来说，MATLAB 的 for 循环跟其他计算机编程语言没有什么区别。但是要注意的是，for 循环必须要由 end 来结束。

【实例 6-6】 简单的 for 循环示例：利用 for 循环输出 1~10 的整数。

思路·点拨

在 for 循环的循环条件的向量体中，步长在不设置任何数的情况下默认为 1。如果循环条件的最后一个数小于初始条件，该语句仍然是合法的，但是循环体内的语句不会执行。

结果文件——配套资源“Ch6\SL606”文件

解：MATLAB 程序如下。

```
for i=1:10
    x(i)=i;
end
%输出结果
x
```

程序的输出结果如下。

```
x =

     1     2     3     4     5     6     7     8     9    10
```

同其他的计算机语言一样，MATLAB 的 for 语句仍然可以嵌套执行，但是需要保证的是每个 for 都有一个 end 与其相匹配，否则程序无法正常编译执行。

【实例 6-7】 for 语句的嵌套循环：利用 for 循环的嵌套创建 Hilbert 矩阵。

思路·点拨

Hilbert 矩阵是一种著名的“坏条件”矩阵，该矩阵的元素表达式为

$$a(i,j)=\frac{1}{i+j-1}$$

因为其表达式中有两个变量，因此需要用循环嵌套才可以生成该矩阵。本实例选取 $i=3$，$j=4$ 创建 Hilbert 矩阵。

结果文件——配套资源“Ch6\SL607”文件

解：MATLAB 程序如下。

```
%for 循环嵌套
m=3;n=4;
A=zeros(m,n);
for i=1:m
    for j=1:n
        A(i,j)=1/(i+j-1);
    end
end
%格式输出控制
format rat
A
```

程序的运行结果如下。

```
A =

    1        1/2       1/3       1/4
    1/2      1/3       1/4       1/5
    1/3      1/4       1/5       1/6
```

说明　这里给矩阵预配置了内存空间，可以提高程序的运行速度。这里选取的 i、j 的数值较小，如果取值较大，程序运行速度就会变得特别慢，运行时间的区别就会很明显。

【实例 6-8】用 for 嵌套循环创建 Hilbert 矩阵时，当循环条件 $i=j=500$ 时，比较未对输出矩阵配置内存空间和对输出矩阵预配置内存空间对程序运行时间的影响。

思路·点拨

计算 MATLAB 程序的运行时间需要用到两个函数，tic 为启动秒表计时，toc 给出程序运行所用的时间。

结果文件——配套资源“Ch6\SL608”文件

解：MATLAB 程序如下。

```
%是否预配置内存空间对程序运行时间的影响
%未预配置内存空间
tic;
m=500;
for i=1:500
    for j=1:500
        A(i,j)=1/(i+j-1);
    end
end
%给出程序运行时间
t1=toc;
t1
%预配置内存空间
tic;
m=500;
A=zeros(m);
```

```
for i=1:500
    for j=1:500
        A(i,j)=1/(i+j-1);
    end
end
t2=toc;
t2
```

程序的运行结果如下。

```
t1 =

     629/2690


t2 =

      97/2958
```

从运行结果可以看出，两个程序的运行时间相差了将近 10 倍，因此，我们在以后的编程当中，推荐使用为变量预配置内存空间的方法来提高程序的运行速度。当然，这里的运行时间根据个人计算机的不同，t_1、t_2 可能是不同的。

6.3.2 if 条件语句

在复杂的计算当中，程序通常需要根据表达式是否满足一定的条件然后确定下一步的计算，因此，MATLAB 提供了 if-else-end 条件语句来实现该功能。if 语句可以分成以下 3 个步骤来理解。

（1）关键字 if 后的表达式为判断条件，在判断之前必须计算表达式的值。

（2）解释表达式的计算结果。MATLAB 没有布尔变量，而是以变量值是否为零来表示布尔值对应的真假。0 对应为假，1 对应为真。

（3）如果表达式为真，则执行紧跟其后的语句；否则，如果存在另一分支，那么就执行该分支。

if 语句分为简单条件语句和复合条件语句，简单条件语句的一般表达式为

```
if 表达式
        语句体 1;
else
        语句体 2;
end
```

对于复合条件语句，其一般表达式为

```
if 表达式 1
    语句体 1;
    else if 表达式 2
        语句体 2;
    end
end
```

这里需要注意的是，使用复合条件语句时，if 必须和 else 对应，否则容易出错。If 条件语句同样必须由 end 来结束，有几个 if 就有几个 end 与之相对应。

【实例 6-9】对于分段函数

$$y=\begin{cases} 2x & x<-1 \\ x^3+1 & -1\leqslant x\leqslant 1 \\ \mathrm{e}^{-x+2} & x\geqslant 1 \end{cases}$$

编写 M 函数，实现输入任意一组变量 x 的值，都能够计算出相对应的函数值 y。

思路·点拨

程序的 if 分支结构特别适合于编写分段函数这样的程序，本实例可以实现输入单变量的值，计算相对应的函数值；同样也可以输入向量，并计算向量中每个值对应的函数值，只需利用前面的 for 循环即可。编写好 M 函数文件之后，将该文件放置于搜索路径，在工作命令中就可以调用该函数了。

结果文件——配套资源“Ch6\SL609”文件

解：MATLAB 程序如下。

```
%if 条件语句
function y=Piecewisefunction(x)
%计算输入向量 x 的长度
n=length(x);
for k=1:n
    if(x(k)<-1)
        y(k)=x(k);
    elseif(x(k)>=1)
        y(k)=exp(-x(k)+2);
    else
        y(k)=x(k)^3+1;
```

```
    end
end
```

保存该 M 文件，命名为“Piecewisefunction.m”，鼠标右键单击该文件，选择将该文件添加至搜索路径中，然后在工作空间中输入变量 x=[−2,−1.2,0,0.5,2]，输入该函数命令，程序如下。

```
x=[-2,-1.2,0,0.5,2];
y=Piecewisefunction(x)
```

程序的运行结果如下。

```
y =

      -2          -6/5          1          9/8          1
```

【实例 6-10】解数论问题：取任意整数，如果为偶数，就将该数除以 2；否则将该数乘以 3 再加 1；重复此过程，直到该整数变为 1。利用 M 文件编写，输入一个数进行测试并输出结果。

思路·点拨

对于一个未知的整数，本实例需要用到循环语句，但是该循环语句的循环次数并不是已知的，所以我们使用 while 循环。本实例其实是 while 循环和 if 条件语句的结合使用。

结果文件——配套资源“Ch6\SL610”文件

解：MATLAB 程序如下。

```
function y=collatz(n)
%其中 n 为待测试的整数
y=n;
while(n>1)
    if(rem(n,2)==0)
        n=n/2;
    else
        n=n*3+1;
    end
    y=[y,n];
end
```

保存该 M 文件，并将其添加至搜索路径，在 MATLAB 的工作空间中输入函数的调用语句：collatz(9)，程序的输出结果如下。

```
ans =
```

```
    1 至 9 列
         9           28          14           7          22          11
34          17          52
    10 至 18 列
        26           13          40          20          10           5
16           8           4
    19 至 20 列
         2            1
```

6.3.3 switch-case 语句

switch-case 语句实际上与 if 语句是相似的，它是根据语句变量或表达式的值不同分别执行不同命令的条件语句，其基本调用格式如下。

```
switch 表达式
    case 值 1
        表达式 1
    case 值 2
        表达式 2
    case 值 3
        表达式 3
    ...
    otherwise
        表达式 n
end
```

运行 switch-case 语句时，首先计算表达式的值，然后比较计算结果与 case 语句中的值。若计算结果与 case 语句中的某一个值相对应，则执行对应的语句；若都不满足 case 语句中的值，那么将执行 otherwise 语句的表达式。

【实例 6-11】 在学生学习生涯当中，老师给的成绩通常分为满分、优秀、良好、及格及不及格几个等级。利用 switch-case 语句对于给定的学生成绩，判断其成绩等级并输出。

思路·点拨

本实例采用 switch-case 语句来判断学生的成绩，首先给定学生的成绩，然后确定成绩等级的范围，最后编写程序判断其等级。

结果文件——配套资源“Ch6\SL611”文件

解：MATLAB 程序如下。

```
%switch-case 语句
%定义分数段:满分(100),优秀(90-99),良好(80-89), 中等(70-79),及格(60-69),不及格(<60)
for i=1:10
    a(i)={89+i};b(i)={79+i};c(i)={69+i};d(i)={59+i};
end
%输入学生的分数
A={72,83,56,94,100};
for k=1:5
    switch(A{k})
        case 100
            r='满分';
        case a
            r='优秀';
        case b
            r='良好';
        case c
            r='中等';
        case d
            r='及格';
        otherwise
            r='不及格';
    end
    %输出学生成绩等级
end
B{k}=r
```

程序的输出结果如下。

```
B =

  1×5 cell 数组
```

```
{'中等'}    {'良好'}    {'不及格'}    {'优秀'}    {'满分'}
```

本实例也可以通过 if 语句来实现，其 MATLAB 程序如下。

```
%if 语句实现
%输入学生分数
A=[72,83,56,94,100];
n=length(A);
for i=1:n
    if(A(i)==100)
        r='满分';
    elseif(A(i)>=90&&A(i)<100)
        r='优秀';
    elseif(A(i)>=80&&A(i)<90)
        r='良好';
    elseif(A(i)>=70&&A(i)<80)
        r='中等';
    elseif(A(i)>=60&&A(i)<70)
        r='及格';
    else
        r='不及格';
    end
end
B{i}=r
```

程序的运行结果如下。

```
B =

  1×5 cell 数组

    {'中等'}    {'良好'}    {'不及格'}    {'优秀'}    {'满分'}
```

可以看出，两种方法的计算结果是一样的。需要注意的是，由于输出的是字符串，所以这里的 B{i}=r 不能用 B[i]=r 来代替。

6.3.4 控制程序流的其他常用指令

6.3.3 小节讲的是 MATLAB 的程序流程控制语句，本小节将主要讲解控制程序流的其他常用指令，具体有 echo、input、pause、break、continue、keyboard 及 return。

1. echo 指令

通常情况下，M 文件在执行的时候，文件中的指令不会显示在指令窗口中。用 echo 指令可以使得文件指令在执行的时候可见。这对于程序的调试具有非常重要的作用，对命令文件和函数文件，函数 echo 的作用稍微有些不同。

对命令文件，echo 的用法相对简单，其主要调用格式如下。

```
echo on:切换到显示其后所有被执行命令文件指令的状态。
echo off:切换到其后所有被执行命令文件指令不被显示的状态。
echo：实现被执行命令文件指令是否被显示的状态切换。
```

echo 命令以上的调用格式对函数文件不起作用，下面的 echo 调用格式对函数文件、命令文件都通用。

```
echo FileName on:使 FileName 指定文件的指令在执行中被显示出来。
echo FileName off:终止显示 FileName 文件的执行过程。
echo FileName:FileName 文件的执行过程是否被显示的切换开关。
echo on all:显示其后所有被执行文件的过程。
echo off all:使其后所有被执行文件的过程不被显示。
```

这里需要注意的是，当把 echo 运用于某一函数文件时，该文件将不被编译执行，而是被解释执行，因此，函数文件在执行的过程中，每一行都可以被观察到，特别适用于程序的调试。

2. input 指令

input 指令用来提示用户从键盘输入数值、字符串或表达式，并接受该输入。其主要调用格式如下。

```
evalResponse =input(prompt)：将字符串 prompt 显示在屏幕上，等待用户输入，并将输入的值赋给 evalReponse。输入的可以是数值、字符串、胞元数组等数据。
strResponse =input(prompt, 's')：将输入变量以字符串的形式返回给 strResponse，不管用户输入的是什么数据。
```

例如，提示用户输入 Y/N，可以用如下的语句来实现。

```
reply = input('Do you want more? Y/N [Y]: ', 's');
if isempty(reply)
   reply = 'Y'
end
```

当运行该程序时，会在工作空间提示以下语句。

```
Do you want more? Y/N [Y]:
```

当用户输入 Y 时，reply 为非空，不运行 if 条件语句。若用户没有输入，直接按 Enter 键，那么 reply 为空，运行 if 条件语句，将 reply 的值赋为 Y，此时运行结果为：

reply =

'Y'

3．pause 指令

pause 指令用于使程序运行暂停，等待用户按任意键继续。pause 指令在程序调试及需要查看程序运行的中间结果时非常有用。pause 指令的用法如下。

```
pause:暂停程序的运行，直到用户按下任意键时继续运行。
pause(n)：将程序暂停 n 秒。
pause on：将程序暂停，直到用户键入 pause off 指令时停止。
pause off：停止程序的暂停。
pause query：当程序暂停时，显示“on”；当程序不被暂停时，显示“off”。
state = pause('query')：将程序的暂停状态返回给状态变量 state。
oldstate = pause(newstate):开启程序暂停或停止暂停，返回程序之前的暂停状态。
```

4．break 指令

break 指令可以导致包含 break 指令的最内层 while、for、if 语句终止，通过使用 break 语句，程序可以不用等到循环的自然结束，而是根据循环内部另设的某种条件是否满足，去决定是否退出循环，是否结束 if 语句。在 C、C++或 C#语言中，break 指令还可与 switch 语句结合使用。

【实例 6-12】演示利用 break 指令退出 while 循环语句。

思路·点拨

在某些循环语句当中，我们并不希望循环全部执行。那么我们就可以设置当循环满足一定的条件时，使用 break 语句来退出循环体。

结果文件——配套资源“Ch6\SL612”文件

解：MATLAB 程序如下。

```
%break 语句演示实例
a = 10;
%执行循环体
 while (a < 20 )
     fprintf('value of a: %d\n', a);
     a = a+1;
     if( a > 15)
        %当满足 a>15 时退出循环体
        break;
     end
 end
```

程序的运行结果如下。

```
value of a: 10

value of a: 11

value of a: 12

value of a: 13

value of a: 14

value of a: 15
```

5. continue 指令

continue 指令的作用是跳过位于它之后的循环体的其他指令，而执行循环的下一个迭代计算。

【实例 6-13】计算 M 文件的代码行数，该文件为 MATLAB 自带的文件“magic.m”。

思路·点拨

要计算文件的代码行数，首先需要在磁盘文件中读取该文件，这里需要使用函数 fopen，该函数用来读取某一存储路径下的文件；然后利用 while 循环判断每一行的截止标志，利用函数 feof 来获取；调用函数 fopen 之后，一般都要使用函数 fclose 来关闭文件流。

结果文件——配套资源“Ch6\SL613”文件

解：MATLAB 程序如下。

```
%continue 指令
%读取文件
fid = fopen('magic.m','r');
%初始化行数为 0
count = 0;
while ~feof(fid)
    line = fgetl(fid);
    if isempty(line) || strncmp(line,'%',1) || ~ischar(line)
        continue
    end
    count = count + 1;
end
fprintf('%d lines\n',count);
fclose(fid);
```

程序的运行结果如下。

```
31 lines
```

6．keyboard 指令

keyboard 指令与 input 指令一样，当程序运行至 keyboard 指令时，MATLAB 将自动暂停程序的运行并调用计算机的键盘命令进行处理。当处理完程序之后，键入 return，然后按下回车键，程序将会继续执行。在 M 文件中包含该指令之后，有利于调试或在程序中修改变量。

7．return 指令

结束 return 指令所在的函数的执行，而把控制转至主调函数或指令窗，否则，只有在整个被调函数执行完之后，才会转出。

6.4　程序的调试与优化

一般来说，应用程序的错误分为两类，一类是语法错误，另一类是运行时的错误。语法错误包括词法或文法的错误，如函数名的拼写错误、表达式书写错误等。而运行时的错误是指程序的运行结果有错误，这类错误也称为程序逻辑错误。由于在函数程序中出错而造成程序的运行停止时，其变量是不作保存的。

通常情况下，命令窗口中显示的错误多为语法错误，这是比较容易修改的；然而运行错误出现时，将关闭函数的工作空间，回到 MATLAB 的主工作空间，这样很多中间数据丢失，造成错误很难被发现及修改，在这种情况下，可以采用以下几种方法来修正错误。

（1）去掉命令行末尾的分号，这样语句的运行结果会出现在工作空间中。

（2）在 M 文件中加入 keyboard 命令。运行文件时，在 keyboard 命令的地方将暂停，同时在命令窗口中显示字符“K>>”，这时，可以检查和修改函数工作空间中的变量值。

（3）注释掉函数的定义行，把函数当作命令文件来运行。这样，所有的中间结果都可以在 MATLAB 的主工作空间查看和修改。

（4）使用 MATLAB 调试器。由于可以查看和修改函数工作空间中的变量，调试器可以准确地找到程序中的运行错误，通过调试器设置断点可以使程序运行到某一行后暂停，这时，就可以查看和修改各个工作空间中的变量，通过调试，可以一行一行地运行程序。

6.4.1　程序的直接调试法

MATLAB 提供了一些调试程序的命令，用调试命令可以在命令窗口中调试程序，查找程序中的运行错误及语法错误等。表 6-3 列出了调试命令的功能和基本调用方法。

表 6-3　程序调试命令

功能	调用方法
设置断点	dbstop at 行号 in 文件名
清除断点	dbclear at 行号 in 文件名
产生警告、错误或 NaN/Inf 时，停止运行	dstop if warning dstop if error dstop if naninf dstop if infnan

续表

功能	调用方法
继续执行	dbcont
列出调试中将要执行的命令	dbstack
列出所有断点	dbstatus 文件名
执行一行或多行	dbstep 行数
列出文件，每行都标上标号	dbtype 文件名
转换工作空间	dbdown dbup
退出调试	dbquit

为了详细讲解程序调试的具体方法和步骤，首先创建一个存在问题的函数文件 var1.m，该文件有一个输入参数，返回方差的无偏估计。同时该函数调用一个名为 sqsum.m 的文件来计算输入向量的中点平方和。这两个 M 文件的函数分别如下。

```
var1.m
function y=var1(x)
meam=sum(x)/length(x);
tot=sqsum(x,meam);
y=tot/(length(x)-1);
sqsum.m
function tot=sqsum(x,meam)
tot=0;
for i=1:length(meam)
tot=tot+((x(i)-meam).^2)
end
```

现在，通过一组数据来验证一下该程序的运行结果是否正确。在 MATLAB 中，提供了计算方差的函数 std。输入向量 x=[1,2,3,4,5,6,7,8,9]。利用 std 函数计算向量 x 的方差，其语句为

```
x=[1,2,3,4,5,6,7,8,9];
var=std(x).^2
```

其运行结果为

```
var =

    15/2
```

利用上述的 var1.m 来计算输入向量 x 的方差，其计算结果为

```
var =
```

```
      2
```

很明显，程序中出现了错误。现在利用程序调试命令对程序进行调试。

1．设置断点

利用函数 dbstop 可以在文件的任意位置设置断点，当文件执行到断点时，将暂停程序的运行。首先在 var1.m 文件中验证平均值及中心平方和是否正确，即在这两行程序的位置设置断点，其 dbstop 的命令如下。

```
dbstop var1 3;
dbstop var1 4;
```

2．查看变量

运行程序，假如输入的向量为 x=[1,2,3,4,5]，其平均值为 3，中心平方和为 10，这是正确的数据，现在来验证 var1.m 所计算的输入向量 *x* 的平均值及中心平方和是否正确。在命令窗口中运行 var1.m 文件，其语句为

```
x=[1,2,3,4,5];var1(x)
```

那么，工作空间就会出现如下的情况。

```
3   tot=sqsum(x,meam);
K>>
```

当程序执行到断点的时候，就可以在命令窗口中输入命令查看和修改变量的值，这里用 whos 命令来查看工作空间中的变量，在 K>>后输入 whos，得到的结果如下。

```
Name      Size            Bytes  Class     Attributes
meam      1x1                 8  double
x         1x5                40  double
```

这里查看的是变量 *x* 的值及其相对应的属性。在 K>>后面输入要查看的变量名，就可以获得该变量的值，如这里查看 *meam* 的值，在 K>>后面输入 meam，得到变量 *meam* 的值为 3。

利用命令 dbstep 执行第一个断点所在行，可以查看变量 *tot* 的值，在 K>>后面输入指令 dbstep，得到的结果如下。

```
K>> dbstep
4   y=tot/(length(x)-1);
```

在 K>>后面输入查看的变量 *tot*，可以获得 *tot* 的值如下。

```
K>> tot
tot =


     4
```

从中可以看出，*tot* 的值并不是正确的结果，因此可以断定是在函数 sqsum 中出现了错误。

3．转换工作空间

对于工作空间的转换可以用函数 dbup 和 dbdown 来实现，其中 dbup 是从函数 var1 的工作空间转换到主工作空间，而 dbdown 的作用则相反。例如，输入命令 dbup 并查看工作空间中的变量，可以得到如下的结果。

```
在基础工作区中
K>>whos
  Name      Size            Bytes  Class     Attributes
  x         1x5                40  double
```

输入 dbdown 并查看该空间中的变量，可以得到如下的结果。

```
在属于 var1 (line 4) 的工作区中
K>> whos
  Name      Size            Bytes  Class     Attributes

  meam      1x1                 8  double
  tot       1x1                 8  double
  x         1x5                40  double
```

4．查看 M 函数文件内容

利用函数 dbtype 可以查看 M 文件函数的内容，如查看函数 sqsum 的内容，可以在工作空间输入命令：

```
K>> dbtype sqsum
```

那么，显示的结果如下。

```
1     function tot=sqsum(x,meam)
2     tot=0;
3     for i=1:length(meam)
4     tot=tot+((x(i)-meam).^2);
5     end
```

5．调试 sqsum 函数，设置断点

从上面可以得知，导致该运行结果出现问题的原因是函数 sqsum 中出错。程序中最有可能出错的地方是循环体部分，因此在第 4 行和第 5 行分别设置断点，程序如下。

```
K>> dbstop sqsum 4;dbstop sqsum 5
```

6．查看程序中未执行完的命令行

首先，利用函数 dbclear 清除函数 var1 中的断点，输入的程序语句如下。

```
K>> dbclear var1
```

可以看出，var1 文件中的断点都已经被清除。继续运行 var1.m 文件，得到的结果如下。

```
K>> var1(x)
```

```
4        tot=tot+((x(i)-meam).^2);
```

然后，利用函数 dbstack 来查看程序调试过程中还未被执行的程序行。在 K>>后输入 dbstack，得到的结果如下。

```
K>> dbstack
> In sqsum (line 4)
  In var1 (line 3)
  In var1 (line 4)
```

继续查看变量 *i* 和 *tot* 的值，得到的结果如下。

```
K>> dbstep
5   end
K>> i

i =


     1


K>> tot


tot =


     4
```

也就是说，函数 sqsum 中的循环体只循环了一次就结束了，而该循环体其实应该执行 5 次，因此可以断定是循环体出现了错误。接着继续运行，直到所有未执行的语句也执行完毕，如下所示。

```
>> dbstep
函数 sqsum 末尾
```

7．退出调试

同样，需要先清除 sqsum 中的断点，然后再退出调试程序，退出调试程序的函数为 dbquit，返回主工作空间，将循环体中的 length(meam)改为 length(x)，执行调用程序，那么就可以得到正确的结果。

```
>> var1(x)
ans =

     5/2
```

6.4.2 调试器的使用

对于上面的实例，采用另外一种调试方式进行程序的调试——调试器调试。调试器是直接在 M 文件中的，首先在程序语句中设置断点，然后运行该文件，就可以启动调试器。下面详细介绍通过 M 文件调试器调试程序。

1．设置断点

调试的过程基本上都是从设置断点开始的。程序运行时，将在断点处暂停，允许用户查看和修改函数的工作空间中的变量值。断点用行首的红点来表示，当设置断点的行不是可执行的程序语句时，断点将被设置在下一个可执行行的行首。M 文件的基本结构如图 6-3 所示。行首的数字表示程序行的行号，中间的横线表示可以设置断点，对于没有横线的程序行，不能够对其添加断点。断点的设置有两种方法，一种是用鼠标直接在横线的位置单击，就可以设置断点；另外一种是通过 M 文件中的“断点”选项中的“设置/清除”选项设置断点，将光标移动至要设置断点的程序行，单击“设置/清除”就可以设置断点。消除断点的方法也有两种，一种是在横线的红点处单击鼠标，那么该断点就会消除；另外一种是单击“设置/清除”，那么该断点也会被消除。当一个语句中没有设置断点，单击“设置/清除”就会产生断点，反之则会消除断点。

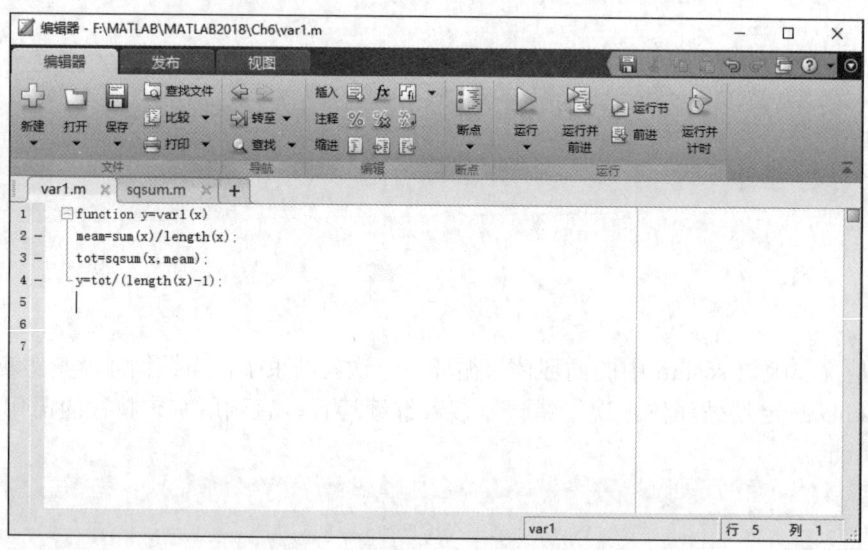

图 6-3　M 文件

我们在 var1.m 第 3 行处设置断点，并在工作空间中运行该文件，得到的结果如下。

```
>> x=[1,2,3,4,5];var1(x);
3   tot=sqsum(x,meam);
K>>
```

当程序执行到断点处时，在断点和程序行之间将产生一个绿色箭头，表示该行为将要运行的程序行，这时，可以查看和修改已经产生的变量，与直接调试法一样，在 K>>后面输入要查看的变量。这里还需要注意的是，当设置断点后执行程序，就会出现程序调试的相关按钮，我们可以直接使用这些按钮进行程序的调试，如图 6-4 所示。

这些按钮实际上与上一小节所讲的命令是一一对应的。如“继续”对应 dbcont 命令、“步入”对应 dbstep 命令等。由于该实例已经在上一小节中做了非常详细的讲解，这里只介绍通过调试器调试程序的基本知识及方法。查看变量的值还可以通过将鼠标放在该变量上，那么就会显示出该变量的值及其数据类型，如图 6-5 所示。

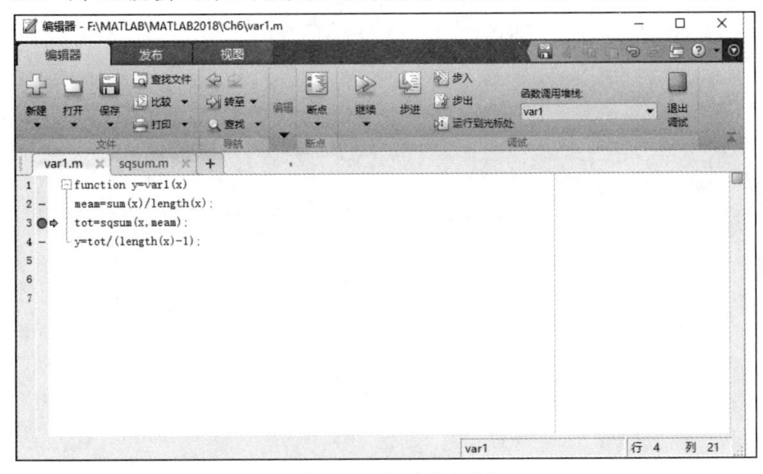

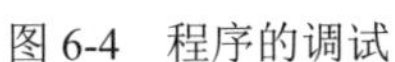
图 6-4　程序的调试

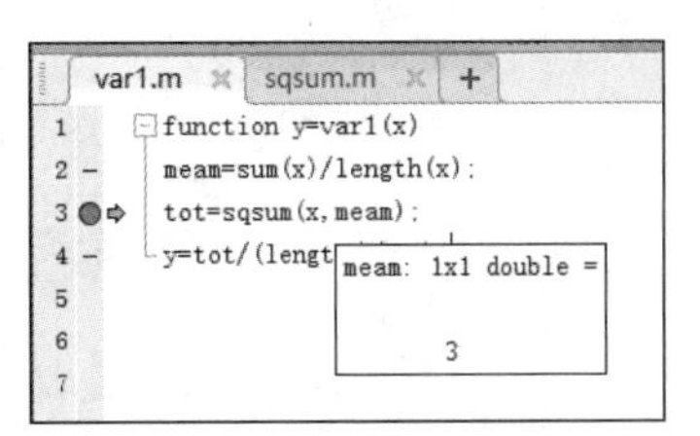

图 6-5　查看变量

2．转换工作空间

选中调试器右上方的“函数调用堆栈”，单击下拉列表，有两个可选择的选项，一个是“var1”，另外一个是“栈底”选项，分别对应函数 var1 工作空间及主工作空间。这里就相当于是 dbup 和 dbdown 两个函数命令行。

3．停止调试、清除断点

单击调试器上的红色按钮“退出调试”，就会停止当前的程序调试。清除断点则选择“断点”中的“全部清除”或“设置/清除”选项，其中“全部清除”选项为清除所有的断点，而“设置/清除”则只能删除一个语句当中的断点。对于停止调试之后的程序，清除所有断点的最快方法当然是选择“全部清除”选项了。

6.4.3　程序设计优化

MATLAB 的程序优化设计指的是通过一些方法提高 M 文件的执行速度，优化内存管理，主要包括循环的向量化和数组内存的预分配。

1．循环的向量化

MATLAB 虽然是一个非常方便的数学软件，但是 MATLAB 一个最大的缺点是当矩阵的单个元素作循环体时，运算的速度非常慢。编写程序时，通过把循环向量化，不但能缩短程序的长度，更重要的是能够提高程序的执行速度。所以在编程时，应该尽量对向量和矩阵编程，而不是像在其他应用程序里，对矩阵的元素编程。下面通过具体的实例来说明针对向量编程的优点。

【实例 6-14】分别利用循环体和向量化编程计算函数 $y=\lg x$ 的值，并计算两种方法的运行时间。

思路·点拨

对于本实例，我们刚开始接触，都会无意识地选择利用 for 循环来计算，很少使用向量化编程。虽然计算本实例不会花费太长的时间，但是如果对于矩阵的计算，那么就会消耗很长的运行时间。计算程序的运行时间，采用 tic 和 toc 两个函数来计算。

结果文件——配套资源“Ch6\SL614”文件

解：MATLAB 程序如下。

```
%利用 for 循环计算
x=1;
tic;
for k=1:1000
    y(k)=log10(x);
    x=x+0.01;
end
t1=toc
%利用向量化编程
tic;
x=1:0.01:10;
y=log10(x);
t2=toc
```

程序的运行结果为如下。

```
t1 =

      13/4022

t2 =

     115/4084
```

从运行结果可以看出，两者的运行时间相差还是很明显的。试想一下，对于这种简单的计算，利用 for 循环编程和向量化编程的运行效率差别就这么大，如果是在矩阵编程当中，运行效率将会怎样呢？读者可以自己对比验证一下。

2．数组内存的预分配

数组内存的预分配可以提高程序的运行效率。在 MATLAB 中，变量使用之前不用定义和指定维数，如果未预定义数组，每当新赋值的元素的下标超出向量的维数时，MATLAB

就会为该数组扩展维度，这样就会大大降低程序的执行效率。除此之外，数组内存的预分配可以提高内存的使用效率。如果不对数组进行内存的预分配，数组多次扩展维度的过程就会增加内存的碎片，从而降低程序的执行效率。

【实例 6-15】比较对数组进行内存的预分配和不预分配的程序执行效率。

思路·点拨

对数组进行内存的预分配，可以提高程序的运行效率，在程序开始执行之前，分配内存可以提高系统内存的占用率，从而提高运行效率。

结果文件——配套资源“Ch6\SL615”文件

解：MATLAB 程序如下。

```
%数组内存的预分配
tic;
A=zeros(2000);
for i=1:2000
    for j=1:2000
        A(i,j)=i+j;
    end
end
t1=toc
%不预先分配内存
tic;
for i=1:2000
    for j=1:2000
        B(i,j)=i+j;
    end
end
t2=toc
```

程序的运行结果如下。

```
t1 =


     127/615


t2 =
```

2086/209

从运行结果可以看出，两者的计算时间差别很大，所以一定要认识到预先分配内存的重要性，从而提高程序的优化设计。

6.5 MATLAB 函数类别

在 MATLAB 中，函数的类别主要分为主函数（Primary Functions）、子函数（Subfunctions）、匿名函数（Anonymous Functions）、嵌套函数（Nested Functions）和私有函数（Private Functions）。

6.5.1 主函数

任意 M 文件中的第一个函数称为主函数，主函数之后可能会附随着多个子函数。主函数是在命令区或其他函数中可调用的唯一一个该 M 文件中所定义的函数。主函数一般为与保存文件名相同的那个函数，并且可以采用 help functionname 指令获取函数所携带的帮助信息。

6.5.2 子函数

一个 M 文件中可能包含多个函数，除了主函数之外的函数都称为子函数，这些子函数只能为主函数或同一个 M 文件中的其他子函数可见。子函数的特点是：不能独立存在，只能存在于主函数内，并且只能被其所在的主函数和其他子函数所调用。同样，我们可以采用 help functionname/sunfunctionname 指令获得子函数所带的帮助信息。下面的代码是一个包含子函数的例子。

```
%主函数 newstats
function [avg,med]=newstats(u)
n=length(u);
avg=mean(u,n);
med=median(u,n);

%子函数 mean
function a=mean(v,n)
a=sum(v)/n;

%子函数 median
function m=median(v,n)
w=sort(v);
```

```
if(rem(n,2)==1)
    m=w((n+1)/2);
else
    m=(w(n/2)+w(n/2+1))/2;
end
```

这里需要注意的是，在同一个 M 文件中不同子函数内部定义的变量，不能够被其他子函数所使用，除非是定义为全局变量或作为参数传递给其他子函数。

6.5.3 匿名函数

匿名函数的作用在于可以快速生成简单的函数，而不需要创建 M 文件，匿名函数通常在命令区或函数、脚本中运行时创建。匿名函数的生成语法规则为

fhandle=@(arglist)expr

其中 expr 代表函数体，arglist 是逗号分隔的参数列表，符号@代表创建函数句柄，匿名函数必须使用该符号，匿名函数的执行语法是

fhandle(arg1,arg2,…,arg*N*)

fhandle 为匿名函数句柄。

简单的匿名函数示例：sqr=@(*x*)*x*.^2。该匿名函数是用来计算给定参数 *x* 的平方值，执行的语句可以采用 *a*=sqr(5)的形式。再比如 sum*AxBy*=@(*x*,*y*)(*A**x+*B**y)，该函数为使用多个参数的匿名函数；也可以使用无参数的匿名函数，如 *t*=@()datastr(*now*)；还可以采用匿名函数数组的形式，如 *A*={@(*x*)*x*.^2,@(*y*)*y*+10,@(*x*,*y*)*x*.^2+*yA*+10}等。

下面介绍多重匿名函数，如求表达式

$$g(c)=\int_0^1 (x^2+cx+1)\mathrm{d}x$$

函数积分，可以采用多重匿名函数的形式进行求解，如下

g=@(*c*)(quad(@(*x*)(*x*.^2+*c***x*+1),0.1));

其中@(*x*)(*x*.^2+*c***x*+1)为第一重匿名函数，然后将其作为参数继续传递给积分函数，构成了多重匿名函数。

我们也可以在 M 函数文件当中调用匿名函数。如求解方程

$$ae^x+bx=0$$

可以编写如下的 M 函数文件。

```
function f0=test(a,b,x0)
f0=fsolve(@(x)(a*exp(x)+b*x),x0);
```

6.5.4 嵌套函数

任意一个 M 函数体内所定义的函数称为外部函数的嵌套函数，MATLAB 支持多重嵌套函数，即在嵌套函数内部继续定义下一层的嵌套函数，其基本形式如下。

```
function x=A(p1,p2)
function y=B(p3)
…
end
…
end
```

MATLAB 的函数体通常不需要 end 结束标记，但是如果包含嵌套函数，那么该 M 文件内的所有函数（包括主函数和子函数），不论是否包含嵌套函数都需要显示 end 结束标记符。

嵌套函数的调用规则如下。

（1）父级函数可以调用下一层嵌套函数。

（2）相同父级的统计嵌套函数可以相互调用。

（3）低层嵌套函数可以调用任意父级函数。

（4）嵌套函数的输出变量不为外部函数可见。

嵌套函数中的局部变量在任意一层内部嵌套函数或外部父级函数中可以被访问，如下面的这个函数是正确的。

```
function varScope
   x=5;
   %nestfun1
   function nestfun1
   %nestfun2
      function nestfun2
         x=x+1;
      end
   end
end
```

而下面的这个例子则是不合法的，因为变量 *x* 分别处于两个独立的工作区。

```
function varScope
   function nestfun1
      x=5;
   end
   function nestfun2
      x=x+1;
   end
```

```
end
```

6.5.5 私有函数

私有函数是 MATLAB 编程中广泛使用的一种技术，其主要作用是限定某些函数只能被另外一些函数所使用，其他的函数不能使用。这样的话，就可以避免因为函数的使用造成的一些问题。私有函数只能被 private 文件夹中的函数所调用。

私有函数是那些被放在 private 文件夹下的函数，这些函数被称为私有函数是因为它们只对满足以下条件的函数或脚本可见。

（1）函数要满足它被定义的文件在 private 文件夹的上一级目录。

（2）脚本要满足它被满足条件（1）的函数调用，才能在其中使用私有函数。

由于私有函数对父文件夹外不可见，所以它们能使用与其他文件夹中函数相同的名字。如果想创建属于自己版本的函数，只需把原始的函数放在其他文件夹下，因为 MATLAB 是在找标准函数之前先找私有函数的。

6.6 函数句柄

函数句柄（function handle）是 MATLAB 的一种数据类型，它携带着“响应函数创建句柄时的路径、视野、函数名及可能存在的重载方法”。使用函数句柄可以带来很多好处，主要有以下两方面。

（1）提高运行速度。因为 MATLAB 对函数的调用每次都要搜索所有的路径，从“设置路径”中可以看到，路径是非常多的，所以如果一个函数需要经常用到，那么使用函数句柄对提高程序的运行速度是非常有利的。

（2）使用函数句柄，可以使函数的使用与变量一样方便。例如，在某个目录运行之后，创建了本目录的一个函数句柄，当转到其他目录下运行时，创建的函数句柄仍然是可以直接调用的，而无须把那个函数文件复制到当前文件夹，因为在之前创建的函数句柄当中就已经包含了该函数的路径。

6.6.1 函数句柄的创建和显示

函数句柄并不是伴随着函数文件的创建、调用而自动形成的，而是必须经过专门的定义才会生成。为一个函数定义句柄的方法主要有两种方式：利用@符号和利用转换函数 str2func。而观察函数句柄则采用函数 functions 来实现。

下面介绍如何创建函数句柄。选择 MATLAB 函数库中自带的函数 magic，用函数句柄的两种创建方法来创建。

1．@符号创建法

```
hm=@magic;
```

2．函数 str2func 创建法

```
hm=str2func('magic')
```

可以利用函数 class 来查看句柄 hm 的类型，函数 class 返回 hm 的具体类型；同时，也可以利用函数 isa 来判断 hm 是否为句柄类型。在 MATLAB 工作空间中输入以下语句。

```
hm=@magic;class(hm)
```

运行结果如下。

```
ans =

    'function_handle'
```

采用函数 isa 来判断 hm 是否为函数句柄，可以在工作空间输入以下语句并运行。

```
isa(hm,'function_handle')
```

那么运行的结果将会是 1，如下所示。

```
ans =

  logical

   1
```

之前讲过，函数句柄携带着该函数的路径、可能存在的重载方法等信息，查看这些信息可以采用函数 functions 来实现，在工作空间中输入以下语句。

```
message=functions(hm)
```

那么程序的运行结果如下。

```
message =

  包含以下字段的 struct:

    function: 'magic'
        type: 'simple'
        file: 'C:\Program Files\MATLAB2018\R2018a\toolbox\matlab\elmat\magic.m'
```

6.6.2 函数句柄的基本操作

函数句柄的基本操作有两种，一种是直接调用方式，另外一种是间接调用方式。假设有一个函数 fun，其调用格式如下。

```
[argout1,argout2,…argoutN]=fun(argin1,argin2,…arginN)
```

创建该函数的函数句柄 funhandle，那么通过函数句柄调用方法实现函数运算的调用格式分别如下。

1．直接调用方式

```
[artout1,argout2,…argoutN]=funhandle(argin1,argin2,…arginN);
```

2．间接调用方式

```
[argout1,argout2,…argoutN]=feval(funhandle,argin1,argin2,…arginN)
```

这里需要说明的是，只要函数的句柄被创建了，那么该句柄所代表的函数总是可以被调用，不管该函数文件是否存在于搜索路径上面，是否是子函数或私有函数。而且当函数存在重载时，借助函数句柄，函数的计算总是能够准确地执行，即函数的运算会根据参数的类型和个数，从该函数的所有重载函数中选择相应的函数文件来进行计算。

【实例 6-16】二阶线性系统的归一化（即令 $\omega_n=1$）的脉冲响应可表示为

$$y(t)=\begin{cases}\dfrac{1}{\beta}\mathrm{e}^{-\xi t}\sin(\beta t) & 0\leqslant\xi<1\\ t\mathrm{e}^{-t} & \xi=1\\ \dfrac{1}{2\beta}[\mathrm{e}^{-(\xi-\beta)t}-\mathrm{e}^{-(\xi+\beta)t}] & \xi>1\end{cases}$$

其中：$\beta=\sqrt{|1-\xi^2|}$，ξ 为阻尼系数。创建一个 M 函数，通过输入一个参数 ξ，根据 ξ 的值绘制二阶线性系统的脉冲响应曲线，利用函数句柄的方式调用该函数，并给出运行结果。

思路·点拨

二阶线性系统是控制原理当中很经典的一个例子，本实例不需要知道控制原理的基本知识，其响应曲线表达式已经给出。创建 M 函数文件，输入阻尼系数，自动绘制相对应的二阶线性系统的脉冲响应。利用函数句柄调用该函数，绘制响应曲线图。函数句柄有两种创建方式，一种是@符号创建法，另外一种是函数 str2func 创建法。

结果文件——配套资源“Ch6\SL616”文件

解：(1) M 函数文件如下。

```
function y=fun(delta)
%响应时间
t=(0:0.05:18)';
N=length(t);
%对矩阵预分配内存空间
y=zeros(N,1);
%计算 belta
belta=sqrt(abs(1-delta^2));
if(delta<1)
    y=1/belta*exp(-delta*t).*sin(belta*t);
    %当 delta 小于 0.4 时，创建标志
    if(delta<0.4)
        text(2.2,0.63,'\delta=0.2');
```

```
    end
    plot(t,y,'b');
else if(delta==1)
        y=t.*exp(-t);
        plot(t,y,'k','LineWidth',2);
    else
        y=(exp(-(delta-belta)*t)-exp(-(delta+belta)*t))/(2*belta);
        plot(t,y,'r');
        %当 delta 大于 1.2 时，创建标志
        if(delta>1.2)
            text(0.3,0.14,'\delta=1.4');
        end
    end
end
grid;axis([0 18 -0.4 1]);
```

（2）创建函数句柄。

在 MATLAB 工作空间中输入以下命令来创建函数 fun 的函数句柄 hm。

```
hm=@fun;
```

我们可以来查看一下函数 fun 的详细信息，如 fun 的保存路径是否在搜索路径当中，在工作空间中输入以下语句。

```
functions(hm)
```

得到的结果如下。

```
ans =

  包含以下字段的 struct:

    function: 'fun'
        type: 'simple'
        file: 'F:\MATLAB\MATLAB2018\Ch6\fun.m'
```

（3）利用函数句柄调用函数。

参数分别取为 0.2、1、1.4 的函数图像如图 6-6 所示。其调用语句如下。

```
y=hm(0.2);
y=hm(1);
y=hm(1.4);
```

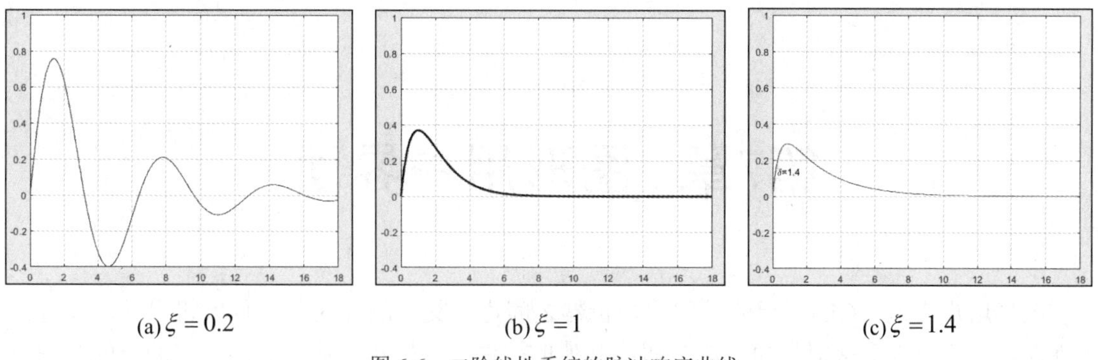

(a) $\xi = 0.2$　　(b) $\xi = 1$　　(c) $\xi = 1.4$

图 6-6　二阶线性系统的脉冲响应曲线

第7章 图形用户界面

图形用户界面（GUI）指的是用户与机器之间进行交互的界面，也称人机界面。通过人机界面，用户可以直接对界面中的按钮或其他的控件进行操作，从而达到一定的目的。图形用户界面是可视化编程的一种高级编程手段。

在进行 GUI 编程时，对象和句柄是最重要的两个概念。本章的 7.1 节就对此概念进行详细的讲解，为后续讲解 GUI 编程实例打下基础。GUI 的编程是比较复杂的，也比较难上手，所以本章在讲解 GUI 编程时，通过较多的实例来加深读者的认识，加快上手的速度。读者在学习本章时，一定要多动手，看着实例，然后自己制作 GUI 图形用户界面，这样才能快速掌握 GUI 编程的要点。

本章内容

- 对象和句柄。
- GUI 图形简介。
- 创建图形用户界面。
- GUI 的底层代码实现。
- GUI 综合设计实例。

7.1 对象和句柄

对象和句柄是 GUI 编程里面非常重要的两个概念。对象和句柄是一一对应的。计算机的显示就可以当作是句柄值为零的一个对象。

7.1.1 句柄

在 MATLAB 中，当用户创建一个图形之后，MATLAB 会自动给用户所创建的每一个图形指定一个句柄。句柄在 MALTAB 中是一个整数或实数，当图形被创建之后，它的句柄就是唯一的。

如语句：

```
h=figure
```

该语句的运行结果为创建一个图形，并且返回该图形的句柄值，且返回的句柄值 h=1。

在以后的编程中，我们将会经常用到 gcf、gca、gco 等函数。其具体意义为：函数 gcf 返回的是当前图形窗口的句柄，gca 返回的是当前坐标轴的句柄，gco 则返回当前所选择的对象的句柄。

7.1.2　对象

在 MATLAB 中，把用于数据可视和界面制作的基本绘图元素称为图形对象。我们在之前的章节所绘制的图形中，图形的对象大多是不相同的。例如，在图 7-1 所示的图形对象示例中，图形的对象有窗口、坐标轴、曲线、文本等，它们都可以称为一个对象，这些对象之间的关系为：图形窗口可以看成是显示器的子对象，坐标轴可以看成是图形的子对象，曲线、文本可以看成是坐标轴的子对象。

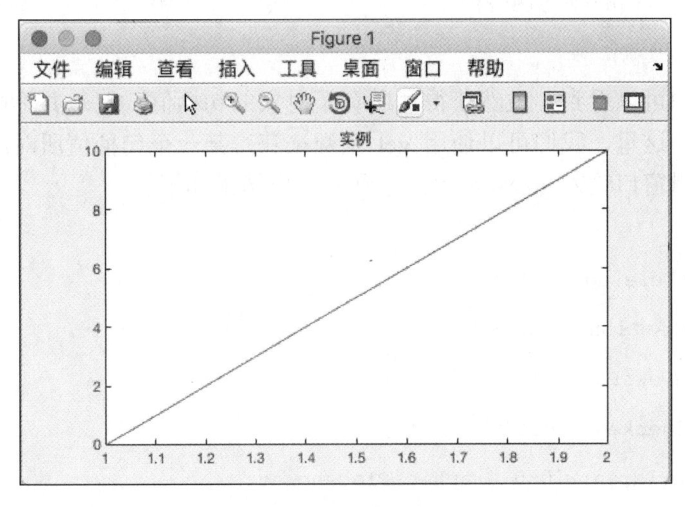

图 7-1　图形对象示例

在图 7-1 所示的图形中，我们已经知道了图形中的所有对象，那么该如何对这些对象进行操作呢？在 GUI 中，要对图形进行操作，首先需要获得该对象的句柄信息。这里先介绍一个函数：allchild 函数，该函数的功能是获得某一个对象的所有子对象。其基本调用格式如下。

```
child_handles = allchild(handle_list) ;         获得对象 handle_list 的所有子对象。
```

对于图 7-1 所示的图形，若要获得当前图形的所有子对象，可以运行以下程序。

```
plot([0,10]);
title('实例');            %绘制图形
allchild(gcf)             %获得当前图形的所有子对象
```

那么，获得的所有子对象的句柄值如下。

```
ans =


  10×1 graphics 数组:


  Menu        (figMenuHelp)
  Menu        (figMenuWindow)
```

```
Menu     (figMenuDesktop)
Menu     (figMenuTools)
Menu     (figMenuInsert)
Menu     (figMenuView)
Menu     (figMenuEdit)
Menu     (figMenuFile)
Toolbar  (FigureToolBar)
Axes     (实例)
```

从运行结果中可以看到，虽然获得了所有子对象的句柄值，但是并不能看出该句柄值代表的是哪个对象。这里，我们可以使用 get 函数来获得某一个句柄值所对应的图形子对象。比如，在程序编辑窗口输入 get(ans(2))，得到的输出结果如下。

```
Accelerator: ''
      BeingDeleted: 'off'
        BusyAction: 'queue'
     ButtonDownFcn: ''
           Checked: 'off'
          Children: [0×0 GraphicsPlaceholder]
          Clipping: 'on'
         CreateFcn: ''
         DeleteFcn: ''
            Enable: 'on'
   ForegroundColor: [0 0 0]
  HandleVisibility: 'off'
     Interruptible: 'on'
   MenuSelectedFcn: 'winmenu(gcbo)'
            Parent: [1×1 Figure]
          Position: 7
         Separator: 'off'
               Tag: 'figMenuWindow'
              Text: '窗口(&W)'
              Type: 'uimenu'
     UIContextMenu: [0×0 GraphicsPlaceholder]
          UserData: []
```

```
        Visible: 'on'
```

通过以上输出结果就可以看出该函数句柄值所代表的是哪个图形子对象，在计算结果中，红色字体的部分即代表着该句柄值所对应的子对象，该子对象为 uimenu。Type 所代表的即是该函数句柄值所对应的对象。同样，如果输入 get(ans(1))，就会获得该句柄值所对应的对象为 axes，即坐标轴。

现在我们已经能够获得某一个子对象，那么怎样对该对象进行操作呢？例如，对子对象的属性进行修改，就可以使用 set 函数，该函数可以设置对象的属性。这里对坐标轴的位置属性进行修改，先输入 get(ans(10))获得坐标轴属性，部分获得的属性如图 7-2 所示。那么设置坐标轴位置属性的调用格式如下。

```
set(ans(10),'Position',[0.13 0.11 0.5 0.5]);
```

其中，位置属性中，0.13 和 0.11 代表的是坐标轴的位置，0.5 和 0.5 代表的是坐标轴的宽度和高度。设置之后的图形如图 7-3 所示。

```
OuterPosition = [0 0 1 1]
PlotBoxAspectRatio = [1 1 1]
PlotBoxAspectRatioMode = auto
Projection = orthographic
Position = [0.13 0.11 0.775 0.811502]
TickLength = [0.01 0.025]
TickDir = in
TickDirMode = auto
TightInset = [0.0321429 0.0580205 0.00892857 0.0784983]
Title = [175.001]
Units = normalized
View = [0 90]
XColor = [0 0 0]
```

图 7-2　部分坐标轴属性

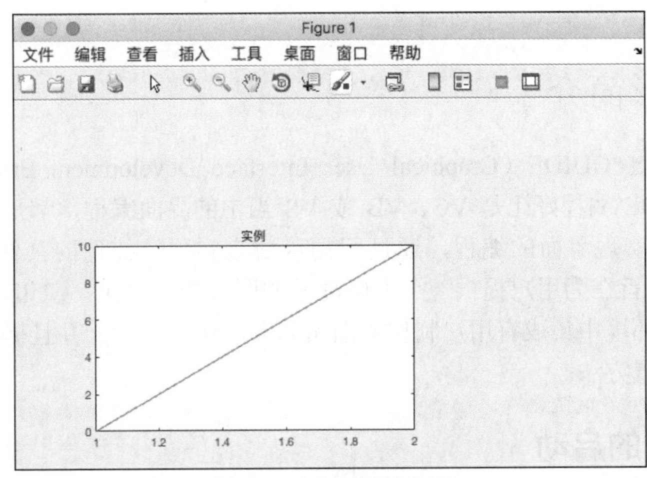

图 7-3　坐标轴属性设置

需要注意的是，使用 get 函数只能是一种试验的方法，因为我们虽然获得了对象的句柄值，但是却不知道该句柄值所代表的是哪个对象。这里有一个函数却可以克服 get 函数的缺点，即 findobj 函数。该函数的具体调用格式如下。

h = findobj;　　　　　　返回根对象及其所有子对象的句柄。

h = findobj('PropertyName',PropertyValue,...);　　返回拥有属性名 PropertyName，属性值 PropertyValue 的所有子对象。

h = findobj('PropertyName',PropertyValue,'-logicaloperator', PropertyName',PropertyValue,...);　　　应用逻辑操作匹配对象的属性值，logicaloperator 的可能取值有 -and、-or、-xor、-not。

h = findobj('-regexp','PropertyName','regexp',...);　　　应用表达式寻找对象，若匹配成功，则返回该对象的句柄值。

h = findobj('-property','PropertyName');　　　查找所有拥有属性 property 的子对象名称。

h = findobj(objhandles,...);　　　　将查找的条件限制在 objhandles 及其子对象中。

例如，要在图 7-3 中查找“线条”对象，使用 findobj 函数的具体语句如下。

```
findobj(allchild(gca),'Type','line')
```

程序的运行结果如下。

```
Figure (1) - 属性:

      Number: 1
        Name: ''
       Color: [0.9400 0.9400 0.9400]
    Position: [440 378 560 420]
       Units: 'pixels'
```

7.2 GUI 图形简介

这里我们先通过 GUIDE（Graphical User Interface Development Environment）来讲解 GUI 的编程。GUIDE 编程好比是 VC、VB 或 VS 当中的界面编程，都是通过具体的按钮和其他的一些控件来实现界面的编程，通过回调函数来实现该控件的具体功能。GUIDE 是 MATLAB 开发的，旨在为用户提供一个方便高效的图形开发界面。GUIDE 主要是一个界面设计工具环境，该环境中集成有用户制作界面所需要的所有控件，并且提供了界面外观、属性和响应方式的设置方法。

7.2.1 GUIDE 的启动

在 MATLAB 中，直接在命令行中输入 GUIDE，就可以启动 GUIDE 的开发界面，启动之后的 GUIDE 界面如图 7-4 所示。

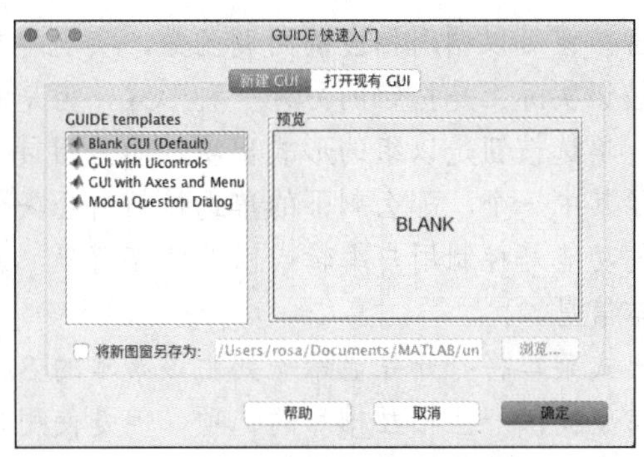

图 7-4　GUIDE 用户界面

从图 7-4 中可以看出，MATLAB 为用户提供了 4 种 GUI 模板。第一种是默认的空 GUI 模板；第二种是带有控制按钮的模板；第三种是带有菜单和坐标轴的 GUI 模板；第四种是带有问答式对话框的 GUI 模板。这里我们选择默认的模板，即 Blank GUI，创建之后如图 7-5 所示。

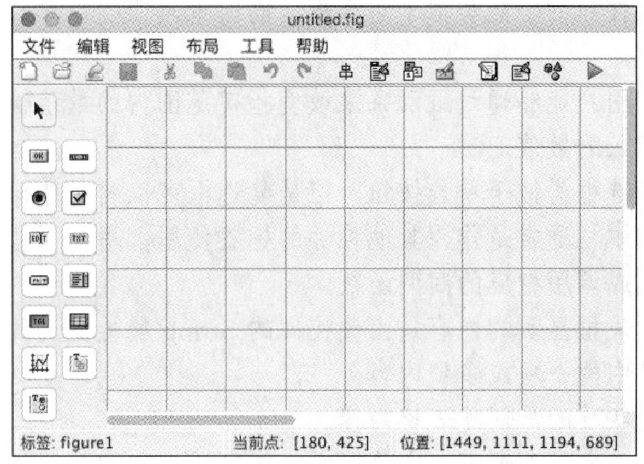

图 7-5　GUI 模板

7.2.2　GUI 模板

1．控件模块

GUI 模板中的控件模块如图 7-6 所示。

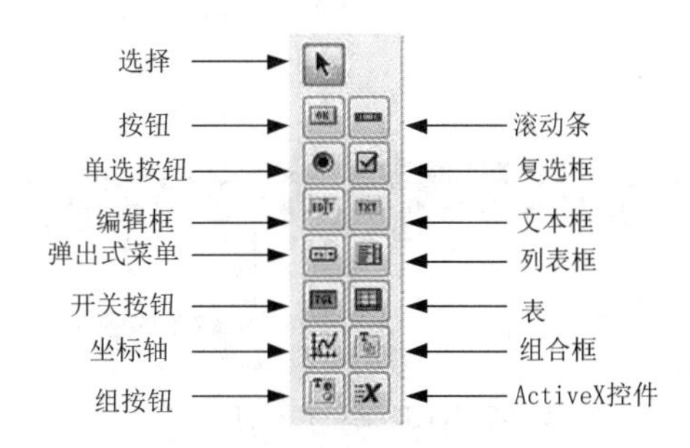

图 7-6　控件模块

- 按钮。用鼠标单击按钮可以调用相应的回调函数，实现用户所需要的功能。
- 单选按钮。单选按钮实际上是按钮的另外一种形式，但是和按钮却有明显的区别。通常情况下，单选按钮是以组的形式出现，而且组员之间是一种互相排斥的关系，即选择了其中一个，那么剩下的单选按钮将会失效。
- 编辑框。该控件的功能是控制用户编辑或修改的字符串，其 String 属性包含了用户所输入的文本信息。
- 弹出式菜单。弹出式菜单将打开并显示一列由该菜单的 String 属性所定义的选项列表。当用户希望提供一些相互排斥的选项，但是使用单选按钮又会特别占用空间的情况下，弹出式菜单的优势就会特别明显。
- 开关按钮。该按钮能够产生一个二进制状态的行为，即 on 或 off。单击该按钮时，该按钮的状态为 on，并且调用相应的回调函数。再次单击该按钮，该按钮的状态为 off，并且同时调用状态为 off 的回调函数。
- 坐标轴。坐标轴能够使用户的 GUI 界面显示图片。
- 组按钮。该按钮的功能类似于组合框，同时也可以响应单选按钮及开关按钮的高级属性。
- 滚动条。使用户能够通过滚动条来改变指定范围内的数值输入，滚动条的位置代表用户输入的数值。
- 复选框。复选框类似于单选按钮，但是复选框可以同时选择多个。
- 文本框。文本框通常是作为其他控件的标签使用，用户不能采用交互的形式修改静态文本或调用相应的回调函数。
- 列表框。列表框显示的内容是由该控件的 String 属性定义的列表项，而且用户可以选择其中的一项或多项内容。
- 表。该控件实现的是创建表格内容。
- 组合框。组合框是图形窗口中的一个封闭区域，把相关联的控件组合在一起，使得用户所创建的 GUI 界面更加简洁、更容易理解。
- ActiveX 控件。ActiveX 控件是基于 cou 标准的能够被外部调用的 OLE 对象，是对通用控件的扩充。

2．菜单栏和工具栏

GUI 界面的菜单栏和工具栏如图 7-7 所示。

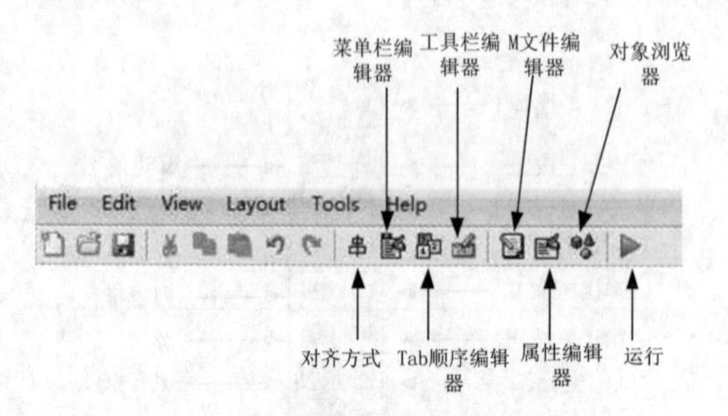

图 7-7　GUI 菜单栏、工具栏

在图 7-7 所示的菜单栏和工具栏中，我们只标注了其中的一部分，另外未标注的部分和其他常见的菜单栏和工具栏的选项是一样的。下面着重讲解常用的工具栏选项。

- 对齐方式。对齐方式在进行 GUI 界面设计的时候经常用到，可以使用户所设计的控件按一定的方式对齐，使得界面更加美观。单击“对齐方式”按钮，弹出图 7-8 所示的对话框。

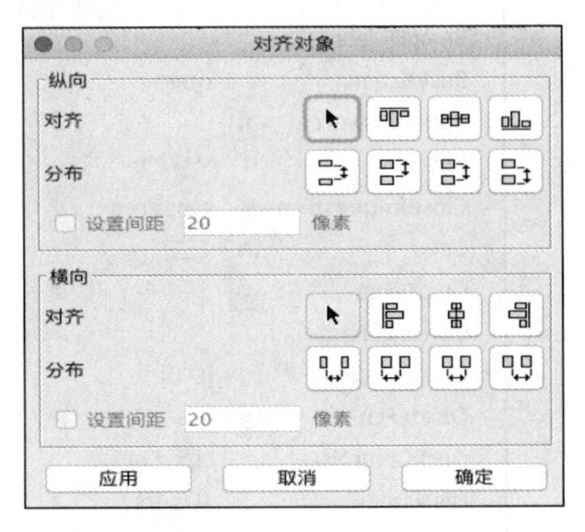

图 7-8　对齐方式对话框

从图 7-8 中可以看出，使用对齐方式可以设置水平对齐方式和垂直对齐方式。选择对齐方式之后，单击“Apply”按钮后再单击“OK”按钮，就可以完成对齐方式的设置。

- 菜单栏编辑器。该选项的功能是为我们所设计的界面增加自定义的菜单选项。单击“菜单栏编辑器”按钮，会出现图 7-9 所示的对话框。

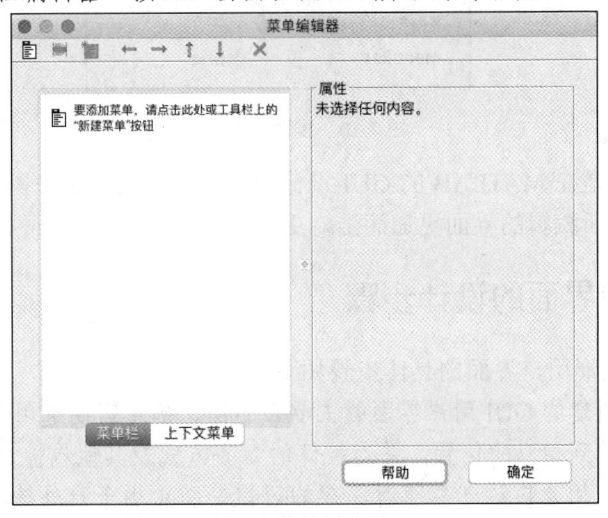

图 7-9　菜单栏编辑器

单击空白处或单击左上角的图标，就可以进行菜单栏的编辑操作，增加自定义的菜单选项。

- M 文件编辑器。单击“M 文件编辑器”按钮，可以保存一个和 fig 文件同名的 M 文件。
- 属性编辑器。属性编辑器是编辑控件或窗体属性的控件，这里可以设置所有控件的属性，如图 7-10 所示。当窗体中放置有控件的时候，单击即可以对控件的属性进行设置。或者右键单击该控件，选择 Property Inspector 命令同样也可以对属性进行设置。

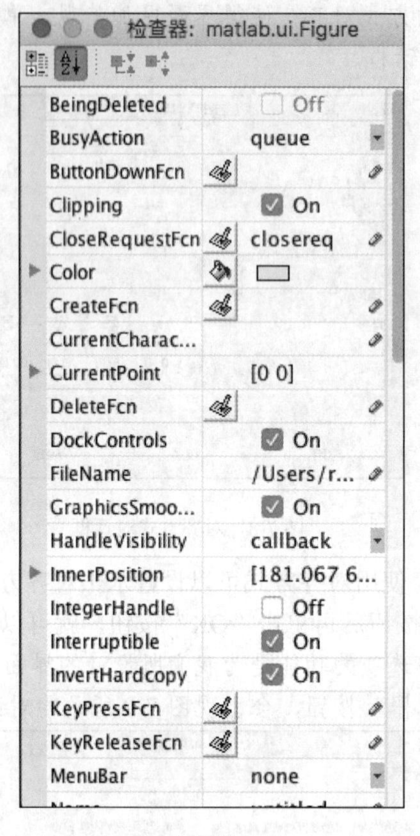

图 7-10　属性编辑器

这些菜单和工具是在 MATLAB 的 GUI 设计中经常用到的，用户需要熟悉它们的使用方法，这样才能使自己所编辑的界面更加简洁，更加人性化。

7.2.3　图形用户界面的设计步骤

一般创建 GUI 图形用户界面的具体步骤如下。

（1）设计所要创建的 GUI 用户界面的主要布局图，确定需要选用哪些控件。

（2）将控件拖放到相应的位置，并对控件的对齐方式及其他属性进行设置。

（3）保存程序。用户应该养成随时保存的习惯，防止由于意外情况导致程序未保存而带来的损失。

（4）编写程序。编写回调函数，实现所要实现的界面功能。

（5）调试程序。程序编写完之后，需要对程序进行调试，验证是否能够实现预期功能。若程序调试成功，则说明代码编写无误；反之，则需要继续进行修改，直到满足要求为止。

在 GUI 用户界面设计步骤中，难点是回调函数的编写及程序的调试。

7.2.4 回调函数

回调函数是 GUI 用户界面设计的主要部分，也是难点。本小节通过两个具体的实例，讲解 GUI 用户界面设计的基本步骤和回调函数的结构及其编写要点。

【实例 7-1】设计图 7-11 所示的界面，实现当用户单击“Sin”按钮时，自动绘制正弦函数 sin*x* 的图像。

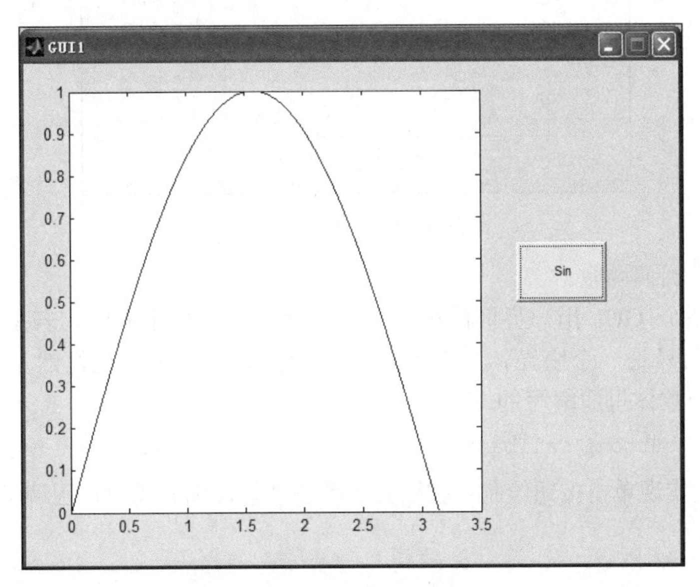

图 7-11　GUI 实例

思路·点拨

这是一个非常简单的 GUI 用户界面设计实例，该界面有一个按钮和一个坐标轴，首先我们按照图中所示要求设计好相应的控件及其属性，然后保存程序，则会出现相对应的 M 文件，进而通过编写回调函数实现程序功能。

结果文件——配套资源“Ch7\SL701”文件

解：第一步：创建 GUI 界面布局，将所需要的控件添加到界面中，并对其属性进行设置。选择按钮，将其拖放至界面中某一个位置；选择坐标轴，将其拖放至和按钮接近的位置。选择对齐方式，将坐标轴和按钮进行对齐。

第二步：设置控件的属性。右键单击 Push Button 按钮，选择 Property Inspector 命令，选择 String 属性，将其设置为 Sin；这里坐标轴的属性为默认的形式。设置控件的背景颜色，同样选择 Property Inspector 命令，选择 Background Color，将其设置为黄色，并且保存文件为 GUI1，如图 7-12 所示。

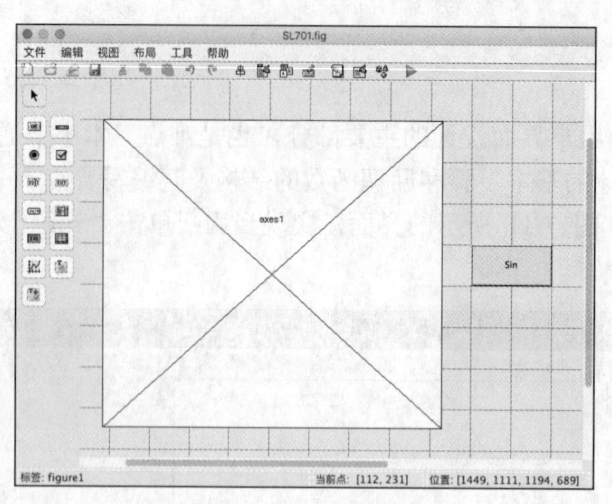

图 7-12 GUI 用户界面设计

第三步：编写回调函数。

回调函数是整个 GUI 用户界面的核心，虽然我们设计好了界面，若是没有编写回调函数，那么这个界面只是一个空壳，不能实现任何功能。回调函数很显然是在按钮里面编写的，即在下面的函数体里面编写的。

```
function pushbutton1_Callback(hObject, eventdata, handles)
```

因为该界面是实现单击按钮绘制正弦函数图像的功能，因此需要在回调函数里编写如下语句。

```
x=handles.t;
y=sin(x);
plot(handles.axes1,x,y);
```

编写后的 pushbutton 回调函数如下。

```
% --- Executes on button press in pushbutton1.
function pushbutton1_Callback(hObject, eventdata, handles)
% hObject    handle to pushbutton1 (see GCBO)
% eventdata  reserved - to be defined in a future version of MATLAB
% handles    structure with handles and user data (see GUIDATA)
x=handles.t;
y=sin(x);
plot(handles.axes1,x,y);
```

细心的读者会发现，这里没有定义变量 t。变量 t 需要在 OpeningFcn 里面定义，具体如下。

```
% --- Executes just before GUI1 is made visible.
function GUI1_OpeningFcn(hObject, eventdata, handles, varargin)
% This function has no output args, see OutputFcn.
```

```
% hObject    handle to figure
% eventdata  reserved - to be defined in a future version of MATLAB
% handles    structure with handles and user data (see GUIDATA)
% varargin   command line arguments to GUI1 (see VARARGIN)

% Choose default command line output for GUI1
handles.output = hObject;

handles.t=0:0.01:pi;      %定义变量 t
% Update handles structure
guidata(hObject, handles);
```

然后就可以通过 guidata 来更新变量，从而可以在回调函数里使用。至此，该界面的程序编写就已经完成了。下面我们来运行看看，程序的结果是否正确。单击“运行”按钮，然后单击“Sin”按钮，就会出现在[0,π]之间的正弦函数图像，如图 7-13 所示。

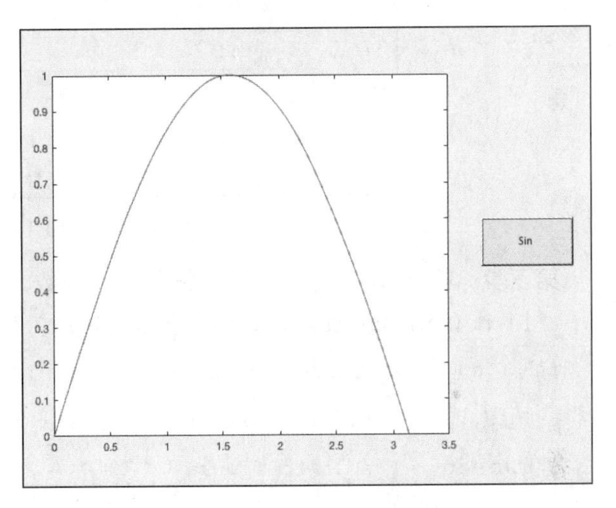

图 7-13　正弦函数图像

通过这个简单的实例，读者了解了回调函数的具体编写方法。这里都是使用句柄和对象的形式进行编写，刚开始接触 GUI 的话，会感觉不是很适应，通过以后的学习和锻炼，就会慢慢熟悉 GUI 的编程。在后面的章节中，我们会讲解更多的实例，加深读者对 GUI 编程的理解。

【实例 7-2】对实例 7-1 进行改编，使该界面可以实现在同一个坐标轴中绘制正弦、余弦及正切函数的图像，分别通过 3 个按钮来实现。然后添加一个 Clear 按钮，实现当单击 Clear 按钮时，清除已经绘制的函数图像。

思路·点拨

本例实际上是实例 7-1 的叠加而已，4 个按钮，我们要编写 4 个回调函数，清除已经绘制的曲线采用的是 delete 函数。在同一坐标轴中绘制不同的函数图像，需要设置坐标轴 axes 的 NextPlot 属性，将其设置为 add 即可。

结果文件——配套资源“Ch7\SL702”文件

解：第一步：GUI 界面设计。向界面中添加一个坐标轴和 4 个按钮。

第二步：设置控件属性。打开坐标轴属性设置对话框，将其 x 轴的范围改为[0,8]，将其 NextPlot 属性设置为 add。分别单击 4 个按钮，从上往下依次设置为 Sin、Cos、Tan、Clear，并将其背景颜色设置为红色。这里，4 个按钮的设置属性都一样，我们可以全选 4 个按钮，然后右键单击属性设置，单击背景颜色，将其设置为红色。保存文件为 GUI2，如图 7-14 所示。

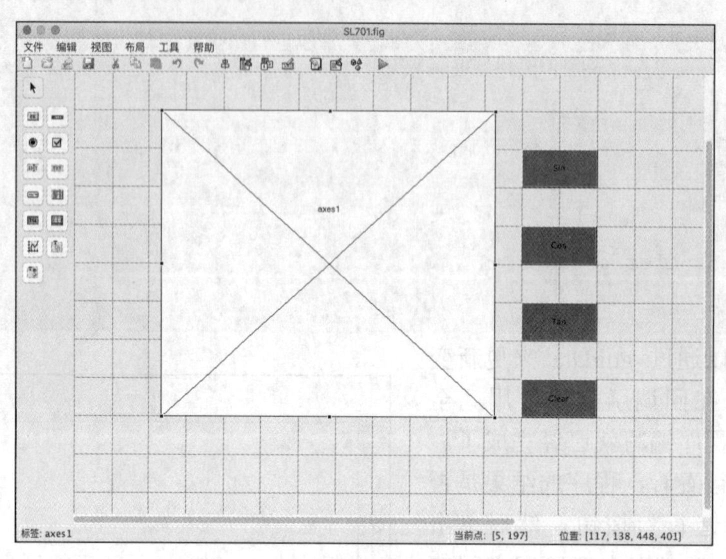

图 7-14　设置 GUI 控件属性

第三步：打开 M 文件编辑器，编写回调函数。

（1）在 OpeningFcn 里设置自变量 handles.t，如下所示。

```
function GUI2_OpeningFcn(hObject, eventdata, handles, varargin)
% This function has no output args, see OutputFcn.
% hObject    handle to figure
% eventdata  reserved - to be defined in a future version of MATLAB
% handles    structure with handles and user data (see GUIDATA)
% varargin   command line arguments to GUI2 (see VARARGIN)
% Choose default command line output for GUI2
handles.output = hObject;
handles.t=0:pi/100:2*pi;      %定义自变量
% Update handles structure
guidata(hObject, handles);
```

（2）编写正弦函数的回调函数，如下所示。

```
% --- Executes on button press in pushbutton1.
function pushbutton1_Callback(hObject, eventdata, handles)
% hObject    handle to pushbutton1 (see GCBO)
```

```
% eventdata  reserved - to be defined in a future version of MATLAB
% handles    structure with handles and user data (see GUIDATA)
x=handles.t;
y=sin(x);
plot(handles.axes1,x,y);
```

（3）编写余弦函数的回调函数，如下所示。

```
% --- Executes on button press in pushbutton1.
function pushbutton1_Callback(hObject, eventdata, handles)
% hObject    handle to pushbutton1 (see GCBO)
% eventdata  reserved - to be defined in a future version of MATLAB
% handles    structure with handles and user data (see GUIDATA)
x=handles.t;
y=cos(x);
plot(handles.axes1,x,y);
```

（4）编写正切函数的回调函数，如下所示。

```
% --- Executes on button press in pushbutton3.
function pushbutton3_Callback(hObject, eventdata, handles)
% hObject    handle to pushbutton3 (see GCBO)
% eventdata  reserved - to be defined in a future version of MATLAB
% handles    structure with handles and user data (see GUIDATA)
x=handles.t;
y=10^(-15)*tan(x);          %因为正切函数的值非常大，所以这里乘以系数10^-15
plot(handles.axes1,x,y);
```

（5）编写 Clear 的回调函数，如下所示。

```
% --- Executes on button press in pushbutton4.
function pushbutton4_Callback(hObject, eventdata, handles)
% hObject    handle to pushbutton4 (see GCBO)
% eventdata  reserved - to be defined in a future version of MATLAB
% handles    structure with handles and user data (see GUIDATA)
try
    delete(allchild(handles.axes1));
end
```

至此，所有的回调函数都已经编写好，可以单击“运行”按钮，然后分别单击 4 个按钮，看程序的运行结果是否和预期的一样。

单击“运行”按钮，再分别单击 Sin、Cos 和 Tan 按钮，程序的运行结果如图 7-15 所示。

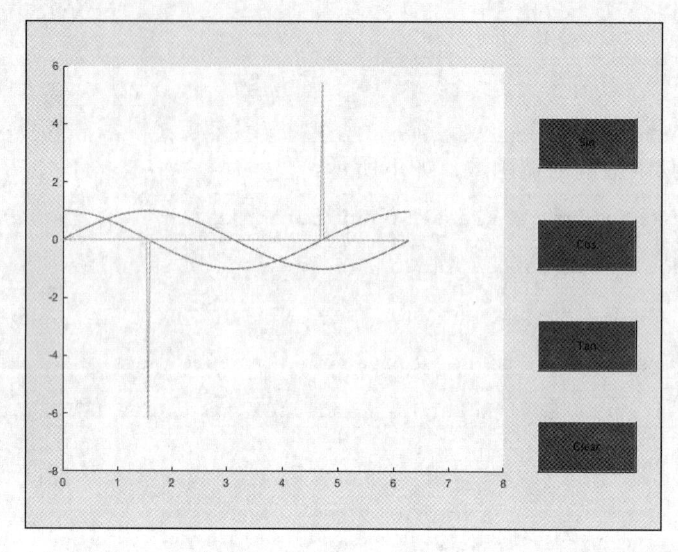

图 7-15　单击 Sin、Cos 和 Tan 按钮后程序的运行结果

接下来，单击 Clear 按钮，验证一下已经绘制的 3 条曲线是否会消失。

以上结果表明，程序的编写是正确的。掌握了 GUI 编程的具体步骤和方法，以后多加练习，就可以完全掌握 GUI 的编程了。读者可以自己尝试去编写更加复杂的程序，实现具有更加复杂功能的 GUI 用户界面。

7.3 GUI 的底层代码实现

GUI 底层代码的实现是一种原始的方法，只适用于比较简单的 GUI 编写。若是对于复杂的 GUI 编程，用户需要编写很多的代码，程序的语句多了，那么就给程序的调试与修改带来了麻烦，同时 GUI 底层代码的编写，不能简单控制控件的对齐方法。而使用 GUI 界面编写的 GUI 用户界面，则可以避免这种情况的出现。本节讲解 GUI 的底层代码实现，也就是通过 M 文件来实现 GUI 用户界面的编写。通过本节的讲解，希望读者能够对 GUI 语句的编写有进一步的了解，但是在实际的编程当中，建议读者不要使用这种方法。

7.3.1 GUI 底层代码实例

GUI 底层代码实现经常用到的对象有 Figure、Axes、Line、Text、Uicontrol 等。其中 Uicontrol 包含了多种控件，如 Pushbutton、Radiobutton 等，其区分的主要原则是 Uicontrol 的 Style 类型。

本小节通过一个具体的实例来讲解如何用底层代码来实现 GUI，该实例仍然是前面的实例 7-2，但是这里使用的是通过底层代码的方法来实现，读者也可以比较一下两种方法的快捷性。

【实例 7-3】通过底层代码编写 GUI，实现图 7-15 所示的 GUI 界面，可以通过 Sin、

Cos 和 Tan 按钮在同一坐标轴中绘制正弦、余弦和正切函数的图像，并且可以通过 Clear 按钮清除绘制的所有图像。

思路·点拨

通过底层代码来实现上述的功能时，需要用到 Figure、Axes、Text、Line 及 Uicontrol 等对象，同时需要用到对象的设置函数 set。

结果文件——配套资源“Ch7\SL703”文件

解：首先绘制窗体，具体代码如下。

```
hf=figure(...
    'Units','Normalized',...
    'Menu','none',...
    'Color','w',...
    'Position',[0.1 0.1 0.7 0.5]);
```

其中，Units 设置为归一化单位，这样当这个程序在别的电脑中运行时，窗体的属性就不会发生改变；Menu 中设置为 none，也就是关闭菜单栏；背景颜色设置为白色；窗体位置为[0.1 0.1 0.7 0.5]。

然后，在窗体的左侧绘制坐标轴，具体代码如下。

```
ha=axes(...
...'Parent',hf,...
...'Position',[0.1 0.1 0.6 0.8],...
...'NextPlot','add');
```

绘制坐标轴时，必须指明其父对象。在本实例中，坐标轴的父对象是窗体。坐标轴的位置在窗体的左侧。

接下来，添加 4 个 Pushbutton 按钮，具体代码如下。

```
hb1=uicontrol(...
...'Style','pushbutton',...
...'Callback','plot(sin([0:pi/100:2*pi]))',...
...'String','Sin',...
...'Units','Normalized',...
...'Position',[0.8 0.75 0.1 0.15],...
...'BackgroundColor','r');
hb2=uicontrol(...
...'Style','pushbutton',...
...'Callback','plot(cos([0:pi/100:2*pi]))',...
```

```
...'String','Cos',...
...'Units','Normalized',...
...'Position',[0.8 0.55 0.1 0.15],...
...'BackgroundColor','r');
hb3=uicontrol(...
...'Style','pushbutton',...
...'Callback','plot(10^(-15)*tan([0:pi/100:2*pi]))',...
...'String','Tan',...
...'Units','Normalized',...
...'Position',[0.8 0.35 0.1 0.15],...
...'BackgroundColor','r');
hb4=uicontrol(...
...'Style','pushbutton',..
...'Callback','try,delete(allchild(ha));end',...
...'String','Clear',...
...'Units','Normalized',...
...'Position',[0.8 0.15 0.1 0.15],...
...'BackgroundColor','r');
```

程序的运行结果如图 7-16 所示。

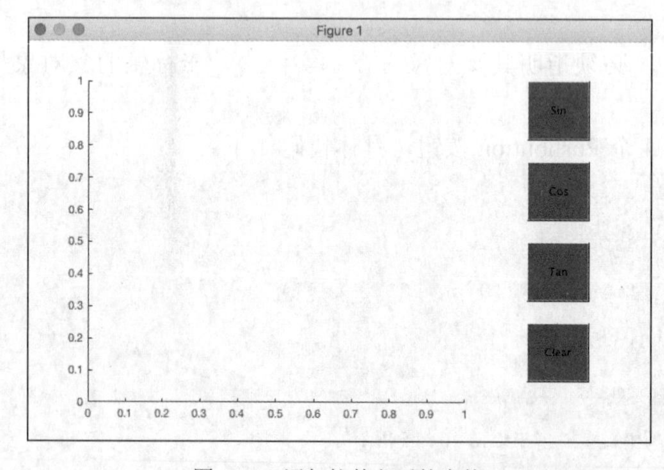

图 7-16　添加控件之后的窗体

至此，整个 GUI 的程序编写已经完成。下面我们来检验程序的运行结果是否正确。从上往下依次单击 Sin、Cos 和 Tan 按钮，程序的运行结果如图 7-17 所示。

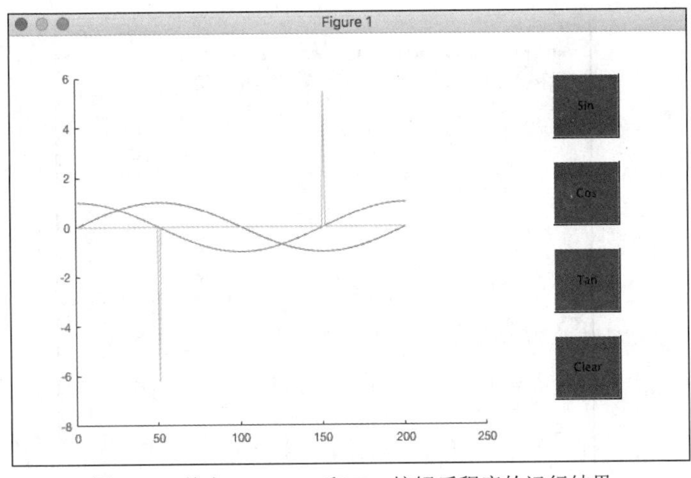

图 7-17 单击 Sin、Cos 和 Tan 按钮后程序的运行结果

7.3.2 常用对象介绍

GUI 底层代码实现的常用对象有 Figure、Axes、Line、Text 和 Uicontrol 等，基本上所有的 GUI 底层代码的编写都离不开这几个常用对象。下面分别介绍各个对象的常用属性及其在 GUI 编程中的使用方法。

一、Figure 对象

在 MATLAB 的工作空间中输入语句 figure，就可以产生一个 Figure 对象。具体的演示语句如下。

```
ht=figure;
```

程序的运行结果将会产生一个 Figure 对象（见图 7-18）和返回 Figure 句柄的值，其结果如下。

```
ht =

  Figure (1) - 属性:

      Number: 1
        Name: ''
       Color: [0.9400 0.9400 0.9400]
    Position: [403 246 560 420]
       Units: 'pixels'

  显示 所有属性
```

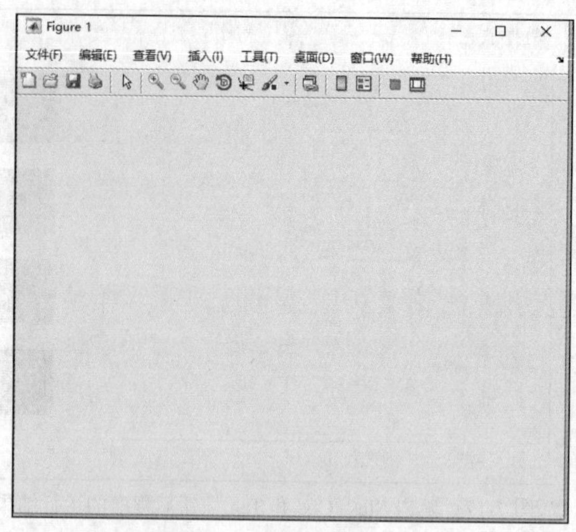

图 7-18 Figure 对象

在 7.1.2 小节已经讲解了如何获得对象的属性，该方法是使用 get 函数来获得对象的属性，使用 get 函数来设置对象的属性值。此外，也可以直接单击“所有属性”，即可获得对象的所有属性。因此，我们很容易地就可以获得 Figure 对象的属性及通过 get 函数来设置 Figure 的任意属性值，以达到我们想要实现的目的。在工作空间中输入以下语句。

```
get(ht);
```

就可以获得 Figure 的全部属性。

```
Alphamap: [1×64 double]
BeingDeleted: 'off'
BusyAction: 'queue'
ButtonDownFcn: ''
Children: [0×0 GraphicsPlaceholder]
Clipping: 'on'
CloseRequestFcn: 'closereq'
Color: [0.9400 0.9400 0.9400]
Colormap: [64×3 double]
CreateFcn: ''
CurrentAxes: [0×0 GraphicsPlaceholder]
CurrentCharacter: ''
CurrentObject: [0×0 GraphicsPlaceholder]
CurrentPoint: [0 0]
DeleteFcn: ''
DockControls: 'on'
FileName: ''
GraphicsSmoothing: 'on'
HandleVisibility: 'on'
InnerPosition: [713 147 560 420]
IntegerHandle: 'on'
Interruptible: 'on'
InvertHardcopy: 'on'
KeyPressFcn: ''
KeyReleaseFcn: ''
MenuBar: 'figure'
Name: ''
NextPlot: 'add'
Number: 1
NumberTitle: 'on'
OuterPosition: [705 139 576 514]
PaperOrientation: 'portrait'
PaperPosition: [3.0917 9.2937 14.8167 11.1125]
PaperPositionMode: 'auto'
PaperSize: [21.0000 29.7000]
PaperType: 'A4'
PaperUnits: 'centimeters'
Parent: [1×1 Root]
Pointer: 'arrow'
PointerShapeCData: [16×16 double]
PointerShapeHotSpot: [1 1]
Position: [713 147 560 420]
Renderer: 'opengl'
RendererMode: 'auto'
Resize: 'on'
SelectionType: 'normal'
SizeChangedFcn: ''
Tag: ''
ToolBar: 'auto'
Type: 'figure'
UIContextMenu: [0×0 GraphicsPlaceholder]
Units: 'pixels'
UserData: []
Visible: 'on'
WindowButtonDownFcn: ''
WindowButtonMotionFcn: ''
WindowButtonUpFcn: ''
WindowKeyPressFcn: ''
WindowKeyReleaseFcn: ''
WindowScrollWheelFcn: ''
WindowState: 'minimized'
WindowStyle: 'normal'
```

从运行结果可以知道，Figure 对象的属性是很多的。读者可以自己在软件上运行，并查看有关 Figure 对象的属性。对于 Figure 对象的属性，读者可以根据其英文名字看出该属性所代表的意义。如 CloseRequestFcn 属性，该属性的意义是当关闭窗体时调用的函数。再比如 CurrentCharacter 属性所代表的就是当前的字符，也就是说，当窗体中有控件可以响应键盘的时候，就可以通过该属性来获得键盘所输入的字符。

下面介绍该对象的几个常用属性。

1．CloseRequestFcn 属性

该函数是默认的关闭窗体的函数，下面我们来实验一下这个函数的具体使用方法。该方法是在窗体中有一个按钮，当按下该按钮时，关闭窗体。具体的程序代码如下。

```
ht=figure('Units','Normalized');

hb=uicontrol('Style','pushbutton','Callback','closereq','BackgroundColor','red');
```

当单击窗体中的红色按钮时，将会调用 closereq 函数，该窗体就会自动关闭。

2．Color 属性

该属性是用来设置窗体的背景颜色。例如，要将窗体颜色设置为绿色，只需再输入以下语句：

```
set(ht,'Color','g');
```

3．Name 属性

该属性用来设置窗体的名称。当采用默认的形式时，窗体的名称会自动设置为 figure1、figure2，依次类推。这里我们在图 7-18 的程序中继续添加以下语句，验证运行效果。

```
ht=figure;

set(ht,'NumberTitle','off','Name','演示');
```

这里需要注意的是，如果不使用“NumberTitle”的话，原来的名称 Figure 1 并不会消失。

二、Axes 对象

Axes 对象是窗体的子对象，是进行 GUI 用户界面设计中常用的对象之一。和 Figure 对象一样，获得 Axes 对象的属性及设置其某些属性值的函数仍为 get 函数和 set 函数。现在我们在软件中产生一个 Axes 对象并获得其属性，代码如下。

```
ha=axes;

get(ha);
```

Axes 对象的部分属性介绍如下。

1．Box off/on 属性

该属性是在坐标轴中是否显示方框的命令。当在语句中添加属性 Box off 时，坐标轴就不会显示方框；若是添加了 Box on 语句，那么将会显示方框。

2．Nextplot 属性

该属性是在坐标轴中绘制多于一个图形时需要用到的属性。若是图像不在坐标轴中叠加，那么其属性值就设置为 replace；若是叠加不同的曲线，那么其属性值就要设置为 add。该命令与高级绘图命令 hold on 是等效的。例如，要在坐标轴中绘制 y=sin$x$ 和 y=cos$x$ 在一个周期的曲线时，将坐标轴的 Nextplot 属性设置为 add，那么将会在坐标轴中同时显示两个函数的曲线。程序如下。

```
ha=axes;
set(ha,'Nextplot','add');
x=0:pi/100:2*pi;
y1=sin(x);
y2=cos(x);
plot(x,y1,'r');
plot(x,y2,'b');
```

3．XLim、YLim 和 ZLim 属性

该属性是用来设置坐标轴 *X*、*Y* 和 *Z* 的范围，其默认值为[0,1]。这 3 个属性在实际绘图过程中会经常用到，其用法也非常简单。例如，要将坐标轴 *X* 和 *Y* 分别设置为[0,10]，[0,20]，使用该属性设置，其语句如下。

```
set(ha,'XLim',[0,10],'YLim',[0,20]);
```

该语句等同于高级绘图命令中的 axis 坐标轴约束命令。使用坐标轴约束命令 axis 同样可以达到这种效果，其语句如下。

```
axis([0,10,0,20])
```

三、Line 对象

Line 对象是在 GUI 编程及高级绘图中经常见到的对象。画图就会用到直线或曲线，因此 Line 对象非常重要，其属性设置也会经常用到。读者要掌握其主要属性。

下面，我们在窗口中绘制一条曲线并获得 Line 对象的属性，其语句如下。

```
ha=figure;
h1=plot([0:10]);
get(h1)
```

获得 Line 对象的属性如下。

下面介绍 Line 对象的常用属性。

1．Color 属性

该属性顾名思义，就是设置 Line 对象的颜色属性。其主要颜色类型和之前讲解的高级绘图命令的颜色种类一样。例如，要将 Line 对象的颜色设置为红色，其语句如下。

```
set(h1,'Color','r')
```

2．LineStyle 属性

该属性用来设置曲线的线型，线型属性值有虚线、点画线、实线等，默认的线型为实线。设置线型的语句如下。

```
set(h1,'LineStyle',':');
```

3．LineWidth 属性

该属性用来设置曲线的线宽，默认的线宽值为 0.5。设置线宽仍然采用 set 函数，其具体的语句如下。

```
set(h1,'LineWidth','1');
```

4．Marker 属性

该属性用来设置每一个点用什么标记来表示，如可以用三角形或星号等来标记每一个点。其附加的属性有 MakerSize、MarkerEdgeColor 及 MarkerFaceColor 等，分别设置 Maker 的大小、边缘颜色及填充颜色等内容。例如，设置每一个点用五角星来代替，并且其大小为 10，边缘颜色为蓝色，填充颜色为红色，则设置语句如下。

```
set(h1,'Marker','p','MarkerSize',10,'MarkerEdgeColor','b','MarkerFaceColor','r')
```

5．XData、YData、ZData 属性

这 3 个属性是 Line 对象的核心属性，如果没有这 3 个属性，我们是无法绘制 Line 对象的。若要得到这 3 个属性的值，可以使用 get 函数，程序如下。

```
get(h1,'XData')

get(h1,'YData')
```

其运行结果如下。

```
ans =


     1     2     3     4     5     6     7     8     9    10    11


ans =


     0     1     2     3     4     5     6     7     8     9    10
```

四、Text 对象

Text 对象是坐标轴的子对象，因此，在生成 Text 对象之前需要先生成一个坐标轴对象。其语句如下。

```
ha=axes;

ht=text(1,1,'实例')
```

用 get 函数可以获得 Text 对象的全部属性。

下面介绍 Text 对象的常用属性。

1．Color、BackGroundColor、EdgeColor 属性

Color 属性和之前介绍的其他对象的属性一样，用来设置 Text 属性的颜色；BackGroundColor 属性用来设置 Text 属性的背景颜色；EdgeColor 属性用来设置 Text 属性的边缘颜色，后两项属性在默认情况下都为零。

2．Editing 属性

该属性用来设置 Text 对象是否可以进行编辑。默认情况为 off，也就是无法对 Text 对象进行编辑。

3．FontSize、FontAngle、FontUnits 等属性

这些属性用来设置 Text 对象的字体大小、字体倾斜角度及字体的单位等。最常用的属性是 FontSize，用来设置字体的大小。

4．String 属性

该属性是经常用到的属性，其属性值就是我们实际设置的 Text 的文本，这里的 String 值为“实例”。

Text 对象的属性设置都使用函数 set。例如，设置 Text 对象的颜色为红色，字体大小为 20，String 属性为“演示”，其语句如下。

```
set(ht,'Color','r','FontSize',20,'String','演示')
```

五、Uicontrol 对象

Uicontrol 对象是 GUI 编程中最重要的对象，任何 GUI 用户界面都离不开 Uicontrol 对象。上一节中已经涉及了 Uicontrol 对象的使用，下面详细讲解 Uicontrol 对象的属性及其设置方法。

Uicontrol 对象是 Figure 对象的子对象，因此，在产生一个 Uicontrol 对象之前，需要产生一个 Figure 对象。这里我们产生一个 Figure 对象及一个 Uicontrol 对象，并且获得 Uicontrol 对象的属性，其语句如下。

```
ht=figure;ha=uicontrol;get(ha)
```

下面介绍 Uicontrol 对象常用的属性及其设置方法。

1．Callback 属性

该属性是 Uicontrol 对象最重要的属性，用来设置 Uicontrol 对象的回调函数。回调函数是 Uicontrol 对象的灵魂，也是整个 GUI 用户界面设计的主要部分。设置 Callback 属性的语句如下。

```
set(ha,'Callback','plot([0:10])');
```

该语句的作用是将 Uicontrol 对象的回调函数设置为绘制 0～10 之间的函数曲线。

2．Style 属性

该属性也是 Uicontrol 属性中常用的属性之一，用来设置 Uicontrol 对象的类型。例如，设置为 Pushbutton 按钮，其设置语句如下。

```
set(ha,'Style','pushbutton');
```

3．String 属性

该属性用来设置 Uicontrol 的文字属性。例如，将 Pushbutton 按钮的 String 属性设置为 Clear，其设置语句如下。

```
set(ha,'Style','pushbutton','String','Clear')
```

4．Position 属性

该属性在 GUI 用户界面设计中也是常用的属性之一，用来设置 Uicontrol 对象的位置，使得整个 GUI 界面更加人性化，布局更加合理。其设置语句如下。

```
set(ha,'Position',[60 60 40 40])
```

其中，Position 的前两个数据代表 Uicontrol 对象在窗体中的位置，后两个数据代表 Uicontrol 的长度和宽度。

5．BackgroundColor 属性

该属性用来设置 Uicontrol 对象的背景颜色。其设置语句如下。

```
set(ha,'BackgroundColor',[0 1 0])
```

该语句将 Uicontrol 对象的背景颜色设置为绿色。从属性设置可以看出，其属性值是通过 RGB 来设置背景颜色的。

7.4　图形用户界面综合实例

【实例 7-4】已知某系统的传递函数为$G(s)=\dfrac{1}{s^2+2\xi s+1}$。编写一个能够绘制该系统的单位阶跃响应的图形用户界面。最终设计界面如图 7-19 所示。

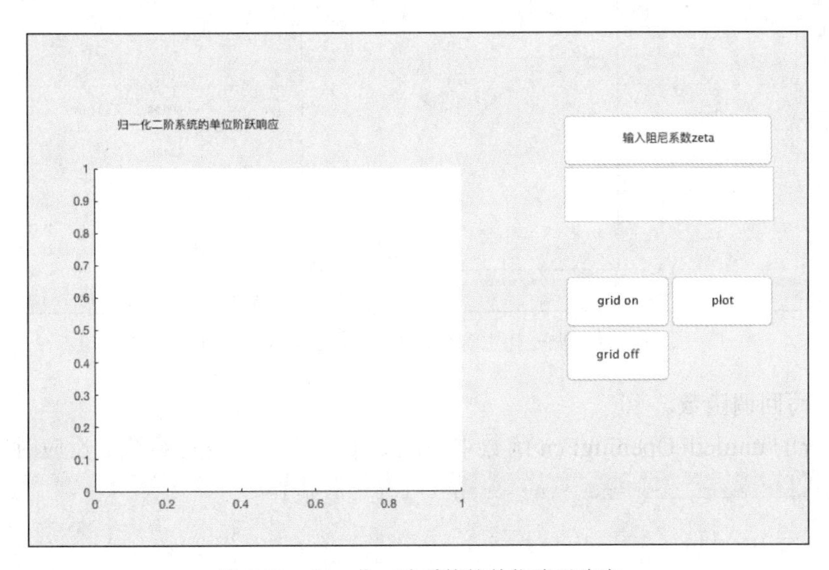

图 7-19　归一化二阶系统的单位阶跃响应

思路·点拨

采用图形用户界面的方式则直接在相应的回调函数处编写代码即可。本实例的界面控件主要包括坐标轴、静态文本框、编辑框及坐标方格控制按钮。

结果文件——配套资源“Ch7\SL704”文件

解：

（1）创建 GUI 文件，并向其中添加所需要的控件，具体包括以下内容。

静态文本 static text1，设置其内容为“归一化二阶系统的单位阶跃响应曲线”。

静态文本 static text2，设置其内容为“输入阻尼系数 zeta”。设置两者的属性，其中 FontUnit 为 normalized，Units 为 normalized，FontSize 为默认值。

坐标轴：设置其属性，其中 FontUnit 为 normalized，Units 为 normalized，FontSize 为默认值。

编辑文本框：设置其属性，String 属性为空，FontUnit 为 normalized，Units 为 normalized，FontSize 为 0.5。

按钮：3 个按钮的 String 属性分别设置为 grid on、grid off、plot，其中 FontUnit 属性设置为 normalized，Units 属性设置为 normalized，Fontsize 属性设置为 0.5。结果如图 7-20 所示。

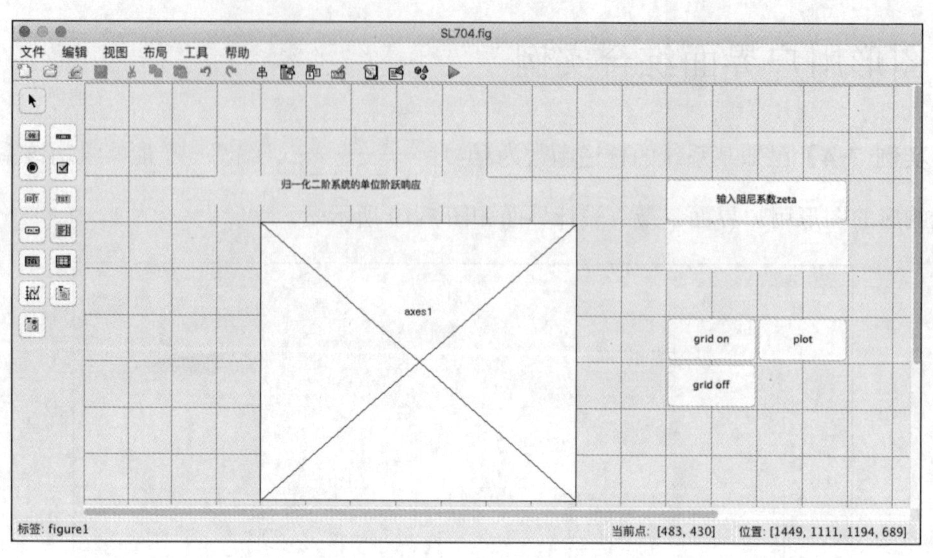

图 7-20 归一化二阶系统的单位阶跃响应用户界面

（2）编写回调函数。

①在系统的 untiled_OpeningFcn 函数中添加如下的语句，设置系统的反应时间。

```
% Choose default command line output for untitled
handles.t=0:0.1:15;
handles.output = hObject;
% Update handles structure
```

②文本编辑框的回调函数如下。

```
function edit1_Callback(hObject, eventdata, handles)
% hObject    handle to edit1 (see GCBO)
% eventdata  reserved - to be defined in a future version of MATLAB
% handles    structure with handles and user data (see GUIDATA)

% Hints: get(hObject,'String') returns contents of edit1 as text
% str2double(get(hObject,'String')) returns contents of edit1 as a double
zeta=get(hObject,'String'); %获取文本框中的文本内容
guidata(hObject,handles);     %保存 handles 中的内容
```

③grid on 按钮的回调函数如下。

```
function pushbutton1_Callback(hObject, eventdata, handles)
```

```
% hObject    handle to pushbutton1 (see GCBO)
% eventdata  reserved - to be defined in a future version of MATLAB
% handles    structure with handles and user data (see GUIDATA)
grid on; %显示方格
```

④grid off 按钮的回调函数如下。

```
function pushbutton2_Callback(hObject, eventdata, handles)
% hObject    handle to pushbutton2 (see GCBO)
% eventdata  reserved - to be defined in a future version of MATLAB
% handles    structure with handles and user data (see GUIDATA)
grid off; %关闭方格
```

⑤plot 按钮的回调函数如下。

```
function pushbutton3_Callback(hObject, eventdata, handles)
% hObject    handle to pushbutton3 (see GCBO)
% eventdata  reserved - to be defined in a future version of MATLAB
% handles    structure with handles and user data (see GUIDATA)
zeta=get(handles.edit1,'String');%获取文本框中的内容
z=str2num(zeta);
t=handles.t;%获取响应时间
%计算单位阶跃响应
for k=1:length(z)
    s2=tf(1,[1,2*z(k),1]);
    y(:,k)=step(s2,t);
    plot(t,y(:,k));
    if(length(z)>1)
        hold on;
    end
end
hold off;
guiddata(hObject,handles);%保存 handles 的内容数据
```

编写好回调函数之后，单击“运行”按钮，向文本框中输入参数ξ的值为 0.1:0.1:1，程序的运行结果如图 7-21 所示。

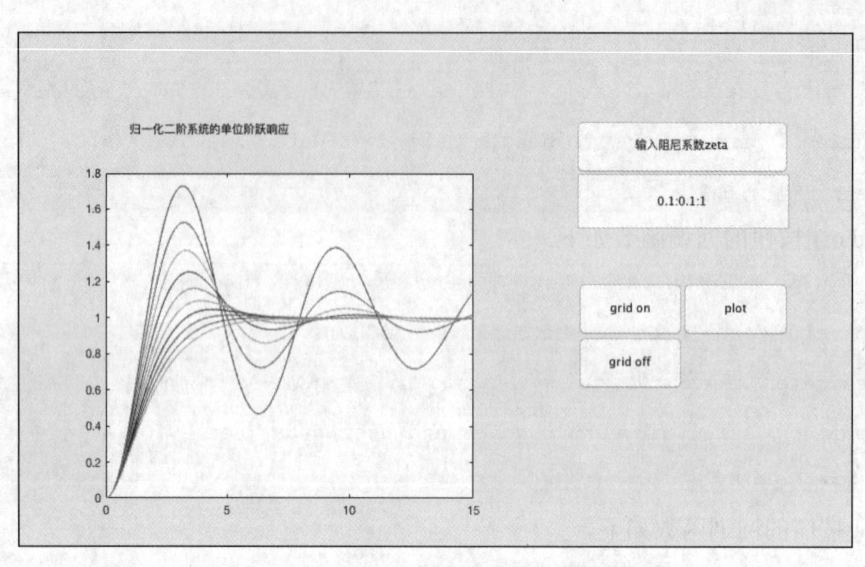

图 7-21　归一化二阶系统的单位阶跃响应曲线

第8章　Simulink 交互仿真集成环境

Simulink 是 MATLAB 重要的组件之一，它提供一个动态系统建模、仿真和综合分析的集成环境。在该环境中，无须大量书写程序，而只需通过简单直观的鼠标操作，就可构造出复杂的系统。Simulink 具有适应面广、结构和流程清晰及仿真精细、贴近实际、效率高、灵活等优点。基于以上优点，Simulink 已被广泛应用于控制理论和数字信号处理的复杂仿真和设计。同时有大量的第三方软件和硬件可应用于或被要求应用于 Simulink。Simulink 有如下特色。

（1）具有丰富的可扩充的预定义模块库。

（2）通过交互式的图形编辑器来组合和管理直观的模块图。

（3）以设计功能的层次性来分割模型，实现对复杂设计的管理。

（4）通过 Model Explorer 导航、创建、配置、搜索模型中的任意信号、参数、属性，生成模型代码。

（5）提供 API 用于与其他仿真程序的连接或与手写代码集成。

（6）使用 Embedded MATLAB 模块在 Simulink 和嵌入式系统执行中调用 MATLAB 算法。

（7）使用定步长或变步长运行仿真，根据仿真模式（Normal、Accelerator、Rapid Accelerator）决定以解释性的方式或以编译 C 代码的形式来运行模型。

（8）用图形化的调试器和剖析器来检查仿真结果，诊断设计的性能和异常行为。

（9）可访问 MATLAB，从而对结果进行分析与可视化，定制建模环境，定义信号参数和测试数据。

（10）由模型分析和诊断工具来保证模型的一致性，确定模型中的错误。

总之，Simulink 是自动控制系统及数学模型分析应用中最重要的模块，是 MATLAB 中重要的组成部分之一。因此，想学好 MATLAB，必须学会并灵活运用 Simulink。

本章内容

- Simulink 运行方法及其编辑窗口。
- Simulink 基本模块库介绍。
- Simulink 功能模块的处理。
- Simulink 建模与仿真实例。
- 子系统与模块封装技术。
- S 函数。

8.1 Simulink 运行方法及窗口

Simulink 的启动方法有好几种，下面简单介绍两种常用方法。

（1）在工作空间中输入 simulink 指令后，按回车键，即可启动 Simulink。

（2）单击工作空间中的图标，即可启动 Simulink。

以上两种方法均可快速启动 Simulink，启动后如图 8-1 所示。

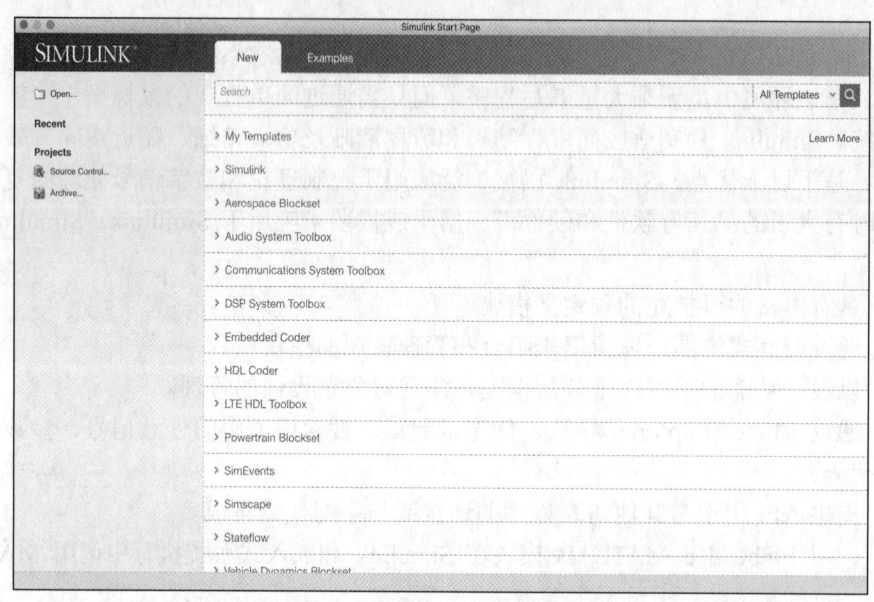

图 8-1　Simulink 模块库浏览器

启动了图 8-1 所示的界面后，单击 Simulink，选择 Blank Model 模块，如图 8-2 所示。

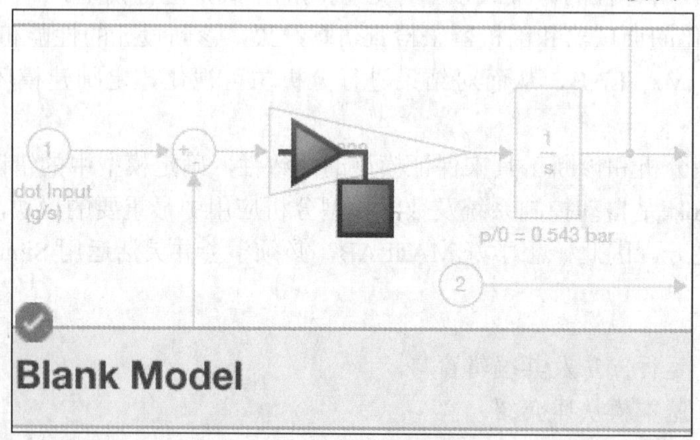

图 8-2　新建 Blank Model

此时会弹出无标题名称的“untitled”空白设计区桌面，即新建模型窗口。或者采用快捷键 Ctrl+N 也可以实现同样的功能，如图 8-3 所示。

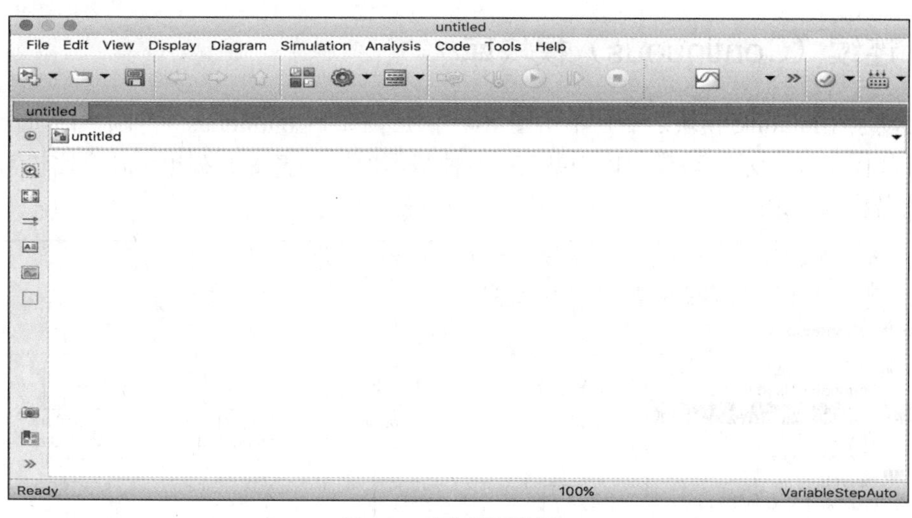

图 8-3　建立新模型窗口

MATLAB 规定模型文件即动态结构图模型的文件扩展名（或后缀）为“.mdl”。文件命名时不需要写入扩展名，MATLAB 会自动加上去。模型窗口第二行是窗口的主菜单，第三行是模型窗口的工具栏，最下方是状态栏。在工具栏与状态栏之间的大窗口是建立模型的操作平台（可进行画图、修改动态结构图、仿真等操作），所有的模型建立与仿真均在此区域进行。在打开了建立模型区域之后，用户可以根据自己所建立的模型选择合适的模块，进行系统模型的建立。因此，用户必须先了解 Simulink 中内置的各种模块的功能及使用方法。

8.2 Simulink 常用模块库

在启动了图 8-3 所示的新建模块窗口之后，单击按钮，即可出现 Simulink 的常用模块库，如图 8-4 所示。

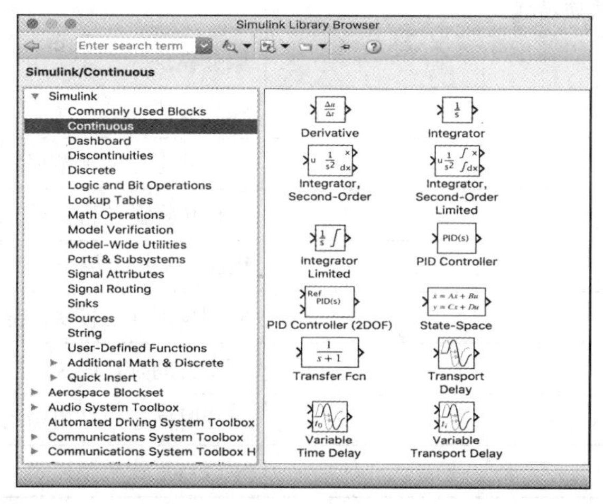

图 8-4　Simulink Library Browser

8.2.1 连续（Continuous）模块库

在启动了 Simulink 模块之后，单击图 8-4 中所示的“Continuous”选项，即可出现连续模块库，如图 8-5 所示。该模块库中共有 13 种基本模块。表 8-1 列出了几个比较常用的基本模块的名称与用途。

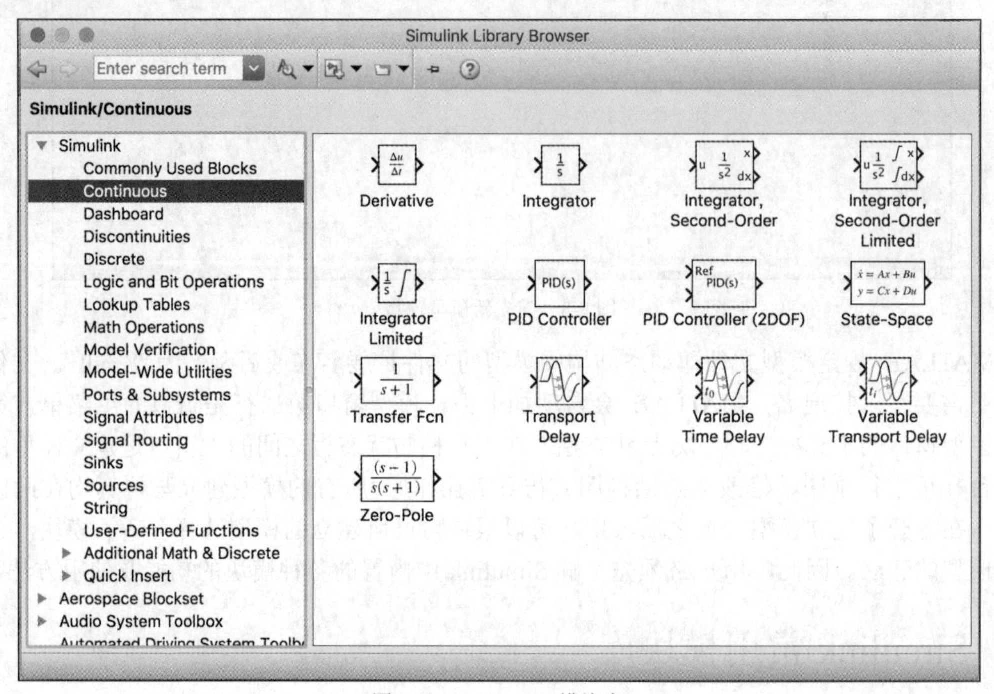

图 8-5 Continuous 模块库

表 8-1 Continuous 模块的名称与用途

模块名称	模块用途
Derivative	微分模块
Integrator	积分模块
State-Space	线性状态空间模型模块
Transfer Fcn	线性传递函数模型模块
PID Controller	PID 控制模型模块
Transport Delay	时间延迟（在模块内部参数中设置）模块
Variable Time Delay	可变时间延迟模块
Variable Transport Delay	可变时间延迟（用输入信号来定义）模块
Zero-Pole	零极点形式模型模块

8.2.2 非连续（Discontinuous）模块库

Discontinuous 模块库中有 12 个基本模块，如图 8-6 所示。

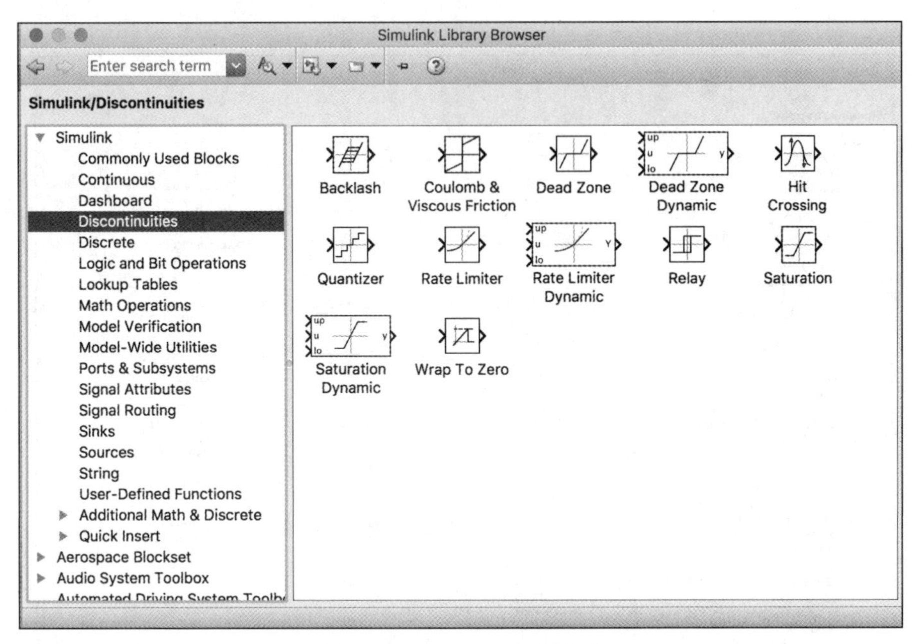

图 8-6 Discontinuous 模块库

各个模块的名称和基本用途如表 8-2 所示。

表 8-2 非连续（Discontinuous）模块的名称与用途

模块名称	模块用途
Backlash	磁滞回环模块
Coulomb & Viscous Friction	库伦摩擦与黏性摩擦特性模块
Dead Zone	死区特性模块
Dead Zone Dynamic	动态死区特性模块
Hit Crossing	检测输入信号的零交叉点模块
Quantizer	阶梯状量化处理模块
Rate Limiter	变化速率限幅模块
Rate Limiter Dynamic	动态变化速率限幅模块
Relay	带有滞环的继电特性模块
Saturation	限幅的饱和特性模块
Saturation Dynamic	动态限幅的饱和特性模块
Wrap To Zero	零输出模块（当输入达到某一阈值时，其输出为 0，否则输出等于输入）

8.2.3 离散（Discrete）模块库

离散模块库如图 8-7 所示。它共含有 21 个基本模块，各个模块的名称与用途如表 8-3 所示。

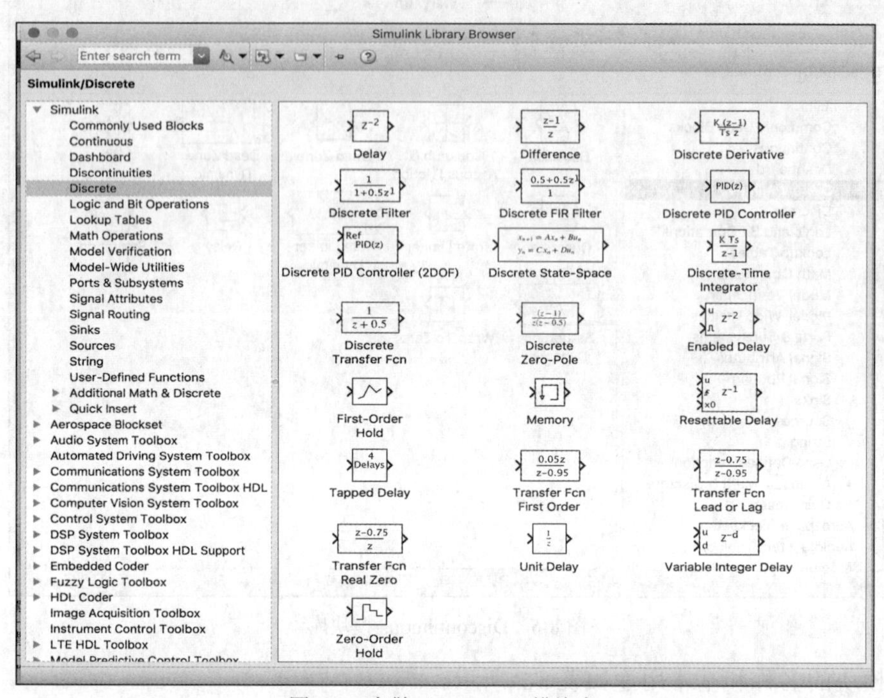

图 8-7 离散（Discrete）模块库

表 8-3 离散（Discrete）模块的名称及用途

模块名称	模块用途	模块名称	模块用途
Delay	延迟模块	First-Order Hold	一阶采样保持器
Difference	差分模块	Memory	记忆模块（上一时刻的状态值）
Discrete Difference	离散微分器	Resettable Delay	复位延迟模块
Discrete FIR Filter	离散 FIR 滤波器	Tapped Delay	分段延迟器
Discrete Filter	离散滤波器	Transfer Fcn First Order	一阶传递函数模块
Discrete PID Controller	离散 PID 控制器	Transfer Fcn Lead Or Lag	超前或滞后传递函数模块
Discrete PID Controller（2DOF）	离散 PID（2DOF）控制器	Transfer Fcn Real Zero	带实数零点传递函数模块
Discrete State-Space	离散状态空间模型	Unit Delay	单位延迟模块
Discrete Transfer Fcn	离散传递函数模型	Variable Integer Delay	可变整段延迟模块
Discrete Zero-Pole	离散零极点模型模块	Zero-Order Hold	零阶采样保持器
Discrete-Time Integrator	离散时间积分模块		

8.2.4 数学运算（Math Operations）模块库

数学运算模块库在 Simulink 建模中是经常使用的一个模块库。该模块库中含有输入函数如正弦函数、余弦函数，以及基本的数学运算模块，在系统建模中是非常重要的一个模块库。该模块库总共含有 37 个基本模块，如图 8-8 所示。

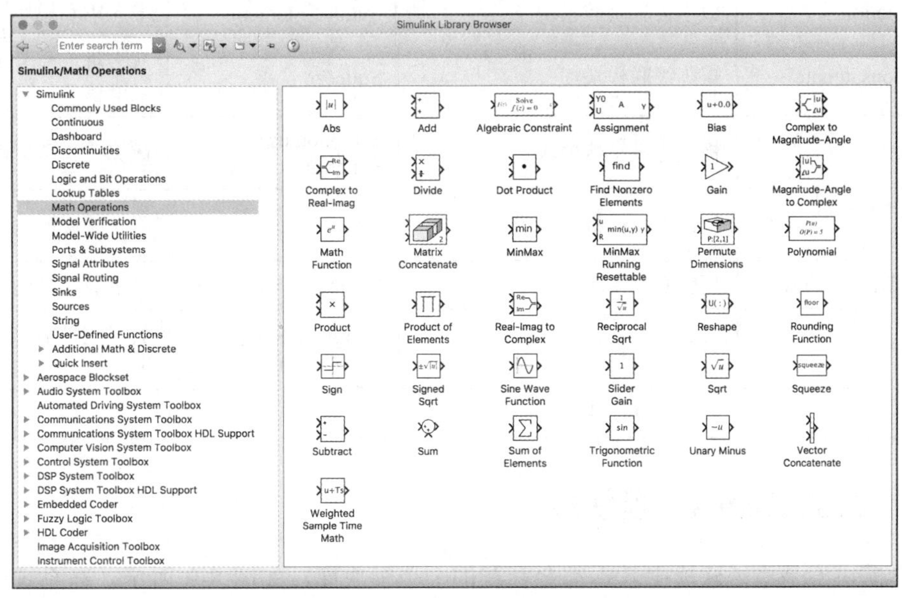

图 8-8 数学运算（Math Operations）模块库

该模块库中的 37 个基本模块的名称及用途如表 8-4 所示。

表 8-4 数学运算（Math Operations）模块名称及其基本用途

模块名称	模块用途	模块名称	模块用途
Abs	绝对值或求模模块（复数域）	Product of Elements	多元求积模块
Add	信号求和模块	Real-Image to Complex	实部虚部计算复数模块
Algebraic Constraint	代数约束模块（计算输入信号为零时的状态值）	Reciprocal Sqrt	倒数开方模块
Assignment	分配器模块	Reshape	矩阵的重新定维模块
Bias	偏压模块	Rounding Function	取整模块
Complex to Magnitude-Angle	计算复数幅值与相角模块	Sign	符号函数模块
Complex to Real-Imag	计算复数实部与虚部模块	Signed Sqrt	符号开方函数模块
Divide	乘除器	Sine Wave Function	正弦波函数模块
Dot Product	计算点积（内积）模块	Slider Gain	可变增益模块
Find Nonzero Elements	非零元素寻找模块	Sqrt	开方模块

续 表

模块名称	模块用途	模块名称	模块用途
Gain	增益模块	Subtract	信号求差模块
Magnitude-Angle to Complex	由幅值相角计算复数模块	Sum	信号求和模块
Math Function	数学运算函数模块	Sum of Elements	多元求和模块
Matrix Consatenate	矩阵级联模块	Squeeze	从多维度信号中删除单维度信号
MinMax	极大值极小值模块	Trigonometric Function	计算三角函数模块
MinMax Runing Resettable	可调极大值极小值模块	Unary Minus	单元减法模块
Permute Dimensions	尺度变更模块	Vector Concatenate	向量级联模块
Polynomial	多项式运算模块	Weigthed Sample Time Math	加权数学采样时间封装模块
Product	乘积运算模块		

8.2.5 输出（Sinks）模块库

输出模块库是系统建模中基本都会存在的一个模块库，如图 8-9 所示。在系统中加入输出模块库，用户可以简便地得到系统的输出。

输出模块库中共有 9 个基本模块。表 8-5 列出了输出模块库中所有基本模块的名称与用途。

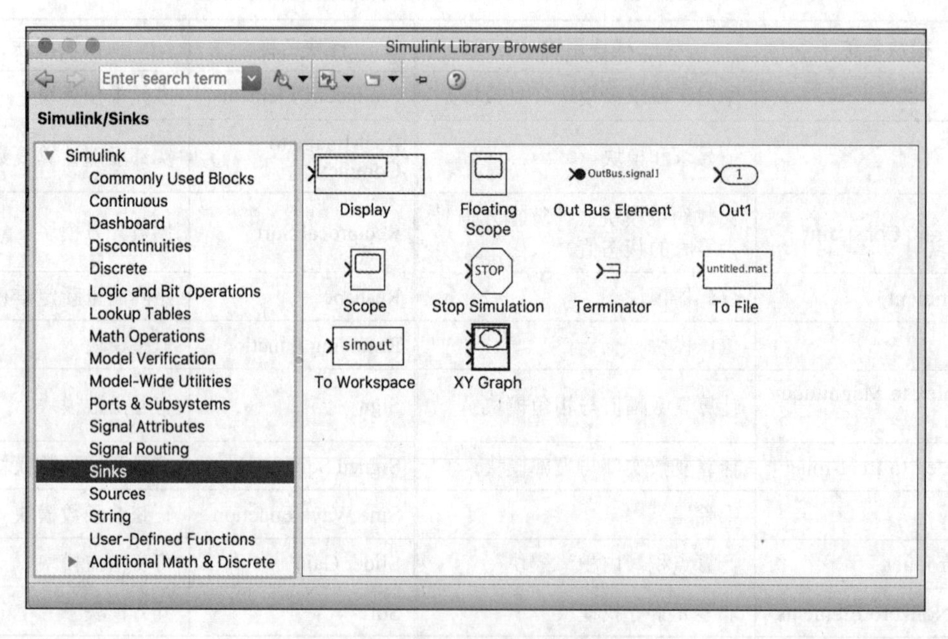

图 8-9 输出（Sinks）模块库

表 8-5 输出（Sinks）模块的名称及其基本用途

模块名称	模块用途
Floating Scope	浮动示波器模块
Display	实时数字显示器模块
Out1	输出端口模块
Scope	示波器模块
Stop Simulation	仿真终止模块
Terminator	信号中介模块
To File	写文件模块
To Workspace	写入工作空间模块
XY Graph	*X-Y* 示波器模块

8.2.6 输入源（Sources）模块库

输入源模块库也是 Simulink 动态系统建模的一个必不可少的部分，系统要有输出，就必须有输入。输入源模块库如图 8-10 所示。

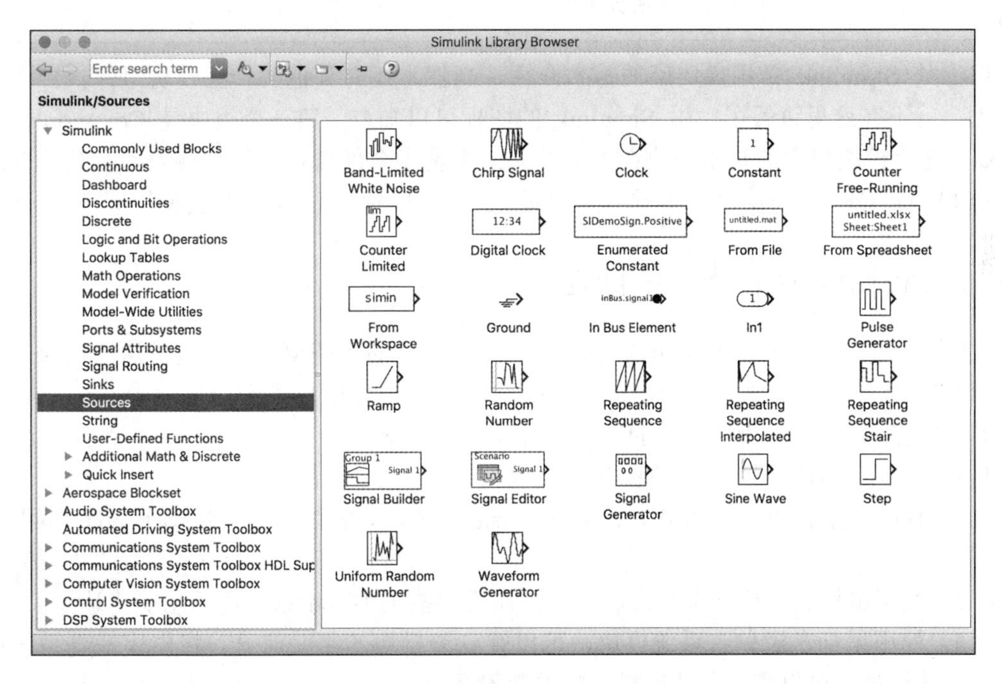

图 8-10 输入源（Sources）模块库

输入源模块库中共有 27 个基本模块，其中主要模块的名称及其基本用途如表 8-6 所示。

表 8-6　输入源（Sources）各模块的名称以及基本用途

模块名称	模块用途	模块名称	模块用途
Band-Limited White Noise	带宽限幅白噪声模块	In1	输入端口模块
Chirp Signal	线性调频信号模块	Pulse Generator	脉冲信号输入模块
Clock	时钟信号模块	Ramp	斜坡信号输入模块
Constant	常数输入模块	Random Number	随机信号输入模块
Counter Free Running	计算自由移动的封装模块	Repeating Sequence	连续重复信号模块
Counter Limited	计算极限值的封装模块	Repeating Sequence Interpolated	内插连续重复信号模块
Digital Clock	数字时钟信号模块	Repeating Sequence Stair	连续重复信号模块
Enumerated Constant	枚举常量信号模块	Signal Builder	信号构造器
From File	读文件模块	Signal Generator	信号发生器
From Workspace	读工作空间信号模块	Sine Wave	正弦信号发生器
Ground	接地信号模块	Step	阶跃信号发生器
Uniform Randon Number	均匀分布随机数模块		

以上是 Simulink 常用模块库的基本介绍，当然，还有其他的一些模块组件，由于篇幅的原因，就不在这里讲解了。由 Simulink 的图标可以知道，第一个组块是 Commonly Used Blocks，这个模块组中的基本模块在上面的介绍中基本全部囊括。每个模块都有其各自的用途，在 MATLAB 学习中，不必每个模块都要记住，只需熟悉一下，学会使用即可。

8.3 Simulink 功能模块的处理

8.2 节已经简单介绍了 Simulink 中的一些比较常用的系统模块。知道了这些模块的功能后，就可以使用这些系统模块构建自己的模型了。在构建用户模型的过程中，在 Simulink 模型库中找到建立模型所需要的模块，用鼠标将该模型移动到指定的区域当中。在用 Simulink 建立模型的过程中，基本操作主要包括以下三个方面。

（1）使用鼠标左键单击模型库，则会在 Simulink 库浏览器右边的一栏中显示该库中的所有模块。

（2）使用鼠标左键单击系统模块，则会在模块描述中显示该模块的功能描述。

（3）使用鼠标右键单击系统模块，可以得到该模块的帮助信息。将模块拖进系统模型中，双击该模型，可以查看并修改模块的参数设置。

8.3.1 Simulink 模块参数设置

首先，打开 MATLAB 并运行 Simulink，用快捷键 Ctrl+N 新建一个模型文件。假设要设

置正弦函数 $y=2\sin(2\pi t+60°)$，则在 Simulink 的 Math Operations 模型库中，找到 Sine Wave Function 模块，并将该模块拖进模型窗口中，如图 8-11 所示。

然后双击该模块，就可以得到图 8-12 所示的对话框。

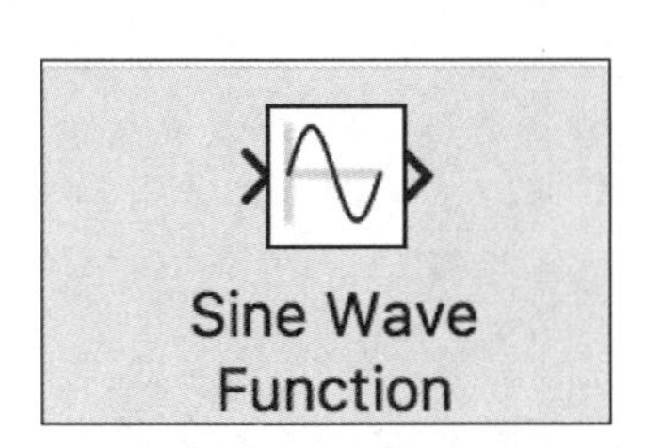

图 8-11　正弦函数模块

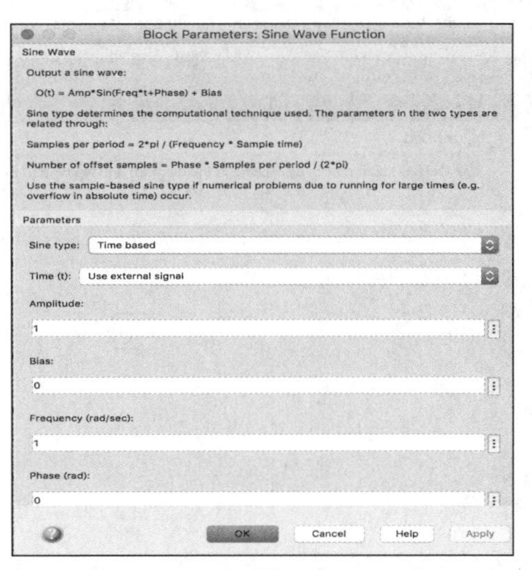

图 8-12　Sine 函数参数设置对话框

由于该模型 Sine 函数是作为输入源，不需要外部激励，因此将对话框的 Time（t）选项设置为 Use Simulation Time。该正弦函数的幅值为 2，周期为 1，相角为 60°，则设置后的对话框如图 8-13 所示。

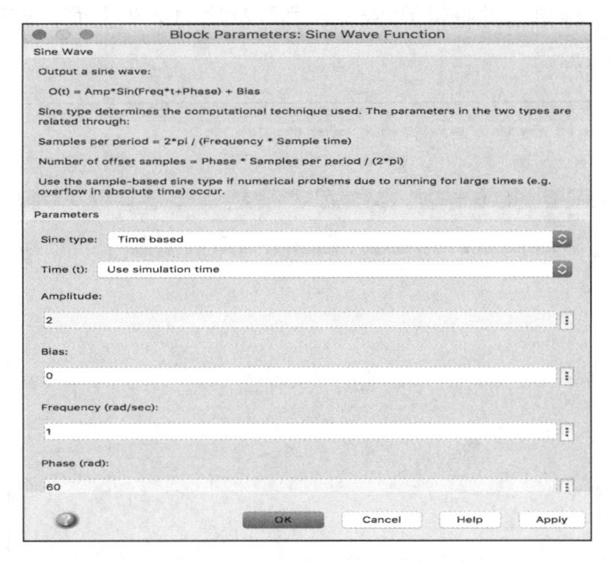

图 8-13　已设置好的 Sine 函数参数

8.3.2　Simulink 模块间连线处理

下面，我们来建立这样的一个小系统，将上一小节所设置好的正弦函数通过示波器显示出来，以用来验证上面的设置是否符合我们所期望达到的要求。

首先打开 Sinks 模型库，找到 Scope 模块，通过鼠标将该模块拖放到模型窗口中，如图 8-14 所示。

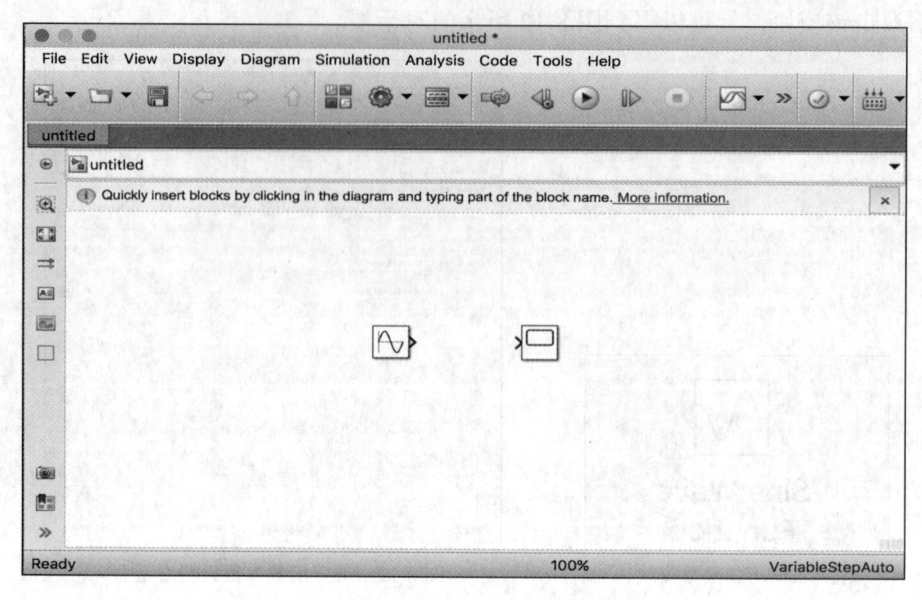

图 8-14 加入示波器模块

图 8-14 所示的系统还不是一个完整的系统，该系统要能完成指定的动作，各个模块之间必须要有连线。连线方法很简单，将鼠标放置在正弦函数模块中的黑色箭头上面，指针会变成十字形式，然后鼠标单击并拖动到 Scope 模型左边的箭头上面，即可完成两个模块的连线处理，如图 8-15 所示。

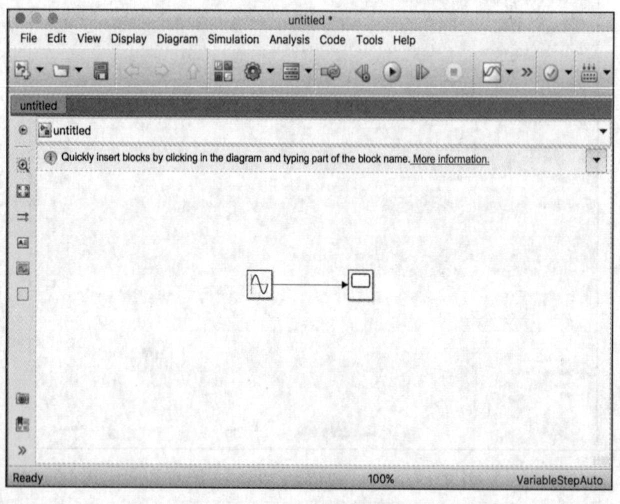

图 8-15 系统模型的建立

系统模型建立之后，单击按钮运行该模型，然后双击示波器，就可以看到之前设置的正弦函数的波形图，如图 8-16 所示。

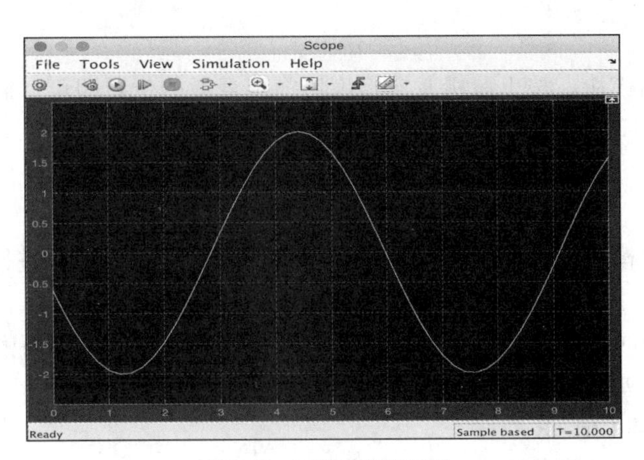

图 8-16　正弦函数波形图

8.3.3　Simulink 模块基本操作

前面已经讲述了模块的参数设置和模块之间的连线，以及一个简单系统的操作。那么在模型操作窗口之间如何进行模块的复制、旋转、移动、删除、重命名，以及如何插入模块呢？下面就来讲解这一部分的内容。

1．模块的复制

在建立复杂的系统模型时，有时需要用到很多同样的模块，如果一直在模型库中选择同样的模块，那么操作就会变得烦琐。MATLAB 里面可以直接在模型编辑窗口中对模块进行复制操作。可以通过以下 4 种方法进行模块的复制。

（1）使用鼠标右键单击并拖动该模块。

（2）使用鼠标左键单击，同时按住 Ctrl 键不放，拖动鼠标，即可完成复制操作。

（3）选中所需模块后，使用 Edit 菜单中的 Copy 和 Paste 命令。

（4）使用快捷键 Ctrl+C 和 Ctrl + V。

例如，复制 Scope 模块，其结果如图 8-17 所示。

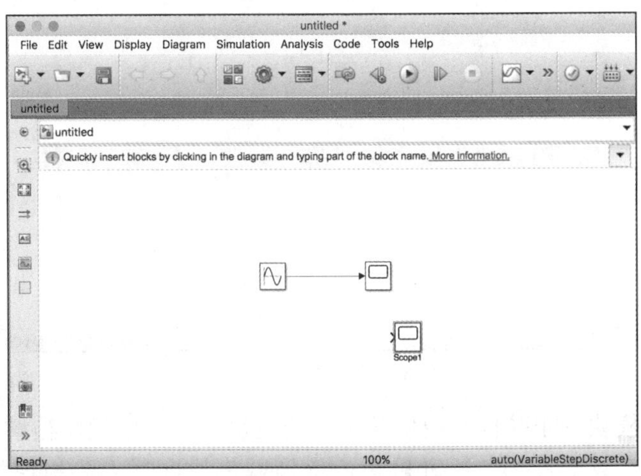

图 8-17　模块的复制

2．模块的移动

选中需要移动的模块，按下鼠标左键将模块拖至合适的位置即可。需要说明的是，模块移动时，与之相连的连线也随之移动。在不同的模型窗口之间移动模块时，需要同时按住 Shift 键。

3．模块的删除

选中所要删除的模块，按 Delete 键或采用剪切的方法即可对模块进行删除。

4．模块的旋转

在构建仿真模型时，有时候系统的信号并非都是从左到右的，因而模块不能总处于其默认的位置。在选中需要旋转的模块后，有两种方法可以旋转模块。

（1）使用快捷键 Ctrl +R。

（2）使用 Format 菜单中的 Flip Block 命令可将模块旋转 180°，使用 Format 菜单中的 Rotate Block 命令可将模块旋转 90°。

5．模块的重命名

在修改模块名时，单击模块名，会在原模块名四周出现一个编辑框，此时可在该编辑框内对模块名进行修改，修改完成后，将光标移出该编辑框，单击结束模块名的修改。

6．模块的插入

假设上一小节中所建立的模型的输入信号需要放大后输出，则需要在之前所建立的模型中加入放大器。那么如何在已经建立的模型中插入增益模块呢？操作其实很简单。

其具体操作过程如下。

（1）在模型编辑窗口中将增益模块拖进去，修改增益模块的参数，假设增益为 2，如图 8-18 所示。

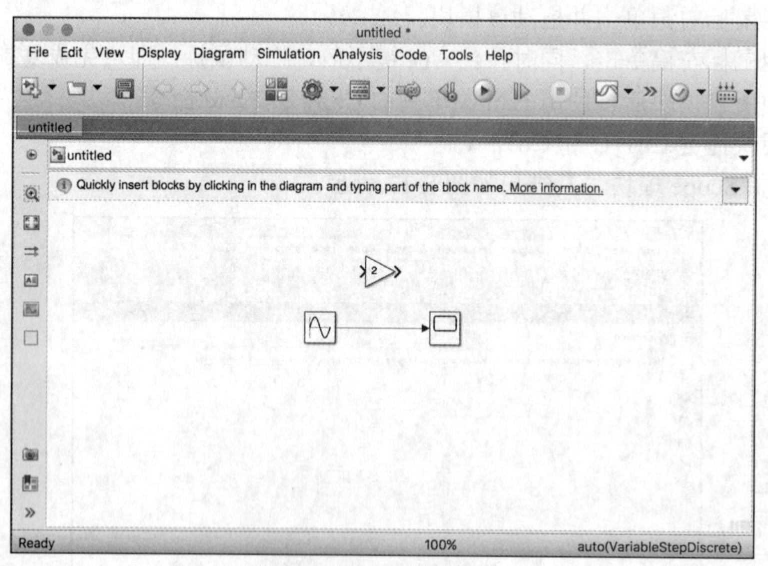

图 8-18　加入增益模块

（2）拖动增益模块到正弦信号模块与示波器模块的连线中间，当增益模块的输入输出箭头与两个模块的连线重合时，松开鼠标，该增益模块即插入到原模型系统当中，如图 8-19 所示。

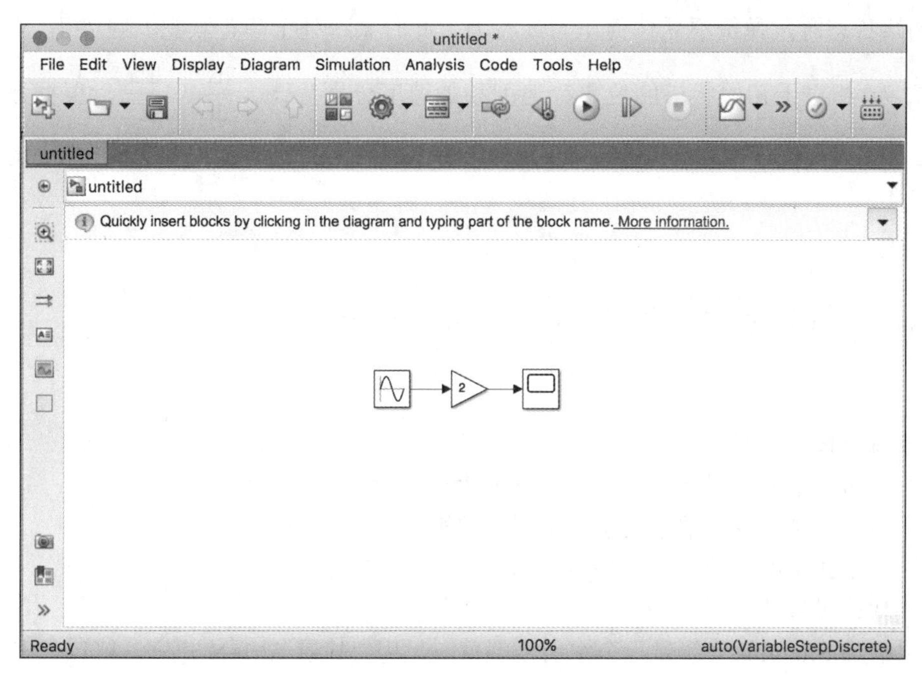

图 8-19　模块的插入

8.4 Simulink 建模仿真实例

前几节讲述了 Simulink 中模型的基本操作，下面讲解在 Simulink 中进行建模与仿真的实例。读者可以通过两个不同的实例，熟悉 Simulink 中的各个模块的基本内容及创建模型和对模型进行仿真的方法。

【实例 8-1】基于微分方程的 Simulink 建模。

本实例以模型的微分方程为基础，通过模型的微分方程建立系统的模型。图 8-20 所示的弹簧—质量—阻尼系统，设质量 m=1kg，阻尼 f=2N • s/m，弹簧系数为 k=100 N/m，且滑块的初始位移 $x(0) = 0.05$m，其初始速度 $x'(0) = 0$m/s。现在要通过该模型的微分方程建立该系统的 Simulink 模型，并进行仿真运算（假设系统的输入 F 是阶跃函数）。

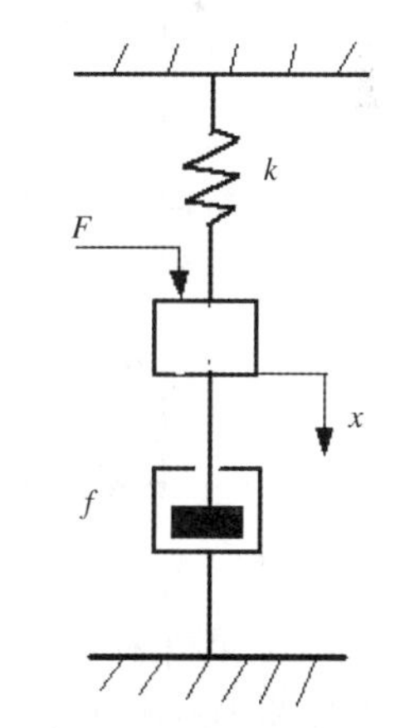

图 8-20　质量—弹簧—阻尼系统

思路·点拨

要建立该模块的 Simulink 模型，必须首先建立系统的微分方程模型。机械模型只需采用牛顿运动定律即可列出系统的微分方程，然后通过模块的组合即可表示出系统的仿真模型，该模块的微分方程属于二阶常微分方程，形式比较简单。

结果文件——配套资源“Ch8\SL801”文件

解：1．建立系统的微分方程

设初始状态时，弹簧不受任何压力或拉力，此时系统处于静止状态。在外力 F 的作用下，质量 m 相对于初始状态的位移、速度和加速度分别为 x、$\frac{dx}{dt}$、$\frac{d^2x}{dt^2}$，根据弹簧、质量、阻尼器上力与位移的关系和牛顿第二定律，可以得到作用在质量块 m 上的力和加速度之间的关系为

$$m\frac{d^2x}{dt^2}=F-f\frac{dx}{dt}-kx \tag{8-1}$$

代入题目中所给的各个参数值，可以得到如下方程式：

$$\frac{d^2x}{dt^2}=F-2\frac{dx}{dt}-100x \tag{8-2}$$

2．系统建模的思路

（1）在所给出的式子当中，运用积分模块来建立系统的模型。

（2）对于式子当中的常系数项，采用增益模块来实现。

（3）对于式子中的相加减，采用求和模块来实现。

3．具体建模步骤

（1）启动 Simulink，新建一个空白模型窗，采用快捷键 Ctrl+N 建立，可以节省时间。

（2）创建新的模型窗口之后，用鼠标将建立模型所需的各个模块拖入到模型窗口中，并进行相应的旋转、移动、复制等操作，如图 8-21 所示。

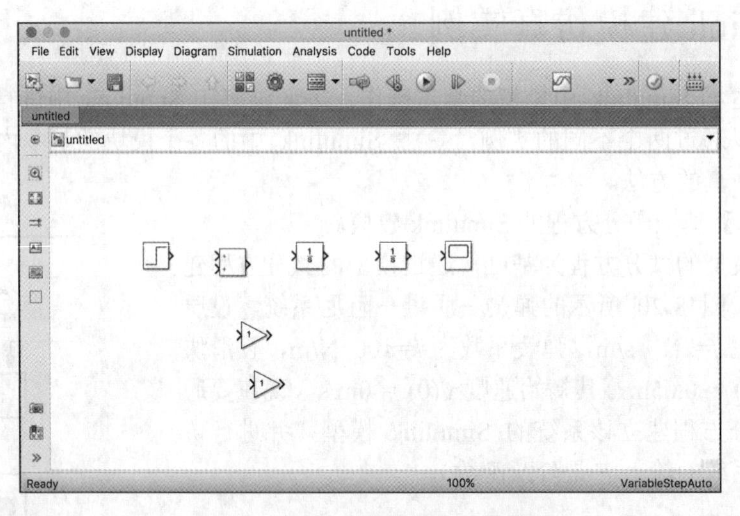

图 8-21　已经加载模块的新建模型窗

（3）对各个模块的参数进行设置。这里需要设置的参数有积分模块 Interger1、两个增益模块和求和模块 Add。首先设置求和模块。在该模型中，需要用到 3 个函数相加减，因此采用方形的求和模块。双击 Add 模块，得到图 8-22 所示的对话框。

（4）将图 8-22 中箭头所指的方框中的++号设置成+--号，单击“OK”按钮，设置即可完成。设置好的模块如图 8-23 所示。

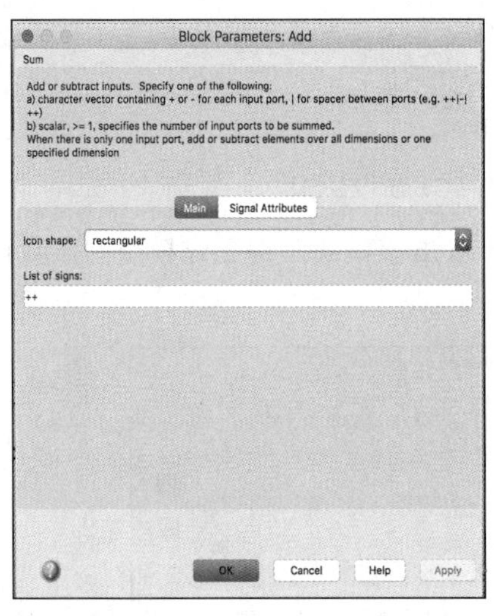

图 8-22 Add 求和模块参数设置对话框

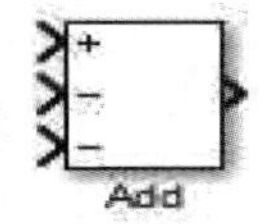

图 8-23 已设置的 Add 求和模块

（5）设置增益模块 Gain。同样是双击该模块，得到参数设置对话框，如图 8-24 所示。

（6）修改图 8-24 中方框所示区域的参数值，即可修改增益值。对于本例，该增益模块的值为 2，即将图中的增益值 1 修改为 2，单击“OK”按钮，设置即可完成。设置好的模块如图 8-25 所示。

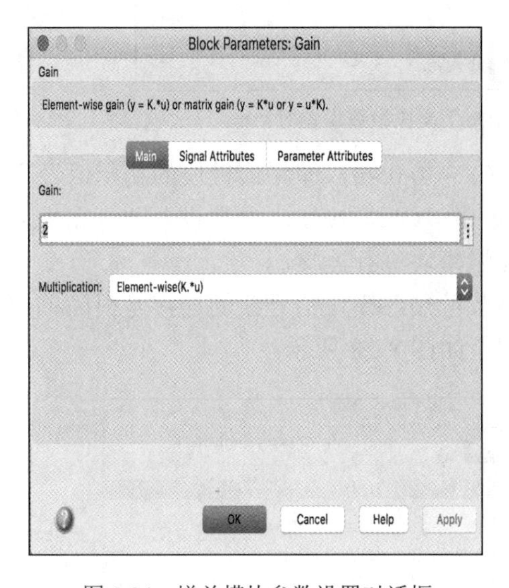

图 8-24 增益模块参数设置对话框

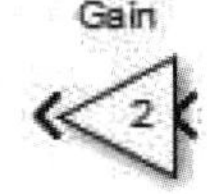

图 8-25 已设置的 Gain 增益模块

（7）对于 Gain1 模块，仍然采用同样的操作。需要注意的是，该模块的增益值为 100，完成之后发现，模型窗口中该模块并不能显示具体增益值的大小。这时可将鼠标指针移动到该模块处，会出现一个方框，用鼠标拖动方框四个顶点中的一个，即可改变模块的大小。模块变大之后，该模块的增益值就可以显示出来，如图 8-26 所示。

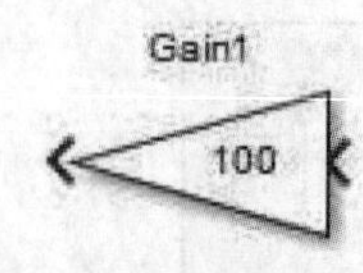

图 8-26　已设置的 Gain1 增益模块

（8）设置积分模块 Integrator1 的参数。双击该模块，得到该模块的参数设置对话框，如图 8-27 所示。

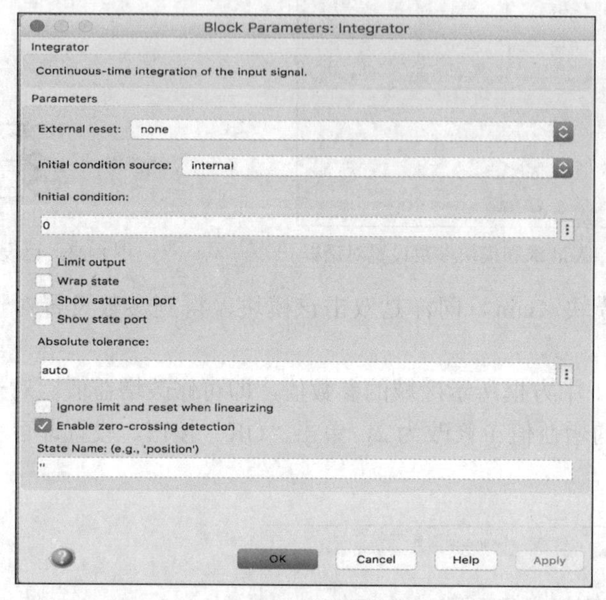

图 8-27　Integrator1 模块参数设置对话框

由于题目中给定了滑块的初始位移 $x(0) = 0.05$m，即将该模块的初始值设置为 0.05。将 0.05 填入图 8-27 中方框所示的区域内，单击“OK”按钮，参数设置即可完成。至此，该模型的模块参数设置都已完成，接下来需要将模块进行连接。

（9）模块信号线的连接。由 8.3.3 小节可知，模块信号线的连接是很简单的，只需使用鼠标拖动模块即可完成。连线后的系统模型如图 8-28 所示。

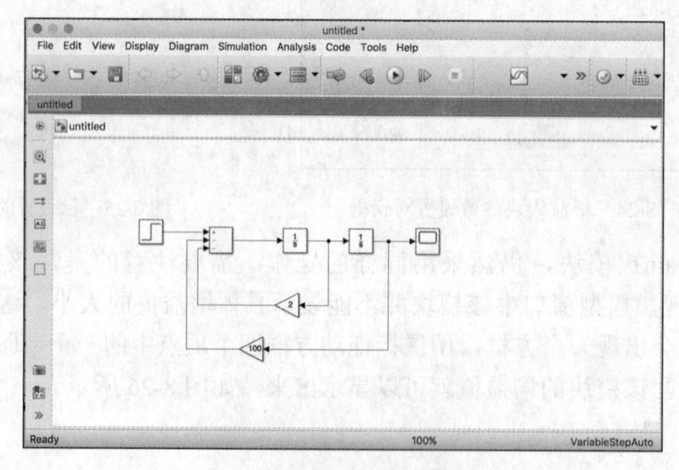

图 8-28　连线后的系统模型

（10）系统信号线连接完成之后，为了更好地表示该机械系统，可以在系统模型的信号线上标明变量的名称。其操作方法也比较简单，具体方法：双击模型的信号线（在信号线的上方或下方都可以），会出现一个文本输入框，可将变量 x、x'、x''依次输入，结果如图 8-29 所示。至此，整个系统的模型建立已经完成。接下来可以对模型进行仿真并查看仿真输出结果。

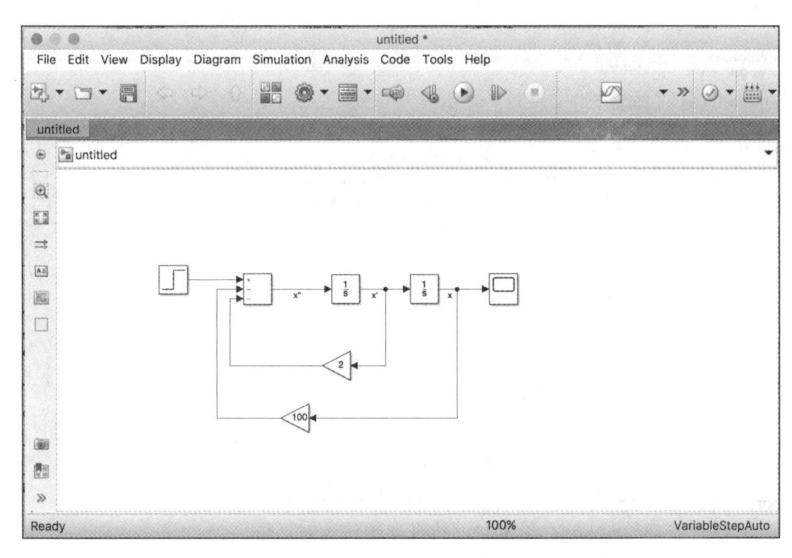

图 8-29　输入变量的模型

（11）系统模型的仿真。系统模型建立后，保存该模型到指定文件夹或用户自己创建的文件夹中，然后设置仿真参数。这里采用默认的仿真参数，即默认解算器“ode45”、默认“变步长”、默认终止时间为 10s。单击按钮，即可运行仿真。运行结束后，双击示波器查看输出结果，如图 8-30 所示。

（12）在图 8-30 中，不能很好地观察输出结果的具体波形。可以单击示波器上的坐标自动设置图标，则示波器的显示结果变为图 8-31 所示的图形。

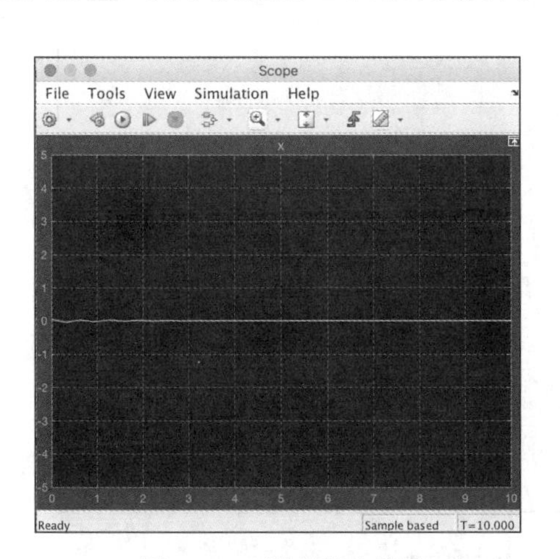

图 8-30　示波器输出结果

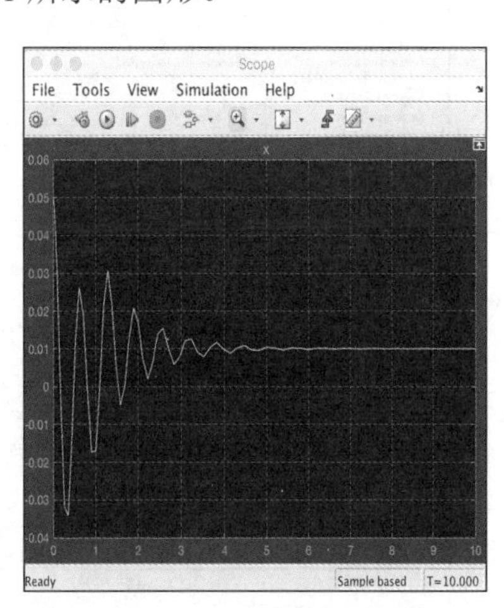

图 8-31　坐标修改后的波形图

此外，还可以修改仿真终止时间。具体修改方法是将模型运行窗口 的终止时间默认值改为 5。在运行该模型之后，可以在工作空间看到这样的警告：要求将最大步长修改为 0.2。具体修改方法为：在模型窗口中选择 Simulation→Model Configuration Parameters 命令，则会出现参数配置对话框，如图 8-32 所示。

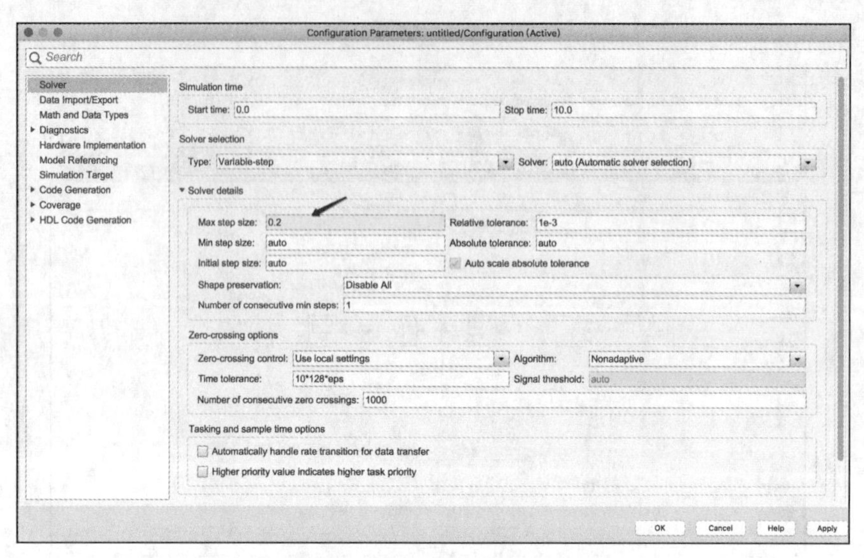

图 8-32　仿真参数设置对话框

在图 8-32 箭头所指的方框中，将 Auto 改为 0.2，然后单击“OK”按钮，即可完成“最大步长”的设置。

从示波器的仿真图像可以看出，该结果的输出图形并不是很光滑。若要得到比较光滑的输出曲线，同样是打开仿真参数设置对话框，选择 Data Import/Export 选项，把 Save options 选项中的 Refine factor 默认值改为其他参数，比如 4，如图 8-33 所示。

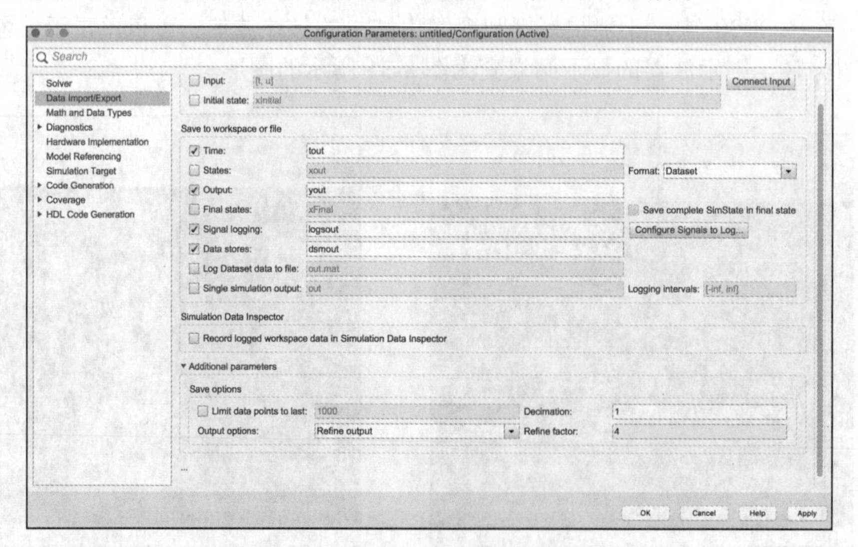

图 8-33　Refine factor

然后单击“OK”按钮，再次运行，则可以得到图 8-34 所示的结果。

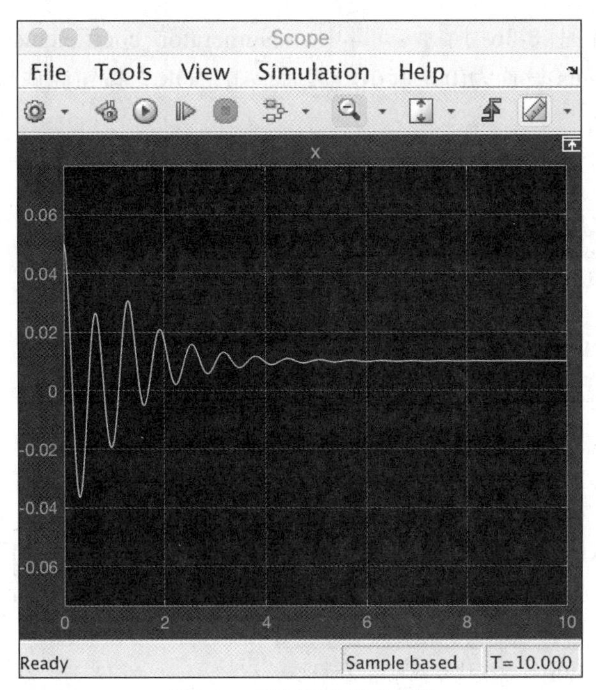

图 8-34　平滑后的输出曲线

至此，本例题的讲解已经结束，读者可以照着本例仔细体会仿真的具体操作，以及从微分方程建立模型的思路和方法，为以后 Simulink 的学习打好基础。

【实例 8-2】基于传递函数的 Simulink 建模。

本实例以自动控制原理中常见的传递函数为例，讲解基于传递函数的 Simulink 建模。目的在于了解该类模型的建模和仿真方法及其传递函数的求解。对于图 8-35 所示的自动控制系统，通过 Simulink 建模求该系统的单位阶跃响应。

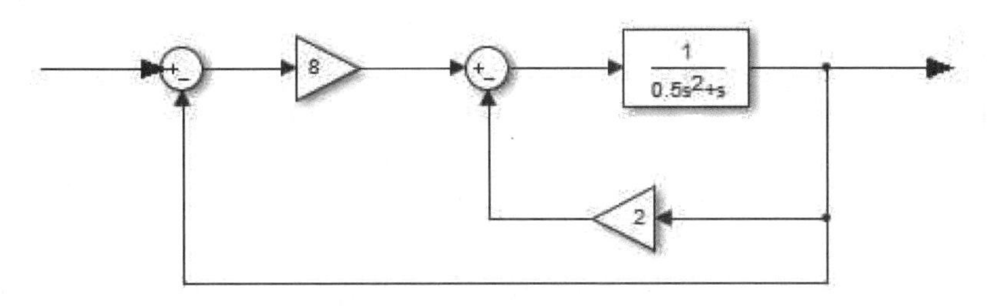

图 8-35　负反馈控制系统

思路·点拨

本实例是一个简单的二阶系统的方框图，通过上一实例的讲解，本例的步骤就会显得比较简单，主要是传递函数模型的参数设置及控制系统传递函数的仿真。

结果文件——配套资源“Ch8\SL802”文件

解：（1）打开 Simulink 模块库，用快捷键 Ctrl+N 新建一个模型窗口。

（2）从模块库中将 Transfer Fcn 模块导入模型窗口中，双击该模块，得到该模块的参数设置对话框，如图 8-36 所示。其中，Numerator coefficients 采用默认设置，而 Denominator coefficients 设置为[0.5 1 0]，然后单击“OK”按钮完成设置。设置后的模块如图 8-37 所示。

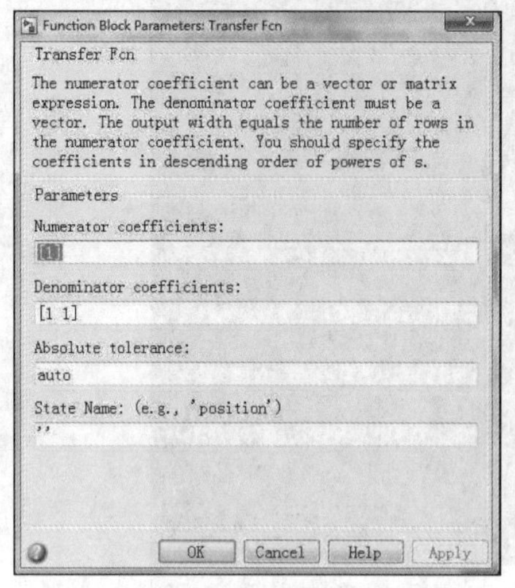

图 8-36 传递函数模块参数设置对话框

图 8-37 已设置的传递函数模块

（3）将增益模块导入模型窗口中并复制一次。依次双击增益模块，将其增益值分别改为 8 和 2。将增益值为 2 的增益模块进行旋转，用快捷键 Ctrl+R 旋转 180°，结果如图 8-38 所示。

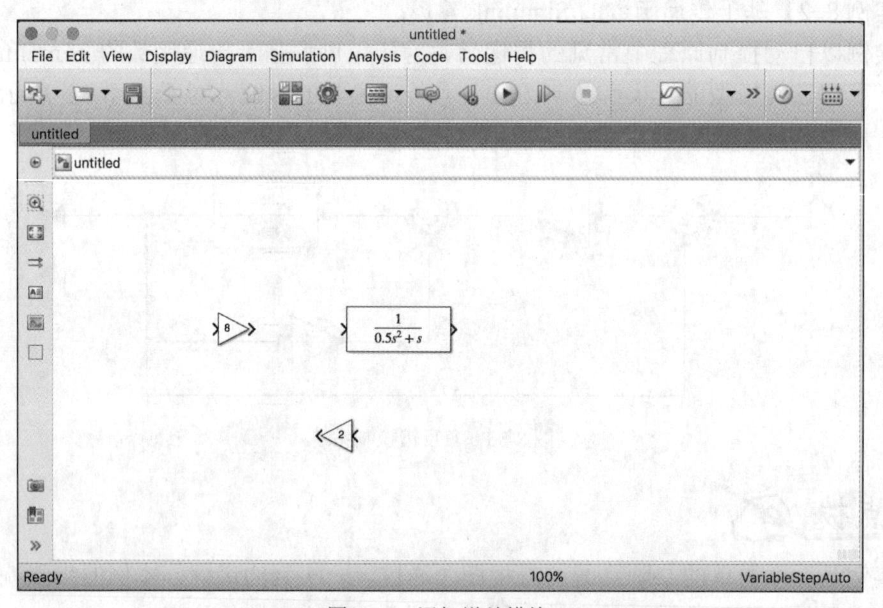

图 8-38 添加增益模块

（4）将求和模块导入模型窗口中复制一次，按照题目中的要求摆放到相应的位置。分别双击两个求和模块进行参数设置，将 List of Signs 中的++改为+-，设置后的模型如图 8-39 所示。

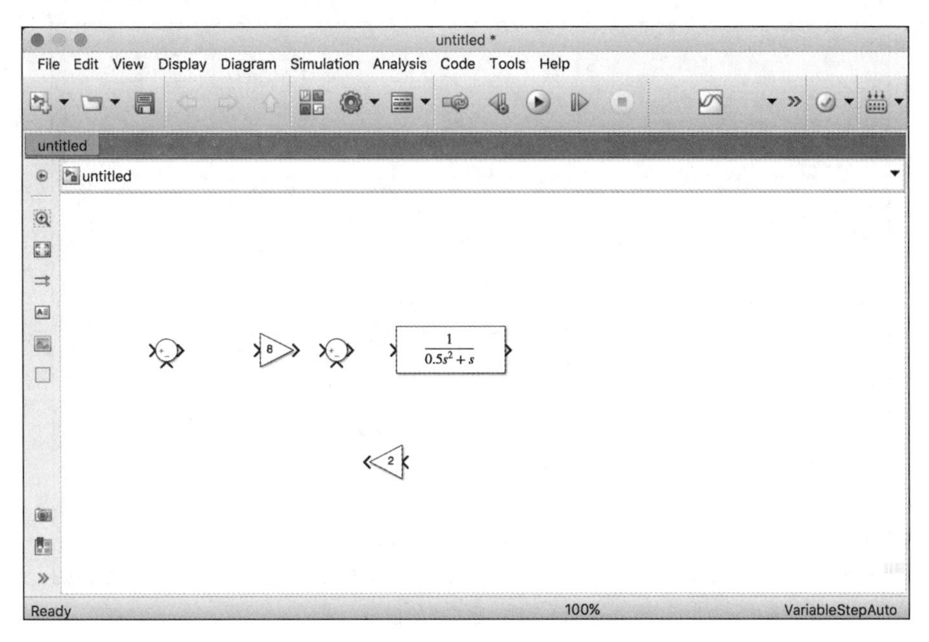

图 8-39　加入求和模块的模型

（5）由于需要获得该模型的单位阶跃响应，因此需要向模型加入 Step 和 Scope 模块。在 Sources 和 Sinks 模块库分别将 Step 和 Scope 模块导入到模型中，并将 Step 设置为输入，Scope 设置为输出，如图 8-40 所示。

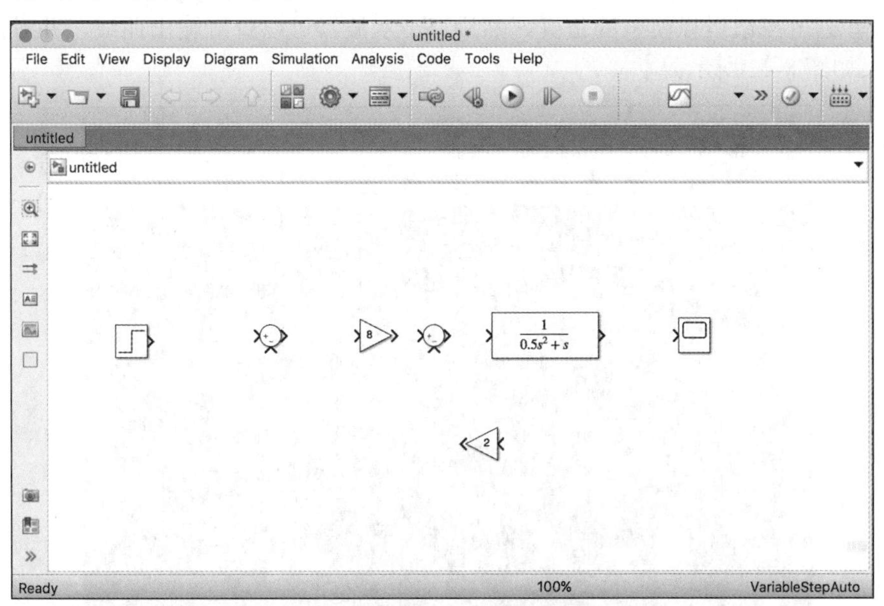

图 8-40　加入输入和输出模块的模型

（6）模块加入完成之后，需要将各个模块通过模块之间的信号线连接起来，具体操作方法在前面的实例中已经讲过，这里不再重复叙述。连线后的模型如图 8-41 所示。

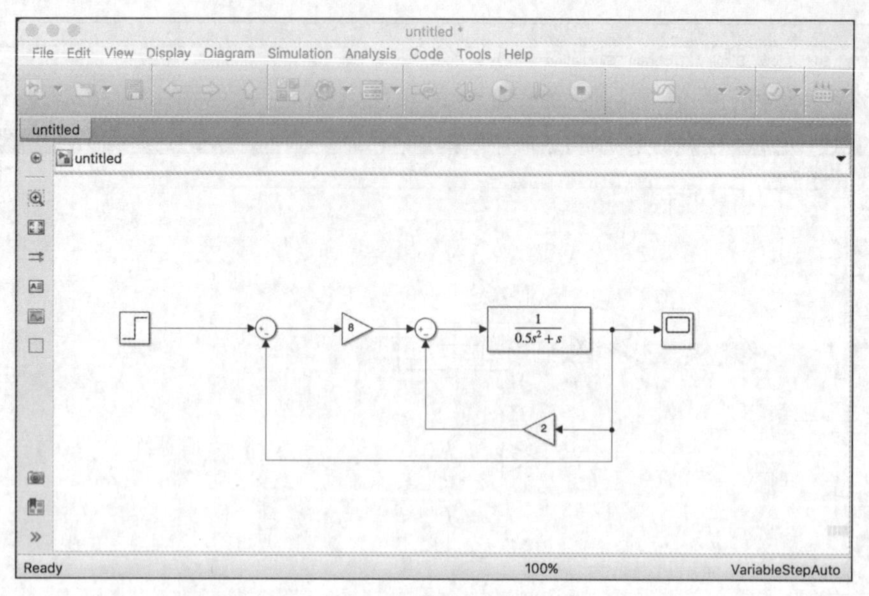

图 8-41　连线后的模型

（7）模型的仿真设置。在模型窗口中，将仿真默认时间 10s 改为 5s。单击 Simulation 中的 Model Configuration Parameters 选项，将其中的最大步长改为 0.2。在 Data Import/Export 的 Save options 选项中，将 Refine Output 下的 Refine factor 默认值改为 5，单击“OK”按钮完成设置。

（8）单击 ▶ 按钮运行模型的仿真，然后双击示波器可以查看输出曲线，并对曲线进行修正，结果如图 8-42 所示。

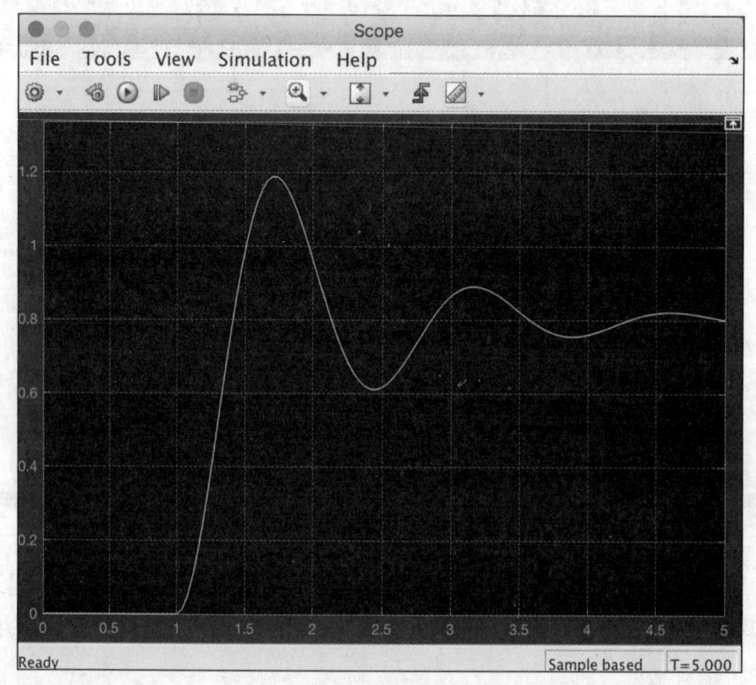

图 8-42　输出结果

8.5　子系统模块封装技术

在实际工程应用的系统建模过程中，有时要建立非常复杂的模型，如果直接使用 Simulink 模块来建立模型，那么系统将会变得非常复杂，而且不容易辨认。一个系统一般都会分成若干个子系统，那么是否可以将这些子系统整合到一个模块当中呢？答案是肯定的，Simulink 就给用户提供了这样的功能。用户可以根据各个子系统功能的不同，将其封装成为一个子系统，有利于对整个系统的分析与仿真，也使整个系统更加简洁明了，可读性也得到了提高。

8.5.1　子系统

子系统可以理解为一个单独的模块，通过创建一个子系统，可以将一组相关的模块封装到子系统当中，其实现的功能与其封装的模块组的功能是相同的。通过创建子系统，可以将原本复杂的模型变得更加简洁，使系统的分析、仿真和修改更加方便，也有利于工程人员之间的交流。子系统的创建方法有两种，一种是自下而上的设计方法，另一种是自上而下的设计方法。

1．自下而上的设计方法

自下而上的设计方法建立在已经有了系统的模型的基础上，是对系统模型中需要创建子系统的模块进行封装的方法。具体操作方法是用鼠标选中需要创建子系统的模块，然后单击鼠标右键，选择 Create Subsystem from Selection 选项，或者直接用快捷键 Ctrl+G，即可创建子系统。

例如，对于图 8-43 所示的伺服系统的 Simulink 模型，要将模型中的局部负反馈（即图中方框内的部分）封装成为一个子系统，可采用自下而上的设计方法。

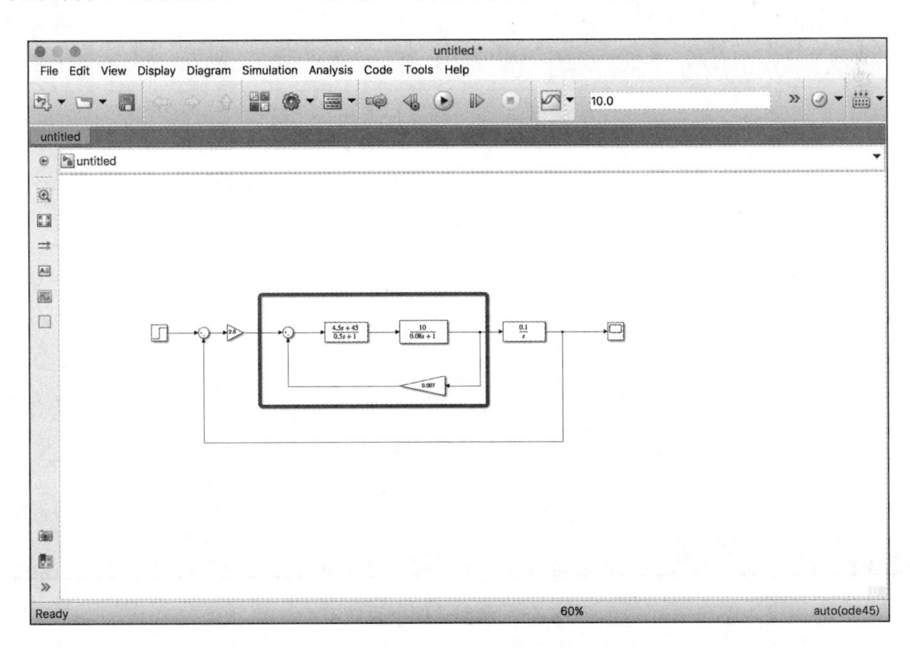

图 8-43　伺服系统的 Simulink 模型

首先，选中该部分的模块和信号线。用鼠标左键拖动，出现一个复选框，将所需区域选中，如图 8-44 所示。

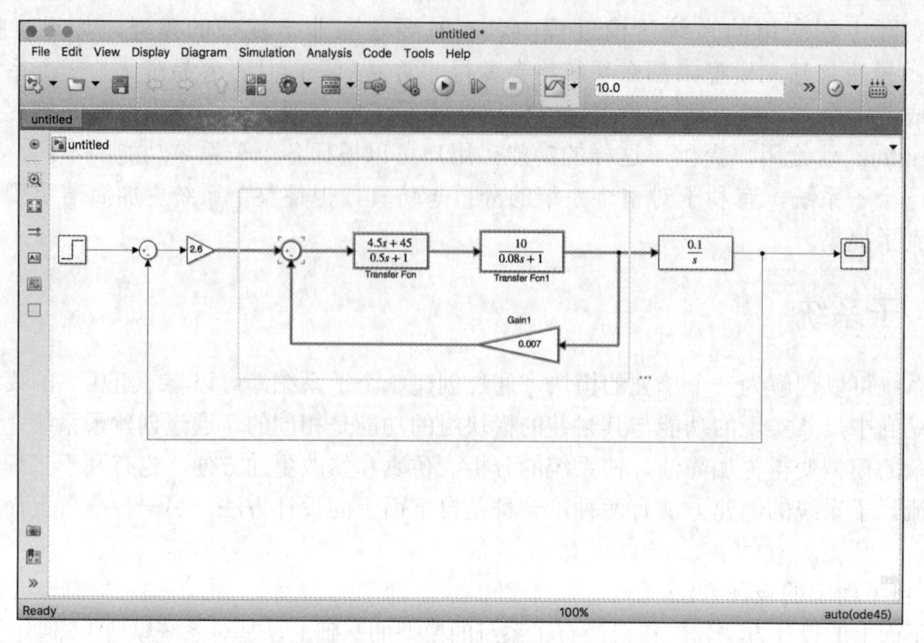

图 8-44　已选中子系统的模块

接着，选择图中的“...”，选择 Create Subsystem 选项，就可以将该部分封装成一个新的子系统。创建的子系统如图 8-45 所示。

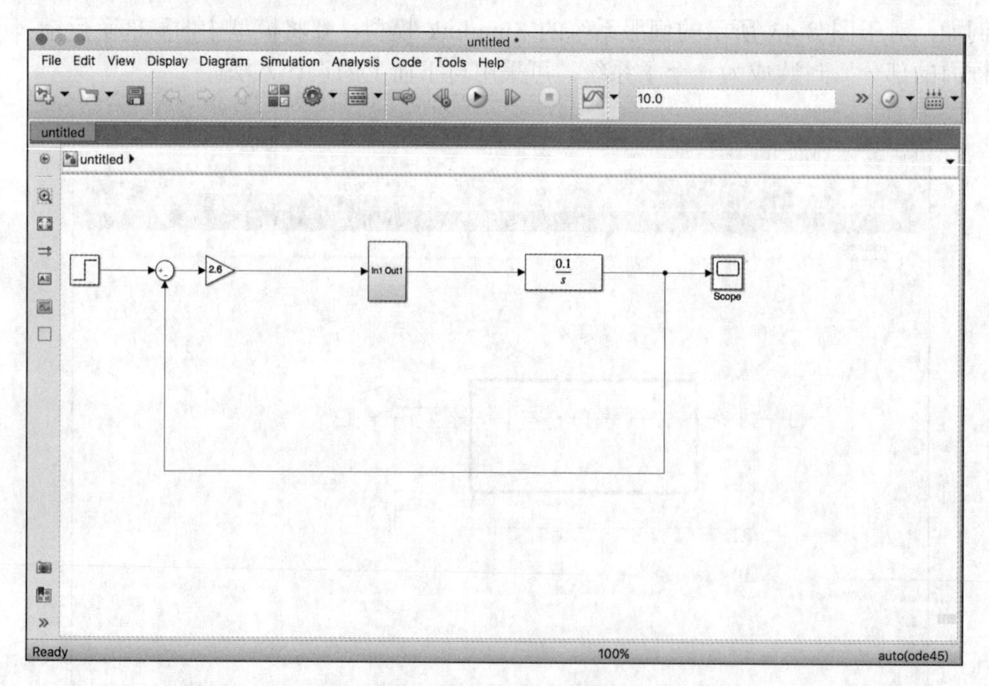

图 8-45　已创建的子系统

双击该子系统的方框图，可以看到该子系统所包含的部分，如图 8-46 所示。

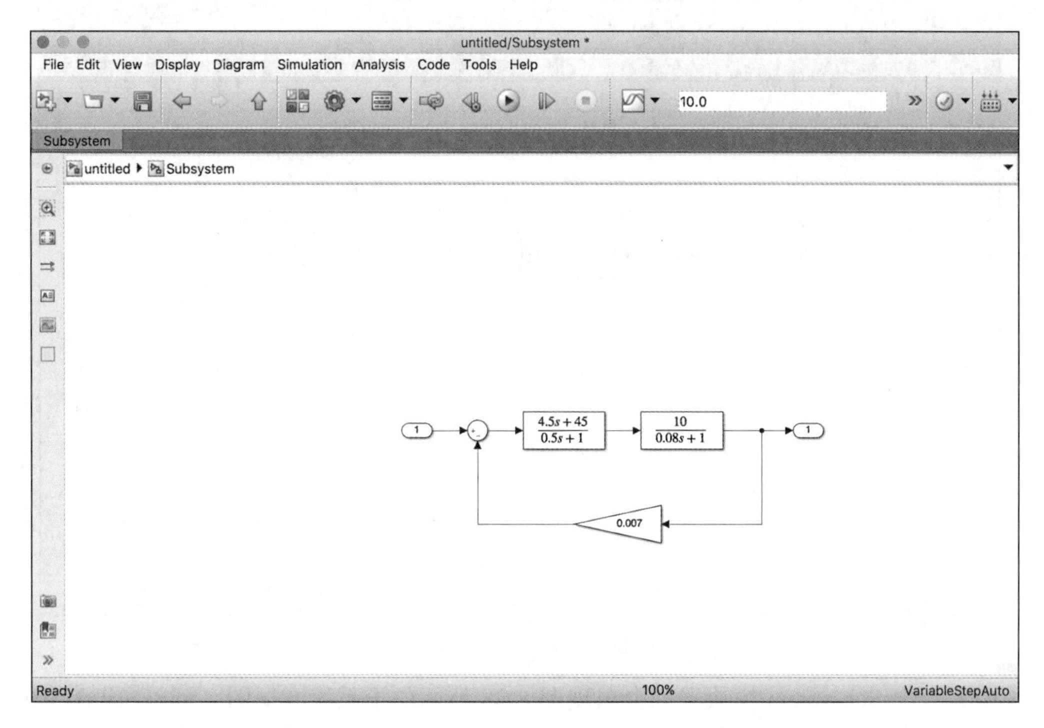

图 8-46　子系统的方框图

细心的读者可以发现，该子系统的方框图多了输入和输出模块。这是子系统创建的时候必须存在的模块。下面所讲的自上而下的设计方法在创建子系统时，也必须存在输入和输出模块，否则子系统的创建就会失败。

2．自上而下的设计方法

对于自上而下的子系统设计方法，要求用户在创建系统的模型时就考虑将某一部分创建成一个子系统，这种方法适用于各个部分的功能比较明确的设计。首先进行系统的整体创建，然后进行细节设计，这种设计方法则称为自上而下的设计方法。

要使用自上而下的设计方法，首先要在 Simulink 模块库中找到 Ports & Subsystems 模块库，然后选择 Subsystem 模块，将其拖到模型窗口中；再双击该模块，对该模块的内容进行编辑。这里读者需要注意的是，使用这种方法创建子系统时，必须对子系统加入 In1 和 Out1 模块。这两个模块能够对信号进行传递，完成主系统与子系统之间的信号传递，而不改变信号的属性。

下面采用自上而下的设计方法进行子系统的创建，具体步骤如下。

（1）新建一个模型窗口，先将非子系统部分的模块导入模型窗口中，然后在其中加入 Subsystem 模块，如图 8-47 所示。

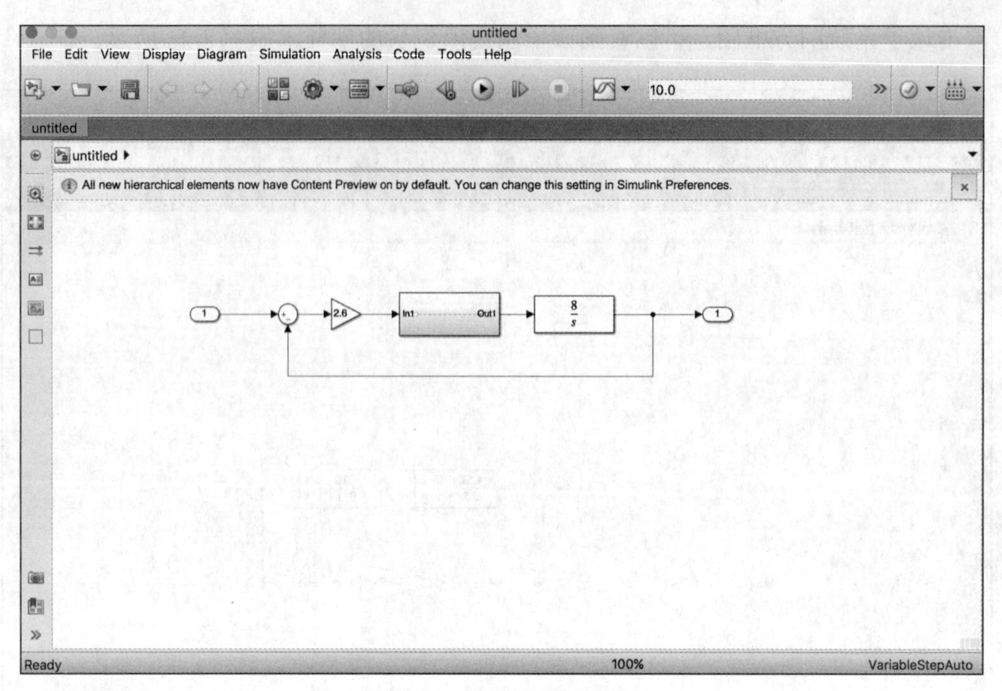

图 8-47 创建的新模型窗口

（2）双击 Subsystem 模块，则会出现图 8-48 所示的子系统方框图，可以在 In1 和 Out1 之间加入该子系统所需要的模块。

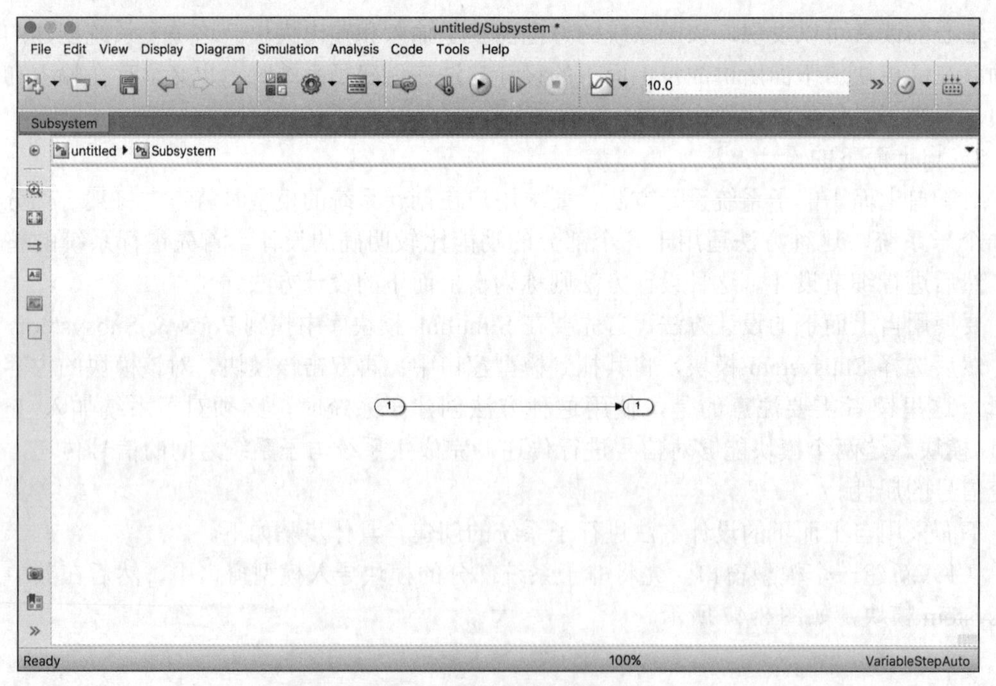

图 8-48 子系统方框图

（3）向子系统加入所需要的模块，如图 8-49 所示。至此，该子系统自上而下的设计已经完成。

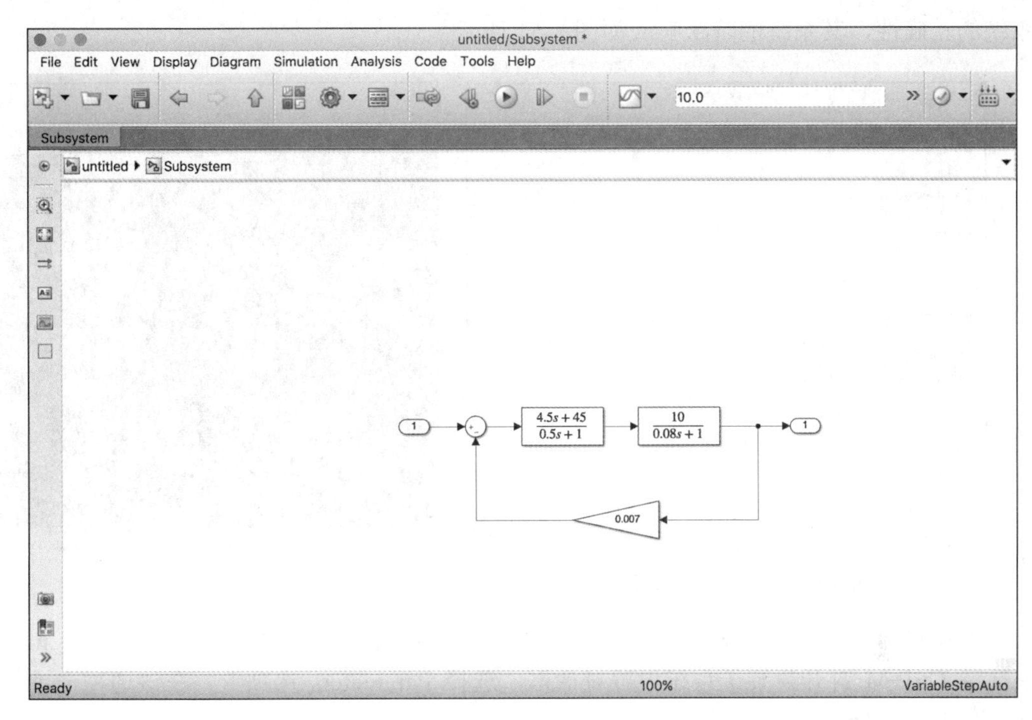

图 8-49 向子系统加入所需模块

本小节讲述了子系统的两种设计方法，对于复杂系统中各部分功能明确的系统来说，一般使用自上而下的设计方法；反之，则一般使用自下而上的设计方法。两种方法其实相差不多，读者可以根据自己的兴趣爱好选择适合的方法。

8.5.2 封装模块

上一小节所介绍的创建子系统的两种方法比较简单，也比较容易，优点比较明显，能够提高分析问题和面向对象访问的能力。但是使用这两种方法创建子系统时，子系统将直接从工作空间中获取变量的数值，容易发生变量的冲突，同时，上面所讲的两种方法规范程度比较低。

采用封装子系统的方法创建子系统，可以克服上面两种方法的缺点。使用封装的方法得到的子系统和 Simulink 模块库中的模块是相同的，而且可以保存在自己的工作空间，以及独立于基础模块的空间。

下面简单介绍一下封装子系统的创建，具体步骤如下。

（1）按照上一小节所讲的两种方法，选择其中一种，创建所有需要的子系统。

（2）选择需要进行封装的子系统，右键单击，选择 Mask→Creat Mask subsystem 命令，或者使用快捷键 Ctrl+M，将会弹出图 8-50 所示的对话框。可以在该对话框内对子系统的参数属性、模块描述、帮助说明等进行设置。对已经设置好的封装子系统，可以右键单击，选择 Mask→Edit Mask 命令进行修改。

下面，通过上一小节的实例来介绍封装子系统的创建步骤。

上一小节已经创建了该模块的子系统，我们通过观察该模型的阶跃响应来验证所创建子系统的正确性，其系统的阶跃响应如图 8-51 所示。

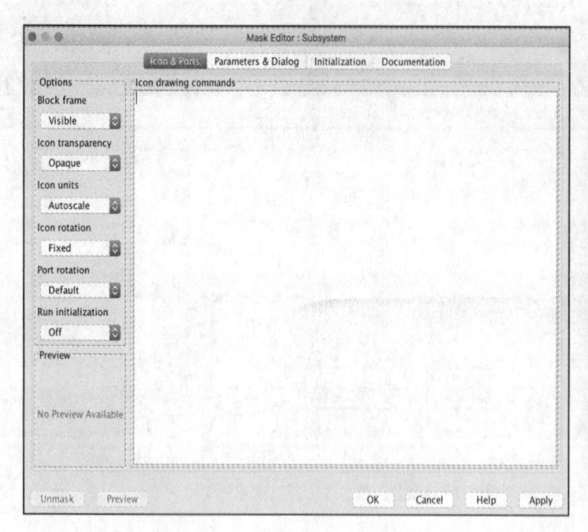

图 8-50　封装子系统设置对话框

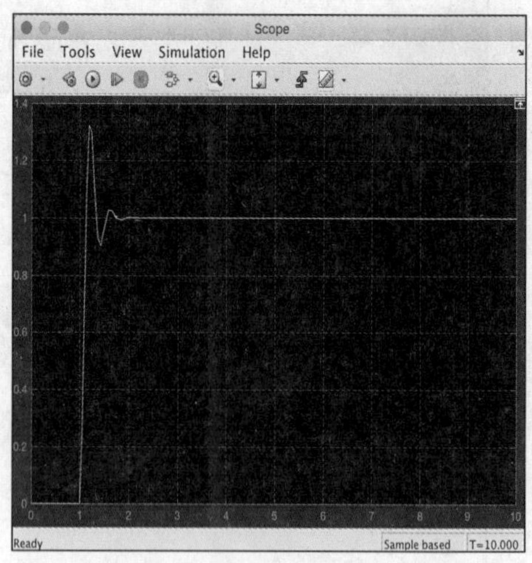

图 8-51　系统的单位阶跃响应

现在将该子系统设置为封装子系统，并将该子系统中增益模块的参数设置为 m。采用快捷键 Ctrl+M 打开封装子系统设置对话框，选择 Parameters 选项卡，在该选项卡添加参数 m，如图 8-52 所示。

设置完成后，对封装子系统的参数进行初始化。选择 Initialization 选项卡，在 Initialization commands 的空白处输入参数的初始值，如图 8-53 所示。

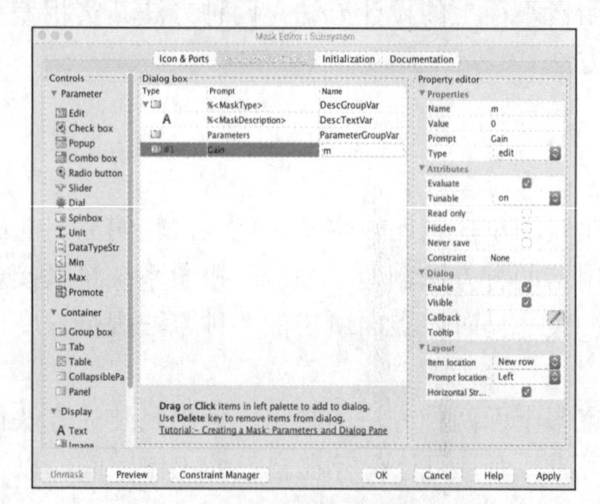

图 8-52　封装子系统参数设置

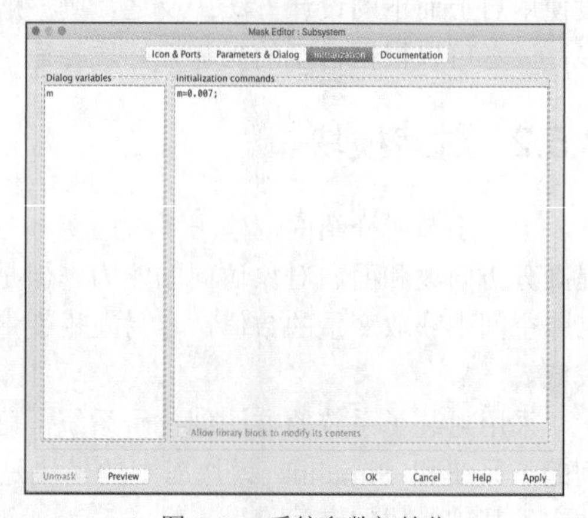

图 8-53　系统参数初始化

同时，还可以对封装子系统进行其他的设置，如可以在 Icon & Ports 选项卡中对子系统的图标进行设置；可以在 Documentation 选项卡中对封装子系统的类型、子系统的描述及帮助信息进行设置。此处设置读者可以自行验证。

接下来对该系统进行仿真，验证其正确性，仿真结果如图 8-54 所示。从阶跃响应曲线可以看到，该子系统封装后和原来的子系统实现的功能是一样的。

使用封装子系统也可以对该子系统的增益进行修改。修改方式是双击该封装模块，会弹出参数设置对话框，如图 8-55 所示。

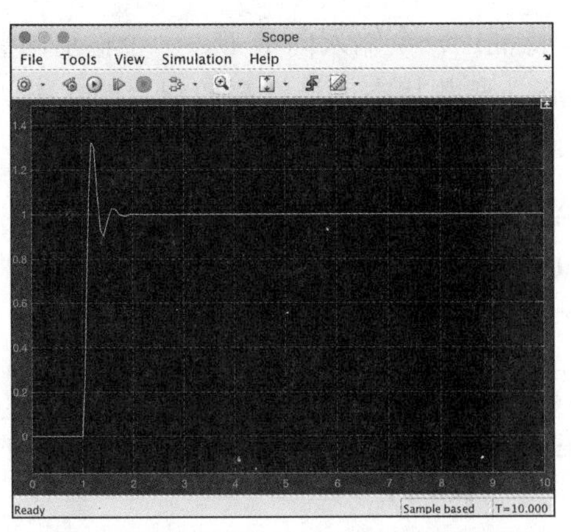

图 8-54 封装子系统后系统的单位阶跃响应

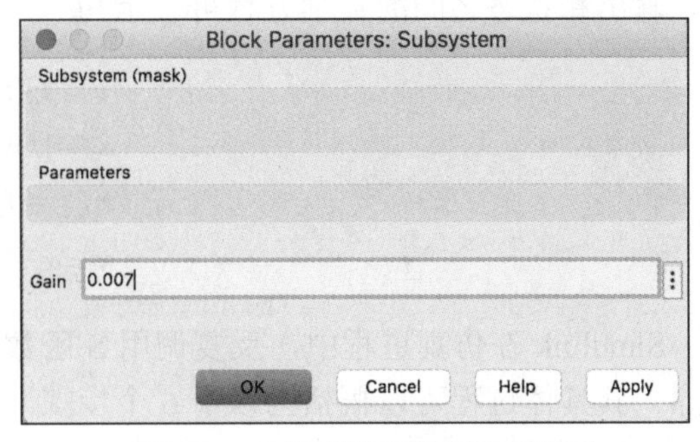

图 8-55 封装模块参数设置对话框

8.6 S 函数

8.6.1 S 函数基本概念

所谓 S 函数，是 System Function 的简称。S 函数可以利用 MATLAB 的丰富资源，而不仅仅局限于 Simulink 提供的模块。通过编写 S 函数，可以添加用户自己的模块，S 函数可以利用 C、C++或 MATLAB 语言来编写。使用 C 语言编写的 S 函数需要用 Mex 工具编译成 Mex 文件。与其他的 Mex 文件一样，它们在需要的时候动态地链接到 MATLAB。S 函数的主要特征如下。

（1）S 函数使用一种特殊的调用语法，通过它可以与 ODE 求解器进行交互。这种交互同求解器与 Simulink 内建模之间的交互非常相似。

（2）S 函数的形式非常全面，包括连续系统、离散系统和混合系统。因此，几乎所有的 Simulink 模型都可以用 S 函数来描述。通过 User-Defined Functions 库中的 S-Function 模块，可以将 S 函数加进 Simulink 模型。

（3）可以使用 Simulink 的模块工具为 S-Function 模块创建一个定制的对话框和图标。模块对话框使得为 S 函数指定附加的参数变得更简单。

8.6.2 S 函数工作原理

S 函数最通常的用法是创建一个定制的 Simulink 模块，可以在许多应用程序中使用 S 函数，包括：

（1）在 Simulink 中添加新的通用模块；

（2）将已存在的 C 代码融合并入一个仿真程序中；

（3）将一个系统描述为一系列的数学方程；

（4）使用图形动态。

使用 S 函数的一个优点是可以创建一个通用的模块，在模型中可以多次使用它，使用时只需改变参数值即可。

Simulink 模型中的每一个模块都有如下的共同特征：一个输入向量 U、一个输出向量 Y 及一个状态向量 X。而状态向量可能包括连续状态、离散状态或连续离散混合的状态。输入、输出和状态之间的数学方程可表示为

$$
\begin{aligned}
y &= f_0(t,x,u) \\
\dot{x}_c &= f_d(t,x,u) \\
x_{d_{k+1}} &= f_u(t,x,u) \\
x &= x_c + x_d
\end{aligned}
$$

Simulink 在仿真过程中，反复调用 S 函数，在调用过程中，Simulink 将调用 S 函数的子程序。其具体过程可以概括为以下 6 个步骤。

（1）初始化。在仿真开始之前，Simulink 在这个阶段初始化 S 函数，初始化的内容包括初始化结构体、设置输入输出端口数、设置采样时间、分配存储空间等。

（2）数值积分。用于连续状态的求解和非采样过零点。

（3）更新离散状态。该子函数在每一个步长处都需要执行一次，可以在这个子函数中添加每一个仿真步骤中都需要更新的内容，比如离散状态的更新。

（4）计算输出。计算所有输出端口的输出值。

（5）计算下一个采样时间点。只有在使用变步长求解器进行仿真时，才需要计算下一个采样时间点，即计算下一步的仿真步长。

（6）仿真结束。在仿真结束时调用 S 函数，可以在此完成结束仿真所需的工作。

8.6.3 用 M 文件编写 S 函数

用 M 文件编写的 S 函数，也称为 M 文件 S 函数。

每一个 M 文件 S 函数都包含着一个 M 函数，如下所示。

[sys,x0,str,ts]=f(t,x,u,flag,p1,p2,…);

式中各个参数的定义如下。

f：S 函数的名称；

t：当前仿真时间；

x：S 函数的状态向量；

u：S 函数的输入向量；

flag：标识符，用以表示 S 函数当前所处的仿真阶段，并执行响应的子函数，其取值将在后面给出；

p1,p2：S 函数模块的参数；

ts：返回一个包含采样时间和偏置值的两列矩阵；

sys：返回仿真结果的变量，不同的 flag 值，sys 的返回值也不一样；

x0：返回初始状态值；

str：保留参数。

在仿真过程中，Simulink 反复调用 S 函数，并根据 flag 值的不同执行不同的子程序，因此读者在编写 S 函数时只需通过 MATLAB 语言来改变 flag 的值，从而调用不同的子程序

即可。表 8-7 说明了各个阶段的 S 函数方法及相对应的 flag 值。

表 8-7　　S 函数方法以及相对应的 flag 值

仿真阶段	S 函数	flag 值
初始化	mdlInitializeSizes	0
计算下一个采样时间点	mdlGetTimeOfNextVarHit	4
更新离散状态	mdlUpdate	2
计算输出	mdlOutputs	3
计算微分	mdlDerivatives	1
结束仿真	mdlTerminate	9

【实例 8-3】 S 函数实例。

下面通过讲解一道简单的实例，来说明如何用 M 文件编写 S 函数进行仿真，并与之前所讲的 Simulink 模块仿真进行实验结果的比较，验证结果的正确性。

一个系统，其传递函数为 $G(s)=\dfrac{1}{s+1}$，试用 S 函数对该系统进行建模并绘制该系统的单位阶跃响应，并与 Simulink 建模结果相比较，验证程序的正确性。

思路·点拨

本例需要选取状态变量 $x = y$，将该系统的数学模型转为状态空间模型，通过上述所讲的 S 函数对系统进行建模即可。本例也可作为 M 文件 S 函数的一个编写模板，读者可以进行模仿编程。

结果文件——配套资源“Ch8\SL803”文件

解：（1）选取状态变量 $x=y$，可将该系统转化为状态空间方程 $\begin{cases}\dot{x}=-x+u, \\ y=x,\end{cases}$ 接下来进行 S 函数的编写。其程序如下。

```
function [sys,x0,str,ts]=step(t,x,u,flag,x_initial)
%状态变量初始值，需要用户在仿真进行之前进行赋值
switch flag,
   case 0,
     [sys,x0,str,ts]=mdlInitializeSizes(x_initial); %初始化
   case 1,
      sys=mdlDerivatives(t,x,u); %计算模块微分
   case 2,
      sys=mdlUpdate(t,x,u); %更新离散状态，连续系统无须使用
   case 3,
```

```
        sys=mdlOutputs(t,x,u); %计算模块输出
    case 4,
        sys=mdlGetTimeOfNextVarHit(t,x,u); %计算下一个采样时间点，只能在离散系统中使用
    case 9,
        sys=mdlTerminate(t,x,u); %仿真结束
    otherwise
        error(['Unhandled flag=',num2str(flag)]); %错误处理
end
function [sys,x0,str,ts]=mdlInitializeSizes(x_initial)%初始化子函数
sizes = simsizes;
sizes.NumContStates=1; %连续状态变量个数为 1
sizes.NumDiscStates=0;
sizes.NumOutputs=1;        %系统输出个数为 1
sizes.NumInputs=1;         %系统输入个数为 1
sizes.DirFeedthrough=0;
sizes.NumSampleTimes=1;
sys=simsizes(sizes);       %设置完成后赋值给 sys 输出
x0=x_initial;              %设定状态变量的初始值
str=[];
ts=[0 0];
function sys=mdlDerivatives(t,x,u) %计算模块导数子函数
dx=(-x+u); %对应于系统状态空间方程
sys=dx;     %计算结果输出给 sys
function sys=mdlUpdate(t,x,u) %更新离散状态
sys=[];
function sys=mdlOutputs(t,x,u) %系统输出子函数
sys=x; %输出为 y=x
function sys=mdlGetTimeOfNextVarHit(t,x,u) %计算下一时刻采样
sampleTime=1;
sys =t+ sampleTime;
function sys=mdlTerminate(t,x,u) %仿真结束子函数
sys=[];
```

（2）将该 M 文件保存至 MATLAB 指定的路径当中，然后用 Simulink 对其进行验证。打开 Simulink 模块库，新建一个模型窗口，选择 User-Defined Function 模块库中的 S-Function，将其拖放到模型窗口中，并将阶跃输入和示波器也一同拖放至模型窗口中，如图 8-56 所示。

（3）双击 S-Function 模块，得到图 8-57 所示的设置对话框。

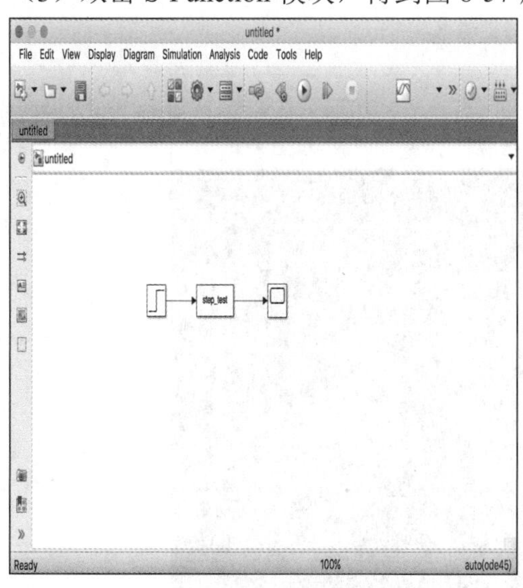

图 8-56　S 函数系统

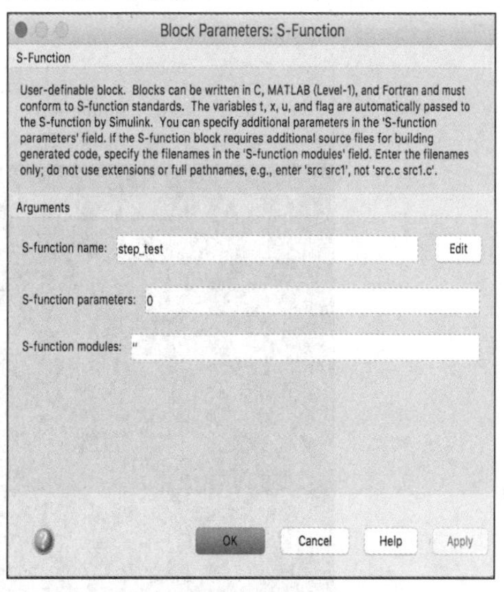

图 8-57　S-Function 设置对话框

（4）输入 M 文件函数名和初始值，然后单击“OK”按钮，进行仿真，则可以得到系统的单位阶跃响应曲线，如图 8-58 所示。

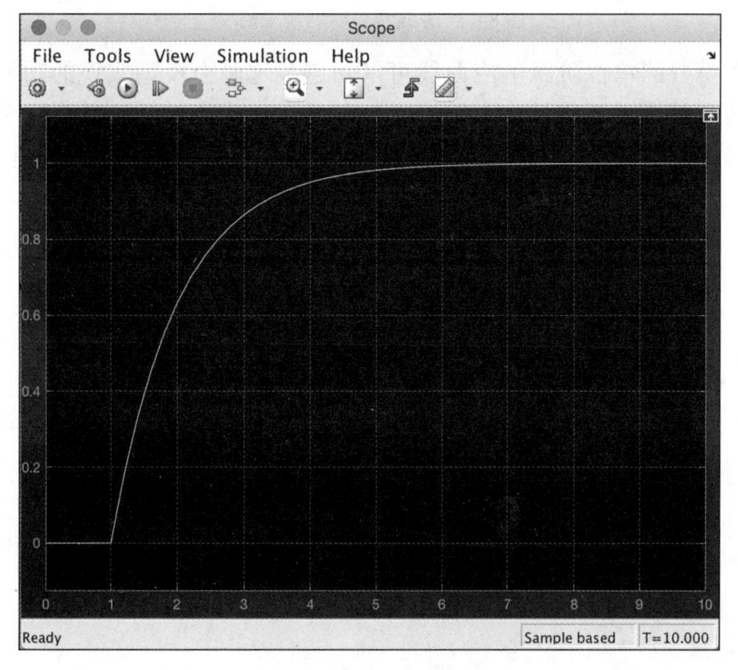

图 8-58　系统单位阶跃响应曲线

（5）通过建立 Simulink 仿真模型，对 S 函数的正确性进行验证，所建立的模型如图 8-59 所示。其仿真结果如图 8-60 所示。

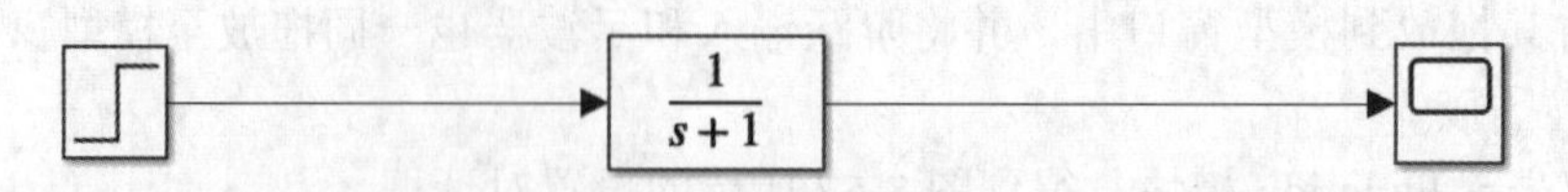

图 8-59　验证模型

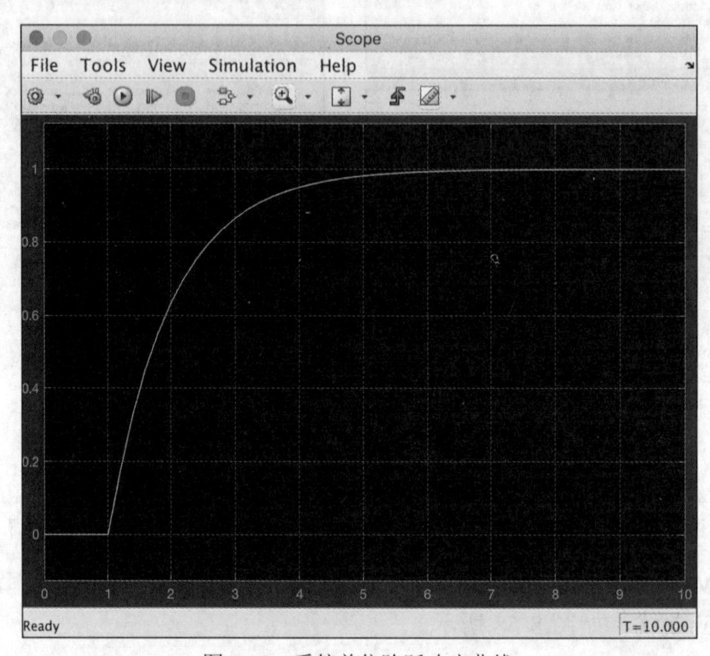

图 8-60　系统单位阶跃响应曲线

由以上两个模型的单位阶跃响应曲线可以知道，这两个模型实现的功能是一样的，也就是验证了上述 S 函数的正确性。本例中的 S 函数可以作为以后读者编写 S 函数的一个模板，在遇到不同的模型时，只需修改其中的一些选项即可。该实例也是最基本的一个 S 函数编写。

第 9 章　MATLAB 在自动控制中的应用

所谓自动控制，就是在没有人工参与的情况下，利用自动控制装置使整个生产过程或被控对象自动地按照预先给定的规律运行，或者使某些物理量按预定的要求产生变化。随着科学技术的发展，自动控制技术已经广泛应用于机械、冶金、石油、化工、电子、电力、航空、航海、航天等各个学科领域。而在应用的过程当中，需要对所建立的自动控制系统进行预先的仿真，确定系统的参数等。因此，MATLAB 在自动控制中的应用就显得非常重要。本章主要介绍经典控制理论，以系统的传递函数为数学工具，研究单输入、单输出的自动控制系统的分析与设计。本章主要介绍的有时域分析法、频率分析法及自动控制系统的校正问题。MATLAB 在自动控制系统的应用，使得我们可以更容易地求解出系统的输出或系统的参数等问题，解决了科研或工程应用中的复杂计算问题，也使得我们对复杂系统的研究变得更加方便、快捷而且高效。

本章内容

- 控制系统稳定性分析。
- 控制系统性能指标分析。
- 控制系统校正分析与设计。

9.1　控制系统稳定性分析

线性系统稳定的充要条件是：系统特征方程的根（系统的闭环极点）均为负实数或具有负实部的共轭复数。控制系统的稳定性分析主要有三种方法：一种是代数稳定判据，以闭环系统特征方程的根为基础；二是根轨迹分析，利用根轨迹，可在已知系统开环零极点分布的情况下，绘制出闭环系统随着系统参数变化而在 s 平面移动的轨迹；三是利用频域分析法，主要有伯德图和奈奎斯特图。下面一一讲解这三种判断方法及 MATLAB 中这三种方法的应用。

9.1.1　代数稳定判据

所谓代数稳定判据，就是要求系统的闭环特征方程的特征根均在 s 平面的左半平面。设线性定常系统的闭环传递函数为

$$G(s)=\frac{b_0s^m+b_1s^{m-1}+\cdots+b_{m-1}s+b_m}{a_0s^n+a_1s^{n-1}+\cdots+a_{n-1}s+a_n}=\frac{N(s)}{D(s)} \tag{9-1}$$

令 $D(s)=0$，则可以得到系统的闭环特征方程为

$$G(s)=a_0s^n+a_1s^{n-1}+\cdots+a_{n-1}s+a_n \tag{9-2}$$

我们只需判断方程式（9-2）的根是否全部位于 s 平面的左半平面，就可判断系统是否稳定。在 MATLAB 中，求解多项式方程的根，可调用函数 roots()，其基本调用格式为

$$\text{roots}(P)$$

其中 P 为按降幂排列的多项式的系数向量，其输出即为多项式的根。若要将多项式存储在一个变量 r 当中，可采用如下调用格式：

$$r\text{=roots}(P)$$

【实例 9-1】已知单位反馈系统的开环传递函数为 $G(s)=\dfrac{4}{2s^3+10s^2+13s+1}$，试判断系统的稳定性。

思路·点拨

题意中所给的传递函数为开环系统的传递函数，而要采用代数判据判断系统稳定性时，必须采用闭环系统的特征方程。也就是说本例的第一步要做的就是求出单位反馈系统的闭环特征方程，然后再采用代数判据进行稳定性的判断。

结果文件——配套资源“Ch9\SL901”文件

解：程序如下。

```
clear;
num=[4];den=[2 10 13 1];
sys=tf(num,den);%系统的开环传递函数
sys1=feedback(sys,1);%单位反馈系统的闭环传递函数
roots(sys1.den{1})%特征方程
```

结果如下。

```
ans =
   -3.2247
   -1.0000
   -0.7753
```

由系统特征方程的根可以知道，该系统的三个特征根均位于 s 平面的左半平面，因此该系统是稳定的。

【实例 9-2】已知系统的动态结构图如图 9-1 所示，请用代数稳定判据判断系统的稳定性。

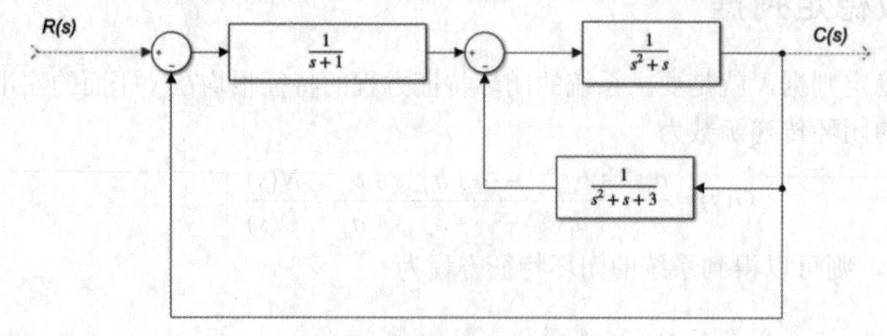

图 9-1　系统动态结构图

思路·点拨

本例以系统动态的结构图给出，第一步要做的就是通过该系统的动态结构求出系统的闭环传递函数，那么闭环传递函数的分母即为闭环系统的特征方程，然后再运用代数稳定判据判断系统的稳定性。

结果文件——配套资源“Ch9\SL902”文件

解：程序如下。

```
clear;
num1=[1];den1=[1 1];
num2=[1];den2=[1 1 0];
num3=[1 0];den3=[1 1 3];
G1=tf(num1,den1);
G2=tf(num2,den2);
H1=tf(num3,den3);
sys1=feedback(G2,H1);%局部负反馈传递函数
sys2=G1*sys1;%系统开环传递函数
sys=feedback(sys2,1);%闭环系统传递函数
roots(sys.den{1})%闭环系统特征方程的特征根
```

程序的运行结果如下。

系统的闭环传递函数：

```
sys =
                  s^2 + s + 3
-------------------------------------
s^5 + 3 s^4 + 6 s^3 + 9 s^2 + 5 s + 3
```

特征方程的特征根：

```
ans =
  -1.8521
  -0.3301 + 1.7046i
  -0.3301 - 1.7046i
  -0.2439 + 0.6913i
  -0.2439 - 0.6913i
```

由特征根可以看出，所有的特征根均具有负实部，即全部位于 s 平面的左半平面，该系统是稳定的。

【实例 9-3】某控制系统的动态结构图如图 9-2 所示。试通过代数稳定判据判断该系统在稳定的条件下，参数 k_1 的取值范围。

思路·点拨

本例以代数稳定性判据为载体，通过代数稳定性判据求解参数在系统稳定性的条件下的取值范围，这也是代数稳定性判据的另外一个应用。我们仍然要求出系统的闭环特征方程，进而求取参数的取值范围。本例的求解采用 MATLAB 的符号计算方法。

结果文件——配套资源“Ch9\SL903”文件

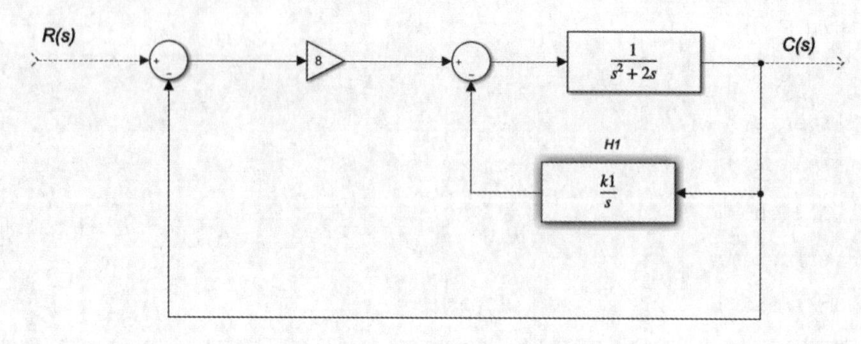

图 9-2 系统动态结构图

解：程序如下。

```
%根据动态系统结构计算特征多项式
syms n d k1 s a0 a1 a2 a3 D2;
G1=2/(s*s+2*s);
H1=k1/s;
sys1=8*simplify(G1/(1+G1*H1));
sys=simplify(sys1/(1+sys1))%特征多项式
[n,d]=numden(sys)%取出特征多项式的分子和分母
a0=1;a1=2;a2=16;a3=2*k1;
D2=a1*a2-a0*a3;%计算古尔维茨二阶行列式
Eq = 32 - 2 * k1;
[k1]=simplify(solve(eq,[k1]));%求解 k1 取值的最大值
```

程序的运行结果如下。

```
sys =


(16*s)/(s^3 + 2*s^2 + 16*s + 2*k1)
d =


s^3 + 2*s^2 + 16*s + 2*k1
k1 =
```

```
16
```

由特征多项式可以看出，若想保证系统稳定，必须也保证 k_1 的取值大于 0，则由这两个条件可以得到，参数 k_1 的取值范围为

$$0<k_1<16$$

9.1.2 根轨迹稳定性分析

代数稳定判据判断系统稳定性的方法，必须求解闭环系统的特征方程，然而实际工程应用当中，大部分的系统属于高阶系统。那么，其特征根的求解必然会带来不少的麻烦，而且效率也会变得低下。根轨迹是一种图解方法，具有直观、简便等优点，而且不必求解开环系统的闭环传递函数，也不必求解特征方程的根，只需利用开环零极点分布情况，就可绘制出闭环特征根随着系统参数变化的轨迹，即根轨迹。利用根轨迹可以对系统的性能进行分析，确定系统的结构和参数，也可以对系统进行综合的设计。因此，根轨迹在工程应用中得到了广泛的应用，相比代数稳定判据而言，根轨迹更适合于高阶系统。本小节主要介绍根轨迹的基本概念及在判断系统稳定性中的应用。

1．绘制根轨迹的 MATLAB 函数

（1）rlocus()函数。

其主要的调用格式如下。

```
rlocus(sys);                %绘制系统的根轨迹
rlocus(sys,K);              %绘制指定增益的根轨迹
rlocus(sys1,sys2,…);        %在同一窗口绘制不同系统的根轨迹
[r,K]=rlocus(sys);          %返回开环系统的闭环极点向量 r 和增益向量 K，不绘制根轨迹
r= rlocus(sys,K);           %返回指定增益的开环系统的根轨迹数据值，不绘制根轨迹
```

【实例 9-4】 已知开环系统的传递函数为

（1）$G(s)=\dfrac{k}{s(0.5s+1)(0.2s+1)}$；（2）$G(s)=\dfrac{k(s+5)}{(s+1)(s+3)}$。

分别绘制系统的根轨迹。

思路·点拨

绘制系统的根轨迹，首先需要在 MATLAB 中将系统的传递函数表示出来，这里需要用到 conv()函数，然后再运用绘制根轨迹的函数。

结果文件——配套资源“Ch9\SL904”文件

解： 程序及根轨迹分别如下。

```
(1) num=[1];
den=conv(conv([1 0],[0.5 1]),[0.2 1]);%conv 代表两个数列的卷积
sys=tf(num,den);%求系统的开环传递函数
rlocus(sys);%绘制根轨迹
```

其根轨迹如图 9-3 所示。

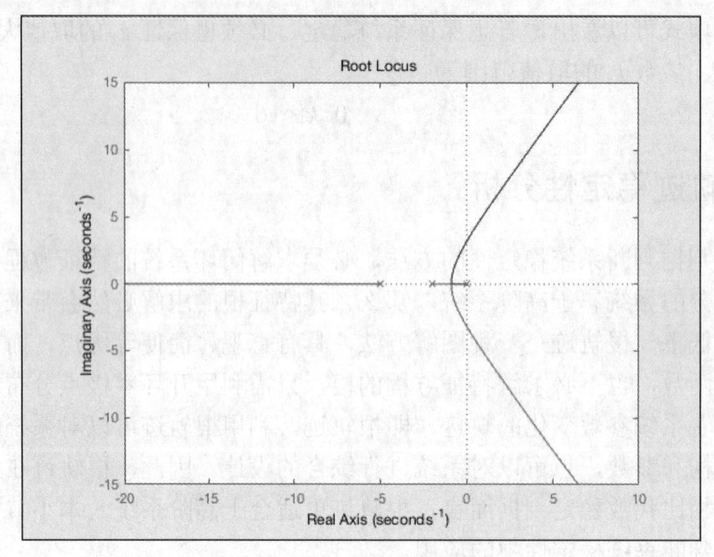

图 9-3　系统（1）的根轨迹

```
（2）num=[1 5];
den=conv([1 1],[1 3]);
sys=tf(num,den);
rlocus(sys);
```

其系统的根轨迹如图 9-4 所示。

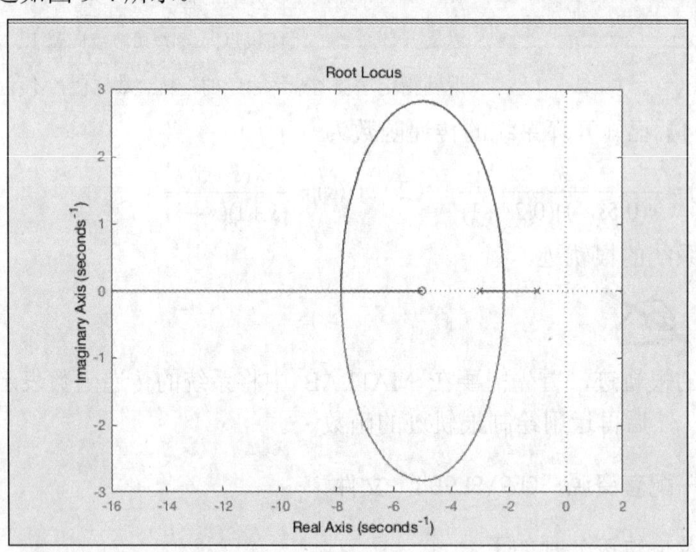

图 9-4　系统（2）的根轨迹

（2）rlocfind()函数。

该函数的功能主要是计算给定一组根的根轨迹增益，其调用格式主要有两种。

```
[k,poles]=rlocfind(sys);
```

```
[k,poles]=rlocfind(sys,P);          其中 P 是一个给定的向量。
```

该函数在运行之后，在图中会出现十字形光标，用户可以选择自己感兴趣的点，用鼠标将十字形光标移到该处，然后单击，其相应的增益则由变量 k 存储，极点则存储在 poles 中。

【实例 9-5】 已知一个单位负反馈系统的开环传递函数为

$$G(s)=\frac{K_g(s+2)}{s(s+1)(s+5)}$$

采用 rlocfind 函数绘制系统的根轨迹，并选择根轨迹的一点，输出其增益值及对应的极点位置。

思路·点拨

本题主要是熟悉 rlocfind 函数的操作，第一步仍然是通过程序将该系统的开环传递函数表示出来，同样需要用到 conv 函数。本题所选择的点为根轨迹与实轴的交点。注意在用 rlocfind 函数之前必须先用 rlocus 函数绘制出根轨迹。

结果文件——配套资源“Ch9\SL905”文件

解：程序如下。

```
num=[1 2];
den=conv(conv([1 0],[1 1]),[1 5]);
sys=tf(num,den);
rlocus(sys);%绘制根轨迹
[k,poles]=rlocfind(sys);
```

绘制出的根轨迹如图 9-5 所示。

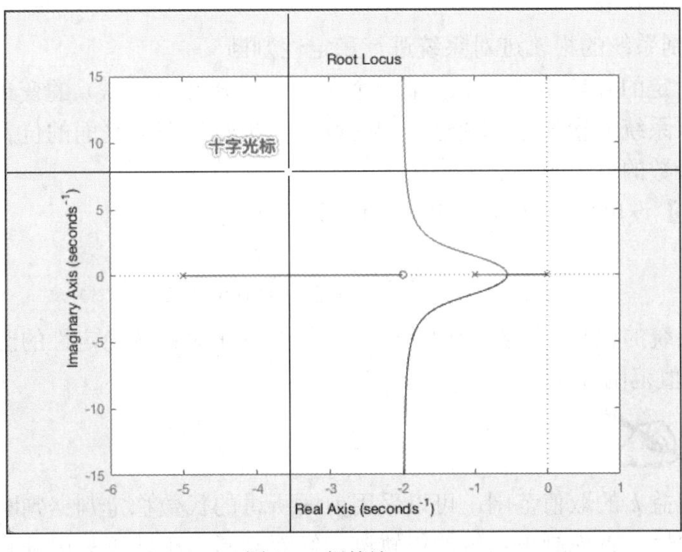

图 9-5　根轨迹

此处我们选择的点如图 9-6 所示。

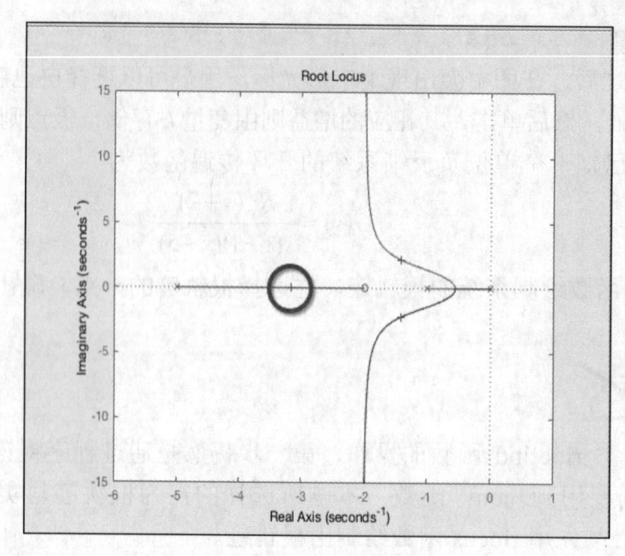

图 9-6 选择点后的根轨迹

则其对应的增益值 k 及对应的极点坐标分别为

```
k =

8.9370
poles =

  -3.4672
  -1.2664 + 1.8845i
  -1.2664 - 1.8845i
```

2. 通过绘制系统的根轨迹对系统进行稳定性判断

对于一个给定的开环系统，要求某一个参数（如开环增益 k）的变化对系统稳定性的影响，可以绘制该系统的根轨迹，通过不同的取值下根轨迹在 s 平面的位置来判断系统的稳定性，继而给出参数的取值范围。

【实例 9-6】设单位负反馈系统的开环传递函数为

$$G(s)=\frac{k}{s(2s+1)(0.5s+1)}$$

试绘制该系统的根轨迹，判断增益 k 的取值的变化对系统稳定性的影响，并给出当系统稳定时，k 的取值范围。

思路·点拨

该题求取增益 k 的取值范围，可以采用前面所讲的代数稳定判据判断。对于采用根轨迹判断系统的稳定性，首先画出系统的根轨迹，继而判断当根轨迹与虚轴有交点时 k 的值，此时 k 的值为临界增益，当 k 继续增大以至于超过该值时，系统将不再稳定。

结果文件——配套资源“Ch9\SL906”文件

解：绘制根轨迹的程序如下。

```
num=[1];
den=conv(conv([1 0],[2,1]),[0.5,1]);
sys=tf(num,den);
rlocus(sys);
[k,poles]=rlocfind(sys);
```

根轨迹如图 9-7 所示。

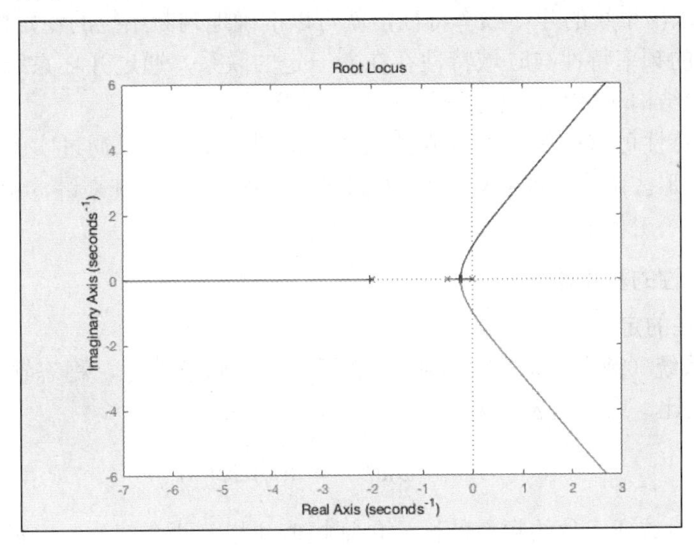

图 9-7　系统的根轨迹

在窗口中移动十字光标至根轨迹与虚轴的交点处，然后单击鼠标，那么其对应的增益值则由变量 k 存储，其对应的极点由变量 poles 存储。其值分别为

```
k =
2.5272


poles =
 -2.5037
   0.0019 + 1.0047i
   0.0019 - 1.0047i
```

则可以得出结论：当增益 k 的参数从 0 到 2.5272 变化时，系统的根轨迹始终在 s 平面的左半平面，系统属于稳定的状态；当 k 的参数大于 2.5272 时，闭环系统就不稳定。与此同时，可以通过判断根轨迹在 s 平面的位置，判断闭环系统的阶跃响应。比如当根轨迹位于实轴上时，闭环系统的阶跃响应没有超调；当根轨迹位于 s 平面左半平面且不在实轴上时，系统有共轭复根，闭环系统的阶跃响应有超调。

在这里，需要注意的是，采用鼠标单击选择根轨迹与虚轴的交点并不是精确的。使用根轨迹判断系统的稳定性，相比于采用代数稳定判据更加直观、简捷，同时可以判断参数的取值范围，因而应用更加广泛。

9.1.3 频域稳定性分析

时域分析法具有直观、准确的优点，但时域分析法更适合于一阶系统或二阶系统。然而在工程实际应用当中，更多的系统是高阶系统，而高阶系统微分方程的建立往往都是比较困难的。因此，频域分析法在工程应用当中应用得更为广泛。所谓频域分析法，是基于频率特性或频率响应对系统进行分析和设计的一种方法，主要以图解方法为主。频域分析法主要有以下优点。

（1）只要求出系统的开环频率特性，就可以准确地判断系统的稳定性。

（2）系统的频率特性与时域特性存在着一定的联系，通过开环系统的频率特性曲线，可以选择系统的结构和参数，使系统满足设计要求。

（3）频率特性可以由传递函数或微分方程得到，而且可以通过实验的方法求得系统的频率特性，对于那些微分方程或传递函数难以得到的元件或系统来讲，频率特性的优点显得更为重要，解决了工程上的许多问题。

一、频率特性的基本概念

1．频率特性的定义

线性定常系统（或元件）的频率特性是指在零初始条件下，稳态输出正弦信号与输入正弦信号的复数比，用公式表示为

$$G(\mathrm{j}\omega)=A(\omega)e^{\mathrm{j}\varphi(\omega)}=A(\omega)\angle\varphi(\omega) \tag{9-3}$$

$G(\mathrm{j}\omega)$称为系统或元件的频率特性，包括幅值和相角两个部分，它描述了在不同频率下系统传递正弦信号的能力。

2．频率特性与传递函数的关系

若系统的传递函数为$G(s)=\dfrac{Y(s)}{X(s)}$，那么它的频率特性可以表示为

$$\begin{aligned}&\frac{Y}{X}=A(\omega)=\left|G(\mathrm{j}\omega)\right|\\&\varphi_y-\varphi_x=\varphi(\omega)=\angle G(\mathrm{j}\omega)\end{aligned} \tag{9-4}$$

即可以表示为

$$G(\mathrm{j}\omega)=G(s)\big|_{s=\mathrm{j}\omega} \tag{9-5}$$

即传递函数的复变量s用$\mathrm{j}\omega$代替后，就可以将传递函数转化为频率特性。

3．频率特性的表示方法

频率特性主要以图解的方式来表达，频率特性的表示方法主要有三种，分别为幅相频率特性曲线（奈奎斯特图）、对数幅频相频特性曲线（伯德图）、对数幅相频率特性曲线（尼柯尔斯图）。在工程应用当中，主要应用的是奈奎斯特图和伯德图两种方法，因此本节以这两种方法为基础，讲解 MATLAB 在其中的应用。

二、典型环节的两种频率特性对比

典型环节主要包含比例环节、惯性环节、积分环节、微分环节、振荡环节。这些典型环节构成了所有控制系统的基础，其频率特性对以后的系统频率分析有着重要的作用。现将这几种典型环节的两种频率特性曲线加以对比，如表 9-1 所示。

表 9-1　　几种典型环节的频率特性

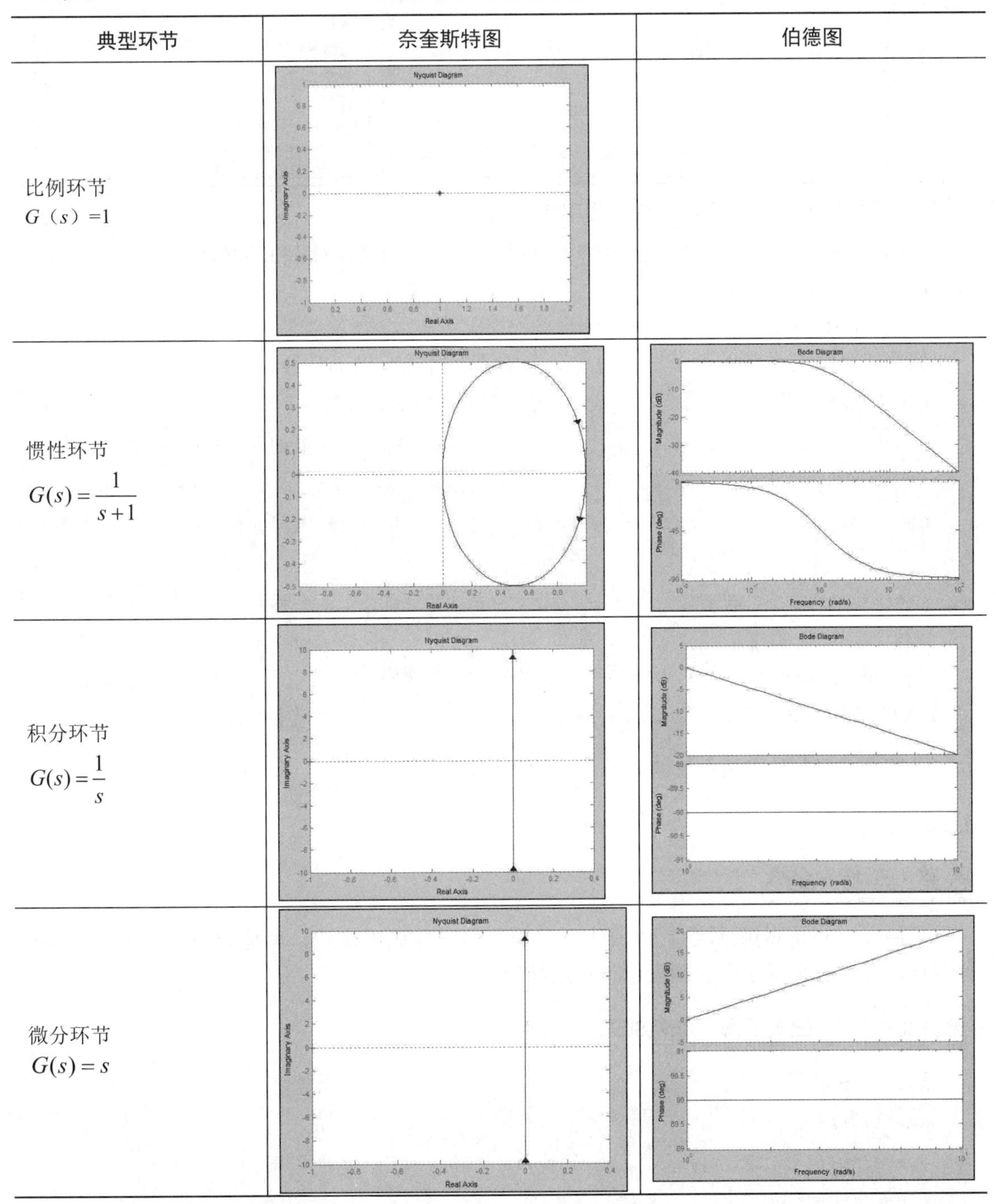

典型环节	奈奎斯特图	伯德图
比例环节 $G（s）=1$		
惯性环节 $G(s)=\dfrac{1}{s+1}$		
积分环节 $G(s)=\dfrac{1}{s}$		
微分环节 $G(s)=s$		

续 表

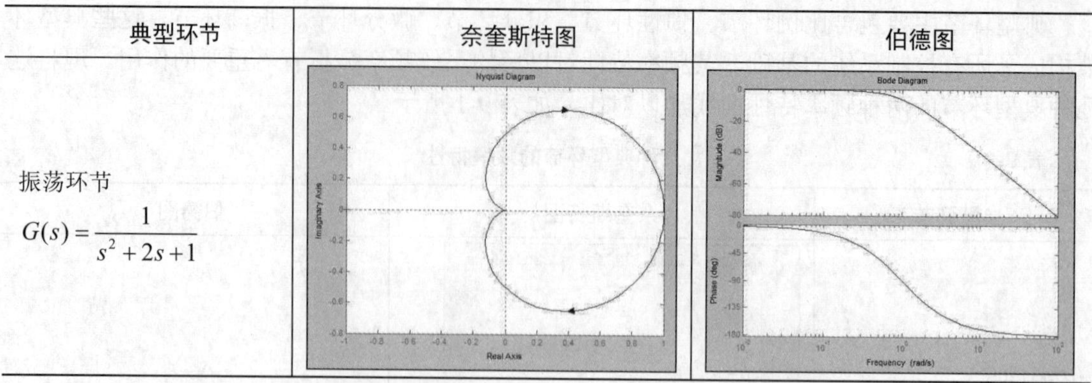

典型环节	奈奎斯特图	伯德图
振荡环节 $G(s)=\dfrac{1}{s^2+2s+1}$		

三、利用 MATLAB 绘制系统的频率特性曲线

由前面叙述可知，系统的频率特性曲线主要有奈奎斯特图和伯德图。这里主要讲解 nyquist()和 bode()函数的使用方法。

1．nyquist()函数

其功能是绘制系统的奈奎斯特曲线，主要调用格式有以下几种。

```
nyquist(sys);                          绘制系统的奈奎斯特曲线。
nyquist(sys,w);                        绘制给定频率范围的奈奎斯特曲线，其频率由向量 w 确定。
nyquist(sys1,sys2,sys3…sysN);          在同一绘图窗口中同时绘制不同系统的奈奎斯特曲线。
nyquist(sys1,sys2,sys3…sysN,w);        在同一绘图窗口中同时指定频率范围绘制不同系统的奈奎斯特曲线。
[re,im,w]=nyquist(sys);                计算系统的幅相频率值，re 返回实部向量，im 返回虚部向量，w 返回频率向量，但此时不绘制曲线。
[re,im,w]=nyquist(sys, w);             计算给定频率范围的系统的幅相频率值，re 返回实部向量，im 返回虚部向量，w 返回频率向量，此时不绘制曲线。
```

【实例 9-7】已知某系统的开环传递函数为 $G(s)=\dfrac{10}{(s+1)(5s+1)}$，试绘制该传递函数的奈奎斯特曲线。

思路·点拨

采用 nyquist(sys)函数绘制该曲线，即采用第一种调用格式，其他调用格式读者可以自行调试。首先应在程序中正确表示该传递函数。

结果文件——配套资源“Ch9\SL907”文件

解：程序如下。

```
num=[10];
den=conv([1 1],[5,1]);
sys=tf(num,den);
```

```
nyquist(sys);
```

绘制的奈奎斯特曲线如图 9-8 所示。

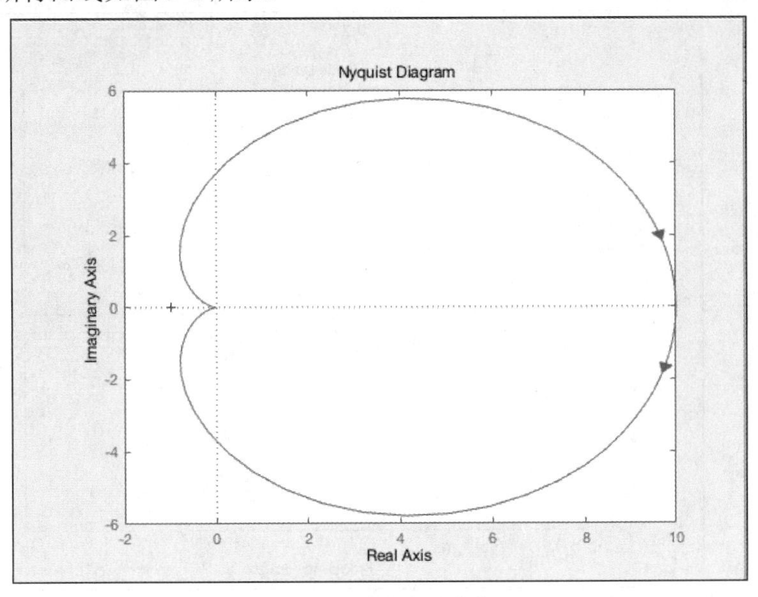

图 9-8　系统的奈奎斯特曲线

2．bode()函数

其主要功能是绘制系统的伯德图，主要调用格式有以下几种。

```
bode(sys);                          绘制系统的伯德图。
bode(sys,w);                        绘制给定频率范围的伯德图，其频率由向量 w 确定。
bode(sys1,sys2,sys3…sysN);         在同一绘图窗口中同时绘制不同系统的伯德图。
bode(sys1,sys2,sys3…sysN,w);       在同一绘图窗口中同时指定频率范围绘制不同系统的伯德图。
[mag,phase,w]=bode(sys);            得到幅值向量 w 的数据值，但此时不绘制曲线。
```

【实例 9-8】已知某单位负反馈系统的开环传递函数为 $G(s)=\dfrac{100(s+2)}{s(s+1)(s+20)}$，试绘制该传递函数的伯德图。

思路·点拨

采用第一种调用格式，即 bode(sys)来绘制该系统的伯德图，其他调用格式读者可自行运用，这里不再叙述。本例仍然要求读者能够将传递函数正确地表示。

结果文件——配套资源“Ch9\SL908”文件

解：程序如下。

```
num=[100,200];
den=conv(conv([1 0],[1 1]),[1 20]);
sys=tf(num,den);
```

```
bode(sys);
```

绘制后的伯德图如图 9-9 所示。

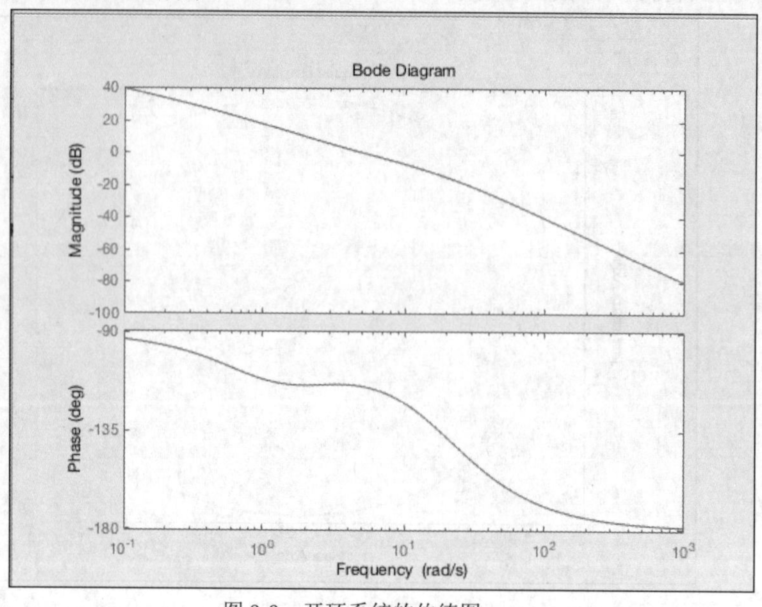

图 9-9　开环系统的伯德图

四、根据频率特性曲线判断系统的稳定性

1．奈奎斯特稳定性判据

若系统的开环不稳定，即开环传递函数在右半平面上有极点，且极点的个数为 P，则闭环系统稳定的充分必要条件是：在 GH 平面上的开环频率特性曲线及其镜像当频率 ω 从 $-\infty$ 到 $+\infty$ 变化时，将以逆时针的方向围绕（-1，j0）点 P 圈；若开环系统稳定，即 P=0，则闭环系统稳定的充分必要条件是：在 GH 平面上的开环频率特性曲线及其镜像不包围（−1，j0）点。若判断出来的系统不稳定，还可以求得该系统在 s 右半平面上的极点个数，公式为

$$Z = N + P \tag{9-6}$$

其中，N 为开环频率特性曲线及其镜像以顺时针方向包围（−1，j0）点的圈数。

【实例 9-9】假设某单位反馈系统的开环传递函数为

$$G_k(s) = \frac{52}{(s+2)(s^2+2s+5)}$$

试绘制该传递函数的奈奎斯特曲线并用奈奎斯特稳定性判据判断其闭环系统的稳定性。

思路·点拨

本例首先使用 nyquist 函数绘制该系统的奈奎斯特曲线，然后采用奈奎斯特稳定性判据判断其闭环系统的稳定性，使读者再次熟悉相关函数的使用。

结果文件——配套资源“Ch9\SL909”文件

解：（1）绘制奈奎斯特曲线。

程序如下。

```
num=[52];
den=conv([1 2],[1 2 5]);
sys=tf(num,den);%系统的传递函数
nyquist(sys);%绘制奈奎斯特曲线
```

绘制的奈奎斯特频率特性曲线如图 9-10 所示。

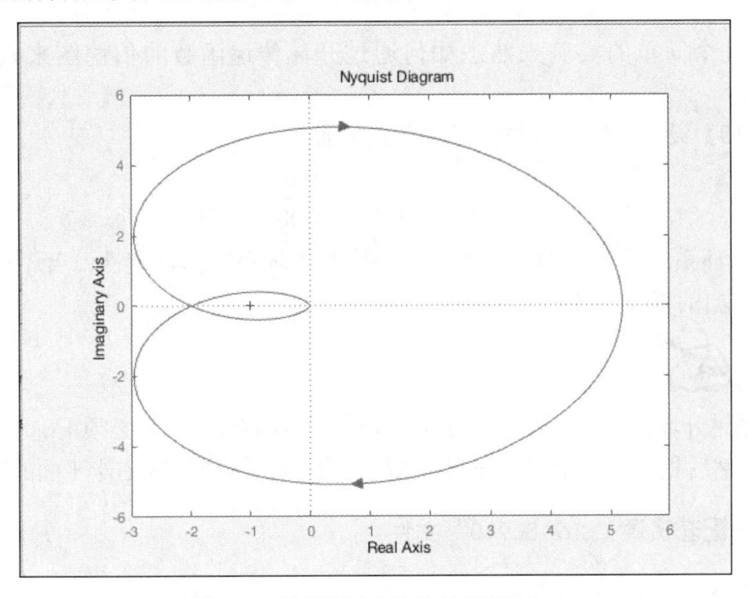

图 9-10　开环传递函数的奈奎斯特曲线

（2）闭环系统稳定性的判断。

由开环传递函数可以得到，系统的开环极点数为 0，即 P=0。由奈奎斯特曲线可以知道，该曲线顺时针方向包围（-1，j0）点两圈，即 N=2。所以，由奈奎斯特稳定性判据可以得出，该闭环系统是不稳定的，其闭环系统在 s 平面右半平面的极点个数为 2。

2．在伯德图上判断系统的稳定性

通过伯德图判断系统的稳定性与通过奈奎斯特曲线判断系统的稳定性是否有关联呢？答案是肯定的。我们可以发现奈奎斯特曲线与伯德图有着对应的关系。

在奈奎斯特曲线上，（-1，j0）是判断系统稳定性的关键点，那么（-1，j0）在坐标轴上可以表示为$1\angle-180$，即幅值 $A(\omega)$=1，相角 $\varphi(\omega)$=-180°。在伯德图上，$A(\omega)$=1 对应于幅频曲线上的 $L(\omega)$>0dB，相角 $\varphi(\omega)$=-180° 对应于相频曲线上的 $\varphi(\omega)$=-180° 的水平线。在奈奎斯特曲线上，有正负穿越之分，即开环传递函数的奈奎斯特曲线逆时针包围（-1，j0）点一圈，则曲线在（-∞→-1）有一次正穿越；反之，若曲线顺时针包围（-1，j0）点一圈，则曲线在（-∞→-1）有一次负穿越。通过两种频率特性曲线的对应关系可知，在奈奎斯特图上的正负穿越与伯德图的对应关系为：在伯德图上，$L(\omega)$>0dB 的范围内，随着 ω 的增加，相频特性曲线从下往上穿越-180° 水平线的为正穿越；反之，相频特性曲线从上往下穿越-180° 水平线的为负穿越。那么如何通过正负穿越来判断系统的稳定性呢？

设开环系统的传递函数 $G(s)$在右半平面的极点个数为 P，则闭环系统稳定的充分必要条件为：在开环传递函数的伯德图幅频特性曲线上，对于所有的 $L(\omega)$>0dB 的范围内，随着频

率的增加时，相频特性曲线的正负穿越次数之差为 $P/2$。若是闭环系统不稳定，那么闭环系统在右半平面的极点个数为

$$Z = 2N' + P \tag{9-7}$$

其中 N' 为负穿越的次数减去正穿越的次数，即

$$N' = N_-' - N_+' \tag{9-8}$$

下面通过几个简单的实例来熟悉如何通过开环传递函数的伯德图来判断闭环系统的稳定性。

【实例 9-10】设某单位负反馈的开环传递函数为

$$G_k(s) = \frac{160}{s(0.02s+1)(0.2s+1)}$$

试绘制该开环系统的伯德图，并判断其对应的闭环系统的稳定性；若不稳定，指出闭环系统在 s 右半平面的极点个数。

思路·点拨

本例要求通过开环系统的伯德图来判断闭环系统的稳定性，首先必须正确地将开环系统的伯德图绘制出来，然后利用公式（9-7）来判断系统的稳定性并求解在 s 右半平面的极点个数。

结果文件——配套资源“Ch9\SL910”文件

解：（1）绘制系统的伯德图。

程序如下。

```
num=[160];
den=conv(conv([1 0],[0.02 1]),[0.2 1]);
sys=tf(num,den);
bode(sys);grid;
```

系统的伯德图如图 9-11 所示。

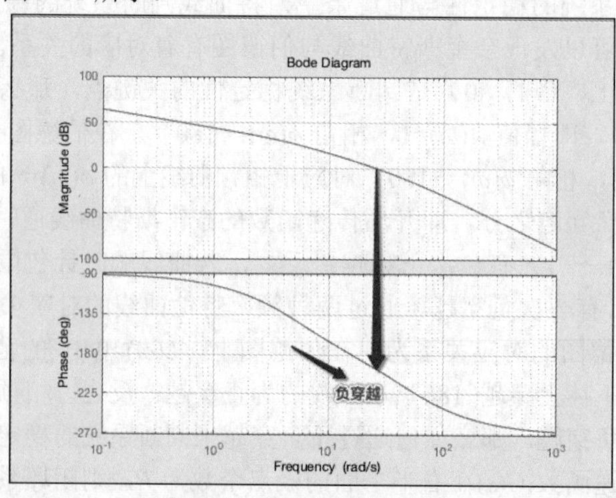

图 9-11　开环系统的伯德图

（2）判断系统的稳定性。

由开环传递函数可知，该开环传递函数在s右半平面的极点个数为0，即P=0；由伯德图可以知道，该传递函数在$L(\omega)$>0dB的所有频段内，存在一个负穿越，即$N'=N_-'-N_+'=1$，其中，$N_+'=0$，$N_-'=1$，所以由公式（9-7）可以得到该闭环系统在s右半平面内的极点个数为Z=2；该闭环系统不稳定。

【实例 9-11】设某系统的开环传递函数为

$$G_k(s)=\frac{52}{(s-2)(s^2+2s+5)}$$

试绘制该传递函数的伯德图并判断对应的闭环传递函数的稳定性；若不稳定，指出闭环传递函数在 s 右半平面的极点个数。

思路·点拨

本实例同样是绘制伯德图然后判断系统的稳定性。

结果文件——配套资源“Ch9\SL911”文件

解：（1）绘制伯德图。

程序如下。

```
num=[52];
den=conv([1 -2],[1 2 5]);
sys=tf(num,den);
bode(sys);grid;
```

绘制的伯德图如图 9-12 所示。

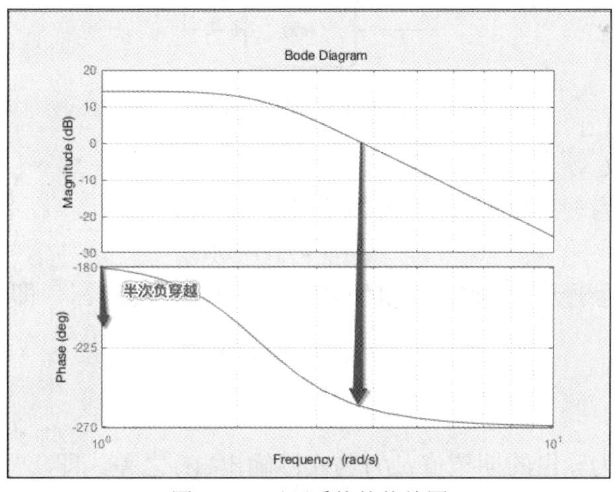

图 9-12 开环系统的伯德图

（2）判断系统的稳定性。

由系统的开环传递函数可以得到，该传递函数在 s 右半平面的极点个数为 1，即 P=1；由伯德图可以得到，该系统在 $L(\omega)$>0dB 的所有频段内，有半次的负穿越，即 $N_-'=0.5$，正穿越次数为 0，即 $N_+'=0$，则 $N'=N_-'-N_+'=0.5$，由公式（9-7）得到 $Z=2N'+P=2\times0.5+1=2$，即该闭环系统不稳定，其右半平面的极点个数为 2。

9.1.4 稳态误差的分析

稳态误差是自动控制系统在稳态下的控制精度的度量。稳态指的是控制系统的输出响应在过渡过程结束后的变化形态。稳态误差是期望的稳态输出量与实际的稳态输出量之差。控制系统的稳态误差越小，说明控制精度越高。因此，稳态误差是衡量控制系统性能好坏的一项非常重要的指标。控制系统设计的主要课题之一，就是在保证系统稳定的条件下，兼顾其他性能指标，使稳态误差尽可能小或小于某个允许的限制值。

一、稳态误差的分类

稳态误差按照其产生原因的不同可以分为两种：一种是系统仅受到输入信号的作用而引起的稳态误差，称为输入信号引起的误差；另一种是没有输入信号的作用，仅是受到系统的扰动信号的作用而引起的稳态误差，称为扰动信号的误差。在线性系统中，由于线性系统满足叠加原理，所以当线性系统中同时有两种信号的输入时，系统的稳态误差为两种稳态误差的代数和。

二、稳态误差的定义

如图 9-13 所示的系统，稳态误差的定义有两种，一种是从输入端定义稳态误差，另外一种是从输出端定义稳态误差。

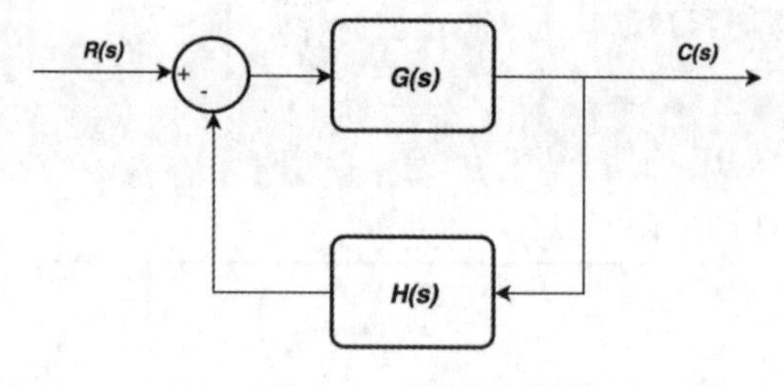

图 9-13　系统结构图

1．从输入端定义

系统的误差定义为输入信号 $r(t)$与反馈信号 $b(t)$之差，即

$$e(t)=r(t)-b(t) \tag{9-9}$$

当时间变量 t 趋近于无穷大时，$e(t)$的极限值即为稳态误差 e_{ss}，即

$$e_{ss}=\lim_{t\to\infty}e(t) \tag{9-10}$$

2．从输出端定义

系统的误差定义为输出的期望值 $c_0(t)$ 与实际输出 $c(t)$ 之差，即

$$e'(t)=c_0(t)-c(t) \tag{9-11}$$

此时，其稳态误差为

$$e_{ss1}=\lim_{t\to\infty}e'(t) \tag{9-12}$$

对于图 9-13 所示的典型结构系统，可以通过上面对稳态误差的定义来求得该系统的稳

态误差。首先求得误差传递函数为

$$G_E(s)=\frac{E(s)}{R(s)}=\frac{1}{1+G(s)H(s)}$$

$$E(s)=G_E(s)R(s)=\frac{R(s)}{1+G(s)H(s)} \tag{9-13}$$

根据终值定理可以得知

$$e_{ss}=\lim_{t\to\infty}e(t)=\lim_{s\to 0}sE(s)=\lim_{s\to 0}\frac{sR(s)}{1+G(s)H(s)} \tag{9-14}$$

由公式（9-14）可以看出，系统的稳态误差不仅与系统的输入信号有关，而且与系统的开环传递函数有关，即与系统的结构和参数有关。

三、典型输入信号作用下的稳态误差

1．单位阶跃函数

由于单位阶跃函数的拉普拉斯变换为$\frac{1}{s}$，即输入信号$R(s)=\frac{1}{s}$，所以代入公式（9-14）可以得到

$$e_{ss}=\lim_{s\to 0}\frac{s\frac{1}{s}}{1+G(s)H(s)}=\lim_{s\to 0}\frac{1}{1+G(s)H(s)} \tag{9-15}$$

令

$$K_p=1+\lim_{s\to 0}G(s)H(s) \tag{9-16}$$

称K_p为系统的稳态位置误差系数，那么系统的稳态误差与稳态位置误差系数的关系为

$$e_{ss}=\frac{1}{K_p} \tag{9-17}$$

2．单位斜坡函数

单位斜坡函数的拉普拉斯变换为$\frac{1}{s^2}$，即输入信号$R(s)=\frac{1}{s^2}$，代入公式（9-14）得到系统的稳态误差为

$$e_{ss}=\lim_{s\to 0}\frac{s\frac{1}{s^2}}{1+G(s)H(s)}=\lim_{s\to 0}\frac{1}{s+sG(s)H(s)}=\lim_{s\to 0}\frac{1}{sG(s)H(s)} \tag{9-18}$$

令

$$K_v=\lim_{s\to 0}\frac{1}{sG(s)H(s)} \tag{9-19}$$

称K_v为系统的稳态速度误差系数，那么系统的稳态误差与系统稳态速度误差系数的关系为

$$e_{ss} = \frac{1}{K_v} \tag{9-20}$$

3．单位加速度信号

单位加速度信号的拉普拉斯变换为$\frac{1}{s^3}$，即输入信号为$R(s)=\frac{1}{s^3}$，代入公式（9-14）可以得到稳态误差的表达式为

$$e_{ss} = \lim_{s\to 0}\frac{s\frac{1}{s^3}}{1+G(s)H(s)} = \lim_{s\to 0}\frac{1}{s^2+s^2G(s)H(s)} = \lim_{s\to 0}\frac{1}{s^2G(s)H(s)} \tag{9-21}$$

令

$$K_a = \lim_{s\to 0}\frac{1}{s^2G(s)H(s)} \tag{9-22}$$

称K_a为系统的稳态加速度误差系数，其与稳态误差的关系为

$$e_{ss} = \frac{1}{K_a} \tag{9-23}$$

上面所给的是典型系统在三种典型输入信号作用下的稳态误差及各项稳态误差系数，对于复杂的系统，仍可以以上面所讲的内容为基础，进而求出复杂系统的稳态误差或稳态误差系数。在学习用 MATLAB 求解系统的稳态误差之前，读者应对此部分的内容有一定了解，可以查阅有关自动控制的教材。

四、利用 MATLAB 求解系统的稳态误差

前面已经叙述了关于系统稳态误差的概念及相关的代数解法。接下来介绍如何通过 MATLAB 来辅助求解系统的稳态误差，以及如何绘制系统的稳态误差曲线，主要用到的函数是 roots()和 limit()。其中，roots()函数在前面已经做过介绍，其主要作用是求解特征方程的根，而 limit()函数则主要用来求函数的极限，此处的作用是求解系统的稳态误差。

limit()函数的主要调用格式如下。

```
limit(expr,x,a);              求解表达式当 x 趋近于 a 时的极限。
limit(expr,a);                求解表达式当默认变量趋近于 a 时的极限。
limit(expr);                  求解表达式当默认变量趋近于 0 时的极限。
limit(expr,x,a,'left');       求解表达式当变量 x 趋近于 a 时的左极限。
limit(expr,x,a,'right');      求解表达式当变量 x 趋近于 a 时的右极限。
```

下面通过具体的实例来讲解如何使用 limit 函数及通过 MATLAB 对实际系统的稳态误差进行计算。

【实例 9-12】某一单位负反馈系统的传递函数为

$$G(s) = \frac{1}{s(s+1)}$$

试求解该传递函数的稳态位置误差系数 K_p、稳态速度误差系数 K_v 及稳态加速度误差系数 K_a。

思路·点拨

首先，实例中所给的是系统的开环传递函数，在求稳态误差过程中，必须先求出系统的误差传递函数，然后再使用误差求解公式。在计算稳态误差之前，必须先判断系统的稳定性，稳定性是一切指标的前提。本例的误差系数的计算采用符号计算方法。

结果文件——配套资源“Ch9\SL912”文件

解：（1）判断系统的稳定性。

程序如下。

```
num=[1];den=[1 1 0];
sys1=tf(num,den);
sys=feedback(sys1,1);%闭环传递函数
P=sys.den{1};%闭环传递函数的分母
roots(P);%闭环传递函数的特征根
```

程序运行结果如下。

```
ans =


  -0.5000 + 0.8660i
  -0.5000 - 0.8660i
```

即所有的特征根均位于 s 平面的左半平面，因此系统是稳定的。

（2）计算系统的误差系数。

程序如下。

```
clear;
syms s Kp Kv Ka G;
G=1/(s*(s+1));%定义开环传递函数
Kp=limit(G,s,0,'right') %求解稳态位置误差系数
Kv=limit(s*G,s,0,'right') %求解稳态速度误差系数
Ka=limit(s*s*G,s,0,'right') %求解稳态加速度误差系数
```

程序运行结果如下。

```
Kp = Inf; Kv=1; Ka=0;
```

【实例 9-13】设某控制系统的结构如图 9-14 所示，试求出系统的闭环传递函数并求解系统在单位阶跃输入作用下的稳态误差。

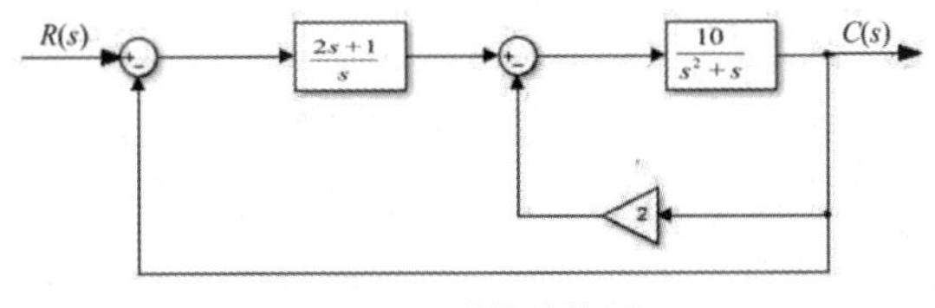

图 9-14 系统结构图

思路·点拨

本例通过系统的结构图给出，则必须求解系统的误差传递函数或系统的开环传递函数。求在单位阶跃输入作用下的稳态误差，可以使用位置误差系数与稳态误差的关系来求解。

结果文件——配套资源“Ch9\SL913”文件

解：（1）求解系统的闭环传递函数。

程序如下。

```
clear;
num1=[2 1];den1=[1 0];
num2=[10];den2=[1 1 0];
G1=tf(num1,den1);
G2=tf(num2,den2);
sys1=feedback(G2,2) %局部反馈传递函数
sys=G1*sys1 %系统的开环传递函数
sys2=feedback(sys,1) %系统闭环传递函数
```

程序运行结果如下。

```
sys =

     20 s + 10
  ----------------
  s^3 + s^2 + 20 s
sys2 =

       20 s + 10
  ----------------------
  s^3 + s^2 + 40 s + 10
```

（2）判断系统的稳定性。

程序如下。

```
P=sys2.den{1}; %求解闭环传递函数的分母
roots(P) %求解特征多项式的根
```

程序运行结果如下。

```
ans =

  -0.3744 + 6.2985i
  -0.3744 - 6.2985i
  -0.2512
```

特征多项式的极点均位于 s 平面的左半平面，即系统是稳定的。

（3）求解系统的稳定误差。

由步骤（1）得系统的开环传递函数为 sys，我们采用符号计算方法计算位置稳态误差系数。

程序如下。

```
syms s sys Kp;
sys=(20*s+10)/(s^3+s^2+20*s);
Kp=limit(sys,s,0,'right')
```

程序运行结果如下。

```
Kp =


Inf;
```

所以 $e_{ss}=\dfrac{1}{K_p}=0$，即在单位阶跃输入的作用下，系统的稳态误差为 0。

9.2　控制系统的性能指标分析

对于某一个特定的系统，必须要求系统具有稳定性、准确性和快速性。稳定性是一个系统必须达到的要求，不稳定的系统没有任何研究的意义。快速性和准确性体现的是系统跟踪输入信号的能力。快速性指的是系统在输入信号的作用下，系统达到稳定状态的快慢程度；准确性指的是系统在输入信号的作用下，系统达到稳定状态的精确程度。系统的性能指标分为时域性能指标和频域性能指标。时域性能指标分析主要研究的是系统在典型输入信号作用下输出信号随时间的变化。频域分析主要是在频域内对系统的性能指标进行研究，通过奈奎斯特曲线或伯德图来研究系统的性能。在实际工程应用当中，系统的输入信号大多为阶跃输入信号，因此，阶跃响应性能指标就显得非常重要。下面分别对系统的时域性能指标和频域性能指标进行详细分析，并使用 MATLAB 对时域和频域进行性能指标的求解。

9.2.1　控制系统的时域特性

一、阶跃响应动态性能指标

系统在阶跃输入信号的作用下，系统的输入信号的时间反应称为系统的阶跃响应。阶跃响应的性能指标，指的就是系统在输入信号为阶跃信号的作用下的响应曲线的基本特征值。通过这些性能指标，可以比较不同系统之间的差异。

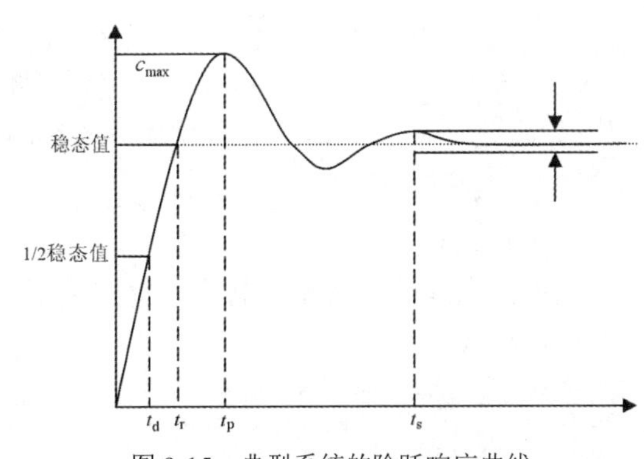

图 9-15　典型系统的阶跃响应曲线

典型的阶跃响应曲线如图 9-15 所示，其常用指标有以下几个。

（1）延迟时间 t_d：输出第一次到达稳态值的一半所经历的时间。

（2）上升时间 t_r：输出第一次达到稳态值所经历的时间。

（3）峰值时间 t_p：输出第一次达到峰值所需要的时间。

（4）最大超调量 $\sigma\%$：输出量的最大值超出稳态值的百分比，即

$$\sigma\%=\frac{c_{\max}-c(\infty)}{c(\infty)}\times 100\%$$

（5）调节时间 t_s：在阶跃响应曲线的稳态值附近，$\pm 0.05c(\infty)$或$\pm 0.02c(\infty)$作为误差带，当阶跃响应曲线第一次进入该误差带且不再超出该误差带的时间即为系统的调节时间。

（6）振荡次数 N：指的是系统在响应开始到调节时间之间，响应曲线偏离稳态值的振荡次数。

二、MATLAB 动态性能分析函数

1. step()

功能：求线性定常系统的单位阶跃响应。

调用格式：

```
step(sys);                  绘制系统的单位阶跃响应曲线。
step(sys,T);                绘制在指定时间内的单位阶跃响应。
step(sys1,sys2,…sysN);              在同一窗口中同时绘制多个系统的单位阶跃响应。
step(sys1,PlotStyle1,…sysN,PlotStyleN);        曲线的样条属性由 PlotStyle 指定。
[y,t]=step(sys);            求系统的单位阶跃响应的数值，y 指的是输出向量，t 指的是时间向量。
[y,t,x]=step(sys);          求系统的单位阶跃响应的数值，y 指的是输出向量，x 指的是状态向量，t 指的是时间向量。
```

2. impulse()

功能：求线性定常系统的单位脉冲响应。

调用格式：

```
impulse(sys);                      绘制系统的单位脉冲响应曲线。
impulse(sys,T);                    绘制在指定时间内的单位脉冲响应。
impulse(sys1,sys2,…sysN);          在同一窗口中同时绘制多个系统的单位脉冲响应。
impulse(sys1,PlotStyle1,…sysN,PlotStyleN);      曲线的样条属性由 PlotStyle 指定。
[y,t]=impulse(sys);                求系统的单位脉冲响应的数值，y 指的是输出向量，t 指的是时间向量。
[y,t,x]=impulse(sys);              求系统的单位脉冲响应的数值，y 指的是输出向量，x 指的是状态向量，t 指的是时间向量。
```

3. initial()

功能：求线性定常系统的状态空间模型的零输入响应。

调用格式：

```
initial(sys,x0);                       求解系统在初始条件 x（0）作用下的响应曲线。
initial(sys,x0,T);                     响应作用时间由 T 指定。
initial (sys1,sys2,…sysN,x0);          求多个系统在初始条件 x（0）作用下的响应曲线，并在同一窗口绘制。
```

```
initial (sys1,sys2,…sysN,x0, T) ;        求多个系统在初始条件 x (0) 作用下的响应曲线，并在
同一窗口绘制，响应作用时间由 T 指定。
initial(sys1,PlotStyle1,…sysN,PlotStyleN);     曲线的样条属性由 PlotStyle 指定。
[y,t,x]=intial(sys,x0);        返回数据值，含义与之前的 step 相同。
```

【实例 9-14】已知某二阶系统的开环传递函数为

$$G(s)=\frac{1}{s^2+s+1}$$

试绘制系统的单位阶跃响应曲线。

思路·点拨

本例所给的是系统的开环传递函数，而在绘制响应曲线时，必须使用系统的闭环传递函数。

结果文件——配套资源“Ch9\SL914”文件

解：程序如下。

```
num=[1];
den=[1 1 1];
G=tf(num,den);%开环传递函数
sys=feedback(G,1);%闭环传递函数
step(sys,'k');%阶跃响应
```

单位阶跃响应曲线如图9-16所示。

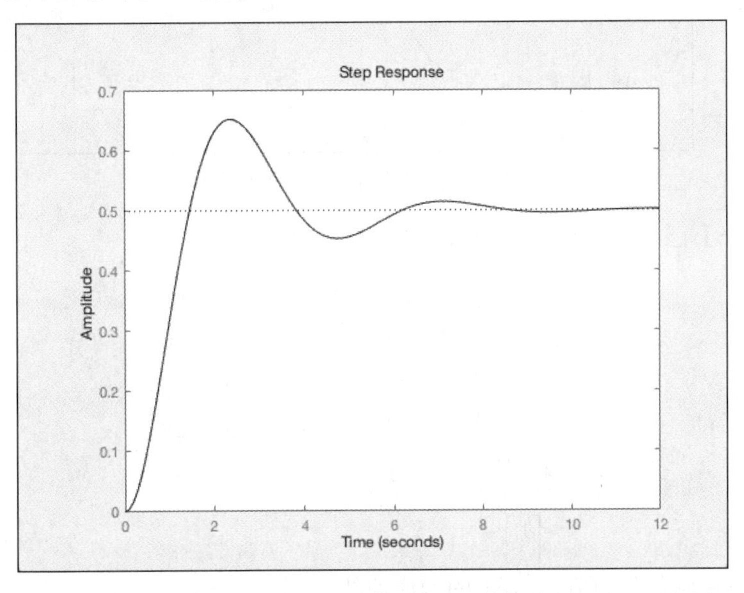

图 9-16　二阶系统的单位阶跃响应曲线

【实例 9-15】以实例 9-14 的传递函数为例，求该系统的单位脉冲响应曲线。

思路·点拨

同样，实例中给的是系统的开环传递函数，必须求解系统的闭环传递函数，然后调用 impulse 函数。

结果文件——配套资源“Ch9\SL915”文件

解：程序如下。

```
num=[1];
den=[1 1 1];
G=tf(num,den);
sys=feedback(G,1);
impulse(sys,'k');%单位脉冲响应
```

其单位脉冲响应曲线如图 9-17 所示。

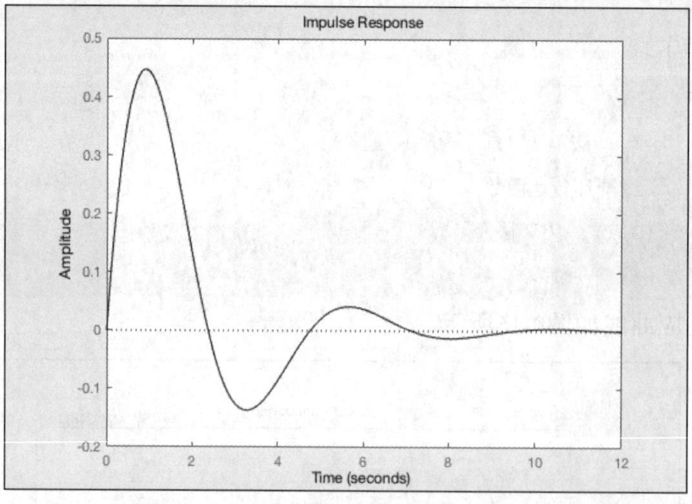

图 9-17　二阶系统的单位脉冲响应曲线

【实例 9-16】已知某线性系统的状态空间方程为

$$x=\begin{bmatrix}-1.6 & -0.9 & 0 & 0\\ 0.9 & 0 & 0 & 0\\ 0.4 & 0.5 & -5.0 & -2.45\\ 0 & 0 & 2.45 & 0\end{bmatrix}x+\begin{bmatrix}1\\0\\1\\0\end{bmatrix}u$$

$$y=\begin{bmatrix}1 & 1 & 1 & 1\end{bmatrix}x$$

试求系统在初始条件 $x(0)=\begin{bmatrix}1\\0\\0\\0\end{bmatrix}$ 下的响应曲线。

思路·点拨

本题求解系统在初始条件下的响应曲线，因此需要用到 initial 函数。

结果文件——配套资源“Ch9\SL916”文件

解：程序如下。

```
a=[-1.6 -0.9 0 0
0.9 0 0 0;
0.4 0.5 -5.0 -2.45;
0 0 2.45 0];%状态矩阵
b=[1;0;1;0];
c=[1 1 1 1];
d=[0];
x0=[1;0;0;0];%初始条件
sys=ss(a,b,c,d);%系统的传递函数
initial(sys,x0);
```

其响应曲线如图9-18所示。

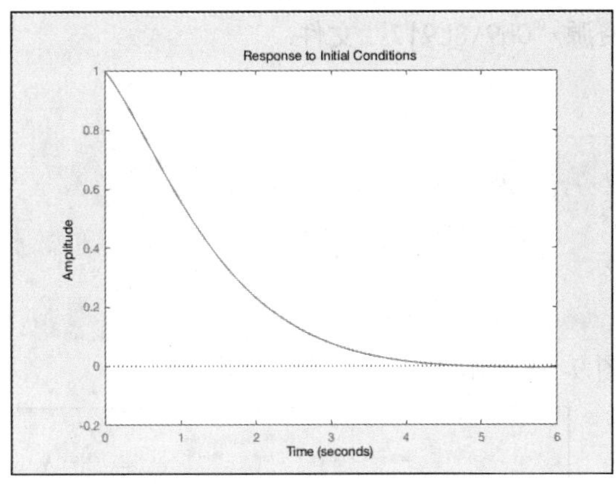

图 9-18　响应曲线

9.2.2　控制系统的频域特性

一、频域性能指标

前面我们已经接触了如何绘制系统的频率特性曲线，那么，是否可以通过频率特性来确定系统的性能指标呢？答案是肯定的。频率特性指标主要包含幅值裕度、相角裕度、穿越频率和截止频率，其具体定义如下。

穿越频率：相频特性曲线穿越-180° 曲线的频率。

截止频率：幅频穿越 0dB 处的频率。截止频率对应的相频曲线上的相位反映了系统的相对稳定性。

幅值裕度：是指在幅值的基础上再留有一定余地的程度，即允许存在的最大偏差。

相角裕度：在截止频率使系统达到稳定的临界状态所要附加的相角滞后量。

二、利用MATLAB 求频率特性指标

求解系统的幅值裕度和相角裕度的函数是 margin，其调用格式如下。

margin(sys);　　在当前图形窗口绘制带有稳定裕度的伯德图。

[Gm,Pm,Wcp,Wcg]=margin(sys);　　计算系统的频率特性指标，其中 Gm 表示幅值裕度，Pm 表示相角裕度，Wcp 表示穿越频率，Wcg 表示截止频率。

[Gm,Pm,Wcp,Wcg]=margin(mag,phase,w);　　在当前图形窗口中绘制带有幅值裕度和相角裕度的伯德图。

【实例 9-17】已知系统的开环传递函数为

$$G(s)=\frac{8s^3+12s^2+8s+2}{s^6+5s^5+10s^4+10s^3+5s^2+s}$$

试绘制系统的伯德图，并写出系统的稳定裕度。

思路·点拨

这里需要注意的是，绘制伯德图的时候必须使用系统的开环传递函数，然后使用 margin 函数的三种调用格式之一调用即可。

结果文件——配套资源“Ch9\SL917”文件

解：程序如下。

```
num=[8 12 8 2];
den=[1 5 10 10 5 1 0];
sys=tf(num,den);
margin(sys);
```

绘制的伯德图如图 9-19 所示。

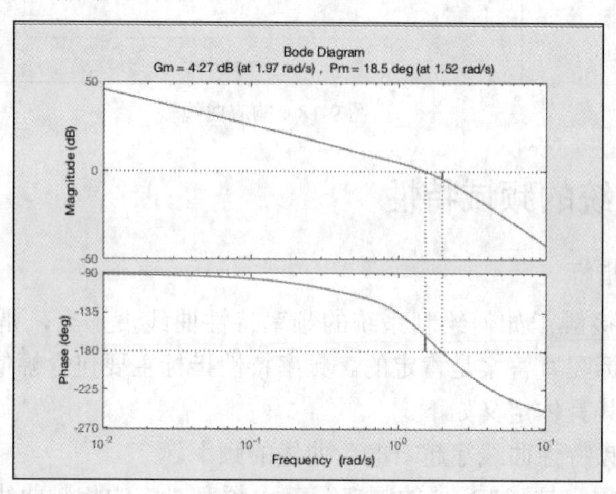

图 9-19　伯德图

由图 9-19 可以看出：

幅值裕度 G_m=4.27dB 截止频率 ω_c=1.97rad/s

相角裕度 P_m=18.5° 穿越频率 ω_g=1.52rad/s

9.3　控制系统校正设计的 MATLAB 实现

控制系统的分析与设计是两个截然相反的概念。控制系统的分析是在系统已经给定的情况下，即系统的各项参数都是已知的，从而分析系统的性能指标。而控制系统的设计则是相反的，设计要比分析难得多。系统设计所选定的基本组成部分，往往由于自身参数的原因，无法满足实际工程应用中对系统性能的要求，因此必须采用校正环节对系统进行进一步的校正，从而满足系统的实际工作要求。控制系统的设计是在已知系统的性能指标和构成系统基本环节的参数的前提下，设计校正环节，使得系统的性能指标符合实际工程要求。

9.3.1　控制系统校正设计概述

1．系统校正的概念

所谓系统校正，就是在给定的系统对象及给定的系统所要得到的性能指标的条件之下，设计一种能够使被控对象达到给定的系统性能指标的校正装置，即确定校正装置的结构和参数。系统的性能指标一般包括静态指标和动态指标。静态指标主要是系统的稳态误差，而动态系统的指标有时域指标和频域指标。各项指标的内容已经在上一节做过详细的讨论，这里不再做具体的叙述。

2．校正基本方式

在经典控制理论中，校正的基本方式有超前校正、滞后校正和滞后—超前校正。超前校正的突出特点是校正后系统的剪切频率增大，系统的快速性得到提高，超前校正在工程上经常被用于稳定性好、超调量小及动态响应过程要求较高的系统；滞后校正的突出特点是校正后的系统的剪切频率变小，系统的快速性能下降，系统的稳定性得到提高，因此滞后校正在那些对于稳定性要求较高，而快速性要求不高的系统中经常被采用；滞后—超前校正则继承了滞后校正提高稳定性的优点，而且也具备了超前校正提高系统快速性的优点，适用于稳定性要求高、快速性要求也比较高的系统。

3．校正设计的基本方法

在经典控制理论中，对于系统的校正设计方法主要有三种，一种是控制系统的伯德图校正设计方法，一种是根据系统的根轨迹曲线校正设计方法，另外一种是工业中使用最多的校正设计方法——PID 校正设计方法。

9.3.2　控制系统伯德图校正设计方法

控制系统的伯德图校正设计方法，顾名思义，就是采用频率法进行校正。伯德图校正设计是系统校正的一种基本方法，应用比较广泛。由之前所讲内容可知，该方法是在开环系统的伯德图上进行的，因此显得更加简洁明了。伯德图校正是在频率域内对系统进行的校正，因此，所给的性能指标一般也是频域指标。若所给的性能指标是时域指标，在低阶范围内，可以通过时域指标和频域指标的转换关系进行转化，从而可以继续使用频率法校正。

一、伯德图的超前校正设计

1．超前校正的基本步骤

（1）根据系统的静态指标，即稳态误差要求，求出系统的开环增益。绘制未校正系统的伯德图，给出系统的稳态裕度，判断系统的指标是否满足实际要求。

（2）确定校正后系统的截止频率 ω'_c 和网络的 α 值。若指标中给出校正后系统的截止频率，则按要求选定 ω'_c，然后在原系统的伯德图上求得该截止频率对应的幅值，令 $10\lg\frac{1}{\alpha}+L_0(\omega_c')=0$，即可求解网络的 α 值。若是性能指标为给出校正后的截止频率，则通过给出的系统的相角裕度 γ'来求解。通过以下经验公式求解网络的最大超前角：

$$\varphi_m=\gamma'-\gamma+\varDelta \tag{9-24}$$

其中，φ_m 为超前网络的最大超前角；γ'为校正后系统的相角裕度；γ 为系统校正前的相角裕度；$\varDelta$ 为补偿值，一般取 $\varDelta=5°$ 。

求得超前网络的最大超前角之后，通过以下公式求解网络的 α 值：

$$\alpha=\frac{1-\sin\varphi_m}{1+\sin\varphi_m} \tag{9-25}$$

在未校正的系统的幅频特性曲线上，求出 $-10\lg\left(\frac{1}{\alpha}\right)$ 所对应的频率，即为 ω'_c，且有 $\omega'_c=\omega_m$。

（3）通过步骤（2）所求得的 α 和 ω_m，即可确定超前网络的时间常数，即

$$T=\frac{1}{\omega_m\sqrt{\alpha}} \tag{9-26}$$

则可以确定超前网络的传递函数为

$$G(s)=\frac{Ts+1}{\alpha Ts+1}\quad(\alpha<1)$$

（4）检验校正后的系统是否满足所给定的性能指标要求。若满足，则系统的校正设计结束；若是还不满足系统的性能指标，则继续重新选择参数，进行下一轮的校正设计。

2．实例

【实例 9-18】某单位反馈系统的开环传递函数为

$$G(s)=\frac{4K}{s(s+2)}$$

若要求系统的相角裕度 $\gamma'\geqslant 50°$ ，系统在单位斜坡函数输入作用下的稳态速度误差为 $e_{ss}=0.05$，试求超前校正网络的参数。

思路·点拨

首先，我们要了解超前校正网络的传递函数的具体形式。该类型为只含有相角裕度的校正题型。第一步先确定开环传递函数的增益，然后确定未校正系统是否满足性能指标要

求；若不满足，则通过以上的步骤一步一步地设计，并得出超前校正网络的参数值。

结果文件——配套资源“Ch9\SL918”文件

解：（1）确定开环传递函数的增益 K。

将传递函数化为标准型，即

$$G(s)=\frac{2K}{s(0.5s+1)}$$

已知系统在单位斜坡函数作用下的稳态速度误差为 0.05，由前面所讲知识可以得到

$$e_{ss}=\frac{1}{K_v}=\frac{1}{2K}\leqslant 0.05$$

即 $K\geqslant 10$。这里，我们取 $K=10$，则开环传递函数为

$$G(s)=\frac{20}{s(0.5s+1)}$$

（2）绘制未校正系统的伯德图。

程序如下。

```
num=[20];
den=[0.5 1 0];
sys=tf(num,den);
margin(sys);
grid;
```

未校正系统的伯德图如图 9-20 所示。从图中可以得出系统的各项性能指标如下。

幅值裕度：$G_m=\infty$dB　　　　穿越频率：$\omega_g=\infty$rad/s

相角裕度：$P_m=18°$　　　　截止频率：$\omega_c=6.17$rad/s

对比可知，该系统必须进行校正。

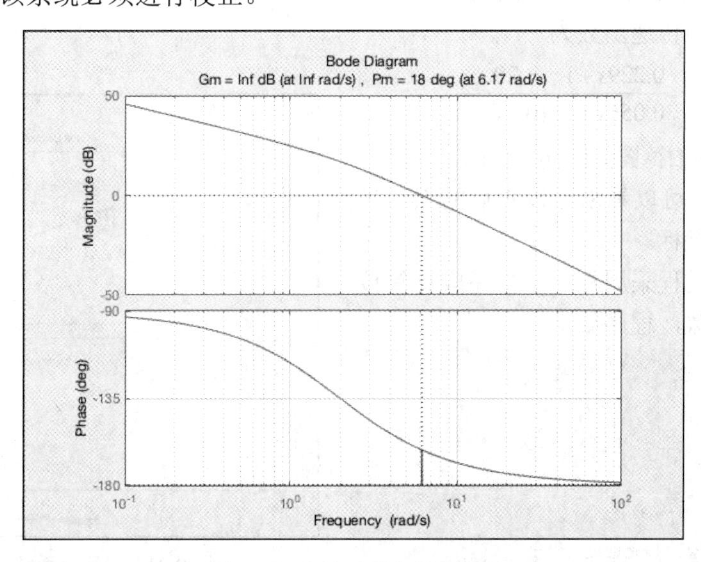

图 9-20　未校正系统的伯德图

（3）求超前校正的参数。

根据上述的步骤，这里采用符号计算方法，程序如下。

```
syms r1 r delta alfa y %y为φm
r1=50/180*pi;r=18/180*pi;delta=5/180*pi;%用弧度表示
y=r1-r+delta;
alfa=(1-sin(y))/(1+sin(y));
 lg=-10*log10(1/alfa);
```

则计算结果为

alfa =

    0.2486

lg =

   -6.0453dB

从图 9-20 可以得到 lg 对应的频率大约为 8.75rad/s，即作为校正后的截止频率。

（4）计算校正网络的传递函数。

$$T=\frac{1}{\omega_{\mathrm{m}}\sqrt{\alpha}}=\frac{1}{8.75\times\sqrt{0.2486}}=0.229$$

从而

$$\alpha T=0.2486\times 0.229=0.056$$

所以，校正网络的传递函数为

$$G(s)=\frac{0.229s+1}{0.056s+1}$$

（5）验证校正后系统的性能指标。

校正后系统的传递函数为

$$G_k(s)=\frac{0.229s+1}{0.056s+1}\frac{20}{s(0.5s+1)}$$

校正后系统的伯德图如图 9-21 所示。

从图 9-21 中可以看出，校正后的系统满足所给定的性能指标。

我们将上述过程采用程序一步完成计算校正网络的传递函数，程序如下。

```
gama=50;
num=[20];
den=[0.5 1 0];
sys=tf(num,den);
[mag,phase,w]=bode(sys);
```

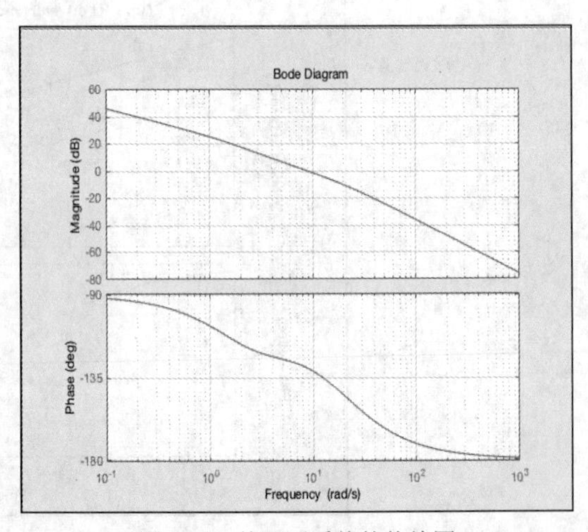

图 9-21　校正后系统的伯德图

```
[mu,pu]=bode(sys,w);
[Gm,Pm,Wcp,Wcg]=margin(sys);
gama1=gama-Pm+5;
gam=gama1/180*pi;
alpha=(1-sin(gam))/(1+sin(gam));
adb=20*log10(mu);
am=10*log10(alpha);
wc=spline(adb,w,am);
T=1/(wc*sqrt(alpha));
alphat=alpha*T;
Gc=tf([T,1],[alphat,1]);
```

程序的运行结果为

```
Gc =

  0.2268 s + 1
  ------------
  0.0563 s + 1
```

二、伯德图的滞后校正设计

1. 滞后校正的基本步骤

（1）根据稳态误差的要求，确定开环增益 K，绘制开环传递函数的伯德图，提取该传递函数的各项性能指标。

（2）确定校正后系统的截止频率 ω_c'。

根据性能指标要求的相角裕度 γ'，按照下述经验公式求得校正后新的相角裕度 $\gamma(\omega_c')$。

$$\gamma(\omega_c') = \gamma' + \varDelta' \tag{9-27}$$

其中 $\varDelta'$ 为补偿值，一般取 5°～12°。确定了 $\gamma(\omega_c')$ 值之后，在伯德图上找到与此相角值相对应的频率值，并以此作为校正后的截止频率 ω_c'。

（3）求滞后网络的 β 值。

找到未校正系统的频率特性在 ω'_c 处的幅频值 $L_0(\omega_c')$，由下式求得校正网络的 β 值。

$$L_0(\omega_c') + 20\lg\left(\frac{1}{\beta}\right) = 0 \tag{9-28}$$

（4）确定校正网络的转折频率 ω_2。

$$\omega_2 = \frac{1}{T} \approx \left(\frac{1}{10} \sim \frac{1}{2}\right)\omega_c' \tag{9-29}$$

由此可以得到滞后校正网络的传递函数为

$$G(s) = \frac{Ts+1}{\beta Ts+1}$$

（5）验证校正后的系统是否能满足性能指标要求，若满足，则可以停止校正；若不满足系统的性能指标，则继续选择参数的取值，进行下一步的校正，直到满足系统的性能指标为止。

2．实例

【实例 9-19】假设某系统的开环传递函数为

$$G(s)=\frac{K}{s(s+1)(0.5s+1)}$$

现要求系统的静态速度误差为 e_{ss}=0.2，相角裕度 $\gamma'\geqslant 40°$，幅值裕度 $G_{\mathrm{m}}\geqslant$10dB，试设计校正装置，并求出其传递函数。

思路·点拨

首先要求解未校正之前的系统的稳定裕度的各项指标，并与所给的性能指标要求做对比，决定采用何种校正方式。本题需要采用滞后校正，然后采用滞后校正的基本步骤对该系统进行校正即可。

结果文件——配套资源“Ch9\SL919”文件

解：（1）求解开环增益并绘制伯德图。

$$e_{ss}=\frac{1}{K_v}=\frac{1}{\lim\limits_{s\to 0}s\dfrac{K}{s(s+1)(0.5s+1)}}=\frac{1}{K}=0.2\,,\quad K=5$$

因此系统的传递函数为

$$G(s)=\frac{5}{s(s+1)(0.5s+1)}$$

开环传递函数的伯德图如图 9-22 所示。

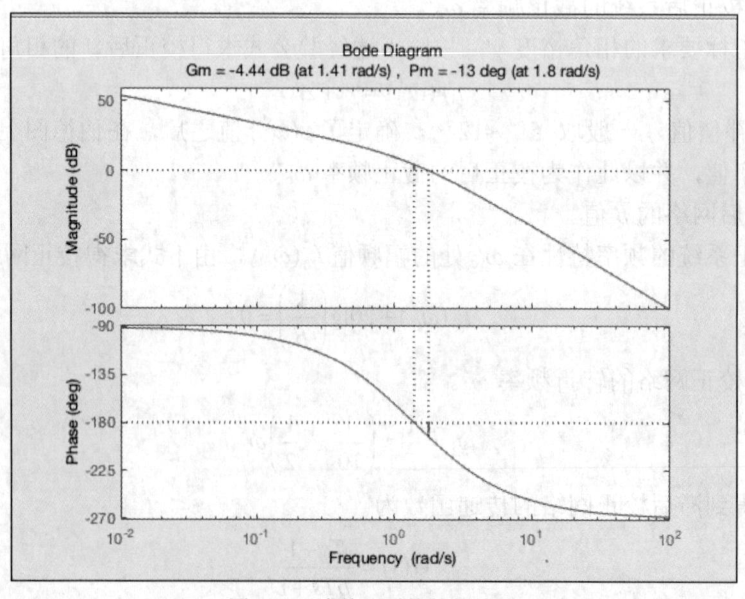

图 9-22　未校正系统的伯德图

从图 9-22 中可以得到系统未校正的性能指标如下。

幅值裕度：G_m=-4.4dB　　　　穿越频率：ω_g=1.41rad/s

相角裕度：P_m=-13°　　　　截止频率：ω_c=1.8rad/s

因此系统必须进行校正，而且必须采用滞后校正。

（2）确定校正后的截止频率 ω_c'。

根据给定的性能指标 γ'=40°，选取 Δ'=10°，则有

$$\gamma(\omega_c')=\gamma'+\Delta'=40°+10°=50°$$

由伯德图可知，当频率在 0.5rad/s 附近时，系统的相角裕度为-130°，因此，取 ω_c'=0.5rad/s。

（3）求滞后网络的 β 值。

未校正系统在 ω_c'处的幅值为 $L_0(\omega_c')$=18.95dB，代入公式（9-28）解得

$$\beta=8.86$$

（4）求校正网络的转折频率 ω_2。

由公式（9-29），取 $\omega_2=0.1\omega_c'=0.1\times0.5$rad/s=0.05rad/s，即可以得到

$$T=20，\beta T=8.86\times20=177.2$$

校正网络的传递函数为

$$G_c(s)=\frac{20s+1}{177.2s+1}$$

（5）验证校正后系统的性能指标。

串联滞后校正后系统的开环传递函数为

$$G_k(s)=\frac{5}{s(s+1)(0.5s+1)}\frac{20s+1}{177.2s+1}$$

绘制校正后系统的伯德图，程序如下。

```
num1=[5];den1=conv(conv([1  0],[1 1]),[0.5 1]);
num2=[20 1];den2=[177.2 1];
num=conv(num1,num2);
den=conv(den1,den2);
sys=tf(num,den);
margin(sys);grid;
```

校正后系统的伯德图如图 9-23 所示。

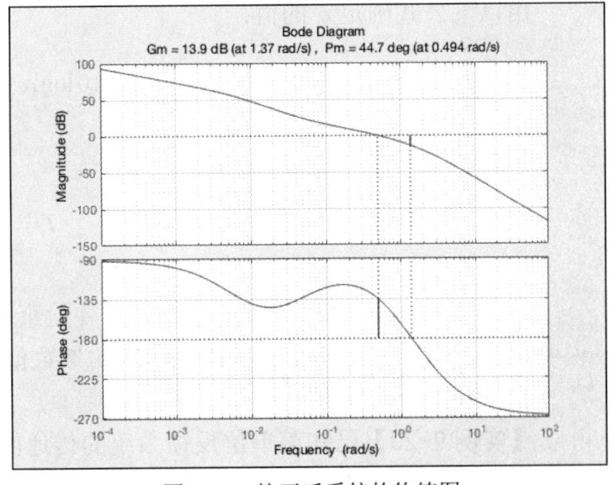

图 9-23　校正后系统的伯德图

系统的性能指标如下。

幅值裕度：G_m=13.9dB　穿越频率：ω_g=1.37rad/s

相角裕度：P_m=44.7°　截止频率：ω_c=0.494rad/s

可知，校正后系统的性能指标满足要求。

三、伯德图的滞后—超前校正设计

1．滞后—超前校正的设计步骤

（1）根据给定的系统性能指标的要求，确定系统开环传递函数的增益值，并绘制相应的系统伯德图；与给定的性能指标对比，得出是否需要进行校正设计。

（2）确定滞后—超前网络中滞后环节的转折频率 $\frac{1}{T_2}$ 及 $\frac{1}{\beta T_2}$。

滞后校正的传递函数为

$$G_{c2}(s)=\frac{T_2 s+1}{\beta T_2 s+1}$$

其中 $\beta>1$，$\frac{1}{T_2}<\omega_0$，$\frac{1}{\beta T_2}<\omega_0$（$\omega_0$ 为未校正系统的截止频率）。

工程上通常选择

$$\begin{aligned}\frac{1}{T_2}&=0.1\omega_0\\ \beta&=8\sim10\end{aligned} \tag{9-30}$$

（3）选择新的截止频率 ω_c'，使得在该频率处超前校正环节所提供的相位超前角满足系统的相角裕度要求，并且能够满足在该频率处原系统加上滞后校正环节的幅频特性曲线降至 0dB。

（4）确定超前校正网络的转折频率。

校正环节的传递函数设为

$$G_{c1}(s)=\frac{aT_1 s+1}{T_1 s+1}\quad(a>1)$$

由以下公式确定 α 的值：

$$10\log\alpha+L(\omega_c')=0 \tag{9-31}$$

由以下公式确定 T_1：

$$T_1=\frac{1}{\sqrt{\alpha}\omega_c'} \tag{9-32}$$

（5）绘制校正之后系统的伯德图，并检查是否满足系统的性能指标要求。若满足，则说明校正正确；若不满足，则改变所取的参数值，继续进行下一步的校正设计。

2．实例

【实例 9-20】已知某单位反馈系统的传递函数为

$$G_k(s)=\frac{K}{s(s+1)(s+2)}$$

试通过校正，使得系统满足以下性能指标要求。

（1）单位静态斜坡稳态误差 $e_{ss}=0.1$；

（2）校正后相角稳定裕度 $\gamma'\geqslant45°$。

思路·点拨

第一步仍然是根据稳态误差值先将开环传递函数的开环增益求出，然后通过绘制系统的伯德图，并将原系统的性能指标与所给定的性能指标进行对比，判断选择何种校正方式。本例题采用滞后—超前校正方式。

结果文件——配套资源“Ch9\SL920”文件

解：（1）求解系统的开环增益。

根据稳态误差值可以得到

$$e_{ss}=\frac{1}{K_v}=\frac{1}{\lim\limits_{s\to 0}s\dfrac{K}{s(s+1)(s+2)}}=\frac{2}{K}=0.1\text{，}\quad K=20$$

因此，系统的传递函数为

$$G(s)=\frac{20}{s(s+1)(s+2)}$$

（2）采用 MATLAB 绘制未校正系统的伯德图，并求解性能指标。

程序如下。

```
num=[20];
den=conv(conv([1 0],[1 1]),[1 2]);
sys=tf(num,den);
margin(sys);grid;
```

未校正系统的伯德图如图 9-24 所示。

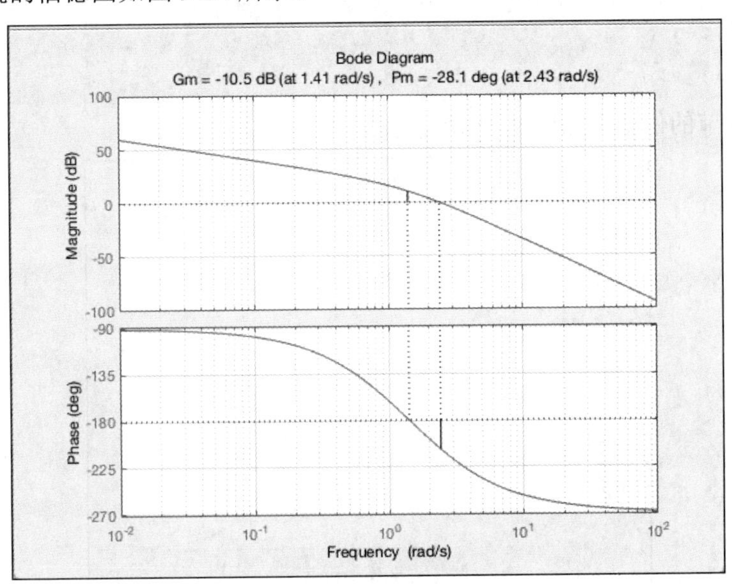

图 9-24　未校正系统的伯德图

得到未校正系统的系能指标如下。

幅值裕度：G_m=−10.5dB　　　　　　穿越频率：ω_g=1.41rad/s

相角裕度：P_m=−28.1°　　　　　　　截止频率：ω_c=2.43rad/s

（3）确定滞后网络的转折频率。

由图 9-24 的相角曲线可以得到，相频特性曲线在−180° 的频率为 1.41rad/s。对于系统的指标未给出校正后系统的截止频率时，一般可以选择此处作为校正后系统的截止频率 ω_c'。可以根据公式（9-30）确定滞后环节的转折频率。

$$\frac{1}{T_2} = 0.1\omega_c' = 0.1\times 1.41，T_2 = 7.09$$

选择 $\beta = 10$，则可以完全确定滞后环节的传递函数为

$$G_{c2}(s) = \frac{7.09s+1}{70.9s+1}$$

（4）确定超前环节的转折频率 T_1 及 α。

原系统串联滞后环节之后的传递函数为

$$G_1 = \frac{20}{s(s+1)(s+2)}\frac{7.09s+1}{70.9s+1}$$

通过以下程序求解该传递函数的截止频率 ω_c。

```
num1=[20];
den1=conv(conv([1 0],[1 1]),[1 2]);
num2=[7.09 1];
den2=[70.9 1];
num=conv(num1,num2);
den=conv(den1,den2);
sys=tf(num,den);
margin(sys);
```

串联滞后环节的伯德图如图 9-25 所示。

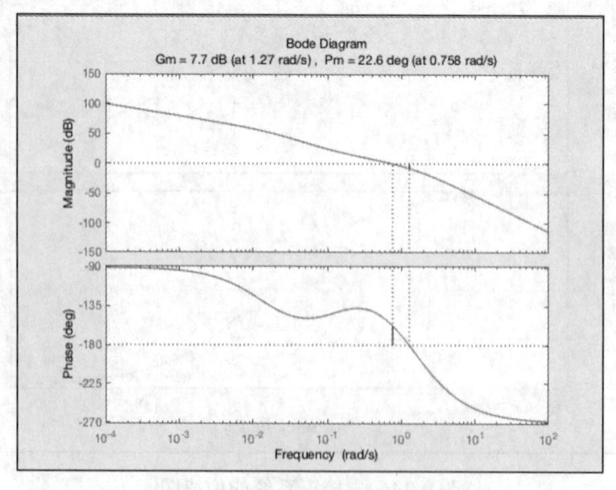

图 9-25　串联滞后环节的伯德图

由伯德图可以得到串联滞后环节之后的截止频率为 0.758rad/s，则通过式（9-31）可以得到 α 的值。具体程序如下。

```
[mag,phase,w]=bode(sys);
mag1=spline(w,mag,1.41);
L=20*log10(mag1);
alfa=10^(-L/10);
T1=1/(1.41*sqrt(alfa));
num3=[alfa*T1 1];den3=[T1 1];
G=tf(num3,den3);
```

得到 α 和 T_1 的值分别为

```
alfa =8.8071; T1 =0.2390
```

超前校正环节的传递函数为

```
G =

  2.105 s + 1
  ------------
  0.239 s + 1
```

（5）验证校正之后系统的性能指标。

校正之后系统的传递函数为

$$G(s)=\frac{20}{s(s+1)(s+2)}\frac{7.09s+1}{70.9s+1}\frac{2.106s+1}{0.2388s+1}$$

绘制该系统的伯德图，程序如下。

```
num=conv(conv([20],[7.09 1]),[2.106 1]);
den=conv(conv(conv(conv([1  0],[1 1]),[1 2]),[70.9 1]),[0.2388 1]);
sys=tf(num,den);
margin(sys);grid;
```

校正后系统的伯德图如图 9-26 所示。

得到系统的性能指标如下。

幅值裕度：$G_m=11.8\text{dB}$　穿越频率：$\omega_g=3.27\text{rad/s}$

相角裕度：$P_m=47.8°$　截止频率：$\omega_c=1.41\text{rad/s}$

因此系统满足性能指标要求，校正结束。

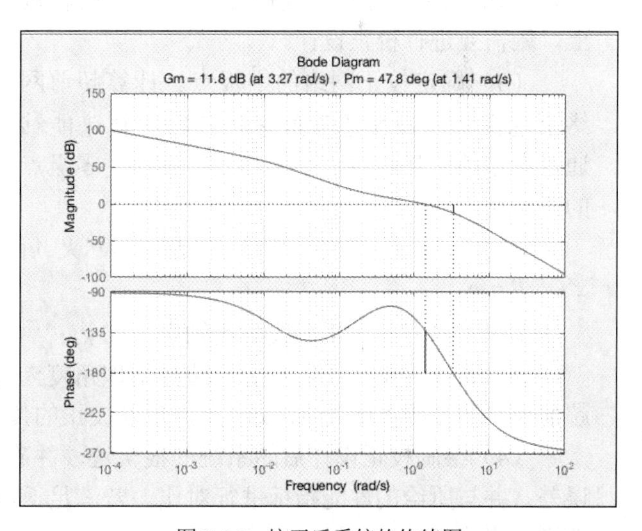

图 9-26　校正后系统的伯德图

9.3.3 控制系统的根轨迹校正设计

前面所讲的伯德图校正设计方法，性能指标都是以频域指标的形式给出的，因此，都采用了频率校正设计方法。那么，当系统的性能指标以时域的指标，如最大超调量$\sigma\%$、调节时间t_s、阻尼比ξ及无阻尼振荡角频率ω_n给出时，需要采用何种校正设计方法呢？时域指标和频域指标是可以通过公式进行转化的，但是这种转化往往是不精确的，因此，对于性能指标以时域指标给出的校正设计，通常都采用根轨迹校正设计方法。采用主导极点的概念，即系统的性能主要取决于某对共轭极点，然后可以通过性能指标确定该主导极点在s平面的位置，进而确定系统的参数ξ及ω_n；最后再考虑其他极点对系统性能的影响，对所求的系统参数进行修正。此方法即为根轨迹校正设计方法。本小节主要讲解超前校正的根轨迹校正及滞后校正的根轨迹校正设计方法。

一、超前校正的根轨迹设计

1．超前校正的根轨迹校正基本步骤

串联超前校正是通过在未校正系统中引入一对零极点，使得系统的根轨迹随着这对零极点的变化而产生相应的变化，使原来的根轨迹向左移动，增大系统的阻尼比ξ及无阻尼振荡角频率ω_n，从而改善系统的性能，使之符合系统性能指标。

应用根轨迹校正设计超前校正装置的具体步骤如下。

（1）绘制原系统的根轨迹曲线。

（2）根据所给系统的性能指标，求出系统希望的主导极点的位置，并判断系统的主导极点是否位于原系统的根轨迹上。若在根轨迹上，则可以判断系统不需要进行校正；若不在根轨迹上，则需要进行校正设计。

（3）确定校正网络的零极点。计算超前网络所能提供的最大超前角φ_c，使得根轨迹能够通过期望的主导极点。如图 9-27 所示，零极点的确定如下。

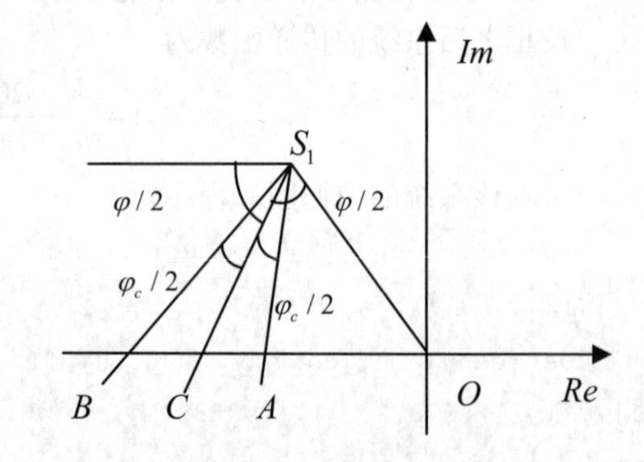

图 9-27　零极点确定示意图

①过S_1点作水平线S_1B，设夹角$\angle OS_1B=\varphi$；

②作$\angle OS_1B$的角平分线与实轴交于C点；

③以S_1C为中心线，左右两边分别作角度为$\varphi_c/2$的线，与实轴分别交于a、b两点，则超前校正的零极点即为a、b两点，超前校正的传递函数即可确定。

（4）绘制校正设计后的系统的根轨迹，并确定校正后系统的根轨迹增益K_g及静态稳态误差，并与所给的性能指标进行对比。若满足，则无须继续校正；若还不满足，则必须对参数进一步修正，然后继续进行校正设计。

2．实例

【实例 9-21】某典型二阶系统的开环传递函数为

$$G_k(s)=\frac{4}{s(s+2)}$$

要求系统的性能指标为：最大超调量 $\sigma\%\leqslant 20\%$；调节时间 $t_s\leqslant 1.5s$，试对该系统进行校正设计，使之满足以上所给的性能指标，并求出校正环节的传递函数。

思路·点拨

系统所给的性能指标为时域性能指标，为了校正设计的方便，采用根轨迹校正设计方法；根据所给的性能指标，确定期望的闭环主导极点的位置，再采用根轨迹校正设计的方法对系统进行校正。学会根轨迹绘制函数 rlocus 的使用。

结果文件——配套资源“Ch9\SL921”文件

解：（1）绘制原系统的根轨迹。

程序如下。

```
num=[4];den=[1 2 0];
sys=tf(num,den);
rlocus(sys);
```

未校正系统的根轨迹如图 9-28 所示。

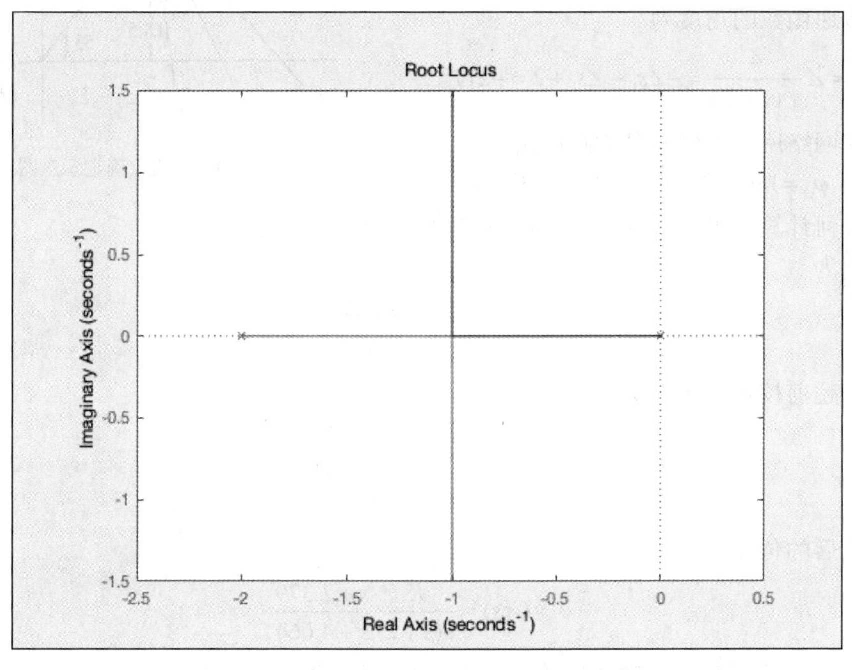

图 9-28　未校正系统的根轨迹

（2）根据性能指标要求，求阻尼比 ξ。

$$\sigma\%=e^{-\pi\xi/\sqrt{1-\xi^2}}\times 100\%$$

将 $\sigma\%\leqslant 20\%$ 代入上式即可求解阻尼比 ξ。

程序如下。

```
zelta=0:0.01:0.99;
sigma=exp(-zelta*pi./sqrt(1-zelta.^2));%绘制 zelta 和 sigma 的曲线
z=spline(sigma,zelta,0.2)%计算当 zelta 为 0.2 时 z 的取值
```

程序运行结果如下。

```
z =

0.4559
```

考虑其他极点的影响，必须对所求的值进行修正，这里取ξ的值为 0.6，即$\xi=0.6$；根据调节时间的要求（这里取 5%误差），即$t_s=\frac{3}{\xi\omega_n}\leqslant 1.5$，即可以得到$\xi\omega_n=2,\omega_n=3.33$；那么，可以确定所期望的闭环主导极点为

$$s_{1,2}=-\xi\omega_n\pm j\omega_n\sqrt{1-\xi^2}=-2\pm j2.664$$

（3）校正装置零极点位置的确定。

根据前面所述步骤确定零极点，如图 9-29 所示。

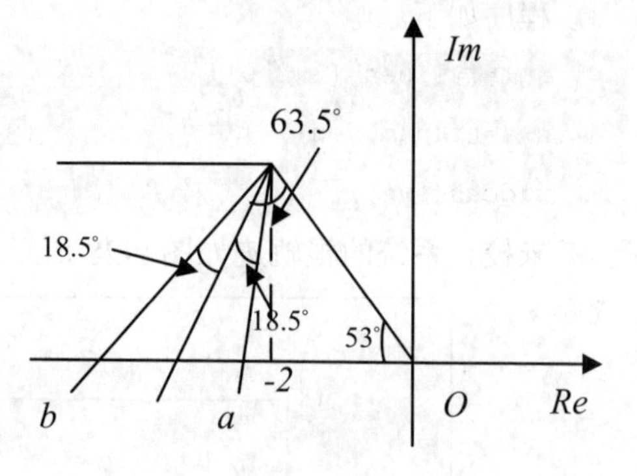

图 9-29　零极点确定示意图

开环传递函数的角度为

$$\angle G_k(s_1)=\angle\frac{4}{s_1(s_1+2)}=-\angle s_1-\angle s_1+2=-217°$$

则超前网络所能提供的最大超前角为

$$\varphi_c=180°-(-217°)-360°=37°$$

通过几何计算，可以得到 a、b 点在实轴上的坐标分别为

$$z_a=-2.379$$
$$z_b=-4.664$$

那么，超前校正的传递函数为

$$G_c=K_c\frac{s+2.379}{s+4.664}$$

则校正后的传递函数为

$$G(s)=\frac{K}{s(s+2)}\frac{s+2.379}{s+4.664}$$

其中 K 为校正后传递函数的增益，其确定方法如下。

将 $s_1=-2+j2.664$ 代入开环传递函数 $G(s)$ 并求模的值，求得 $K=12.4248$；又因为原系统的开环增益为 4，所以校正传递函数的开环增益为 $K_c=3.1062$。得到校正环节的传递函数为

$$G_c=3.1062\frac{s+2.379}{s+4.664}$$

将上述步骤采用程序直接给出，程序如下。

```
s1=-2+2.664i;
num=[4];den=[1 2 0];
numv=polyval(num,s1);
denv=polyval(den,s1);
g=numv/denv;
theta=angle(g);
if theta>0
   zelta=pi-theta;
end
if theta<0
   zelta=-theta;
end
phase=angle(s1);
theta1=(phase+zelta)/2;
theta2=(phase-zelta)/2;
zc=real(s1)-imag(s1)/tan(theta1);
pc=real(s1)-imag(s1)/tan(theta2);
numc=[1 -zc];denc=[1 -pc];
numcv=polyval(numc,s1);dencv=polyval(denc,s1);
kv=numcv/dencv;
kc=abs(1/(g*kv));
if theta<0
   kc=-kc;
end
kc
Gc=tf(numc,denc)
```

程序的运行结果如下。

```
kc =

   3.1062


Gc =

  s + 2.379
```

```
---------
s + 4.664
```

可以看出，计算结果是一致的。

（4）校正后系统性能指标的验证。

校正后，系统的传递函数为

$$G(s)=\frac{12.4248(s+2.379)}{s(s+2)(s+4.664)}$$

绘制校正之后系统的根轨迹，程序如下。

```
num1=[1 2.379];
den1=conv(conv([1 0],[1 2 ]),[1 4.664]);
sys1=tf(num1,den1);
rlocus(sys1);
```

校正后系统的根轨迹如图 9-30 所示。

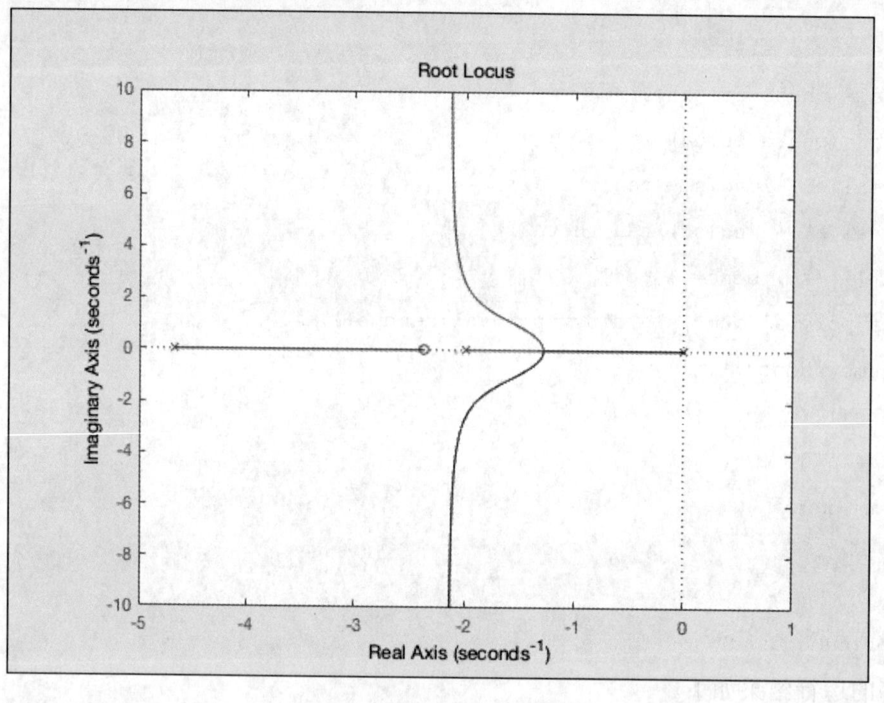

图 9-30 校正后系统的根轨迹

校正后系统的阶跃响应曲线如图 9-31 所示。

因此，校正后的最大超调量满足所给的性能指标，而在调节时间上，比所给的性能指标有了 0.07s 的差距。因此，需要继续进行校正，选择不同的ξ值，继续进行验证，这里不再进行说明，读者可以自己在程序中实验，进行修改。

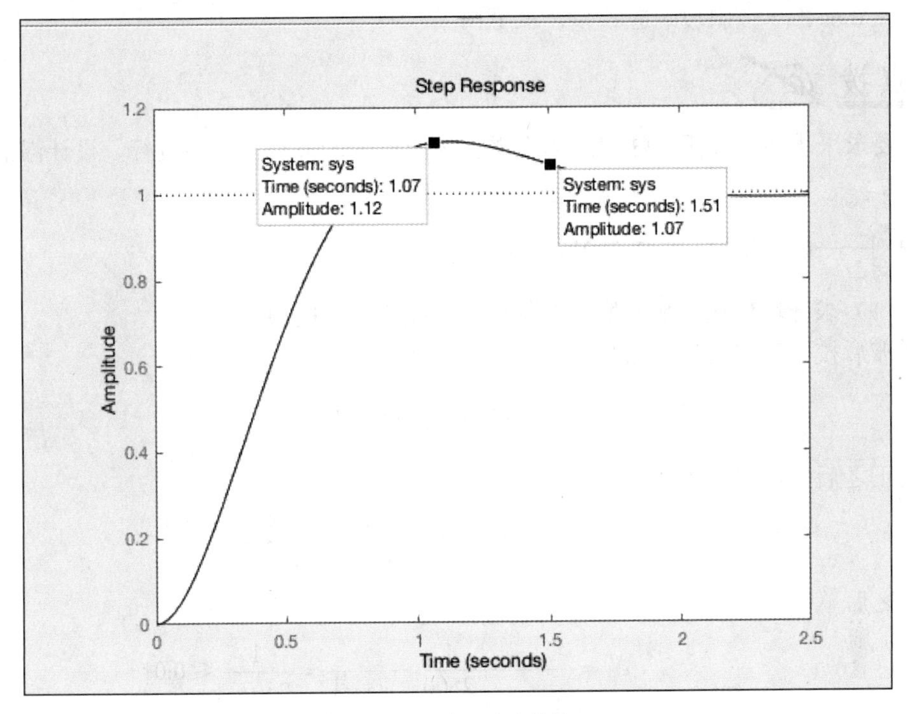

图 9-31　阶跃响应曲线

二、滞后校正的根轨迹设计

滞后校正是在原系统中引入一对靠近 s 平面坐标原点的偶极子的方法，在根轨迹保持基本不变的前提下，大幅度地提高系统的开环增益，进而有效地改进系统的稳态性能。滞后校正主要用于系统的根轨迹已通过期望闭环主导极点，但系统的稳态性能还未得到满足的场合。校正环节的传递函数为

$$G(s)=\frac{Ts+1}{\beta Ts+1}(\beta>1) \tag{9-33}$$

1．滞后校正的基本步骤

（1）绘制未校正系统的根轨迹曲线，根据所给的稳态性能指标，确定期望闭环主导极点在 s 平面的位置。

（2）根据幅值条件计算根轨迹增益 K_g 及其对应的开环增益 K。

（3）为了满足静态指标要求，计算系统所需增大的放大倍数 β 并选择参数 T。

（4）绘制校正后系统的传递函数的根轨迹曲线及阶跃响应曲线，验证是否满足系统的性能指标。若满足，则校正结束；若不满足，继续选择零极点位置，进行校正，直到满足系统的性能指标为止。

2．实例

【实例 9-22】已知单位反馈系统的开环传递函数为

$$G_0(s)=K_0\frac{2500}{s(s+10)}$$

试设计滞后校正装置，使得校正之后系统的性能指标满足：最大超调量 $\sigma\%\leqslant 15\%$；调

节时间 $t_s \leqslant 0.6s$；单位斜坡响应误差 $e_{ss} \leqslant 0.01$。

思路·点拨

本例要求采用滞后校正方法，应当根据上述所给的步骤一步一步进行，设计滞后校正的传递函数。

结果文件——配套资源“Ch9\SL922”文件

解：（1）求开环传递函数的增益以及绘制未校正系统的根轨迹。

假设滞后校正装置的传递函数为

$$G(s)=\frac{Ts+1}{\beta Ts+1}(\beta>1)$$

则校正之后的传递函数为

$$G(s)=K_0\frac{2500}{s(s+10)}\frac{Ts+1}{\beta Ts+1}$$

校正之后单位斜坡稳态误差为

$$e_{ss}=\frac{1}{\lim\limits_{s\to 0}sK_0\frac{2500}{s(s+10)}\frac{Ts+1}{\beta Ts+1}}=\frac{1}{250K_0}\leqslant 0.01$$

解得 $K_0 \geqslant 0.4$，取 $K_0=0.4$

则未校正系统的传递函数为

$$G_0(s)=0.4\frac{2500}{s(s+10)}=\frac{100}{s(0.1s+1)}$$

绘制未校正系统的根轨迹及单位阶跃响应曲线，如图 9-32 所示。

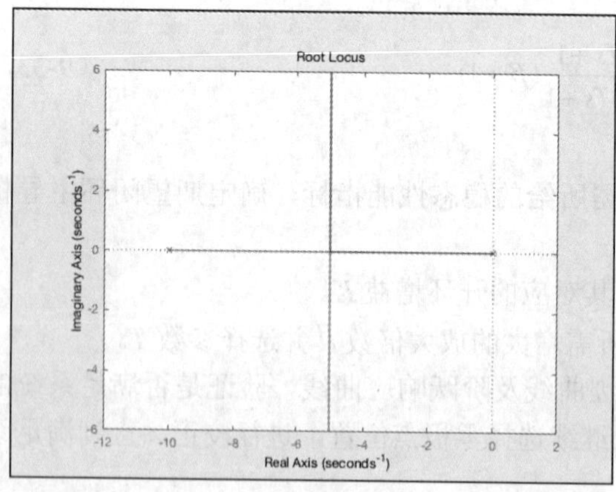

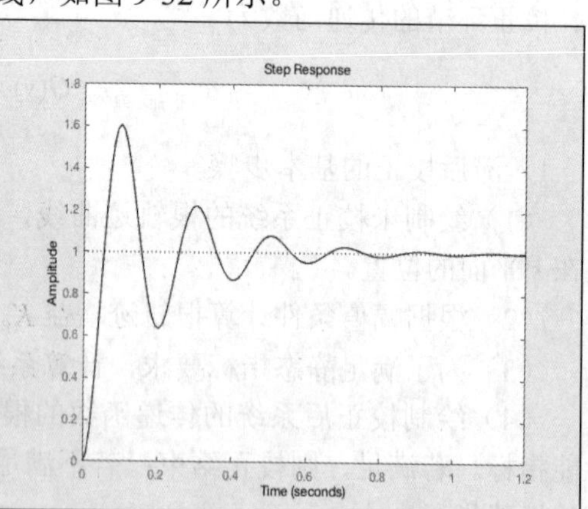

图 9-32　未校正系统的根轨迹及单位阶跃响应曲线

从单位阶跃响应曲线可得，系统未满足所给的性能指标要求，需要进行校正。

（2）计算期望闭环极点的位置。

$$\sigma\%=\mathrm{e}^{-\pi\xi/\sqrt{1-\xi^2}}\times 100\%$$

由$\sigma\% \leqslant 15\%$求解ξ，程序如下。

```
zelta=0:0.01:0.99;
sigma=exp(-zelta*pi./sqrt(1-zelta.^2));
z=spline(sigma,zelta,0.15)
```

程序运行结果如下。

```
z =

0.5169
```

为确保能够达到性能指标，取$\xi=0.55$。现在采用程序解法，程序如下。

```
ess=0.01;
x=-5;
z1=0;
p1=0;
p2=10;
zeta=0.55;
acos(zeta);
ta=tan(acos(zeta));
y1=x*ta;
y=abs(y1);
s1=x+y*i;
Kr=abs(s1+p1)*abs(s1+p2);
K0=1/ess;
K=Kr/(p1+p2);
beta=K0/K;
T=1/((1/20)*abs(x));
gc=tf((1/beta)*[1 1/T],[1 1/beta])
```

运行结果如下。

```
gc =

  0.08264 s + 0.02066
  -------------------
      s + 0.08264
```

即校正装置的传递函数为

$$G_c(s)=\frac{0.08264s+0.02066}{s+0.08264}$$

校正之后系统的开环传递函数为

$$G_k(s)=\frac{100}{s(0.1s+1)}\frac{0.08264s+0.02066}{s+0.08264}$$

绘制校正之后系统的根轨迹及单位阶跃响应曲线，程序如下。

```
num=conv([100],[0.08264 0.02066]);
den=conv(conv([1 0],[0.1 1]),[1 0.08264]);
sys=tf(num,den);
figure(1);
rlocus(sys);
G=feedback(sys,1);
figure(2);
step(G);
```

校正后系统的根轨迹及单位阶跃响应曲线如图 9-33 所示。

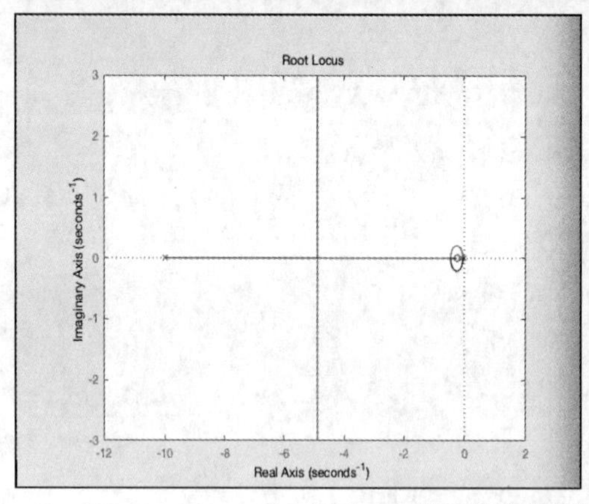

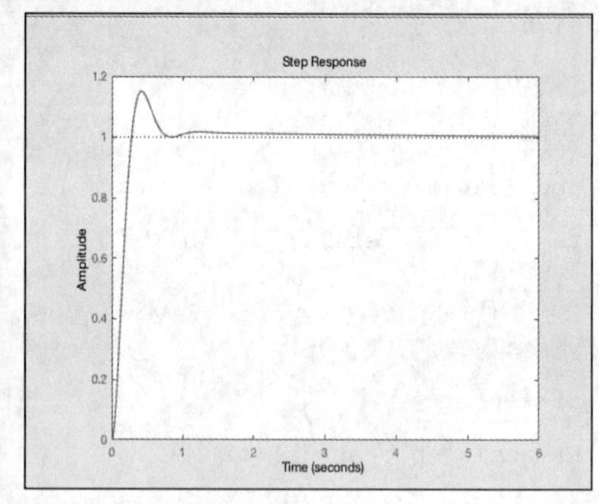

图 9-33　校正后系统的根轨迹及单位阶跃响应曲线

由图 9-33 可以看出，系统的超调量及调节时间均满足了系统所给的性能指标，校正结束。

9.3.4　单输入单输出系统设计工具

单输入单输出系统设计工具（SISO Design Tool）为用户设计单输入单输出线性控制系统提供了很好的图形界面。在该设计工具中，用户可以根据自己的需要选择根轨迹或伯德图进行校正，通过修改线性控制系统相关环节的零点极点及增益值进行单输入单输出线性控制系统的设计，而且在设计过程中，用户可以不断地调整响应曲线，看其是否满足要求。

一、SISO Design Tool 工具的启动

在 MATLAB 中，可以采用两种方法启动该设计工具。

（1）在 MATLAB 命令窗口中，直接输入 sisotool 或 rltool 命令。

（2）在 MATLAB 命令窗口的 Start 菜单中，选择 Toolboxes/Control System Desiner/SISO Design Tool 命令。

启动后的界面如图 9-34 所示。

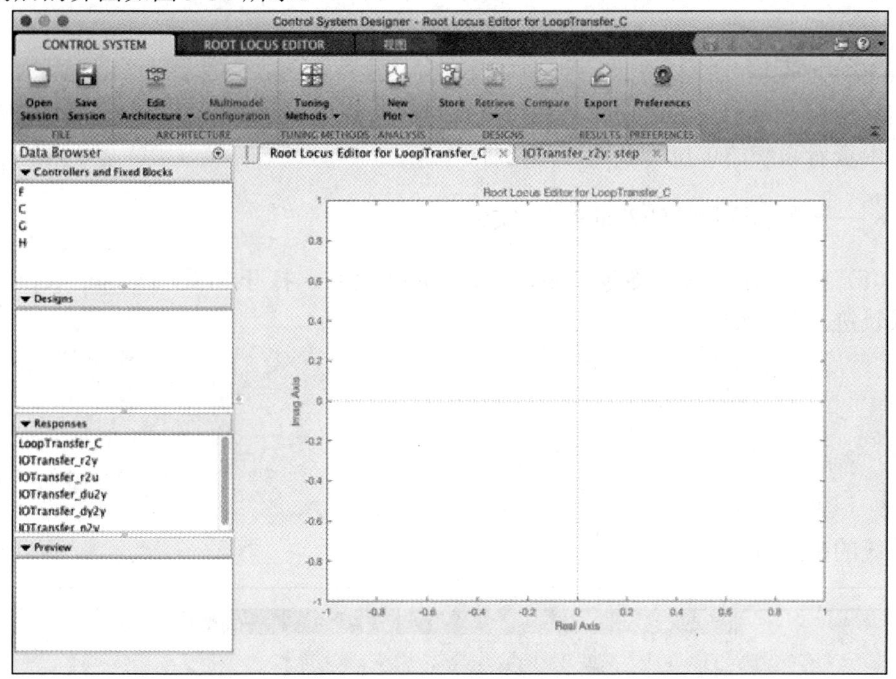

图 9-34 SISO 界面

在 SISO Design Tool 中，用户可以通过 Edit Architecture 窗口对系统的模型进行修改（见图 9-35）。

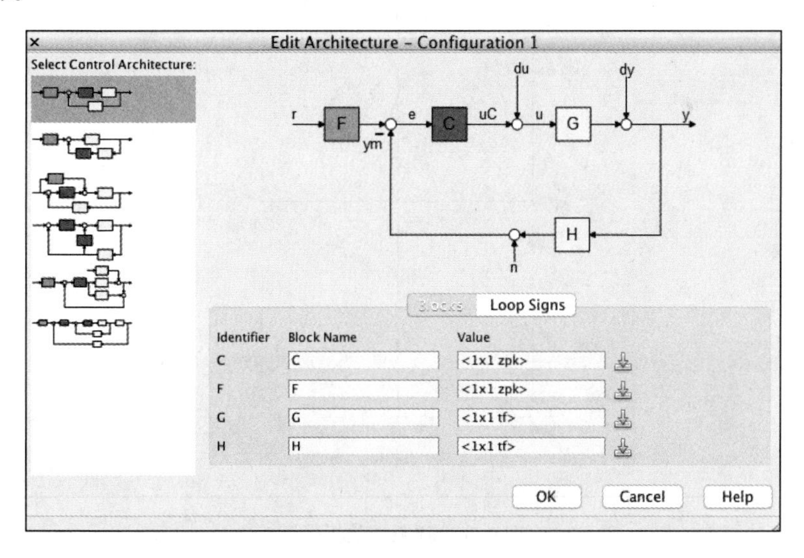

图 9-35 Control Architecture 窗口

二、实例

【实例 9-23】假设系统开环传递函数为

$$G(s)=\frac{K}{s(s+1)}$$

试用 SISO Design Tool 查看系统分别增加开环零点及开环极点时，系统的性能变化。

思路·点拨

本实例使用 SISO Design Tool 对系统进行设计，需要了解如何添加零点及添加极点，以及在工具中查看系统的单位阶跃响应等指标。

结果文件——配套资源“Ch9\SL923”文件

解：（1）在 MATLAB 命令窗口中，输入 rltool 命令，打开 SISO Design Tool 并绘制原系统的根轨迹。程序如下。

```
num=[1];
den=[1 1 0];
G=tf(num,den);
rltool(G);
```

原系统的根轨迹如图 9-36 所示。

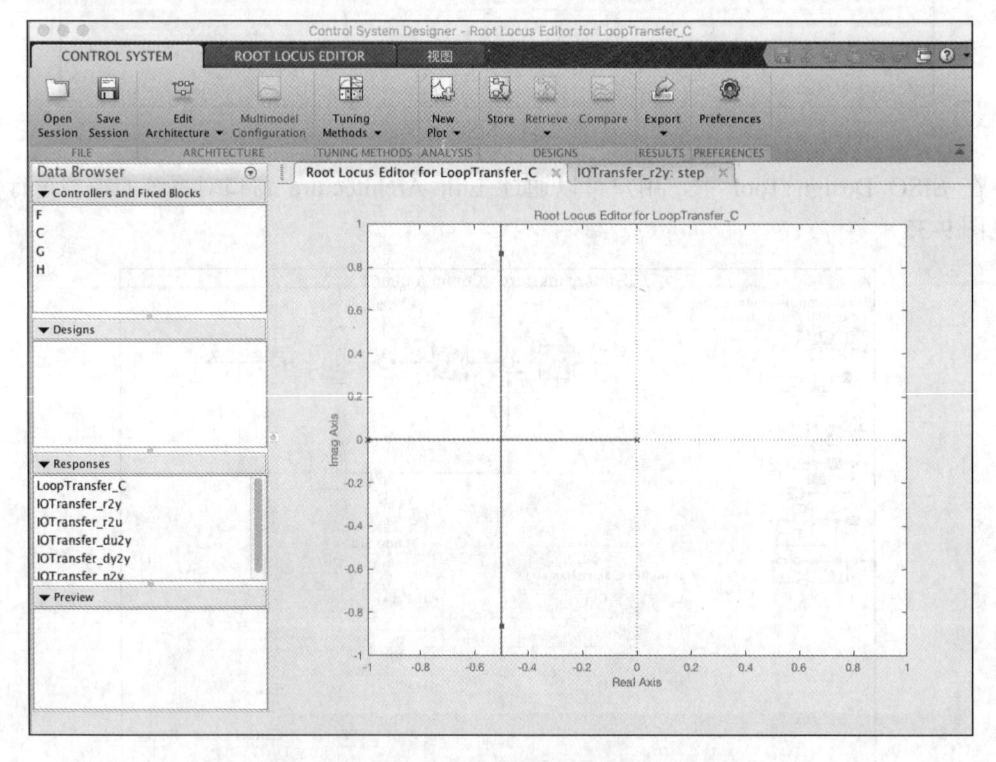

图 9-36　原系统的根轨迹

在图 9-36 所示的菜单中选择 New Plot 命令，选择 New Step 得到系统的阶跃响应，如图 9-37 所示。在根轨迹图中改变零极点的位置，其阶跃响应也会随着发生变化。

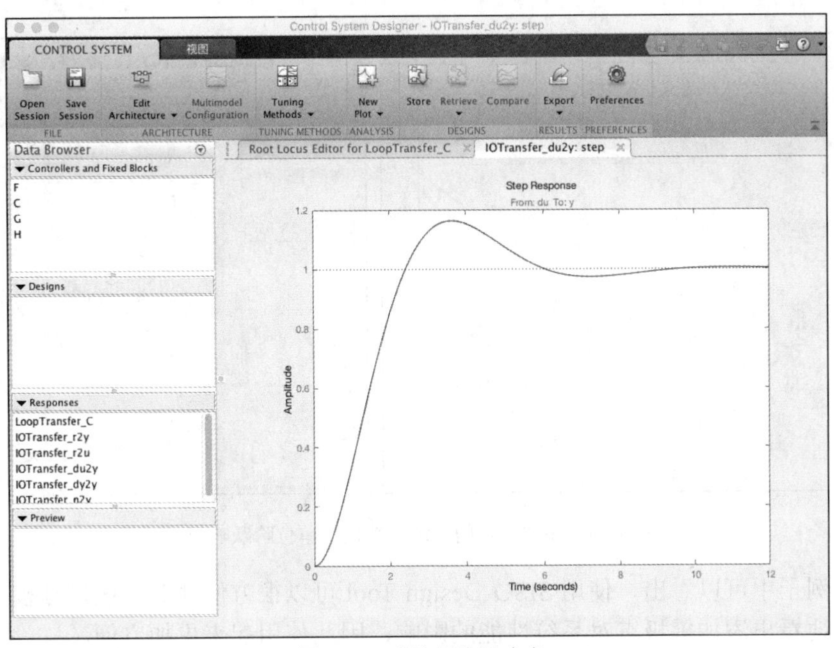

图 9-37　系统的阶跃响应

（2）在系统中加入零点。

右键单击 Pole/Zero，选择添加零点，此处将该零点设置为-1+i（此处也可以在根轨迹曲线上直接单击右键，然后选择 Add Pole/Zero 命令进行添加），则系统的根轨迹及单位阶跃响应如图 9-38 所示。

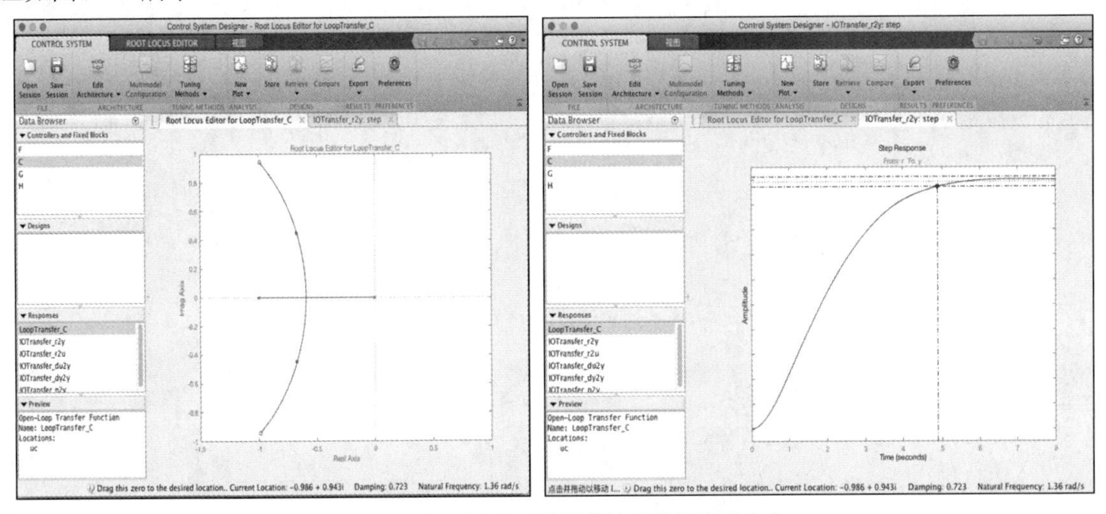

图 9-38　添加零点之后的根轨迹及单位阶跃响应

（3）添加极点，并查看添加极点对系统性能的影响。

右键单击，选择 Delete Pole/Zero，消除原先的零点。重复上述步骤，选择添加极点，此处将所添加的极点设置为-1+i，然后查看系统的根轨迹及单位阶跃响应，如图 9-39 所示。

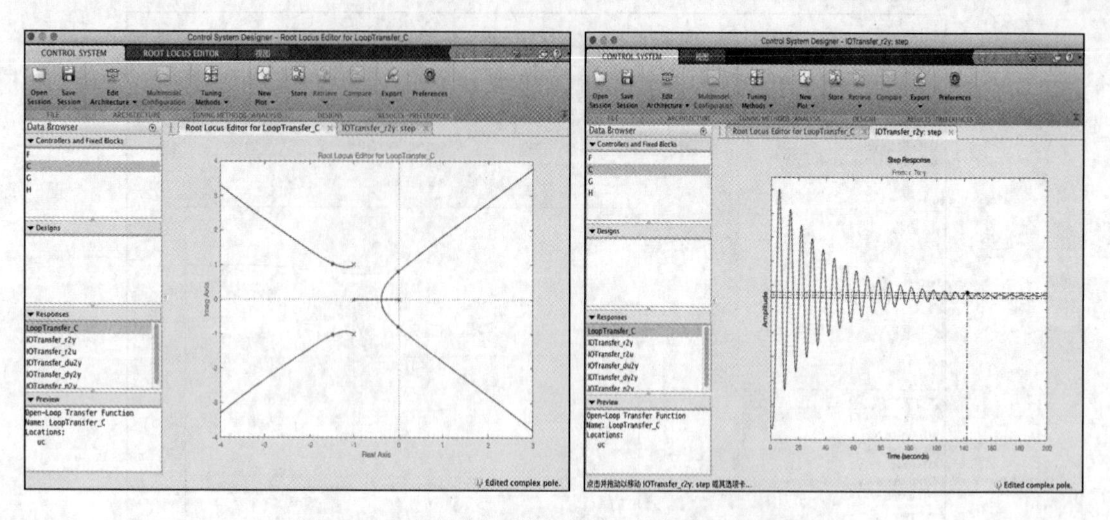

图 9-39　添加极点的系统根轨迹及单位阶跃响应

从上述例子中可以看出，使用 SISO Design Tool 可以很方便地对系统进行校正设计，可以更加直观地看出添加零极点对系统性能的影响，因此使用起来更加方便。

第10章　最优化方法

本章主要讲解生产规划类中的线性规划、无约束优化及非线性规划等基本内容，目的是使读者通过本章的学习，在以后的生活和工作中，能够应用这些理论和知识，在设计、制造及选材等方面获得结构、电路和过程的最优解，能够做出最优的决策。

线性规划是运筹学中研究较早、发展较快、应用广泛、方法较成熟的一个重要分支，是辅助人们进行科学管理的一种数学方法。它是运筹学的一个重要分支，广泛应用于军事作战、经济分析、经营管理和工程技术等方面，为合理地利用有限的人力、物力、财力等资源作出最优决策，提供科学的依据。在经济管理、交通运输、工农业生产等经济活动中，提高经济效益是人们不可缺少的要求，而提高经济效益一般通过两种途径：一是技术方面的改进，如改善生产工艺，使用新设备和新型原材料；二是生产组织与计划的改进，即合理安排人力、物力资源。线性规划所研究的是：在一定条件下，合理安排人力、物力等资源，使经济效益达到最好。一般地，求线性目标函数在线性约束条件下的最大值或最小值的问题，统称为线性规划问题。满足线性约束条件的解叫作可行解，由所有可行解组成的集合叫作可行域。决策变量、约束条件、目标函数是线性规划的三要素。

非线性规划是具有非线性约束条件或目标函数的数学规划，是运筹学的一个重要分支。非线性规划是20世纪50年代才开始形成的一门新兴学科。在经营管理、工程设计、科学研究、军事指挥等方面普遍地存在着最优化问题。例如，如何在现有人力、物力、财力条件下合理安排产品生产，以取得最高的利润；如何设计某种产品，在满足规格、性能要求的前提下，达到最低的成本；如何确定一个自动控制系统的某些参数，使系统的工作状态最佳；如何分配一个动力系统中各电站的负荷，在保证一定指标要求的前提下，使总耗费最小；如何安排库存储量，既能保证供应，又使存储费用最低；如何组织货源，既能满足顾客需要，又使资金周转最快等。对于静态的最优化问题，当目标函数或约束条件出现未知量的非线性函数，且不便于线性化，或勉强线性化后会导致较大误差时，就可应用非线性规划的方法去处理。

本章内容

- 线性规划基本内容及MATLAB的应用。
- 无约束优化方法。
- 非线性规划基本理论及MATLAB应用。

10.1 线性规划基本内容及 MATLAB 应用

10.1.1 引例

问题一：任务分配问题

某车间有甲、乙两台机床，可用于加工 3 种工件。假设这两台机床的可用台时数分别为 800 和 900，三种工件的数量分别为 400、600 和 500，且已知用两种不同机床加工单位数量不同工件所需的台时数和加工费用如表 10-1 所示。请问怎样分配机床的加工任务，才能既满足加工工件的要求，又使加工费用最低？

表 10-1 台时数和加工费用

机床类型	单位工件所需加工台时数			单位工件的加工费用/元			可用台时数
	工件 1	工件 2	工件 3	工件 1	工件 2	工件 3	
甲	0.4	1.1	1.0	13	9	10	800
乙	0.5	1.2	1.3	11	12	8	900

解：设在机床甲上加工工件 1、2、3 的数量分别为 x_1、x_2、x_3，在机床乙上加工工件 1、2、3 的数量分别为 x_4、x_5、x_6，可建立以下线性规划模型。

$$\min z = 13x_1 + 9x_2 + 10x_3 + 11x_4 + 12x_5 + 8x_6$$

$$\text{s.t.}\begin{cases} x_1 + x_4 = 400 \\ x_2 + x_5 = 600 \\ x_3 + x_6 = 500 \\ 0.4x_1 + 1.1x_2 + x_3 \leqslant 800 \\ 0.5x_4 + 1.2x_5 + 1.3x_6 \leqslant 900 \\ x_i \geqslant 0, i = 1, 2, \cdots, 6 \end{cases}$$

问题二：生产分配问题

某厂生产甲、乙两种产品，已知制成 1t 产品甲需要用资源 A 3t、资源 B 4m^3；制成 1t 产品乙需要资源 A 2t、资源 B 6m^3、资源 C 7 个单位。若 1t 产品甲和乙的经济价值分别为 7 万元和 5 万元，3 种资源的限制量分别为 90t、200m^3 和 210 个单位。应生产这两种产品各多少吨才能使创造的总经济价值最高？

解：这是个最优化问题，其目标为经济价值最高，约束条件为 3 种资源的有限数量，决策为生产甲、乙产品的数量。令生产产品甲的数量为 x_1，生产产品乙的数量为 x_2。由题意可以建立如下的线性规划模型。

$$\max z = 7x_1 + 5x_2$$

$$\text{s.t.}\begin{cases} 3x_1 + 2x_2 \leqslant 90 \\ 4x_1 + 6x_2 \leqslant 200 \\ 7x_2 \leqslant 210 \\ x_1 \geqslant 0, x_2 \geqslant 0 \end{cases}$$

10.1.2 线性规划的基本算法——单纯形法

1．线性规划的标准形式

$$\begin{aligned}&\min z=f(x)\\&\text{s.t. } g_i(x)\leqslant 0(i=1,2,\cdots,m)\end{aligned} \tag{10-1}$$

其中目标函数 $f(x)$ 和约束条件 $g_i(x)$ 都是线性函数。

2．线性规划的基本解法——单纯形法

用单纯形法求解线性规划时，通常将线性规划化为标准形式：

$$\begin{aligned}&\min f=cx\\&\text{s.t. } Ax=b\\&x_i\geqslant 0\end{aligned} \tag{10-2}$$

这里 $A=(a_{ij})_{m,n}$，$x=(x_1,x_2,\cdots,x_n)^{\mathrm{T}}$，$b=(b_1,b_2,\cdots,b_n)^{\mathrm{T}}$，$c=(c_1,c_2,\cdots,c_n)$ 。

举例：

$$\min z=10x_1+9x_2$$

$$\text{s.t.}\begin{cases}6x_1+5x_2\leqslant 60\\10x_1+20x_2\leqslant 150\\x_1\leqslant 8\\x_1\geqslant 0,x_2\geqslant 0\end{cases}$$

引入松弛变量 x_3、x_4、x_5，将不等式化为等式，即单纯标准型：

$$\min z=10x_1+9x_2$$

$$\text{s.t.}\begin{cases}6x_1+5x_2+x_3=60\\10x_1+20x_2-x_4=150\\x_1+x_5=8\\x_i\geqslant 0(i=1,2,3,4,5)\end{cases}$$

则系数矩阵为

$$A=\begin{bmatrix}6&5&1&0&0\\10&20&0&-1&0\\1&0&0&0&1\end{bmatrix},\quad b=\begin{bmatrix}60&150&8\end{bmatrix}^{\mathrm{T}}$$

3．用 MATLAB 优化工具箱解线性规划

（1）模型：

$$\begin{aligned}&\min z=cX\\&\text{s.t. } AX\leqslant b\end{aligned}$$

命令：x=linprog(c,A,b)

（2）模型：

$$\min z = cX$$
$$\text{s.t.}\begin{cases} AX \leqslant b \\ A_{\text{eq}}X = b_{\text{eq}} \end{cases}$$

命令：x=linprog(c, A, b, A_{eq}, b_{eq})

注意：若没有不等式 $AX \leqslant b$ 存在，则令 A=[], b=[]。

（3）模型：

$$\min z = cX$$
$$\text{s.t.}\begin{cases} AX \leqslant b \\ A_{\text{eq}}X = b_{\text{eq}} \\ \text{VLB} \leqslant X \leqslant \text{VUB} \end{cases}$$

命令：①x = linprog(c, A, b, A_{eq}, b_{eq}, VLB, VUB)

②x = linprog(c, A, b, A_{eq}, b_{eq}, VLB, VUB, x_0)

注意：①若没有等式约束，则令 A_{eq}=[], b_{eq}=[];

②其中，x_0 表示初始点。

（4）命令：[x, f_{val}]= linprog (…)

返回最优解 x 及 x 处的目标函数值 f_{val}。

【实例 10-1】某线性规划模型如下所示。

$$\max z = 0.4x_1 + 0.28x_2 + 0.32x_3 + 0.72x_4 + 0.64x_5 + 0.6x_6$$
$$\text{s.t.}\begin{cases} 0.01x_1 + 0.01x_2 + 0.01x_3 + 0.03x_4 + 0.03x_5 + 0.03x_6 \leqslant 850 \\ 0.02x_1 + 0.05x_4 \leqslant 700 \\ 0.02x_2 + 0.05x_5 \leqslant 100 \\ 0.03x_3 + 0.08x_6 \leqslant 900 \\ x_j \geqslant 0(j = 1, 2, \cdots, 6) \end{cases}$$

试用 MATLAB 求解该模型的最优解。

思路·点拨

解题之前，必须将模型化为标准模型方可进行求解，该模型的约束条件属于第 4 种约束模型，但是不包含等式约束。

结果文件——配套资源“Ch10\SL1001”文件

解：将模型化为如下标准模型。

$$\min f = -0.4x_1 - 0.28x_2 - 0.32x_3 - 0.72x_4 - 0.64x_5 - 0.6x_6$$

$$\text{s.t.}\begin{cases} 0.01x_1 + 0.01x_2 + 0.01x_3 + 0.03x_4 + 0.03x_5 + 0.03x_6 \leqslant 850 \\ 0.02x_1 + 0.05x_4 \leqslant 700 \\ 0.02x_2 + 0.05x_5 \leqslant 100 \\ 0.03x_3 + 0.08x_6 \leqslant 900 \\ x_j \geqslant 0(j = 1, 2, \cdots, 6) \end{cases}$$

那么可以编写 MATLAB 程序如下。

```
c=[-0.4 -0.28 -0.32 -0.72 -0.64 -0.6];
A=[0.01 0.01 0.01 0.03 0.03 0.03;
   0.02 0 0 0.05 0 0;
   0 0.02 0 0 0.05 0;
   0 0 0.03 0 0 0.08];
b=[850;700;100;900];
Aeq=[];beq=[];
vlb=[0;0;0;0;0;0];vub=[];
[x,fval]=linprog(c,A,b,Aeq,beq,vlb,vub)
```

程序的运行结果如下。

```
x =

  1.0e+04 *

    3.5000
    0.5000
    3.0000
         0
         0
         0

fval =

      -25000
```

【实例 10-2】引例问题一：

$$\min z = 13x_1 + 9x_2 + 10x_3 + 11x_4 + 12x_5 + 8x_6$$

$$\text{s.t.}\begin{cases} x_1 + x_4 = 400 \\ x_2 + x_5 = 600 \\ x_3 + x_6 = 500 \\ 0.4x_1 + 1.1x_2 + x_3 \leqslant 800 \\ 0.5x_4 + 1.2x_5 + 1.3x_6 \leqslant 900 \\ x_i \geqslant 0, i = 1,2,\cdots,6 \end{cases}$$

思路·点拨

该方程组同时含有等式和不等式约束，符合模型 3，因此采用模型 3 进行求解。

结果文件——配套资源“Ch10\SL1002”文件

解：编写 MATLAB 程序如下。

```
c=[13 9 10 11 12 8];
A=[0.4 1.1 1 0 0 0;
   0 0 0 0.5 1.2 1.3];
b=[800;900];
Aeq=[1 0 0 1 0 0;
   0 1 0 0 1 0;
   0 0 1 0 0 1];
beq=[400;600;500];
vlb=[0;0;0;0;0;0];
vub=[];
[x,fval]=linprog(c,A,b,Aeq,beq,vlb,vub)
```

程序的运行结果如下。

```
x =

    0.0000
  600.0000
    0.0000
  400.0000
    0.0000
  500.0000
fval =

   1.3800e+04
```

即在机床甲上加工 600 个工件 2，在机床乙上加工 400 个工件 1、500 个工件 3，可在满足条件的情况下使总加工费最小为 13800 元。

【实例 10-3】引例问题二：

$$\max z = 7x_1 + 5x_2$$

$$\text{s.t.}\begin{cases} 3x_1 + 2x_2 \leqslant 90 \\ 4x_1 + 6x_2 \leqslant 200 \\ 7x_2 \leqslant 210 \\ x_1 \geqslant 0, x_2 \geqslant 0 \end{cases}$$

思路·点拨

注意该模型不是标准线性规划模型，那么首先将该模型按要求转化为标准模型，然后采用 linprog()函数求解。

结果文件——配套资源“Ch10\SL1003”文件

解：将该模型化为标准线性规划模型

$$\min -z = -7x_1 - 5x_2$$

$$\text{s.t.}\begin{cases} 3x_1 + 2x_2 \leqslant 90 \\ 4x_1 + 6x_2 \leqslant 200 \\ 7x_2 \leqslant 210 \\ x_1 \geqslant 0, x_2 \geqslant 0 \end{cases}$$

那么可以编写 MATLAB 程序如下。

```
c=[-7 -5];

A=[3 2; 4 6; 0 7];

b=[90;200;210];

Aeq=[];

beq=[];

vlb=[0,0];

vub=[inf,inf];

[x,fval]=linprog(c,A,b,Aeq,beq,vlb,vub)
```

程序运行结果如下。

```
x =


   14.0000
   24.0000


fval =
```

```
-218.0000
```

即两种产品各生产 14t 和 24t，才能使得创造的总经济价值最高，最高为 218 万元。

另外，有些实际问题可能会有一个约束条件：决策变量只能取整数，如 x_1、x_2 只能取整数。这类问题实际上是整数线性规划问题。如果把它当成一个线性规划来解，求得其最优解刚好是整数时，那么它就是整数规划的最优解。若用线性规划求解的最优解不是整数，将其取整后不一定是相应整数规划的最优解，这样的整数规划应用专门的方法求解（如割平面法、分支界定法）。这里不做详细的叙述，读者可以自己参考相应的参考文献。

【实例 10-4】某厂生产甲、乙两种口味的饮料，每百箱甲饮料需用原料 6kg，工人 10 名，可获利 10 万元；每百箱乙饮料需用原料 5kg，工人 20 名，可获利 9 万元。今工厂共有原料 60kg，工人 150 名，又由于其他条件所限甲饮料产量不超过 800 箱。问如何安排生产计划，即两种饮料各生产多少使获利最大？

思路·点拨

这是生产决策的线性规划模型。首先要根据题意给出的条件，建立线性规划模型，进而求解其最优解。

结果文件——配套资源“Ch10\SL1004”文件

解：（1）建立线性规划模型。

假设生产甲、乙两种饮料的箱数分别为 x_1、x_2，则根据条件可以获得该问题的线性规划模型为

$$\max z=10x_1+9x_2$$

$$\text{s.t.}\begin{cases}6x_1+5x_2\leqslant 60\\10x_1+20x_2\leqslant 150\\x_1\leqslant 8\\x_1\geqslant 0,x_2\geqslant 0\end{cases}$$

化为标准形式的线性规划模型为

$$\min -z=-10x_1-9x_2$$

$$\text{s.t.}\begin{cases}6x_1+5x_2\leqslant 60\\10x_1+20x_2\leqslant 150\\x_1\leqslant 8\\x_1\geqslant 0,x_2\geqslant 0\end{cases}$$

（2）编写 MATLAB 程序求解如下。

```
c=[-10 -9];
A=[6 5;
   10 20;
   1 0];
b=[60;150;8];
vlb=[0;0];
```

```
vub=[];
Aeq=[];beq=[];
[x,fval]=linprog(c,A,b,Aeq,beq,vlb,vub)
```

程序运行结果如下。

```
x =

    6.4286
    4.2857

fval =

  -102.8571
```

即当甲、乙两种口味的饮料分别生产 643 箱和 429 箱时，所得到的利润最大，其最大值为 102.86 万元。

10.2　无约束最优化

在工程实际应用中，经常遇到约束多维最优化问题，但是无约束最优化问题是求解约束最优化问题的基础。因此，本节将介绍无约束多维问题的最优化方法。无约束多维问题的最优化方法有两大类：①间接法，它需要对函数求导，可以解析求得极值；②直接方法，有消去法、爬山法等。在无约束多维最优化问题中，要解决的主要问题是如何确定搜索方向。本节将对直接法中如何确定最优搜索方向进行介绍。

无约束最优化问题的一般表达为：求 n 维优化变量 $x=[x_1,x_2,\cdots,x_n]^{\mathrm{T}}$，使得

$$\min_{x\in E^n} f(x)=f(x_1,x_2,\cdots,x_n) \tag{10-3}$$

式中，对 x 无约束限制。

在本节中，若目标函数连续、可导，并有二次导数，则可设

$$\nabla f(x)=\left(\frac{\partial f}{\partial x_1},\frac{\partial f}{\partial x_2},\cdots,\frac{\partial f}{\partial x_n}\right) \qquad H=\begin{bmatrix} \frac{\partial^2 f}{\partial x_1^2} & \frac{\partial^2 f}{\partial x_1 x_2} & \cdots & \frac{\partial^2 f}{\partial x_1 x_n} \\ \frac{\partial^2 f}{\partial x_2 x_1} & \frac{\partial^2 f}{\partial x_2^2} & \cdots & \frac{\partial^2 f}{\partial x_2 x_n} \\ \vdots & \vdots & & \vdots \\ \frac{\partial^2 f}{\partial x_n x_1} & \frac{\partial^2 f}{\partial x_n x_2} & \cdots & \frac{\partial^2 f}{\partial x_n^2} \end{bmatrix}$$

10.2.1 无约束最优化的基本算法

一、坐标轮换法

坐标轮换法是最简单的多维最优化方法，它是对一个 n 维优化问题依次轮换选取坐标轴方向作为搜索方向，如图 10-1 所示。

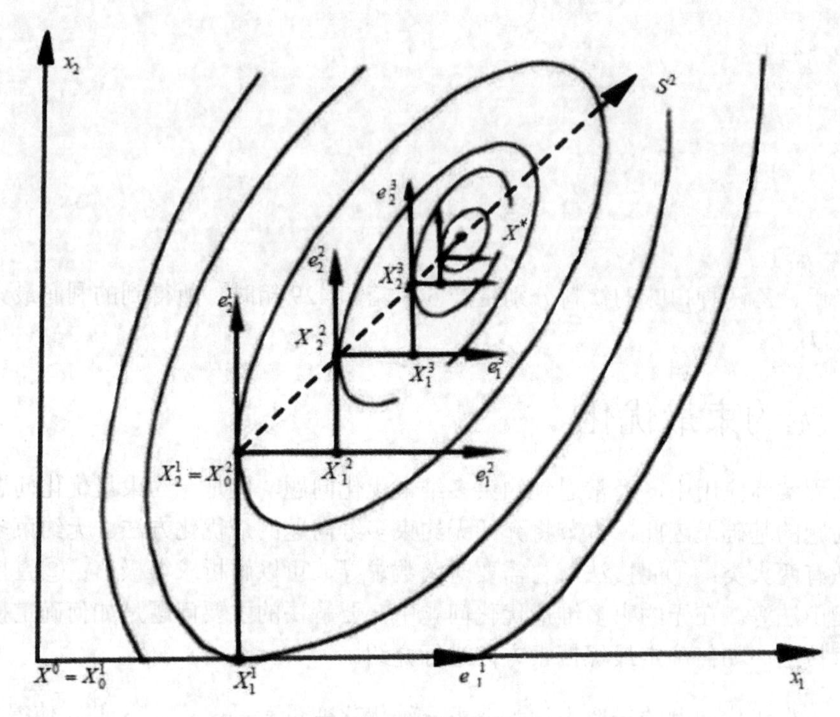

图 10-1　坐标轮换法

若设第 k 轮的当前点为 x_k，则下一轮的坐标点按以下公式求得：

$$x_{k+1} = x_k + \sum_{i=1}^{n} \alpha_i S_{ik} \tag{10-4}$$

式中，α_i 为步长；S_{ik} 是搜索方向，它依次选取各个坐标轴的方向。对第 k 轮的第 i 次搜索，方向取为

$$S_{ik} = e_i = [0,0,\cdots,0,1,0,\cdots,0], i = 1,2,\cdots,n$$

坐标轮换法虽然十分简单，易于掌握，但计算效率低，对维数较高的优化问题最为突出，通常用于维数比较低的最优化问题，而且坐标轮换法的收敛效果在很大程度上取决于目标函数等值线的形状。等值线为椭圆族，其长、短轴与坐标轴平行或圆族等值线，该方法收敛效果好，速度快，如图 10-2（a）所示。当椭圆族的长、短轴与坐标轴斜交，迭代次数将大大增加，收敛速度很慢，如图 10-2（b）所示。当目标函数等值线出现“脊线”时，沿坐标轴方向的搜索均不能使函数值有所下降，该方法在寻优过程中将失败，这类函数对坐标轮换法来说是“病态”函数，如图 10-2（c）所示。

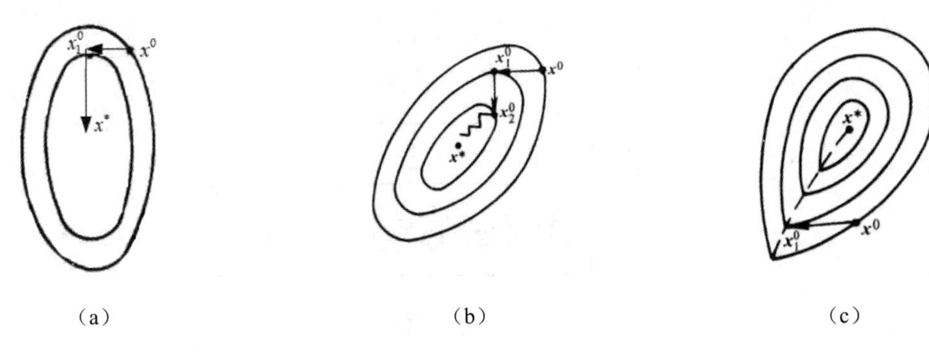

图 10-2 目标函数等值线的形状及其与坐标轴的位置关系

二、最速下降法

由函数的性能可知，函数沿着其负梯度的方向，函数值下降最多。因此对存在导数的连续目标函数，可采用该方向作为寻优方向。算法的主要步骤如下。

（1）给定初始点 $X^0 \in E^n$，允许误差 $\varepsilon < 0$，令 $k = 0$。

（2）计算 $\nabla f(X^k)$。

（3）检验是否满足收敛性的判别准则：

$$\left\|\nabla f(X^k)\right\| \leqslant \varepsilon$$

如满足，则迭代过程停止，得到最优解 $X^* \approx X^k$，否则进入步骤（4）。

（4）令 $S^k = -\nabla f(X^k)$，从 X^k 出发，沿着 S^k 方向进行一维搜索，即求 λ_k，使得

$$\min_{\lambda \geqslant 0} f(X^k + \lambda S^k) = f(X^k + \lambda_k S^k)$$

（5）令 $X^{k+1} = X^k + \lambda_k S^k$，$k = k+1$，返回步骤（2）。

最速下降法是一种最基本的算法，它在最优化方法中占有重要地位。最速下降法对一般函数而言，在远离极值点时函数值下降很快，工作量小，存储变量少，初始点要求不高；然而其主要缺点是收敛速度慢，最速下降法适用于寻优过程的前期迭代或作为间插步骤，当接近极值点时，应该选用别种收敛速度较快的算法。最速下降法的流程图如图 10-3 所示。

三、牛顿法

牛顿法的算法步骤如下。

（1）给定初始点 $X^0 \in E^n$，允许误差 $\varepsilon > 0$，令 $k = 0$。

（2）计算 $\nabla f(X^k)$，$(\nabla^2 f(X^k))^{-1}$，检验：若

$$\left\|\nabla f(X^k)\right\| \leqslant \varepsilon$$

得到最优解 $X^* \approx X^k$；若不满足，则进入步骤（3）。

（3）令 $S^k = -\left[\nabla f(X^k)\right]^{-1} \nabla f(X^k)$（牛顿方向）。

（4）$X^{k+1} = X^k + S^k$；$k = k+1$；转回步骤（2）。

如果 f 是对称正定矩阵 $\boldsymbol{A}$ 的二次函数，则用牛顿法经过一次迭代就可以达到最优点，如果不是二次函数，牛顿法不能一步达到最优点，但由于这种函数在极值点附近和二次函数很近似，因此牛顿法的收敛速度相对还是比较快的。牛顿法的收敛速度虽然比较快，但是要求 Hessian 矩阵必须是可逆矩阵，要计算二阶导数和逆矩阵，因此加大了计算量和存储量。

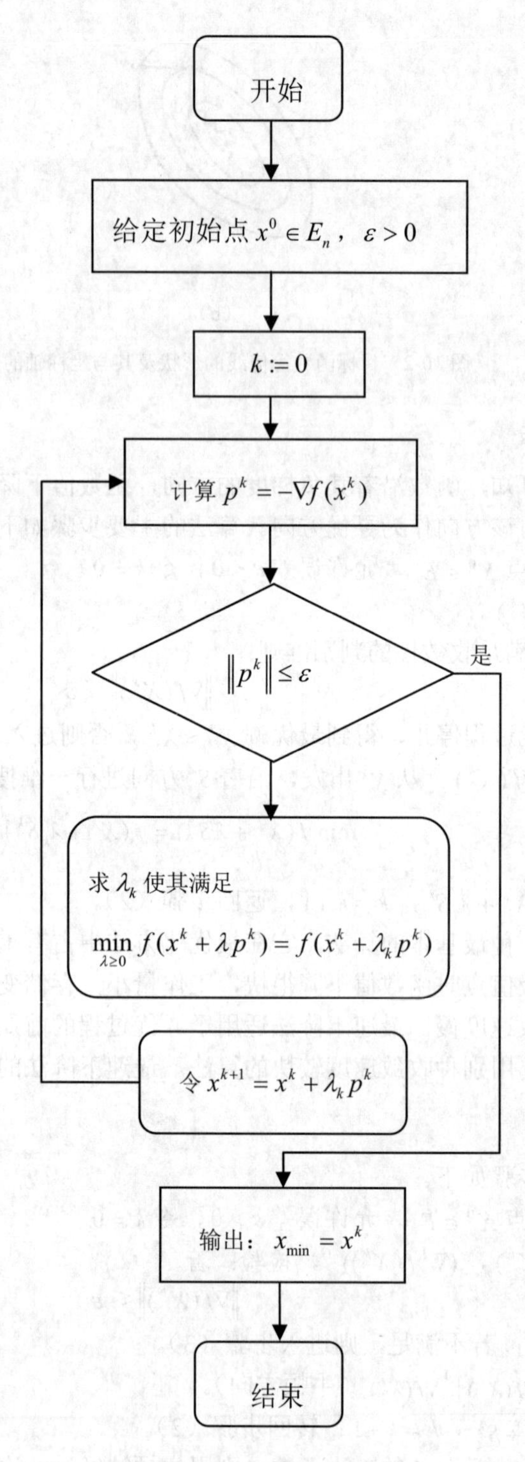

图 10-3 最速下降法流程图

四、拟牛顿法

为克服牛顿法的缺点，同时保持比较快的收敛速度的优点，利用第 k 步和第 k+1 步得到的 X^k、X^{k+1}、$\nabla f(X^k)$、$\nabla f(X^{k+1})$，构造一正定矩阵 $\boldsymbol{G}^{k+1}$ 近似代替 $\nabla^2 f(X^k)$，或者用 $\boldsymbol{H}^{k+1}$ 近似代替 $(\nabla^2 f(X^k))^{-1}$，将牛顿方向改为

$$G^{k+1}S^{k+1}=-\nabla f(X^{k+1}),\quad S^{k+1}=-H^{k+1}\nabla f(X^{k+1})$$

从而得到下降方向。

通常采用迭代法计算 $\boldsymbol{G}^{k+1}$、$\boldsymbol{H}^{k+1}$，迭代公式为 BFGS（Boryden-Fletcher-Goldfarb-Shanno）公式：

$$G^{k+1}=G^k+\frac{\Delta f^k(\Delta f^k)^{\mathrm{T}}}{(\Delta f^k)^{\mathrm{T}}\Delta x^k}-\frac{G^k\Delta x^k(\Delta x^k)^{\mathrm{T}}G^k}{(\Delta x^k)^{\mathrm{T}}G^k\Delta x^k}$$

$$H^{k+1}=H^k+\left(1+\frac{(\Delta f^k)^{\mathrm{T}}H^k\Delta f^k}{(\Delta f^k)^{\mathrm{T}}\Delta x^k}\right)\frac{\Delta x^k(\Delta x^k)^{\mathrm{T}}}{(\Delta x^k)^{\mathrm{T}}\Delta x^k}-\frac{\Delta x^k(\Delta f^k)^{\mathrm{T}}H^k-H^k\Delta f^k(\Delta x^k)^{\mathrm{T}}}{(\Delta f^k)^{\mathrm{T}}\Delta x^k}$$

DFP（Davidon-Fletcher-Powell）公式：

$$G^{k+1}=G^k+\left(1+\frac{(\Delta X^k)^{\mathrm{T}}G^k\Delta X^k}{(\Delta X^k)^{\mathrm{T}}\Delta f^k}\right)\frac{\Delta f^k(\Delta f^k)^{\mathrm{T}}}{(\Delta f^k)^{\mathrm{T}}\Delta X^k}-\frac{\Delta f^k(\Delta X^k)^{\mathrm{T}}G^k-G^k\Delta X^k(\Delta f^k)^{\mathrm{T}}}{(\Delta X^k)^{\mathrm{T}}\Delta f^k}$$

$$H^{k+1}=H^k+\frac{\Delta X^k(\Delta X^k)^{\mathrm{T}}}{(\Delta f^k)^{\mathrm{T}}\Delta X^k}-\frac{H^k\Delta f^k(\Delta f^k)^{\mathrm{T}}H^k}{(\Delta f^k)^{\mathrm{T}}H^k\Delta f^k}$$

计算时可设置 $\boldsymbol{H}^1=\boldsymbol{I}$（单位阵），对于给出的 X^1，利用上面的公式进行递推。这种方法称为拟牛顿法。

10.2.2　MATLAB 解优化问题

一、优化工具箱简介

1．MATLAB 求解优化问题的主要函数

MATLAB 求解优化问题的主要函数如表 10-2 所示。

表 10-2　求解优化问题的主要函数

类型	模型	基本函数名
一元函数极小	Min $F(x)$　s.t.　$x_1<x<x_2$	x=fminbnd('F',x_1,x_2)
无约束极小	Min $F(X)$	X=fminunc('F',X_0) X=fminsearch('F',X_0)
线性规划	Min$c^{\mathrm{T}}X$ s.t.　$AX\leqslant b$	X=linprog(c,A,b)

续 表

类型	模型	基本函数名
二次规划	Min $\frac{1}{2}x^{T}Hx+c^{T}x$ s.t. $Ax\leqslant b$	X=quadprog(H,c,A,b)
达到目标问题	Min r s.t. $F(x)-wr\leqslant \text{goal}$	X=fgoalattain('F',x,goal,w)
极小极大问题	$\text{Min}\max\limits_{x}\{F_i(x)\}$ s.t. $G(x)\leqslant 0$	X=fminimax('FG',x_0)

2．优化函数的输入变量

使用优化函数或优化工具箱中其他优化函数时，输入变量如表 10-3 所示。

表 10-3　输入变量表

变量	描述	调用函数
f	线性规划的目标函数 $f*X$ 或二次规划的目标函数 $X'*H*X+f*X$ 中线性项的系数向量	linprog,quadprog
fun	非线性优化的目标函数。fun 必须为行命令对象或 M 文件、嵌入函数或 MEX 文件的名称	fminbnd,fminsearch,fminunc, fmincon,lsqcurvefit,lsqnonlin, fgoalattain,fminimax
H	二次规划的目标函数 $X'*H*X+f*X$ 中二次项的系数矩阵	quadprog
A,b	$\boldsymbol{A}$ 矩阵和 b 向量分别为线性不等式约束 $AX\leqslant b$ 中的系数矩阵和右端向量	linprog,quadprog,fgoalattain, fmincon, fminimax
A_{eq},b_{eq}	$\boldsymbol{A}_{eq}$ 矩阵和 b_{eq} 向量分别为线性等式约束 $A_{eq}X=b_{eq}$ 中的系数矩阵和右端向量	linprog,quadprog,fgoalattain, fmincon, fminimax
vlb,vub	X 的下限和上限向量：vlb≤X≤vub	linprog,quadprog,fgoalattain, fmincon, fminimax,lsqcurvefit,lsqnonlin
X_0	迭代初始点坐标	除 fminbnd 外所有优化函数
x_1,x_2	函数最小化的区间	fminbnd
options	优化选项参数结构，定义用于优化函数的参数	所有优化函数

3．优化函数的输出变量

优化函数的输出变量如表 10-4 所示。

表 10-4　输出变量表

变量	描述	调用函数
x	由优化函数求得的值。若 exitflag>0，则 x 为解；否则，x 不是最终解，它只是迭代制止时优化过程的值	所有优化函数
fval	解 x 处的目标函数值	linprog,quadprog,fgoalattain, fmincon, fminimax,lsqcurvefit,lsqnonlin, fminbnd

续 表

变量	描述	调用函数
exitflag	描述退出条件： ● exitflag>0，表目标函数收敛于解 x 处 ● exitflag=0，表已达到函数评价或迭代的最大次数 ● exitflag<0，表目标函数不收敛	
output	包含优化结果信息的输出结构： ● Iterations：迭代次数 ● Algorithm：所采用的算法 ● FuncCount：函数评价次数	所有优化函数

4．控制参数 options 的设置

options 中常用的几个参数的名称、含义、取值如下。

（1）Display：显示水平。取值为“off”时，不显示输出；取值为“iter”时，显示每次迭代的信息；取值为“final”时，显示最终结果。默认值为“final”。

（2）MaxFunEvals:允许进行函数评价的最大次数，取值为正整数。

（3）MaxIter：允许进行迭代的最大次数，取值为正整数。

控制参数 options 可以通过函数 optimset 创建或修改。命令的格式如下。

（1）options=optimset(‘optimfun’)

创建一个含有所有参数名，并与优化函数 optimfun 相关的默认值的选项结构 options。

（2）options=optimset(‘param1’,value1, ‘param2’,value,…)

创建一个名称为 options 的优化选项参数，其中指定的参数具有指定值，所有未指定的参数取默认值。

（3）options=optimset(oldops, ‘param1’,value1, ‘param2’,value,…)

创建名称为 oldops 的参数的拷贝，用指定的参数值修改 oldops 中相应的参数。

例如：opts=optimset(‘Display’, ‘iter’, ‘TolFun’,1e-8);

则该语句创建一个名称为 opts 的优化选项结构，其中显示参数设置为“iter”，TolFun 参数设置为 10^{-8}。

二、用 MATLAB 解无约束优化问题

1. 一元函数无约束优化问题：$\min f(x) \quad x_1 \leqslant x \leqslant x_2$

常用格式如下。

（1）x=fminbnd(fun,x1,x2)

（2）x=fminbnd(fun,x1,x2,options)

（3）[x,fval]=fminbnd(…)

（4）[x,fval,exitflag]=fminbnd(…)

（5）[x,fvval,exitflag,output]=fminbnd(…)

其中（3）（4）（5）的等式右边可选用（1）或（2）的等式右边。函数 fminbnd 的算法基于黄金分割法和二次插值法，它要求目标函数必须是连续函数，并可能只给出局部最优解。

【实例 10-5】 求 $f = 2e^{-x}\sin x$ 在 $0 < x < 8$ 中的最大值和最小值。

思路·点拨

求目标函数的最小值，直接代入上面的格式即可进行求解；求解最大值，可以将目标函数转化为相应的相反数，即 $-f(x)$，求得的最小值即为原目标函数的最大值。

结果文件——配套资源“Ch10\SL1005”文件

解：程序如下。

```
f='2*exp(-x).*sin(x)';
fplot(f,[0,8]);%作图语句
[xmin,ymin]=fminbnd(f,0,8)
f1='-2*exp(-x).*sin(x)';
[xmax,ymax]=fminbnd(f1,-0,8)
```

运行结果如下。

```
xmin =
    3.9270

ymin =
   -0.0279

xmax =
    0.7854

ymax =
   -0.6448
```

其函数图像如图 10-4 所示。

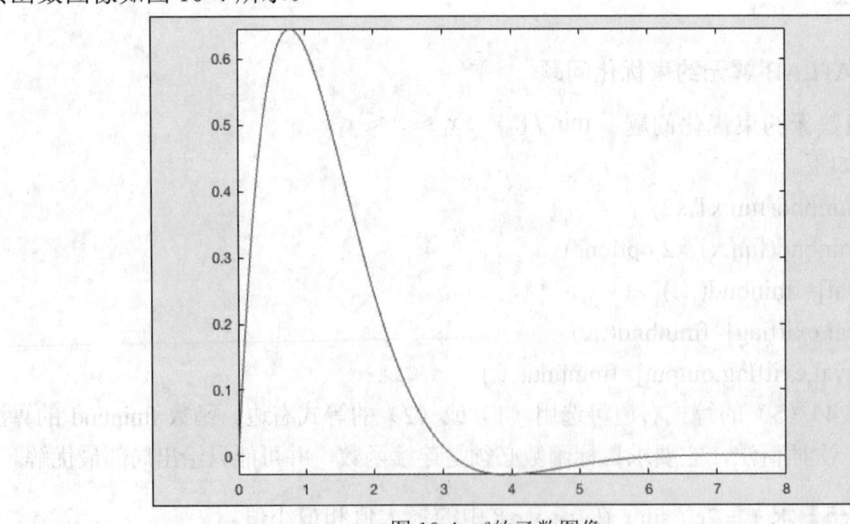

图 10-4 f 的函数图像

【实例 10-6】对边长为 3m 的正方形铁板，在四个角剪去相等的正方形以制成方形无盖水槽，问如何剪法才能使水槽的容积最大？

思路·点拨

本题以应用题的方式给出，设剪去的正方形边长为 x，则水槽的容积为 $(3-2x)^2 x$，建立无约束优化模型为

$$\min y = -(3-2x)^2 x$$
$$0 < x < 1.5$$

结果文件——配套资源“Ch10\SL1006”文件

解：该模型的无约束优化模型为

$$\min y = -(3-2x)^2 x$$
$$0 < x < 1.5$$

程序如下。

```
f='-(3-2.*x)^2*x';
fplot(f,[0,1.5]);
[x,favl]=fminbnd(f,0,1.5)
```

运行结果如下。

```
x =
   0.5000

favl =
  -2.0000
```

其函数图像如图 10-5 所示。

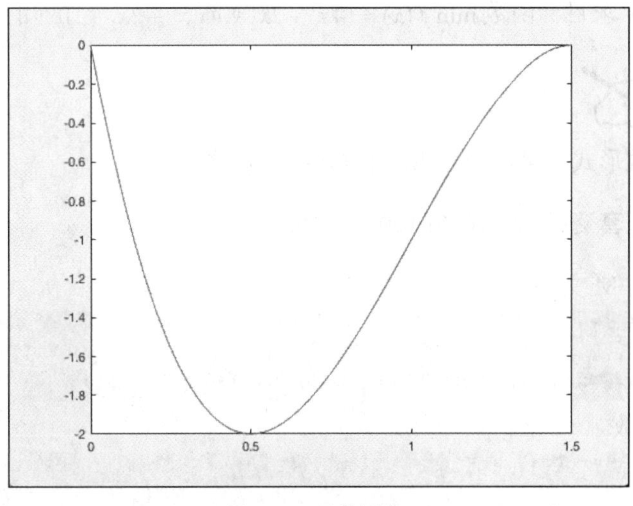

图 10-5　函数图像

因此，当剪去的正方形边长为 0.5m 时，水槽的容积最大，其最大值为 $2m^3$。

2．多元函数无约束优化问题

标准型：min$F(X)$

命令格式：

（1）x=fminunc(fun,x0);或 x=fminsearch(fun,x0);

（2）x=fminunc(fun,x0,options);或 x=fminsearch(fun,x0,options)

（3）[x,favl]=fminunc(…);或[x,favl]=fminsearch(…);

（4）[x,favl,exitflag]=fminsearch(…)或[x,favl,exitflag]=fminsearch();

（5）[x,favl,exitflag,output]=fminunc(…)或[x,favl,exitflag,output]=fminsearch(…)

说明：

（1）fminsearch 是用单纯形法寻优。

（2）fminunc 为无约束优化提供了大型优化和中型优化算法。由 options 中的参数 LargeScale 控制。

LargeScale=‘on’（默认值），使用大型算法。

LargeScale=‘off’(默认值)，使用中型算法。

（3）fminunc 为中型优化算法的搜索方向提供了 4 种算法，由 options 中的参数 HessUpdate 控制。

HessUpdate=‘bfgs’（默认值），拟牛顿法的 BFGS 公式。

HessUpdate=‘dfp’，拟牛顿法的 DFP 公式。

HessUpdate=‘steepdesc’，最速下降法。

（4）fminunc 为中型优化算法的步长一维搜索提供了两种算法，由 options 中参数 LineSearchType 控制。

LineSearchType=‘quadcubic ’（默认值），混合的二次和三次多项式插值。

LineSearchType=‘ubicpoly’，三次多项式插值。

（5）使用 fminunc 和 fminsearch 可能会得到局部最优解。

【实例 10-7】求目标函数 $\min f(x)=(4x_1^2+2x_2^2+4x_1x_2+2x_2+1)\mathrm{e}^{x_1}$ 的最优解。

思路·点拨

对于这种函数形式，可以采用 M 函数来编写程序。

结果文件——配套资源“Ch10\SL1007”文件

解：（1）编写 M 文件。

```
function f=fun1(x)
f=exp(x(1))*(4*x(1)^2+2*x(2)^2+4*x(1)*x(2)+2*x(2)+1);
```

（2）输入参数。

```
x0=[-1,1];
x=fminunc('fun1',x0)
```

```
y=fun1(x)
```

（3）运行结果如下。

```
x =

    0.5000   -1.0000


y =

   3.6609e-16
```

【实例 10-8】Rosenbrock 函数 $f(x_1,x_2)=100(x_2-x_1^2)^2+(1-x_1)^2$ 的最优解（极小值）为 $x^*=(1,1)$，极小值为 $f^*=0$。试用不同的算法（搜索方向和步长搜索）求数值最优解。初始值选为 $x_0=(-1.2,2)$。

思路·点拨

该函数我们并不常见，因此，为了获得对该函数的直观认识，可以先绘制该函数的三维图形，并绘制出该函数的等高线，再运用函数求解最优解。

结果文件——配套资源“Ch10\SL1008”文件

解：（1）绘制 Rosenbrock 函数的三维图形。

程序如下。

```
[x,y]=meshgrid(-2:0.1:2,-1:0.1:3);
z=100*(y-x.^2).^2+(1-x).^2;
mesh(x,y,z)
```

该函数的三维图形如图 10-6 所示。

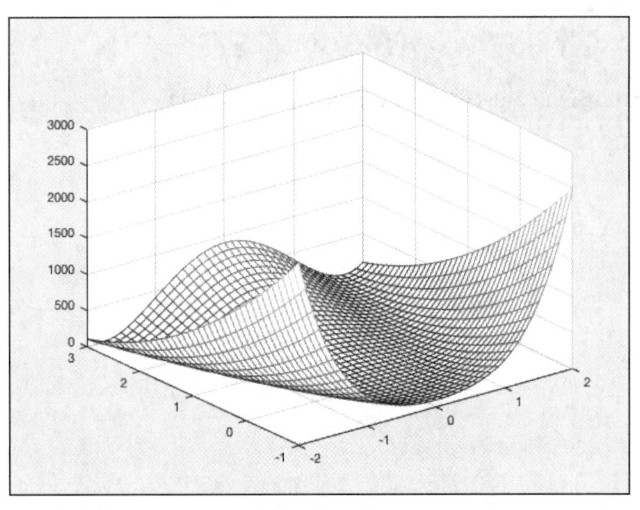

图 10-6　Rosenbrock 函数图像

（2）画出 Rosenbrock 函数的等高线图，程序如下。

```
contour(x,y,z,20);
```

```
hold on;
plot(-1.2,2,'o');
text(-1.2,2,'startpoint');
plot(1,1,'o');
text(1,1,'solution')
```

函数图像如图 10-7 所示。

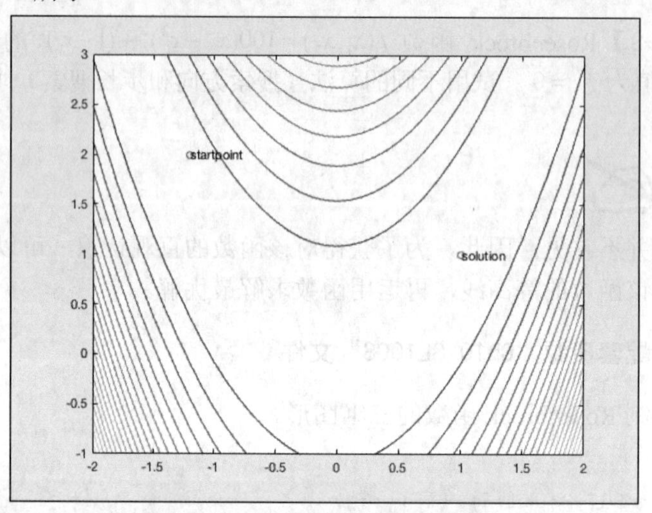

图 10-7 Rosenbrock 函数的等高线图

（3）求解函数最优解。

①用 fminsearch 函数求解。

程序如下。

```
f='100*(x(2)-x(1)^2)^2+(1-x(1))^2';
[x,favl,exitflag,output]=fminsearch(f,[-1.2,2])
```

运行结果如下。

```
x =
    1.0000    1.0000

favl =
   1.9151e-10

exitflag =
     1

output =
    iterations: 108
     funcCount: 202
```

```
   algorithm: 'Nelder-Mead simplex direct search'
     message: [1x194 char]
```

②用 fminunc 函数求解。

建立 M 文件 fun2.m：

```
function f=fun2(x)
f=100*(x(2)-x(1)^2)^2+(1-x(1))^2
```

求解主程序：

```
oldoptions=optimset('fminunc');
options=optimset(oldoptions,'LargeScale','off');
options11=optimset(options,'HessUpdate','dfp');
[x11,favl11,exitflag11,output11]=fminunc('fun2',[-1.2,2],options11)
```

对比不同的方法，Rosenbrock 函数的计算结果如表 10-5 所示。

表 10-5　Rosenbrock 函数不同计算方法的结果

搜索方向	步长搜索	最优解	最优值	迭代次数
BFGS	混合二、三次插值	(0.9996，0.9992)	2.3109×10^{-7}	155
	三次插值	(1.0001，1.0002)	2.3943×10^{-8}	132
DFP	混合二、三次插值	(0.9995，0.9990)	2.6223×10^{-7}	151
	三次插值	(0.8994，0.7995)	0.0192	204
最速下降	合二、三次插值	(−1.1634，1.3610)	4.6859	204
		(0.9446，0.8920)	0.0031	8002
		(0.9959，0.9916)	1.8543×10^{-5}	9002
单纯形法		(1.0000，1.0000)	1.9151×10^{-10}	202

从中可以看出，最速下降法的结果最差。因为最速下降法特别不适合从一狭长通道到达最优解的情况。

10.3　非线性规划

10.3.1　非线性规划的基本概念

如果目标函数或约束条件中至少有一个是非线性函数时，那么就可以称该最优化问题为非线性规划问题。其一般形式为

$$\min f(X)$$
$$\text{s.t.}\begin{cases} g_i(X)\geqslant 0(i=1,2,\cdots,m) \\ h_j(X)\geqslant 0(j=1,2,\cdots,l) \end{cases} \tag{1}$$

其中 $X=(x_1,x_2,\cdots,x_n)^{\mathrm{T}}\in E^n$ 、f 、g_i 、h_j 是定义在 E^n 上的实值函数，记为 $f:E^n\to E^1$，$g_i:E^n\to E^1$，$h_j:E^n\to E^1$。

对于其他情况下的目标函数或约束条件，都可以通过变换将其化为上述的一般形式。

定义 1 把满足问题（1）中条件的解 $X(\in E^n)$ 称为可行解（或可行点），所有可行点的集合称为可行集（或可行域），记为 D。即 $D=\{X\mid g_i(X)\geqslant 0,h_j(X)\geqslant 0,X\in E^n\}$ 为问题（1），可简记为 $\min\limits_{X\in D} f(x)$。

定义 2 对于问题（1），设 $X^*\in D$，若存在 $\delta>0$，使得对于一切的 $X\in D$，且 $\|X-X^*\|<\delta$，都有 $f(X^*)\leqslant f(X)$，则称 X^* 是 $f(X)$ 在 D 上的局部极小值点（局部最优解）。特别地，当 $X\neq X^*$ 时，若 $f(X^*)\leqslant f(X)$，则称 X^* 是 $f(X)$ 在 D 上的严格局部极小值点（严格局部最优解）。

定义 3 对于问题（1），设 $X^*\in D$，对任意的 $X\in D$，都有 $f(X^*)\leqslant f(X)$，则称 X^* 为 $f(X)$ 在 D 上的全局极小值（全局最优解）。特别地，当 $X\neq X^*$ 时，若 $f(X^*)<f(X)$，则称 X^* 是 $f(X)$ 在 D 上的严格全局极小值点（严格全局最优解）。

10.3.2 惩罚函数法

惩罚函数法的基本思想是通过构造惩罚函数把约束问题转化为一系列无约束最优化问题，进而用无约束最优化方法去求解。这类方法称为序列无约束最小化方法，简称 SUMT 法。分为两种方法，其一是外点惩罚函数法，其二是内点惩罚函数法。

一、外点惩罚函数法

对于一般的非线性规划：

$$\min f(X)$$
$$\text{s.t.}\begin{cases} g_i(X)\geqslant 0(i=1,2,\cdots,m)\\ h_j(X)\geqslant 0(j=1,2,\cdots,l)\end{cases}$$

可设：$T(X,M)=f(X)+M\sum\limits_{i=1}^{m}[\min(0,g_i(X))]^2+M\sum\limits_{j=1}^{l}[h_j(X)]^2$

因此，可以将问题（1）转化为无约束问题：$\min\limits_{X\in E^n} T(X,M)$

其中 $T(X,M)$ 称为惩罚函数，M 称为惩罚因子，带 M 的项称为惩罚项，这里的惩罚函数只对不满足约束条件的点进行惩罚。当 $X\in D$ 时，满足各 $g_i(X)\geqslant 0$，$h_j(X)\geqslant 0$，所以惩罚项为 0，不实行惩罚。当 $X\notin D$，有 $g_i(X)<0$ 或 $h_j(X)\neq 0$，要接受惩罚。

外点惩罚函数的迭代步骤如下。

（1）任意给定的初始点 X_0，取 $M_1>1$，给定允许误差 $\varepsilon>0$，令 $k=1$。

（2）求无约束极值问题 $\min\limits_{X\in E^n} T(X,M)$ 的最优解，设为 $X^k=X(M_k)$，即 $\min\limits_{X\in E^n} T(X,M)=T(X^k,M_k)$。

（3）若存在 $i(1\leqslant i\leqslant m)$，使得 $-g_i(X^k)>\varepsilon$，则取 $M_k>M(M_{k+1}=\alpha M,\alpha=10)$，令 $k=k+1$ 返回（2），否则，停止迭代，得到最优解 $X^*\approx X^k$。计算时，也可以将收敛性判别准则 $-g_i(X^k)>\varepsilon$ 改为 $M\sum_{i=1}^{m}[\min(0,g_i(X))]^2\leqslant 0$。

惩罚函数法的缺点是每个近似最优解 X^k 往往不是容许解，而只能近似满足约束，在实际问题中这种结果可能不能使用；在解一系列无约束问题中，计算量太大，特别是随着 M^k 的增大，可能导致错误。

二、内点惩罚函数法

考虑问题：

$$\begin{cases}\min f(X)\\ \text{s.t.}\quad g_i(X)\geqslant 0,i=1,2,\cdots,m\end{cases}\tag{2}$$

设集合 $D_0=\{X\mid g_i(X)>0,i=1,2,\cdots,m\}\neq\varnothing$，$D^0$ 是可行域中所有严格内点的集合。

构造惩罚函数 $I(x,r)$：

$$I(x,r)=f(X)+r\sum_{i=1}^{m}\ln g_i(X)\text{ 或 }I(x,r)=f(X)+r\sum_{i=1}^{m}\frac{1}{g_i(X)}$$

其中称 $r\sum_{i=1}^{m}\ln g_i(X)$ 或 $r\sum_{i=1}^{m}\frac{1}{g_i(X)}$ 为惩罚项，r 为惩罚因子。

这样，问题（2）就转化为求一系列极值问题 $\min\limits_{X\in D^0}(I(X,r_k))$ 得 $X^k(r_k)$。

内点惩罚函数法的迭代步骤如下。

（1）给定允许误差 $\varepsilon>0$，取 $r_1>0$，$0<\beta<1$。

（2）求出约束集合 D 的一个内点 $X^0\in D^0$，令 $k=1$。

（3）以 $X^{k-1}\in D^0$ 为初始点，求解 $\min\limits_{X\in D^0}I(X,r_k)$，其中 $X\in D^0$ 的最优解，设为 $X^k=X(r_k)\in D^0$。

（4）检验是否满足 $\left|-r\sum_{i=1}^{m}\ln g_i(X^k)\right|\leqslant\varepsilon$ 或 $\left|r_k\sum_{i=1}^{m}\frac{1}{g_i(X)}\right|\leqslant\varepsilon$；若满足，则停止迭代，最优解 $X^*\approx X^k$；否则取 $r_{k+1}=\beta r_k$，令 $k=k+1$，返回（3）。

10.3.3　MBTLAB 求解

1．二次规划

标准型为

$$\min z=\frac{1}{2}X^{\mathrm{T}}HX+C^{\mathrm{T}}X$$

$$\text{s.t.}\begin{cases}AX\leqslant b\\ A_{\mathrm{eq}}x=b_{\mathrm{eq}}\\ \mathrm{VLB}\leqslant X\leqslant \mathrm{VUB}\end{cases}$$

用 quadprog()函数求解，其输入格式如下。

（1）x=quadprog(H,C,A,b)

（2）x=quadprog(H,C,A,b,Aeq,beq)

（3）x=quadprog(H,C,A,b,Aeq,beq,VLB,VUB)

（4）x=quadprog(H,C,A,b,Aeq,beq,VLB,VUB,X0)

（5）x=quadprog(H,C,A,b, Aeq,beq ,VLB,VUB,X_0,options)

（6）[x,fval]=quaprog(...)

（7）[x,fval,exitflag]=quaprog(...)

（8）[x,fval,exitflag,output]=quaprog(...)

【实例 10-9】求下面非线性规划的最优解。

$$\min f(x_1,x_2)=-2x_1-6x_2-x_2^1-2x_1x_2+2x_2^2$$

$$\text{s.t.}\begin{cases}x_1+x_2\leqslant 2\\ -x_1+2x_2\leqslant 2\\ x_1\geqslant 0,x_2\geqslant 0\end{cases}$$

思路·点拨

若是要使用上面所讲的 quadprog()函数来求解上述的非线性规划，那么首先将该模型转化为标准形式，进而使用上述函数进行求解。

结果文件——配套资源“Ch10\SL1009”文件

解：（1）化为标准形式：

$$\min z=(x_1,x_2)\begin{pmatrix}1&-1\\-1&2\end{pmatrix}\begin{pmatrix}x_1\\x_2\end{pmatrix}+\begin{pmatrix}-2\\-6\end{pmatrix}^{\mathrm{T}}\begin{pmatrix}x_1\\x_2\end{pmatrix}$$

$$\text{s.t.}\begin{cases}\begin{pmatrix}1&1\\-1&2\end{pmatrix}\begin{pmatrix}x_1\\x_2\end{pmatrix}\leqslant\begin{pmatrix}2\\2\end{pmatrix}\\ \begin{pmatrix}0\\0\end{pmatrix}\leqslant\begin{pmatrix}x_1\\x_2\end{pmatrix}\end{cases}$$

则有 $H=\begin{pmatrix}1&-1\\-1&2\end{pmatrix}$，$c=\begin{pmatrix}-2\\-6\end{pmatrix}^{\mathrm{T}}$，$A=\begin{pmatrix}1&1\\-1&2\end{pmatrix}$，$b=\begin{pmatrix}2\\2\end{pmatrix}$

（2）程序如下。

```
H=[1,-1;-1,2];
```

```
c=[-2;-6];
A=[1 1;-1 2];
b=[2;2];
Aeq=[];beq=[];VLB=[0;0];VUB=[];
[x,z]=quadprog(H,c,A,b,Aeq,beq,VLB,VUB)
```

（3）程序运行结果如下。

```
x =
    0.6667
    1.3333


z =
   -8.2222
```

2．一般非线性规划

标准型为

$$\min z = F(X)$$
$$\text{s.t.}\begin{cases} AX \leqslant b \\ A_{\text{eq}}x = b_{\text{eq}} \\ G(X) \leqslant 0 \\ C_{\text{eq}}(X) = 0 \\ \text{VLB} \leqslant X \leqslant \text{VUB} \end{cases}$$

其中 X 为 n 维变元向量，$G(X)$与 $C_{eq}(X)$均为非线性函数组成的向量，其他变量的含义与线性规划、二次规划中相同。用 MATLAB 求解上述问题，基本步骤分 3 步。

（1）建立 M 文件 fun.m，定义目标函数 F（X）：

```
function f=fun(X);
f=F(X);
```

（2）若约束条件中有非线性约束：$G(X) \leqslant 0$ 或 $C_{\text{eq}}(X)=0$，则建立 M 文件 nonlcon.m,定义函数 $G(X)$ 与 $C_{\text{eq}}(X)$：

```
function  [G,Ceq]=nonlcon(X)
G=…
Ceq=…
```

（3）建立主程序。非线性规划求解的函数是 fmincon()。命令的基本格式如下。

①x=fmincon('fun',X0,A,b)

②x=fmincon('fun',X0,A,b,Aeq,beq)

③x=fmincon('fun',X0,A,b,Aeq,beq,VLB,VUB)

④x=fmincon('fun',X0,A,b,Aeq,beq,VLB,VUB, 'nonlcon')

⑤x=fmincon('fun',X0,A,b,Aeq,beq,VLB，VUB，'nonlcon',options)

⑥[x,fval]=fmincon(…)

⑦[x,fval,exitflag]=fmincon(…)

⑧[x,fval,extiflag,output]=fmincon(…)

这里，需要注意以下几点。

① fmincon 函数提供了大型优化算法和中型优化算法。默认时，若在 fun 函数中提供了梯度（options 参数的 GradObj 设置为'on'），并且只有上下界存在或只有等式约束，fmincon 函数将选择大型优化算法。当既有等式约束又有梯度约束时，使用中型算法。

② fmincon 函数的中型算法使用的是序列二次规划法。在每一步迭代中求解二次规划子问题，并且使用 BFGS 法更新拉格朗日 Hessian 矩阵。

③ fmincon 函数可能会给出局部最优解，这与初值 X_0 的选取有关。

【实例 10-10】非线性规划方程组如下：

$$\min f=-x_1-2x_2+\frac{1}{2}x_1^2+\frac{1}{2}2x_2^2$$

$$\text{s.t.}\begin{cases}2x_1+3x_2\leqslant 6\\ x_1+4x_2\leqslant 5\\ x_1\geqslant 0,x_2\geqslant 0\end{cases}$$

求其最优解。

思路·点拨

该非线性规划并不是属于标准形式的非线性规划，需要将该模型转化为标准形式。

结果文件——配套资源“Ch10\SL1010”文件

解：（1）将该模型转化为标准形式：

$$\min f=-x_1-2x_2+\frac{1}{2}x_1^2+\frac{1}{2}2x_2^2$$

$$\text{s.t.}\begin{cases}\begin{pmatrix}2x_1+3x_2-6\\ x_1+4x_2-5\end{pmatrix}\leqslant\begin{pmatrix}0\\0\end{pmatrix}\\ \begin{pmatrix}0\\0\end{pmatrix}\leqslant\begin{pmatrix}x_1\\x_2\end{pmatrix}\end{cases}$$

（2）建立 M 文件 fun3.m。

```
function f=fun3(x)
f=-x(1)-2*x(2)+(1/2)*x(1)^2+(1/2)*x(2)^2
```

（3）主程序如下。

```
x0=[1;1];
A=[2 3;1 4];
b=[6;5];
Aeq=[];beq=[];
```

```
VLB=[0;0];VUB=[];
[x,fval]=fmincon('fun3',x0,A,b,Aeq,beq,VLB,VUB)
```

运行结果如下。

```
x =
     0.7647
     1.0588

fval =
   -2.0294
```

因此，该非线性规划的最优解为 x_1=0.7647，x_2=1.0588；其最优值为-2.0294。

【实例 10-11】非线性规划问题如下：

$$f(x)=e^x(4x_1^2+2x_2^2+4x_1x_2+2x_2+1)$$

$$\text{s.t.}\begin{cases}x_1+x_2=0\\1.5+x_1x_2-x_1-x_2\leqslant 0\\-x_1x_2-10\leqslant 0\end{cases}$$

求其最优解。

结果文件——配套资源“Ch10\SL1011”文件

解：（1）建立 M 文件 fun4.m，定义目标函数。

```
function f=fun4(x)
f=exp(x(1))*(4*x(1)^2+x(2)^2+4*x(1)*x(2)+2*x(2)+1)
```

（2）建立 M 文件 mycon.m，定义非线性约束。

```
function [g,ceq]=mycon(x)
g=[x(1)+x(2);1.5+x(1)*x(2)-x(1)-x(2);-x(1)*x(2)-10];
ceq=[x(1)+x(2)];
```

（3）主程序如下。

```
x0=[-1;1];
A=[];b=[];
Aeq=[1 1];beq=[0];
vlb=[];vub=[];
[x,fval]=fmincon('fun4',x0,A,b,Aeq,beq,vlb,vub,'mycon')
```

（4）运行结果如下。

```
x =
   -1.5233
    1.5233
```

```
fval =
   1.3880
```

因此，非线性规划的最优解为 x_1=-1.5233，x_2=1.5233；最优值为 1.3880。

【实例 10-12】非线性规划问题如下：

$$\min f(X) = -2x_1 - x_2$$
$$\text{s.t.}\begin{cases} g_1(X) = 25 - x_1^2 - x_2^2 \geqslant 0 \\ g_2(X) = 7 - x_1^2 - x_2^2 \geqslant 0 \\ 0 \leqslant x_1 \leqslant 5, 0 \leqslant x_2 \leqslant 10 \end{cases}$$

求其最优解和最优值。

结果文件——配套资源"Ch10\SL1012 文件

解：（1）建立 M 文件 fun.m，定义目标函数。

```
function f=fun(x);
f=-2*x(1)-x(2);
```

（2）建立 M 文件 mycon2.m，定义非线性约束。

```
function [g,ceq]=mycon2(x)
g=[x(1)^2+x(2)^2-25;x(1)^2-x(2)^2-7];
ceq = 0;
```

（3）主程序如下。

```
x0=[3;2.5];
VLB=[0 0];VUB=[5 10];
[x,fval,exitflag,output] =fmincon('fun',x0,[],[],[],[],VLB,VUB,'mycon2')
```

（4）运算结果如下。

```
 x =
   4.0000
   3.0000
fval =-11.0000
exitflag = 1
 output =
         iterations: 8
          funcCount: 27
    constrviolation: 0
           stepsize: 4.8567e-06
          algorithm: 'interior-point'
      firstorderopt: 4.1645e-08
```

```
cgiterations: 0
cgiterations: 0
```

因此，最优解为 x_1=4.000，x_2=3.000；最优值为-11.0000。

第 11 章　数字信号处理

随着计算机和信息科学的高速发展，数字信号处理（Digital Signal Processing，DSP）技术已经成为一门非常重要而且独立的科学体系。简单来说，数字信号处理就是用数值计算的方法对信号进行处理，这里的“处理”实质是“运算”，处理对象则包括模拟信号和数字信号。

数字信号处理系统具有灵活性强、抗干扰性强、体积小、造价低、运算速度快等优点，这是模拟信号处理系统无法比拟的。更为突出的是，数字信号处理硬件允许可编程操作，借助软件编程，能更容易地修改由硬件执行的信号处理函数，在数字信号处理系统设计方面提供了更大的灵活性。

本章内容

- 连续信号与离散信号。
- 傅里叶变换及其 MATLAB 实现。
- *Z* 变换及其 MATLAB 实现。
- 离散傅里叶变换及其 MATLAB 实现。
- FFT 实现周期信号的频谱分析及 MATLAB 实现。
- 无限脉冲响应数字滤波器的设计。
- 有限脉冲响应数字滤波器的设计。

11.1　数字信号处理与离散时间系统

11.1.1　数字信号处理概述

在实际工程应用中，信号一般都含有噪声。在含有较强噪声的情况下，如何提取我们所希望的信号或是信号的特征，并将其运用于实际工程当中，是数字信号处理这门学科所要完成的主要任务。数字信号处理的主要内容是“运算”，因此所涉及的范围较广。比如在数学领域所涉及的内容就有微积分、概率统计、随机过程、高等代数、数值分析及复变函数等，都是数字信号处理的基本分析工具；信号与系统是学习数字信号处理的理论基础。随着时代的发展，数字信号处理已经发展成为了一门完整的科学体系，其主要内容包括信号的采集、离散信号的分析、离散系统的分析、信号的估计、数字滤波器技术、信号系统的建模、信号处理算法、信号处理技术的实现与应用等。

11.1.2 数字信号处理的基本概念

1．信号

信号是信息的载体，是信息的物理表现形式，是信息的函数。在形态上则表现为一种波形，比如有正弦波、余弦波或方波等。信号是随着时间、空间、位移、频率或其他自变量变化的物理量。比如函数

$$f(x,y)=4x+5y+6xy \tag{11-1}$$

描述了含有两个自变量 x 和 y 的确定性信号。

根据信号的不同属性，信号有多种分类方法。按信号能否被唯一确定可以分为确定性信号和随机信号；按信号是否具有周期性可以将信号分为周期信号和非周期信号；按信号随着自变量的特征和取值可以将信号分为连续时间信号和离散时间信号。

2．确定性信号与非确定性信号

一个信号，如果能够被一个数学表达式、一个数据表格或一个定义好的规则所唯一描述，那么这个信号就可以称为确定性信号。例如，上述的函数 $f(x,y)=4x+5y+6xy$ 就是一个确定性的信号，每一个对应的 x 和 y，都有一个函数值 $f(x,y)$ 与之对应，因此是一个确定性的信号。

在实际的工程应用中，并不是所有的信号都是确定性信号。信号在任意时刻由于某些“不确定性”或“不可预知性”的因素而造成信号无法用一个确定的时间函数（或序列）来表示的信号称为随机信号。随机信号可以通过统计数学的方法来描述，常用的有概率密度函数或功率密度函数。随机信号的典型代表有地震信号、语音信号及白噪声信号。

随机信号可以分为平稳随机信号和非平稳随机信号。平稳随机信号又可以分为各态遍历信号和非各态遍历信号。

3．连续时间信号与离散时间信号

连续时间信号是在给定的时间区域内，对于任意时刻都有一个对应的确定的函数值。时间域可以为有限或无限。连续时间信号的定义域是连续的，但是值域可以是不连续的。工程中常见的连续时间信号有正弦信号、单位阶跃信号、单位斜坡信号及单位脉冲信号等。

离散时间信号是仅在一些离散的瞬间才有定义的信号。离散时间信号通常采用序列来表示，可以记为 $x(n)$。离散时间信号可以不采用等间隔来表示，但是在工程上，为了计算方便，一般采用等间隔来表示，可以记为 $x(Tn)$，T 为采样周期。连续时间信号与离散时间信号如图 11-1 所示。

4．数字信号处理系统

在实际工程应用中，大多数的信号都是模拟信号。模拟信号无法直接在数字信号处理系统中使用，只可直接被模拟系统处理。但是由于数字信号处理系统有着模拟系统无法比拟的优点，一般工程上首先都会对模拟信号进行数字化处理。一般的数字信号处理系统如图 11-2 所示。

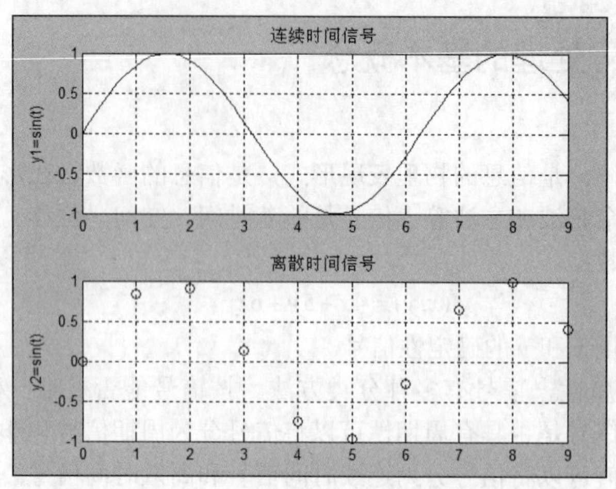

图 11-1　连续时间信号与离散时间信号

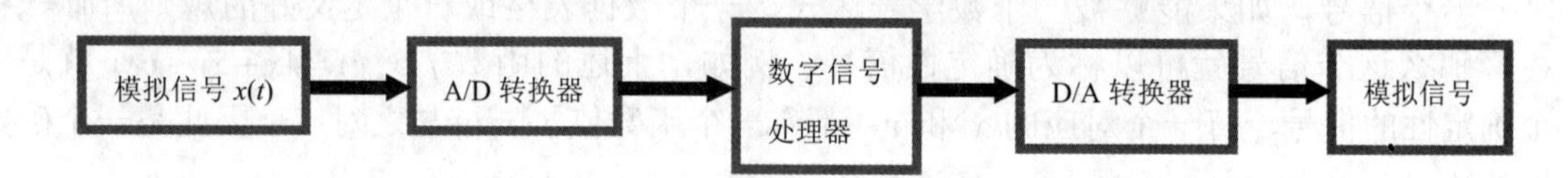

图 11-2　数字信号处理系统

5．A/D 转换与 D/A 转换

A/D 转换指的是将模拟信号转化为具有有限精度的数字序列形式，转换的设备称为 A/D 转换器，即模数转换器。模数转换过程一般包含采样、量化和编码三个步骤，而 A/D 转换的逆过程，D/A 转换，即数模转换则通过样本之间的数据插值操作完成数字信号到模拟信号的输出。

11.1.3　离散时间信号

离散时间信号是在某些特定的时间值上，只是在某些离散的瞬时时间点给出函数值，而其他点无定义的时间序列。在工程上，计算机只能表示离散时间信号而不能表示连续时间信号，因此，对于模拟信号，一般都要对其进行离散化，即进行 A/D 转换。对模拟信号进行离散化，一般有两种方法。一种是等间隔采样，另外一种是不等间隔采样。为了计算的方便，一般对模拟信号进行等间隔采样。例如，对模拟信号 $x_a(t)$ 进行等间隔采样，时间间隔设为 T，那么采样后得到的输出为离散时间序列：

$$x[n]=x_a(t)\big|_{t=nT}=x_a(nT), n=\cdots,-2,-1,0,1,2,\cdots \tag{11-2}$$

下面介绍在实际工程应用中常用的典型离散时间信号及其在 MATLAB 中的表示方法。

1．单位脉冲序列

单位脉冲序列的数学定义为

$$\delta(n)=\begin{cases}1,n=0\\0,n\neq 0\end{cases}\tag{11-3}$$

或

$$\delta(n-n_0)=\begin{cases}1,n=n_0\\0,n\neq n_0\end{cases}\tag{11-4}$$

即单位脉冲序列只有在某一个时刻函数值才等于 1，其他时刻均为零。对于公式（11-3）的情况下，单位脉冲序列在时刻 t=0 时函数值为 1，在公式（11-4）的情况下，单位脉冲序列的函数值在 $t=n_0$ 的情况下函数值为 1。

用 MATLAB 编程绘制单位脉冲序列的程序及函数图像分别如下。

MATLAB 程序如下。

```
clear all

N=32;

x=zeros(1,N);

x(1) = 1;

xn=0:N-1;

stem(xn,x)

axis([-1 33 0 1.1]);grid;

title('单位脉冲序列');
```

单位脉冲序列的图像如图 11-3 所示。

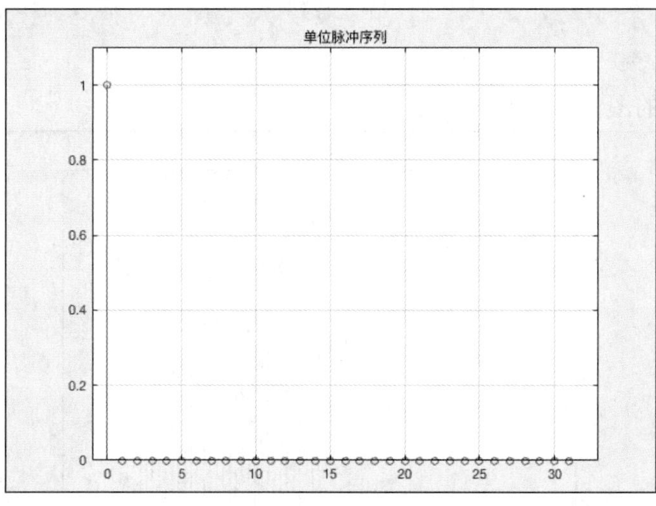

图 11-3　单位脉冲序列图像

2．单位阶跃序列

单位阶跃序列的数学定义为

$$u(n)=\begin{cases}1, n\geqslant 0\\0, n<0\end{cases} \tag{11-5}$$

或

$$u(n-n_0)=\begin{cases}1, n\geqslant n_0\\0, n<n_0\end{cases} \tag{11-6}$$

即单位阶跃序列在大于某一个时刻时，函数值为 1，在小于该时刻的函数值均为 0。根据数学关系我们可以知道，单位阶跃序列和单位脉冲序列的关系如下。

$$\delta(n)=u(n)-u(n-1)$$

$$u(n)=\sum_{k=0}^{\infty}\delta(n-k) \text{ 或 } u(n)=\sum_{k=-\infty}^{n}\delta(k) \tag{11-7}$$

用 MATLAB 编程绘制单位阶跃序列的程序及函数图像分别如下。

MATLAB 程序如下。

```
N=32;
x1=ones(1,N);
x2=zeros(1,N);
x=[x2,x1];
xn=-N:N-1;
stem(xn,x);
grid;
title('单位阶跃序列');
```

单位阶跃序列的图像如图 11-4 所示。

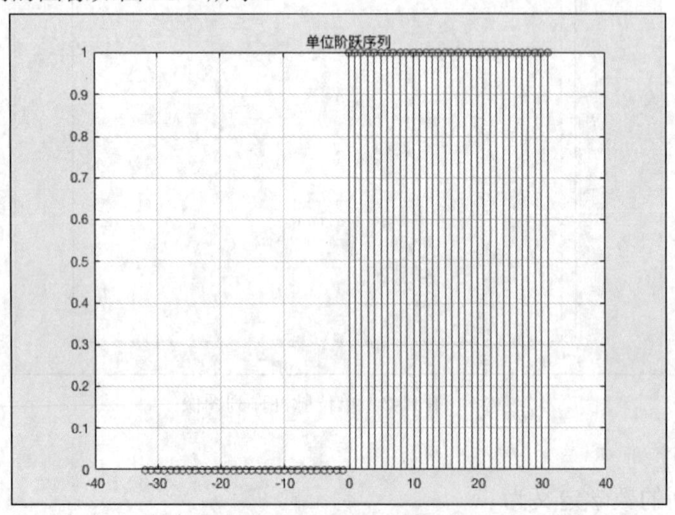

图 11-4　单位阶跃序列图像

3．单位斜坡序列

单位斜坡序列的数学定义为

$$x(n)=\begin{cases}n, n\geqslant 0\\0, n<0\end{cases} \tag{11-8}$$

或

$$x(n-n_0)=\begin{cases}n-n_0, n\geqslant n_0\\0, n<n_0\end{cases} \tag{11-9}$$

即单位斜坡序列在大于某一时刻时，函数值按一定的斜率增长，在小于该时刻时函数值均为 0。

用 MATLAB 编程绘制单位斜坡序列的程序及函数图像分别如下。

MATLAB 程序如下。

```
clear;
N=32;
t=1:N;
x1=t;
x2=zeros(1,N);
x=[x2,x1];
xn=-N:N-1;
stem(xn,x);
grid;
title('单位斜坡序列');
```

单位斜坡序列的图像如图 11-5 所示。

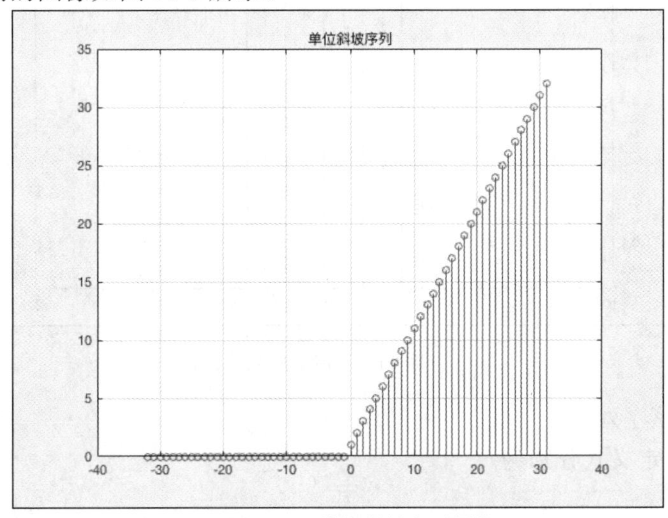

图 11-5　单位斜坡序列图像

4．矩形序列

矩形序列是一种特殊的序列，其数学定义式为

$$R(n)=\begin{cases}1, 0\leqslant n\leqslant N-1\\0, n<0, n\geqslant N\end{cases} \tag{11-10}$$

用 MATLAB 编程绘制矩形序列的程序及函数图像分别如下。

MATLAB 程序如下。

```
clear;
N=10;
x1=ones(1,N);
x2=zeros(1,N);
x3=zeros(1,N);
x=[x2,x1,x3];
xn=-N:2*N-1;
stem(xn,x);
grid;
title('矩形序列');
```

矩形序列的图像如图 11-6 所示。

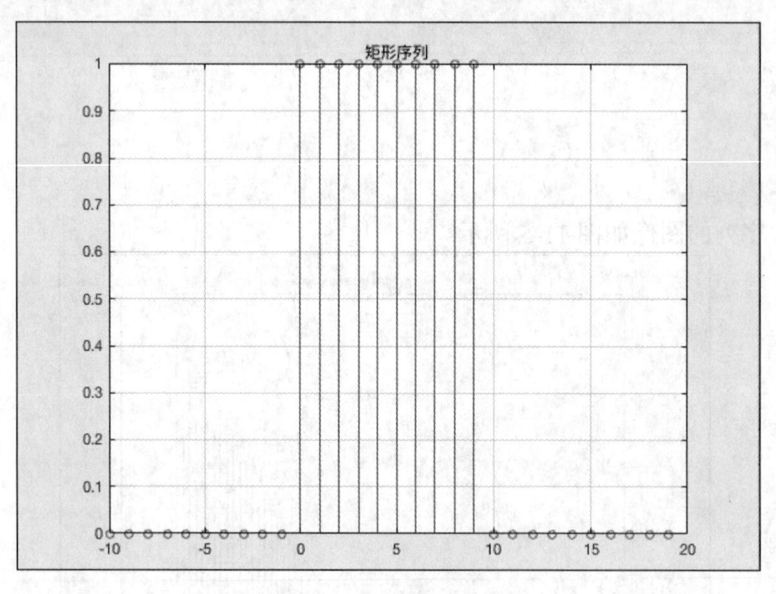

图 11-6　矩形序列图像

5．正弦、余弦序列

正弦和余弦的定义式分别为

$$x(n) = A\sin(\omega_0 n + \varphi)$$
$$x(n) = A\cos(\omega_0 n + \varphi) \tag{11-11}$$

其中，A 为幅度；ω_0 称为数字域频率；φ 为序列的初始相位。在 MATLAB 中，用函数 sin 和 cos 可以实现有限长区间的正弦和余弦序列。

用 MATLAB 编程绘制正弦、余弦序列的程序及函数图像分别如下。

MATLAB 程序如下。

```
clear;
n=-10:50;
y1=2*sin(0.15*pi*n+pi/6);
y2=2*cos(0.15*pi*n+pi/6);
subplot(211);
stem(n,y1);
grid;
title('正弦序列');
subplot(212);
stem(n,y2);
grid;
title('余弦序列');
```

正弦序列、余弦序列的图像如图 11-7 所示。

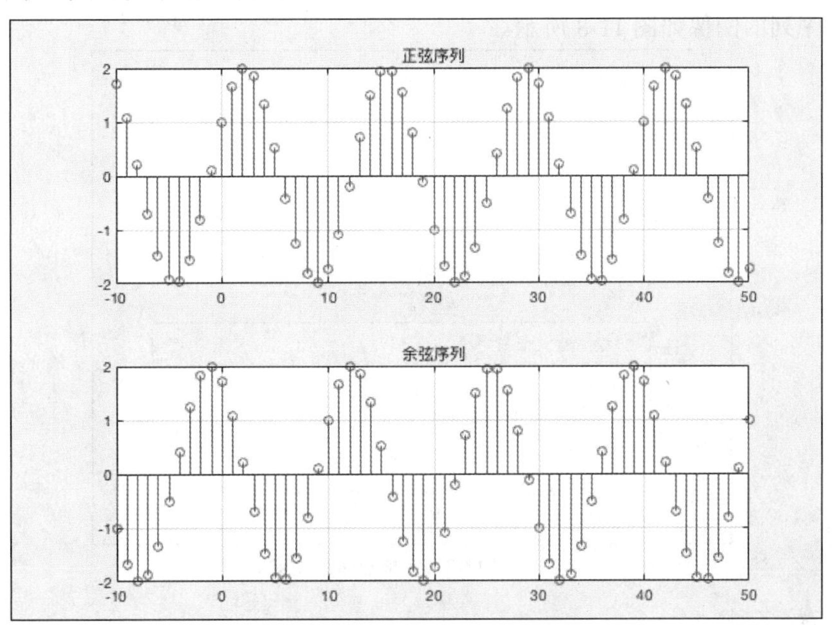

图 11-7　正弦、余弦序列图像

6．实指数序列

实指数序列的表达式为

$$x(n) = a^n \quad \forall n, a \in \mathrm{R} \tag{11-12}$$

若$|a|<1$，$x(n)$的幅度随着 n 的增大而减小，即$x(n)$为收敛序列；当$|a|>1$时，$x(n)$的幅度随着 n 的增大而增大，即$x(n)$为发散序列。

用 MATLAB 编程绘制实指数序列的程序及函数图像分别如下。

MATLAB 程序如下。

```
clear;
n=0:10;
y1=0.5.^n;
y2=2.^n;
subplot(211);
stem(n,y1);
grid;
title('|a|<1');
subplot(212);
stem(n,y2);
grid;
title('|a|>1');
```

实指数序列的图像如图 11-8 所示。

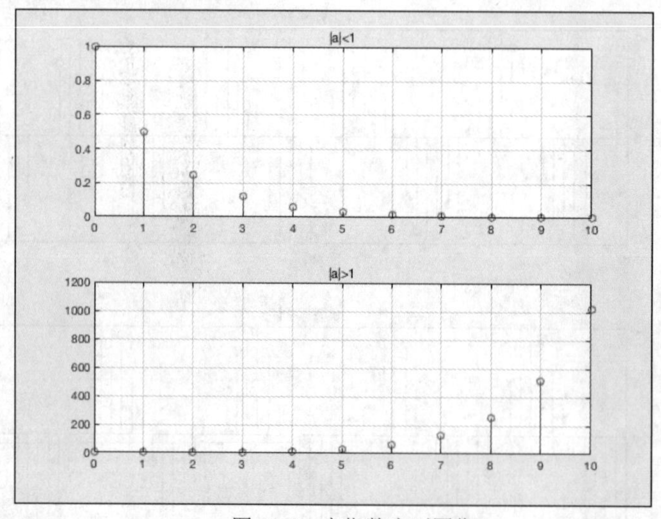

图 11-8　实指数序列图像

7．复指数序列

复指数序列的表达式为

$$x(n) = A\mathrm{e}^{(\sigma+\mathrm{j}\omega_0)n} \tag{11-13}$$

其中，ω_0 为数字域频率；σ 为阻尼系数。

由欧拉公式可以得到复指数序列的另一种表达式为

$$x(n) = \mathrm{e}^{\sigma n}(\cos\omega_0 n + \mathrm{j}\sin\omega_0 n) \tag{11-14}$$

其中，实部 $\mathrm{Re}(n) = \mathrm{e}^{\sigma n}\cos(\omega_0 n)$，虚部 $\mathrm{Im}(n) = \mathrm{j}\mathrm{e}^{\sigma n}\sin(\omega_0 n)$，序列的模 $|x(n)| = \mathrm{e}^{\sigma n}$，幅角为 $\omega_0 n$。在 MATLAB 中，可以采用函数 exp 实现复指数序列。

用 MATLAB 编程绘制复指数序列的程序及函数图像分别如下。

MATLAB 程序如下。

```
clear;
N=32;A=3;a=0.7;w=314;
xn=0:N-1;
x=A*exp((a+j*w)*xn);
figure (1);
stem(xn,x);
grid;
title('复指数序列');
Re_x=real(x);
Im_x=imag(x);
Mag_x=abs(x);
Phase_x=(180/pi)*angle(x);
figure (2);
subplot(221);
stem(xn,Re_x);
title('实部');grid;
subplot(222);
stem(xn,Im_x);grid;
title('虚部');
subplot(223);
stem(xn,Mag_x);grid;
title('幅值');
subplot(224);
```

```
stem(xn,Phase_x);
title('相角');grid;
```

运行得到的复指数序列图像如图 11-9 所示，复指数序列的实部、虚部、幅值和相角图像如图 11-10 所示。

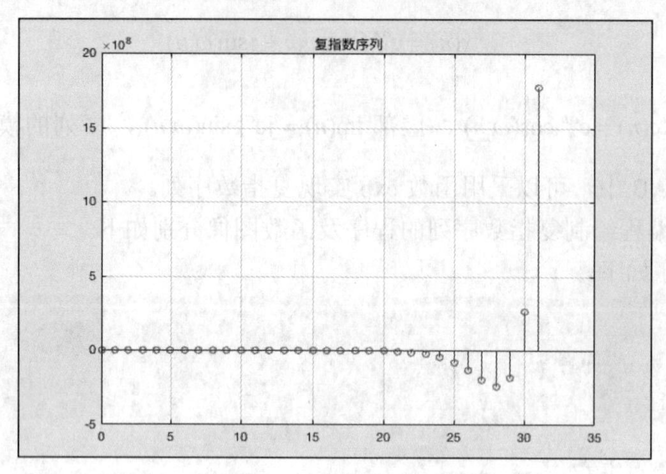

图 11-9　复指数序列图像

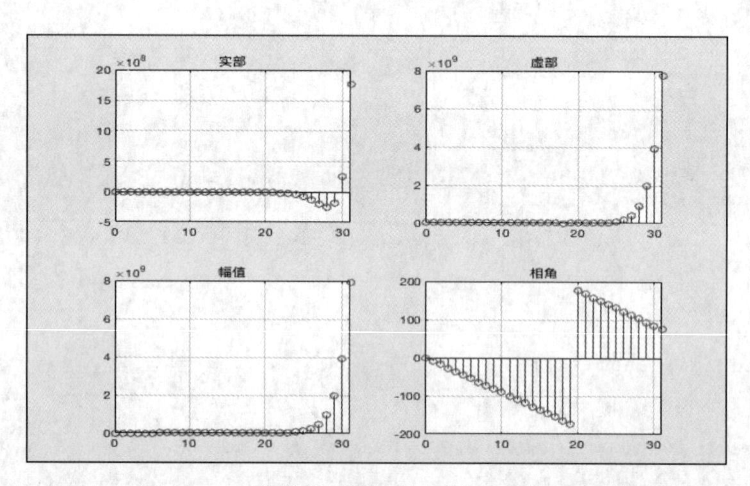

图 11-10　复指数序列的实部、虚部、幅值及相角图像

8．周期序列

若对所有的 n，存在一个最小的正整数 N，满足以下条件：

$$x(n) = x(n+N), -\infty < n < \infty \tag{11-15}$$

则称序列 $x(n)$ 是周期序列，周期为 N。

例如，正弦序列

$$x(n) = \sin\left(\frac{\pi}{4}n\right) = \sin\left(\frac{\pi}{4}(n+4)\right)$$

是周期为 4 的周期序列。

9．随机序列

随机序列是指不含有正常的规律，具有随机性的序列。

在 MATLAB 中，产生随机序列的函数有 rand 和 randn，其调用格式分别如下。

```
x(k)=rand(1,N);        该语句产生[0,1]之间均匀分布的随机序列，长度为N。
x(k)=randn(1,N);       该语句产生均值为0，方差为1，长度为N的高斯分布随机序列。
```

11.1.4　常用信号生成函数

在实际工程应用当中，有时候会用到一些常用的信号，如锯齿波形、三角波、脉冲信号等，因此，MATLAB 为我们提供了一些常用的信号生成函数，具体介绍如下。

1．sawtooth 函数

功能：产生周期为 2π 的锯齿波或三角波。

调用格式：x=sawtooth(t)

x=sawtooth(t,width)

其中，witdth 的取值范围为[0,1]，当 width=0.5 时，产生正三角波形。

2．sinc 函数

功能：产生 sinc 函数波形。

调用格式：y=sinc(x)

3．square 函数

功能：产生周期为 2π，幅值为[-1,1]的方波。

调用格式：　y=square(t)

或　　　　　y=square(t,duty)

其中，t 为时间向量，duty 为正幅值部分占周期的百分数。第一种调用格式产生正方波，第二种调用格式产生带占空比的方波。

4．pulstran 函数

功能：产生脉冲信号。

调用格式：y=pulstran(t,d,‘func’,P1,P2)

其中，t 为时间向量，d 为脉冲串位置向量，P_1、P_2 为与脉冲有关的参数设置，func 为脉冲类型函数，包括 Gauspuls（高斯调制正弦脉冲）、Rectpuls（非周期矩形脉冲）及 Tripuls（非周期三角形脉冲）。

5．diric 函数

功能：生成 dirichlet 或 sinc 周期函数波形。

调用格式：y=diric(x,n)

其中，x 为向量，n 为整数。当 n 为奇数时，函数产生的周期为 2π；当 n 为偶数时，函数产生的周期为 4π。

【实例 11-1】产生周期为 2π、幅值为 1 的标准三角波。

思路·点拨

绘制标准三角波，采用 sawtooth 函数，其调用格式为 x=sawtooth(t,width)。其中 width 的取值必须保证为 0.5，否则不能产生标准三角波。

结果文件——配套资源“Ch11\SL1101”文件

解：程序如下。

```
t=0:0.01:4*pi;
x=sawtooth(t,0.5);
plot(t,x,'r');
grid;title('标准三角形波');
```

标准三角形波如图 11-11 所示。

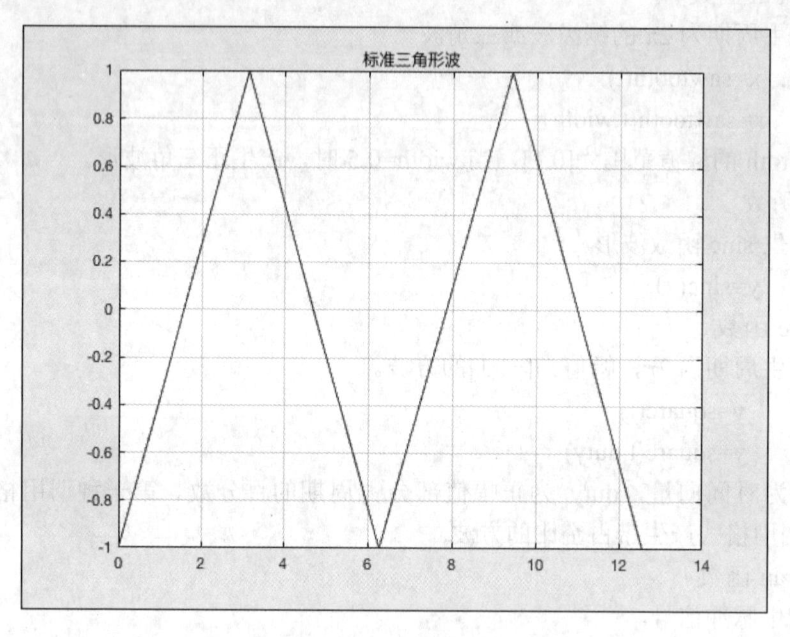

图 11-11　标准三角形波

11.1.5　离散时间信号的相关性

信号的相关性是信号的一个重要特征，在工程实际应用当中，常常需要检测两个信号的相似性或同一个信号在不同时段的相似性，实现信号的识别、检测与提取信号特征，信号的相关性已经广泛应用于声呐、雷达、数字通信及其他工程领域当中。

1．信号的互相关性

两个长度相同、能量有限的信号 $x(n)$ 和 $y(n)$，定义互相关函数为

$$R_{xy}(m)=\sum_{n}x(n)y(n+m) \tag{11-16}$$

即 $R_{xy}(m)$ 在 m 时刻的值等于将信号 $x(n)$ 保持不变，同时将 $y(n)$ 向左移动 m 个抽样周期后，两个信号序列对应相乘再相加的结果。

2．信号的自相关性

由式（11-16）可以看出，如果信号 $y(n)=x(n)$，那么就可以定义信号的自相关函数为

$$R_{xx}(m) = \sum_{n} x(n)x(n+m) \tag{11-17}$$

即信号的自相关性反映了信号 $x(n)$ 与信号自身经过一段时间后 $x(n+m)$ 的相似程度。

3．信号相关性的 MATLAB 实现

在 MATLAB 中，提供了可以计算信号的互相关和自相关的函数 xcorr。

互相关：$R_{xy} = \text{xcorr}(x, y)$ 。

自相关：$R_{xx} = \text{xcorr}(x)$ 。

【实例 11-2】已知有两个序列 $x(n) = \sin\left(\frac{\pi}{4n} + \frac{\pi}{8}\right) + 2\cos\left(\frac{\pi}{5n}\right)$， $y(n) = x(n) + \omega(n)$，其中 $\omega(n)$ 为白噪声，分别计算 $x(n)$、 $y(n)$ 的自相关函数及互相关函数，并绘制相关函数的图像。

思路·点拨

本例题主要有两个内容，一是白噪声的产生函数，二是序列的离散化。白噪声的产生函数为 randn。

结果文件——配套资源“Ch11\SL1102”文件

解：程序如下。

```
n=1:50;
x=sin(pi/4*n+pi/8)+2*cos(pi/5*n);
w=randn(1,length(n));
y=x+w;
Rxx=xcorr(x);
Rxy=xcorr(x,y);
Ryy=xcorr(y);
subplot(221);
plot(x,'r');
hold;
plot(y,'b');
title('原始信号');grid;
subplot(222);
plot(Rxx);
title('信号 x 的自相关函数');grid;
subplot(223);
```

```
plot(Rxy);
title('信号 x 和 y 的互相关函数');grid;
subplot(224);
plot(Ryy);
title('信号 y 的自相关函数');grid;
```

程序的运行结果如图 11-12 所示。

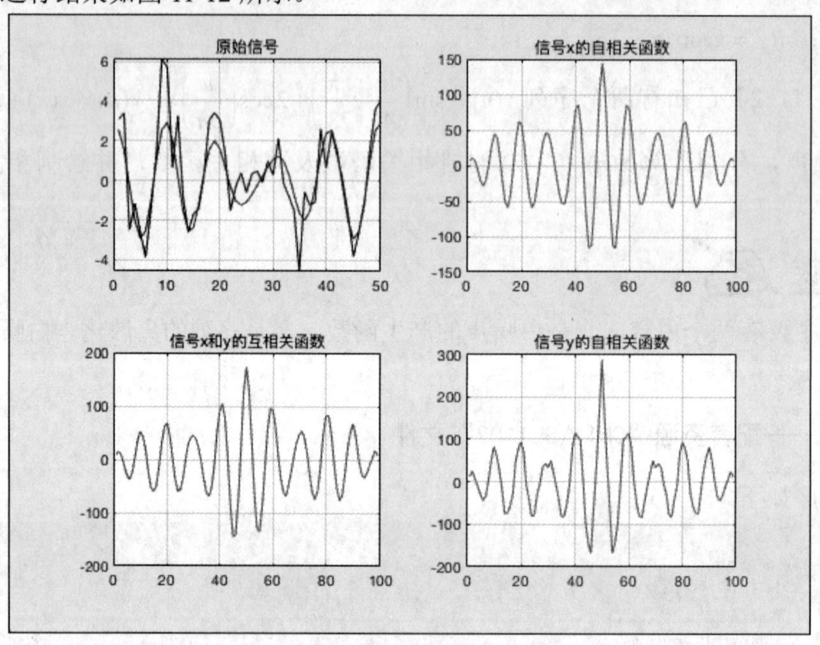

图 11-12　信号的相关性

从信号的相关性函数中可以判断信号中是否含有周期性信号，如本实例中，仅从 $y(n)$的图像中难以看出该信号中含有正余弦分量，然而从其相关性函数中却可以得到判断。因此，在工程实际应用当中，信号的相关性函数经常用来判断信号中是否含有周期性信号。

11.2　序列的傅里叶变换的 MATLAB 实现

11.2.1　序列的傅里叶变换公式

序列的傅里叶变换公式为

$$\begin{cases} x(e^{j\omega}) = \sum_{-\infty}^{+\infty} x(n)e^{-j\omega n} \\ x(n) = \dfrac{1}{2\pi}\int_{-\pi}^{\pi} x(e^{j\omega})e^{-j\omega n}d\omega \end{cases} \tag{11-18}$$

公式（11-18）称为序列 $x(n)$ 的傅里叶变换对，即离散时间信号的傅里叶变换对。公式

（11-18）的第一个式子称为傅里叶正变换，第二个式子称为傅里叶逆变换。第一个式子又可以称为 $x(e^{j\omega})$ 的傅里叶级数展开式，第二个式子又可以称为 $x(n)$ 的傅里叶级数的系数。

傅里叶变换后的频谱用实部和虚部表示如下。

$$X(e^{j\omega}) = X_R(e^{j\omega}) + jX_I(e^{j\omega}) \tag{11-19}$$

频谱用幅度和相位表示如下。

幅度特性：

$$X(\omega) = \left|X(e^{j\omega})\right| = \sqrt{X_R^2(e^{j\omega}) + X_I^2(e^{j\omega})} \tag{11-20}$$

相位特性：

$$\varphi(\omega) = \arg[X(e^{j\omega})] = \arg\frac{X_I(e^{j\omega})}{X_R(e^{j\omega})} \tag{11-21}$$

【实例 11-3】 求序列 $x(n) = R_N(n)$ 的傅里叶变换。

思路·点拨

由傅里叶变换的公式可以得到

$$R_N(e^{j\omega}) = \sum_{-\infty}^{\infty} R_N(n)e^{-j\omega n} = \sum_{0}^{N-1} e^{-j\omega n} = \frac{1-e^{-j\omega N}}{1-e^{-j\omega}}$$

同时也可以得到其幅值与相位的函数

$$R_N(e^{j\omega}) = \frac{\sin\omega N}{\sin\frac{\omega}{2}}$$

$$\arg[R_N(e^{j\omega})] = -\omega(N-1)/2$$

现用 MATLAB 计算序列 $x(n) = R_N(n)$ 的傅里叶变换，并绘制其幅值、相位，以及实部、虚部的函数图像。

结果文件——配套资源“Ch11\SL1103”文件

解：程序如下。

```
%傅里叶变换
%产生矩形序列
N=10;
x1=ones(1,N);x2=zeros(1,N);x3=zeros(1,N);
x=[x2,x1,x3];
xn=-N:2*N-1;
%利用矩阵-向量乘法求傅里叶变换
```

```
k=-N:1:2*N-1;
w=(pi/500)*k;
X=x*(exp(-j*pi/500)).^(xn'*k);
%实部、虚部、幅值及相角
magX=abs(X);
subplot(221);
stem(xn,magX);title('幅值');grid;
angleX=angle(X);
subplot(222);
stem(xn,angleX);title('相角');grid;
realX=real(X);
subplot(223);
stem(xn,realX);title('实部');grid;
imagX=imag(X);
subplot(224);
stem(xn,imagX);title('虚部');grid;
```

MATLAB 的运行结果如图 11-13 所示。

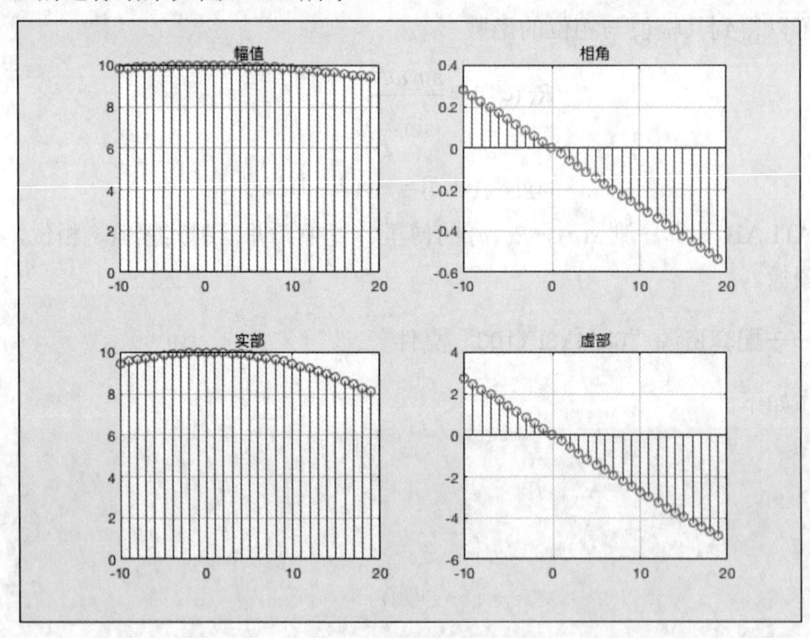

图 11-13　矩形序列的幅值、相角、实部及虚部

11.2.2　周期序列离散傅里叶级数及傅里叶变换的 MATLAB 实现

周期序列的傅里叶级数表示为

$$\begin{cases}\tilde{X}(k)=\mathrm{DFS}[\tilde{x}(n)]=\sum_{n=0}^{N-1}\tilde{x}(n)\mathrm{e}^{-\mathrm{j}\frac{2\pi}{N}kn}\\ \tilde{x}(n)=\mathrm{IDFS}[\tilde{X}(k)]=\frac{1}{N}\sum_{n=0}^{N-1}\tilde{X}(k)\mathrm{e}^{\mathrm{j}\frac{2\pi}{N}kn}\end{cases}\qquad(11\text{-}22)$$

公式（11-22）称为周期序列的傅里叶变换对，将 $\mathrm{e}^{-\mathrm{j}\frac{2\pi}{N}}$ 简记为 W_N，即 $W_N=\mathrm{e}^{-\mathrm{j}\frac{2\pi}{N}}$，那么离散周期信号的傅里叶变换对可以表示为

$$\begin{cases}\tilde{X}(k)=\mathrm{DFS}[\tilde{x}(n)]=\sum_{n=0}^{N-1}\tilde{x}(n)W_N^{kn}\\ \tilde{x}(n)=\mathrm{IDFS}[\tilde{X}(k)]=\frac{1}{N}\sum_{n=0}^{N-1}\tilde{X}(k)W_N^{-kn}\end{cases}\qquad(11\text{-}23)$$

公式（11-23）表明，对于一个有限长周期序列，我们只需要计算一个周期内的信号变化情况，就可以知道其他周期内的情况。因此，对于周期信号，只有 N 个序列值是有用的，从另一方面来说，周期序列与有限长序列有着本质的联系。

在利用 MATLAB 计算周期序列时，我们引入矩阵 W_N 来计算周期序列的傅里叶变换，该矩阵称为正交酉矩阵，也称为 DFS 矩阵，W_N^* 表示其共轭矩阵。W_N 矩阵的定义如下。

$$W_N=[W_N^{kn},0\leqslant(k,n)\leqslant N-1]$$

$$W_N=\begin{bmatrix}1 & 1 & 1 & \cdots & 1\\ 1 & W_N^1 & W_N^2 & \cdots & W_N^{N-1}\\ \vdots & \vdots & \vdots & & \vdots\\ 1 & W_N^{N-1} & W_N^{2(N-1)} & \cdots & W_N^{(N-1)^2}\end{bmatrix}$$

$$W_N^*\triangleq[W_N^{-kn},0\leqslant(k,n)\leqslant N-1]\qquad(11\text{-}24)$$

利用正交酉矩阵可以在 MATLAB 中很方便地计算出周期序列的傅里叶变换。

【实例 11-4】假设序列 $x(n)=\begin{cases}n(0\leqslant n\leqslant 4)\\ 0(\text{其他})\end{cases}$ 是以周期为 5 的周期序列，求该周期序列的离散傅里叶级数，并以计算的结果反推该序列的傅里叶级数的反变换。

思路·点拨

离散序列 $x(n)$ 为周期序列，我们只取一个周期的信号进行傅里叶变换即可，这是由周期信号的周期性所决定的。周期为 5，即 N=5。通过计算正交酉矩阵就可以方便地利用

MATLAB 计算傅里叶级数。

结果文件——配套资源“Ch11\SL1104”文件

解：离散周期序列的傅里叶正变换程序如下。

```
xn=[0,1,2,3,4];N=5;
n=[0:1:N-1];k=[0:1:N-1];
Wn=exp(-j*2*pi/N);
nk=n'*k;
Wnk=Wn.^nk;
Xk=xn*Wnk
```

程序的运行结果如下。

```
Xk =
  10.0000 + 0.0000i  -2.5000 + 3.4410i  -2.5000 + 0.8123i  -2.5000 - 0.8123i
-2.5000 - 3.4410i
```

离散周期序列的傅里叶反变换程序如下。

```
X=[10.00 -2.50+3.4410i -2.50+0.8123i -2.50-0.8123i -2.50-3.4410i];
N=5;
n=[0:1:N-1];k=[0:1:N-1];
Wn=exp(-j*2*pi/N);
nk=n'*k;
Wnk=Wn.^(-nk);
xn=Xk*(Wnk/N)
```

程序的运行结果如下。

```
xn =
    0.0000 - 0.0000i    1.0000 + 0.0000i    2.0000 - 0.0000i    3.0000 -
0.0000i   4.0000 + 0.0000i
```

11.3 利用 Z 变换分析信号和系统频域特性的 MATLAB 实现

Z 变换（z-transformation）可将时域信号（即离散时间序列）变换为在复频域的表达式。它在离散时间信号处理中的地位，如同拉普拉斯变换在连续时间信号处理中的地位。离散时间信号的 *Z* 变换是分析线性不变离散时间系统问题的重要工具，在数字信号处理、计算机控制系统等领域有着广泛的应用。

11.3.1 Z 变换的定义

同许多的积分变换一样，*Z* 变换分为双边变换和单边变换，定义分别如下。

1．双边变换

离散时间序列 $x[n]$ 的双边 Z 变换定义为

$$X(Z)=Z\{x[n]\}=\sum_{n=-\infty}^{+\infty}x[n]Z^{-n} \tag{11-25}$$

式中，$Z=\mathrm{e}^{\sigma+\mathrm{j}\omega}=\mathrm{e}^{\sigma}(\cos\omega+\mathrm{j}\sin\omega)$，$\sigma$ 为实变数，ω 为实变量，所以 Z 是一个幅度为 e^{σ}、相位为 ω 的复变量。所以 $x[n]$ 与 $X(Z)$ 构成一个 Z 变换对。

2．单边变换

通常意义下的 Z 变换指的是双边变换，单边 Z 变换只对右边序列（$n\geqslant 0$ 部分）进行 Z 变换。单边 Z 变换可以看成是双边变换的特例。对于因果序列，双边 Z 变换与单边 Z 变换是相同的。

单边 Z 变换的定义为

$$X(Z)=Z\{x[n]\}=\sum_{n=0}^{+\infty}x[n]Z^{-n} \tag{11-26}$$

Z 变换的逆变换定义为

$$x[n]=\frac{1}{2\pi\mathrm{j}}\int_{C}X(Z)Z^{n-1}\mathrm{d}z \quad C\in(R_{X-},R_{X+}) \tag{11-27}$$

逆变换是对 Z 进行的围线积分，积分路径 C 是一条在 $X(Z)$ 收敛环域 (R_{X-},R_{X+}) 以内逆时针方向绕原点一周的单围线。

11.3.2　Z 变换的收敛域

一般序列的 Z 变换不一定对任意的 z 值都存在。Z 变换存在的充分必要条件是级数绝对可和。那么使得级数绝对可和，即使得序列存在 Z 变换的 z 的取值就定义为 Z 变换的收敛域。由 Z 变换的表达式及其对应的收敛域才能确定原始序列。收敛域的公式为

$$\mathrm{ROC}=\left\{z:\left|\sum_{n=-\infty}^{+\infty}x[n]z^{-n}<\infty\right|\right\} \tag{11-28}$$

收敛域一般是由两个圆所围成的环形区域，既可以向内收缩到原点，也可以向外扩展到无穷大，当 $x[n]=\delta[n]$ 时，收敛域为整个 Z 平面。

常用的 Z 变换对如表 11-1 所示。

表 11-1　常用的 Z 变换对

序号	信号 $x[n]$	Z 变换	收敛域
1	$\delta[n]$	1	所有的 Z
2	$\delta[n-n_0]$	Z^{-n_0}	$Z\neq 0$

续 表

序号	信号 $x[n]$	Z 变换	收敛域
3	$a^n u[n]$	$\frac{1}{1-aZ^{-1}}$	$\lvert Z\rvert > a$
4	$-a^n u[-n-1]$	$\frac{1}{1-aZ^{-1}}$	$\lvert Z\rvert < a$
5	$\cos(\omega_0 n)u[n]$	$\frac{1-Z^{-1}\cos\omega_0}{1-2Z^{-1}\cos\omega_0+Z^{-2}}$	$\lvert Z\rvert > 1$
6	$\sin(\omega_0 n)u[n]$	$\frac{1-Z^{-1}\sin\omega_0}{1-2Z^{-1}\cos\omega_0+Z^{-2}}$	$\lvert Z\rvert > 1$
7	$nu[n]$	$\frac{Z^{-1}}{(1-Z^{-1})^2}$	$\lvert Z\rvert > 1$

11.3.3 Z 变换的性质

Z 变换具有线性性、序列移位、时域卷积、频移、频域微分等性质，这些性质对于解决实际问题非常有用。将 Z 变换的性质加以总结，如表 11-2 所示。

表 11-2　　Z 变换的性质

序号	序列	Z 变换	收敛域	说明
1	$x[n]$	$X(Z)$	$R_{X-} < \lvert Z\rvert < R_{X+}$	
2	$y[n]$	$Y(Z)$	$R_{Y-} < \lvert Z\rvert < R_{Y+}$	
3	$ax[n]+by[n]$	$aX(Z)+bY(Z)$	$\max(R_{X-},R_{Y-}) < \lvert Z\rvert < \min(R_{X+},R_{Y+})$	线性性
4	$x[-n]$	$X\left(\frac{1}{Z}\right)$	$\frac{1}{R_{X-}} < \lvert Z\rvert < \frac{1}{R_{X+}}$	时域反转
5	$x[n]*y[n]$	$X(Z)Y(Z)$	$\max(R_{X-},R_{Y-}) < \lvert Z\rvert < \min(R_{X+},R_{Y+})$	序列卷积
6	$x[n]y[n]$	$\frac{1}{2\pi j}\int_C X(v)*Y\left(\frac{Z}{v}\right)v^{-1}dv$	$R_{X-}R_{Y-} < \lvert Z\rvert < R_{X+}R_{Y+}$	序列相乘
7	$x^*[n]$	$X^*(Z^*)$	$R_{X-} < \lvert Z\rvert < R_{X+}$	序列共轭
8	$nx[n]$	$-Z\frac{dX(Z)}{dZ}$	$R_{X-} < \lvert Z\rvert < R_{X+}$	频域微分
9	$x[n+n_0]$	$Z^{n_0}X(Z)$	$R_{X-} < \lvert Z\rvert < R_{X+}$	序列移位
10	$x[0]=X(\infty)$		因果序列 $\lvert Z\rvert > R_{X-}$	初值定理
11	$x[\infty]=\mathrm{Re}\,s(X(Z),1)$		$(Z-1)X(Z)$ 收敛于 $\lvert Z\rvert > 1$	终值定理

11.3.4　Z 变换的 MATLAB 求解

在 MATLAB 的符号分析工具箱（SymbolicToolbox）中，提供的基于围线积分法求取 Z 变换的函数有 ztrans 和 iztrans。具体的调用语法和功能如下。

```
FZ=ztrans(fn,n,z);      求时域序列 f（n）的 Z 变换 F（Z）。
Fz=iztrans(FZ,z,n);     求频域序列 F（Z）的 Z 逆变换 f（n）。
```

【实例 11-5】 求序列 $x(n)=6\times\left(1-\left(\frac{1}{2}\right)^n\right)$ 的 Z 变换及其反变换。

思路·点拨

本实例属于简单的 Z 变换，使用函数 ztrans 和 iztrans 就可以计算。本题采用符号计算方法来计算。

结果文件——配套资源“Ch11\SL1105”文件

解： 程序如下。

```
syms n z
gn=6*(1-(1/2)^n);
G=simplify(ztrans(gn,n,z))
inv_FD=iztrans(G,z,n)
```

程序的运行结果如下。

```
正变换：
(6*z)/(z - 1) - (6*z)/(z - 1/2)
反变换：
Inv_FD =

6 - 6*(1/2)^n
```

MATLAB 除了提供函数 iztrans 计算 Z 变换的逆变换之外，还提供了函数 impz 及 residuez 来计算逆变换，分别介绍如下。

1．函数 impz

函数 impz 提供了时域序列的样本，假设该序列为因果序列，其主要调用格式如下。

```
[h,t]=impz(num,den)
[h,t]=inpz(num,den,L)
[h,t]=impz(num,den,L,FT)
```

其中，num 和 den 是按 z^{-1} 的升幂排列的分子和分母多项式系数的行向量；L 为所求逆变换的样本数；FT 为单位为 Hz 的给定抽样频率，默认值为 1。输出参数 h 是包含从样本 n=0 开始的逆变换的样本向量，t 为 h 的长度。

【实例 11-6】利用函数 impz 计算 $X(z)=\frac{2z+1}{z^2-4z+1}$ 在 $|z|>1$ 时的逆变换。

思路·点拨

利用函数 impz 计算 Z 变换的逆变换时，其中 num 和 den 的参数必须是按照 z^{-1} 的升幂排列，否则计算结果是错误的。将 $X(z)=\frac{2z+1}{z^2-4z+1}$ 分子分母同时除以 z^2，可以得到 $X(z)=\frac{2z^{-1}+z^{-2}}{1-4z^{-1}+z^{-2}}$，因此可以得到 num=[0,2,1]，den=[1,-4,1]。

结果文件——配套资源“Ch11\SL1106”文件

解：程序如下。

```
num=[0,2,1];
den=[1,-4,1];
[h,t]=impz(num,den);
disp('x(n)的样本序号');disp(t');
disp('x(n)的样本向量');disp(h');
```

程序的运行结果如下。

```
x(n)的样本序号
  0    1    2    3    4    5    6    7    8    9

x(n)的样本向量
  0         2         9         34         127         474         1769
6602      24639      91954
```

2．函数 residuez

函数 residuez 适合计算离散系统有理函数的留数和极点，可以用于求解序列的逆 Z 变换。其主要的调用格式如下。

```
[r,p,c]=residuez(b,a)
```

其中，b 为分子多项式的系数，a 为分母多项式的系数，取值均按 z 的降幂排列。输出参数 r 是极点的留数，p 是极点，c 是无穷多项式的系数项，仅当 $M \geqslant N$ 时存在。

【实例 11-7】利用函数 residuez 计算 $X(z)=\frac{2z+1}{z^2-4z+1}$ 的逆 Z 变换。

思路·点拨

利用函数 residuez 计算逆变换时，必须保证输入参数 b、a 是分子、分母的多项式系数，且是按 z 的降幂排列。将序列 $X(z)=\frac{2z+1}{z^2-4z+1}$ 的分子、分母同时除以 z^2，可以得到

$X(z)=\dfrac{2z^{-1}+z^{-2}}{1-4z^{-1}+z^{-2}}$，那么 b=[0,2,1]，a=[1,−4,1]。

结果文件——配套资源“Ch11\SL1107”文件

解：程序如下。

```
b=[0,2,1];
a=[1,-4,1];
[r,p,c]=residuez(b,a);
disp('留数 r:');disp(r');
disp('极点:');disp(p');
disp('系数项:');disp(c');
```

程序的运行结果如下。

```
留数 r:
    0.6547   -1.6547

极点:
    3.7321    0.2679

系数项:
     1
```

11.3.5　利用 Z 变换求解差分方程

线性常系数差分方程的一般形式为

$$\sum_{k=0}^{N}a_k y(n-k)=\sum_{k=0}^{N}b_r x(n-r) \tag{11-29}$$

差分方程的解一般分为稳态解、暂态解及通解。

（1）稳态解：输入序列 $x(n)$的初始状态为 0，对公式（11-29）取 Z 变换，然后求取逆 Z 变换，即可求解稳态解。

$$\sum_{k=0}^{N}a_k Y(z)z^{-k}=\sum_{k=0}^{N}b_r X(z)z^{-r} \tag{11-30}$$

化简得

$$Y(z)=\frac{\sum_{k=0}^{N}b_r z^{-r}}{\sum_{k=0}^{N}a_k z^{-k}}X(z)=H(z)X(z) \tag{11-31}$$

其中，$H(z)$ 称为系统函数。

那么，通过求解公式（11-31）的逆 Z 变换，可以求得稳态解 $y(n)$为

$$y_1(n)=Z^{-1}(Y(z)) \tag{11-32}$$

（2）暂态解：对于差分方程的暂态解，如果方程的阶数为 N，那么就必须知道 N 个初始条件。若输入为 0，那么暂态解由初始状态引起的响应决定，记为 $y_2(n)$ 。

（3）通解为稳态解与暂态解的和，即

$$y(n)=y_1(n)+y_2(n) \tag{11-33}$$

MATLAB 数字信号处理工具箱提供了计算差分方程的两个函数，分别为 filter 与 filtic，用来求解差分方程的通解。

1．filter 函数

调用格式如下。

y = filter(b,a,X)

[y,zf] = filter(b,a,X)

[y,zf] = filter(b,a,X,zi)

其中，X 为输入序列的系数向量，b 为系统函数的分子，a 为分母，y 为输出的通解。输出的 zf 为最终状态矢量，zi 为指定的初始状态。

2．filtic 函数

调用格式如下。

z = filtic(b,a,y,x)

z = filtic(b,a,y)

其中，b、a 分别为系统函数的分子和分母，y 为输出 y 的过去值向量，x 为输入 x 的过去值向量，初始的 z 为初始状态值。

【实例 11-8】若描述离散系统的差分方程为

$$y(n)+\frac{1}{2}y(n-1)-\frac{1}{2}y(n-2)=x(n)$$

已知激励响应 $x(n)=2^n u(n)$，求解系统的差分方程。

思路·点拨

求解系统的差分方程，首先必须将差分方程进行 Z 变换，求取系统函数 $H(z)$，然后采用函数 filter 求解系统的差分方程即可。

结果文件——配套资源“Ch11\SL1108”文件

解：对方程进行 Z 变换，求得系统函数为

$$H(z)=\frac{1}{1+\frac{1}{2}z^{-1}-\frac{1}{2}z^{-2}}$$

MATLAB 程序如下。

```
num=[1];den=[1,1/2,-1/2];
```

```
N=20;
n=[0:N-1];
x=2.^n;
y=filter(num,den,x);
stem(n,y);grid;
```

程序的运行结果如图 11-14 所示。

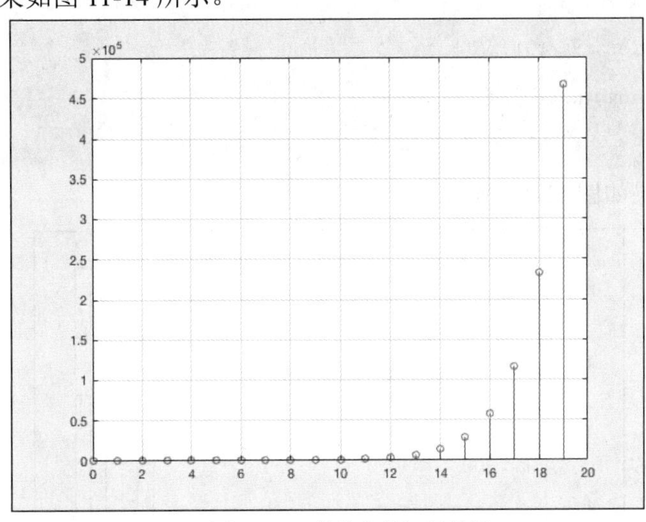

图 11-14　差分方程运行结果

【实例 11-9】已知描述系统的差分方程为

$$y(n)-0.4y(n-1)-0.5y(n-2)=2x(n)+1.2x(n-1)-x(n-2)$$

其中，$x(n)=1.2^n u(n)$，初始状态 $y(-1)=1$，$y(-2)=0$，$x(-1)=1$，$x(-2)=2$，求解该方程。

思路·点拨

求解离散系统的差分方程，首先必须求解系统的系统函数，然后利用函数 filter 或 filtic 来求解该差分方程。

结果文件——配套资源“Ch11\SL1109”文件

解：求解系统函数 $H(z)$：

$$(1-0.4z^{-1}-0.5z^{-2})Y(z)=(2+1.2z^{-1}-z^{-2})X(z)$$

求得系统函数为

$$H(z)=\frac{2+1.2z^{-1}-z^{-2}}{1-0.4z^{-1}-0.5z^{-2}}$$

MATLAB 程序如下。

```
num=[2,1.2,-1];
```

```
den=[1,-0.4,-0.5];
x0=[1,2];
y0=[1,0];
N=30;
n=[0:N-1];
x=1.2.^n;
Zi=filtic(num,den,y0,x0);
[y,Zf]=filter(num,den,x,Zi);
stem(n,y);grid;
```

程序的运行结果如图 11-15 所示。

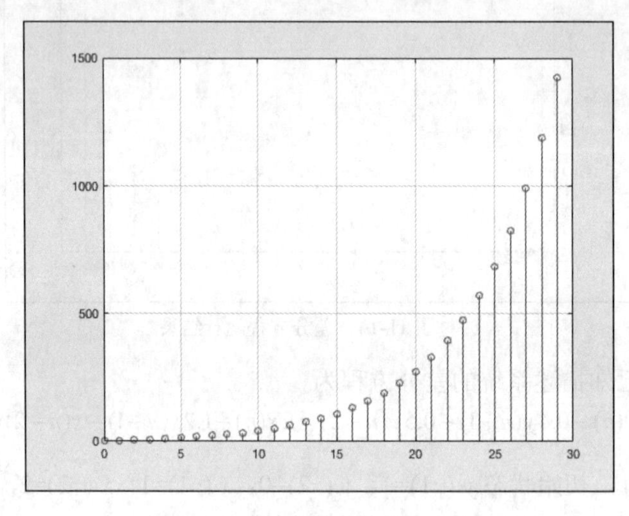

图 11-15 带有初始条件的差分方程的解

11.3.6 利用 Z 变换分析系统频域特性

对于 N 阶系统的差分方程，对其进行 Z 变换，可以获得该系统的系统函数的一般表示形式：

$$H(z)=\frac{Y(z)}{X(z)}=\frac{\sum_{i=0}^{M}b_i z^{-i}}{\sum_{i=0}^{N}a_i z^{-i}} \tag{11-34}$$

对公式（11-34）采用因子的形式表示，可以表示为

$$H(z)=A\frac{\prod_{i=1}^{M}(1-c_i z^{-1})}{\prod_{i=1}^{N}(1-d_i z^{-1})} \tag{11-35}$$

其中，c_i、d_i 为系统函数 $H(z)$ 在 Z 平面上的零点和极点，A 为比例常数。系统函数可以由它的全部的零极点唯一确定。

在 MATLAB 中，数字信号处理工具箱提供了函数 tf2zpk 和 zpk2tf 来计算系统的系统函数。函数的具体用法介绍如下。

1．tf2zpk 函数

该函数用来确定系统函数经过 Z 变换之后的零极点和增益，调用格式如下。

[z,p,k]=tf2zpk(b,a)

其中，输入参数 b 为系统函数的分子多项式的系数向量，输入参数 a 为系统函数的分母多项式的系数向量。输出参数 z 是零点，p 是极点，k 是增益值。

2．zpk2tf 函数

该函数用来由 Z 变换的零极点和增益值确定 Z 变换的系数，调用格式如下。

[b,a]=zpk2tf(z,p,k)

具体的参数说明和 tf2zpk 一样。

【实例 11-10】已知系统的差分方程为

$$y(n)-2y(n-1)+0.7y(n-2)=x(n)+1.5x(n-1)$$

确定系统的 Z 变换的零极点及增益值，并判断系统的稳定性。

思路·点拨

本题首先必须将差分方程化为系统函数的形式，按 Z 的降幂排列；其次是采用函数 tf2zpk 确定系统的零极点和增益值；判断系统的稳定性的主要依据是系统的零极点位置是否都分布于单位圆内；零极点图采用函数 zplane 绘制。

结果文件——配套资源“Ch11\SL1110”文件

解：计算系统函数。

$$H(z)=\frac{1+1.5z^{-1}}{1-2z^{-1}+0.7z^{-2}}$$

MATLAB 程序如下。

```
b=[1,-2,0.7];
a=[1,1.5];
[z,p,k]=tf2zpk(b,a);
disp('零点');disp(z');
disp('极点');disp(p');
disp('增益');disp(k);
zplane(z,p);
```

程序的运行结果如下。

```
零点
    1.5477    0.4523
```

极点

```
     0   -1.5000
```

增益

```
     1
```

零极点分布图如图 11-16 所示。

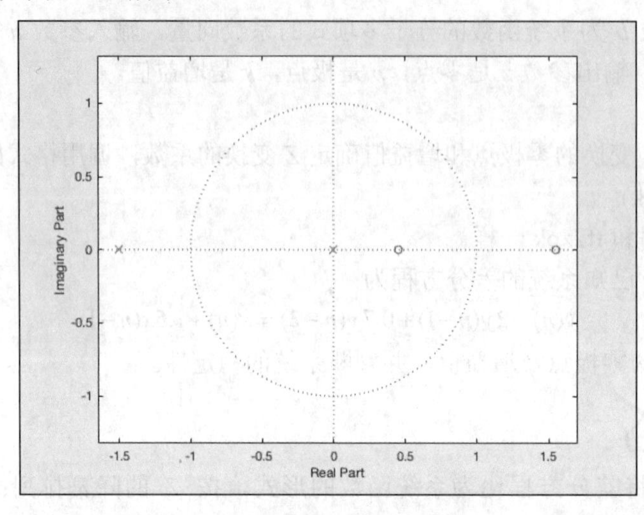

图 11-16　零极点分布图

由零极点分布图可以看出，系统函数的零极点不是都位于单位圆里面，因此该系统是不稳定的系统。

离散系统的频率响应是指当离散线性时不变系统的输入是频率为 ω 的复指数序列时，输出为同频率的复指数序列乘以加权函数 $H(e^{j\omega})$，其中 $H(e^{j\omega})$ 为一个与系统特性有关的量，称为系统的单位脉冲响应的频率响应。它表示的是复指数序列通过系统后幅度和相位随着 ω 的变化情况。

在 MATLAB 中，利用函数 freqz 计算系统的频率响应，其主要的调用格式如下。

```
[H,W]=freqz(b,a,N)
[H,W]=freqz(b,a,N, 'whole')
H=freqz(b,a,W)
```

其中，b、a 分别表示系统函数的分子多项式和分母多项式，返回的参数 H、W 为 N 点频率矢量和复数频率响应矢量，'whole'表示返回整个单位圆上 N 点等间距的频率矢量 W 和复数频率矢量 H，当 W 为输入参数时，返回指定频段 W 上的频率矢量 H 通常在[0,π]的范围内。

【实例 11-11】已知系统的差分方程为

$$y(n)-1.2y(n-1)+0.7y(n-2)=x(n)+0.5x(n-1)$$

计算系统函数的零极点、增益，判断系统的稳定性，并绘制系统的频率响应曲线。

思路·点拨

本题首先仍然需要将差分方程化为系统函数，确定分子、分母的系数向量；利用函数 tf2zpk 确定零极点和增益的值；利用函数 zplane 绘制 z 平面的零极点图；最后利用函数 freqz 计算系统的频率响应。

结果文件——配套资源“Ch11\SL1111”文件

解：计算得到系统函数为：

$$H(z)=\frac{1+0.5z^{-1}}{1-1.2z^{-1}+0.7z^{-2}}$$

MATLAB 程序如下。

```
a=[1,-1.2,0.7];
b=[1,0.5];
[z,p,k]=tf2zpk(b,a);
disp('零点');disp(z');
disp('极点');disp(p');
disp('增益');disp(k);
figure (1) ;
zplane(z,p);
figure (2) ;
N=256;
[H,w]=freqz(b,a,N,'whole');
magH=abs(H(1:N));
phaseH=angle(H(1:N));
w=w(1:N);
subplot(211);
plot(w/pi,magH);grid;title('幅度响应曲线');
subplot(212);
plot(w/pi,phaseH);grid;title('频率响应曲线');
```

程序的运行结果如下。

```
零点
        0   -0.5000

极点
   0.6000 - 0.5831i   0.6000 + 0.5831i
```

增益

    1

零极点分布图和频率响应曲线如图 11-17、图 11-18 所示。

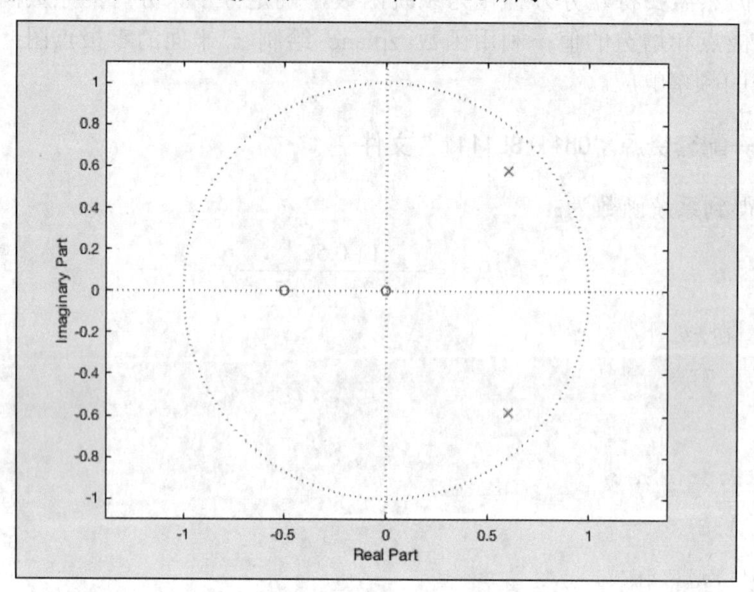

图 11-17　零极点分布图

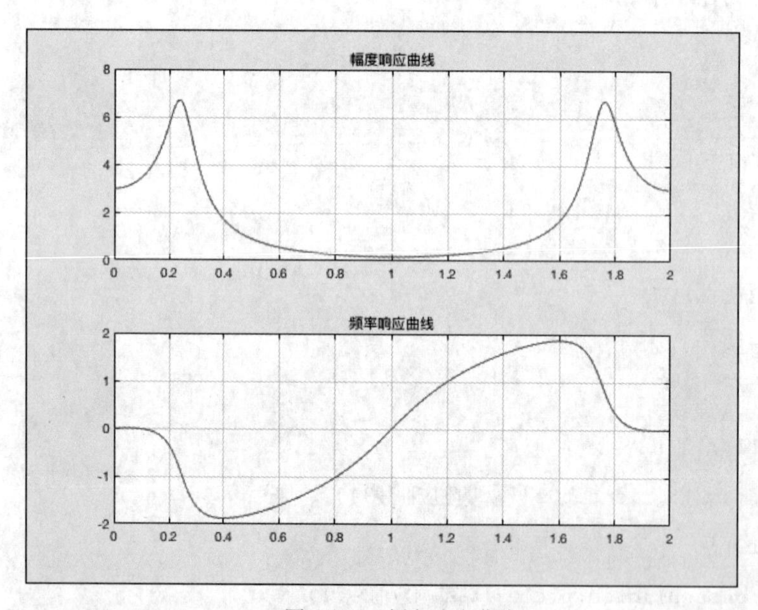

图 11-18　频率响应曲线

由零极点分布图可以得出，该系统是稳定的。

11.4　离散傅里叶变换（DFT）的 MATLAB 实现

离散傅里叶变换（DFT），是傅里叶变换在时域和频域上都呈现离散的形式，将时域信号的采样变换为在离散时间傅里叶变换（DTFT）频域的采样。在形式上，变换两端（时域和频域上）的序列是有限长的，而实际上这两组序列都应当被认为是离散周期信号的主值序列。即使对有限长的离散信号作 DFT，也应当将其看作经过周期延拓成为周期信号再作变换。在实际应用中通常采用快速傅里叶变换以高效计算 DFT。

11.4.1　DFT 的定义和性质

一、定义

长度为 N 的有限长序列 $x(n)$，其离散傅里叶变换仍然是一个长度为 N 的有限长序列，它们的关系为

$$\begin{cases} X(k) = \mathrm{DFT}[x(n)] = \sum_{n=0}^{N-1} x(k) W_N^{kn} (0 \leqslant k \leqslant N-1) \\ x(n) = \mathrm{IDFT}[X(k)] = \frac{1}{N} \sum_{k=0}^{N-1} X(k) W_N^{-kn} (0 \leqslant n \leqslant N-1) \end{cases} \tag{11-36}$$

$x(n)$ 与 $X(k)$ 是一个有限长离散傅里叶变换对，已知 $x(n)$ 就能唯一确定 $X(k)$。同样地，已知 $X(k)$ 也能唯一确定 $x(n)$。实际上，$x(n)$ 与 $X(k)$ 都是长度为 N 的序列，都有 N 个独立值，因而具有等量的信息。有限长序列隐藏着周期性。

二、性质

假设 $x(n)$ 与 $y(n)$ 都是长度为 N 的有限长序列，其各自的离散傅里叶变换分别为

$$X(k) = \mathrm{DFT}(x(n))$$
$$Y(k) = \mathrm{DFT}(y(n))$$

（1）线性性。

序列 $x(n)$、$y(n)$ 满足线性性，即

$$DFT[ax(n) + by(n)] = aX(k) + bY(k) \tag{11-37}$$

其中，a、b 为任意常数。

（2）循环移位。

有限长序列 $x(n)$ 的循环移位定义为

$$f(n) = x((n+m))_N R_N(n) \tag{11-38}$$

其含义如下。

① $x((n+m))_N$ 表示 $x(n)$ 的周期延拓序列 $\tilde{x}(n)$ 的移位：

$$x((n+m))_N = \tilde{x}(n+m) \tag{11-39}$$

② $x((n+m))_N R_N(n)$ 表示对移位的周期序列 $x((n+m))_N$ 取主值序列，所以 $f(n)$ 仍然是一个长度为 N 的有限长序列。$f(n)$ 实际上可以看作是序列 $x(n)$ 排列在一个 N 等分的圆上，并顺时针旋转 m 位。

（3）循环卷积。

若 $F(k) = X(k)Y(k)$，则

$$f(n) = \mathrm{IDFT}[F(k)] = \sum_{m=0}^{N-1} x(m) y((n-m))_N R_N(n) \tag{11-40}$$

或

$$f(n)=\text{IDFT}[F(k)]=\sum_{m=0}^{N-1}y(m)x((n-m))_N R_N(n) \tag{11-41}$$

同样地，若 $f(n)=x(n)y(n)$，则

$$\begin{aligned}F(k)=\text{DFT}[f(n)]&=\frac{1}{N}\sum_{l=0}^{N-1}X(l)Y((k-l))_N R_N(k)\\&=\frac{1}{N}\sum_{l=0}^{N-1}Y(l)X((k-l))_N R_N(k)\end{aligned} \tag{11-42}$$

（4）共轭对称性。

设 $x^*(n)$ 为序列 $x(n)$ 的共轭复数序列，则

$$\text{DFT}[x^*(n)]=X^*(N-k) \tag{11-43}$$

11.4.2 DFT 的 MATLAB 实现

【实例 11-12】设有限长序列 $x(n)$=[0,1,2,3,4,5,6,7]，试利用 MATLAB 求序列 $x(n)$ 的 DFT 和 IDFT 变换。

思路·点拨

本题主要采用定义计算序列 $x(n)$ 的离散傅里叶变换，关键在于 W_N^{kn} 的表示。利用函数 abs 和 angle 来计算傅里叶变换的幅度和相角。

结果文件——配套资源“Ch11\SL1112”文件

解：MATLAB 程序如下。

```
xn=[0,1,2,3,4,5,6,7];
N=length(xn);
n=0:N-1;
k=0:N-1;
Xk=xn*exp(-j*2*pi/N).^(n'*k);
x=(Xk*exp(j*2*pi/N).^(n'*k))/N;
subplot(221);
stem(n,xn);
grid;title('x(n)');
subplot(222);
stem(n,abs(x));
grid;title('IDFT|X(k)|');
```

```
subplot(223);
stem(n,abs(Xk));
grid;title('|X(k)|');
subplot(224);
stem(n,angle(Xk));
grid;title('angleX');
```

程序的运行结果如图 11-19 所示。

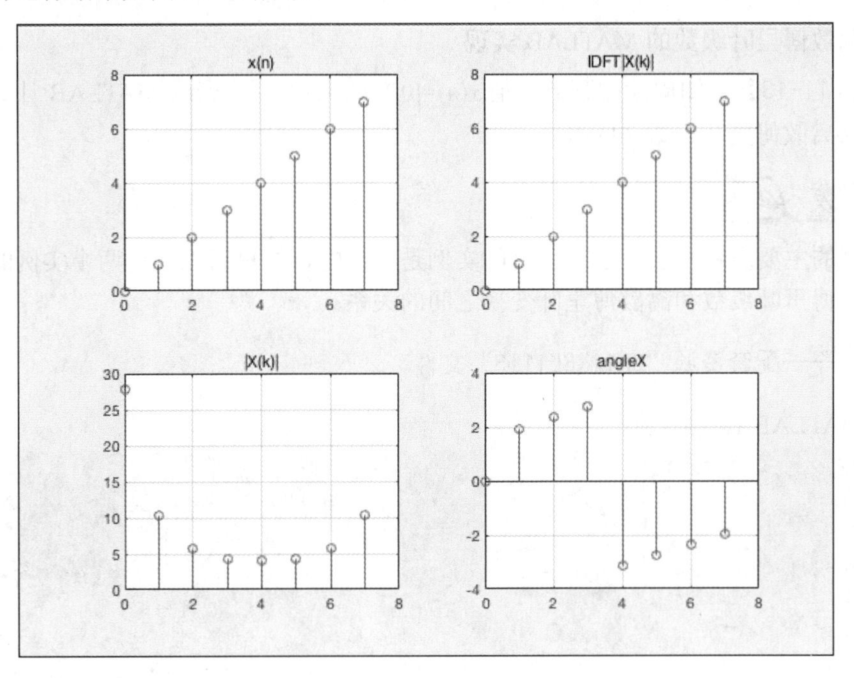

图 11-19　序列的离散傅里叶变换

11.4.3　离散傅里叶级数及其 MATLAB 实现

一、离散傅里叶级数（DFS）的定义

一个周期为 N 的周期序列，即

$$\tilde{x}(n)=\tilde{x}(n+kN)$$

其中，k 为任意整数，N 为周期。

周期序列不能进行 Z 变换，因为其在 $n=-\infty$ 和 $n=+\infty$ 都是周而复始永不衰减的，即 Z 平面上没有收敛域。但是，正像连续时间周期信号可以用傅里叶级数表示，周期序列也可以用傅里叶级数表示，也即用周期为 N 的正弦序列来表示。

一个周期序列的离散傅里叶级数的变换可以表示为

$$\begin{cases}\tilde{x}(n)=\mathrm{IDFS}[\tilde{X}(k)]=\dfrac{1}{N}\sum\limits_{n=0}^{N-1}\tilde{X}(k)\mathrm{e}^{\mathrm{j}(2\pi/N)nk}\\ \tilde{X}(k)=\mathrm{DFS}[\tilde{x}(n)]=\sum\limits_{n=0}^{N-1}\tilde{x}(n)\mathrm{e}^{-\mathrm{j}(2\pi/N)nk}\end{cases} \tag{11-44}$$

DFS 变换公式表明，一个周期序列虽然是无穷长序列，但是只要知道一个周期内的信号变换情况，其他周期内的变换情况与该周期的变化情况是一样的。所以这种无穷长序列实际上只有 N 个序列值的信息是有用的，因此，周期序列与有限长序列有着本质的联系。离散傅里叶级数的性质与前面所讲的离散傅里叶变换的性质是一样的。

二、离散傅里叶级数的 MATLAB 实现

【实例 11-13】 已知周期序列的主值 $x(n)$=[0,1,2,3,4,5,6,7]，利用 MATLAB 计算周期重复次数为 4 的离散傅里叶级数（DFS）。

思路·点拨

本实例的主要思路与上一小节所讲的实例是一样的，这里可以通过两个实例的计算结果来对比离散傅里叶级数和离散傅里叶变换之间的关系。

结果文件——配套资源“Ch11\SL1113”文件

解：MATLAB 程序如下。

```
xn=[0,1,2,3,4,5,6,7];
N=length(x);
n=0:4*N-1;
k=0:4*N-1;
xn1=xn(mod(n,N)+1);
Xk=xn1*exp(-j*2*pi/N).^(n'*k);
subplot(221);
stem(xn);
title('原始主值信号');
subplot(222);
stem(n,xn1);
title('周期序列信号');
subplot(223);
stem(k,abs(Xk));
title('|X(k)|');
subplot(224);
stem(k,angle(Xk));
```

```
title('angleX');
```

程序的运行结果如图 11-20 所示。

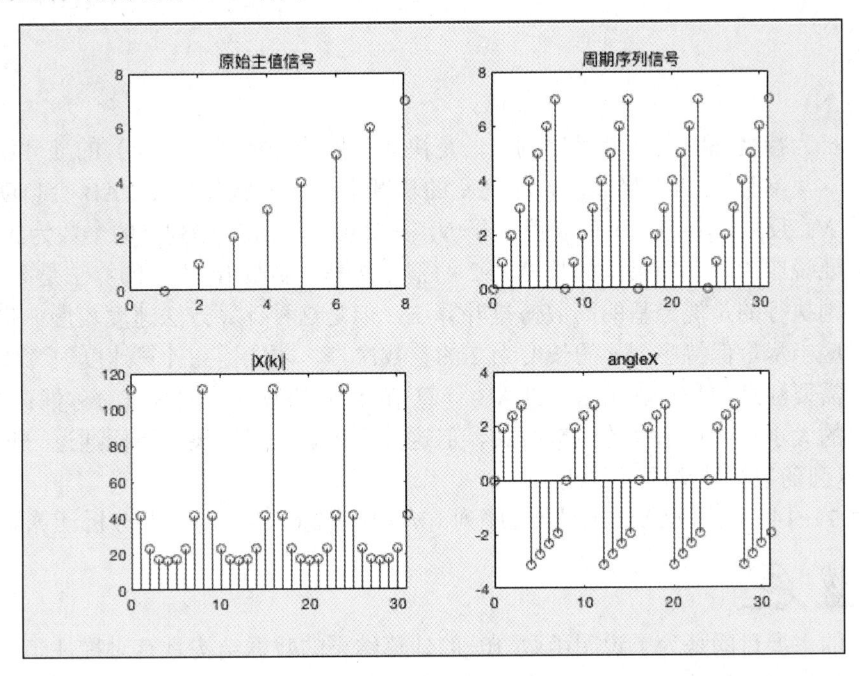

图 11-20　离散傅里叶级数

比较图 11-19 与图 11-20，有限长序列 $x(n)$ 可以看成是周期序列 $\tilde{x}(n)$ 的一个周期；反之，周期序列 $\tilde{x}(n)$ 可以看成是有限长序列 $x(n)$ 以 N 为周期的周期延拓。频域上的情况也是相同的。从这个意义上来说，周期序列只有有限个序列值有意义。

11.5　快速傅里叶变换及其应用的 MATLAB 实现

快速傅里叶变换（FFT），是离散傅里叶变换的快速算法，它是根据离散傅里叶变换的特性，对离散傅里叶变换的算法进行改进而获得的一种新的算法。它对傅里叶变换的理论并没有根本上的改进，但是对于在计算机系统中的应用，可以说前进了一大步。傅里叶变换的理论与方法在“数理方程”“线性系统分析”“信号处理”“仿真”等科学领域都有着广泛的应用，由于计算机只能处理有限长的离散序列，所以真正在计算机上运算的是一种离散傅里叶变换。虽然傅里叶变换在各个方面都有着广泛的应用，但是它的计算过于复杂，大量的计算对于系统的运算负担过于庞大。然而，快速傅里叶变换的产生，使得傅里叶变换大为简化，大大提高了系统的运算速度，增强了系统的综合能力，因此，快速傅里叶变换在生产和生活中的应用更为广泛，学习掌握快速傅里叶变换有着非常重要的意义。本节将着重讲解快速傅里叶变换的基本用法及快速傅里叶变化的其他应用。

11.5.1　快速傅里叶变换的基本用法

MATLAB 数字信号处理工具箱中提供了函数 fft 和 ifft，分别用于计算快速傅里叶变换及其逆变换。这两个函数的主要调用格式如下。

y=fft(x)

y=fft(x,N)

y=ifft(x)

y=ifft(x,N)

其中，x 为待处理的数字信号序列，y 是快速傅里叶变换（逆变换）的处理结果，长度与 x 相同。这里参数 N 为正整数，若序列 x 的长度小于 N，那么 MATLAB 会自动将该序列的个数补至 N；反之，若序列 x 的长度大于 N，那么参与计算的序列 x 的个数为 N。

这里需要说明的是，如果 x 的长度为 2 的整数次幂，函数 fft 执行的算法是高速基-2FFT 算法；反之则执行的是混合基的离散傅里叶算法，但是这种计算方法速度较慢。也就是说，计算的时候应当尽量保持序列 x 的长度为 2 的整数次幂，才能提高计算速度。

同样，需要注意的是：利用 MATLAB 计算 fft 返回的数据结构具有对称性；进行 fft 分析时，幅值的大小与计算选择的点数有关，但这并不影响分析结果。下面通过一道实例来分析利用 fft 返回的数据结构的对称性。

【实例 11-14】利用 MATLAB 分析序列 $x(n)=[4,3,2,6,7,8,9,0]$，并分析计算结果。

思路·点拨

本实例的主要目的是为了说明函数 fft 的计算结果的数据结构具有对称性。注意这里的对称性指的是结构对称性。

结果文件——配套资源“Ch11\SL1114”文件

解：MATLAB 程序如下。

```
xn=[4 2 3 6 7 8 9 0];
N=8;
n=0:N-1;
y=fft(xn)
```

程序的运行结果如下。

```
y =
  1 至 6 列

  39.0000 + 0.0000i -11.4853 + 6.0000i  -1.0000 - 4.0000i   5.4853 -
6.0000i  7.0000 + 0.0000i  5.4853 + 6.0000i

  7 至 8 列

  -1.0000 + 4.0000i -11.4853 - 6.0000i
```

从计算结果可以看出，计算结果 y 的第一个数对应的是直流分量，即频率值为 0；第 5 个数对应的是归一化频率 1。由采样定理可知，如果某个信号的归一化频率大于 1，那么该信号就会出现折叠或频率重复。因此，计算结果中的 1～5 个数据对应的归一化频率为 0～1，而余下的数据对应的是负频率。y 值是以 Nyquist 频率（即归一化频率）为轴对称的。

11.5.2　快速傅里叶变换的应用举例

【实例 11-15】某信号由频率为 20Hz、幅值为 1 的正弦信号和频率为 40Hz、幅值为 1.5 的正弦信号组成。数据采样频率 F_s=200Hz，利用快速傅里叶变换分析该信号，绘制出采样点分别为 N=128 的幅频图及 N=512 的幅频图。

思路·点拨

本实例用到的函数主要包括快速傅里叶变换 fft，求幅值函数 abs。另外本题可以说明当采样点不同时，幅值也是不相同的。

结果文件——配套资源“Ch11\SL1115”文件

解：MATLAB 程序如下。

```
clear;
fs=100;
%采样点个数 N=128
N=128;
n=0:N-1;t=n/fs;
x=sin(2*pi*20*t)+1.5*sin(2*pi*40*t);
y1=fft(x,N);
mag=abs(y1);
f=n*fs/N;
subplot(221);
plot(f,mag);
xlabel('频率 Hz');
ylabel('幅值');title('N=128');grid;
subplot(222);
plot(f(1:N/2),mag(1:N/2));
xlabel('频率 Hz');
ylabel('幅值');title('N=128');grid;
%采样点个数 N=512
N=512;
n=0:N-1;t=n/fs;
```

```
x=sin(2*pi*20*t)+1.5*sin(2*pi*40*t);
y2=fft(x,N);
mag=abs(y2);
f=n*fs/N;
subplot(223);
plot(f,mag);
xlabel('频率 Hz');
ylabel('幅值');title('N=512');grid;
subplot(224);
plot(f(1:N/2),mag(1:N/2));
xlabel('频率 Hz');
ylabel('幅值');title('N=512');grid;
```

程序的运行结果如图 11-21 所示。

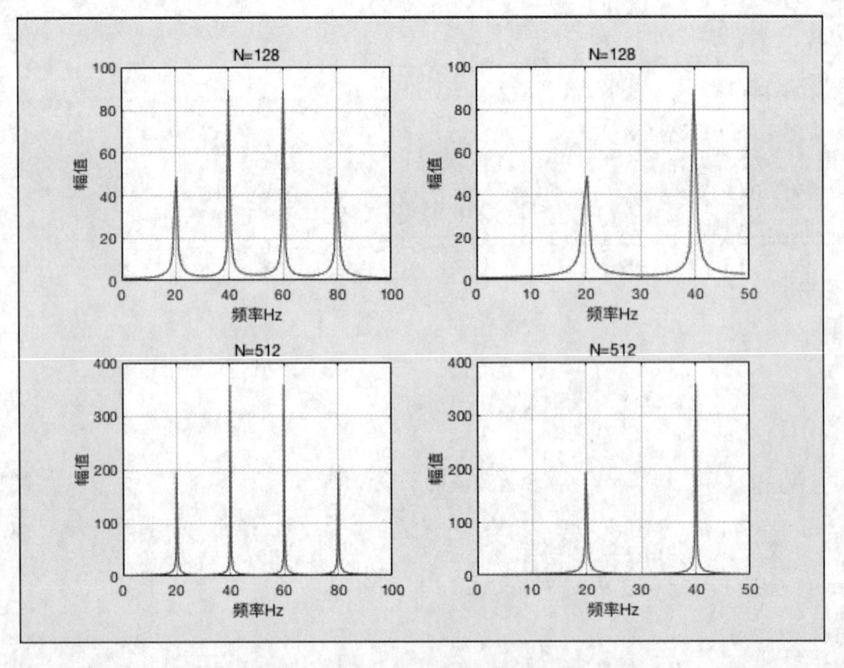

图 11-21　合成信号的傅里叶变换

从图 11-21 中可以看出，快速傅里叶变换的计算结果是以 Nyquist 频率为对称轴的，因此利用 fft 对信号做频谱分析时，只需计算 0～Nyquist 频率的范围内的数据特性即可。同样从图中可以看出，采用不同的数据点个数，幅值的大小也是不一样的，但是仍然满足一定的比例关系。例如，原始信号的幅值比值为 1∶1.5，同一张图中计算结果的幅值比值也为 1∶1.5。

【实例 11-16】验证快速傅里叶分析中所用数据长度不同时，对傅里叶变换结果的影响。原始信号为

$$x = \sin(40\pi t) + 1.5\sin(80\pi t)$$

已知采样频率为 F_s=200Hz，绘制下列情况下的 FFT 的幅频图。

（1）数据个数为 NData=32，FFT 所采用的采样点数 N=32。

（2）数据个数为 NData=32，FFT 所采用的采样点数 N=128。

（3）数据个数为 NData=128，FFT 所采用的采样点数 N=256。

（4）数据个数为 NData=128，FFT 所采用的采样点数 N=512。

思路·点拨

数据点个数与 FFT 所采用的采样点数的关系对分析的结果有着很明显的影响。当数据点个数与 FFT 采用的点一致时，频率的分辨率较低，没有由于添加零而导致的其他的频率成分；当数据点个数小于分析点数据个数时，函数会自动将数据点补零至分析数据的个数，频谱中会出现其他的成分，分辨率增高。当数据个数大于分析数据的个数时，函数会自动将数据截断，只保留前 N 个值（这里的 N 指的是分析所采用的数据个数）。

结果文件——配套资源“Ch11\SL1116”文件

解：MATLAB 程序如下。

```
clear;
fs=100;
%数据个数 NData=32,N=32
NData=32;N=32;
n=0:N-1;t=n/fs;
x=sin(2*pi*20*t)+1.5*sin(2*pi*40*t);
y=fft(x,N);
mag=abs(y);
f=(0:N-1)*fs/N;
subplot(221);
plot(f(1:N/2),mag(1:N/2)*2/N);
xlabel('Hz');ylabel('mag');
title('NData=32,N=32');grid;
%数据个数 NData=32,N=128
NData=32;N=128;
n=0:N-1;t=n/fs;
x=sin(2*pi*20*t)+1.5*sin(2*pi*40*t);
y=fft(x,N);
mag=abs(y);
```

```
f=(0:N-1)*fs/N;
subplot(222);
plot(f(1:N/2),mag(1:N/2)*2/N);
xlabel('Hz');ylabel('mag');
title('NData=32,N=128');grid;
%数据个数 NData=128, N=64
NData=128;N=64;
n=0:N-1;t=n/fs;
x=sin(2*pi*20*t)+1.5*sin(2*pi*40*t);
y=fft(x,N);
mag=abs(y);
f=(0:N-1)*fs/N;
subplot(223);
plot(f(1:N/2),mag(1:N/2)*2/N);
xlabel('Hz');ylabel('mag');
title('NData=128,N=256');grid;
%数据个数 NData=128, N=512
NData=128;N=512;
n=0:N-1;t=n/fs;
x=sin(2*pi*20*t)+1.5*sin(2*pi*40*t);
y=fft(x,N);
mag=abs(y);
f=(0:N-1)*fs/N;
subplot(224);
plot(f(1:N/2),mag(1:N/2)*2/N);
xlabel('Hz');ylabel('mag');
title('NData=128,N=512');grid;
```

程序的运行结果如图 11-22 所示。

从运算结果中可以看出，在对信号进行频谱分析时，数据样本应该保证足够多，一般应取的 FFT 程序中的数据与原始信号中的数据点个数相同，这样才能保证频谱图具有较高的质量，减少因为补零或是截断对分析结果的影响。

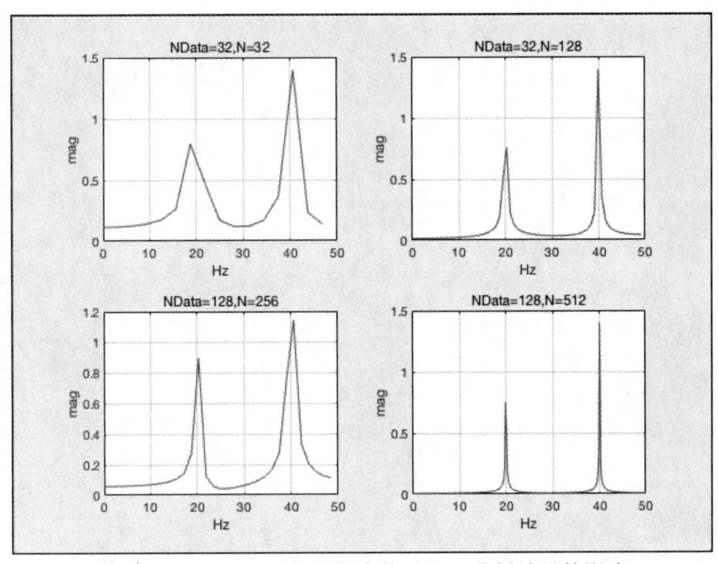

图 11-22 不同的数据个数对 FFT 分析结果的影响

【实例 11-17】信号识别：已知某测量信号为

$$x(t)=1.2\sin(60\pi t)+2\sin(90\pi t)+w(t)$$

其中，$w(t)$是均值为零的随机信号，即噪声信号。若采样频率为 1000Hz，数据点个数为 1024，试利用快速傅里叶变换绘制信号的频谱图。

思路·点拨

本实例的主要目的是验证含有噪声信号下，利用快速傅里叶变换识别测量信号中含有的信号的频率。本题假设某测量信号是已知的，但是含有随机噪声信号。

结果文件——配套资源“Ch11\SL1117”文件

解：MATLAB 程序如下。

```
clear;
fs=1000;N=1024;
n=0:N-1;t=n/fs;
%原始信号
x=1.2*sin(2*pi*30*t)+2*sin(2*pi*45*t)+randn(1,length(t));
y=fft(x,N);
mag=abs(y);
f=n*fs/N;
subplot(311);
plot(f,x);
xlabel('f/Hz');ylabel('x(t)');
```

```
title('FFT');
subplot(312);
plot(f(1:N/2),mag(1:N/2));
xlabel('f/Hz');ylabel('mag');
title('FFT');
%不含噪声信号
x=1.2*sin(2*pi*30*t)+2*sin(2*pi*45*t);
y=fft(x,N);
mag=abs(y);
f=n*fs/N;
subplot(313);
plot(f(1:N/2),mag(1:N/2));
xlabel('f/Hz');ylabel('mag');
title('不含噪声信号 FFT');
```

程序的运行结果如图 11-23 所示。

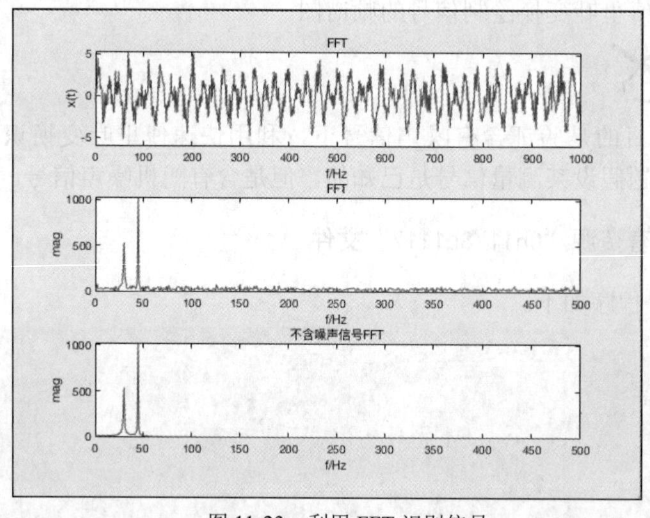

图 11-23　利用 FFT 识别信号

从计算结果可以看出，在第一子图的原始信号中，我们并不知道里面含有两个不同的正弦信号，通过对原始信号进行快速傅里叶变换，可以发现在频率 35Hz 和 50Hz 处，有两个明显的峰值，因此，可以断定在这两个频率处含有频率为 35Hz 和 50Hz 的正弦信号。从第三个图中，可以验证我们的计算结论是正确的。因此，对于含有噪声的原始测量信号，可以通过快速傅里叶变换判断是否存在正弦信号，以及正弦信号的频率值。

【实例 11-18】运用 FFT 进行滤波。已知测量信号为

$x(t)=0.5\sin(4\pi nd_t)+\cos(20\pi nd_t)+0.3\sin(40\pi ndt), d_t=0.02\text{Hz}$，试根据 FFT 及 IFFT 滤除频率为 10Hz 的波，绘出原始信号的波形和幅值谱，滤波后的波形和幅值谱。

思路·点拨

根据快速傅里叶逆变换，我们可以把频率域的信号转化为时间域，从而得到与原信号长度相同的时间序列。因此，快速傅里叶变换进行简单的滤波操作的原理是将 FFT 变换的结果的某频率值设置为 0，其相位信息保持不变，那么我们就可以去除某频率或某频率范围内的波形。这里需要注意的是，进行 FFT 计算一般只考虑 Nyquist 频率之前的频率。本题将频率区间设置为 8~12Hz。

结果文件——配套资源“Ch11\SL1118”文件

解：MATLAB 程序如下。

```
clear;
dt=0.02;N=1024;
n=0:N-1;t=n*dt;f=n/(N*dt);
x=0.5*sin(2*pi*2*t)+cos(2*pi*10*t)+0.3*sin(2*pi*10*t);
subplot(221);
plot(t,x);
xlabel('t/s');ylabel('x(t)');
title('原始信号');
y=fft(x);
mag=abs(y);
subplot(222);
plot(f,mag*2/N);
xlabel('f/Hz');ylabel('mag');title('振幅');
%频率的上限和下限
f1=8;f2=12;
yy=zeros(1,length(y));
%滤除频率区间的波形和大于 Nyquist 频率的波形
for m=0:N-1
    if(m/(N*dt)>f1 & m/(N*dt)<f2 | (m/(N*dt)>(1/dt-f2) &m/(N*dt)<(1/dt-f1)))
        yy(m+1)=0;
    else
        yy(m+1)=y(m+1);
    end
end
```

```
subplot(224);
plot(f,abs(yy));
xlabel('f/Hz');ylabel('mag');
title('滤波后的幅频图');
%快速傅里叶变换
y1=real(ifft(yy));
subplot(223);
plot(t,y1);
xlabel('t/s');ylabel('y1(t)');
title('滤波后时间域波形');
```

程序的运行结果如图 11-24 所示。

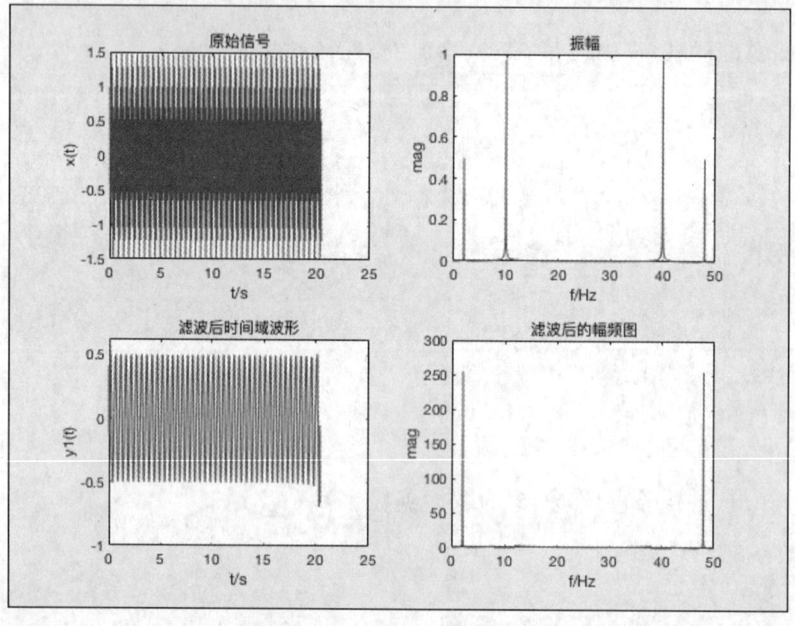

图 11-24　快速傅里叶的简单滤波应用

由程序的运行结果可以看到，快速傅里叶变换能够很好地滤除频率范围之内的波形，滤波效果是相当好的。但是，这种滤波算法的计算速度并没有其他的滤波方法来得快，因而不能够得到很好的应用。

11.6　无限脉冲响应数字滤波器的设计及 MATLAB 实现

数字滤波器是由数字乘法器、加法器和延时单元组成的一种算法或装置。数字滤波器的功能是对输入的离散信号的数字代码进行运算处理，以达到改变信号频谱的目的。数字滤波器是数字信号处理技术的重要内容，基本上所有的工程项目都会涉及数字信号处理，涉及信号处理必然会涉及滤波技术。数字滤波器是按照程序计算信号，达到滤波的目的。通过对数字滤波器的存储器编写程序，就可以实现各种滤波功能。对数字滤波器来说，增加功能就是增加程序，不用增加元件，不受元件误差的影响，对低频信号的处理也不用增加芯片的体积。用数字滤波方法可以摆脱模拟滤波器被元件限制的困扰。相比于模拟滤波器，数字滤波器具有更高精度、高可靠性、可程控改变特性或复用、便于集成等优点，数字滤波器在语音信号处理、图像信号处理、医学生物信号处理及其他工程应用领域都得到了广泛的应用。

11.6.1　数字滤波器概述

一、数字滤波器的工作原理

数字滤波器是一个离散时间系统，输入的信号 $x(n)$ 是一个离散时间序列，那么输出的信号 $y(n)$ 同样也是一个离散时间序列。假设数字滤波器的系统函数为 $H(z)$，其脉冲响应为 $h(n)$，那么，在时间域内有如下的关系：

$$y(n) = x(n) \otimes h(n) \tag{11-45}$$

在 Z 域内，有如下的关系：

$$Y(z) = X(z)H(z) \tag{11-46}$$

其中，$X(z)$、$Y(z)$ 为输入信号 $x(n)$、输出信号 $y(n)$ 的 Z 变换。

在频域内，有如下的关系：

$$Y(\mathrm{j}\omega) = X(\mathrm{j}\omega)H(\mathrm{j}\omega) \tag{11-47}$$

其中，$H(\mathrm{j}\omega)$ 为数字滤波器的频率特性；$X(\mathrm{j}\omega)$、$Y(\mathrm{j}\omega)$ 分别为输入信号 $x(n)$、输出信号 $y(n)$ 的频谱。

数字滤波器的两个重要指标为通带和阻带。

通带：$X(\mathrm{j}\omega)$ 与频率特性 $H(\mathrm{j}\omega)$ 的乘积在频率响应为 1 的那些频段值仍为 $X(\mathrm{j}\omega)$，亦即这些频段可以无阻碍地通过滤波器，该频带称为通带。

阻带：$X(\mathrm{j}\omega)$ 与频率特性 $H(\mathrm{j}\omega)$ 的乘积在频率响应为 1 的那些频段值仍为 0，即不管频带的大小如何，通过滤波器之后，其值均为零，也即该频段里的振动不能通过滤波器，该频段称为阻带。

数字信号滤波器的工作原理如图 11-25 所示。

图 11-25　数字信号滤波器的工作原理

二、数字滤波器的分类

数字滤波器在时间域上可以分为无限脉冲响应数字滤波器（IIR 滤波器）和有限脉冲响应数字滤波器（FIR 滤波器）。按频率特性分类，可以将数字信号滤波器分为低通、高通、带通、带阻和全通等类型。

IIR 数字滤波器的传递函数为

$$H(z)=\frac{Y(z)}{X(z)}=\sum_{n=0}^{+\infty}h(n)z^{-n}=\frac{\sum_{r=0}^{M}b_r z^{-r}}{1+\sum_{k=1}^{N}a_k z^{-k}} \tag{11-48}$$

其中，$h(n)$ 为滤波器的脉冲响应，$n=0\sim+\infty$ 为均有值。M 和 N 为分解的分子和分母多项式的系数个数。

FIR 数字滤波器的传递函数为

$$H(z)=\frac{Y(z)}{X(z)}=\sum_{n=0}^{N-1}h(n)z^{-n} \tag{11-49}$$

从公式（11-48)可以看出，当分母 a_k 全为零时，IIR 滤波器就退化为了 FIR 数字滤波器。

三、数字滤波器的性能指标

数字滤波器的性能指标同模拟滤波器的性能指标一样，主要包括带通波纹 R_p(dB)、阻带衰减 R_s(dB)、通带边界频率（Hz)、阻带边界频率（Hz）等性能指标。

四、IIR 滤波器和 FIR 滤波器的设计方法

IIR 滤波器的设计方法主要有脉冲响应不变法和双线性变换法两种，而 FIR 滤波器的设计方法主要有窗函数法、频率采样法、切比雪夫逼近法。

IIR 滤波器的具体设计步骤如下。

（1）按照一定的规则将给出的数字滤波器的技术指标转换为模拟低通滤波器的技术指标。

（2）根据转换后的技术指标设计模拟低通滤波器 $G(s)$[$G(s)$是低通滤波器的传递函数]。

（3）按照一定的规则将 $G(s)$转换成 $H(z)$[$H(z)$是数字滤波器的传递函数]。若设计的数字滤波器是低通的，上述的过程可以结束；若设计的是高通、带通或带阻滤波器，那么还需要下面的步骤。

将高通、带通或带阻数字滤波器的技术指标转换为低通模拟滤波器的技术指标，然后设计出低通 $G(s)$，再将 $G(s)$转换为 $H(z)$。

11.6.2 IIR 滤波器的设计方法

一、脉冲响应不变法

脉冲响应不变法是一种将模拟滤波器转化为数字滤波器的基本方法。它利用模拟滤波器理论设计数字滤波器，也就是使数字滤波器能模仿模拟滤波器的特性，这种模仿可从不同的角度出发。脉冲响应不变法是从滤波器的脉冲响应出发，使数字滤波器的单位脉冲响应序列 $h(n)$模仿模拟滤波器的冲击响应 $h_a(t)$，使 $h(n)$正好等于 $h_a(t)$的采样值，即 $h(n)=h_a(nT)$，T 为采样周期。

利用脉冲响应不变法设计 IIR 滤波器的主要设计步骤如下。

（1）设模拟滤波器的传递函数为 $H(s)$，则用部分分式展开可以得到

$$H_a(s)=\sum_{k=1}^{N}\frac{R_k}{s-p_k} \tag{11-50}$$

利用 MATLAB 的函数 residue 就可以实现该过程。该函数的具体使用方法在之前的章节中已经讲过，这里不再叙述。采用的调用形式为(b,a)=residue(R,P,K)。

（2）将模拟极点 p_k 变换为数字极点 $e^{p_k T}$，就可以得到数字系统的传递函数为

$$H(z)=\sum_{k=1}^{N}\frac{R_k}{1-e^{p_k T}z^{-1}} \tag{11-51}$$

（3）将上述的数字系统传递函数 $H(z)$ 转换为传递函数形式，该步骤同样可以采用函数 residue 来实现，调用的形式为[R,P,K]=residue(b,a)。

以上就是 IIR 滤波器的主要设计步骤。在 MATLAB 的数字信号处理工具箱中，提供了函数 impinvar 进行脉冲响应不变法的数字滤波器的设计，其主要调用格式如下。

[bz,az] = impinvar(b,a,fs)

[bz,az] = impinvar(b,a,fs,tol)

其中，参数 *b*、*a* 为模拟滤波器的分子和分母多项式的系数向量；*fs* 为采样频率，默认情况下为 1Hz。系数 *tol* 表示预畸变频率，是一个“匹配”频率。一般情况下，我们不考虑这种情况。计算结果 *bz*、*az* 分别为数字滤波器分子和分母多项式系数向量。

【实例 11-19】利用脉冲响应不变法将模拟滤波器的传递函数 $H_a(s)=\dfrac{s+2}{s^2+2s+1}$ 变换为数字滤波器 $H(z)$，假设采样周期 T=0.1s。

思路·点拨

MATLAB 提供了函数 impinvar 用来进行 IIR 滤波器的脉冲响应不变法设计，调用格式中需要的是采样频率，而不是采样周期。周期与频率之间的关系为 $f=\dfrac{1}{T}$。

结果文件——配套资源“Ch11\SL1119”文件

解：MATLAB 程序如下。

```
b=[1,2],a=[1,2,1];
T=0.1;
fs=1/T;
disp('程序的输出结果为')
[bz,az]=impinvar(b,a,fs)
```

程序的运行结果如下。

```
程序的输出结果为
bz =
```

```
    0.1000   -0.0814

az =

    1.0000   -1.8097    0.8187
```

二、双线性变换法

双线性变换法将 s 平面的整个频率轴映射到 z 平面的一个频率周期中。因此，s 平面到 z 平面的映射是非线性的，其单值双线性映射关系为

$$s=\frac{2}{T}\frac{1-z^{-1}}{1+z^{-1}}, \quad z=\frac{1+\frac{T}{2}s}{1-\frac{T}{2}s} \tag{11-52}$$

其中，T 为采样周期。

因此，若已知模拟滤波器的传递函数为 $H_a(s)$，将公式（11-52）的第一个式子代入传递函数 $H_a(s)$，就可以获得数字滤波器的传递函数。

$$H(s)=H_a(s)\Big|_{s=\frac{2}{T}\frac{1-z^{-1}}{1+z^{-1}}} \tag{11-53}$$

在双线性变换中，模拟角频率和数字角频率的关系为

$$\Omega=\frac{2}{T}\tan\frac{\omega}{2}, \quad \omega=2\arctan\frac{\Omega T}{2} \tag{11-54}$$

在 MATLAB 中，可以使用函数 bilinear 实现模拟滤波器转换为数字滤波器，其主要的调用方式如下。

[zd,pd,kd]=bilinear(z,p,k,fs)

[numd,dend]=bilinear(num,dem,fs)

其中，z、p 分别为模拟滤波器的零点、极点向量；k 为模拟滤波器的增益，fs 为采样频率。输出结果 *zd*、*pd*、*kd* 分别为数字滤波器的零点、极点和增益。*num*、*den* 分别为模拟滤波器传递函数的分子和分母多项式系数向量。*numd*、*dend* 分别为数字滤波器传递函数分子和分母的多项式系数向量。

【实例 11-20】利用双线性变换法将模拟滤波器 $H_a(s)=\frac{s+2}{s^2+2s+1}$ 变换为数字滤波器 $H(z)$，设定采样周期 T=0.1s。

思路·点拨

双线性变换法克服了脉冲响应不变法的频谱混叠问题，幅值逼近程度好，可适用于高通、带阻等各种类型的滤波器设计。本实例采用函数 bilinear 来计算模拟滤波器的双线性变换，注意调用函数中采用的参数为采样频率，而不是采样周期。

结果文件——配套资源“Ch11\SL1120”文件

解：MATLAB 程序如下。

```
b=[1,2],a=[1,2,1];
T=0.1;
fs=1/T;
[numd,dend]=bilinear(b,a,fs)
```

程序的运行结果如下。

```
numd =
    0.0499    0.0091   -0.0408

dend =
    1.0000   -1.8095    0.8186
```

11.6.3　滤波器的性能指标及 MATLAB 函数

滤波器的性能指标是评估滤波器性能的重要参数，主要是滤波器的幅频和相频特性曲线。滤波器的设计都必须依赖于滤波器的各项性能指标而进行。本小节将主要介绍滤波器的性能指标及运用 MATLAB 函数计算滤波器的性能指标。

1．频率响应

MATLAB 提供的数字滤波器的频率响应的函数为 freqz，其主要的调用格式如下。

[h,w]=freqz(num,den,n,'whole')

[h,f]=freqz(num,den,n,'whole',fs)

其中，输入参数 *num*、*den* 分别为数字滤波器的分子和分母多项式的系数；*n* 为复数频率的响应点数，默认为 512；*fs* 为采样频率，若 *fs* 有指定值，则 *f* 位置输出为频率 Hz；若不给指定，则按角频率给定 *f* 的频率矢量；'whole'表示返回的频率 *f* 或 *w* 值包含 *z* 平面整个单位圆频率矢量，即 0～2π；缺省时，频率 *f* 或 *w* 则包含 *z* 平面上半个单位圆之间等间距 *n* 个点频率矢量；*h* 为复频率响应，*w* 为 *n* 点频率向量，*f* 为 *n* 点频率向量。返回值缺省时，绘制滤波器的幅频和相频特性曲线。

这里需要说明的是，若要获得一个滤波器真正的相频特性曲线，那么就要对相位角进行缠绕，这可以由 MATLAB 提供的函数 unwrap 来解决。具体的调用格式如下。

P=unwrap(angle(H))

其中，angle(H)为滤波器 *H* 的相频特性。

2．脉冲响应

MATLAB 提供的用于产生数字滤波器的脉冲响应函数为 impz，其主要的调用格式如下。

[h,t]=impz(num,den,n,fs)

其中，*num*、*den* 分别为数字滤波器的分子和分母多项式系数向量；*n* 为采样点个数；*fs* 为采样频率，缺省时为 1；*h* 为滤波器单位脉冲响应向量；*t* 为和 *h* 对应的时间向量。函数的输出缺省时，绘制滤波器的脉冲响应曲线；当 n 缺省时，函数自动选择 n 的值。

3．零极点图

滤波器的零极点图主要是决定了滤波器的稳定性。因此，零极点位置图是分析数字滤波器性能的一个重要指标。MATLAB 提供的绘制数字滤波器的零极点位置图的函数为 zplane，其主要的调用格式如下。

zplane(z,p)或 zplane(b,a)

4．群延迟

滤波器的群延迟定义为信号通过滤波器的延迟随着频率变换的函数，即滤波器相频特性曲线上切线的负斜率，定义式为

$$\tau_{\mathrm{g}}(\omega)=-\frac{\mathrm{d}\varphi(\omega)}{\mathrm{d}\omega} \tag{11-55}$$

MATLAB 数字信号处理工具箱提供的计算群延迟的函数为 grpdelay，该函数的主要调用格式如下。

```
[gd,w]=grpdelay(num,den,n,'whole')
[gd,f]=grpdelay(num,den,n, 'whole',fs)
gd=grpdelay(num,den,w)
gd=grpdelay(num,den,f,fs)
grpdelay(num,den,n, 'whole')
```

其中，输出结果 *gd* 为群延迟，输入参数的意义同函数 freqz 的输入参数相同。当输出结果缺省时，绘制群延迟曲线。

11.6.4 IIR 数字滤波器设计常用的 MATLAB 函数

在 IIR 数字滤波器经典设计法的步骤当中，需要用到 MATLAB 数字信号工具箱中的许多函数。比如，在估计模拟滤波器最小阶数和边界频率时，需要用到 buttord、cheb1ord、cheb2ord、ellipord 等函数；在设计模拟低通滤波器原型时，需要用到 buttap、cheb1ap、cheb2ap、ellipap 等函数；在由模拟原型低通滤波器经频率变换获得模拟滤波器（低通、高通、带通、带阻等），需要用到 lp2lp、lp2hp、lp2bp、lp2bs 等函数。将模拟滤波器离散化获得 IIR 数字滤波器，需要用到 bilinear 或 impinvar 函数，这两个函数在之前的章节中已经介绍过，这里不再进行叙述。下面详细介绍一下其他函数的主要用法和调用格式。

一、估计模拟滤波器最小阶数和边界频率

（1）buttord

```
[n,Wn]=buttord(Wp,Ws,Rp,Rs)
[n,Wn]=buttord(Wp,Ws,Rp,Rs,'s')
```

巴特沃斯型滤波器。其中，输入参数 *Wp* 为通带截止频率；*Ws* 为阻带起始频率；*Rp* 为通带波纹；*Rs* 为阻带衰减；*s* 为变元。输出参数 *n* 为滤波器的阶数，*Wn* 为截止频率。

（2）cheb1ord

```
[n,Wp]=cheb1ord(Wp,Ws,Rp,Rs)
[n,Wp]=cheb1ord(Wp,Ws,Rp,Rs,'s')
```

切比雪夫 I 型滤波器。其中，输入、输出参数与 buttord 函数相同。

（3）cheb2ord

[n,Ws]=cheb2ord(Wp,Ws,Rp,Rs)

[n,Ws]=cheb2ord(Wp,Ws,Rp,Rs,'s')

计算切比雪夫 II 型滤波器的最小阶数和截止频率。其中，输入、输出参数与 buttord 函数相同。

（4）ellipord

[n,Wp]=ellipord(Wp,Ws,Rp,Rs)

[n,Wp]=ellipord(Wp,Ws,Rp,Rs,'s')

计算椭圆形数字滤波器的最小阶数和截止频率。其中，输入、输出参数与 buttord 函数相同。

二、设计模拟低通滤波器原型

（1）buttap

[z,p,k]=buttap(n)

计算巴特沃斯滤波器原型。其中，输入参数为巴特沃斯型滤波器的阶数，返回巴特沃斯滤波器原型的零极点和增益值。

（2）cheb1ap

[z,p,k]=cheb1ap(n,Rp)

计算切比雪夫 I 型滤波器原型。其中，输入参数 *n* 为滤波器的最小阶数，*Rp* 为带通波纹，返回切比雪夫 I 型滤波器原型的零极点和增益值。

（3）cheb2ap

[z,p,k]=cheb2ap(n,Rs)

计算切比雪夫 II 型滤波器原型。其中，输入参数 *n* 为滤波器的最小阶数，*Rs* 为阻带衰减，返回切比雪夫 II 型滤波器原型的零极点和增益值。

（4）ellipap

[z,p,k]=ellipap(n,Rp,Rs)

计算椭圆形滤波器的原型。其中，*n* 为滤波器的最小阶数，*Rp* 为带通波纹，*Rs* 为阻带衰减，返回椭圆形滤波器原型的零极点和增益值。

三、由模拟原型低通滤波器经频率变换获得模拟滤波器

（1）lp2lp

[bt,at] = lp2lp(b,a,Wo)

[At,Bt,Ct,Dt] = lp2lp(A,B,C,D,Wo)

改变模拟原型低通滤波器的频率。其中，*b*、*a* 分别为传递函数的分子和分母多项式系数向量，*Wo* 表示截止频率。*A*、*B*、*C*、*D* 为用状态方程表示的滤波器的系数。返回的是改变后模拟滤波器的分子和分母多项式的系数向量。

（2）lp2hp

[bt,at] = lp2hp(b,a,Wo)

[At,Bt,Ct,Dt] = lp2hp(A,B,C,D,Wo)

将模拟原型低通滤波器变换为高通滤波器。其中，输入、输出参数的意义与 lp2lp 函数相同。

（3）lp2bp

[bt,at] = lp2bp(b,a,Wo,Bw)

[At,Bt,Ct,Dt] = lp2bp(A,B,C,D,Wo,Bw)

将模拟低通滤波器转变为带通滤波器。其中，输入、输出参数的意义与 lp2lp 函数相同。

（4）lp2bs

[bt,at] = lp2bs(b,a,Wo,Bw)

[At,Bt,Ct,Dt] = lp2bs(A,B,C,D,Wo,Bw)

将模拟低通滤波器转换为带阻滤波器。其中，输入、输出参数的意义与 lp2lp 函数相同。

11.6.5　IIR 数字滤波器的设计

在进行 IIR 数字滤波器的设计时，给出的性能指标一般分为数字指标和模拟指标两种。数字性能指标一般给出的是通带截止频率 ω_p、阻带截止频率 ω_s、通带波纹 R_p、阻带衰减 R_s 等。模拟性能指标一般给出的是通带截止频率 Ω_p、阻带起始频率 Ω_s、通带波纹 R_p 和阻带衰减 R_s 等，模拟频率 Ω_p、Ω_s 的单位为弧度/秒（rad/s）。在进行设计时，需要进行模拟性能指标的转化。

【实例 11-21】利用脉冲响应不变法设计 IIR 数字滤波器，其性能指标转化采用 $\Omega=\dfrac{\omega}{T}$ 将 ω_p 和 ω_s 变换为 Ω_p 和 Ω_s。

设计 Butterworth（巴特沃斯）低通数字滤波器：给出的性能指标为通带截止频率 Ω_p=4000πrad/s，通带波纹 R_p 小于 3dB，阻带边界频率为 Ω_s=6000πrad/s，阻带衰减大于 15dB，采样频率 f_s=10000Hz。绘制所设计的滤波器的幅频和相频特性曲线。假设某时间信号为 $x(t)=\sin 2\pi f_1 t+0.5\cos 2\pi f_2 t$，其中 f_1=1000Hz，f_2=4000Hz，将该信号通过所设计的滤波器，绘制信号的原始图像和通过滤波器后的图像，进行比较。

思路·点拨

所给的性能指标为模拟性能指标，那么就要对其进行转换。脉冲响应不变法设计 IIR 滤波器时，采用的转换方法为 $\Omega=\dfrac{\omega}{T}$，将 ω_p 和 ω_s 变换为 Ω_p 和 Ω_s。T 为采样周期，与采样频率成反比，即 $T=\dfrac{1}{f_s}$。

结果文件——配套资源“Ch11\SL1121”文件

解：MATLAB 程序如下。

```
%脉冲响应不变法设计 IIR 滤波器
```

```
%模拟性能指标
Wp=4000*pi;Ws=6000*pi;
Rp=3;Rs=15;
fs=10000;
N=256;
%模拟滤波器的最小阶数和截止频率
[n,Wn]=buttord(Wp,Ws,Rp,Rs,'s');
%设计模拟低通原型巴特沃斯滤波器
[z,p,k]=buttap(n);
%将零极点增益形式转化为传递函数形式
[Bap,Aap]=zp2tf(z,p,k);
%进行频率转换
[b,a]=lp2lp(Bap,Aap,Wn);
%运用脉冲响应不变法获得所设计的滤波器的传递函数
[ba,za]=impinvar(b,a,fs);
%绘制滤波器的幅频和相频特性曲线
figure (1) ;
freqz(ba,za,N,fs);
%原始信号与通过滤波器输出信号的比较
figure (2) ;
f1=1000;f2=4000;
N=100;
dt=1/fs;
n=0:N-1;t=n*dt;
x=sin(2*pi*f1*t)+0.5*cos(2*pi*f2*t);
subplot(211);
plot(t,x,'r');grid;
title('原始信号');
y=filtfilt(ba,za,x);
subplot(212);
plot(t,y,'b');grid;
title('输出信号');
```

程序的运行结果分别如图 11-26、图 11-27 所示。

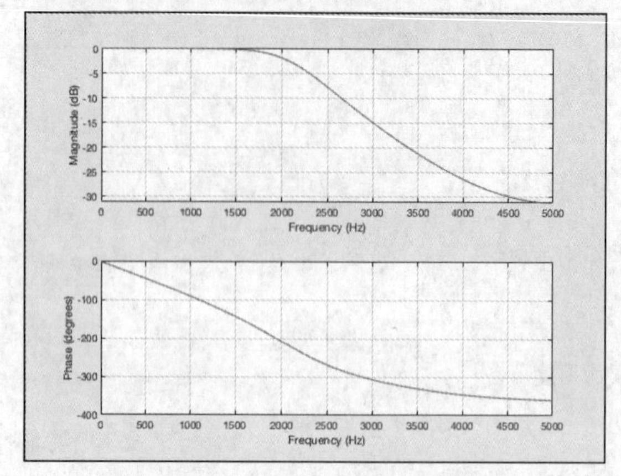

图 11-26　滤波器的幅频和相频特性曲线

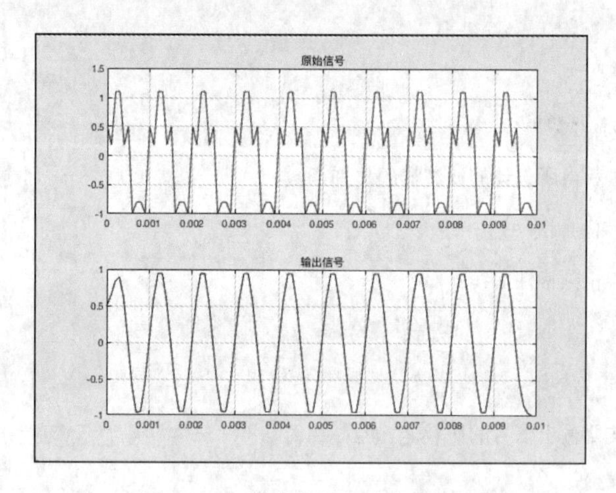

图 11-27　原始信号与滤波信号的比较

从滤波器的幅频特性曲线可以看出，在频率小于 2000Hz 处的衰减小于 3dB，在频率大于 3000Hz 处的衰减大于 15dB，因此满足所要求的滤波器性能指标。从输入信号与输出信号的比较可以看出，输入信号中频率大于 3000Hz 的信号被滤波器给滤掉了，消除了频率为 4000Hz 的信号。

【实例 11-22】用脉冲响应不变法设计 Butterworth 低通数字滤波器，要求如下。

（1）通带频率为 $0 \leqslant \omega \leqslant 0.2\pi$。

（2）通带波纹小于 3dB。

（3）阻带在 $0.3\pi \leqslant \omega \leqslant \pi$ 时，幅度衰减大于 20dB，采样周期为 0.01s。

设计该数字滤波器，绘制所设计的滤波器的幅频和相频曲线。假设某一信号为

$$x(t) = \sin 20\pi t + 1.5\cos 60\pi t$$

将该信号通过该滤波器，比较滤波器前后信号的变化情况。

思路·点拨

本实例所给的通带频率条件为 $0 \leqslant \omega \leqslant 0.2\pi$，采样周期为 0.01s，即采样频率为 100Hz，

因此，这里可以算得该滤波器的通带频率范围为 0~10Hz。注意所给的频率条件均为数字频率，需要通过公式转换为模拟频率。

结果文件——配套资源“Ch11\SL1122”文件

解：MATLAB 程序如下。

```
%模拟性能指标
wp=0.2*pi;ws=0.3*pi;
Rp=3;Rs=20;
T=0.01;fs=1/T;
N=256;
Wp=wp/T;Ws=ws/T;
%模拟滤波器的最小阶数和截止频率
[n,Wn]=buttord(Wp,Ws,Rp,Rs,'s');
%设计模拟低通巴特沃斯原型滤波器
[z,p,k]=buttap(n);
%将零极点增益形式转化为传递函数形式
[Bap,Aap]=zp2tf(z,p,k);
%进行频率转换
[b,a]=lp2lp(Bap,Aap,Wn);
%运用脉冲响应不变法获得所设计的滤波器函数
[ba,za]=impinvar(b,a,fs);
%绘制滤波器的幅频和相频特性曲线
figure (1) ;
freqz(ba,za,N,fs);
%原始信号与通过滤波器后信号的比较
figure (2) ;
f1=10;f2=30;
N=200;
dt=1/fs;
n=0:N-1;t=n*dt;
x=sin(2*pi*f1*t)+1.5*cos(2*pi*f2*t);
subplot(211);
plot(t,x,'r');grid;
```

```
title('原始信号');
y=filtfilt(ba,za,x);
subplot(212);
plot(t,y,'b');grid;
title('滤波后输出信号');
```

程序的运行结果如图 11-28、图 11-29 所示。

从运行结果我们可以看出，在频率小于 10Hz 的范围内，通带范围的最大衰减小于 3dB，在频率大于 15Hz 处，其衰减大于 20dB，符合设计要求。从信号的滤波效果来看，信号 $x(t)$中所含有的频率大于 15Hz 的信号在通过该滤波器的时候已经被滤掉了，滤波效果良好。

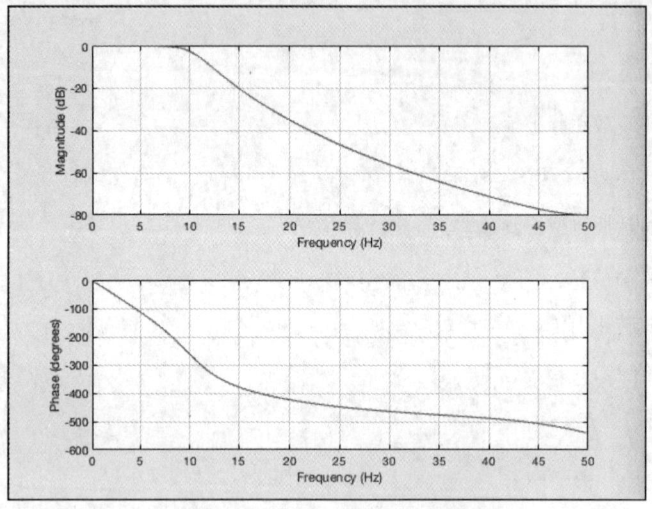

图 11-28 Butterworth 低通滤波器

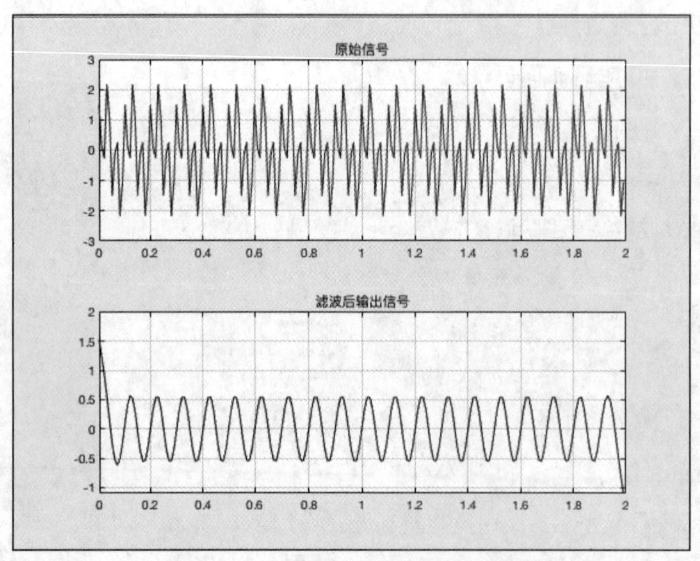

图 11-29 Butterworth 滤波器的滤波效果

【实例 11-23】采用双线性变换法设计椭圆低通模拟滤波器，性能指标要求如下。

（1）通带频率为 $0 \leqslant \omega \leqslant 0.1\pi$。

（2）通带波纹小于 1dB。

（3）阻带在 $0.2\pi \leqslant \omega \leqslant \pi$ 时，幅度衰减大于 20dB，采样周期为 0.01s。

思路·点拨

双线性变换法采用公式 $\Omega=\frac{2}{T}\tan\frac{\omega}{2}$ 将 ω_p 和 ω_s 变换为 Ω_p 和 Ω_s。性能指标给出的仍然是数字频率，必须将其转化为模拟频率。采样周期为 0.01s，采样频率为 100Hz，即 2π 对应的频率为 100Hz，那么 0.1π 对应的频率为 5Hz，0.2π 对应的频率为 10Hz。

结果文件——配套资源“Ch11\SL1123”文件

解：MATLAB 程序如下。

```
%模拟性能指标
wp=0.1*pi;ws=0.2*pi;
Rp=1;Rs=20;
T=0.01;fs=1/T;
N=256;
%性能指标转换
Wp=2/T*tan(wp/2);Ws=2/T*tan(ws/2);
%模拟滤波器的最小阶数和截止频率
[n,Wn]=ellipord(Wp,Ws,Rp,Rs,'s');
%设计模拟低通椭圆形滤波器
[z,p,k]=ellipap(n,Rp,Rs);
%将零极点增益形式转化为传递函数形式
[Bap,Aap]=zp2tf(z,p,k);
%进行频率转换
[b,a]=lp2lp(Bap,Aap,Wn);
%利用双线性变换法获得所设计的滤波器函数
[ba,za]=bilinear(b,a,fs);
%绘制滤波器的幅频和相频特性曲线
figure (1) ;
freqz(ba,za,N,fs);
```

程序的运行结果如图 11-30 所示。

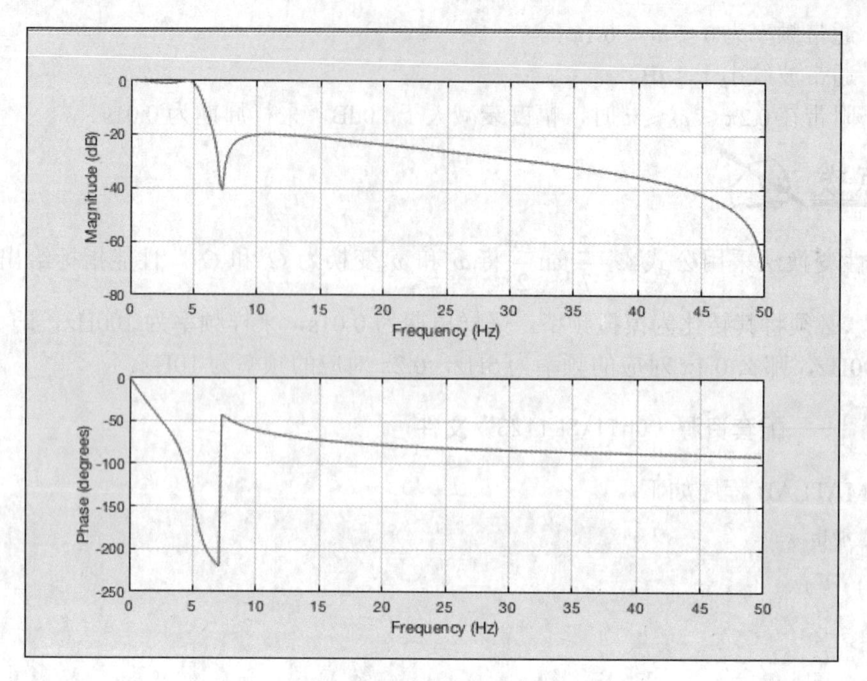

图 11-30 椭圆低通滤波器的幅相特性曲线

从图 11-30 可以看出，所设计的滤波器的性能指标符合题意要求。在频率 0～5Hz 的范围内，衰减小于 1dB；在频率大于 10Hz 的范围内，衰减大于 20dB。

11.6.6 MATLAB 提供的 IIR 滤波器设计函数：完全设计法

上一小节所讲的内容当中，都是利用 IIR 滤波器的设计原理分步骤进行滤波器的设计与分析。然而，MATLAB 的信号处理工具箱为我们提供了能够完全进行 IIR 滤波器设计的函数。所提供的函数有 butter、cheby1、cheby2 及 ellip，下面详细讲解这 4 种函数的具体调用方法。

（1）butter 函数

[b,a]=butter(n,wn,‘type’)

[z,p,k]=butter(n,wn,‘type’)

（2）cheby1 函数

[b,a]=butter(n,Rp,wn,‘type’)

[z,p,k]=butter(n,Rp,wn,‘type’)

（3）cheby2 函数

[b,a]=cheby2(n,Rs,wn,‘type’)

[z,p,k]=cheby2(n,Rs,wn,‘type’)

（4）ellip 函数

[b,a]=ellip(n,Rp,Rs,wn,‘type’)

[z,p,k]=ellip(n,Rp,Rs,wn,‘type’)

参数说明如下。

n 为滤波器的最小阶数，ω_n 为滤波器的截止频率，取值范围为 0～1。这里需要将截止

频率进行归一化处理。

假设采样频率为 F_s，滤波器的截止频率为 F_c，那么归一化频率 ω_n 的计算公式为

$$\omega_n = \frac{2F_c}{F_s} \tag{11-56}$$

'type'表示滤波器的类型，取值'high'代表高通滤波器，截止频率为 ω_n；'stop'代表带阻滤波器，截止频率为 $\omega_n = [\omega_1, \omega_2](\omega_1 > \omega_2)$。缺省时代表低通或是带通滤波器。

返回的参数 a、b 代表滤波器传递函数的分子和分母的多项式系数向量；z、p、k 为滤波器的零极点和增益值。

【实例 11-24】 利用 IIR 滤波器的完全设计法设计满足如下要求的 IIR 滤波器。

（1）Chebyshev I 型数字滤波器，通带频率为 100～200Hz。

（2）过渡带宽均为 50Hz，通带波纹小于 1dB，阻带衰减大于 30dB。

（3）采样频率为 f_s=1000Hz。

假设某一时间信号为 $x(t)=2\sin(2\pi f_1 t)+0.5\cos(2\pi f_2 t)+1.5\sin(2\pi f_3 t)$，其中，$f_1$=30Hz，$f_2$=100Hz，$f_3$=270Hz。绘制该信号未通过该滤波器的曲线和通过该滤波器后的曲线，比较分析结果。

思路·点拨

采用完全设计法设计 Chebyshev I 型 IIR 数字滤波器，调用函数 cheby1 即可。这里需要注意的是，在采用完全设计法时，需要将频率进行归一化处理。该滤波器的通带范围为 200~300Hz，因此，通带边界频率为 200～300Hz，阻带边界频率为 150～350Hz。

结果文件——配套资源“Ch11\SL1124”文件

解： MATLAB 程序如下。

```
clear;
%采样频率
Fs=1000;
%频率的归一化处理
wp=[100 200]*2/Fs;
ws=[50 250]*2/Fs;
Rp=1;Rs=30;N=128;
%计算所设计的滤波器的最小阶数和截止频率
[n,Wn]=cheb1ord(wp,ws,Rp,Rs);
%根据计算的最小阶数和截止频率计算所设计的滤波器的分子和分母的多项式系数向量
[b,a]=cheby1(n,Rp,Wn);
figure (1) ;
%绘制滤波器的幅频和相频特性曲线
```

```
freqz(b,a,N,Fs);
figure (2) ;
f1=30;f2=100;f3=270;
dt=1/Fs;n=0:N-1;t=n*dt;
N=100;
x=2*sin(2*pi*f1*t)+0.5*cos(2*pi*f2*t)+1.5*sin(2*pi*f3*t);
subplot(211);
plot(t,x,'r');
title('原始信号');xlabel('时间/t');ylabel('x(t)');
subplot(212);
%原始信号通过滤波器
y=filtfilt(b,a,x);
plot(t,y,'b');
title('输出信号');grid;xlabel('时间/t');ylabel('y(t)');
```

程序的运行结果如图 11-31、图 11-32 所示。

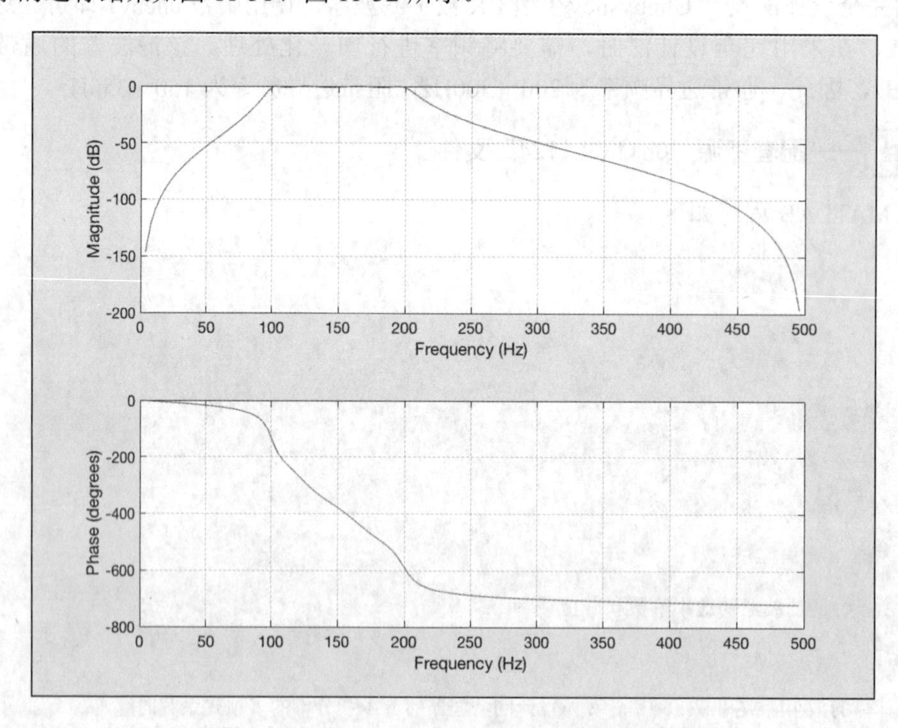

图 11-31 Chebyshev I 滤波器的幅频和相频特性曲线

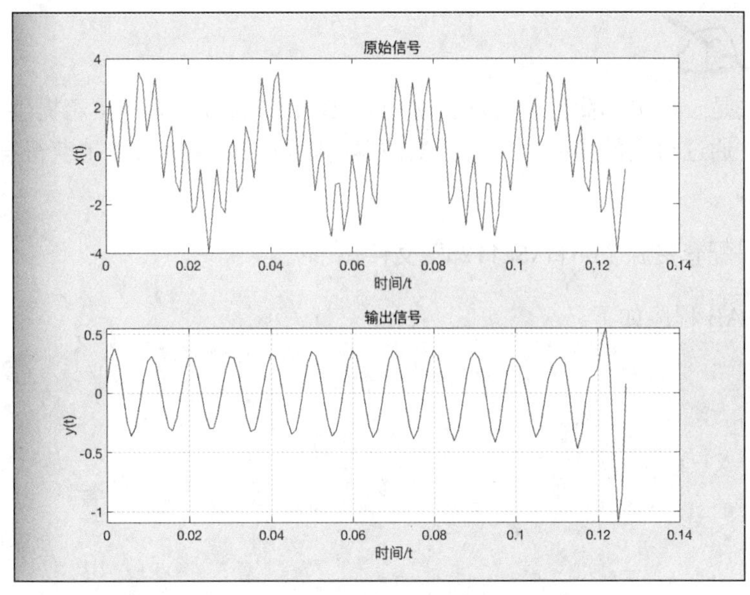

图 11-32　滤波器的滤波效果

从滤波器的幅频和相频特性曲线可以看出，在频率为 100～200Hz 的范围内，其衰减幅度小于 1dB；在 50Hz 以下及 250Hz 以上的幅度衰减大于 30dB，符合滤波器的性能要求。将信号 $x(t)$通过该滤波器之后，频率小于 50Hz 和大于 250Hz 的信号将不能通过该滤波器，只剩下频率为 100Hz 的信号。

11.6.7　IIR 数字滤波器的直接设计法

IIR 数字滤波器的直接设计方法的思想是基于给定的滤波器参数直接在离散域上寻找合适的数字滤波器，该方法不限于常规的滤波器类型，如低通、高通、带通和带阻等滤波器。这种滤波器甚至可以设计多带的频率响应。在 MATLAB 数字信号处理工具箱中，提供 yulewalk 函数用于辅助设计。本小节主要讲解该函数的具体使用方法与实例。

yulewalk 函数的调用格式如下。

[b,a]=yulewalk(n,f,m)

其中，n 代表滤波器的阶数；f 为给定的频率点向量，这里需要注意的是，给定的频率必须为归一化频率，取值范围为 0～1，f 的第一个频率值必须为 0，最后一个频率值必须为 1，与此同时，该频率必须是递增的；m 是和频率向量 f 对应的理想幅值响应向量，两者的维数必须相同。输出参数 b、a 分别代表所设计的滤波器的分子和分母多项式系数向量。

函数 yulewalk 设计滤波器的第一个步骤是计算给定的幅频响应 Fourier 逆变换和相关系数，最后采用修正的 yule-walker 方程计算滤波器传递函数分母多项式。同时，在确定频率响应的时候，应当避免通带至阻带的过渡形状过分尖锐，可以通过采用调整过渡带的斜率来解决该问题。函数 yulewalk 不能用来设计给定相位指标的滤波器。

【实例 11-25】采用直接设计法设计一个 8 阶的低通滤波器，幅频响应为 f=[0 0.6 0.6 1]，m=[1 1 0 0]。绘制滤波器的特性曲线。假设某信号为 $x(t)=\sin(2\pi f_1 t)+0.5\cos(2\pi f_2 t)$，其中 f_1=6Hz，f_2=17Hz，试比较原始信号与通过滤波器的输出信号的异同。

思路·点拨

直接设计法是一种更为简便的方法，MATLAB 数字信号处理工具箱提供 yulewalk 函数进行辅助设计，通过给定的频率、幅值和滤波器的阶数，就可以快速地获得符合设计要求的 IIR 数字滤波器。

结果文件——配套资源“Ch11\SL1125”文件

解：MATLAB 程序如下。

```
%滤波器的阶数
order=8;
%滤波器的频率及幅值
f=[0 0.6 0.6 1];
m=[1 1 0 0];
%yulewalk 函数设计滤波器
[b,a]=yulewalk(order,f,m);
figure (1) ;
N=128;
%计算频率特性
[h,w]=freqz(b,a,N);
%绘制理想滤波器和所设计滤波器的幅频特性
plot(f,m,'b-',w/pi,abs(h),'k:');
xlabel('归一化频率');ylabel('幅值');
title('利用函数 yulewalk 设计 IIR 数字滤波器');grid;
Fs=100;%采样频率
N=100;
f1=6;f2=17;
dt=1/Fs;n=0:N-1;t=n*dt;
x=sin(2*pi*f1*t)+0.5*cos(2*pi*f2*t);
figure (2) ;
subplot(211);
plot(t,x);title('原始信号');grid;xlabel('时间/s');
%信号通过滤波器
y=filtfilt(b,a,x);
subplot(212);
```

```
plot(t,y);
title('输出信号');xlabel('时间/s');grid;
```

程序的运行结果如图11-33、图11-34所示。

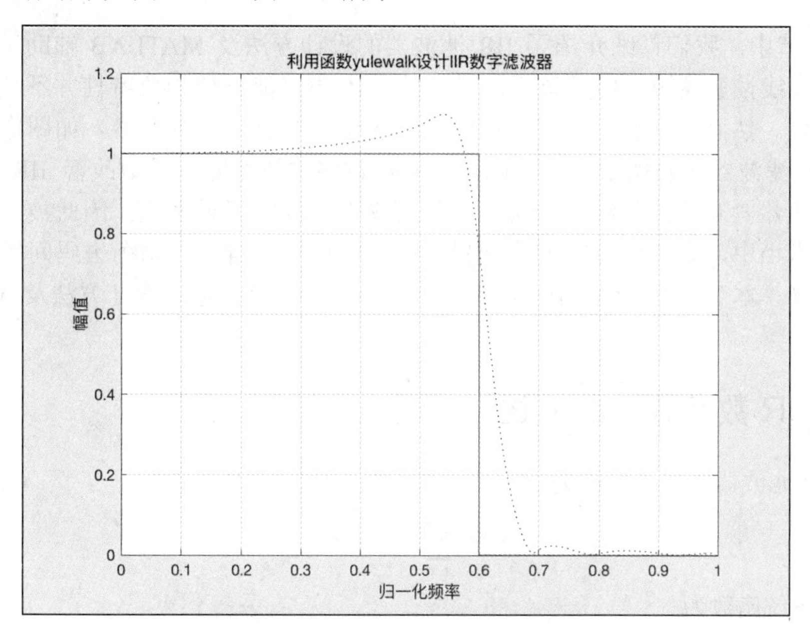

图 11-33　直接设计法设计 IIR 数字滤波器

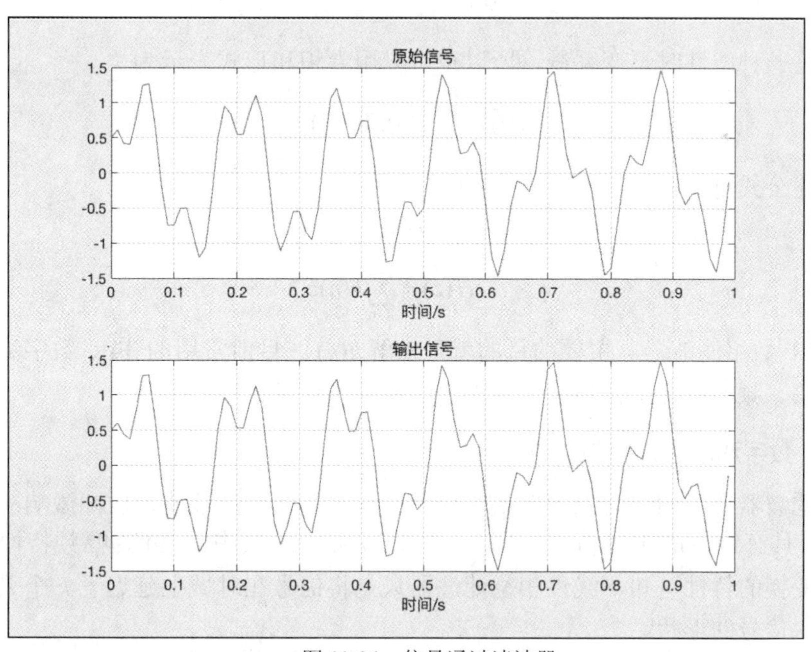

图 11-34　信号通过滤波器

从运行结果可以看出，利用直接设计法获得的 IIR 数字滤波器的频率特性与理想的滤波器频率特性非常接近。当输入信号 x 时，信号中含有两个频率的信息，其归一化频率分别为 6/(100/2)=0.12 和 17/(100/2)=0.34，均处在滤波器的通带范围之内，该信号能够通过滤波器，因此两者的输出是一样的。

11.7 FIR 数字滤波器设计及 MATLAB 实现

在 11.6 节中，我们详细介绍了 IIR 滤波器的设计方法及 MATLAB 辅助设计，常用的设计方法是双线性变换法，但是该方法设计的 IIR 数字滤波器相位特性并不是最好的，具有非线性相位。然而，现代的信号处理中，对相位的要求越来越严格，如图像处理、数据传输等，IIR 滤波器就表现出不足的地方。FIR 数字滤波器能明显地改善 IIR 滤波器的不足。FIR 滤波器具有严格的线性相位，且是可物理实现的因果系统，因此被广泛地应用在现代通信技术当中，如解调器中的位同步与位定时提取、自适应均衡去码间串扰及话音的自适应编码等。本节主要介绍 FIR 数字滤波器的基本概念、基本设计方法及 MATLAB 的辅助设计。

11.7.1 FIR 数字滤波器概述

FIR 数字滤波器的差分方程为

$$y(i)=\sum_{n=0}^{N-1}a_n x(i-n) \tag{11-57}$$

对应的系统函数为

$$H(z)=\sum_{n=0}^{N-1}a_n z^{-n} \tag{11-58}$$

由于它是一种线性时不变系统，所以也可以用卷积和形式表示为

$$y(i)=\sum_{n=0}^{N-1}h(n)x(i-n) \tag{11-59}$$

比较上述公式可以得到

$$\begin{gathered} a_n=h(n) \\ H(z)=\sum_{n=0}^{N-1}h(n)z^{-n} \end{gathered} \tag{11-60}$$

设计 FIR 数字滤波器，主要的目的就是求解 $h(n)$。目前常用的 FIR 数字滤波器设计方法有窗函数法、频率取样法、最佳一致逼近法和最优化设计法。

一、FIR 数字滤波器的相位条件

为保证滤波器带内输出信号的形状保持不变，常常要求滤波器单位冲激响应 $h(n)$的频率响应 $H(\mathrm{e}^{\mathrm{j}\omega})$ 应具有线性的相频特性，即 $H(\mathrm{e}^{\mathrm{j}\omega})=H(\omega)\mathrm{e}^{-\mathrm{j}\omega k}$，其中 $H(\omega)$ 为幅频特性，k 为正整数。由傅氏变换的特性可知，线性相位滤波器只是将信号在时域上延迟了 k 个采样点，因此不会改变输入信号的形状。

可以证明，如果滤波器单位冲激响应 $h(n)$ 为实数，且满足偶对称即 $h(n)=h(N-1-n)$ 或奇对称 $h(n)=-h(N-1-n)$ 时，则其相频特性一定是线性的。

二、FIR 滤波器时频特性

在 FIR 数字滤波器的设计中，数字滤波器的相位特性只取决于 $h(n)$ 的对称性，而与 $h(n)$ 的值无关，幅度特性取决于 $h(n)$，所以在设计 FIR 数字滤波器时，在保证 $h(n)$ 对称的条件下，只要完成幅度特性的逼近即可。下面将 4 种 FIR 数字滤波器的特性加以总结，如表 11-3 所示。

表 11-3　　线性相位 FIR 滤波器特性

	偶对称 $h(n)=h(N-1-n)$	奇对称 $h(n)=-h(N-1-n)$
相位函数	$\theta(\omega)=-\frac{N-1}{2}\omega$	$\theta(\omega)=\frac{\pi}{2}-\frac{N-1}{2}\omega$
N 为奇数	幅度函数 $H(\omega)=\sum_{n=0}^{\frac{N-1}{2}}a(n)\cos(n\omega)$ $a(n)=h\left(\frac{N-1}{2}\right),n=0$ $a(n)=2h\left(\frac{N-1}{2}-n\right),n\neq 0$	幅度函数 $H(\omega)=\sum_{n=1}^{\frac{N-1}{2}}c(n)\sin(n\omega)$ $c(n)=2h\left(\frac{N-1}{2}-n\right),n=1,2,\cdots,(N-1)/2$
N 为偶数	幅度函数 $H(\omega)=\sum_{n=1}^{\frac{N}{2}}b(n)\cos((n-\frac{1}{2})\omega)$ $b(n)=2h\left(\frac{N}{2}-n\right),n=1,2,\cdots,(N-1)/2$	幅度函数 $H(\omega)=\sum_{n=1}^{\frac{N}{2}}d(n)\sin\left(\left(n-\frac{1}{2}\right)\omega\right)$ $d(n)=2h\left(\frac{N}{2}-n\right),n=1,2,\cdots,(N-1)/2$

三、线性相位滤波器的零点分布特性

可以证明，多项式 $H(z)$ 具有与多项式 $H(z^{-1})$ 相同的根，因此 $H(z)$ 的根必定是互为倒数对的形式出现。同时，由于 $h(n)$ 是实数，所以 $H(z)$ 的零点还必须是以共轭对的形式出现。也就是说，线性相位滤波器的零点必须互为倒数的共轭对关系，于是可以得到对应的零点有

$$z_i,\frac{1}{z_i},z_i^*,\frac{1}{z_i^*}$$

对零点特性进行具体分析，可以得出 4 种关于线性相位滤波器的零点分布情况，具体说

明如下。

（1）既不在单位圆上，也不在实轴上，有两组互为倒数的共轭对 $z_i,\frac{1}{z_i},z_i^*,\frac{1}{z_i^*}$，如图 11-35(a)所示。

（2）在单位圆上，但不在实轴上，有一对共轭的零点 z_i,z_i^*，如图 11-35(b)所示。

（3）在实轴上，但不在单位圆上，有一对互为倒数的零点 $z_i,\frac{1}{z_i}$,如图 11-35(c)所示。

（4）既在单位圆上，也在实轴上，共轭和倒数都为同一点，只有两种情况：$z_i=\pm1$，如图 11-35（d）所示。

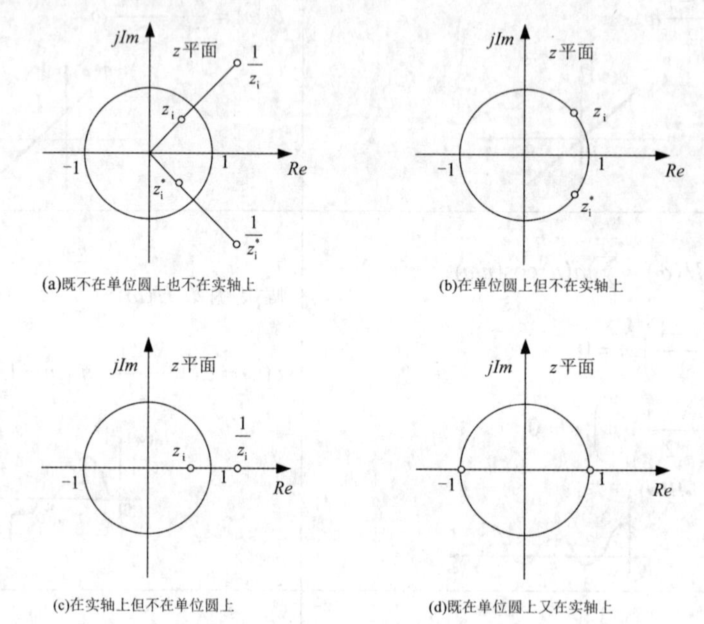

图 11-35 线性相位 FIR 滤波器的零点分布特性

11.7.2 窗函数设计 FIR 滤波器

一、窗函数设计的基本原理

窗函数设计是从时域入手，寻找一个传递函数 $H(\mathrm{e}^{\mathrm{j}\omega})=\sum_{n=0}^{N-1}h(n)\mathrm{e}^{-\mathrm{j}\omega n}$ 去逼近 $H_{\mathrm{d}}(\mathrm{e}^{\mathrm{j}\omega})$，$H_{\mathrm{d}}(\mathrm{e}^{\mathrm{j}\omega})$ 为滤波器的理想频率响应。窗函数设计方法是从单位脉冲响应序列入手，使 $h(n)$ 逼近理想的单位脉冲响应序列 $h_{\mathrm{d}}(n)$。$h_{\mathrm{d}}(n)$ 可以从理想频率响应 $H_{\mathrm{d}}(\mathrm{e}^{\mathrm{j}\omega})$ 通过傅里叶逆变换得到。然而，理想频率响应是逐段恒定的，在边界频率处有不连续点，这样得到的理想脉冲响应往往都是无限长序列，并且是非因果的。因此，窗函数就是这样产生的，通过截取一段来代替，$h(n)$ 可以表示为 $h_{\mathrm{d}}(n)$ 与一个窗函数的乘积，即

$$h(n)=\omega(n)h_{\mathrm{d}}(n) \tag{11-61}$$

这种方法的基本原理是用一定宽度的窗函数截取无限脉冲响应序列获得有限长的脉冲响应序列，从而得到 FIR 滤波器的脉冲响应，所以将该方法称为 FIR 滤波器的窗函数设计法。

二、窗函数性能分析

图 11-36 所示的是矩形窗的运算。左上角为滤波器的理想幅频响应，左下角为矩形窗的幅频响应。将两者进行卷积运算即得到右边的图形。

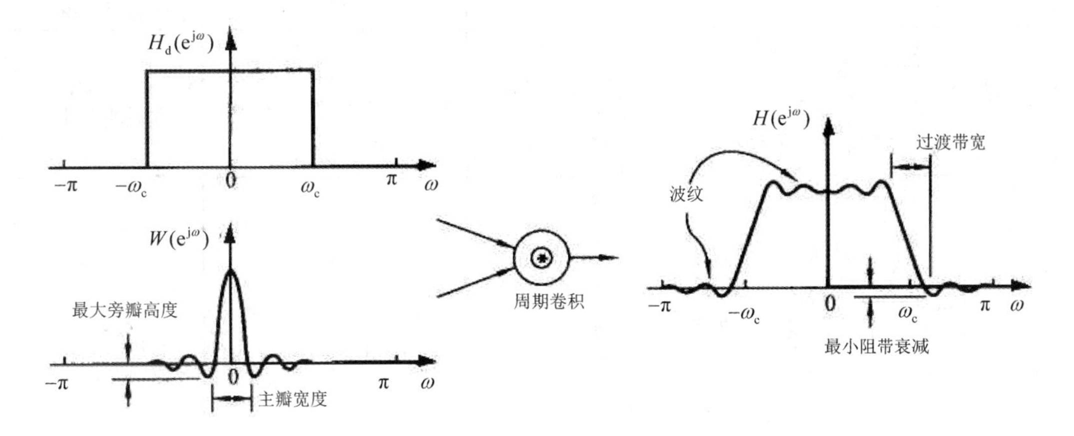

图 11-36 窗函数设计

可以看出，实际的 FIR 滤波器与理想的滤波器幅频特性曲线不一样，主要的影响因素有以下 3 个方面。

（1）过渡带：过渡带指的是正负肩峰之间的频带。过渡带的宽度取决于矩形窗频率响应的主瓣宽度。

（2）波动：波动是由于窗谱的旁瓣引起的，波动的幅度及多少分别取决于窗谱旁瓣的相对幅度及旁瓣数量。旁瓣相对值越大，旁瓣越多，波动越大。

（3）窗函数的宽度 N：窗函数宽度 N 增大，矩形窗函数频率响应的主瓣宽度减小，但不改变旁瓣的相对值。

在 FIR 数字滤波器的设计中，窗函数不仅影响过渡带宽度，还影响肩峰和波纹的大小。因此在选择窗函数时，应满足主瓣宽度尽可能窄，以及最大旁瓣相对于主瓣尽可能小，即能量主要集中于主瓣内。然而这两者是相互矛盾的一对指标，需要具体问题具体分析。因此，在用窗函数设计 FIR 数字滤波器时，要根据给定的滤波器性能指标选择窗函数的类型和宽度。

11.7.3 MATLAB 提供的窗函数及窗函数设计的 MATLAB 实现

一、常用的窗函数

在利用窗函数设计 FIR 数字滤波器时，主要的窗函数有矩形窗、三角窗、Bartlett 窗、汉宁窗（Hanning 窗）、汉明窗（Hamming 窗）、布莱克曼窗（Blackman 窗）、凯瑟窗（Kaiser 窗）、切比雪夫窗（Chebyshev 窗）。下面具体介绍各种窗函数的定义及 MATLAB

的函数调用方式，如表 11-4 所示。

表 11-4 窗函数

窗函数	表达式	主瓣宽度	最大旁瓣归一化峰值衰减	阻带最小衰减	MATLAB 函数
矩形窗	$\omega(n)=R_N(n)=\begin{cases}1,0\leqslant n\leqslant N-1\\0,\text{其他}\end{cases}$	$B_{\mathrm{m}}=\dfrac{4\pi}{N}$	$a_{\mathrm{sl}}=13\mathrm{dB}$	$a_{\mathrm{s}}=21\mathrm{dB}$	W=rectwin(N) 其中，N 表示长度，输出的结果为 N 点的矩形窗
Bartlett 窗	$\omega(n)\begin{cases}\dfrac{2n}{N-1},0\leqslant n\leqslant\dfrac{N-1}{2}\\2-\dfrac{2n}{N-1},\dfrac{N-1}{2}\leqslant n\leqslant N-1\end{cases}$	$B_{\mathrm{m}}=\dfrac{8\pi}{N}$	$a_{\mathrm{sl}}=25\mathrm{dB}$	$a_{\mathrm{s}}=25\mathrm{dB}$	W=bartlett(N) 参数说明同上
三角窗	N 为奇数 $\omega(k)=\begin{cases}\dfrac{2n}{N+1},1\leqslant n\leqslant\dfrac{N+1}{2}\\\dfrac{2(N-n+1)}{N+1},\dfrac{N+1}{2}\leqslant n\leqslant N\end{cases}$ N 为偶数 $\omega(k)=\begin{cases}\dfrac{2n-1}{N-1},1\leqslant n\leqslant\dfrac{N}{2}\\2-\dfrac{2(N-n+1)}{N-1},\dfrac{N}{2}+1\leqslant n\leqslant N\end{cases}$	$B_{\mathrm{m}}=\dfrac{8\pi}{N}$	$a_{\mathrm{sl}}=25\mathrm{dB}$	$a_{\mathrm{s}}=25\mathrm{dB}$	W=triang(N) 参数说明同上
汉宁窗	$\omega(n)=\dfrac{1}{2}\left[1-\cos\left(\dfrac{2\pi n}{N-1}\right)\right],0\leqslant n\leqslant N-1$	$B_{\mathrm{m}}=\dfrac{8\pi}{N}$	$a_{\mathrm{sl}}=31\mathrm{dB}$	$a_{\mathrm{s}}=44\mathrm{dB}$	W=hanning(N) 参数说明同上
汉明窗	$\omega(n)=0.54-0.46\cos\left(\dfrac{2\pi n}{N-1}\right),0\leqslant n\leqslant N-1$	$B_{\mathrm{m}}=\dfrac{8\pi}{N}$	$a_{\mathrm{sl}}=41\mathrm{dB}$	$a_{\mathrm{s}}=53\mathrm{dB}$	W=hamming(N) 参数说明同上
布莱克曼窗	$\omega(n)=0.42-0.5\cos\left(\dfrac{2\pi n}{N-1}\right)$ $+0.08\cos\left(\dfrac{4\pi n}{N-1}\right),0\leqslant n\leqslant N-1$	$B_{\mathrm{m}}=\dfrac{12\pi}{N}$	$a_{\mathrm{sl}}=57\mathrm{dB}$	$a_{\mathrm{s}}=74\mathrm{dB}$	W=blackman(N) 参数说明同上
凯瑟窗	$\omega(n)=\dfrac{I_0\beta\sqrt{1-[1-2n/(N-1)]^2}}{I_0(\beta)},0\leqslant n\leqslant N-1$	β 值不同，参数的取值不同。当 $\beta=0$，对应矩形窗；$\beta=5.44$，接近于汉明窗；$\beta=8.5$，接近于布莱克曼窗			W=kaiser(n,belta) 其中，belta 是 Kaiser 窗的参数，影响窗旁瓣幅值的衰减率
切比雪夫窗		可调整			W=chebwin(N,r) 其中，r 是窗口的旁瓣幅值在主瓣以下的分贝数

【实例 11-26】利用 MATLAB 函数绘制表 11-4 中的窗函数，取窗函数的长度为 20。

思路·点拨

绘制表 11-4 中的窗函数的形状，只需确定窗函数的长度及其他的参数即可。8 种窗函数采用两张图绘制，利用 subplot 函数将一张图分为 4 部分。

结果文件——配套资源“Ch11\SL1126”文件

解：MATLAB 程序如下。

```
%绘制窗函数的形状
N=20;
n=0:N-1;
figure(1);
subplot(221);
%矩形窗
w=rectwin(N);
stem(n,w);hold on;
plot(n,w,'r');%绘制包络线
grid;
xlabel('n');ylabel('w(n)');title('矩形窗');
%Bartlett 窗
subplot(222);
w=bartlett(N);
stem(n,w);hold on;
plot(n,w,'r');grid;
xlabel('n');ylabel('w(n)');title('Bartlett');
%汉宁窗
subplot(223);
w=hanning(N);
stem(n,w);hold on;
plot(n,w,'r');grid;
xlabel('n');ylabel('w(n)');title('汉宁窗');
%汉明窗
subplot(224);
w=hamming(N);
stem(n,w);hold on;
plot(n,w,'r');grid;
```

```
xlabel('n');ylabel('w(n)');title('汉明窗');
figure(2);
subplot(221);
%三角窗
w=triang(N);
stem(n,w);hold on;
plot(n,w,'r');grid;
xlabel('n');ylabel('w(n)');title('三角窗');
%布莱克曼窗
subplot(222);
w=blackman(N);
stem(n,w);hold on;
plot(n,w,'r');grid;
xlabel('n');ylabel('w(n)');title('布莱克曼窗');
%凯瑟窗
subplot(223);
w=kaiser(N);
stem(n,w);hold on;
plot(n,w,'r');grid;
xlabel('n');ylabel('w(n)');title('凯瑟窗');
%切比雪夫窗
subplot(224);
w=chebwin(N);
stem(n,w);hold on;
plot(n,w,'r');grid;
xlabel('n');ylabel('w(n)');title('切比雪夫窗');
```

程序的运行结果如图 11-37 所示。

【实例 11-27】利用 MATLAB 绘制窗函数的幅频特性曲线。

思路·点拨

求解窗函数的幅频特性，窗函数相当于一个数字滤波器。这里需要用到上一个实例的各种窗的 MATLAB 函数及求滤波器的幅频特性曲线的函数 freqz。

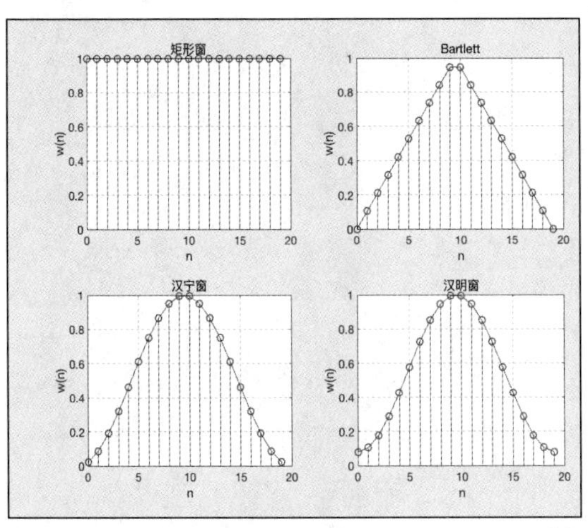

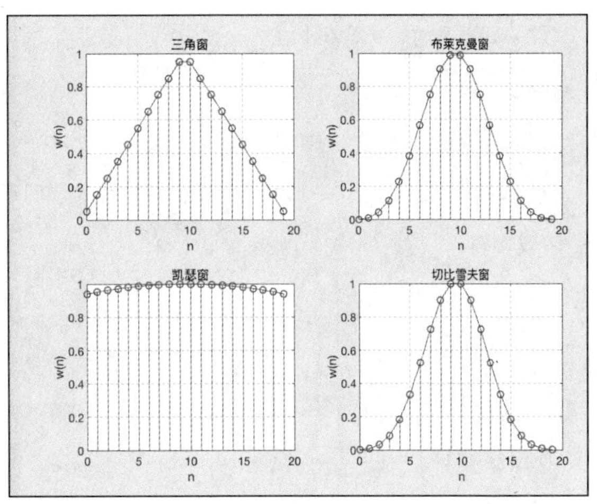

图 11-37 窗函数

结果文件——配套资源“Ch11\SL1127”文件

解：MATLAB 程序如下。

```
%绘制窗函数的幅频特性曲线
N=20;Nf=256;n=0:N-1;
figure(1);
subplot(221);
%矩形窗
w=rectwin(N);
[h,w]=freqz(w,1,Nf);
mag=abs(h);
plot(w/pi,20*log(mag/max(mag)));grid;
xlabel('归一化频率');ylabel('幅值');title('矩形窗')
%Bartlett 窗
subplot(222);
w=bartlett(N);
[h,w]=freqz(w,1,Nf);
mag=abs(h);
plot(w/pi,20*log(mag/max(mag)));grid;
xlabel('归一化频率');ylabel('幅值');title('Bartlett')
%汉宁窗
subplot(223);
w=hanning(N);
```

```
[h,w]=freqz(w,1,Nf);
mag=abs(h);
plot(w/pi,20*log(mag/max(mag)));grid;
xlabel('归一化频率');ylabel('幅值');title('汉宁窗')
%汉明窗
subplot(224);
w=hamming(N);
[h,w]=freqz(w,1,Nf);
mag=abs(h);
plot(w/pi,20*log(mag/max(mag)));grid;
xlabel('归一化频率');ylabel('幅值');title('汉明窗')
figure(2) ;
subplot(221);
%三角窗
w=triang(N);
[h,w]=freqz(w,1,Nf);
mag=abs(h);
plot(w/pi,20*log(mag/max(mag)));grid;
xlabel('归一化频率');ylabel('幅值');title('三角窗')
%布莱克曼窗
subplot(222);
w=blackman(N);
[h,w]=freqz(w,1,Nf);
mag=abs(h);
plot(w/pi,20*log(mag/max(mag)));grid;
xlabel('归一化频率');ylabel('幅值');title('布莱克曼窗');
%凯瑟窗
subplot(223);
w=kaiser(N);
[h,w]=freqz(w,1,Nf);
mag=abs(h);
plot(w/pi,20*log(mag/max(mag)));grid;
```

```
xlabel('归一化频率');ylabel('幅值');title('凯瑟窗');
%切比雪夫窗
subplot(224);
w=chebwin(N);
[h,w]=freqz(w,1,Nf);
mag=abs(h);
plot(w/pi,20*log(mag/max(mag)));grid;
xlabel('归一化频率');ylabel('幅值');title('切比雪夫窗');
```

程序的运行结果如图 11-38 所示。

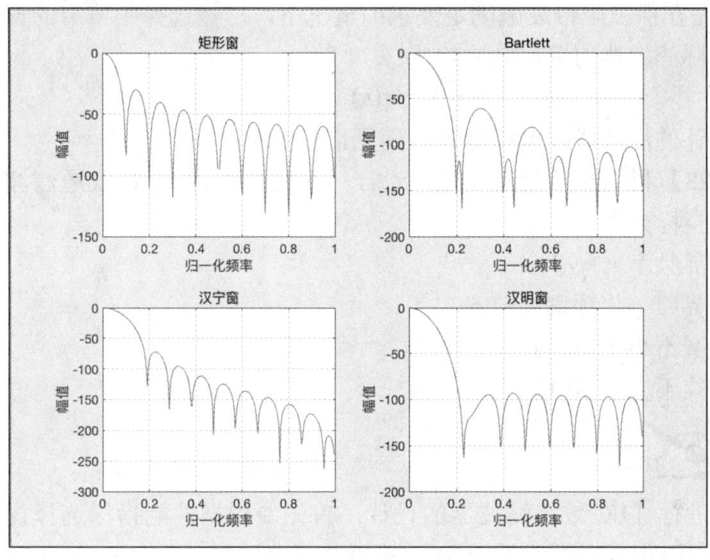

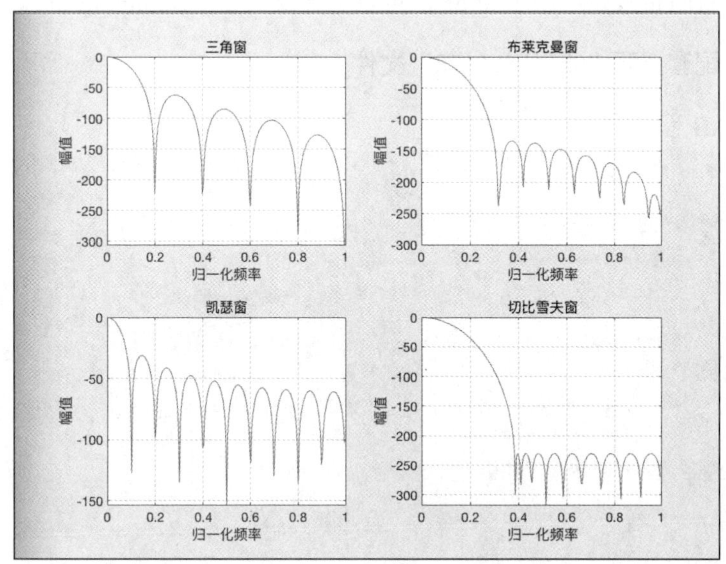

图 11-38　窗函数的幅频特性

二、窗函数设计 FIR 数字滤波器

基于窗函数的 FIR 数字滤波器设计的算法其实很简单，主要步骤总结如下。

（1）根据技术要求确定所要设计的滤波器的单位脉冲响应 $h_d(n)$。若已知滤波器的频率响应为 $H_d(e^{j\omega})$，根据傅里叶逆变换可以得到单位脉冲响应 $h_d(n)$ 为

$$h_d(n)=\frac{1}{2\pi}\int_{-\pi}^{\pi}H_d(e^{j\omega})e^{j\omega n}d\omega \tag{11-62}$$

如果给出通带、阻带衰减和边界频率的要求，那么可以选用理想滤波器作为逼近函数，从而用理想滤波器的特性作为傅里叶变换，求出 $h_d(n)$。

（2）根据对过渡带及阻带衰减的要求，选择窗函数的形式（可以根据表 11-4 所示的参数进行选择）。可以根据所设计的滤波器的过渡带近似等于窗函数主瓣宽度来确定窗口的长度 N。设计原则是在保证阻带衰减满足要求的情况下，尽量选择主瓣窄的窗函数。

（3）计算实际滤波器的单位脉冲响应：

$$h_d(n)=h_d(n)w(n) \tag{11-63}$$

（4）验证设计的滤波器技术指标是否满足设计要求。

【实例 11-28】利用窗函数设计法，设计一个线性相位 FIR 低通滤波器，采样频率为 50Hz。技术性能指标如下。

（1）通带边界频率 $\omega_p=0.3\pi$。

（2）阻带边界归一化频率 $\omega_s=0.6\pi$。

（3）阻带衰减不小于 40dB。

（4）通带波纹不大于 3dB。

思路·点拨

利用窗函数进行 FIR 数字滤波器的设计，首先要根据性能指标选择窗函数类型，根据表 11-4，由题意得阻带衰减不小于 40dB，可以选择汉明窗（Hamming 窗）。

结果文件——配套资源“Ch11\SL1128”文件

解：MATLAB 程序如下。

```
%窗函数法设计 FIR 数字滤波器
wp=0.3*pi;ws=0.6*pi;
%过渡带宽
delta=ws-wp;
%计算窗函数的长度
N=ceil(8*pi/delta);
%求截止频率在通带边界和阻带边界的中点
wc=(ws+wp)/2;
%计算理想脉冲响应
n=0:N-1;
```

```
alpha=(N-1)/2;
m=n-alpha+eps;%eps 加入无穷小量，避免除零的情况
hd=sin(wc*m)./(pi*m);
%计算汉明窗
W=hamming(N);
h=hd.*W';
%FIR 滤波器的幅频特性曲线
 [h,w]=freqz(h,1,512,100);
mag=abs(h);
subplot(211);
plot(w,20*log10(mag));
xlabel('频率/Hz');ylabel('振幅');grid;
subplot(212);
angleH=angle(h);
plot(w,180*pi/unwrap(angleH));
xlabel('频率/Hz');ylabel('相位');grid;
```

程序的运行结果如图 11-39 所示。

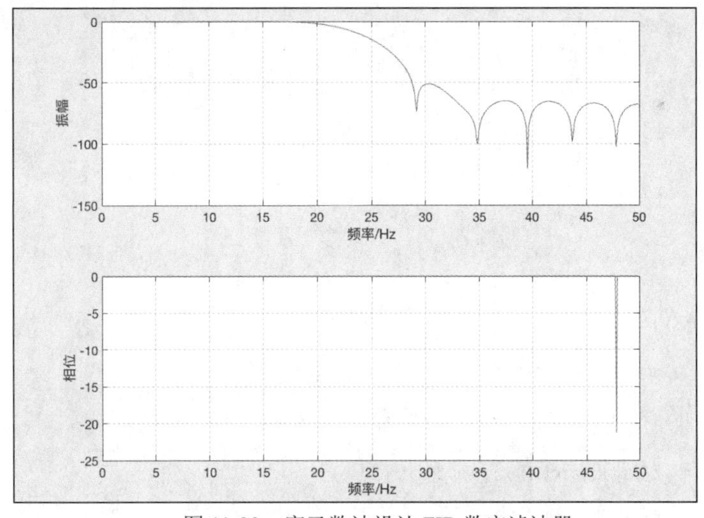

图 11-39　窗函数法设计 FIR 数字滤波器

三、窗函数设计的 MATLAB 函数实现

关于 FIR 数字滤波器的设计，MATLAB 数字信号处理工具箱为用户提供了一个完整的设计函数——fir1，该函数仍然基于上述原理设计 FIR 数字滤波器。fir1 函数采用经典窗函数法设计线性相位 FIR 数字滤波器，且具有标准低通、带通、高通、带阻等基本类型的数字滤波器。具体的调用格式如下。

hn=fir1(n,wc,‘ftype’,window)

hn=fir1(n,wc)

其中，n 为滤波器的阶数，wc 为归一化截止频率，当 wc 的取值为[wc1,wc2]时，为带通滤波器；ftype 为滤波器的类型，可选的有 high、stop 等类型；window 为窗函数的名称，默认情况下为 Hamming 窗。hn 的长度为 n+1。

【实例 11-29】用窗函数法设计一个 FIR 带通滤波器。滤波器的技术指标如下。

（1）阻带下截止频率为 $\omega_{\mathrm{ls}} = 0.2\pi$，阻带最小衰减 $a_{\mathrm{s}} = 60\mathrm{dB}$。

（2）通带下截止频率为 $\omega_{\mathrm{lp}} = 0.35\pi$，通带最大衰减 $a_{\mathrm{p}} = 1\mathrm{dB}$。

（3）通带上截止频率为 $\omega_{\mathrm{up}} = 0.65\pi$，阻带上截止频率为 $\omega_{\mathrm{us}} = 0.8\pi$。

思路·点拨

由阻带衰减指标，根据表 11-4，选择的窗函数为 Blackman 窗，计算过渡带宽为

$$\Delta B = \frac{12\pi}{N} \leqslant \omega_{\mathrm{lp}} - \omega_{\mathrm{ls}} = 0.35\pi - 0.2\pi = 0.15\pi$$

可得 N=80。通带区间可用 ω_{c} 表示，计算如下：

$$\omega_{\mathrm{c}} = \left[\omega_{\mathrm{lp}} - \frac{\Delta B}{2}, \omega_{\mathrm{up}} + \frac{\Delta B}{2}\right]$$

结果文件——配套资源“Ch11\SL1129”文件

解：MATLAB 程序如下。

```
%性能指标
wls=0.2*pi;
wlp=0.35*pi;
wup=0.65*pi;
%计算过渡带宽
B=wlp-wls;
N=ceil(12*pi/B);
wp=[wlp/pi-6/N,wup/pi+6/N];
%调用 fir1 设计数字滤波器
hn=fir1(N-1,wp,blackman(N));subplot(211);
n=0:79; stem(n,hn);
axis([0 80 -0.4 0.4]);grid on;
title('滤波器');
[hw,w]=freqz(hn,1);
subplot(212); plot(w/pi,20*log10(abs(hw)));
axis([0 1 -100 5]);grid on;
```

```
title('幅值/dB');
```

程序的运行结果如图 11-40 所示。

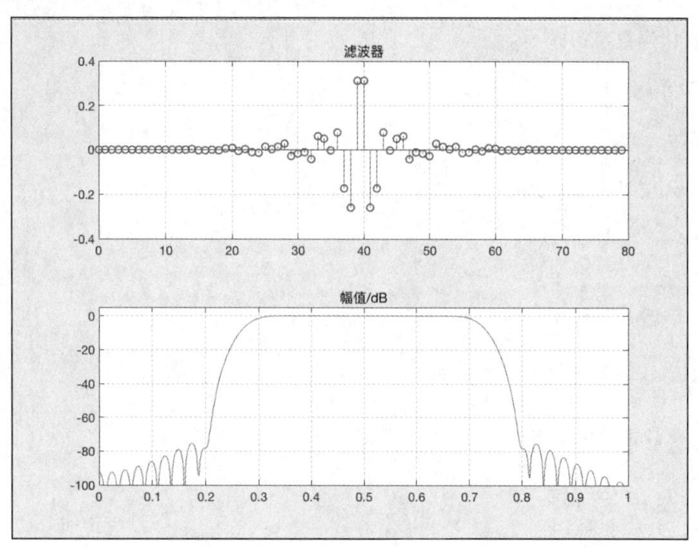

图 11-40　利用函数 fir1 设计滤波器

从滤波器的幅频特性可以看出，在通带部分最大衰减小于 1dB，阻带最小衰减为 60dB，满足所要求的滤波器性能指标。

【实例 11-30】用窗函数法设计 FIR 低通滤波器，实现对模拟信号采样后进行数字低通滤波，模拟信号的指标如下。

（1）通带截止频率：$f_p = 2\text{kHz}$。

（2）阻带截止频率：$f_s = 3\text{kHz}$。

（3）阻带最小衰减：$a_s = 40\text{dB}$；采样频率：$F_s = 10\text{kHz}$。

选择合适的窗函数，求出 $h(n)$，并绘制滤波器的幅频特性曲线。

思路·点拨

性能指标给出的是模拟性能指标，需要将其转化为数字频率，计算如下。

通带数字截止频率：$\omega_p = \dfrac{2\pi f_p}{F_s} = \dfrac{2\times 2000\pi}{10000} = 0.4\pi$

阻带数字截止频率：$\omega_s = \dfrac{2\pi f_s}{F_s} = \dfrac{2\times 3000\pi}{10000} = 0.6\pi$

阻带最小衰减为 $a_s = 40\text{dB}$，过渡带宽为 $B = \omega_s - \omega_p = 0.2\pi$，由阻带最小衰减可选择 Hamming 窗，由 $\frac{8\pi}{N} \leqslant B$ 可以获得 N=40。截止频率 $\omega_c = \omega_p + B/2 = 0.5\pi$。

结果文件——配套资源“Ch11\SL1130”文件

解：MATLAB 程序如下。

```
%模拟性能指标
fp=2000;fs=3000;Fs=10000;
%模拟性能指标转化为数字指标
wp=2*pi*fp/Fs;
ws=2*pi*fs/Fs;
%计算过渡带宽、长度 N 及截止频率 wc
B=ws-wp;
N=ceil(8*pi/B);
wc=(wp+B/2)/pi;
%调用 fir1 函数
hn=fir1(N-1,wc,hamming(N));
n=0:N-1;
subplot(211);
stem(n,hn);grid;title('滤波器');
[hw,w]=freqz(hn,1);
subplot(212);
plot(w/pi,20*log10(abs(hw)));grid;title('幅值');
```

程序的运行结果如图 11-41 所示。

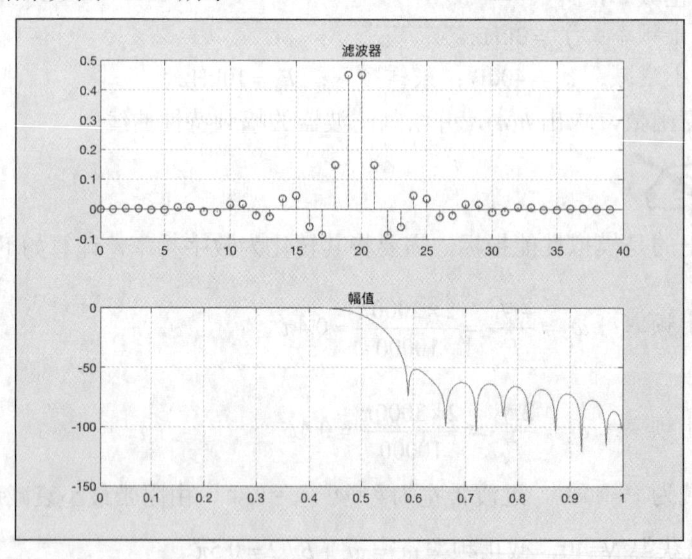

图 11-41　数字低通滤波器

从模拟性能指标转化为数字性能指标之后可以发现，阻带截止频率为 0.6π，阻带最小衰减为 40dB。从滤波器的幅频特性曲线可以看出，在截止频率为 0.6π 时，阻带衰减接近于 50dB，满足设计要求。通带的数字截止频率为 0.4π。

四、多带通任意响应 FIR 滤波器

除了设计标准型 FIR 数字滤波器之外，MATLAB 的数字信号处理工具箱提供了另外一种滤波器的设计函数，该函数为 fir2，主要用来设计多带通任意响应的 FIR 数字滤波器。其主要调用格式如下。

b = fir2(n,f,m)

b = fir2(n,f,m,window)

b = fir2(n,f,m,npt)

b = fir2(n,f,m,npt,window)

其中，*n* 为滤波器的阶数；*f*、*m* 分别为滤波器的期望幅频响应的频率向量和幅值向量，*f* 必须为归一化频率；window 为所选取的窗函数，得到的向量长度为 *n*+1，默认情况下为 Hamming 窗；*npt* 为对频率响应进行内插的点数，默认为 512。输出向量 *b* 为滤波器的系数向量，长度为 *n*+1。

【实例 11-31】利用窗函数设计法设计一个多频带 FIR 数字滤波器，理想频率响应为 $f=[0\ 0.1\ 0.2\ 0.3\ 0.4\ 0.5\ 0.6\ 0.7\ 0.8\ 0.9\ 1]\pi$，幅值 *m*=[0 0 1 1 1 0 0 1 1 0 0]，绘制该滤波器的理想幅频特性曲线，并与实际滤波器幅频特性曲线作比较。

思路·点拨

理想的幅频特性曲线，就是直接绘制理想幅值 *m* 的曲线即可。用窗函数设计多频带数字滤波器，采用函数 fir2 即可。这里需要注意的是，理想的频率 *f* 必须保证是归一化频率。

结果文件——配套资源“Ch11\SL1131”文件

解：MATLAB 程序如下。

```
%多频带 FIR 数字滤波器
%理想频率、理想幅值
f=0:0.1:1;
m=[0 0 1 1 1 0 0 1 1 0 0];
%滤波器的阶数
N=100;
%调用 fir2 函数
b=fir2(N,f,m,hamming(N+1));
[h,w]=freqz(b,1,256);
%绘制理想滤波器和实际滤波器的幅频特性曲线
plot(f,m,'b','LineWidth',2);
hold on;
plot(w/pi,abs(h),'r:','LineWidth',2);
legend('理想滤波器','实际滤波器');
```

```
xlabel('频率/Hz');ylabel('幅值/dB');
title('理想滤波器与实际滤波器的比较');
grid;
```

程序的运行结果如图 11-42 所示。

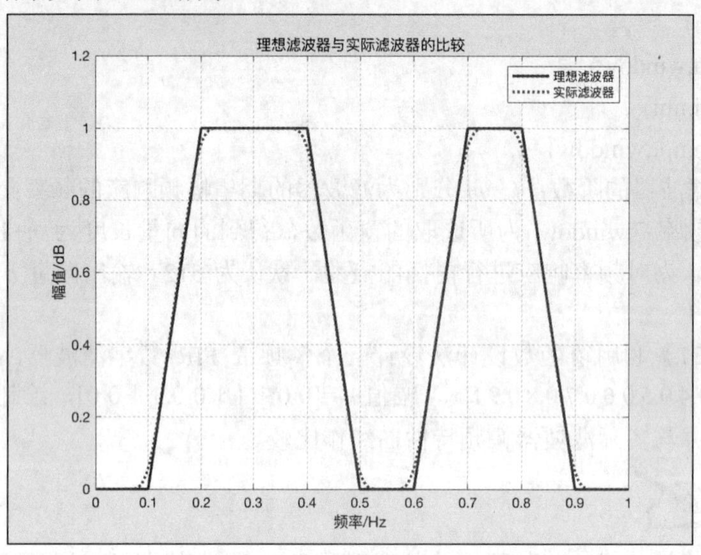

图 11-42　理想滤波器与实际滤波器的比较

这里取滤波器的阶数 N=100，可以得到一个规律：当所选滤波器的阶数越高，实际滤波器就越接近于理想滤波器；阶数越低，实际滤波器的幅值就与理想滤波器差得越明显。

11.7.4　FIR 数字滤波器的最优化设计及 MATLAB 实现

FIR 数字滤波器因具有严格的线性相位而在数据通信、语音信号处理及自适应信号处理等领域获得了广泛的应用。前面介绍的 FIR 数字滤波器设计方法不易精确控制通带与阻带的边界频率，因此在实际应用中具有一定的局限性。本小节主要介绍基于最大误差最小化准则的最优化方法设计 FIR 数字滤波器。

一、最大误差最小化准则

最大误差最小化准则是根据设计要求，导出一组条件，使得整个逼近频率区域（通带或阻带）上的逼近误差的最大值为最小值。按照该准则设计的滤波器的通带的阻带内呈现等波纹幅度特性，因此称之为最佳等波纹逼近或切比雪夫加权逼近。

在滤波器的设计当中，通常情况下，通带与阻带的误差性能要求是不一样的，为了统一使用最大误差最小化准则，采用误差函数加权的方法，使得不同频带的加权误差最大值相等。设要求的滤波器的频率响应幅度函数为 $H\mathrm{d}(\omega)$，线性相位 FIR 滤波器幅度函数 $H(\omega)$ 做逼近函数，设逼近误差的加权函数为 $W(\omega)$，则加权逼近函数可以定义为

$$E(\omega)=W(\omega)[H\mathrm{d}(\omega)-H(\omega)] \tag{11-64}$$

由于在不同频带上的逼近误差的最大值并不相同，因此，加权值 $W(\omega)$ 在对应的不同频带上的值也不相同，但必须保证加权逼近函数的值相等。

二、MATLAB 函数实现及实例

在 MATLAB 数字信号处理工具箱中，提供了函数 remez 和 remezord 来计算 FIR 数字滤波器的最优化设计，函数 remez 也称该函数为 FIR 数字滤波器的最优滤波器。在新的版本中，这两个函数分别用 firpm 和 firpmord 来代替，主要的调用格式相同。分别介绍如下。

（1）remez、firpm

h=remez(n,f,a)

h= firpm (n,f,a)

功能：利用函数 remez、firpm 可以得到最优化设计的 FIR 数字滤波器的参数。

其中，n 为滤波器的阶数；f 为滤波器期望频率特性归一化频率向量，范围为 0~1，为递增向量，允许定义重复频率点；a 为滤波器期望频率特性的幅值向量，向量 a 和向量 f 的长度必须相同，且为偶数；输出参数 h 返回的是滤波器的系数，长度为 n+1，且具有偶对称的关系，即 $h(k)=h(n+2-k)$；若滤波器的阶数为奇数，则在 Nyquist 频率处（即对应于归一化频率为 1），幅频响应必须为 0。

（2）remezord、firpmord

[n,fo,ao,weights]=remezord(f,a,dev)

[n,fo,ao,weights]=firpmord(f,a,dev)

功能：利用函数 remezord、firpmord 可以通过估算得到滤波器的近似阶数 n，归一化频率带边界 *fo*，频带内幅值 *ao* 及各个频带内的加权系数 *weights*。

其中，输入参数 f 为频带边缘频率，a 为各个频带所期望的幅度值，dev 是各个频带允许的最大波动。

【实例 11-32】利用最优化设计方法设计一个 33 阶 FIR 低通滤波器，通带边界频率为 0.2π，幅值为 1，阻带边界频率为 0.4π，幅值为 0。绘制所设计的滤波器的幅频相位特性曲线。

思路·点拨

在利用最优化方法设计 FIR 滤波器时，必须将通带边界频率或阻带边界频率转化为归一化频率。这里采用函数 remez 或 firpm 都可以实现。

结果文件——配套资源“Ch11\SL1132”文件

解：MATLAB 程序如下。

```
n=33;%滤波器的阶数
N=512;
wp=0.2*pi;ws=0.4*pi;
f=[0,wp/pi,ws/pi,1];
m=[1,1,0,0];
h=remez(n,f,m);
[Hm,Wm]=freqz(h,1,N);
```

```
subplot(211);
plot(Wm,20*log10(abs(Hm)));
xlabel('w/rad');ylabel('20*log10(abs(Hm))');
grid on;
subplot(212);
plot(Wm,angle(Hm));
xlabel('w/rad');ylabel('angle(exp(jw))');grid;
```

程序的运行结果如图 11-43 所示。

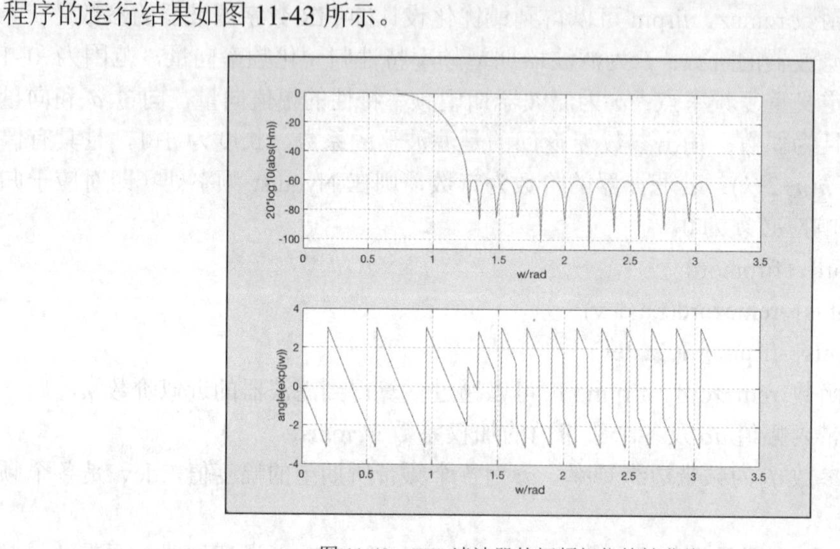

图 11-43　FIR 滤波器的幅频相位特性曲线

【实例 11-33】设计一个 FIR 低通滤波器，技术指标如下：$\omega_p = 0.4\pi$，$\omega_s = 0.6\pi$，通带容许偏差为$\sigma_1 = 0.01$，阻带的容许偏差为$\sigma_2 = 0.001$。利用优化设计方法实现该滤波器，并绘制该滤波器的幅频相位特性曲线。

思路·点拨

本实例首先必须利用函数 remezord 或 firpmord 获得所设计滤波器的阶数，然后利用函数 remez 或 firpm 来实现该滤波器。最后判断所得的滤波器指标是否满足阻带衰减的要求，若满足，则设计成功；若不满足，则需提高滤波器的阶数 n，直到满足技术指标。

结果文件——配套资源“Ch11\SL1133”文件

解：MATLAB 程序如下。

```
%滤波器的性能指标
wp=0.4*pi;ws=0.6*pi;
sigma1=0.01;sigma2=0.001;
%计算设计要求的通带最大衰减及阻带最小衰减
Ap=20*log10(2/(1-sigma1)-1)
```

```
As=-20*log10(sigma2/(sigma1+1))
%计算函数 remezord 需要输入的参数
sigma=2*pi/1000;
wsi=ws/sigma+1;wpi=wp/sigma;
f=[wp/pi,ws/pi];
m=[1,0];
dev=[sigma1,sigma2];
%计算滤波器的可能阶数
[n,fo,ao,weights]=remezord(f,m,dev);
%计算滤波器的系数
h=remez(n,fo,ao,weights);
%计算频率响应
[H,w]=freqz(h,1,1000,'whole');
H=(H(1:1:501))';w=(w(1:1:501))';
mag=abs(H);
db=20*log10((mag+eps)/max(mag));
Asd=-max(db(wsi:1:501));
%判断阻带衰减是否满足设计要求，以完成对 n 的调整
while Asd<As
    n=n+1;
    h=remez(n,fo,ao,weights);
    [H,w]=freqz(h,1,1000,'whole');
    H=(H(1:1:501))';w=(w(1:1:501))';
    mag=abs(H);
    db=20*log10((mag+eps)/max(mag));
    Asd=-max(db(wsi:1:501));
end
M=n;
h=remez(M,fo,ao,weights);
[H,w]=freqz(h,1,1000,'whole');
H=(H(1:1:501))';w=(w(1:1:501))';
mag=abs(H);
```

```
db=20*log10((mag+eps)/max(mag));
%实际得到的最大通带衰减
Apd=-(min(db(1:1:wp/sigma+1)))
%实际得到的最小阻带衰减
Asd=-round(max(db(wsi:1:501)))
%绘制所设计的滤波器的幅频相位特性曲线
subplot(211);
plot(w/pi,20*log10(abs(H)));
xlabel('w/rad');ylabel('abs(H)');grid;
subplot(212);
plot(w/pi,angle(H));
xlabel('w/rad');ylabel('angle(H)');grid;
```

程序的运行结果如下。

设计要求的通带最大衰减及阻带最小衰减:

Ap=0.1737，As=60.0864

滤波器的阶数:

M=27;

实际得到的通带最大衰减及阻带最小衰减:

Apd=0.1590，Asd=61;

滤波器的幅频相位特性曲线如图 11-44 所示。

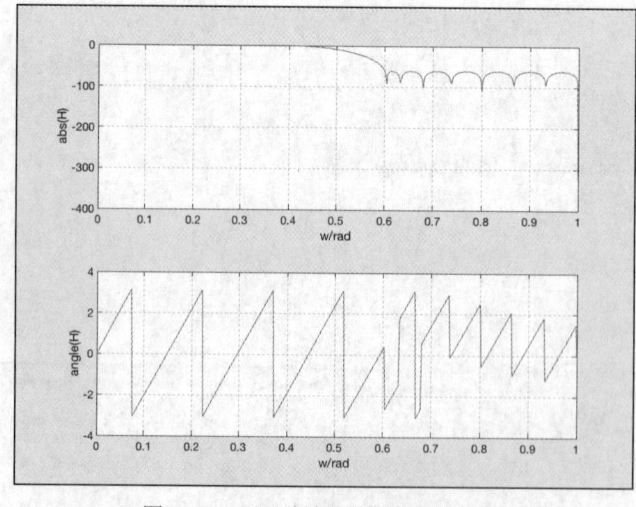

图 11-44　FIR 滤波器的幅频相位特性曲线

从程序的运行结果可知，实际得到的通带最大衰减及阻带最小衰减均满足设计滤波器要求的通带最大衰减及阻带最小衰减，且滤波器的阶数较小，满足实际的设计要求。采用最优化方法得到的 FIR 数字滤波器，能够大大地减小滤波器的阶数，从而减小滤波器的体积，降低滤波器的成本，使得设计的 FIR 数字滤波器更为简单经济。

第 12 章　图像处理

图像对于我们并不陌生，照片、绘画、影视画面无疑属于图像；照相机、显微镜或望远镜的取景器上的光学成像也是图像；此外，汉字也可以说是图像的一种。总之，凡是人类视觉上能够感受到的信息都可称为图像。图像是自然界景物的客观反映，是人类认识世界和人类本身的重要源泉。通过视觉观察图像获取信息是一种直接且有效的方式，图像拥有直观、形象、易懂、信息量大等诸多优点，因此它是在人们日常的生活、生产中接触最多的信息种类之一。但是倘若图像效果不佳，比如因拍摄时光线不足或手部抖动等原因产生的模糊照片，则其信息传达的效果可能还不如用文字形容。虽然有些照片可以重拍，但也有很多情况是很难或甚至无法再重拍的，如负责太空探测的太空船所传回的珍贵照片或在我们日常生活当中许多珍贵的历史性镜头等。数字图像处理是改善这类图像的一种有效方式，它是指将图像信号转换成数字信号并利用计算机对其进行处理。数字图像处理最早出现于 20 世纪 50 年代，当时的电子计算机已经发展到一定的水平，人们开始利用计算机来处理图形和图像信息。近年来，图像处理技术已经得到一定的发展，其在许多应用领域受到广泛的重视并取得重大的开拓性成就，属于这些领域的有航空航天、生物医学工程、通信工程、工业检测、机器人视觉、军事公安、文化艺术等。随着图像处理技术应用领域的扩大、对其要求的提高，图像的处理已经从可见光谱扩展到光谱中的各个阶段，从静止图像发展到运动图像，从物体的外部延伸到物体的内部，以及进行人工智能化的图像处理等。

图像技术与计算机技术不断融合，产生了一系列图像处理软件。数字图像处理中往往把数字化的图像作为二维矩阵来研究，因此基于矩阵计算的 MATLAB 可以很自然地应用到数字图像处理领域。MATLAB 自产生之日起就具有方便的数据可视化功能，将向量和矩阵用图形表现出来，并且可以对图像进行标注和打印。高层次的作图包括二维和三维的可视化。图像处理、动画和表达式作图，可用于科学计算和工程绘图。新版本的 MATLAB 对整个图形处理功能作了很大的改进和完善，使它不仅在一般数据可视化软件都具有的功能方面更加完善，而且对于一些其他软件没有的功能（如图形的光照处理、色度处理及四维数据的表现等），MATLAB 同样表现了出色的处理能力。

本章内容

- 数字图像的基本原理。
- 图像增强。
- 图像复原。
- 二值形态学操作。
- 图像编码与压缩。
- 图像分割。

12.1 数字图像的基本原理

12.1.1 数字图像的表示

图像的表示方法是对图像处理算法描述和利用计算机处理图像的基础。一个二维图像，在计算机中通常为一个二维数组 $f(x, y)$，或者是一个 $M \times N$ 的二维矩阵 $\boldsymbol{F}$（其中，M 为图像的行数，N 为图像的列数）。

$$\boldsymbol{F}=\begin{bmatrix} f(1,1) & f(1,2) & \cdots & f(1,N) \\ f(2,1) & f(2,2) & \cdots & f(2,N) \\ \vdots & \vdots & & \vdots \\ f(M,1) & f(M,2) & \cdots & f(M,N) \end{bmatrix}$$

12.1.2 数字图像的 MATLAB 操作基础

1．打开图像处理工具箱

在 MATLAB 中，打开图像处理工具箱有以下几种方式。

在 MATLAB 界面的窗口菜单栏中选中 APP 选项，选择下拉菜单，然后会弹出已安装的 APP 窗口，找到“图像处理和计算机视觉”，即为图像处理工具箱，如图 12-1 所示。

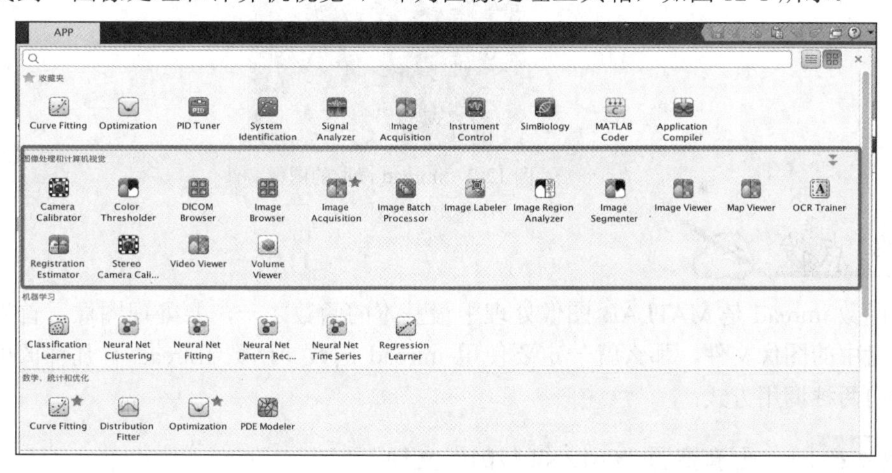

图 12-1　打开图像处理工具箱

2．数字图像的读取和保存

在 MATLAB 中，用户想对一幅图像进行操作和处理，首要的步骤就是对需要处理的图像进行“读取”，然后再进行具体的操作和处理，最后可以将处理后的图像进行保存。MATLAB 为广大用户提供了专门的函数，可以方便地进行数字图像的读取和保存。

在 MATLAB 中，图像的读取最主要的是利用函数 imread()，该函数几乎支持 MATLAB 中所有的图像文件格式。根据所读取的图像格式不同及图像类型的不同，该函数的调用格式也各不相同。下面将通过“常见图像格式读取”和“特殊图像格式读取”两部分进行介绍。

（1）常见图像格式读取。

MATLAB 中常常利用函数 imread()来完成图形图像文件的读取，其调用格式如下。

I=imread('filename','fmt')或('filename.fmt')：该函数是用于读取字符串 filename 指定的灰度图像和真彩色图像文件。其中，filename 是文件名，fmt 是文件扩展名或文件格式。

[X,map]=imread('filename','fmt')或('filename.fmt')：该函数是读取字符串 filename 指定的索引图像文件。其中 X 用于存储索引图像数据，即对应颜色映射表的“映射序号值”，map 用于存储与该索引图像相关的颜色映射表。

[…]= imread('filename')：该函数在执行图像图区操作时，首先需要从图像文件 filename 的内容推断其图像类型，即 imread()参数中没有给出图像文件的类型 fmt，而是需要推断得到。而该语句左边“[…]”表示根据待读取的图像数据是真实像素值，还是索引图像的相应颜色映射表的序号值，而分别采用格式 1 和格式 2 中的不同格式。

[…]=imread(URL,…)：该函数是读取 Internet URL 的图像文件，URL 要求其必须包含协议类型，例如 http://。该语句中 imread()函数的第二个参数即是所要读取的 Internet URL。语句左边的形式同格式 3。

【实例 12-1】利用函数 imread 读取图 12-2 所示的 JPG 格式的图像文件。

图 12-2 imread 读取的图像文件

思路·点拨

函数 imread 是 MATLAB 图像处理中最基本的函数之一，要处理图像，首先必须能够读取磁盘中的图像文件，那么就一定要使用 imread 函数。函数 imread 有几种调用方式，常用的为前两种调用方式。

结果文件——配套资源“Ch12\SL1201”文件

解：MATLAB 程序如下。

```
%调用方式 1
%读者需要根据自己的系统，更换文件的路径。这里为 Mac OS 系统。本章节其他部分也是如此
I=imread('/Users/rosa/Documents/MATLAB/ch12/image','jpg');
%调用方式 2
[X,map]=imread('/Users/rosa/Documents/MATLAB/ch12/image','jpg');
```

程序的运行结果如图 12-3 所示。

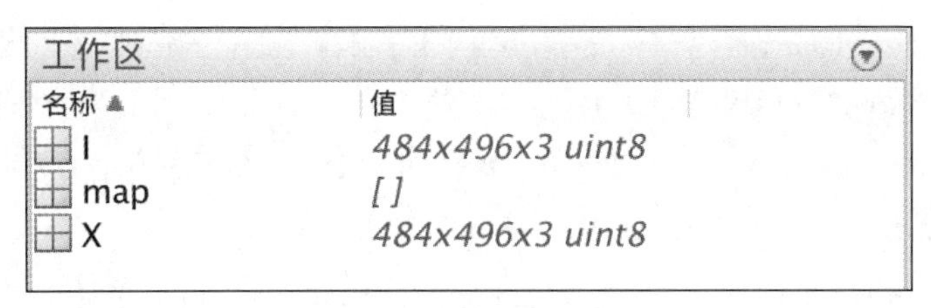

图 12-3　图像读取结果

（2）特殊图像格式读取。

函数 imread 还可以读取某些特殊类型的图像。

[…]= imread('filename',idx)：该函数用于读取包含多幅图像的文件，如 ICO、TIF、CUR、GIF 等格式的文件。

[…]= imread(…,'frames',idx)：该函数只适用于读取 GIF 格式的图像文件。

[…]= imread(…,'BackgroundColor',BG)：该函数只适用于 PNG 文件的读取，其功能更是将读取的图像的像素与指定的颜色进行合并。

[…]= imread('filename',ref)：该函数只用于 HDF 文件的读取，只读取 HDF 文件的多幅图像中的一幅，其中 ref 是一个整数，用来确定要读取图像的参考编号。

[…]= imread(…,'Param1',value1,'param2',value2,…)：该函数是使用参数值对图像的读取进行控制。

表 12-1 和表 12-2 列出了 TIFF 和 JPEG 图像格式文件可以使用的参数。

表 12-1　　TIFF 图像读取时的参数表

参数名	取值及表示含义
'index'	正整数，指定的图像读取。如 3 表示 imread 读取文件中的第三个图像。若省略，默认为 imread 读取文件中的第一个图像
'info'	结构数组返回 imfinfo 注：当读取多图像 TIFF 文件时，imread 的“信息”参数值传递的输出 imfinfo 有助于更迅速地找到文件中的图像
'pixelRegion'	单元阵列，{行，列}，指定的区域边界

表 12-2　　JPEG 图像读取时的参数表

参数名	取值及表示含义
'reductionLevel'	一个非负整数，指定图像的分辨率降低。默认值为 0，表示图像分辨率没有减少
'pixelRegion'	单元阵列，imread 函数返回 ROWS 和 COLS 的边界所指定的子图像

在 MATLAB 中利用函数 imwrite()来实现图像文件的写入操作，即保存。其调用格式通常有以下几种。

imwrite(I,'filename','fmt')：该函数是把图像数据 I 保存到字符串 filename 指定的文件中，存储的文件格式由 fmt 指定。

imwrite(X,map,'filename','fmt')：该函数是用于保存索引色图像，其中 X 表示索引色图像数据矩阵，map 表示与其关联的颜色映射表，filename 为保存的文件名，fmt 为文件的保存格式。

imwrite(…,'filename')：该函数是将图像保存到文件中，从 filename 的扩展名中推断图像的文件格式，该扩展名要求必须是 MATLAB 所支持的类型。

imwrite(…,'Param1',value1,'Param2',value2,…)：该函数用于在保存 HDF、JPEG、PBM、PGM、GIF 和 TIFF 等类型文件时指定某些参数值。

【实例 12-2】对于实例 12-1 中所读取的图像数据，利用函数 imwrite 将图像保存为 BMP 格式。

思路·点拨

函数 imread 读取图像，读取的结果为图像数据；函数 imwrite 是将读取的图像数据转化为图像，并将其保存在某一文件夹路径中，两者是相反的过程，就相当于是读取文件和保存文件一样。

结果文件——配套资源“Ch12\SL1202”文件

解：MATLAB 程序如下。

```
%读取图像
I=imread('/Users/rosa/Documents/MATLAB/ch12/image','jpg');
%保存图像
imwrite(I,'/Users/rosa/Documents/MATLAB/ch12/save','bmp');
```

程序运行之后，我们打开程序中的文件路径，可以看到与 image 图像一样的图像，只不过两者的文件类型不一样了。

3．图像的显示

在 MATLAB 中用于显示图像的窗口有以下两种。

（1）使用 MATLAB 图像工具浏览器（Image Tool Viewer），通过调用函数 imtool()来实现。

（2）使用 MATLAB 的通用图形图像视窗，通过调用函数 imshow()来实现。

函数 imshow 的具体调用方式如下。

imshow(I)：显示灰度图像。

imshow(I,[low high])：显示灰度图像，其中 low 和 high 参数分别为数据数组的最小值和最大值。

imshow(RGB)：显示 RGB 图像。

imshow(BW)：显示二进制图像，其中 0 为黑色，1 为白色。

imshow(X,map)：显示索引图像。

imshow(filename)：显示名为 filename 的图像。

himage = imshow(...)：显示图像，返回该图像的一个句柄 himage。

imshow(..., param1, val1, param2, val2,...)：显示图像，其中的参数控制着图像显示的各方

面内容，具体内容读者可以通过 doc imshow 进行查看。

【实例 12-3】 对于 image.jpg 的图像，读取该图像，并利用 imshow 函数对图形进行显示，分别以灰度图像和索引图像的方式进行显示。

思路·点拨

要显示图像文件，首先要使用 imread 函数读取该图像文件。灰度图像和索引图像的调用格式分别为 I=read('filename','jpg')及[X,map]=imread('filename','jpg')。然后利用 imshow 的两种调用方式分别进行显示即可。

结果文件——配套资源“Ch12\SL1203”文件

解：MATLAB 程序如下。

```
%灰度图像
I=imread('/Users/rosa/Documents/MATLAB/ch12/image','jpg');
subplot(121);
imshow(I);title('灰度图像');
%索引图像
[X,map]=imread('/Users/rosa/Documents/MATLAB/ch12/image','jpg');
subplot(122);
imshow(X,map);title('索引图像');
```

程序的运行结果如图 12-4 所示。

图 12-4　图像显示

12.1.3　数字图像的类型及其转换

一、数字图像的类型

图像类型是指数组数值与像素颜色之间的定义关系，这里要注意图像类型与图像格式概念的区别。本小节主要介绍 5 种图像类型，分别是二进制图像、索引图像、灰度图像、

RGB 图像和多帧图像，并介绍 5 种类型在 MATLAB 中的转换。

1．二进制图像

二进制图像通常用一个二维数组来描述，1 位表示一个像素，组成图像的像素值非 0 即 1，如图 12-5 所示。

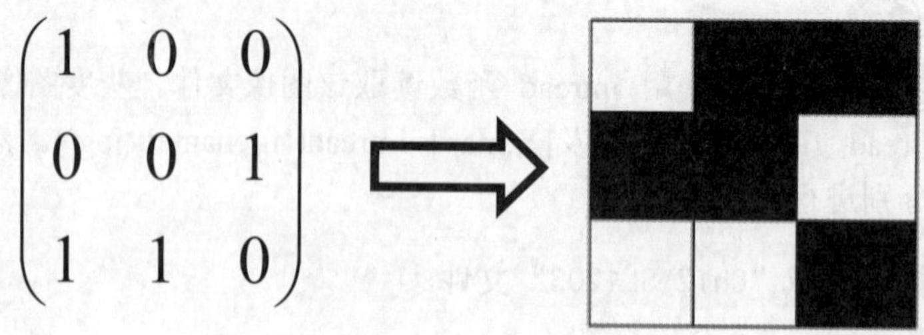

图 12-5　二进制图像

2．灰度图像

灰度图像通常也由一个二维数组表示一幅图像，8 位表示一个像素，0 表示黑色，255 表示白色，1～255 表示不同的深浅灰色，如图 12-6 所示。

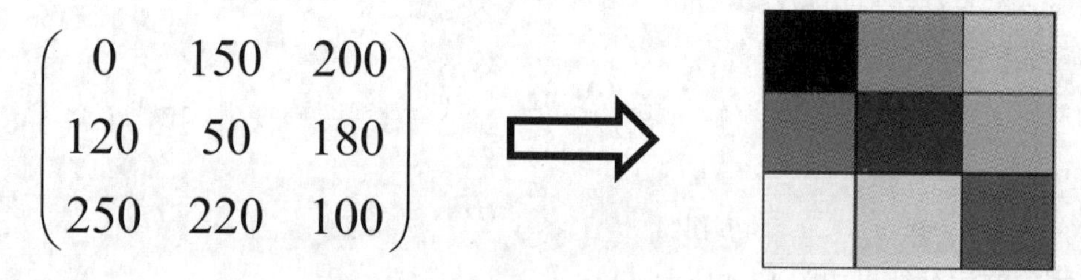

图 12-6　灰度图像

3．RGB 图像

RGB 图像是一种彩色图像的表示方法，利用 3 个大小相同的二维数组表示一个像素，3 个数组分别代表 R、G、B 这 3 个分量，R 表示红色，G 表示绿色，B 表示蓝色，通过 3 种基本颜色可以合成任意颜色，如图 12-7 所示。

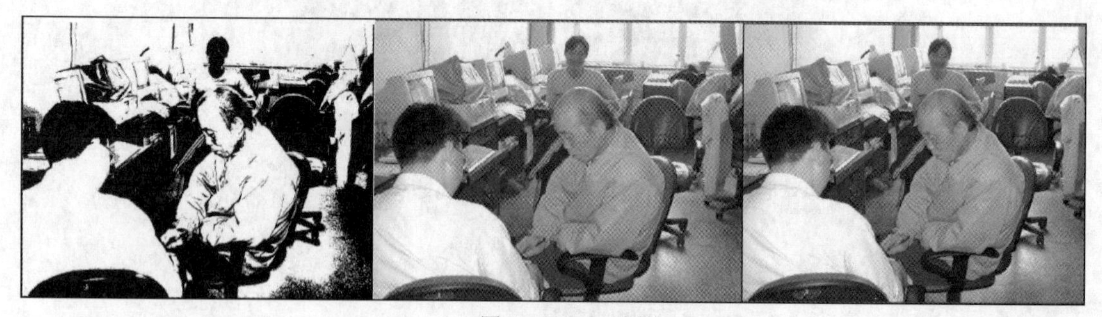

图 12-7　RGB 图像

4．索引图像

索引图像是一种把像素值直接作为 RGB 调色板下标的图像。在 MATLAB 中，索引图像包含一个数据矩阵 ***X*** 和一个颜色映射（调色板）矩阵 ***map***，数据矩阵可以为 uint8、uint16 或是双精度类型的，而调色板矩阵则总是一个 $m\times3$ 的双精度类型矩阵（其中 m 为颜色数目），该矩阵的元素值都是[0,1]范围内的浮点数。

5．多帧图像

多帧图像是一种包含多幅图像或帧的图像文件，主要用于需要对时间或场景上相关图像集合进行操作的场合。

二、图像类型转换

在许多图像处理过程中，常常需要进行图像类型转换，否则对应的操作没有意义甚至出错。在 MATLAB 中，各种图像类型之间的转换关系如图 12-8 所示。

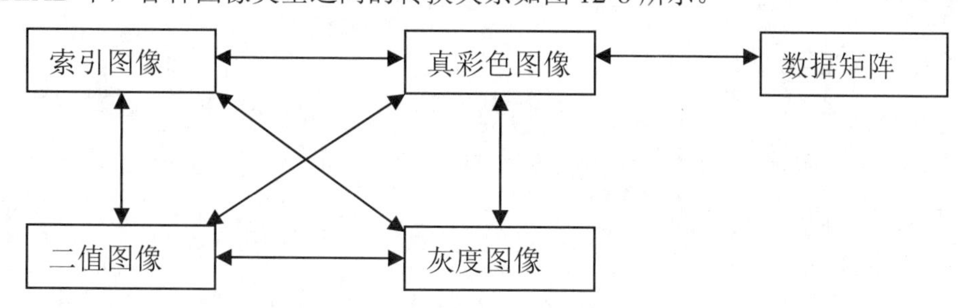

图 12-8　图像类型的转换关系

在 MATLAB 中，要进行图像类型转换可以直接调用 MATLAB 函数，表 12-3 中列举出了常用的图像类型转换函数。

表 12-3　图像类型转换函数

函数名	函数功能
dither	函数抖动，将灰度图像变成二值图像或将真彩图像抖动成索引图像
im2bw	将图像转化为二值图像
gray2ind	将灰度图像或者二值图像转换成索引图像
grayslice	通过设定阈值将灰度图转换成索引图像
ind2gray	将索引图像转换成灰度图像
ind2rgb	将索引图像转换成真彩色图像
mat2gray	将数值矩阵转换成灰度图像
rgb2gray	将真彩色图像转换成灰度图像
rgb2ind	将真彩色图像转换成索引图像

下面详细介绍各个函数的具体用法。

1．dither 函数

dither 函数的具体调用格式如下。

X = dither(RGB, map)：将 RGB 图像按照指定的色图 map 抖动成索引图像，但 map 不能超过 65536 种。

X = dither(RGB, map, Qm, Qe)：从 RGB 图像按照指定的色图 map 生成索引图像，其中 Qm 表示沿每个颜色轴反转颜色图的量化的位数，Qe 表示颜色空间计算误差。若 Qe<Qm，那么抖动操作无法进行；Qe、Qm 的默认值分别为 Qe=5、Qm=8。

BW = dither(I)：将灰度图像 I 抖动成二值图像 BW。

【实例 12-4】读取 image 图像文件，利用函数 dither 将其转化为二值图像。

思路·点拨

利用 imread 函数读取的图像文件为 RGB 图像，要利用函数 dither 将 RGB 图像转化为二值图像，首先就要将 RGB 图像转化为灰度图像，这里就提前使用到了函数 rgb2gray。然后利用函数 dither 将其转化为二值图像。这里其实有个更合适的函数——im2bw，该函数可以直接将 RGB 图像转化为二值图像。

结果文件——配套资源“Ch12\SL1204”文件

解：MATLAB 程序如下。

```
%图像抖动 dither
I=imread('/Users/rosa/Documents/MATLAB/ch12/image','jpg');
%转化为灰度图像
gray=rgb2gray(I);
BW=dither(gray);
subplot(121);
imshow(I);title('原始图像');
subplot(122);
imshow(BW);title('二值图像');
```

程序的运行结果如图 12-9 所示。

图 12-9　RGB 图像转化为二值图像

2．im2bw 函数

函数 im2bw 的主要调用格式如下。

```
BW = im2bw(I, level)：将灰度图像转化为二值图像，其中 level 表示设置的阈值，范围为[0, 1]。
BW = im2bw(X, map, level)：将索引图像按照色图 map 转化为二值图像。
BW = im2bw(RGB, level)：将 RGB 图像转化为二值图像。
```

【实例 12-5】读取图像文件 cameraman.tif，利用函数 im2bw 将该图像转化为二值图像。

思路·点拨

利用函数 dither 同样也可以将 RGB 图像转化为二值图像，利用 imread 函数读取的图像文件需要进一步转化为灰度图像，而 im2bw 函数可以直接将 RGB 图像转化为二值图像。

结果文件——配套资源“Ch12\SL1205”文件

解：MATLAB 程序如下。

```
%函数 im2bw
I=imread('cameraman.tif');
BW=im2bw(I,0.5);
subplot(121);
imshow(I);title('原始图像');
subplot(122);
imshow(BW);title('二值图像');
```

程序的运行结果如图 12-10 所示。

图 12-10　函数 im2bw 的应用

3．gray2ind 函数

```
[X, map] = gray2ind(I,n):将灰度图像转化为索引图像，n 代表色图的长度，范围为 1～65536。
[X, map] = gray2ind(BW,n):将二值图像转化为索引图像，n 的意义与上述相同。
```

【实例 12-6】读取 cameraman.tif 图像，利用函数 gray2ind 将其转化为索引图像。

思路·点拨

函数 gray2ind 有两种用法，其中一种是将灰度图像转化为索引图像；另一种是将二值图像转化为索引图像。这里读取的 cameraman.tif 图像为灰度图像，需要将其转化为二值图像，然后再利用函数 gray2ind 将二值图像转化为索引图像。

结果文件——配套资源“Ch12\SL1206”文件

解：MATLAB 程序如下。

```
%函数 gray2ind
```

```
I=imread('cameraman.tif');
[X,map]=gray2ind(I,16);
BW=im2bw(I,0.5);
[X1,map1]=gray2ind(BW,16);
subplot(131);
imshow(I);title('原始图像');
subplot(132);
imshow(X,map);title('索引图像');
subplot(133);
imshow(X1,map1);title('索引图像');
```

程序的运行结果如图 12-11 所示。

图 12-11　函数 gray2ind 的应用

4．grayslice 函数

grayslice 函数的具体调用格式如下。

`X = grayslice(I, n)`：通过使用阈值将灰度图像转化为索引图像，使用的阈值为 $\frac{1}{n},\frac{2}{n},\dots,\frac{n-1}{n}$ 。

【实例 12-7】读取 MATLAB 系统中自带的图像文件“snowflakes.png”，利用函数 grayslice 将图像转化为索引图像，并分别显示该图像。

思路·点拨

snowflakes.png 图像是 MATLAB 系统中自带的图像，利用函数 grayslice 可以将灰度图像转化为索引图像。如果要使用 imshow 函数显示图像，可使用 jet 来代替，这里的 jet 是 MATLAB 软件预定义的色图矩阵，表示蓝头红尾饱和色图。

结果文件——配套资源“Ch12\SL1207”文件

解：MATLAB 程序如下。

```
%函数 grayslice
I = imread('snowflakes.png');
X = grayslice(I,16);
```

```
imshow(I);title('原始图像');
figure;
imshow(X,jet(32));title('索引图像');
```

程序的运行结果如图 12-12 所示。

图 12-12　函数 grayslice 的应用

5．ind2gray 函数

函数 ind2gray 的调用格式如下。

```
I = ind2gray(X,map)：将色图 map 表示的图像 X 转化为灰度图像。
```

【实例 12-8】将图像名为“trees”的图像转化为灰度图像。

思路·点拨

该图像文件在 MATLAB 的搜索路径当中也是存在的，我们可以采用 load 函数加载该图像文件，然后利用函数 ind2gray 将其转化为灰度图像。

结果文件——配套资源“Ch12\SL1208”文件

解：MATLAB 程序如下。

```
%函数 ind2gray
load trees;
I = ind2gray(X,map);
subplot(1,2,1);
imshow(X,map);%显示索引图像
subplot(1,2,2);
figure,imshow(I);%显示灰度图像
```

程序的运行结果如图 12-13 所示。

图 12-13　函数 ind2gray 的应用

6．ind2rgb 函数

函数 ind2rgb 的调用格式如下。

RGB = ind2rgb(X,map)：将索引图像转换成 RGB 图像。

【实例 12-9】利用函数 ind2rgb 将实例 12-8 中的 trees 图像转换成 RGB 图像。

思路·点拨

通过函数 load 加载的 trees 图像为索引图像，使用函数 ind2rgb 可以直接转化该图像。

结果文件——配套资源“Ch12\SL1209”文件

解：MATLAB 程序如下。

```
%函数 ind2rgb
load trees;
RGB=ind2rgb(X,map);
subplot(1,2,1);
imshow(RGB);%显示索引图像
title('索引图像');
subplot(1,2,2);
imshow(X,map);%显示 RGB 图像
title('RGB 图像')
```

程序的运行结果如图 12-14 所示。

图 12-14　函数 ind2rgb 的应用

7．mat2gray 函数

函数 mat2gray 的调用格式如下。

I = mat2gray(A, [amin amax]):将图像矩阵 A 中介于 amin 和 amax 的数据归一化处理，其中小于 amin 的元素都变为 0，大于 amax 的元素都变为 1。

I = mat2gray(A):将图像矩阵归一化处理，归一化后矩阵中的每个元素的值都在 0 和 1 之间，其中 0 表示黑色，1 表示白色。

【实例 12-10】输入一个数值矩阵，利用函数 mat2gray 对矩阵进行归一化处理，并输出该数值。

思路·点拨

数字图像其实就是一个二维矩阵，二维数字矩阵其实也就代表着一幅图像。对矩阵进行归一化处理，其实也就是对该矩阵所代表的数据图形进行归一化处理。

结果文件——配套资源“Ch12\SL1210”文件

解：MATLAB 程序如下。

```
%函数 mat2gray
test=[1 2 3 4 5;3 2 4 5 8;4 9 6 3 8;1 8 7 9 5];
J=mat2gray(test);
```

程序的运行结果如下。

```
J =

         0    0.1250    0.2500    0.3750    0.5000
    0.2500    0.1250    0.3750    0.5000    0.8750
    0.3750    1.0000    0.6250    0.2500    0.8750
         0    0.8750    0.7500    1.0000    0.5000
```

【实例 12-11】从 MATLAB 中加载 rice.png 图像，并利用 sobel 算子对图像进行滤波处理，对处理后的图像进行归一化处理并输出该图像，比较前后两个图像的差别。

思路·点拨

rice.png 是 MATLAB 系统搜索路径当中的一个图像，本例用到了图像的滤波算法，这里暂不详细讲解。主要是读取图像文件，其返回的数据其实就是一个多维矩阵，通过函数 mat2gray 可以将图像转化为灰度图像，并进行归一化处理。

结果文件——配套资源“Ch12\SL1211”文件

解：MATLAB 程序如下。

```
%mat2gray 图像处理
I = imread('rice.png');
%对函数图像进行滤波处理
J = filter2(fspecial('sobel'),I);
K = mat2gray(J);
subplot(121);
imshow(I);title('原始图像');
subplot(122);
```

```
imshow(K);title('归一化后图像');
```

程序的运行结果如图 12-15 所示。

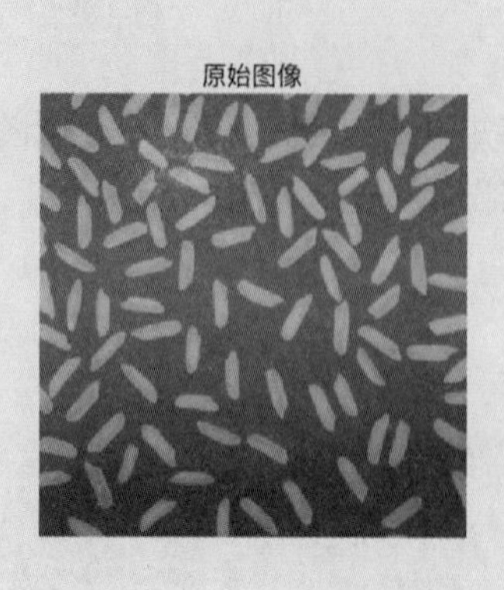

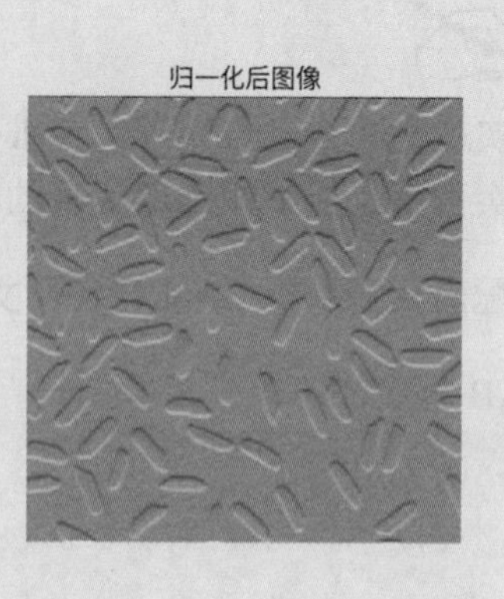

图 12-15　图像归一化处理

8．rgb2gray 函数

函数 rgb2gray 的调用格式如下。

```
I = rgb2gray(RGB)：将真彩色的 RGB 图像转换为灰度图像。
newmap = rgb2gray(map)：返回一个灰色调度板。
```

【实例 12-12】读取一个 RGB 图像，将该 RGB 图像利用 rgb2gray 函数转换为灰度图像。

思路·点拨

一般情况下，我们用相机拍摄的照片都属于 RGB 图像，因此随意选取一张照片，进行试验验证。

结果文件——配套资源“Ch12\SL1212”文件

解：MATLAB 程序如下。

```
%函数 rgb2gray
I=imread('/Users/rosa/Documents/MATLAB/ch12/flower','jpg');
J=rgb2gray(I);
subplot(121)'
imshow(I);title('RGB 图像');
subplot(122);
imshow(J);title('灰度图像');
```

程序的运行结果如图 12-16 所示。

图 12-16 函数 rgb2gray 的应用

9．rgb2ind 函数

函数 rgb2ind 的调用格式如下。

```
[X,map] = rgb2ind(RGB, n):将 RGB 图像转换为索引图像，n 的范围为 1～65536。
X = rgb2ind(RGB, map)：在色图 map 的作用下将 RGB 图像转换为索引图像。
[X,map] = rgb2ind(RGB, tol):将 RGB 图像转换为索引图像，tol 的范围为 0～1。
[...] = rgb2ind(..., dither_option)：启用抖动或不适用抖动，dither-option 的选项有'dither'和'nodither'，默认的情况下为'dither'。
```

【实例 12-13】读取某一个 RGB 图像，利用函数 rgb2ind 将 RGB 图像转换为索引图像。

思路·点拨

我们仍然采用实例 12-12 中的 RGB 图像，然后按照函数 rgb2ind 的调用格式要求输入相应的参数即可。

结果文件——配套资源“Ch12\SL1213”文件

解：MATLAB 程序如下。

```
%函数 rgb2ind
RGB=imread('/Users/rosa/Documents/MATLAB/ch12/flower','jpg');
J=rgb2ind(RGB,64);
subplot(121);
imshow(RGB);title('RGB 图像');
subplot(122);
imshow(J);title('索引图像');
```

程序的运行结果如图 12-17 所示。

图 12-17　函数 rgb2ind 的应用

这里的 n 取不同的值，程序的运行结果会有所不同，读者可以自行改变 n 的值来观察程序的输出结果。通过 MATLAB 的工作空间，可以看到 RGB 的数据类型为 548×614×3 unit8 型，即为 RGB 图像，而索引图像的数据类型为 548×614 uint8。

12.2　图像增强

影响系统图像清晰程度的因素很多，如设备条件、传输信道和照明条件等。因此，图像质量不可避免地降低了，轻者表现为图像不干净，难以看清细节；重者表现为图像模糊不清。图像增强就是通过对图像的某些特征，如边缘、轮廓和对比度等进行强调或锐化，使之更适合观察或处理的一种技术。

图像增强技术分为两大类，一类是空间域方法，即在图像平面中对图像的像素灰度值直接进行运算处理的方法，空间域方法主要有灰度变换增强、直方图增强、图像平滑、图像锐化；另一类是频率滤波域方法，是指在图像的频域中对图像进行某种处理的方法，这种方法往往以傅里叶变换为基础，即先通过傅里叶变换把图像从空间域变换到频率域，然后用频率域方法对图像进行处理，处理完后再利用傅里叶反变换把图像变回空间域。

12.2.1　灰度变换增强

灰度变换是一种逐像素点对图像进行变换的增强方法，所以也称图像的点运算。设用 f 表示输入图像 $f(x,y)$在(x,y)处的像素值，用 g 表示变换后的输出图像 $g(x,y)$的像素值，$T[\ ]$表示对 $f(x,y)$的点运算操作，则对 g 变换可一般地定义为

$$g = T[f] \tag{12-1}$$

灰度变换可以选择不同的灰度变换函数，如正比函数和指数函数等。根据函数的性质，常见的灰度变换主要有以下 3 种。

1．图像反转

将原来的灰度值进行翻转，使输出图像的灰度值随输入图像的灰度值增加而减少，如黑图像变成白图像，白图像变成黑图像。对增强潜入在黑暗背景中的白色或灰色细节特别有效，尤其是当图像中黑色为主要部分时效果明显。程序代码如下。

```
f=imread('cameraman.tif');%读入原始图像
```

```
subplot(1,2,1);
imshow(f);%显示灰度原始图像
title('(a)')
g=double(f);%将图像转换为 double 类型
g=255-g;%图像反转变换
h=uint8(g);%double 类型转化为 uint8 类型
subplot(1,2,2);
imshow(h);%在另一个窗口显示灰度反转变换图像
title('(b)')
```

程序的运行结果如图 12-18 所示。图 12-18(a)是变换前的原始图像，图 12-18(b)是变换后的效果图。

图 12-18　图像灰度变换增强

2．线性灰度变换

设原图灰度取值 $f(m,n)\in[a,b]$，线性变换后的取值 $g(m,n)\in[c,d]$，则线性变换如图 12-19 所示。变换关系式为

$$g(m,n)=c+k[f(m,n)-a] \tag{12-2}$$

式中，$k=\dfrac{d-c}{b-a}$ 为变换函数（直线）的斜率。

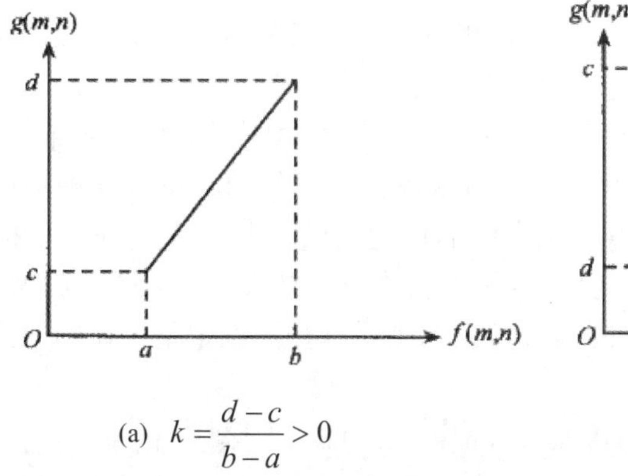

(a)　$k=\dfrac{d-c}{b-a}>0$

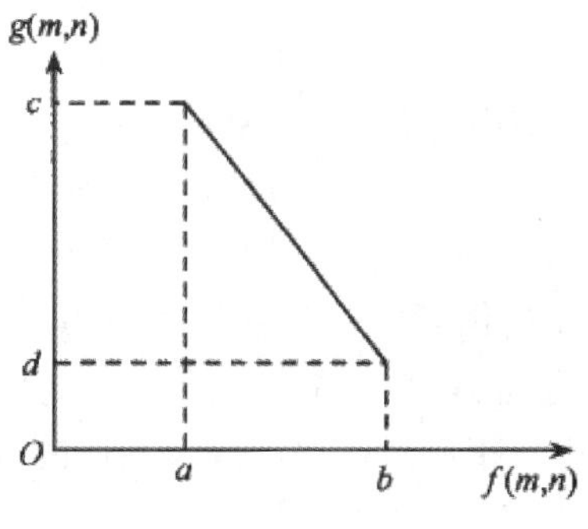

(b)　$k=\dfrac{d-c}{b-a}<0$

图 12-19　线性灰度变换图

MATLAB 图像处理工具箱提供了灰度调整函数 imadjust，可以将图像的灰度值调整到一个指定的范围。该函数的主要调用格式如下。

J = imadjust(I):调整灰度图像值，该语句相等于 imadjust(I,stretchlim(I))。

J = imadjust(I,[low_in; high_in],[low_out; high_out]):实现灰度图像的调节，其中参数 low_in 和 high_in 分别用来指定输入图像需要映射的灰度范围，low_out 和 high_out 指定输出图像所在的灰度范围，参数的取值范围为 0～1。

J = imadjust(I,[low_in; high_in],[low_out; high_out],gamma):用法与上述的调用语句相同，其中参数 gamma 是指修正因素，根据 gamma 的取值不同，输入图像与输出图像间的映射可能是非线性的。gamma 为大于零的数值。如果 gamma 为 1，那么映射为线性的；如果小于 1，那么映射将会对图像的灰度值加权，使得输出图像灰度值比原来大；如果大于 1，那么映射加权后的灰度值比原来小。

图 12-20(a)是一幅数字乳房 X 射线原始图像，它显示出了一处疾病，图 12-20(b)是经过敏感反转后的图像，就可容易地分析乳房组织。

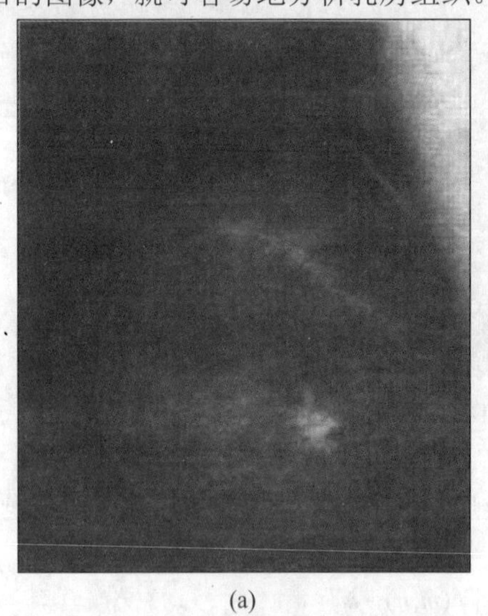

(a)

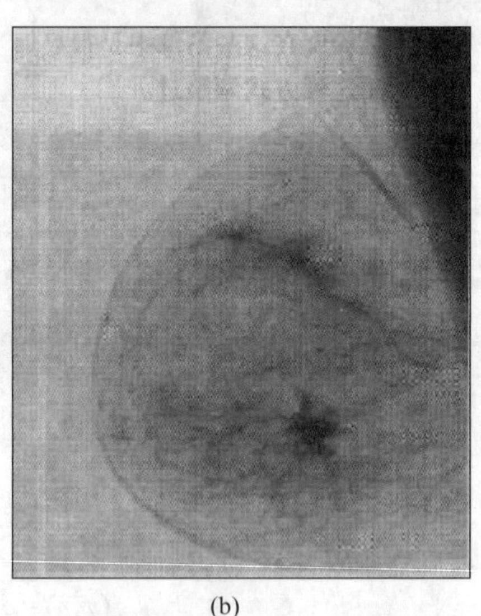

(b)

图 12-20　线性灰度变换图

3．非线性灰度变换

对于要进行扩展的亮度值范围是有选择的，扩展的程度是随着灰度值的变化而连续变化的，常用的有对数变换和 Gamma 校正两种非线性灰度变换方法。

在 MATLAB 中，非线性灰度变换和线性灰度变换都可用同一函数 imadjust()实现。图 12-21(a)显示了值为 0~1.5×10^5 的傅里叶频谱，当这些值在一个 8bit 的系统中被线性标度而显示时，最亮的像素将成为显示的重点，频谱中的低值（恰恰是最重要的）将损失掉。图 12-21(b)显示了非线性地调节新范围（对数变换）并且在同样的 8bit 显示系统中显示频谱的结果。与光谱直接显示相比，这幅图像的细节可见程度在这些图像中是很显然的。程序代码如下。

```
I=imread('/Users/rosa/Ducoments/MATLAB/ch12/nir.bmp');%读入图像
F=fft2(im2double(I));%FFT
```

```
F=fftshift(F);%FFT 频谱平移
F=abs(F);
T=log(F+1);%频谱对数变换
subplot(1,2,1);imshow(I,[]);title('(a)未经变换的频谱');
subplot(1,2,2);imshow(T,[]);title('()对数变换后');
```

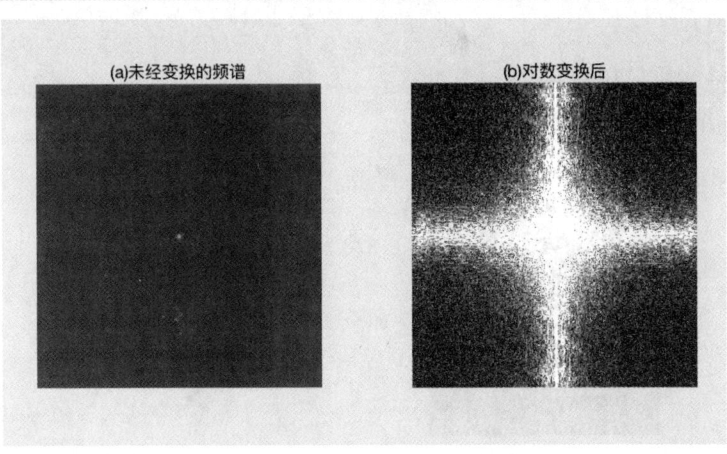

图 12-21　对数变换前后图

【实例 12-14】对于 cameraman.tif 图像，分别采用线性、非线性图像增强方式，调用函数 imadjust 对图像的灰度值进行调整，给出$\gamma < 1$，$\gamma = 1$，$\gamma > 1$时的输出图像。

思路·点拨

函数 imadjust 的第三种调用格式当中，参数 γ 小于 1 时，图像映射加权后的灰度值比原来的值大；当 γ 等于 1 时，映射为线性的；当 γ 大于 1 时，映射加权后的灰度值比原来的值小。

结果文件——配套资源“Ch12\SL1214”文件

解：MATLAB 程序如下。

```
clear;
I=imread('cameraman.tif');
%gamma 等于 1
J=imadjust(I,[0 0.2],[0.5 1],1);
%gamma 小于 1
K=imadjust(I,[0 0.2],[0.5 1],0.5);
%gamma 大于 1
L=imadjust(I,[0 0.2],[0.5 1],1.5);
subplot(221);
```

```
imshow(I);xlabel('(a) 原始图像');
subplot(222);
imshow(J);xlabel('(b) gamma=1');
subplot(223);
imshow(K);xlabel('(c) gamma<1');
subplot(224);
imshow(L);xlabel('(d) gamma>1');
```

程序的运行结果如图 12-22 所示。

图 12-22　函数 imadjust 的应用

12.2.2　直方图增强

将统计学中直方图的概念引入到数字图像处理中，用来表示图像的灰度分布，称为灰度直方图。而不同的灰度分布就对应着不同的图像质量，因此，灰度直方图能反映图像的概貌和质量，也将是图像增强处理时的重要依据。

灰度直方图定义为数字图像中各灰度级与其出现的频数间的统计关系，可表示为

$$P(k)=\frac{n_k}{n},\quad k=0,1,\cdots,L-1 \tag{12-3}$$

且

$$\sum_{k=0}^{L-1}P(k)=1 \tag{12-4}$$

式中，k 为图像 $f(m,n)$ 的第 k 级灰度值；n_k 为 $f(m,n)$ 中灰度值为 k 的像素个数；n 为图像的总像素个数；L 为灰度级数。

由灰度直方图的定义可知，数字图像的灰度直方图具有如下 3 个重要性质。

（1）直方图的位置缺失性。灰度直方图仅仅反映了数字图像中各灰度级出现频数的分布，但对那些具有同一灰度值的像素在图像中的空间位置一无所知，即其具有位置缺失性。

（2）直方图与图像的一对多特性。任一幅图像都能唯一地确定与其对应的一个直方图，但由于直方图的位置缺失性，对于不同的多幅图像来说，只要其灰度级别出现频率的分布相同，则都具有相同的直方图，即直方图与图像是一对多的关系，如图 12-23 所示。

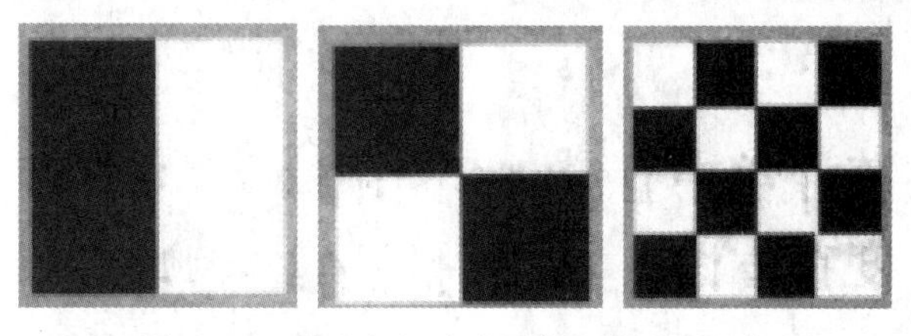

图 12-23　具有相同直方图的 3 个不同图像

（3）直方图的可叠加性。由于灰度直方图是各灰度级出现频数的统计值，若一幅图像分成几个子图，则该图像的直方图就等于各子图直方图的叠加。

图像直方图函数 imhist 通过使用 n 个等间隔的柱（每一个柱代表一个数值范围）来创建这个图表，然后计算每个范围内的像素个数。imhist 函数的调用格式很简单，它以图像和所需的柱数目作为输入参数，自动绘制图像的直方图。

图 12-24 给出了 4 种不同灰度分布的图像和直方图，从中可以看出暗图像（a）对应的直方图组成成分集中在灰度值较小（暗）的左边一侧，而明亮图像（b）的直方图则倾向于灰度值较大（亮）的右边一侧。对比度较低的图像（c）对应的直方图窄而集中于灰度级的中部，对比度高的图像（d）对应的直方图分布范围很宽而且分布均匀。从图像效果来看，（a）（b）（c）这 3 幅图像都因其直方图的分布范围窄，对应图像的灰度动态范围小，对比度低，图像看起来都不清晰，而只有图像（d），因其直方图近似均匀分布，对应图像动态范围宽，对比度高，图像最清晰。因此，直方图反映了图像的清晰程度，当直方图均匀分布时，图像最清晰。

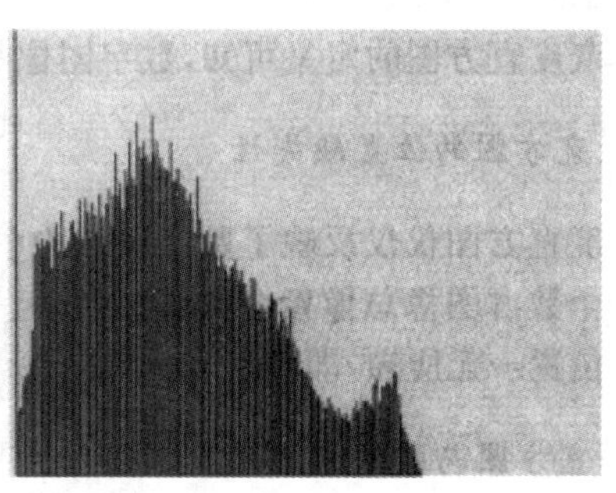

（a）

图 12-24　4 种典型的图像及其对应的直方图

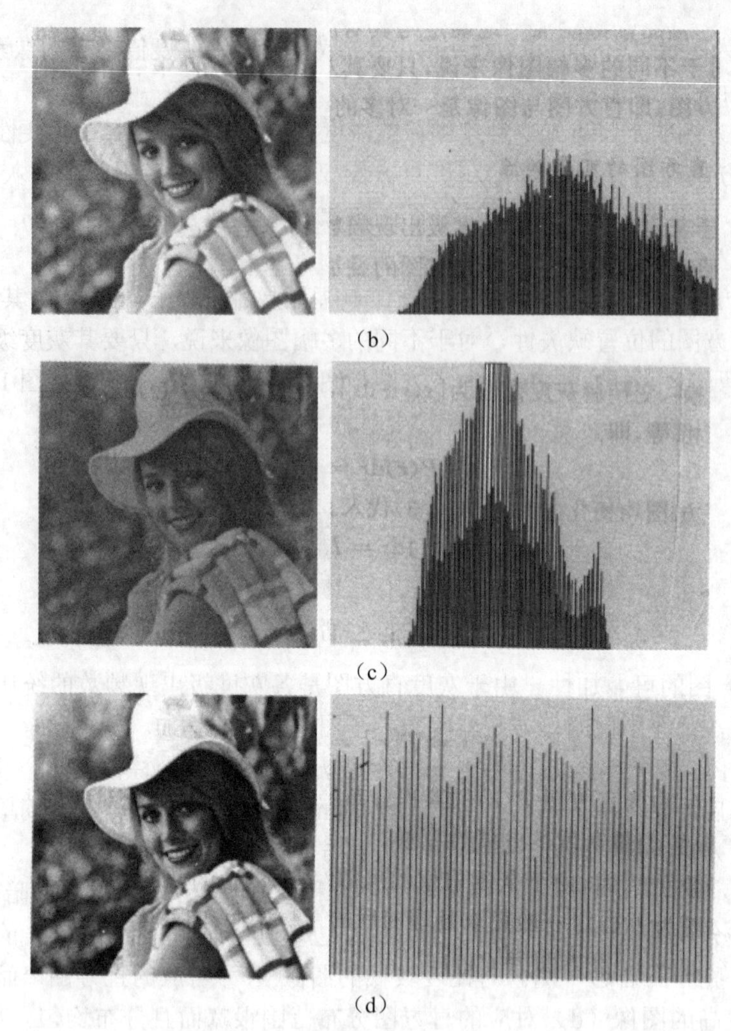

（b）

（c）

（d）

图 12-24　4 种典型的图像及其对应的直方图（续）

直方图均衡化是通过对原图进行某种灰度变换，使变换后图像的直方图能均匀分布，这样就能使原图中具有相近灰度且占有大量像素点的区域之灰度范围展宽，使大区域中的微小灰度变化显现出来，使图像更清晰。

直方图均衡化是通过原始图像的灰度非线性变换，使直方图变成均匀分布，以增加图像灰度值的动态范围，从而达到增强图像整体对比度，使图像变清晰的效果。

直方图均衡化能自动增强整个图像的对比度，结果是得到全局均匀化的直方图，获得更清晰的图像，但其增强效果不易控制。实际应用中，有时希望根据某幅标准图像或已知图像的直方图来修正原图像，甚至直接给定直方图的形状，如图 12-25 所示的几种形状的直方图，希望找到灰度增强（变换）函数，使原图像的直方图变成某个给定的形式，从而有选择地增强某个灰度范围内的对比度。该过程称为直方图的规定化或直方图匹配。

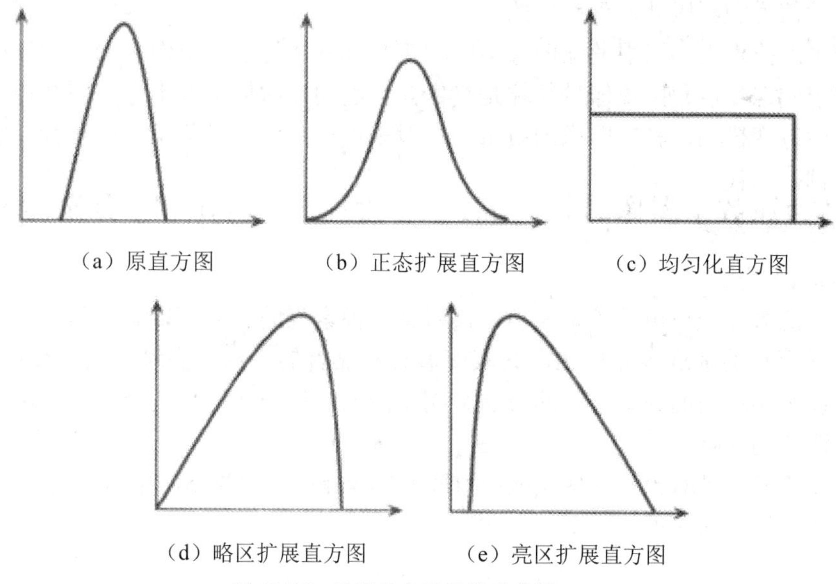

（a）原直方图　（b）正态扩展直方图　（c）均匀化直方图

（d）略区扩展直方图　（e）亮区扩展直方图

图 12-25　几种给定形状的直方图

实际上，直方图均衡化是直方图规定化中给定直方图为均匀分布的一种特例。设 $P_r(r)$ 表示原图像的直方图，$P_z(z)$表示规定的直方图。直方图规定化就是要找到一种灰度变换方法，使原图像变换后，变成具有 $P_z(z)$所示形状直方图的期望图像。

12.2.3　图像平滑

空域运算平滑是在图像空间上对图像像素所对应的灰度值用模板进行邻域运算的一种操作，空域图像平滑的工作原理可以借助频域进行分析，其特点就是抑制图像在傅里叶空间内的高频分量，但不影响低频分量。因为高频分量对应图像中的边缘轮廓等灰度值变换较大的部分，抑制高频即为让边缘轮廓等模糊，亦即平滑，所以平滑可以在空域进行，也可以在频域进行。

一、图像噪声

在数字图像处理中，常用的噪声有以下 3 种。

1．加性噪声

加性噪声和图像信号 $g(x,y)$是相互独立的，如图像信号在传输过程中引进的信道噪声，此时含有噪声 $n(x,y)$的图像可以表示为

$$f(x,y)=g(x,y)+n(x,y) \tag{12-5}$$

2．乘性噪声

乘性噪声是一种和图像信号相关的噪声。在图像中，乘性噪声分为两类：一类是某种像素处的噪声只与该像素的信号有关，另一类是某种像素处的噪声与该像素点及其邻域的像素信号有关。一幅含有和信号强度成比例的乘性噪声的图像可以表示为

$$f(x,y)=g(x,y)+n(x,y)g(x,y) \tag{12-6}$$

3．椒盐噪声

椒盐噪声是图像中经常见到的一种噪声，它是一种随机的白点或黑点，通常是由图像传

感器、传输信道和解码处理等产生的。

图像平滑技术主要用于消除图像中的噪声，其基本方法是求像素的平均值或中值。但实际应用中，图像噪声和图像信号往往是交织在一起的，如果平滑不当，则会使图像的细节如边缘、轮廓等变模糊，影响图像的质量。一般来说，图像平滑总是要以牺牲一定的细节信息（细节模糊）为代价。

二、空域平滑法

1．邻域平均法

图像中的大部分噪声是随机噪声，其对某一像素点的影响可以看作是孤立的。因此，噪声点与该像素点的临近各点相比，其灰度值会有显著的不同（突跳变大或变小）。基于这一事实，可以采用所谓的邻域平均的方法来判定图像中每一像素点是否含有噪声，并用适当的方法来减弱或消除噪声。

邻域平均法就是对含噪图像 $f(m,n)$的每个像素点取一邻域 S，用 S 中所包含像素的灰度平均值来代替该点的灰度值。即

$$g(m,n)=f_{\text{avg}}=\frac{1}{N}\sum_{(i,j)\in S}f(i,j) \tag{12-7}$$

式中，S 为不包括本点（m,n）的邻域中各像素点的集合；N 为 S 中像素的个数。常用的邻域为 4-邻域和 8-邻域，如图 12-26 所示。

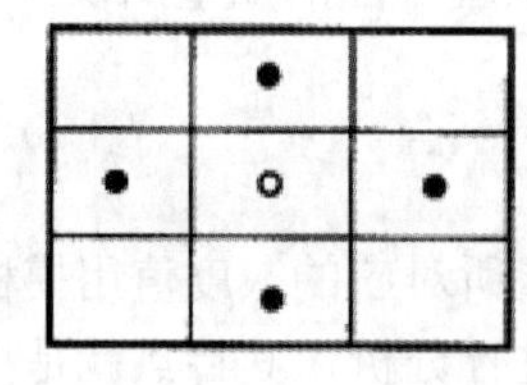

（a）4-邻域 S_4

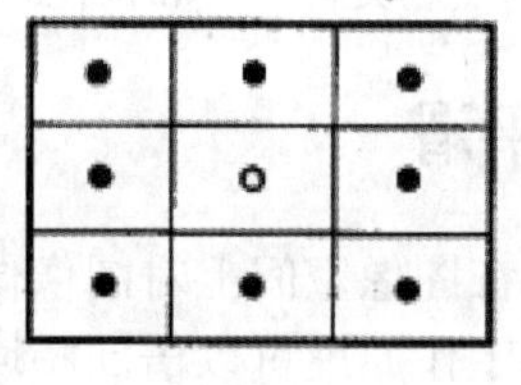

（b）8-邻域 S_8

图 12-26 邻域示意图

设要处理的点坐标为（m,n），则 4-邻域和 8-邻域的坐标表示如图 12-27 所示。对应的 4-邻域和 8-邻域平均计算公式如下。

4-邻域平均：

$$\begin{aligned}g(m,n)=f_{\text{avg}}&=\frac{1}{4}\sum_{(i,j)\in S}f(i,j)\\&=\frac{1}{4}[f(m-1,n)+f(m,n-1)+f(m,n+1)+f(m+1,n)]\end{aligned}$$

8-邻域平均：

$$\begin{aligned}g(m,n)=f_{\text{avg}}&=\frac{1}{8}\sum_{(i,j)\in S}f(i,j)\\&=\frac{1}{8}[f(m-1,n-1)+f(m-1,n)+f(m-1,n+1)+f(m,n-1)\\&\quad+f(m,n+1)+f(m+1,n-1)+f(m+1,n)+f(m+1,n+1)]\end{aligned}$$

	(m−1,n)	
(m,n−1)	(m,n)	(m,n+1)
	(m+1,n)	

（a）S_4

(m−1,n−1)	(m−1,n)	(m−1,n+1)
(m,n−1)	(m,n)	(m,n+1)
(m+1,n−1)	(m+1,n)	(m+1,n+1)

（b）S_8

图 12-27　像素点（m,n）和其邻域的坐标示意图

2．阈值平均法

为克服邻域平均使图像变模糊的缺点，可以采用加门限的方法来减少这种模糊。具体计算公式是

$$g(m,n)=\begin{cases} f_{\text{avg}}, & \left|f(m,n)-f_{\text{avg}}\right|>T \\ f(m,n), & \text{其他} \end{cases} \tag{12-8}$$

式中的门限 T 通常选择为 $T=k\sigma_f$，σ_f表示图像的均方差。但实际应用中，门限 T 要利用经验值和多次试验来获得。这种方法对抑制椒盐噪声比较有效，同时也能较好地保护仅有微小变化差的目标物细节。

3．加权平均法

利用邻域平均的思想，同时也突出（m,n）点本身的重要性，可将（m,n）点加权后也计入平均中，这样就能在一定程度上减少图像模糊，这种利用邻域内像素的灰度值和本点灰度加权值的平均值来代替该点灰度值的方法就称为加权平均法。其计算公式为

$$g(m,n)=f_{\text{mavg}}=\frac{1}{M+N}\left[\sum_{(i,j)\in S}f(i,j)+Mf(m,n)\right] \tag{12-9}$$

同理，也可以对加权平均法施加门限，形成阈值加权平均法。其计算公式为

$$g(m,n)=\begin{cases} f_{\text{mavg}}, & \left|f(m,n)-f_{\text{mavg}}\right|>T \\ f(m,n), & \text{其他} \end{cases} \tag{12-10}$$

这样既能平滑噪声，又保证图像中的目标物边缘不至于模糊。

三、中值滤波法

中值滤波法是一种非线性平滑技术，它将每一像素点的灰度值设置为该点某邻域窗口内的所有像素点灰度值的中值。

设有一个一维序列 f_1，f_2，…，f_n。取窗口长度为 m（m 为奇数），对此序列进行中值滤波，就是从输入序列中相继抽出 m 个数

$$f_{i-v},\cdots,f_{i-1},f_i,f_{i+1},\cdots,f_{i+v}$$

其中，$v=\dfrac{m-1}{2}$；i 为窗口的中心位置。再将这 m 个点按其数值大小排列，取其序号为正中间的那个数作为滤波输出，用公式表示为

$$y_i = \mathrm{Med}\{f_{i-v},\cdots,f_{i-1},f_i,f_{i+1},\cdots,f_{i+v}\}, i\in Z, v=\frac{m-1}{2} \tag{12-11}$$

例如，采用 1×3 窗口进行中值滤波：

原信号为 4 4 4　4 1 4 8 8 8 4 8

处理后为 4 4 4　4 4 4 8 8 8 8 8

图 12-28 给出了几种典型的信号通过 5 个点窗口的中值滤波器和平均滤波器的比较，从总体上说，中值滤波器能够较好地保留原图像中的跃变部分。

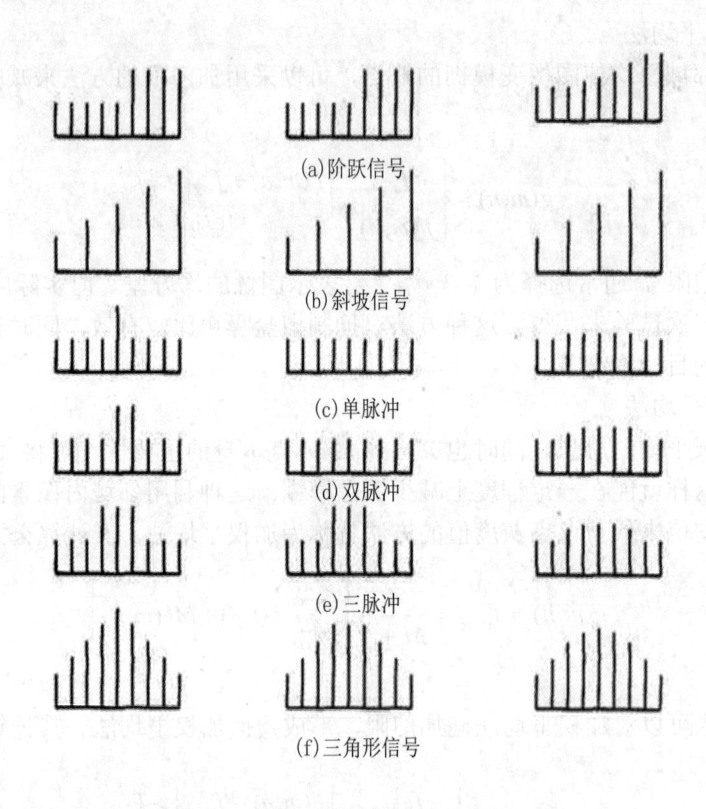

图 12-28　几种信号的均值滤波和中值滤波

（从左到右是原始信号、均值滤波信号、中值滤波信号）

对于二维图像信号 $f(x,y)$进行中值滤波时，滤波窗口通常也是二维的，也可表示为

$$g(x,y) = \underset{S}{\mathrm{Med}}\{f(i,j)\}, i,j\in S \tag{12-12}$$

下面介绍 MATLAB 图像处理工具箱中主要的图像平滑函数，包括 imnoise 函数、medfilt2 函数、ordfilt2 函数、wiener2 函数、filter2 函数、fspecial 函数和 imfilter 函数。

1．imnoise 函数

功能：该函数的主要功能是向图像添加噪声。

主要的调用格式如下。

```
J = imnoise(I,type)：向图像添加类型为 type 的噪声，type 的取值有 'gaussian'
```

'localvar' 'poisson' 'salt&pepper' 'speckle'。

J = imnoise(I,type,parameters)：向图像添加噪声，parameters 取决于噪声的类型，取值为[0 1]。

J = imnoise(I,'gaussian',m,v)：向图像添加均值为 m，方差为 v 的高斯噪声，默认的情况下平均值为 0、方差为 0.01。

J = imnoise(I,'localvar',V)：向图像添加零均值、方差为 V 的高斯白噪声，V 与 I 的长度相同。

J = imnoise(I,'localvar',image_intensity,var)：向图像添加零均值、方差为 var 的高斯噪声，其中方差为图像灰度值 I 的函数。

J = imnoise(I,'poisson')：向图像添加泊松噪声。

J = imnoise(I,'salt & pepper',d)：向图像添加强度为 d 的椒盐噪声，默认值为 0.05。

J = imnoise(I,'speckle',v)：向图像添加乘性噪声，其中 J=I+n*I，n 为均值为 0、方差为 v 的随机噪声，默认的方差值为 0.04。

【实例 12-15】向图像 cameraman.jpg 分别添加高斯噪声和椒盐噪声，并输出结果。

思路·点拨

在本书中，有关图像滤波的内容，首先都使用了函数 imnoise 向图像添加噪声，因为原始图像中并没有存在明显的噪声。对于添加噪声的步骤，只需对照 imnoise 的调用格式进行调用即可。

结果文件——配套资源“Ch12\SL1215”文件

解：MATLAB 程序如下。

```
%imnoise 函数
clear;
I=imread('cameraman.tif');
%添加均值为 0.5、方差为 0.01 的高斯噪声
J=imnoise(I,'gaussian',0.5,0.01);
%添加强度为 0.1 的椒盐噪声
K=imnoise(I,'salt & pepper',0.1);
subplot(131);imshow(I);xlabel('(a) 原始图像');
subplot(132);imshow(J);xlabel('(b) 高斯噪声');
subplot(133);imshow(K);xlabel('(c) 椒盐噪声');
```

程序的运行结果如图 12-29 所示。

图 12-29 图像加噪

2. medfilt2 函数

功能：二维中值滤波器。

主要调用格式如下。

B = medfilt2(A, [m n]):对数值矩阵 A 进行二维中值滤波，边缘会出现扭曲的情况；m 和 n 表示处理模板的大小，默认情况下为 3*3。

B = medfilt2(A):对数字图像 A 进行二维中值滤波，使用的模板为 3*3。

B = medfilt2(A, 'indexed', ...):A 为索引图像。

B = medfilt2(..., padopt):对图像进行中值滤波，其中参数 padopt 控制图像的边缘。

【实例 12-16】 对加有椒盐噪声的图像 cameraman.tif 进行中值滤波处理，并给出处理结果。

思路·点拨

在图像处理当中，在进行如何边缘检测这样的进一步处理之前，通常需要进行一定程度的降噪处理，中值滤波是一种非线性数字滤波技术，经常用于去除图像或其他信号中的噪声，而且对椒盐噪声的去除特别有用。

结果文件——配套资源“Ch12\SL1216”文件

解：MATLAB 程序如下。

```
%medfilt2 函数
clear;
I=imread('cameraman.tif');
%添加噪声
I=imnoise(I,'salt & pepper',0.01);
%中值滤波处理
J=medfilt2(I);
```

```
subplot(121);
imshow(I);xlabel('(a) 原始图像');
subplot(122);
imshow(J);xlabel('(b) 中值滤波');
```

程序的运行结果如图 12-30 所示。

图 12-30　二维中值滤波处理

3．ordfilt2 函数

功能：二维顺序统计滤波。

主要调用格式如下。

B = ordfilt2(A, order, domain)：对图像 A 作顺序统计滤波，其中 order 为滤波器输出的顺序值，domain 为滤波窗口。

B = ordfilt2(A, order, domain, S)：对图像 A 作顺序统计滤波，参数同上，其中 S 为与 domain 大小相同的矩阵，它是对应 domain 中非零值位置的输出偏置。

【实例 12-17】利用函数 ordfilt2 对上述的含有椒盐噪声的图像进行滤波，并给出滤波结果。

思路·点拨

二维顺序统计滤波是中值滤波的推广，对于给定的 n 个数值，将它们按照大小顺序进行排列，将处于第 k 个位置的元素作为图像滤波输出，即序号为 k 的二维统计滤波。既然是中值滤波的推广，那么其调用格式中就包含着中值滤波，如调用格式

B=ordfilt2(A,5,ones(3,3))

就是 3×3 的中值滤波。

结果文件——配套资源“Ch12\SL1217”文件

解：MATLAB 程序如下。

```
%ordfilt2 函数
clear;
I=imread('cameraman.tif');
%添加噪声
I=imnoise(I,'salt & pepper',0.01);
%顺序统计滤波
J=ordfilt2(I,5,ones(3,3));
subplot(121);
imshow(I);xlabel('(a) 原始图像');
subplot(122);
imshow(J);xlabel('(b) 顺序统计滤波');
```

程序的运行结果如图 12-31 所示。

图 12-31　二维顺序统计滤波

4．wiener2 函数

功能：二维自适应噪声滤波器。

主要调用格式如下。

J = wiener2(I,[m n],noise)：对图像 I 进行自适应滤波，其中[m,n]指定了滤波器窗口的大小，默认值为 3*3，noise 指定了噪声的功率，默认情况下为加性噪声(即高斯白噪声)。

[J,noise] = wiener2(I,[m n])：对图像 I 进行自适应滤波，参数同上。返回噪声功率的估计值 noise。

【实例 12-18】利用二维自适应噪声滤波器对高斯噪声进行滤波，并给出实验结果。

思路·点拨

二维自适应滤波器强调的是图像空间域锐化的作用，而且二维自适应滤波器对高斯噪声的滤除效果更为明显。

结果文件——配套资源“Ch12\SL1218”文件

解：MATLAB 程序如下。

```
%wiener2 函数
clear;
I=imread('cameraman.tif');
%添加高斯噪声
J=imnoise(I,'gaussian',0.1,0.01);
%添加椒盐噪声
K=imnoise(I,'salt & pepper',0.01);
%分别对高斯噪声和椒盐噪声进行二维自适应滤波
M=wiener2(J,[3,3]);
N=wiener2(K,[3,3]);
subplot(221);
imshow(J);xlabel('(a)高斯噪声');
subplot(222);
imshow(K);xlabel('(b)椒盐噪声');
subplot(223);
imshow(M);xlabel('(c)高斯噪声自适应滤波');
subplot(224);
imshow(N);xlabel('(d)椒盐噪声自适应滤波');
```

程序的运行结果如图 12-32 所示。

图 12-32　二维自适应滤波

5．filter2 函数

功能：二维线性数字滤波器，该函数通常与 fspecial 一起使用。

主要调用格式如下。

Y = filter2(h,X)：使用矩阵 h 中的二维滤波器对数据 X 进行滤波，返回结果 Y。

Y = filter2(h,X,shape)：使用矩阵 h 中的二维滤波器对数据 X 进行滤波，返回结果 Y，其中 shape 为一个字符串，其取值有‘full’‘same’‘valid’。

6．fspecial 函数

功能：产生预定义的滤波器。

主要调用格式如下。

h = fspecial(type)：产生预定义的类型为 type 的滤波器。

h = fspecial(type, parameters)：产生预定义的类型为 type 的滤波器，滤波器的参数由 parameters 指定。滤波器的类型有‘average’‘disk’‘gaussian’‘laplacian’‘log’‘motion’‘prewitt’‘sobel’‘unsharp’。

【实例 12-19】对含有椒盐噪声的 cameraman.tif 图形，利用二维线性滤波器进行滤波，采用均值滤波器进行滤波，分别采用 3×3、5×5、7×7 的模板，并给出结果。

思路·点拨

一般情况下，filter2 函数都是与 fspecial 函数同时使用，fspecial 函数主要用来产生预定义的滤波器，filter2 主要用来利用滤波器对图像进行滤波处理。

结果文件——配套资源“Ch12\SL1219”文件

解：MATLAB 程序如下。

```
%filter2 与 fspecial 函数
clear;
I=imread('cameraman.tif');
%添加椒盐噪声
I=imnoise(I,'salt & pepper',0.01);
%产生预定义的 3*3 滤波器
H1=fspecial('average',3);
K1=filter2(H1,I)/225;
%产生预定义的 5*5 滤波器
H2=fspecial('average',5);
K2=filter2(H2,I)/225;
%产生预定义的 7*7 滤波器
H3=fspecial('average',7);
```

```
K3=filter2(H3,I)/225;
subplot(221);imshow(I);title('噪声图像');
subplot(222);imshow(K1);title('3*3');
subplot(223);imshow(K2);title('5*5');
subplot(224);imshow(K3);title('7*7');
```

程序的运行结果如图 12-33 所示。

图 12-33　二维线性滤波

7. imfilter 函数

功能：对任意类型数组或多维图像进行滤波处理。

主要调用格式如下。

```
B = imfilter(A, H):利用多维滤波器 H 对多维矩阵 A 进行滤波处理。
B = imfilter(A, H, option1, option2,...)：根据给定的参数 option1,option2,…，利用滤波器 H 对矩阵 A 进行滤波处理。
```

【实例 12-20】利用函数 imfilter 对 RGB 图像进行滤波处理。

思路·点拨

函数 imfilter 的调用格式中，有一个参数是滤波器，那么我们就得使用函数 fspeical 来创建所要使用的滤波器，然后调用相应的格式即可。RGB 图像就是三维的数组，既然 imfilter 是适用于多维数组的，那么同样也适用于三维数组。

结果文件——配套资源“Ch12\SL1220”文件

解：MATLAB 程序如下。

```
%imfilter 函数
```

```
clear;
I=imread('/Users/rosa/Documents/MATLAB/ch12/tree','jpg');
%创建滤波器 H
H=fspecial('motion',50,45);
%利用滤波器 H 对图像 I 进行滤波
filterRGB=imfilter(I,H);
subplot(121);imshow(I);title('原始图像');
subplot(122);imshow(filterRGB);title('多维滤波');
```

程序的运行结果如图 12-34 所示。

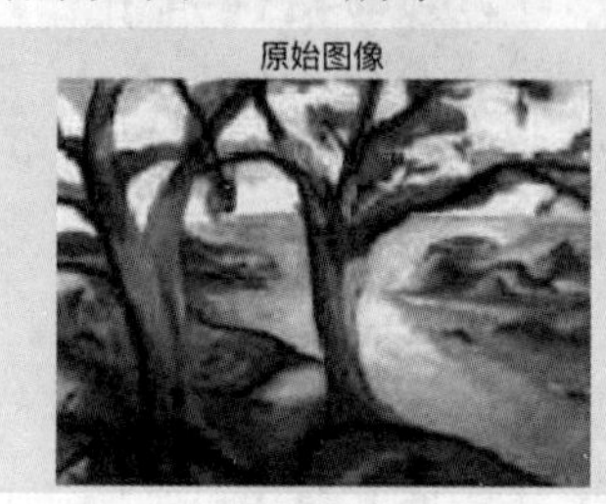

图 12-34　多维滤波

12.2.4　图像锐化

图像在形成和传输过程中，由于成像系统聚焦不好或信道的带宽过窄，结果会使图像目标物轮廓变模糊，细节不清楚。同时，图像平滑后也会变模糊。究其原因，主要是图像受到了平均或积分运算。对此，可采用相反的运算（如微积分运算）来增强图像，使图像变清晰。

微分作为数学中求变化率的一种方法，可用来求解图像中目标物轮廓和细节（统称为边缘）等突变部分的变化。对于数字信号，微分通常用差分来表示。常用的一阶和二阶微分的差分表示为

$$\frac{\mathrm{d}f}{\mathrm{d}x} \to f_n' = f(n+1) - f(n) \tag{12-13}$$

$$\frac{\mathrm{d}^2 f}{\mathrm{d}x^2} \to f_n'' = f(n+1) - f(n-1) - 2f(n) \tag{12-14}$$

1．一维信号的锐化示例

设边缘变模糊的一维阶跃信号 $f(n)$为

$$f(n) = \{\cdots,10,10,10,12,16,20,24,28,30,30,30,\cdots\}$$

求得一阶微分为

$$f'(n) = \{\cdots,0,0,2,4,4,4,4,2,0,0,0,\cdots\}$$

求得二阶微分为

$$f''(n) = \{\cdots,0,0,2,2,0,0,0,-2,-2,0,0,\cdots\}$$

若用下式对 $f(n)$进行处理：

$$g(n)=f(n)+\left[f''(n)\right] \tag{12-15}$$

处理结果为

$$f(n)=\{\cdots,10,10,8,10,16,20,24,30,32,30,30,\cdots\}$$

图 12-35 给出了一维信号锐化前后的对比结果。

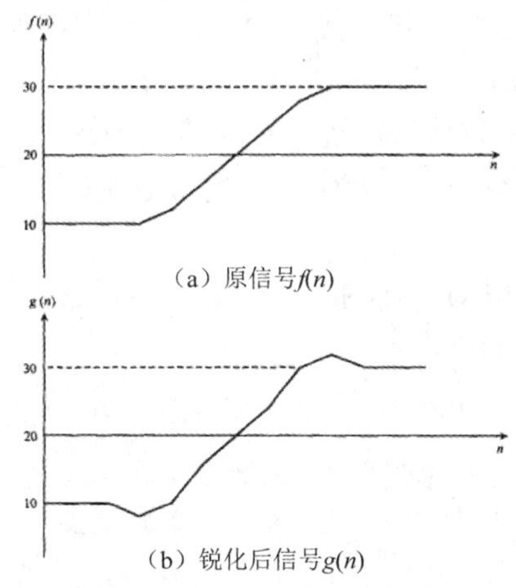

图 12-35　一维信号锐化前后的波形对比

从 $g(n)$与 $f(n)$的数值对比和图 12-35 可知，$f(n)$经式（12-15）处理后，$g(n)$的波形上升较快，而且出现了“过冲”，即在波形底部突变处形成了“下冲”，在波形上部突变处出现了“上冲”，这就使得信号 $f(n)$的边缘得到了突出，达到了锐化的目的。

通常把式（12-15）称为信号锐化公式。

2．拉普拉斯锐化法

在图像锐化增强中，我们希望找到一种各向同性的边缘检测算子，使不同走向边缘都能达到上例所述一维信号的增强效果。这个算子就是拉普拉斯算子，该算子及其对 $f(x,y)$的作用是

$$\nabla_2=\frac{\partial^2}{\partial x^2}+\frac{\partial^2}{\partial y^2} \tag{12-16}$$

$$\nabla_2 f=\frac{\partial^2 f}{\partial x^2}+\frac{\partial^2 f}{\partial y^2} \tag{12-17}$$

由一维信号的锐化公式可得到二维数字图像的锐化公式为

$$g(m,n)=f(m,n)+a[-\nabla^2 f(m,n)] \tag{12-18}$$

在数字图像处理中，$\frac{\partial^2 f}{\partial x^2}$和$\frac{\partial^2 f}{\partial y^2}$类似于式（12-13）和式（12-14）,可用差分表示为

$$\frac{\partial^2 f}{\partial x^2} \to f_m'' = f(m+1,n) + f(m-1,n) - 2f(m,n) \tag{12-19}$$

$$\frac{\partial^2 f}{\partial y^2} \to f_n'' = f(m,n+1) + f(m,n-1) - 2f(m,n) \tag{12-20}$$

将式（12-19）和式（12-20）代入式（12-18），可得图像的拉普拉斯锐化表示为

$$\begin{aligned} g(m,n) &= f(m,n) - a[f(m+1,n) + f(m-1,n) + f(m,n+1) + f(m,n-1) - 4f(m,n)] \\ &= (1+4a)f(m,n) - a[f(m+1,n) + f(m-1,n) + f(m,n+1) + f(m,n-1)] \end{aligned}$$

式中 a 为锐化强度系数(一般取为正整数)，a 越大，锐化的程度就越强，对应于图12-35(b)中的“过冲”就越大。

在图像锐化过程当中，MATLAB 提供的函数为 edge，该函数是在灰度图像当中寻找图像的边缘。其主要调用格式如下。

```
BW=edge(I);寻找灰度图像 I 当中的边缘。

BW=edge(I, type, thresh);利用算子寻找灰度图像 I 的边缘，thresh 为阈值；算子的类型有'sobel' 'prewitt' 'roberts' 'log' 'canny'等几种。

BW=edge(I, type, thresh, direction);利用算子寻找灰度图像 I 的边缘，thresh 为阈值，direction 为搜索的方向。

[BW, thresh]=edge(I, type);利用由 type 指定的算子寻找灰度图像 I 的边缘，返回阈值 thresh。
```

【实例 12-21】利用函数 edge 及几种典型的算子，对图像 cameraman.tif 进行锐化处理，并给出实验结果。

思路·点拨

这里需要注意的是利用函数 edge 对图像进行处理时，不能处理 uint8 类型的数据，因此需要将图像数据类型转换为 double 类型。

结果文件——配套资源“Ch12\SL1221”文件

解：MATLAB 程序如下。

```
%图像锐化
clear
I=imread('cameraman.tif');%读入图像
subplot(241);imshow(I);title('原始图像');
I=double(I);
%sobel 算子锐化
bw1 = edge(I,'sobel');
subplot(242);imshow(bw1);title('sobel 算子锐化');
%prewitt 算子锐化
```

```
bw2 = edge(I,'prewitt');
subplot(243);imshow(bw2);title('prewitt 算子锐化');
%roberts 算子锐化
bw3 = edge(I,'roberts');
subplot(244);imshow(bw3);title('roberts 算子锐化');
%log 算子锐化
bw4 = edge(I,'log');
subplot(245);imshow(bw4);title('log 算子锐化');
%canny 算子锐化
bw5 = edge(I,'canny');
subplot(246);imshow(bw5);title('canny 算子锐化');
%laplacian 算子锐化
h2=fspecial('laplacian');
bw7 = imfilter(I,h2);
subplot(247);imshow(uint8(bw7));title('laplacian 算子锐化');
%gaussian 低通滤波器锐化
h1=fspecial('gaussian',[9 9]);
bw6 = imfilter(I,h1);
subplot(248);imshow(uint8(bw6));title('gaussian 低通滤波器锐化');
```

程序的运行结果如图 12-36 所示。

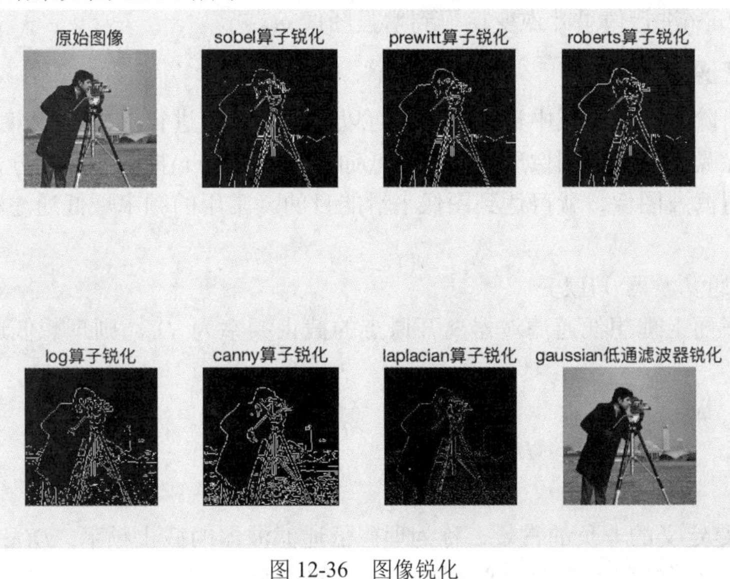

图 12-36　图像锐化

12.2.5 频域增强

增强技术是在图像的频率域空间对图像进行滤波，因此需要将图像从空间域变换到频率域，一般通过傅里叶变换即可实现。在频率域空间的滤波与空域滤波一样可以通过卷积实现，因此傅里叶变换和卷积理论是频域滤波技术的基础。频域增强的一般过程如图 12-37 所示。

图 12-37 频域增强的一般过程

假定函数 $f(x,y)$与线性位不变算子 $h(x,y)$的卷积结果是 $g(x,y)$，即

$$g(x,y)=h(x,y)*f(x,y) \tag{12-21}$$

相应地，由卷积定理可得下述频域关系：

$$G(u,v)=H(u,v)*F(u,v) \tag{12-22}$$

式中，$H(u,v)$称为传递函数或滤波器函数。在图像增强中，图像函数 $f(x,y)$是已知的，即待增强的图像，因此 $F(u,v)$可由图像的傅里叶变换得到。实际应用中，首先需要确定的是 $H(u,v)$，然后就可以求得 $G(u,v)$，对 $G(u,v)$求傅里叶逆变换后即可得到增强的图像 $g(x,y)$。$g(x,y)$可以突出 $f(x,y)$的某一方面的特征，如利用传递函数 $H(u,v)$突出 $F(u,v)$的高频分量，以增强图像的边缘信息，即高通滤波；反之，如果突出 $F(u,v)$的低频分量，就可以使图像显得比较平滑，即低通滤波。

在介绍具体的滤波器之前，首先根据以上的描述给出频域滤波的主要步骤。

（1）对原始图像 $f(x,y)$进行傅里叶变换得到 $F(u,v)$。

（2）对 $F(u,v)$与传递函数 $H(u,v)$进行卷积运算得到 $G(u,v)$。

（3）将 $G(u,v)$进行傅里叶逆变换得到增强图像 $g(x,y)$。

一、频域低通滤波器

图像的平滑除了在空间域中进行外，也可以在频率域中进行。由于噪声主要集中在高频部分，为了去除噪声，改善图像质量，采用低通滤波器 $H(u,v)$抑制高频部分，然后再进行傅里叶逆变换获得滤波图像，就可达到图像平滑的目的。常用的频率域低通滤波器 $H(u,v)$有下面 3 种。

1．理想低通滤波器（ILPF）

设傅里叶平面上理想低通滤波器离开原点的截止频率为 D_0，则理想低通滤波器的传递函数为

$$H(u,v)=\begin{cases}1 & D(u,v)\leqslant D_0\\ 0 & D(u,v)>D_0\end{cases} \tag{12-23}$$

式中，D_0 是定义的非负的常量，称为理想低通滤波器的截止频率；$D(u,v)$表示从频谱平面原点（在中心化了的频谱图像中心）到（u,v）间的距离，即

$$D(u,v)=\sqrt{u^2+v^2} \tag{12-24}$$

由于高频成分包含有大量的边缘信息，因此采用该滤波器在去噪的同时会导致边缘信息损失而使图像边缘模糊，另外，它的处理还会产生较为严重的振铃现象，这是由于 $H(u,v)$ 在 D_0 处由 1 突变到 0 引起的，振铃现象在空域中表现为同心圆环的形式，而且同心圆环的半径与 D_0 成反比，D_0 越小，同心圆环的半径越大，图像的模糊程度也越强。

2．巴特沃斯低通滤波器（BLPF）

n 阶巴特沃斯低通滤波器的传递函数为

$$H(u,v)=\frac{1}{1+\left[\dfrac{D(u,v)}{D_0}\right]^{2n}} \tag{12-25}$$

与理想的低通滤波器不同，它的通带与阻带之间没有明显的不连续性，因此采用该滤波器在抑制噪声的同时，图像边缘的模糊程度大大减小，一阶的巴特沃斯滤波器没有振铃效应产生，二阶的巴特沃斯滤波器振铃现象很微小，当阶数增大时，巴特沃斯滤波器出现较为明显的振铃效应。

【实例 12-22】对含有椒盐噪声的 cameraman.tif 图像，设计三阶巴特沃斯低通滤波器，对图像进行滤波，并给出实验结果。

思路·点拨

在 MATLAB 中并没有设计巴特沃斯滤波器的函数，因此，需要我们自己根据滤波器的传递函数，设计对应的滤波器。在频域上对图像进行滤波处理，需要将图像进行傅里叶变换；将变换后的结果输入滤波器，对输出的结果进行傅里叶逆变换，可以得到滤波之后的图像。

结果文件——配套资源“Ch12\SL1222”文件

解：MATLAB 程序如下。

```
%巴特沃斯滤波器
I=imread('cameraman.tif');%读入图像
J=imnoise(I,'salt & pepper',0.02);
subplot(121),imshow(J);
title('含有噪声的 图像')
J=double(J);%类型转换
f=fft2(J);%傅里叶变换
g=fftshift(f);
[M,N]=size(f);
n=3;d0=20;
```

```
n1=floor(M/2);n2=floor(N/2);
for i=1:M
    for j=1:N
        %巴特沃斯滤波器设计
        d=sqrt((i-n1)^2+(j-n2)^2);
        h=1/(1+0.414*(d/d0)^(2*n));
        g(i,j)=h*g(i,j);
     end
end
 %傅里叶逆变换
g=ifftshift(g);
g=uint8(real(ifft2(g)));
subplot(122),imshow(g)
title('三阶巴特沃斯滤波图像');
```

程序的运行结果如图 12-38 所示。

图 12-38　巴特沃斯低通滤波

3．指数低通滤波器（ELPE）

指数低通滤波器是图像处理中常用的另一种平滑滤波器。它的传递函数为

$$H(u,v)=\mathrm{e}^{-\left[\frac{D(u,v)}{D_0}\right]^n} \tag{12-26}$$

指数低通滤波器具有比较平滑的过滤带，经此平滑后的图像没有振铃现象，而与巴特沃斯低通滤波器相比，具有更快的衰减特性，但是图像稍微模糊一些。

二、频域高通滤波器

图像的边缘、细节主要在高频部分得到反映，而图像的模糊是由于高频成分比较弱产生的。为了消除模糊，突出边缘，则采用高通滤波器让高频成分通过，使低频成分削弱，再经过傅里叶逆变换得到边缘锐化的图像。常用的高通滤波器有以下 3 种。

1．理想高通滤波器（IHPF）

二维理想高通滤波器的传递函数为

$$H(u,v)=\begin{cases}0 & D(u,v)\leqslant D_0\\ 1 & D(u,v)>D_0\end{cases} \tag{12-27}$$

与理想低通滤波器相反，它把半径为 D_0 的圆内的所有频谱成分完全去掉，对圆外则无损地通过。

2．巴特沃斯高通滤波器（BHPF）

n 阶巴特沃斯高通滤波器的传递函数为

$$H(u,v)=\frac{1}{1+\left[\dfrac{D_0}{D(u,v)}\right]^{2n}} \tag{12-28}$$

【实例 12-23】设计巴特沃斯高通滤波器，对实例 12-22 的图像进行滤波处理，并给出实验结果。

思路·点拨

巴特沃斯高通滤波器的设计思路与巴特沃斯低通滤波器的设计是一样的，对图像进行滤波的思路也是一样的。

结果文件——配套资源“Ch12\SL1223”文件

解：MATLAB 程序如下。

```
%巴特沃斯高通滤波器
I=imread('cameraman.tif');%读入图像
J=imnoise(I,'salt & pepper',0.02);
subplot(121),imshow(J);
title('含有噪声的图像')
J=double(J);%类型转换
f=fft2(J);%傅里叶变换
g=fftshift(f);
[M,N]=size(f);
n=2;d0=10;
n1=floor(M/2);n2=floor(N/2);
for i=1:M
    for j=1:N
```

```
        %巴特沃斯高通滤波器设计
        d=sqrt((i-n1)^2+(j-n2)^2);
        if(d==0)
            h=0;
        else
            h=1/(1+(d0/d)^(2*n));
        end
        g(i,j)=h*g(i,j);
    end
end
%傅里叶逆变换
g=ifftshift(g);
g=uint8(real(ifft2(g)));
subplot(122),imshow(g)
title('二阶巴特沃斯滤波图像');
```

程序的运行结果如图 12-39 所示。

图 12-39　巴特沃斯高通滤波

从图 12-39 可以看出，巴特沃斯高通滤波器的效果没有巴特沃斯低通滤波器的效果好，因为图像中含有的噪声一般是高频信号。采用巴特沃斯低通滤波器，低频信号可以通过该滤波器，而高频信号则不能，低频信号则携带着图像的具体信息；高通滤波器则相反，低频的信号不能通过滤波器，高频信号则可以通过。

3．指数高通滤波器（EHPE）

指数高通滤波器的传递函数为

$$H(u,v)=\mathrm{e}^{-\left[\frac{D_0}{D(u,v)}\right]^n} \tag{12-29}$$

以上 3 种高通滤波器中，理想高通滤波器有明显的振铃效应，巴特沃斯高通滤波的效果较好，但计算复杂，其优点是有少量低频通过，$H(u,v)$是渐变的，振铃效应不明显；指数高通滤波器滤波效果比巴特沃斯高通滤波差，但振铃效应不明显。

12.3　图像复原

图像质量的变差称为图像退化。图像复原的目标是对退化的图像进行处理，使其趋向于没有退化的原始图像。图像复原与图像增强有密切的联系，它们的目的都是在某种意义上改善输入图像的质量，但二者使用的方法和评价标准不同。图像增强主要是一个主观过程，一般是利用人的视觉系统的特征，通过图像变换取得较好的视觉效果，并不需要考虑图像退化的真实物理过程，增强后的图像也不一定要逼近原始图像。图像复原大部分是一个客观过程，认为图像是在某种情况下退化了，即图像品质下降了，现在需要针对图像的退化原因设法进行补偿。图像复原技术有多种分类方法。在给定退化模型条件下，图像复原技术可以分为无约束和有约束两大类。根据是否需要外来干预，图像复原又可分为自动和交互两大类。此外，根据处理所在的域，图像复原技术还可以分为频域和空域两大类。

12.3.1　退化模型

图像复原的关键之一在于建立一个能够反映图像退化原因的图像退化模型。很多种退化都可以用线性的空间不变模型来近似，利用这种模型处理简单实用，很多线性系统的数学公式都可以运用到图像复原中来，而且在实际运用中遇到的许多图像复原问题，当退化不太严重时，常可用线性空间不变模型来复原图像。

如图 12-40 所示，这是一种简单的通用图像退化模型，它将图像的退化过程模型化为一个退化系统（或退化算子）H。由图可见，图像 $f(x,y)$退化成为图像 $g(x,y)$。

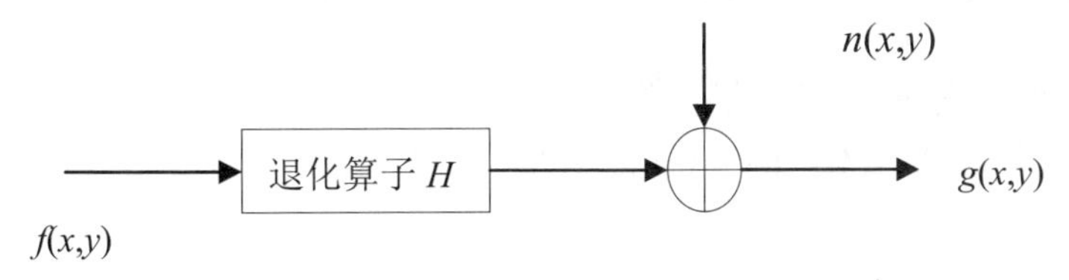

图 12-40　图像退化模型

输入和输出具有如下关系：

$$g(x,y)=H[f(x,y)]+n(x,y) \tag{12-30}$$

如果暂不考虑加性噪声 $n(x,y)$的影响，即令 $n(x,y)=0$，则有

$$g(x,y)=H[f(x,y)] \tag{12-31}$$

下面考虑退化系统 H 的特性。设 k、k_1、k_2 为常数，$g_1(x,y)=H[f_1(x,y)]$，$g_2(x,y)=H[f_2(x,y)]$，则 H 有以下性质。

（1）齐次性

$$H[kf(x,y)]=kH[f(x,y)]=kg(x,y) \tag{12-32}$$

即系统对常数与任意图像乘积的响应等于常数与该图像响应的乘积。

（2）叠加性

$$\begin{aligned}H[f_1(x,y)+f_2(x,y)]&=H[f_1(x,y)]+H[f_2(x,y)]\\&=g_1(x,y)+g_2(x,y)\end{aligned} \tag{12-33}$$

即系统对两幅图像之和的响应等于它对分别输入两个图像的响应之和。

（3）线性

同时具有齐次性与叠加性的系统就称为线性系统，即

$$\begin{aligned}H[k_1f_1(x,y)+k_2f_2(x,y)]&=k_1H[f_1(x,y)]+k_2H[f_2(x,y)]\\&=k_1g_1(x,y)+k_2g_2(x,y)\end{aligned} \tag{12-34}$$

不满足齐次性或叠加性的系统称为非线性系统。显然，线性系统的齐次性与叠加性为求解多个激励情况下的响应带来了很多方便。

（4）位置不变性

$$H[f(x-a,y-b)]=g(x-a,y-b) \tag{12-35}$$

式中，a 和 b 分别是空间位置的位移量。这说明图像中任一点通过系统时的响应只取决于该点的输入值，而与该点的位置无关。

如果一个系统既是线性系统，又是空间不变性系统，则称该系统为线性时不变系统。在图像复原中，尽管非线性和空间变化的系统模型更具有普遍性和准确性，但是，它却给处理工作带来巨大的困难，常常很难用计算机来求解。因此在图像复原处理中，往往用线性和空间不变性的系统模型加以近似。这种近似的优点是可直接利用线性系统中的许多理论与方法来解决图像复原问题，这种模型对多数应用仍有较好的复原效果，并且计算过程大为简化。

数字图像在计算机图像处理中讨论的是离散的图像函数。离散形式的退化模型就是将连续形式退化模型中的积分用求和来表示，离散的退化模型可表示为

$$\begin{aligned}&g(x,y)=\sum_{i=1}^{n}\sum_{i=1}^{n}f(m,n)h(x-m,y-n)+n(x,y)\\&x=0,1,2,\cdots,M-1;y=0,1,2,\cdots,N-1\end{aligned} \tag{12-36}$$

引入矩形表示法：

$$g(x,y)=Hf+n=\begin{bmatrix}H_0 & H_{M-1} & \cdots & H_1\\ H_1 & H_0 & \cdots & H_2\\ \vdots & \vdots & & \vdots\\ H_{M-1} & H_{M-2} & \cdots & H_0\end{bmatrix}\begin{bmatrix}f(0)\\ f(1)\\ \vdots\\ f(MN-1)\end{bmatrix}+\begin{bmatrix}n(0)\\ n(1)\\ \vdots\\ n(MN-1)\end{bmatrix} \tag{12-37}$$

其中 H 矩阵中的 H_i 是由函数矩阵 $h(x,y)$ 的第 i 行而来，即

$$H_i=\begin{bmatrix}h(i,0) & h(i,N-1) & \cdots & h(i,1)\\ h(i,1) & h(i,0) & \cdots & h(i,2)\\ \vdots & \vdots & & \vdots\\ h(i,N-1) & h(i,N-2) & \cdots & h(i,0)\end{bmatrix}$$

可见，H_i 是循环矩阵。因为 H 中的每块是循环标注的，所以 H 也是块循环矩阵。其中

g、f、n 为 $M\times N$ 维的函数矩阵 $g(x,y)$、$f(x,y)$、$n(x,y)$的各个行堆积而成。

12.3.2　无约束图像复原

图像恢复的任务就是在给定了 $g(x,y)$、$h(x,y)$、$n(x,y)$的情况下估计出原始图像 $f(x,y)$。由图像的退化模型可知

$$n = g - Hf \tag{12-38}$$

在并不了解 n 的情况下，希望找到一个 f，使得 Hf 在最小二乘方意义上近似于 g。即求原始图像 f 的一个估计 $\hat{f}$，使得

$$\| n \|^2 = n^{\mathrm{T}} n = \| g - H\hat{f} \|^2 = (g - H\hat{f})^{\mathrm{T}} (g - H\hat{f}) \tag{12-39}$$

因此，图像的恢复问题转变为求解 $L(\hat{f}) = \| g - H\hat{f} \|^2$ 的极小值问题。在求极小值过程中，不受任何其他条件约束，因此称为无约束复原。

将 L 对 $\hat{f}$ 求微分，并设结果为 0，即

$$\frac{\partial L(\hat{f})}{\partial \hat{f}} = -2H^{\mathrm{T}} (g - H\hat{f}) = 0 \tag{12-40}$$

由式（12-40）可得出 $H^{\mathrm{T}} H\hat{f} = H^{\mathrm{T}} g$，从而

$$\hat{f} = (H^{\mathrm{T}} H)^{-1} H^{\mathrm{T}} g \tag{12-41}$$

在 $M=N$ 时，$\boldsymbol{H}$ 为一方阵，并且假设 $\boldsymbol{H}^{-1}$ 存在，则可求得 $\hat{f}$ 为

$$\hat{f} = (H^{\mathrm{T}} H)^{-1} H^{\mathrm{T}} g = H^{-1} g \tag{12-42}$$

12.3.3　有约束图像复原

在最小二乘方复原处理中，为了在数学上更容易处理，常常附加某种约束条件。例如，可以令 Q 为 f 的线性算子，那么，最小二乘方复原问题可看成是使形式为 $\| Q\hat{f} \|^2$ 的函数服从约束条件 $\| n \|^2 = \| g - H\hat{f} \|^2$ 的最小化问题。而这种有约束附加条件的极值问题可以用拉格朗日乘数法来处理。其处理方法如下。

寻求 $\hat{f}$，使下述准则函数为最小：

$$L(\hat{f}) = \left\| Q\hat{f} \right\|^2 + \lambda \left(\left\| g - H\hat{f} \right\|^2 - \| n \|^2 \right) \tag{12-43}$$

式中 λ 为一常数，是拉格朗日乘数。由极值条件 $\frac{\partial L(\hat{f})}{\partial \hat{f}}=0$，可得

$$\hat{f}=(H^{T}H+\gamma Q^{T}Q)^{-1}H^{T}g \tag{12-44}$$

式中，$\gamma=\frac{1}{\lambda}$，为常数。适当调整这一常数，使得约束条件被满足，从而求得最佳估计。

下面介绍在 MATLAB 中常用的图像复原函数 deconvwnr，该函数的功能是利用维纳滤波来对图像进行复原，其主要调用格式如下。

J = deconvwnr(I,PSF,NSR)：这种调用格式假设信噪功率比已知，或者是个常量或是个数组。而实际当中，由于不知道原图像，因此一般不知道退化图像的信噪功率比，并且实际情况下这个比值不是简单的常数。其中 PSF 为点扩散函数，NSR 为信噪功率比。

J = deconvwnr(I,PSF,NCORR,ICORR)：这种调用格式假设噪声和为退化图像的自相关函数 NCORR、ICORR 是已知的，这种形式使用 η 和 f 的自相关来代替这些函数的功率谱，由相关理论可知：通过计算功率谱的傅里叶逆变换就可以得到自相关函数。

【实例 12-24】对于图像 cameraman.tif，向图像加入噪声，并且将图像变模糊，利用维纳滤波对图像进行复原，并给出实验结果。

思路·点拨

向图像加入噪声，调用函数 imnoise；将图像模糊化采用函数 imfilter，同时采用函数 fspecial 产生滤波器对图像进行模糊化处理，最后利用函数 deconvwnr 对图像进行复原。

结果文件——配套资源“Ch12\SL1224”文件

解：MATLAB 程序如下。

```
%维纳滤波进行图像复原
I=imread('cameraman.tif');%读入图像
I=im2double(I);
subplot(221);imshow(I);title('原始图像');
%图像模糊化
LEN=21;
THETA=11;
PSF=fspecial('motion',LEN,THETA);
blurred=imfilter(I,PSF,'conv','circular');
%添加噪声
noise_mean=0;
```

```
noise_var=0.0001;
blurred_noisy=imnoise(blurred,'gaussian',noise_mean,noise_var);
subplot(222);imshow(blurred_noisy);title('进行复原的图像');
%假设没有噪声的情况下对图像进行复原
estimated_nsr=0;
wnr2=deconvwnr(blurred_noisy,PSF,estimated_nsr);
subplot(223);imshow(wnr2);title('没有噪声的图像复原');
%考虑噪声的图像复原
estimated_nsr=noise_var/var(I(:));
wnr3=deconvwnr(blurred_noisy,PSF,estimated_nsr);
subplot(224);imshow(wnr3);title('考虑噪声的图像复原');
```

程序的运行结果如图 12-41 所示。

图 12-41　图像复原

图像复原是运用计算机对图像进行的低级处理，实际的图像受到了各种噪声污染的情况更为复杂，我们所假设的模型与实际有差距，处理手段也是线性处理方式。处理图像时常常是针对不同的噪声污染，采取针对性的复原方法分别对图像进行处理，从而尽量还原图像的本来面目。

12.4 二值形态学操作

最初形态学是生物学中的一个分支，用以研究动物和植物结构，后来也用数学形态学来表示以形态为基础的图像分析数学工具。形态学的基本思想是使用具有一定形态的结构元素来度量和提取图像中的对应形状，从而达到对图像进行分析和识别的目的。数学形态学可以用来简化图像数据，保持图像的基本形状特性，同时去掉图像中与研究目的无关的部分。使用形态学操作可以完成增强对比度、消除噪声、细化、骨架化、填充和分割等常用图像处理任务。

数学形态学的数学基础和使用的语言是集合论，其基本运算有膨胀（或扩张）、腐蚀（或侵蚀）、开启和闭合 4 种，基于这些基本运算还可以推导和组合成各种数学形态学运算方法。二值形态学中的运算对象是集合，通常给出一个图像集合和一个结构元素集合，利用结构元素对图像进行操作。结构元素是一个用来定义形态操作中所用到的邻域的形状和大小的矩阵，该矩阵仅由 0 和 1 组成，可以具有任意的大小和维数，数值 1 代表邻域内的像素，形态学运算都是对数值为 1 的区域进行的运算。

12.4.1 膨胀和腐蚀

膨胀运算用符号“⊕”表示，图像集合 A 用结构元素 B 来膨胀，即 $A\oplus B$，其定义为

$$A\oplus B=\left\{x\left|\left[\left(\hat{B}\right)_x\cap A\neq\varnothing\right]\right.\right\} \tag{12-45}$$

用 B 对 A 进行膨胀的过程是：首先对 B 作关于原点的映射得到 $\hat{B}$，再将其映像平移 x，当 A 与 B 映像的交集不为空集时，B 的原点就是膨胀集合的像素。膨胀运算也可用下式来定义：

$$A\oplus B=\left\{x\left|\left[\left(B\right)_x\cap \hat{A}\subseteq A\right]\right.\right\} \tag{12-46}$$

如果将 B 看成是一个卷积模板，膨胀就是对 B 作关于原点的映像，然后再将映像连续地在 A 上移动而实现的。图 12-42 给出了膨胀运算的一个示意图，其中“▪”号表示原点。

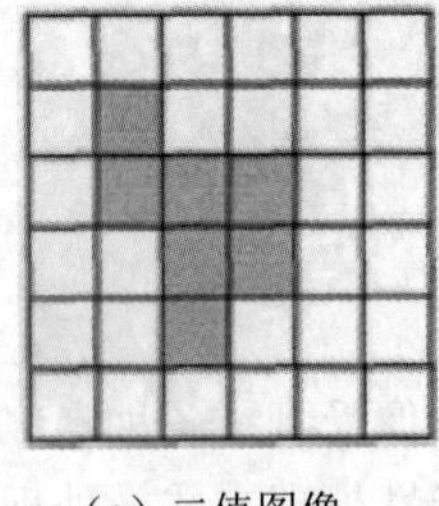

(a) 二值图像

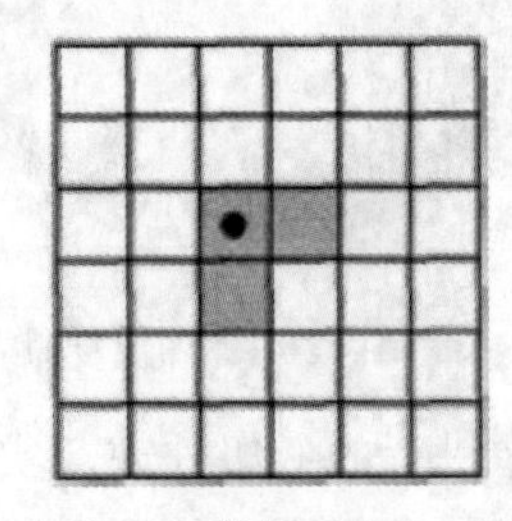

(b) 结构元素

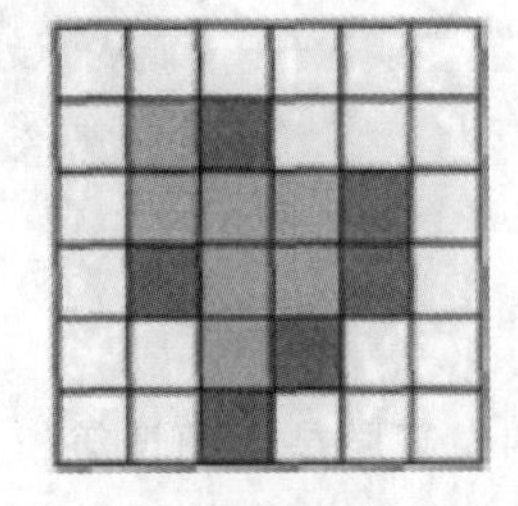

(c) 膨胀结果

图 12-42 二值图像膨胀运算

腐蚀运算用符号“⊖”表示，A 用 B 腐蚀记为 $A\ominus B$，定义为

$$A\ominus B=\left\{x\left|(B)_x\subseteq A\right.\right\} \tag{12-47}$$

用 B 对 A 进行腐蚀的结果是所有满足将 B 平移 x 后，B 仍全部包含在 A 中的 x 的集

合，从直观上看就是 B 经过平移后全部包含在 A 中的原点组成的集合。图 12-43 所示为一个腐蚀运算的示意图。

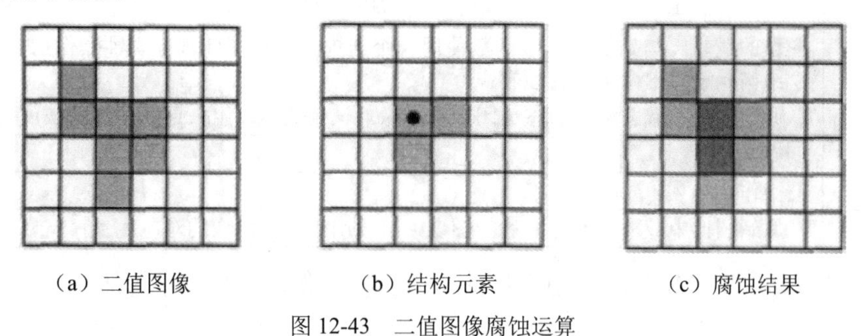

（a）二值图像　（b）结构元素　（c）腐蚀结果

图 12-43　二值图像腐蚀运算

膨胀和腐蚀这两种操作有着对偶性的关系：使用结构元素对图像进行腐蚀操作相当于使用该结构元素的映像对图像背景进行膨胀操作，反之亦然。即

$$(A \oplus B)^C = A^C \ominus B^C \tag{12-48}$$

$$A^C \oplus B^C = (A \ominus B)^C \tag{12-49}$$

12.4.2　开操作和闭操作

使用同一个结构元素对图像先进行腐蚀然后再进行膨胀的操作运算称为开操作，先进行膨胀再进行腐蚀的运算则称为闭操作。开操作可使对象的轮廓变得光滑，断开狭窄的间断和消除细的突出物；闭操作也使轮廓线变得光滑，但是与开操作不同的是，它通常消弥狭窄的间断和长细的鸿沟，消除小的孔洞，并填补轮廓中的断裂。

A 用 B 来进行开操作表示为 $A \circ B$，其定义如下。

$$A \circ B = (A \ominus B) \oplus B \tag{12-50}$$

A 用 B 来进行闭操作表示为 $A \cdot B$，其定义如下。

$$A \cdot B = (A \oplus B) \ominus B \tag{12-51}$$

开操作和闭操作不受原点位置的影响，无论原点是否包含在结构元素中，开操作和闭操作的结果都是一定的。根据膨胀和腐蚀的对偶性可知，开和闭运算也具有对偶性。

12.4.3　膨胀和腐蚀的 MATLAB 实现方法

MATLAB 分别使用 imdilate 和 imerode 函数进行图像膨胀和图像腐蚀。imdilate 和 imerode 函数都需要两个基本输入参数：待处理的输入图像和结构元素对象。结构元素可以是由 strel 函数返回的对象，也可以是一个定义结构元素邻域的二进制矩阵。图像的开操作和闭操作综合运用膨胀和腐蚀操作，在图像处理操作中经常综合使用膨胀和腐蚀两种操作。

表 12-4 列出了 MATLAB 图像处理工具箱中基于膨胀和腐蚀的形态操作函数。

表 12-4　　膨胀和腐蚀的形态操作函数

函数名	函数功能
bwhitmiss	图像的逻辑"与"操作。该函数使用一个结构元素对图像进行腐蚀操作后，再使用第二个结构元素对图像进行腐蚀操作
imbothat	从原始图像中减去经过形态关闭后的图像。该函数可以用来寻找图像的灰度槽
imclose	闭操作
imopen	开操作
imtophat	从原始图像中减去形态开启后的图像，可以用来增强图像的对比度

【实例 12-25】对 MATLAB 中提供的 text.png 图像进行腐蚀和膨胀实验，并给出腐蚀和膨胀的结果。

思路·点拨

由整数构成的集合 B 和 S，若 B 被 S 腐蚀，其含义就是被 S 腐蚀的 B 是 S 平移 x 之后包含在 B 中的所有点 x 的集合；若 B 被 S 膨胀，其含义就是将 S 对它的原点进行反射，B 被 S 的膨胀是所有可以使 S 的反射在平移 x 后与 B 仍有非空交集的 x 的集合。在 MATLAB 中腐蚀和膨胀分别用函数 imerode 和 imdilate 来实现。

结果文件——配套资源"Ch12\SL1225"文件

解：MATLAB 程序如下。

```
%膨胀和腐蚀
bw = imread('/Users/rosa/Documents/MATLAB/ch12/text.png');
se = ones(5,1);
bw1 = imdilate(bw,se);%膨胀
bw2 = imerode(bw,se);%腐蚀
subplot(131);imshow(bw),title('原始图像')
subplot(132);imshow(bw1),title('膨胀后图像');
subplot(133);imshow(bw2),title('腐蚀后图像');
```

程序的运行结果如图 12-44 所示。

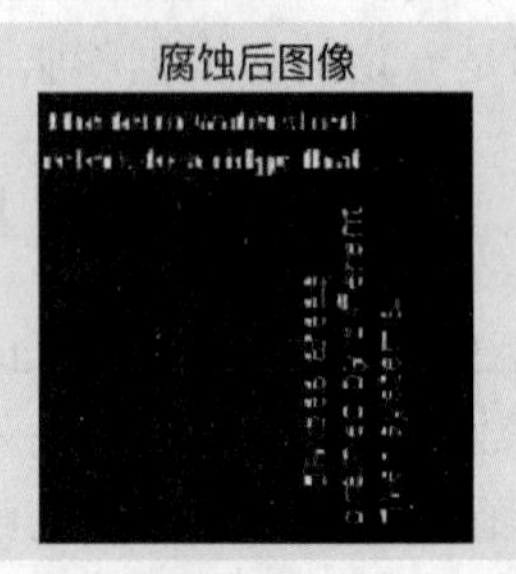

图 12-44　膨胀和腐蚀

12.4.4　一些基本的形态学算法

1．区域填充

填充操作是一种根据像素边界求取像素区域的操作，也是形态学的一种常用操作，它以集合的膨胀、求补和交集为基础。

如果所有非边界（背景）点都标记为 0，则以将 1 赋给 *P* 点开始，下列过程将整个区域用 1 填充：

$$X_k = (X_{k-1} \oplus B) \cap A^C \quad k = 1,2,3,\cdots \tag{12-52}$$

这里 $X_0 = P$，B 是对称结构元素。如果 $X_k = X_{k-1}$，则算法在迭代的第 k 步结束。X_k 和 A 的并集包含被填充的集合和它的边界。

MATLAB 的图像处理工具箱中的函数 imfill 可以用来实现灰度图像和二进制图像的填充操作。imfill 函数将删除没有连接到边界的局部极小值，这个操作对删除图像中的人为痕迹非常有用。imfill 常用的调用格式如下。

BW_2=imfill(BW_1, LOCATIONS)

其中，BW_1 为输入二进制图像，LOCATIONS 表示填充的起始点。

2．形态重构

形态重构根据一幅图像的特征对另一幅图像进行膨胀，重点是要选择一个合适的标记图像，使膨胀所得的结果能够强调掩模图像中的主要对象。每一次膨胀处理从标记图像的峰值开始，整个膨胀的过程将一直重复，直到图像的像素不再变换为止。

实现 MATLAB 形态重构，首先要创建标记图像。正如在膨胀和腐蚀中使用构造结构元素一样，标记图像的特征能够决定形态重构结果所具有的特征，所以标记图像的峰值应该确定掩模图像中希望强调对象的位置。MATLAB 创建标记图像的一种方法是使用 imsubtract 函数将掩模图像减去一个常数，如：

marker=imsubtract(A,2)

然后调用 imreconstruct 函数进行图像的形态重构。imreconstruct 函数的调用格式如下。

IM=imreconstruct(MARKER,MASK,CONN)

其中，MARKER 和 MASK 分别表示标记图像和掩模图像，第三个输入参数 CONN 是可选的，用来指定连通类型。

3．图像的极值处理方法

图像中可以有多个局部极小值和极大值，使用形态操作对图像的极值进行处理可以辨识图像中的对象。判断图像的峰和谷可以用来重建形态重构的标记图像。

MATLAB 图像处理工具箱提供 imregionalmax 和 imregionalmin 函数来确定图像的所有局部极大值和极小值，另外，还提供 imextendedmax 和 imextendedmin 函数来确定所有大于或小于指定值的局部极大值和极小值。这些函数以灰度图像作为输入参数，返回二进制图像。在输出的二进制图像中，局部极大值或极小值被设置为 1，其他像素则被设置为 0。这些函数的调用格式分别如下。

BW=imregionalmax(I,CONN)

```
BW=imregionalmin(I,CONN)
BW=imextendedmax(I,H,CONN)
BW=imextendedmin(I,H,CONN)
```

其中，I 表示输入图像，CONN 表示连通类型，H 为一个非负标量，表示搜索阈值。

12.5 图像压缩编码

12.5.1 图像压缩编码概述

数字信息越来越普遍，用数字形式表示图像的应用已经非常广泛。数字图像的数据量非常大，对其进行存储或传输需占用大量存储容量或信道带宽资源，有必要进行图像压缩，图像信息数据压缩的社会效益和经济效益将越来越明显。

编码是用符号元素表示信号、消息或事件的过程。图像编码是研究图像数据的编码方法，期望用最少的符号码数表示信源发出的图像信号，使数据得到压缩，减少图像数据占用的信号空间和能量，降低信号处理的复杂程度。

图像数据可进行压缩有几个方面的原因。利用原始图像中存在的冗余度可以实现图像压缩：首先，原始图像数据是高度相关的，存在很大的冗余度，造成比特数浪费。其次，图像也存在着编码冗余度，即用相同码长表示不同出现概率的符号也会造成比特数的浪费。允许图像编码有一定的失真也是图像可以压缩的一个重要原因，只有这些失真并不被人眼所察觉，在许多情况下是完全可以接受的。

原始图像经过映射变换后，再经量化器和熵编码器变成码流输出，实现图像的压缩编码。图像压缩编码的一般过程如图 12-45 所示。

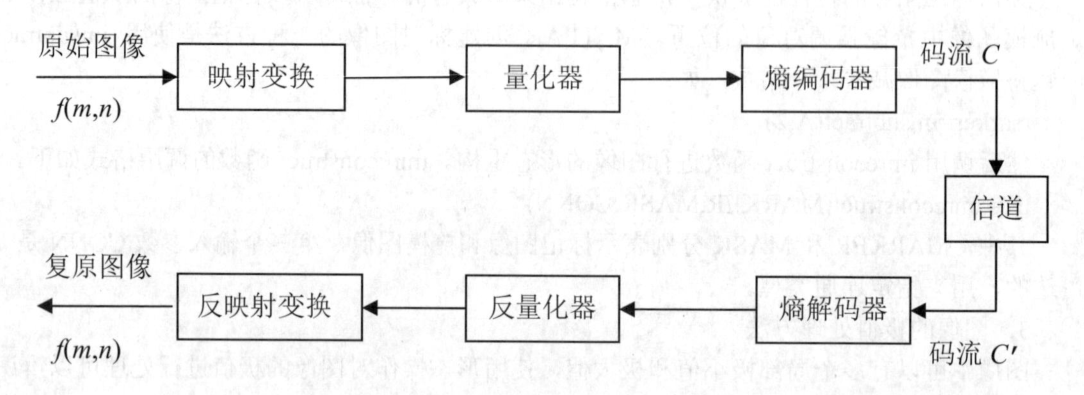

图 12-45 图像压缩编码的一般过程

图像的压缩编码方法种类很多，大致可将编码方法分为两大类：无损压缩和有损压缩。无损压缩又称无失真编码或可逆编码，有损压缩又称失真编码或不可逆编码，编码会造成失真，不过这些失真可以被控制在一定的限度内，不影响使用效果。在无损压缩中不可使用量化器，因为量化总会带来不可恢复的失真。

12.5.2　无损压缩技术

在无干扰的条件下，存在一种无失真的编码方法，使编码的平均长度与信源的熵任意地接近，这是信息论中香农的无干扰编码定理。在这个定理基础上可以定义某种编码方法的效率为

$$\eta \triangleq H(x)/\bar{L}(x) \tag{12-53}$$

冗余度为

$$r \triangleq 1-\eta=\left[\bar{L}(x)-H(x)\right]/\bar{L}(x) \tag{12-54}$$

若原始图像的平均比特率为 n，压缩编码后降低为 n_{d}，则压缩比的定义为

$$C \triangleq n/n_{\mathrm{d}} \tag{12-55}$$

由于 $n_{\mathrm{d}} \geqslant H(x)$，故无损压缩可以达到的最大压缩比为

$$C_{\max} \triangleq n/H(x) \tag{12-56}$$

设信源的符号表示为 $\left\{x_1, x_2, \cdots, x_q\right\}$，各符号出现的概率为 $\left\{P(x_1), P(x_2), \cdots, P(x_q)\right\}$，则此信源的熵为

$$H(x)=-\sum_{i=1}^{q} P(x_i)\log_2 P(x_i) \tag{12-57}$$

设 $q=2^L$，若独立信源符号表中各符号出现的概率相等，均为 $1/2^L$，则其熵为最大，等于 L 比特。这时，用普通的等长自然二进制码来编码就已经达到编码效率为 1，对它无法作数据压缩。在不等概率分布时，熵 $H(x)$小于 L，若采用和概率分布相适应的不等长编码可以使平均码长 $\bar{L}<L$，则实现数据压缩。

无损压缩算法可以分为两大类：一种是基于字典的编码方法，另一种是基于统计的编码方法。基于字典的编码方法生成的压缩文件包含的是定长码，即采用相同的位数对数据进行编码。基于字典编码方法生成的每个码都代表原文件中数据的一个特定序列，常用的压缩方法有行程编码和 LZW 编码等。基于统计方法生成的压缩文件包含变长码，即采用不相同的位数对数据进行编码，以节省存储空间。在实际应用中，最常用的统计编码方法是哈夫曼编码和算术编码方法等。

MATLAB 的图像处理工具箱并没有提供直接进行图像编码的函数或命令，这是因为 MATLAB 的图像输入、输出和读、写函数能够识别各种压缩图像格式文件，利用这些函数就可以直接地实现图像压缩。

12.5.3 有损压缩技术

至今还没有一个很好的标准来度量图像的失真，难以得到一种与人眼判读的主观评价十分相符的客观评价标准，目前用得最多的仍是均方误差。设原图为 $f(m,n)$，失真图像为 $g(m,n)$，则失真为

$$D=\frac{1}{MN}\sum_{M=0}^{M-1}\sum_{N=0}^{N-1}[f(m,n)-g(m,n)]^2 \quad (12\text{-}58)$$

具有同样均方误差的两幅失真图像，失真性质可能因失真部位不同而不同，其主观评价可以有很大的差别。因此均方误差的失真度量标准并不能准确判断图像质量。

根据率失真理论，当信息在有噪声信道中传输时，有一个函数 $R(D)$存在，只要信道容量不小于 $R(D)$，就可以传输信息，使失真小于或等于 D。函数 $R(D)$称为率失真函数。对于一个率失真函数为 $R(D)$的信源，若平均失真为 D，则必存在一种编码方法，使比特率 $R>R(D)+\delta$，而平均失真 $D\leqslant D+\varepsilon$，其中 ε、δ 为任意小的正数。

率失真函数与失真度量标准及信源统计特性有十分密切的关系，信源不确定性大，方差大，则所需比特数 $R(D)$较大；信源平稳，方差小，则 $R(D)$也小。对于均方误差作为失真度量的正态分布信源，率失真函数为

$$R(D)=\begin{cases}\frac{1}{2}\log_2\frac{\sigma^2}{D}, & 0\leqslant D\leqslant\sigma^2\\ 0, & D>\sigma^2\end{cases} \quad (12\text{-}59)$$

由式（12-59），在对图像数据做映射变换时，应使映射后数据的 σ^2 尽量小。

有损压缩技术常用的压缩方法有预测编码、变换编码和自适应编码等。根据图像信号具有较大的空间和时间相关性，可以利用已传输的像素对当前的像素进行预测，即根据过去时刻的样本序列，运用一种模型，预测当前的样本值，通常是对预测误差进行编码和传输。变换编码是指将空间域里描述的图像，经过某种变换（通常用二维正交变换）使图像能量在空间域的分散分布变为在频域的能量相对集中分布，根据能量分布特点，对变换系数进行编码处理的方法。自适应算法是一种针对图像的某些局部或瞬间统计特性进行参数自动调整的编码方法，它并不是一种独立的编码方法，总是结合其他某种编码方法进行具体应用。

12.6 图像分割

利用图像分割技术可将图像中的某部分同背景区分开来，然后对分割出的区域进行描述和研究，图像分割的质量直接影响对图像的理解。图像分割可以分为两种：一种是基于边界的分割技术；另一种是基于区域的分割技术。

12.6.1 边缘检测方法

图像的边缘信息是图像重要的特征信息。边缘是指周围像素灰度有变化的那些像素的集合，图像中的目标边缘是灰度不连续的结果。边缘的种类可以粗略地分为阶跃性边缘（两边的像素灰度值有显著的不同）和屋顶状边缘（它位于灰度值从增加到减少的变化转折点）两

种。边缘检测技术是所有基于边界分割的图像分析方法的第一步，检测出边缘的图像就可以进行特征提取和形状分析了。

边缘的检测可以借助空域微分算子（实际上是微分算子的差分近似）利用卷积来实现。常用的微分算子有梯度算子和拉普拉斯算子等。这些算子不但可以检测图像的二维边缘，还可以检测图像序列的三维边缘。

1．梯度算子

图像的边缘是灰度值不连续的结果，这种不连续可以用求导的方法进行检测，利用边缘邻近一阶或二阶的规律来检测边缘，图 12-46 所示为图像边缘及边缘一阶和二阶导数。

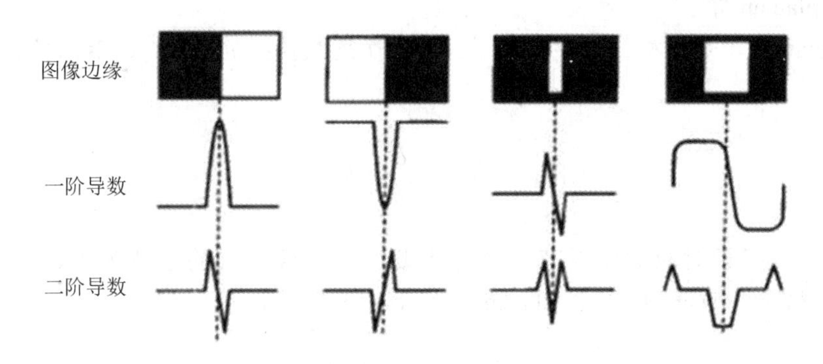

图 12-46　图像边缘与导数

梯度对应的是一阶导数，是一阶导数算子。对于一个连续函数 $f(x,y)$，其在(x,y)处的梯度可以表示成一个矢量，假设 G_x 和 G_y 分别为 x、y 两个方向的梯度分量，则梯度的定义为

$$\nabla f(x,y)=[G_x,G_y]=\left[\frac{\partial f}{\partial x},\frac{\partial f}{\partial y}\right] \tag{12-60}$$

梯度的方向是灰度变化最快的方向，相位为

$$\phi(x,y)=\arctan\frac{G_y}{G_x} \tag{12-61}$$

梯度的幅值大小简称为梯度，表示为

$$|\nabla f(x,y)|=\sqrt{G_x^2+G_y^2}=\sqrt{\left(\frac{\partial f}{\partial x}\right)^2+\left(\frac{\partial f}{\partial y}\right)^2} \tag{12-62}$$

需要对每一个像素位置计算偏导数，在实际应用中常常采用小型模板和卷积运算来近似，G_x 和 G_y 各自使用一个模板。目前有许多不同大小和不同系数的模板，最简单的 Roberts 算子模板为

$$\begin{bmatrix}1 & 0\\0 & -1\end{bmatrix}\begin{bmatrix}0 & 1\\-1 & 0\end{bmatrix}$$

prewitt 算子和 sobel 算子是比较复杂的算子，其模板分别如下。

$$\begin{bmatrix}-1 & 0 & 1\\-1 & 0 & 1\\-1 & 0 & 1\end{bmatrix}\begin{bmatrix}1 & 1 & 1\\0 & 0 & 0\\-1 & -1 & -1\end{bmatrix}$$

$$\begin{bmatrix}-1 & 0 & 1\\-2 & 0 & 2\\-1 & 0 & 1\end{bmatrix}\begin{bmatrix}1 & 2 & 1\\0 & 0 & 0\\-1 & -2 & -1\end{bmatrix}$$

2．Laplacian 算子

Laplacian 算子是一种二阶导数算子。对一个连续函数 $f(x,y)$，其在(x,y)处的 Laplacian 算子定义为

$$\nabla^2 f=\frac{\partial^2 f}{\partial x^2}+\frac{\partial^2 f}{\partial y^2} \tag{12-63}$$

Laplacian 算子对应的模板有一个基本要求：模板中心的系数为正，其余相邻系数为负，所有系数的和应该为零。Laplacian 算子对应的模板如下。

$$\begin{bmatrix}0 & -1 & 0\\-1 & 4 & -1\\0 & -1 & 0\end{bmatrix}\begin{bmatrix}-1 & -1 & -1\\-1 & 8 & -1\\-1 & -1 & -1\end{bmatrix}$$

Laplacian 算子是一个各向同性、线性和位移不变的边缘检测算子，对细线和孤立点检测效果好，但 Laplacian 算子丢失了边缘方向信息，常产生双像素的边缘。另外，该检测方法还对噪声比较敏感，所以一般很少直接使用 Laplacian 算子进行边缘检测，而是常用它来判断边缘像素是否位于图像的明区还是暗区。

MATLAB 工具箱提供 edge 函数来检测边缘。edge 函数有许多微分算子，且在检测边缘可以指定一个灰度阈值，边界点必须满足该阈值条件。edge 函数的基本调用格式如下。

Bw=edge(I,‘type’,parameter,…)

其中，I 表示输入图像，type 表示使用的算子类型，parameter 则是与具体算子有关的参数。

【实例 12-26】分别利用 prewitt 算子、sobel 算子、canny 算子及 log 算子对图像 lena.jpg 进行边缘检测，并给出实验结果。

思路·点拨

边缘检测的 MATLAB 函数为 edge，同时可以在函数 edge 中指定灰度阈值。参数不同，其阈值也会不同。

结果文件——配套资源“Ch12\SL1226”文件

解：MATLAB 程序如下。

```
%边缘检测
```

```
clear;
I=imread('/Users/rosa/Documents/MATLAB/ch12/image,'jpg');
subplot(231);imshow(I);title('原始图像');
I=im2bw(I); %转换为二维图像
%prewitt 算子
bw1=edge(I,'prewitt',0.05);
subplot(232);imshow(bw1);title('prewitt 边缘检测');
%sobel 算子
bw2=edge(I,'sobel',0.05);
subplot(233);imshow(bw2);title('sobel 边缘检测');
%log 算子
bw3=edge(I,'log',0.005);
subplot(234);imshow(bw3);title('log 边缘检测');
%canny 算子
bw4=edge(I,'canny',0.25);
subplot(235);imshow(bw4);title('canny 边缘检测');
```

程序的运行结果如图 12-47 所示。

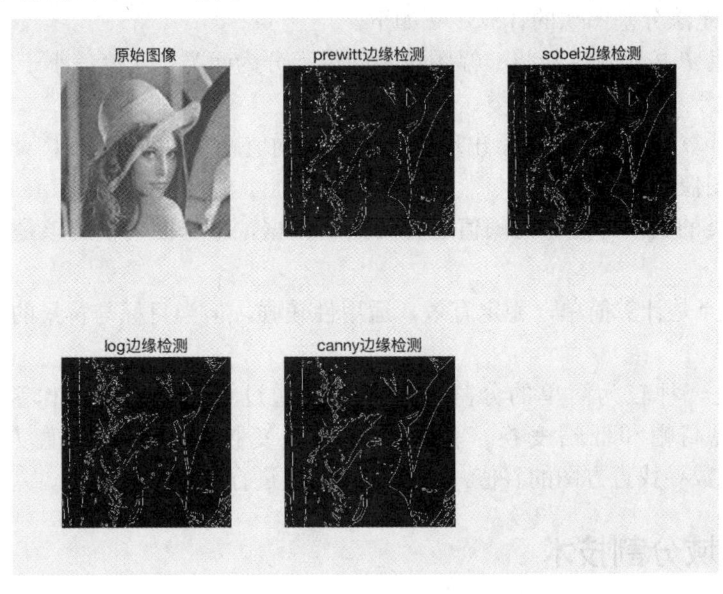

图 12-47　图像的边缘检测

12.6.2　阈值分割技术

阈值分割技术是用一个或几个阈值将图像的灰度分为几个部分，隶属于同一部分的像素为相同区域。阈值的选取是阈值分割最关键的内容，根据阈值选取可以将阈值分割分为双峰法、迭代法和最大类间方差法。

1．双峰法

双峰法是最简单的阈值选取方法，一般是根据图像的直方图进行选择。假设图像由目标背景（具有不同的灰度级别）组成，图像的灰度分布曲线可以近似地认为由两个正态分布函数叠加而成，则图像的直方图会出现双峰分布，选择两峰之间的谷值就可以作为阈值分割目标和背景。可以用 imregionalmin 函数来搜索直方图的谷值，然后进行阈值分割。

在实际应用中，图像常常受到噪声影响而使原本分离的直方图发生重叠，此时难以找到谷值作为分割阈值。

2．迭代法

迭代法可以解决双峰法阈值选取时存在的问题，它是对双峰法的改进，该方法可以完成阈值的自动选取，该方法的步骤如下。

（1）选择一个初始阈值 T。

（2）根据选定的阈值把图像分割成两部分：灰度值大于 T 的图像区域 G_1 和小于等于 T 的图像区域 G_2。

（3）分别计算 G_1 和 G_2 包含的像素灰度值 u_1 和 u_2。

（4）计算新的阈值 $T=\frac{u_1+u_2}{2}$。

（5）重复步骤（2）到（4），直到满足设定的标准，完成阈值的自动计算。

3．最大类间方差法

最大类间方差法分割图像的计算步骤如下。

（1）用阈值 T 按照灰度级将一幅图像中的像素分为两类，灰度值小于等于 T 的图像为 C_0 类，灰度值大于 T 的图像为 C_1 类。

（2）分别计算 C_0 和 C_1 类像素出现的总概率和均值。

（3）计算图像的总均值。

（4）把两类的类间方差作为阈值选择的判断依据，最好的阈值应该是使类间方差取得最大值的阈值。

该方法的优点是计算简单，稳定有效，适用性较强，但当目标与背景的大小之比很小时效果不好。

阈值分割是一种较为简单的分割技术，可以通过调用形态学操作函数 imtophat 和 imbothat 来实现高帽和低帽变换，然后绘制经过变换后的图像的直方图，最后调用 imregionalmin 函数寻找直方图的谷值，将其作为阈值进行图像分割。

12.6.3 区域分割技术

1．区域生长

区域生长是指将具有相似性质的像素集合起来构成区域。区域生长时，首先需要在每个分割的区域选择一个像素作为种子像素，也就是作为生长的起点，然后比较种子点周围邻域的像素，将与种子像素具有相似属性的像素合并到种子像素所在的区域，将这些新像素作为新的种子像素继续进行上述过程，直到再没有符合条件的像素被包括进来为止，这样一个区域就长成。

区域生长分割方法的实际应用需要根据图像的具体特征来确定种子像素和生长即停止准则，其通用性不是很强。

2．区域分裂合并

分裂合并分割方法的基本思想与区域生长正好相反，是预先确定一个分裂合并的准则，也就是度量区域特征一致性的准则。当图像中某个区域的特征不一致时，就将该区域分裂成若干子区域；当相邻子区域满足一致性特征时，则将它们合并成一个大区域，直至所有区域不再满足分裂合并的条件为止，最后起到图像分割的作用。

在基于区域的分裂合并图像分割算法中，常用的方法是基于四叉树分解的分裂合并算法，该算法如图 12-48 所示。

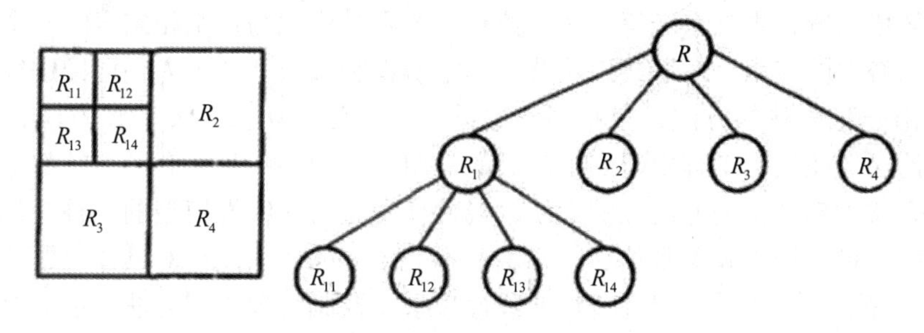

图 12-48　四叉树分解法示意图

四叉树分解可以调用 MATLAB 图像处理工具箱中的 qudecomp 函数来实现，这个函数首先将图像划分为相等大小的正方形块，然后对每一块进行测试，观察它们是否与标准具有相同性。如果某个块符合标准，那么就不对其进行进一步的分割；如果不符合这种标准，那么就将该块继续分为 4 块，将测试标准应用于其他块。这个过程将会一直重复直到每一块都符合这个标准。

第 13 章　系统辨识

在社会和生产中，越来越多需要辨识过程模型的问题已广泛地引起人们的重视，社会科学和自然科学的各个领域有很多学者在研究线性和非线性的辨识问题。凡是需要通过实验数据确定数学模型和估计参数的场合都要利用辨识技术，辨识技术已经推广到工程和非工程的许多领域，如化学化工过程、核反应堆、电力系统、航空航天飞行器、生物医学系统、社会经济系统、环境系统、生态系统等。适应控制系统则是辨识与控制相结合的一个范例，也是辨识在控制系统中的应用。对于线性系统的模型辨识和参数估计，人们已经进行了深入的研究，并总结出一套成熟的方法，包括最小二乘辨识方法、极大似然辨识方法、梯度辨识法等，这些理论已经在实际工程中得到了广泛的应用。然而并不是所有的系统都是线性的，实际工程中的系统大部分都是非线性的系统，线性模型是对非线性模型的一种简化和近似。对于非线性系统的模型辨识和参数估计，方法并不是唯一的，只能针对具体问题分析其非线性的本质问题，提取主要矛盾，研究辨识非线性模型及控制的理论和方法，进而对系统进行辨识、补偿和控制。本章主要从线性系统的辨识入手，着重讲解线性系统辨识的几种方法；在此基础上进一步讲解非线性系统的模型辨识及参数估计方法。

本章内容

- 系统辨识的基本理论。
- 最小二乘辨识法及 MATLAB 实现。
- 梯度校正辨识法及 MATLAB 实现。
- 极大似然辨识法及 MATLAB 实现。
- Bayes 辨识方法及 MATLAB 实现。
- 神经网络模型辨识方法及 MATLAB 实现。
- 模糊系统辨识方法及 MATLAB 实现。

13.1　系统辨识的基本理论

13.1.1　系统和模型

模型是系统的外在表现形式，要定量、准确地分析一个系统的特性，首先必须了解和掌握系统的数学模型，也就是说，系统辨识的基础是数学模型。建立数学模型的过程称为建模。辨识和参数估计是建模的一种手段。系统模型的建立分为机理建模、系统辨识建模及机理分析和系统辨识相结合的建模方法 3 种。其中机理建模是一种常用的建模方法，该方法的建模原理是根据系统的结构，分析系统的运动规律，利用已知的定理、原理等，推导出描述系统的数学模型，建立的模型可能是线性的，也有可能是非线性的，机理建模方法一般也称为白箱建模。系统辨识建模是根据系统的输入输出数据进行建模的一种方法，也称为黑箱建模。其原理就是通过实验多次测量系统的输入输出数据，根据数据计算建立系统模型的方法，这种方法只是对实际系统的一种近似。机理建模与系统辨识建模相结合的方法适用于系统的运动机理不是完全未知的情况，称为灰色建模。

13.1.2　辨识问题

辨识问题包括模型结构辨识和参数估计。对于一个实际应用领域，要找到系统的合适的模型往往是很困难的，特别是结构的选择，它主要取决于对系统已有的知识和应用模型的目的。由于应用领域的多样性，结构的选择很难有一般的规则可循。此外，有时也利用系统的输入输出来辨识模型的结构，特别是在已知系统是线性的情况下，模型的阶或结构指标是通过辨识来得到的。如果模型的结构已知，辨识剩下的问题就是参数估计，即通过实验数据确定模型中的未知参数。之所以用“估计”，是因为对于几乎所有的实际情形，实验数据总是有误差的。因此参数估计必须使用统计方法才能得到良好的结果。在实际的辨识过程中，随着使用的方法不同，结构辨识和参数估计这两个方面并不是截然分开的，而是可以交织在一起进行的。

在提出和解决一个辨识问题时，明确最终使用模型的目的是至关重要的，它对模型结构、输入信号和等价准则的选择都有很大的影响。关于“系统辨识”的定义，1962 年扎德提出了如下定义。

根据对已知输入量的输出响应的观测，在指定一类系统的范围内，确定一个与被辨识系统等价的系统。

上述定义就涉及了辨识目的的 3 个问题，一个是明确系统的模型，一个是规定某一类输入信号，最后一个是所采取的等价准则。对于明确被辨识系统的模型，这是系统辨识中关键的一步，也就是说，我们必须掌握关于被辨识系统的情况，明确系统是静态的还是动态的、线性或非线性、参数定常或时变、确定或随机等。通常的输入信号有正弦信号、阶跃信号、脉冲信号、白色噪声和伪随机信号等。等价原则指的是对于两个系统，仅仅当对于所有可能的输入值，两个系统的输入、输出信号完全相同，那么这两个系统是等价的。

13.1.3　系统辨识的步骤

系统辨识的基本步骤如图 13-1 所示，具体说明如下。

（1）明确辨识目的。在进行模型结构辨识和参数估计之前，对系统的了解程度对系统的辨识有很大的影响。对被辨识的对象了解得越多，辨识所花的时间可能会越少；除此之外，不同的应用场合下，系统辨识的目的是不同的，辨识所采用的模型形式及辨识的精度要求也是不同的。

（2）设计辨识实验。辨识的基础是输入和输出数据，而数据来源于对系统的实验和观测，因此辨识归根结底是从数据中提取有关系统的信息的过程，其结果是和实验直接联系在一起的。设计实验的目标之一是要使所得到的数据能包含系统的更多信息。为此，首先要确定用什么准则来比较数据的好坏。这种准则可以是从辨识的可行性出发的，也可以是从某种最优性原则出发的。实验设计要解决的问题主要是：输入信号的设计，采样区间的设计，预采样滤波器的设计等。

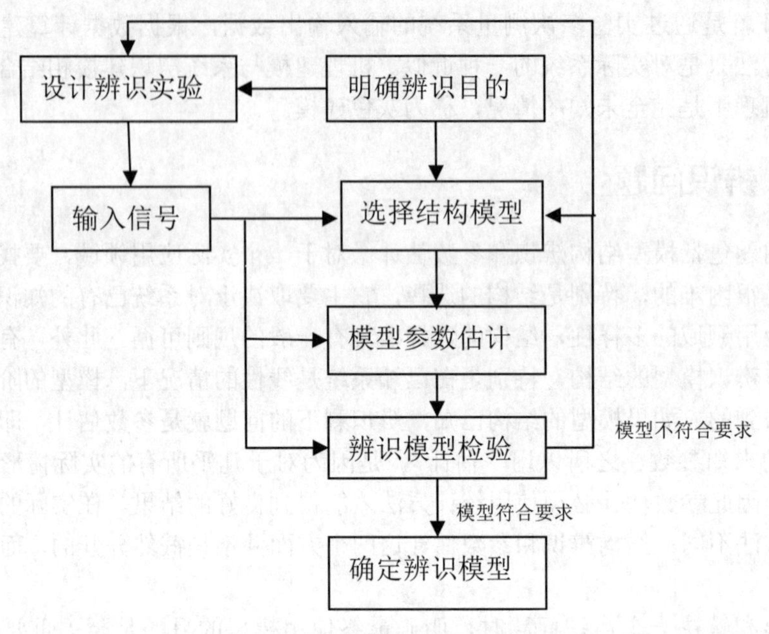

图 13-1　系统辨识的基本步骤

（3）模型结构的确定。辨识中的模型结构是指辨识问题中所选择的模型类中的数学模型的具体表达式。除了线性系统的结构可以通过输入输出数据进行辨识外，一般的模型结构主要通过实验知识得到。

（4）模型参数估计。在知道被辨识的模型的结构之后，模型中可能还会有一些参数的值是未知的。对于给定的输入输出数据（在某种实验下取得的）和参数估计算法，首先需要考虑的是能否得到唯一的参数估计值，这就是可辨识性问题。只有在可辨识的前提下，估计算法才是有效的。

参数估计算法按执行的方式可分为一次完成算法和递推算法两类。一次完成算法是将所有的数据一次进行处理，即根据全部数据得到参数的估计。递推算法则是随着数据的采集不断用新的数据在原有估计的基础上，通过某种递推的办法得到新的估计。这种算法适合在线应用。

（5）辨识模型的检验。通过参数估计得到的数学模型，虽然按某种准则在选定的模型中结果是最好的，但是不一定能够达到建模的目的，必须进行模型辨识结果的检验，这是辨识过程的重要环节，只有通过模型检验的模型才能算是最终的模型。

13.1.4　系统辨识的误差准则

等价准则是系统辨识问题中不可缺少的三大元素之一，它是用来衡量所辨识的模型接近实际过程的准则，通常被表示为一个误差的泛函，等价准则通常也称为损失函数、准则函数或误差准则函数等，表示为

$$J(\theta)=\sum_{i=1}^{N}f(\varepsilon(k)) \tag{13-1}$$

其中：$f(\cdot)$是$\varepsilon(k)$的函数；$\varepsilon(k)$为区间$(0,N)$上的误差函数。通常$\varepsilon(k)$广义的理解为模型与实际系统的误差，既可以是输出误差、输入误差，也可以是广义误差。不同的误差准则可以获得不同的辨识方法，实际应用中最多的是平方函数，即

$$f(\varepsilon(k))=\varepsilon^2(k) \tag{13-2}$$

一、输出误差准则

输出误差定义为实际系统的输出$y(k)$和模型的输出$y_m(k)$之差，即

$$\varepsilon(k)=y(k)-y_m(k) \tag{13-3}$$

当系统的扰动是作用在系统输出端的白噪声信号，那么就应该选择输出误差准则。但这种情况下，输出误差$\varepsilon(k)$通常是模型参数的非线性函数，要确定其最优解，需要采用梯度法、牛顿法和共轭梯度法等迭代算法，使得辨识算法比较复杂。输出误差示意图如图13-2(a)所示。

二、输入误差准则

系统的输入误差定义为

$$\varepsilon(k)=u(k)-u_m(k)=u(k)-S^{-1}[y_m(k)] \tag{13-4}$$

其中，$u_m(k)$表示产生输出$y_m(k)$的输入；S^{-1}表示模型为可逆模型。模型是可逆的，就意味着总可以找到一个产生给定输出的唯一输入。对于输入误差准则，如果扰动信号为作用在系统输入端的白噪声信号，那么就应当选择这种误差准则，通常情况下，输入误差准则和输出误差准则一样，也是模型参数的非线性函数，辨识算法也都是比较复杂的。输入误差准则在实际中几乎很少应用。输入误差示意图如图13-2(b)所示。

三、广义误差准则

一般情况下的误差可以定义为

$$\varepsilon(k)=S_2^{-1}[y(k)]-S_1[u(k)] \tag{13-5}$$

其中，S_1、S_2^{-1}称为广式模型，且模型S_2为可逆模型。广义误差中最常用的是方程式误差。例如，当模型结构采用差分方程时，S_1、S_2^{-1}分别为

$$S_1: B(q^{-1})=b_1q^{-1}+b_2q^{-2}+\cdots+b_mq^{-m}$$
$$S_2^{-1}: A(q^{-1})=1+a_1q^{-1}+\cdots+a_nq^{-n}$$

那么，方程式误差可以表示为

$$\varepsilon(k)=A(q^{-1})y(k)-B(q^{-1})u(k)$$

并且，误差准则函数为

$$J(\theta)=\sum_{k=1}^{N}[A(q^{-1})y(k)-B(q^{-1})u(k)]^2$$

采用广义误差准则的误差函数是线性的，求解误差准则的最优解方法相对于输入输出误差函数来说简单得多，因此许多的系统辨识算法都采用广义误差准则。广义误差示意图如图13-2(c)所示。

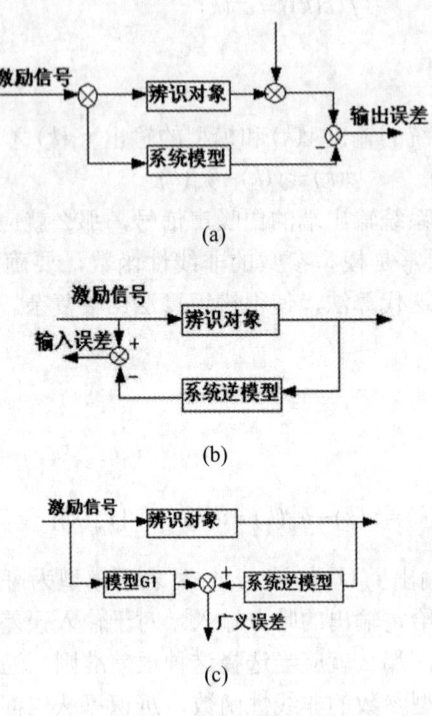

图 13-2　误差准则示意图

13.2　最小二乘法参数辨识及其 MATLAB 仿真

最小二乘法是一种经典的数据处理方法，是高斯在 1795 年提出并将其应用于行星和彗星运动轨道的计算中。在系统辨识中，最小二乘法是最基本的辨识方法，同时也是其他辨识方法的数学基础。

13.2.1　最小二乘法的基本原理

假设某一个多输入单输出系统，其输出量为 y，有 n 个输入信号，分别为 $x_1,x_2,\cdots,x_n$，那么输出信号可以由 n 个输入信号表示为

$$y=\theta_1x_1+\theta_2x_2+\cdots+\theta_nx_n \tag{13-6}$$

其中，系数 $\Theta=[\theta_1,\theta_2,\cdots,\theta_n]$ 为常系数向量，通常在系统辨识中是未知数，也是需要进行辨识的参数。

假设对该系统做 m 次观测，$y(i)$ 及 $x_1(i),x_2(i),\cdots,x_n(i),i=1,2,\cdots,m$ 表示每次观测的测量值，将其分别代入公式（13-6）可以获得如下方程组：

$$\begin{cases} y(1)=\theta_1x_1(1)+\theta_2x_2(1)+\cdots+\theta_nx_n(1) \\ y(2)=\theta_1x_1(2)+\theta_2x_2(2)+\cdots+\theta_nx_n(2) \\ \vdots \\ y(m)=\theta_1x_1(m)+\theta_2x_2(m)+\cdots+\theta_nx_n(m) \end{cases} \tag{13-7}$$

写成矩阵形式如下。

$$Y=X\Theta \tag{13-8}$$

其中：$Y=\begin{bmatrix} y(1) \\ y(2) \\ \vdots \\ y(m) \end{bmatrix}$　$X=\begin{bmatrix} x_1(1) & x_2(1) & \cdots & x_n(1) \\ x_1(2) & x_2(2) & \cdots & x_n(2) \\ \vdots & & & \vdots \\ x_1(m) & x_2(m) & \cdots & x_n(m) \end{bmatrix}$　$\Theta=\begin{bmatrix} \theta_1 \\ \theta_2 \\ \vdots \\ \theta_n \end{bmatrix}$

由线性代数的基本知识可知，当 $m=n$ 时，方程有唯一解；若不考虑测量误差，那么所计算的就是精确解。然而一般情况下，测量都会存在误差，且 $m\neq n$，那么就不能这样求解方程式的系数，必须考虑误差的影响，此时公式（13-8）可以写成

$$\begin{aligned} Y&=X\Theta+E \\ E&=Y-X\Theta \end{aligned} \tag{13-9}$$

其中，$E=[\varepsilon_1,\varepsilon_2,\cdots,\varepsilon_m]^{\mathrm{T}}$ 为误差向量。

我们以误差的平方和 J 计算误差来作为判断依据，可以获得如下公式：

$$J=\sum_{i=1}^{m}\varepsilon_i^2=E^{\mathrm{T}}E \tag{13-10}$$

通过求解满足式（13-10）的最小值来确定系数向量 Θ，这就是最小二乘法的基本原理。

【实例 13-1】假设某一 SISO 离散随机系统，其描述方程为

$$z(k)+a_1z(k-1)+\cdots+a_nz(k-n)=b_1u(k-1)+b_2u(k-2)+\cdots+b_mu(k-m)+e(k)$$

其中，$z(k)$ 为系统输出量的第 k 次观测值，$z(k-1)$ 为系统输出量的第 $k-1$ 次观测值，$u(k-1)$为系统的第 $k-1$ 个输入值，$u(k-2)$为系统的第 $k-2$ 个输入值，依次类推；$e(k)$ 为均值为零的随机噪声。将该系统的描述方程写为最小二乘问题描述。

思路·点拨

最小二乘法的基本原理是根据误差的平方和最小来作为判断依据求解系数向量的。即 $J=\sum_{i=1}^{m}\varepsilon_i^2$。那么只需将离散随机系统的描述方程写成误差的形式即可。

解：将描述方程改写为

$$z(k)=-a_1z(k-1)-\cdots-a_nz(k-n)+b_1u(k-1)+b_2u(k-2)+\cdots+b_mu(k-m)+e(k)$$

可化简写为

$$z(k)=h^{\mathrm{T}}(k)\theta+e(k)$$

其中：$\begin{cases} h(k)=[-z(k-1),\cdots,-z(k-n),u(k-1),\cdots,u(k-m)]^{\mathrm{T}} \\ \theta=[a_1,a_2,\cdots,a_n,b_1,b_2,\cdots,b_m]^{\mathrm{T}} \end{cases}$

取平方准则函数

$$J(\theta)=\sum_{k=1}^{\infty}[e(k)]^2=\sum_{k=1}^{\infty}[z(k)-h^{\mathrm{T}}(k)\theta]^2$$

那么，使得 $J(\theta)$ 为最小的 θ 估计值记作 $\hat{\theta}_{\mathrm{LS}}$，称作参数 θ 的最小二乘估计值。

由式（13-9）及式（13-10）可以得到

$$\begin{aligned} J&=E^{\mathrm{T}}E=(Y-X\Theta)^{\mathrm{T}}(Y-X\Theta) \\ &=Y^{\mathrm{T}}Y-\Theta^{\mathrm{T}}X^{\mathrm{T}}Y-Y^{\mathrm{T}}X\Theta+\Theta^{\mathrm{T}}X^{\mathrm{T}}X\Theta \end{aligned} \tag{13-11}$$

由 J 对 Θ 求导，并令其为零，可以得到

$$\left.\frac{\partial J}{\partial \Theta}\right|_{\theta=\hat{\theta}}=-2X^{\mathrm{T}}Y+2X^{\mathrm{T}}X\hat{\Theta}=0 \tag{13-12}$$

即

$$X^{\mathrm{T}}X\hat{\Theta}=X^{\mathrm{T}}Y \tag{13-13}$$

解得

$$\hat{\Theta}=(X^{\mathrm{T}}X)^{-1}X^{\mathrm{T}}Y \tag{13-14}$$

那么求解得到的 $\hat{\Theta}$ 称为 Θ 的最小二乘估计量（LSE）。其中方程（13-13）称为正规方程， e 在统计学上称为残差。

13.2.2 加权最小二乘法的基本原理

所谓的加权最小二乘法，就是在不同的测量条件下，测量所得的数据对于所估计的参数来说，有的影响大，有的影响小，那么在进行参数估计时，对于影响大的参数加大权值比重，而对于影响小的参数减小权值比重达到加权的目的，经过加权处理的最小二乘法则称为加权最小二乘法，所得的估计量称为最小二乘估计量（WLES）。

加权最小二乘法是在基本的最小二乘法的基础上，对每一个误差分量乘以一个加权系数，假设分别为 $w(1),w(2),\cdots,w(m)$ ，则可以得到误差函数为

$$J=w(1)\varepsilon_1^2+w(2)\varepsilon_2^2+\cdots+w(m)\varepsilon_m^2 \tag{13-15}$$

写成矩阵形式，得到

$$J=E^{\mathrm{T}}WE=(Y-X\Theta)^{\mathrm{T}}W(Y-X\Theta) \tag{13-16}$$

其中，**W** 称为权值矩阵。需要注意的是，对于所有的情况，权值矩阵都必须为正数。

与基本的最小二乘法一样，通过误差函数对误差向量Θ求导数，可以得到误差向量的最小二乘估计量$\hat{\Theta}$：

$$\hat{\Theta}=(X^{\mathrm{T}}WX)^{-1}(X^{\mathrm{T}}WX) \tag{13-17}$$

通过极小化式（13-17）计算$\hat{\Theta}_{\mathrm{WLS}}$的方法称为加权最小二乘法，对应的$\hat{\Theta}_{\mathrm{WLS}}$称为加权最小二乘估计值。如果权值矩阵的值都取为 1，那么加权最小二乘法就退化成为了基本最小二乘法。因此，基本最小二乘法是加权最小二乘法的特殊情况。

【实例 13-2】某一仿真对象如下：

$$z(k)+a_1z(k-1)+a_2z(k-2)=b_1u(k-1)+b_2u(k-2)+\varepsilon(k)$$

其中，$\varepsilon(k)$为白噪声，且服从正态分布。系统的真实值$\Theta=[-1.5,0.7,1,0.5]^{\mathrm{T}}$。输入输出观测值如下所示。

u: -1, 1, -1, 1, 1, 1, 1, -1, -1, -1, 1, -1, -1, 1, 1;

z: 0, 0, 0.5, 0.25, 0.525, 2.1125, 4.3012, 6.4731, 6.1988, 3.2670, -0.9386, -3.1949, -4.6352, 6.2165, -5.5800, -2.5185

试用最小二乘辨识法辨识系统的参数$\hat{\Theta}=[a_1,a_2,b_1,b_2]^{\mathrm{T}}$，并与真实值做出比较。

思路·点拨

本实例是最小二乘法的比较经典的实例。该输入信号采用的 4 阶 *M* 序列，幅度值为 1。且输入信号的取值是从 *k*=1 到 *k*=16 的 *M* 序列，那么根据公式可以得到待辨识的参数为

$$\hat{\Theta}_{\mathrm{LS}}=(H^{\mathrm{T}}H)^{-1}H^{\mathrm{T}}z_{\mathrm{L}}$$

式中的表达式分别为

$$\hat{\Theta}=\begin{bmatrix}a_1\\a_2\\b_1\\b_2\end{bmatrix}\qquad z_{\mathrm{L}}=\begin{bmatrix}z(3)\\z(4)\\\vdots\\z(16)\end{bmatrix}\qquad H=\begin{bmatrix}-z(2)&-z(1)&u(2)&u(1)\\-z(3)&-z(2)&u(3)&u(2)\\\vdots&\vdots&\vdots&\vdots\\-z(15)&-z(14)&u(15)&u(14)\end{bmatrix}$$

根据公式就可以计算出待辨识的参数的取值。

结果文件——配套资源“Ch13\SL1302”文件

解：MATLAB 程序如下。

```
%输入样本矩阵 H、Z
H=[0 0 1 -1;
   -0.5 0 -1 1;
```

```
    -0.25 -0.5 1 -1;
    -0.5250 -0.25 1 1;
    -2.1125 -0.5250 1 1;
    -4.3012 -2.1125 1 1;
    -6.4731 -4.3012 -1 1;
    -6.1988 -6.5731 -1 -1;
    -3.2670 -6.1988 -1 -1;
    0.9386 -3.2670 1 -1;
    3.1949 0.9386 -1 1;
    4.6352 3.1949 -1 -1;
    6.2165 4.6352 1 -1;
    5.58 6.2165 1 1];
Z=[0.5;0.25;0.5250;2.1125;4.3012;6.4731;6.1988;3.2670;
    -0.9386;-3.1949;-4.6352; -6.2165;-5.58;-2.5185];
%计算辨识参数
theta=inv(H'*H)*H'*Z;
a1=theta (1)
a2=theta (2)
b1=theta (1)
b2=theta (2)
```

程序的运行结果如下。

```
a1 =
   -1.5020
a2 =
    0.7000
b1 =
   -1.5020
b2 =
    0.7000
```

从辨识的结果可以看出，参数的辨识结果和真实值没有任何误差，辨识的结果是准确的。

【实例 13-3】设某物理量y与 x_1、x_2、x_3 满足关系 $y = x_1\theta_1 + x_2\theta_2 + x_3\theta_3$。通过实验获得某一批数据如表 13-1 所示，用最小二乘法确定模型的参数 θ_1、θ_2、θ_3。

表 13-1　　　　　　　　　　　　　　　　实验数据

x_1	0.62	0.40	0.42	0.82	0.66	0.72	0.38	0.52	0.45	0.69	0.55	0.36
x_2	12.0	14.2	14.6	12.1	10.8	8.2	13.0	10.5	8.8	17.0	14.2	12.8
x_3	5.2	6.1	7.32	8.3	5.1	7.9	4.2	8.0	3.9	5.5	3.8	6.2
y	51.6	49.9	48.5	50.6	49.7	48.8	42.6	45.9	37.8	64.8	53.4	45.3

思路·点拨

由于已经确定系统的模型为 $y=x_1\theta_1+x_2\theta_2+x_3\theta_3$，那么就需要将该模型转化为形如 $z(k)=h^{\mathrm{T}}(k)\theta+e(k)$ 的格式。可以得到 $y=[x_1,x_2,x_3]\begin{bmatrix}\theta_1\\\theta_2\\\theta_3\end{bmatrix}$，其中 $e(k)$ 为零。对比 $z(k)=h^{\mathrm{T}}(k)\theta+e(k)$ 可以得到 $h^{\mathrm{T}}(k)=[x_1,x_2,x_3]$，$\theta=\begin{bmatrix}\theta_1\\\theta_2\\\theta_3\end{bmatrix}$。那么就可以利用公式计算模型的参数 θ_1、θ_2、θ_3。

结果文件——配套资源“Ch13\SL1303”文件

解：MATLAB 程序如下。

```
%输入矩阵 H
H=[0.62 12.0 5.2;
    0.40 14.2 6.1;
    0.42 14.6 7.32;
    0.82 12.1 8.3;
    0.66 10.8 5.1;
    0.72 8.2 7.9;
    0.38 13.0 4.2;
    0.52 10.5 8.0;
    0.45 8.8 3.9;
    0.69 17.0 5.5;
    0.55 14.2 3.8;
    0.36 12.8 6.2];
%输入矩阵 Z
Z=[51.6;49.9;48.5;50.6;49.7;48.8;42.6;45.9;37.8;64.8;53.4;45.3];
```

```
theta=inv(H'*H)*H'*Z;
theta1=theta (1)
theta2=theta (2)
theta3=theta (3)
```

程序的运行结果如下。

```
theta1 =
   32.1083
theta2 =
    2.3874
theta3 =
    0.3025
```

因此，所得的模型为

$$y = 32.1083x_1 + 2.3874x_2 + 0.3025x_3$$

13.2.3 最小二乘法的递推算法

前面所介绍的基本最小二乘法和加权最小二乘法都是一次完成算法或是批处理算法，计算量大，存储大，并且不适合在线辨识，仅仅适用于理论分析。采用参数递推的算法，能够减少计算量，减少数据在计算机中所占的存储空间，也能实时地辨识出动态系统的特性。这种方法称为最小二乘参数估计的递推算法。

最小二乘递推算法指的是当前被辨识系统每取一次测量值，就在上一次参数估计结果的基础上，利用新引入的观测数据对前次估计的结果，根据递推算法进行修正，从而通过递推关系得出新的参数估计值，直到参数估计值达到精度要求。最小二乘法的递推算法可以概括为

$$\text{当前估计值 } \hat{\theta}(k) = \text{上次估计值 } \hat{\theta}(k-1) + \text{修正部分}$$

递推最小二乘法的推导如下。

根据加权最小二乘法，利用 m 次测量数据所得到的估计值为

$$\hat{\theta}_m = (H_m^{\mathrm{T}} W_m H_m)^{-1} H_m^{\mathrm{T}} W_m H_m \tag{13-18}$$

当新获得一对输入、输出数据时

$$z(m+1) = h(m+1)\theta + v(m+1) \tag{13-19}$$

利用 m+1 次输入、输出数据，得到的方程为

$$Z_{m+1} = H_{m+1}\theta + V_{m+1} \tag{13-20}$$

其中：

$$Z_{m+1} = \begin{bmatrix} Z_m \\ z(m+1) \end{bmatrix};\quad H_{m+1} = \begin{bmatrix} H_m \\ h(m+1) \end{bmatrix};\quad V_{m+1} = \begin{bmatrix} V_m \\ v(m+1) \end{bmatrix}$$

那么，可以得到

$$\hat{\theta}_{m+1}=(H_{m+1}^{\mathrm{T}}W_{m+1}H_{m+1})^{-1}H_{m+1}^{\mathrm{T}}W_{m+1}Z_{m+1} \tag{13-21}$$

其中：

$$W_{m+1}=\begin{bmatrix} W_m & 0 \\ 0 & w(m+1) \end{bmatrix};\quad \hat{\theta}_m=(H_m^{\mathrm{T}}W_mH_m)^{-1}H_m^{\mathrm{T}}W_mZ_m$$

令

$$P_m=[H_m^{\mathrm{T}}W_mH_m]^{-1}$$

$$P_{m+1}=[H_{m+1}^{\mathrm{T}}W_{m+1}H_{m+1}]^{-1}$$

那么，可以得到

$$\begin{aligned} \hat{\theta}_m &= P_mH_m^{\mathrm{T}}W_mZ_m \\ \hat{\theta}_{m+1} &= P_{m+1}H_{m+1}^{\mathrm{T}}W_{m+1}Z_{m+1} \end{aligned} \tag{13-22}$$

$$\begin{aligned} \hat{\theta}_{m+1} &= P_{m+1}\begin{bmatrix} H_m^{\mathrm{T}} & h^{\mathrm{T}}(m+1) \end{bmatrix}\begin{bmatrix} W_m & 0 \\ 0 & w(m+1) \end{bmatrix}\begin{bmatrix} Z_m \\ z(m+1) \end{bmatrix} \\ &= P_{m+1}H_m^{\mathrm{T}}W_mZ_m+P_{m+1}h^{\mathrm{T}}(m+1)w(m+1)z(m+1) \end{aligned} \tag{13-23}$$

由公式（13-22）可以得到

$$H_m^{\mathrm{T}}W_mZ_m=P_m^{-1}\hat{\theta}_m$$

代入公式（13-23），得到

$$\hat{\theta}_{m+1}=P_{m+1}P_m^{-1}\hat{\theta}_m+P_{m+1}h^{\mathrm{T}}(m+1)w(m+1)z(m+1) \tag{13-24}$$

又因为

$$P_{m+1}=\left(\begin{bmatrix} H_m^{\mathrm{T}} & h^{\mathrm{T}}(m+1) \end{bmatrix}\begin{bmatrix} W_m & 0 \\ 0 & w(m+1) \end{bmatrix}\begin{bmatrix} H_m \\ h(m+1) \end{bmatrix}\right)^{-1}$$

$$=\left[H_m^{\mathrm{T}}W_mH_m+h^{\mathrm{T}}(m+1)w(m+1)h(m+1)\right]^{-1}$$

所以得到

$$\begin{aligned} P_{m+1} &= \left[P_m^{-1}+h^{\mathrm{T}}(m+1)w(m+1)h(m+1)\right]^{-1} \\ P_m^{-1} &= P_{m+1}^{-1}-h^{\mathrm{T}}(m+1)w(m+1)h(m+1) \end{aligned} \tag{13-25}$$

利用矩阵反演公式

$$(A+BCD)^{-1}=A^{-1}-A^{-1}B(C^{-1}+DA^{-1}B)^{-1}DA^{-1}$$

可以得到

$$P_{m+1}=P_m-P_m h^{\mathrm{T}}(m+1)\left[w^{-1}(m+1)+h(m+1)P_m h^{\mathrm{T}}(m+1)\right]^{-1}h(m+1)P_m \tag{13-26}$$

$$\hat{\theta}_{m+1}=\hat{\theta}_m+P_{m+1}h^{\mathrm{T}}(m+1)w(m+1)\left[z(m+1)-h(m+1)\hat{\theta}_m\right]$$

令

$$K_{m+1}=P_{m+1}h^{\mathrm{T}}(m+1)w(m+1)$$

$$K_{m+1}=P_m h^{\mathrm{T}}(m+1)\left[w^{-1}(m+1)+h(m+1)P_m h^{\mathrm{T}}(m+1)\right]^{-1}$$

可以得到最小二乘参数估计递推算法如下。

$$\hat{\theta}_{m+1}=\hat{\theta}_m+K_{m+1}[z(m+1)-h(m+1)\hat{\theta}_m]$$

$$P_{m+1}=P_m-P_m h^{\mathrm{T}}(m+1)\left[w^{-1}(m+1)+h(m+1)P_m h^{\mathrm{T}}(m+1)\right]^{-1}h(m+1)P_m \tag{13-27}$$

$$K_{m+1}=P_m h^{\mathrm{T}}(m+1)\left[w^{-1}(m+1)+h(m+1)P_m h^{\mathrm{T}}(m+1)\right]^{-1}$$

其中：

$\hat{\theta}_m$ 为前一时刻的参数估计值；

$z(m+1)$ 为当前时刻的测量值；

$h(m+1)\hat{\theta}_m$ 是在前一测量的基础上对在 $m+1$ 时的预测；

$z(m+1)-h(m+1)\hat{\theta}_m$ 称为预测误差；

K_{m+1} 为修正的增益矩阵。

递推算法参数估计的信息交换过程可以总结为图 13-3 所示。

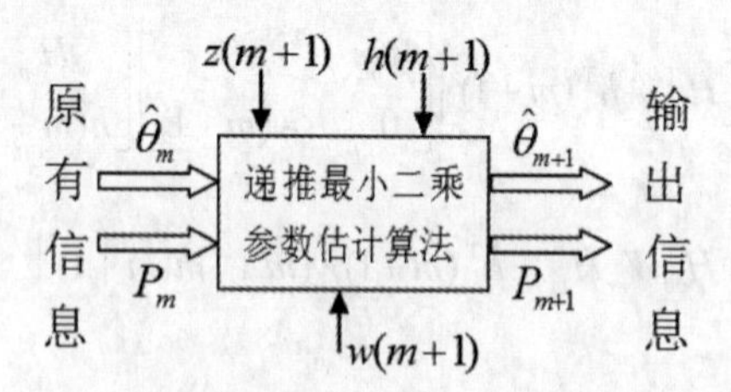

图 13-3 递推算法的信息交换过程

从图 13-3 中可以看出，递推算法首先需要计算初始参数 $\hat{\theta}_0$ 和 P_0，一般有两种方法确定初始参数。其中一个是根据一批数据，利用一次完成算法 $\hat{\theta}_m$ 和 P_m，然后设置 $\hat{\theta}_0=\hat{\theta}_m$ 及

$P_0 = P_m$；另外一种方法是直接取值，设置 $\hat{\theta}_0 = \varepsilon$（$\varepsilon$ 为充分小的实数)和 $P_0 = \alpha I$（α 为充分大的实数）。递推算法的判断标准为

$$\max_{\forall i}\left|\frac{\hat{\theta}_i(m+1)-\hat{\theta}_i(m)}{\hat{\theta}_i(m)}\right| < \varepsilon \tag{13-28}$$

其中：ε 为适当小的实数。

根据上面所叙述，最小二乘法的递推算法的流程图如图 13-4 所示。

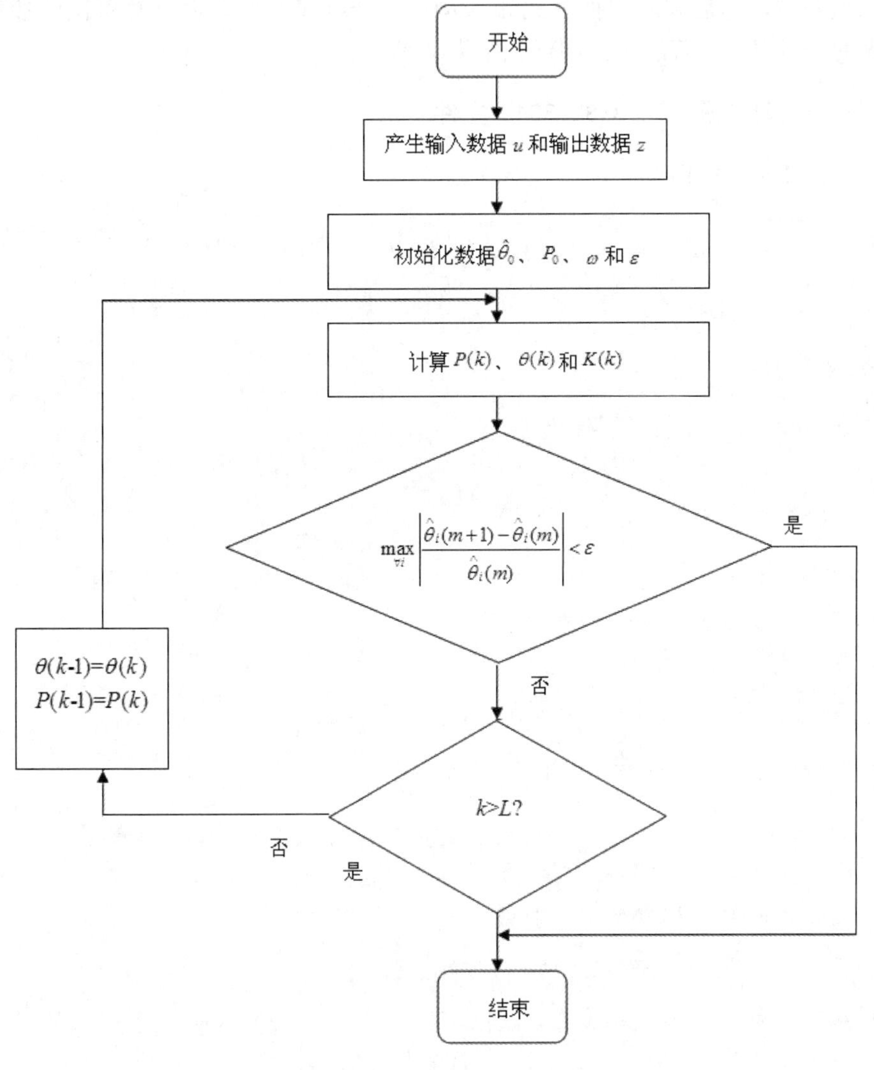

图 13-4　递推算法流程图

【实例 13-4】采用递推最小二乘法估计辨识模型参数

$$z(k)+1.5z(k-1)+0.7z(k-2)=u(k-1)+0.5u(k-2)+V(k)$$

其中，$V(k)$ 是服从正态分布的白噪声 $N(0,1)$。输入信号采用 4 阶 M 序列，幅值为 1。

试辨识系统模型的参数。

思路·点拨

对于本实例，实际上也是实例 13-2 的另外一种变形，只是采用了递推最小二乘算法。对于本实例，选择如下的辨识模型进行最小二乘参数辨识：

$$z(k)+a_1z(k-1)+a_2z(k-2)=b_1u(k-1)+b_2u(k-2)+V(k)$$

$$W_m=I$$

即采用普通的最小二乘递推算法，权值矩阵为单位矩阵。本实例的具体步骤是首先根据辨识模型构造 $h(k)$，然后利用递推公式计算 $K(k)$、$\hat{\theta}(k)$ 和 $P(k)$，并计算每次的参数是否满足参数辨识的相对误差，若满足，则辨识结束。

结果文件——配套资源“Ch13\SL1304”文件

解：MATLAB 程序如下。

```
%产生 4 阶 M 序列
L=15;
y1=1;y2=1;y3=1;y4=0;
for i=1:L
    x1=xor(y3,y4);x2=y1;x3=y2;x4=y3;
    y(i)=y4;
    if(y(i)>0.5)
        u(i)=-1;
    else
        u(i)=1;
    end;
    y1=x1;y2=x2;y3=x3;y4=x4;
end
figure (1) ;
stem(u);grid on;title('4 阶 M 序列');
%计算输出采样信号，设置输出信号的前两个值为零
z (1) =0;z (2) =0;
for k=3:15
z(k)=-1.5*z(k-1)-0.7*z(k-2)+u(k-1)+0.5*u(k-2);
end
%递推辨识算法
```

```
c0=[0.001,0.001,0.001,0.001]';%辨识参数的初始值
p0=10^6*eye(4,4);%初始状态 p0，为一个充分大的实数矩阵
delta=0.00000005;
c=[c0,zeros(4,14)];
e=zeros(4,14);%相对误差的初始值
for k=3:15
    h1=[-z(k-1),-z(k-2),u(k-1),u(k-2)]';
    x=h1'*p0*h1+1;
    x1=inv(x);
    k1=p0*h1*x1;
    d1=z(k)-h1'*c0;
    c1=c0+k1*d1;
    e1=c1-c0;
    e2=e1./c0;
    e(:,k)=e2;
    c0=c1;
    c(:,k)=c1;
    p1=p0-k1*k1'*[h1'*p0*h1+1];
    p0=p1;
    if(e2<=delta)
        break;
    end
end
%参数分离
a1=c(1,:);a2=c(2,:);b1=c(3,:);b2=c(4,:);
ea1=e(1,:);ea2=e(2,:);eb1=e(3,:);eb2=e(4,:);
figure (2) ;
plot(a1,'r');hold on;
plot(a2,':b');plot(b1,'gp');plot(b2,'y--');
title('辨识参数');
legend('a1','a2','b1','b2');
```

程序的运行结果如下。

```
c=
```

$$
\begin{bmatrix}
0.0010 & 0 & 0.0010 & -0.1653 & 0.3916 & 1.500 & 1.500 & 1.500 & 1.500 & 1.500 & 1.500 & 1.500 & 1.500 & 1.500 & 1.500 \\
0.0010 & 0 & 0.0010 & 0.0010 & 1.2542 & 0.700 & 0.700 & 0.700 & 0.700 & 0.700 & 0.700 & 0.700 & 0.700 & 0.700 & 0.700 \\
0.0010 & 0 & 0.2510 & 0.5837 & 0.7229 & 1.000 & 1.000 & 1.000 & 1.000 & 1.000 & 1.000 & 1.000 & 1.000 & 1.000 & 1.000 \\
0.0010 & 0 & -0.2490 & 0.0837 & 0.2229 & 0.500 & 0.500 & 0.500 & 0.500 & 0.500 & 0.500 & 0.500 & 0.500 & 0.500 & 0.500
\end{bmatrix}
$$

e=

$$
\begin{bmatrix}
0 & 0 & 0 & -0.1663 & -0.0034 & 0.0028 & 0 & -0.00 & 0 & 0 & 0 & 0 & 0 & 0 & 0 \\
0 & 0 & 0 & 0 & 1.2532 & -0.0004 & 0 & 0.00 & 0 & -0.00 & 0 & 0 & 0 & 0 & 0 \\
0 & 0 & 0.25 & 0.0013 & 0.0002 & 0.0004 & 0 & 0.00 & -0.00 & 0 & 0 & 0 & 0 & -0.00 & -0.00 \\
0 & 0 & -0.25 & -0.0013 & 0.0017 & 0.0012 & 0 & 0.00 & 0 & -0.00 & 0 & 0 & 0 & 0 & 0
\end{bmatrix}
$$

4 阶 M 序列及系统模型参数的变化趋势分别如图 13-5、图 13-6 所示。

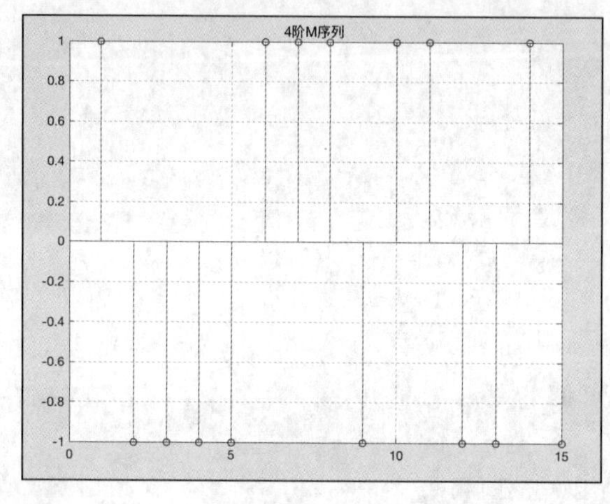

图 13-5　4 阶 M 序列

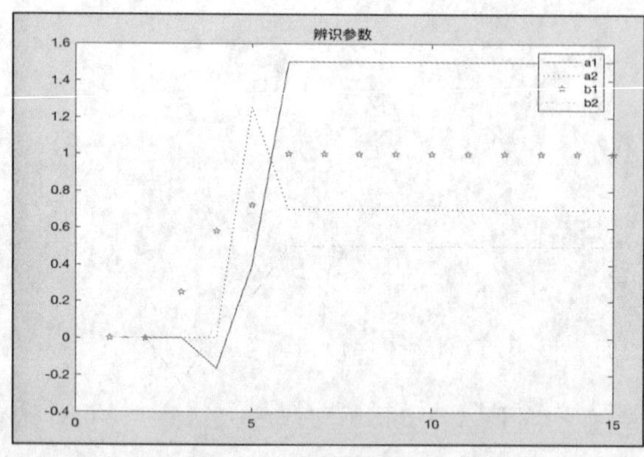

图 13-6　模型参数的变化趋势

从计算结果及模型参数的变化趋势可以获得所辨识的模型参数分别为

$$a_1 = 1.5; a_2 = 0.7; b_1 = 1.0; b_2 = 0.5$$

13.2.4　增广最小二乘法及 MATLAB 实现

对于图 13-7 所示的 SISO 系统，若采用平均滑动模型，那么系统的模型就可以写为如下的表达式：

$$A(z^{-1})z(k)=B(z^{-1})u(k)+D(z^{-1})v(k) \tag{13-29}$$

其中：

$$A(z^{-1})=1+a_1z^{-1}+a_2z^{-2}+\cdots+a_{n_a}z^{-n_a}$$
$$B(z^{-1})=b_1z^{-1}+b_2z^{-2}+\cdots+b_{n_b}z^{-n_b}$$
$$D(z^{-1})=1+d_1z^{-1}+d_2z^{-2}+\cdots+d_{n_d}z^{-n_d}$$

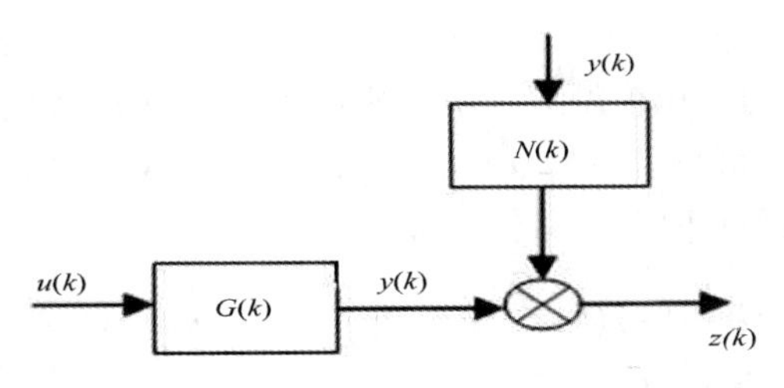

图 13-7　SISO 系统的“灰箱”结构

若模型的阶次都为已知，那么对于这类问题的辨识就可以用增广最小二乘辨识法，以获得满意的辨识结果。对于式（13-29）的系统模型，我们可以用如下的方程来代替：

$$y(k)=-\sum_{i=1}^{n}a_iy(k-i)+\sum_{i=1}^{n}b_iu(k-i)+\sum_{i=1}^{n}c_iv(k-i)$$

即

$$z(k)=-\sum_{i=1}^{n}a_iy(k-i)+\sum_{i=1}^{n}b_iu(k-i)+v(k)+\sum_{i=1}^{n}c_iv(k-i) \tag{13-30}$$

那么，可以获得 $h(k)$ 和 θ 如下。

$$\begin{aligned}h(k)&=\left[-y(k-1),-y(k-2),\cdots-y(k-n_a),u(k-1),u(k-2),\cdots u(k-n_b),\hat{v}(k-1),\cdots\hat{v}(k-n_d)\right]\\ \theta&=\left[a_1,a_2,\cdots,a_n,b_1,b_2,\cdots,b_n,c_1,\cdots c_n\right]^{\mathrm{T}}\end{aligned} \tag{13-31}$$

化为最小二乘：

$$z(k)=h^{\mathrm{T}}(k)\theta+v(k)$$

数据向量中包含着不可测量的噪声 $v(k-1),\cdots,v(k-n_d)$，可以用相应的估计值代替。即当 $k\leqslant 0$ 时，$\hat{v}(k)=0$；当 $k>0$ 时，$\hat{v}(k)$ 可以用 $\hat{v}(k)=z(k)-h^{\mathrm{T}}(k)\hat{\theta}(k-1)$ 或 $\hat{v}(k)=z(k)-h^{\mathrm{T}}(k)\hat{\theta}(k)$ 代替。那么就可以根据上一小节的公式（13-27）得到增广最小二乘递推算法：

$$\begin{aligned}\hat{\theta}_{m+1}&=\hat{\theta}_m+K_{m+1}\left[z(m+1)-h(m+1)\hat{\theta}_m\right]\\ P_{m+1}&=P_m-P_mh^{\mathrm{T}}(m+1)\left[w^{-1}(m+1)+h(m+1)P_mh^{\mathrm{T}}(m+1)\right]^{-1}h(m+1)P_m\\ K_{m+1}&=P_mh^{\mathrm{T}}(m+1)\left[w^{-1}(m+1)+h(m+1)P_mh^{\mathrm{T}}(m+1)\right]^{-1}\end{aligned} \tag{13-32}$$

增广最小二乘递推算法扩充了最小二乘法的参数向量 θ 和数据向量 $h(k)$ 的维数，同时考虑噪声模型的辨识，因此称之为增广最小二乘法。如果系统噪声模型用形如 $D(z^{-1})v(k)$ 表示时，只能用增广最小二乘法来辨识。

【实例 13-5】某一对象的理想数学模型为

$$z(k)+1.5z(k-1)+0.7z(k-2)=u(k-1)+0.5u(k-2)+1.2v(k)-v(k-1)+0.2v(k-2)$$

其中，$V(k)$ 是服从正态分布的白噪声 $N(0,1)$，输入信号采用 4 阶 M 序列，幅值为 1。试用增广最小二乘法辨识模型中的参数（实例中给出的是模型参数的真实值）。

思路·点拨

本实例可以选择如下的辨识模型进行增广递推最小二乘参数辨识：

$$z(k)+a_1z(k-1)+a_2z(k-2)=b_1u(k-1)+b_2u(k-2)+d_1v(k)+d_2v(k-1)+d_3v(k-2)$$

那么就可以获得 $h(k)$ 和 θ 如下。

$$h(k)=[-z(k-1),-z(k-2),u(k-1),u(k-2),v(k),v(k-1),v(k-2)]$$

$$\theta=[a_1,a_2,b_1,b_2,d_1,d_2,d_3]^{\mathrm{T}}$$

就可以根据增广递推最小二乘法进行参数辨识了。

结果文件——配套资源“Ch13\SL1305”文件

解：MATLAB 程序如下。

```
clear;
%4 阶 M 序列
L=15;
y1=1;y2=1;y3=1;y4=0;
for i=1:L
   x1=xor(y3,y4);
   x2=y1;x3=y2;x4=y3;
   y(i)=y4;
   if(y(i)>0.5)
      u(i)=-1;
   else
      u(i)=1;
   end
   y1=x1;y2=x2;y3=x3;y4=x4;
end
%产生噪声信号
v=randn(1,15);
%设置初始输出采样矩阵的大小
```

```
z=zeros(7,15);
z (1) =0;z (2) =0;
%设置辨识的初始值
c0=[0.001 0.001 0.001 0.001 0.001 0.001 0.001]';
p0=10^6*eye(7,7);
delta=0.000000005;
c=[c0,zeros(7,14)];
e=zeros(7,14);
for k=3:L
    z(k)=-1.5*z(k-1)-0.7*z(k-2)+u(k-1)+0.5*u(k-2)+1.2*v(k)-v(k-1)+0.2*v(k-2);
    h1=[-z(k-1),-z(k-2),u(k-1),u(k-2),v(k),v(k-1),v(k-2)]';
    x=h1'*p0*h1+1;x1=inv(x);k1=p0*h1*x1;
    d1=z(k)-h1'*c0;c1=c0+k1*d1;
    e1=c1-c0;e2=e1./c0;
    e(:,k)=e2;
    c0=c1;
    c(:,k)=c1;
    p1=p0-k1*k1'*[h1'*p0*h1+1];
    p0=p1;
    if(e2<delta)
        break;
    end
end
%辨识参数分离
a1=c(1,:);a2=c(2,:);b1=c(3,:);
b2=c(4,:);d1=c(5,:);d2=c(6,:);d3=c(7,:);
%辨识参数的误差分离
ea1=e(1,:);ea2=e(2,:);
eb1=e(3,:);eb2=e(4,:);
ed1=e(5,:);ed2=e(6,:);ed3=e(7,:);
%绘制辨识参数的变化曲线图
figure (1) ;
```

```
plot(a1,'r');hold on;
plot(a2,'k');plot(b1,'y');plot(b2,'b');plot(d1,'g');plot(d2,'c');plot(d3,'m');
title('增广最小二乘法');
legend('a1','a2','b1','b2','d1','d2','d3','Location','NorthWest');
%绘制模型参数的误差曲线图
figure (2) ;plot(ea1,'r');hold on;
plot(ea2,'k');plot(eb1,'y');plot(eb2,'b');plot(ed1,'g');plot(ed2,'c');plot(ed3
,'m');
title('误差变化曲线');legend('ea1','ea2','eb1','eb2','ed1','ed2','ed3');
```

模型参数的辨识结果如表 13-2 所示。

表 13-2 增广递推最小二乘法辨识结果

参数	a_1	a_2	b_1	b_2	d_1	d_2	d_3
真实值	1.50	0.7	1	0.5	1.2	−1	0.2
辨识值	1.50	0.7	1	0.5	1.2	−1	0.2

模型参数的变化趋势和误差变化过程分别如图 13-8、图 13-9 所示。

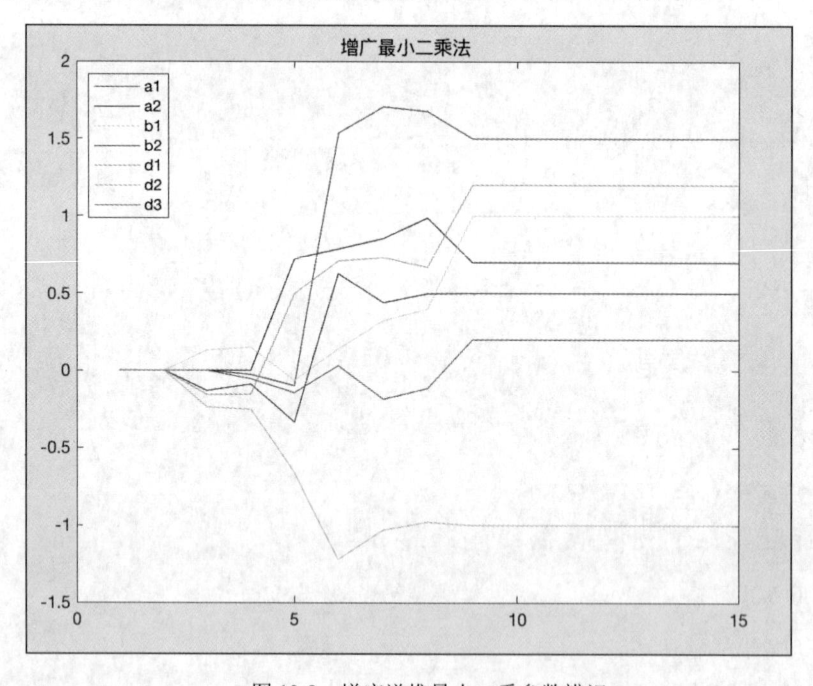

图 13-8 增广递推最小二乘参数辨识

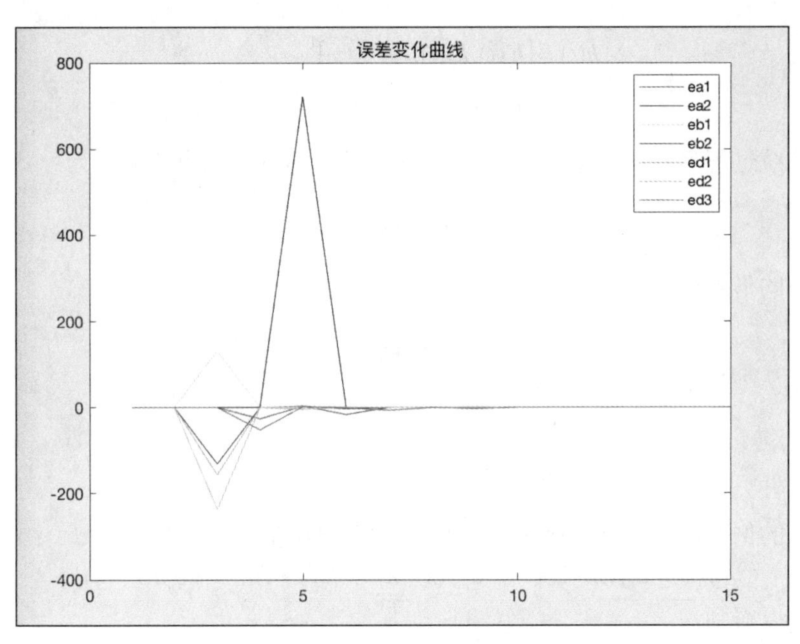

图 13-9　增广递推最小二乘参数误差曲线

13.3　参数的梯度校正辨识

从前面讲解的内容可以知道，最小二乘参数辨识的递推算法的原理是：新的参数估计值等于旧的参数估计值加上修正项。梯度校正参数辨识方法具有相同的算法结构，但是具体方法实现则与最小二乘法的递推算法是不同的。梯度校正辨识的基本思想是沿着准则函数的负梯度方向，逐步修正模型参数估计值，直到准则函数达到最小值。本节将从三个方向介绍梯度校正的参数辨识，主要有确定性问题的梯度校正参数辨识方法及 MATLAB 实现、随机性问题的梯度校正参数辨识及 MATLAB 实现，以及随机逼近法及 MATLAB 实现。

13.3.1　确定性问题的梯度校正参数辨识及 MATLAB 实现

设某一系统的输出 $y(t)$ 是由其参数 $\theta_1,\theta_2,\cdots,\theta_n$ 组成的线性组合：

$$y(t)=h_1(t)\theta_1+h_2(t)\theta_2+\cdots+h_n(t)\theta_n \tag{13-33}$$

并且其输出 $y(t)$ 及输入 $h_1(t),h_2(t),\cdots,h_n(t)$ 都可以通过测量的方法准确得到，那么就称该系统为确定性系统，如图 13-10 所示。

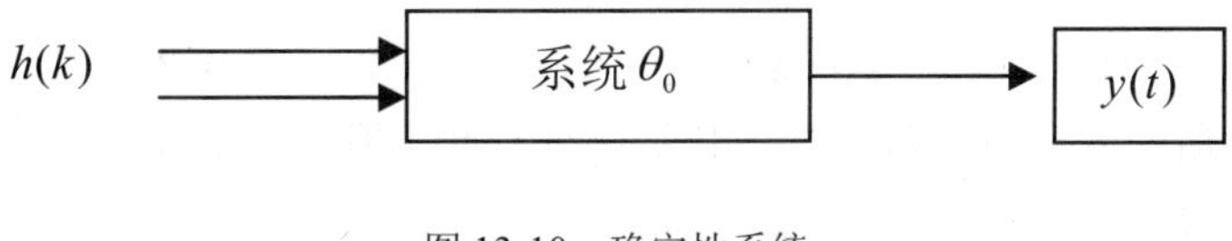

图 13-10　确定性系统

令

$$\begin{cases} h(t)=\left[h_1(t),h_2(t),\cdots,h_n(t)\right]^{\mathrm{T}} \\ \theta=\left[\theta_1(t),\theta_2(t),\cdots,\theta_n(t)\right]^{\mathrm{T}} \end{cases} \tag{13-34}$$

若已知系统过程参数的真值为θ_0，那么就可以得到输入输出的关系为

$$y(t)=h^{\mathrm{T}}(t)\theta_0 \tag{13-35}$$

写成离散的形式，有

$$y(k)=h^{\mathrm{T}}(k)\theta_0 \tag{13-36}$$

其中：

$$h(k)=\left[h_1(k),h_2(k),\cdots,h_N(k)\right]^{\mathrm{T}}$$

举个简单的例子，对于某一确定性系统，用差分方程描述如下：

$$y(k)+a_1y(k-1)+\cdots+a_ny(k-n)=b_1u(k-1)+\cdots+b_nu(k-n)$$

那么就可以得到

$$\begin{cases} h(k)=\left[-y(k-1),\cdots,-y(k-n),u(k-1),\cdots,u(k-n)\right]^{\mathrm{T}} \\ \theta=\left[a_1,a_2,\cdots,a_n,b_1,b_2,\cdots,b_n\right]^{\mathrm{T}} \end{cases}$$

现在的问题是：如何根据确定性系统的输入输出数据$h(k)$及$y(k)$，确定参数θ在k时刻的估计值$\hat{\theta}(k)$，使得准则函数

$$J(\theta)=\frac{1}{2}\varepsilon^2(\theta,k) \tag{13-37}$$

达到最小，即

$$J(\theta)\big|_{\hat{\theta}(k)}=\frac{1}{2}\varepsilon^2(\theta,k)\big|_{\hat{\theta}(k)}=\min \tag{13-38}$$

其中：

$$\varepsilon(\theta,k)=y(k)-h^{\mathrm{T}}(k)\theta$$

因此，提出了梯度校正法来解决上述的问题，即最速下降法。具体的解法是沿着准则函数$J(\theta)$的负梯度方向不断修正参数θ在k时刻的估计值$\hat{\theta}(k)$，使得准则函数在某一时刻的估计值达到最小值。这就是梯度校正法的基本原理，其数学表达式为

$$\hat{\theta}(k+1)=\hat{\theta}(k)-R(k)\underset{\theta}{\mathrm{grad}}[J(\theta)]\big|_{\hat{\theta}(k)} \tag{13-39}$$

这就是确定性问题的梯度校正参数估计的递推公式。其中$R(k)$称为权矩阵，并且权矩阵的选取对参数估计的结果非常重要，权矩阵的作用是用来控制各个输入分量对参数估计值的影响程度。$\underset{\theta}{\mathrm{grad}}[J(\theta)]$表示准则函数的梯度。当准则函数的$\varepsilon(\theta,k)$取为$y(k)-h^{\mathrm{T}}(k)\theta$时，可以得到梯度为

$$\underset{\theta}{\mathrm{grad}}[J(\theta)]\Big|_{\theta(K)}=\frac{\mathrm{d}}{\mathrm{d}\theta}\left[\frac{1}{2}\varepsilon^2(\theta,k)\right]$$
$$=-\left[y(k)-h^{\mathrm{T}}(k)\hat{\theta}(k)\right]h(k)$$

代入公式（13-39）可以得到递推公式如下。

$$\hat{\theta}(k+1)=\hat{\theta}(k)+R(k)\left[y(k)-h^{\mathrm{T}}(k)\hat{\theta}(k)\right]h(k) \qquad (13\text{-}40)$$

【实例 13-6】确定性问题的梯度校正参数辨识。

图 13-11 表示的是一个线性时不变的（单输入单输出）SISO 过程，根据卷积定理，过程的输出 $y(k)$ 与输入序列 $u(k-1),u(k-2),u(k-3)$ 的关系可表示如下。

$$y(k)=\sum_{i=1}^{3}g_i u(k-i)$$

其中：$g_i,i=1,2,3$ 表示组成过程的脉冲响应。

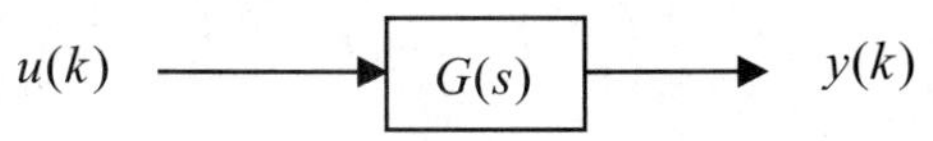

$u(k)$ → $G(s)$ → $y(k)$

图 13-11　SISO 过程

系统的输入输出数据如下。

u:-1, -1, -1, -1, 1, 1, 1, -1, 1, 1, -1, -1, 1, -1, 1, -1, -1, -1, 1

y:0, -2, -6, -7, -7, -3, 5, 7, 3, -1, 5, 3, -5, -3, 1, -1, 1, -5, -7, -7

试采用梯度校正参数辨识法辨识系统的脉冲响应估计值。

思路·点拨

根据题意我们可以得到

$$y(k)=\sum_{i=1}^{3}g_i u(k-i)$$

令

$$\left\{\begin{aligned}&h(t)=[u(k-1),u(k-2),u(k-3)]^{\mathrm{T}}\\&g=[g_1,g_2,g_3]^{\mathrm{T}}\\&R(k)=\frac{I}{\|h(k)\|^2}\end{aligned}\right\}$$

若系统的真实脉冲响应为 g_0，则有

$$y(k)=h^{\mathrm{T}}(k)g_0$$

那么就可以获得脉冲响应估计值的递推算法公式为

$$\hat{g}(k+1)=\hat{g}(k)+R(k)h(k)\left[y(k)-h^{\mathrm{T}}(k)\hat{g}(k)\right]$$

并且，取脉冲响应的初值为 $\hat{g}=0$ 。

结果文件——配套资源“Ch13\SL1306”文件

解：MATLAB 程序如下。

```
%梯度校正参数辨识法
u=[-1 -1 -1 -1 1 1 1 -1 1 1 -1 -1 1 -1 1 -1 -1 -1 1];
y=[0 -2 -6 -7 -7 -3 5 7 3 -1 5 3 -5 -3 1 -1 1 -5 -7 -7];
g=[0;0;0];
gStore=[];
for i=1:20
%计算样本数据
    gStore(:,i)=g;
    if(i-1<=0)
        a=0;
    else
        a=u(i-1);
    end
    if(i-2<=0)
        b=0;
    else
        b=u(i-2);
    end
    if(i-3<=0)
        c=0;
    else
        c=u(i-3)
    end
    h=[a;b;c];
    N=norm(h);
    if N==0
        N=1;
```

```
        end
    %计算权矩阵
       R=eye (3) /N^2;
    %脉冲响应估计值
       g=g+R*h*(y(i)-h'*g);
       dg(i)=y(i)-h'*g;
    end
    i=1:20;
    figure (1)
    plot(i,gStore(1,:),'-.',i,gStore(2,:),'-',i,gStore(3,:),'--');
    title('脉冲响应');
    axis([0 20 0 5]);
    xlabel('时序');ylabel('脉冲响应');grid on;
    legend('g1','g2','g3');
    figure (2) ;
    plot(i,dg);
    title('残差变化曲线');
    xlabel('时序');ylabel('残差');grid on;
```

程序的运行结果，即脉冲响应的估计值如下。

```
gStore=
0        0        2.000    4.000    4.333    4.333    2.778    2.852    2.308    2.103
0        0        0        2.000    2.333    2.333    3.889    3.963    3.419    3.626
0        0        0        0        0.333    0.333    1.889    1.815    1.271    1.477
1.785    1.928    1.986    1.967    1.974    1.993    1.993    1.993    1.998    2.007
3.944    4.087    4.029    4.009    4.003    3.983    3.983    3.983    3.988    3.997
1.159    1.016    0.957    0.977    0.970    0.990    0.990    0.990    0.986    0.995
```

因此，脉冲响应参数辨识的结果为

$$g=\begin{bmatrix}2.007\\3.997\\0.995\end{bmatrix}$$

程序的运行结果如图 13-12、图 13-13 所示。

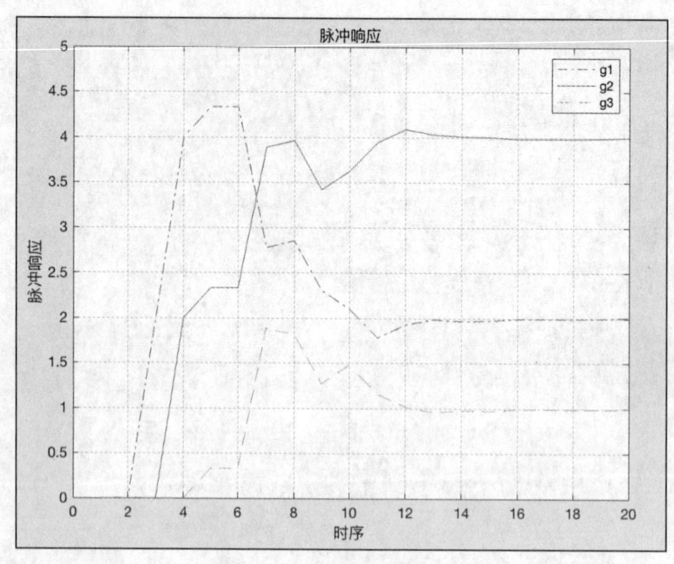

图 13-12　脉冲响应辨识结果

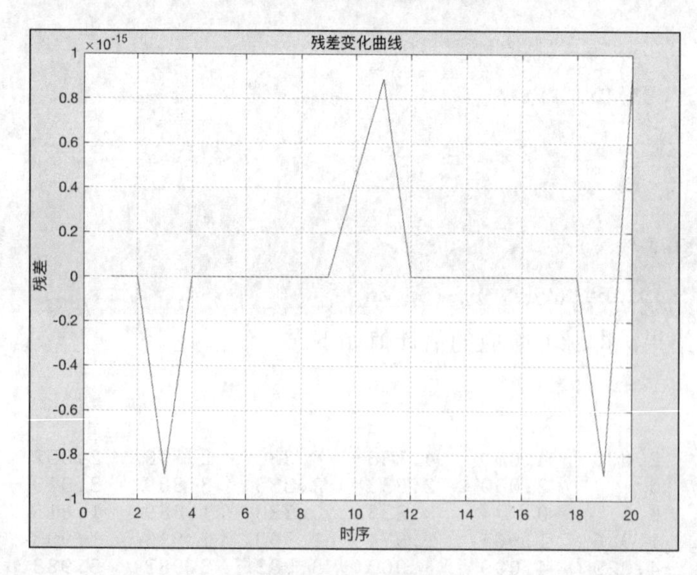

图 13-13　残差变化曲线

【实例 13-7】对于实例 13-6 的输入输出数据，利用确定性梯度校正辨识算法，辨识系统的参数，并且要求被辨识的参数个数为 5 个。

思路·点拨

根据梯度校正参数辨识算法，当被辨识的参数个数 N=5 时，那么就有如下的输入输出关系：

$$y(k)=\sum_{i=1}^{5} g_i u(k-i)$$

并且有

$$\begin{cases} h(t)=\left[u(k-1),u(k-2),u(k-3),u(k-4),u(k-5)\right]^{\mathrm{T}} \\ g=\left[g_1,g_2,g_3,g_4,g_5\right]^{\mathrm{T}} \\ R(k)=\dfrac{I}{\left\|h(k)\right\|^2} \end{cases}$$

那么我们就可以根据实例 13-6 的步骤进行参数辨识了。

结果文件——配套资源“Ch13\SL1307”文件

解：MATLAB 程序如下。

```
u=[-1 -1 -1 -1 1 1 1 -1 1 1 -1 -1 1 -1 1 -1 -1 -1 -1 1];
y=[0 -2 -6 -7 -7 -3 5 7 3 -1 5 3 -5 -3 1 -1 1 -5 -7 -7];
g=[0;0;0;0;0];
h1=[-1,0,0,0,0]';h2=[-1,-1,0,0,0]';h3=[-1,-1,-1,0,0]';h4=[-1,-1,-1,-1,0]';
h=[h1,h2,h3,h4,zeros(5,14)];
I=[1 0 0 0 0;
   0 1/2 0 0 0;
   0 0 1/4 0 0;
   0 0 0 1/8 0;
   0 0 0 0 1/16];
for k=5:18
   h(:,k)=[u(k),u(k-1),u(k-2),u(k-3),u(k-4)]';
end
for k=1:18
   a=h(1,k)^2+(h(2,k)^2)/2+(h(3,k)^2)/4+(h(4,k)^2)/8+(h(5,k)^2)/16;
   a1=1/a;
   R=a1*I;
   g(:,k+1)=g(:,k)+R*h(:,k)*(y(k+1)-h(:,k)'*g(:,k));
end
g1=g(1,:);g2=g(2,:);g3=g(3,:);g4=g(4,:);g5=g(5,:);
figure (1);
i=1:19;
plot(i,g1,'r',i,g2,'b',i,g3,'g',i,g4,'k',i,g5,'y');
grid;legend('g1','g2','g3','g4','g5');
```

所辨识的参数结果如下。

```
g=
0        2        4.6667   5.2381   5.2381   1.8955   2.6281   2.8394   2.2824   1.9141
0        0        1.3333   1.6190   1.6190   3.2903   3.6566   3.7622   4.0407   4.2249
0        0        0        0.1429   0.1429   0.9785   0.7954   0.8322   0.9874   0.8953
0        0        0        0        0        0.4178   0.3262   0.2998   0.3695   0.3234
0        0        0        0        0        0.2089   0.1631   0.1499   0.1151   0.0921

1.5739   1.7035   1.9558   1.8016   1.9517   2.2252   2.1815   1.9941   2.0935
4.0548   3.9899   4.1161   4.1932   4.1182   3.9814   4.0033   3.9096   3.9593
0.9804   0.9479   0.8849   0.9234   0.9610   1.0294   1.0184   1.0653   1.0901
0.2809   0.2971   0.2656   0.2463   0.2650   0.2308   0.2363   0.2129   0.2005
0.0708   0.0627   0.0785   0.0689   0.0595   0.0424   0.0396   0.0513   0.0576
```

辨识参数的变化趋势如图 13-14 所示。

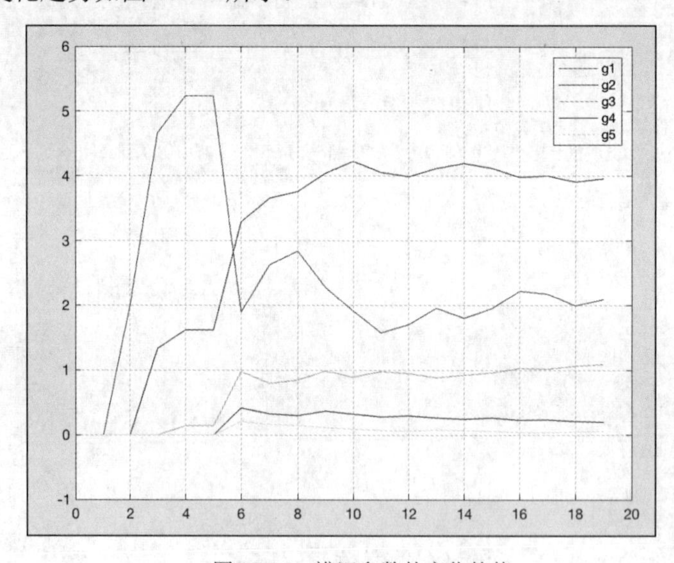

图 13-14　辨识参数的变化趋势

根据结果可以得到，所辨识的参数估计值为

$$g = \begin{bmatrix} 2.0935 \\ 3.9593 \\ 1.0901 \\ 0.2005 \\ 0.0576 \end{bmatrix}$$

13.3.2　随机问题的梯度校正参数辨识

上一小节所讲的确定性问题的梯度校正参数辨识方法，只能用于不含有噪声的系统，对于输入输出信号中含有噪声的系统，该方法无法正确辨识系统的参数。因此，对于含有噪声的系统的梯度校正参数辨识，必须采取另外一种方法。这就是本小节要讲述的内容：随机问题的梯度校正参数辨识方法。随机问题的梯度校正参数辨识方法的特点是计算简单，可用于系统的在线实时辨识。然而该方法有一个缺点，就是运用该方法之前必须知道噪声的一阶矩和二阶矩的统计特性。含有噪声的随机系统如图 13-15 所示。

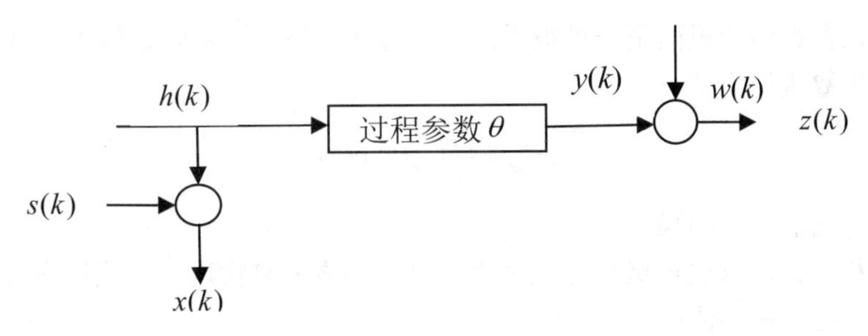

图 13-15　随机系统

假设图 13-15 所示的随机系统的过程输出是参数 $\theta_1,\theta_2,\cdots,\theta_n$ 的线性组合，即表示为

$$y(t)=h_1(t)\theta_1+h_2(t)\theta_2+\cdots+h_n(t)\theta_n \tag{13-41}$$

该系统的输入输出均包含有测量噪声分量，即

$$\begin{cases} z(k)=y(k)+w(k) \\ x_i(k)=h_i(k)+s_i(k), \quad i=1,2,\cdots,N \end{cases} \tag{13-42}$$

其中：$w(k)$ 和 $s_i(k)$ 为均值为零的不相关随机噪声，并且有

$$E\{s_i(k)s_i(k)\}=\begin{cases} \sigma_{si}^2, & i=j \\ 0, & i\neq j \end{cases} \tag{13-43}$$

据此，可令

$$\begin{cases} x(k)=\left[x_1(k),\ x_2(k),\ \cdots,\ x_N(k)\right]^{\mathrm{T}} \\ h(k)=\left[h_1(k),\ \ h_2(k),\ \cdots,\ h_N(k)\right]^{\mathrm{T}} \\ s(k)=\left[s_1(k),\ \ s_2(k),\ \cdots,\ s_N(k)\right]^{\mathrm{T}} \\ \theta=\left[\theta_1,\ \theta_2,\ \cdots,\ \theta_N\right]^{\mathrm{T}} \end{cases} \tag{13-44}$$

那么就可以得到

$$\begin{cases} x(k)=h(k)+s(k) \\ z(k)=h^{\mathrm{T}}(k)\theta+w(k) \end{cases} \tag{13-45}$$

那么随机问题的梯度校正辨识参数问题就是如何利用输入输出数据 $x(k)$ 和 $z(k)$ 来确定参数 θ 在 k 时刻的估计值 $\hat{\theta}(k)$，使得准则函数

$$J(\theta)\big|_{\hat{\theta}(k)}=\frac{1}{2}\varepsilon^2(\theta,k)\big|_{\hat{\theta}(k)} \tag{13-46}$$

取得最小值。

其中：

$$\varepsilon(\theta,k)=z(k)-x^{\mathrm{T}}(k)\theta$$

13.3.3 随机逼近法

随机逼近法在参数估计里面是一种很受重视的方法，该方法实际上属于梯度校正法。

对于如下的参数辨识模型

$$z(k)=h^{\mathrm{T}}(k)\theta+e(k)$$

其中：$e(k)$ 为均值为零的噪声。

该模型的参数辨识可以通过极小化噪声信号 $e(k)$ 的方差来实现，即通过求解参数 θ 的估计值使得准则函数达到极小值：

$$J(\theta)=\frac{1}{2}E\left\{e^2(k)\right\}=\frac{1}{2}E\left\{\left[z(k)-h^{\mathrm{T}}(k)\theta\right]^2\right\} \tag{13-47}$$

准则函数的负梯度为

$$\left[-\frac{\partial J(\theta)}{\partial\theta}\right]^{\mathrm{T}}=E\left\{h(k)\left[z(k)-h^{\mathrm{T}}(k)\theta\right]\right\} \tag{13-48}$$

令式（13-48）为零，可以得到

$$E\{h(k)[z(k)-h^{\mathrm{T}}(k)\theta]\}\Big|_{\theta=\hat{\theta}}=0 \tag{13-49}$$

从理论上来说，通过求解式（13-49）可以获得使准则函数 $J(\theta)$ 取得最小值的参数 θ 的估计值 $\hat{\theta}$。但是由于噪声信号 $e(k)$ 的统计特性我们并不知道，所以式（13-49）实际上还是无法求解的。但如果将式（13-49）左边的数学期望用平均值近似代替，那么就可以得到

$$\frac{1}{L}\sum_{k=1}^{L}h(k)\left[z(k)-h^{\mathrm{T}}(k)\hat{\theta}\right]=0 \tag{13-50}$$

即可求得参数估计值

$$\hat{\theta}=\left[\sum_{k=1}^{L}h(k)h^{\mathrm{T}}(k)\right]^{-1}\left[\sum_{k=1}^{L}h(k)z(k)\right] \tag{13-51}$$

然而，这样求解的过程就退化为了最小二乘法参数辨识问题。那么，该如何用随机逼近法来辨识式（13-49）的中的参数呢？下面详细介绍。

假设 x 是标量，$y(x)$ 是对应的随机变量，$p(y\,|\,x)$ 是在 x 条件下对应的随机变量 $y(x)$ 的概率密度函数，则随机变量 $y(x)$ 关于 x 的条件数学期望为

$$E\left\{y|x\right\}=\int y\mathrm{d}p\left(y|x\right) \tag{13-52}$$

记为

$$h(x)\stackrel{\Delta}{=}E\{y\,|\,x\} \tag{13-53}$$

那么 $h(x)$ 是关于变量 x 的函数，称作回归函数。

假设方程

$$h(x)\overset{\Delta}{=}E\{y\,|\,x\}=\alpha(\alpha\text{已知})\tag{13-54}$$

有唯一解。那么在不知道回归函数 $h(x)$ 及概率密度函数 $p(y\,|\,x)$ 时，公式（13-54）是无法求解的，就可以采用随机逼近来求解。

随机逼近法的定义如下：利用变量 $x_1,x_2,\cdots,x_n$ 及对应的随机变量 $y(x_1),y(x_2),\cdots,y(x_n)$，通过迭代计算方法，逐步逼近方程（13-54）的解，常用的迭代算法有 Robbins-Monro 和 Kiefer-Wolfowitz。

1．Robbins-Monro 算法

Robbins-Monro 算法公式为

$$x(k+1)=x(k)+\rho(k)[\alpha-y(x(k))]\tag{13-55}$$

其中，$y(x(k))$ 为 k 时刻对应的标量 $x(k)$ 对应的随机变量；$\rho(k)$ 为收敛因子。当收敛因子满足以下条件下时，那么 $x(k)$ 就收敛于方程（13-54）的解。

$$\begin{cases}\rho(k)>0;\forall k,\lim\limits_{k\to\infty}\rho(k)=0\\ \sum\limits_{k=1}^{\infty}\rho(k)=\infty;\sum\limits_{k=1}^{\infty}\rho^2(k)<\infty\end{cases}\tag{13-56}$$

最简单的收敛因子有 $\rho(k)=\dfrac{1}{k}$ 和 $\rho(k)=\dfrac{b}{k+a}$。

2．Kiefer-Wolfowitz 算法

如果回归函数 $h(x)$ 存在极值，那么在取得极值处必定存在变量 x 使得回归函数的一阶导数值为零，即 $\dfrac{\mathrm{d}h(x)}{\mathrm{d}x}=0$。求回归函数 $h(x)$ 极值的迭代算法为

$$x(k+1)=x(k)-\rho(k)\left.\frac{\mathrm{d}y}{\mathrm{d}x}\right|_{x(k)}\tag{13-57}$$

当收敛因子 $\rho(k)$ 满足式（13-56）的收敛条件时，公式（13-57）是收敛的。

【实例 13-8】某一待辨识系统的差分方程为

$$y(k)+a_1y(k-1)+a_2y(k-2)+a_3y(k-3)=v(k)$$

其中，过程噪声均值为 0，方差为 1；观测噪声均值为 0，方差为 0.25。试辨识系统的参数。该系统的真实值为

$$a=\begin{bmatrix}0.9\\0.36\\0.054\end{bmatrix}$$

思路·点拨

随机逼近法的基本原理是

$$\hat\theta(k+1)=\hat\theta(k)+\rho(k)R^{-1}(k)h(k)(y(k)-h^{\mathrm T}(k)\hat\theta(k))$$
$$R(k+1)=R(k)+\rho(k)(h(k)*h^{\mathrm T}(k)-R(k))$$

该算法是随机牛顿法。随机牛顿法是一种很有用的算法，以它为基础，可以揭示许多辨识算法的内在联系，从而可以导出递推参数辨识算法的一般结构。

结果文件——配套资源“Ch13\SL1308”文件

解：MATLAB 程序如下。

```
%生成噪声过程：均值为 0，方差为 1
v=normrnd(0,1,1,500);
%生成观测噪声：均值为 0，方差为 0.25
w=normrnd(0,0.25,1,500);
%设置输出
y=[];
y (1) =5;y (2) =4;y (3) =1;
for i=4:500
    y(i)=-0.9*y(i-1)-0.36*y(i-2)-0.054*y(i-3)+v(i);
end
%待辨识参数的初始值
theta=[0.1;2;1.5];
%Hessian 矩阵的初始值
R=eye (3) ;
%参数辨识
for i=4:500
    h=[-y(i);-y(i-2);-y(i-3)];
    r=1/i;
    theta=theta+r*inv(R)*h*(y(i)-h'*theta);
    R=R+r*(h*h'-R);
end
theta
```

程序的运行结果如下。

```
theta =
   -0.9740
   -0.5219
   -0.7634
```

13.4　极大似然估计参数辨识

极大似然估计参数辨识方法最早可追溯到高斯，他认识到，根据概率的方法能够导出由观测数据来确定系统参数的一般方法，并且应用贝叶斯定理讨论了参数的估计法；英国的 Fisher 把渐进一致性、渐进有效性等作为参数估计量应具备的基本性质，在 1912 年提出了极大似然法。从本质上讲，极大似然参数估计方法应用于随机系统参数辨识，它根据观测数据一般都具有随机统计特性这一实际情况，通过引入随机变量（观测输出量）的条件概率密度或条件概率分布 $p(y|\theta)$，构造一个以观测数据和未知参数为自变量的似然函数 $L(Y_N|\theta)$，并通过极大化似然函数来获得系统模型的参数估计值 $\hat{\theta}_{ML}$。因此，极大似然法通常要求具有能够写出输出量的条件概率密度函数的先验知识，工作计算量相比之前的两种参数辨识方法都要大。但是，极大似然法参数估计可以对具有有色噪声的系统模型进行辨识，在动态系统辨识中有着广泛的应用。

13.4.1　极大似然参数辨识的基本概念

一、极大似然法基本原理

设有离散随机过程 $\{V_k\}$ 与未知参数 θ 有关，假定已知概率分布密度 $f(V_k|\theta)$。如果我们得到 n 个独立的观测值 $V_1,V_2,\cdots,V_n$，那么可以得到分布密度 $f(V_1|\theta),f(V_2|\theta),\cdots,f(V_n|\theta)$。要求根据这些观测值来估计未知参数 θ，估计的准则是观测值 $\{V_k\}$ 的出现概率为最大。因此，定义似然函数

$$L(V_1,V_2,\cdots,V_n|\theta)=f(V_1|\theta)f(V_2|\theta)\cdots f(V_n|\theta) \tag{13-58}$$

由定义可知，当似然函数取得最大值时，$\{V_k\}$ 的出现概率为最大。因此，极大似然法的实质就是求出使得似然函数 L 达到最大值的未知参数 θ 的估计值 $\hat{\theta}$。为了便于求解，将公式（13-58）两边同时取对数，可以得到新的似然函数

$$\ln L=\sum_{i=1}^{n}\ln f(V_i|\theta) \tag{13-59}$$

由数学知识可知，公式（13-58）与公式（13-59）同时取得最大值，即当 L 取得最大值时，$\ln L$ 也取得最大值。对公式（13-59）求未知参数 θ 的偏导数，令偏导数为 0，可以得到

$$\frac{\partial \ln L}{\partial \theta}=0$$

解上式可得未知参数 θ 的极大似然估计值 $\hat{\theta}_{\mathrm{ML}}$。

二、参数辨识的极大似然估计

设某一个随机变量 z，在参数 θ 条件下 z 的概率密度函数为 $p(z|\theta)$，z 的 L 个观测值构成一个随机序列 $\{z(k)\}$。如果把这 L 个观测值记作 $z_L=[z(1),\ z(2),\cdots,\ z(L)]^{\mathrm{T}}$，则 z_L 的联合概率

密度为 $p(z_L|\theta)$，那么参数 θ 的极大似然估计就是使得联合概率密度函数 $p(z_L|\theta)$ 取得最大值的参数估计值，即

$$\left[\frac{\partial p(z_L|\theta)}{\partial\theta}\right]^{\mathrm{T}}_{\hat{\theta}_{ML}}=0 \tag{13-60}$$

或者

$$\left[\frac{\partial \ln p(z_L|\theta)}{\partial\theta}\right]^{\mathrm{T}}_{\hat{\theta}_{ML}}=0 \tag{13-61}$$

因此，函数 $p(z_L|\theta)$ 或 $\ln p(z_L|\theta)$ 称为参数 θ 的极大似然函数。

极大似然法参数辨识的物理意义是：根据一组确定的随机序列 Y_N，设法找到参数估计值 $\hat{\theta}_{ML}$，它使得随机变量 y 在 $\hat{\theta}_{ML}$ 条件下的概率密度函数最大可能地逼近随机变量 y 在参数 θ（真值）条件下的概率密度函数，即

$$p(y|\hat{\theta}_{ML})\xrightarrow{\max}p(y|\theta) \tag{13-62}$$

【实例 13-9】设随机变量 X 服从泊松分布：

$$P\{X=k\}=\frac{\lambda^k \mathrm{e}^{-2}}{k!},k=0,1,2,\cdots$$

其中 $\lambda>0$ 是一个未知参数，求参数 λ 的极大似然估计。

思路·点拨

求极大似然估计的一般步骤为：求似然函数 $L(\theta)$，然后求出对数似然函数 $\ln L(\theta)$ 并求取对数似然函数关于未知参数的偏导数，解方程 $\frac{\mathrm{d}\ln L(\theta)}{\mathrm{d}\theta}=0$，得到极大似然估计值和极大似然估计量。

解：假设 $(x_1,x_2,\cdots,x_n)$ 是样本 $(X_1,X_2,\cdots,X_n)$ 的一组观测值，那么就可以得到似然函数

$$L(\lambda)=L(\lambda;x_1,x_2,\cdots,x_n)$$

$$=\prod_{i=1}^{n}\left(\frac{\lambda^{x_i}}{x_i!}\mathrm{e}^{-\lambda}\right)=\frac{\lambda^{\sum_{i=1}^{n}x_i}}{\prod_{i=1}^{n}x_i}\mathrm{e}^{-n\lambda}$$

两边取对数得

$$\ln L(\lambda)=-n\lambda+\ln\lambda\sum_{i=1}^{n}x_i-\sum_{i=1}^{n}\ln(x_i!)$$

对参数 λ 的对数极大似然函数求偏导数，并令其等于零，可以得到

$$\frac{\mathrm{d}\ln L(\lambda)}{\mathrm{d}\lambda}=-n+\frac{1}{\lambda}\sum_{i=1}^{n}x_i=0$$

通过解方程可以得到

$$\hat{\lambda}=\frac{1}{n}\sum_{i=1}^{n}x_i=\bar{X}$$

并且

$$\left.\frac{\mathrm{d}^2\ln L(\lambda)}{\mathrm{d}\lambda^2}\right|_{\hat{\lambda}=\bar{X}}<0$$

从而可以得到参数λ的极大似然估计量为$\hat{\lambda}=\bar{X}$。

13.4.2　系统模型参数的极大似然估计

假设系统的差分方程为

$$a(z^{-1})y(k)=b(z^{-1})u(k)+\zeta(k) \tag{13-63}$$

其中

$$a(z^{-1})=1+a_1z^{-1}+\cdots+a_nz^{-n}$$
$$b(z^{-1})=b_0+b_1z^{-1}+\cdots+b_nz^{-n}$$

由于$\zeta(k)$为相关随机向量，因此式（13-63）可以进一步写为

$$a(z^{-1})y(k)=b(z^{-1})u(k)+c(z^{-1})\varepsilon(k) \tag{13-64}$$

其中

$$c(z^{-1})\varepsilon(k)=\zeta(k)$$
$$c(z^{-1})=1+c_1z^{-1}+\cdots+c_nz^{-n}$$

$\varepsilon(k)$是均值为 0 的高斯分布白噪声序列，参数$a_1,\cdots,a_n,b_0,\cdots,b_n,c_1,\cdots,c_n$和序列$\{\varepsilon(k)\}$的均方差$\sigma$都是未知参数。

假设待估计参数为

$$\theta=[a_1,\cdots a_n,b_0,\cdots b_n,c_1,\cdots c_n]^{\mathrm{T}}$$

并假设预测值$y(k)$为

$$\begin{aligned}\hat{y}(k)=&-\hat{a}_1y(k-1)-\cdots-\hat{a}_ny(k-n)+\hat{b}_0u(k)+\cdots+\hat{b}_nu(k-n)\\&+\hat{c}_1e(k-1)+\cdots+\hat{c}_ne(k-n)\end{aligned} \tag{13-65}$$

其中，$e(k-i)$为预测误差；$\hat{a}_i$、$\hat{b}_i$、$\hat{c}_i$为参数a_i、b_i、c_i的估计值，预测误差可表示为

$$
\begin{aligned}
e(k) = y(k) - \hat{y}(k) &= y(k) - \left[-\sum_{i=1}^{n} \hat{a}_i y(k-i) + \sum_{i=0}^{n} \hat{b}_i u(k-i) + \sum_{i=1}^{n} \hat{c}_i e(k-i) \right] \\
&= (1 + \hat{a}_1 z^{-1} + \cdots + \hat{a}_n z^{-n}) y(k) - (\hat{b}_0 - \hat{b}_1 z^{-1} + \cdots + \hat{b}_n z^{-n}) u(k) - \\
&\quad (\hat{c}_1 z^{-1} + \hat{c}_2 z^{-2} + \cdots \hat{c}_n z^{-n}) e(k)
\end{aligned} \tag{13-66}
$$

或者等价为

$$
\left(1 + \hat{c}_1 z^{-1} + \cdots + \hat{c}_n z^{-n}\right) e(k) = \left(1 + \hat{a}_1 z^{-1} + \cdots + \hat{a}_n z^{-n}\right) y(k) - \left(\hat{b}_0 + \hat{b}_1 z^{-1} + \cdots + \hat{b}_n z^{-n}\right) u(k) \tag{13-67}
$$

因此预测误差满足如下的关系式

$$
\hat{c}(z^{-1}) e(k) = \hat{a}(z^{-1}) y(k) - \hat{b}(z^{-1}) u(k) \tag{13-68}
$$

其中

$$
\begin{aligned}
\hat{a}(z^{-1}) &= 1 + \hat{a}_1 z^{-1} + \cdots + \hat{a}_n z^{-n} \\
\hat{b}(z^{-1}) &= \hat{b}_0 + \hat{b}_1 z^{-1} + \cdots + \hat{b}_n z^{-n} \\
\hat{c}(z^{-1}) &= 1 + \hat{c}_1 z^{-1} + \cdots + \hat{c}_n z^{-n}
\end{aligned}
$$

假设预测误差$e(k)$服从均值为 0 的高斯分布，并设序列$\{e(k)\}$具有相同的方差σ^2。由于序列$\{e(k)\}$均与$\hat{c}(z^{-1})$、$\hat{a}(z^{-1})$、$\hat{b}(z^{-1})$有关系，因此方差σ^2是被估计参数θ的函数。为书写方便，将式（13-68）改写成如下形式

$$
\begin{aligned}
e(k) = y(k) &+ a_1 y(k-1) + \cdots + a_n y(k-n) - b_0 u(k) - b_1 u(k-1) - \cdots - b_n u(k-n) \\
&- c_1 e(k-1) - \cdots - c_n e(k-n) \\
k &= n+1, n+2, \cdots
\end{aligned} \tag{13-69}
$$

或等价改写为

$$
e(k) = y(k) + \sum_{i=1}^{n} a_i y(k-i) - \sum_{i=0}^{n} b_i u(k-i) - \sum_{i=1}^{n} c_i e(k-i) \tag{13-70}
$$

令$k = n+1, n+2, \cdots, n+N$，可以得到预测误差$e(k)$的$N$个方程式，将这$N$个方程式写成向量—矩阵形式，得到

$$
e_N = Y_N - \Phi_N \theta \tag{13-71}
$$

其中

$$
Y_N = \begin{bmatrix} y(n+1) \\ y(n+2) \\ \vdots \\ y(n+N) \end{bmatrix}, e_N = \begin{bmatrix} e(n+1) \\ e(n+2) \\ \vdots \\ e(n+N) \end{bmatrix}, \theta = \begin{bmatrix} a_1 \\ \vdots \\ a_n \\ b_1 \\ \vdots \\ b_n \end{bmatrix}
$$

$$\Phi_N=\begin{bmatrix} -y(n) & \cdots & -y(1) & u(n+1) & \cdots & u(1) & e(n) & \cdots & e(1) \\ -y(n+1) & \cdots & -y(2) & u(n+2) & \cdots & u(2) & e(n+1) & \cdots & e(2) \\ \vdots & & \vdots & \vdots & & \vdots & \vdots & & \vdots \\ -y(n+N-1) & \cdots & -y(N) & u(n+N) & \cdots & u(N) & e(n+N-1) & \cdots & e(N) \end{bmatrix}$$

由于已假设序列 $\{e(k)\}$ 是均值为 0 的高斯噪声序列，而高斯噪声序列的概率密度函数为

$$f=\frac{1}{(2\pi\sigma^2)^{1/2}}\exp\left[-\frac{1}{2\sigma^2}(y-m)^2\right] \tag{13-72}$$

其中 y 为观测值，σ^2 和 m 为 y 的方差和均值，就可以得到

$$f=\frac{1}{(2\pi\sigma^2)^{1/2}}\exp\left[-\frac{1}{2\sigma^2}e^2(k)\right] \tag{13-73}$$

对于符合高斯噪声序列的观测误差 $e(k)$ 的极大似然函数为

$$\begin{aligned} L(Y_N|\theta,\sigma) &= L[e(n+1),e(n+2),\cdots,e(n+N)|\theta] \\ &= f[e(n+1)|\theta]f[e(n+2)|\theta]\cdots f[e(n+N)|\theta] \\ &= \frac{1}{(2\pi\sigma^2)^{N/2}}\exp\left\{-\frac{1}{2\sigma^2}[e^2(n+1)+e^2(n+2)+\cdots+e^2(n+N)]\right\} \\ &= \frac{1}{(2\pi\sigma^2)^{N/2}}\exp\left(-\frac{1}{2\sigma^2}e_N^{\mathrm{T}}e_N\right) \end{aligned} \tag{13-74}$$

或者

$$L(Y_N|\theta,\sigma)=\frac{1}{(2\pi\sigma^2)^{N/2}}\exp\left[-\frac{(Y_N-\Phi\theta)^{\mathrm{T}}(Y_N-\Phi\theta)}{2\sigma^2}\right] \tag{13-75}$$

由极大似然解法原理可知，将式（13-75）两边分别取对数，可以得到

$$\begin{aligned} \ln L(Y_N|\theta,\sigma) &= \ln\frac{1}{(2\pi\sigma^2)^{N/2}}+\ln\exp\left(-\frac{1}{2\sigma^2}e_N^{\mathrm{T}}e_N\right) \\ &= -\frac{N}{2}\ln 2\pi-\frac{N}{2}\ln\sigma^2-\frac{1}{2\sigma^2}e_N^{\mathrm{T}}e_N \end{aligned} \tag{13-76}$$

或者写为

$$\ln L(Y_N|\theta,\sigma)=-\frac{N}{2}\ln 2\pi-\frac{N}{2}\ln\sigma^2-\frac{1}{2\sigma^2}\sum_{k=n+1}^{n+N}e^2(k) \tag{13-77}$$

对公式（13-77）求 σ^2 的偏导数，并令其等于 0，可以得到

$$\frac{\partial\ln L(Y_N|\theta,\sigma)}{\partial\sigma^2}=-\frac{N}{2\sigma^2}+\frac{1}{2\sigma^4}\sum_{k=n+1}^{n+N}e^2(k)=0 \tag{13-78}$$

解方程（13-78）可以求得

$$\hat{\sigma}^2=\frac{1}{N}\sum_{k=n+1}^{n+N}e^2(k)=\frac{2}{N}\left[\frac{1}{2}\sum_{k=n+1}^{n+N}e^2(k)\right]=\frac{2}{N}J \tag{13-79}$$

其中

$$J=\frac{1}{2}\sum_{k=n+1}^{n+N}e^2(k)$$

因此，由公式（13-79）可以看出，σ^2 越小越好。当 σ^2 取得最小值时，观测误差 $e^2(k)$ 同样取得最小值。因此，希望 σ^2 的估计值 $\hat{\sigma}^2$ 取得最小值

$$\hat{\sigma}^2 = \frac{2}{N}\min J$$

我们将公式（13-68）称为预测模型，而将 $e(k)$ 看成是预测误差。由于预测误差 $e(k)$ 是待测参数 $a_1,\cdots,a_n,b_0,\cdots,b_n,c_1,\cdots,c_n$ 的线性函数，因此函数 J 是待估参数的二次型函数。求使得极大似然对数函数 $\ln L(Y_N \mid \theta,\sigma)$ 取得最大值的参数估计 $\hat{\theta}$，等价于在公式（13-68）的约束下求 $\hat{\theta}$ 使得函数 J 取得最小值。由于函数 J 对于 c_i 是非线性的，因此求 J 的极小值问题并不好解，只能用迭代的方法。求 J 的极小值常用的迭代算法有拉格朗日乘子法和牛顿-拉卜森法。牛顿-拉卜森的迭代算法步骤如下。

（1）确定初始的 $\hat{\theta}_0$ 值。对于 $\hat{\theta}_0$ 中的 $a_1,\cdots,a_n,b_0,\cdots,b_n$ 可按模型

$$e(k) = \hat{a}(z^{-1})y(k) - \hat{b}(z^{-1})u(k)$$

利用最小二乘法来求解，而对于 $\hat{\theta}_0$ 中的 $c_1,\cdots,c_n$ 可先假定一些值。

（2）计算预测误差

$$e(k) = y(k) - \hat{y}(k)$$

求得函数 J 的表达式

$$J = \frac{1}{2}\sum_{k=n+1}^{n+N} e^2(k)$$

并计算

$$\hat{\sigma}^2 = \frac{1}{N}\sum_{k=n+1}^{n+N} e^2(k)$$

（3）计算 J 的梯度 $\frac{\partial J}{\partial \theta}$ 和 Hessian 矩阵 $\frac{\partial^2 J}{\partial \theta^2}$，有

$$\frac{\partial J}{\partial \theta} = \sum_{k=n+1}^{n+N} e(k)\frac{\partial e(k)}{\partial \theta}$$

其中

$$\frac{\partial e(k)}{\partial \theta} = \left[\frac{\partial e(k)}{\partial a_1} \ \cdots \ \frac{\partial e(k)}{\partial a_n} \ \frac{\partial e(k)}{\partial b_0} \ \cdots \ \frac{\partial e(k)}{\partial b_n} \ \frac{\partial e(k)}{\partial c_1} \ \cdots \ \frac{\partial e(k)}{\partial c_n}\right]$$

$$\begin{aligned}\frac{\partial e(k)}{\partial a_i} &= \frac{\partial}{\partial a_i}[y(k) + a_1 y(k-1) + \cdots + a_n y(k-n) - b_0 u(k) - b_1 u(k-1) - \cdots - b_n u(k-n)] \\ &\quad - c_1 e(k-1) - \cdots - c_n e(k-n) \\ &= y(k-i) - c_1\frac{\partial e(k-1)}{\partial a_1} - c_2\frac{\partial e(k-2)}{\partial a_2} - \cdots - c_n\frac{\partial e(k-n)}{\partial a_n}\end{aligned}$$

即

$$\frac{\partial e(k)}{\partial a_i}=y(k-i)-\sum_{j=1}^{n}c_i\frac{\partial e(k-j)}{\partial a_i} \tag{13-80}$$

同理可得

$$\begin{aligned}\frac{\partial e(k)}{\partial b_i}&=-u(k-i)-\sum_{j=1}^{n}c_i\frac{\partial e(k-j)}{\partial b_i}\\ \frac{\partial e(k)}{\partial c_i}&=-e(k-i)-\sum_{j=1}^{n}c_i\frac{\partial e(k-j)}{\partial c_i}\end{aligned} \tag{13-81}$$

将式（13-80）进一步整理得到

$$y(k-i)=\frac{\partial e(k)}{\partial a_i}+\sum_{j=1}^{n}c_j\frac{\partial e(k-j)}{\partial a_i}=\sum_{j=0}^{n}c_j\frac{\partial e(k-j)}{\partial a_i} \tag{13-82}$$

由于

$$e(k-j)=e(k)z^{-j}$$

由 $e(k-j)$ 求偏导，因此可以得到

$$\frac{\partial e(k-j)}{\partial a_i}=\frac{\partial e(k)z^{-j}}{\partial a_i}$$

代入公式（13-82）可以得到

$$\begin{aligned}&y(k-i)=\sum_{j=0}^{n}c_j\frac{\partial e(k-j)}{\partial a_i}=\sum_{j=0}^{n}c_j\frac{\partial e(k)z^{-j}}{\partial a_i}=\frac{\partial e(k)}{\partial a_i}\sum_{j=0}^{n}c_jz^{-j}\\ &c(z^{-1})=1+c_1z^{-1}+\cdots+c_nz^{-n}\end{aligned}$$

所以得到

$$c(z^{-1})\frac{\partial e(k)}{\partial a_i}=y(k-i) \tag{13-83}$$

同理可得

$$\begin{aligned}c(z^{-1})\frac{\partial e(k)}{\partial b_i}&=-u(k-i)\\ c(z^{-1})\frac{\partial e(k)}{\partial c_i}&=-e(k-i)\end{aligned} \tag{13-84}$$

根据公式（13-83）构造如下公式：

$$c(z^{-1})\frac{\partial e[k-(i-j)]}{\partial a_i}=y[k-(i-j)-j]=y(k-i)$$

将其代入公式（13-83）可以得到

$$c(z^{-1})\frac{\partial e[k-(i-j)]}{\partial a_i}=c(z^{-1})\frac{\partial e(k)}{\partial a_i}$$

消除 $c(z^{-1})$ 可得

$$\frac{\partial e(k)}{\partial a_i}=\frac{\partial e\left[k-(i-j)\right]}{\partial a_i}=\frac{\partial e\left(k-i+1\right)}{\partial a_i} \tag{13-85}$$

同理可得

$$\begin{aligned}\frac{\partial e(k)}{\partial b_i}&=\frac{\partial e[k-i+j]}{\partial b_i}=\frac{\partial e(k-i)}{\partial b_i}\\\frac{\partial e(k)}{\partial c_i}&=\frac{\partial e(k-i+j)}{\partial c_i}=\frac{\partial e(k-i+1)}{\partial c_i}\end{aligned} \tag{13-86}$$

公式（13-85）和公式（13-86）均为差分方程，这些差分方程的初始条件为 0，可通过求解这些差分方程分别求出观测误差 $e(k)$ 关于 $a_1,\cdots,a_n,b_0,\cdots,b_n,c_1,\cdots,c_n$ 的全部偏导数，而这些偏导数分别为 $\{y(k)\},\{u(k)\},\{e(k)\}$ 的线性函数。下面求关于 θ 的偏导数，即

$$\frac{\partial^2 J}{\partial\theta^2}=\sum_{k=n+1}^{n+N}\frac{\partial e(k)}{\partial\theta}\left[\frac{\partial e(k)}{\partial\theta}\right]^{\mathrm{T}}+\sum_{k=n+1}^{n+N}e(k)\frac{\partial^2 e(k)}{\partial\theta^2} \tag{13-87}$$

当 $\hat{\theta}$ 接近于真值 θ 时，$e(k)$ 就接近于 0，在这种情况下，公式（13-87）等号右边第二项就接近于 0，$\frac{\partial^2 J}{\partial\theta^2}$ 就可近似的表示为

$$\frac{\partial^2 J}{\partial\theta^2}=\sum_{k=n+1}^{n+N}\frac{\partial e(k)}{\partial\theta}\left[\frac{\partial e(k)}{\partial\theta}\right]^{\mathrm{T}} \tag{13-88}$$

（4）按牛顿-拉卜森迭代法计算 θ 的新估计值 $\hat{\theta}_t$，有

$$\hat{\theta}_t=\hat{\theta}_0-\left[\left(\frac{\partial^2 J}{\partial\theta^2}\right)^{-1}-\frac{\partial J}{\partial\theta}\right]_{\hat{\theta}_0} \tag{13-89}$$

重复（2）至（4）的计算步骤，经过 r 次迭代计算之后可得 $\hat{\theta}_r$，进一步迭代计算可得

$$\hat{\theta}_{t+t}=\hat{\theta}_r-\left[\left(\frac{\partial^2 J}{\partial\theta^2}\right)^{-1}-\frac{\partial J}{\partial\theta}\right]_{\hat{\theta}_r} \tag{13-90}$$

如果满足收敛条件

$$\frac{\hat{\sigma}_{r+1}^2-\hat{\sigma}_r^2}{\hat{\sigma}_r^2}<10^{-4} \tag{13-91}$$

那么迭代计算停止，否则继续进行迭代计算，直至满足计算条件。公式（13-91）表明，当残差方差的计算误差小于0.01%时就停止计算，这一方法即使在噪声比较大的情况下也能得到较好的估计值 $\hat{\theta}$。

13.4.3 递推的极大似然参数估计

事实上，牛顿-拉卜森算法是一种递推算法，可以用于在线辨识，但是该算法每隔 N 次观测才递推一次。由于这种算法的缺点，本小节将介绍一种每观测一次数据就递推计算一次参数估计值的算法——递推的极大似然参数估计。

考虑如下的系统模型

$$y(k)=-\sum_{i=1}^{n}a_i y(k-i)+\sum_{i=1}^{n}b_i u(k-i)+\varepsilon(k)+\sum_{i=1}^{n}d_i\varepsilon(k-i)$$

那么待估计参数为

$$\theta=[a_i,\cdots,a_n,b_1,\cdots,b_n,d_1,\cdots d_n]^{\mathrm{T}}$$

同时可以得到目标函数为

$$J=\sum_{k=1}^{N}\varepsilon^2(k)=\min$$

约束条件为

$$\varepsilon(k)=y(k)+\sum_{i=1}^{n}a_i y(k-i)-\sum_{i=0}^{n}b_i u(k-i)-\sum_{i=1}^{n}d_i\varepsilon(k-i)$$

先将递推公式用符号表示为

$$J(\theta,N+1)=J(\theta,N)+\varepsilon^2(N+1) \tag{13-92}$$

假设存在 $\hat{\theta}_N$、P_N 和余项 β_N，其中 P_N 为正定对称阵，采用二次型函数来近似 $J(\theta,N)$，即

$$\begin{aligned}J(\theta,N)&=\sum_{k=1}^{N}\varepsilon^2(k)=(\theta-\hat{\theta}_N)^{\mathrm{T}}P_N^{-1}(\theta-\hat{\theta}_N)+\beta_N\\J(\theta,N+1)&=\sum_{k=1}^{N+1}\varepsilon^2(k)=(\theta-\hat{\theta}_N)^{\mathrm{T}}P_N^{-1}(\theta-\hat{\theta}_N)+\beta_N+\varepsilon^2(N+1)\end{aligned} \tag{13-93}$$

对 $\varepsilon(N+1)$ 在参数估计值 $\hat{\theta}_N$ 处进行一阶泰勒展开：

$$\varepsilon(N+1)\approx\varepsilon(N+1)|_{\hat{\theta}_N}+\left[\frac{\partial\varepsilon(N+1)}{\partial\theta}\right]_{\hat{\theta}_N}(\theta-\hat{\theta}_N)$$

$$h_f(N+1)\triangleq-\left[\frac{\partial\varepsilon(N+1)}{\partial\theta}\right]^{\mathrm{T}}\Bigg|_{\hat{\theta}_N}$$

$$=-\left[\frac{\partial\varepsilon(N+1)}{\partial a_1}\cdots\frac{\partial\varepsilon(N+1)}{\partial a_n}\cdots\frac{\partial\varepsilon(N+1)}{\partial b_1}\cdots\frac{\partial\varepsilon(N+1)}{\partial b_n}\cdots\frac{\partial\varepsilon(N+1)}{\partial d_1}\cdots\frac{\partial\varepsilon(N+1)}{\partial d_n}\right]^{n}\Bigg|_{\hat{\theta}_N}$$

将 $\varepsilon^2(N+1)$ 代入 $J(\theta,N+1)$ 并配完全平方：

$$J(\theta,N+1)=(\theta-\hat{\theta}_N)^{\mathrm{T}}P_N^{-1}(\theta-\hat{\theta}_N)+\beta_N+\left[\varepsilon(N+1)\big|_{\hat{\theta}_N}-h_f^{\mathrm{T}}(N+1)(\theta-\hat{\theta}_N)\right]^2$$

$$J(\theta,N+1)=\tilde{\theta}_N{}^{\mathrm{T}}(P_N^{-1}+h_f(N+1)h_f^{\mathrm{T}}(N+1))\tilde{\theta}_N-2\varepsilon(N+1)\big|_{\tilde{\theta}_N}h_f^{\mathrm{T}}(N+1))\tilde{\theta}_N+\varepsilon^2(N+1)\big|_{\tilde{\theta}_N}+\beta_N$$

$$J(\theta,N+1)=\left[\tilde{\theta}_N-r_{N+1}\right]^{\mathrm{T}}P_{N+1}^{-1}\left[\tilde{\theta}_N-r_{N-1}\right]+\beta_{N+1} \tag{13-94}$$

其中

$$r_{N+1}=P_{N+1}h_f(N+1)\varepsilon(N+1)\big|_{\hat{\theta}_N},\quad P_{N+1}^{-1}=P_N^{-1}+h_f(N+1)h_f^{\mathrm{T}}(N+1)$$

$$\beta_{N+1}=-r_{N+1}^{\mathrm{T}}P_{N+1}^{-1}r_{N+1}+\varepsilon^2(N+1)\big|_{\hat{\theta}_N}+\beta_N$$

那么就可以得到

$$\hat{\theta}_{N+1}=\hat{\theta}_N+r_{N+1} \tag{13-95}$$

其中

$$r_{N+1}=P_{N+1}h_f(N+1)\varepsilon(N+1)\big|_{\hat{\theta}_N};\quad P_{N+1}^{-1}=P_N^{-1}+h_f(N+1)h_f^{\mathrm{T}}(N+1)$$

利用矩阵的反演公式求 P_{N+1} 和 r_{N+1}：

$$(A+BC^{\mathrm{T}})^{-1}=A^{-1}-A^{-1}B(I+C^{\mathrm{T}}A^{-1}B)^{-1}C^{\mathrm{T}}A^{-1} \tag{13-96}$$

得到

$$P_{N+1}=P_N-\frac{P_Nh_f(N+1)h_f^{\mathrm{T}}(N+1)P_N}{1+h_f^{\mathrm{T}}(N+1)P_Nh_f(N+1)} \tag{13-97}$$

代入 r_{N+1} 可以得到

$$\begin{aligned}r_{N+1}&=\left[P_N-\frac{P_Nh_f(N+1)h_f^{\mathrm{T}}(N+1)P_N}{1+h_f^{\mathrm{T}}(N+1)P_Nh_f(N+1)}\right]h_f(N+1)\varepsilon(N+1)\big|_{\hat{\theta}_N}\\&=\frac{P_Nh_f(N+1)}{1+h_f^{\mathrm{T}}(N+1)P_Nh_f(N+1)}\hat{\varepsilon}_{N+1}\\&=K_{N+1}\hat{\varepsilon}_{N+1}\end{aligned}$$

其中，$K_{N+1}=\dfrac{P_Nh_f(N+1)}{1+h_f^{\mathrm{T}}(N+1)P_Nh_f(N+1)}$

那么就可以得到递推的极大似然估计法如下。

$$\hat{\theta}_{N+1} = \hat{\theta}_N + r_{N+1} = \hat{\theta}_N + K_{N+1}\hat{\varepsilon}_{N+1}$$

$$K_{N+1} = \frac{P_N h_f(N+1)}{1 + h_f^{\mathrm{T}}(N+1)P_N h_f(N+1)}$$

$$P_{N+1} = P_N - \frac{P_N h_f(N+1)h_f^{\mathrm{T}}(N+1)P_N}{1 + h_f^{\mathrm{T}}(N+1)P_N h_f(N+1)}$$

$$\hat{\varepsilon}_{N+1} = y(N+1) - h^{\mathrm{T}}(N+1)\hat{\theta}_N$$

$$h(N+1) = [-y(N),\cdots,-y(N+1-n),u(n),\cdots,u(N+1-n),\hat{\varepsilon}(N),\cdots,\hat{\varepsilon}(N+1-n)]^{\mathrm{T}}$$

$$h_f(N+1) = [-y_f(N),\cdots,-y_f(N+1-n),u_f(n),\cdots,u_f(N+1-n),\varepsilon_f(N),\cdots,\varepsilon_f(N+1-n)]^{\mathrm{T}}$$

$$\begin{cases} y_f(k) = y(k) - \hat{d}_1 y_f(k-1) - \cdots - \hat{d}_n y_f(k-n) \\ u_f(k) = u(k) - \hat{d}_1 u_f(k-1) - \cdots - \hat{d}_n u_f(k-n) \\ \varepsilon_f(k) = \hat{\varepsilon}(k) - \hat{d}_1 \varepsilon_f(k-1) - \cdots - \hat{d}_n \varepsilon_f(k-n) \end{cases}$$

总结极大似然参数辨识递推算法的流程图如图 13-16 所示。

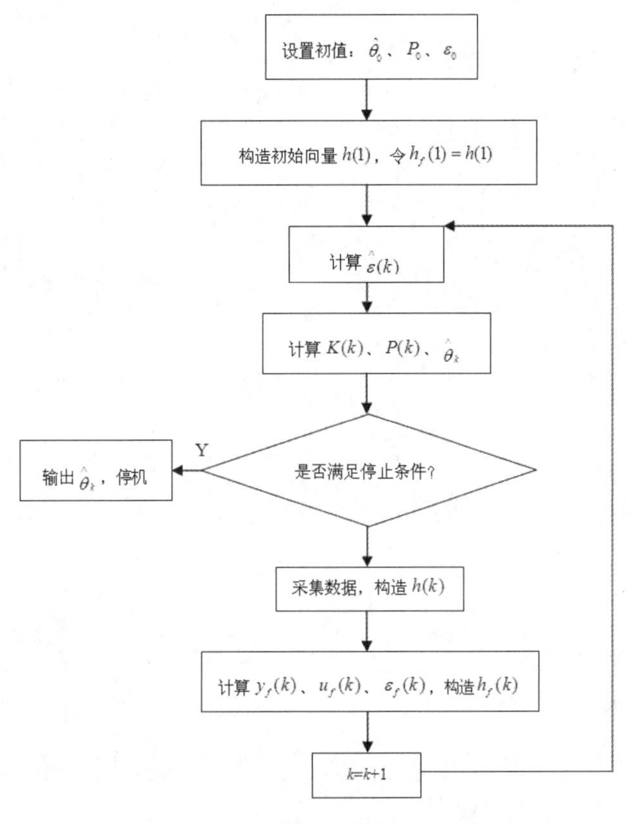

图 13-16　递推极大似然估计法流程图

【实例 13-10】 设动态系统的模型表示为

$$\begin{cases} A(z^{-1})z(k) = B(z^{-1})u(k) + e(k) \\ e(k) = D(z^{-1})v(k) \end{cases}$$

式中，$v(k)$ 是均值为 0，方差为 σ^2，服从正态分布的不相关随机噪声；$u(k)$ 和 $z(k)$ 表示系统的输入输出变量。现给出一系统模型如下。

$$z(k)-1.2z(k-1)+0.6z(k-2)=u(k-1)+0.5u(k-2)+e(k)$$
$$e(k)=v(k)-v(k-1)+0.2v(k-2)$$

其中，$v(k)$ 为随机信号，输入信号是幅值为 1 的 M 序列或随机信号，试用递推的极大似然法求系统辨识的参数 Φ。

思路·点拨

该实例主要是利用递推的极大似然参数估计方法。首先是系统的输入序列 M 序列，M 序列在之前的实例中也详细讲过，其次是递推极大似然估计法的算法步骤的理解，并如何将其转化为 MATLAB 语言。

结果文件——配套资源“Ch13\SL1310”文件

解：MATLAB 程序如下。

```
total=1200;
%M 序列作为输入
z1=1;z2=1;z3=1;z4=0;
for i=1:total
    x1=xor(z3,z4);
    x2=z1;
    x3=z2;
    x4=z3;
    z(i)=z4;;
    if z(i)>0.5
        u(i)=-1;
    else u(i)=1;
    end
    z1=x1;z2=x2;z3=x3;z4=x4;
end
figure (1) ;
stem(u),grid on;title('输入序列');
%产生正态分布的随机数
v=randn(total,1);
V=0;%计算噪声方差
for i=1:total
```

```
    V=V+v(i)*v(i);
end
V1=V/total;
%计算 z(k)
z (1) =1;z (2) =0;
for i=3:total
    z(i)=1.2*z(i-1)-0.6*z(i-2)+u(i-1)+0.5*u(i-2)+v(i)-v(i-1)+0.2*v(i-2);
end
%递推赋初值
theta1=0.001*ones(6,1);p0=eye(6,6);
zf (1) =0.1;zf (2) =0.1;vf (1) =0.1;vf (2) =0.1;uf (1) =0.1;uf (2) =0.1;
%计算迭代参数和误差值
for i=3:total
    h=[-z(i-1);-z(i-2);u(i-1);u(i-2);v(i-1);v(i-2)];
    hf=h;
    K=p0*hf*inv(hf'*p0*hf+1);
    p=[eye(6,6)-K*hf']*p0;
    v(i)=z(i)-h'*theta1;
    theta=theta1+K*v(i);
    p0=p;
    theta1=theta;
    a1(i)=theta (1) ;
    a2(i)=theta (2) ;
    b1(i)=theta (3) ;
    b2(i)=theta (4) ;
    d1(i)=theta (5) ;
    d2(i)=theta (6) ;
    e1(i)=abs(a1(i)+1.2);
    e2(i)=abs(a2(i)-0.6);
    e3(i)=abs(b1(i)-1.0);
    e4(i)=abs(b2(i)-0.5);
    e5(i)=abs(d1(i)+1.0);
```

```
    e6(i)=abs(d2(i)-0.2);
    zf(i)=z(i)-d1(i)*zf(i-1)-d2(i)*zf(i-2);
    uf(i)=u(i)-d1(i)*uf(i-1)-d2(i)*uf(i-2);
    vf(i)=v(i)-d1(i)*vf(i-1)-d2(i)*vf(i-2);
    hf=[-zf(i-1);-zf(i-2);uf(i-1);uf(i-2);vf(i-1);vf(i-2)];
end
%绘制估计参数变化曲线即误差曲线
figure (2) ;
i=1:total
plot(i,a1,'r',i,a2,'b',i,b1,'y',i,b2,'k',i,d1,'g',i,d2,'m');
grid;title('参数变化');
legend('a1','a2','b1','b2','d1','d2');
figure (3) ;
i=1:total;
plot(i,e1,'r',i,e2,'b',i,e3,'y',i,e4,'k',i,e5,'g',i,e6,'m');
grid;title('误差曲线');
legend('e1','e2','e3','e4','e5','e6');
```

程序的运行结果如图 13-17、图 13-18、图 13-19 所示。

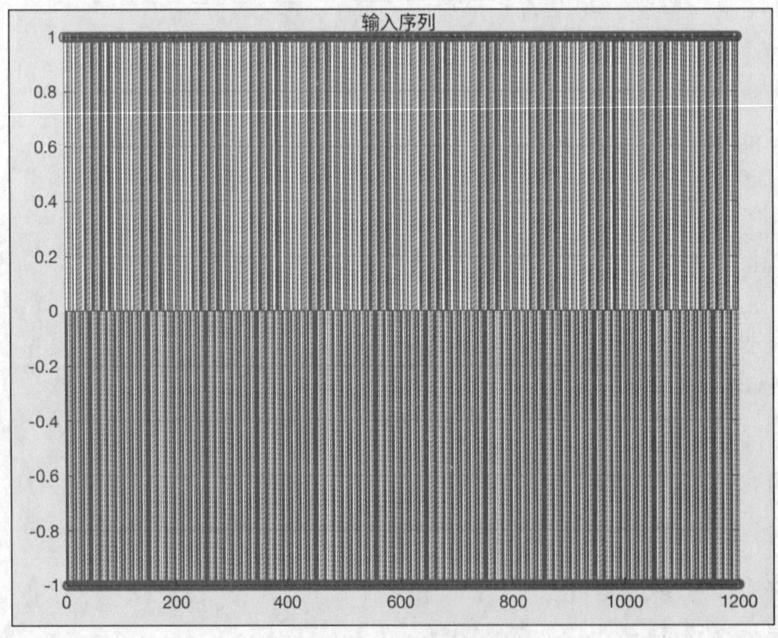

图 13-17　*M* 输入序列

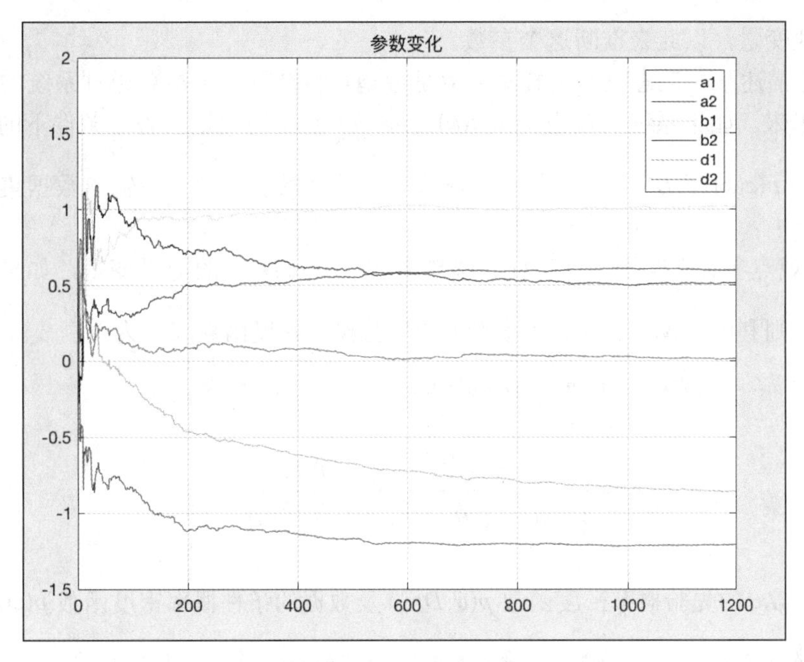

图 13-18　估计参数曲线

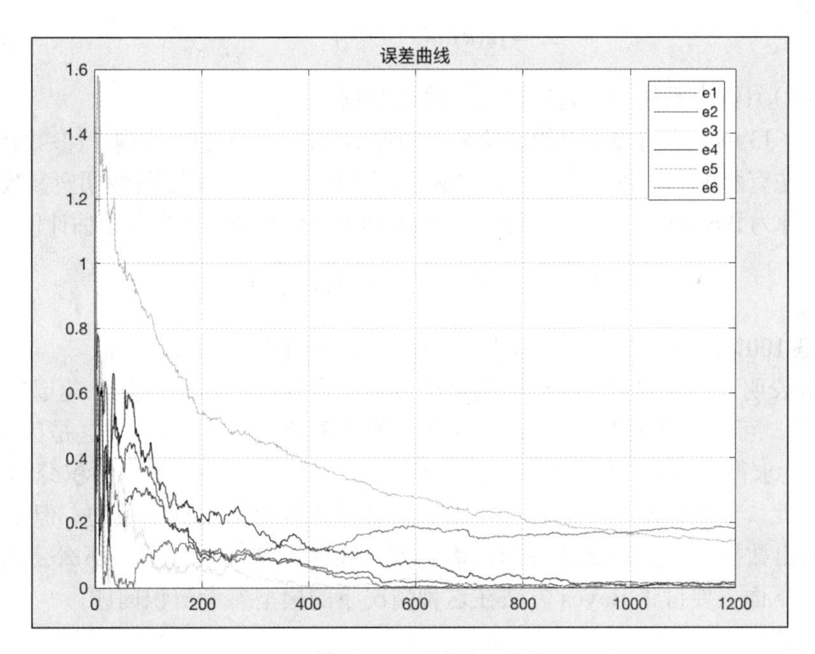

图 13-19　误差变化曲线

13.5　Bayes 辨识方法及 MATLAB 实现

13.5.1　Bayes 辨识方法的基本原理

Bayes 辨识方法的基本思想是把所有待估计的参数当作随机变量，然后通过观测与该参数有关的其他变量，以此来推断这个参数。

假设u是描述某一动态系统的模型，θ是模型u的参数，该参数通过系统的输入、输出观测值表现出来。如果系统的输出变量$z(k)$在参数θ及其历史记录D^{k-1}条件下的概率密度函数已知，记为$p(z(k)|\theta,D^{k-1})$，其中D^{k-1}表示$k-1$时刻以前的输入、输出数据集合，那么可以将 Bayes 观点参数θ当作具有某种先验概率密度$p(\theta,D^{k-1})$的随机变量，如果输入$u(k)$是确定的变量，则利用 Bayes 公式，把参数θ的后验概率密度函数表示为

$$\begin{aligned}p(\theta,D^{k-1}) &= p(\theta\,|\,z(k),u(k),D^{k-1}) \\ &= p(\theta\,|\,z(k),D^{k-1}) \\ &= \frac{p(z(k\,|\,\theta,D^{k-1})p(\theta\,|\,D^{k-1})}{\int_{-\infty}^{\infty}p(z(k)\,|\,\theta,D^{k-1})p(\theta\,|\,D^{k-1})\mathrm{d}\theta}\end{aligned} \tag{13-98}$$

其中，参数θ的先验概率密度函数$p(\theta,D^{k-1})$及数据的条件概率密度函数$p(z(k\,|\,\theta,D^{k-1})$是已知的；$D^k$表示$k$时刻以前的输入、输出数据集合，与$D^{k-1}$满足如下的关系：

$$D^k=\{z(k),u(k),D^{k-1}\} \tag{13-99}$$

其中，$u(k),z(k)$为系统k时刻的输入、输出数据。

通过公式（13-98）求得参数θ的后验概率密度函数后，可以进一步求得参数θ的估计值。一般常用的方法有两种，一种是极大后验参数估计方法；另外一种是条件期望参数估计方法。这两种方法都称为Bayes 方法，它是直接以参数θ的条件数学期望作为参数估计值，即

$$\hat{\theta}(k)=E\{\theta\,|\,D^k\}=\int_{-\infty}^{\infty}\theta p(\theta\,|\,D^k)\mathrm{d}\theta \tag{13-100}$$

公式（13-100）所表述的意义就是用随机变量的均值作为它的估计值。

通过分析表明，不管参数θ的后验概率密度函数取为什么形式，条件期望参数估计总是无偏一致估计。可是，条件期望参数估计在计算上存在很大的困难。这是因为公式（13-100）必须事先求得参数θ的后验概率密度函数，并且公式（13-100）的积分运算计算是比较困难的。因此，一般情况下，条件期望参数估计在工程上是难以应用的。但是，如果参数θ与输入、输出数据之间关系是线性的，而且数据噪声服从高斯分布，那么公式（13-100）将有准确解。下面主要讨论 Bayes 方法在这种情况下的模型参考辨识问题。

13.5.2 最小二乘模型的 Bayes 参数辨识

对于如下的模型

$$A(z^{-1})z(k)=B(z^{-1})u(k)+v(k)$$

其中，$\{v(k)\}$是均值为零、方差为σ_v^2的服从高斯分布的白噪声序列，且

$$\begin{cases} A(z^{-1}) = 1 + a_1 z^{-1} + \cdots + a_{n_a} z^{-n_a} \\ B(z^{-1}) = b_1 z^{-1} + \cdots + b_{n_b} z^{-n_b} \end{cases}$$

模型的阶次 n_a、n_b 均是已知的。将该模型写成最小二乘形式如下：

$$Z(k) = h^{\mathrm{T}}(k)\theta + v(k)$$

其中：

$$\begin{cases} h(k) = [-z(k-1),\cdots,-z(k-n_a),u(k-1),\cdots,u(k-n_b)]^{\mathrm{T}} \\ \theta = [a_1,\cdots a_{n_a},b_1,\cdots b_{n_a}]^{\mathrm{T}} \end{cases}$$

应用 Bayes 方法估计模型的参数 θ 时，首先要把参数 θ 看作是随机变量，然后利用公式 $\left.\frac{\partial \log p(\theta \mid D^k)}{\partial \theta}\right|_{\hat{\theta}_{MP}} = 0$ 或公式（13-100）来确定待辨识参数 θ 的估计值。显然，无论采用哪个公式计算，都需要预先确定参数 θ 的后验概率密度函数 $p(\theta \mid D^k)$。根据公式（13-98）并利用 Bayes 公式进行推导，可求得最小二乘模型递推算法的 Bayes 方法的参数递推估计算法如下：

$$\begin{cases} \hat{\theta}(k) = \hat{\theta}(k-1) + K(k)[z(k) - h^{\mathrm{T}}(k)\hat{\theta}(k-1)] \\ K(k) = P(k-1)h(k)[h^{\mathrm{T}}(k)P(k-1)h(k) + \sigma_v^2]^{-1} \\ P(k) = [I - K(k)]h^{\mathrm{T}}P(k-1) \end{cases} \tag{13-101}$$

其中：

$$K(k) = \frac{1}{\sigma_v^2} P(k)h(k)$$

13.5.3 MATLAB 仿真实例

【实例 13-11】考虑如图 13-20 所示的仿真对象。

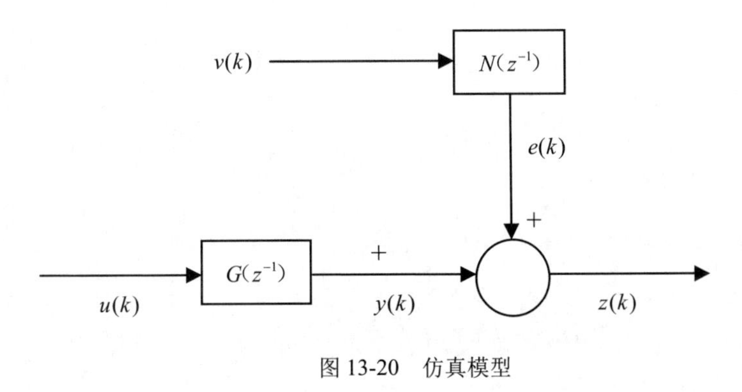

图 13-20 仿真模型

其中，$v(k)$ 是服从 $N(0,1)$ 分布的不相关随机噪声，并且

$$G(z^{-1})=\frac{B(z^{-1})}{A(z^{-1})},N(z^{-1})=\frac{D(z^{-1})}{C(z^{-1})}$$

$$\begin{cases}A(z^{-1})=C(z^{-1})=1-1.5z^{-1}+0.7z^{-2}\\B(z^{-1})=1.0z^{-1}+0.5z^{-2}\\D(z^{-1})=1-z^{-1}+0.2z^{-2}\end{cases}$$

选择如下的仿真模型结构：

$$\begin{aligned}&z(k)+a_1z(k-1)+a_2z(k-2)=\\&b_1u(k-1)+b_2u(k-2)+v(k)+d_1v(k-1)+d_2v(k-2)\end{aligned}$$

请采用 Bayes 参数辨识方法求上述模型的参数。系统的输入信号采用 4 位移位寄存器的 M 序列。

思路·点拨

利用 Bayes 方法进行参数辨识时，首先利用 4 位移位寄存器产生幅值为 1 的输入信号，对被辨识的参数赋初值。按照公式（13-101）分别计算 $K(k)$、$\theta(k)$ 及 $P(k)$，然后计算系统的实际输出响应及模型响应并判断被辨识参数是否满足收敛条件，若满足，则辨识结束。

结果文件——配套资源“Ch13\SL1311”文件

解：MATLAB程序如下。

```
%Bayes 辨识方法
%M 序列输入信号
N=60;
z1=1;z2=1;z3=1;z4=0;
for i=1:N
    x1=xor(z3,z4);
    x2=z1;
    x3=z2;
    x4=z3;
    z(i)=z4;;
    if z(i)>0.5
        u(i)=-1;
    else u(i)=1;
    end
    z1=x1;z2=x2;z3=x3;z4=x4;
```

```
end
%产生均值为 0，方差为 1 的正态分布
v=randn(1,60);
%输出采样、系统实际输出、模型输出赋初值
z (1) =0;z (2) =0;zs (1) =0;zs (2) =0;zm (1) =0;zm (2) =0;
%参数辨识
%给辨识参数赋初值
c0=[0.001,0.001,0.001,0.001,0.001,0.001,0.001]';
%初始状态赋初值，具体为一个充分大的实数单位矩阵
p0=10^6*eye(7,7);
%给出相对误差判断标准
E=0.00000000005;
%被辨识参数矩阵及相对误差的初始值及大小
c=[c0,zeros(7,14)];
e=zeros(7,15);
%求 K
for k=3:20
    z(k)=1.5*z(k-1)-0.7*z(k-2)+u(k-1)+0.5*u(k-2)+v(k)-v(k-1)+0.2*v(k-2);
    h1=[-z(k-1),-z(k-2),u(k-1),u(k-2),v(k),v(k-1),v(k-2)]';
    x=h1'*p0*h1+1;
    x1=inv(x);
    k1=p0*h1*x1;
    %求被辨识参数
    d1=z(k)-h1'*c0;
    c1=c0+k1*d1;
    zs(k)=1.5*z(k-1)-0.7*z(k-2)+u(k-1)+0.5*u(k-2);%系统输出响应
    zm(k)=[-z(k-1),-z(k-2),u(k-1),u(k-2)]*[c1 (1) ;c1 (2) ;c1 (3) ;c1 (4) ];%模型
的输出响应
    e1=c1-c0;
    e2=e1./c0; %参数的相对变化
    e(:,k)=e2;
    c0=c1;
    c(:,k)=c1;
```

```
    p1=p0-k1*k1'*[h1'*p0*h1+1];
p0=p1;
%判断是否满足收敛条件，若满足，则退出；若不满足，则继续执行
    if(e2<=E)
        break;
    end
end
%辨识参数分离
a1=c(1,:);a2=c(2,:);b1=c(3,:);b2=c(4,:);d1=c(5,:);d2=c(6,:);d3=c(7,:);
%参数误差分离
ea1=e(1,:);ea2=e(2,:);eb1=e(3,:);eb2=e(4,:);ed1=e(5,:);ed2=e(6,:);ed3=e(7,:);
%绘制参数变化曲线图
figure (1) ;
k=1:20;
plot(k,a1,'r',k,a2,'b',k,b1,'y',k,b2,'k',k,d1,'g',k,d2,'m',k,d3,'c');
title('辨识参数变化曲线');
legend('a1','a2','b1','b2','d1','d2','d3');
grid;
%绘制误差变化曲线
figure (2) ;
i=1:20;
plot(i,ea1,'r',i,ea2,'b',i,eb1,'y',i,eb2,'k',i,ed1,'g',i,ed2,'m',i,ed3,'c');
title('误差变化曲线');
legend('ea1','ea2','eb1','eb2','ed1','ed2','ed3');
grid;
```

参数辨识的结果如下。

```
c1 =
   -1.5000
    0.7000
    1.0000
    0.5000
    1.0000
   -1.0000
    0.2000
```

程序的运行结果分别如图 13-21、图 13-22 所示。

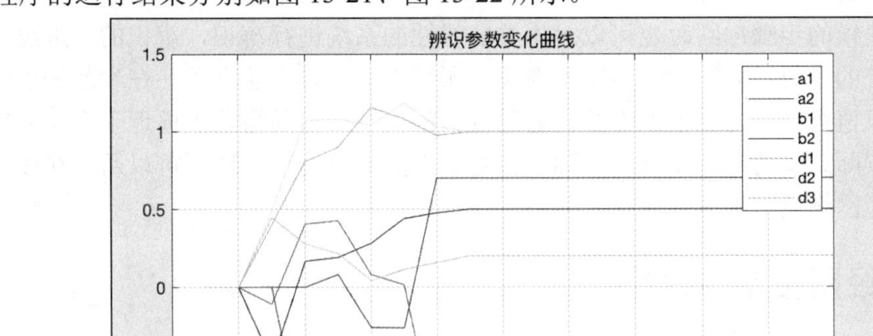

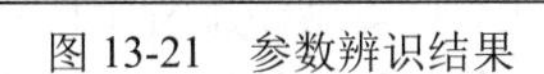

图 13-21　参数辨识结果

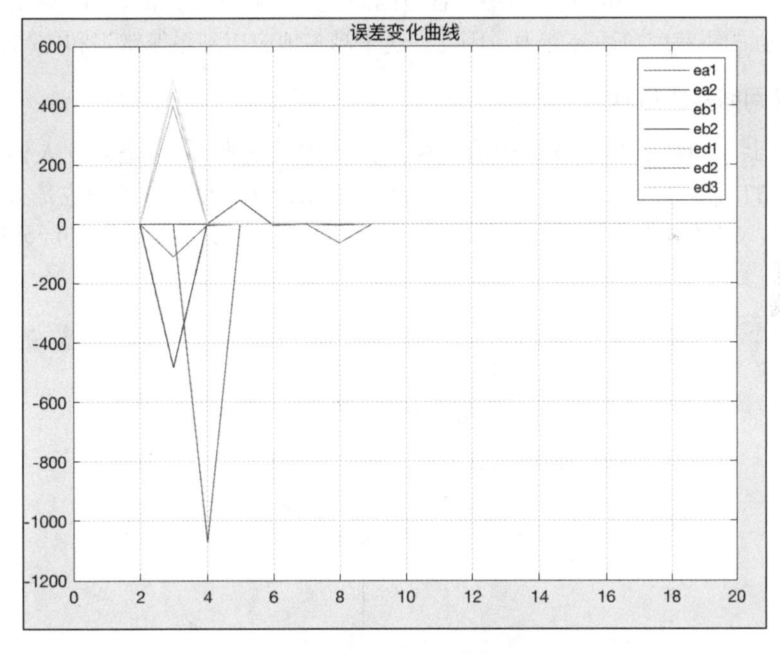

图 13-22　参数误差变化曲线

13.6　神经网络模型辨识方法及 MATLAB 实现

对于参数易变的非线性复杂系统的模型参数辨识，前几节所讨论的古典辨识方法和现代辨识方法并不能够解决，那么有什么方法可以用于该种类型的系统辨识呢？这就是本节要所讨论的神经网络辨识方法。神经网络辨识方法可以不要求建立系统的辨识格式，那么就可以省去系统结构建模的步骤；同时也可以对本质非线性的系统进行辨识，辨识的收敛速度不依赖于待辨识系统的维数，只与神经网络本身及其所采用的学习算法有关。在参数辨识中，神经网络的连接权值可以对应于模型参数，通过权值的调节可使网络输出逼近于系统的输出。神经网络作为实际系统的辨识模型，实际上也是系统的一个物理实现，可以用于在线控制。总而言之，神经网络是一种黑箱建模工具。

13.6.1 神经网络基本介绍

人工神经网络（简称神经网络，Neural Network）是模拟人脑四维方式的数学模型。神经网络是现代生物学在研究人脑组织成果的基础上提出的，用来模拟人类大脑神经网络的结构和行为。神经网络反映了人脑功能的基本特征，如并行信息处理、学习、联想、模式分裂及记忆等。

20 世纪 80 年代以来，人工神经网络研究取得了突破性的进展，神经网络辨识时采用神经网络进行逼近或建模，神经网络辨识为解决复杂的非线性、不确定、未知系统的控制问题开辟了新的途径。神经元网络是智能控制技术的三大组成部分（神经网络、模糊控制和专家系统）之一。人工神经元是专家根据生物神经元特点在工程上的应用研究发展起来的，它是神经网络的基本处理单元。不同类型的神经网络有各自的激发函数和学习方法。神经网络由于其对非线性系统具有较强的跟踪或自适应能力，因此，越来越多地应用到系统辨识和控制领域。

一、神经网络基本原理

在生物学上，神经系统的基本构造是神经元（神经细胞），它是处理人体内各部分之间相互信息传递的基本单元。同样，在人工神经网络系统中，人工神经元也是人工神经网络的基本处理单元，它是对生物神经元的简化和模拟。图 13-23 所示为人工神经元的基本结构。

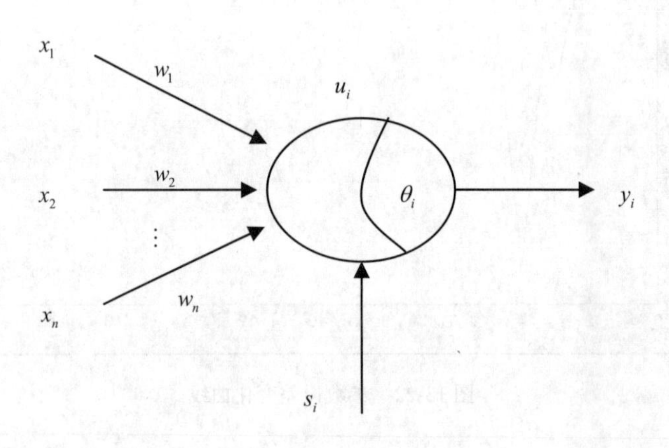

图 13-23　人工神经元基本结构

由图 13-23 可知，神经元是一个多输入单输出的非线性元件。

其中，u_i 为神经元的内部状态，θ_i 为阈值，x_j $(j=1,\cdots,n)$为输入信号，w_{ij} 为表示从单

元u_j到单元u_i的连接权系数，s_i为外部输入信号。

图 13-23 所表示的模型可以描述为

$$\begin{aligned} I &= \sum_j w_{ij} x_j + s_i - \theta_i \\ y &= f(I) \end{aligned} \tag{13-102}$$

其中，$f(x)$称为激发函数或作用函数，其常用的神经元非线性特性有阈值型、分段线性型和函数型。常用的激发函数如图 13-24 所示。

其中，图 13-24(a)、图 13-24(b)均为阈值型函数；图 13-24(c)为饱和型函数；图 13-24(d)为双曲型函数或称为对称的 sigmoid 函数$f(x)=\tanh(x)=\dfrac{1-e^{-I}}{1+e^{-I}}$；图 13-24(e)为 sigmoid 函数$f(x)=\dfrac{1}{1+e^{-\beta I}}$，通常情况下$\beta$取 1；图 13-24(f)是高斯函数$f(x)=\exp\left[\dfrac{(1-c)^2}{b^2}\right]$，其中$c$是高斯函数的中心值，为零时，函数以$y$轴为对称轴，$b$是高斯函数的尺度因子，主要作用是确定高斯函数的宽度。

决定神经网络模型性能的三大要素如下。

（1）神经元（信息处理单元）的特性。

（2）神经元之间相互连接的形式——拓扑结构。

（3）为适应环境而改善性能的学习规则。

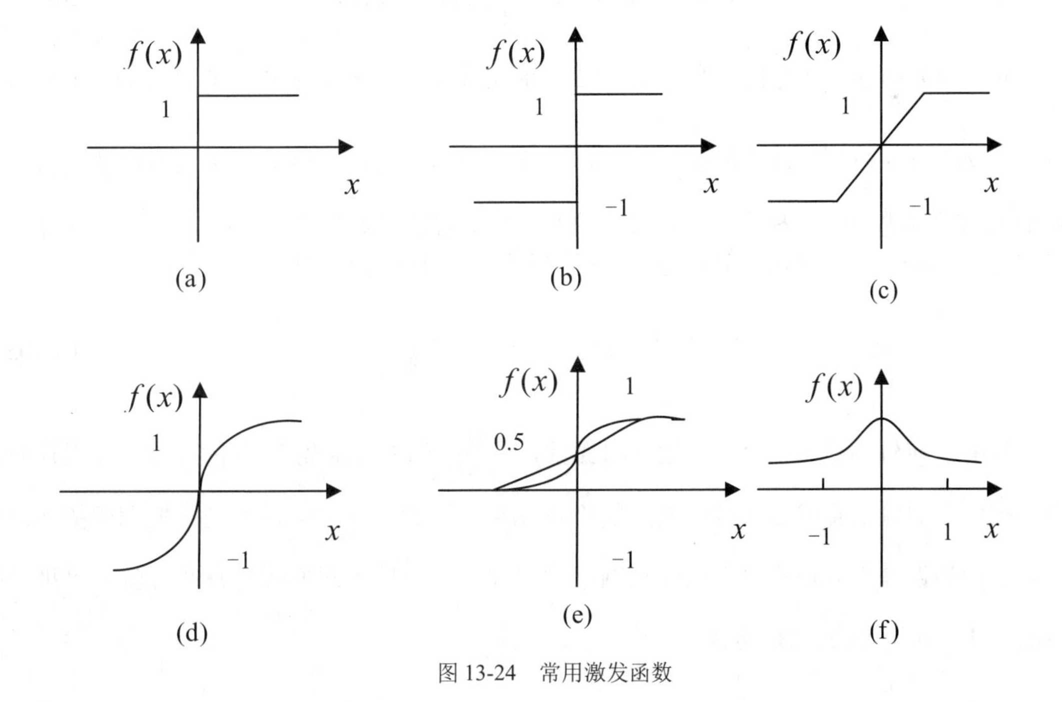

图 13-24　常用激发函数

二、常用神经网络学习方法

在人工神经网络中，学习规则是修正网络权值的一种算法，以获得合适的映射函数或其他系统性能。人工神经网络中常用的学习方法主要有 Hebb 学习法、梯度下降学习法、δ 学习法、BP 算法。

1．Hebb 学习法

Hebb 学习法是由加拿大著名生理心理学家唐纳德·赫布提出的，赫布认为神经网络的学习过程最终是发生在神经元之间的突触部位，突触的连接强度随着突触前后神经元的活动而变化，变化的量与两个神经元的活性之和成正比。这一描述可以用公式表示为

$$w_{ij}(k+1)=w_{ij}(k)+I_iI_j \tag{13-103}$$

Hebb 学习规则是一个无监督学习规则，这种学习的结果是使得网络能够提取训练集的统计特性，从而把输入信息按照它们的相似性程度划分为若干类，这就与人类观察和认识世界的过程非常吻合。Hebb 学习规则只根据神经元连接间的激活水平改变权值，因此这种学习方法又称为相关学习法或并联学习法。

Hebb 学习规则的提出为神经网络的学习算法奠定了基础，后来的各种学习规则和算法都是在此基础上提出来的，以适应不同网络模型的需要。有效的学习方法，能够使神经网络能通过连接权重的调整，构造客观世界的内在表征。

2．梯度下降学习法

梯度下降学习法是一种有导师信号的学习。假设下列准则函数：

$$J(W)=\frac{1}{2}\varepsilon(W,k)^2=\frac{1}{2}[Y(k)-\hat{Y}(W,k)]^2 \tag{13-104}$$

其中，$Y(k)$ 为期望输出；$\hat{Y}(W,k)$ 为期望的实际输出；W 为所有权值组成的权值向量；$\varepsilon(W,k)$ 为 $\hat{Y}(W,k)$ 对 $Y(k)$ 的偏差。那么，梯度下降学习法就是用来求解如何调整权值向量 W 使得准则函数最小。梯度下降学习法的原理是沿着准则函数 $J(W)$ 的负梯度方向不断修正权值向量 $W(k)$ 的值，使得准则函数 $J(W)$ 达到最小。用公式表示为

$$W(k+1)=W(k)+\mu(k)\left(-\frac{\partial J(W)}{\partial W}\right)\Bigg|_{W-W(k)} \tag{13-105}$$

其中，$\mu(k)$ 为控制权值修正速度的变量。$\frac{\partial J(W)}{\partial W}$ 为准则函数 $J(W)$ 的梯度。在上述问题中，把网络的输出看成是网络权值向量 W 的函数，因此网络的学习就是根据期望的输出和实际之间的误差平方最小原则来修正网络的权向量。根据不同形式的 $\hat{Y}(W,k)$ 就可以推导响应的算法：δ 学习法和 BP 算法。

3．δ 学习法

由于自适应线性元件的输出可以表示为

$$\hat{Y}(W,k)=W^{\mathrm{T}}X(k)$$

其中：$W=(w_0,w_1,\cdots,w_n)^{\mathrm{T}}$ 为权值向量；$X(k)=(x_0,x_1,\cdots,x_n)^{\mathrm{T}}$ 为 k 时刻的输入模式。

因此，准则函数 $J(W)$ 的梯度可以表示为

$$\left.\frac{\partial J(W)}{\partial W}\right|_{W=W(k)}=-\varepsilon(W,k)\left.\frac{\partial \hat{Y}(W,k)}{\partial W}\right|_{W=W(k)}=-\varepsilon(W,k)X(k)\big|_{W=W(k)} \tag{13-106}$$

当 $u(k)=a/\|X\|^2$ 时，δ 规则可以表示为

$$W(k+1)=W(k)+\frac{a}{\|X(k)\|^2}\varepsilon(W(k),k)X(k) \tag{13-107}$$

其中，参数 a 为控制算法和收缩性的常数，一般取为 $0.1<a<1.0$ 。

为了使表示方法更加简便，δ 学习法也可以分别表示为如下的形式：

$$W(k+1)=W(k)+\eta\varepsilon(W(k),k)X(k) \tag{13-108}$$

或

$$W(k+1)=W(k)+\eta(1-a)\varepsilon(W(k),k)X(k)+a(W(k)-W(k-1)) \tag{13-109}$$

其中，$\eta={}^{a}\!\big/_{\|X(k)\|^2}$，通常取为 $0.01\leqslant\eta\leqslant10.0$ ，参数 a 取 0.9。

4．BP 算法

BP 算法是误差反向传播的 BP 算法，其基本思想是梯度下降法。BP 算法采用梯度搜索技术，以使网络的实际输出值与期望输出值的误差均方值达到最小值。该方法是在 1986 年由 Rumelhart 等提出的，简称 BP 网络（Back Propagation），该网络是一种单向传播的多层前向网络。BP 网络不仅有输入层结点、输出层结点，而且有隐层结点，其作用函数通常选用连续可导的 Sigmoid 函数 $f(x)=1/[1+\exp(-x)]$ 。

13.6.2　BP 神经网络

BP 神经网络是一种单向传播的多层前向网络，其基本思想是梯度下降法。BP 神经网络是一种多层网络，包括了输入层、隐含层和输出层，层与层之间采用全互连方式，同一层神经元之间不连接；同时，权值通过 δ 学习算法进行调节，并且学习算法由正向传播和反向传播组成；在非线性系统模型辨识中，神经元激发函数通常选择用连续可导的 Sigmod 函数。除此之外，层与层的连接是单向的，信息的传播是双向的。由于 BP 网络具有很好的逼近非线性映射的能力，因此 BP 网络在模式识别、图像处理、系统辨识、函数拟合、优化计算、最优预测和自适应控制等领域有着较为广泛的应用；除此之外，由于 BP 网络具有很好的逼近特性和泛化能力，可用于神经网络控制的设计，但由于收敛速度较慢，难以达到实时控制的要求。

含有一个隐含层的 BP 神经网络结构如图 13-25 所示。

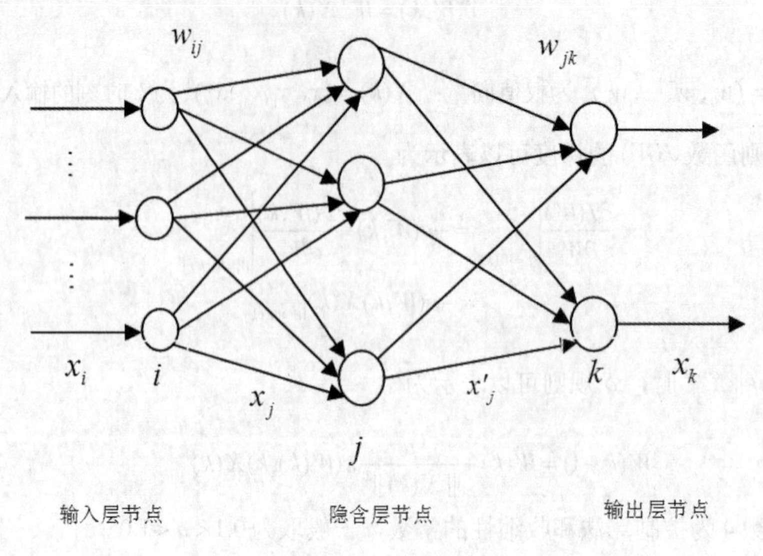

图 13-25 BP 神经网络结构

BP 神经网络的逼近结构如图 13-26 所示。图中 k 为网络的迭代步骤，$u(k)$为网络的输入，$y(k)$为被控对象的输出。将系统输出 $y(k)$和输入 $u(k)$的值作为神经实际输出，$y_n(k)$为 BP 网络的输入，将系统输出与网络输出的误差作为神经网络的调整信号。

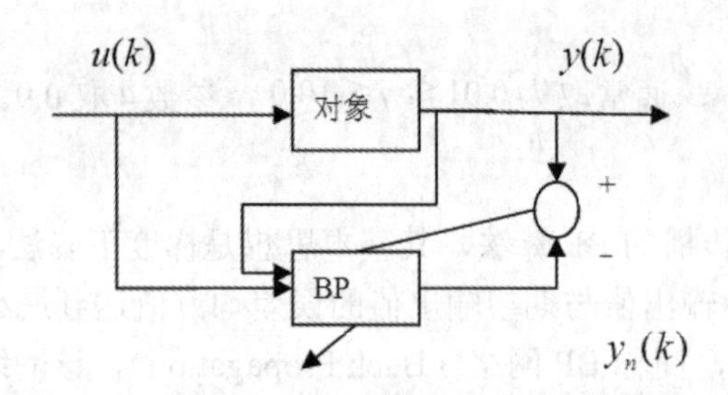

图 13-26 BP 神经网络的逼近结构

图 13-26 中用于逼近的 BP 网络结构如图 13-27 所示。

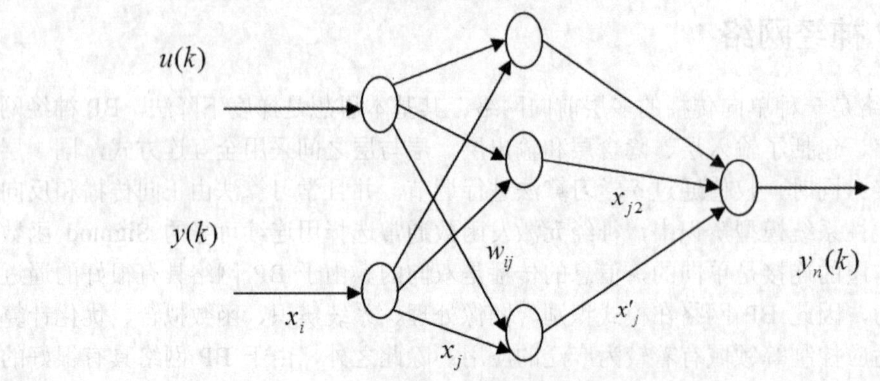

图 13-27 用于逼近的 BP 网络

BP 算法的学习过程由正向传播和反向传播组成。在正向传播过程中，输入信息从输入层经过隐含层逐层处理，并传向输出层，每层神经元（节点）的状态只影响下一层神经元的状态。如果在输出层不能得到期望的输出，则转至反向传播，将误差信号（理想输出与实际输出之差）按连接通路反向计算，由梯度下降法调整各层神经元的权值，使得误差信号减小。具体如下。

1．前向传播：计算网络的输出

隐层神经元的输入为所有输入的加权之和，即

$$x_j = \sum_i w_{ij} x_j$$

隐含层神经元的输出采用 Sigmod 函数激发，即

$$x'_j = f(x_j) = \frac{1}{1+\mathrm{e}^{-x_j}}$$

那么就可以得到

$$\frac{\partial x'_j}{\partial x_j} = x'_j(1-x'_j)$$

输出层神经元的输出为

$$x_k = \sum_j w_{j2} x'_j$$

取 $y_n(k) = x_k$，则网络输出与理想输出误差为

$$e(k) = y(k) - y_n(k)$$

误差性能指标为

$$E = \frac{1}{2} e(k)^2$$

2．反向传播：采用 δ 学习算法，调整各层间的权值

根据梯度下降法，权值的学习算法如下。

输出层及隐含层的连接权值学习算法为

$$\Delta w_{j2} = -\eta \frac{\partial E}{\partial w_{j2}} = \eta e(k) \frac{\partial x_k}{\partial w_{j2}} = \eta e(k) x'_j \tag{13-110}$$

那么 $k+1$ 时刻网络的权值为

$$w_{j2}(t+1) = w_{j2}(t) + \Delta w_{j2} \tag{13-111}$$

隐层及输入层连接权值的学习算法为

$$\Delta w_{ij} = -\eta \frac{\partial E}{\partial w_{ij}} = \eta e(k) \frac{\partial x_n}{\partial w_{ij}} \tag{13-112}$$

其中：

$$\frac{\partial y_n}{\partial w_{ij}}=\frac{\partial y_n}{\partial x'_j}.\frac{\partial x'_j}{\partial x_j}.\frac{\partial x_j}{\partial x_{ij}}=w_{j2}\frac{\partial x'_j}{\partial x_j}x_i=w_{j2}x'_j\left(1-x'_j\right)x_i$$

$k+1$时刻网络的权值为

$$w_{ij}(k+1)=w_{ij}(k)+\Delta w_{ij}$$

如果考虑上次权值对本次权值变化的影响，那么就需要加入动量因子a，此时的权值就变化为

$$w_{j2}(k+1)=w_{j2}(k)+\Delta w_{j2}+a\left[w_{j2}(k)-w_{j2}(k-1)\right] \tag{13-113}$$

$$w_{ij}(k+1)=w_{ij}(k)+\Delta w_{ij}+a\left[w_{ij}(k)-w_{ij}(k-1)\right] \tag{13-114}$$

其中，η为学习速率，a为动量因子。取值分别为$\eta,a\in[0,1]$。

对象的输出对控制输入的灵敏度信息算法（即 Jacobian 矩阵）为

$$\frac{\partial y(k)}{\partial u(k)}\approx\frac{\partial y_n(k)}{\partial u(k)}=\frac{\partial y_n(k)}{\partial x'_j}\times\frac{\partial x'_j}{\partial x_j}\times\frac{\partial x_j}{\partial x(1)}=\sum_j w_{j2}x'_j\left(1-x'_j\right)w_{1j} \tag{13-115}$$

其中：$x_1=u(t)$。

BP 网络有其自己的优点，具体表现为只要有足够多的隐层和隐层节点，BP 网络可以逼近任意的非线性映射关系；并且 BP 网络的学习算法属于全局逼近算法，具有较强的泛化能力；同时 BP 网络输入输出之间的关联信息分布地存储在网络的连接权中，个别神经元的损坏只对输入输出关系有较小的影响，因而 BP 网络具有较好的容错性。然而 BP 网络在实际应用中也有不少的缺陷，主要有：若系统中的参数较多，那么 BP 网络的收敛速度将会变得很慢，同时，目标函数存在多个极值点，按梯度下降法进行学习，很容易陷入局部极小值；此外，BP 网络难以确定隐层及隐层节点的数目，目前，如何根据特定的问题来确定具体的网络结构依然没有较好的方法，仍然需要根据经验来实验验证。

【实例 13-12】 BP 网络在线逼近仿真实例。

使用 BP 神经网络对如下对象进行逼近：

$$y(k)=u(k)^2+\frac{y(k-1)}{1+y(k-1)}$$

绘出 BP 神经网络的逼近效果，同时给出逼近误差曲线。

思路·点拨

利用 BP 神经网络对系统进行逼近时，主要由两个步骤组成。首先是计算前向传播，即计算网络的输出，一般采用的激发函数为 S 函数，并构造误差性能指标函数；其次是反向传播，采用δ学习算法，调整各层之间的权值。

结果文件——配套资源“Ch13\SL1312”文件

解：MATLAB 程序如下。

```
%BP 神经网络逼近实例
clear;
xite=0.50; %学习速率
alfa=0.05; %动量因子
 %产生随机信号 w1,w2
w2=rands(6,1);
w2_1=w2;w2_2=w2_1;
w1=rands(2,6);
w1_1=w1;w1_2=w1;
dw1=0*w1;
 %BP 网络逼近初始化
x=[0,0]';
u_1=0;
y_1=0;
I=[0,0,0,0,0,0]';
Iout=[0,0,0,0,0,0]';
FI=[0,0,0,0,0,0]';
%BP 神经网络逼近开始
ts=0.001;
for  k=1:1000
time(k)=k*ts;
u(k)=0.50*sin(3*2*pi*k*ts); %输入信号
y(k)=u_1^2+y_1/(1+y_1);
for  j=1:6
    I(j)=x'*w1(:,j);
    Iout(j)=1/(1+exp(-I(j)));
end
yn(k)=w2'*Iout;           %神经网络的输出
e(k)=y(k)-yn(k);     %构造误差性能指标函数
w2=w2_1+(xite*e(k))*Iout+alfa*(w2_1-w2_2); %计算权值 w2
for j=1:6
   FI(j)=exp(-I(j))/(1+exp(-I(j)))^2;
end
```

```
for i=1:2
   for j=1:6
      dw1(i,j)=e(k)*xite*FI(j)*w2(j)*x(i);
   end
end
w1=w1_1+dw1+alfa*(w1_1-w1_2); %计算权值 w1
%计算 jacobian 阵
yu=0;
for j=1:6
   yu=yu+w2(j)*w1(1,j)*FI(j);
end
dyu(k)=yu;
x (1) =u(k);
x (2) =y(k);
w1_2=w1_1;w1_1=w1;
w2_2=w2_1;w2_1=w2;
u_1=u(k);
y_1=y(k);
end
figure (1) ;
plot(time,y,'r',time,yn,'b');
xlabel('times');ylabel('y and yn');legend('y','yn');grid;
title('BP 神经网络系统逼近');
figure (2) ;
subplot(211);
plot(time,y-yn,'r');
xlabel('times');ylabel('error');grid;title('误差曲线')
subplot(212);
plot(time,dyu);
xlabel('times');ylabel('dyu');grid;title('微分');
```

程序的运行结果分别如图 13-28、图 13-29 所示。

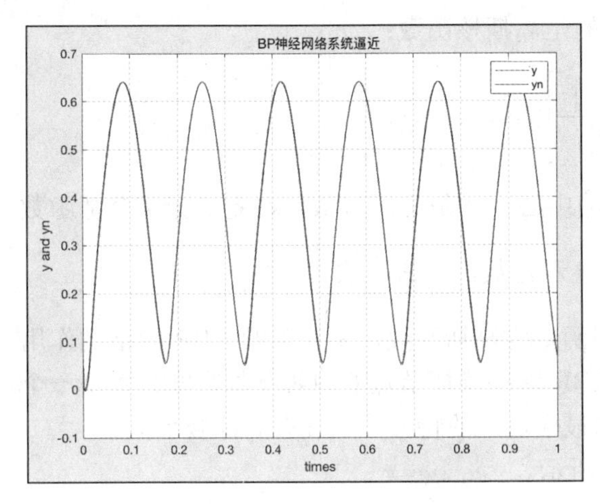

图 13-28　BP 神经网络逼近结果

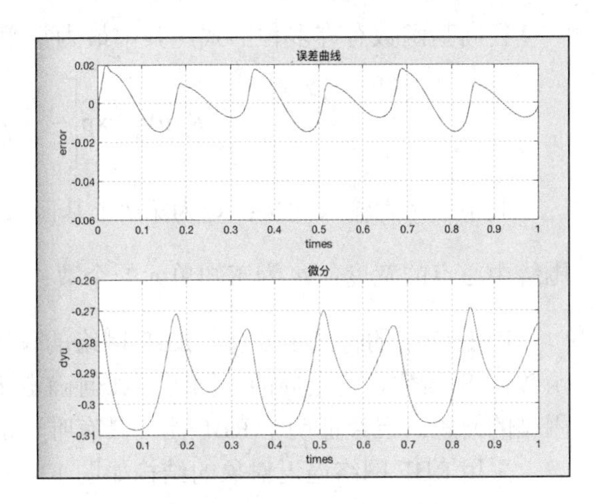

图 13-29　BP 神经网络逼近误差

13.6.3　RBF 神经网络辨识

径向基函数（Radial Basis Function，RBF）神经网络的结构如图 13-30 所示。径向基函数神经网络与多层前向网络类似，是一种性能良好、具有单隐层的三层前向网络。输入层信号由信号源节点组成，第二层为隐层，第三层为输出层。从输入空间到隐含层空间的变换是非线性的，而从隐含层到输出层空间的变换是线性的，隐单元的变换函数是 RBF，输出层神经元采用线性单元，RBF 是一种局部分布的对中心径向对称衰减的非负非线性函数。径向基函数是基于一种插值的方法来确定一个函数 y_i，使得它与目标值相匹配。网络的算法可以描述为：给定一个 n 维空间的点集及每个点对应的实值可以用中心位于径向对称的基函数的加权和来逼近。RBF 网络的训练一般分为两个阶段：用聚类算法确定基函数的参数和；采用最小二乘法确定权值。其中聚类算法属于无导师学习，目的是求得各隐层节点的 RBF 的中心 c_i，当 c_i 确定后，转入有导师学习阶段，利用最小二乘法确定权值。已经证明，RBF 网络能以任意精度逼近任意连续函数。由于它模拟了人脑中局部调整、相互覆盖接受域（或称感受域）的神经网络结构，因此，RBF 网络是一种局部逼近网络。

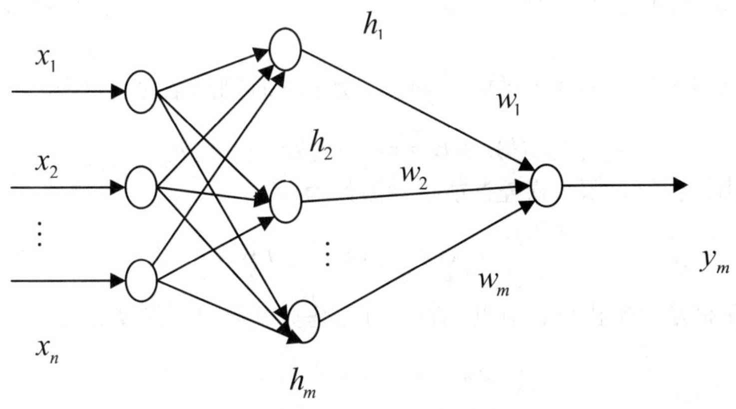

图 13-30　RBF 网络结构

径向基函数有许多种形式，其中最为常用的是高斯核函数：

$$R_i(u)=\exp\left[-\frac{\|u-c_i\|^2}{2e_i^2}\right](i=1,2,\cdots,m)$$

其中，u 为输入向量；c_i 为第 j 个基函数的中心；e_i 是平滑参数，决定了第 j 个基函数围绕中心点的宽度；m 为感知单元的个数；$\|\cdot\|$ 表示范数，通常取欧式范数。

RBF 网络的特点主要有：RBF 网络的作用函数为高斯函数，是局部的，BP 网络的作用函数为 S 函数，是全局的。同时，如何确定 RBF 网络隐层节点的中心及基宽度参数是一个困难的问题。已经证明了 RBF 网络具有唯一的最佳逼近的特性，且没有局部极小值。

采用 RBF 网络逼近对象的结构如图 13-31 所示。

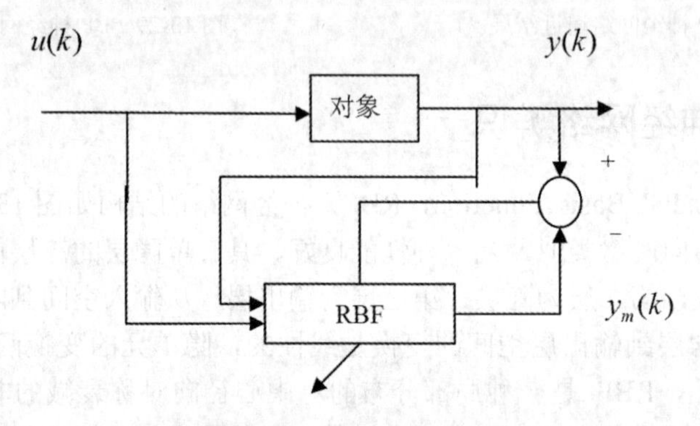

图 13-31　RBF 网络逼近结构图

在 RBF 网络结构中，$X=[x_1,x_2,\cdots,x_n]^{\mathrm{T}}$ 为网络的输入向量，设 RBF 网络的径向基向量为 $H=[h_1,h_2,\cdots,h_j,\cdots,h_m]^{\mathrm{T}}$，其中 h_1 为高斯基函数，网络的第 j 个节点的中心矢量为

$$C_j=[c_{1j},c_{2j},\cdots,c_{ij},\cdots,c_{nj}]^{\mathrm{T}}\,(i=1,2,\cdots,n)$$

设网络的基宽向量为 $B=[b_1,b_2\cdots,b_m]^{\mathrm{T}}$，其中 b_j 为节点的基宽度参数，且为大于零的数。网络的权向量为 $W=[w_1,w_2,\cdots,w_j,\cdots,w_m]$。那么 k 时刻网络的输出为

$$y_m(k)=WH=w_1h_1+w_2h_2+\cdots+w_mh_m$$

设理想输出为 $y(k)$，那么误差性能指标函数为

$$E(k)=\frac{1}{2}(y(k)-y_m(k))^2$$

根据梯度下降法，输出权、节点中心及节点基宽参数的迭代算法为

$$\Delta w_j=\eta(y(k)-y_m(k))h_j \tag{13-116}$$

$$w_j(k)=w_j(k-1)+\Delta w_j+a(w_j(k-1)-w_j(k-2)) \tag{13-117}$$

其中，η 为学习速率，a 为动量因子。

对象的输出对控制输入的灵敏度信息（即 Jacobian 阵）的算法为

$$\frac{\partial y(k)}{\partial u(k)}\approx\frac{\partial y_m(k)}{\partial u(k)}=\sum_{j=1}^{m}w_jh_j\frac{c_{1j}-x_1}{b_j^2} \tag{13-118}$$

其中，取 $x_1=u(k)$。

【实例 13-13】RBF 网络逼近实例。

使用 RBF 神经网络对如下对象进行逼近：

$$y(k)=u(k)^2+\frac{y(k-1)}{1+y(k-1)}$$

绘出 RBF 神经网络的逼近效果，同时给出逼近误差曲线。

思路·点拨

在 RBF 神经网络逼近中，首先要给出对象的输出向量，同时给出径向基向量，然后计算在某时刻网络的输出，由此给出系统的误差性能指标函数，最后根据迭代算法进行逼近。

结果文件——配套资源“Ch13\SL1313”文件

解：MATLAB 程序如下。

```
%RBF 网络逼近实例
%学习速率和动量因子
alfa=0.05;
xite=0.5;
%初始化
x=[0,0]';
b=1.5*ones(4,1);
c=0.5*ones(2,4);
%产生随机信号
w=rands(4,1);
w_1=w;w_2=w_1;
c_1=c;c_2=c_1;
b_1=b;b_2=b_1;
d_w=0*w;
d_b=0*b;
y_1=0;
```

```
%RBF 网络逼近
ts=0.001;
for k=1:1:2000
time(k)=k*ts;
%输入信号
u(k)=0.50*sin(1*2*pi*k*ts);
%系统输出
y(k)=u(k)^2+y_1/(1+y_1);
x (1) =u(k);
x (2) =y(k);
for j=1:4
    h(j)=exp(-norm(x-c(:,j))^2/(2*b(j)*b(j)));%径向基函数
end
ym(k)=w'*h';%k 时刻网络的输出
em(k)=y(k)-ym(k);%误差性能指标函数
%输出权、节点中心及节点基宽参数的迭代算法
for j=1:4
   d_w(j)=xite*em(k)*h(j);
   d_b(j)=xite*em(k)*w(j)*h(j)*(b(j)^-3)*norm(x-c(:,j))^2;
  for i=1:2
   d_c(i,j)=xite*em(k)*w(j)*h(j)*(x(i)-c(i,j))*(b(j)^-2);
  end
end
   w=w_1+ d_w+alfa*(w_1-w_2);
   b=b_1+d_b+alfa*(b_1-b_2);
   c=c_1+d_c+alfa*(c_1-c_2);
%计算 Jacobian 阵
yu=0;
for j=1:1:4
yu=yu+w(j)*h(j)*(c(1,j)-x (1) )/b(j)^2;
end
dyu(k)=yu;
```

```
y_1=y(k);
w_2=w_1;
w_1=w;
c_2=c_1;
c_1=c;
b_2=b_1;
b_1=b;
end
%绘制 RBF 网络逼近效果及逼近误差
figure (1) ;
plot(time,y,'r',time,ym,'b');
xlabel('time(s)');ylabel('y and ym');grid;title('RBF 网络逼近');
legend('y','ym');
figure (2) ;
plot(time,y-ym,'r');
xlabel('time(s)');ylabel('error');title('逼近误差');grid;
```

程序的运行结果如图 13-32、图 13-33 所示。

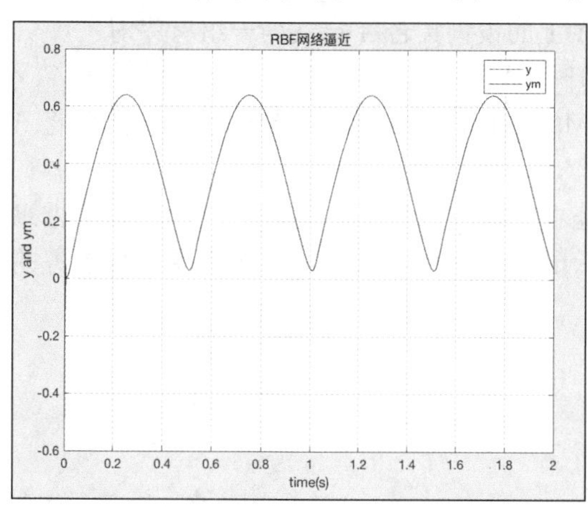

图 13-32　RBF 网络逼近

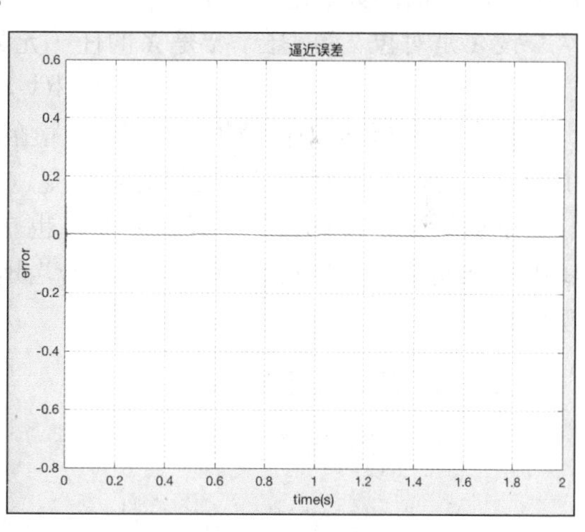

图 13-33　RBF 网络逼近误差

13.7　模糊系统辨识及 MATLAB 实现

模糊逻辑和神经网络都是重要的智能控制方法，将模糊逻辑和神经网络相结合，取长补短，能形成一种新的控制方法——模糊神经网络。模糊信息处理以模糊逻辑为基础，抓住了人类思维中的模糊性特点，模仿人的模糊综合判断推理来处理常规方法难以解决的模糊信息处理的难题。人工神经网络是以生物神经网络为模拟对象，试图在模拟推理及自学习等方面向前发展，使人工智能更接近人脑的自组织和并行处理等功能。模糊神经网络就是将模糊理论同神经网络有机结合起来，可有效发挥各自的优势。本节主要介绍模糊神经网络在系统辨识中的应用。

13.7.1 模糊理论概述

模糊理论按语言采集的方式获取知识，但又利用数字来表示这些知识，并用数值的方法进行处理，使得人们更容易理解编码的知识，也容易引入启发性的知识。模糊集合理论提供了系统的、以语言表示这类信息的计算工具，通过使用隶属函数表示的语言变量，可以进行数值计算。合理选择模糊 if-then 规则是模糊推理系统的关键因素，它可以有效地对特定应用领域中的某些知识进行建模。

一、模糊集合和隶属函数

数学上的集合是具有精确边界的集合。例如，包含大于 2 的时序的数学集合 A 可以表示为

$$A=\{x\mid x>2\}$$

该集合拥有一个明确的边界 2，如果集合中的 x 大于边界，那么就属于集合 A，反之则不属于集合 A。但是模糊集合却截然不同，它所表示的属于与不属于之间的转变是逐渐的，是一种程度上的转变。一般来说，在不同程度上的具有某种特定性质的所有元素的总和叫作模糊集合，它没有明确的边界。但是模糊集合有一个度量指标，称为隶属函数，它是模糊集合的特征函数，定义如下。

设 X 是对象 x 的集合，x 是 X 的任一元素。X 上的模糊集合 A 定义为一组有序对：

$$A=\{(x,\mu_A(x))\mid x\in X\}$$

其中，$\mu_A(x)$ 称为模糊集合 A 的隶属函数（Membership Function，MF）。隶属函数将 X 中的每个元素映射为 0 和 1 之间的隶属度。

隶属函数是模糊数学中最重要的，也是最基本的概念。有了隶属函数，就可以根据隶属函数把元素对模糊集合的归属程度恰当地表示出来，这种表示能够反映客观世界事务的模糊性。

二、常用的隶属函数

1．三角形隶属函数

$$\mu_A(x)=\text{triangle}(x,a,b,c)=\begin{cases}0 & x<a\\ \dfrac{x-a}{b-a} & a\leqslant x<b\\ \dfrac{x-c}{b-c} & b\leqslant x<c\\ 0 & x\geqslant c\end{cases}$$

参数 a、b、c 分别取值为 20、50、80 时的图像如图 13-34(a)所示。

2．梯形隶属函数

$$\mu_A(x)=\text{trapezoid}(x,a,b,c,d)=\begin{cases}0 & x<a\\ \dfrac{x-a}{b-a} & a\leqslant x<b\\ 1 & b\leqslant x<c\\ \dfrac{x-d}{c-d} & c\leqslant x<d\\ 0 & x\geqslant d\end{cases}$$

参数 a、b、c、d 分别取值为 10、30、50、80 时的图像如图 13-34(b)所示。

3．高斯隶属函数

$$\mu_A(x)=\text{gaussian}(x,c,\sigma)=\exp\left[-\frac{1}{2}\left(\frac{x-c}{\sigma}\right)^2\right]$$

当参数 c、σ 分别取值为 2、5 时，高斯隶属函数的图像如图 13-34(c)所示。

4．广义钟形隶属函数

$$f(x,a,b,c)=\frac{1}{1+\left|\dfrac{x-c}{a}\right|^{2b}}$$

其中，参数 b 通常为正，参数 c 用于确定曲线的中心。广义钟形隶属函数的图像如图 13-34(d)所示。

5．S 形隶属函数

$$f(x,a,c)=\frac{1}{1+\mathrm{e}^{-a(x-c)}}$$

其中，参数 a 的正负决定了 S 形隶属函数的开口朝左或朝右，用来表示“正大”或“负大”的概念。S 形隶属函数的图像如图 13-34(e)所示。

6．Z 形隶属函数

$$f(x,a,b)=\begin{cases}1 & x\leqslant a\\ 1-2\left(\dfrac{x-a}{b-a}\right)^2 & a<x\leqslant\dfrac{a+b}{2}\\ 2\left(\dfrac{x-b}{b-a}\right)^2 & \dfrac{a+b}{2}<x\leqslant b\\ 0 & x>b\end{cases}$$

Z 形隶属函数是基于样条函数的曲线，因为其形状呈现 Z 形而命名。参数 a 和 b 决定了曲线的形状。Z 形隶属函数的图像如图 13-34(f)所示。

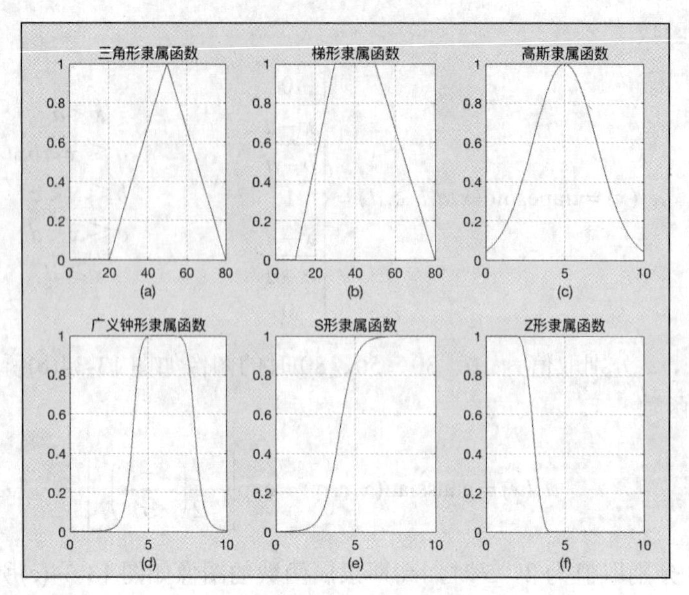

图 13-34 隶属函数

【实例 13-14】利用 MATLAB 绘制以上 6 种隶属函数。

思路·点拨

利用 MATLAB 绘制以上 6 种隶属函数时，可以用自己编写的函数，也可以用模糊工具箱中的函数。其中高斯隶属函数、S 形隶属函数、广义钟形隶属函数及 Z 形隶属函数采用模糊工具箱中的函数。三角形隶属函数及梯形隶属函数不采用工具箱中的函数。具体函数的使用方法可以通过在 MATLAB 命令空间输入“doc+函数名”进行查询。

结果文件——配套资源“Ch13\SL1314”文件

解：MATLAB 程序如下。

```
%三角形隶属函数
%参数 a、b、c 分别取值为 20、50、80
a=20;b=50;c=80;
for i=1:80
   if(i<a)
      x(i)=0;
   else if((a<=i) & (i<b))
         x(i)=(i-a)/(b-a);
      else if((b<=i) & (i<c))
            x(i)=(i-c)/(b-c);
         else
```

```
                    x(i)=0;
                end
            end
        end
    end
subplot(231);
plot(x);grid;title('三角形隶属函数');xlabel('(a)');
%梯形隶属函数
%参数 a、b、c、d 分别取值为 10、30、50、80
a=10;b=30;c=50;d=80;
for i=1:d
    if(i<a)
        x(i)=0;
    else if((a<=i)&(i<b))
            x(i)=(i-a)/(b-a);
        else if((b<=i)&(i<c))
                x(i)=1;
            else if((c<=i)&(i<d))
                    x(i)=(i-d)/(c-d);
                else
                    x(i)=0;
                end
            end
        end
    end
end
subplot(232);
plot(x);grid;title('梯形隶属函数');xlabel('(b)');
%高斯隶属函数
%参数 c、sigma 分别取值为 2、5
i=0:0.1:10;
y=gaussmf(i,[2,5]);
```

```
subplot(233);
plot(i,y);grid;title('高斯隶属函数');xlabel('(c)');
%广义钟形隶属函数
%参数 a、b、c 分别取值为 2、4、6
i=0:0.1:10;
x=gbellmf(i,[2,4,6]);
subplot(234);
plot(i,x);grid;title('广义钟形隶属函数');xlabel('(d)');
%S 形隶属函数
%参数 a、c 分别取值为 2、4
i=0:0.1:10
x=sigmf(i,[2,4]);
subplot(235);
plot(i,x);grid;title('S 形隶属函数');xlabel('(e)')
%Z 形隶属函数
i=0:0.1:10
x=zmf(i,[2,4]);
subplot(236);
plot(i,x);grid;title('Z 形隶属函数');xlabel('(f)');
```

程序的运行结果见图 13-34。

三、模糊算子

模糊集合的逻辑运算实际上就是隶属函数的运算过程。采用隶属函数的取大取小进行模糊集合的并、交逻辑运算是目前最常用的方法，但是还有其他的公式，这些公式统称为“模糊算子”。

设有模糊集合 A、B 和 C，常用的模糊算子如下。

1．交运算算子

设 $C = A \cap B$，有 3 种模糊算子。

（1）模糊交算子

$$\mu_C(x) = \min\{\mu_A(x), \mu_B(x)\}$$

（2）代数积算子

$$\mu_C(x) = \mu_A(x) \cdot \mu_B(x)$$

（3）有界积算子

$$\mu_C(x) = \max\{0, \mu_A(x) + \mu_B(x) - 1\}$$

2．并运算算子

设 $C = A \cup B$，有 3 种模糊算子。

（1）模糊并算子

$$\mu_C(x) = \max\{\mu_A(x), \mu_B(x)\}$$

（2）概率或算子

$$\mu_C(x) = \mu_A(x) + \mu_B(x) - \mu_A(x) \times \mu_B(x)$$

（3）平衡算子

当隶属函数取大取小运算时，不可避免地会丢失一部分信息。如果采用一种平衡算子，那么就可以使用该平衡算子起到补偿作用。具体如下。

设 $C = A \bullet B$，则可以得到

$$\mu_C(x) = [\mu_A(x) \cdot \mu_B(x)]^{1-\gamma} \cdot [1 - (1 - \mu_A(x)) \cdot (1 - \mu_B(x))]^{\gamma}$$

其中，参数 γ 的取值范围为 $[0,1]$。

从上述式子可以看出：

当 $\gamma = 0$ 时，$\mu_C(x) = \mu_A(x) \cdot \mu_B(x)$，相当于 $A \cap B$。

当 $\gamma = 1$ 时，$\mu_C(x) = \mu_A(x) + \mu_B(x) - \mu_A(x) \cdot \mu_B(x)$，相当于 $A \cup B$。

四、模糊系统设计

模糊系统设计的主要步骤如下。

1．定义输入输出模糊集

例如，对于误差为 E、误差变化为 EC 的模糊集及其论域定义如下。

E、EC 的模糊集均为 $\{NB,NM,NS,ZO,PS,PM,PB\}$。

E、EC 的论域均为 $\{-3,-2,-1,0,1,2,3\}$。

2．定义输入输出隶属函数

模糊变量误差 E、误差变化 EC 的模糊集和论域确定之后，需要对模糊语言变量确定隶属函数，确定论域内元素对模糊语言变量的隶属度。

3．建立模糊控制规则

根据人的经验知识，由系统输出的误差及误差变化趋势来设计模糊控制规则。模糊控制规则语句构成了描述众多被控过程的模糊模型。

4．建立模糊控制表

模糊系统规则可采用模糊规则表来描述，模糊规则一共有 49 条，各个模糊语句之间是或的关系，由第一条语句所确定的控制规则可以计算出 u_1，依次类推可以计算其他的控制量，则系统的输出可以表示为

$$u = u_1 + u_2 + \cdots + u_{49}$$

表 13-3 所示的是一个距离的模糊规则表。

表 13-3 模糊规则表

u		E						
		NB	NM	NS	ZO	PS	PM	PB
EC	NB	PB	PB	PM	PM	PS	ZO	ZO
	NM	PB	PB	PM	PS	PS	ZO	NS
	NS	PM	PM	PM	PS	ZO	NS	NS
	ZO	PM	PM	PS	ZO	NS	NM	NM
	PS	PS	PS	ZO	NS	NS	NM	NM
	PM	PS	ZO	NS	NM	NM	NM	NB
	PB	ZO	ZO	NM	NM	NM	NB	NB

5．模糊推理

模糊推理是模糊系统的核心，它利用某种模糊推理算法和模糊规则进行推理，得出最终的控制量。

6．反模糊化

通过模糊推理得到的结果是模糊集合，必须要经过反模糊化才能够进行使用。常用的反模糊化方法为重心法。

13.7.2 基于 T-S 模型的模糊系统辨识

T-S 模型有很多优点：由于其规则前件是模糊变量，而结论部分是输入输出线性函数，它以局部线性化为基础，通过模糊推理方法实现了全局的非线性；并且由于 T-S 模型使用了局部线性化函数，能克服以往模糊模型的高维数问题，所以 T-S 模型成为人们广泛应用的模糊模型。

T-S 模型是 Takagi 和 Sugeno 于 1985 年提出的，本质是一种非线性模型，适用于表达复杂系统的动态特性。该模型具体如下。

假如有 r 条模糊规则组成集合来表示模糊系统，其中第 i 条模糊规则的形式如下。

R^i : IF x_1 is A_1^i and x_2 is $A_2^i \cdots$ and x_m is A_m^i

THEN $y^i = f(x_1, x_2, \cdots, x_m), i = 1, 2, \cdots, r$

其中，r 表示规则的数目，R^i 、y^i 表示第 i 条模糊规则，$A_j^i (j = 1, 2, \cdots, m)$ 为模糊子集，隶属函数可以取三角形、梯形或高斯型隶属函数等，也可以是任意函数。当函数 $f(x_1, x_2, \cdots, x_m)$ 为一阶多项式并且含有常数项（即 $a_j x_j + b$，b 为常数），那么就称该模型为仿射 T-S 模糊模型；当 $f(x_1, x_2, \cdots, x_m)$ 为一阶多项式并且不含有常数项（即 $a_j x_j + b$，a_j 为常系数），得到的模型称为齐次 T-S 模糊模型；当 $y^i = f(x_1, x_2, \cdots, x_m)(i = 1, 2, \cdots, r)$ 为常数时，得到的模糊模型称为零阶 T-S 模糊模型。一般情况下的 T-S 模糊模型指的是仿射 T-S 模糊模型。

【实例 13-15】根据 T-S 模糊模型，设计一个仿真实例。设输入量为 $X \in [0,5]$，$Y \in [0,10]$，将这两个量模糊化为两个模糊量：小和大。设输出为输入的线性函数，其规则如下。

if *X* 为 small and *Y* 为 small, then $Z=-x+y-3$;

if *X* 为 small and *Y* 为 big，then $Z=x+y-1$;

if *X* 为 big and *Y* 为 small, then $Z=-2y+2$;

if *X* 为 big and *Y* 为 big，then $Z=2x+y-6$。

思路·点拨

根据上述规则可以设计一个二输入、单输出的 T-S 模糊模型，可以观察输入输出隶属函数的曲线，采用 MATLAB 模糊工具箱所带的函数进行求解。

结果文件——配套资源“Ch13\SL1315”文件

解：MATLAB 程序如下。

```
%T-S 模型
ts2=newfis('ts2','sugeno');
ts2=addvar(ts2,'input','X',[0 5]);
ts2=addmf(ts2,'input',1,'little','gaussmf',[1.8 0]); %小
ts2=addmf(ts2,'input',1,'big','gaussmf',[1.8 5]); %大
ts2=addvar(ts2,'input','Y',[0 10]);
ts2=addmf(ts2,'input',2,'little','gaussmf',[4.4 0]); %小
ts2=addmf(ts2,'input',2,'big','gaussmf',[4.4 10]); %大
ts2=addvar(ts2,'output','Z',[-3 15]);
ts2=addmf(ts2,'output',1,'first area','linear',[-1 1 -3]);
ts2=addmf(ts2,'output',1,'second area','linear',[1 1 1]);
ts2=addmf(ts2,'output',1,'third area','linear',[0 -2 2]);
ts2=addmf(ts2,'output',1,'fourth area','linear',[2 1 -6]);
%规则列表
rulelist=[1 1 1 1 1;
          1 2 2 1 1;
          2 1 3 1 1;
          2 2 4 1 1];
%添加规则列表
ts2=addrule(ts2,rulelist);
showrule(ts2);
```

```
figure (1) ;
subplot(211);
plotmf(ts2,'input',1);
xlabel('x');
subplot (212);
plotmf(ts2,'input',2);
xlabel('x');
figure (2) ;
gensurf(ts2);
xlabel('x'),ylabel('y'),zlabel('z'); title('输入/输出曲线');
```

程序的运行结果分别如图 13-35、图 13-36 所示。

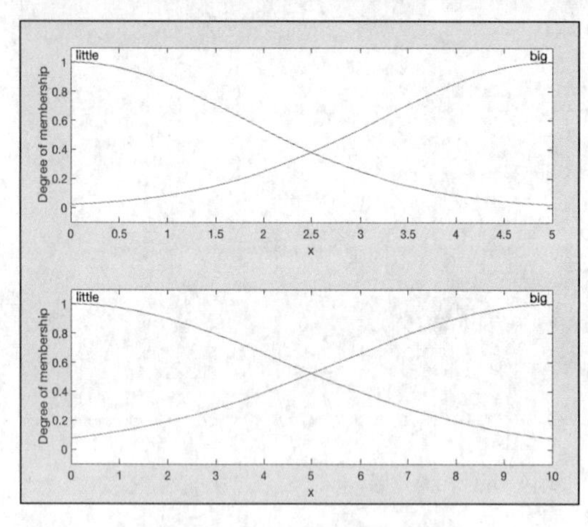

图 13-35　输入隶属函数曲线

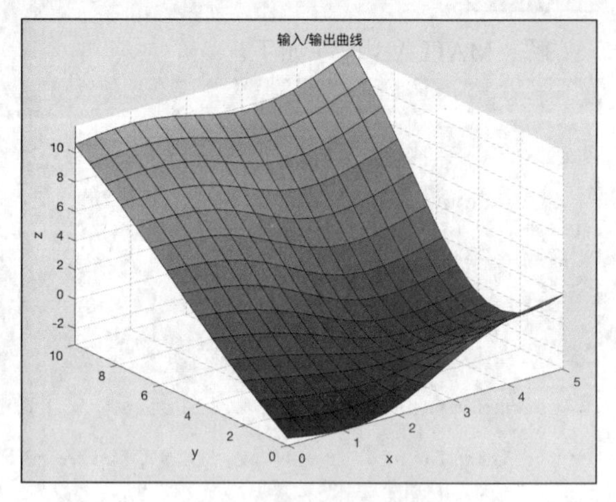

图 13-36　输入输出曲线

T-S 模糊推理系统非常适合于分段线性控制系统，如在导弹、飞行器的控制中，可根据高度和速度建立 T-S 型的模糊推理系统，实现性能良好的线性控制。

13.7.3　模糊逼近

各种类型的 Mamdani 和 T-S 模糊系统在过去几年中都被证明是万能的函数逼近器，它们能一致逼近定义在闭区间 D 上的任意连续函数到任意高的逼近精度。一些 Mamdani 型模糊系统是基于 Stone-Weierstrass 理论被证明是万能的函数逼近器，另外则有一些学者构造地证明了 Mamdani 型和 T-S 型模糊系统是万能的函数逼近器。模糊万能逼近存在性理论如下。

一般 n 维的模糊系统 $F(x)$(x 是 n 维输入变量，$x\in\Theta$)，总能一致逼近定义在闭区间 D 上的任意连续函数 $f(x)$到任意高的逼近精度，也就是说，给定一个在定义域 D 上的任意连续函数 $f(x)$和任意逼近精度 X，总存在一个模糊系统 $F(x)$，满足下面的条件：

$$\max_{x\in\Theta}|F(x)-f(x)|\leqslant X \tag{13-119}$$

下面详细讲解如何进行模糊逼近。

一、模糊控制系统的设计

设二维模糊系统 $g(x)$ 为集合 $U=[a_1,\beta_1]\times[a_2,\beta_2]\subset R^2$ 上的一个函数，解析形式未知。假设对任意的一个 $x\in U$，都能得到 $g(x)$，那么就可以设计一个逼近的模糊系统。其设计步骤如下。

（1）在 $[a_i,\beta_i]$ 上定义 $N_i(i=1,2)$ 个标准的、一致的和完备的模糊集：

$$A_i^1,A_i^2,\cdots,A_i^{N_i}$$

（2）组建 $M=N_1\times N_2$ 条模糊集 IF-THEN 规则 $R_u^{i_1i_2}$：如果 x_1 为 $A_1^{i_1}$ 且 x_2 为 $A_2^{i_2}$，那么 y 为 $B^{i_1i_2}$。其中，$i_1=1,2,\cdots,N_1$，　$i_2=1,2,\cdots,N_2$，将模糊集 $B^{i_1i_2}$ 的中心（用 $\overline{y}^{i_1i_2}$ 表示）选择为

$$\overline{y}^{i_1i_2}=g(e_1^{i_1},e_2^{i_2}) \tag{13-120}$$

将上述公式作为中心平均解模糊器的单值。

（3）采用乘机推理机，单值模糊器和中心平均解模糊器，根据 $M=N_1\times N_2$ 条规则来构造模糊系统 $f(x)$，具体如下。

$$f(x)=\frac{\sum_{i_1=1}^{N_1}\sum_{i_2=1}^{N_2}\overline{y}^{i_1i_2}(u_{A_1}^{i_1}(x_1)u_{A_2}^{i_2}(x_2))}{\sum_{i_1=1}^{N_1}\sum_{i_2=1}^{N_2}(u_{A_1}^{i_1}(x_1)u_{A_2}^{i_2}(x_2))} \tag{13-121}$$

二、模糊逼近精度

模糊逼近系统的万能逼近定理：令 $f(x)$为式子（13-121）中的二维模糊系统，$g(x)$为式（13-120）中的未知函数，如果在 $g(x)$上是可微的，那么就有 $U=[a_1,\beta_1]\times[a_2,\beta_2]$，模糊系统的逼近精度为

$$\begin{gathered}\|g-f\|_\infty\leqslant\left\|\frac{\partial g}{\partial x_1}\right\|h_1+\left\|\frac{\partial g}{\partial x_2}\right\|h_2\\ h_i=\max_{1\leqslant j\leqslant N_i-1}|e_i^{j+1}-e_i^j|(i=1,2)\end{gathered} \tag{13-122}$$

其中，无穷维范数 $\|*\|_\infty$ 定义为 $\|d(x)\|_\infty=\sup_{x\in U}|d(x)|$，$e_i^j$ 为第 j 个模糊集中心点的坐标。

假设第 j 个模糊集中心坐标值分布均匀，由上述式子可以得到：假设 x_i 的模糊集个数为 N_i，其变化长度为 L_i，那么模糊系统的逼近精度就满足

$$h_i=\frac{L_i}{N_i-1} \tag{13-123}$$

即
$$N_i = \frac{L_i}{h_i} + 1$$

那么由该定理可以得到如下的结论。

（1）对于如式（13-121）的模糊系统是万能逼近器，对任意给定的$\varepsilon > 0$，都可将h_1和h_2选得足够小，使得$\left\|\frac{\partial g}{\partial x_1}\right\| h_1 + \left\|\frac{\partial g}{\partial x_2}\right\| h_2 < \varepsilon$成立，从而保证$\sup_{x \in U} |g(x) - f(x)| = \|g - f\|_\infty < \varepsilon$。

（2）通过对每个x_1定义更多的模糊集可以得到更为准确的逼近器，即规则越多，所产生的模糊系统越有效。

（3）为了设计具有预定精度的模糊系统，必须知道$g(x)$关于x_1、x_2的导数边界，即$\left\|\frac{\partial g}{\partial x_1}\right\|_\infty$和$\left\|\frac{\partial g}{\partial x_2}\right\|_\infty$，同时，在设计过程中，还必须知道$g(x)$在$x = (e_1^{i_1}, e_2^{i_2})$处的值。

【实例 13-16】 针对一维函数 $g(x)$，设计一个模糊系统 $f(x)$，使得 $f(x)$一致逼近定义在$U = [-3,3]$上的连续函数$g(x) = \sin x$，假设精度为$\varepsilon = 0.2$，即$\sup_{x \in U} |g(x) - f(x)| < \varepsilon$。

思路·点拨

由于$\left\|\frac{\partial g}{\partial x}\right\|_\infty = \|\cos x\|_\infty = 1$，由公式（13-122）可以得到$\|g - f\|_\infty \leqslant \left\|\frac{\partial g}{\partial x}\right\|_\infty h = h$，所以当取$h \leqslant 0.2$时，就可以满足精度要求。取$h = 0.2$，那么所需要的模糊集个数为$N = \frac{L}{h} + 1 = 31$，在$U = [-3,3]$上定义 31 个具有三角形隶属函数的模糊集$A^j$。所设计的模糊系统为

$$f(x) = \frac{\sum_{j=1}^{31} \sin(e^j) \mu_A^j(x)}{\sum_{j=1}^{31} \mu_A^j(x)}$$

结果文件——配套资源“Ch13\SL1316”文件

解：MATLAB 程序如下。

```
%定义区间
L1=-3;L2=3;
%区间长度
L=L2-L1;
%精度要求
h=0.2;
%隶属函数个数
```

```
N=L/h+1;
 T=0.01;%步长
x=L1:T:L2;
for i=1:N
    e(i)=L1+L/(N-1)*(i-1);
end
c=0;d=0;
for j=1:N
   if j==1
        u=trimf(x,[e (1) ,e (1) ,e (2) ]);
  %第一个隶属函数
   elseif j==N
        u=trimf(x,[e(N-1),e(N),e(N)]);
 %最后一个隶属函数
    else
       u=trimf(x,[e(j-1),e(j),e(j+1)]);
   end
   hold on;
   plot(x,u);
   c=c+sin(e(j))*u;
   d=d+u;
end
xlabel('x');title('隶属函数');grid;
for k=1:L/T+1
    f(k)=c(k)/d(k);
end
y=sin(x);
figure (2) ;
plot(x,f,'b',x,y,'r');
xlabel('x');title('逼近效果');grid;
figure (3) ;
plot(x,f-y,'r');
xlabel('x');title('逼近误差');grid;
```

程序的运行结果如图13-37～图13-39所示。

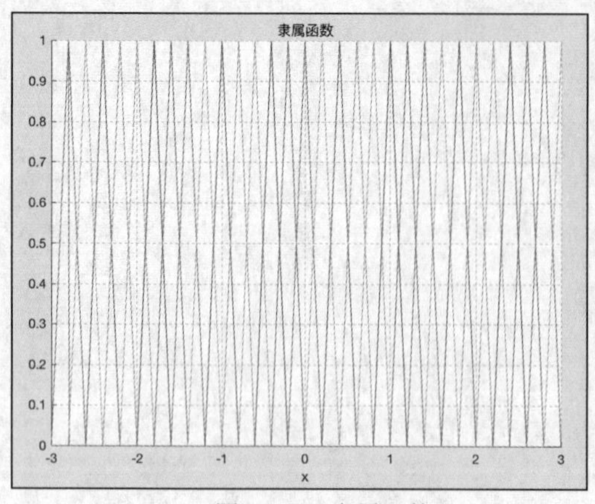

图 13-37　隶属函数

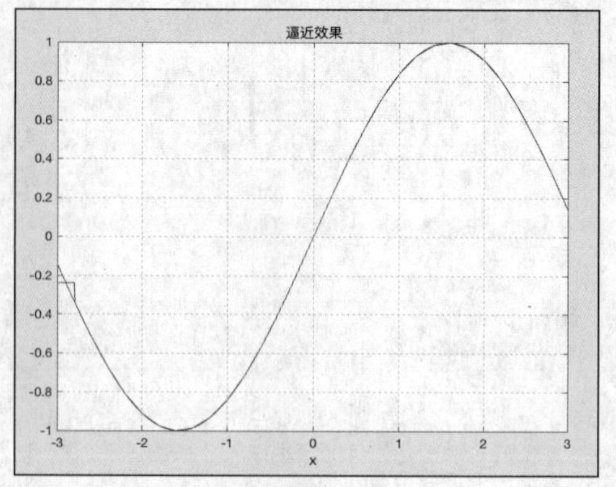

图 13-38　逼近效果

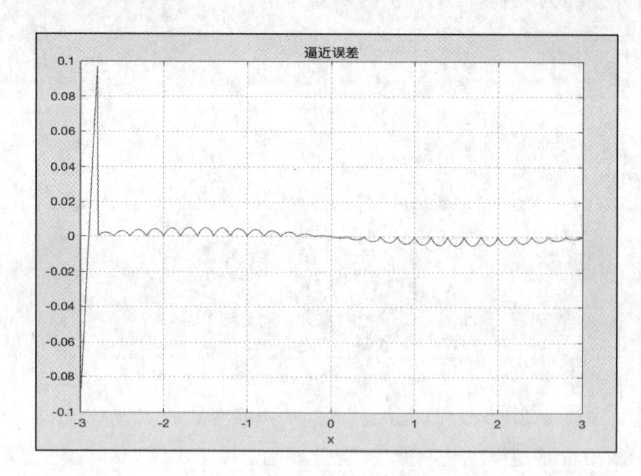

图 13-39　逼近误差

第 14 章　自抗扰控制技术的 MATLAB 实现

PID 控制器仍然大量应用于工业过程控制，但是简单的 PID 控制技术并不能完全适应不同场合下的工况要求。经典 PID 控制器的成形时期是 20 世纪 20～40 年代，由于科学技术水平的限制，只能用简单的模拟器件来实现 PID 反馈控制律。在工业应用初期，由于一般的控制工程的精度和要求还比较低，经典 PID 控制器就能够成功地满足控制工程要求，从而奠定了经典 PID 控制器在控制工程中的地位。随着科学技术的发展及系统对环境的变化适应能力要求越来越高，经典 PID 已经无法满足该要求。正是由于经典 PID 控制律的这些缺点，促进了最近几十年来出现各种对 PID 控制器的改进方法，如 PI-D 控制、I-PD 控制、自适应 PID 控制、模糊 PID 控制及基于遗传算法的预测自整定 PID 控制。为了进一步改善 PID 控制器在干扰及不确定系统中的控制效果，韩京清研究员在非线性 PID 控制器的基础上，提出了自抗扰控制技术的概念，使得 PID 得到了进一步的发展。自抗扰控制技术在实际应用中取得了良好的效果，表现出很强的适应性和鲁棒性。本章主要讲解如何在 MATLAB 中利用自抗扰控制技术对对象进行仿真，主要内容涉及 MATLAB 的 Simulink 模块库及 S-Function 的编写。

本章内容

- 经典 PID 控制器。
- 安排过渡过程及 MATLAB 实现。
- 微分跟踪器及 MATLAB 实现。
- 误差反馈控制律及 MATLAB 实现。
- 扩张状态观测器及 MATLAB 实现。
- 自抗扰控制器及 MATLAB 实现。

14.1　经典 PID 控制器

14.1.1　经典 PID 控制律

控制的任务是给被控系统施加适当的控制力使得被控对象的输出按照期望轨迹或目标值运行。这些期望轨迹或所设定的目标值一般是根据控制目标和对象的承受能力，由系统外部事先给定的。

由于控制系统的相关知识已经在第 9 章做过了详细的讲解，这里不再进行详细叙述。以二阶振荡环节为例：

$$\begin{cases} \ddot{x} = -a_1 x - a_2 \dot{x} + u + w \\ y = x \end{cases}$$

将微分方程转化为传递函数：

$$G(s) = \frac{1}{s^2 + a_2 s + a_1}$$

其中，系统的输入为u，输出为y，w为系统的扰动信号。

由之前的知识可知，将系统用方框图表示的话，可以表示为如图 14-1 所示。

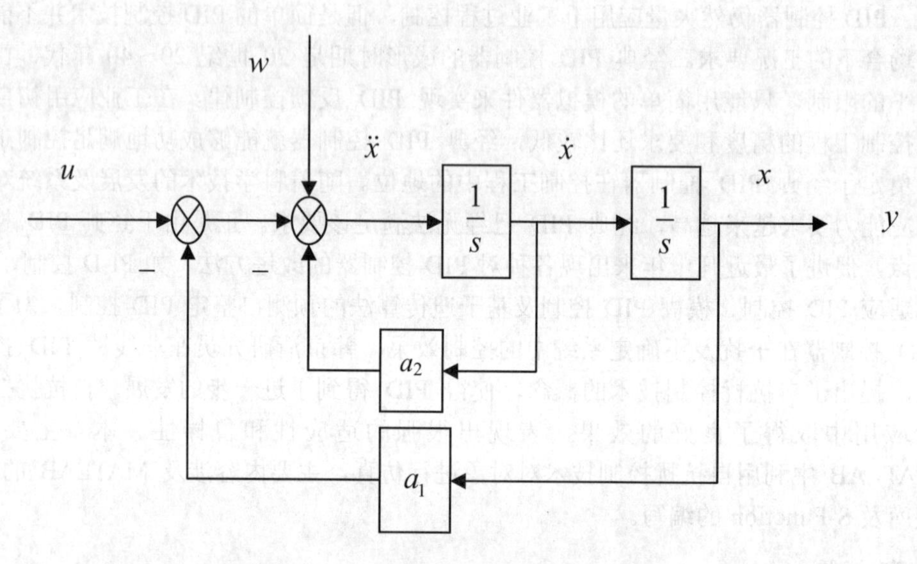

图 14-1　二阶振荡环节方框图

假设v_0是系统的设定值，或者称是系统的期望值，那么期望值与系统的实际输出值之间的误差就可以表示为

$$e = v_0 - y \tag{14-1}$$

对该对象实行控制的目的是根据设定值和系统实际输出之间的误差来决定系统的控制输入u，使得系统在该控制输入的作用下，系统的实际输出最终达到设定值v_0，也就是使得系统的误差e趋近于 0，这就是对系统进行控制的最终目的。

由经典控制理论可知，要是系统达到能够跟踪设定值，那么就要保证该系统是稳定的。系统的特征方程为$s^2 + a_2 s + a_1 = 0$，特征方程的根叫作系统的特征根。根据系统稳定性判定定理可知，当系统的特征根都具有负实部，那么就可以断定该系统是稳定的。因此该系统稳定的充分必要条件为

$$a_1>0，a_2>0$$

现在考察系统的阶跃响应。在 MATLAB Simulink 中创建该系统的模型，此时取参数a_1=1，a_2=1，如图 14-2 所示。

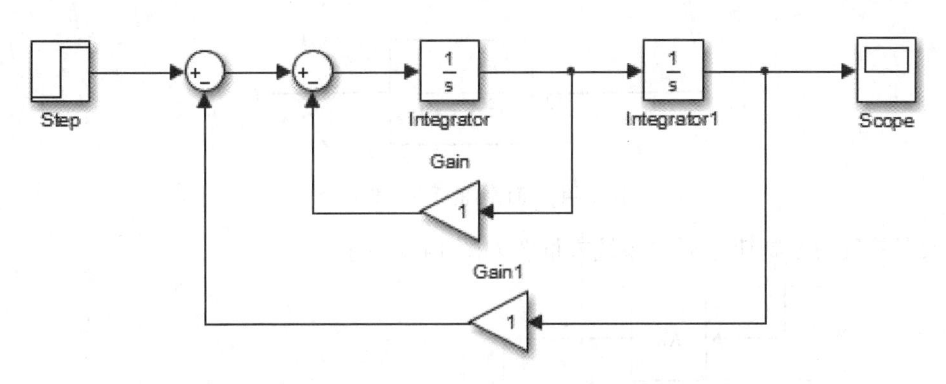

图 14-2　系统仿真图

系统的阶跃响应如图 14-3 所示。

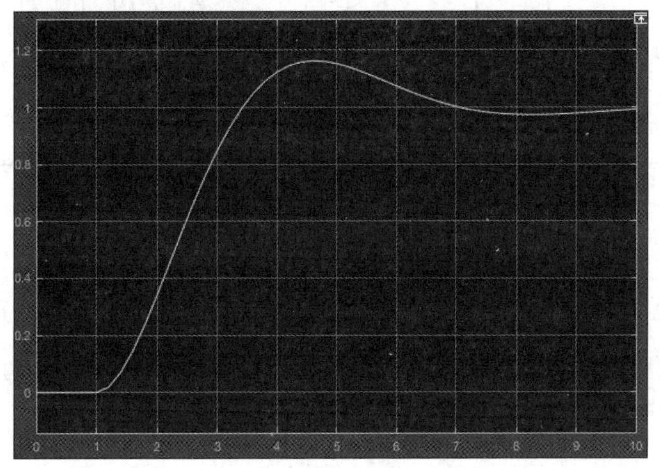

图 14-3　系统阶跃响应

从系统的阶跃响应曲线可以看出，该系统的阶跃响应是存在超调的。能否通过对该系统进行进一步改进，使该系统能够无超调地以更快的调节时间跟踪输入设定值？答案是肯定的，采用 PID 控制律，通过调节 PID 控制律的参数就可以使该系统能够以较快的速度并且无超调地跟踪设定值。

为了消除这个静差，采用加上误差的积分反馈 $k_0\int_0^t e(\tau)\mathrm{d}\tau$ 、误差的微分 $k_2\dot{e}$ 和误差的比例 $k_1 e$ 方法，使整个误差反馈律有如下的形式：

$$u = k_0\int_0^t e(\tau)\mathrm{d}\tau + k_1 e + k_2\dot{e} \tag{14-2}$$

由于系统的传递函数为

$$G(s) = \frac{1}{s^2 + s + 1}(a_1 = 1, a_2 = 1)$$

那么，原系统的方框图就可以简化，如图 14-4 所示。

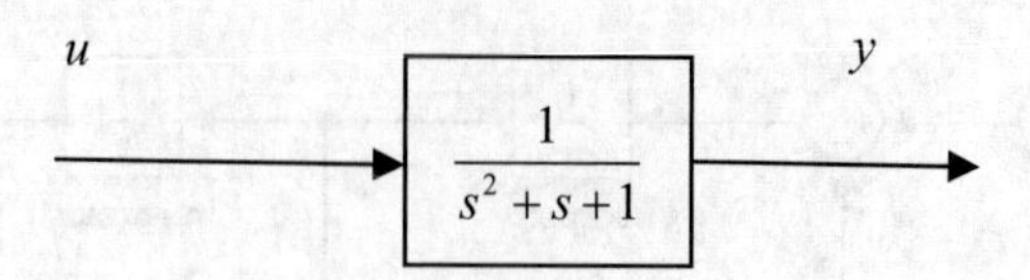

图 14-4　简化后的系统方框图

加入误差反馈控制律之后的系统方框图如图 14-5 所示。

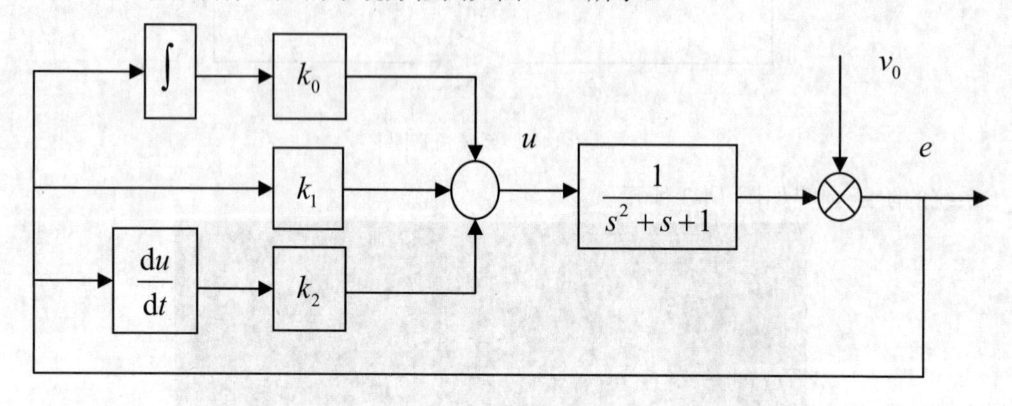

图 14-5　引入误差反馈控制律的系统方框图

这个 PID 误差反馈控制律也可以理解为：误差的过去（积分 $k_0\int_0^t e(\tau)\mathrm{d}\tau$）、现在（$k_1 e$）和将来的发展趋势（$k_2\dot{e}$）的线性组合。在许多控制工程中，PID 控制律也经常用如下公式表示。

$$u = K\left(e + \frac{1}{T_i}\int_0^t e(\tau)\mathrm{d}\tau + T_d\dot{e}\right) \tag{14-3}$$

其中，参数 K 称为反馈增益；T_i 称为积分时间常数；T_d 称为微分时间常数。

下面我们对该系统在 MATLAB 中进行仿真，计算 PID 误差反馈控制律对该系统的控制作用效果。该系统在 Simulink 中的仿真图如图 14-6 所示（取参数 a_1=1，a_2=1）。

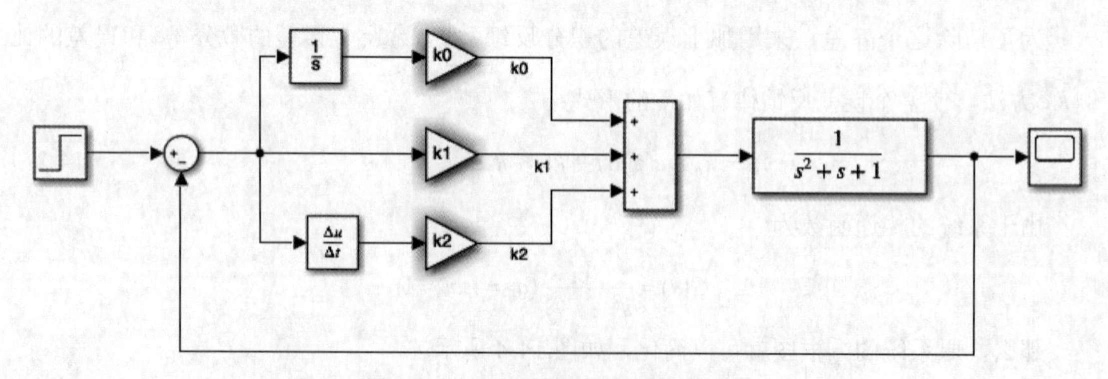

图 14-6　加入 PID 控制律的系统仿真图

那么系统的传递函数为

$$G(s)=\frac{k_2s^2+k_1s+k_0}{s^3+s^2(1+k_2)+(k_1+1)s+k_0}$$

系统的特征方程为

$$s^3+s^2(1+k_2)+(k_1+1)s+k_0=0$$

由系统稳定性的判断条件可以知道，当参数满足以下条件时，系统就能够达到稳定状态。

$$\begin{cases}1+k_2>0\\1+k_1>0\\k_0>0\\(1+k_2)(1+k_1)>k_0\end{cases}$$

因此，PID 参数的调整都必须满足上述条件，否则系统将无法达到稳定状态。

当参数 k_0、k_1、k_2 分别取为 1、3、2 时，系统的输出如图 14-7(a)所示。

当参数 k_0、k_1、k_2 分别取为 1、1.5、0.5 时，系统的输出如图 14-7(b)所示。

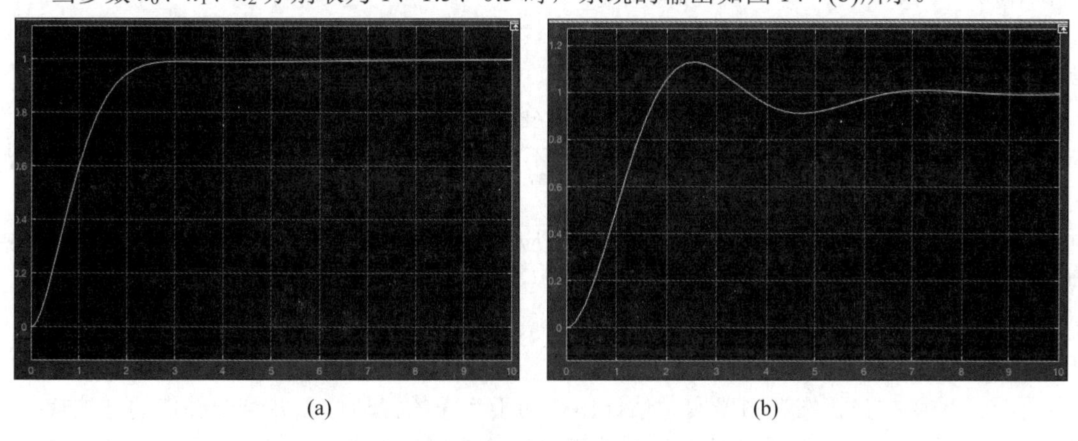

图 14-7　PID 控制输出响应

从图 14-7 可以看出，当取第一组参数时，系统能够实现无超调，调节时间大概为 3s 就能够达到稳定状态；而当选择第二组参数时，系统经过数次振荡之后达到稳定状态，并且达到稳定的时间要远远大于第一组。因此，当 PID 的参数出现变化时，系统的输出也会跟着变化。也就是说，系统的输出对 PID 参数的变化很敏感。这也是为什么在实际工况发生变化时，系统需要经常调节 PID 参数的根本原因。

14.1.2　经典 PID 的优势与不足

经典 PID 的控制原理是基于误差来生成消除误差的控制策略：用误差的过去、现在和将来的变化趋势的线性组合来构造控制信号。PID 在实际中大量应用，但不易满足高性能要求，然而利用对象模型来寻求更好的方法来解决问题的同时，却把 PID 控制的最大优势给忽略了。PID 的最大优势就是靠控制目标与系统实际行为之间的误差来确定消除此误差的控制策略。但是，在大量的控制工程实践中，这种最简单的 PID 控制结构逐渐显露出其本身固有的严重缺陷。

经典 PID 控制结构的缺陷可以归纳为以下 4 个方面。

（1）对象的被控输出y是动态环节的输出，具有一定的惯性作用，该变化不可能发生跳变，但是设定值v_0是由系统外部给定的，是可以跳变的，如设定值为 1，那么该设定值肯定是从 0 突变到 1 的，这中间就存在着一个突变过程。直接采用被控输出和设定值之间的误差信息$e=v_0-y$来消除系统误差，就是让不可能发生突变的量y来跟踪可以跳变的量v_0，很明显这是一个不合理的要求。

（2）PID 控制器中要用到误差的微分信号$\dot{e}$，但是过去没有提取微分信号的合理方法和物理器件，因此，在误差反馈控制律中并不能充分发挥误差微分信号的反馈作用。

（3）PID 中的误差反馈控制律是误差的现在、过去和将来的变化趋势的线性组合，显然三个量的组合方式不一定是最好的组合方式，非线性组合的效果有可能比线性组合来得更好。

（4）大量的工程实践表明，经典 PID 控制中的误差反馈积分的作用，对抑制常值扰动的作用是非常显著的，然而常常使得闭环系统的反应变得迟钝，容易产生振荡和控制量饱和等负作用。

对于 PID 控制器存在着以上的 4 个问题，韩京清研究员采用了如下 4 个方面的方法对其进行改进。

（1）根据系统所能承受的能力、被控量变化的合理性及系统提供控制力的能力，对设定值v_0先安排合理的过渡过程。该过渡过程不仅给出过渡过程其本身，同时也给出了过渡过程的微分信号。

（2）误差的微分信号可以用噪声放大效应很低的跟踪微分器、状态观测器或扩张状态观测器来提取。

（3）既然误差反馈的线性组合不一定是最好的组合方式，那么就可以在非线性领域寻找更合适的组合形式来探索误差反馈控制律。

（4）采用扩张状态观测器实时估计出作用于系统的扰动总和并给予补偿的方法代替误差积分反馈作用，这种扰动估计补偿办法不仅能够抑制常值扰动的影响，同时也能够抑制消除几乎任意形式的扰动。

本章后续内容就是根据这 4 个方面进行展开，简单讲述安排过渡过程、微分跟踪、非线性组合及扩张状态观测的原理，重点讲解如何在 MATLAB 中的 Simulink 应用这 4 个方面的内容对 PID 控制器进行改进。

14.2 安排过渡过程仿真

对于一个系统

$$\begin{cases}\ddot{x}=-a_1x-a_2\dot{x}+u\\ y=x\end{cases}$$

我们总是希望系统的实际输出能尽可能快并且无超调地跟踪阶跃信号。由系统的稳定性定理可知，当参数a_1、a_2的取值总是大于零时，系统总是能够跟踪输入信号，但是到达稳定的过程一般都会存在超调和振荡。由于实际系统总是具有惯性，系统的输出只能从零初始状态开始缓慢变化，而控制目标的初始值却是给定的，因此，我们可以通过对该过程安排过渡过程。安排过渡过程的具体含义是：在对象所能承受的范围之内，根据控制目标，事先安排合理的过渡过程，让系统的实际行为跟踪所安排的过渡过程来最终达到控制目标。

安排过渡过程所采用的函数为:

$$\operatorname{trns}(T0,t)=\begin{cases}\dfrac{1}{2}\left(1+\sin\left(\pi\left(\dfrac{t}{T_0}-\dfrac{1}{2}\right)\right)\right) & t\leqslant T_0\\ 1 & t>T_0\end{cases}\tag{14-4}$$

当参数 T_0 取为 2 时，该函数的图像如图 14-8 所示。

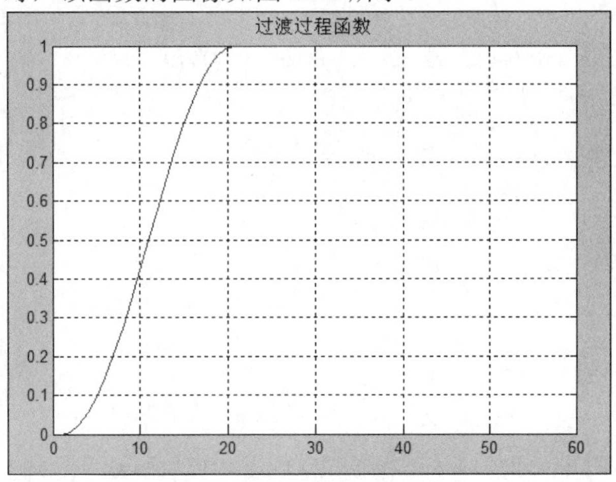

图 14-8　过渡过程函数图像

由图 14-8 可知，该函数在前一段时间内是从 0 到 1 单调递增上升到 1 并保持不变的曲线。对其乘上设定值 v_0 就可以实现过渡过程。

【实例 14-1】对于某二阶系统

$$\begin{cases}\ddot{x}=-a_1(x-v_0)-a_2\dot{x}\\ y=x\end{cases}$$

试通过函数 $\operatorname{trns}(T_0,t)$ 对其安排过渡过程，并给出运行结果，与未安排过渡过程的系统输出进行对比。

思路·点拨

对于未安排过渡过程的系统，当参数 a_1、a_2 取某一个数时，可以使系统无超调地到达输出状态。但是参数稍微变化之后，系统的输出就会出现有超调和振荡的现象。对于安排了过渡过程，本实例主要通过 Simulink 中 S-Function 进行编写仿真。S-Function 的具体内容在前面的章节已经讲过，这里可直接使用。对安排过渡过程的系统可以表示为

$$\begin{cases}\ddot{x}=-a_1(x-v_0\operatorname{trns}(t,T_0))-a_2\dot{x}\\ y=x\end{cases}$$

那么就可以根据上述方程编写该系统的 S-Function，然后在 Simulink 中进行仿真。参数 a_1、a_2、T_0 分别选取值为 100、2、2。

结果文件——配套资源“Ch14\SL1401”文件

解：（1）S-Function 函数的编写。

MATLAB 程序如下。

```
function [sys,x0,str,ts]=csfunc(t,x,u,flag,T0)
switch flag
    case 0
        [sys,x0,str,ts]=mdlInitializeSizes;%初始化
    case 1
        sys=mdlDerivatives(t,x,u,T0);%计算微分
    case 3
        sys=mdlOutput(t,x,u);%计算系统的输出
    case {2,4,9}
        sys=[];
    otherwise
        error(['Unhandled flag=',num2str(flag)]);%Error handing
end
%主函数结束
%=====================================================================
%初始化
%=====================================================================
function [sys,x0,str,ts]=mdlInitializeSizes
size=simsizes;
sizes.NumContStates=2;%连续状态变量为 2
sizes.NumDiscStates=0;%离散状态变量为 0
sizes.NumOutputs=1;%系统输出个数为 1
sizes.NumInputs=1;%系统输入个数为 1
sizes.DirFeedthrough=0;%输入不直接在输出中表现出来
sizes.NumSampleTimes=1;%采样时间
sys=simsizes(sizes);
x0=[0;0];
str=[];
ts=[0 0];
```

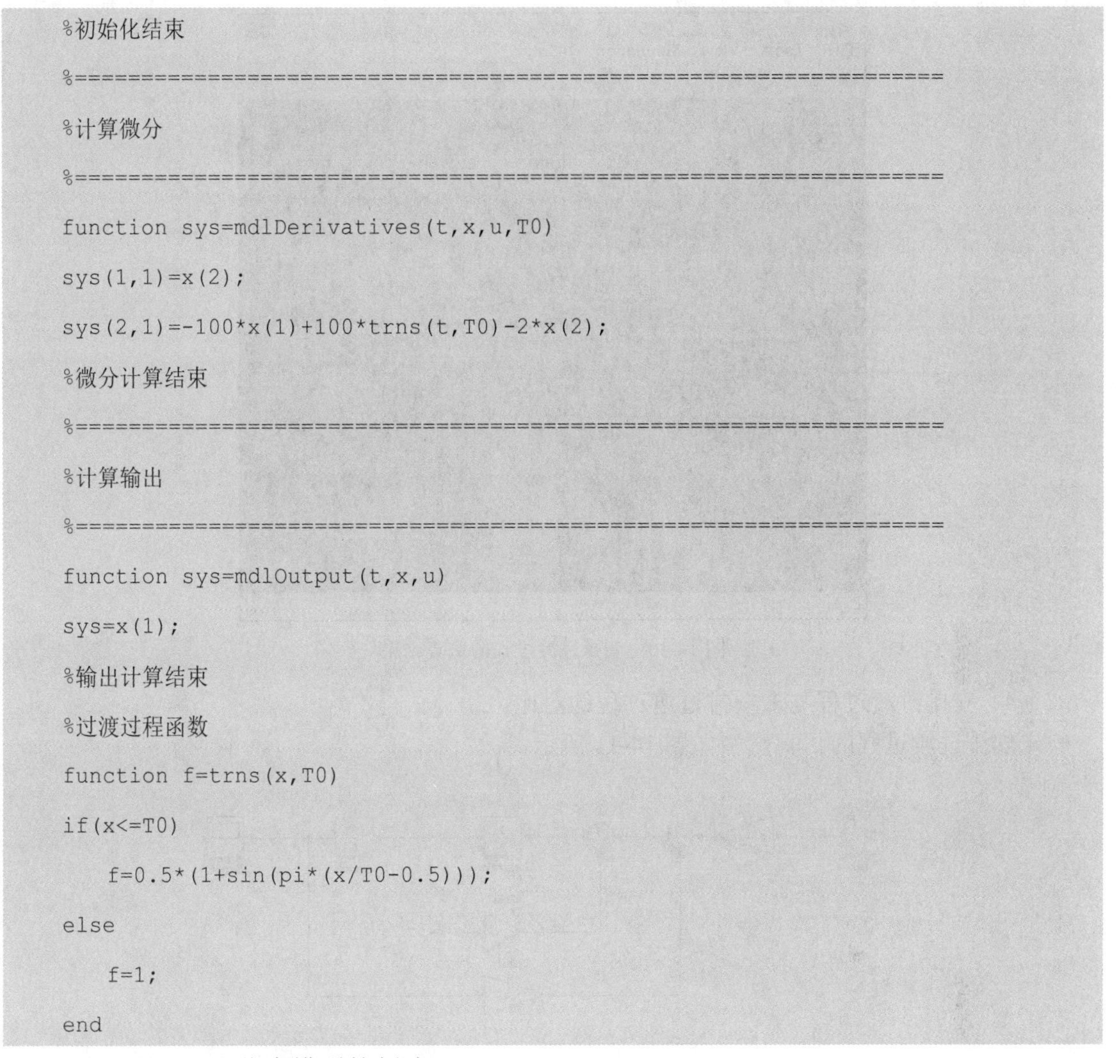

```
%初始化结束
%==============================================================
%计算微分
%==============================================================
function sys=mdlDerivatives(t,x,u,T0)
sys(1,1)=x(2);
sys(2,1)=-100*x(1)+100*trns(t,T0)-2*x(2);
%微分计算结束
%==============================================================
%计算输出
%==============================================================
function sys=mdlOutput(t,x,u)
sys=x(1);
%输出计算结束
%过渡过程函数
function f=trns(x,T0)
if(x<=T0)
   f=0.5*(1+sin(pi*(x/T0-0.5)));
else
   f=1;
end
```

（2）Simulink 仿真模型的创建。

打开 Simulink 模块库，创建新的模型，在模型中拉入阶跃响应模块作为输入源；选择 User-Defined Functions 模块，选择 S-Function 模块，拉入到所创建的模型中；最后选择 Sinks 模块库，选择 Scope 模块作为输出窗口。将 3 个模块连接起来，将 Step 函数的突变时间改为 0。创建好的仿真模型如图 14-9 所示。

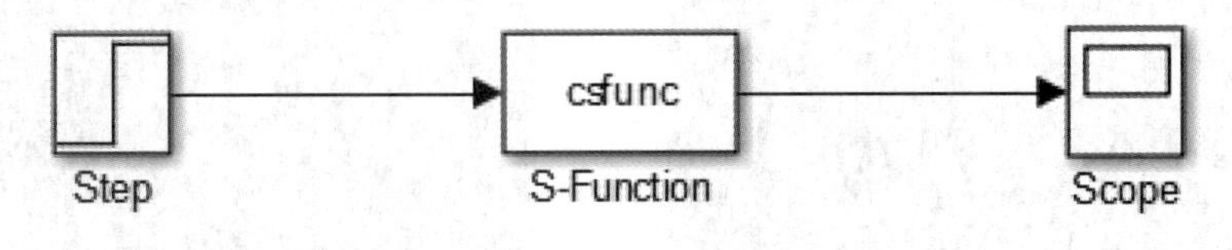

图 14-9　Simulink 仿真模型

（3）仿真运行。

仿真运行的参数都选择默认形式，单击运行按钮，运行的结果如图 14-10 所示。

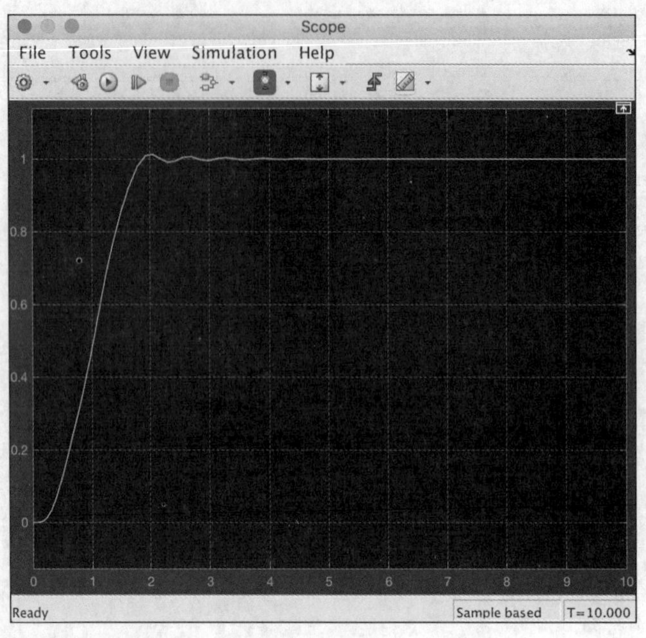

图 14-10　安排过渡过程的仿真结果

（4）安排过渡过程与未安排过渡过程的对比。

未安排过渡过程的仿真模型如图 14-11 所示。

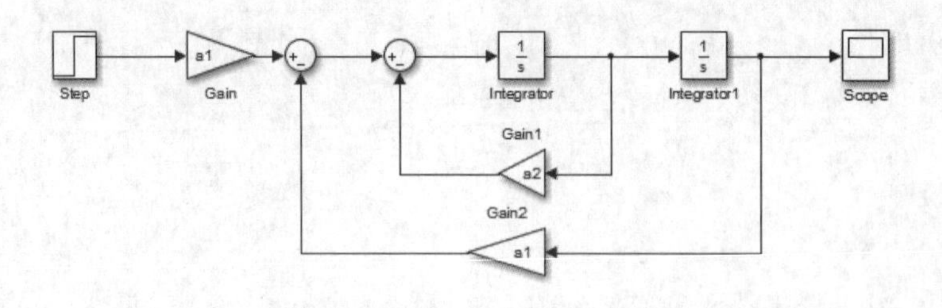

图 14-11　未安排过渡过程的仿真模型

下面给出参数 a_1、a_2 的几组数据的仿真结果，分别取值为(2,1)、(4,3)、(4,4)时，系统的仿真结果分别如图 14-12(a)、图 14-12(b)、图 14-12(c)所示。

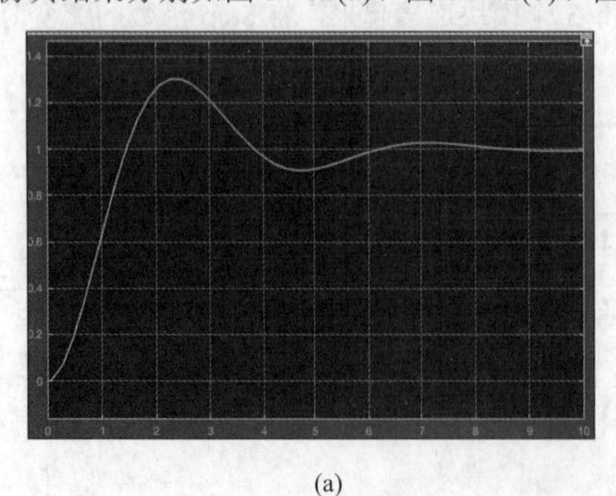

(a)

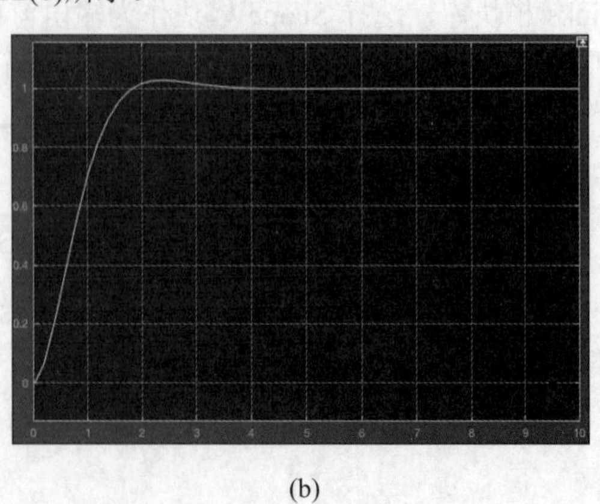

(b)

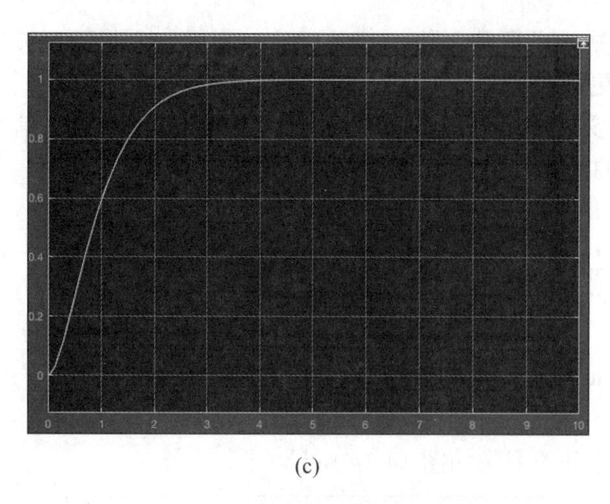

(c)

图 14-12　a_1、a_2 取不同参数时的仿真结果

由上述 3 个图可以看出，未安排过渡过程的系统在参数取某一对数的时候可以达到无超调状态，但是参数只要稍微一改变，系统的输出就会马上变化。下面看不同参数 a_1、a_2 变化对已经安排过渡过程的输出的影响。当 a_1、a_2 分别取值为(200,2)、(600,2)、(1200,2)时，系统的输出分别如图 14-13(a)、图 14-13(b)、图 14-13(c)所示。

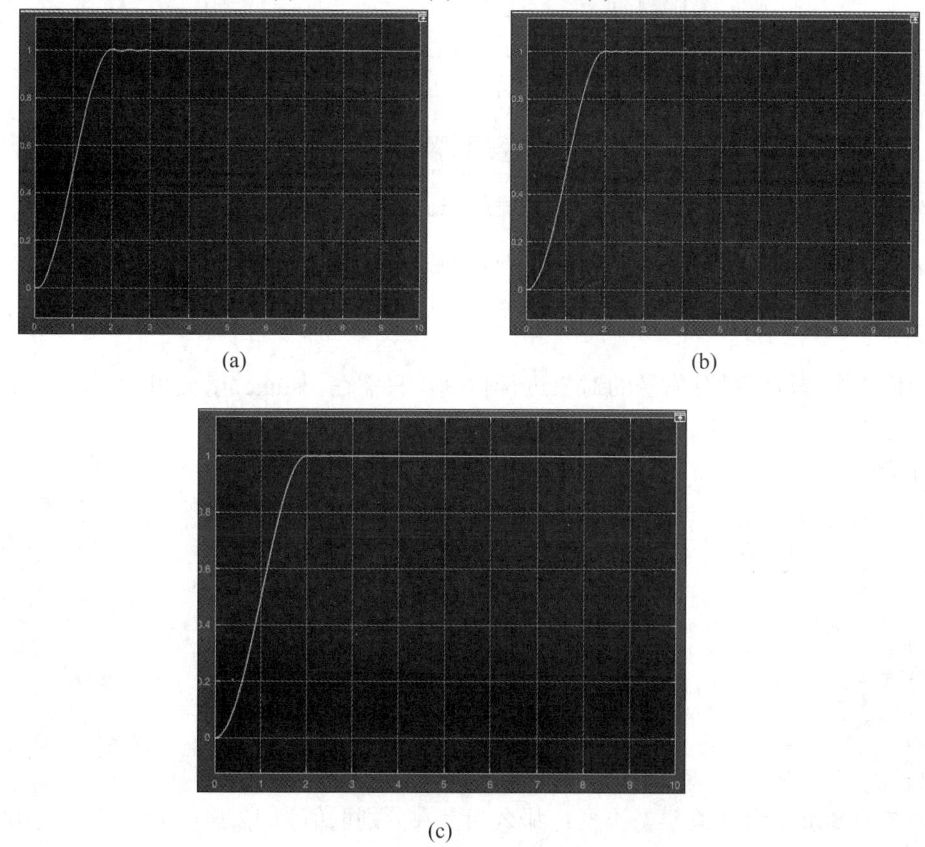

(a)　(b)

(c)

图 14-13　安排过渡过程参数变化对系统输出的影响

从该运行结果可知，当参数 a_1、a_2 变化幅度较大时，安排了过渡过程的系统的输出并未受到影响，鲁棒性更强。

由于我们所说的安排过渡过程是能够同时提取过渡过程的微分信号，对于安排过渡过程函数为式（14-4）的函数时，可以求得其微分信号

$$\mathrm{dtrns}(T_0,t)=\begin{cases}\dfrac{\pi}{2T_0}\cos\left(\pi\left(\dfrac{t}{T_0}-\dfrac{1}{2}\right)\right) & t\leqslant T_0\\ 0 & t>T_0\end{cases} \tag{14-5}$$

那么就可以通过 $\mathrm{dtrns}(T_0,t)$ 来获取微分信号

$$\dot{e}=v_0\mathrm{dtrns}(T_0,t)-\dot{x} \tag{14-6}$$

该过渡过程函数微分的图像如图 14-14 所示。

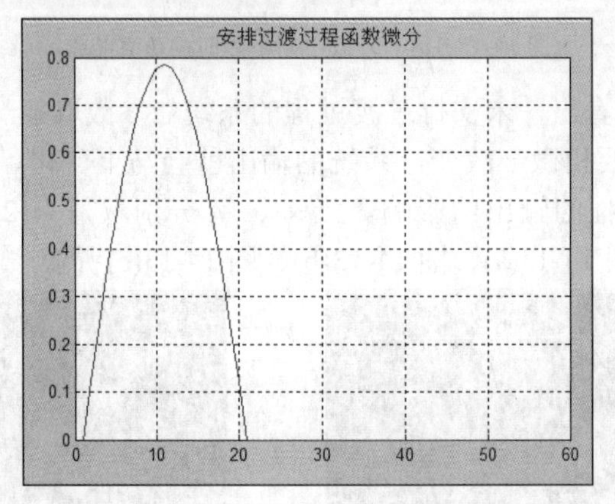

图 14-14　安排过渡过程函数微分的图像

从而，对实例 14-1 的系统，可以同时获得系统的微分信号，此时系统可以表示为

$$\begin{cases}\ddot{x}=-a_1(x-v_0\mathrm{trns}(t,T_0))-a_2(\dot{x}-v_0\mathrm{dtrns}(T_0,t))\\ y=x\end{cases}$$

我们要对提取了微分信号的对象进行仿真，只需在 csfunc 函数里面添加该过渡过程的微分信号即可，即加入以下程序语句。

```
%过渡过程微分信号
function f=dtrns(x,T0)
if(x<=T0)
    f=pi/(2*T0)*cos(pi*(x/T0-0.5));
else
    f=0;
end
```

系统的 Simulink 仿真模型不变，那么当参数分别取值为(12,14)、(12,122)、(1002,122)、(1002,12)时，仿真图形分别如图 14-15(a)、图 14-15(b)、图 14-15(c)、图 14-15(d)所示。

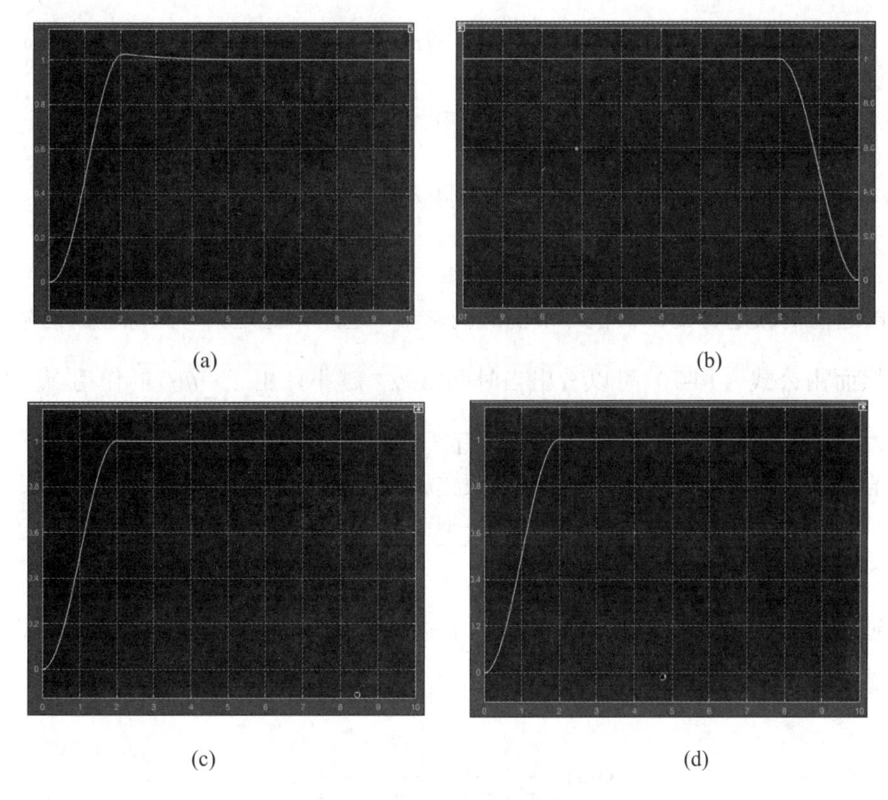

图 14-15　加入微分过渡过程系统的仿真图

通过对系统安排过渡过程的仿真结果，可以说明安排过渡过程所带来的好处如下。

（1）事先安排过渡过程是解决系统的超调与快速性原先不可调和的矛盾的一种非常有效的办法。

（2）对系统安排过渡过程使得误差反馈增益和误差微分反馈增益的选取范围变得更加广泛，从而使得误差反馈的参数正定变得更加容易。

（3）安排过渡过程使得给定的反馈增益所能适应的对象参数范围更加广泛，即控制器的鲁棒性更强。

14.3　微分跟踪器及其 MATLAB 仿真

14.3.1　经典微分环节的噪声放大效应

经典微分环节是利用惯性环节有延迟地跟踪输入信号的性质，按照如下近似微分公式

$$\dot{v}(t) \approx \frac{v(t)-v(t-\tau)}{\tau} \tag{14-7}$$

来构造的。式中的惯性环节的时间常数 τ 越小，延迟信号 $v(t-\tau)$ 就越接近于信号 $v(t)$，从而微分的近似度也就越高。然而当输入信号 $v(t)$ 含有噪声 $\eta(t)$ 时，那么通过公式推导可以得出此时系统输出信号 $y(t)$ 为

$$
\begin{aligned}
y(t) &\approx \frac{1}{\tau}(v(t)+\eta(t)-v(t-\tau)) \\
&= \frac{1}{\tau}(v(t)-v(t-\tau)+\eta(t)) \\
&= \frac{1}{\tau}(v(t)-v(t-\tau))+\frac{1}{\tau}\eta(t) \\
&\approx \dot{v}(t)+\frac{1}{\tau}\eta(t)
\end{aligned} \tag{14-8}
$$

那么由之前的叙述可知，惯性环节的时间常数τ越小，延迟信号跟踪输入信号的精度就会越高，然而由公式（14-7）可以看出当时间常数τ越小，由于$\frac{1}{\tau}\eta(t)$的作用将会使得噪声的效应变大，也就是说，经典的微分环节具有严重的噪声放大效应。

为了消除或减弱噪声放大效应，将微分近似公式（14-7）采用另外一种方式表示：

$$
\dot{v}(t) \approx \frac{v(t-\tau_1)-v(t-\tau_2)}{\tau_1-\tau_2} \tag{14-9}
$$

而且延迟信号$v(t-\tau_1)$和$v(t-\tau_2)$将分别由惯性环节$\frac{1}{\tau_1 s+1}$和$\frac{1}{\tau_2 s+1}$来获取，那么通过公式（14-9）就可以降低噪声放大效应。该微分近似公式的传递函数为

$$
\begin{aligned}
G(s) &= \frac{1}{\tau_2-\tau_1}\left(\frac{1}{\tau_1 s+1}-\frac{1}{\tau_2 s+1}\right) \\
&= \frac{s}{\tau_1\tau_2 s^2+(\tau_1+\tau_2)s+1}
\end{aligned}
$$

下面给出微分跟踪器的一般定义。

所谓微分跟踪器，就是利用惯性环节来尽可能快地跟踪输入信号的动态特性，通过求解微分方程来获取近似微分信号。这种动态结构都可以称为微分跟踪器，即能够尽快地跟踪输入信号，同时给出近似的微分信号的控制器。

14.3.2 微分跟踪器

微分跟踪器经历了从线性到非线性，从经典微分器到跟踪微分器的一般形式的改进，再到后来确定了最速微分跟踪器的离散形式。最速微分跟踪器是最理想的微分跟踪器，它能够避免其他微分跟踪器的缺点，比如高频颤振现象。因此，最速微分跟踪器是最常用的也是最理想的微分跟踪器。

对于一个给定的二阶系统，给定输入$v_0(t)$的线性微分跟踪器为

$$
\begin{cases}
\dot{x}_1 = x_2 \\
\dot{x}_2 = -r^2(x-v_0 t)-2rx_2 \\
y = x_1
\end{cases} \tag{14-10}
$$

将其化为离散化形式：

$$\begin{cases} x_1(k+1) = x_1(k) + hx_2(k) \\ x_2(k+1) = x_2(k) + h(-r^2(x_1(k) - v_0(k)) - 2rx_2(k)) \end{cases} \tag{14-11}$$

当取参数 $v_0 = \sin(4t)$，$r = 20$ 、50、100，h=0.01，用 S-Function 编写程序并进行仿真，仿真的程序如下。

```
function [sys,x0,str,ts]=TD1(t,x,u,flag,r,h)
switch flag
case 0
   [sys,x0,str,ts] = mdlInitializeSizes; %初始化
case 2
   sys = mdlUpdates(t,x,u,r,h);  %离散状态的更新
case 3
   sys = mdlOutputs(x); %输出量的计算
case { 1, 4, 9 }
   sys = []; %未使用的 flag 值
otherwise
   error(['Unhandled flag = ',num2str(flag)]); %处理错误
end
%=================================================================
%当 flag=0 时进行整个系统的初始化
%=================================================================
function [sys,x0,str,ts] = mdlInitializeSizes
%首先调用 simsizes 函数得出系统规模参数 sizes，并根据离散系统的实际
%情况设置 sizes 变量
sizes = simsizes;
sizes.NumContStates = 0;  %无连续状态
sizes.NumDiscStates = 2;  %离散状态个数为 2
sizes.NumOutputs =2;     %输出个数为 2
sizes.NumInputs = 1;       %输入个数为 1
sizes.DirFeedthrough = 0; %输入不直接在输出中反映出来
sizes.NumSampleTimes = 1;
sys = simsizes(sizes);
x0 = [0; 0]; %设置初始状态为零
str = []; %将 str 变量设置为空字符串
```

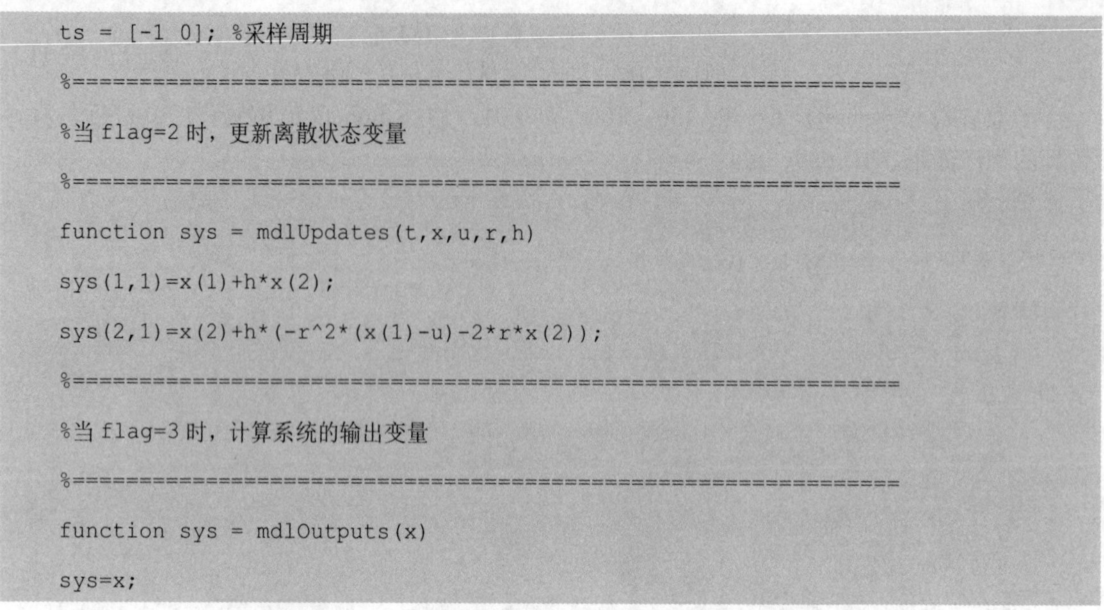

```
ts = [-1 0]; %采样周期
%=============================================================
%当 flag=2 时，更新离散状态变量
%=============================================================
function sys = mdlUpdates(t,x,u,r,h)
sys(1,1)=x(1)+h*x(2);
sys(2,1)=x(2)+h*(-r^2*(x(1)-u)-2*r*x(2));
%=============================================================
%当 flag=3 时，计算系统的输出变量
%=============================================================
function sys = mdlOutputs(x)
sys=x;
```

在 Simulink 中创建系统的仿真模型如图 14-16 所示。

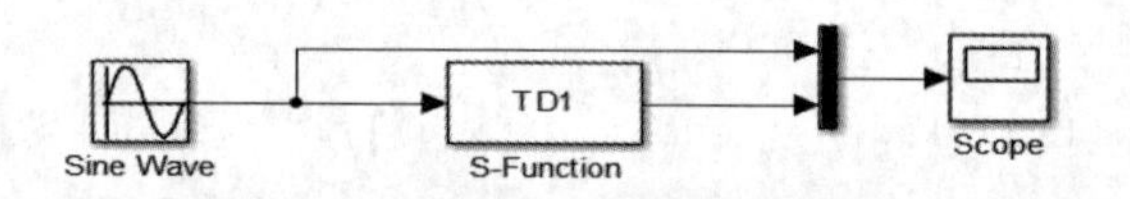

图 14-16　二阶系统微分跟踪器的仿真模型

选择不同参数时，双击模型 TD1，弹出参数设置对话框，如图 14-17 所示。

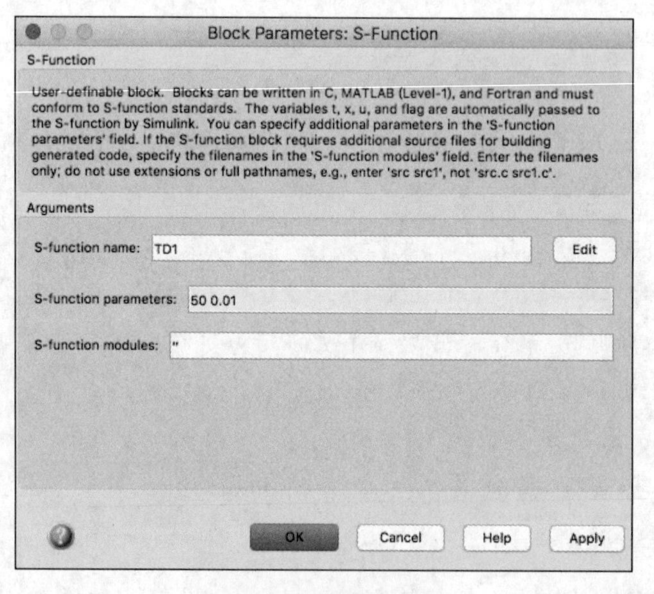

图 14-17　参数设置对话框

设置参数后进行仿真，仿真结果分别如图 14-18(a)、图 14-18(b)、图 14-18(c)所示。

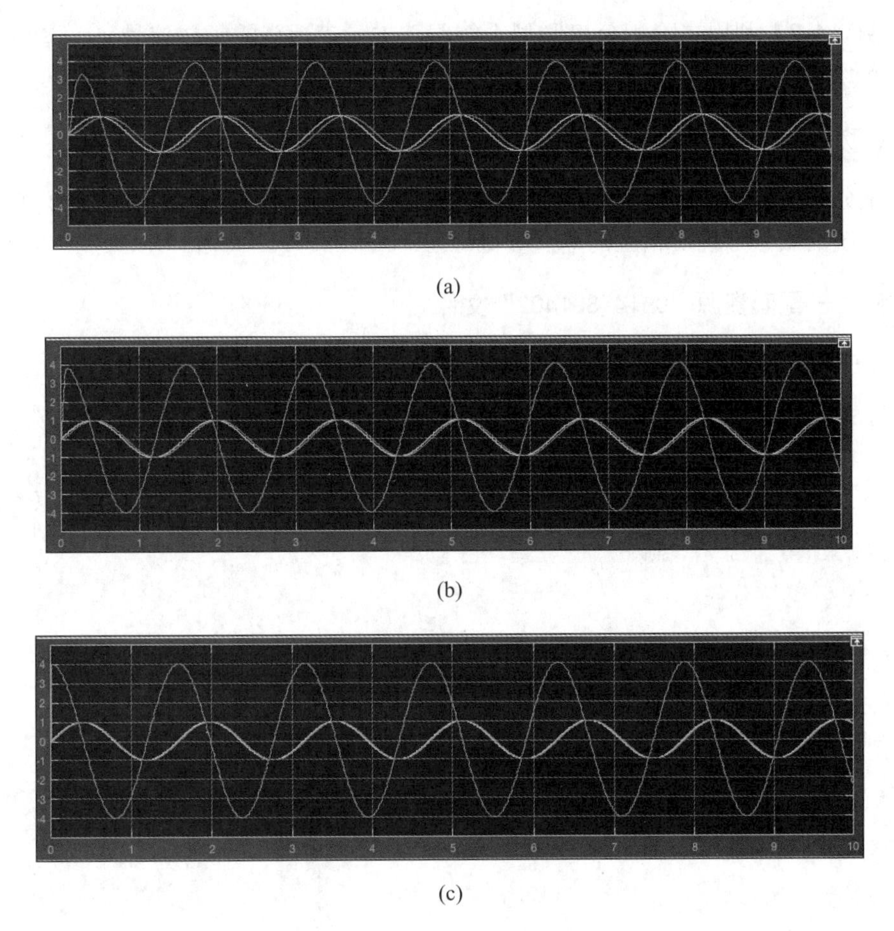

图 14-18　仿真结果

由于输入信号 $v_0 = \sin(4t)$，那么对其求微分之后，信号变为 $\dot{v}_0 = 4\cos(4t)$，所以其微分信号的赋值是输入信号的 4 倍。同时，可以看出，随着参数 r 取值越大，跟踪的效果会越好。

上面所采取的微分跟踪器是线性微分跟踪器，是否可以采用非线性微分跟踪器来对输入信号进行跟踪并给出其微分信号呢？答案是肯定的。对于如下所示的最速系统：

$$\begin{cases} \dot{x}_1 = x_2 \\ \dot{x}_2 = -\text{sign}(x_1)|x_1|^a - x_2 \end{cases} \quad 0 < \alpha < 1 \tag{14-12}$$

由系统（14-12）派生的系统

$$\begin{cases} \dot{x}_1 = x_2 \\ \dot{x}_2 = -r^2\text{sign}(x_1 - v(t))|x_1 - v(t)|^a - rx_2 \end{cases} \tag{14-13}$$

是一个不错的微分跟踪器，将其离散化：

$$\begin{cases} x_1(k+1) = x_1(k) + hx_2(k) \\ x_2(k+1) = x_2(k) - h(r^2\text{sign}(x_1(k) - v(k))|x_1(k) - v(k)|^a) + rx_2 \end{cases} \tag{14-14}$$

【实例 14-2】利用二阶积分串联型系统跟踪被噪声污染的正弦信号 $v(t)=\sin t+\gamma\eta(t)$，写出 S-Function 程序并给出仿真结果。

思路·点拨

利用微分跟踪器的离散形式进行 S 函数的编写，相比之前各系统的 S 函数的编写，只需要改写系统的微分方程及相应的输入参数即可。

结果文件——配套资源“Ch14\SL1402”文件

解：S-Function 的编写如下。

```
function [sys,x0,str,ts]=TD2(t,x,u,flag,r,a,h)
switch flag
case 0
   [sys,x0,str,ts] = mdlInitializeSizes;
case 2
   sys = mdlUpdates(t,x,u,r,a,h);
 case 3
   sys = mdlOutputs(x);
 case { 1, 4, 9 }
   sys = [];
otherwise
   error(['Unhandled flag = ',num2str(flag)]);
end
%=================================================================
%初始化
%=================================================================
function [sys,x0,str,ts] = mdlInitializeSizes
sizes = simsizes;
sizes.NumContStates = 0;
sizes.NumDiscStates = 2;
sizes.NumOutputs =2;
sizes.NumInputs = 1;
sizes.DirFeedthrough = 0;
sizes.NumSampleTimes = 1;
sys = simsizes(sizes);
x0 = [0; 0];
```

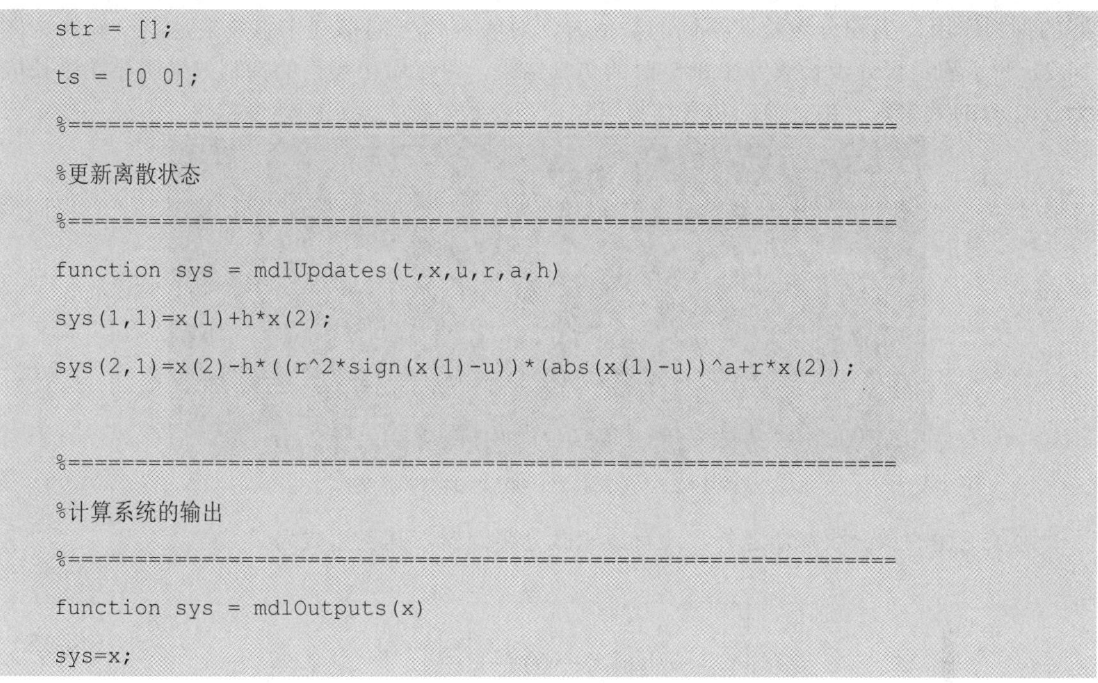

```
str = [];
ts = [0 0];
%=================================================================
%更新离散状态
%=================================================================
function sys = mdlUpdates(t,x,u,r,a,h)
sys(1,1)=x(1)+h*x(2);
sys(2,1)=x(2)-h*((r^2*sign(x(1)-u))*(abs(x(1)-u))^a+r*x(2));


%=================================================================
%计算系统的输出
%=================================================================
function sys = mdlOutputs(x)
sys=x;
```

根据题意要求建立仿真模型，取噪声信号参数 $\gamma=0.1$，仿真参数 $r=10$，$a=0.5$，$h=0.01$，系统仿真模型如图 14-19 所示。

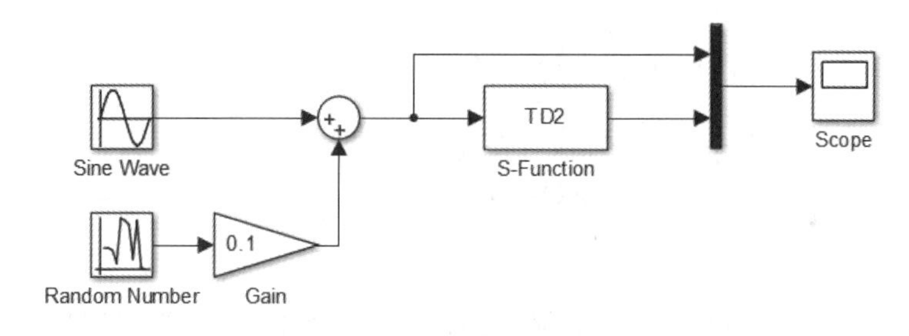

图 14-19　系统仿真模型

系统的仿真结果如图 14-20 所示。

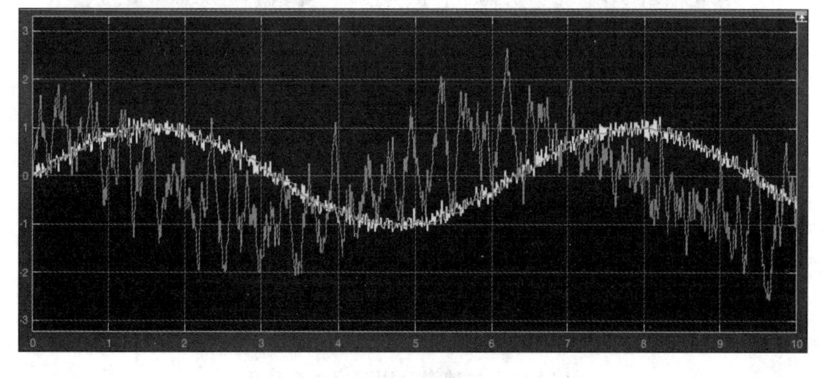

图 14-20　仿真结果

从仿真结果可以看出，该微分跟踪器能够较好地跟踪输入信号，而且对噪声信号具有较好的抑制作用，当积分步长取不同的数值时，对噪声信号的抑制作用效果是不一样的。图 14-21 所示的是积分步长取为 0.005 时的仿真结果，可以看出噪声的抑制效果明显比步长取为 0.01 时的效果好。由之前的仿真结果可知，当参数 r 越大，跟踪速度越快。

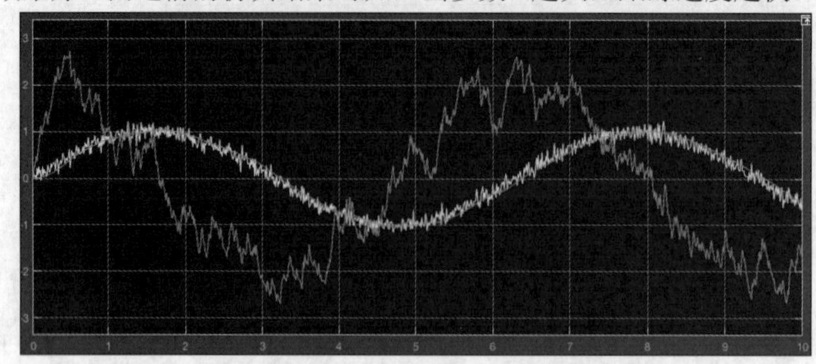

图 14-21　步长取为 0.001 时的仿真结果

除了上述的微分跟踪器之外，还有最速微分跟踪器，其表达式为

$$\begin{cases} \dot{x}_1 = x_2 \\ \dot{x}_2 = -r\mathrm{sign}\left(x_1 - v(t) + \dfrac{x_2 |x_2|}{2r} \right) \end{cases} \tag{14-15}$$

将其离散化为如下的微分跟踪器：

$$\begin{cases} f = -\mathrm{sign}\left(x_1(k) - v(k) + \dfrac{x_2(k) |x_2(k)|}{2r} \right) \\ x_1(k+1) = x_1(k) + hx_2(k) \\ x_2(k+1) = x_2(k) + hf \end{cases} \tag{14-16}$$

同样，我们采用 S-Function 编写该微分跟踪器并进行仿真，仿真结果如图 14-22 所示。

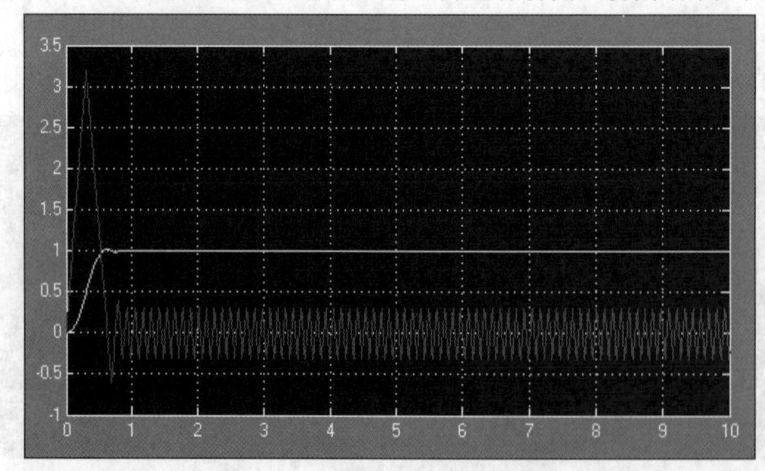

图 14-22　最速微分跟踪器仿真结果

从仿真结果可以看出，该微分跟踪器具有良好的跟踪效果，但是在系统进入稳态之后就

会产生高频颤振现象，若是把符号函数 sigr(x)简单地改成线性饱和函数 sat(a,d)，也无法消除高频颤振现象。产生高频颤振现象的根本原因是这两个系统都不是真正的离散系统。

14.3.3　最速控制综合函数

对于系统

$$\begin{cases} x_1(k+1)=x_1(k)+hx_2(k) \\ x_2(k+1)=x_2(k)+hu,|u|\leqslant r \end{cases} \tag{14-17}$$

我们把该系统的最速控制综合函数记为 $\text{fhan}(x_1,x_2,r,h)$，其算法公式如下：

$$u=\text{fhan}(x_1,x_2,r,h)$$

$$\begin{cases} d=rh \\ d_0=hd \\ y=x_1+hx_2 \\ a_0=\sqrt{d^2+8r|y|} \\ a=\begin{cases} x_2+\dfrac{(a_0-d)}{2}\text{sign}(y),|y|>d_0 \\ x_2+\dfrac{y}{h},|y|\leqslant d_0 \end{cases} \\ \text{fhan}=-\begin{cases} r\text{sign}(a),|a|>d \\ r\dfrac{a}{d},|a|\leqslant d \end{cases} \end{cases} \tag{14-18}$$

该公式中存在着两个条件判断部分：$|y|>d_0$、$|y|\leqslant d_0$、$|a|>d$ 及 $|a|\leqslant d$，利用符号函数的特性及适当的参数规划可以得到最速控制综合函数 $\text{fhan}(x_1,x_2,r,h)$ 的等价公式。

令

$$\text{fsg}(x,d)=(\text{sign}(x+d)-\text{sign}(x-d))/2 \tag{14-19}$$

那么 $u=\text{fhan}(x_1,x_2,r,h)$ 就可以表示成如下形式：

$$\begin{cases} d=rh^2 \\ a_0=hx_2 \\ y=x_1+a_0 \\ a_1=\sqrt{d(d+8|y|)} \\ a_2=a_0+\text{sign}(y)(a_1-d)/2 \\ a=(a_0+y)\text{fsg}(y,d)+a_2(1-\text{fsg}(y,d)) \\ \text{fhan}=-r\left(\dfrac{a}{d}\right)\text{fsg}(a,d)-r\text{sign}(a)(1-\text{fsg}(a,d)) \end{cases} \tag{14-20}$$

对于构造微分跟踪器来说，我们将 $u=\text{fhan}(x_1,x_2,r,h)$ 代入到系统（14-17）中，可以获得一个微分跟踪器如下：

$$
\begin{aligned}
&\text{fh} = \text{fhan}(x_1, x_2, r, h)\\
&x_1(k+1) = x_1(k) + hx_2(k)\\
&x_2(k+1) = x_2(k) + h\text{fh}
\end{aligned} \tag{14-21}
$$

如果用 $x_1(k)-v(k)$ 代替方程中的 $x_1(k)$，那么就可以构造出离散化的最速微分跟踪器：

$$
\begin{aligned}
&\text{fh} = \text{fhan}(x_1(k)-v(k), x_2(k), r, h)\\
&x_1(k+1) = x_1(k) + hx_2(k)\\
&x_2(k+1) = x_2(k) + h\text{fh}
\end{aligned} \tag{14-22}
$$

将公式（14-22）所代表的微分跟踪器称为快速离散系统（14-21）派生的最速离散跟踪微分器。该微分跟踪器的最大优点是能够解决上一小节中所说的高频颤振现象。

【实例 14-3】 利用最速离散跟踪微分器（14-22）对输入值 $v=1$ 进行仿真，给出微分跟踪效果。

思路·点拨

本实例主要是如何编写系统的 S-Function，其中最主要的是在 S 函数中编写函数 fhan。其次是系统参数的设置，本实例中所选取的是参数 $r=10$ 固定不变，而步长 h 分别为 0.1 和 0.01。

结果文件——配套资源“Ch14\SL1403”文件

解： MATLAB 程序如下。

```
function [sys,x0,str,ts]=TD4(t,x,u,flag,r,h,T)
switch flag
case 0
   [sys,x0,str,ts] = mdlInitializeSizes; %初始化
case 2
   sys = mdlUpdates(x,u,r,h,T);  %离散状态更新
case 3
   sys = mdlOutputs(x); %输出量的计算
case { 1, 4, 9 }
   sys = []; %未使用的 flag 值
otherwise
   error(['Unhandled flag = ',num2str(flag)]); %处理错误
end
%==============================================================
%flag=0，系统初始化
%==============================================================
```

```
function [sys,x0,str,ts] = mdlInitializeSizes
sizes = simsizes;
sizes.NumContStates = 0;  %无连续状态变量
sizes.NumDiscStates = 2;  %连续状态变量为 2
sizes.NumOutputs =2;     %输出个数为 2
sizes.NumInputs = 1;      %输入个数为 1
sizes.DirFeedthrough = 0; %输入不直接在输出中反映
sizes.NumSampleTimes = 1;
sys = simsizes(sizes);
x0 = [0; 0]; %设置初始状态为零状态
str = []; %将 str 变量设置为空字符变量
ts = [-1 0]; %采样周期: [period, offset]继承输入信号的采样周期
%==============================================================
%flag=2 时更新离散系统的状态变量
%==============================================================
function sys = mdlUpdates(x,u,r,h,T)
sys(1,1)=x(1)+T*x(2);
sys(2,1)=x(2)+T*fhan(x,u,r,h);
%==============================================================
%flag=3 时计算系统的输出变量
%==============================================================
function sys = mdlOutputs(x)
sys=x;
%==============================================================
%最速控制综合函数 fhan
%==============================================================
function f=fhan(x,u,r,h)
delta=r*h; delta0=delta*h; y=x(1)-u+h*x(2);
a0=sqrt(delta*delta+8*r*abs(y));
if abs(y)<=delta0
    a=x(2)+y/h;
else
    a=x(2)+0.5*(a0-delta)*sign(y);
```

```
end
if abs(a)<=delta
   f=-r*a/delta;
else
   f=-r*sign(a);
end
```

系统的仿真模型如图 14-23 所示。

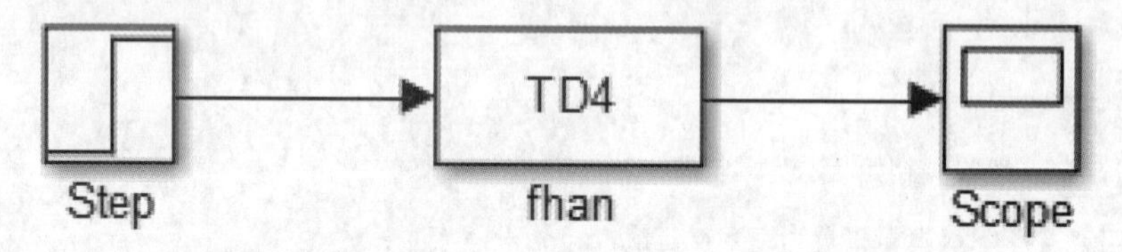

图 14-23　最速微分跟踪器仿真模型

当参数 $r=10$，步长变量 h 分别取 0.1 和 0.01 时，仿真结果分别如图 14-24(a)、图 14-24(b)所示。

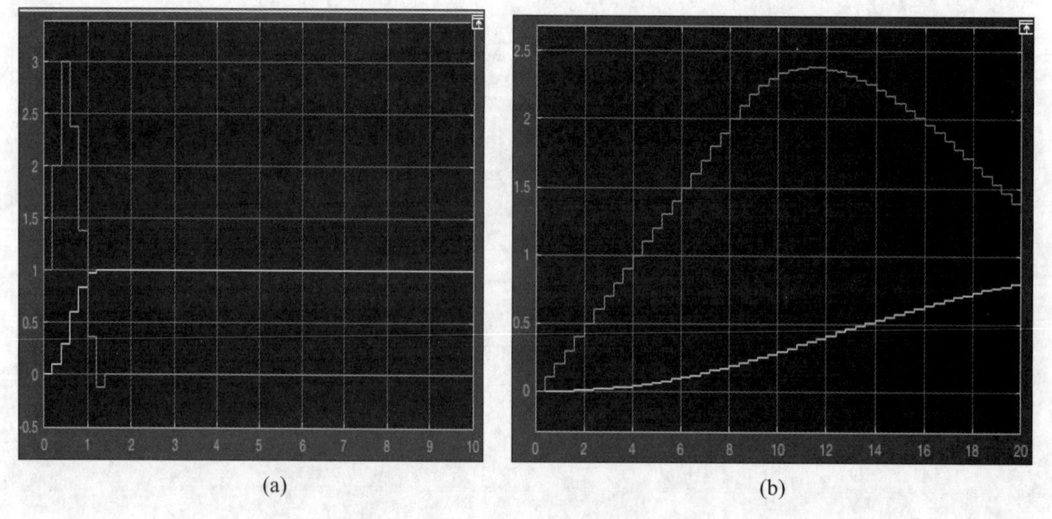

(a)　　(b)

图 14-24　仿真结果

从仿真结果可以看出，系统的输出响应没有出现高频颤振现象。当输入信号被噪声污染时，如果系统的响应有超调现象，那么噪声就会被放大。如果把函数 $u=\text{fhan}(x_1,x_2,r,h)$ 中的变量 h 改为与步长 h 独立的新变量 h_0，而取 h_0 的参数大于步长 h 的参数，就可以消除速度曲线中的超调，从而抑制微分信号中的噪声放大效应。将最速控制综合函数中的步长 h 改为新的独立变量 h_0，得到新的微分跟踪器如下。

$$
\begin{aligned}
&\text{fh}=\text{fhan}(x_1(k)-v(k),x_2(k),r,h_0)\\
&x_1(k+1)=x_1(k)+hx_2(k)\\
&x_2(k+1)=x_2(k)+h\text{fh}
\end{aligned}
\tag{14-23}
$$

【实例 14-4】假设某一系统，其输入信号是被噪声污染的正弦信号，其形式为

$$v(t)=\sin(4t)+r\eta(t)$$

利用式（14-23）的微分跟踪器进行仿真，并且给出当参数 h_0 分别取为 $h_0=h$ 及 $h_0=10h$ 时的仿真结果。

思路·点拨

本实例的思路跟实例 14-3 的思路是一样的，只不过是在最速控制综合函数中多了一个参数 h_0。

结果文件——配套资源“Ch14\SL1404”文件

解：MATLAB 程序如下。

```
function [sys,x0,str,ts]=TD5(t,x,u,flag,r,h0,h)
switch flag
case 0
   [sys,x0,str,ts] = mdlInitializeSizes;
 case 2
   sys = mdlUpdates(x,u,r,h0,h);
case 3
   sys = mdlOutputs(x);
case { 1, 4, 9 }
   sys = [];
otherwise
   error(['Unhandled flag = ',num2str(flag)]);
end
%=============================================================
%flag=0 时系统初始化
%=============================================================
function [sys,x0,str,ts] = mdlInitializeSizes
sizes = simsizes;
sizes.NumContStates = 0;
sizes.NumDiscStates = 2;
sizes.NumOutputs =2;
sizes.NumInputs = 1;
sizes.DirFeedthrough = 0;
sizes.NumSampleTimes = 1;
sys = simsizes(sizes);
x0 = [0; 0];
```

```
str = [];
ts = [-1 0];
%==============================================================
%flag=1 时更新离散状态
%==============================================================
function sys = mdlUpdates(x,u,r,h0,h)
sys(1,1)=x(1)+h*x(2);
sys(2,1)=x(2)+h*fhan(x,u,r,h0);
%==============================================================
%计算系统的输出
%==============================================================
function sys = mdlOutputs(x)
sys=x;
%==============================================================
%最速控制综合函数
%==============================================================
function f=fhan(x,u,r,h0)
delta=r*h0; delta0=delta*h0; y=x(1)-u+h0*x(2);
a0=sqrt(delta*delta+8*r*abs(y));
if abs(y)<=delta0
    a=x(2)+y/h0;
else
    a=x(2)+0.5*(a0-delta)*sign(y);
end
if abs(a)<=delta
    f=-r*a/delta;
else
    f=-r*sign(a);
end
```

取噪声信号的参数γ=0.1，建立系统的仿真模型如图 14-25 所示。

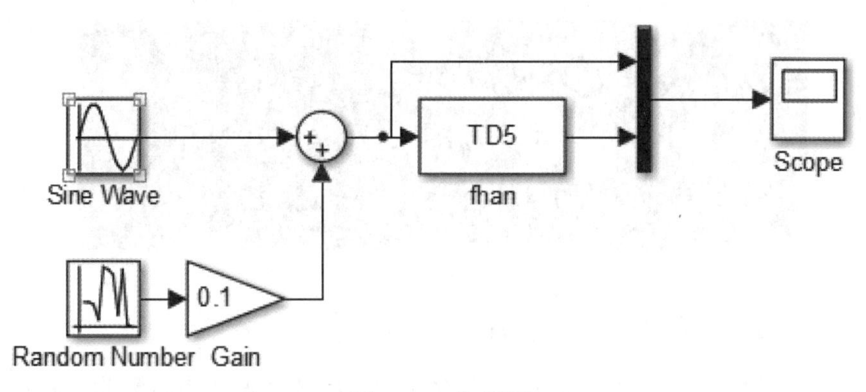

图 14-25　仿真模型

双击 TD5 模块，弹出系统参数设置对话框，如图 14-26 所示。

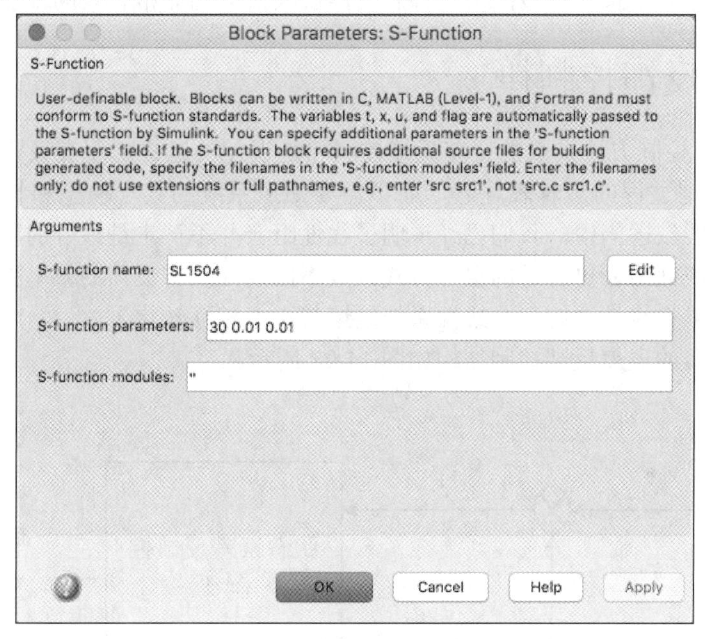

图 14-26　系统参数设置对话框

取步长 h=0.01，r=30，$h_0 = h$，$h_0 = 10h$ 的仿真结果分别如图 14-27(a)、图 14-27(b)所示。

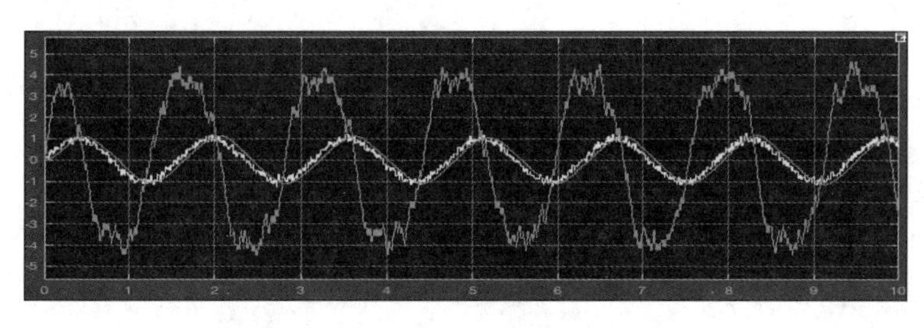

(a)

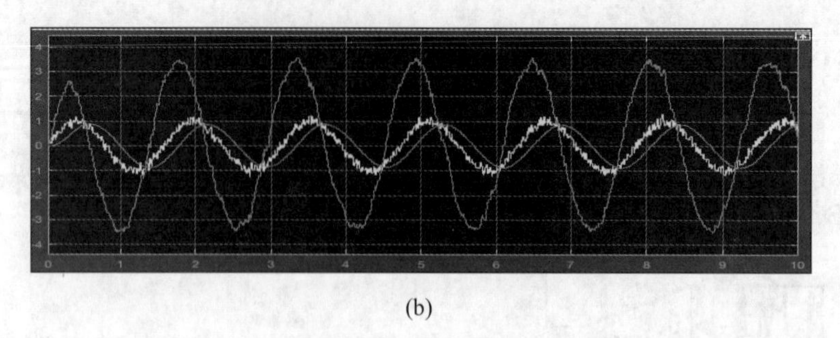

(b)

图 14-27　仿真结果

从仿真结果可以看出，当扩大 h_0 时，能够起到良好的滤波作用，因此将 h_0 称作微分跟踪器的滤波因子。当然，积分步长的减小对抑制噪声放大效应的作用也是非常明显的，但是当积分步长确定之后，扩大滤波因子是抑制噪声放大效应的非常有效的方法。

14.4　误差反馈控制律

传统的 PID 控制方法采取的误差反馈控制律是误差的过去、现在及将来的线性组合，从而只需知道控制过程的实时表现量，而不需要知道系统的数学模型和状态变量的具体内容。然而在之前的叙述当中，我们已经说明了线性组合并不一定是最好的组合方式，在非线性领域存在着比线性组合更合适的组合方式，效率比线性状态反馈的效率更高，非线性状态误差反馈机制可以将线性系统和非线性系统连续起来，相互转化。

自抗扰控制器的误差反馈控制结构如图 14-28 所示。

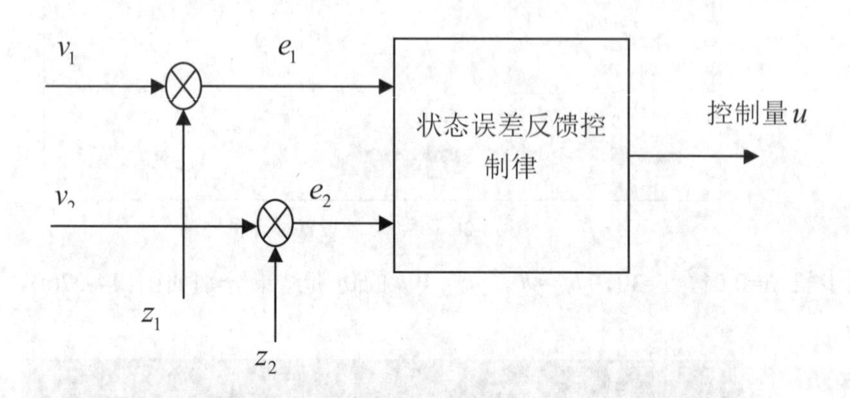

图 14-28　自抗扰控制器的误差反馈控制结构

常用的线性状态误差反馈组合方式有

$$u = \beta_1 e_1 + \beta_2 e_2 \tag{14-24}$$

$$u = \beta_0 e_0 + \beta_1 e_1 + \beta_2 e_2 \tag{14-25}$$

其中：

$$e_1=v_1-z_1;e_2=v_2-z_2;e_0=\int_0^{t_1}e_1(\tau)\mathrm{d}\tau$$

然而，通过各种仿真证明了非线性组合误差反馈机制比线性组合效率更高，韩京清研究员在其著作里面向我们推荐的非线性组合有如下几种方式。

$$\begin{cases}(1)u=\beta_0\mathrm{fal}(e_0,a_0,\delta)+\beta_1\mathrm{fal}(e_1,a_1,\delta)+\beta_2\mathrm{fal}(e_2,a_2,\delta)\\ a_0<0<a_1<1<a_2\text{或}0<a_0<a_1<1<a_2\\ (2)u=\beta_0e_0-\mathrm{fhan}(e_1,e_2,r_1,h_1)\\ (3)u=-\mathrm{fhan}(e_1,ce_2,r_1,h_1)\end{cases} \tag{14-26}$$

【实例 14-5】对于如下的对象：

$$\begin{cases}\dot{x}_1=x_2\\ \dot{x}_2=\mathrm{sign}(\sin(0.5t))+u\\ y=x_1\end{cases}$$

考察该对象跟踪单位阶跃输入的跟踪效果，并比较误差反馈控制律分别采用线性控制和非线性控制时的仿真结果。

思路·点拨

本实例与先前所讲的内容唯一的不同之处，就是在系统的输出部分多了一个微分跟踪器，进而构成的误差信号为$e_1=v_1-z_1$；$e_2=v_2-z_2$；$e_0=\int_0^{t_1}e_1(\tau)\mathrm{d}\tau$。整个控制器的算法构成如下。

$$\begin{cases}\mathrm{fh}_0=\mathrm{fhan}(v_1-v_0,z_2,r_0,h_0)\\ \dot{v}_1=v_1+hv_2\\ \dot{v}_2=v_2+h\mathrm{fh}_0\\ \mathrm{fh}_1=\mathrm{fhan}(z_1-y,z_2,r_1,h_1)\\ \dot{z}_1=z_1+hz_2\\ \dot{z}_2=z_2+h\mathrm{fh}_1\\ e_1=v_1-z_1;e_2=v_2-z_2;e_0=\int_0^{t_1}e_1(\tau)\mathrm{d}\tau\\ u=\beta_0e_0+\beta_1e_1+\beta_2e_2\end{cases}$$

在进行系统的仿真时，需要用到两个微分跟踪器及一个误差反馈控制律，以及对象的 S 函数的编写。

结果文件——配套资源“Ch14\SL1405”文件

解：（1）误差反馈控制律 MATLAB 程序如下。

```
function [sys,x0,str,ts]=han_ctrl(t,x,u,flag,bet1)
switch flag,
case 0
```

```
    [sys,x0,str,ts] = mdlInitializeSizes(t,u,x); %初始化
case 3
    sys = mdlOutputs(t,x,u,bet1); %输出量计算
case { 1,2,4,9 }
    sys = []; %未使用的flag值
otherwise
    error(['Unhandled flag = ',num2str(flag)]); %错误处理
end;
%==========================================================
%flag=0时进行系统的初始化
%==========================================================
function [sys,x0,str,ts] = mdlInitializeSizes(t,u,x)
sizes = simsizes;
sizes.NumContStates = 0; %连续状态个数为0
sizes.NumDiscStates = 0; %离散状态个数0
sizes.NumOutputs = 1;     %输出信号个数为1
sizes.NumInputs = 3;      %输入信号个数为3
sizes.DirFeedthrough = 1;%输入在输出中直接显示出来，注意不能将其置为0
sizes.NumSampleTimes = 1;
sys = simsizes(sizes);
x0 = []; %设置初始状态为零状态
str = []; %将str变量置为空字符串
ts = [-1 0]; %采样周期：[period, offset]
%==========================================================
%flag=3时，计算系统的输出
%==========================================================
function sys = mdlOutputs(t,x,u,bet1)
e1=u(1); e2=u(2); e3=u(3);
u0=bet1(1)*e1+bet1(2)*e2+bet1(3)*e3;
%u0=bet1(1)*fal(e1,aa(1),d)+bet1(2)*fal(e2,aa(2),d)+bet(3)*fal(e3,aa(3),d);
sys=u0;
%==========================================================
```

```
%用户定义子函数 fal
%===========================================================
function f=fal(e,a,d)
if abs(e)<d
   f=e/d^(1-a);
else
   f=(abs(e))^a*sign(e);
end
%===========================================================
%用户定义子函数 fhan
%===========================================================
function f=fhan(x1,x2,r,h)
delta=r*h; delta0=delta*h; y=x1+h*x2;
a0=sqrt(delta*delta+8*r*abs(y));
if abs(y)<=delta0
   a=x2+y/h;
else
   a=x2+0.5*(a0-delta)*sign(y);
end
if abs(a)<=delta
   f=-r*a/delta;
else
   f=-r*sign(a);
end
```

（2）对象 S 函数的编写。

```
function [sys,x0,str,ts]=csfunc(t,x,u,flag,h)
switch flag,
   case 0
      [sys,x0,str,ts]=mdlInitializeSizes;%初始化
   case 2
      sys=mdlUpdates(t,x,u,h);%更新离散状态
   case 3
      sys=mdlOutput(t,x,u);%系统输出
```

```
    case {1,4,9}
        sys=[];
    otherwise
        error(['Unhandled flag=',num2str(flag)]);%错误信息处理
end
%主函数结束
%==========================================================================
%初始化
%==========================================================================
function [sys,x0,str,ts]=mdlInitializeSizes
size=simsizes;
sizes.NumContStates=0;%离散状态变量个数为 0
sizes.NumDiscStates=2;%连续状态变量个数为 2
sizes.NumOutputs=1;%系统输出个数为 1
sizes.NumInputs=1;%系统输入个数为 1
sizes.DirFeedthrough=0;%输入不直接在输出中表现出来
sizes.NumSampleTimes=1;%采样时间
sys=simsizes(sizes);
x0=[0;0];
str=[];
ts=[-1 0];
%初始化函数结束
%========================================================================
%更新系统状态
%========================================================================
function sys=mdlUpdates(t,x,u,h)
sys(1,1)=x(1)+h*x(2);
sys(2,1)=x(2)+h*(sign(sin(0.5*t))+u);
%更新系统状态结束
%========================================================================
%计算系统输出
%========================================================================
function sys=mdlOutput(t,x,u)
```

```
sys=x(1);
%计算输出函数结束
```

（3）建立系统的仿真模型。

建立系统的仿真模型如图 14-29 所示。

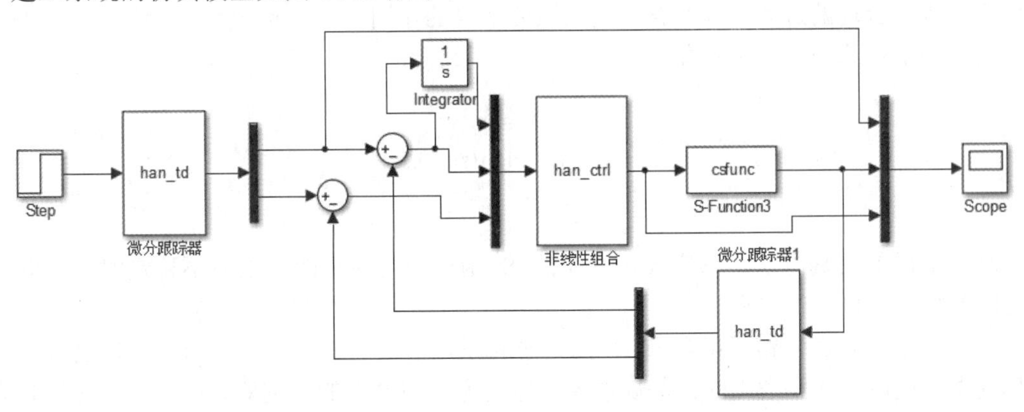

图 14-29　系统仿真模型

设置系统的仿真步长为 0.01，线性组合的参数分别取为 $\beta_0=5,\beta_1=8,\beta_2=3$ 和 $\beta_0=50,\beta_1=80,\beta_2=30$，仿真结果分别如图 14-30(a)、图 14-30(b)所示。

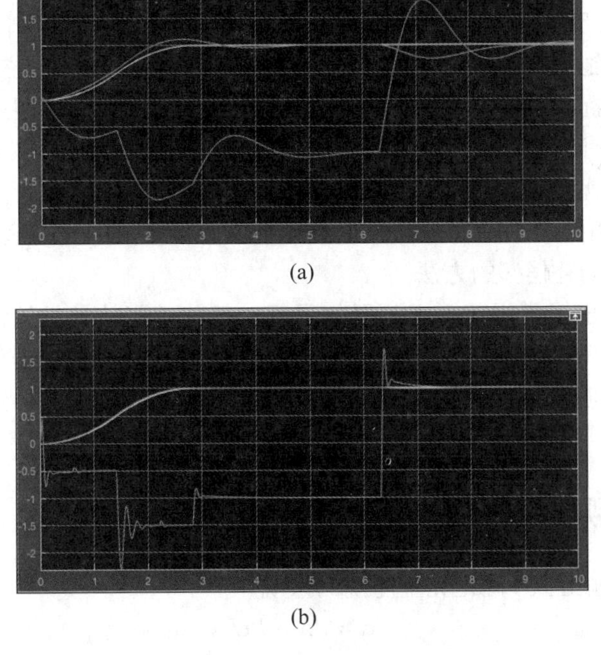

(a)

(b)

图 14-30　线性误差反馈控制律仿真结果

图 14-30 所示的仿真结果是线性误差反馈控制律的结果，下面采取一样的仿真条件，将误差反馈控制律改为非线性误差反馈控制律，非线性反馈控制律的表达式为程序中注释的部分，并设置对应的参数即可。

从上述的仿真结果中可以看出，误差反馈的增益取的数值相差较大时，系统的仿真结果几乎没有什么变化，都能够达到比较满意的结果。在 PID 控制结构中，这点是难以做到的，从前面的仿真结果可以看出，PID 参数的变化对系统的输出响应影响会非常大。对于不稳定的开环系统，利用上述的仿真算法，也能在较强扰动作用下控制好不稳定对象，这主要是由于安排了合理的过渡过程及合理提取微分信号的作用。

对于如下不稳定的开环对象：

$$\begin{cases} \dot{x}_1 = x_2 \\ \dot{x}_2 = x_1 + x_2 + \text{sign}(\sin(0.5t)) + u \\ y = x_1 \end{cases}$$

利用上述的仿真方法，只需要在系统的 S 函数中将对象改为上述不稳定对象，并更改响应的参数就可以进行仿真。

以上讨论的是在保留了经典 PID 控制器的原始框架的基础上，采用了安排过渡过程、合理的微分提取方式和适当的误差反馈控制律的方法而改造的控制器。同时，非线性状态误差反馈与 PID 反馈有一个很大的不同点，就是彻底取消了积分的环节，从而避免了积分反馈容易引起的积分饱和、不稳定振荡及系统迟缓等缺陷。

14.5 扩张状态观测器

控制系统中的负反馈对于抑制扰动具有一定的作用，但是并不能完全消除扰动的影响，采取什么样的措施来有效地消除各种扰动的影响，始终是控制系统设计者们要考虑的重要课题。如果系统的扰动对输出没有影响，就可以不用采取任何措施去消除它；相反地，如果系统的扰动对输出有影响，就应采取一定的措施来抑制该扰动。既然扰动能够影响系统输出，那么扰动的信息就会通过输出表现出来，从而就有可能通过一定的方式处理输出信号来估计出系统扰动的作用。工程上经常采用的是“前馈补偿”的方式，这实际上是直接或间接测量扰动来进行“扰动补偿”的方法。

韩京清研究员提出了借用状态观测器的思想，把能够影响被控输出的扰动作用扩张成新的状态变量，用特殊的机制来建立能够观测被扩张的状态——扰动作用的扩张状态观测器。经过试验仿真证明，该扩张状态观测器从某种意义上来讲是一种通用而实用的扰动观测器。

14.5.1 状态观测器

通过输入 $u(t)$ 与输出 $y(t)$ 确定完全能观测系统

$$\begin{cases} \dot{x} = AX + BU \\ Y = CX \end{cases}$$

的状态 X 的一个常用方法是：按系统矩阵 $\boldsymbol{A}$、控制矩阵 $\boldsymbol{B}$ 及输出矩阵 $\boldsymbol{C}$ 构造一个模型，使其输入与系统输入 $u(t)$ 相同。在模型中，通过取自模型输出 y_e 与系统输出 y 的差值 $y_e - y$ 的负反馈 F_e 去控制模型的状态 X_e 等于或接近系统的状态 X 。按照这种方法构造的模型称为系统的状态观测器，如图 14-31 所示。

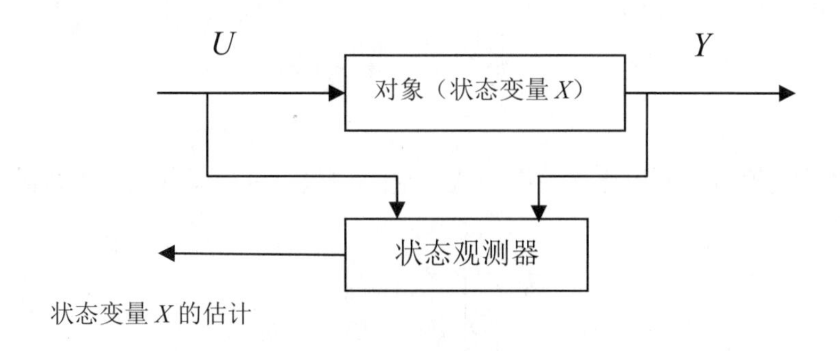

图 14-31　状态观测器

对于如下的线性控制系统：

$$\begin{cases} \dot{X} = AX + BU \\ Y = CX \end{cases}$$

其中，X 为状态变量，U 和 Y 分别为输入向量和输出向量。以上述对象的输出量和输入量为输入，构造新系统：

$$\begin{aligned} \dot{Z} &= AZ - L(CZ - Y) + BU \\ &= (A - LC)Z + LY + BU \end{aligned} \tag{14-27}$$

其中，$\boldsymbol{L}$ 为要选取的矩阵。将新系统与原来系统的误差记为 $e = Z - X$，那么由 $\dot{Z} - \dot{X}$ 可以得出

$$\begin{aligned} \dot{e} &= \dot{Z} - \dot{X} \\ &= (A - LC)Z + LY + BU - (AX + BU) \\ &= AZ - LCZ - AX + LY \\ &= A(Z - X) + LY - LCZ \end{aligned}$$

又因为 $Y = CX$，代入上述公式化简得到

$$\begin{aligned} \dot{e} &= \dot{Z} - \dot{X} \\ &= A(Z - X) + LY - LCZ \\ &= A(Z - X) + LC(X - Z) \\ &= (A - LC)(Z - X) \\ &= (A - LC)e \end{aligned} \tag{14-28}$$

由以上推导可以得出，只要选取适当的 $\boldsymbol{L}$，使得矩阵 $\boldsymbol{A-LC}$ 稳定，那么新构造的系统的状态变量 Z 就能够近似地估计出原有系统的状态变量 X，也就是说新旧系统之间的误差趋近于 0。那么对于满足上述条件的新的系统，就叫作原来系统的状态观测器，其表达式可以写成如下形式：

$$\begin{cases} e = CZ - Y \\ \dot{Z} = AZ - Le + BU \end{cases} \tag{14-29}$$

对于如下特殊的二阶系统，试推导出其状态观测器的具体形式。

$$\begin{cases}\dot{x}_1 = x_2 \\ \dot{x}_2 = a_1x_1 + a_2x_2 + bu \\ y = x_1\end{cases}$$

首先将系统的微分方程化成系统的状态空间方程，得出系统的系统矩阵 ***A***、控制矩阵 ***B*** 及输出矩阵 ***C***。

$$\begin{bmatrix}\dot{x}_1 \\ \dot{x}_2\end{bmatrix} = \begin{bmatrix}0 & 1 \\ a_1 & a_2\end{bmatrix}\begin{bmatrix}x_1 \\ x_2\end{bmatrix} + \begin{bmatrix}0 \\ b\end{bmatrix}u$$

$$y = \begin{bmatrix}1 & 0\end{bmatrix}\begin{bmatrix}x_1 \\ x_2\end{bmatrix}$$

那么可以得到

$$A=\begin{bmatrix}0 & 1 \\ a_1 & a_2\end{bmatrix};\ B=\begin{bmatrix}0 \\ b\end{bmatrix};\ C=\begin{bmatrix}1 & 0\end{bmatrix}$$

因此，根据上述的状态观测器的公式可以得到

$$LC=\begin{bmatrix}l_1 & 0 \\ l_2 & 0\end{bmatrix}, AZ-Le=\begin{bmatrix}z_2-l_1e_1 \\ a_1z_1+a_2z_2-l_2e_1\end{bmatrix}$$

那么根据式（14-29）可以得出该系统的状态观测器为

$$\begin{aligned}&e_1 = z_1 - y \\ &\dot{z}_1 = z_2 - l_1e_1 \\ &\dot{z}_2 = (a_1z_1 + a_2z_2) - l_2e_1 + bu\end{aligned}$$

对于非线性系统，也可以采用同样的方法构造系统的状态观测器。然而当线性系统中参数 a_1、a_2 或非线性系统中的函数未知时，是否也可以构造出估计状态变量的状态观测器呢？韩京清研究员提出忽略这些参数而直接建立其状态观测器。如式（14-29）所代表的对象可以建立如下的状态观测器：

$$\begin{aligned}&e_1 = z_1 - y \\ &\dot{z}_1 = z_2 - l_1e_1 \\ &\dot{z}_2 = -l_2e_1 + bu\end{aligned} \tag{14-30}$$

为了有效地抑制被取消的未知函数在系统中的作用，韩京清研究员提出了根据非线性反馈效应，采用如下的非线性反馈方式：

$$-\beta_1g_1(e), -\beta_2g_2(e)$$

将状态观测器（14-30）改成如下形式：

$$\begin{aligned}&e_1 = z_1 - y \\ &\dot{z}_1 = z_2 - \beta_1g_1(e_1) \\ &\dot{z}_2 = -\beta_2g_2(e_1) + bu\end{aligned} \tag{14-31}$$

其中，β_1、β_2 为常值参数；$g_1(e)$、$g_2(e)$ 为满足条件 $eg_i(e) \geqslant 0$ 的非线性函数。只要选取适当的参数和非线性函数，新的状态观测器就能够在很大范围内很好地估计出系统的状态变量。

将状态观测器（14-31）进行离散化，按离散化的公式进行递推计算：

$$\begin{aligned} &e_1 = z_1 - y \\ &\dot{z}_1 = z_1 + h(z_2 - \beta_1 g_1(e_1)) \\ &\dot{z}_2 = z_2 - h(\beta_2 g_2(e_1) - bu) \end{aligned} \tag{14-32}$$

【实例 14-6】对于如下的系统，试构造出该系统的状态观测器。其中 $w(t)$ 为扰动函数。

$$\begin{cases} \dot{x}_1 = x_2 \\ \dot{x}_2 = f(x_1, x_2, t) + w(t) + u \\ y = x_1 \end{cases}$$

其中：

$$f(x_1, x_2, t) = -(1+\cos t)x_1 - (1+\sin(t/2))x_2\,; \quad w(t) = \mathrm{sign}\left(\sin\frac{3t}{2}\right)。$$

思路·点拨

根据状态观测器的原理，本实例选择的非线性函数为 $g_1(e) = e_1$； $g_2(e) = \mathrm{fal}(e, a, d)$ 。其中，函数 $\mathrm{fal}(e, a, d)$ 的表达式已经在之前给出。利用 S 函数及已经离散化的状态观测器方程进行编写；其次是对象的 S 函数的编写，需要将系统进行离散化。离散化后的对象为

$$\begin{aligned} &x_1(k+1) = x_1(k) + hx_2(k) \\ &x_2(k+1) = x_2(k) + h(f(x_1(k), x_2(k), t) + w(t) + u) \end{aligned}$$

分别取原系统的状态变量 x_1 的输出及状态观测器观测的变量 z_1，比较状态观测器观测系统状态变量的准确程度。

结果文件——配套资源“Ch14\SL1406”文件

解：（1）对象 S-Function 的编写。

```
function [sys,x0,str,ts]=csfunc(t,x,u,flag,h)
switch flag
    case 0
        [sys,x0,str,ts]=mdlInitializeSizes;%初始化
    case 2
        sys=mdlUpdates(t,x,u,h);%更新离散状态
    case 3
        sys=mdlOutput(t,x,u);%计算系统输出
    case {1,4,9}
        sys=[];
    otherwise
        error(['Unhandled flag=',num2str(flag)]);%错误处理
```

```
end
%主函数结束
%==================================================================
%flag=0 时进行系统的初始化
%==================================================================
function [sys,x0,str,ts]=mdlInitializeSizes
size=simsizes;
sizes.NumContStates=0;%连续状态变量个数为 0
sizes.NumDiscStates=2;%离散状态变量个数为 2
sizes.NumOutputs=2;%系统输出变量个数为 2
sizes.NumInputs=1;%系统输入变量个数为 1
sizes.DirFeedthrough=0;%输入不直接在输出中表现出来
sizes.NumSampleTimes=1;%采样时间
sys=simsizes(sizes);
x0=[0;0];
str=[];
ts=[-1 0];
%初始化函数结束
%================================================================
%flag=2 时计算离散状态更新
%================================================================
function sys=mdlUpdates(t,x,u,h)
sys(1,1)=x(1)+h*x(2);
sys(2,1)=x(2)+h*(-(1+cos(t))*x(1)-(1-sin(t/2))*x(2)+sign(sin(3*t/2))+u);
%更新离散状态函数结束
%================================================================
%计算系统输出
%================================================================
function sys=mdlOutput(t,x,u)
sys=x;
%计算输出函数结束
```

（2）状态观测器 S-Funtion 的编写。

```
function [sys,x0,str,ts]=eso(t,x,u,flag,a,d,bet,h)
```

```
switch flag
case 0
  [sys,x0,str,ts] = mdlInitializeSizes; %初始化
case 2
  sys = mdlUpdates(x,u,a,d,bet,h); %更新离散状态
case 3
  sys = mdlOutputs(x); %计算系统输出
case { 1, 4, 9 }
  sys = []; %未使用的 flag 值
otherwise
  error(['Unhandled flag = ',num2str(flag)]); %错误信息处理
end
%=============================================================
%系统初始化函数
%=============================================================
function [sys,x0,str,ts] = mdlInitializeSizes
sizes = simsizes;
sizes.NumContStates = 0; %连续状态变量个数为 0
sizes.NumDiscStates = 2; %离散状态变量个数为 2
sizes.NumOutputs = 2;    %系统输出变量个数为 1
sizes.NumInputs = 1;     %系统输入变量个数为 2
sizes.DirFeedthrough = 0; %输入不直接在输出中表现出来
sizes.NumSampleTimes = 1;
sys = simsizes(sizes);
x0 = [0; 0]; %初始值为 0
str = []; %将 str 变量设置为空
ts = [-1 0]; %采样周期
%=============================================================
%更新离散状态函数
%=============================================================
function sys = mdlUpdates(x,u,a,d,bet,h)
e=x(1)-u(1);
```

```
sys(1,1)=x(1)+h*(x(2)-bet(1)*e);
sys(2,1)=x(2)-h*(bet(2)*fal(e,a,d));
%==============================================================
%计算系统输出
%==============================================================
function sys = mdlOutputs(x)
sys=x;
%==============================================================
%用户定义子函数 fal
%==============================================================
function f=fal(e,a,d)
if abs(e)<=d
   f=e/d^(a);
else
   f=(abs(e))^a*sign(e);
end
```

（3）构建系统的 Simulink 仿真模型。

系统的仿真模型如图 14-32 所示。

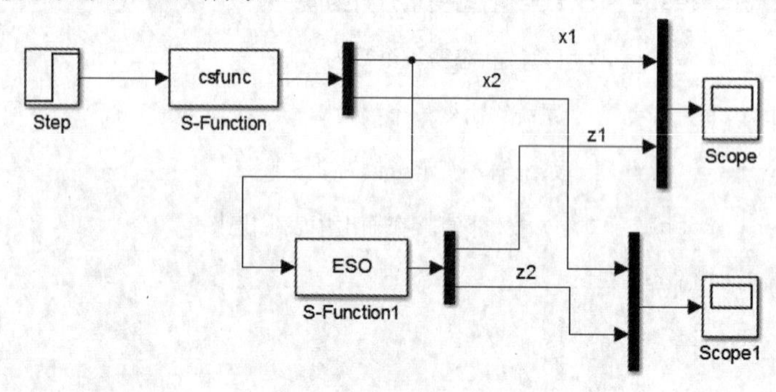

图 14-32　状态观测器仿真模型

（4）参数设置。

双击 csfunc 模块，弹出参数设置对话框，将参数 h 设置为 0.01，与仿真积分步长一致。

双击状态观测器，弹出参数设置对话框，设置状态观测器参数分别为 $a=0.5$，$d=0.01$，$\beta_1=50$，$\beta_2=100$，$h=0.01$。

（5）仿真运行及结果。

单击 Simulation 按钮，选择 Model Configuration Parameters，选择求解器类型为固定步长，算法选择为 discrete，并设置步长为 0.01，单击“确定”按钮后进行仿真。状态变量

x_1、x_2 仿真的结果分别如图 14-33(a)、图 14-33(b)所示。

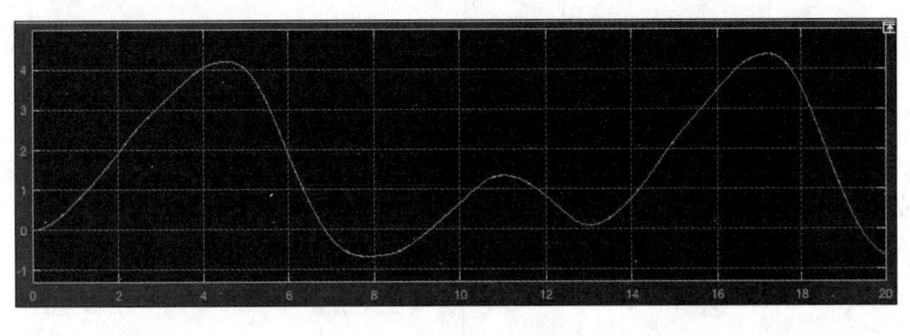

(a) x_1, z_1

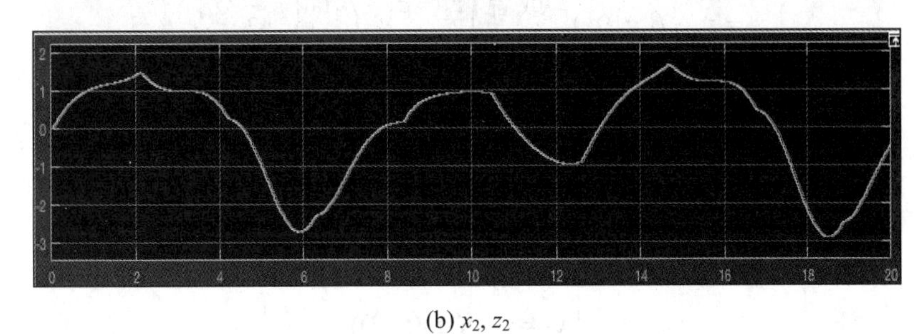

(b) x_2, z_2

图 14-33　仿真结果

从仿真结果可以看出，原来系统的状态变量 x_1、x_2 与状态观测器观测的状态变量 z_1、z_2 几乎完全重合，看不出两者之间的差别，证明了该状态观测器是有效的。

对于二阶或二阶以上的系统，这种形式的非线性状态观测器也都适用。例如，对于如下的任意阶次的系统：

$$\begin{cases} \dot{x}_1 = x_2 \\ \dot{x}_2 = x_3 \\ \vdots \\ \dot{x}_{n-1} = x_n \\ \dot{x}_n = f(x_1, x_2, \cdots x_n) + bu \\ y = x_1 \end{cases} \tag{14-33}$$

根据二阶系统的状态观测器建立的方法，可以建立任意阶次系统的状态观测器如下。

$$\begin{cases} e_1 = z_1 - y \\ \dot{z}_1 = z_2 - \beta_1 e_1 \\ \dot{z}_2 = z_3 - \beta_2 |e_1|^2 \operatorname{sign}(e_1) \\ \vdots \\ \dot{z}_{n-1} = z_n - \beta_{n-1} |e_1|^{\frac{1}{2^{n-1}}} \operatorname{sign}(e_1) \\ \dot{z}_n = -\beta_n |e_1|^{\frac{1}{2^{n-1}}} \operatorname{sign}(e_1) + bu \end{cases} \tag{14-34}$$

那么，根据式（14-33）和式（14-34），对于如下的三阶系统：

$$\begin{cases} \dot{x}_1 = x_2 \\ \dot{x}_2 = x_3 \\ \dot{x}_3 = f(x_1, x_2, t) + bu \\ y = x_1 \end{cases}$$

可以建立如下的状态观测器：

$$\begin{cases} e_1 = z_1 - y \\ \dot{z}_1 = z_2 - \beta_1 g_1(e_1) \\ \dot{z}_2 = z_3 - \beta_2 g_2(e_1) \\ \dot{z}_3 = -\beta_3 g_3(e_1) + bu \end{cases} \quad \text{或者} \quad \begin{cases} e_1 = z_1 - y \\ \dot{z}_1 = z_2 - \beta_1 e_1 \\ \dot{z}_2 = z_3 - \beta_2 \mathrm{fal}\left(e, \dfrac{1}{2}, \delta\right) \\ \dot{z}_3 = -\beta_3 \mathrm{fal}\left(e, \dfrac{1}{4}, \delta\right) + bu \end{cases} \tag{14-35}$$

【实例 14-7】利用三阶状态观测器观测如下对象的状态估计。

$$\begin{cases} \dot{x}_1 = x_2 \\ \dot{x}_2 = x_3 \\ \dot{x}_3 = \mathrm{sign}(\sin(t/2)) \\ y = x_1 \end{cases}$$

思路·点拨

对于本实例的三阶对象来说，其状态观测器可以选择为公式（14-35）的形式。将其进行离散化可以得到如下的离散状态观测器：

$$\begin{cases} e = z_1(k) - y \\ z_1(k+1) = z_1(k) + h(z_2(k) - \beta_1 e) \\ z_2(k+1) = z_2(k) + h\left(z_3(k) - \beta_2 \mathrm{fal}\left(e, \dfrac{1}{2}, \delta\right)\right) \\ z_3(k+1) = z_3(k) - h\left(\beta_3 \mathrm{fal}\left(e, \dfrac{1}{4}, \delta\right)\right) \end{cases}$$

根据该离散方程就可以编写离散状态观测器的 S-Function。

结果文件——配套资源“Ch14\SL1407”文件

解：（1）三阶对象 S-Function 的编写。

```
function [sys,x0,str,ts]=csfunc1(t,x,u,flag,h)
switch flag
    case 0
        [sys,x0,str,ts]=mdlInitializeSizes;%初始化
    case 2
```

```
        sys=mdlUpdates(t,x,u,h);%更新离散状态
    case 3
        sys=mdlOutput(t,x,u);%计算系统输出
    case {1,4,9}
        sys=[];
    otherwise
        error(['Unhandled flag=',num2str(flag)]);%错误处理
end
%==============================================================
%初始化函数
%==============================================================
function [sys,x0,str,ts]=mdlInitializeSizes
size=simsizes;
sizes.NumContStates=0;
sizes.NumDiscStates=3;
sizes.NumOutputs=3;
 sizes.NumInputs=1;
 sizes.DirFeedthrough=0;
sizes.NumSampleTimes=1;
sys=simsizes(sizes);
x0=[0;0;0];
str=[];
ts=[-1 0];
%============================================================
%更新离散状态
%============================================================
function sys=mdlUpdates(t,x,u,h)
sys(1,1)=x(1)+h*x(2);
sys(2,1)=x(2)+h*x(3);
sys(3,1)=x(3)+h*(sign(sin(t/2)));
%============================================================
%计算系统输出
```

```
%=============================================================
function sys=mdlOutput(t,x,u)
sys=x;
```

（2）状态观测器 S-Function 的编写。

```
function [sys,x0,str,ts]=esol(t,x,u,flag,a,d,bet,h)
switch flag
case 0
   [sys,x0,str,ts] = mdlInitializeSizes; %初始化
case 2
   sys = mdlUpdates(x,u,a,d,bet,h); %更新离散状态
case 3
   sys = mdlOutputs(x); %计算系统输出
case { 1, 4, 9 }
   sys = []; %未使用的 flag 值
otherwise
   error(['Unhandled flag = ',num2str(flag)]); %错误处理
end
%=============================================================
%初始化函数
%=============================================================
function [sys,x0,str,ts] = mdlInitializeSizes
sizes = simsizes;
sizes.NumContStates = 0;
sizes.NumDiscStates = 3;
sizes.NumOutputs = 3;
sizes.NumInputs = 1;
sizes.DirFeedthrough = 0;
sizes.NumSampleTimes = 1;
sys = simsizes(sizes);
x0 = [0;0;0];
str = [];
ts = [-1 0];
%=============================================================
```

```
%更新离散状态
%=============================================================
function sys = mdlUpdates(x,u,a,d,bet,h)
e=x(1)-u;
sys(1,1)=x(1)+h*(x(2)-bet(1)*e);
sys(2,1)=x(2)+h*(x(3)-bet(2)*fal(e,a(1),d));
sys(3,1)=x(3)-h*(bet(3)*fal(e,a(2),d));
%=============================================================
%计算系统输出
%=============================================================
function sys = mdlOutputs(x)
sys=x;
%=============================================================
%用户定义子函数
%=============================================================
function f=fal(e,a,d)
if abs(e)<=d
   f=e/d^(a);
else
   f=(abs(e))^a*sign(e);
end
```

（3）创建系统的仿真模型。

根据状态观测器的基本原理，建立图 14-34 所示的状态观测器仿真模型。

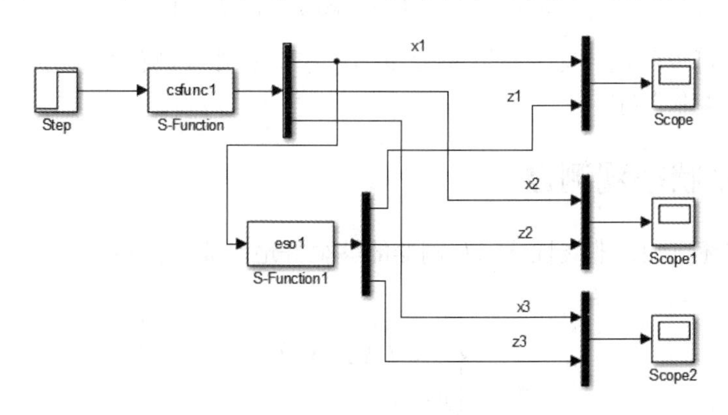

图 14-34　三阶对象状态观测器仿真模型

设置模块的参数，其中将对象的采样时间设置为 0.01；将状态观测器的参数设置为 $a_1 = 0.5$，$a_2 = 0.25$，$\beta_1 = 50$，$\beta_2 = 250$，$\beta_3 = 10000$，采样时间也设置为 0.01；设置求解器为固定步长模式，采样步长为 0.01，进行仿真，仿真结果分别如图 14-35(a)、图 14-35(b)、图 14-35(c)所示。

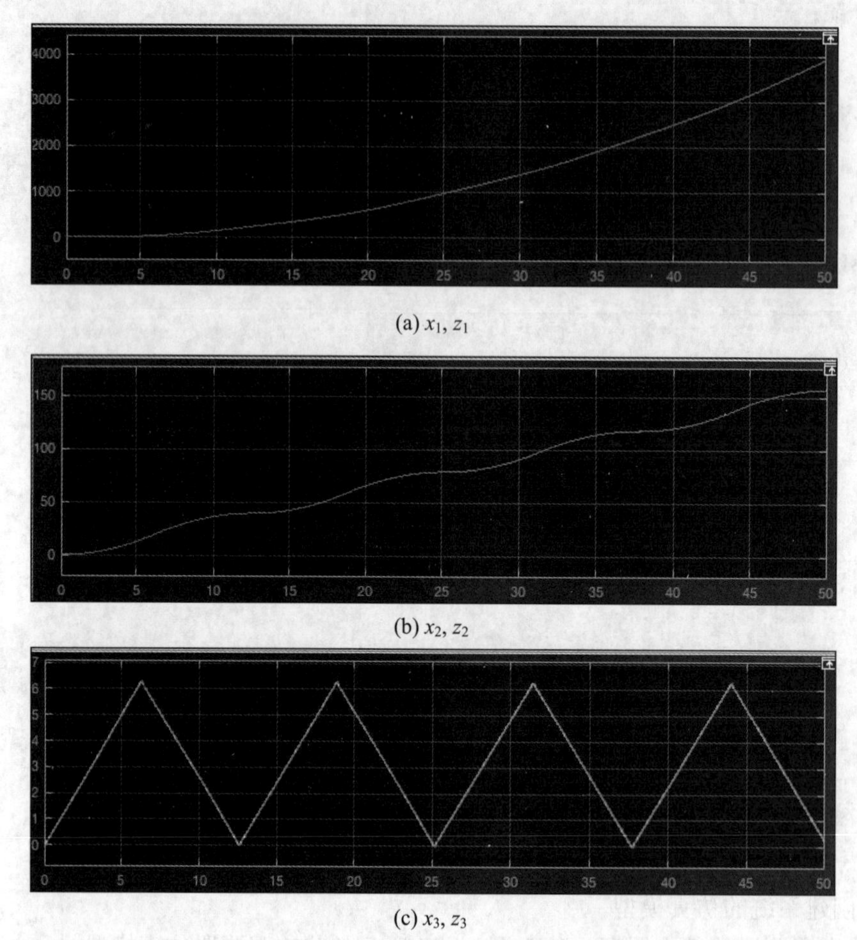

(a) x_1, z_1

(b) x_2, z_2

(c) x_3, z_3

图 14-35　三阶对象状态观测器仿真结果

从仿真结果可以看出，对象的状态变量与状态观测器观测的变量之间几乎没有差别，状态观测器的效果非常好。

14.5.2　扩张状态观测器

由前面的叙述可知，非线性状态观测器能够很好地对非线性系统

$$\begin{cases} \dot{x}_1 = x_2 \\ \dot{x}_2 = f(x_1, x_2) + bu \\ y = x_1 \end{cases}$$

的状态变量进行跟踪。韩京清研究员在此基础上，提出了将作用于开环系统的加速度

$f(x_1(t),x_2(t))$ 的实时作用量扩充成为新的状态变量 x_3，那么就有 $x_3=f(x_1,x_2)$，并且将新的状态变量的微分记为

$$\dot{x}_3=w(t) \tag{14-36}$$

此时原系统就可以扩张成新的线性控制系统：

$$\begin{cases}\dot{x}_1=x_2\\ \dot{x}_2=x_3+bu\\ \dot{x}_3=w(t)\\ y=x_1\end{cases} \tag{14-37}$$

此时该系统就可以看成是三阶系统，根据三阶系统的状态观测器的创建过程，可以建立该系统的状态观测器。

$$\begin{cases}e_1=z_1-y\\ \dot{z}_1=z_2-\beta_1 e_1\\ \dot{z}_2=z_3-\beta_2|e_1|^{\frac{1}{2}}\operatorname{sign}(e_1)+bu\\ \dot{z}_3=-\beta_3|e_1|^{\frac{1}{4}}\operatorname{sign}(e_1)\end{cases} \text{或} \begin{cases}e_1=z_1-y\\ \dot{z}_1=z_2-\beta_1 e_1\\ \dot{z}_2=z_3-\beta_2\operatorname{fal}\left(e,\frac{1}{2},\delta\right)+bu\\ \dot{z}_3=-\beta_3\operatorname{fal}\left(e,\frac{1}{4},\delta\right)\end{cases} \tag{14-38}$$

只要设置好状态观测器的参数 β_1、β_2、β_3，该状态观测器就能够很好地观测系统的状态变量 x_1、x_2 及新扩张的状态变量的实时作用量 x_3。如果函数 $f(x_1,x_2)$ 中含有时间变量 t 和未知扰动作用 $w(t)$，那么解决方法也是一样的，将该实时作用量扩张成新的状态变量 x_3，利用式（14-38）的状态观测器同样也可以跟踪系统的状态变量及新扩张的状态变量。因此，韩京清研究员将式（14-38）的状态观测器称为系统的扩张状态观测器（Extended State Observer，ESO），变量 $x_3(t)$ 称为扩张的状态变量。其结构如图 14-36 所示。

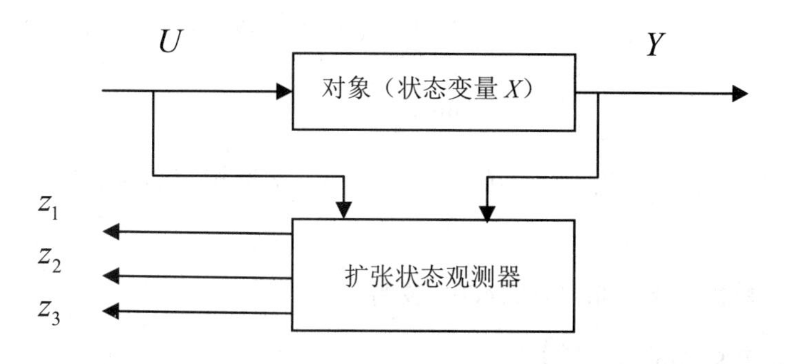

图 14-36　扩张状态观测器的结构

扩张状态观测器是独立于描述对象传递关系的函数 f 的具体形式的，不管函数 f 的具体形式是 $f=f(t)$、$f=f(x_1,x_2)$ 或 $f=f(x_1,x_2,t,w(t))$，是连续的还是不连续的，已知的或未知的，只要在过程当中的实时作用量是有界的，并且参数 b 已知，那么选择适当的扩张状态观测器参数 β_1、β_2、β_3，扩张状态观测器总是能够很好地跟踪系统的状态变量。如果参数 b 是已知的，那么控制量就可以取成

$$u = u_0 - \frac{z_3(t)}{b} \text{或} u = \frac{u_0 - z_3(t)}{b} \tag{14-39}$$

扩张状态观测器能够跟踪系统的状态变量的根本条件是系统满足能观测性条件，只要系统满足了该条件，不管是什么形式的加速度，只要对系统起作用，那么就会反应在系统的输出上，就可以通过输出信息获取该作用量。

【实例 14-8】假设有一对象，其微分方程为

$$\begin{cases} \dot{x}_1 = x_2 \\ \dot{x}_2 = \operatorname{sign}(\sin t) + 3\cos(t/2) \\ y = x_1 \end{cases}$$

取新的状态变量 $x_3 = \operatorname{sign}(\sin t)$，试构造该对象的扩张状态观测器，并给出对状态变量 x_1、x_2 的跟踪效果及扩张状态变量 x_3 的观测结果。

思路·点拨

取新的状态变量为 $x_3 = \operatorname{sign}(\sin t)$，并令 $\dot{x}_3 = w(t)$，该对象就可以扩张为如下系统：

$$\begin{cases} \dot{x}_1 = x_2 \\ \dot{x}_2 = x_3 + 3\cos(t/2) \\ \dot{x}_3 = w(t) \\ y = x_1 \end{cases}$$

那么就可以根据扩张后的对象构造扩张状态观测器：

$$\begin{cases} e_1 = z_1 - y \\ \dot{z}_1 = z_2 - \beta_1 e_1 \\ \dot{z}_2 = z_3 - \beta_2 \operatorname{fal}\left(e, \dfrac{1}{2}, \delta\right) + 3\cos(t/2) \\ \dot{z}_3 = -\beta_3 \operatorname{fal}\left(e, \dfrac{1}{4}, \delta\right) \end{cases}$$

然后编写对象及扩张状态观测器的 S-Function，构造相应的仿真模块，创建仿真模型并进行仿真。

结果文件——配套资源“Ch14\SL1408”文件

解：（1）对象 S-Function 的编写。

```
function [sys,x0,str,ts]=csfunc2(t,x,u,flag,h)
switch flag
    case 0
        [sys,x0,str,ts]=mdlInitializeSizes;%初始化
    case 2
        sys=mdlUpdates(t,x,u,h);%更新状态函数
```

```
    case 3
        sys=mdlOutput(t,x,u);%计算系统输出
    case {1,4,9}
        sys=[];
    otherwise
        error(['Unhandled flag=',num2str(flag)]);%错误处理
end
%=================================================================
%初始化
%=================================================================
function [sys,x0,str,ts]=mdlInitializeSizes
size=simsizes;
sizes.NumContStates=0;
sizes.NumDiscStates=2;
sizes.NumOutputs=3;
sizes.NumInputs=1;
sizes.DirFeedthrough=0;
sizes.NumSampleTimes=1;
sys=simsizes(sizes);
x0=[0;0];
str=[];
ts=[-1 0];
%===============================================================
%更新离散状态
%===============================================================
function sys=mdlUpdates(t,x,u,h)
sys(1,1)=x(1)+h*x(2);
sys(2,1)=x(2)+h*(sign(sin(0.5*t))+3*cos(t/2));
%===============================================================
%计算系统输出
%===============================================================
function sys=mdlOutput(t,x,u)
```

```
sys(1,1)=x(1)
sys(2,1)=x(2);
sys(3,1)=sign(sin(0.5*t)); %输出扰动信号
```

（2）扩张状态观测器 S-Function。

```
function [sys,x0,str,ts]=eso2(t,z,u,flag,a,d,bet,h)
switch flag
case 0
  [sys,x0,str,ts] = mdlInitializeSizes; %初始化
case 2
  sys = mdlUpdates(t,z,u,a,d,bet,h); %更新离散状态
case 3
  sys = mdlOutputs(z); %计算系统输出
case { 1, 4, 9 }
  sys = []; %未处理的 flag 值
otherwise
  error(['Unhandled flag = ',num2str(flag)]); %错误处理
end
%================================================================
%初始化
%================================================================
function [sys,z0,str,ts] = mdlInitializeSizes
sizes = simsizes;
sizes.NumContStates = 0;
sizes.NumDiscStates = 3;
sizes.NumOutputs = 3;
sizes.NumInputs = 1;
sizes.DirFeedthrough = 0;
sizes.NumSampleTimes = 1;
sys = simsizes(sizes);
z0 = [0;0;0];
str = [];
ts = [-1 0];
%================================================================
```

```
%更新离散状态
%===========================================================
function sys = mdlUpdates(t,z,u,a,d,bet,h)
e=z(1)-u;
sys(1,1)=z(1)+h*(z(2)-bet(1)*e)
sys(2,1)=z(2)+h*(z(3)-bet(2)*fal(e,a(1),d)+3*cos(t/2));
sys(3,1)=z(3)-h*(bet(3)*fal(e,a(2),d));
%===========================================================
%计算系统输出
%===========================================================
function sys = mdlOutputs(z)
sys=z;
%===========================================================
%用户定义子函数 fal(e,a,d)
%===========================================================
function f=fal(e,a,d)
if abs(e)<=d
   f=e/d^(a);
else
   f=(abs(e))^a*sign(e);
end
```

（3）构造系统的仿真模型。

创建系统的仿真模型，如图 14-37 所示。

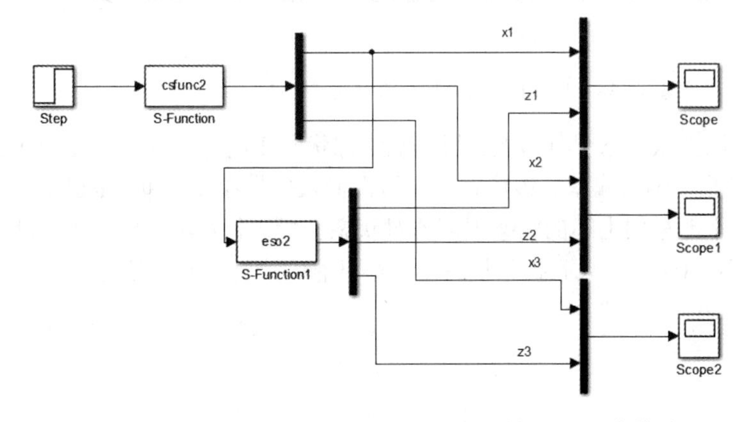

图 14-37　扩张状态观测器仿真模型

（4）设置仿真参数及仿真结果。

首先设置对象的仿真步长，设置为 0.01；设置状态观测器的模型：α_1=0.5，α_2=0.25，d=0.01，β_1=100，β_2=300，β_3=2000，h=0.01；设置求解器为固定步长模式，设置仿真步长为 0.01；单击“运行”按钮，仿真结果分别如图 14-38(a)、图 14-38(b)、图 14-38(c)所示。

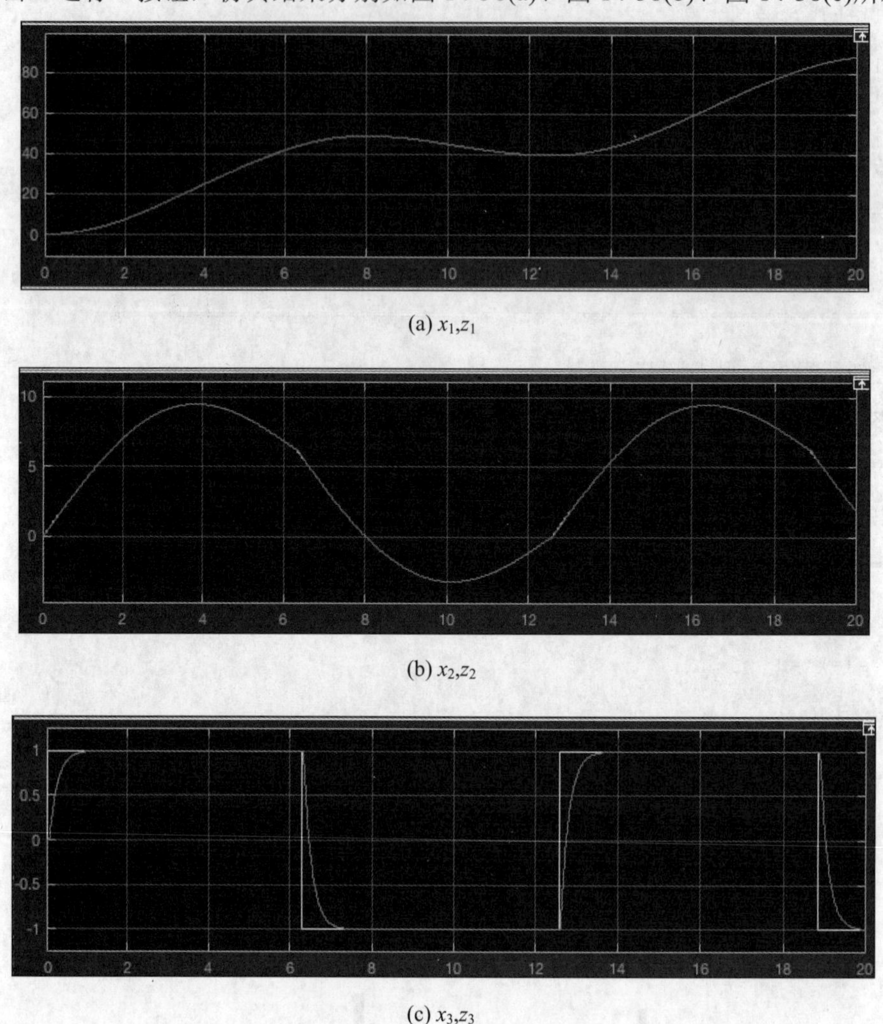

(a) x_1,z_1

(b) x_2,z_2

(c) x_3,z_3

图 14-38　扩张状态观测器仿真结果

从仿真结果可以看出，该扩张状态观测器能够很好地跟踪状态变量 x_1 、x_2 ，但是对于扩张状态变量 x_3 的观测结果存在着一定的偏差。该仿真结果假设输入信号参数 b 和 u 是已知的，如果该参数均为未知，那么就不能采用上述的状态观测器对状态变量进行观测，此时扩张状态变量只能取为 $x_3=\text{sign}(\sin t)+3\cos(t/2)$ ，并且扩张状态观测器只能构建为如下的形式：

$$\begin{cases} e_1 = z_1 - y \\ \dot{z}_1 = z_2 - \beta_1 e_1 \\ \dot{z}_2 = z_3 - \beta_2 \mathrm{fal}\left(e, \dfrac{1}{2}, \delta\right) \\ \dot{z}_3 = -\beta_3 \mathrm{fal}\left(e, \dfrac{1}{4}, \delta\right) \end{cases}$$

采用离散形式对该扩张状态观测器进行离散化并进行仿真，仿真的结果分别如图 14-39(a)、图 14-39(b)、图 14-39(c)所示。

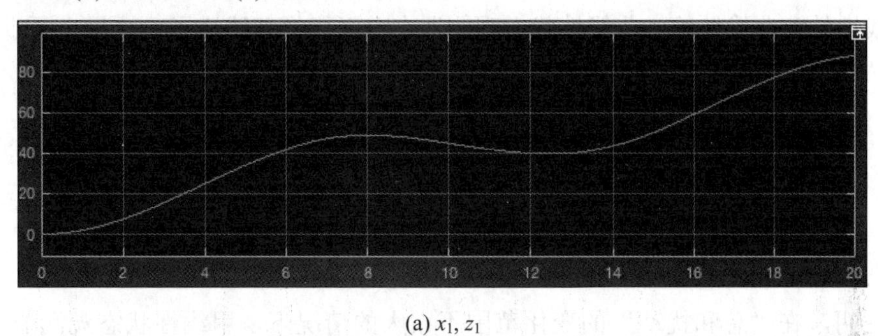

(a) x_1, z_1

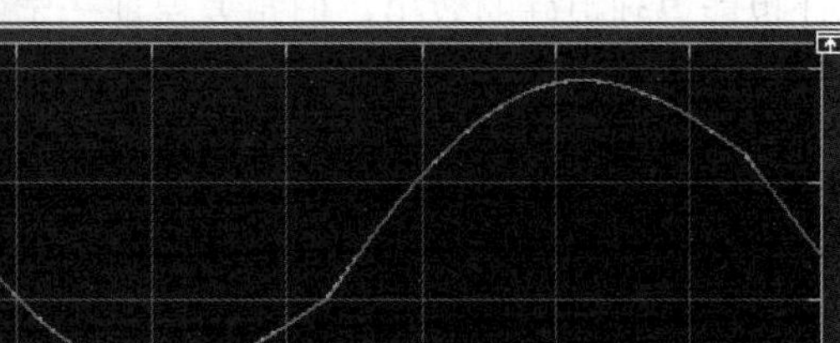
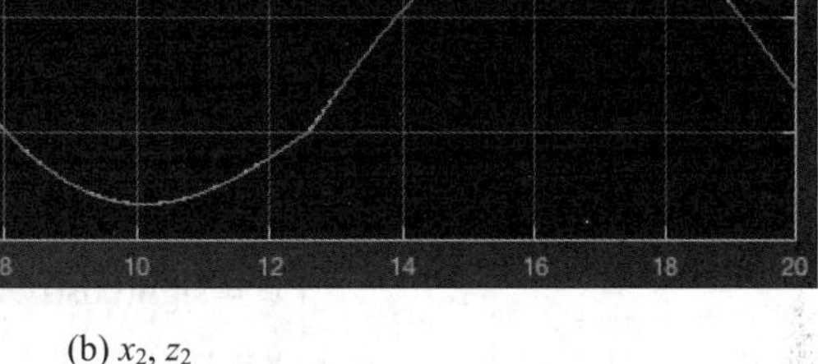

(b) x_2, z_2

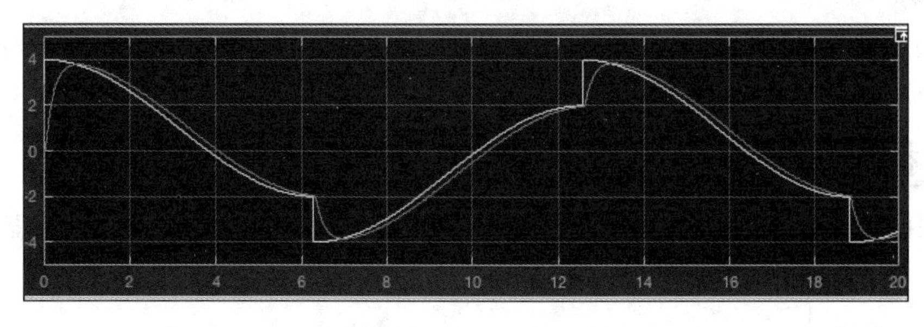

(c) x_3, z_3

图 14-39　未知扰动的扩张状态观测器仿真结果

14.5.3　高增益状态观测器

前面叙述的都是如下形式的扩张状态观测器：

$$\begin{cases} e_1 = z_1 - y \\ \dot{z}_1 = z_2 - \beta_1 e_1 \\ \dot{z}_2 = z_3 - \beta_2 \mathrm{fal}\left(e, \dfrac{1}{2}, \delta\right) + bu \\ \dot{z}_3 = -\beta_3 \mathrm{fal}\left(e, \dfrac{1}{4}, \delta\right) \end{cases}$$

然而，这里的非线性函数 $\mathrm{fal}(e,a,d)$ 可以取其他形式。比如，可以选取为线性函数 $\mathrm{fal}(e,a,d)=e$，也可以取为其他形式的非线性函数。因此，这里可以将扩张状态观测器分为两类，即线性的和非线性的。非线性状态观测器在前面已经叙述过了，这里主要讲解当函数 $\mathrm{fal}(e,a,d)$ 为线性函数时的扩张状态观测器，其方程为

$$\begin{cases} e_1 = z_1 - y \\ \dot{z}_1 = z_1 + h(z_2 - \beta_1 e_1) \\ \dot{z}_2 = z_2 + h(z_3 - \beta_2 e + bu) \\ \dot{z}_3 = z_3 - h\beta_3 e \end{cases} \tag{14-40}$$

试验证明，在“总和扰动”的变化范围不太大的情况下，用线性状态观测器（14-40）进行状态估计也能得到很好的效果，但是要保证一定的估计精度的话，就需要选取较大的增益值，即状态观测器的参数 β_1、β_2、β_3 选取的值要比非线性状态观测器的增益大，这就是高增益状态观测器。

【实例 14-9】对于如下的三阶对象：

$$\begin{cases} \dot{x}_1 = x_2 \\ \dot{x}_2 = x_3 \\ \dot{x}_3 = \mathrm{sign}(\cos(t/2)) \\ y = x_1 \end{cases}$$

试分别采用非线性状态观测器和线性状态观测器进行状态估计，并比较两种状态观测器的参数增益值大小。

思路·点拨

取扩张的状态变量为 $x_4 = \mathrm{sign}(\cos(t/2))$，那么非线性和线性的扩张状态观测器分别为

$$\begin{cases} e_1 = z_1 - y \\ \dot{z}_1 = z_1 + h(z_2 - \beta_1 e_1) \\ \dot{z}_2 = z_2 + h\left(z_3 - \beta_2 \mathrm{fal}\left(e, \dfrac{1}{2}, \delta\right)\right) \\ \dot{z}_3 = z_3 + h\left(z_4 - \beta_3 \mathrm{fal}\left(e, \dfrac{1}{4}, \delta\right) + bu\right) \\ \dot{z}_4 = z_4 - h\beta_4 \mathrm{fal}\left(e, \dfrac{1}{8}, \delta\right) \end{cases} \qquad \begin{cases} e_1 = z_1 - y \\ \dot{z}_1 = z_1 + h(z_2 - \beta_1 e_1) \\ \dot{z}_2 = z_2 + h(z_3 - \beta_2 e) \\ \dot{z}_3 = z_3 + h\left(z_4 - \beta_3 e + bu\right) \\ \dot{z}_4 = z_4 + h(-\beta_4 e) \end{cases}$$

根据上述两个状态观测器分别进行 S-Function 的编写，构造系统仿真模型，进行仿真并给出仿真结果。

结果文件——配套资源“Ch14\SL1409”文件

解：（1）对象 S-Function 的编写。

```
function [sys,x0,str,ts]=csfunc3(t,x,u,flag,h)
switch flag
    case 0
        [sys,x0,str,ts]=mdlInitializeSizes;%初始化
    case 2
        sys=mdlUpdates(t,x,u,h);%更新离散状态
    case 3
        sys=mdlOutput(t,x,u);%计算系统输出
    case {1,4,9}
        sys=[];
    otherwise
        error(['Unhandled flag=',num2str(flag)]);%错误处理
end
%=============================================================
%初始化函数
%=============================================================
function [sys,x0,str,ts]=mdlInitializeSizes
sizes = simsizes;
sizes.NumContStates=0;
sizes.NumDiscStates=3;
sizes.NumOutputs=4;
sizes.NumInputs=1;
sizes.DirFeedthrough=0;
sizes.NumSampleTimes=1;
sys=simsizes(sizes);
x0=[0;0;0];
str=[];
ts=[-1 0];
```

```
%================================================================
%更新离散状态
%================================================================
function sys=mdlUpdates(t,x,u,h)
sys(1,1)=x(1)+h*x(2);
sys(2,1)=x(2)+h*x(3);
sys(3,1)=x(3)+h*sign(cos(t/2));
%================================================================
%计算系统输出
%================================================================
function sys=mdlOutput(t,x,u)
sys(1,1)=x(1)
sys(2,1)=x(2);
sys(3,1)=x(3);
sys(4,1)=sign(cos(t/2));
```

（2）非线性状态观测器 S-Function。

```
function [sys,x0,str,ts]=eso3(t,z,u,flag,a,d,bet,h)
switch flag,
case 0
   [sys,x0,str,ts] = mdlInitializeSizes; %初始化
case 2
   sys = mdlUpdates(t,z,u,a,d,bet,h); %更新离散状态
case 3
   sys = mdlOutputs(z); %计算系统输出
case { 1, 4, 9 }
   sys = []; %未使用的 flag 值
otherwise
   error(['Unhandled flag = ',num2str(flag)]); %错误处理
end;
%============================================================
%初始化
%============================================================
function [sys,z0,str,ts] = mdlInitializeSizes
```

```
sizes = simsizes;
sizes.NumContStates = 0;
sizes.NumDiscStates = 4;
sizes.NumOutputs = 4;
sizes.NumInputs = 1;
sizes.DirFeedthrough = 0;
sizes.NumSampleTimes = 1;
sys = simsizes(sizes);
z0 = [0;0;0;0];
str = [];
ts = [-1 0];
%============================================================
%更新离散状态
%============================================================
function sys = mdlUpdates(t,z,u,a,d,bet,h)
e=z(1)-u;
sys(1,1)=z(1)+h*(z(2)-bet(1)*e)
sys(2,1)=z(2)+h*(z(3)-bet(2)*fal(e,a(1),d));
sys(3,1)=z(3)+h*(z(4)-bet(3)*fal(e,a(2),d));
sys(4,1)=z(4)-h*bet(4)*fal(e,a(3),d);
%============================================================
%计算系统输出
%============================================================
function sys = mdlOutputs(z)
sys=z;
%============================================================
%用户定义子函数
%============================================================
function f=fal(e,a,d)
if abs(e)<=d
   f=e/d^(a);
else
```

```
    f=(abs(e))^a*sign(e);
end
```

（3）线性扩张状态观测器 S-Function。

```
function [sys,x0,str,ts]=eso31(t,z,u,flag,bet,h)
switch flag
case 0
    [sys,x0,str,ts] = mdlInitializeSizes; %初始化
case 2
    sys = mdlUpdates(t,z,u,bet,h); %更新离散状态
case 3
    sys = mdlOutputs(z); %计算系统输出
case { 1, 4, 9 }
    sys = []; %未使用的flag值
otherwise
    error(['Unhandled flag = ',num2str(flag)]); %错误处理
end
%==============================================================
%初始化函数
%==============================================================
function [sys,z0,str,ts] = mdlInitializeSizes
sizes = simsizes;
sizes.NumContStates = 0;
sizes.NumDiscStates = 4;
sizes.NumOutputs = 4;
sizes.NumInputs = 1;
sizes.DirFeedthrough = 0;
sizes.NumSampleTimes = 1;
sys = simsizes(sizes);
z0 = [0;0;0;0];
str = [];
ts = [-1 0];
%==============================================================
%更新离散状态
```

```
%================================================================
function sys = mdlUpdates(t,z,u,bet,h)
e=z(1)-u;
sys(1,1)=z(1)+h*(z(2)-bet(1)*e)
sys(2,1)=z(2)+h*(z(3)-bet(2)*e);
sys(3,1)=z(3)+h*(z(4)-bet(3)*e);
sys(4,1)=z(4)-h*bet(4)*e;
%================================================================
%计算系统输出
%================================================================
function sys = mdlOutputs(z)
sys=z;
```

（4）创建系统的仿真模型。

创建系统的仿真模型，如图 14-40 所示。

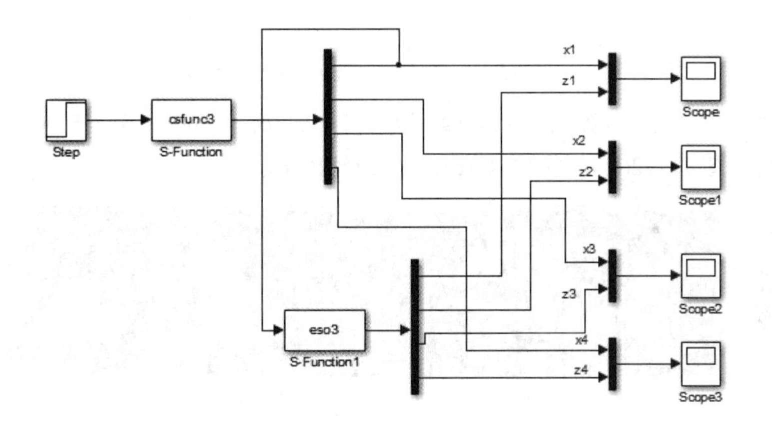

图 14-40 高增益状态观测器仿真模型

非线性状态观测器的参数选为 $\beta_1 = 100$，$\beta_2 = 300$，$\beta_3 = 2000$，$\beta_4 = 2800$，仿真结果分别如图 14-41(a)、图 14-41(b)、图 14-41(c)、图 14-41(d)所示。

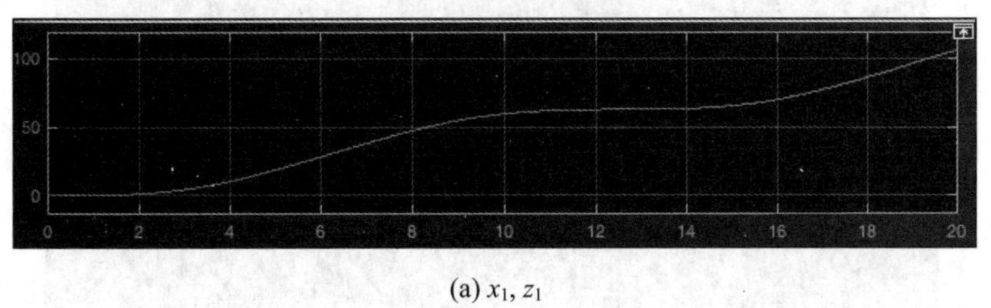

(a) x_1, z_1

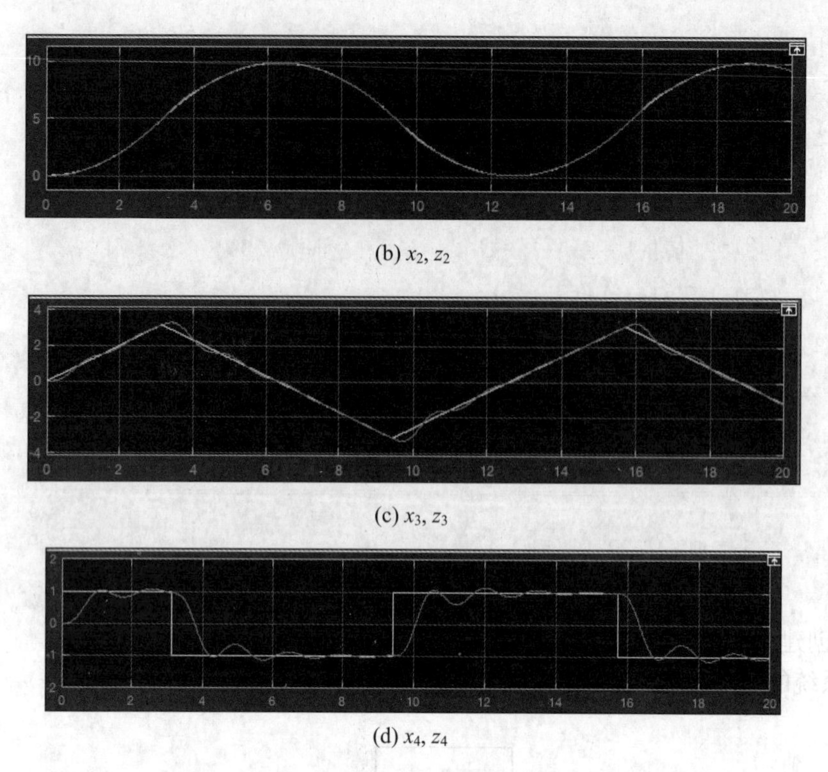

(b) x_2, z_2

(c) x_3, z_3

(d) x_4, z_4

图 14-41　非线性状态观测器仿真结果

线性状态观测器的参数选为 $\beta_1 = 100$，$\beta_2 = 2000$，$\beta_3 = 15000$，$\beta_4 = 50000$，仿真结果分别如图 14-42(a)、图 14-42(b)、图 14-42(c)、图 14-42(d)所示。

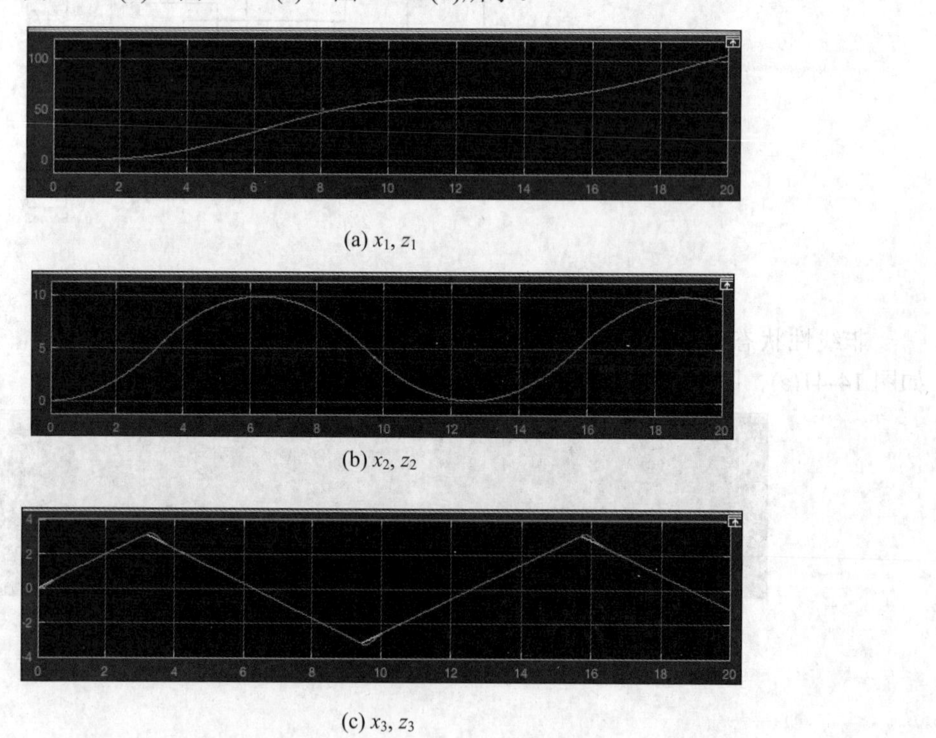

(a) x_1, z_1

(b) x_2, z_2

(c) x_3, z_3

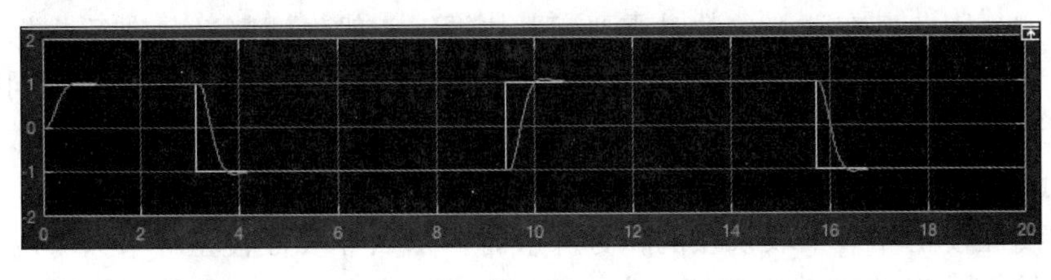

(d) x_4, z_4

图 14-42　线性状态观测器仿真结果

从仿真结果可以看出，非线性状态观测器和线性状态观测器的估计结果几乎是一样的，但是从状态观测器的参数选取来看，线性状态观测器的参数要比非线性状态观测器的数值大出好多倍，这也说明了非线性函数的效率要比线性函数的效率高出很多。同样也说明了线性状态观测器也是可以使用的有效工具。

14.6　自抗扰控制器

前面讲述了自抗扰控制器的各个环节的设计方法及仿真结果，本节从自抗扰控制器的整体设计方法出发，设计出合适的自抗扰控制器，主要介绍自抗扰控制器的结构及仿真应用。

14.6.1　自抗扰控制器设计方法

自抗扰控制系统对于外界和对象不确定性具有很好的抑制作用，因此具有很广泛的适应性，其主要的设计思路如下。

（1）建立被控对象的近似模型。由于自抗扰控制器含有控制矩阵 B 的信息，因此需要建立被控对象的模型，但自抗扰控制系统可以很好地抑制被控对象不确定性带来的干扰，所以只需建立被控对象的近似模型就可以了。

（2）设计自抗扰控制系统的结构。根据实际系统，建立自抗扰控制器与被控对象的模型框图，确定各输入与输出的关系。

（3）自抗扰控制系统参数整定。建立自抗扰控制系统的模型后，需要针对自抗扰控制器的各个环节进行参数整定。整定可以按照微分跟踪器、扩张状态观测器和非线性控制律的顺序依次进行，也需要考虑参数之间的相互影响，协调参数。

自抗扰控制参数整定的一般方法如下。

1．微分跟踪器

非线性微分跟踪器一般只有两个参数：r 和 h_1，比较容易整定。h_1 会影响输出信号的稳定值，即影响跟踪精度。一般取参数 h_1 与采样时间相等。参数 r 会影响输出信号的跟踪精度和过渡过程时间，r 越大过渡时间越短，该参数需要根据实际的系统进行选取。

2．扩张状态观测器

扩张状态观测器一般有三个主要的参数：β_1、β_2、β_3。参数 β_3 会影响系统扰动估计的滞后，β_3 取得越大，滞后程度就越小，但是取值过大会造成系统发生振荡现象。增大 β_1、β_2 可以起到抑制由 β_3 取值过大所造成的振荡现象，但是需要注意的是 β_1、β_2 取得过大会造成系统不稳定。因此，在调整参数时需要相互协调。一般先调整 β_3，然后根据仿真结果逐步调整 β_1、β_2，不断改善控制效果。该环节有时候会有非线性函数的参数，同样也需要进行设置，不过设置一般不会对系统的仿真结果造成太大的影响，并不是主要参数。

3．非线性校正环节的参数

如果非线性校正环节不取误差的积分环节时，那么非线性校正环节只有两个调整的参数。输出与输入的误差通道参数相当于 PID 控制器的比例环节参数，在系统稳定的前提下，逐渐增大该参数可提高系统的响应速度和跟踪精度；误差的微分通道参数相当于 PID 控制器的微分环节参数，增大该参数可以抑制系统的振荡现象，但是会增加系统的延迟。

自抗扰控制器的设计一般遵循分离性原理。分别独立设计出各个组成部分，再组合出整体结构的设计过程称为自抗扰控制器的分离性设计原理。前面已经叙述了自抗扰控制器 3 个部分的设计问题：安排过渡过程、扩张状态观测器及非线性误差反馈控制律，根据分离性设计原理，这 3 个部分可以分别进行设计，然后整合成一个完整的自抗扰控制器。大量的仿真实验证明，对自抗扰控制器的设计完全可以采用分离性设计原理，即分别独立地设计出安排过渡过程、扩张状态观测器和非线性误差反馈控制律，然后组合出完整的自抗扰控制器。

14.6.2 改进的非线性 PID 控制器

改进的非线性 PID 控制器的一般结构如图 14-43 所示。

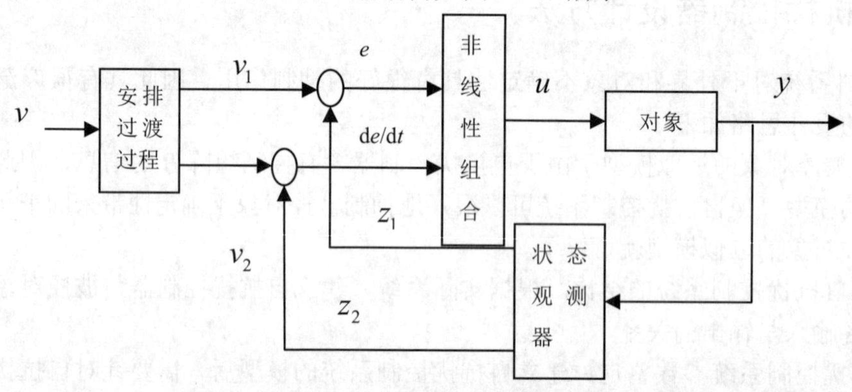

图 14-43 改进的非线性 PID 控制器一般结构图

这类控制器一般由安排过渡过程的装置、提取输出量微分信号的装置和误差反馈控制律 3 个装置组成。这 3 部分都可以有几种不同的选择，比如安排过渡过程可以用微分跟踪器，也可以采用非线性函数的函数发生器。采用微分跟踪器也有线性的和非线性的，还有不安排过渡过程等选择，那么安排过渡过程就有 4 种方法可以选择；同理，提取微分信号可以用微分跟踪器，也可以用状态观测器或扩张状态观测器，同时也有线性的和非线性的之分，这样提取微分信号就有 6 种方法可以选择；误差反馈控制律也有线性的和两种非线性等 3 种不同形式的组合。因此这类控制器可以组合出至少 $4\times6\times3=72$ 种改进的线性的或非线性的 PID 控制器。

【实例 14-10】用改进的非线性 PID 控制器对如下的系统进行仿真研究。

$$\begin{cases}\dot{x}_1 = x_2 \\ \dot{x}_2 = \cos(0.6t)x_1 + \cos(0.7t)x_2 + 0.5\text{sign}(\sin t) + u \\ y = x_1\end{cases}$$

思路·点拨

用改进的非线性 PID 控制器对系统进行仿真研究，一般包括 3 个部分：安排过渡过程、误差反馈控制律及状态观测器。那么就需要进行这 3 部分的 S-Function 编写。同时也需要对该对象编写 S-Function。然后通过对参数的整定进行仿真，采用的算法为

$$\begin{cases}\text{fh} = \text{fhan}(v_1 - v_0, v_2, r_0, h) \\ \dot{v}_1 = v_1 + hv_2 \\ \dot{v}_2 = v_2 + h\text{fh} \\ e = z_1 - y \\ \dot{z}_1 = z_1 + h(z_2 - \beta_{01}e) \\ \dot{z}_2 = z_2 + h\left(-\beta_{02}\text{fal}\left(e, \dfrac{1}{2}, d\right) + u\right) \\ e_1 = v_1 - z_1; e_2 = v_2 - z_2; e_0 = \int_0^t e_1(\tau)\text{d}\tau \\ u_0 = \beta_1\text{fal}\left(e_0, \dfrac{1}{4}, d\right) + \beta_2\text{fal}\left(e_1, \dfrac{1}{2}, d\right) + \beta_3\text{fal}\left(e_2, \dfrac{3}{2}, d\right)\end{cases}$$

结果文件——配套资源“Ch14\SL1410”文件

解：（1）进行对象 S-Function 的编写。

```
function [sys,x0,str,ts]=csfunc(t,x,u,flag,h)
switch flag
   case 0
      [sys,x0,str,ts]=mdlInitializeSizes;%初始化
   case 2
      sys=mdlUpdates(t,x,u,h);%更新离散状态
   case 3
      sys=mdlOutput(t,x,u);%计算系统输出
   case {1,4,9}
      sys=[];
   otherwise
      error(['Unhandled flag=',num2str(flag)]);%错误处理
end
```

```
%初始化
function [sys,x0,str,ts]=mdlInitializeSizes
sizes = simsizes;
sizes.NumContStates=0;
sizes.NumDiscStates=2;
sizes.NumOutputs=1;
sizes.NumInputs=1;
sizes.DirFeedthrough=0;
sizes.NumSampleTimes=1;
sys=simsizes(sizes);
x0=[0;0];
str=[];
ts=[-1 0];
%更新系统状态
function sys=mdlUpdates(t,x,u,h)
sys(1,1)=x(1)+h*x(2);
sys(2,1)=x(2)+h*(cos(0.6*t)*x(1)+cos(0.7*t)*x(2)+0.5*sign(sin(t))+u);
%计算系统输出
function sys=mdlOutput(t,x,u)
sys=x(1);
```

（2）安排过渡过程的 S-Function：此处采用微分跟踪器实现。

```
function [sys,x0,str,ts]=han_td(t,x,u,flag,r,h,T)
switch flag
case 0
   [sys,x0,str,ts] = mdlInitializeSizes; %初始化
case 2
   sys = mdlUpdates(x,u,r,h,T);  %更新离散状态
case 3
   sys = mdlOutputs(x); %计算系统输出
case { 1, 4, 9 }
   sys = []; %未使用的 flag 值
otherwise
   error(['Unhandled flag = ',num2str(flag)]); %错误处理
```

```
end
%初始化
function [sys,x0,str,ts] = mdlInitializeSizes
sizes = simsizes;
sizes.NumContStates = 0;
sizes.NumDiscStates = 2;
sizes.NumOutputs =2;
sizes.NumInputs = 1;
sizes.DirFeedthrough = 0;
sizes.NumSampleTimes = 1;
sys = simsizes(sizes);
x0 = [0; 0];
str = [];
ts = [-1 0];
%更新离散状态
function sys = mdlUpdates(x,u,r,h,T)
sys(1,1)=x(1)+T*x(2);
sys(2,1)=x(2)+T*fst2(x,u,r,h);
%计算系统输出
function sys = mdlOutputs(x)
sys=x;
%用户定义子函数
function f=fst2(x,u,r,h)
delta=r*h; delta0=delta*h; y=x(1)-u+h*x(2);
a0=sqrt(delta*delta+8*r*abs(y));
if abs(y)<=delta0
   a=x(2)+y/h;
else
   a=x(2)+0.5*(a0-delta)*sign(y);
end
if abs(a)<=delta
   f=-r*a/delta;
```

```
else
   f=-r*sign(a);
end
```

（3）非线性误差反馈控制律：

$$u_0 = \beta_1 \mathrm{fal}\left(e_0, \frac{1}{4}, d\right) + \beta_2 \mathrm{fal}\left(e_1, \frac{1}{2}, d\right) + \beta_3 \mathrm{fal}\left(e_2, \frac{3}{2}, d\right)$$

```
function [sys,x0,str,ts]=han_ctrl(t,x,u,flag,a,d,bet1)
switch flag
case 0
   [sys,x0,str,ts] = mdlInitializeSizes(t,u,x); %初始化
case 3
   sys = mdlOutputs(t,x,u,a,d,bet1); %计算系统输出
case { 1,2,4,9 }
   sys = []; %未使用的 flag 值
otherwise
   error(['Unhandled flag = ',num2str(flag)]); %错误处理
end
%初始化
function [sys,x0,str,ts] = mdlInitializeSizes(t,u,x)
sizes = simsizes;
sizes.NumContStates = 0;
sizes.NumDiscStates = 0;
sizes.NumOutputs = 1;
sizes.NumInputs = 3;
sizes.DirFeedthrough = 1;
sizes.NumSampleTimes = 1;
sys = simsizes(sizes);
x0 = [];
str = [];
ts = [-1 0];
%计算系统输出
function sys = mdlOutputs(t,x,u,a,d,bet1)
e1=u(1); e2=u(2); e3=u(3);
```

```
u0=bet1(1)*fal(e1,a(1),d)+bet1(2)*fal(e2,a(2),d)+bet1(3)*fal(e3,a(3),d);
sys=u0;
%用户定义子函数
function f=fal(e,a,d)
if abs(e)<d
  f=e/d^(1-a);
else
  f=(abs(e))^a*sign(e);
end
```

（4）状态观测器 S-Function 编写。

```
function [sys,x0,str,ts]=han_eso(t,x,u,flag,d,bet,T)
switch flag
case 0
  [sys,x0,str,ts] = mdlInitializeSizes; %初始化
case 2
  sys = mdlUpdates(x,u,d,bet,T); %更新离散状态
case 3
  sys = mdlOutputs(x); %计算系统输出
case { 1, 4, 9 }
  sys = []; %未使用的 flag 值
otherwise
  error(['Unhandled flag = ',num2str(flag)]); %错误处理
end
%初始化
function [sys,x0,str,ts] = mdlInitializeSizes
sizes = simsizes;
sizes.NumContStates = 0;
sizes.NumDiscStates = 2;
sizes.NumOutputs = 2;
sizes.NumInputs = 1;
sizes.DirFeedthrough = 0;
sizes.NumSampleTimes = 1;
sys = simsizes(sizes);
```

```
x0 = [0; 0];
str = [];
ts = [-1 0];
%更新离散状态
function sys = mdlUpdates(x,u,d,bet,T)
e=x(1)-u;
sys(1,1)=x(1)+T*(x(2)-bet(1)*e);
sys(2,1)=x(2)+T*(-bet(2)*fal(e,0.5,d)+u);
%计算系统输出
function sys = mdlOutputs(x)
sys=x;
%用户定义子函数
function f=fal(e,a,d)
if abs(e)<d
   f=e/d^(1-a);
else
   f=(abs(e))^a*sign(e);
end
```

（5）创建系统的 Simulink 仿真模型。

创建该仿真模型，如图 14-44 所示。

设置各模块的参数如下。

安排过渡过程：r=1.5，h=0.01，T=0.01；非线性误差反馈控制律：α_1=0.25，α_2=0.75，α_3=1.5，d=0.01，β_1=8，β_2=26，β_3=45；状态观测器：d=0.01，β_1=50，β_2=150，T=0.01；对象的采样时间与仿真步长相等，均为 0.01。

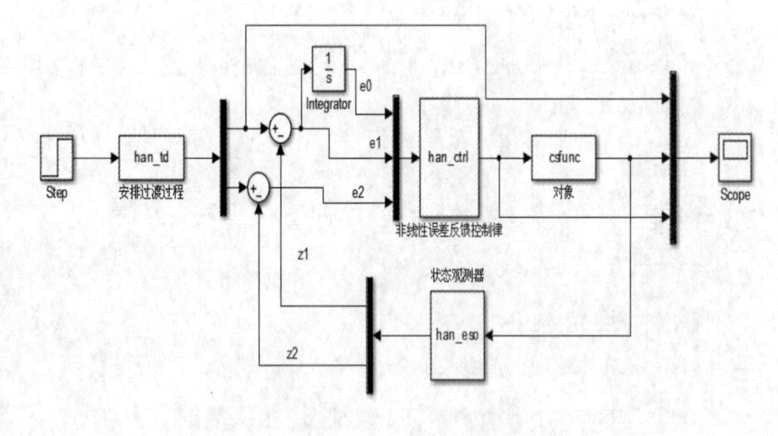

图 14-44　非线性 PID 控制律仿真模型

仿真的结果如图 14-45 所示。

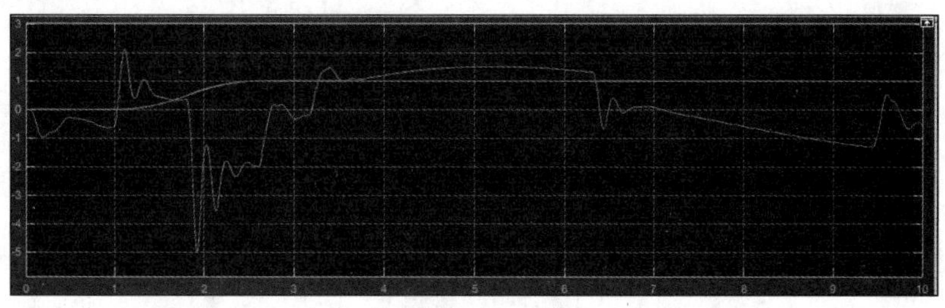

图 14-45　仿真结果

以上所讨论的是保留了经典 PID 控制器的原始框架，采用了安排过渡过程、状态观测器及合理的误差反馈控制律改造出的新型非线性 PID 控制器的基本办法。这类控制器的信息流基本框架如图 14-46 所示。即上述的控制器都是以系统设定值与系统被控输出作为其输入输出控制量的控制器。然而该控制器还未具有“自抗扰”的能力，因此下一小节将介绍具有“自抗扰”功能的全新的控制器。

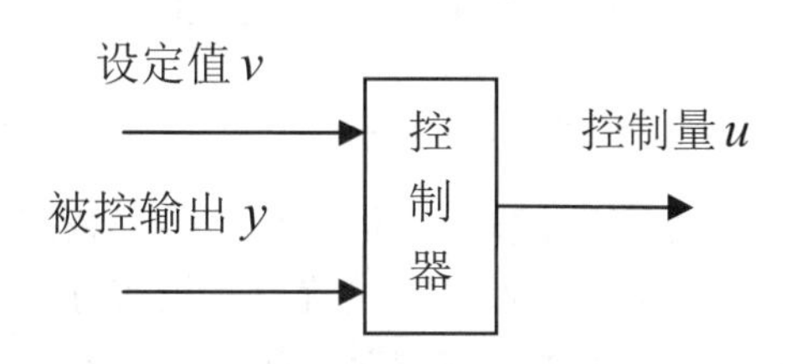

图 14-46　控制器的信息流基本框架

14.6.3　自抗扰控制器

前面所讨论的是在经典 PID 控制器的基础上改进的非线性 PID 控制器，采用了安排过渡过程、合理提取微分信号及误差反馈控制律来改善控制器功能和闭环系统品质的问题。下面将讨论采用扩张状态观测器对系统的扰动进行实时估计和补偿，构造出具有“自抗扰功能”的新型实用控制器，并通过 Simulink 仿真考察该类型控制器对改善闭环系统品质的影响。具有自抗扰功能的自抗扰控制器主要由以下 4 部分组成。

（1）安排过渡过程：根据设定值 v 安排过渡过程 v_1 并提取微分信号 v_2 。

（2）根据对象的输出 y 和输入信号 u 估计出对象的状态 x_1 、 x_2 和作用于对象的总和扰动 x_3 。

（3）状态的非线性反馈控制律。系统的状态误差是指 $e_1=v_1-z_1$，$e_2=v_2-z_2$，误差反馈控制律是根据误差 e_1 、 e_2 来决定的控制纯积分器串联型对象的控制律 u_0 。

（4）对误差反馈控制律 u_0 用扰动估计值 z_3 的补偿来决定最终的控制量，即

$$u = u_0 - \frac{z_3}{b_0} \text{或} u = \frac{u_0 - z_3}{b_0} \tag{14-41}$$

其中，参数 b_0 称为补偿因子，可作为可调参数，如图 14-47 所示。

韩京清研究员推荐了以下 3 种形式的误差反馈控制律。

$$u_0 = \beta_1 e_1 + \beta_2 e_2$$

$$u_0 = \beta_1 \mathrm{fal}(e_1, a_1, \delta) + \beta_2 \mathrm{fal}(e_2, a_2, \delta),\quad 0 < \alpha_1 < 1 < \alpha_2$$

$$u_0 = -\mathrm{fhan}(e_1, ce_2, r, h) \tag{14-42}$$

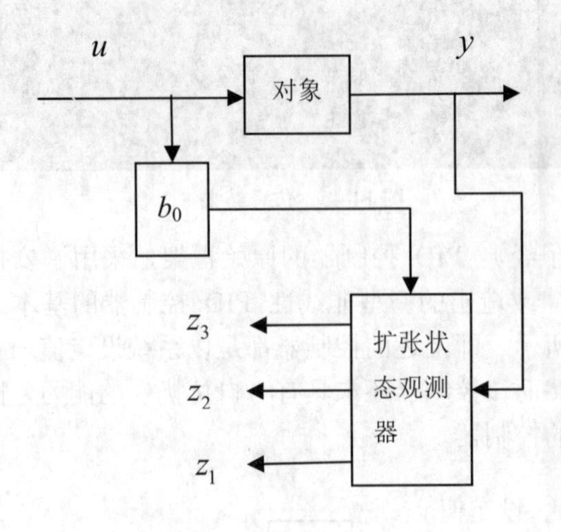

图 14-47　扰动估计

因此，自抗扰控制器可以总结为：由安排过渡过程、扩张状态观测器、误差反馈控制律和扰动估计补偿 4 部分组成的控制器。所谓的自抗扰就是指实时估计扰动的功能及补偿的功能，扰动的估计补偿能力就是抗干扰能力，这也是自抗扰控制器最本质的功能。其中最重要的功能还是“实时跟踪扰动”。这里引入的“实时跟踪扰动”的扩张状态观测器不用事先知道关于扰动本身的任何先验知识，只要扰动的作用能够影响系统输出且其作用范围是有限的，就可以用扩张状态观测器来实时跟踪估计其作用，从而可以用补偿的方法来消除扰动的影响。

具有扰动跟踪补偿能力的自抗扰控制器的完整算法如下。

（1）设定值为v_0，安排过渡过程：

$$\begin{cases} e = v_1 - v_0 \\ \mathrm{fh} = \mathrm{fhan}(e, v_2, r_0, h) \\ \dot{v}_1 = v_1 + hv_2 \\ \dot{v}_2 = v_2 + h\mathrm{fh} \end{cases} \tag{14-43}$$

（2）以系统的输出y和输入u来跟踪估计系统状态和扰动的扩张状态观测器：

$$\begin{cases} e = z_1 - y \\ \dot{z}_1 = z_1 + h(z_2 - \beta_{01} e) \\ \dot{z}_2 = z_2 + h(z_3 - \beta_{02} \mathrm{fal}(e, 0.5, \delta) + bu) \\ \dot{z}_3 = z_3 + h(-\beta_{03} \mathrm{fal}(e, 0.25, \delta)) \end{cases} \tag{14-44}$$

（3）误差反馈控制律：

$$\begin{cases} e_1 = v_1 - z_1, e_2 = v_2 - z_2 \\ u_0 = \beta_1 e_1 + \beta_2 e_2 \\ \text{或} u_0 = \beta_1 \text{fal}(e_1, 0.5, \delta) + \beta_2 \text{fal}(e_2, 0.25, \delta) \\ \text{或} u_0 = -\text{fhan}(e_1, ce_2, r, h) \end{cases} \tag{14-45}$$

（4）扰动估计补偿：

$$u = u_0 - \frac{z_3}{b} \text{或} u = \frac{u_0 - z_3}{b} \tag{14-46}$$

这类自抗扰控制器的结构如图 14-48 所示。

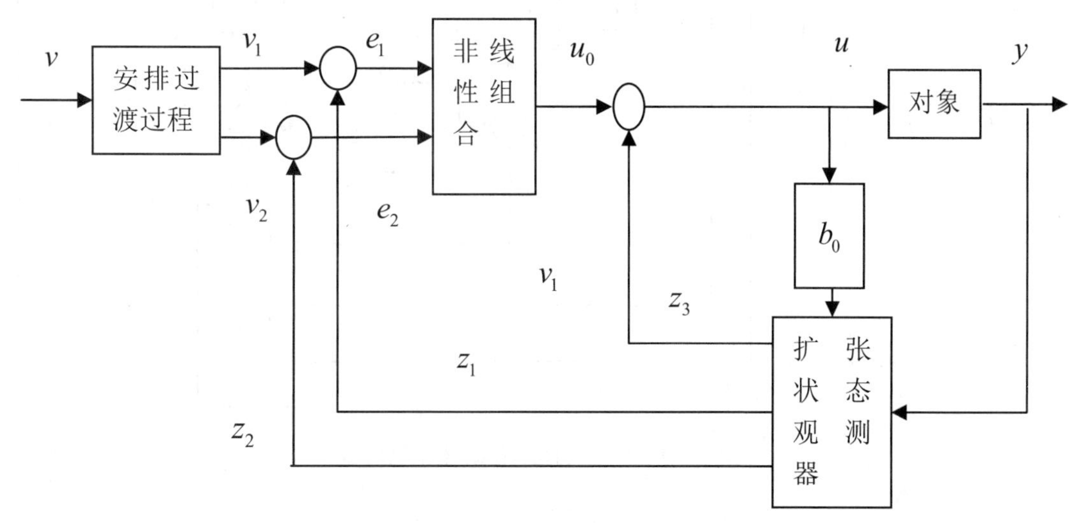

图 14-48　自抗扰控制器结构图（1）

或者该结构图可以有另外一种形式，如图 14-49 所示。

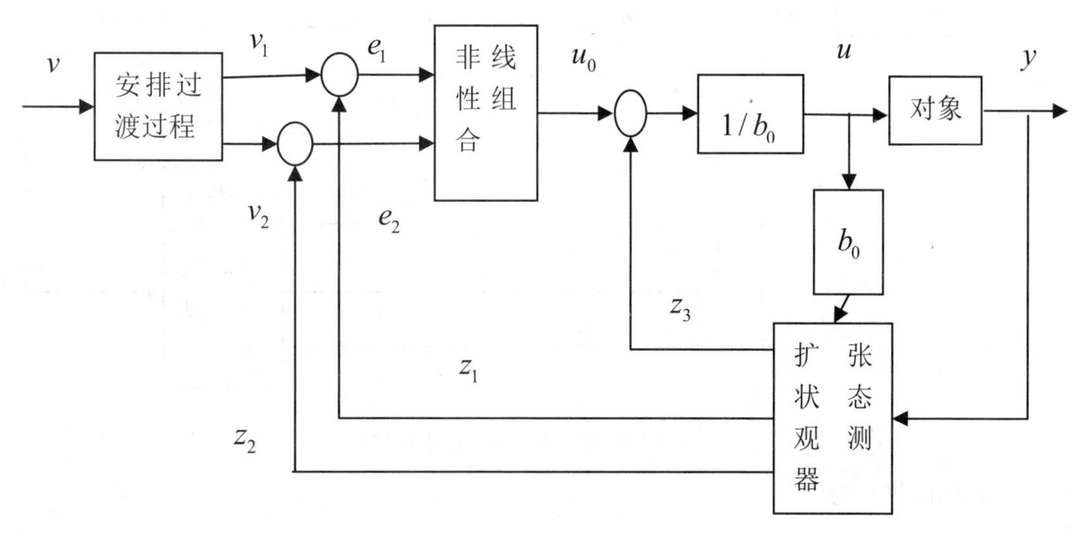

图 14-49　自抗扰控制器结构图（2）

图 14-48 和图 14-49 中除了对象横块之外的部分就是自抗扰控制器。如果作用于对象的加速度中有模型的已知部分 $f_0(z_1,z_2)$，那么就在扩张状态观测器中放入 $f_0(z_1,z_2)$，相应地在结构图里补充一个函数 $f_0(z_1,z_2)$ 的发生器即可，该类型的自抗扰控制器结构图分别如图 14-50、图 14-51 所示。

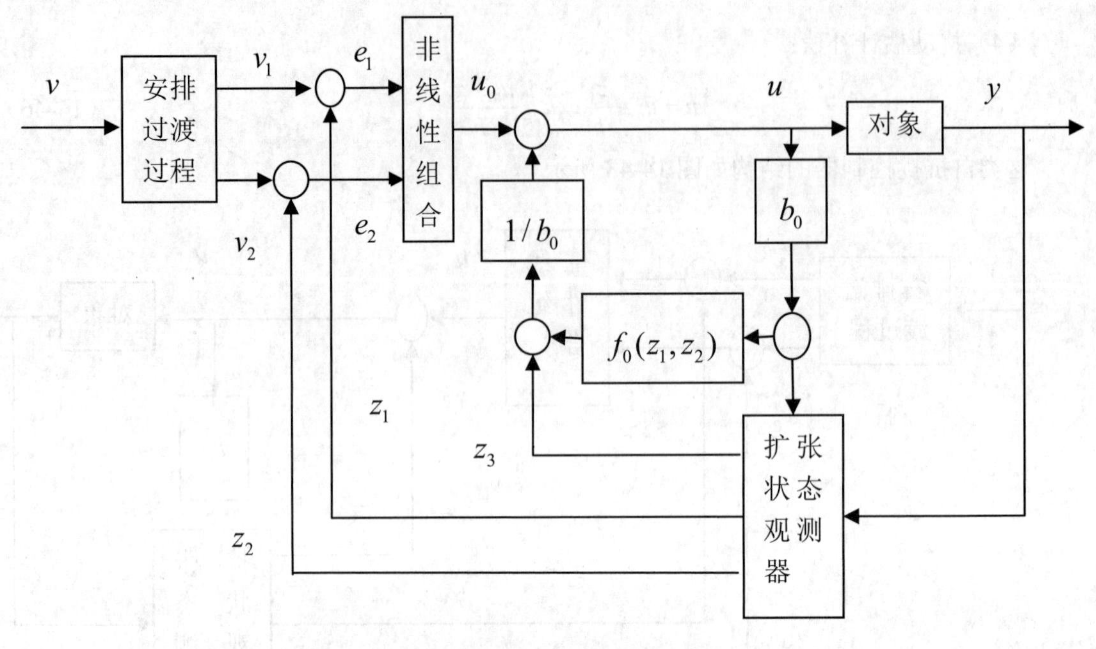

图 14-50　自抗扰控制器结构图（3）

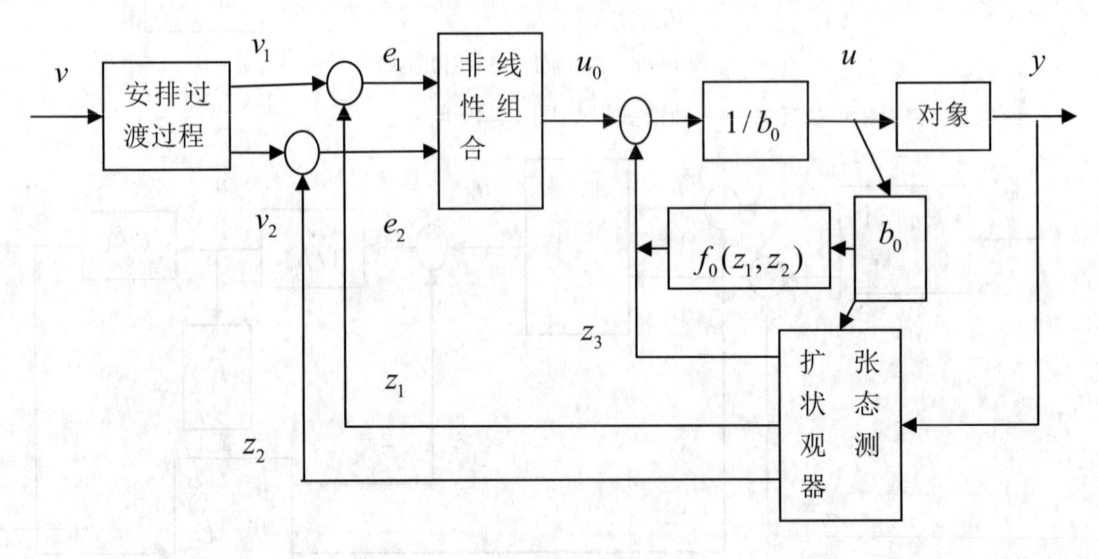

图 14-51　自抗扰控制器结构图（4）

其相应的算法为

$$\begin{cases} \text{fh} = \text{fhan}(v_1 - v, v_2, r_0, h) \\ \dot{v}_1 = v_1 + hv_2 \\ \dot{v}_2 = v_2 + h\text{fh} \end{cases}$$

$$\begin{cases} e = z_1 - y \\ \dot{z}_1 = z_1 + h(z_2 - \beta_{01}e) \\ \dot{z}_2 = z_2 + h(f_0(z_1, z_2) + z_3 - \beta_{02}\text{fal}(e, 0.5, \delta) + bu) \\ \dot{z}_3 = z_3 + h(-\beta_{03}\text{fal}(e, 0.25, \delta)) \end{cases}$$

$$\begin{cases} e_1 = v_1 - z_1, e_2 = v_2 - z_2 \\ u_0 = \beta_1 e_1 + \beta_2 e_2 \\ \text{或} u_0 = \beta_1 \text{fal}(e_1, 0.5, \delta) + \beta_2 \text{fal}(e_2, 0.25, \delta) \\ \text{或} u_0 = -\text{fhan}(e_1, ce_2, r, h) \end{cases}$$

$$u = u_0 - \frac{z_3 + f_0(z_1, z_2)}{b} \text{或} u = \frac{u_0 - z_3 + f_0(z_1, z_2)}{b} \tag{14-47}$$

这类控制器的基本框架图如图14-52所示。

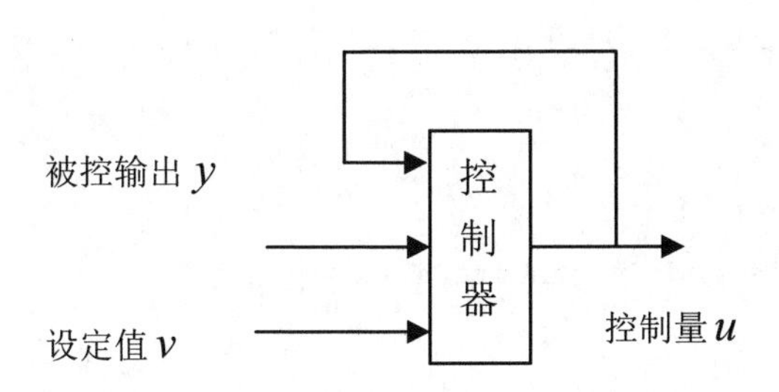

图14-52 框架图

下面通过具体的实例讲解如何使用这类控制器对对象进行控制仿真。

【**实例14-11**】对于如下的对象，采用自抗扰控制器进行控制，并在Simulink中进行仿真，给出仿真步骤及结果。

$$\begin{cases} \dot{x}_1 = x_2 \\ \dot{x}_2 = \cos(0.6t)\text{sign}(x_1)\sqrt{|x_1|} + \cos(0.7t)\text{sign}(x_2)\sqrt{|x_2|} + \text{sign}(\sin t) + u \\ y = x_1 \end{cases}$$

思路·点拨

本实例采用微分跟踪器安排过渡过程、扩张状态观测器观测状态变量及非线性误差反馈控制律。具体的算法如下。

$$\begin{cases}
\text{fh} = \text{fhan}(v_1 - v_0, v_2, r_0, h) \\
\dot{v}_1 = v_1 + hv_2 \\
\dot{v}_2 = v_2 + h\text{fh} \\
e = z_1 - y \\
\dot{z}_1 = z_1 + h(z_2 - \beta_{01}e) \\
\dot{z}_2 = z_2 + h\left(z_3 - \beta_{02}\text{fal}\left(e, \dfrac{1}{2}, d\right) + u\right) \\
\dot{z}_3 = z_3 + h\left(-\beta_{03}\text{fal}\left(e, \dfrac{1}{4}, d\right)\right) \\
e_1 = v_1 - z_1; e_2 = v_2 - z_2 \\
u_0 = \beta_1\text{fal}\left(e_1, \dfrac{1}{2}, d\right) + \beta_2\text{fal}\left(e_1, \dfrac{3}{2}, d\right)
\end{cases}$$

为了能够在 Simulink 中快速地仿真，本实例仍然需要编写对象、安排过渡过程、扩张状态观测器及误差反馈控制律的 S-Function，然后进行仿真模型建模。

结果文件——配套资源“Ch14\SL1411”文件

解：（1）对象的 S-Function。

```
function [sys,x0,str,ts]=csfunc(t,x,u,flag,h)
switch flag
    case 0
        [sys,x0,str,ts]=mdlInitializeSizes;%初始化
    case 2
        sys=mdlUpdates(t,x,u,h);%更新离散状态
    case 3
        sys=mdlOutput(t,x,u);%系统输出
    case {1,4,9}
        sys=[];
    otherwise
        error(['Unhandled flag=',num2str(flag)]);%错误处理
end
%初始化
function [sys,x0,str,ts]=mdlInitializeSizes
size=simsizes;
sizes.NumContStates=0;
```

```
sizes.NumDiscStates=2;
sizes.NumOutputs=2;
sizes.NumInputs=1;
sizes.DirFeedthrough=0;
sizes.NumSampleTimes=1;
sys=simsizes(sizes);
x0=[0;0];
str=[];
ts=[-1 0];
%更新离散状态
function sys=mdlUpdates(t,x,u,h)
sys(1,1)=x(1)+h*x(2);
sys(2,1)=x(2)+h*(cos(0.6*t)*sign(x(1))*sqrt(abs(x(1)))+cos(0.7*t)*sign(x(2))*
sqrt(abs(x(2)))+sign(sin(t))+u);
%计算系统输出
function sys=mdlOutput(t,x,u)
sys(1,1)=x(1);
sys(2,1)=cos(0.6*t)*sign(x(1))*sqrt(abs(x(1)))+cos(0.7*t)*sign(x(2))*sqrt(abs
(x(2)))+sign(sin(t));
```

（2）微分跟踪器 S-Function。

```
function [sys,x0,str,ts]=han_td(t,x,u,flag,r,h,T)
switch flag
case 0
   [sys,x0,str,ts] = mdlInitializeSizes; %初始化
case 2
   sys = mdlUpdates(x,u,r,h,T);  %更新离散状态
case 3
   sys = mdlOutputs(x); %计算系统输出
case { 1, 4, 9 }
   sys = []; %未处理的 flag 值
otherwise
   error(['Unhandled flag = ',num2str(flag)]); %错误处理
end
```

```
%初始化
function [sys,x0,str,ts] = mdlInitializeSizes
sizes = simsizes;
sizes.NumContStates = 0;
sizes.NumDiscStates = 2;
sizes.NumOutputs =2;
sizes.NumInputs = 1;
sizes.DirFeedthrough = 0;
sizes.NumSampleTimes = 1;
sys = simsizes(sizes);
x0 = [0; 0];
str = [];
ts = [-1 0];
%更新离散状态
function sys = mdlUpdates(x,u,r,h,T)
sys(1,1)=x(1)+T*x(2);
sys(2,1)=x(2)+T*fst2(x,u,r,h);
%计算系统输出
function sys = mdlOutputs(x)
sys=x;
%用户定义子函数
function f=fst2(x,u,r,h)
delta=r*h; delta0=delta*h; y=x(1)-u+h*x(2);
a0=sqrt(delta*delta+8*r*abs(y));
if abs(y)<=delta0
    a=x(2)+y/h;
else
    a=x(2)+0.5*(a0-delta)*sign(y);
end
if abs(a)<=delta
    f=-r*a/delta;
else
```

```
    f=-r*sign(a);
end
```

（3）误差反馈控制律 S-Function。

```
function [sys,x0,str,ts]=han_ctrl(t,x,u,flag,a,d,bet1)
switch flag
case 0
   [sys,x0,str,ts] = mdlInitializeSizes(t,u,x); %初始化
case 3
   sys = mdlOutputs(t,x,u,a,d,bet1); %计算系统输出
case { 1,2,4,9 }
   sys = []; %未使用的 flag 值
otherwise
   error(['Unhandled flag = ',num2str(flag)]); %错误处理
end
%初始化
function [sys,x0,str,ts] = mdlInitializeSizes(t,u,x)
sizes = simsizes;
sizes.NumContStates = 0;
sizes.NumDiscStates = 0;
sizes.NumOutputs = 1;
sizes.NumInputs = 2;
sizes.DirFeedthrough = 1;
sizes.NumSampleTimes = 1;
sys = simsizes(sizes);
x0 = [];
str = [];
ts = [-1 0];
%计算系统输出
function sys = mdlOutputs(t,x,u,a,d,bet1)
e1=u(1); e2=u(2);
u0=bet1(1)*fal(e1,a(1),d)+bet1(2)*fal(e2,a(2),d);
sys=u0;
%用户定义子函数
```

```
function f=fal(e,a,d)
if abs(e)<d
   f=e/d^(1-a);
else
   f=(abs(e))^a*sign(e);
end
```

（4）扩张状态观测器 S-Function。

```
function [sys,x0,str,ts]=han_eso(t,x,u,flag,a,d,bet,T)
switch flag,
case 0
   [sys,x0,str,ts] = mdlInitializeSizes; %初始化
case 2
   sys = mdlUpdates(t,x,u,a,d,bet,T); %更新离散状态
case 3
   sys = mdlOutputs(x); %计算系统输出
case { 1, 4, 9 }
   sys = []; %未使用的 flag 值
otherwise
   error(['Unhandled flag = ',num2str(flag)]); %错误处理
end;
%初始化
function [sys,x0,str,ts] = mdlInitializeSizes
sizes = simsizes;
sizes.NumContStates = 0;
sizes.NumDiscStates = 3;
sizes.NumOutputs = 3;
sizes.NumInputs = 2;
sizes.DirFeedthrough = 0;
sizes.NumSampleTimes = 1;
sys = simsizes(sizes);
x0 = [0;0;0];
str = [];
ts = [-1 0];
```

```
%更新离散状态
function sys = mdlUpdates(t,x,u,a,d,bet,T)
e=x(1)-u(2);
sys(1,1)=x(1)+T*(x(2)-bet(1)*e);
sys(2,1)=x(2)+T*(x(3)-bet(2)*fal(e,a(1),d)+u(1));
sys(3,1)=x(3)+T*(-bet(3)*fal(e,a(2),d));
%计算系统输出
function sys = mdlOutputs(x)
sys=x;
%用户定义子函数
function f=fal(e,a,d)
if abs(e)<d
   f=e/d^(1-a);
else
   f=(abs(e))^a*sign(e);
end
```

（5）创建系统的仿真模型，如图 14-53 所示。

设置系统仿真参数如下。

① 微分跟踪器：$r=10$，$h=0.01$，$T=0.01$。

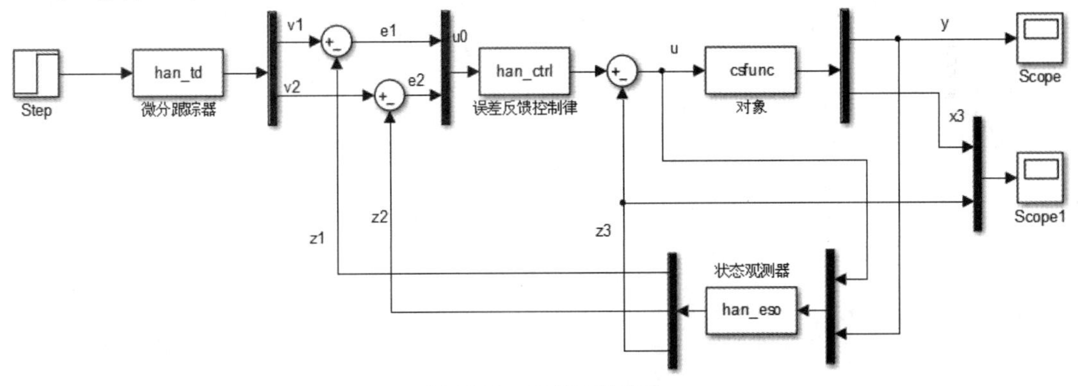

图 14-53　系统仿真模型

② 误差反馈控制律：$a_1=0.5$，$a_2=1.5$，$d=0.01$，$\beta_1=100$，$\beta_2=300$。

③ 对象模型：$h=0.01$。

④ 扩张状态观测器：$a_1=0.5$，$a_2=0.25$，$d=0.01$，$\beta_{01}=200$，$\beta_{02}=500$，$\beta_{03}=1700$。

设置仿真模型为固定步长模式，仿真步长为 0.01，仿真的结果分别如图 14-54、图 14-55 所示。

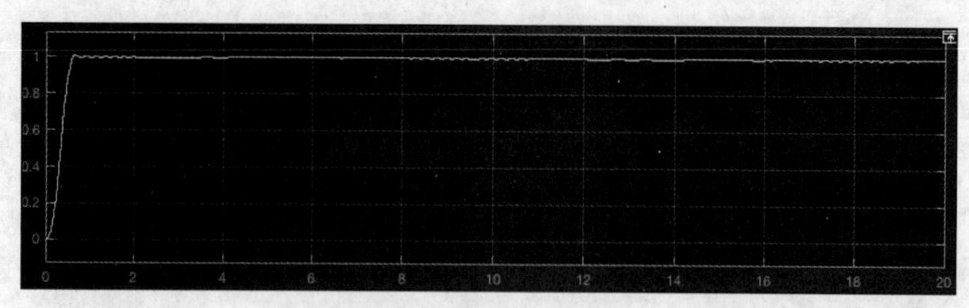

图 14-54　系统仿真输出

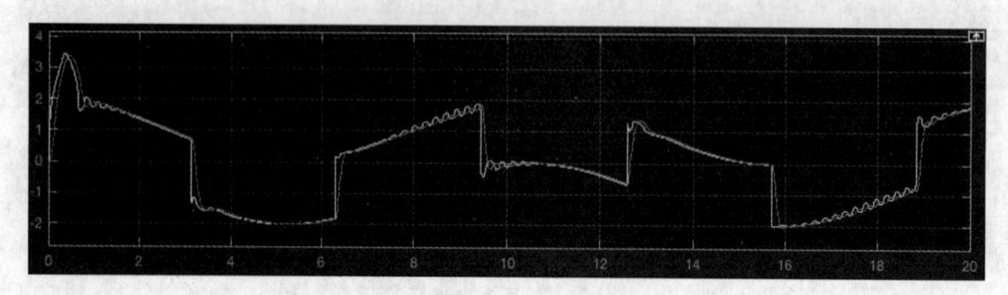

图 14-55　扩张状态变量 x_3 及观测变量 z_3

第15章　模糊控制及其 MATLAB 应用

在传统的控制领域，控制系统动态模式的精确与否是影响控制优劣的关键因素，系统动态的信息越详细，则越能达到精确控制的目的。然而，对于复杂的系统，由于变量太多，往往难以正确地描述系统的动态，于是工程师便利用各种方法来简化系统动态，以达成控制的目的，但却不尽理想。换言之，传统的控制理论对于明确系统有强而有力的控制能力，但对于过于复杂或难以精确描述的系统，则显得无能为力了。因此便尝试着用模糊数学来处理这些控制问题。

“模糊”是人类感知万物，获取知识，思维推理，决策实施的重要特征。“模糊”比“清晰”所拥有的信息容量更大，内涵更丰富，更符合客观世界。

本章内容

- 模糊控制的基本概念。
- 模糊控制系统的设计。
- 模糊逻辑工具箱简介。
- Sugeno 型模糊推理系统。
- 模糊控制系统应用实例。

15.1　模糊控制的基本理论

15.1.1　概述

Zadeh 创立的模糊数学，对不明确系统的控制有极大的贡献。自 20 世纪 70 年代以后，一些实用的模糊控制器的相继出现，使得我们在控制领域中又向前迈进了一大步。

模糊逻辑控制（Fuzzy Logic Control）简称模糊控制（Fuzzy Control），是以模糊集合论、模糊语言变量和模糊逻辑推理为基础的一种计算机数字控制技术。1965 年，美国的 L.A.Zadeh 创立了模糊集合论；1973 年他给出了模糊逻辑控制的定义和相关的定理。1974 年，英国的 E. H. Mamdani 首次根据模糊控制语句组成模糊控制器，并将它应用于锅炉和蒸汽机的控制，获得了实验室的成功。这一开拓性的工作标志着模糊控制论的诞生。

模糊控制实质上是一种非线性控制，从属于智能控制的范畴。模糊控制的一大特点是既有系统化的理论，又有大量的实际应用背景。模糊控制的发展最初在西方遇到了较大的阻力，然而在东方尤其是日本，得到了迅速而广泛的推广应用。近 20 多年来，模糊控制无论在理论上还是在技术上都有了长足的进步，成为自动控制领域一个非常活跃而又硕果累累的分支。模糊控制以现代控制理论为基础，同时与自适应控制技术、人工智能技术、神经网络技术相结合，得到了多种控制方法，主要有模糊 PID 复合控制、自适应模糊控制、参数自整定模糊控制、专家模糊控制、仿人智能模糊控制、神经模糊控制及多变量模糊控制等。其典型应用涉及生产和生活的许多方面，例如，在家用电器设备中有模糊洗衣机、空调、微波炉、吸尘器、照相机和摄录机等；在工业控制领域中有水净化处理、发酵过程、化学反应釜、水泥窑炉等；在专用系统和其他方面有地铁靠站停车、汽车驾驶、电梯、自动扶梯、蒸汽引擎及机器人的模糊控制。模糊控制的主要优点如下。

（1）简化系统设计的复杂性，特别适用于非线性、时变、滞后、模型不完全系统的控制。

（2）不依赖于被控对象的精确数学模型。

（3）利用控制法则来描述系统变量间的关系。

（4）不用数值而用语言式的模糊变量来描述系统，模糊控制器不必对被控制对象建立完整的数学模式。

（5）模糊控制器是一种语言控制器，便于操作人员使用自然语言进行人机对话。

（6）模糊控制器是一种容易控制、掌握的较理想的非线性控制器，具有较佳的鲁棒性、适应性及容错性。

然而，模糊系统同时也具有以下的缺点。

（1）模糊控制的设计尚缺乏系统性，这对复杂系统的控制是难以奏效的。难以建立一套系统的模糊控制理论，以解决模糊控制的机理、稳定性分析、系统化设计方法等一系列问题。

（2）如何获得模糊规则及隶属函数即系统的设计办法，完全凭经验进行。

（3）信息简单的模糊处理将导致系统的控制精度降低和动态品质变差。若要提高精度就必然增加量化级数，导致规则搜索范围扩大，降低决策速度，甚至不能进行实时控制。

（4）如何保证模糊控制系统的稳定性，即如何解决模糊控制中关于稳定性和鲁棒性的问题还有待解决。

15.1.2 模糊集合的相关概念

模糊系统是建立在自然语言的基础上，而自然语言中常采用一些模糊的概念，如“温度偏高”“压力偏大”等。模糊集合与模糊逻辑所描述的就是这些概念。模糊集合是一种边界不分明的集合，模糊集合与普通集合既有区别又有联系。对于普通集合而言，任何一个元素要么属于该集合，要么不属于该集合，非此即彼，具有精确明了的边界；然而对于模糊集合，一个元素可以既属于该集合又不属于该集合，也就是说，模糊集合是边界不分明或说是界限模糊的一种集合。

L. A. Zadeh 在 1965 年的时候，将普通集合中的元素对集合的隶属度只能取 0 或 1 这两个值推广到可以取区间 [0,1] 中的任意数值，即可以用隶属度定量地去描述论域 U 中元素符合概念的程度，实现了对普通集合中绝对隶属关系的扩充，从而用隶属函数表示模糊集合，用模糊集合表示模糊概念。

关于模糊集合，有如下的定义。

定义 1　论域 U 中的模糊子集 A，是以隶属函数 μ_A 为表征的集合，即由映射

$$\mu_A : U \to [0,1]$$

确定论域 U 的一个模糊子集 A。其中 μ_A 称为模糊子集的隶属函数，$\mu_A(u)$称为 U 对 A 的隶属度，表示论域中的元素 u 属于模糊子集 A 的程度。

$\mu_A(u)$的值越接近于 1，表示元素 u 属于 A 的程度越大；反之，$\mu_A(u)$的值越接近于 0，则表示元素 u 属于 A 的程度越小。这里需要注意的是，模糊集合完全由它的隶属函数来刻画，隶属函数是模糊数学的基本概念，借助于隶属函数才能对模糊集合进行量化。正确地建立隶属函数，模糊集合才能够恰当地表达模糊概念，才能利用精确的数学方法分析处理模糊信息。

定义 2　在给定论域 U 上，对于不同的隶属函数，可以确定不同的模糊子集。所有这些子集组成的模糊集合的全体，称为 U 的模糊幂集，记为 $F(U)$，即

$$F(U) = \{A \mid \mu_A : U \to [0,1]\}$$

通常情况下，模糊集合的表示法有 3 种，分别为 Zadeh 表示法、向量表示法和序偶表示法。

假设集合 A 的论域为 U，集合 A 中的元素为 x，x 属于集合 A 的程度由隶属函数映射为 0 与 1 之间的某一隶属度 $u_A(x)$，那么论域 U 中的模糊集合 A 可以有以下表示方法。

（1）Zadeh 表示法：

$$A = \frac{\mu_A(x_1)}{x_1} + \frac{\mu_A(x_2)}{x_2} + \cdots + \frac{\mu_A(x_n)}{x_n} = \sum_{i=1}^{n} \frac{\mu_A(x_i)}{x_i}$$

或

$$A = \int \frac{\mu_A(x)}{x}$$

其中，$x \in U$。

（2）向量表示法：

$$A = [\mu_A(x_1) \quad \mu_A(x_2) \quad \cdots \quad \mu_A(x_n)]$$

（3）序偶表示法：

$$A = \{x, \mu_A(x) \mid x \in U\}$$

15.1.3　模糊集合的基本运算

与经典的集合运算类似，模糊集合同样也存在着交、并、补等运算关系。假设论域 U 上有两个模糊集合 A、B，那么有如下结论。

（1）模糊集合 A 和 B 的交集为 $A \cap B$。

（2）模糊集合 A 和 B 的并集为 $A \cup B$。

（3）模糊集合 A 和 B 的补集分别为 $\overline{A}$和$\overline{B}$。

假设 A、B 的隶属函数分别为 μ_A 和 μ_B，那么对于模糊集合中的交、并、补等运算定义如下。

（1）交运算：模糊集合的交运算的隶属函数 $\mu_{A\cap B}$ 对于所有 $\mu \in U$ 被逐点定义为取小运

算，即

$$\mu_{A\cap B}=\mu_A(\mu)\wedge\mu_B(\mu) \tag{15-1}$$

其中，∧为取小运算符。

（2）并运算：模糊集合的并运算的隶属函数 $\mu_{A\cap B}$ 被逐点定义为取大运算，即

$$\mu_{A\cup B}=\mu_A(\mu)\vee\mu_B(\mu) \tag{15-2}$$

其中，∨为取大运算符。

（3）补运算：模糊集合 A 的补隶属函数 μ_A 被逐点定义为

$$\mu_{\bar{A}}=1-\mu_A \tag{15-3}$$

模糊集合的运算满足一系列的性质，其中大部分的性质与经典集合的性质是类似的。设论域 U 上的三个模糊集合为 A、B、C，那么有如下的等式成立。

（1）幂等律：$A\cup A=A$，$A\cap A=A$

（2）交换律：$A\cap B=B\cap A$，$A\cup B=B\cup A$

（3）结合律：$(A\cup B)\cup C=A\cup(B\cup C)$

$(A\cap B)\cap C=A\cap(B\cap C)$

（4）分配律：$A\cap(B\cup C)=(A\cap B)\cup(A\cap C)$

$A\cup(B\cap C)=(A\cup B)\cap(A\cup C)$

（5）吸收律：$A\cap(A\cup B)=A$，$A\cup(A\cap B)=A$

（6）两极律：$A\cap\varnothing=\varnothing$，$A\cup\varnothing=A$

（7）双重否定律：$\bar{\bar{A}}=A$

（8）德·摩根律：$\overline{A\cap B}=\bar{A}\cup\bar{B}$，$\overline{A\cup B}=\bar{A}\cap\bar{B}$

逻辑与运算和逻辑或运算还可以由更广义的模糊逻辑算子——T 算子⊗和协 T 算子⊕来定义。

逻辑与运算由 T 算子⊗定义为

$$\mu_{A\cap B}(x)=T(\mu_A(x),\ \mu_B(x))=\mu_A(x)\otimes\mu_B(x)$$

T 算子⊗是满足如下条件的一个含有两个变量的函数 $T(\cdot,\cdot)$。

① 单调性：如果 $a\leqslant c$ 且 $b\leqslant d$，那么 $T(a,b)\leqslant T(c,d)$；

② 右界性：$T(0,0)=0, T(a,1)=T(1,a)=a$；

③ 交换律：$T(a,b)=T(b,a)$；

④ 结合律：$T(a,T(b,c))=T(T(a,b),c)$。

逻辑或运算可以由协 T 算子⊕定义为

$$\mu_{A\cup B}(x)=S(\mu_A(x),\mu_B(x))=\mu_A(x)\oplus\mu_B(x)$$

其中，协 T 算子 $\oplus$ 是满足下列条件的一个含有两个变量的函数 $S(\cdot,\cdot)$。

① 单调性：如果 $a \leqslant c$ 且 $b \leqslant d$，那么 $S(a,b) \leqslant S(c,d)$；

② 右界性：$S(1,1)=1$，$S(a,0)=S(0,a)=a$；

③ 交换律：$S(a,b)=S(b,a)$；

④ 结合律：$S(a,S(b,c))=S(S(a,b),c)$。

15.1.4　隶属函数

隶属函数（Membership Function，MF）图像是一条曲线，它所表示的意义是怎样将论域中的元素 μ 映射到 0 和 1 之间的隶属度。隶属函数可以是任意形状的曲线，它的形状取决于该形状是否让我们使用起来感到简单、方便、快速及有效，唯一的约束条件是隶属函数的值域必须满足[0，1]。模糊系统中常用的隶属函数有 11 种，具体介绍如下。

1．高斯型隶属函数

$$f(x,\sigma,c)=\mathrm{e}^{-\frac{(x-c)^2}{2\sigma^2}}$$

高斯型隶属函数有 σ、c 两个特征参数。MATLAB 模糊工具箱提供的高斯型隶属函数为 gaussmf，其调用语句为

y = gaussmf(x,[sig c])

当特征参数 σ、c 分别取为 2、5 时，高斯型隶属函数图像如图 15-1（a）所示。

2．双侧高斯型隶属函数

双侧高斯型隶属函数是两个高斯型隶属函数的组合，有 4 个参数：σ_1、c_1、σ_2、c_2。其中，左边的高斯型隶属函数为 $f(x,\sigma_1,c_1)$，右边的高斯型隶属函数为 $f(x,\sigma_2,c_2)$。MATLAB 模糊工具箱提供的函数为 gauss2mf。其调用语句为

y = gauss2mf(x,[sig1 c1 sig2 c2])

当特征参数 σ_1、c_1、σ_2、c_2 分别取为 1、3、3、4 时，双侧高斯型隶属函数图像如图 15-1(b)所以。

3．钟形隶属函数

$$f(x,a,b,c)=\frac{1}{1+\left(\frac{x-c}{a}\right)^{2b}}$$

钟形隶属函数的形状如钟，所以将其命名为钟形隶属函数，钟形隶属函数有 3 个参数：a、b、c。MATLAB 模糊工具箱提供的钟形隶属函数为 gbellmf。其调用语句为

y = gbellmf(x,[a,b,c])

当参数 a、b、c 分别取为 2、4、6 时，钟形隶属函数图像如图 15-1(c)所示。

4．sigmoid 函数型隶属函数

$$f(x,a,c)=\frac{1}{1+\mathrm{e}^{-a(x-c)}}$$

sigmoid 函数有 a、c 两个特征参数。MATLAB 模糊工具箱提供的调用函数为 sigmf，其调用格式为

y = sigmf(x,[a c])

当参数 a、c 分别取 2、4 时，sigmoid 函数图像如图 15-1(d)所示。

5．差型 sigmoid 隶属函数

差型 sigmoid 隶属函数即为两个 sigmoid 隶属函数之差：

$$f(x,a_1,c_1,a_2,c_2)=\frac{1}{1+e^{-a_1(x-c_1)}}-\frac{1}{1+e^{-a_2(x-c_2)}}$$

其中参数的意义同 sigmoid 函数一样。MATLAB 模糊工具箱提供的差型 sigmoid 隶属函数为 dsigmf，其调用格式为

y = dsigmf(x,[a1 c1 a2 c2])

当参数 a_1、c_1、a_2、c_2 分别取为 5、2、5、7 时，差型 sigmoid 隶属函数图像如图 15-1(e)所示。

6．积型 sigmoid 隶属函数

积型 sigmoid 隶属函数为两个 sigmoid 隶属函数的乘积，即

$$f(x,a_1,c_1,a_2,c_2)=\frac{1}{1+e^{-a_1(x-c_1)}}\cdot\frac{1}{1+e^{-a_2(x-c_2)}}$$

积型隶属函数有 4 个参数：a_1、c_1、a_2、c_2。MATLAB 模糊工具箱提供的积型 sigmoid 隶属函数为 psigmf，其调用格式为

y = psigmf(x,[a1 c1 a2 c2])

当参数 a_1、c_1、a_2、c_2 分别取为 2、3、−5、8 时，积型 sigmoid 隶属函数图像如图 15-1(f)所示。

7．Z 型隶属函数

$$f(x,a,b)=\begin{cases}1 & x<a\\ 1-2\left(\dfrac{x-a}{b-a}\right)^2 & a\leqslant x<\dfrac{a+b}{2}\\ 2\left(\dfrac{x-b}{b-a}\right)^2 & \dfrac{a+b}{2}\leqslant x<b\\ 0 & x\geqslant b\end{cases}$$

Z 型隶属函数有 a、b 两个参数，分别代表着 Z 型隶属函数曲线中斜线部分极点的位置。MATLAB 模糊工具箱提供的 Z 型隶属函数为 zmf，其调用格式为

y = zmf(x,[a b])

当参数 a、b 分别取为 3、7 时，Z 型隶属函数的图像如图 15-1(g)所示。

8．S 型隶属函数

$$f(x,a,b)=\begin{cases}0 & x<a\\ 2\left(\dfrac{x-a}{b-a}\right)^2 & a\leqslant x<\dfrac{a+b}{2}\\ 1-2\left(\dfrac{x-b}{b-a}\right)^2 & \dfrac{a+b}{2}\leqslant x<b\\ 1 & x\geqslant b\end{cases}$$

S 型隶属函数有 a、b 两个参数，同样也代表着 S 型隶属函数中斜线部分极点的位置。MATLAB 模糊工具箱提供的 S 型隶属函数为 smf，其调用格式为

y = smf(x,[a b])

当参数 a、b 分别取为 1、8 时，S 型隶属函数的图像如图 15-1(h)所示。

9．Π 型隶属函数

$$f(x,a,b,c,d)=\begin{cases} 0 & x<a \\ 2\left(\dfrac{x-a}{b-a}\right)^2 & a\leqslant x<\dfrac{a+b}{2} \\ 1-2\left(\dfrac{x-b}{b-a}\right)^2 & \dfrac{a+b}{2}\leqslant x<b \\ 1 & b\leqslant x<c \\ 1-2\left(\dfrac{x-c}{d-c}\right)^2 & c\leqslant x<\dfrac{c+d}{2} \\ 2\left(\dfrac{x-d}{d-c}\right)^2 & \dfrac{c+d}{2}\leqslant x<d \\ 0 & x\geqslant d \end{cases}$$

Π 型隶属函数有 4 个参数：a、b、c、d。Π 型隶属函数可以看成是参数为 a、b 的 S 型隶属函数与参数为 c、d 的 Z 型隶属函数叠加而成。MATLAB 模糊工具箱提供的Π 型隶属函数为 pimf，其调用格式为

y = pimf(x,[a b c d])

当参数 a、b、c、d 分别取为 1、4、5、10 时，Π 型隶属函数图像如图 15-1(i)所示。

10．梯形隶属函数

$$f(x,a,b,c,d)=\begin{cases} 0 & x<a \\ \dfrac{x-a}{b-a} & a\leqslant x<b \\ 1 & b\leqslant x<c \\ \dfrac{d-x}{d-c} & c\leqslant x<d \\ 0 & x\geqslant d \end{cases}$$

或

$$f(x,a,b,c,d)=\max\left(\min\left(\frac{x-a}{b-a},1,\frac{d-x}{d-c}\right),0\right)$$

梯形隶属函数有 a、b、c、d 4 个参数。MATLAB 模糊工具箱提供的梯形隶属函数为 trapmf，其调用格式为

y = trapmf(x,[a b c d])

当参数 a、b、c、d 分别取为 1、5、7、8 时，梯形隶属函数的图像如图 15-1(j)所示。

11. 三角形隶属函数

$$f(x,a,b,c)=\begin{cases}0 & x<a\\ \dfrac{x-a}{b-a} & a\leqslant x<b\\ \dfrac{c-x}{c-b} & b\leqslant x<c\\ 0 & x\geqslant c\end{cases}$$

或

$$f(x,a,b,c)=\max\left(\min\left(\frac{x-a}{b-a},\frac{c-x}{c-b}\right),0\right)$$

三角形隶属函数有 a、b、c 3 个参数。MATLAB 模糊工具箱提供的三角形隶属函数为 trimf，其调用格式为

y = trimf(x,[a b c])

当参数 a、b、c 分别取为 3、6、8 时，三角形隶属函数的图像如图 15-1(k)所示。

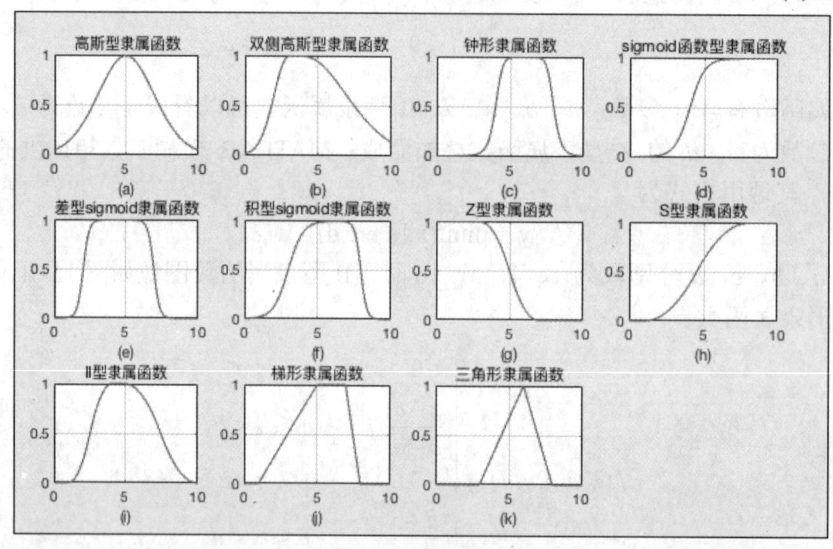

图 15-1 隶属函数

【实例 15-1】 分别用 MATLAB 模糊工具箱提供的隶属函数及利用各个隶属函数的表达式，绘制各隶属函数的函数图像。

思路·点拨

通过上述的 MATLAB 提供的函数就可以简单地绘制出所需要的隶属函数的图像；利用隶属函数的表达式绘制隶属函数的图像，可以让我们更深刻地理解隶属函数。

结果文件——配套资源“Ch15\SL1501”文件

解：MATLAB 程序如下。

（1）模糊工具箱中的调用函数。

```
%MATLAB 模糊工具箱提供的函数
%高斯型隶属函数
sig=2;c=5;
x=0:0.1:10;
y = gaussmf(x,[sig c]);
subplot(3,4,1);plot(x,y);title('高斯型隶属函数');xlabel('(a)');grid;
%双侧高斯型隶属函数
sig1=1;c1=3;sig2=3;c2=4;
x=0:0.1:10;
y=gauss2mf(x,[sig1,c1,sig2,c2]);
subplot(3,4,2);plot(x,y);title('双侧高斯型隶属函数'); xlabel('(b)');grid;
%钟形隶属函数
a=2;b=4;c=6;
x=0:0.1:10;
y = gbellmf(x,[a,b,c]);
subplot(3,4,3);plot(x,y);title('钟形隶属函数'); xlabel('(c)');grid;
%sigmoid 函数型隶属函数
a=2;c=4;
x=0:0.1:10;
y = sigmf(x,[a c]);
subplot(3,4,4);plot(x,y);title('sigmoid 函数型隶属函数'); xlabel('(d)');grid;
%差型 sigmoid 隶属函数
a1=5;c1=2;a2=5;c2=7;
x=0:0.1:10;
y=dsigmf(x,[a1,c1,a2,c2]);
subplot(3,4,5);plot(x,y);title('差型 sigmoid 隶属函数'); xlabel('(e)');grid;
%积型 sigomid 隶属函数
a1=2;c1=3;a2=-5;c2=8;
x=0:0.1:10;
y=psigmf(x,[a1,c1,a2,c2]);
subplot(3,4,6);plot(x,y);title('积型 sigmoid 隶属函数'); xlabel('(f)');grid;
```

```
%Z 型隶属函数
a=3;b=7;
x=0:0.1:10;
y=zmf(x,[a,b]);
subplot(3,4,7);plot(x,y);title('Z 型隶属函数'); xlabel('(g)');grid;
%S 型隶属函数
a=1;b=8;
x=0:0.1:10;
y=smf(x,[a,b]);
subplot(3,4,8);plot(x,y);title('S 型隶属函数'); xlabel('(h)');grid;
%II 型隶属函数
a=1;b=4;c=5;d=10;
x=0:0.1:10;
y=pimf(x,[a,b,c,d]);
subplot(3,4,9);plot(x,y);title('II 型隶属函数'); xlabel('(i)');grid;
%梯形隶属函数
a=1;b=5;c=7;d=8;
x=0:0.1:10;
y=trapmf(x,[a,b,c,d]);
subplot(3,4,10);plot(x,y);title('梯形隶属函数'); xlabel('(j)');grid;
%三角形隶属函数
a=3;b=6;c=8;
x=0:0.1:10;
y=trimf(x,[a,b,c]);
subplot(3,4,11);plot(x,y);title('三角形隶属函数'); xlabel('(k)');grid;
```

程序的运行结果见图 15-1。

（2）利用隶属函数表达式绘制隶属函数图像。

```
%高斯型隶属函数
sig=2;c=5;
k=1;
x=0:0.1:10;
for i=0:0.1:10
    y(k)=exp(-(i-c)*(i-c)/(2*sig*sig));
```

```
    k=k+1;
end
subplot(341);plot(x,y);title('高斯型隶属函数');xlabel('(a)');grid;
%双侧高斯型隶属函数
sig1=1;c1=3;sig2=3;c2=4;
k=1;
for i=0:0.1:10
    if(i<c1)
        y(k)=exp(-(i-c1)*(i-c1)/(2*sig1*sig1));
    else if(i>c2)
        y(k)= exp(-(i-c2)*(i-c2)/(2*sig2*sig2));
        else
            y(k)=1;
        end
    end
    k=k+1;
end
subplot(342);plot(x,y);title('双侧高斯型隶属函数');xlabel('(b)');grid;
%钟形隶属函数
a=2;b=4;c=6;
k=1;
for i=0:0.1:10
    y(k)=1/(1+((i-c)/a).^(2*b));
    k=k+1;
end
subplot(343);plot(x,y);title('钟形隶属函数');xlabel('(c)');grid;
%sigmoid 函数型隶属函数
a=2;c=4;
k=1;
for i=0:0.1:10
    y(k)=1/(1+exp(-a*(i-c)));
    k=k+1;
```

```
end
subplot(344);plot(x,y);title('sigmoid函数型隶属函数');xlabel('(d)');grid;
%差型sigmoid隶属函数
a1=5;c1=2;a2=5;c2=7;
k=1;
for i=0:0.1:10
    y(k)=1/(1+exp(-a1*(i-c1)))-1/(1+exp(-a2*(i-c2)));
    k=k+1;
end
subplot(345);plot(x,y);title('差型sigmoid隶属函数');xlabel('(e)');grid;
%积型sigmoid隶属函数
a1=2;c1=3;a2=-5;c2=8;
k=1;
for i=0:0.1:10
    y(k)=1/(1+exp(-a1*(i-c1)))*1/(1+exp(-a2*(i-c2)));
    k=k+1;
end
subplot(346);plot(x,y);title('积型sigmoid隶属函数');xlabel('(f)');grid;
%Z型隶属函数
a=3;b=7;
k=1;
for i=0:0.1:10
    if(i<a)
        y(k)=1;
    else if(a<=i && i<(a+b)/2)
            y(k)=1-2*((i-a)/(b-a))^2;
        else if((a+b)/2<=i && i<=b)
                y(k)=2*((i-b)/(b-a))^2;
            else
                y(k)=0;
            end
        end
```

```
    end
    k=k+1;
end
subplot(347);plot(x,y);title('Z 型隶属函数');xlabel('(g)');grid;
%S 型隶属函数
a=1;b=8;
k=1;
for i=0:0.1:10
    if(i<a)
        y(k)=0;
    else if(a<=i && i<=(a+b)/2)
            y(k)=2*((i-a)/(b-a))^2;
        else if((a+b)/2<=i && i<=b)
                y(k)=1-2*((i-b)/(b-a))^2;
            else
                y(k)=1;
            end
        end
    end
    k=k+1;
end
subplot(348);plot(x,y);title('S 型隶属函数');xlabel('(h)');grid;
%II 型隶属函数
a=1;b=4;c=5;d=10;
k=1;
for i=0:0.1:10
    if(i<=a)
        y(k)=0;
    else if(a<=i && i<=(a+b)/2)
            y(k)=2*((i-a)/(b-a))^2;
        else if((a+b)/2<=i && i<=b)
                y(k)=1-2*((i-b)/(b-a))^2;
```

```
            else if(b<=i && i<=c)
                y(k)=1;
                else if(c<=i && i<=(c+d)/2)
                    y(k)=1-2*((i-c)/(d-c))^2;
                    else if((c+d)/2<=i && i<=d)
                        y(k)=2*((i-d)/(d-c))^2;
                        else
                            y(k)=0;
                        end
                    end
                end
            end
        end
    end
    k=k+1;
end
subplot(349);plot(x,y);title('II 型隶属函数');xlabel('(i)');grid;
%梯形隶属函数
a=1;b=5;c=7;d=8;
k=1;
for i=0:0.1:10
    if(i<=a)
        y(k)=0;
    else if(a<=i && i<=b)
            y(k)=(i-a)/(b-a);
        else if(b<=i && i<=c)
                y(k)=1;
            else if(c<=i && i<=d)
                    y(k)=(d-i)/(d-c);
                else
                    y(k)=0;
                end
```

```
                end
            end
        end
        k=k+1;
    end
    subplot(3,4,10);plot(x,y);title('梯形隶属函数');xlabel('(j)');grid;
    %三角形隶属函数
    a=3;b=6;c=8;
    k=1;
    for i=0:0.1:10
        if(i<=a)
            y(k)=0;
        else if(a<=i && i<=b)
                y(k)=(i-a)/(b-a);
            else if(b<=i && i<=c)
                    y(k)=(c-i)/(c-b);
                else
                    y(k)=0;
                end
            end
        end
        k=k+1;
    end
    subplot(3,4,11);plot(x,y);title('三角形隶属函数');xlabel('(k)');grid;
```

程序的运行结果与图 15-1 相同，从上面的对比可以看出，如果要使用隶属函数的表达式时，只需采用 for 循环就可以解决。当然，利用 MATLAB 提供的模糊工具箱，可以让我们省去自己编写程序的时间，提高效率。然而，使用隶属函数表达式，一方面可以加深对隶属函数的理解，同时也可以提高编写 MATLAB 程序的能力。

15.1.5　模糊推理规则

一、模糊规则

在模糊控制中，所使用的控制规则是人们在实际工作中的经验。这些经验一般是用人们的语言来归纳、描述的。也就是说，模糊控制规则是用模糊语言来表示的。通常的模糊控制规则有3种条件语言形式。为了形式化和数学处理上的方便，该条件语句可以表示如下。

（1）如果A，那么B；

（2）如果A，那么B，否则C；

（3）如果A且B，那么C。

最简单的是第一种形式的语句，也就是if…then规则。前面介绍的模糊集合和模糊运算分别是模糊逻辑的主题和推理过程，而if…then规则是包含这些模糊逻辑的条件陈述语句。一个最简单的if…then规则具有如下形式。

if x is A then y is B（如果x是A，那么y是B）

其中，A、B是分别定义在论域X和Y上的模糊语言变量。规则的“如果部分”被称作是前提部分，规则的“那么部分”被称作是结论部分。解释if…then规则包括以下3个过程。

1．输入模糊化

确定出if…then规则前提中每个命题或断言为真的程度，即确定其隶属度。

2．应用模糊算子

如果规则的前提有几部分，利用模糊算子可以确定出整个前提为真的程度，即确定整个前提的隶属度。

3．应用蕴含算子

由前提的隶属度和蕴含算子，可以确定出结论为真的程度，即确定结论的隶属度。

二、模糊推理

模糊推理是采用模糊逻辑由给定的输入到输出的映射过程。模糊推理包括5方面的内容，具体如下。

（1）输入变量模糊化，即把确定的输入转化为由隶属度描述的模糊集。

（2）在模糊规则的前件中应用模糊算子（与、或、非）。

（3）根据模糊蕴含运算由前提推断结论。

（4）合成每一个规则的结论部分，得出总的结论。

（5）反模糊化，即把输出的模糊量转化为确定的输出。

具体介绍如下。

1．输入变量模糊化

输入变量是输入变量论域内的某一个确定的数，输入变量经过模糊化后，变换为由隶属度表示的0和1之间的某个数。模糊化常由隶属度函数或查表求得。

2．应用模糊算子

输入变量经过模糊化后，就可以知道每个规则前件中的每个命题被满足的程度。如果给定规则的前件中不止一个命题，则需要用模糊算子获得该规则前件被满足的程度。模糊算子的输入是两个或多个输入变量经过模糊化后得到的隶属度值，其输出是整个前件的隶属度，模糊算子可取T算子和协T算子中的任意一个，常用的与算子有min（模糊交）和prod（代数积），常用的或算子有max（模糊并）和prodor（概率或）。prodor定义如下。

$$\mathrm{prodor}(\mu_A(x),\mu_B(x))=\mu_A(x)+\mu_B(x)-\mu_A(x)\mu_B(x)$$

3．模糊蕴含

模糊蕴含可以看作是一种模糊算子，其输入是规则的前件被满足的程度，输出是一个模糊集，规则“如果 x 是 A，那么 y 是 B”表示了 A 与 B 之间的模糊蕴含关系，记为 $A \to B$。常用的模糊蕴含算子有以下几种。

（1）最小运算（Mamdani）：

$$A \to B = \min(\mu_A(x), \mu_B(y))$$

（2）代数积（Larsen）：

$$A \to B = \mu_A(x).\mu_B(y)$$

（3）算术运算（Zadeh）：

$$A \to B = \min(1, 1 - \mu_A(x) + \mu_B(y))$$

（4）最大、最小运算：

$$A \to B = \max(\min(\mu_A(x), \mu_B(y)), 1 - \mu_A(x))$$

（5）布尔运算：

$$A \to B = \max(1 - \mu_A(x), \mu_B(y))$$

（6）标准法运算（1）：

$$A \to B = \begin{cases} 1 & \mu_A(x) \leqslant \mu_B(y) \\ 0 & \mu_A(x) > \mu_B(y) \end{cases}$$

（7）标准法运算（2）：

$$A \to B = \begin{cases} 1 & \mu_A(x) \leqslant \mu_B(y) \\ \dfrac{\mu_A(x)}{\mu_B(y)} & \mu_A(x) > \mu_B(y) \end{cases}$$

4．模糊合成

模糊合成也是一种模糊算子。该算子的输入是每一个规则输出的模糊集，输出是这些模糊集经合成后得到的一个综合输出模糊集。常用的模糊合成算子有 max（模糊并）、prodor（概率或）和 sum（代数和）。

5．反模糊化

反模糊化把输出的模糊集化为确定数值的输出，常用的反模糊化的方法有以下 5 种。

（1）中心法。取输出模糊集的隶属度函数曲线与横坐标轴围成的中心或重心对应的论域元素值为输出值。

（2）二分法。取输出模糊集的隶属度函数曲线与横坐标轴围成的面积均分点对应的元素值为输出值。

（3）取输出模糊集极大值的平均值。

（4）取输出模糊集极大值的最大值。

（5）取输出模糊集极大值的最小值。

15.2 模糊控制系统的设计

15.2.1 模糊控制系统的组成

所谓系统指的是两个以上的彼此联系又相互作用的对象所构成的具有某种功能的集体，而模糊系统则是由那些模糊现象引起的不确定性系统。也就是说一个模糊系统，它的状态或输入/输出具有模糊性。一般来说，模糊系统也是复制过程的一种近似表示方法，该过程本身不一定是模糊的。模糊控制系统是一种自动控制系统，它是以模糊数学、模糊语言形式的知识所表示和模糊逻辑推理为理论基础的，采用计算机控制技术构成的一种具有闭环结构的数字控制系统。模糊控制器的组成核心是具有智能性的模糊控制器，在控制原理上应用了模糊集合论、模糊语言变量和模糊逻辑推理的知识，模拟人的模糊思维方法，对复杂过程进行控制。模糊逻辑控制系统的基本结构如图 15-2 所示。

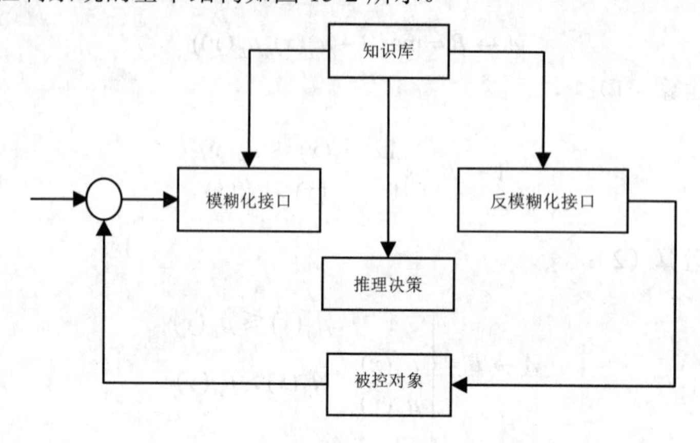

图 15-2　模糊逻辑控制系统的基本结构

从图 15-2 可以看出，模糊控制系统的主要部分包括模糊化工程、知识库、推理决策及精确化计算。模糊控制器必须采用数字计算机来实现，因此，模糊控制系统必须包括以下几个功能。

（1）能够将系统的偏差从数字量转化为模糊量，该过程由模糊控制系统的模糊化过程和知识库两部分完成。

（2）进行模糊推理。即对模糊量，通过给定的模糊规则进行模糊推理。该过程由模糊控制系统的规则库和推理决策完成。

（3）将模糊推理输出的模糊输出量转化为实际系统能够接收的精确化数字量或模拟量。该过程由模糊控制系统的精确化接口实现。

15.2.2 模糊控制系统的设计方法

在实际设计模糊控制器时，需要具体问题具体分析。即需要根据被控对象的具体情况来确定控制器的基本结构，也就是确定模糊控制器的输入输出变量、模糊化算法、模糊推理规则及精确化计算方法。模糊控制器的实现可以采用软件和硬件两种方式。当模糊控制器的计算量较小时，可以采用软件的方式来实现模糊控制器的功能，然而当计算量较大时，采用软件的方式无法实现模糊控制器的功能，那么就可以采用硬件设备来实现模糊控制功能，以达到计算速度快、使用简便等目的。

模糊控制器是按照一定的语言规则进行工作的，而这些控制规则是建立在总结操作员的控制经验的基础上的，且大多数模糊逻辑推理方法采用 Mamdani 极大极小推理法。Mamdani 模糊推理法是最常用的一种推理方法，其模糊蕴含关系 $R_{\mathrm{M}}(X,Y)$ 定义简单，可以通过模糊集合 A 和 B 的笛卡儿积（取小）求得，即

$$\mu_{R_{\mathrm{M}}}(x,y)=\mu_A(x)\wedge\mu_B(x)$$

例如，已知模糊集合 $A=\frac{1}{x_1}+\frac{0.4}{x_2}+\frac{0.1}{x_3}$ 和 $B=\frac{0.8}{y_1}+\frac{0.5}{y_2}+\frac{0.3}{y_3}+\frac{0.1}{y_4}$，那么模糊集合 A 和 B 之间的模糊蕴含关系 $R_{\mathrm{M}}(X,Y)$ 就可以定义为

$$\begin{aligned}R_{\mathrm{M}}(X,Y)&=A\times B\\&=\begin{bmatrix}1\\0.4\\0.1\end{bmatrix}\times\begin{bmatrix}0.8 & 0.5 & 0.3 & 0.1\end{bmatrix}\\&=\begin{bmatrix}0.8 & 0.5 & 0.3 & 0.1\\0.4 & 0.4 & 0.3 & 0.1\\0.1 & 0.1 & 0.1 & 0.1\end{bmatrix}\end{aligned}$$

Mamdani 模糊推理法将经典的极大极小合成运算方法作为模糊关系与模糊集合的合成运算法则，在此定义下，Mamdani 模糊推理过程更容易用图形进行解释。

由模糊控制的理论基础和模糊控制器的基本组成可以看出，要设计一个合适的模糊控制器，通常需要将模糊控制器的输入输出变量模糊化。一般取系统的误差 e 和误差变化率 de 作为模糊逻辑控制器的输入，模糊控制器的输出量作为系统的控制值 u。因此，模糊控制器的工作过程可以描述为：首先将模糊控制器的输入量转化为模糊量，将该模糊量输入到模糊逻辑决策系统，模糊逻辑系统根据控制规则决定模糊关系 R，应用模糊逻辑推理算法得出控制器的模糊输出控制量，最后经过精确化计算得到精确的控制值，用以控制被控对象。因此，一般的模糊控制器的基本结构如图 15-3 所示。

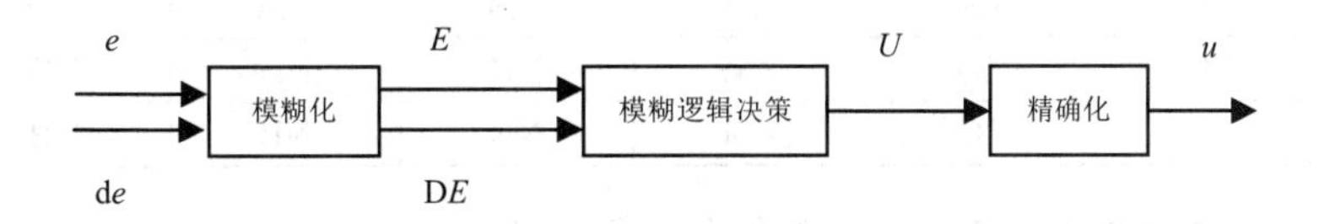

图 15-3　常规模糊控制器

由模糊逻辑推理可知，对于有 n 条模糊控制规则，可以得到 n 个输入输出关系矩阵 $\boldsymbol{R}_1$，$\boldsymbol{R}_2$，…，$\boldsymbol{R}_n$，那么由模糊规则的合成算法可以计算出系统总的模糊关系矩阵为

$$R=\bigcup_{i=1}^{n}R_i$$

那么，对于任意系统，其误差为E_i和误差变化DE_i，其对应的模糊控制器的输出C_{ij}为

$$C_{ij} = (E_i \times DE_i) \circ R$$

然后，对上述的输出 C_{ij} 进行精确化计算，就可以得到系统的控制值，就可以控制被控对象了。但是，这里需要注意的是，在实际的工程应用当中，模糊关系矩阵 $\boldsymbol{R}$ 并不是一个低阶矩阵，而是一个高阶矩阵。若是要直接通过对任意时刻的误差和误差变化进行合成计算控制系统的控制值，计算速度缓慢，需要花费较多的时间，结果会使得系统实时控制性能变差。因此，为了克服上述的缺点，通常在实际工程当中采用查表法进行计算。

所谓查表法，其基本思想是通过离线计算，获得一个模糊控制表，然后将该控制表存放在计算机内存中，当模糊控制进行控制时，计算机只需直接根据采样得到的误差和误差变化的量化值来查出当前时刻控制输出量化值，最后计算机将此量化值乘以比例因子得到最终的输出控制量。查表法的设计关键是模糊控制表的构成。查表法设计模糊控制器的基本步骤如下。

（1）确定模糊控制器的输入/输出变量。一般情况下，如前所述，取系统的误差及误差变化作为模糊控制器的输入。

（2）确定各输入/输出变量的变化范围，量化等级和量化因子 k_1、k_2、k_3（其中 k_1、k_2 为系统误差的量化因子，k_3为控制量的量化因子）。

（3）在各输入/输出语言变量的量化域内定义模糊子集。

（4）模糊控制规则的确定。模糊控制规则实质上是将操作员的控制经验加以总结而得出的一条条模糊条件语句的集合。确定模糊控制规则的原则是必须保证控制器的输出能够使系统的输出响应时动静态特性达到最佳。

例如，有表 15-1 所示的控制规则表，具体解释如下。

表 15-1　　控制规则表

E				*U*			
D*E*	NB	NM	NS	ZO	PS	PM	PB
NB	PB	PB	PB	PB	PM	ZO	ZO
NM	PB	PB	PB	PB	PM	ZO	ZO
NS	PM	PM	PM	PM	ZO	NS	NS
ZO	PM	PM	PS	ZO	NS	NM	NM
PS	PS	PS	ZO	NM	NM	NM	NM
PM	ZO	ZO	ZM	NB	NB	NB	NB
PB	ZO	ZO	ZM	NB	NB	NB	NB

其中，几个常用的模糊语言变量的符号表示如下。

NB（Negative Big）：负大

NM（Negative Medium）：负中

NS（Negative Small）：负小

ZO（Almost Zero）：几为零

PS（Positive Small）：正小

PM（Postive Mediun）：正中

PB（Positive Big）：正大

那么，表 15-1 所示的控制规则具体如下。

规则 1：如果 E 是 NB，且 DE 是 NB，那么 U 是 PB。

规则 2：如果 E 是 NM，且 DE 是 NM，那么 U 是 PB。

规则 3：如果 E 是 NS，且 DE 是 PB，那么 U 是 ZM。

以此类推可以得出其他的控制规则。

（5）求模糊控制表。模糊控制表是最简单的模糊控制器之一，它可以通过查询将当前时刻模糊控制器的输入变量量化值（如误差、误差变化量）所对应的控制输出值作为模糊逻辑控制器的最终输出，从而达到快速实时控制。模糊控制规则表必须对所有输入语言变量（如误差、误差变化）量化后的各种组合通过模糊逻辑推理的一套方法离线计算出每一个状态的模糊控制器输出，最终生成一张模糊控制表。

15.3　MATLAB 模糊逻辑工具箱

MATLAB 模糊工具箱提供的图形化工具有 5 类：模糊推理系统编辑器（FIS Editor）、隶属度函数编辑器（Membership Function Editor）、模糊规则编辑器（Rule Editor）、模糊规则观察器（Rule Viewer）及模糊推理输入输出曲面观察器（Surface Viewer），如图 15-4 所示。

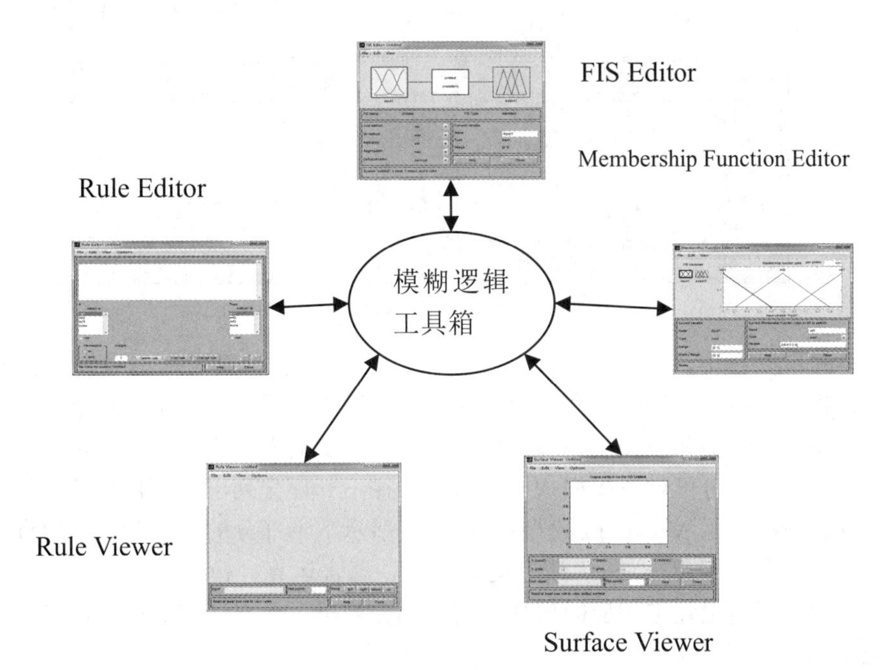

图 15-4　模糊逻辑工具箱的图形化用户界面

除此之外，工具箱还提供了图形化的基于神经网络算法的模糊逻辑系统设计工具函数 anfisedit，它主要用于 Sugeno 型自适应神经网络模糊推理系统的建立、训练和测试。上述的 5 个部分的主要职责分别为：FIS Editor 主要用来处理系统的最顶层的构建问题，如输入/输出变量的数目、变量名等。MATLAB 并不限制输入的数目，但是对于复杂的大系统来说，输入可能会受到计算机内存的限制。如果在输入的数目太多或模糊规则数目太多的情况下，使用图形化工具就会比较困难，这时可以通过编写相应的程序来完成。Membership Function Editor 用来可视化定义各个变量的隶属度函数；Rule Editor 用来编辑决定系统输出的模糊规则；Rule Viewer 和 Surface Viewer 用来查看规则和模糊推理系统的输入/输出关系曲面，它们都是只读取模糊系统，用来计算、显示、模拟、分析和诊断系统，对系统不做任何修改。

15.3.1 模糊推理系统编辑器

模糊推理系统编辑器提供了利用图形用户界面对模糊系统的高层属性的编辑、修改功能，这些属性包括输入/输出语言变量的个数和去模糊化方法等。用户在模糊推理系统编辑器中可以通过菜单选择激活其他几个图形用户界面编辑器，如模糊规则编辑器、隶属度函数编辑器等。在 MATLAB 命令窗口输入 fuzzy 命令即可激活模糊推理系统编辑器，如图 15-5 所示。

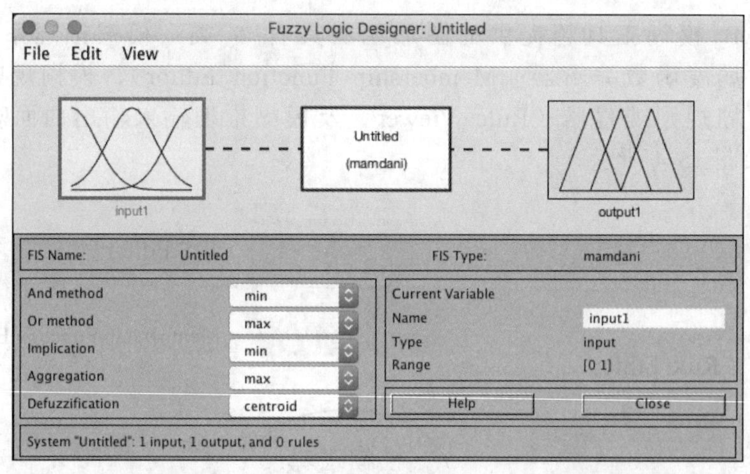

图 15-5 模糊推理系统编辑器图形用户界面

从图 15-5 可以看出，图的上部分以方框图的形式表示了模糊推理系统的基本组成部分，包括输入模糊变量、模糊规则和输出模糊变量。通过对每个部分用鼠标进行双击，可分别弹出隶属度函数编辑器和模糊规则编辑器。例如，双击输入和输出窗口，可弹出隶属度函数编辑器；双击中间部分可弹出模糊规则编辑器。往下一部分列出了模糊推理系统的名称和模型名称，默认情况下是 Mamdani 模型；图 15-5 所示下半部分的左侧列出了模糊推理系统基本属性，包括“与”运算方法、“或”运算方法、蕴含运算、模糊规则综合运算及去模糊化方法等，用户可以自己设定相应的属性。右半部分列出了当前选定的模糊语言变量的名称及其论域范围。

模糊推理系统编辑器的菜单部分主要提供了以下功能。

1．文件（File）菜单

- New Mamdani FIS：新建 Mamdani 型模糊推理系统。
- New Sugeno FIS：新建 Sugeno 型模糊推理系统。

- Import From Workspace：从工作空间打开一个模糊推理系统文件。
- Import From File：从磁盘空间打开一个模糊推理系统文件。
- Export To Workspace：保存到工作空间。
- Export to File：将模糊推理系统保存到文件中。
- Print：打印。
- Close：关闭。

2．编辑（Edit）菜单

- Add Input：添加输入语言变量。
- Add Output：添加输出语言变量。
- Remove Selected Variable：删除选定的语言变量。
- Membership Functions：打开隶属度函数编辑器。
- Rules：打开模糊规则编辑器。

3．视图（View）菜单

- View Rules：打开模糊规则浏览器。
- View Surface：打开模糊系统输入/输出特性浏览器。

15.3.2 隶属度函数编辑器

在 MATLAB 工作空间输入 mfedit 或在模糊推理系统编辑器上单击 Membership Functions 都可以打开隶属度函数编辑器，如图 15-6 所示。

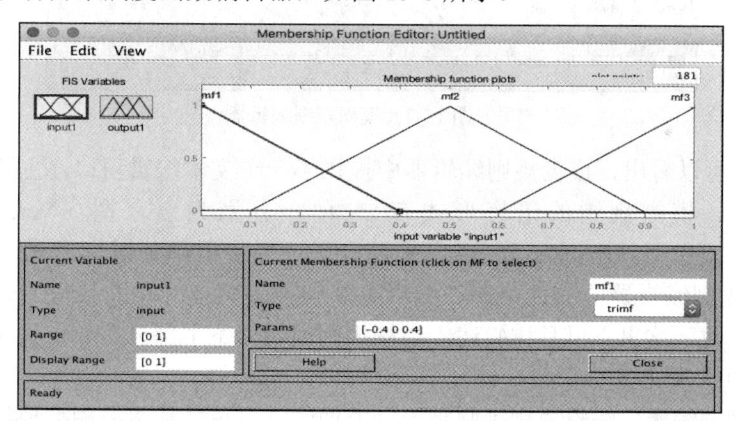

图 15-6 隶属度函数编辑器

隶属度函数编辑器提供了对输入/输出语言变量各个语言值的隶属度函数类型、参数进行编辑与修改的图形用户界面工具。从图 15-6 可以看出，图形用户界面的上半部分为隶属度函数的图形显示部分，下半部分为隶属度函数参数设定界面，用户可以选择使用哪种隶属度函数并设置相应的参数。隶属度函数编辑器的文件菜单与模糊推理系统编辑器的文件菜单功能基本一致，编辑菜单的功能介绍如下。

- Add MFs：添加系统提供的模糊隶属度函数。
- Add Custom MF：添加用户自定义的模糊隶属度函数。
- Remove selected MF：删除选定的模糊隶属度函数。

- Remove All MFs：删除当前变量所有的隶属度函数。
- FIS Properites：打开模糊推理系统编辑器。

同样，隶属度函数编辑器的 View 菜单功能与模糊推理系统编辑器的 View 菜单功能基本一致，这里不再赘述。

15.3.3 模糊规则编辑器

启动模糊规则编辑器可以通过以下 3 种途径。

（1）在 MATLAB 工作空间输入 ruleedit。

（2）在模糊推理系统编辑器的编辑菜单中选择 Rules 命令。

（3）在隶属度函数编辑器的编辑菜单中选择 Rules 命令。

激活后的模糊规则编辑器如图 15-7 所示。

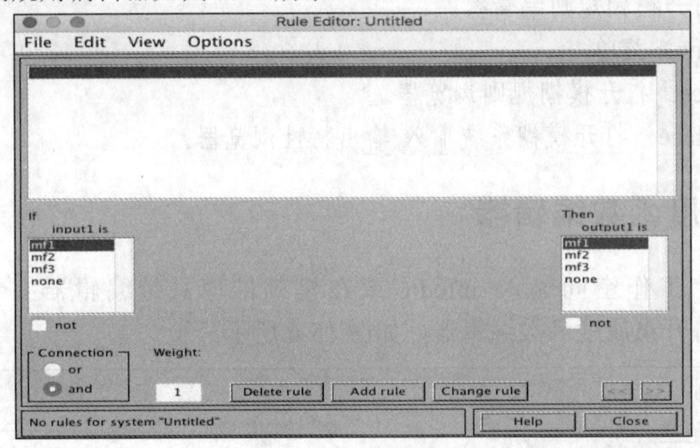

图 15-7 模糊规则编辑器

从图 15-7 可以看出，模糊规则编辑器中提供了一个文本编辑窗口，主要用来进行规则的输入和修改。模糊规则的语言形式有 3 种，分别为语言型（Verbose）、符号型（Symbolic）和索引型（Indexed），用户可以自行选择使用哪种语言形式，选择的菜单为 Options。模糊规则编辑器的文件菜单、编辑菜单和视图菜单的功能都与之前介绍的编辑器对应菜单功能一致，这里不再具体叙述。模糊规则编辑器下半部分有 3 个按钮，分别删除规则、增加规则和修改规则按钮。

使用模糊规则编辑器编辑模糊规则是十分方便的，系统能够将模糊推理编辑器中已经定义的变量自动显示在界面上。在窗口上选择相应的输入变量，并且可以选择是否加入否定词 not，然后选择不同变量之间的连接为 or 或 and 及输入权重，输入权重在默认情况下的值为 1，单击“Add rule”按钮，就可以在界面中加入该模糊规则。

15.3.4 模糊规则观察器

激活模糊规则观察器的方法有以下几种。

（1）在 MATLAB 工作空间中输入 ruleview。

（2）在模糊推理系统编辑器的 View 菜单中选择 Rules 命令。

（3）在隶属度函数编辑器的 View 菜单中选择 Rules 命令。

（4）在模糊规则编辑器的 View 菜单中选择 Rules 命令。

激活后的模糊规则观察器如图 15-8 所示。

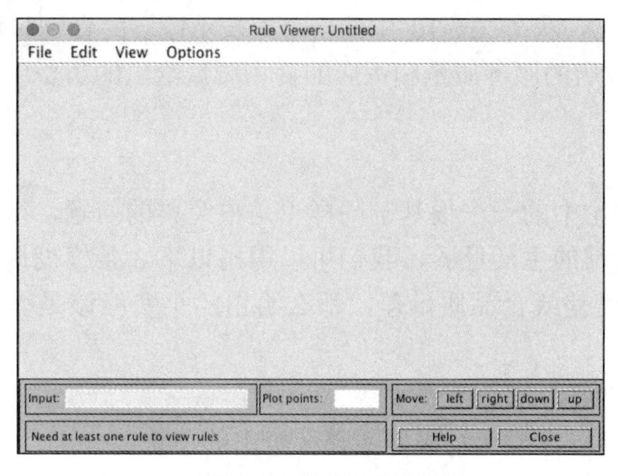

图 15-8 模糊规则观察器

在模糊规则观察器中，模糊系统的推理过程是通过图形的形式表现出来的，可以在窗口中改变系统输入的数值来观察模糊逻辑推理系统的输出情况。

15.3.5 模糊推理输入/输出曲面观察器

要激活模糊推理输入/输出曲面观察器，同样有以下几种方法。

（1）在 MATLAB 命令窗口中输入 surfview。

（2）在模糊推理系统编辑器的 View 菜单中选择 surfview 命令。

（3）在隶属度函数编辑器的 View 菜单中选择 sufrview 命令。

（4）在模糊规则编辑器的 View 菜单中选择 surfview 命令。

（5）在模糊规则观察器的 View 菜单中选择 surfview 命令。

激活后的模糊推理输入/输出曲面观察器如图 15-9 所示。

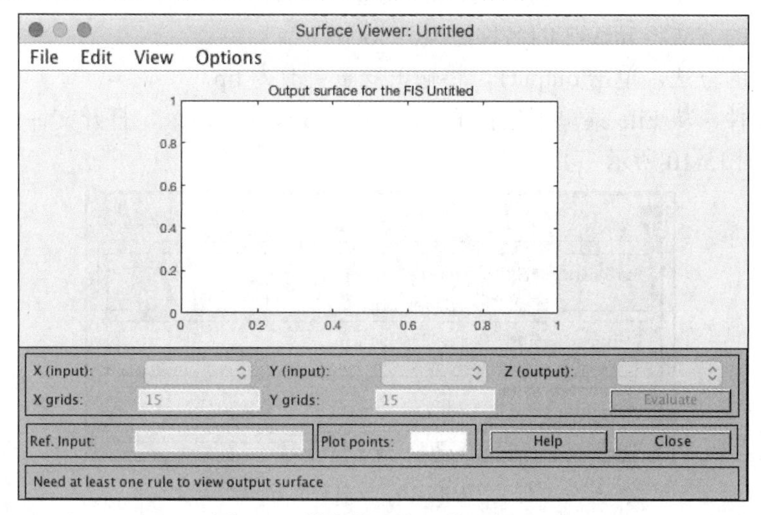

图 15-9 模糊推理输入/输出曲面观察器

该窗口以图形的形式显示了模糊推理系统的输入/输出特性曲面。该图形用户界面的菜单功能与之前所叙述的菜单功能选项是一致的，这里也不再详细叙述，读者可自行尝试。

【实例 15-2】多输入单输出的小费问题：给定 0～10 中的一个数表示饭店的服务质量（其中，10 表示非常好），另外 0～10 中的一个数表示饭店的食物质量（同样，10 表示非常好），那么消费者根据饭店的服务质量和饭店的食物质量给出的小费应该是多少呢？

思路·点拨

小费问题是模糊理论中的一个很基础同样也是很经典的问题，很多模糊理论的书籍都会涉及小费问题。根据日常的生活经验，我们可以得出以下 3 条模糊规则。

（1）如果服务态度差或食品质量差，那么给出的小费应该是少的，也就是说小费应该是低的。

（2）如果服务态度好，那么小费中等。

（3）如果服务态度极好或食物极好，那么给出的小费高。

现在，我们知道了这些规则，就可以通过模糊逻辑工具箱构造模糊推理系统，并观察其输出。

结果文件——配套资源“Ch15\SL1502”文件

解：具体过程如下。

（1）在 MATLAB 工作空间输入 fuzzy，打开模糊推理系统编辑器，参见图 15-5，打开的是一个标记为 input1 的单输入和一个标记为 output1 的单输出的没有标题的 FIS 编辑器。在本实例中，我们需要的是构造一个双输入单输出的系统，因此，打开 Eidt 菜单并选择 Add input 命令，在编辑器中出现一个标记为 input2 的输入。在本实例中，两个输入分别设置为 service 和 food，输出设置为 tip，即输入分别为服务态度和食物质量，输出为小费。修改变量的步骤如下。

① 单击输入 input1，此时输入框高亮红色显示，在右边的空白编辑域中，将 input1 改为 service，并按 Enter 键，输入变量 service 设置完成。

② 用同样的方法将 input2 的名称更改为 food。

③ 用同样的方法，单击 output1，将输出变量更改为 tip。

④ 保存文件，从 File 菜单中选择 Export to workspace 命令，打开文件保存窗口，输入文件名称，如图 15-10 所示。

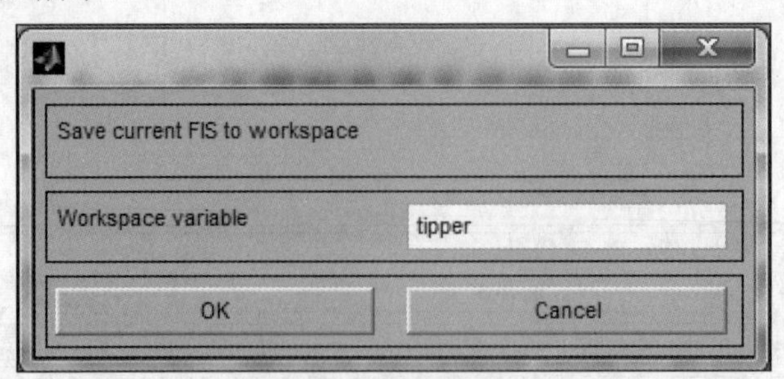

图 15-10　文件保存窗口

设置好的模糊推理系统编辑器如图 15-11 所示。

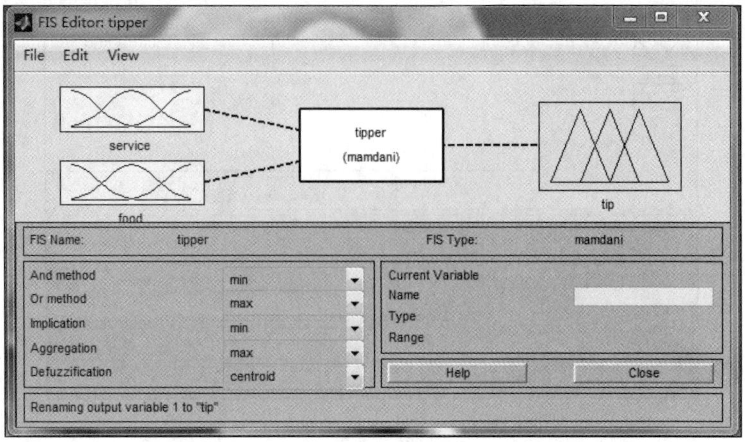

图 15-11　小费问题的模糊推理系统编辑器

（2）打开隶属度函数编辑器。其打开方法在前面已经叙述过，这里不再描述。为双输入单输出的小费问题指定输入隶属度函数的具体过程如下。

① 双击输入 service，设置 Range 和 Display Range 为向量[0 10]，在隶属度函数编辑器的右半部分中，选择默认隶属度函数 mf1，将其名称更改为 poor，并且设置隶属度函数为 gaussmf，默认参数为[1.5 0]，如图 15-12 所示；选择隶属度函数 mf2，将其名称更改为 good，选择隶属度函数为 gaussmf，参数为[1.5 5]；选择 mf3，将其名称更改为 excellent，选择隶属度函数为 gaussmf，参数为[1.5 10]。

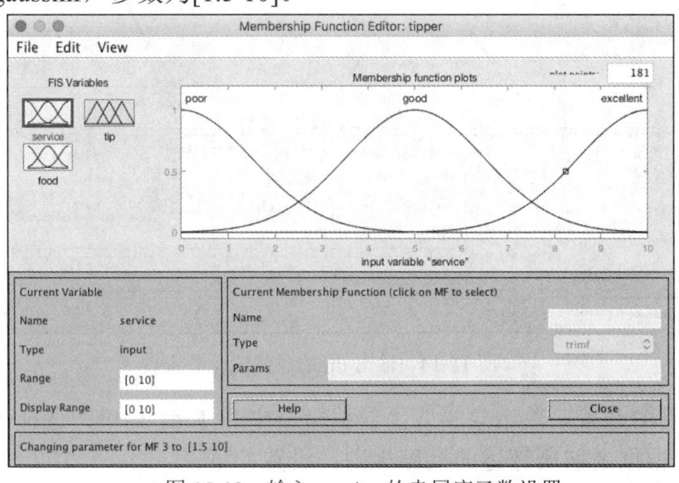

图 15-12　输入 service 的隶属度函数设置

② 双击输入 food，同样设置 Range 和 Dislay Range 分别为[0 10]。对于 food 变量，只需要添加两条隶属度函数即可，因此我们需要删除其中一个隶属度函数 mf3。具体步骤为单击 mf3，直到该条曲线变为红色，单击 Edit 菜单，选择 Remove selected MF 命令即可删除该隶属度函数。选择 mf1，名称改为 rancid，选择隶属度函数为 trapmf，设置参数为[0 0 1 3]；选择 mf2，名称更改为 delicious，选择隶属度函数为 trapmf，设置参数为[7 9 10 10]，如图 15-13 所示。

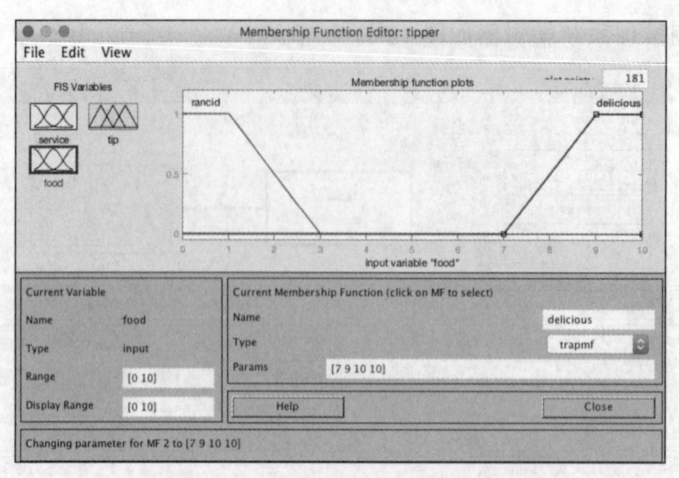

图 15-13 输入 food 的隶属度函数设置

③ 双击输出 tip，同样设置 Range 和 Dislay Range 分别为[0 30]，加入 3 个模糊隶属度函数。选择 mf1，名称改为 cheap，隶属度函数设置为 trimf，参数设置为[0 5 10]，如图 15-14 所示；选择 mf2，名称改为 average，隶属度函数设置为 trimf，参数设置为[10 15 20]；选择 mf3，名称改为 generous，隶属度函数设置为 trimf，参数设置为[20 25 30]。

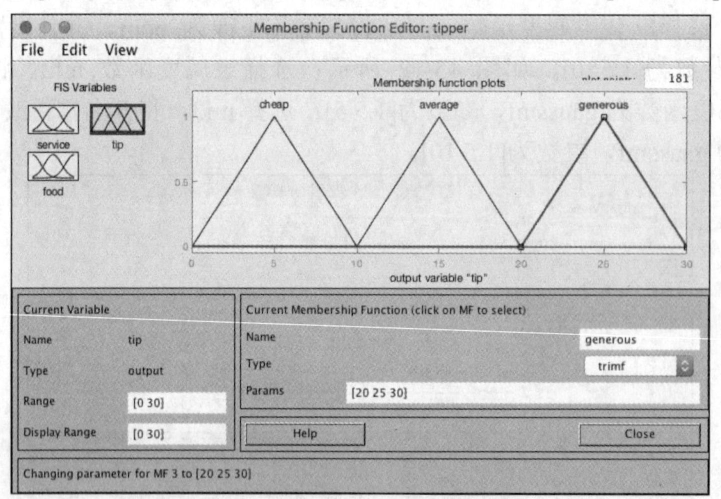

图 15-14 输出 tip 的隶属度函数设置

（3）模糊规则的设置。单击隶属度函数编辑器中的 Eidt 菜单，选择 Rules 命令，打开模糊规则编辑器。根据之前所叙述的模糊规则，设置如下。

在 service 中选择 poor，在 food 中选择 rancid，在 connection 选项中选择 or，单击 Add rule 按钮，就会在模糊规则编辑器的空白中出现以下语句。

① If (service is poor) or (food is rancid) then (tip is cheap)（1）

其中：语句后括号中的数字 1 表示该规则的权重，默认情况下为 1。

这里，再加入如下两条规则，权重均为 1。

② If (service is good) then (tip is average)（1）

③ If (service is excellent) or (food is delicious) then (tip is generous)（1）

添加三条规则之后，如图 15-15 所示。

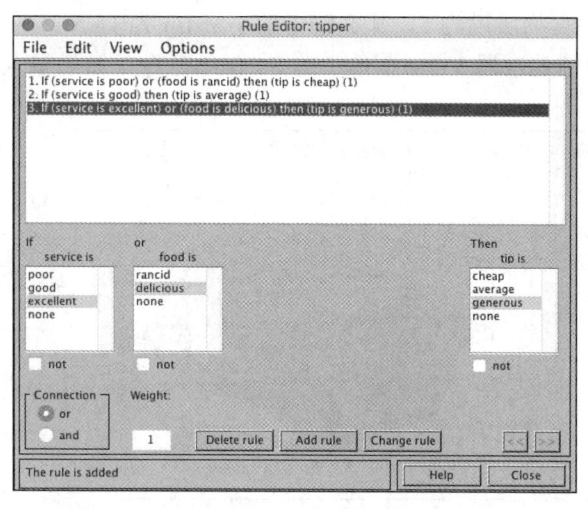

图 15-15　模糊规则的设置

这里，我们可以通过菜单栏中的 Options 菜单选择相应的显示语言和显示方式。例如，将显示方式设置为 Symbolic，那么显示结果就会改变为如下形式。

① (service==poor)|(food==rancid) =>(tip==cheap)（1）

② (service==good) =>(tip==average)（1）

③ (service==excellent)|(food==delicious) =>(tip==generous)（1）

如果将显示方式设置为 indexed，那么显示结果就会改变为如下形式。

1, 1（1）:1

2, 2（1）:1

3, 3（1）:1

（4）单击模糊规则编辑器中的 View 菜单，选择 Rules 命令，激活模糊规则观察器，如图 15-16 所示。

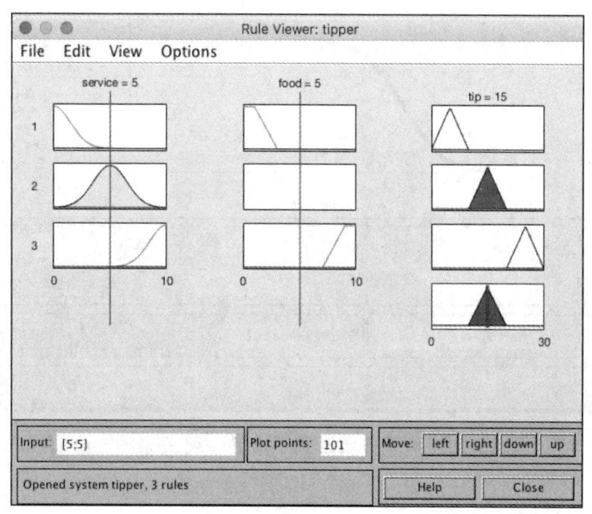

图 15-16　模糊规则观察器

可以在模糊规则观察器左下角的 input 输入对话框中输入数值，如这里输入的是[6 5]，也就是服务态度为 6，食物质量为 5，那么输出的小费 tip 为 15.5。

（5）单击模糊规则观察器 View 菜单中的 Surface 命令，激活输入/输出曲面观察器，如图 15-17 所示。

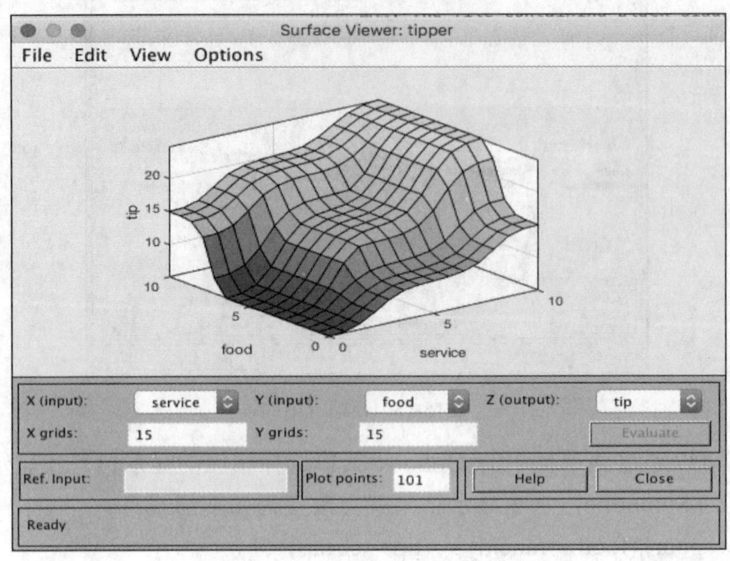

图 15-17 输入/输出曲面观察器

如果单击下半部分的 Y（input）内容，将其中的 food 改为 none，确定后将得到从服务质量到小费的映射关系的二维曲线，如图 15-18 所示。

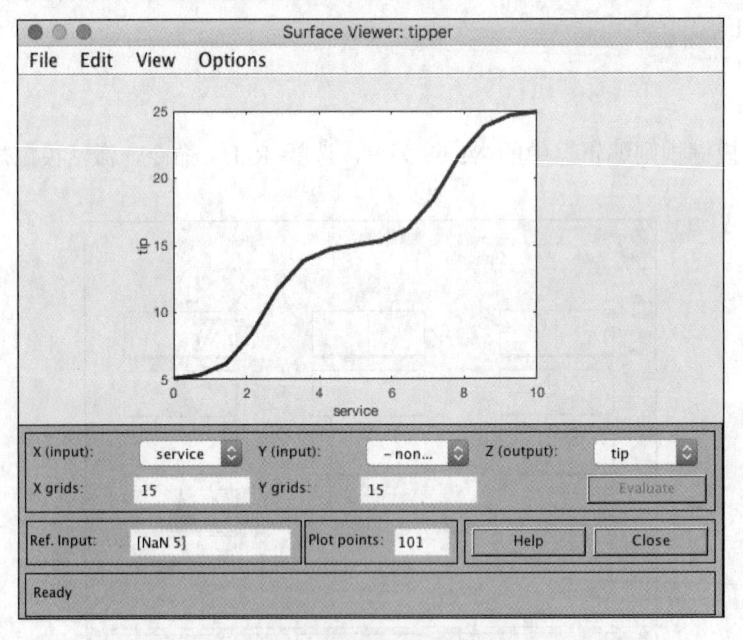

图 15-18 从服务质量到小费的映射关系的二维曲线

15.3.6　使用 MATLAB 命令实现模糊逻辑系统

前面几个小节当中，我们主要讲解的是如何使用 MATLAB 图形化工具创建模糊逻辑推理系统。使用 MATLAB 图形化工具可以非常简便地创建模糊系统，但是对其中的细节却得不到更深的理解。因此，本小节主要讲解如何使用 MATLAB 命令的方式来构建模糊推理系统，即使用 MATLAB 的函数命令来创建模糊推理系统。这些函数不仅能够完全实现图形化方式所提供的功能，而且还可以实现图形化方式所难以实现的功能。例如，对于复杂的模糊推理系统，在输入/输出变量、隶属度函数及模糊规则数目较多的时候，使用 MATLAB 命令行的方式创建的模糊推理系统，效率要比使用图形化工具所创建的系统高出很多。这里需要说明的是，MATLAB 模糊工具箱提供的图形化工具与命令行函数是一一对应的，两者可以同时结合使用。

在之前的叙述中，我们已经了解了小费问题的基本描述，同时，MATLAB 模糊逻辑工具箱提供了该系统的示例，保存为 tipper.fis。模糊逻辑系统在 MATLAB 中保存为 FIS 数据结构。我们可以在图形化工具中调用 tipper.fis，同时也可以在工作空间中用函数语句的形式调用。在工作空间中输入命令：

a=readfis('tipper.fis')

那么，存储路径中名为 tipper 的模糊推理系统将会被读取，并且保存在变量 *a* 当中，程序的运行结果如下。

```
a =

 包含以下字段的 struct:
          name: 'tipper'
          type: 'mamdani'
     andMethod: 'min'
      orMethod: 'max'
  defuzzMethod: 'centroid'
     impMethod: 'min'
     aggMethod: 'max'
         input: [1×2 struct]
        output: [1×1 struct]
          rule: [1×3 struct]
```

在结果 *a* 当中，冒号左边的标号表示 MATLAB 的 FIS 结构中与 tipper.fis 相对应的结构成员变量名，可以通过“结构名.成员名”的方式来访问这些结构成员变量。例如，输入命令：

```
a.type
```

就会输出结果：

```
ans =
    mamdani
```

通常情况下，返回的变量 *a* 被赋予了一个 FIS 结构变量矩阵，这个矩阵主要由 ASCII 代码构成，通常表现为数字的排列，这样不便于阅读，因此需要通过另外一个函数 getfis 来读取和显示。函数 getfis 返回的结果是关于模糊推理系统的一般属性，如系统名称、输入变量名称、输出变量名称等内容，一般与 readfis 同时使用。

在命令空间中输入 getfis(a)，得到的结果如下。

```
Name    = tipper
Type      = mamdani
NumInputs = 2
InLabels  =
     servive
     food
NumOutputs = 1
OutLabels =
     tip
NumRules = 0
AndMethod = min
OrMethod = max
ImpMethod = min
AggMethod = max
DefuzzMethod = centroid
```

从运行结果也可以看出，有些属性并不包含在结果变量 *a* 当中，如 InLabels，当我们在工作空间中输入 a. InLabels 时，软件就会报错，如下所示。

```
Reference to non-existent field 'InLabels'.
```

但是，如果我们输入 getfis(a,'InLabels')就会得到正确的结果，并且不会报错。从结果可以看出，InLabels 属性中包含两个输入变量，因此，通过以下语句也可以得到正确结果。

```
a.input(1:2).name
```

结果如下。

```
ans =
servive
ans =
food
```

接下来要介绍一个与 getfis 相对应的函数 setfis，该函数是用来设置 FIS 系统的特性的，基本用法与 getfis 类似，这里不再详细介绍。例如，我们要将系统 tipper 的名字更改为 fuzzymodle，可以通过以下语句来实现。

```
a=setfis(a,'name','fuzzymodle')
```

运行的结果如下。

```
a =
        name: 'fuzzymodle'
        type: 'mamdani'
```

```
       andMethod: 'min'
        orMethod: 'max'
    defuzzMethod: 'centroid'
       impMethod: 'min'
       aggMethod: 'max'
           input: [1x2 struct]
          output: [1x1 struct]
            rule: []
```

可以看出，系统的名字已经更改了。

在这里结构变量 *a* 代表小费问题的模糊推理系统，前面所叙述的图形化编辑工具都可以用来对变量 *a* 进行操作，下面的函数就是用来打开对应的图形化工具编辑器。具体如下。

- fuzzy(a)：打开小费问题的模糊推理系统编辑器。
- mfedit(a)：打开小费问题的隶属度函数编辑器。
- ruleedit(a)：打开小费问题的模糊规则编辑器。
- ruleview(a)：打开小费问题的模糊规则观察器。
- surfview(a)：打开小费问题的输入输出曲面观察器。

【实例 15-3】使用 MATLAB 程序创建和计算模糊逻辑系统，以前面的小费问题为例。

思路·点拨

小费问题在前面已经介绍过了，小费问题是双输入单输出的模糊逻辑推理系统。输入分别为 service 和 food，范围均为[0 10]。对应的隶属函数分别为 gaussmf 和 trapmf。模糊规则如下。

（1）If (service is poor) or (food is rancid) then (tip is cheap)（1）

（2）If (service is good) then (tip is average)（1）

（3）If (service is excellent) or (food is delicious) then (tip is generous)（1）

输出变量为 *tip*，对应的隶属函数为 trimf。

结果文件——配套资源“Ch15\SL1503”文件

解：具体的 MATLAB 程序如下。

```
a=newfis('tipper');%创建新的模糊逻辑系统
%设置输入变量 service 及其隶属函数
a.input(1).name='service';
a.input(1).range=[0 10];
a.input(1).mf(1).name='poor';
a.input(1).mf(1).type='gaussmf';
a.input(1).mf(1).params=[1.8,0];
a.input(1).mf(2).name='good';
```

```
a.input(1).mf(2).type='gaussmf';
a.input(1).mf(2).params=[1.8,5];
a.input(1).mf(3).name='excellent';
a.input(1).mf(3).type='gaussmf';
a.input(1).mf(3).params=[1.8,10];
%设置输入变量 food 及其隶属函数
a.input(2).name='food';
a.input(2).range=[0 10];
a.input(2).mf(1).name='rancid';
a.input(2).mf(1).type='trapmf';
a.input(2).mf(1).params=[0 0 1 3];
a.input(2).mf(2).name='delicious';
a.input(2).mf(2).type='trapmf';
a.input(2).mf(2).params=[7 9 10 10];
%设置输出变量 tip 及其隶属函数
a.output(1).name='tip';
a.output(1).range=[0 25];
a.output(1).mf(1).name='cheap';
a.output(1).mf(1).type='trapmf';
a.output(1).mf(1).params=[0 0 5 12];
a.output(1).mf(2).name='average';
a.output(1).mf(2).type='trimf';
a.output(1).mf(2).params=[5 12 19];
a.output(1).mf(3).name='generous';
a.output(1).mf(3).type='trapmf';
a.output(1).mf(3).params=[12 19 25 25];
%设置模糊规则
a.rule(1).antecedent=[1,1];
a.rule(1).consequent=[1];
a.rule(1).weight=1;
a.rule(1).connection=2;
a.rule(2).antecedent=[2,0];
```

```
a.rule(2).consequent=[2];
a.rule(2).weight=1;
a.rule(2).connection=1;
a.rule(3).antecedent=[3,2];
a.rule(3).consequent=[3];
a.rule(3).weight=1;
a.rule(3).connection=2;
%验证输出结果
evalfis([1 2],a)
```

程序的运行结果如下。

```
ans=
5.3477
```

15.3.7　模糊逻辑工具箱命令函数简介

在上述的实例当中，用到了一些模糊工具箱中的命令函数，如 readfis、getfis。这些函数都是模糊工具箱提供的命令行函数，可以使用这些函数创建与图形用户界面一样的模糊推理系统。下面详细介绍 MATLAB 模糊逻辑工具箱中提供的命令行函数。其中主要包括 6 部分的内容，具体有图形化工具函数、隶属度函数、FIS 结构的相关操作函数、Sugeno 型模糊推理系统应用函数、仿真模块库相关操作函数及演示范例程序函数，分别以表格的形式给出，并接着介绍具体的使用方法。

1．图形化工具函数

图形化工具函数如表 15-2 所示。

表 15-2　　图形化工具函数

函数名称	功能
anfisedit	anfis 编辑图形用户界面
fuzzy	模糊推理系统编辑器
mfedit	隶属度函数编辑器
ruleedit	模糊规则编辑器
ruleview	模糊规则观察器
surfview	模糊推理输入输出曲面观察器

该部分的操作函数在之前的操作中已经使用过，而且相对比较简单，这里不再介绍，读者可以参考前面的内容时使用帮助文档查询函数的具体使用方法。

2．隶属度函数

隶属度函数如表 15-3 所示。

表 15-3　　隶属度函数

函数名称	功能
dsigmf	计算两个 sigmoid 函数之差
gauss2mf	建立双侧高斯型隶属度函数
gaussmf	建立高斯型隶属度函数
gbellmf	建立钟形隶属度函数
pimf	建立 II 型隶属度函数
psigmf	建立两个 sigmoid 函数之积
smf	建立 S 型隶属度函数
sigmf	建立 sigmoid 型隶属度函数
trapmf	建立梯形隶属度函数
trimf	建立三角形隶属度函数
zmf	建立 Z 型隶属度函数

在前面的隶属函数小节中，我们也已经讲述过具体函数的使用方法及具体实例，这里不再叙述。

3．FIS 结构的相关操作函数

FIS 结构的相关操作函数如表 15-4 所示。

表 15-4　　FIS 结构的相关操作函数

函数名称	功能
addmf	添加隶属度函数
addrule	添加模糊规则
addvar	添加模糊变量
defuzz	隶属度函数去模糊化
evalfis	计算模糊推理系统给定输入的响应输出
evalmf	计算隶属度函数的值
gensurf	建立模糊推理系统输出界面
getfis	获得模糊系统特性
mf2mf	不同类型隶属度函数之间参数转换
newfis	创建新的模糊推理系统
parsrule	列出模糊规则
plotfis	显示输入/输出曲线
plotmf	绘制语言变量所有语言值的隶属度函数曲线
readfis	加载模糊推理系统
rmmf	删除隶属度函数
rmvar	删除模糊变量
setfis	设置模糊推理系统属性
showfis	显示模糊推理系统详细属性
showrule	显示模糊推理规则
writefis	保存模糊推理系统

主要函数介绍如下。

（1）函数 newfis

功能：创建并返回一个新的模糊推理系统。

格式：a=newfis()

a=newfis(fisName)

a=newfis(fisName,fisType)

a=newfis(fisName,fisType,andMethod,orMethod,impMethod agggMethod,defuzzMethod)

其中，参数的意义说明如下。

fisName：模糊推理系统的名称。

fisType：模糊推理系统的类型，如 Mamdani 或 Sugeno。

andMethod：与运算操作符。

orMethod：或运算操作符。

impMethod：模糊蕴含方法。

aggMethod：各条规则推理结果的综合方法。

defuzzMethod：去模糊化方法。

【实例 15-4】利用函数 newfis 分别创建类型为 Mamdani 和 Sugeno 的模糊推理系统。

思路·点拨

对于函数 newfis 来说，一般使用其默认的调用格式：a=newfis(fisName,fisType)，其中参数 fisType 缺省时默认的是 Mamdani 类型。

结果文件——配套资源“Ch15\SL1504”文件

解：MATLAB 程序如下。

```
%函数 newfis 的使用
a=newfis('newsys1')
b=newfis('newsys2','sugeno')
```

程序的运行结果如下。

```
a =
          name: 'newsys1'
          type: 'mamdani'
     andMethod: 'min'
      orMethod: 'max'
  defuzzMethod: 'centroid'
     impMethod: 'min'
     aggMethod: 'max'
         input: []
        output: []
          rule: []
```

```
b =
            name: 'newsys2'
            type: 'sugeno'
       andMethod: 'prod'
        orMethod: 'probor'
    defuzzMethod: 'wtaver'
       impMethod: 'prod'
       aggMethod: 'sum'
           input: []
          output: []
            rule: []
```

（2）函数 readfis

功能：从计算机中读取并返回模糊推理系统的结构变量。

格式：fismat=readfis('filename')

其中，参数 filename 指的是 MATLAB 中存在的模糊推理系统名称。

【实例 15-5】利用函数 readfis 读取 MATLAB 中存储的小费问题的模糊推理系统。

思路·点拨

利用函数 readfis 读取小费问题的模糊推理系统，其名称为 tipper，这里需要注意的是，系统名称必须加上引号，否则无法正常读取。

结果文件——配套资源“Ch15\SL1505”文件

解：MATLAB 程序如下。

```
%函数 readfis 的使用
fismat=readfis('tipper')
```

程序的运行结果如下。

```
fismat =
            name: 'tipper'
            type: 'mamdani'
       andMethod: 'min'
        orMethod: 'max'
    defuzzMethod: 'centroid'
       impMethod: 'min'
       aggMethod: 'max'
           input: [1x2 struct]
          output: [1x1 struct]
            rule: []
```

（3）函数 getfis

功能：获得模糊推理系统的属性。

格式：getfis(a)

getfis(a,'fisprop')

getfis(a, 'vartype', varindex)

getfis(a,'vartype',varindex,'varprop')

getfis(a,'vartype',varindex,'mf',mfindex)

getfis(a,'vartype',varindex,'mf',mfindex,'mfprop')

其中，参数的意义说明如下。

a：模糊推理系统的名称。

fisprop：想要获得的模糊推理系统的属性，如 name、type 等。

vartype：想要获得的模糊推理系统的变量名称。

varindex：模糊推理系统变量的标记。

varprop：想要获得的模糊推理系统变量的属性。

mf：想要获得的模糊变量的隶属度函数。

mfindex：想要获得的模糊变量的隶属度函数的标记。

mfprop：想要获得的模糊变量隶属度函数的属性。

【实例 15-6】利用函数 getfis 分别获得模糊推理系统 tipper 的全部属性，以及输入变量 service 的属性及其隶属度函数。

思路·点拨

要读取模糊推理系统 tipper 的属性，首先需要利用函数 readfis 读取该模糊推理系统，读取的方法在实例 15-5 中已经叙述过。

结果文件——配套资源“Ch15\SL1506”文件

解：MATLAB 程序如下。

```
fismat=readfis('tipper');
%获取系统 tipper 的全部属性
getfis(fismat);
%获取输入变量 service 的属性及其隶属度函数
getfis(fismat,'input',1);
getfis(fismat,'input',1,'mf',1);
```

程序的运行结果如下。

```
    Name      = tipper
    Type      = mamdani
    NumInputs = 2
    InLabels  =
        servive
```

```
        food
    NumOutputs = 1
    OutLabels =
        tip
    NumRules = 0
    AndMethod = min
    OrMethod = max
    ImpMethod = min
    AggMethod = max
    DefuzzMethod = centroid
    Name =    servive
    NumMFs =   3
    MFLabels =
        mf1
        mf2
        mf3
    Range =    [0 1]
    Name = mf1
    Type = trimf
    Params = [-0.4 0 0.4]
```

（4）函数 addvar

功能：向模糊推理系统中添加语言变量。

格式：a = addvar(a,'varType','varName',varBounds)

其中，参数的意义说明如下。

a：模糊推理系统对应的 fis 结构变量名。

varType：用于指定语言变量的类型，如 input 或 output。

varName：用于指定语言变量的名称。

varBounds：用于指定语言变量的论域范围。

【实例 15-7】新建一个模糊推理系统 newsys4，添加新的语言变量 *service*，并指定其论域为[0 10]。

思路·点拨

本实例需要使用到函数 newfis 和 addvar。这里需要注意的是，显示系统的语言变量可以使用“结构名.成员变量”的方式进行读取。

结果文件——配套资源“Ch15\SL1507”文件

解：MATLAB 程序如下。

```
%函数 addvar 的使用
a = newfis('newsys4');
```

```
a = addvar(a,'input','service',[0 10]);
a.input
```

程序的运行结果如下。

```
ans =
    name: 'service'
   range: [0 10]
      mf: []
```

运行结果证明系统中已经存在了语言变量*service*。

（5）函数 addmf

功能：向模糊推理系统的语言变量添加隶属度函数。

格式：a = addmf(a,'varType',varIndex,'mfName','mfType',mfParams)

注意：隶属度函数只能添加到在该模糊推理系统中已经存在的某一个语言变量中，而不能添加到一个不存在的语言变量中。其中的参数意义如下。

a：系统中用以存储模糊推理系统结构的变量。

varType：指定语言变量类型的字符串，如 input 或 output。

varIndex：指定语言变量的编号，该变量不能为空，否则程序运行会报错。

mfName：指定隶属度函数的名称。

mfType：指定隶属度函数的类型。

mfParams：指定隶属度函数的参数。

【实例 15-8】新建一个模糊推理系统，新建模糊变量 *service*，并加入 3 条高斯型隶属度函数。

思路·点拨

该实例可以在实例 15-7 的基础上进行，只需向原来的程序上添加使用函数 addmf 的命令即可。这里提前使用了 plotmf 函数，该函数在后面会详细讲述。

结果文件——配套资源“Ch15\SL1508”文件

解：MATLAB 程序如下。

```
%函数 addmf 的使用
a = newfis('newsys5');
a = addvar(a,'input','service',[0 10]);
%添加隶属度函数
a=addmf(a,'input',1,'poor','gaussmf',[1.5 0]);
a=addmf(a,'input',1,'good','gaussmf',[1.5 5]);
a=addmf(a,'input',1,'excellent','gaussmf',[1.5 10]);
%绘制隶属度函数图像
plotmf(a,'input',1);grid;
```

程序的运行结果如图 15-19 所示。

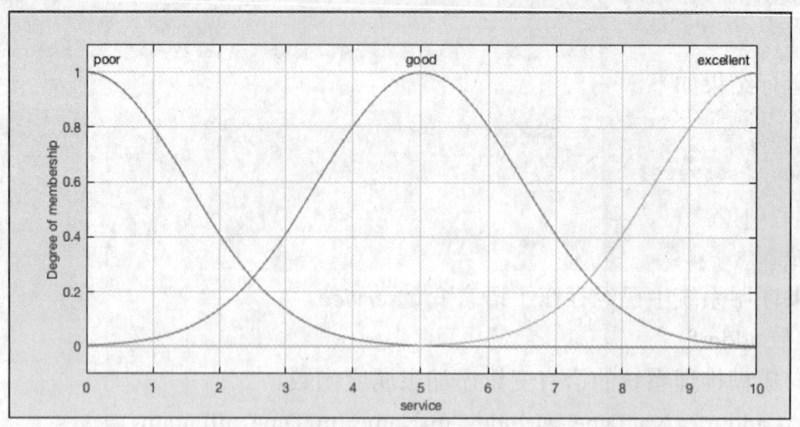

图 15-19 输入变量的隶属度函数

（6）函数 rmvar

功能：从模糊推理系统中删除语言变量。

格式：fis2 = rmvar(fis,'varType',varIndex)

[fis2,errorStr] = rmvar(fis,'varType',varIndex)

其中，参数的意义说明如下。

fis：要进行处理的模糊推理系统。

varType：要删除的语言变量的类型，如 input 或 output。

varIndex：要删除的语言变量的标记。

errorStr：返回错误信息。

【实例 15-9】 新建模糊推理系统 mysys，添加输入变量 *temperature*，其论域范围为[0 100]，利用函数 rmvar 删除其输入变量，并重新显示模糊推理系统的属性。

思路·点拨

对于新建的模糊推理系统，只有一个输入变量 *temperature*，利用函数 rmvar 删除输入变量 *temperature* 之后，系统中就不存在输入变量了。显示模糊推理系统的属性的函数为 getfis。

结果文件——配套资源“Ch15\SL1509”文件

解：MATLAB 程序如下。

```
%函数 rmvar 的使用
a = newfis('newsys6');
a = addvar(a,'input','temperature',[0 100]);
getfis(a)
%删除语言变量
b = rmvar(a,'input',1);
```

```
getfis(b)
```

程序的运行结果如下。

```
      Name      = newsys6
      Type      = mamdani
      NumInputs = 1
      InLabels  =
           temperature
      NumOutputs = 0
      OutLabels =
      NumRules = 0
      AndMethod = min
      OrMethod = max
      ImpMethod = min
      AggMethod = max
      DefuzzMethod = centroid
ans =
mysys
      Name      = newsys6
      Type      = mamdani
      NumInputs = 0
      InLabels  =
      NumOutputs = 0
      OutLabels =
      NumRules = 0
      AndMethod = min
      OrMethod = max
      ImpMethod = min
      AggMethod = max
      DefuzzMethod = centroid
ans =
mysys
```

从上下两个运行结果可以看出，原模糊推理系统mysys的输入变量个数为1，经过语句

```
b = rmvar(a,'input',1);
```

之后，输入变量的个数变为 0，说明程序的运行结果是正确的。

（7）函数 rmmf

功能：从模糊推理系统中删除某一个语言变量的某个隶属度函数。

格式：fis = rmmf(fis,'varType',varIndex,'mf',mfIndex)

其中，参数的意义与之前的叙述相同。

【实例 15-10】新建模糊推理系统 newsys7，添加输入变量 *temperature*，其论域范围为

[0 100]；向模糊变量添加隶属度函数，其属性为'cold','trimf ',[0 30 60]。利用函数 rmmf 删除其输入变量并重新显示模糊推理系统的属性。

思路·点拨

本实例需要用到函数 newfis、addvar、addmf 及 rmmf。前几个函数在之前都已经叙述过，这里不再赘述。使用函数 rmmf 删除语言变量的隶属度函数。

结果文件——配套资源“Ch15\SL1510”文件

解：MATLAB 程序如下。

```
%函数 rmmf 的使用
a = newfis('mysys');
a = addvar(a,'input','temperature',[0 100]);
a = addmf(a,'input',1,'cold','trimf',[0 30 60]);
%获得系统输入变量的属性
getfis(a,'input',1)
%删除隶属度函数
b = rmmf(a,'input',1,'mf',1);
%获得更新后的隶属度函数属性
getfis(b,'input',1)
```

程序的运行结果如下。

```
    ans =
  包含以下字段的 struct:
      Name: 'temperature'
    NumMFs: 1
       mf1: 'cold'
     range: [0 100]
ans =
  包含以下字段的 struct:
      Name: 'temperature'
    NumMFs: 0
     range: [0 100]
```

（8）mf2mf

功能：不同类型的隶属度函数的参数转换。

格式：outParams = mf2mf(inParams,inType,outType)

其中，读者要注意的是该函数只能转换 MATLAB 中内置的隶属度函数，用户自定义的隶属度函数不能使用该函数进行转换。参数的意义如下。

inParams：待转换的隶属度函数的参数。

inType：待转换的隶属度函数的类型。

outType：转换后的隶属度函数类型。

outParams：返回转换后隶属度函数的参数。

【实例 15-11】 实现钟形隶属度函数向三角形隶属度函数的转换，钟形隶属度函数的参数为[1,2,3]。

思路·点拨

本实例只需要根据函数 mf2mf 的调用格式，逐步输入对应的参数即可，同时，通过绘图的形式将转换结果表现出来。

结果文件——配套资源“Ch15\SL1511”文件

解：MATLAB 程序如下。

```
%函数 mf2mf 的使用
x=0:0.1:5;
mfp1 = [1 2 3];
mfp2 = mf2mf(mfp1,'gbellmf','trimf');
plot(x,gbellmf(x,mfp1),x,trimf(x,mfp2));
grid;title('函数 mf2mf 的使用');
```

程序的运行结果如图 15-20 所示。

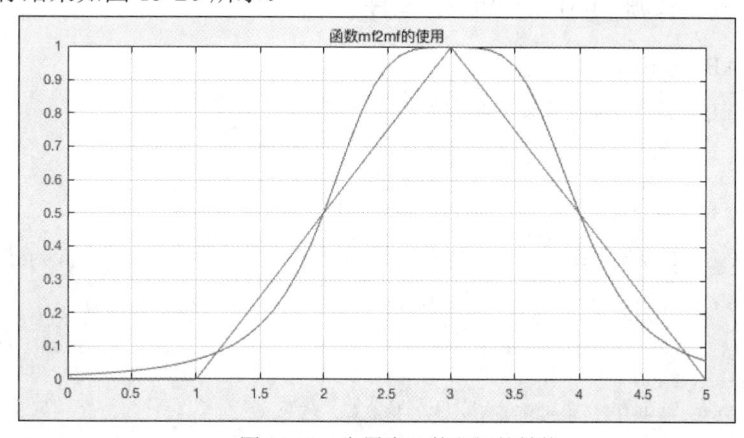

图 15-20　隶属度函数之间的转换

（9）函数 setfis

功能：设置模糊推理系统的属性。

格式：a = setfis(a,'fispropname','newfisprop')

　　a = setfis(a,'vartype',varindex,'varpropname','newvarprop')

a = setfis(a,'vartype',varindex,'mf',mfindex,'mfpropname','newmfprop')

当参数的个数为 3 时，用于设定模糊推理系统的全局属性，包括以下内容。

a：模糊推理系统的名称。

varType：模糊推理系统的类型，如 Mamdani 或 Sugeno。

numinputs：模糊推理系统的输入变量个数。

numoutputs：模糊推理系统的输出变量个数。

numrules：模糊规则个数。

andmethod：与运算方法。

ormethod：或运算方法。

impmethod：模糊蕴含方法。

aggmethod：各个规则推理结果的合成方法。

defuzzmethod：输出去模糊化方法。

当调用参数个数为 5 时，用于设定模糊推理系统矩阵的某一个语言变量的属性，包括 name 和 bounds，即变量名称和论域范围。

当调用参数个数为 7 时，用于设定一个语言变量的某一隶属度函数的属性，包括 name、type 和 params，即名称、类型和参数。

【实例 15-12】使用函数 setfis 三种不同调用方法设置模糊推理系统 tipper 的属性。

思路·点拨

三种不同的调用格式对应不同的参数，我们只需注意该点就可以了。当参数个数为 3 时，设置系统的全局属性；当个数为 5 时，设置语言变量的属性；当个数为 7 时，设置隶属度函数的属性。

结果文件——配套资源“Ch15\SL1512”文件

解：MATLAB 程序如下。

```
%使用函数 setfis 设置模糊推理系统的属性
%参数个数为 3
a = readfis('tipper');
a2 = setfis(a, 'name', 'eating');
getfis(a2, 'name');
%参数个数为 5
a2 = setfis(a,'input',1,'name','help');
getfis(a2,'input',1,'name')
%参数个数为 7
a2 = setfis(a,'input',1,'mf',2,'name','wretched');
getfis(a2,'input',1,'mf',2,'name')
```

程序的运行结果如下。

```
ans =
   eating
ans =
   help
ans =
   wretched
```

（10）函数 evalfis

功能：计算模糊推理系统输出结果。

格式：output= evalfis(input,fismat)

output= evalfis(input,fismat, numPts)

[output, IRR, ORR, ARR]= evalfis(input,fismat)

[output, IRR, ORR, ARR]= evalfis(input,fismat,numPts)

参数的意义说明如下。

input：输入数据，每一行是一个特定的输入向量。

fismat：模糊推理系统。

numPts：基于输入/输出范围计算隶属度函数值采样点的数目，默认情况下，该数值为101。

output：与输入 input 对应的输出，每一行是一个特定的输出向量。

IRR：相应最后一行输入数据的隶属度函数值。

ORR：相应最后一行输入数据是在采样点上对应于各条规则的输出的隶属度函数值。

ARR：综合合成各条规则后各输出的采样点处的隶属度函数值。

【实例 15-13】对于 MATLAB 中的小费问题模糊推理系统，计算当输入分别为[2 1]和[4 9]时相对应的输出。

思路·点拨

利用函数 evalfis 计算模糊推理系统的输出，对于该实例，可以分别计算两个输入向量的值，也可以将两个输入向量代入调用格式中，直接计算输出值。

结果文件——配套资源“Ch15\SL1513”文件

解：MATLAB 程序如下。

```
%利用函数 evalfis 计算系统的输出值
fismat = readfis('tipper');
out = evalfis([2 1; 4 9],fismat)
```

程序的运行结果如下。

```
out=
   7.0169
```

```
    19.6810
```

（11）函数 evalmf

功能：计算隶属度函数值。

格式：y = evalmf(x,mfParams,mfType)

其中，参数的意义如下。

x：隶属度函数的论域。

mfParams：隶属度函数的参数值。

mfType：隶属度函数的类型。

【实例 15-14】当参数为[2 4 6]时，计算钟形隶属度函数的函数值，并绘制钟形隶属度函数的图像。

思路·点拨

首先需要给出隶属度函数的论域，然后将参数和论域代入调用格式当中，计算隶属度函数的输出值，利用绘图函数 plot 绘制隶属度函数图像。

结果文件——配套资源“Ch15\SL1514”文件

解：MATLAB 程序如下。

```
%函数 evalmf 的使用
x=0:0.1:10;
mfparams = [2 4 6];
mftype = 'gbellmf';
y=evalmf(x,mfparams,mftype);
plot(x,y);
xlabel('gbellmf, P=[2 4 6]');grid;
```

程序的运行结果如图 15-21 所示。

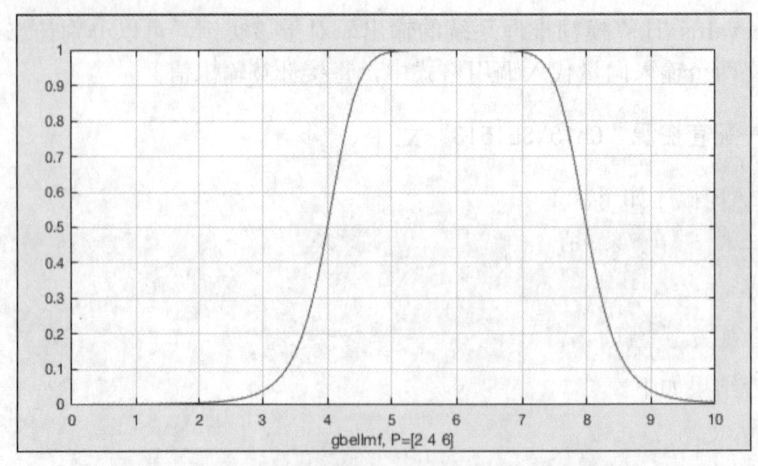

图 15-21　函数 evalmf 计算钟形隶属度函数值

（12）函数 addrule

功能：向模糊推理系统中添加模糊规则。

格式：a = addrule(a,ruleList)

其中，参数的说明如下。

a：模糊推理系统对应的矩阵变量名称。

ruleList：以向量的形式给出需要添加的模糊规则。如果模糊推理系统有 m 个输入语言变量和 n 个输出语言变量，那么向量 ruleList 的列数必须为 $m+n+2$，行数则等于需要添加的规则数目。

【实例 15-15】向小费模糊推理系统中添加新的模糊规则，并在模糊规则观察器中显示出来。

思路·点拨

例如，向小费模糊系统中添加如下的模糊规则：

ruleList=[3 -1 3 0.5 1;2 1 -1 1 0];

小费模糊推理系统有两个输入一个输出，因此 $m+n+2=5$，给出的模糊规则的列数为 5，满足要求。要将结果在模糊规则观察器中显示出来，只需调用函数 ruleedit 即可。

结果文件——配套资源“Ch15\SL1515”文件

解：MATLAB 程序如下。

```
%函数 addrule 的使用
ruleList=[3 -1 3 0.5 1;
          2 1 -1 1 0];
a=readfis('tipper');
a=addrule(a,ruleList);
ruleedit(a);
```

程序的运行结果如图 15-22 所示。

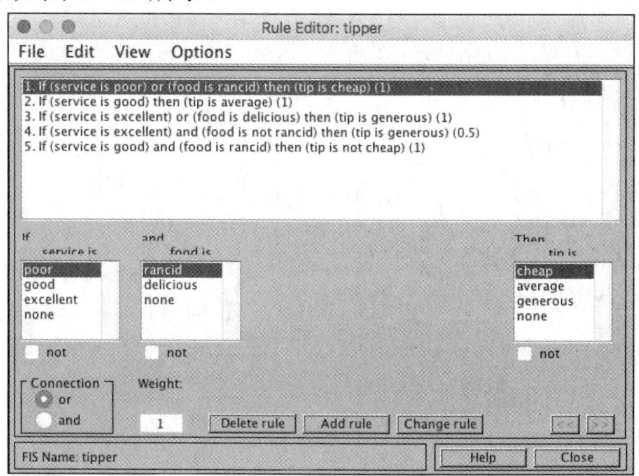

图 15-22　函数 addrule 的使用

（13）函数 parsrule

功能：解析文本表示的模糊规则。

格式：fis2 = parsrule(fis,txtRuleList)

fis2 = parsrule(fis,txtRuleList,ruleFormat)

fis2 = parsrule(fis,txtRuleList,ruleFormat,lang)

说明：函数 parsrule 按照 MATLAB 工作环境中的模糊推理系统 fis 的结构，对以文本的方式给出的模糊语言规则 txtRuleList 进行解析，并返回到模糊推理系统矩阵变量 fis2 中。如果原有系统 fis 中存在模糊规则，那么新的系统 fis2 中的这些规则将被 txtRuleList 中所定义的模糊规则所取代。具体的参数意义如下。

fis：原有模糊推理系统矩阵变量。

txtRuleList：文本给出的模糊语言规则。

ruleFormat：文本模糊规则的给出格式，可以是语言型、符号型和索引型，默认情况下是语言型。

lang：文本规则采用的语言的字符串，可以是 English、Francais、Deutsch，默认情况下是 English。

【实例 15-16】新建小费问题的模糊推理系统 newsys7，并加入一条模糊规则。

思路·点拨

假如加入的模糊规则语句如下。

'if service is poor then tip is generous'

那么，调用语句中的 txtRuleList 就是该模糊规则，我们就可以将该模糊规则加入小费问题模糊推理系统。这里用到了后面将要讲到的函数 showrule。

结果文件——配套资源“Ch15\SL1516”文件

解：MATLAB 程序如下。

```
%函数 parsrule 的使用
a=newfis('newsys7');
a=addvar(a,'input','service',[0 10]);
a=addmf(a,'input',1,'poor','gaussmf',[1.5 0]);
a=addvar(a,'input','food',[0 10]);
a=addmf(a,'input',2,'rancid','trapmf',[-2 0 1 3]);
a=addvar(a,'output','tip',[0 30]);
a=addmf(a,'output',1,'cheap','trimf',[0 5 10]);
txtRuleList='if service is poor or food is rancid then tip is cheap';
fis=parsrule(a,txtRuleList);
showrule(fis)
```

程序的运行结果如下。

```
ans =

1. If (service is poor) or (food is rancid) then (tip is cheap) (1)
```

（14）函数 showrule

功能：显示模糊推理系统的模糊规则。

格式：showrule(fis)

showrule(fis,indexList)

showrule(fis,indexList,format)

showrule(fis,indexList,format,lang)

注意：函数 showrule 用于显示指定的模糊推理系统 fis 的模糊规则，模糊规则可以根据参数的不同，选择 3 种不同的方式显示，即语言型（verbose）、符号型（symbolic）和索引型（indexed）。参数的意义如下。

fis：模糊推理系统。

indexList：规则编号，可以以向量的形式指定多条规则。

format：规则显示方式的字符串。

lang：文本规则采用的语言的字符串，与 parsrule 的参数相同。

【实例 15-17】利用函数 showrule 的不同调用方式，显示模糊推理系统 tipper 的模糊规则。

思路·点拨

不同的调用方式对应着不同的参数，我们只需了解每个参数的具体意义，然后就可以使用对应的调用格式。

结果文件——配套资源“Ch15\SL1517”文件

解：MATLAB 程序如下。

```
%函数 showrule 的使用
a=readfis('tipper');

%调用方式 1
showrule(a)
%调用方式 2
showrule(a,1)
%调用方式 3
showrule(a,[2 1],'indexed')
%调用方式 4
showrule(a,1:3,'verbose','francais')
```

程序的运行结果如下。

```
ans =
  3×78 char 数组
    '1. If (service is poor) or (food is rancid) then (tip is cheap) (1)        '
    '2. If (service is good) then (tip is average) (1)                          '
    '3. If (service is excellent) or (food is delicious) then (tip is generous) (1)'
ans =
    '1. If (service is poor) or (food is rancid) then (tip is cheap) (1)'
ans =
  2×15 char 数组
    '2 0, 2 (1) : 1 '
    '1 1, 1 (1) : 2 '
ans =
  3×82 char 数组
    '1. Si (service est poor) ou (food est rancid) alors (tip est cheap) (1)        '
    '2. Si (service est good) alors (tip est average) (1)                           '
    '3. Si (service est excellent) ou (food est delicious) alors (tip est generous) (1)'
```

（15）函数 plotfis

功能：绘制模糊推理系统的推理过程结构图。

格式：plotfis(fismat)

参数的意义如下。

fismat：模糊推理系统对应的矩阵名称。

【实例 15-18】新建模糊推理系统 newsys8，并绘制其推理过程框图。

思路·点拨

本实例需要用到函数 newfis、addvar、addmf、addrule 及 plotfis。除了最后一个函数，其他的函数在之前都已经学过。新建模糊推理系统并向其中添加输入变量、输出变量、隶属度函数及模糊规则之后，就可以使用函数 plotfis 绘制其模糊推理框图。

结果文件——配套资源“Ch15\SL1518”文件

解：MATLAB 程序如下。

```
%函数 plotfis 的使用
a=newfis('newsys8');
a=addvar(a,'input','service',[0 10]);
a=addmf(a,'input',1,'poor','gaussmf',[1.5 0]);
a=addmf(a,'input',1,'excellent','gaussmf',[1.5 10]);
a=addvar(a,'input','food',[0 10]);
```

```
a=addmf(a,'input',2,'rancid','trapmf',[-2 0 1 3]);
a=addmf(a,'input',2,'delicious','trapmf',[7 9 10 12]);
a=addvar(a,'output','tip',[0 30]);
a=addmf(a,'output',1,'cheap','trimf',[0 5 10]);
a=addmf(a,'output',1,'generous','trimf',[20 25 30]);
ruleList=[1 1 1 1 2;
          2 2 2 1 2];
 a=addrule(a,ruleList);
 plotfis(a);
```

程序的运行结果如图 15-23 所示。

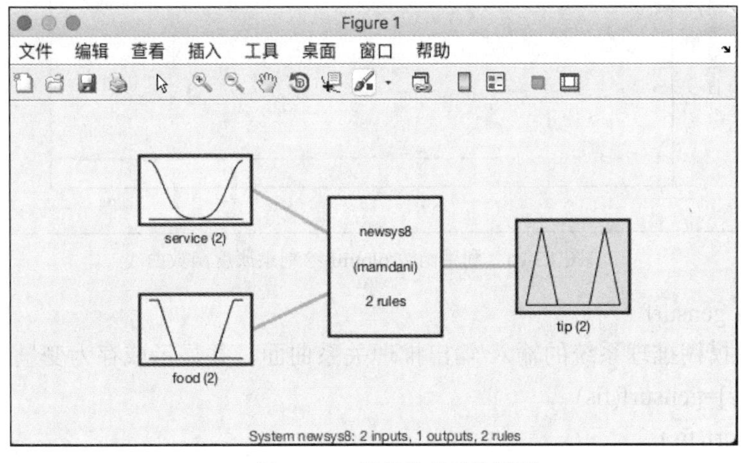

图 15-23　模糊推理系统框图

（16）函数 plotmf

功能：绘制语言变量所有表示其语言值的隶属度函数曲线。

格式：plotmf(fismat,varType,varIndex)

其中，参数的意义说明如下。

fismat：模糊推理系统的对应矩阵变量名称。

varType：代表变量类型的字符串。

varIndex：代表输入或输出语言变量的编号。

【实例 15-19】绘制小费问题模糊推理系统的变量“服务”的所有隶属度函数曲线。

思路·点拨

要绘制小费问题模糊推理系统的输入变量的隶属度函数曲线，首先需要用函数 readfis 读取该模糊推理系统。

结果文件——配套资源“Ch15\SL1519”文件

解：MATLAB 程序如下。

```
%函数 plotmf 的使用
a=readfis('tipper');
plotmf(a,'input',1);grid;
```

程序的运行结果如图 15-24 所示。

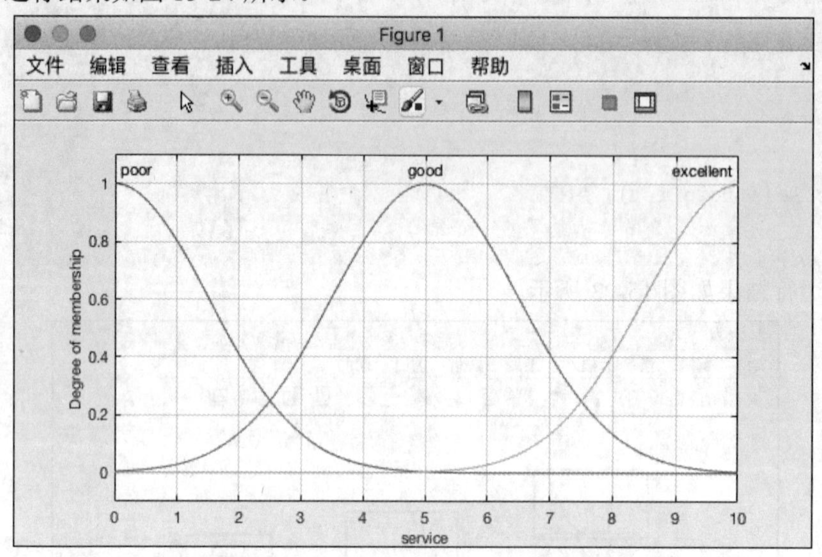

图 15-24 利用函数 plotmf 绘制隶属度函数曲线

（17）函数 gensurf

功能：生成模糊推理系统的输入/输出推理关系曲面，并显示或存为变量。

格式：[x,y,z]=gensurf(fis)

gensurf(fis)

[x,y,z]=gensurf(fis,inputs,output)

gensurf(fis,inputs,output)

[x,y,z]=gensurf(fis,inputs,output,grids,refinput)

gensurf(fis,inputs,output,grids,refinput)

其中，参数的意义如下。

fis：模糊推理系统对应的矩阵变量。

inputs：模糊推理系统要表示的语言变量的编号行向量，最多为两个元素，也可以仅有一个元素。

output：要表示的输出语言变量的编号，仅有一个。

grids：二元行向量，$[a,b]$分别用于指定 x 和 y 坐标方向的网格数目。

refinput：用于指定保持不变的输入变量。

这里需要注意的是，当函数有返回值时，并不显示图形，而且将图形的有关数据保存在矩阵$[x,y,z]$中。

【实例 15-20】绘制小费问题模糊推理系统的输入/输出关系曲面。

思路·点拨

同样，首先需要获得小费问题的模糊推理系统，进而使用函数 gensurf 直接绘制图形即可。

结果文件——配套资源“Ch15\SL1520”文件

解：MATLAB 程序如下。

```
%函数 gensurf 的使用
 a=readfis('tipper');
 gensurf(a);
```

程序的运行结果如图 15-25 所示。

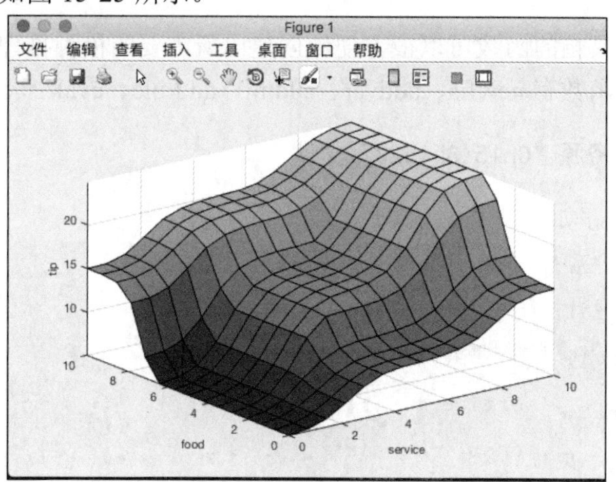

图 15-25　小费问题输入/输出关系曲面

（18）函数 defuzz

功能：隶属度函数去模糊化。

格式：out = defuzz(x,mf,type)

其中，参数的意义如下。

x：论域。

mf：隶属度函数。

type：去模糊化方法，可取的值有 centroid、bisector、mom、som、lom。

【实例 15-21】在[-10 10]的范围对隶属度函数 trapmf 进行去模糊化。

思路·点拨

首先确定隶属度函数的论域及参数，这里假设论域为[-10 10]，隶属度函数取为 trapmf，其参数为[-10 -8 -4 7]。

结果文件——配套资源“Ch15\SL1521”文件

解：MATLAB 程序如下。

```
%函数 defuzz 的使用
```

```
x = -10:0.1:10;
mf = trapmf(x,[-10 -8 -4 7]);
xx = defuzz(x,mf,'centroid')
```

程序的运行结果如下：

```
xx =
   -3.2857
```

【实例 15-22】在 15.3.6 小节中，我们使用 MATLAB 命令的方式创建了小费问题的模糊推理系统，然而该实例的方法比较烦琐。现在，使用模糊推理工具箱的函数创建该模糊系统。

思路·点拨

使用模糊推理工具箱的函数可以很方便地创建出所需要的模糊推理系统，对于小费问题的模型，需要使用的函数有 newfis、addvar、addmf、addrule、evalfis 等。

结果文件——配套资源“Ch15\SL1522”文件

解：MATLAB 程序如下。

```
%小费问题的模糊推理系统
a=newfis('tipper');
%添加输入变量 service 及其隶属度函数
a=addvar(a,'input','service',[0 10]);
a=addmf(a,'input',1,'poor','gaussmf',[1.8 0]);
a=addmf(a,'input',1,'good','gaussmf',[1.8 5]);
a=addmf(a,'input',1,'excellent','gaussmf',[1.8 10]);
%添加输入变量 food 及其隶属度函数
a=addvar(a,'input','food',[0 10]);
a=addmf(a,'input',2,'rancid','trapmf',[0 0 1 3]);
a=addmf(a,'input',2,'delicious','trapmf',[7 9 10 10]);
%添加输出变量 tip 及其隶属度函数
a=addvar(a,'output','tip',[0 30]);
a=addmf(a,'output',1,'cheap','trapmf',[0  0 5 12]);
a=addmf(a,'output',1,'average','trimf',[5 12 19]);
a=addmf(a,'output',1,'generous','trapmf',[12 19 25 25]);
%添加模糊规则
ruleList=[1 1 1 1 2
    2 0 2 1 1
    3 2 3 1 2];
a=addrule(a,ruleList);
```

```
%模糊计算结果
out=evalfis([1 2],a)
```

程序的运行结果如下。

```
out =
5.3477
```

4．Sugeno 型模糊推理系统应用函数

Sugeno 型模糊推理系统应用函数如表 15-5 所示。

表 15-5　Sugeno 型模糊推理系统应用函数

函数名称	功能
anfis	建立 Sugeno 型模糊推理系统的训练程序
fcm	模糊 C 聚类
genfis1	非聚类方式创建模糊推理系统
genfis2	网格法聚类创建模糊推理系统
subclust	减法聚类函数

5．仿真模块库相关操作函数

仿真模块库相关操作函数如表 15-6 所示。

表 15-6　仿真模块库相关操作函数

函数名称	功能
fuzblock	建立模糊逻辑控制和演示模块库
fuzwiz	模糊逻辑控制盒演示模块库
sffis	模糊推理的 S 函数

6．演示范例程序函数

演示范例程序函数如表 15-7 所示。

表 15-7　演示范例程序函数

函数名称	功能
dufuzzdm	解模糊化方法演示程序
fcmdemo	模糊 C 聚类演示程序
fuzdemos	模糊推理演示例程的整体管理程序
gasdemo	使用减法聚类的 ANFIS 系统用于耗油量的评估
juggler	反弹球下落位置模糊控制及仿真
invkine	机器手臂的逆运动学的模糊推理求解例程
irisfcm	4 维空间数据的模糊 C 聚类例程
noised	模糊推理系统的自适应消噪应用例程
slbb	球棒模糊控制模型的仿真
slcp	倒摆系统的模糊控制模型仿真
sltank	水箱水位的模糊控制仿真
sltankrule	水箱水位的模糊控制仿真及模糊规则的推理演示
sltbu	卡车倒车系统的模糊控制系统仿真

15.4 Sugeno 型模糊推理系统

Sugeno型模糊推理系统也称为TSK型模糊推理系统，其目的是开发从给定的输入/输出集中产生模糊规则的系统化方法。Sugeno型模糊推理系统将去模糊化也结合到模糊推理当中，其输出为精确量。这是由Sugeno型模糊推理系统的模糊规则的形式所决定的，在Sugeno型模糊规则后项结论中的输出变量的隶属度函数只能是关于输入的线性或常值函数。

15.4.1 Sugeno 型模糊推理系统简介

Sugeno 型模糊推理算法是最常用的模糊推理算法，Sugeno 型模糊推理算法与 Mamdani 型类似，其中，输入量模糊化和模糊逻辑运算过程完全相同，主要差别在于输出隶属函数的形式。对于 Sugeno 型模糊推理系统，输出变量的隶属度函数如果为线性函数，则称为 1 阶系统；若输出变量隶属度函数为常值函数，那么就称为 0 阶系统。

典型的0阶Sugeno型模糊规则的形式如下。

if x is A and y is B then $z=k$

其中，x 和 y 为输入语言变量；A 和 B 为推理的前件的模糊集合；z 为输出语言变量；k 为常数。如果每条规则的输出结构都是这样的常数值，那么，这样的 Sugeno 型模糊推理系统与 Mamdani 型模糊推理系统是非常相似的，不同的是：0 阶 Sugeno 型模糊推理系统所有规则输出的隶属度函数都是一个单点集，并且对于 Sugeno 型模糊推理系统过程的蕴含算法及输出的合成算法是固定的。Sugeno 型模糊推理系统推理过程的蕴含算法采用的是简单的乘法算法，而合成算法只是简单地将这些单点集相加。

更为一般的 1 阶 Sugeno 模糊规则的形式为

if x is A and y is B then $z=px+qy+r$

其中，x 和 y 为输入语言变量；A 和 B 为推理的前件的模糊集合；z 为输出语言变量；p、q、r 为常数。1 阶 Sugeno 型模糊推理系统可以看成是 0 阶系统的扩展，即每一条规则定义了一个动态移动的单点集的位置，这种方式使得系统的表述十分紧凑和高效。更高阶的 Sugeno 系统在理论上是可行的，但是系统的阶次越高，会使得问题变得更加复杂，并且对于解决问题没有任何明显的优势。

假设每条规则都具有下面的形式。

R_i: if x is A_i and y is B_i then $z=z_i$(i=1,2,⋯,n)

那么，系统的总输出为

$$y=\frac{\sum_{i=1}^{n}\mu_{A_i}(x)\mu_{B_i}(y)z_i}{\sum_{i=1}^{n}\mu_{A_i}(x)\mu_{B_i}(y)}$$

15.4.2 Sugeno 型模糊推理系统实例

前面所叙述的模糊推理系统，都是基于 Mamdani 模型的模糊推理系统，前面所用到的图形化设计工具及大部分的命令函数同样都适用于 Sugeno 模型的模糊推理系统的设计。本小节主要通过一个简单的 SISO 系统的例子来介绍 Sugeno 型模糊推理系统，该系统在 MATLAB 中保存的文件名为 sugeno1.fis，是系统自带的实例。

我们可以利用函数 readfis 读取该模糊推理系统，获得该系统的详细信息，具体如下。

```
fismat=readfis('sugeno1');
getfis(fismat)
```

程序的运行结果如下。

```
     Name      = sugeno
     Type      = sugeno
     NumInputs = 1
     InLabels  =
          input
     NumOutputs = 1
     OutLabels =
          output
     NumRules = 2
     AndMethod = prod
     OrMethod = probor
     ImpMethod = prod
     AggMethod = sum
     DefuzzMethod = wtaver
```

可以看出，该系统只有一个输出变量，对于该输出变量，定义了两条输出函数。我们可以使用函数 getfis 获得输出变量的隶属度函数，具体如下。

```
getfis(fismat,'output',1,'mf',1)
getfis(fismat,'output',1,'mf',2)
```

程序的运行结果如下。

```
     Name = line1
     Type = linear
     Params = [-1 -1]


     Name = line2
     Type = linear
     Params = [1 -1]
```

可以看出，这两条隶属度函数是关于输入变量的线性函数。隶属度函数 line1 的参数为 [-1 -1]，那么其输出为

output=(−1)*input+(−1)

对于隶属度函数 line2，其参数为[1 −1]，同样可以获得其输出为

output=(1)*input+(−1)

那么，对于该系统的输出结果，取决于输入变量的隶属度函数和系统的模糊规则。我们可以使用函数 showrule 来获得该系统的模糊规则，具体如下。

```
showrule(fismat)
```

程序的运行结果如下。

```
ans =

1. If (input is low) then (output is line1) (1)

2. If (input is high) then (output is line2) (1)
```

那么，综合以上的内容，就可以获得系统的模糊规则如下。

1. If (input is low) then (output=(-1)*input+(-1)) （1）

2. If (input is high) then (output=（1）*input+(-1)) （1）

使用函数 plotmf 和 gensurf 绘制输入变量的隶属度函数及输入/输出关系曲线，程序如下。

```
subplot(211);

plotmf(fismat,'input',1);

subplot(212);

gensurf(fismat);
```

程序的运行结果如图 15-26 所示。

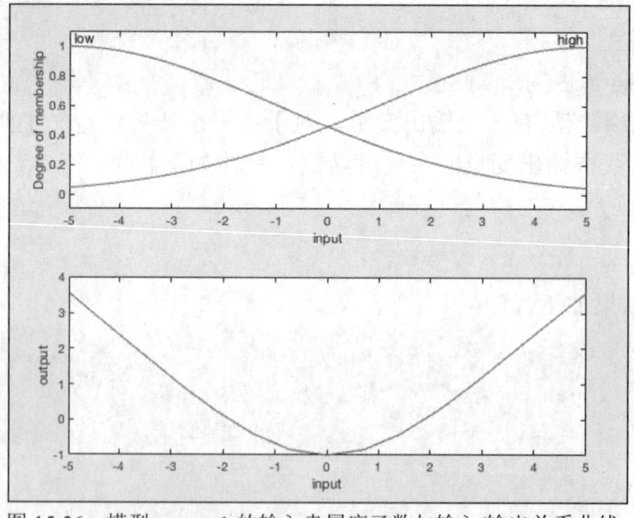

图 15-26 模型 sugeno1 的输入隶属度函数与输入/输出关系曲线

从图 15-26 可以看出，输入变量的隶属度 low 是指小于 0 的模糊集合，而 high 则表示大于 0 的模糊集合。从输入输出关系曲线中可以看出，经过 Sugeno 方法运算之后，输入/输出的关系由原来给定的两个线性函数内插为一条光滑的输入输出曲线，这恰好说明了 Sugeno 系统是一种将线性方法用于非线性系统的简单并且有效的手段，这也就是为何 Sugeno 在控制、系统建模等领域被广泛应用的一个重要原因。

15.4.3　Mamdani 系统与 Sugeno 系统的比较

由于 Sugeno 系统比 Mamdani 系统在形式上更加紧凑并且易于计算，使得 Sugeno 系统可以方便地采用自适应的思想来创建系统模型，可以使用自适应的算法来得到输入变量的隶属度函数，从而使得模糊模型能够匹配采用的输入变量的数据。

1．Sugeno 系统的优点

（1）计算效率高。

（2）可以与已有的线性系统理论很好地结合（如 PID 控制）。

（3）可以与优化和自适应技术相结合。

（4）保证了输出曲面的连续性。

（5）适合于数学分析。

2．Mamdani 系统的优点

（1）理论直观。

（2）已经被广泛接收和应用。

（3）非常适合人类认知信息的输入。

15.5　模糊理论在控制工程中的应用

前面叙述的是模糊理论的基本知识，模糊理论的一个重要的应用方面是在控制工程中的应用。在传统的控制领域，控制系统动态模式的精确与否是影响控制优劣的关键，系统动态信息越详细，则越能达到精确控制的目的。然而，对于复杂的系统，由于变量太多，往往难以正确地描述系统的动态。利用模糊数学来处理这些控制问题，可以得到明显的效果。“模糊”是人类感知万物、获取知识、思维推理、决策实施的重要特征。“模糊”比“清晰”所拥有的信息容量更大，内涵更丰富，更符合客观世界。本节就模糊理论在控制工程中的应用展开详细讲解，包括利用命令行语句对控制系统采用模糊控制的形式进行仿真及利用 Simulink模块对模糊控制系统进行仿真两部分。

15.5.1　模糊控制

【实例 15-23】在控制工程当中，许多工业控制过程都可以简化或等效为二阶系统。假设某一对象的传递函数为

$$G(s)=\frac{20}{1.6s^2+4.4s+1}$$

设计该控制对象的模糊控制器，使得系统的输出能够尽快地跟随系统输入。

思路·点拨

假设系统的输入为单位阶跃输入，系统输出误差为e，误差变化率为de，那么可以根据系统输出的误差和误差变化率设计出相应的模糊控制器。因此该控制器的输入为误差e和误差变化率 de 的模糊量。输入的隶属度函数取为“负大NB”“负小NS”“零ZR”“正小PS”和

“正大PB”。控制器的输出为对象的控制量u的模糊量，其隶属度函数仍为“负大NB”“负小NS”“零ZR”“正小PS”和“正大PB”。模糊推理规则可以总结成表15-8。

表 15-8　模糊规则表

u \ e / de	NB	NS	ZR	PS	PB
NB	PB	PB	PS	PS	ZR
NS	PB	PS	PS	ZR	ZR
ZR	PS	PS	ZR	ZR	NS
PS	PS	ZR	ZR	NS	NS
PB	ZR	ZR	NS	NS	NB

那么，就可以通过这些设计出对应的模糊控制器。

结果文件——配套资源“Ch15\SL1523”文件

解：MATLAB程序如下。

```
%被控对象建模
num=20;
den=[1.6 4.4 1];
[a,b,c,d]=tf2ss(num,den);
x=[0;0];%状态变量初始值
%设置仿真参数
T=0.01;h=T;%采样时间
N=250;
R=ones(1,N);%单位阶跃输入
%定义输入和输出变量及其隶属度函数
fis=newfis('system');
%输入误差
fis=addvar(fis,'input','e',[-6 6]);
fis=addmf(fis,'input',1,'NB','trapmf',[-6,-6,-5,-3]);
fis=addmf(fis,'input',1,'NS','trapmf',[-5,-3,-2,0]);
fis=addmf(fis,'input',1,'ZR','trimf',[-2,0,2]);
fis=addmf(fis,'input',1,'PS','trapmf',[0,2,3,5]);
fis=addmf(fis,'input',1,'PB','trapmf',[3,5,6,6]);
%输入误差变化率
fis=addvar(fis,'input','de',[-6 6]);
```

```
fis=addmf(fis,'input',2,'NB','trapmf',[-6,-6,-5,-3]);
fis=addmf(fis,'input',2,'NS','trapmf',[-5,-3,-2,0]);
fis=addmf(fis,'input',2,'ZR','trimf',[-2,0,2]);
fis=addmf(fis,'input',2,'PS','trapmf',[0,2,3,5]);
fis=addmf(fis,'input',2,'PB','trapmf',[3,5,6,6]);
%控制量 u
fis=addvar(fis,'output','u',[-3 3]);
fis=addmf(fis,'output',1,'NB','trapmf',[-3,-3,-3,-2]);
fis=addmf(fis,'output',1,'NS','trimf',[-2,-1,0]);
fis=addmf(fis,'output',1,'ZR','trimf',[-1,0,1]);
fis=addmf(fis,'output',1,'PS','trimf',[0,1,2]);
fis=addmf(fis,'output',1,'PB','trapmf',[2,3,3,3]);
%模糊规则
r=[5 5 4 4 3;
   5 4 4 3 3;
   4 4 3 3 2;
   4 3 3 2 2;
   3 3 2 2 1];
r1=zeros(prod(size(r)),3);k=1;
for i=1:size(r,1)
   for j=1:size(r,2)
      r1(k,:)=[i,j,r(i,j)];
      k=k+1;
   end
end
[r,s]=size(r1);
r2=ones(r,2);
ruleList=[r1,r2];
fis=addrule(fis,ruleList);
%被控对象的仿真
e=0;de=0;
ke=30;kd=20;ku=10;
```

```
for k=1:N
%输入变量转化至论域
    e1=ke*e;
    de1=kd*de;
    if(e1>=6)
       e1=6;
    else if(e1<=-6)
          e1=-6;
       end
    end
    if(de1>=6)
       de1=6;
    else if(de1<=-6)
          de1=-6;
       end
    end
    %模糊推理，计算被控对象的控制输入
    in=[e1 de1];
    u=ku*evalfis(in,fis);
    uu(1,k)=u;
    %控制作用于被控系统，计算系统输出
    k0=a*x+b*u;
    k1=a*(x+h*k0/2)+b*u;
    k2=a*(x+h*k1/2)+b*u;
    k3=a*(x+h*k2)+b*u;
    x=x+(k0+2*k1+2*k2+k3)*h/6;
    y=c*x+d*u;
    yy(1,k)=y;
    %计算系统输出误差及误差变化率
    e1=e;e=y-R(1,k);
    de=(e-e1)/T;
end
```

```
%系统的控制输出曲线
kk=[1:N]*T;
figure (1) ;
plot(kk,R,'k',kk,yy,'r');grid;xlabel('t/s');title('½×Ô¾ÏìÓ¦');
%输入/输出变量的隶属度函数曲线
figure (2) ;
subplot(311);
plotmf(fis,'input',1);
subplot(312);
plotmf(fis,'input',2);
subplot(313);
plotmf(fis,'output',1);
```

程序的运行结果如图15-27和图15-28所示。

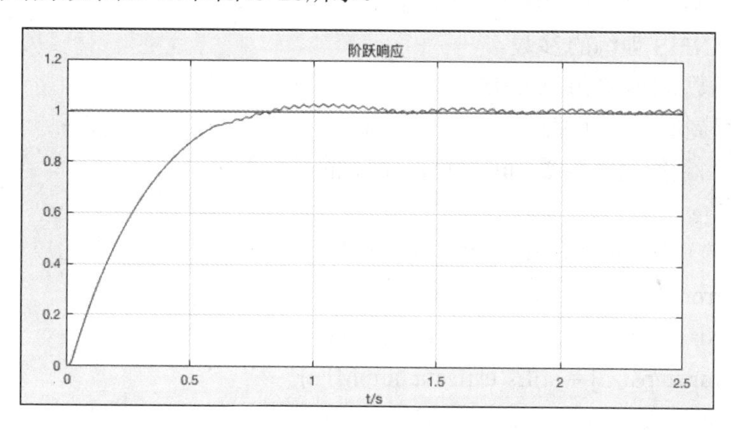

图 15-27　被控对象的阶跃响应

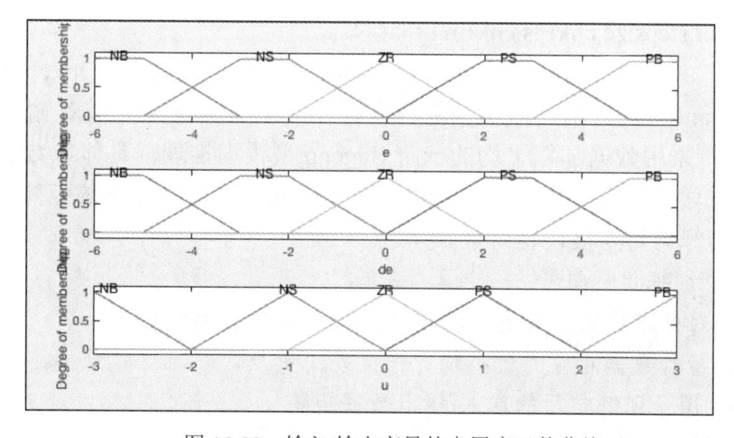

图 15-28　输入/输出变量的隶属度函数曲线

从单位阶跃响应曲线可以看出，经过模糊控制器校正的系统能够较快地跟踪系统输入，但是系统在进入稳态的时候出现了振荡现象，这跟仿真时参数的选取有关，这里不再进行调试。读者可以调整程序中的仿真参数，使得系统的输出响应更符合实际效果。

15.5.2 模糊建模

模糊建模是指利用模糊系统逼近未知的非线性动态，从而逼近于整个系统，经过实际证明：利用模糊建模的方法也可以用于非线性动态的建模，而且显示了优越的性能。模糊建模主要是利用 Sugeno 型模糊系统，因为 Sugeno 型模糊系统非常适合于模糊建模，而且在 MATLAB 的模糊工具箱中还提供了训练模糊系统的函数，如 genfis1、genfis2、anfis 等。该类型的 Sugeno 型模糊推理系统可以等效成参数，是可自适应调节的神经网络系统，因此也被称为自适应神经模糊推理系统，简称为 ANFIS。

在 MATLAB 中，训练 ANFIS 的任务可以由函数 anfis 来完成，因此模糊建模就显得更加容易，其主要过程分为以下 6 个步骤。

（1）产生训练数据和检验数据。

（2）确定输入变量的隶属度函数的类型和个数。

（3）由 genfis1 函数产生初始的 FIS 结构。

（4）设定 ANFIS 训练的参数。

（5）利用函数 anfis 训练 ANFIS。

（6）检验得到的 FIS 性能。

下面介绍常用到的两个函数 anfis 和 genfis1 的具体使用方法。

1．函数 anfis

功能：利用自适应神经算法进行模糊系统的训练。

格式：
```
[fis,error,stepsize] = anfis(trnData)
[fis,error,stepsize] = anfis(trnData,initFis)
[fis,error,stepsize] = anfis(trnData,numMFs)
[fis,error,stepsize,chkFis,chkErr] = ...
        anfis(trnData,initFis,trnOpt,dispOpt,chkData,optMethod)
[fis,error,stepsize,chkFis,chkErr] = ...
        anfis(trnData,numMFs,trnOpt,dispOpt,chkData,optMethod)
```

说明：函数 anfis 是采用反向传播算法和最小二乘方算法来完成对输入/输出数据的建模，anfis 函数支持采用数据加权平均的一阶 Sugeno 型模糊推理。具体参数的意义如下。

- fis：完成学习后得到的对应的最小均方根误差的模糊推理系统矩阵。
- error：训练的均方根误差向量。
- stepsize：训练步长向量。
- chkFis：对检验数据具有最小均方根误差的模糊推理系统。
- chkErr：检验数据对应的最小均方根误差向量。
- trnData：用于训练学习的输入/输出数据矩阵。
- initFis：用于指定初始的模糊推理系统参数矩阵。
- trnOpt：用于指定训练的有关选项在 MATLAB 命令窗口中的显示，为一个五维向量，分量的定义如下。

trnOpt（1）：训练的次数，默认为 10。

trnOpt（2）：期望误差，默认为 0。

trnOpt（3）：初始步长，默认为 0.01。

trnOpt（4）：步长递减速率，默认为 0.9。

trnOpt（5）：步长递增速率，默认为 1.1。

- dispOpt：用于控制训练过程中 MATLAB 命令窗口的显示内容，共有 4 个参数，分量定义如下。

  dispOpt（1）：显示 ANFIS 的信息，默认为 1。

  dispOpt（2）：显示误差测量，默认为 1。

  dispOpt（3）：显示训练步长，默认为 1。

  dispOpt（4）：显示最终结果，默认为 1。

- chkData：一个与训练数据矩阵有相同列数的矩阵，用于提供检验数据。当提供检验数据时，ANFIS 返回对于核对该数据具有最小均方根误差的模糊推理系统 initFis。
- optMethod：指明网络的训练方法，有 0 和 1 两种选项。取 0 时采用反向传播算法；取 1 时采用混合算法，默认情况为 1。

2．函数 genfis1

功能：采用网格分割方式生成初始 Sugeno 型模糊推理系统。

格式：fismat = genfis1(data)

fismat = genfis1(data,numMFs,inmftype,outmftype)

说明：利用函数 anfis 进行模糊系统的自适应神经网络方法建模，除了给定系统期望的输入/输出数据之外，还必须提供一个初始模糊推理系统，否则函数 anfis 会自动调用函数 genfis1 来按照给定的输入/输出数据生成一个默认的系统。函数 genfis1 的主要作用是确定一个合适的初始模糊系统的结构，在使用 anfis 训练的过程中，已经给定的初始模糊推理系统的结构不会改变，只是对相应的结构参数进行调整和优化。参数的意义如下。

data：给定的输入/输出的训练数据集合。

numMFs：一个整数向量，用于指定输入变量的隶属度函数个数，可以用一个数值表示所有的输入变量具有相同数目的隶属度函数。如果 numMFs 为向量，那么则分别指明每一个输入变量的隶属度函数个数。

inmfType：用于指定输入变量的隶属度函数的类型。

outmfType：用于指定输出变量的隶属度函数类型。

fismat：生成的模糊推理系统矩阵。如果参数中只有一个输入参数而不指定隶属度函数的个数和类型时，将使用默认值，即隶属度函数的个数为 2，类型为钟形隶属度函数。

【实例 15-24】利用模糊推理系统逼近如下的非线性函数：

$$f(u)=0.7\sin(\pi u)+0.3\sin(3\pi u)+0.1\sin(5\pi u)$$

并绘制出训练前后隶属度函数的曲线、原始的输出和 ANFIS 输出的对比，以及训练误差曲线图。

思路·点拨

这里假设输入 u 的取值范围为[-1,1]，并且将该区间模糊分割成 5 个部分，即分别由 5 个隶属度函数来表示，模糊隶属度函数采用广义的钟形隶属度函数。假设 ANFIS 训练的次数为 50，初始步长为 0.01。

结果文件——配套资源“Ch15\SL1524”文件

解：MATLAB 程序如下。

```
%产生训练数据
data_n=101;newdata_n=1001;
u=linspace(-1,1,data_n)';
f=0.7*sin(pi*u)+0.3*sin(3*pi*u)+0.1*sin(5*pi*u);
data=[u f];
%训练选项
mf_n=5;
mf_type='gbellmf';
%产生 FIS 结构的初值
fis1=genfis1(data,mf_n,mf_type);
epoch=50;errorgoal=0;step=0.01;
trnOpt=[epoch errorgoal step NaN NaN];
dispOpt=[1 1 1 1];
chkData=[];
[fis2,error,st,fis3,e2]=anfis(data,fis1,trnOpt,dispOpt,chkData);
%计算训练数据的均方误差
x=data(:,1);
y=evalfis(x,fis2);
RMSE=norm(y-data(:,2))/sqrt(size(x,1));
%绘制训练结果图像
subplot(221);
plotmf(fis1,'input',1);
title('训练前输入的隶属度函数');
subplot(222);
plotmf(fis2,'input',1);
title('训练后输入的隶属度函数');
```

```
subplot(223);
x_new=linspace(-1,1,newdata_n)';
y_new=evalfis(x_new,fis2);
plot(data(:,1),data(:,2),'-',x_new,y_new);
title('原始 f(u)和 ANFIS 输出');
subplot(224);
plot(error);
title('训练过程误差');
```

程序的运行结果如图 15-29 所示。

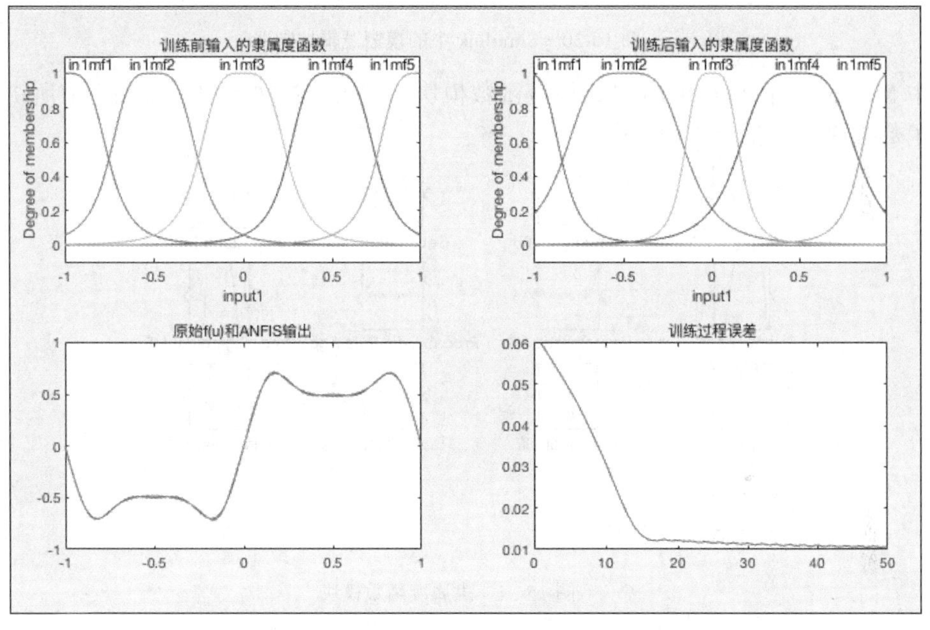

图 15-29　非线性函数的 ANFIS 逼近结果

15.5.3　模糊控制与 Simulink 的结合应用

MATLAB 的模糊工具箱除了能够提供图形化用户界面之外，还能够与 Simulink 仿真工具相结合，使得仿真更为方便简洁，不需要编写较多的代码。在 Simulink 中使用相应的模块就能够完成对被控对象的仿真，并且得到仿真结果。而且在仿真环境中，可以很方便地直接观察模糊控制系统的工作情况，实时更改仿真条件，得出正确的、满意的仿真结果。关于 Simulink 的使用，我们已经在本书的第 8 章进行了详细介绍，这里只着重介绍如何将已经建立的模糊控制器或模糊控制系统嵌入 Simulink 仿真当中。而模糊工具箱的优点也是可以直接将模糊系统嵌入 Simulink 中，并在该仿真环境下测试系统的输出。

将模糊推理系统嵌入 Simulink 仿真环境的具体步骤如下。

（1）将模糊推理系统载入到 MATLAB 工作空间。

这里需要注意的是要将模糊推理系统载入到工作空间当中，而不是保存在磁盘当中，并由相关的名字指向模糊逻辑控制器，只有这样才能够将模糊系统嵌入到 Simulink 当中。

（2）在 Simulink 中添加模糊控制器模块。

打开 Simulink，选择 Fuzzy Logic Toolbox，其中有 3 个模块，分别是 Membership Functions、Fuzzy Logic Controller 和 Fuzzy Logic Controller with Ruleviewer，如图 15-30 所示。

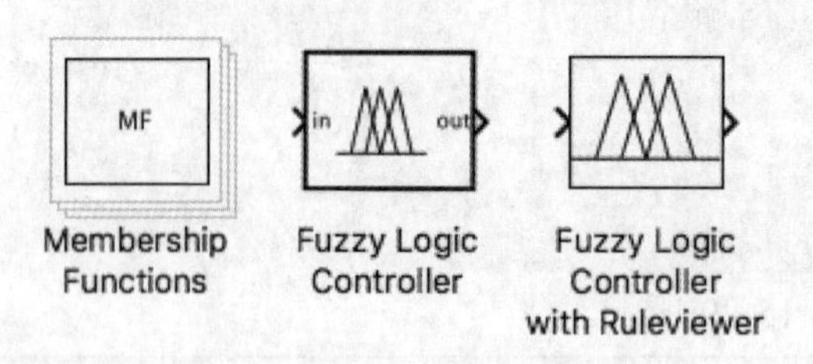

图 15-30　Simulink 中的模糊逻辑控制器

其中 Membership Functions 是隶属度函数模块，双击该模块会出现我们之前所讲的所有隶属度函数模块，如图 15-31 所示。

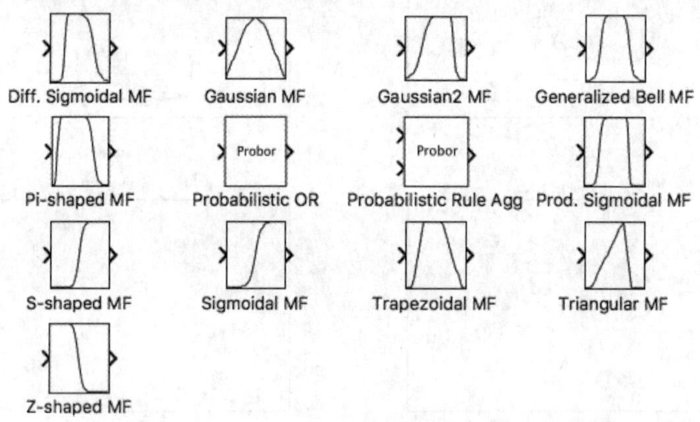

图 15-31　隶属度函数模块

Fuzzy Logic Controller 和 Fuzzy Logic Controller with Ruleviewer 的功能是一样的，不同之处在于如果使用的是 Fuzzy Logic Controller with Ruleviewer 模块，那么在仿真的过程中，模糊规则观察器会打开，从观察器上可以看到已建立的模糊控制器或模糊控制系统的模糊规则。

这里需要注意的是，该模块都是单输入的模块。因此，若一个控制器当中有多个输入，那么就要使用其他的模块将多个输入转换成一个输入，然后输入模糊控制器中，该模块为向量信号组合工具。选择 Simulink 选项下的 Signal Rouing 并展开，选择其中的 Mux 对象并拖放到仿真系统中，其输出部分与模糊控制器的输入相连接，双击 Mux 模块，可以设定其输入个数，如图 15-32 所示。

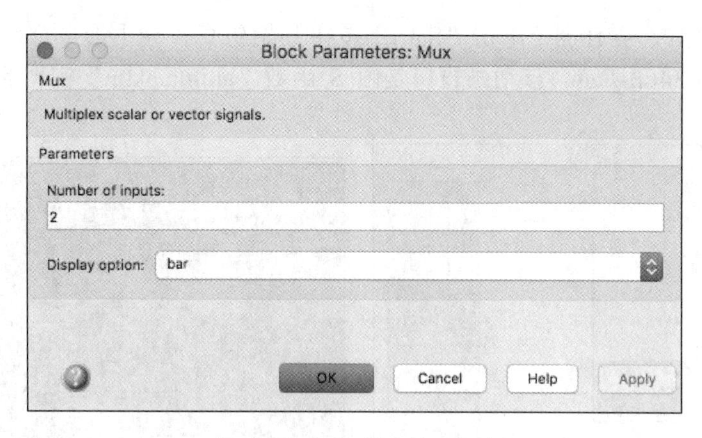

图 15-32　Mux 模块输入个数设置

将模糊系统嵌入到 Simulink 仿真环境中的主要步骤就是这些，对于完善仿真系统的其他步骤，我们在之前也已经讲过了。下面通过具体的实例来讲解如何使用 Simulink 对模糊控制系统进行仿真。

下面通过 MATLAB 演示程序中的一个水箱水位模糊控制仿真实例来说明模糊逻辑工具箱与 Simulink 的结合使用。

这是一个实际的工程问题：假定一个水箱有一个进水口和一个出水口，可以通过控制一个阀门来控制流入的水量，但是流出的速度取决于出水口的半径（为定值）和水箱底部的压力，显然系统具有非线性。要求的设计目标是一个合适的进水口阀门的控制器，能够根据水箱水位的实时测量结果对进水阀门进行相应的控制，以使水位满足特定的要求。一般情况下，控制器以水位偏差（即理想水位与实际水位的差值）及水位变化率作为输入，输出的控制结果是进水阀门打开或关闭的速度。

该仿真模型在 MATLAB 中保存的文件名为 sltank，在 MATLAB 工作空间中输入 sltank，就会调出该模型的 Simulink 的仿真模型，如图 15-33 所示。

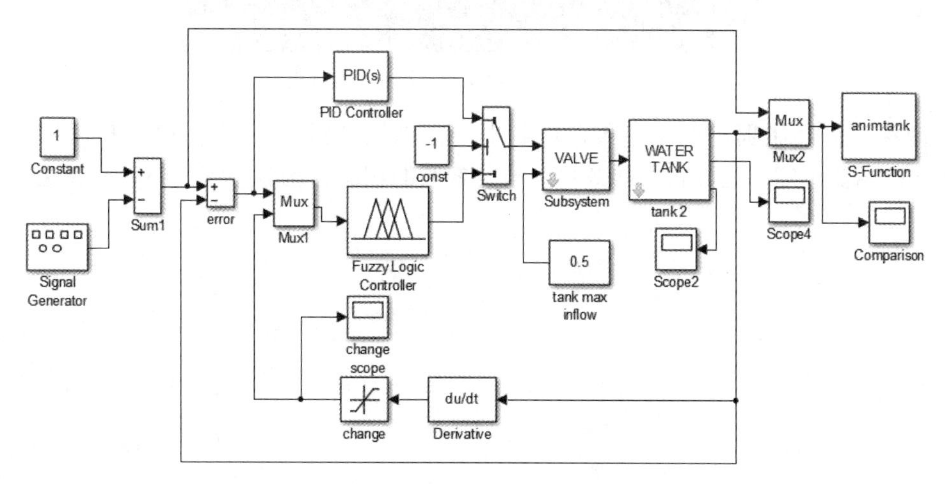

图 15-33　水箱水位模糊控制系统

将仿真时间修改为 100s，单击“Start”按钮开始仿真，会出现一个水箱模型的仿真动画窗口，如图 15-34(a)所示。该动画窗口是由 S 函数“animtank.m”实现的。仿真的结果如图 15-34(b)所示。

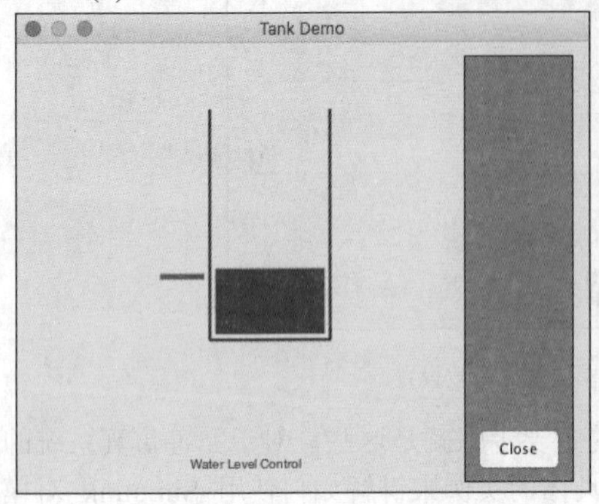

(a) 水箱水位仿真窗口

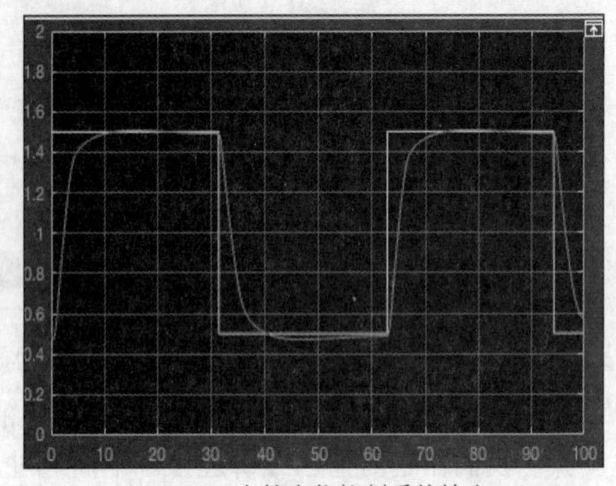

(b) 水箱水位控制系统输出

图 15-34 水箱水位仿真

在该例子中，还可以比较传统 PID 控制器的仿真结果。将 const 模块的值更改为 1，然后单击“Start”按钮进行仿真，那么 PID 控制器的仿真结果如图 15-35 所示。

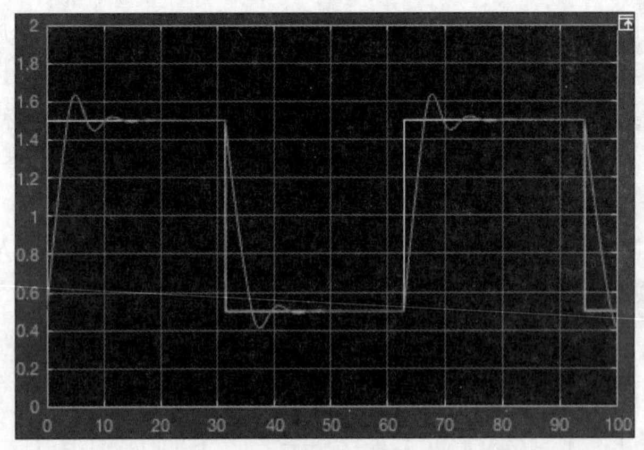

图 15-35 PID 控制器的仿真结果

从两种不同控制器的仿真结果可以看出，模糊控制器的效果比 PID 控制器的效果更好。PID 控制器也能够达到相同的效果，但是参数的调整会比较烦琐，不容易整定。